Merkel/Thomas
Taschenbuch der Werkstoffe

W0191454

Taschenbuch der Werkstoffe

von
Dr.-Ing. Manfred Merkel und
Dipl.-Ing. Karl-Heinz Thomas

5., neubearbeitete Auflage

mit 218 Bildern und 143 Tabellen

Fachbuchverlag Leipzig
im Carl Hanser Verlag

Autoren

Dr.-Ing. MANFRED MERKEL   Kapitel 1 bis 4, 5.1
Dipl.-Ing. KARL-HEINZ THOMAS   Kapitel 5.2 bis 7

Die Deutsche Bibliothek – CIP-Einheitsaufnahme

Ein Titeldatensatz für diese Publikation ist bei
Der Deutschen Bibliothek erhältlich.

ISBN 3-446-21410-0

Fachbuchverlag Leipzig im Carl Hanser Verlag
© 2000 Carl Hanser Verlag München Wien
Internet: http://www.fachbuch-leipzig.hanser.de
Lektorat: Christine Fritzsch
Herstellung: Renate Roßbach
Satz: Dr.-Ing. Steffen Naake
Druck und Binden: Kösel, Kempten
Printed in Germany

Vorwort

Dieses „Taschenbuch der Werkstoffe" erscheint in der bekannten Taschenbuchreihe des Fachbuchverlages Leipzig. Das Konzept des Buches besteht darin, den Kapiteln in komprimierter Form einführende theoretische Grundlagen voranzustellen, bevor detaillierte Erläuterungen zu den einzelnen Werkstoffen folgen. Zuerst werden die Grundlagen metallischer Stoffe ausführlich behandelt. Daran schließen sich Kapitel zu Eisen- und Nichteisenmetallen sowie Pulver- und Sinterwerkstoffen an. Ein umfangreiches Kapitel über nichtmetallische Stoffe folgt. Ausführungen zu Schmierstoffen, zu Korrosion und Korrosionsschutz komplettieren den Inhalt.

Auch in der 5. Auflage wurde die bewährte Konzeption des Taschenbuches beibehalten. Die mit der Einführung der neuen Bezeichnungs- und Werkstoffnummernsysteme für metallische Werkstoffe erforderlichen Änderungen wurden weitgehend berücksichtigt und eingearbeitet. Neben dem erheblich erweiterten Sachwortverzeichnis enthält das letzte Kapitel eine umfangreiche Zusammenstellung wichtiger Normen (DIN, DIN EN, DIN EN ISO und Euronormen), die dem Benutzer einen noch schnelleren Zugriff zu entsprechenden Informationen ermöglichen soll.

Das „Taschenbuch der Werkstoffe" wendet sich an Studenten des Maschinenbaues und anderer nichtwerkstofftechnischer Fachrichtungen an Technikerschulen, Fachhochschulen und technischen Universitäten. Dabei soll es ihnen zur ergänzenden Wiederholung und Festigung des Vorlesungsstoffes dienen.

Konstrukteuren, Technikern, Meistern, technischen Mitarbeitern und Auszubildenden soll das Buch schnelle Informationen und kausale Zusammenhänge von Eigenschaften und Verhaltensweisen der sie interessierenden Werkstoffe vermitteln.

An dieser Stelle möchten die Autoren für die wertvollen Hinweise und die Unterstützung aus dem Kreise der Fachkollegen und den Mitarbeitern des Verlages für die gute Zusammenarbeit ihren Dank aussprechen.

Leipzig, im Januar 2000   Manfred Merkel
                                          Karl-Heinz Thomas

Inhaltsverzeichnis

1 Grundlagen der metallischen Stoffe

Die Mehrzahl der im Periodensystem (PSE) enthaltenen Elemente hat metallischen Charakter. Diese Grundeigenschaft ist auch den Legierungen eigen. Ein Stoff ist dann allgemein als Metall zu bezeichnen, wenn er bestimmte kennzeichnende Eigenschaften, die **Erkennungsmerkmale der Metalle**, in ihrer Gesamtheit aufweist:

1. kristalliner Aufbau
2. metallischer Glanz
3. Festigkeit, Formbarkeit, Verfestigungsvermögen
4. elektrische und Wärmeleitfähigkeit
5. Zersetzung in geeigneten Säuren unter Salzbildung
6. Kationen in wäßrigen Metallsalzlösungen

Der kristalline Aufbau der metallischen Stoffe gilt als fester Zustand, der sich unter normalen Abkühlungsbedingungen aus dem flüssigen Zustand stets einstellt.

Bei einer Reihe von Legierungen aus Metallen und Metalloiden oder Nichtmetallen (Glasbildner) läßt sich die Kristallbildung beim Übergang vom flüssigen zum „festen" Zustand durch Anwendung extrem hoher Abkühlungsgeschwindigkeiten der Größenordnung 10^5 bis 10^6 K · s^{-1} unterdrücken. Dabei entstehen die sog. *amorphen Metalle* oder *metallischen Gläser* (Metglas) mit qualitativ anderen als den bisher bekannten physikalischen und chemischen Metalleigenschaften. So erreicht z. B. die Zugfestigkeit nahezu die für Kristalle berechneten theoretischen Werte, die um den Faktor $10^2 \ldots 10^3$ höher liegen als die experimentell nachweisbaren. Die Korrosionsbeständigkeit ist bei ihnen wesentlich höher als bei den entsprechenden, gleichartig zusammengesetzten kristallinen Legierungen.

1.1 Der kristalline Aufbau der Metalle und Legierungen

Die Eigenschaften der metallischen Stoffe werden durch den Bindungscharakter ihrer Atome bestimmt. Die vorherrschende Bindungsart ist die Metallbindung. Die Metallbindung ist dadurch gekennzeichnet, daß sich die Metallatome, z. B. beim Übergang einer Schmelze in den festen, kristallinen Zustand, zum Erreichen der stabilen Elektronenkonfiguration (Edelgaskonfiguration) unter Abgabe ihrer Valenzelektronen zu dreidimensionalen, regelmäßigen Gebilden, den *Raumgittern*, anordnen. Die abgegebenen Valenzelektronen bewegen sich nahezu frei im Raumgitter und heißen daher *quasifreie Elektronen*. Sie sind die Ursache für die gute bis sehr gute elektrische und Wärmeleitfähigkeit der Metalle. Den Zusammenhang zwischen elektrischer und Wärmeleitfähigkeit stellt das Gesetz von WIEDEMANN-FRANZ-LORENZ dar:

$$\frac{\lambda}{\varkappa \cdot T} = L = 3 \left(\frac{k}{e}\right)^2 \approx 2{,}44 \cdot 10^{-8} \, \text{V}^2 \cdot \text{K}^{-2}$$

λ Wärmeleitfähigkeit
$\varkappa$ spezifische elektrische Leitfähigkeit
L LORENZ-Zahl
k BOLTZMANN-Konstante $= 1{,}380\,5 \cdot 10^{-23}$ J/K bzw. V $\cdot$ A $\cdot$ s/K
e Elementarladung $= 1{,}602 \cdot 10^{-19}$ A $\cdot$ s

Die Abstände, die die Atome bzw. Ionen im Raumgitter zueinander einnehmen, werden durch elektrostatische Kraftwirkungen zwischen benachbarten Kernen (Abstoßungskräfte) und zwischen quasifreien Elektronen und Kernen (Anziehungskräfte) bestimmt. Trägt man die Anziehungs- und Abstoßungskräfte in Abhängigkeit vom Abstand a benachbarter Metallionen auf, so ergibt sich durch Summierung beider Kurven der energetisch günstigste Abstand a_0 als *Gitterkonstante* des entsprechenden Raumgitters, Bild 1.1.

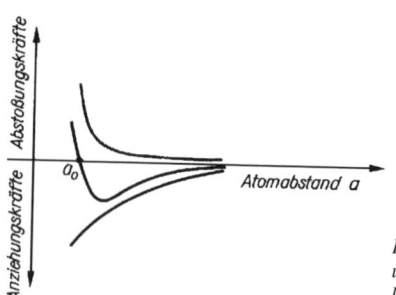

Bild 1.1 Verlauf der Abstoßungs- und Anziehungskräfte in Abhängigkeit vom Abstand der Atome

1.1.1   Translationsgitter (Bravais-Gitter)

Die Entstehung von Raumgittern kann formal aus der Verschiebung (Translation) von Punkten in räumlichen Koordinatensystemen, z. B. im rechtwinkligen Koordinatensystem, hergeleitet werden.

1. Punkt- oder Reihengitter

Wird ein Punkt, vom Koordinatenursprung ausgehend, längs einer Koordinatenachse (*x*-, *y*- oder *z*-Achse) jeweils um den gleichen Betrag (Translationsstrecke) *a*, *b* oder *c* verschoben, so entsteht das *Punkt*- oder *Reihengitter*, Bild 1.2a.

2. Flächengitter oder Punktnetz

Durch Translation von Punkten um gleiche Beträge, ausgehend vom Punkt-oder Reihengitter, in Richtung und parallel zu einer zweiten Koordinatenachse, entsteht das *Flächengitter* oder *Punktnetz*, Bild 1.2b.

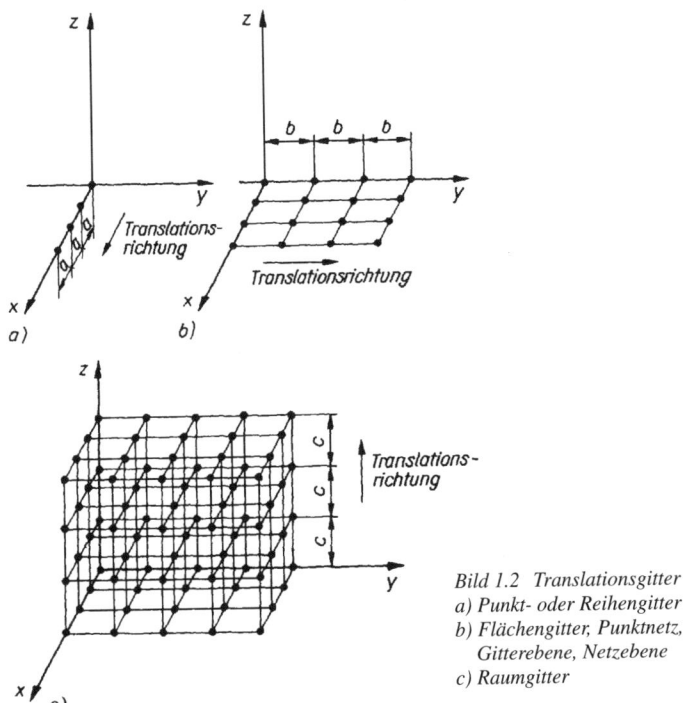

Bild 1.2 Translationsgitter
a) Punkt- oder Reihengitter
b) Flächengitter, Punktnetz,
    Gitterebene, Netzebene
c) Raumgitter

3. Raumgitter

Die Translation von Punkten des Flächengitters um gleiche Beträge in Richtung und parallel zur dritten Koordinatenachse ergibt das *Raumgitter*, Bild 1.2c.

Kennzeichen des Raumgitters

Das Raumgitter wird gekennzeichnet durch die *Translationsstrecken* a, b, c und die *Winkel* α, β, γ, die die Translationsstrecken zueinander einnehmen. Die kleinste Einheit, die das Raumgitter charakterisiert, ist die *Elementarzelle* (dazu auch 1.2).

Kristallsysteme

Aus den Größen (Beträgen) der Translationsstrecken und den o. g. Winkeln ergeben sich die 7 Kristallsysteme, Bild 1.3.

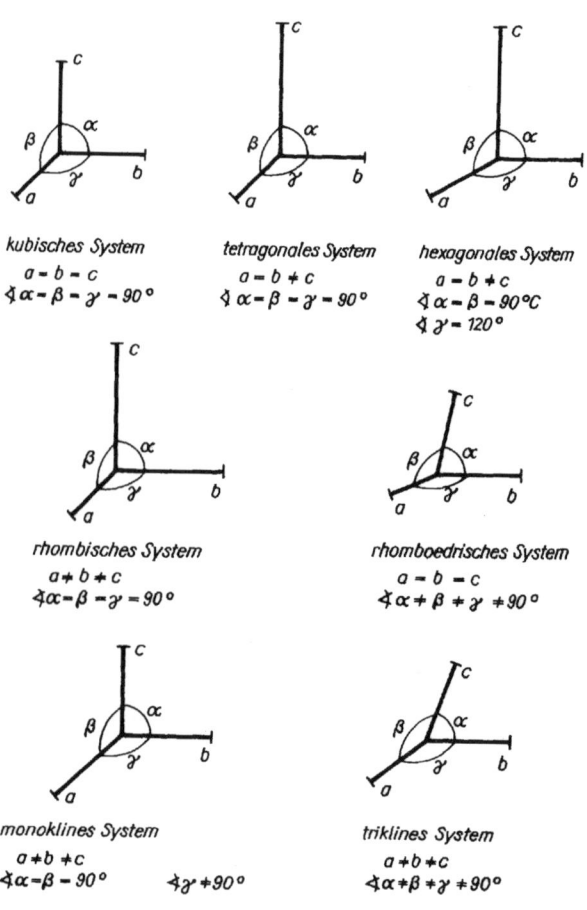

kubisches System
$a - b - c$
$\sphericalangle \alpha - \beta - \gamma - 90°$

tetragonales System
$a - b \neq c$
$\sphericalangle \alpha - \beta - \gamma - 90°$

hexagonales System
$a - b \neq c$
$\sphericalangle \alpha - \beta - 90°C$
$\sphericalangle \gamma - 120°$

rhombisches System
$a \neq b \neq c$
$\sphericalangle \alpha - \beta - \gamma - 90°$

rhomboedrisches System
$a - b - c$
$\sphericalangle \alpha \neq \beta \neq \gamma \neq 90°$

monoklines System
$a \neq b \neq c$
$\sphericalangle \alpha - \beta - 90°$ $\sphericalangle \gamma \neq 90°$

triklines System
$a \neq b \neq c$
$\sphericalangle \alpha \neq \beta \neq \gamma \neq 90°$

Bild 1.3 Die 7 Kristallsysteme

Die meisten Metalle kristallisieren vor allem im kubischen und hexagonalen System, einige im tetragonalen System. Im monoklinen, triklinen, rhombischen und hexagonalen System treten kristallisationsfähige (partiellkristalline) Plaste auf.

1.1.1.1 Bestimmung von Punkten, Ebenen und Richtungen im kubischen System

1

Zur Deutung und Erklärung technisch wichtiger Vorgänge, die unter Wirkung physikalischer oder chemischer Einflüsse in den Kristallen ablaufen, z. B. Bildungs- und Wachstumsvorgänge von Einkristallen, spanlose Umformung, Aushärtung und andere Diffusionsprozesse, Wärmebehandlung der Eisen- und NE-Werkstoffe, Magnetisierung magnetischer Werkstoffe u. a., ist die Angabe der Lage von Punkten, Ebenen und Richtungen im Raumgitter erforderlich.

1. Bestimmung von Gitterpunkten

Die Lage von Gitterpunkten wird durch die Angabe der Koordinaten der betreffenden Punkte bzw. Ionen oder Atome gekennzeichnet. Im rechtwinkligen Koordinatensystem ist die Lage eines Ions bzw. Atoms eindeutig durch die Angabe des Ortsvektors $r = ua+vb+wc$ festgelegt; a, b und c sind die jeweiligen Translationsstrecken, u, v und w sind die MILLERschen Indizes der Richtungen. Die Koordinaten werden in eckige Doppelklammern $[\,]$ nebeneinandergesetzt, Beispiele dazu in Bild 1.4.

Das Vorzeichen negativer Koordinaten wird als Strich über der Zahl angegeben, z. B. $[[\bar{1}0\bar{1}]]$.

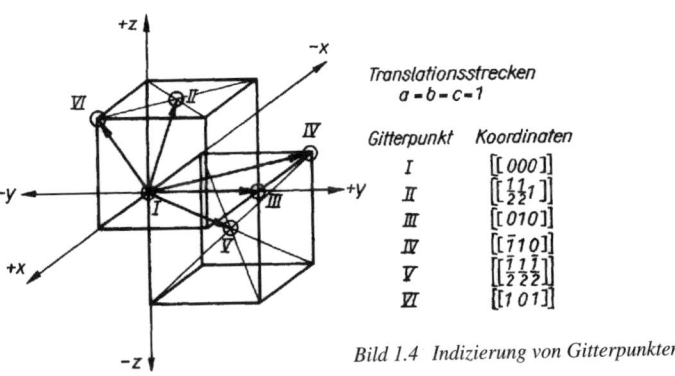

Gitterpunkt	Koordinaten
I	$[[000]]$
II	$[[\frac{1}{2}\frac{1}{2}1]]$
III	$[[010]]$
IV	$[[\bar{1}10]]$
V	$[[\frac{1}{2}\frac{1}{2}\frac{1}{2}]]$
VI	$[[101]]$

Translationsstrecken $a = b = c = 1$

Bild 1.4 Indizierung von Gitterpunkten

2. Bestimmung von Gitterebenen

Die MILLERschen Indizes h, k, l kennzeichnen die Lage von Gitterebenen und sind die Reziprokwerte der Achsenabschnittskoeffizienten m, n, p. Sie sind das Vielfache der Translationsstrecken a, b, c.

Daher gilt:

$$h = \frac{1}{m}, \quad k = \frac{1}{n}, \quad l = \frac{1}{p}$$

h, k, l werden ohne Komma nebeneinander in runde Klammern ( ) gesetzt. Sie müssen stets ganzzahlig angegeben werden! Gitterebenen, deren Indizes sich nur durch ihre Stellung in der Klammer und durch ihr Vorzeichen unterscheiden, sind gleichwertige Ebenen. Die Indizes gleichwertiger Ebenen werden in geschweifte Klammern { } gesetzt.

▶ *Man beachte*: Parallele Ebenen haben gleiche Indizes.

❑ **Beispiel**: Eine Gitterebene schneidet im rechtwinkligen Koordinatensystem die x-, y- und z-Achse in den Abständen $m = -1$, $n = -1$ und $p = 1$. Die MILLERschen Indizes als Reziprokwerte der Achsenabschnittskoeffizienten lauten damit $(\bar{1}\bar{1}1)$, vgl. Bild 1.5.

❑ **Beispiel**: Eine Gitterebene schneidet die Achsen des rechtwinkligen Koordinatensystems in den Abschnitten $m = 1$, $n = -1$ und $p = \infty$. Da $\dfrac{1}{\infty} = 0$, lauten die MILLERschen Indizes $(1\bar{1}0)$, vgl. Bild 1.5.

❑ **Beispiel**: Eine Gitterebene schneidet die x-, y- und z-Achse in den Abschnitten $m = \infty$, $n = 1$ und $p = \infty$. Die MILLERschen Indizes lauten (010), vgl. Bild 1.5.

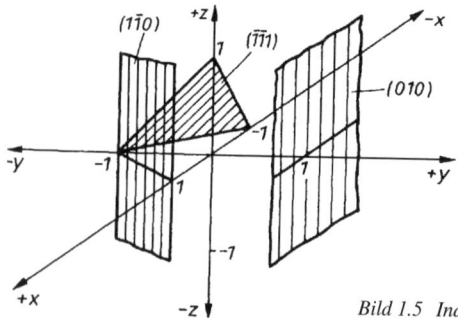

Bild 1.5 Indizierung von Gitterebenen

Im kubischen System sind die Ebenen mit den Indizes {100} die Deckflächen von Würfeln – Würfelflächen, Hexaederebenen, vgl. Bild 1.6. Die Indizes der 6 Hexaederebenen lauten

$$\{100\}: \quad (100), \ (010), \ (001), \ (\bar{1}00), \ (0\bar{1}0), \ (00\bar{1}).$$

Ebenen mit den Indizes {110} bilden die Deckebenen des Rhombendodekaeders (Dodekaeder = Zwölfflächner).

Die Rhombendodekaederebenen stehen senkrecht auf den Diagonalen der Würfelflächen, Bild 1.7.

Die Indizes der 12 Rhombendodekaederebenen lauten

$$\{110\}: \quad (110), \ (101), \ (011), \ (\bar{1}10), \ (\bar{1}01), \ (0\bar{1}1),$$
$$(1\bar{1}0), \ (\bar{1}\bar{1}0), \ (0\bar{1}\bar{1}), \ (\bar{1}0\bar{1}), \ (10\bar{1}), \ (01\bar{1}).$$

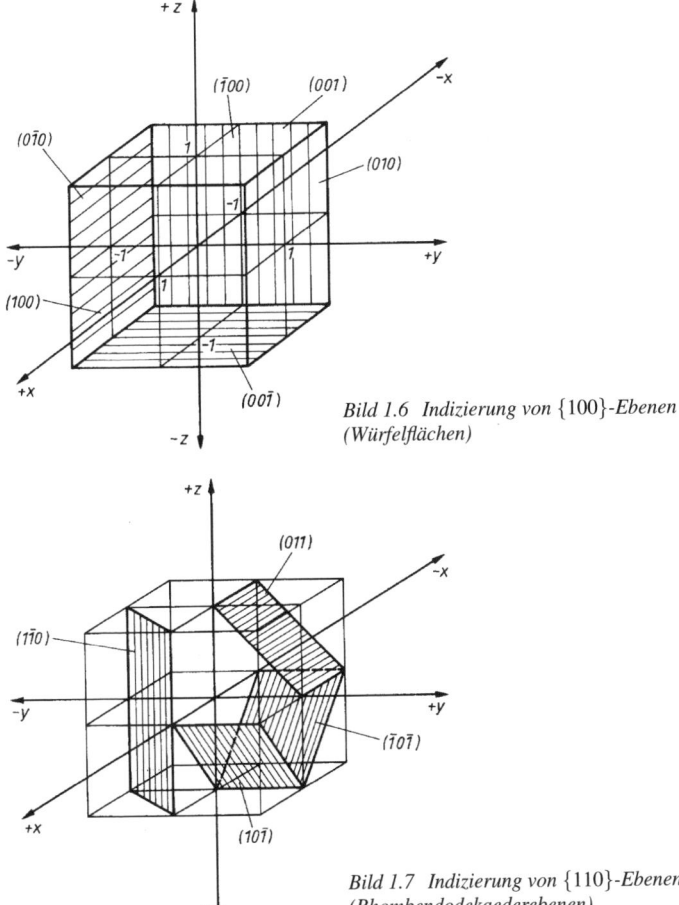

Bild 1.6 Indizierung von {100}-Ebenen (Würfelflächen)

Bild 1.7 Indizierung von {110}-Ebenen (Rhombendodekaederebenen)

Ebenen mit den Indizes {111} bilden die Deckflächen des Oktaeders (Achtflächner), Bild 1.8.

Die Indizes der 8 Oktaederebenen lauten

$$\{111\}: \quad (111),\ (\bar{1}11),\ (1\bar{1}1),\ (11\bar{1}),\ (\bar{1}\bar{1}1),\ (\bar{1}1\bar{1}),\ (1\bar{1}\bar{1}),\ (\bar{1}\bar{1}\bar{1}).$$

▶ *Hinweis*: In Metallen und Legierungen mit kfz-Gitter bilden die Oktaederebenen die Hauptgleitebenen bei der spanlosen Formung.

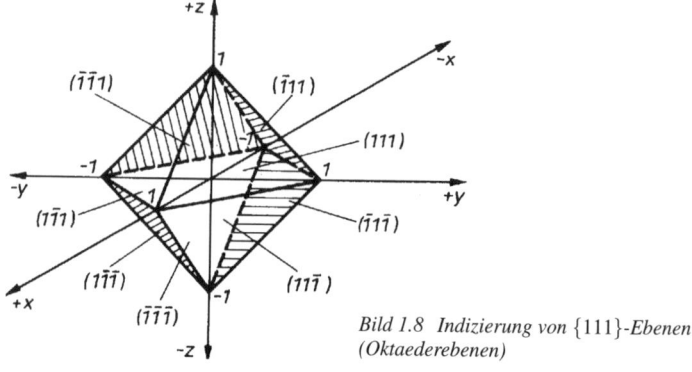

Bild 1.8 *Indizierung von* {111}*-Ebenen (Oktaederebenen)*

Höher indizierte Ebenen

Schneidet eine Ebene die Koordinatenachse nicht im Abstand 1 vom Ursprung, so ergeben sich die MILLERschen Indizes als gebrochene Zahlen. Da eine solche Angabe nicht erlaubt ist, müssen diese Indizes mit dem kleinsten gemeinsamen Vielfachen so erweitert werden, daß ganzzahlige Indizes entstehen.

❑ **Beispiel:** Eine Ebene schneidet die Achsen des rechtwinkligen Koordinatensystems in den Abständen $m = 3$, $n = 6$ und $p = \infty$. Die Reziprokwerte sind $\frac{1}{3}, \frac{1}{6}, 0$. Durch Erweitern mit 6 ergeben sich die MILLERschen Indizes dieser Ebene zu (210).

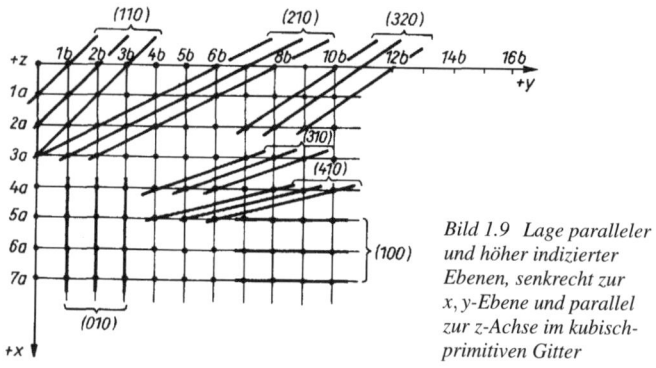

Bild 1.9 *Lage paralleler und höher indizierter Ebenen, senkrecht zur x, y-Ebene und parallel zur z-Achse im kubisch-primitiven Gitter*

Bild 1.9 zeigt einige parallele und höher indizierte Ebenen, die senkrecht zur x,y-Ebene und parallel zur z-Achse eines rechtwinkligen Koordinatensystems stehen. Die höher indizierten Ebenen haben kleinere Abstände zueinander als die normal indizierten.

3. Bestimmung von Gitterrichtungen

u, v, w sind im rechtwinkligen Koordinatensystem die MILLERschen Indizes der Gitterrichtungen. Die Indizes einer bestimmten Gitterrichtung werden in eckige Klammern [ ] gesetzt.

Die Indizes gleichwertiger Richtungen, wie z. B. Richtungen der Würfelkanten, der Flächendiagonalen oder der Raumdiagonalen, werden in spitze Klammern ⟨ ⟩ gesetzt. Bild 1.10 zeigt dafür Beispiele.

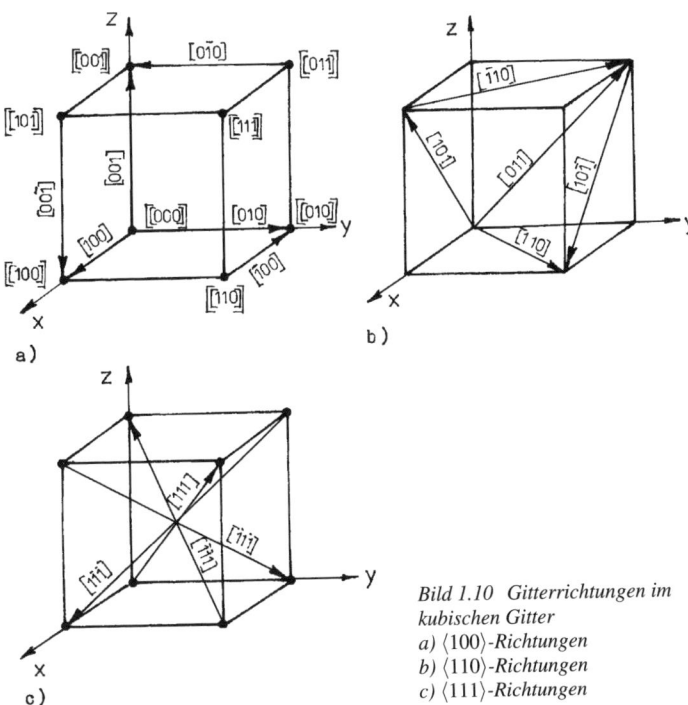

Bild 1.10 Gitterrichtungen im
kubischen Gitter
a) ⟨100⟩-Richtungen
b) ⟨110⟩-Richtungen
c) ⟨111⟩-Richtungen

Richtungen der Würfelkanten: ⟨100⟩

[100], [010], [001], [$\bar{1}$00], [0$\bar{1}$0], [00$\bar{1}$]

Richtungen der Flächendiagonalen: ⟨110⟩

[110], [101], [011], [$\bar{1}$10], [$\bar{1}$01], [0$\bar{1}$1], [$\bar{1}\bar{1}$0], [$\bar{1}$0$\bar{1}$], [0$\bar{1}\bar{1}$], [1$\bar{1}$0], [10$\bar{1}$], [01$\bar{1}$]

Richtungen der Raumdiagonalen: $\langle 111 \rangle$

$[111]$, $[\bar{1}11]$, $[1\bar{1}1]$, $[11\bar{1}]$, $[\bar{1}\bar{1}\bar{1}]$, $[1\bar{1}\bar{1}]$, $[\bar{1}1\bar{1}]$, $[\bar{1}\bar{1}1]$

Die Gitterrichtungen erhält man als Verbindungslinie (Richtungspfeil) zwischen dem Koordinatenursprung P_0: $[[000]]$ und dem betreffenden Gitterpunkt bzw. als Verbindungslinie (Richtungspfeil) zwischen zwei Gitterpunkten.

Die Indizes der Gitterrichtungen erhält man durch:

1. Subtraktion der Koordinaten des Fußpunktes von denen des Endpunktes (Spitze) des Richtungspfeils.

Geht die Richtung vom Koordinatenursprung aus, so ergibt sich

$$\overrightarrow{P_0P_1} = [[P_1]] - [[P_0]] = [uvw].$$

Verläuft die Richtung zwischen zwei beliebigen Gitterpunkten P_1 und P_2, so ergeben sich die MILLERschen Indizes zu

$$\overrightarrow{P_1P_2} = [[P_2]] - [[P_1]] = [uvw].$$

2. Die Indizes der Gitterrichtungen, die nicht vom Koordinatenursprung ausgehen, erhält man auch durch Verschieben der Richtungspfeile parallel zu sich selbst durch den Koordinatenursprung.

❑ **Beispiel**: Wie lauten die Indizes für die Gitterrichtung zwischen den Punkten $P_0 = [[000]]$ und $P_1 = [[\frac{1}{2}1\frac{1}{2}]]$?

Lösung:

$$\overrightarrow{P_0P_1} = [[P_1]] - [[P_0]] = [[\frac{1}{2}1\frac{1}{2}]] - [[000]] = [\frac{1}{2}1\frac{1}{2}] \cdot 2 = [121].$$

4. Zonengleichung

Als *Zone* bezeichnet man die Gesamtheit aller Gitterebenen, die sich in der gleichen Gitterrichtung oder *Zonenachse* schneiden. Die *Zonenachse* steht senkrecht auf der *Zonenebene*, die durch die Normalen der Gitterebenen aufgespannt wird, die zu einer Zone gehören. Bild 1.11 zeigt eine der möglichen Zonen mit einigen zugehörigen Gitterebenen.

Bei der Lösung von Indizierungsaufgaben läßt sich mit Hilfe der sogenannten *Zonengleichung*

$$\boxed{hu + kv + lw = 0}$$

nachweisen, ob eine bestimmte Gitterrichtung in einer bestimmten Ebene enthalten ist. Darüber hinaus lassen sich die richtige Indizierung der Berandungslinien oder der gemeinsamen Schnittkanten (Gitterrichtungen) von Gitterebenen ermitteln. Die Indizierung ist immer dann richtig, wenn die Zonengleichung erfüllt ist.

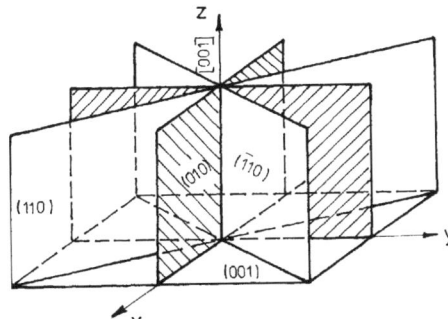

Bild 1.11 Zone;
Zonenachse [001];
Zonenebene (001)

❑ **Beispiel**: Ebene *I* schneidet die Achsen des rechtwinkligen Koordinatensystems in den Abschnitten $m = 1$, $n = 1$ und $p = 2$. Ebene *II* hat Schnittpunkte in den Abschnitten $m = 1$, $n = -\dfrac{3}{2}$ und $p = 2$. Zu ermitteln sind die MILLERschen Indizes der Ebenen und ihrer gemeinsamen Schnittkante, vgl. Bild 1.12.

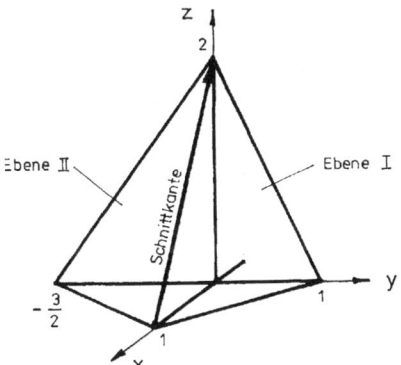

Bild 1.12 Schnittkante
(-gerade) zweier Ebenen

Lösung:

Die Indizes der Ebenen lauten: Ebene *I* : $(1\,1\,\dfrac{1}{2}) \cdot 2 = (221)$,

Ebene *II*: $(1\,\dfrac{\bar{2}}{3}\,\dfrac{1}{2}) \cdot 6 = (6\bar{4}3)$.

Richtung der gemeinsamen Schnittkante:

$$\overrightarrow{P_1 P_2} = [[P_2]] - [[P_1]] = [[002]] - [[100]] = [\bar{1}02].$$

Kontrolle der Indizierung:

Ebene *I*: (221); Schnittkante [$\bar{1}$02]   Ebene *II*: (6$\bar{4}$3); Schnittkante [$\bar{1}$02]

$$hu + kv + lw = 0$$

$$(2 \cdot \bar{1}) + (2 \cdot 0) + (1 \cdot 2) = 0 \qquad (6 \cdot \bar{1}) + (\bar{4} \cdot 0) + (3 \cdot 2) = 0$$
$$-2 + 2 = 0 \qquad\qquad -6 + 6 = 0$$
$$0 = 0 \qquad\qquad 0 = 0$$

Die Richtung [$\bar{1}$02] ist die gemeinsame Schnittkante der Ebenen *I* und *II*.

1.1.1.2 Bestimmung von Ebenen und Richtungen im hexagonalen System

Im hexagonalen Kristallsystem wird zur Indizierung von Ebenen aus Gründen der Zweckmäßigkeit ein viergliedriges Achsensystem verwendet. Es besteht aus 3 in einer Ebene liegenden Achsen a_1, a_2 und a_3, die sich unter Winkeln von 120° bzw. 60° schneiden, und einer darauf senkrecht stehenden Achse c, Bild 1.13.

Zur Indizierung von Ebenen im hexagonalen System werden im Gegensatz zum kubischen die 4 Indizes *hkil* (BRAVAISsche Indizes) herangezogen. *h*, *k* und *i* beziehen sich auf die Achsen a_1, a_2 und a_3, *l* bezieht sich auf die *c*-Achse. Der Index *i* ist der reziproke Wert des Abschnittes auf der negativen a_3-Achse.

Für *i* gilt die Beziehung

$$i = -(h + k) \qquad \text{oder} \qquad h + k + i = 0.$$

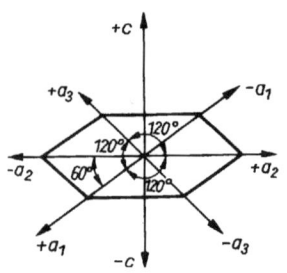

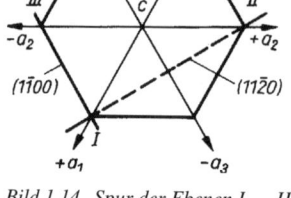

Bild 1.13 Hexagonales Achsensystem   *Bild 1.14 Spur der Ebenen I . . . II und I . . . III senkrecht zur c-Achse*

Für die in Bild 1.14 dargestellten Spuren der Ebenen *I . . . II* und *I . . . III*, die senkrecht zur Zeichenebene und parallel zur *c*-Achse verlaufen, ergeben sich folgende Indizes:

$$\text{Ebene } I \ldots II: \quad 1a_1 \quad 1a_2 \quad -\frac{1}{2}a_3 \quad \infty \cdot c \quad (11\bar{2}0) = (hkil)$$

$$\text{Ebene } I \ldots III: \quad 1a_1 \quad -1a_2 \quad \infty \cdot a_3 \quad \infty \cdot c \quad (1\bar{1}00) = (hkil)$$

In Bild 1.15 sind weitere **Beispiele** für die Indizierung von Ebenen im hexagonalen System dargestellt. Sie erhalten folgende Bezeichnungen:

(0001)   Deck- oder Basisebene

$\{10\bar{1}0\}$ Prismenebenen 1. Art

$\{1\bar{1}01\}$ Pyramidenebenen 1. Art und 1. Ordnung

$\{11\bar{2}1\}$ Pyramidenebenen 2. Art und 1. Ordnung

$\{11\bar{2}2\}$ Pyramidenebenen 2. Art und 2. Ordnung

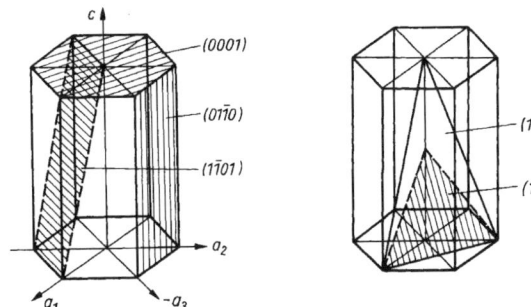

Bild 1.15 Indizierung von Gitterebenen im hexagonalen System

Bestimmung von Gitterrichtungen im hexagonalen System

Wegen der 4. Achse – a_3 – erfordert die Bestimmung der Gitterrichtungen die Anwendung eines scheinbar umständlichen Verfahrens. Dabei geht man davon aus, daß eine Richtung durch die Schnittkante (Zone) zweier sich schneidender Ebenen gebildet wird.

Zunächst ist eine Transformation der BRAVAISschen viergliedrigen Flächenindizes $(hkil)$ in dreigliedrige MILLERsche, die jetzt mit p, q, r bezeichnet werden, erforderlich. Zwischen $(hkil)$ und (pqr) besteht folgender Zusammenhang:

$$\begin{aligned}
p &= h - i + l & h &= p - q \\
q &= k - h + l & k &= q - r \\
r &= i - k + l & i &= r - p \\
& & l &= p + q + r
\end{aligned}$$

❏ **Beispiel**: Transformation eines viergliedrigen in einen dreigliedrigen Flächenindex (Flächensymbol):

$$\left.\begin{aligned}
(11\bar{2}1): p &= 1 - (-2) + 1 = 4 \\
q &= 1 - 1 + 1 = 1 \\
r &= -2 - 1 + 1 = -2
\end{aligned}\right\} \rightarrow (41\bar{2})$$

Probe:
$$\left.\begin{array}{l} h = p - q = 4 - 1 = 3 \\ k = q - r = 1 - (-2) = 3 \\ i = r - p = -2 - 4 = -6 \\ l = p + q + r = 4 + 1 - 2 = 3 \end{array}\right\} \rightarrow (33\bar{6}3) \rightarrow (11\bar{2}1)$$

Algorithmus (Rechenvorschrift) zur Bestimmung der Gitterrichtung (Schnittkante) aus dem Schnitt zweier Ebenen:

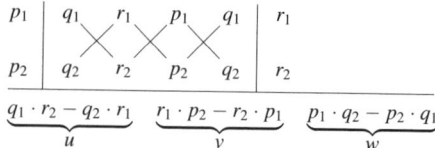

$$\underbrace{q_1 \cdot r_2 - q_2 \cdot r_1}_{u} \quad \underbrace{r_1 \cdot p_2 - r_2 \cdot p_1}_{v} \quad \underbrace{p_1 \cdot q_2 - p_2 \cdot q_1}_{w}$$

Man erhält also das dreigliedrige Richtungssymbol [uvw], das bereits vom kubischen System bekannt ist. Um darauf zu verweisen, daß im hexagonalen System noch die 4. Achse – a_3 – vorhanden ist, kann das Richtungssymbol unter Einfügung eines Punktes geschrieben werden [$uv \cdot w$].

Häufig ist jedoch im hexagonalen System die Verwendung viergliedriger Richtungsindizes.

Der a_3-Achse soll daher der Richtungsindex t zugeordnet werden: [$u^*v^*tw^*$]. Unter Anwendung des o. a. Algorithmus kann dann gelten:

$$
\begin{array}{ll}
u^* = u - v & u = u^* + v \\
v^* = v - w & v = v^* + w \\
t = w - u & w = w^* - u - v \\
w^* = u + v + w &
\end{array}
$$

❑ **Beispiel**: Welche Richtungsindizes (Gitterrichtung, Zonensymbol) ergeben sich für die Schnittkante der Prismenebenen $E_1 = (01\bar{1}0)$ und $E_2 = (10\bar{1}0)$? (Vgl. Bild 1.16)

Lösung:

1. Umrechnung (*hkil*) in (*pqr*)
   Für E_1 ist $p_1 = 1; q_1 = 1; r_1 = -2$
   Für E_2 ist $p_2 = 2; q_2 = -1; r_2 = -1$
2. Bestimmung des dreigliedrigen Zonensymbols [uvw]

$$
\begin{array}{c|cc cc|c}
1 & 1 & -2 & 1 & 1 & -2 \\
2 & -1 & -1 & 2 & -1 & -1
\end{array}
$$

$$\underbrace{-1 - 2}_{-3} \quad \underbrace{-4 + 1}_{-3} \quad \underbrace{-1 - 2}_{-3} \quad \rightarrow [\bar{3}\bar{3}\bar{3}] \equiv [\bar{1}\bar{1}\bar{1}]$$

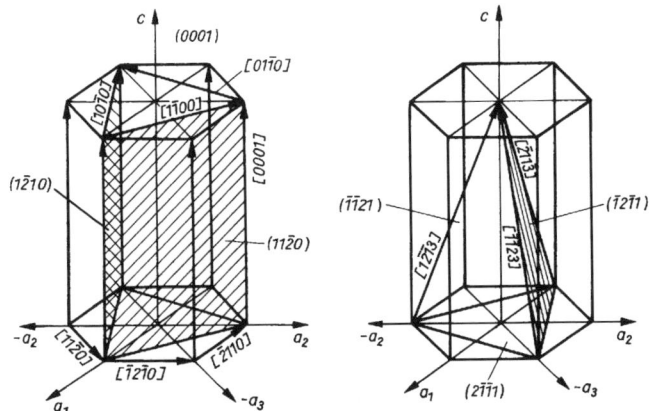

Bild 1.16 *Einige wichtige Richtungen im hexagonalen Gitter:*
$\langle 0001 \rangle$, $\langle 1\bar{1}00 \rangle$, $\langle \bar{2}110 \rangle$ *und* $\langle 11\bar{2}3 \rangle$

3. Bestimmung des viergliedrigen Zonensymbols $[u^* v^* t w^*]$

$$\left.\begin{array}{l} u^* = u - v = -3 - (-3) = 0 \\ v^* = v - w = -3 - (-3) = 0 \\ t = w - u = -3 - (-3) = 0 \\ w^* = u + v + w = -3 - 3 - 3 = -9 \end{array}\right\} \rightarrow [000\bar{9}] \equiv [000\bar{1}]$$

Für die Kanten des hexagonalen Prismas ergeben sich die viergliedrigen Symbole $[000\bar{1}]$ bzw. $[0001]$. Die Kantenrichtungen sind daher gleichwertig und können in spitze Klammern gesetzt werden: $\langle 0001 \rangle$.

❏ **Beispiel**: Gesucht sind die Richtungsindizes der Schnittkante der Ebenen $E_1 = (0001)$ und $E_2 = (1\bar{2}10)$, vgl. Bild 1.16.

Lösung:
1. Umrechnung $(hkil)$ in (pqr)
   Für E_1 ist $p_1 = 1$; $q_1 = 1$; $r_1 = 1$
   Für E_2 ist $p_2 = 0$; $q_2 = -3$; $r_2 = 3$
2. Bestimmung des dreigliedrigen Zonensymbols $[uvw]$

$$\begin{array}{c|ccc|c} 1 & 1 & 1 & 1 & 1 \\ 0 & -3 & 3 & 0 & -3 & 3 \\ \hline \underbrace{3 \;\; +3}_{6} & \underbrace{0 \;\; -3}_{-3} & \underbrace{-3 \;\; -0}_{-3} \end{array} \rightarrow [6\bar{3}\bar{3}] \equiv [2\bar{1}\bar{1}]$$

3. Bestimmung des viergliedrigen Zonensymbols $[u^* v^* t w^*]$

$$\left.\begin{array}{l} u^* = 6 - (-3) = 9 \\ v^* = -3 + 3 = 0 \\ t = -3 - 6 = -9 \\ w^* = 6 - 3 - 3 = 0 \end{array}\right\} \rightarrow [90\bar{9}0] \equiv [10\bar{1}0]$$

Gleichwertige Richtungen $\langle 1010 \rangle$ sind

$[1\bar{1}00], [\bar{1}100], [01\bar{1}0], [0\bar{1}10], [10\bar{1}0], [\bar{1}010]$

❑ **Beispiel**: Gesucht sind die Richtungsindizes der Schnittkante der Ebenen $E_1 = (2\bar{1}\bar{1}1)$ und $E_2 = (\bar{1}\bar{1}21)$, vgl. Bild 1.16.

Lösung:

1. Umrechnung $(hkil)$ in (pqr)
   Für E_1 ist $p_1 = 4$; $q_1 = -2$; $r_1 = 1$
   Für E_2 ist $p_2 = -2$; $q_2 = 1$; $r_2 = 4$

2. Bestimmung des dreigliedrigen Zonensymbols $[uvw]$

$$
\begin{array}{cccccc}
4 & -2 & 1 & 4 & -2 & 1 \\
-2 & 1 & 4 & -2 & 1 & 4 \\
\hline
-8 \;-1 & & -2 \;-16 & & 4 \;-4 & \\
\underbrace{\quad} & & \underbrace{\quad} & & \underbrace{\quad} & \\
-9 & & -18 & & 0 & \rightarrow [9\bar{18}0] \equiv [\bar{1}\bar{2}0]
\end{array}
$$

3. Bestimmung des viergliedrigen Zonensymbols $[u^{*}v^{*}tw^{*}]$

$$
\left.
\begin{array}{lll}
u^{*} = u - v & = -9 - (-18) & = +9 \\
v^{*} = v - w & = -18 & = -18 \\
t = w - u & = 0 - (-9) & = +9 \\
w^{*} = u + v + w & = -9 - 18 + 0 & = -27
\end{array}
\right\} \rightarrow [9\ \overline{18}\ \overline{9}\ \overline{27}] \equiv [1\bar{2}1\bar{3}]
$$

Gleichwertige Richtungen $\langle 11\bar{2}3 \rangle$ sind

$[1\bar{2}13], [1\bar{2}1\bar{3}], [\bar{1}2\bar{1}3], [2\bar{1}\bar{1}3], [\bar{2}11\bar{3}], [\bar{2}11\bar{3}], [2\bar{1}\bar{1}\bar{3}], [\bar{1}\bar{1}23], [11\bar{2}3], [\bar{1}2\bar{1}\bar{3}]$ u. a.

1.1.2 Gitteraufbau der Metalle

Der Gitteraufbau der Metalle und Legierungen wird durch die Angabe der Elementarzelle (als kleinster Einheit des Raumgitters) und ihrer Kenngrößen charakterisiert.

Kenngrößen der Elementarzelle

1. Atomanzahl je Elementarzelle A/E
2. Koordinationszahl KZ
3. Gitterkonstante a

Bei hexagonalen Elementarzellen wird das Achsenverhältnis c/a angegeben. Die 3 wichtigsten Elementarzellen zeigt Bild 1.17.

Aus Gründen der Zweckmäßigkeit und der Vereinfachung werden zur Beschreibung des Gitteraufbaus die Atome bzw. Ionen als starre Kugeln aufgefaßt. Die Raumgitter lassen sich damit auch als eine *Schichten-* oder *Stapelfolge* von in Gitterebenen regelmäßig angeordneten Atomen oder Ionen darstellen. Störungen in der *Stapelfolge*, die zum Beispiel bereits während der Kristallbildung oder im Zusammenhang mit der spanlosen Umformung (durch Versetzungsreaktionen, vgl. 1.1.4) auftreten können, werden als *Stapelfehler* bezeichnet. Die *Koordinationszahl* KZ gibt die Anzahl der Atome (Ionen) an, die von einem Atom (Ion) den kürzesten gleichgroßen Abstand haben. Besteht

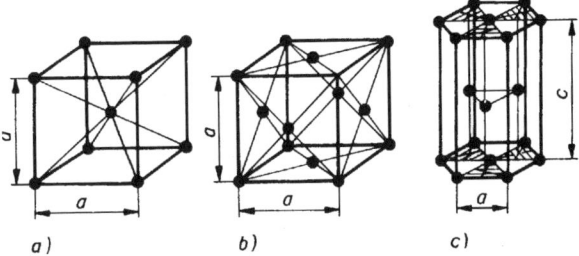

a)   *b)*   *c)*

*Bild 1.17 Die wichtigsten Elementarzellen (Gittertypen) der Metalle
a) kubisch-raumzentriert (krz), b) kubisch-flächenzentriert (kfz), c) hexagonal mit
dichtester Kugelpackung (hdP)*

die Elementarzelle aus gleichartigen Atomen (wie das bei reinen Metallen der
Fall ist), so weist eine große Koordinationszahl auf eine gute spanlose Formbarkeit hin. Die größte Koordinationszahl haben mit KZ = 12 das kfz- und das
hdP-Gitter.

Die Koordinationszahl läßt auch den Schluß auf den Bindungscharakter zu.
Der Anteil der metallischen Bindung nimmt ausgehend von KZ = 12 mit fallender KZ ab. Bei KZ = 4 (z. B. α-Sn, Diamant, Ge und Si) liegt die homöopolare oder Atombindung vor.

1. Kubisch-primitives Gitter (kub.prim.)

Beim kubisch-primitiven Gitter, das bisher nur bei α-Po nachgewiesen wurde,
sind die Würfelecken anteilig mit Atomen besetzt. Da jedes Eckatom gleichzeitig am Aufbau von insgesamt 8 Elementarzellen beteiligt ist (vgl. Bild 1.18),
ergibt sich die Atomanzahl je Elementarzelle zu

$$A/E = 8 \cdot \frac{1}{8} \text{ Eckatom} = 1$$

Die Koordinationszahl ist KZ = 6.

Die in aufeinanderfolgenden Gitterebenen angeordneten Atome haben stets die
gleiche Lage zur vorhergehenden und zu nachfolgenden Ebenen. Bezeichnet
man die einzelnen Ebenen mit Buchstaben, z. B. *A*, so ergibt sich die Stapelfolge . . . *AAA* . . . (Bild 1.19).

Die Raumerfüllung einer Elementarzelle mit Atomen wird als *Packungsdichte*
PD bezeichnet.

$$PD = \frac{\text{Atomvolumen innerhalb der Elementarzelle}}{\text{Volumen der Elementarzelle}} = \frac{A/E}{V/E}$$

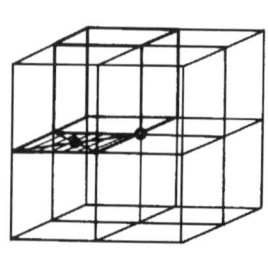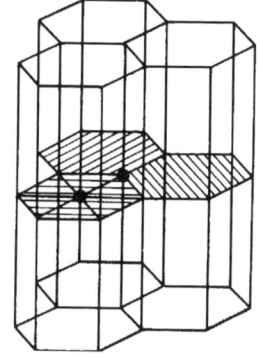

Bild 1.18 Anteil eines Eckatoms und eines flächenzentrierenden Atoms am Aufbau von kubischen und hexagonalen Elementarzellen

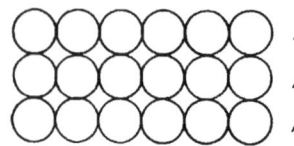

Bild 1.19 Stapelfolge im kubisch-primitiven Gitter

Für das kubisch-primitive Gitter gilt daher, mit $A/E = 1 = \frac{4}{3}\pi r^3$ und $V/E = a_0^3 = (2r)^3$

$$PD = \frac{4\pi r^3}{3 \cdot 8r^3} = \frac{\pi}{6} = 0,52$$

2. Kubisch-raumzentriertes Gitter (krz)

Bild 1.17a zeigt die krz-Elementarzelle.

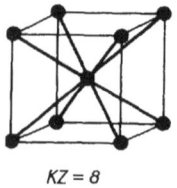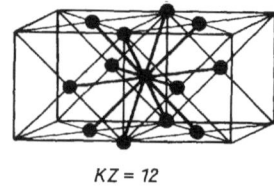

KZ = 8   KZ = 12

Bild 1.20 Koordinationszahl (KZ) 8 im krz- und 12 im kfz-Gitter

Die Kenngrößen sind

$$A/E = 8 \cdot \frac{1}{8} \text{ Eckatom} + 1 \text{ raumzentrierendes Atom} = 2$$

$$KZ = 8 \quad (\text{vgl. Bild 1.20})$$

1

Hier sind die aufeinanderfolgenden Ebenen um einen bestimmten Betrag gegeneinander versetzt. Gleiche Atomanordnungen folgen stets erst in der jeweils übernächsten Ebene. Betrachtet man z. B. die (001)-Ebene als Ebene A, so ist die Ebene B um den Betrag $\frac{a}{2}$ [110] gegenüber A versetzt. Die Stapelfolge ist daher ... $ABABA$ ..., vgl. dazu Bild 1.21.

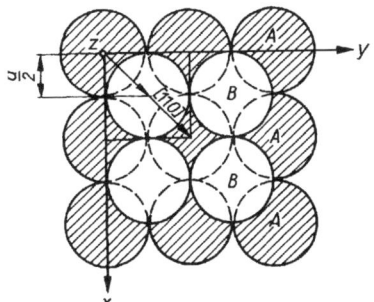

*Bild 1.21 Stapelfolge ...ABABA...
im krz-Gitter*

Die Packungsdichte ergibt sich mit $A/E = 2 = \dfrac{8\pi r^3}{3}$ und $a_0^3 = \left(\dfrac{4r}{\sqrt{3}}\right)^3$ zu

$$PD = \frac{8\pi r^3 \cdot 3\sqrt{3}}{3 \cdot 64 r^3} = \frac{\pi\sqrt{3}}{8} = 0{,}68$$

In Tabelle 1.1 sind Gittertypen und Gitterkonstanten der bekanntesten Metalle zusammengestellt.

3. Kubisch-flächenzentriertes Gitter (kfz)

Die Kenngrößen des in Bild 1.17b gezeigten kfz-Gitters sind

$$A/E = 8 \cdot \frac{1}{8} \text{Eckatom} + 6 \cdot \frac{1}{2} \text{raumzentrierendes Atom} = 4$$

$$KZ = 12 \quad \text{(vgl. Bild 1.20)}$$

In den {100}-Ebenen ist die Stapelfolge ...$ABABA$.... Die {111}-Ebenen, als *Ebenen dichtester Kugelpackung*, zeigen die Stapelfolge ...$ABCABC$..., d. h., nach jeder 3. Ebene folgt eine Ebene gleicher Atomanordnung (Bild 1.22). Die dichteste Kugelpackung ist, unter der Voraussetzung gleichgroßer Atome, die dichteste überhaupt mögliche Anordnung von Atomen in einer Ebene oder Elementarzelle. Die besonders gute spanlose Formbarkeit der Metalle und Legierungen mit kfz-Gitter ist unter anderem mit dem Vorhandensein der Ebenen dichtester Kugelpackung verknüpft.

Das kfz-Gitter hat wie das hdP-Gitter die größte Packungsdichte.

Tabelle 1.1   Gittertypen und Gitterkonstanten einiger Metalle, nach [13], [20]

Kubisch-raumzen-triertes Gitter (krz)		Kubisch-flächen-zentriertes Gitter (kfz)		Hexagonales Gitter mit dichtester Kugelpackung (hdP)			
Metall	Gitterkon-stante a in 10^{-10} m	Metall	a in 10^{-10} m	Metall	a in 10^{-10} m	c in 10^{-10} m	c/a
Cr	2,87	Ni	3,52	Be	2,28	3,62	1,59
α-Fe	2,87	β-Co	3,55	α-Co	2,51	4,10	1,63
δ-Fe	2,90	Cu	3,61	Zn	2,65	4,93	1,86
V	3,04	γ-Fe	3,65	Ru	2,69	4,28	1,59
Mo	3,14	Rh	3,80	Os	2,72	4,32	1,59
W	3,15	Ir	3,82	α-Ti	2,95	4,69	1,59
β-Ti	3,31	Pd	3,87	Cd	2,97	5,61	1,88
Ta	3,32	Pt	3,91	Mg	3,20	5,20	1,62
Li	3,50	Al	4,04	α-Zr	3,23	5,14	1,59
β-Zr	3,61	Au	4,07	Hf	3,32	5,46	1,64
Na	4,29	Ag	4,08	Tl	3,40	5,51	1,62
K	5,20	Nb	4,19				
		Pb	4,94				

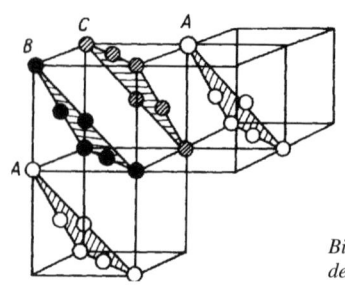

*Bild 1.22   Stapelfolge . . . ABCABC . . .
der {111}-Ebenen im kfz-Gitter*

Mit $A/E = 4 = 4 \cdot \dfrac{4}{3}\pi r^3$ und $a_0^3 = \left(\dfrac{4r}{\sqrt{2}}\right)^3$ ist

$$PD = \frac{16\pi r^3 \cdot 2\sqrt{2}}{3 \cdot 64 r^3} = \frac{\pi\sqrt{2}}{6} \approx 0,74$$

Tabelle 1.1 enthält die wichtigsten Metalle mit kfz-Gitter.

Weitere Gittertypen des kubischen Systems sind das kubische Diamantgitter (A/E = 8; KZ = 4), vertreten durch Diamant, α-Sn, Ge und Si, sowie komplizierte kubische Gitter (kub.kompl.), vertreten z. B. durch α-Mn (A/E = 58) oder β-Mn (A/E = 20).

4. Hexagonales Gitter mit dichtester Kugelpackung (hdP)

Die Elementarzelle des hdP-Gitters (Bild 1.17c) hat die Kenngrößen

$$A/E = 12 \cdot \frac{1}{6} \text{ Eckatom} + 2 \cdot \frac{1}{2} \text{ flächenzentr. Atom}$$

$$+3 \text{ innenzentr. Atome} = 6$$

$$KZ \; = 12$$

Die Stapelfolge ist . . . *ABABA* . . .. Die Packungsdichte ist wie beim kfz-Gitter PD $\approx$ 0,74. Trotz gleicher Koordinationszahl wie beim kfz-Gitter ist die spanlose Formbarkeit weniger gut, da die Anzahl der Hauptgleitsysteme (3) wesentlich kleiner als die des kfz-Gitters (12) ist, vgl. 1.2. Qualitative Unterschiede in der Formbarkeit der im hdP-Gitter kristallisierenden Metalle ergeben sich aus den Abweichungen gegenüber dem idealen Achsenverhältnis $c/a = 1{,}62$, vgl. Tabelle 1.1.

1.1.2.1   Polymorphie

Die Eigenschaft einer Reihe von Metallen sowie eines Teiles ihrer Legierungen in Abhängigkeit von der Temperatur (und vom Druck) in verschiedenen Gittertypen aufzutreten, wird als *Polymorphie* (Vielgestaltigkeit) oder *Allotropie* bezeichnet. Unter dem Begriff *allotrope Modifikationen* versteht man die in bestimmten Temperaturbereichen existierenden Gittertypen eines polymorphen Metalls bzw. einer polymorphen Legierung.

▶ *Hinweis*: Polymorphie ist nicht nur auf metallische Werkstoffe beschränkt. Sie tritt auch bei einigen partiell-kristallinen Plasten (PA 6.6 und PA 6.10) und anorganischen Substanzen in Erscheinung.

Tabelle 1.2   Polymorphe Metalle

Metall	Existenzbereich	Gittertyp
α-Fe	$\longrightarrow 911\,°C$	krz
γ-Fe	$911 \ldots 1392\,°C$	kfz
δ-Fe	$1392 \ldots 1536\,°C$	krz
α-Sn	$\longrightarrow 13{,}2\,°C$	kub. Diamant
β-Sn	$13{,}2 \ldots 232\,°C$	tetr.rz
α-Ti	$\longrightarrow 880\,°C$	hdP
β-Ti	$880 \ldots 1670\,°C$	krz
α-Co	$\longrightarrow 420\,°C$	hdP
β-Co	$420 \ldots 1495\,°C$	kfz
α-Zr	$\longrightarrow 420\,°C$	hdP
β-Zr	$862 \ldots 1750\,°C$	krz

Außer den in Tabelle 1.2 aufgeführten Metallen sind auch nachstehende Elemente polymorph: Be, Ca, Ce, Gd, Hf, La, Li, Mn, Nd, Pr, Pu, Se, Sm, Sr, Tl, U, Y und Yb.

Die bei bestimmten Temperaturen stattfindenden Änderungen des Gitterauf-baus werden als Gitterumwandlungen bezeichnet. Die Gitterumwandlungen im festen Zustand, wie auch die Phasenübergänge gasförmig $\rightleftharpoons$ flüssig, gasförmig $\rightleftharpoons$ fest oder flüssig $\rightleftharpoons$ fest, unterliegen den Gesetzen der Thermodynamik. Triebkraft der Umwandlungsvorgänge ist die freie Enthalpie.

Grundsätzlich gilt: Tritt ein Metall (Stoff, System) in Abhängigkeit von den thermodynamischen Zustandsgrößen – Temperatur T und Druck p – in verschiedenen Gittertypen auf, so ist immer der Gittertyp stabil, der die niedrigste *freie Enthalpie G* hat.

$$G = U + pV - TS = H - TS$$

G GIBBSsche freie Enthalpie
U innere Energie
pV mechanische Energie (Volumenarbeit)
TS thermische Energie
S Entropie
H Umwandlungswärme, Enthalpie

Die Bestimmung der Umwandlungstemperaturen kann erfolgen durch:
1. Aufnahme der thermodynamischen Zustandsfunktionen in Abhängigkeit von der Temperatur, z. B. $c_p = f(T)$ oder $H = f(T)$.
2. Methoden der thermischen Analyse (siehe dazu 1.3.1).

Bei der Aufnahme thermodynamischer Zustandsfunktionen ergeben sich beim Erreichen oder bei der Annäherung an die Umwandlungstemperaturen entweder sprunghafte Änderungen (*Umwandlungen 1. Ordnung*) oder diskontinuierliche Änderungen (*Umwandlungen 2. Ordnung*) der Funktionsverläufe. Die diskontinuierliche Änderung des c_p-Verlaufs beim Übergang vom ferromagnetischen zum paramagnetischen Zustand der Ferromagnetika wird wegen der Form des Kurvenverlaufs als λ-Umwandlung bezeichnet (s. Bild 1.23a und b). In Bild 1.24 ist der Verlauf bzw. die Änderung der Wärmekapazität c_p des Eisens in Abhängigkeit von der Temperatur schematisch dargestellt. Die bei der Erwärmung auf die *Curie-Temperatur* (1 042 K bzw. 769 °C) sich einstellende anomale Erhöhung der spezifischen Wärmekapazität c_p ist zur Überwindung der Austauschkräfte, die die magnetischen Eigenschaften bewirken, erforderlich. Dieser Effekt wird als *magnetische Anomalie* der spezifischen Wärmekapazität c_p bezeichnet.

Die Gitterumwandlungen sind im Regelfall reversibel. Eine Ausnahme bildet Sn. Während sich bei der Abkühlung das tetragonal-raumzentrierte β-Sn bei Temperaturen unterhalb 13,2 °C in α-Sn (kub. Diamantgitter), der nichtmetallischen Modifikation mit homöopolarer Bindung, umwandelt, wird beim Erwärmen die α, β-Umwandlung nicht beobachtet. (Die β, α- Umwandlung ist

mit dem Zerfall der kompakten metallischen Modifikation in ein graues Pulver
– früher als *Zinnpest* bezeichnet – verbunden).

▶ *Man beachte*: Gitterumwandlungen lassen sich durch Legieren nach tieferen Temperaturen verschieben oder können vollständig unterdrückt werden, vgl. dazu Abschnitt Eisenwerkstoffe.

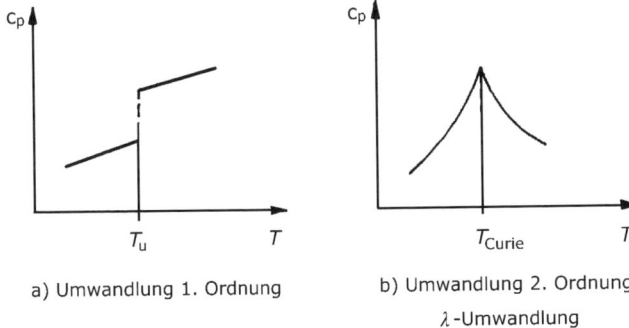

a) Umwandlung 1. Ordnung

b) Umwandlung 2. Ordnung

λ-Umwandlung

Bild 1.23 Verlauf der thermodynamischen Zustandsfunktion $c_p = f(T)$ bei Gitterumwandlung (a) und beim Übergang vom ferromagnetischen zum paramagnetischen Zustand (b)

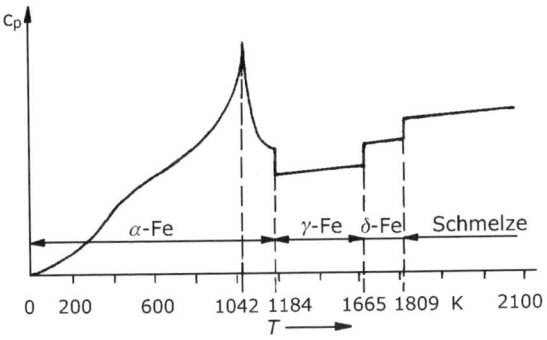

Bild 1.24 $c_p = f(T)$ von reinem Eisen (schematisch)

1.1.2.2 Anisotropie

Unter *Anisotropie* versteht man die Richtungsabhängigkeit der Kristalleigenschaften. Das heißt, daß in Abhängigkeit von der Gitterrichtung am Einkristall unterschiedliche Werte bestimmter Eigenschaften gemessen werden. Die Unterschiede ergeben sich aus den Bindungsverhältnissen und der Kristallgeometrie einschließlich der damit verbundenen Stapelfolgen und Packungsdichten. Anisotrop, also richtungsabhängig, sind der Elastizitätsmodul E und sein Reziprokwert, die Dehnzahl $\alpha = 1/E$, sowie der Gleit- oder Schubmodul G und sein Reziprokwert, die Schubzahl $\beta = 1/G$, vgl. auch Tabelle 1.6.

Während die elektrische und Wärmeleitfähigkeit, die Wärmeausdehnung und die Diffusionsvorgänge bei kubischen Kristallen isotropen Charakter haben, sind diese Eigenschaften und Verhaltensweisen bei nichtkubischen, d. h. bei Kristallen niedrigerer Symmetrie, anisotrop. Bei den Ferromagnetika tritt eine ausgeprägte Richtungsabhängigkeit der Magnetisierbarkeit in Erscheinung, vgl. dazu Bild 1.25.

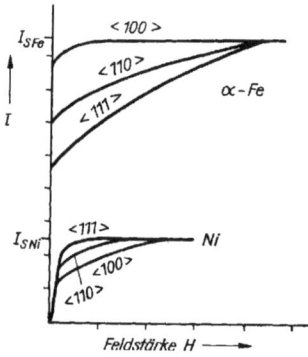

Bild 1.25 Anisotropie der Magnetisierbarkeit von α-Fe und Ni, nach HONDA *und* KAYA *(I_S Sättigungsmagnetisierung)*

Da die Kristalle in den üblichen vielkristallinen Gebrauchsmetallen regellos angeordnet sind, heben sich die anisotropen Eigenschaften auf. Das Gebrauchsmetall erscheint daher makroskopisch isotrop. Dafür ist auch die Bezeichnung *quasiisotrop* üblich.

Für spezielle Belange der Elektrotechnik, besonders im Hinblick auf die Verminderung der Ummagnetisierungsverluste bei Dynamo-, Trafo- und Übertragerblechen, wird eine weitgehend gleichsinnige Kristallorientierung gefordert. Die gleichsinnige Anordnung bzw. Orientierung der Kristalle in einem vielkristallinen metallischen Werkstoff wird als *Textur* bezeichnet.

Die im Elektromaschinenbau für Transformatoren und Generatoren eingesetzten Fe-Si-Legierungen mit etwa 3 % Si (Dynamo- und Trafobleche) werden in großem Umfang mit der GOSS-*Textur* oder *Einfachtextur* hergestellt.

Bei der GOSS-Textur liegen die $\langle 100 \rangle$-Richtungen in der Walzrichtung und die $\{110\}$-Ebenen in der Walzebene, Bild 1.26. Die auf GOSS (1935) zurückgehende Technologie zur Erzeugung dieser Kornorientierung setzt sich im wesentlichen aus folgenden Teilschritten zusammen:

1. Warmwalzen des Vormaterials auf ≈ 3 mm Dicke
2. Kaltwalzen in 2 Stichen auf 0,7 mm Dicke
3. Zwischenglühen bei 900 ... 950 °C
4. Kaltwalzen auf 0,35 mm Dicke
5. Spannungsarmglühen bei 600 °C
6. Rekristallisationsglühen in trockener Wasserstoffatmosphäre bei 900 °C
7. Rekristallisationsglühen in feuchter H_2-Atmosphäre bei 1 150 ... 1 200 °C

Das Rekristallisationsglühen der bis zu 1 m breiten Bänder erfolgt in Durchlaufglühöfen von bis zu 100 m Länge.

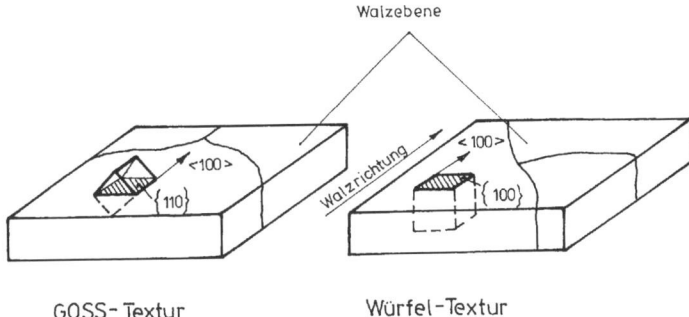

Bild 1.26 GOSS-*Textur und Würfeltextur (schematisch)*

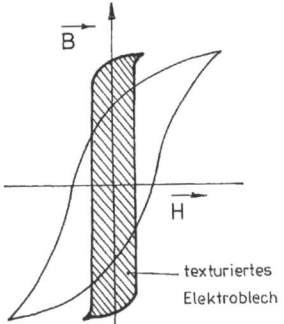

Bild 1.27 *Einfluß der Textur auf die Form der Hystereseschleife*

Für Übertrager werden Fe-Si-Legierungen (etwa 50 % Ni-Anteil) mit *Würfel-Textur* (auch *Hi-B-Textur* genannt) hergestellt.

Würfel-Textur: hier liegen die ⟨100⟩-Richtungen parallel und quer zur Walzrichtung und die {100}-Ebenen in der Walzebene, Bild 1.26. Die *Tex-*

turunschärfe, d. h. der Anteil der nicht orientierten Kristalle, beträgt bei der GOSS-*Textur* $\leq$ 10...15 % und bei der Würfel-Textur $\leq$ 1 %. Der Einfluß der Textur auf die Form und Lage der Hystereseschleife zeigt schematisch Bild 1.27.

Unerwünscht sind die infolge spanloser Umformung entstehenden Texturen, wie z. B. die Walz-, Zieh- und Drucktextur.

1.1.3   Gitteraufbau der Legierungen

1. Begriffe

Legierung: Ein aus mehreren, aber mindestens 2 Komponenten gebildeter metallischer Körper, dessen Eigenschaften von denen seiner Komponenten abweichen.

Komponente: Legierungsbestandteil

System: Gesamtheit aller zwischen bestimmten Komponenten möglichen Legierungen

Nach der Anzahl der Komponenten werden die Systeme unterschieden in
- Einstoffsystem oder unäres System (reines Metall)
- Zweistoffsystem oder binäres System
- Dreistoffsystem oder ternäres System
- Vierstoffsystem oder quaternäres System

Üblich ist, Systeme mit mehr als zwei Komponenten als Mehrstoffsysteme zu bezeichnen.

Phase: Als Phase bezeichnet man homogene Bereiche eines Stoffes, dessen physikalische und chemische Eigenschaften an allen Stellen gleich sind.

Zwischen verschiedenen Phasen existieren Grenzflächen. Unter normalen Druckverhältnissen sind Einstoffsysteme innerhalb eines Temperaturbereiches einphasig. Unterhalb des Schmelzpunktes besteht ein reines Metall nur aus *einer* Kristallart (Phase).

Oberhalb des Schmelzpunktes liegt ein reines Metall ebenfalls einphasig, als Schmelze, vor. Am Schmelz- oder Erstarrungspunkt oder bei polymorphen (allotropen) Metallen, auch an Umwandlungspunkten, ist das reine Metall zweiphasig.

Während des Aufschmelzens ist das Metall zum Teil bereits flüssig und zum Teil noch im festen Zustand. Die Grenzfläche zwischen den Phasen wird durch den noch festen Teil des Metalls gebildet.

Die *Anzahl der Phasen in Legierungen* ist im festen Zustand abhängig von
1. der Anzahl der Komponenten
2. dem Löslichkeitsverhalten der Komponenten im festen Zustand

Es ist zu unterscheiden zwischen dem Löslichkeitsverhalten bzw. der Löslichkeit der Komponenten im flüssigen und im festen Zustand.

2. Löslichkeitsverhalten im flüssigen Zustand

Im flüssigen Zustand sind die meisten Metalle völlig miteinander mischbar bzw. ineinander löslich, d. h., in einer aus mehreren Komponenten bestehenden Schmelze ist die Atomverteilung der betreffenden Komponenten regellos, also statistisch. Die Komponenten bilden eine homogene Schmelze. Die Legierung ist im flüssigen Zustand einphasig.

Nichtmischbarkeit oder *völlige Unlöslichkeit* im flüssigen Zustand ist dann gegeben, wenn die betreffenden Komponenten im flüssigen Zustand voneinander getrennt im Schmelzfluß auftreten. Das ist beim System Fe-Pb der Fall, wo das flüssige Fe auf dem flüssigen Pb schwimmt.

Häufiger als die völlige Unlöslichkeit ist die *begrenzte Löslichkeit* im flüssigen Zustand. Dabei können in Abhängigkeit von der Schmelzentemperatur nur begrenzte Mengen der beteiligten Komponenten eine homogene Phase (Schmelze) bilden. Dazu gehören die Systeme Cu-Pb, Cu-W, Cu-Mo, Ag-Fe, Ag-Co, Ag-Ni, Ag-Cr, Ag-W, Pb-Ni, Pb-Co, Pb-Zn, Pb-Al, Al-Bi, Al-Cd, Bi-Zn, Bi-V, Bi-W, Bi-Mn u. a.

3. Löslichkeitsverhalten im festen Zustand

Die Kristallbildung erfolgt primär beim Übergang eines Systems vom flüssigen zum festen Zustand. Die Zahl der bei Legierungen entstehenden Phasen (Kristallarten) wird nun vom Lösungsverhalten im festen Zustand bestimmt.

Völlige Unlöslichkeit oder *völlige Nichtmischbarkeit* der Komponenten im festen Zustand wird dadurch gekennzeichnet, daß jede der am System beteiligten Komponenten ihre eigenen Kristalle bildet. Bei einem Zweistoffsystem geht daher die einphasige Schmelze beim Erstarren in 2 Phasen über:

$$\text{Schmelze} \longrightarrow \text{2 Kristallarten (Phasen)}$$

Völlige Löslichkeit oder *völlige Mischbarkeit* liegt vor, wenn die Atome der Komponenten, unabhängig von ihrem Mengenanteil, beim Erstarren der Schmelze gemeinsame Kristalle aufbauen. Die Schmelze geht daher beim Erstarren nur in 1 feste Phase über:

$$\text{Schmelze} \longrightarrow \text{1 Kristallart}$$

Begrenzte Löslichkeit bzw. *Mischbarkeit* ist vorhanden, wenn nur eine begrenzte, von der Temperatur abhängige Menge Atome am Aufbau gemeinsamer Kristalle beteiligt sind. Je nach dem Mengenverhältnis der beteiligten

Komponenten kann die Schmelze beim Erstarren in 1 oder 2 Phasen übergehen:

$$\text{Schmelze} \longrightarrow 1 \text{ oder } 2 \text{ Kristallarten}$$

(Näheres dazu in 1.3.2.3)

Dieses Löslichkeitsverhalten ist technisch im Zusammenhang mit der Aushärtung und Alterung von besonderem Interesse, da hier im allgemeinen das Aufnahmevermögen bzw. die Löslichkeit für die zweite Komponente mit fallender Temperatur mehr oder weniger abnimmt.

> Der Aufbau bzw. das Gefüge von Legierungen setzt sich in Abhängigkeit vom Löslichkeitsverhalten der beteiligten Komponenten zusammen aus:
> 1. Kristallen reiner Metalle
> 2. Mischkristallen
> 3. intermetallischen bzw. intermediären Phasen
> 4. Gemischen von 1. bis 3.

1.1.3.1   Kristallgemisch

Kristallgemische aus Kristallen reiner Metalle sind bei Systemen anzutreffen, deren Komponenten im festen Zustand völlig unlöslich sind. Häufiger jedoch als diese sind Kristallgemische, die Mischkristalle mit begrenzter Löslichkeit im festen Zustand bilden oder bei denen das Gefüge aus Mischkristallen begrenzter Löslichkeit und/oder intermetallischen bzw. intermediären Phasen bestehen.

Einige Legierungen mit aus Kristallgemischen von Mischkristallen bestehendem Gefüge zeichnen sich durch relativ extrem niedrige Schmelzpunkte aus:

NEWTONS *Metall*: $T_S = 103\ °C$ (53 % Bi, 26 % Sn, 21 % Cd)
ROSES *Metall*: $T_S = 94\ °C$ (50 % Bi, 25 % Pb, 25 % Sn)
LIPOWITZ-*Metall*: $T_S = 70\ °C$ (50 % Bi, 26,7 % Pb, 13,3 % Sn, 10 % Cd)
WOOD-*Metall*: $T_S = 60\ °C$ (50 % Bi, 25 % Pb, 12,59 % Sn, 12,5 % Cd)

Diese Legierungen werden unter anderem für Thermosicherungen, Schnellote und zum Eingießen metallographischer Schliffe verwendet.

1.1.3.2   Mischkristalle (Mk)

1. Austausch-Mk oder Substitutions-Mk

Unter der Voraussetzung der völligen Löslichkeit der Komponenten im festen Zustand entstehen *Austausch-* oder *Substitutions*-Mk.

1

Diese Voraussetzung ist gegeben, wenn die Komponenten 3 Bedingungen erfüllen:
1. gleicher Gittertyp
2. Differenz der Atomradien < 15 %
3. geringe chemische Affinität zueinander

Unter diesen Bedingungen nehmen die Atome der beteiligten Komponenten völlig beliebige Gitterplätze ein, so daß praktisch eine statistische Verteilung der Atome im Kristall vorliegt. Die betreffende Legierung ist damit einphasig, der Gefügeaufbau ist homogen.

Zweistoffsysteme, die lückenlos Austausch-Mk bilden:

Ni–Cu	Cu–Au	Pd–Au	Au–Ag
Ni–Au	Cu–Pt	Pd–Ag	Mo–W
Ni–Pt	Cu–Pd	Pd–Pt	
Ni–Pd			

2. Austausch-Mk mit Mischungslücke oder temperaturabhängiger Sättigungskonzentration

Sind die Komponenten eines Zwei- oder Mehrstoffsystems im festen Zustand nur begrenzt löslich, d. h., ist das Lösungs- oder Aufnahmevermögen der das Grundgitter bildenden Komponente für die zweite oder die anderen Komponenten begrenzt, wobei dieses Lösungsvermögen von der Temperatur abhängig ist, so entstehen *Austausch-Mk mit Mischungslücke*.

Mischungslücke ist der Temperatur-Konzentrationsbereich, in dem die Kristallzusammensetzung veränderlich ist, bzw. für den die begrenzte Löslichkeit vorliegt.

Die im Gitter der Mk nicht mehr löslichen Atome diffundieren an die Kristalloberflächen (Korngrenzen) und bilden dort neue Kristalle, z. B. Mk oder intermetallische Phasen (vgl. 1.1.3.4). Die Ausscheidung bzw. Entstehung neuer Kristallarten ist an eine (sehr) langsame Abkühlung gebunden. Bei rascher Abkühlung aus einem Temperaturbereich oberhalb der Mischungslücke bis auf z. B. Raumtemperatur wird die Ausscheidung zunächst unterdrückt. Man erhält damit an der 2. Komponente *übersättigte Mischkristalle*, sie befinden sich thermodynamisch nicht im Zustand des Gleichgewichts. Bei einigen technisch wichtigen Zwei- und Mehrstoffsystemen ist die nachträgliche spontane oder willkürlich gesteuerte Einstellung des Gleichgewichtszustands von hervorragender Bedeutung. Die gesteuerte Einstellung des Gleichgewichts oder eines gleichgewichtsnahen Zustands führt zum Beispiel zur Verbesserung der mechanischen Eigenschaften der betreffenden Legierungen, wie bei Legierungen der Systeme AlCuMg, AlMgSi, CuBe u. a. (vgl. 3.1.3.3 Aushärtung der Al-Legierungen).

3. Einlagerungs-Mk

Im Gegensatz zu den Austausch- oder Substitutions-Mk werden hier die Atome der zweiten Komponente nicht auf Gitterplätzen des Grundgitters (Matrix), sondern in Gitterlücken oder auf den Kanten der Gitter eingebaut. Für die Bildung von *Einlagerungs-Mk* gelten, von gewissen Einschränkungen abgesehen, folgende Entstehungsbedingungen:

1. Die das Gitter bildende Grundkomponente muß ein Übergangselement sein.
2. Es müssen Gitterlücken vorhanden sein.
3. Der Quotient aus den Radien der eingelagerten zur Grundkomponente muß $\leqq 0{,}58$ ($\leqq 0{,}59$) sein.

Als Einlagerungskomponenten kommen die Nichtmetalle C, H, O, N und B in Betracht, wenn die metallischen Eigenschaften nicht geändert werden sollen. Die Einlagerung nichtmetallischer Komponenten mit ausgeprägter Elektronegativität führt zur Ionenbildung. Daher sind Einlagerungs-Mk mit Sauerstoff selten (Ti-O-Mk).

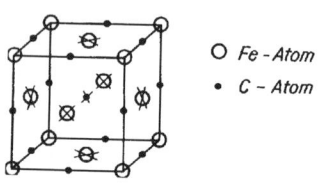

○ *Fe - Atom*

● *C - Atom*

Bild 1.28 Anordnungsmöglichkeiten der C-Atome im γ-Mk (Einlagerungsmischkristall) der Eisen-Kohlenstoff-Legierungen

Wichtigster Einlagerungs-Mk ist der γ-Mk der Eisen-Kohlenstoff-Legierungen. Bild 1.28 zeigt die Anordnungsmöglichkeiten (es handelt sich hier um die Mittelpunkte der größten Hohlräume, die beim kfz-Gitter vorhanden sind) von C-Atomen in der Elementarzelle des γ-Fe. Tatsächlich sind keineswegs alle angegebenen Plätze von C-Atomen besetzt. Das im Abschnitt Eisenwerkstoffe dargestellte System Fe-Fe$_3$C gibt bei 6,67 % C das Vorhandensein der intermediären Phase Fe$_3$C an. Danach ist das Verhältnis Fe:C = 3:1. Der γ-Mk, der bei 723 °C gerade 0,8 % C löst, weist nur den 8,3ten Teil an C-Atomen auf, d. h., das Gitter des γ-Mk enthält 1 C-Atom auf 24 bis 25 Fe-Atome, oder in 6 bis 7 Elementarzellen des kfz-γ-Fe tritt bei 723 °C 1 C-Atom auf.

1.1.3.3 Überstrukturen

Überstrukturen sind Sonderfälle der Austausch-Mk. Während bei den üblichen Austausch-Mk die Besetzung der Gitterplätze durch die Atome der beteiligten Komponenten völlig beliebig (regellos, statistisch) ist, ordnen sich bei Überstrukturen die Atome der Komponenten regelmäßig an. Überstrukturen werden daher auch als *geordnete Mischkristallphasen* oder *Fernordnungen* bezeichnet. Die am Aufbau von Überstrukturen beteiligten Atomarten treten gewöhnlich in stöchiometrischen Verhältnissen auf, ohne daß chemische Verbindungen vorliegen. Überstrukturen sind bisher vor allem bei binären, seltener ternären Systemen im kubischen und hexagonalen System nachgewiesen worden. Bild 1.29 zeigt drei bekannte Überstrukturtypen.

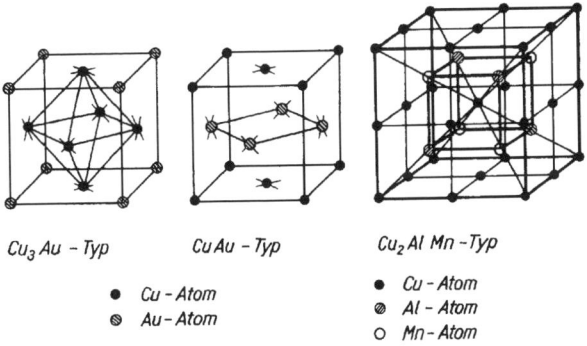

Cu_3Au – Typ $CuAu$ – Typ Cu_2AlMn –Typ

- ● Cu – Atom
- ◉ Au – Atom

- ● Cu – Atom
- ◎ Al – Atom
- ○ Mn – Atom

Bild 1.29   Überstruktur-Typen

Zum **Cu_3Au-Typ** gehören mehr als 190 Vertreter, wie z. B. Ni_3Fe, Ni_3Al, Ni_3Cr, Ni_3Pt, Co_3Al.

Zum **$CuAu$-Typ** gehören etwa 48 Vertreter, wie z. B. FePt, FePd, NiPt, NiMn.

Zum **Cu_2AlMn-Typ** gehören etwa 36 Vertreter, von denen die HEUSLER*schen Legierungen* Cu_2AlMn und Cu_2MnSn die wichtigsten sind. Die geordnete Atomverteilung stellt sich erst unterhalb des Soliduspunktes im festen Zustand ein.

Durch rasches Abkühlen von Temperaturen oberhalb der Bildungstemperatur kann die Entstehung von Überstrukturen unterdrückt werden.

Ein nachträgliches Erwärmen auf entsprechende Temperaturen führt zur Herausbildung der Überstrukturen. Mit dem Auftreten von Überstrukturen in Legierungsreihen sind extreme Eigenschaftsänderungen verbunden (vgl. dazu 1.1.3.5).

1.1.3.4   Intermetallische und intermediäre Phasen

Der Begriff „intermetallische Phase" kann etwa so definiert werden: Intermetallische Phasen sind Kristallarten, deren Gittertyp vom Gittertyp ihrer Komponenten abweicht.

Intermetallische Phasen bestehen nur aus metallischen Komponenten.

Intermediäre Phasen bestehen aus mindestens einer metallischen und einer nichtmetallischen Komponente.

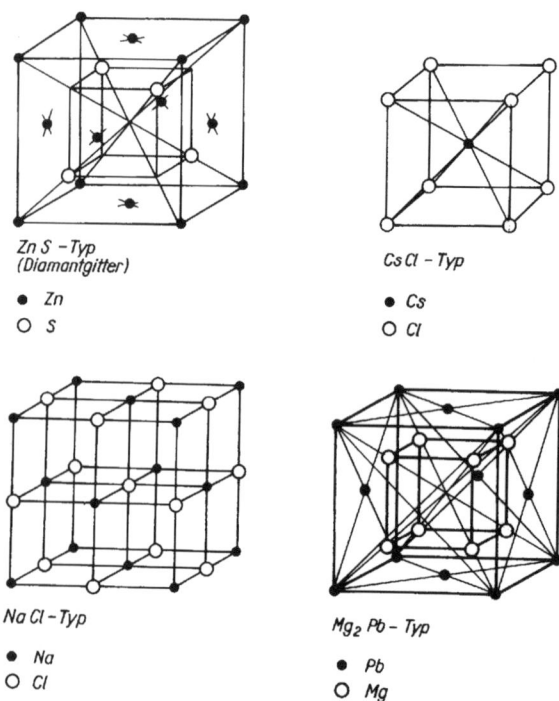

Bild 1.30   Einige Typen intermetallischer Phasen

Bei beiden Phasen herrscht die Metallbindung vor. Sie treten häufig in ganzzahligen festen Verhältnissen der beteiligten Atomarten auf. Darüber hinaus existieren auch Phasen, die veränderliche Zusammensetzungen in Abhängigkeit von der Temperatur zeigen oder die innerhalb gewisser Konzentrationsbereiche stabil sind.

❏ **Beispiel:** γ-Messing, mit 30...40 % Cu und 70...60 % Zn

Intermetallische und intermediäre Phasen können sowohl beim Übergang vom flüssigen zum festen Zustand als auch erst im festen Zustand (bei Systemen mit begrenzter Löslichkeit im festen Zustand) entstehen. Von einigen Ausnahmen abgesehen, weisen diese Phasen einen komplizierten Aufbau auf.

Bild 1.30 zeigt die Elementarzellen einiger Typen intermetallischer Phasen.

Wegen ihrer Struktur sind diese Phasen spanlos meist schwer formbar und zeigen beträchtliche Härtewerte. Von besonderer technischer Bedeutung sind die intermediären Phasen mit C und N als nichtmetallische Komponenten.

Im Stahl trägt z. B. Fe₃C (siehe Bild 1.31) wesentlich zu den Festigkeitseigenschaften dieses wichtigen Werkstoffs bei. In den für Spanungswerkstoffe verwendeten Hartstoffen sind vor allem die Karbide TiC, TaC, WC, (sie kristallisieren nach dem NaCl-Typ) enthalten. Die Verschleißfestigkeit gasnitrierter Stähle wird von den Nitriden des Al, Cr, Mo, Ti und V hervorgerufen: AlN (ZnS-Typ: Wurtzit-Struktur), CrN, TiN, VN (NaCl-Typ), MoN (hex).

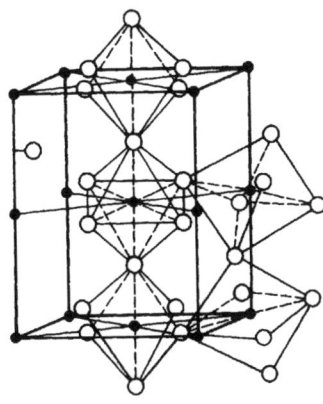

● *C - Atome*
○ *Fe - Atome*

*Bild 1.31 Intermediäre Phase Fe₃C
(Eisenkarbid, Zementit) nach Bickel [4]*

Hume-Rothery-Phasen:

HUME-ROTHERY konnte zeigen, daß bestimmte Typen intermetallischer Phasen dann auftreten, wenn eine bestimmte *Valenzelektronenkonzentration* der am Gitteraufbau beteiligten Atomarten vorliegt.

Regel von HUME-ROTHERY:

$$V = \frac{\sum E_V}{\sum A}$$

V Valenzelektronenkonzentration
$\sum E_V$ Summe der Valenzelektronen
$\sum A$ Summe der am Gitteraufbau beteiligten Atome

Die HUME-ROTHERY-Phasen werden bei Legierungen aus Metallen der 1. Nebengruppe (Cu, Ag, Au), sogenannte Metalle 1. Art, und Metallen 2. Art (Zn, Sn, Al, Be, Mg, Cd, Hg, Ge, Sb) gebildet.

Metalle 1. Art werden einwertig, Metalle 2. Art werden mit ihrer entsprechenden Wertigkeit eingesetzt.

Die Regel gilt auch für die Metalle der 8. Nebengruppe und Mn, wenn diese als nullwertig aufgefaßt werden.

Tabelle 1.3 enthält einige Beispiele für HUME-ROTHERY-Phasen.

❑ **Beispiel**: Im System Cu-Zn tritt mit Cu_5Zn_8 die kubisch-kompliziert kristallisierende γ-Phase auf. Die Valenzelektronenkonzentration ist, wenn 1 Valenzelektron/Cu-Atom und 2 Valenzelektronen/Zn-Atom angenommen werden

$$v = \frac{5+16}{13} = \frac{21}{13}$$

Tabelle 1.3 HUME-ROTHERY-*Phasen*

Bezeichnung	β-Phase	γ-Phase	ε-Phase
Gittertyp	krz	kub. kompliziert	hdp
Valenzelektronen-konzentration V	$\frac{3}{2}$	$\frac{21}{13}$	$\frac{7}{4}$
Beispiele	CuBe	Ag_5Zn_8	$CuZn_3$
	CuPd	Ag_5Cd_8	Cu_3Ge
	CuZn	Cu_5Zn_8	$AgZn_3$
	Cu_5Sn	$Cu_{31}Sn_8$	Ni_3Sn
	AgMg	Ni_5Zn_{21}	
	AuZn		
	NiAl		
	FeAl		

Laves-Phasen

Für diese Phasen wird bei binären Systemen die allgemeine Zusammensetzung AB_2 angegeben. Die etwa 300 Vertreter kristallisieren nach 3 Typen aus: $MgCu_2$, $MgZn_2$ und $MgNi_2$. Der Bindungscharakter ist rein metallisch.

LAVES-Phasen entstehen bei einem stöchiometrischen Verhältnis $A : B = 1 : 2$ und bei einem Verhältnis der Atomradien von $\approx 1{,}23$.

Sie sind ausgezeichnet durch große Symmetrie, große Koordinationszahl und hohe Dichte.

Bild 1.32 zeigt die LAVES-Phase vom Typ $MgCu_2$. Diesem Typ gehören etwa 220, davon 37 ternäre Vertreter an. Dem hexagonalen $MgZn_2$-Typ gehören 108 binäre und 81 ternäre Vertreter an. Dem ebenfalls hexagonalen $MgZn_2$-Typ gehören 14 binäre und 8 ternäre Vertreter an.

Grimm-Sommerfeld-Phasen:

Diese Kristallarten bestehen aus 3- und 5wertigen oder 2- und 6wertigen Komponenten ($A^{III} - B^{V}$; $A^{II} - B^{VI}$).

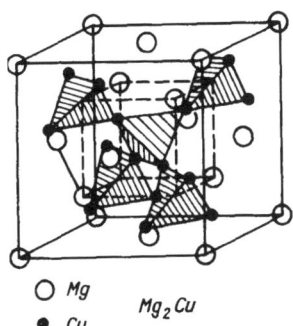

○ Mg   Mg₂Cu
● Cu

Bild 1.32 LAVES-*Phase (Mg₂Cu-Typ) nach [20]*

Wegen ihres homöopolaren Bindungscharakters haben die GRIMM-SOMMER-FELD-Phasen ausgeprägte Halbleitereigenschaften.

Zu den $A^{III} - B^V$-Verbindungen gehören GaAs und Tl₂S, die für Fotoelemente verwendet werden. $A^{II} - B^{VI}$-Verbindungen sind CdSe und CdS, die als Foto-widerstände gebräuchlich sind.

1.1.3.5 Eigenschaftsänderungen der Metalle durch Legieren

Hier sollen nur die Eigenschaftsänderungen der Metalle beim Zusatz einer zweiten Komponente (Zweistoffsysteme) prinzipiell angegeben werden.

Die Eigenschaften eines Metalls ändern sich beim Legieren in Abhängigkeit vom Löslichkeitsverhalten der Komponenten im festen Zustand, d. h. in Abhängigkeit von der Art der entstehenden Kristalle.

Binäres System mit völliger Unlöslichkeit der Komponenten im festen Zustand (Kristallaufbau: Kristallgemisch)

Beim Kristallgemisch ändern sich die Eigenschaften annähernd proportional der Konzentration.

Bild 1.33 zeigt als Beispiel die Änderung der spezifischen elektrischen Leitfähigkeit $\varkappa$ in dem von den Komponenten A und B gebildeten binären System.

Abweichungen vom idealen, geradlinigen Verlauf ergeben sich dann, wenn die betrachteten Eigenschaften der Komponenten sehr stark verschieden sind.

Binäres System mit völliger Löslichkeit der Komponenten im festen Zustand (Kristallaufbau: Austausch-Mk)

Bilden die Komponenten Austausch- oder Substitutions-Mk, so ändern sich die Eigenschaften besonders bei geringen Zusätzen an der 2. Komponente sehr

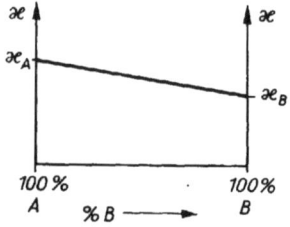

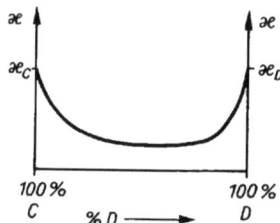

Bild 1.33 Konzentrationsabhängigkeit
der spezifischen elektrischen Leitfähigkeit $\varkappa$ eines binären Systems, dessen
Komponenten im festen Zustand völlig
unlöslich sind (Kristallgemisch)

Bild 1.34 Konzentrationsabhängigkeit
der spezifischen elektrischen Leitfähigkeit $\varkappa$ eines binären Systems, dessen
Komponenten im festen Zustand völlig
löslich sind (Austausch-Mk)

stark nichtlinear. Bei höheren Konzentrationen durchläuft der betrachtete Eigenschaftswert ein flaches Minimum (bzw. Maximum). Bild 1.34 zeigt die Änderung der spezifischen elektrischen Leitfähigkeit $\varkappa$, Bild 1.35 die der Zugfestigkeit.

Binäres System mit begrenzter Löslichkeit der Komponenten im festen Zustand (Kristallaufbau: Kristallgemisch von Mk)

Liegt bei Raumtemperatur die Mischungslücke in dem angegebenen Konzentrationsbereich vor, so ändert sich die untersuchte Eigenschaft nahezu linear (proportional) mit der Konzentration. Außerhalb der Mischungslücke besteht das System aus Austausch-Mk, für deren Eigenschaftsänderungen das oben Gesagte zutrifft, vgl. dazu Bild 1.36.

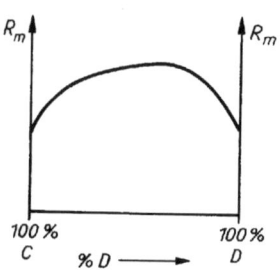

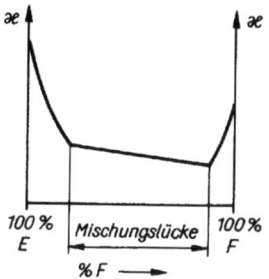

Bild 1.35 Konzentrationsabhängigkeit
der Zugfestigkeit R_m im System C–D
(vgl. Bild 1.34)

Bild 1.36 Konzentrationsabhängigkeit
der spezifischen elektrischen Leitfähigkeit $\varkappa$ eines binären Systems mit
Mischungslücke im festen Zustand
(Kristallgemisch von Mischkristallen)

Binäres System mit völliger Löslichkeit der Komponenten im festen Zustand und zwei Überstrukturen

Beim Auftreten von Überstrukturen in einem System werden extreme Eigenschaftsänderungen festgestellt. Im Realsystem Au-Cu bilden sich bei langsamer Abkühlung die Überstrukturen CuAu und Cu_3Au, wodurch extreme Werte der spezifischen elektrischen Leitfähigkeit entstehen. Bei rascher Abkühlung wird die Bildung der Überstrukturen unterdrückt, dadurch ergibt sich der für Austausch-Mk übliche Verlauf der Eigenschaftsänderung (Strichlinie in Bild 1.37).

Binäres System mit völliger Unlöslichkeit der Komponenten im festen Zustand und Auftreten einer intermetallischen Phase

Zwischen den reinen Komponenten und der Konzentration der reinen intermetallischen Phase bilden sich entsprechend dem Löslichkeitsverhalten Kristallgemische. Demzufolge ändert sich die betrachtete Eigenschaft nahezu proportional zur Konzentration. Im Bild 1.38 ist die intermetallische Phase mit dem Buchstaben Y bezeichnet.

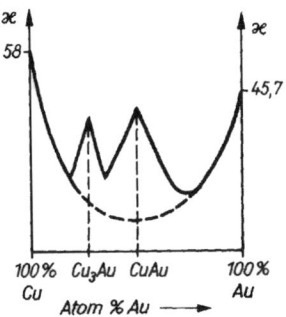
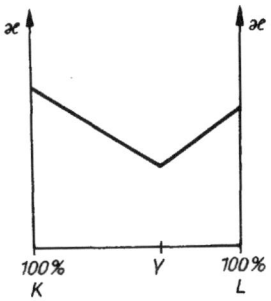

Bild 1.37 Konzentrationsabhängigkeit der spezifischen elektrischen Leitfähigkeit $\varkappa$ im System Cu-Au (Überstrukturen Cu_3Au), schematisch

Bild 1.38 Konzentrationsabhängigkeit der spezifischen elektrischen Leitfähigkeit $\varkappa$ eines binären Systems mit intermetallischer Phase Y (Kristallgemisch)

1.1.4   Aufbau der Realkristalle

Im Gegensatz zu den Idealkristallen sind die tatsächlich existierenden Realkristalle mit Fehlern behaftet. Dabei rechnet man mit 1 Fehlordnung (F.O.) je $10^4 \dots 10^6$ Elementarzellen. Das sind etwa 10^{16} F.O. je cm^3 Kristallvolumen.

Man unterscheidet:

1. *Strukturelle F.O.*: Das sind die vom idealen Kristallaufbau abweichenden Atomanordnungen, die *Gitterbaufehler*.

2. *Chemische F.O.*: Das sind entweder unerwünschte oder beabsichtigte in das Kristallgitter eingebaute Fremdatome (Verunreinigungen, interstitiell gelöste Fremdatome oder Legierungsatome).
3. *Elektrische F.O.*: Das sind nichtstatistische Ladungsträgerverteilungen und -dichten in den Kristallen.

Strukturelle und chemische Fehlordnungen ziehen stets elektrische F.O. nach sich.

Fehlordnungen entstehen:
1. bei der Kristallbildung und beim Kristallwachstum, d. h., bei den Phasenübergängen gasförmig $\longrightarrow$ fest, flüssig $\longrightarrow$ fest, fest $\rightleftharpoons$ fest (Gitterumwandlungen im festen Zustand) oder bei Ausscheidungsvorgängen im festen Zustand infolge der mit Temperatur abnehmenden Löslichkeit einer Mischkristallphase für eine Komponente
2. durch spanlose Formung
3. durch thermische Einflüsse: Temperaturänderung, Wärmebehandlungsprozesse, beim Schweißen und Löten
4. durch Einwirkung energiereicher Strahlung, besonders bei Kernreaktorwerkstoffen.

1.1.4.1   Strukturelle Fehlordnungen

Einteilung der strukturellen Fehlordnungen

Man unterscheidet:
1. Punktförmige oder nulldimensionale F.O.
2. Linienförmig oder eindimensionale F.O.
3. Flächenhafte oder zweidimensionale F.O.

Mikroskopische Hohlräume (Anhäufungen von Punktfehlern oder Mikroporen) sind dreidimensionale Fehlordnungen, die hier außer Betracht bleiben. Tabelle 1.4 zeigt eine Übersicht über die strukturellen Fehlordnungen.

Technische Bedeutung der strukturellen Fehlordnungen

Strukturelle Fehlordnungen begünstigen
1. die *spanlose Formung* durch Verminderung der zur Formänderung erforderlichen Mindestschubspannung τ_{krit} (kritische Schubspannung)
2. *Platzwechselreaktionen* (Diffusionsprozesse) im festen Zustand, z. B. bei der chemisch-thermischen Wärmebehandlung von Eisenwerkstoffen (Aufkohlen, Nitrieren, Chromieren, Borieren, Alitieren u. a.) *Aushärtungsprozesse* von Nichteisenmetalllegierungen, wie AlCuMg, AlMgSi, CuBe 2, CuBeCo 2,6, sowie *Lötvorgänge*
3. *Gitterumwandlungsprozesse* im festen Zustand

Tabelle 1.4 Übersicht über die strukturellen Fehlordnungen

Nulldimensionale Fehlordnungen	Eindimensionale Fehlordnungen	Zweidimensionale Fehlordnungen
SCHOTTKY-Defekt	*Versetzungen*	Großwinkelkorn-
FRENKEL-Defekt	**1. Vollständige Versetzungen**	grenzen
Anti-SCHOTTKY-Defekt	Stufenversetzung	Kleinwinkelkorn-
Doppel- und Mehrfach-	Schraubenversetzung	grenzen
gitterfehlstellen	gemischte Versetzungen	(Subkorngrenzen)
Fremdatome in Gitter-	**2. Unvollständige Versetzung**	Stapelfehler
lücken oder auf	positive und negative	Antiphasengrenzen
Zwischengitterplätzen	FRANKsche Versetzung	Zwillingsgrenzen
	SHOCKLEY-Versetzung	
	LOMER-COTTRELL-Versetzung	

Die strukturellen Fehlordnungen beeinflussen darüber hinaus die Koerzitiv-feldstärke und andere magnetische Kenngrößen der magnetischen Werkstoffe sowie die kritische Feldstärke der Supraleiter für den Übergang von der Supra-zur Normalleitung.

Besondere technische Bedeutung kommt, neben den eindimensionalen, den nulldimensionalen, thermisch bedingten Gitterbaufehlern zu (siehe dazu 1.1.4.1 und 1.4).

1.1.4.1.1 Punktförmige oder nulldimensionale Fehlordnungen

Unter nulldimensionalen F.O. sind fehlerhafte Besetzungen von Gitterplätzen der Elementarzelle bzw. des Raumgitters zu verstehen. Wird ein Gitterplatz nicht belegt, so liegt eine Gitterleerstelle, der sogenannte SCHOTTKY-*Defekt* vor, Bild 1.39.

Als FRENKEL-*Defekt* wird die Besetzung eines für die Elementarzelle nicht typischen Gitterplatzes, z. B. die Besetzung eines Flächenmittelpunktes. des krz-Gitters oder der Würfelkante des kfz-Gitters, bezeichnet, Bild 1.39.

Der *Anti*-SCHOTTKY-*Defekt* ist die Kombination von FRENKEL- und SCHOTTKY-*Defekt*, Bild 1.39.

Treten diese Fehler zwei- oder mehrfach auf, dann wird die Bezeichnung *Doppel*- bzw. *Mehrfachgitterleerstelle* angewandt. Als nulldimensionale F.O. sind auch die in *Gitterlücken* (z. B. das Raumzentrum des kfz-Gitters) oder die auf *Zwischengitterplätzen* (z. B. Würfelkanten kubischer Gittertypen) so-wie die auf normalen Gitterplätzen eingebauten Fremdatome (*Substitutions-störstellen*) zu bezeichnen.

Von erheblichem technischen Interesse sind auch die in Abhängigkeit von der Temperatur vorhandenen, sogenannten *thermisch bedingten Gitterleerstellen*.

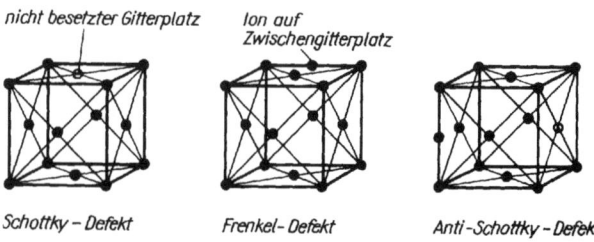

nicht besetzter Gitterplatz   *Ion auf Zwischengitterplatz*

Schottky – Defekt   *Frenkel- Defekt*   *Anti -Schottky – Defekt*

Bild 1.39 *Punktförmige oder nulldimensionale Fehlordnungen*

Thermisch bedingte Gitterleerstellen

Mit steigender Temperatur vergrößert sich die Schwingungsamplitude der um ihre Gitterplätze schwingenden Atome. Durch Wechselwirkung (elastische Stöße) verlassen in zunehmendem Maße Atome ihre ursprünglichen Gitterplätze und nehmen unter gleichzeitiger Bildung von Leerstellen Zwischengitterplätze ein. Die zur Entstehung von Gitterleerstellen erforderliche Bildungsenergie ΔU_L erhöht die innere Energie.

Mit der Annahme, daß alle Atome des Raumgitters bei 0 K ihre regulären Gitterplätze besetzen und damit der Zustand größter Ordnung (Entropie $S = 0$) herrscht, wird bei steigender Temperatur dieser Ordrnungszustand immer mehr vermindert.

Die *Entropie S*, die hier als ein Maß für den Ordnungszustand eines Stoffes oder Systems aufzufassen ist, erhöht sich auf Werte $S \leq 1$.

Die Zahl n der thermisch bedingten Gitterleerstellen läßt sich über die thermodynamische Zustandsfunktion der freien Energie F berechnen

$$\boxed{F = U - TS}$$

Die Änderung der freien Energie eines Kristalls mit n-Leerstellen ist

$$\boxed{\Delta F = \Delta U_L - T\Delta S_L}$$

Die Energiezunahme durch die Bildung von n-Leerstellen ist

$$\boxed{\Delta U_L = nU_L}$$

Die Änderung des Ordnungszustandes in einem Kristallvolumen mit N-Atomen und n-Leerstellen ist

$$\boxed{\Delta S_L = k \ln \frac{(N + n)!}{n!N!}}$$

1

Da N und n sehr groß sind, lassen sich die Fakultäten mit der Näherungsformel nach STIRLING berechnen zu

$$\ln x! = x \ln x - x$$

Die Änderung der freien Energie ist dann

$$\Delta F = \Delta U_{\mathrm{L}} - k \cdot T \left[(N + n) \ln(N + n) - n \ln n - N \ln N \right]$$

Weil im thermodynamischen Gleichgewicht $\Delta F = 0$ sein muß, erhält man durch Differenzieren die Beziehung zwischen der Temperatur T und der Anzahl der Leerstellen (Leerstellenkonzentration)

$$\frac{n}{N + n} \approx \frac{n}{N} = \mathrm{e}^{-\frac{\Delta U_{\mathrm{L}}}{kT}} = \mathrm{e}^{-\frac{\Delta U_{\mathrm{L}}}{RT}}$$

k BOLTZMANN-Konstante: $1{,}3804 \cdot 10^{-23}$ J/K
R Gaskonstante: 8,31 J/mol K$= 8{,}61 \cdot 10^{-5}$ eV/K
      $R = N_{\mathrm{A}} k = 6{,}02 \cdot 10^{23}$ mol$^{-1} \cdot 1{,}3804 \cdot 10^{-23}$ J/K
N_{A} AVOGADROsche Zahl
ΔU_{L} Bildungsenergie für Leerstellen; sie liegt zwischen $8{,}37 \cdot 10^4$ J/mol und $20{,}935 \cdot 10^4$ J/mol bzw. zwischen 0,86 und 2,171 eV/mol. Das entspricht auch $20 \ldots 50$ kcal/mol.

Bei Temperaturen dicht unterhalb des Schmelzpunktes T_{S} beträgt die Leerstellenkonzentration $\frac{n}{N} \approx 10^{-4}$. Geht man davon aus, daß sich in 1 cm^3 Kristallvolumen 10^{22} Atome befinden, so existiert 1 Leerstelle je 10 000 Atome. Damit ergibt sich die Anzahl der thermisch bedingten Gitterleerstellen zu 10^{18} je cm^3 Kristallvolumen.

❏ **Beispiel**: Wie groß ist die Leerstellenkonzentration n/N von Cu bei 1 356 K, 1 000 K, 273 K und 1 K, wenn die Bildungsenergie $\Delta U_{\mathrm{L}} = 8{,}374 \cdot 10^4$ J/mol beträgt?

Lösung:

$$1\,365 \text{ K}: \quad \frac{n}{N} = \mathrm{e}^{-\frac{\Delta U_{\mathrm{L}}}{RT}} = \mathrm{e}^{-\frac{8{,}374 \cdot 10^4}{8{,}31 \cdot 1\,366}} = 6 \cdot 10^{-4}$$

Die Anzahl der Leerstellen ist $n = 10^{18}/\text{cm}^3$.

$$1\,000 \text{ K}: \quad \frac{n}{N} = 0{,}45 \cdot 10^{-4}; \quad n = 10^{18}/\text{cm}^3$$

$$273 \text{ K}: \quad \frac{n}{N} = 0{,}93 \cdot 10^{-16}; \quad n = 10^6/\text{cm}^3$$

$$1 \text{ K}: \quad \frac{n}{N} = 1{,}14 \cdot 10^{-4\,343}; \quad n \approx 0$$

Verallgemeinernd geht aus diesem Beispiel hervor, daß bei Temperaturen über 0 K stets eine bestimmte Zahl von Leerstellen im thermodynamischen Gleichgewicht vorhanden ist. Das heißt auch, daß völlig perfekte, fehlerfreie Kristalle nicht existent sein können.

Technische Nutzung thermisch bedingter Gitterleerstellen

Durch Glühen des metallischen Werkstoffs bei entsprechend hoher Temperatur und anschließendem sehr schnellen Abkühlen (Ablöschen, Abschrecken) in Wasser läßt sich die große Leerstellenkonzentration über einen gewissen Zeitraum auch bei Raumtemperatur beibehalten (einfrieren). Die „eingefrorenen" Gitterleerstellen verursachen eine erhebliche Verminderung der zur spanlosen Formung erforderlichen kritischen Schubspannung τ_{krit}.

Der Werkstoff wird dadurch gegenüber langsamer Abkühlung extrem weich, so daß die spanlose Formung wesentlich erleichtert wird.

Bei aushärtbaren Legierungen, z. B. AlCuMg oder AlMgSi, werden die Diffusionsprozesse, die zu der gewünschten Festigkeits- und Härtesteigerung führen, wesentlich begünstigt.

Beachtenswert ist, daß die eingefrorenen Gitterleerstellen eine Erhöhung des spezifischen elektrischen Widerstandes verursachen. Da sich jedoch nach gewisser Zeit das thermodynamische Gleichgewicht der Leerstellenkonzentration wieder einstellt (die Atome nehmen wieder Gitterplätze ein), nimmt der spezifische elektrische Widerstand wieder normale Werte an.

Die technische Nutzung im o. g. Sinne ist jedoch nur für umwandlungsfreie, nichtpolymorphe Metalle und Legierungen, wie Cu, Cu-Legierungen, Al, Al-Legierungen und umwandlungsfreie Eisenwerkstoffe, möglich.

1.1.4.1.2 Linienförmige oder eindimensionale Fehlordnungen

Diese F.O. werden als *Versetzungen* bezeichnet. Sie stehen ursächlich im Zusammenhang mit der Festigkeit, der spanlosen Formbarkeit und dem Verfestigungsvermögen (Abnahme der Formänderungsfähigkeit bei zunehmendem Formänderungsgrad) der Metalle und Legierungen.

Ihre Existenz in den realen Kristallen ist die Ursache für den Unterschied zwischen der theoretischen und der experimentell nachweisbaren Festigkeit der metallischen Werkstoffe. Zur Definierung der Versetzung geht man von dem fehlerbehafteten Kristall, dem *Realkristall*, und dem zugehörigen vollständig fehlerfreien *Ideal-* oder *Bildkristall* aus.

Bild 1.40 zeigt das durch eine senkrecht zur Zeichenebene eingeschobene Gitterebene gestörte Gitter eines Realkristalls und den dazugehörigen Idealkristall.

Die untere Kante der eingeschobenen Ebene, die sich senkrecht zur Zeichenebene fortsetzt und die die stärkste Gitterstörung hervorruft, ist die *Versetzungslinie*.

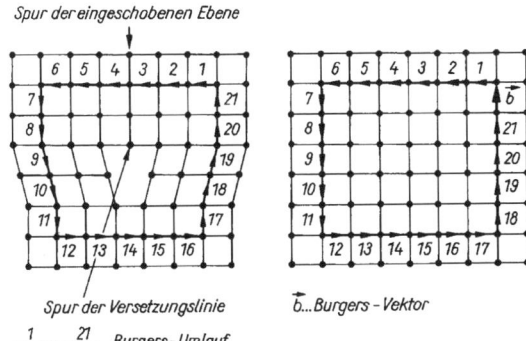

Bild 1.40 BURGERS-Umlauf im Realkristall (links) und im Ideal- oder Bildkristall

Durch Umlaufen des gestörten Gitterbereichs mit konstantem Umlaufsinn und konstanter Schrittlänge, ergibt sich der BURGERS-Umlauf. Wird der BURGERS-Umlauf mit gleicher Schrittzahl im Idealkristall wiederholt, so schließt sich dieser Weg nicht. Die Strecke zwischen Anfangs- und Endpunkt des BURGERS-Umlaufs im Idealkristall ist als BURGERS-Vektor **b** definiert.

Versetzung: Eindimensionale strukturelle Fehlordnung, die durch die *Versetzungslinie* und den dazugehörigen BURGERS-Vektor **b** bestimmt ist.

Die **Versetzungslinie** kann eine geschlossene, verzweigte oder an der Kristalloberfläche endende Linie sein.

Versetzungsknoten: Schnittpunkt dreier Versetzungslinien oder Verzweigungspunkt von Versetzungslinien.

Die Abstände der Versetzungsknoten liegen in der Größenordnung von $10^{-4} \dots 10^{-5}$ cm. Die Mosaikblockstruktur – ein mitunter für die Struktur der Realkristalle verwendeter Begriff – entspricht einem Netzwerk von Versetzungslinien.

Versetzungsarten

Je nachdem, ob der BURGERS-Vektor ein Gitterparameter (z. B. Gitterkonstante) des Translationsgitters ist oder nicht, unterscheidet man *vollständige* und *unvollständige Versetzungen.*

1. Vollständige Versetzungen

Vollständige Versetzungen liegen dann vor, wenn der BURGERS-Vektor ein Gitterparameter des Translationsgitters ist. Bild 1.41 zeigt mögliche BURGERS-Vektoren im krz- und kfz-Gitter. Im hdP-Gitter sind $\frac{a}{3}\langle 2100\rangle$ und $c\langle 0001\rangle$ BURGERS-Vektoren vollständiger Versetzungen.

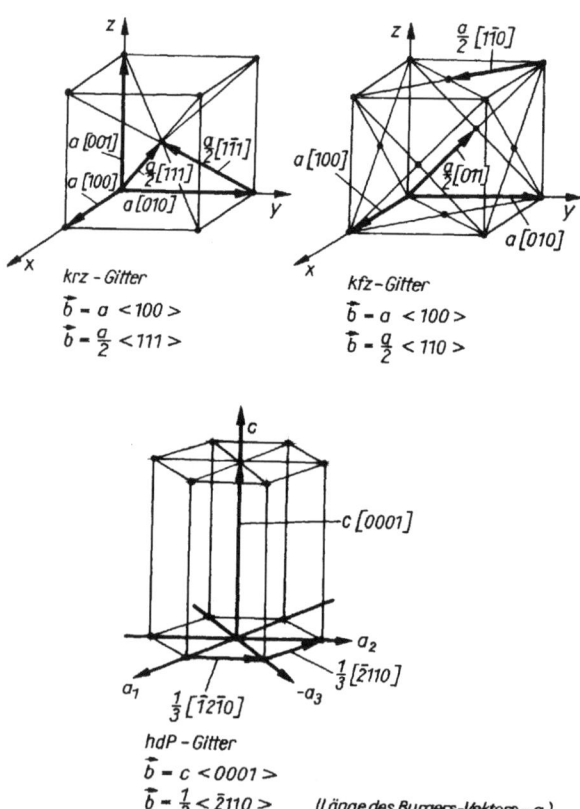

Bild 1.41 BURGERS-*Vektoren vollständiger Versetzungen im krz-, kfz- und hdP-Gitter*

Stufenversetzung

Eine Stufenversetzung liegt vor, wenn im Gitterverband durch Einbau einer zusätzlichen Gitterebene bzw. durch Fehlen einer Gitterebene eine Fehlordnung vorhanden ist. Die Stufenversetzung ist dadurch gekennzeichnet, daß der BURGERS-Vektor senkrecht auf der Versetzungslinie steht.

Symbole: ⊥ positive Stufenversetzung
              ⊤ negative Stufenversetzung

Siehe hierzu Bilder 1.40 und 1.42.

1

Schraubenversetzung

Hier sind benachbarte Gitterbereiche um kleine Winkelbeträge gegeneinander verschoben, so daß die Gitterebenen Schraubenflächen bilden.

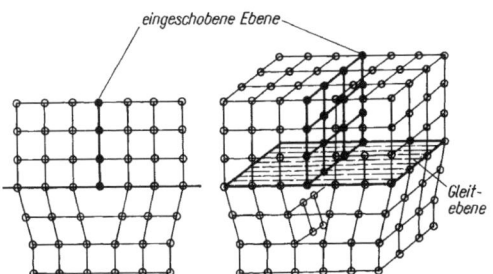

Bild 1.42 Stufenversetzung im kubisch-primitiven Gitter in ebener und räumlicher Darstellung

Die Schraubenversetzung ist dadurch gekennzeichnet, daß der BURGERS-Vektor parallel der Versetzungslinie ist, s. Bild 1.43.

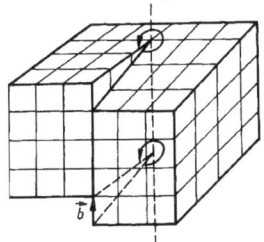

Bild 1.43 Schraubenversetzung nach READ

Gemischte Versetzungen

Eine gemischte Versetzung liegt dann vor, wenn der BURGERS-Vektor weder senkrecht noch parallel zur Versetzungslinie steht. Man unterscheidet im wesentlichen 30°- und 60°-Versetzungen, letztere sind häufig bei Halbleiterkristallen anzutreffen. Wichtigste Eigenschaft der vollständigen Versetzungen ist ihre Beweglichkeit (Gleitfähigkeit) im Raumgitter unter dem Einfluß äußerer oder innerer Schubspannungen. Die Bewegung von Versetzungen wird auch als „Versetzungswanderung" bezeichnet; vgl. dazu 1.2.

2. Unvollständige Versetzungen (Teil- oder Halbversetzungen)

Die sogenannten unvollständigen Versetzungen sind nur in Verbindung mit *Stapelfehlern* existent. Als Stapelfehler bezeichnet man innerhalb einer Stapelfolge von Gitterebenen fehlgeordnete Gitterebenen. Stapelfehler entstehen nicht nur während des Kristallwachstums, sondern auch, und das ist für das Verformungsverhalten der Metalle und Legierungen hinsichtlich der Verfestigung technisch bedeutungsvoll, durch *Versetzungsreaktionen.*

> Als Versetzungsreaktion bezeichnet man die unter Einwirkung elastischer Spannungen (Schubspannungen) erfolgende Aufspaltung oder Vereinigung von Versetzungen.

Richtung der Versetzungsreaktion

Wenn vorausgesetzt wird, daß die Energie W_V einer Versetzung proportional dem Quadrat ihres zugehörigen BURGERS-Vektor b ist

$$W_V \sim b^2$$

kann die Richtung des Ablaufs der Versetzungsreaktion angegeben werden. Die Reaktion verläuft in der Regel immer in Richtung auf einen energieärmeren Zustand.

Aufspaltung: einer Versetzung in zwei Versetzungen

$$b \longrightarrow b_1 + b_2$$

Die rechnerische Kontrolle des richtigen Verlaufs der Reaktion erfolgt mit Hilfe der *Energiebilanz*

$$b^2 > b_1^2 + b_2^2$$

Die Vereinigung zweier Versetzungen zu einer neuen Versetzung erfolgt dann analog gemäß

$$b_1 + b_2 \longrightarrow b \qquad \text{wenn} \qquad b_1^2 + b_2^2 > b^2$$

❏ **Beispiel**: Aufspaltung einer vollständigen Versetzung in zwei unvollständige Versetzungen im kfz-Gitter

$$\frac{a}{2}\left[\bar{1}10\right] \longrightarrow \frac{a}{6}\left[\bar{1}2\bar{1}\right] + \frac{a}{6}\left[\bar{2}11\right]$$

Kontrolle der Richtung der Versetzungsreaktion

Unter Beachtung, daß $|b| = \sqrt{u^2 + v^2 + w^2}$ ist, ergibt sich

$$\left(\frac{\sqrt{2}}{2}\right)^2 \longrightarrow \left(\frac{\sqrt{6}}{6}\right)^2 + \left(\frac{\sqrt{6}}{6}\right)^2$$

$$\frac{2}{4} > \frac{6}{36} + \frac{6}{36}$$

$$\frac{1}{2} > \frac{1}{6} + \frac{1}{6}$$

Die Versetzungsreaktion läuft als Aufspaltung ab, da $b^2 > b_1^2 + b_2^2$.

Definition: Unvollständige Versetzungen (Teil- oder Halbversetzungen) sind dadurch gekennzeichnet, daß ihr Burgers-Vektor b kein Gitterparameter des Translationsgitters ist.

BURGERS-Vektoren unvollständiger Versetzungen im kfz- und hdP-Gitter sind:

kfz-Gitter: $b = \dfrac{a}{3}\langle 110 \rangle$; $b = \dfrac{a}{6}\langle 112 \rangle$

hdp-Gitter: $b = \dfrac{1}{3}\langle 1\bar{1}00 \rangle$

Siehe dazu Bild 1.44.

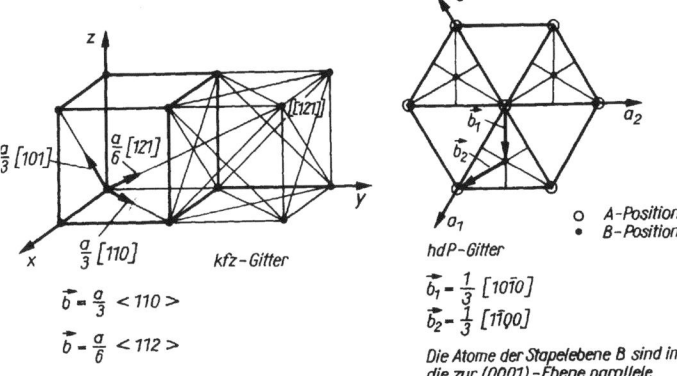

Bild 1.44 BURGERS-*Vektoren unvollständiger Versetzungen im kfz- und hdP-Gitter*

Arten unvollständiger Versetzungen

1. Franksche unvollständige Versetzungen

Die in $\{111\}$-Ebenen des kfz-Gitters auftretenden und mit Stapelfehlern in diesen Ebenen verbundenen FRANKschen Versetzungen haben den BURGERS-Vektor $b = \dfrac{a}{3}\langle 111 \rangle$, d. h., der BURGERS-Vektor steht senkrecht auf der betreffenden $\langle 111 \rangle$-Ebene.

Positive FRANK*sche unvollständige Versetzung* (Bild 1.45a)

Die Gleitebene (im Bild wird die Spur der Gleitebene durch die ⟨111⟩-Richtung dargestellt) steht senkrecht zur Stapelfehlerebene. Die Versetzungslinie steht senkrecht zur Zeichenebene.

Negative FRANK*sche unvollständige Versetzung* (Bild 1.45b)

Die negative FRANKsche unvollständige Versetzung kann durch Bildung eines Leerstellenagglomerats entstehen. Im Bild 1.45b ist der Stapelfehler durch ein scheibenförmiges Leerstellenagglomerat dargestellt, der durch eine ringförmige Versetzungslinie umrandet wird.

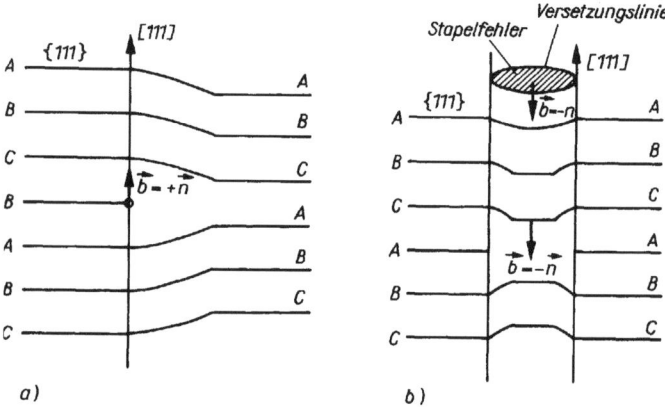

Bild 1.45 FRANK*sche unvollständige Versetzungen, nach* BOČEK *[5]*
a) positive FRANK*sche Versetzung (zusätzlich eingeschobene Ebene)*

$$b = +n = \frac{1}{3}\langle 111 \rangle$$

b) negative FRANK*sche Versetzung; Versetzungslinie schließt einen Stapelfehler ringförmig ein (Versetzungsring)*

$$b = -n = -\frac{1}{3}\langle 111 \rangle$$

Die FRANKschen unvollständigen Versetzungen sind nicht gleitfähig (Gleiten wäre mit der Auflösung der dichtesten Kugelpackung verbunden), sie können aber klettern. Diese Versetzungen liefern wegen ihrer relativen Unbeweglichkeit einen Beitrag zur Verfestigung während der spanlosen Formung.

Im hexagonalen Gitter hat der BURGERS-Vektor der FRANKschen unvollständigen Versetzung die Größe $b = n = \dfrac{c}{2}$.

2. Shockleysche unvollständige Versetzung

Im Gegensatz zu den Frankschen unvollständigen Versetzungen liegt der BURGERS-Vektor in der Stapelfehlerebene. Der BURGERS-Vektor ist im kfz-Gitter

1

von der Größe $b = \dfrac{a}{6}\langle 112\rangle$ bzw. $\dfrac{1}{6}\langle 112\rangle$ und liegt in der $\langle 111\rangle$-Ebene, im hdP-Gitter ist $b = \dfrac{1}{3}\langle 10\bar{1}0\rangle$ und liegt in der (0001)-Ebene.

Da Versetzungslinie und BURGERS-Vektor in der Stapelfehlerebene liegen, sind die SHOCKLEY-Versetzungen gleitfähig, sie können jedoch nicht klettern.

3. Lomer-Cottrell-Versetzung

Den wesentlichsten Beitrag für die Verfestigung der kfz-Metalle und Legierungen liefert wegen ihrer Unbeweglichkeit die LOMER-COTTRELL-Versetzung. Sie besteht aus 2 in verschiedenen Ebenen befindlichen Stapelfehlern und 3 unvollständigen Versetzungen.

Bildung der LOMER-COTTRELL-Versetzung (Bild 1.46):

1. Bewegen sich unter dem Einfluß von Schubspannungen zwei Stufenversetzungen, $\perp$ mit $b = \dfrac{1}{2}[011]$ und $\top$ mit $b = \dfrac{1}{2}[10\bar{1}]$, in den sich schneidenden Ebenen $(11\bar{1})$ und (111) aufeinander zu, so spalten sich diese Versetzungen nach folgenden Reaktionen in gleitfähige SHOCKLEY-Versetzungen auf:

$$\frac{1}{2}[011] \longrightarrow \frac{1}{6}[112] + \frac{1}{6}[\bar{1}21]$$

Energiebilanz: $b^2 > b_1^2 + b_2^2$

$$\frac{2}{4} > \frac{6}{36} + \frac{6}{36}$$

$$\frac{1}{2} > \frac{1}{6} + \frac{1}{6}$$

$$\frac{1}{2}[10\bar{1}] \longrightarrow \frac{1}{6}[11\bar{2}] + \frac{1}{6}[2\bar{1}\bar{1}]$$

Energiebilanz: $b^2 > b_1^2 + b_2^2$

$$\frac{1}{2} > \frac{1}{6} + \frac{1}{6}$$

2. Die durch Versetzungsreaktionen entstandenen SHOCKLEY-Versetzungen bilden in ihren Gleitebenen je einen Stapelfehler, der durch sie berandet wird. Bei weiterer Einwirkung von Schubspannungen gleiten die Versetzungen in ihren Gleitebenen bis zur Schnittlinie beider Ebenen und vereinigen sich zu einer weiteren (nicht näher bezeichneten) unvollständigen Versetzung mit $b = \dfrac{1}{6}[110]$ gemäß

$$\frac{1}{6}[2\bar{1}\bar{1}] + \frac{1}{6}[\bar{1}21] \longrightarrow \frac{1}{6}[110]$$

Energiebilanz: $b_1^2 + b_2^2 > b^2$

$$\frac{1}{6} + \frac{1}{6} > \frac{1}{18}$$

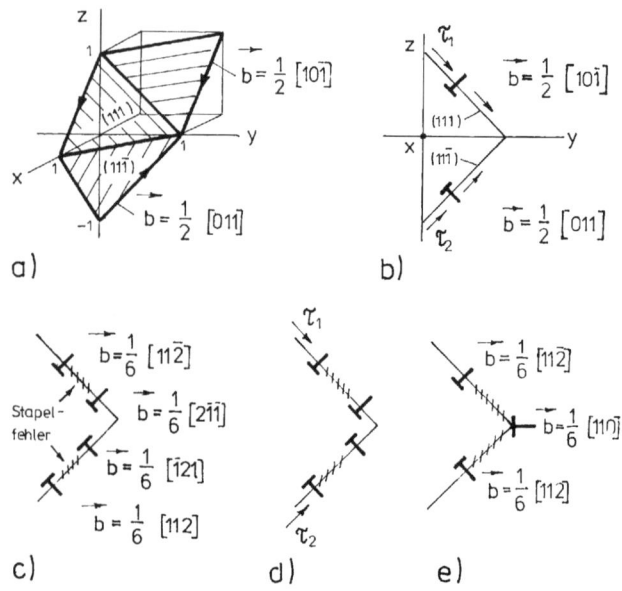

Bild 1.46   Bildung der LOMER-COTTRELL-*Versetzung*
a) Burgers-Vektoren zweier Stufenversetzungen in {111}-*Ebenen*
b) Gleiten der Stufenversetzungen unter der Wirkung von Schubspannungskomponenten τ_1 und τ_2
c) Aufspaltung der Stufenversetzungen in SHOCKLEY-*Versetzungen und Stapelfehler*
d) Gleiten der SHOCKLEY-*Versetzungen*
e) LOMER-COTTRELL-*Versetzung*

Damit besteht die LOMER-COTTRELL-Versetzung aus 3 unvollständigen Versetzungen und 2 Stapelfehlern, vgl. dazu Bild 1.46. Die L-C-Versetzung entsteht vornehmlich bei der spanlosen Formung, wobei sie wegen ihrer Unbeweglichkeit die Wanderung anderer gleitfähiger Versetzungen behindert und damit einen wesentlichen Beitrag zur Verfestigung der Metalle und Legierungen (kfz) liefert.

Bewegungsweisen der Versetzungen

Unter dem Einfluß äußerer oder innerer Schubspannungen tritt ein Abgleiten oder Wandern gleitfähiger Versetzungen auf kristallographisch bedingten Gitterebenen (Gleitebenen) und in ebensolchen Gitterrichtungen (Gleitrichtungen) auf, s. dazu 1.2. Die Gleitebenen müssen den BURGERS-Vektor der Versetzung enthalten. Das Abgleiten, Gleiten oder Wandern der Versetzungen ist ein diskontinuierlicher Vorgang, wobei sich die Versetzung schrittweise um den Betrag des jeweiligen BURGERS-Vektors durch den Gitterverband bewegt.

Bild 1.47 zeigt schematisch das Wandern einer Stufenversetzung unter dem Einfluß der Schubspannung τ.

1

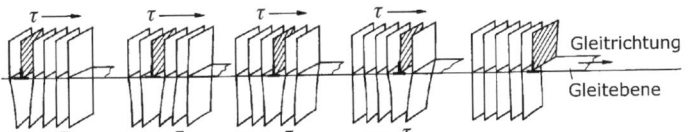

Bild 1.47 Wanderung einer Stufenversetzung

Man unterscheidet:

1. Konservative Versetzungsbewegung

Diese Bewegung erfolgt ohne Änderung des Ausgangsvolumens des Kristalls. Sie ist typisch für die Wanderung von Stufenversetzungen.

2. Nichtkonservative Versetzungsbewegung

Diese Bewegungsweise ist mit Volumenänderungen verbunden. Die Volumenänderung erfolgt durch Diffusion von Gitterleerstellen oder Zwischengitteratomen an die Versetzungslinie. Zu den nichtkonservativen Bewegungen gehören das *Quergleiten* von Schraubenversetzungen und das *Klettern* von Stufenversetzungen. Der Vorgang des *Quergleitens* (auch *doppeltes Quergleiten* genannt) besteht darin, daß eine in Bewegung befindliche Schraubenversetzung beim Anlaufen an ein Hindernis seine Gleitebene (Hauptgleitebene) verläßt und über eine sog. *Quergleitebene* in einer zur ursprünglichen parallelen Gleitebene weiterwandert, vgl. dazu Bild 1.48.

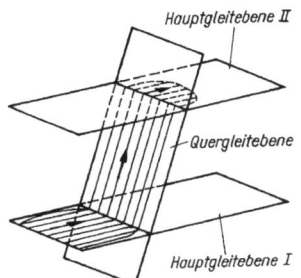

Bild 1.48 Mechanismus des Quergleitens nach DIEHL, MARDER *und* SEEGER *[21]*

Dieser Vorgang ist relativ kompliziert, da die in der Hauptgleitebene *I* in Teilversetzungen aufgespaltene Versetzung in der Quergleitebene zunächst in eine vollständige Versetzung übergehen muß (Versetzungsreaktion), um sich dann in der Hauptgleitebene *II* wieder in gleitfähige Teilversetzungen aufzuspalten. Dieser Vorgang spielt bei der dynamischen Erholung (Entfestigung, Abnahme des Verfestigungskoeffizienten) während der spanlosen Umformung eine erhebliche Rolle.

Das *Klettern* von Stufenversetzungen ist ein temperaturabhängiger und beim Vorhandensein von Zug- oder Druckspannungen ablaufender Prozeß. Dabei verläßt die Stufenversetzung ihre ursprüngliche Gleitebene, wobei sie von Gitterebene zu Gitterebene „klettert". Durch Zu- oder Wegdiffundieren von Atomen zur Versetzungslinie werden Gitterebenen erzeugt bzw. vergrößert oder vernichtet bzw. verkleinert, das makroskopisch zur Vergrößerung oder Verkleinerung des Volumens führt. Da die Diffusionsmöglichkeit der Atome wegen der Zunahme des Diffusionskoeffizienten mit steigender Temperatur verbessert wird, ist das Klettern bei Raumtemperatur weniger wahrscheinlich als bei erhöhten Temperaturen. Das Klettern spielt eine wichtige Rolle bei der Kristallerholung (s. 1.2.4).

Hindernisse für die Versetzungsbewegung

Die unter der Wirkung von äußeren Schubspannungen hervorgerufenen Bewegungsvorgänge von Versetzungen werden u. a. eingeschränkt durch:

1. Korngrenzen

Im vielkristallinen Gebrauchsmetall bilden die Korngrenzen, die als Bereiche mehr oder weniger stark gestörter Atomanordnungen aufgefaßt werden können, Hindernisse für die Versetzungswanderung. Daraus ergibt sich, daß die Festigkeit eines Werkstoffes um so größer ist, je größer die Zahl der Korngrenzen bzw. je kleiner die Kristallgröße ist, d. h., je kleiner die Kristallgröße ist, desto kleiner sind die Laufwege der Versetzungen.

2. Kreuzen bzw. Schneiden von Versetzungen

Befinden sich in Laufrichtung der wandernden Versetzung relativ unbewegliche Versetzungen (LOMER-COTTRELL-Versetzungen, Versetzungen, die wegen ihrer ungünstigen Lage zur wirkenden Schubspannung noch nicht beweglich sind, u. a.), so erfordert das Kreuzen bzw. Schneiden dieser Versetzungen eine Erhöhung der Schubspannung bzw. des Kraftaufwandes, um die Bewegung der Versetzung fortzusetzen.

3. Potentialfelder (Spannungsfelder)

Parallel liegende Versetzungen gleichen Vorzeichens (z. B. positive oder negative Stufenversetzungen) verursachen elastische Spannungsfelder, die der Versetzungswanderung entgegengerichtet sind.

1.1.4.1.3 Flächenförmige oder zweidimensionale Fehlordnungen

1

1. Großwinkelkorngrenzen

Die Großwinkelkorngrenzen entsprechen den Korngrenzen in den üblichen vielkristallinen metallischen Werkstoffen. Die Korngrenzen sind sehr stark gestörte Gitterbereiche, die für die Versetzungswanderung wesentliche Hindernisse darstellen (vgl. 1.1.4.1.2).

Diese Wirkung auf die Versetzungswanderung wird als *Korngrenzenverfestigung* bezeichnet (vgl. 1.2.3). Die technische Bedeutung der Großwinkelkorngrenze besteht darin, daß sich die Festigkeitseigenschaften der metallischen Werkstoffe beträchtlich verbessern lassen, wenn die Zahl der Korngrenzen (und damit die Anzahl der Kristalle) durch geeignete Behandlung vergrößert wird.

Möglichkeiten dafür sind: Vergüten von Baustahl (mit 0,2 ... 0,6 % C), Warmformen dicht oberhalb der Rekristallisationstemperatur, Kaltformen und anschließende Rekristallisation, z. B. bei NE-Metallen oder umwandlungsfreien Stählen sowie durch Kokillenguß oder Impfen von Sandguß (s. 1.1.5).

2. Kleinwinkelkorngrenzen (Subkorngrenzen)

Diese flächenförmigen Fehler werden im Kristallinneren durch Stufen- und/oder Schraubenversetzungen gebildet. Sie entstehen z. B. bei der Polygonisation während der Kristallerholung (s. 1.2.4.1). Dabei werden kleine Kristallbereiche durch die Versetzungen um geringe Winkelbeträge gegeneinander verkippt, Bild 1.49.

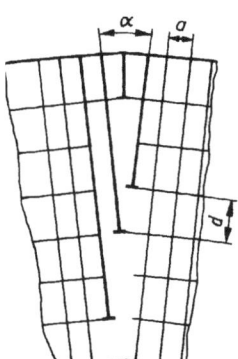

Bild 1.49 Durch Stufenversetzungen gebildete Kleinwinkelkorngrenze (Subkorngrenze), schematisch

Wegen der im Bereich der Subkorngrenzen auftretenden Energiekonzentration (relativ große freie Enthalpie G) stellen sie Ausgangspunkte für die Keimbildung bei der Rekristallisation dar.

3. Stapelfehler

Stapelfehler sind fehlerhafte Anordnungen in der Stapelfolge dichtest gepackter Gitterebenen in Kristallen mit kfz- und hdP-Gitter. Sie entstehen bei der Kristallbildung und durch Aufspaltung vollständiger in unvollständige Versetzungen (Versetzungsreaktion):

$$\frac{a}{2}[110] \longrightarrow \frac{a}{6}[211] + \frac{a}{6}[12\bar{1}]$$

Zwischen den beiden unvollständigen Versetzungen (SHOCKLEY-V.) ist die Stapelfolge gestört – *Stapelfehler*, Bild 1.50.

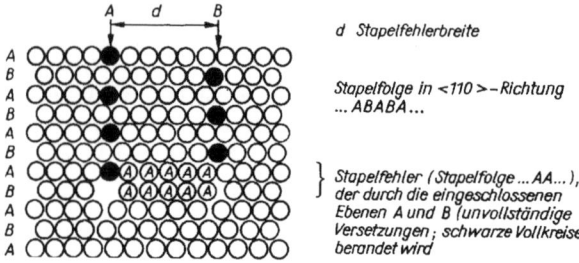

d *Stapelfehlerbreite*

Stapelfolge in <110>*–Richtung*
... ABABA ...

} *Stapelfehler (Stapelfolge ...AA...), der durch die eingeschlossenen Ebenen A und B (unvollständige Versetzungen; schwarze Vollkreise) berandet wird*

Bild 1.50 Stapelfehler in einer {110}*-Ebene des kfz-Gitters, nach [1]*

Da sich diese unvollständigen Versetzungen als gleichnamige Versetzungen gegenseitig abstoßen, nehmen sie einen bestimmten Abstand d voneinander ein, der durch die sogenannte *Stapelfehlerenergie* mitbestimmt wird.

Der Abstand d der beiden SHOCKLEY-Versetzungen und damit die Breite des Stapelfehlers ergibt sich aus

$$d = \frac{Ga^2}{24\pi\gamma}$$

G Gleit- oder Schubmodul in GPa
a Gitterparameter in cm
γ Stapelfehlerenergie in J $\cdot$ cm^{-2}

Die Stapelfehlerenergie ist umgekehrt proportional dem Abstand d bzw. der Breite des Stapelfehlers.

γ ist bei Au etwa $10 \ldots 40$, bei Ag etwa 20, bei Cu $70 \ldots 163$, bei Ge und Si $60 \ldots 70$, bei Al $200 \ldots 238$ und bei Ni etwa $300 \cdot 10^{-7}$ J $\cdot$ cm^{-2}.

4. Antiphasengrenzen

In Legierungen mit geordneten Mischkristallphasen (Überstrukturen) oder mit teilweise geordneten Mk-Phasen (Nahordnungen) können stapelfehlerähnliche Störungen der Atomanordnungen auftreten. Liegt in einer Gitterrichtung eine regelmäßige Folge der Legierungsatome vor, so stellt die Abweichung von dieser Folge die Antiphasengrenze dar, Bild 1.51.

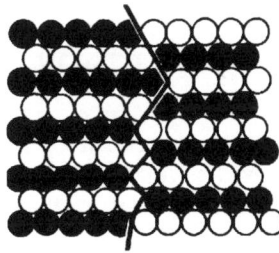

Bild 1.51 Antiphasengrenze im kfz-Gitter senkrecht zu einer {100}-Ebene, nach [1]

Antiphasengrenzen entstehen, wenn Versetzungen durch die geordneten Phasen hindurchwandern oder wenn die Ordnungsbildung (vgl. 1.1.3.3) von verschiedenen Kristallisationskeimen ausgeht.

5. Zwillingsgrenzen

Zwillinge sind Kristallteile unterschiedlicher Orientierung, die spiegelbildlich zu einer Ebene oder Achse, der Zwillingsgrenze, angeordnet sind. Die *Zwillingsgrenze* entspricht einem halben Stapelfehler. Ihre Energie ist daher auch

Bild 1.52 Zwillinge in Kupferkristallen (100-fach vergrößert)

nur von der Größe der halben Stapelfehlerenergie. Zwillingsgrenzen und Zwillinge treten nur bei Metallen und Legierungen mit niedriger Stapelfehlerenergie, wie Cu, CuSn-, CuZn-Legierungen, austenitische Stähle, auf. Dazu die Bilder 1.52 und 1.62. In Bild 1.52 sind die in einer Reihe von Cu-Kristallen enthaltenen Zwillinge an ihrer unterschiedlichen Färbung und parallelen Zwillingsgrenzen gut erkennbar. Die unterschiedliche Färbung entsteht beim Ätzen infolge der unterschiedlichen elektrochemischen Potentiale der verzwillingten Kristallteile.

1.1.5   Kristallbildung

Die Kristallbildung der Metalle und Legierungen vollzieht sich primär beim Übergang vom flüssigen zum festen Zustand. Technisch wichtig sind darüber hinaus Kristallbildungen im festen Zustand durch Rekristallisation und durch Phasenumwandlungen sowie durch Konzentrationsänderungen von Mischkristallen in Abhängigkeit von der Temperatur.

Bei der Kristallbildung aus dem flüssigen Zustand befinden sich am Erstarrungspunkt in einem bestimmten Zeitintervall zwei Phasen (die Schmelze und die entstehenden Kristalle) im Gleichgewicht. Die Gleichgewichtsbedingungen lassen sich unter Anwendung des *II. Hauptsatzes der Thermodynamik* mit Hilfe der freien Energie G oder F angeben.

$$G = H - TS \qquad \text{oder mit} \qquad H = U + pV$$
$$G = U + pV - TS$$

G GIBBSsche freie Energie, GIBBSsches thermodynamisches Potential, freie Enthalpie
F HELMHOLTZsche freie Energie (gilt für p = konst.)
H Umwandlungswärme, Schmelzenthalpie
T Temperatur in K (Umwandlungstemperatur)
S Entropie
U innere Energie
p Druck
V Volumen

Gleichgewichtszustand herrscht dann, wenn die freie Enthalpie der flüssigen Phase G_L gleich ist der freien Enthalpie der festen Phase G_S.

Also wenn

$$G_L = G_S \qquad \text{oder} \qquad H_L - T_{LS}S_L = H_S - T_{LS}S_S$$

wobei T_{LS} die Umwandlungstemperatur vom flüssigen zum festen Zustand ist.

$$H_L - H_S = T_{LS}(S_L - S_S)$$
$$\Delta H_{LS} = T_{LS}\Delta S_{LS}$$

1

ΔH_{LS} Schmelzwärme
ΔS_{LS} Schmelzentropie
T_{LS} Umwandlungstemperatur

Bild 1.53 zeigt schematisch den Verlauf der freien Enthalpie G in Abhängigkeit von der Temperatur.

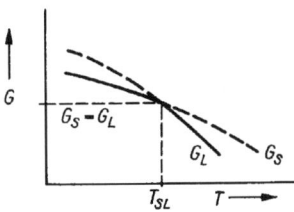

Bild 1.53 Abhängigkeit der freien Enthalpie G des festen Zustandes (G_S) und des flüssigen Zustandes (G_L) von der Temperatur, nach [11]

Daraus ist zu entnehmen, daß mit Änderung der Temperatur, ausgehend von der Schmelztemperatur (bzw. Umwandlungstemperatur) T_{LS} eine Differenz der freien Enthalpie auftritt:

$$\Delta G_{LS} = \Delta H_{LS} - T\Delta S_{LS}$$

mit $\Delta S_{LS} = \dfrac{\Delta H_{LS}}{T_{LS}}$ ergibt sich

$$\Delta G_{LS} = \Delta H_{LS} - T\frac{\Delta H_{LS}}{T_{LS}}$$

$$\Delta G_{LS} = \Delta H_{LS}\left(\frac{T_{LS} - T}{T_{LS}}\right)$$

und mit $T_{LS} - T = \Delta T$

$$\Delta G_{LS} = \Delta H_{LS}\frac{\Delta T}{T_{LS}}$$

$\Delta T = T_{LS} - T$ ist das Maß für die Abweichung der Temperatur von der Gleichgewichtstemperatur.

Bei der Erstarrung ist ΔT das Maß für die Unterkühlung einer Schmelze unter den Erstarrungspunkt.

Aus Bild 1.53 geht weiter hervor, daß von zwei betrachteten Phasen (oder hier Aggregatzuständen) diejenige stabil ist, die in dem entsprechenden Temperaturbereich die kleinere freie Enthalpie aufweist.

Keim- oder Kernbildung

Die Kristallbildung geht stets von Kristallisationskeimen oder -kernen aus. Als Keime werden zufällige Atomanordnungen betrachtet, die während des Erstarrungsprozesses bzw. Umwandlungsprozesses zu Kristallen wachsen oder wieder zerfallen können. Die Entstehung eines Keims ist mit der Änderung der freien Enthalpie G des Systems verbunden:

1. Da der als feste Phase betrachtete Keim eine geringere freie Energie als die flüssige Phase hat (vgl. Bild 1.53), wird bei seiner Entstehung Umwandlungsenergie, die seinem Volumen V proportional ist, gewonnen: $-\Delta G_V$.
2. Zur Bildung der Oberfläche bzw. Grenzfläche G des Keims gegen die flüssige Phase muß Energie aufgebracht werden: $+\Delta G_G$. Diese Energie muß aus der Umwandlungsenthalpie gewonnen werden. Solange sie nicht zur Verfügung steht, erfolgt keine Kristallbildung. Daraus ist die Unterkühlbarkeit von Metallschmelzen zu erklären (vgl. Tabelle 1.5).

Tabelle 1.5 Maximale Unterkühlung ΔT von Metallschmelzen nach FEHLING *und* SCHEIL *[18]*

Metall	Schmelztemperatur T_S in K	Max. Unterkühlung ΔT in K	$\Delta T/T_S$ in %
Au	1 336	190	14,2
Co	1 768	310	17,5
Cu	1 356	180	13,3
Fe	1 809	280	15,5
Ge	1 210	200	16,5
Ni	1 726	290	16,8
Pd	1 825	310	17,0

Die Änderung der freien Enthalpie ist

$$\Delta G = -\Delta G_V + \Delta G_G$$

Faßt man vereinfachend den Keim als Kugel mit dem Radius r auf, so ergibt sich die Enthalpieänderung zu

$$\Delta G(r) = -\frac{4}{3}\pi r^3 \Delta g_v + 4\pi r^2 \sigma$$

Δg_v auf die Volumeneinheit bezogene freie Bildungsenthalpie

σ Grenzflächenenergie oder Oberflächenspannung
     (Größenordnung 10^{-4} J $\cdot$ cm^{-2} = N $\cdot$ m^{-1})

Damit sich in Abhängigkeit von der Temperatur ein stabiler Keim bilden kann, muß ein bestimmter kritischer Keimradius r_{krit} erreicht werden.

r_{krit} ergibt sich durch Differentiation der Beziehung

$$G(r) = -\frac{4}{3}\pi r^3 \Delta g_V + 4\pi r^2 \sigma$$

$$\mathrm{d}G(r) = -4\pi r^2 \Delta g_V + 8\pi r \sigma$$

mit $\mathrm{d}G = 0$ erhält man

$$4\pi r(-r\Delta g_V + 2\sigma) = 0 \qquad | : 4\pi r$$

$$-r\Delta g_V + 2\sigma = 0$$

$$\boxed{r_{krit} = r = \frac{2\sigma}{\Delta g_V}}$$

Bei $T = T_S$ ist $r_{krit} = \infty$.

Der kritische Keimradius nimmt mit zunehmender Unterkühlung $\Delta T = T_{LS} - T$ mehr und mehr ab, so daß auch sehr kleine Keime wachstumsfähig sind. Dabei nimmt die Keimzahl mit der Unterkühlung bis zu einem Maximum zu.

Entstehen in der erstarrenden Schmelze die Keime aus Atomen des betreffenden Metalls bzw. der betreffenden Legierung, so nennt man diese Keime *arteigene Keime*. Metallische Werkstoffe, die durch die Bildung von nur relativ wenigen Keimen zur Grobkörnigkeit neigen, können durch Zusatz von sogenannten *Fremdkeimen* (z. B. Zusatz anderer Metallpulver) geimpft werden. Die Fremdkeime setzen die Grenzflächenenergie herab, indem ihre Grenzflächenenergie zur Keimbildung in größerer Zahl beiträgt.

Keimzahl KZ und Kristallisationsgeschwindigkeit KG

Die Größe der beim Erstarren entstehenden Kristalle ist abhängig von der *Keimzahl KZ* (Anzahl der in Abhängigkeit von der Schmelzentemperatur bzw. Unterkühlung ΔT vorhandenen Kristallisationskeime) und der *Kristallisationsgeschwindigkeit KG* (Gesamtvolumen der in der Zeiteinheit gebildeten Kristalle).

Die Keimzahl wird außer durch die Schmelzentemperatur (Unterkühlung ΔT) noch durch den jeweiligen Gittertyp und die Grenzflächenenergie σ beeinflußt.

In Bild 1.54 ist schematisch der Zusammenhang zwischen Keimzahl, Kristallisationsgeschwindigkeit und der Unterkühlung dargestellt: Verläuft die Erstarrung bei geringer Unterkühlung im Feld *I*, so entstehen Kristalle mittlerer Größe (mittelfeines Gefüge). Im Feld *II* bildet sich bei relativ geringer Keimzahl und hoher Kristallisationsgeschwindigkeit ein grobes Gefüge.

Bei Erstarrungsverhältnissen, die dem Feld *III* entsprechen, also bei großer Unterkühlung, großer Keimzahl und großer Kristallisationsgeschwindigkeit, ent-

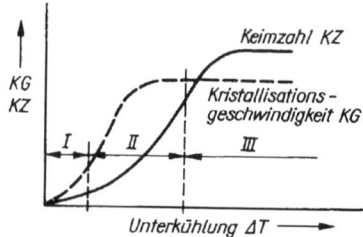

Bild 1.54 Keimzahl KZ und Kristallisationsgeschwindigkeit KG in Abhängigkeit von der Unterkühlung ΔT

stehen sehr kleine Kristalle, d. h., ein sehr feinkörniges Gefüge, wie es technisch angestrebt wird.

An geometrisch einfach gestalteten Gußteilen, wie Blöcken, lassen sich die in Bild 1.55 beschriebenen Verhältnisse qualitativ gut nachweisen, vgl. dazu Bild 1.55. Das dem Feld *III* entsprechende feinkörnige Gefüge bildet die schmale Randzone des Gußblockes, da durch die Formwand die Wärme sehr rasch abgeleitet wird. An diese Randzone schließen sich langgestreckte und seitlich verzweigte grobe Kristalle (Dendriten, Stengelkristalle, Tannenbaumkristalle) an, die entgegen der Wärmeabzugsrichtung frei in die Schmelze gewachsen sind. Diese den größten Teil des Querschnitts einnehmende Zone dendritischer Kristalle ist dem Feld *II* zuzuordnen. Die Kernzone weist in dem Feld *I* entsprechendes mittelfeines Kristallgefüge auf. In der Mitte dieses Stahlgußblöckchens ist außerdem die Austrittsstelle eines *Faden- oder Röhrenlunkers*, der sich durch das gesamte Gußstück fortsetzt, zu sehen.

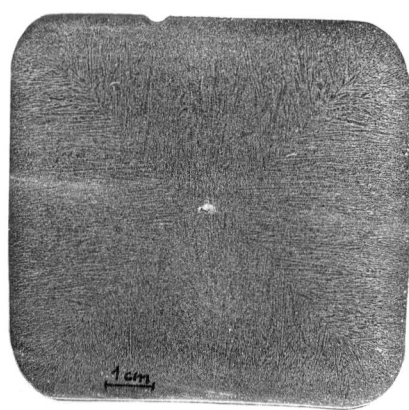

*Bild 1.55
Stahlgußblöckchen
mit ausgeprägter
Dendritenstruktur*

Die Bildung dendritischer Kristalle während des Erstarrungsvorganges läßt sich unter anderem bei fast allen Stahlsorten vor der spanlosen Formung auf metallographischem Wege nachweisen.

Die äußere Form der Dendriten wird durch die Unterkühlung ΔT der Schmelze wesentlich bestimmt. Nach ECKSTEIN ergibt sich in Abhängigkeit von der Unterkühlung die in Bild 1.56 schematisch dargestellte Veränderung der Dendritenform.

Für kubische Metalle wird als Hauptwachstumsrichtung der Dendriten die $\langle 100 \rangle$-Richtung angegeben.

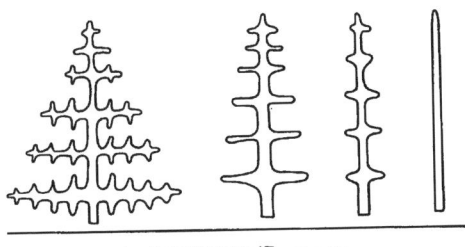

Unterkühlung ΔT ⟶

Bild 1.56 Änderung der Dendritengestalt in Abhängigkeit von der Unterkühlung ΔT, nach ECKSTEIN [8]

1.2   Formänderung und Rekristallisation

Eine wesentliche Eigenschaft der Metalle ist ihre Formbarkeit (spanlose) unter Einwirkung äußerer Kräfte. Diesen Kräften setzen die Metalle einen Widerstand entgegen, die *Festigkeit*.

> **Definition**: Festigkeit ist der Widerstand, den ein realer Festkörper der Formänderung oder Zerstörung durch Einwirkung äußerer Kräfte entgegensetzt.

Der reale Festkörper kann im Gegensatz zum *starren Körper* bei Einwirken äußerer Kräfte seine Form ändern, er ist also formbar.

Nach der erzielten Wirkung der äußeren Kräfte wird die Formänderung allgemein unterteilt in:
- elastische Formänderung η_{el}
- plastische (bleibende) Formänderung η_{pl}

Die elastische Formänderung η_{el} ist nur während der Kraftwirkung existent.

Die plastische Formänderung η_{pl} ist der Anteil der Gesamtformänderung η_{ges}, der nach Beendigung der Krafteinwirkung verbleibt.

> Wenn $\eta_{ges} = \eta_{el} + \eta_{pl}$,
> dann ist $\eta_{pl} = \eta_{ges} - \eta_{el}$

Äußere Kräfte, die auf den Querschnitt (oder ein Flächenelement) eines Körpers einwirken, erzeugen mechanische Spannungen.

Die Normalspannung σ entsteht dann, wenn eine Kraft F senkrecht auf einen bestimmten, betrachteten Querschnitt A einwirkt:

$$\sigma = \frac{F}{A}$$

Die Schubspannung τ entsteht, wenn die Kraft F parallel zu bzw. in dem betrachteten Querschnitt A wirkt:

$$\tau = \frac{F}{A}$$

Während die Normalspannung, z. B. Zugspannung σ_Z, den metallischen Körper aufzuweiten und zu zerstören sucht, verursacht die Schubspannung τ eine Formänderung (z. B. durch Gleit- oder Translationsvorgänge).

1.2.1   Elastische Formänderung

Wirkt auf einen Probestab mit der Meßlänge l_0 eine axiale Zugspannung σ_Z ein, so wird der Stab auf die Länge l_1 verlängert, vgl. Bild 1.57.

Bezieht man die Längenänderung $\Delta l = l_1 - l_0$ auf die ursprüngliche Meßlänge l_0, so ergibt sich die Dehnung ε zu

$$\varepsilon = \frac{\Delta l}{l_0}$$

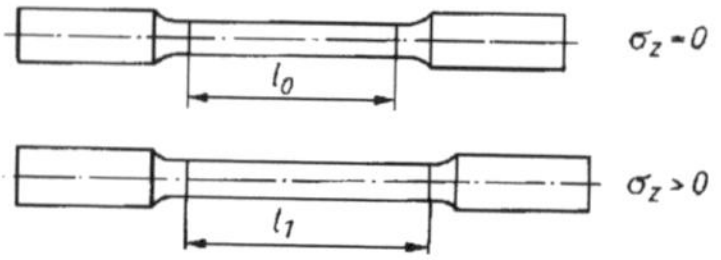

Bild 1.57 Längenänderung eines Probestabes bei Einwirkung einer axialen Zugspannung σ_Z

Im elastischen Bereich der Formänderung ist die Dehnung proportional der angelegten Spannung

$$\varepsilon \sim \sigma$$

Wird nun als Proportionalitätsfaktor die Dehnzahl α eingeführt, so ergibt sich das HOOKEsche Gesetz der Normalspannungen zu

$$\varepsilon = \alpha \sigma$$

Gewöhnlich wird statt der Dehnzahl ihr Reziprokwert, der *Elastizitätsmodul E*, eingesetzt. Damit lautet das HOOKEsche Gesetz

1

$$\varepsilon = \frac{\sigma}{E}$$

oder

$$\sigma = E\varepsilon$$

Der Gültigkeitsbereich des HOOKEschen Gesetzes erstreckt sich längs der Geraden $\overline{OP}$ (HOOKEsche Gerade) im Spannungs-Dehnungs-Diagramm, Bild 1.58.

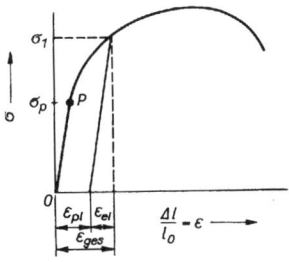
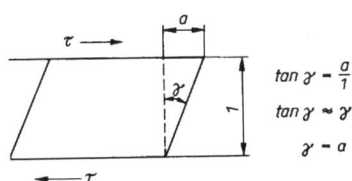

Bild 1.58 Spannungs-Dehnungs-Diagramm ($\overline{OP}$ HOOKEsche Gerade)

Bild 1.59 Elastische Formänderung durch Abgleitung

Wird der Probestab bis zum Punkt *P* (Proportionalitätsgrenze) mit einer Zugspannung σ_Z beaufschlagt, so tritt nur eine elastische Dehnung (Verlängerung) ein.

Wird dagegen die Spannung z. B. bis σ_1 erhöht, so dehnt sich der Stab elastisch und plastisch. Die bei σ_1 meßbare Dehnung (Gesamtdehnung ε_{ges}) setzt sich zusammen aus

$$\varepsilon_{ges} = \varepsilon_{el} + \varepsilon_{pl}$$

Nach Entlastung ist dann die plastische (bleibende) Dehnung

$$\varepsilon_{pl} = \varepsilon_{ges} - \varepsilon_{el}$$

Die plastische Dehnung tritt als Folge der Wirkung von Schubspannungskomponenten ein.

Greifen an einem realen Festkörper Schubspannungen an, so tritt zunächst eine elastische Formänderung durch Abgleiten ein, Bild 1.59.

Die Abgleitung *a* ist proportional der Schubspannung τ

$$a \sim \tau$$

Führt man als Proportionalitätsfaktor die Schubzahl β ein, ergibt sich das HOOKEsche Gesetz für Schubspannungen

$$a = \beta\,\tau$$

Statt der Schubzahl wird meist ihr Reziprokwert, der Gleit- oder Schubmodul G, eingesetzt. Dann ist mit

$$\beta = \frac{1}{G} \qquad a = \frac{\tau}{G} \qquad \text{oder} \qquad \boxed{\tau = Ga}$$

Da a vom Abstand der gegeneinander verschobenen Flächen abhängig ist, rechnet man in der Festigkeitslehre mit der Schiebung γ. Somit ergibt sich das HOOKEsche Gesetz der Schubspannung zu

$$\gamma = \frac{\tau}{G} \qquad \text{oder} \qquad \boxed{\tau = G\gamma}$$

Zusammenhang zwischen E- und G-Modul

Bei Formänderungen, die unterhalb der Streck- bzw. Bruchgrenze (z. B. beim Zugversuch) vorgenommen werden, tritt neben der Längsdehnung ε eine über die gesamte Meßlänge wirksame Querschnittsabnahme, die *Querkontraktion* ε_q, auf.

Der Quotient aus ε_q und ε ergibt die Querzahl oder POISSON-Zahl μ

$$\mu = \frac{\varepsilon_q}{\varepsilon}$$

Zwischen Elastizitäts- und Gleitmodul besteht folgender Zusammenhang:

$$\frac{E}{2G} = 1 + \mu$$
$$G = \frac{E}{2\,(1+\mu)} \approx \frac{E}{2,6}$$

Bei Einkristallen sind E und G richtungsabhängig (anisotrop). In den üblichen vielkristallinen Gebrauchsmetallen werden E und G, wegen der unterschiedlichen Lage der Kristalle, als isotrop (quasiisotrop) betrachtet.

In Tabelle 1.6 sind für einige Metalle die anisotropen und isotropen Werte für E und G angegeben.

Tabelle 1.7 enthält für eine Reihe von Metallen und Legierungen die POISSON-Zahl μ und die isotropen Werte des E- und G-Moduls.

▶ *Hinweis*: Die Poisson-Zahl μ wird mitunter mit dem Buchstaben ν gekennzeichnet.

Tabelle 1.6 Isotrope und anisotrope Werte des Elastizitätsmoduls E und des Gleitmoduls (Schubmodul) G einiger Metalle, nach [9], [12]

Metall	$E_{\langle 111\rangle}$ in GPa	$E_{\langle 100\rangle}$ in GPa	$G_{\langle 111\rangle}$ in GPa	$G_{\langle 100\rangle}$ in GPa	E_{isotrop} in GPa	G_{isotrop} in GPa
Al	75,54	62,8	24,53	28,45	70,63	26,5
Cu	190,3	66,71	30,41	72,6	122,53	45,13
α-Fe	284,49	127,53	59,84	115,76	206,0	82,4

Tabelle 1.7 Poisson-Zahl μ, E-Modul und G-Modul (isotrope Werte) einiger Metalle und Legierungen, nach E. A. W. MÜLLER

Metall	E in GPa	G in GPa	μ
Ag	73,58	26,69	0,38
Al	70,63	26,5	0,34
Au	79,66	27,96	0,42
Cd	50,33	19,42	0,28
Cu	122,53	45,13	0,35
Cu-Zn (Messing)	103,0	36,49	0,41
Cu-Ni-Zn (Neusilber)	107,91	39,24	0,37
α-Fe	206,0	82,4	0,25
Stahl	206,0	80,44	0,28
Ni	201,5	77,01	0,31
Pb	15,7	5,69	0,44
Pt	166,77	59,84	0,39
β-Sn	54,35	20,4	0,33
W	355,12	131,45	0,35
Zn	103,01	41,2	0,25

1.2.2 Plastische Formänderung

Überschreiten die durch äußere Kräfte hervorgerufenen Spannungen den elastischen Bereich bzw. die Elastizitätsgrenze *E*, so treten bleibende (plastische) Formänderungen auf. Diese beruhen im wesentlichen auf Translationsvorgängen gleitfähiger Versetzungen, unter bestimmten Bedingungen (hohe Formänderungsgeschwindigkeit und/oder tiefe Temperaturen) auf der Bildung mechanischer Zwillinge (*Verformungszwillinge*). Formänderungen sind auch möglich durch Korngrenzenfließen oder Gitterumwandlungsprozesse, die bei *Form-Gedächtnis-Legierungen* (shape-memory-alloys) technisch ausnutzbar sind.

▶ *Man beachte*: Mit der plastischen Formänderung durch Translation oder Zwillingsbildung ist keine Änderung der Kristallstruktur verbunden!

Plastische Formänderung durch Translation

Plastische Formänderungen werden nur durch Schubspannungen hervorgerufen.

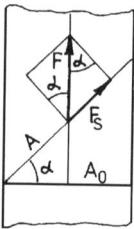

Bild 1.60 Kraftzerlegung zur Bestimmung der Schubspannung

Wird ein Probekörper (Werkstück) durch eine Zugkraft F beansprucht, so wird diese in eine Normalkraft- und eine Schubkraftkomponente zerlegt. Wie aus Bild 1.60 hervorgeht, erzeugt die Normalkraftkomponente F in der dazu senkrecht stehenden Fläche A_0 die Normalspannung

$$\sigma = \frac{F}{A_0}$$

während die Schubkraftkomponente F_S in der Fläche A eine Schubspannung

$$\tau = \frac{F_S}{A}$$

hervorruft. Mit $F_S = F \cdot \sin \alpha$ und $A = \dfrac{A_0}{\cos \alpha}$ ergibt sich für τ das SCHMIDsche *Schubspannungsgesetz*

$$\tau = \frac{F_S}{A} = \frac{F \sin \alpha \cos \alpha}{A_0} = \sigma \sin \alpha \cos \alpha$$

Anstelle von $\tau = \sigma \sin \alpha \cos \alpha$ schreibt man auch

$$\tau = \sigma \mu$$

μ *Schmidscher Orientierungsfaktor*

Die maximale Schubspannung τ_{max} ergibt sich für $\alpha = 45°$

$$\tau_{max} = \sigma \cdot \frac{1}{2}\sqrt{2} \cdot \frac{1}{2}\sqrt{2} = \frac{\sigma}{2}$$

Die plastische Formänderung setzt voraus, daß die Schubspannung einen bestimmten werkstoffabhängigen Mindestwert, die kritische Schubspannung τ_{krit}, erreicht und überschritten hat.

Bei $\tau \geqq \tau_{krit}$ führen dann gleitfähige Versetzungen translatorische Bewegungen (Versetzungswanderung) in vom Gittertyp abhängigen, kristallographisch bevorzugten Gitterebenen (Gleitebenen) und Gitterrichtungen (Gleitrichtungen) aus. Das Produkt aus der Anzahl der möglichen Gleitebenen und Gleitrichtungen wird als *Gleitsystem* definiert:

Gleitsystem = Gleitebene · Gleitrichtung

Man unterscheidet *Haupt-* und *Nebengleitsysteme*.

In *Hauptgleitsystemen* (HGS) sind die Gleitebenen *Ebenen dichtester Kugelpackung*. Daher existieren HGS nur im kfz-Gitter mit {111}- oder Oktaederebenen sowie im hdP-Gitter mit (0001)- oder Basis- bzw. Deckebene als Ebenen dichtester Kugelpackung. Alle anderen Gleitsysteme, deren Gleitebenen keine dichteste Kugelpackung aufweisen, sind *Nebengleitsysteme* (NGS). Die Formänderung durch Translation von Versetzungen in HGS erfordert im Gegensatz zu der in NGS relativ niedrige Werte der kritischen Schubspannung τ_{krit}.

Im Gegensatz zur Anzahl der im kfz- und hdP-Gitter zur Verfügung stehenden Hauptgleitsystemen ist die Anzahl der NGS sehr stark temperaturabhängig und nimmt mit fallender Temperatur ab. Qualitativ läßt sich das am Verlauf der Kerbschlagzähigkeit *KC* in Abhängigkeit von der Temperatur zeigen (s. Bild 1.61).

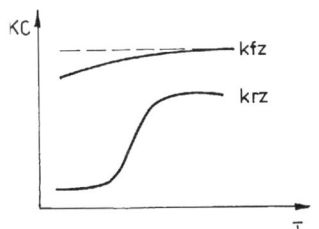

Bild 1.61 Kerbschlagzähigkeit KC als Funktion der Temperatur T bei Metallen mit kfz- und krz-Gitter (schematisch)

Während sich bei Metallen mit kfz-Gitter trotz des Ausfalls der Nebengleitsysteme die Kerbschlagzähigkeit nur wenig vermindert, tritt bei metallischen Werkstoffen mit bzw. mit vorwiegend krz-Gitter in einem relativ engen Temperaturintervall ein sehr starker Abfall von *KC* auf. Dabei geht der in der *Hochlage* vorherrschende und interkristallin verlaufende, mit erheblicher Formänderung verbundene Bruch (*Verformungsbruch*) in der *Tieflage* in den transkristallin verlaufenden, verformungslosen *Trennbruch* oder *Sprödbruch* über. Die sich im Bereich des *Steilabfalls* einstellende Bruchform setzt sich aus Verformungs- und Trennbruchanteilen zusammen und heißt *Mischbruch*.

In Tabelle 1.8 sind für eine Reihe von Metallen und Legierungen Gleitsysteme zusammengestellt.

Tabelle 1.8 Gleitsysteme einiger Metalle und Legierungen, nach [5], [18]

Metall/Legierung	Gittertyp	Gleitsystem Gleitebene	Gleitrichtung	Bemerkungen
Ag, Au, AlCu, AlZn Cu, CuAu, α-CuZn (α-Ms), Ni, Pb, Pt	kfz	{111}	⟨110⟩	
Al, AlMg 1, AlCu 2		{111}	⟨110⟩	
Al	kfz	{100}	⟨110⟩	zusätzlich bei > 450 °C
α-Fe, Mo, W	krz	{110}	⟨111⟩	keine dich-
		{112}	⟨111⟩	teste Kugel-
		{123}	⟨111⟩	packung
α-Fe mit 4 % Si (Trafoblech)	krz	{110}	⟨111⟩	wie α-Fe
Ta, β'-CuZn (β'-Ms)	krz	{110}	⟨111⟩	wie α-Fe
α-Ti	hdP	{10$\bar{1}$0}	⟨2$\bar{1}$$\bar{1}$0⟩	
		{10$\bar{1}$1}	⟨2$\bar{1}$$\bar{1}$0⟩	
		(0001)	⟨2$\bar{1}$$\bar{1}$0⟩	
Mg	hdP	(0001)	⟨2$\bar{1}$$\bar{1}$0⟩	zusätzlich
		{10$\bar{1}$1}	⟨2$\bar{1}$$\bar{1}$0⟩	> 250 °C
		{10$\bar{1}$0}	⟨2$\bar{1}$$\bar{1}$0⟩	≧ 20 °C
α-Co	hdP	(0001)	⟨2$\bar{1}$$\bar{1}$0⟩	
Zn, Cd	hdP	(0001)	⟨2$\bar{1}$$\bar{1}$0⟩	
		{1$\bar{1}$01}	⟨2$\bar{1}$$\bar{1}$0⟩	
		{11$\bar{2}$3}	⟨$\bar{1}$$\bar{1}$23⟩	
		{1$\bar{1}$00}	⟨11$\bar{2}$0⟩	bei höheren Temperaturen
β-Sn	tetr.r.z.	(10$\bar{1}$)	[101]	($\bar{1}$10), [111]
		(121)	[101]	bei höheren
		(100)	[011]	Temperaturen

Es ist üblich, parallele Gleitebenen und parallele bzw. antiparallele Gleitrichtungen jeweils als eine Gleitebene bzw. Gleitrichtung anzunehmen. Daraus ergeben sich z.b. für die HGS des kfz-Gitters 4 Gleitebenen und 3 Gleitrichtungen, also 12 HGS, und für das hdP-Gitter 1 Gleitebene und 3 Gleitrichtungen, also 3 Hauptgleitsysteme. Die Anzahl der NGS läßt sich u. a. wegen ihrer Temperaturabhängigkeit nicht exakt angeben.

Die Formänderung erfordert neben entsprechenden Schubspannungswerten eine genügend große Anzahl gleitfähiger Versetzungen. Da die Laufwege der gleitfähigen Versetzungen z. B. durch Korngrenzen (Großwinkelkorngrenzen) oder andere Bewegungshindernisse im Kristallinneren (Versetzungsknoten, unbewegliche und aufgestaute Versetzungen, sog. Versetzungswälder, u. a.) begrenzt sind, würde das Formänderungsvermögen der Kristalle schon bei geringen Formänderungsgraden erschöpft sein. Tatsächlich lassen sich, vor allem bei metallischen Werkstoffen mit kfz-Gitter, Formänderungsgrade von mitunter mehr als 90 % erreichen. Wesentliche Ursache dafür ist die Änderung der Versetzungsstruktur bzw. Versetzungsdichte durch Versetzungsvervielfachung.

Im unverformten Zustand wird mit einer Versetzungsdichte von 10^8 Versetzungen je cm^2 Kristallfläche gerechnet.
Während der Formänderung erhöht sich die Versetzungsdichte auf etwa 10^{11} bis 10^{12} Versetzungen je cm^2 Kristallfläche.

Versetzungsvervielfachungs-Mechanismen

Es gibt ebene und räumliche Modellvorstellungen über Vervielfachungs-Mechanismen. Die wichtigsten sind

1. FRANK-READ-Quelle (eben)
2. *Spiralquelle* (räumlich)

Wirkungsweise der FRANK-READ-*Quelle*

In den Punkten *A* und *B* (z. B. unbewegliche Versetzungsknoten) sei die gerade Versetzungslinie von der Länge *L* verankert, s. Bild 1.62. Unter dem Einfluß der äußeren Schubspannung τ wölbt sich die Versetzungslinie aus. Der Krümmungsradius ϱ der gewölbten Versetzungslinie wird unter der Annahme, daß die Energie der Versetzungslinie oder Linienspannung $W_L = \dfrac{Gb^2}{L}$ (mit *G* Schubmodul und ***b*** BURGERS-Vektor) ist, zu

$$\varrho = \frac{W_L}{b\,\tau}$$

$$\varrho = \frac{Gb^2}{2b\,\tau} = \frac{Gb}{2\tau}$$

Mit steigender Schubspannung nimmt der Krümmungsradius zu. Nach KRONMÜLLER wird die Versetzungslinie instabil und bildet spontan einen neuen geschlossenen Versetzungsring, wenn der Krümmungsradius den Wert

$$\varrho = \frac{L}{2}$$

annimmt.

Die ursprüngliche Versetzungslinie nimmt dabei wieder die Ausgangslage an, um sich bei weiter wirkender Schubspannung erneut auszubauchen.

Solange keine Rückwirkungen auf die FRANK-READ-Quelle auftreten, werden laufend (pulsierend) neue Versetzungsringe gebildet. Das ist der Fall, wenn die Aktivierungs-, Betätigungs- oder Quellspannung der F.-R.-Quelle die Größe

$$\tau_{\text{F.R.}} = \frac{Gb}{L}$$

hat.

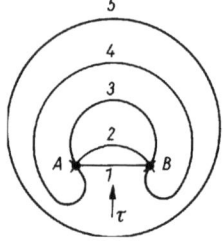

Bild 1.62 Wirkungsweise der FRANK-READ-*Quelle A, B Ankerpunkte (Versetzungsknoten) der Versetzungslinie 1; 2…4 Ausbeulen der Versetzungslinie 1 durch die Schubspannung τ; 5 neu erzeugter Versetzungsring*

Die FRANK-READ-Quelle kommt erst dann zum Erliegen, wenn durch Verfestigungserscheinungen (Spannungsfelder z. B. an Korngrenzen oder anderen Hindernissen aufgestauter gleichnamiger Versetzungen) die äußere Schubspannung die Aktivierungsspannung $\tau_{\text{F.R.}}$ nicht mehr aufzubringen vermag.

Wirkungsweise der räumlichen Spiralquelle

Im Gegensatz zur FRANK-READ-Quelle ist diese Quelle nur einseitig verankert: Die in ihrer Gleitebene bewegliche Stufenversetzung (*1*) ist einseitig im Versetzungsknoten mit der Schraubenversetzung (*2*) festgelegt.

Unter dem Einfluß einer äußeren Schubspannung bewegt sich die Stufenversetzung auf einer Spiralfläche um den Ankerpunkt (Versetzungsknoten). Je nach Drehrichtung steigt die Versetzung *1* je Umdrehung um den Betrag des BURGERS-Vektors *2* nach oben oder unten, vgl. dazu Bild 1.63.

Nach BOČEK führt die Wirkung der Spiralquelle durch einmalige Betätigung vieler Gleitsysteme (-ebenen) senkrecht zur Gleitebene der Stufenversetzung zu einer sehr homogenen Formänderung.

Plastische Formänderung durch mechanische Zwillingsbildung

Während die Formänderung durch Translation durch die Betätigung entsprechender Gleitsysteme erfolgt, tritt die mechanische Zwillingsbildung vor allem erst dann auf, wenn die Betätigung von Gleitsystemen nicht mehr möglich ist oder wenn die Formänderungsgeschwindigkeit zu hoch wird.

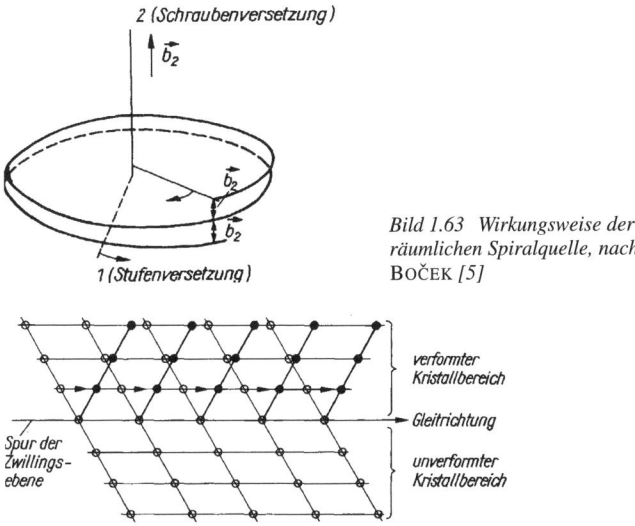

Bild 1.63 Wirkungsweise der räumlichen Spiralquelle, nach BOČEK [5]

Bild 1.64 Zwilling mit kohärenter Zwillingsgrenze (Orientierungszwilling), vereinfacht nach BOČEK [5]

Tabelle 1.9 Zwillingselemente einiger Metalle, nach [5]

Metall	Gittertyp	Zwillingselemente
α-Fe	krz	(112), [11$\bar{1}$]; (11$\bar{2}$), [111]
γ-Fe Al Ag Au Cu	kfz	(111), [11$\bar{2}$]; (11$\bar{1}$), [112]
α-Ti Mg	hdP	(10$\bar{1}$2), [$\bar{1}$011]; (10$\bar{1}$2), [10$\bar{1}$1]
Zn Cd	hdP	(10$\bar{1}$2), [10$\bar{1}$$\bar{1}$]; (10$\bar{1}$$\bar{2}$), [10$\bar{1}$1]
β-Sn	tetr.r.z.	($\bar{1}$01), [101]; (301), [$\bar{1}$03]

Unter diesen Voraussetzungen ergeben sich beim Vorhandensein entsprechender Spannungen Formänderungen dadurch, daß sich Kristallbereiche bezüglich bestimmter Gitterebenen (Zwillingsebenen) oder Gitterrichtungen an der Formänderung nicht beteiligter Kristallbereiche symmetrisch umorientieren. Bild 1.64 zeigt die Zwillingsbildung bei einem Zwilling

(Orientierungszwilling) mit kohärenter Zwillingsgrenze (sie wird durch die Zwillingsebene dargestellt).

Die Formänderung wird durch den kristallographischen Zusammenhang der Zwillingsebenen und der Gleitrichtungen (Zwillingselemente) bestimmt. In Tabelle 1.9 sind Zwillingselemente einiger Metalle zusammengestellt.

Die während des Umformvorganges entstehenden mechanischen Zwillinge bilden sich in sehr kurzen Zeiträumen; angegeben werden Zeiten in der Größenordnung von 10^{-4} s. Dabei wird häufig ein akustischer Effekt beobachtet (knistern oder knacken). Dazu gehört das „Zinngeschrei", das beim Biegen von β-Sn sehr gut wahrnehmbar ist.

Dieser akustische Effekt ist auch beim Biegen von Cd und In zu bemerken.

1.2.3   Verfestigung

> Als ausgeprägte Metalleigenschaft setzt der Werkstoff mit steigendem Formänderungsgrad der Formänderung in zunehmendem Maße einen größeren Widerstand entgegen. Diese Eigenschaft wird als *Verfestigungsvermögen* bezeichnet.

Die Abnahme des Formänderungsvermögens während der spanlosen Kaltumformung (siehe 1.2.4.2) nennt man *Verfestigung*. Mit steigender Verfestigung nimmt der zur Umformung erforderliche Kraftbedarf bzw. die erforderliche Schubspannung immer mehr zu. Die Verfestigung tritt nur bei spanloser Kaltumformung in Erscheinung. Bei der Warmumformung wird der Verfestigungseffekt durch die nahezu gleichzeitig einsetzende Rekristallisation kompensiert.

Ursachen der Verfestigung

1. Gleitfähige Versetzungen wandern bis an Versetzungsknoten oder andere Hindernisse innerhalb der Kristalle, werden dort festgehalten und fallen für die weitere Formänderung aus. Durch Aufstau von Versetzungen in parallelen Gleitebenen bildet sich der *Versetzungswald*.
2. Bildung unbeweglicher Versetzungen (z. B. LOMER-COTTRELL-Versetzungen) durch Versetzungsreaktionen. Gleitfähige oder gleitende Versetzungen werden an den unbeweglichen Versetzungen aufgehalten und aufgestaut. Es ist zu beachten, daß unbewegliche Versetzungen nur in Metallen und Legierungen mit niedriger Stapelfehlerenergie und in Ebenen dichtester Kugelpackung entstehen (vgl. 1.1.4.1.2 und 1.1.4.1.3).
3. Korngrenzenverfestigung
   Hier werden gleitende Versetzungen an Großwinkelkorngrenzen aufgehalten. Um diese Versetzungen in benachbarte Kristalle weiterzubewegen

1

(*Korngrenzendurchbruch*), sind größere Schubspannungen erforderlich. Da die Laufwege der Versetzungen durch die Kristallgröße mitbestimmt werden, ist die Korngrenzenverfestigung umso wirkungsvoller, je geringer die Kristallgröße ist. Das heißt, die Festigkeit ist bei feinkörnigen Werkstoffen höher als bei grobkörnigen. Den Zusammenhang zwischen der für die spanlose Formung wichtigen Streckgrenze und der Korngröße liefert die HALL-PETCH-Beziehung.

$$\sigma_S = \sigma_i + k\frac{1}{\sqrt{d}}$$

σ_S Streckgrenze
σ_i Bewegungsspannung für die Versetzungen in den Kristallen
k Strukturfaktor der Korngrenzen
d mittlerer Korndurchmesser

Eigenschaftsänderungen durch spanlose Kaltumformung

Die Kaltverfestigung verursacht eine Reihe von Änderungen der Werkstoffeigenschaften:

1. Mechanische Eigenschaften

Es erhöhen sich die Streckgrenze, die Zugfestigkeit und die Härte. Die Bruchdehnung, die Brucheinschnürung und die Kerbschlagzähigkeit nehmen ab.

2. Elektrische und magnetische Eigenschaften

Der spezifische elektrische Widerstand ϱ erhöht sich. ϱ setzt sich aus einem temperaturabhängigen Anteil ϱ_i und einem temperaturunabhängigen Anteil ϱ_Z zusammen.

$$\varrho = \varrho_i + \varrho_Z \qquad \text{MATTHIESSEN-Regel}$$

ϱ_i wird durch die temperaturabhängigen Gitterschwingungen (Phononen) des idealen Gitters, ϱ_Z wird durch Verunreinigungen, Legierungsatome und die verformungsbedingt entstandenen Fehlordnungen verursacht.

Bei Ferromagnetika erhöht sich die Koerzitivkraft, während die Permeabilität abnimmt.

3. Thermodynamische Zustandsgrößen

Zunahme der HELMHOLTZschen freien Energie F

$$F = U - TS$$

bzw. der GIBBSschen freien Energie G

$$G = H - TS = U + pV - TS$$

Bei ungleichmäßig umgeformten Bauteilen (Biege- u. Ziehteile), d. h., bei Teilen mit unterschiedlichen Formänderungsgraden, wird darüber hinaus das Korrosionsverhalten ungünstig beeinflußt.

▶ *Insgesamt gilt*: Die durch die spanlose Formänderung hervorgerufenen Eigenschaftsänderungen sind thermodynamisch instabil.

1.2.4   Kristallerholung und Rekristallisation

Die Rückführung der thermodynamischen Instabilität des umgeformten Werkstoffes in einen stabilen Zustand erfordert die Zufuhr einer bestimmten zusätzlichen Energie – Aktivierungsenergie –, sofern die Verfestigung im Temperaturbereich der spanlosen Kaltumformung eintrat.

Die notwendige Aktivierungsenergie wird meist durch nachfolgendes Erwärmen auf eine bzw. oberhalb einer werkstoffabhängigen Mindesttemperatur zugeführt.

Diese Erwärmung verursacht zwei wesentliche, aufeinander folgende Vorgänge: *Kristallerholung* und *Rekristallisation*.

1.2.4.1   Kristallerholung

Die Zunahme des spezifischen elektrischen Widerstandes als Folge der spanlosen Formung wird durch die Kristallerholung wieder aufgehoben.

Eine wesentliche Änderung der durch die Kaltverfestigung erhaltenen mechanischen Eigenschaften tritt nicht ein.

Vorgänge bei der Kristallerholung

Die komplexen und komplizierten Vorgänge der Kristallerholung lassen sich pauschal auf zwei Grundvorgänge reduzieren.

1. Polygonisation

Unter Polygonisation ist die Änderung der Versetzungsanordnung zu verstehen, vgl. Bilder 1.49 und 1.65. Die Umordnung der Versetzungen ist ein thermisch aktivierter Vorgang, wobei die Versetzungen durch *Klettern* oder *Quergleiten* unter Bildung von *Kleinwinkelkorngrenzen* energetisch günstigere Anordnungen einnehmen. Da sich die Versetzungsdichte nur geringfügig ändert – eine relativ geringe Zahl von Versetzungen löst sich an den Kristalloberflächen auf – ist die Rückbildung der mechanischen Eigenschaften auf die Ausgangswerte nicht möglich.

2. Ausheilen von Leerstellen

Die Kristallerholung läuft in der überwiegenden Zahl der Metalle und Legierungen bei erhöhten Temperaturen ab. Dadurch wird die Beweglichkeit der

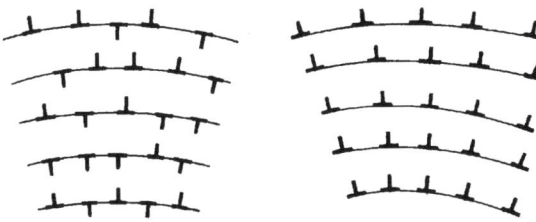

1

Bild 1.65 Verformter Kristallbereich vor (links) und nach der Polygonisation (rechts)

Atome und Gitterleerstellen vergrößert, als deren Folge wird die durch die spanlose Formänderung eingetretene Zunahme der Leerstellenkonzentration (vgl. nichtkonservative Versetzungsbewegung in 1.1.4) abgebaut.

Dieser Vorgang – die Wiederbesetzung der mit der Formänderung gebildeten Leerstellen mit Atomen – wird als *Ausheilen der Leerstellen* bezeichnet.

Weil die spezifische elektrische Leitfähigkeit bzw. der spezifische elektrische Widerstand als deren Reziprokwert durch Gitterleerstellen stärker beeinflußt wird als durch Versetzungen, schreibt man die Verbesserung der spezifischen elektrischen Leitfähigkeit bzw. die Abnahme des spezifischen elektrischen Widerstandes dem Ausheilen der Leerstellen zu. Im Gegensatz zu reinen Metallen und Legierungen, die Kristallgemische bilden, verläuft die Verringerung des spezifischen elektrischen Widerstandes bei Legierungen mit Austausch-Mischkristall-Gefüge stufenweise und getrennt nach den Komponenten.

Bei den aus der kubisch-flächenzentrierten α-Phase (α-Ms) bestehenden Cu-Zn-Legierungen CuZn 10 (Ms 90), CuZn 30 (Ms 72) wird die zwischen 60 und 100 °C eintretende Stufe der Widerstandsabnahme der Bildung Zn-reicher Nahordnungen und die bei etwa 160 °C nachweisbare Stufe der Bildung Cu-reicher Nahordnungen im α-Ms zugeordnet.

1.2.4.2   Rekristallisation

Rekristallisation ist die Kristallneubildung nach vorangegangener spanloser Formung.

Die Rekristallisation geht bei höheren Temperaturen im Anschluß an die Kristallerholung vor sich.

Sie ist gekennzeichnet durch die Rückbildung der mechanischen Eigenschaften auf die Werte des unverformten Zustandes und die Abnahme der freien Energie bzw. freien Enthalpie. Als exothermer Vorgang wird die in den Kristallen von der Umformung stammende, im Gitterverband verbliebene und gespeicherte Energie freigesetzt. (Von der bei der Umformung von außen zugeführten Energie verbleiben weniger als 20 % im Gitterverband.)

Vorgänge bei der Rekristallisation

Die Rekristallisation läßt sich in folgende Teilprozesse gliedern:
1. Keim- oder Kernbildung
2. Keim- oder Kornwachstum   } Primäre Rekristallisation
3. Korn- oder Kristallvergrößerung
4. Sekundäre bzw. Sammelrekristallisation

Die Keimbildung und das Keimwachstum werden theoretisch unterschiedlich begründet. Einmal wird davon ausgegangen, daß die durch Polygonisation entstandenen Subkorn- oder Kleinwinkelkorngrenzen Bereiche hoher Energiekonzentration darstellen. Die durch Subkorngrenzen berandeten kleinen Kristallbereiche (Subkörner) vereinigen sich nun dadurch, daß sich benachbarte Subkorngrenzen durch thermisch aktiviertes Klettern von Versetzungen auflösen. Dieser Vorgang kann sich fortsetzen bzw. wiederholen, bis der notwendige kritische Keimradius erreicht ist und sich stabile Grenzflächen ausgebildet haben. (Theorie der Subkornkoaleszenz nach H. HU). Von diesem Stadium aus erfolgt die Kristallneubildung nach den Regeln des Kristallwachstums. Die neu entstehenden Kristalle weisen eine stark verminderte Versetzungsdichte und freie Energie auf.

Eine andere Betrachtungsweise geht davon aus, daß submikroskopisch kleine, von beweglichen Subkorngrenzen berandete, relativ spannungsarme bzw. energiearme Kristallbereiche (Versetzungszellen) innerhalb der verformten Kristalle als Keime wirken. Diese Kristallbereiche wachsen nach Erreichen des kritischen Keimradius unter Aufzehrung anderer Kristallbereiche hoher Energiekonzentration, bis sich die neu gebildeten Kristalle gegenseitig berühren.

Die Keimzahl ist vom Formänderungsgrad abhängig. Je höher der Formänderungsgrad, desto größer ist die Keimzahl und desto geringer wird die Größe der neu entstehenden Kristalle.

▶ *Man beachte*: Für umwandlungsfreie Metalle und Legierungen ist Kaltumformung und anschließende Rekristallisation die einzige Möglichkeit, ein grobes Gefüge in ein feinkörniges und damit technisch anzustrebendes Gefüge zu überführen.

In dem Streben nach dem Minimum freier Energie (Enthalpie) vereinigen sich unter bestimmten Voraussetzungen (großer Formänderungsgrad, hohe Rekristallisationstemperatur und große Rekristallisationsdauer) die neu gebildeten kleinen Kristalle zu großen Kristallen. Verläuft dieser Prozeß kontinuierlich, d. h., werden alle Kristalle des betreffenden Bauteils davon erfaßt, so spricht man von *Sammelrekristallisation*.

1

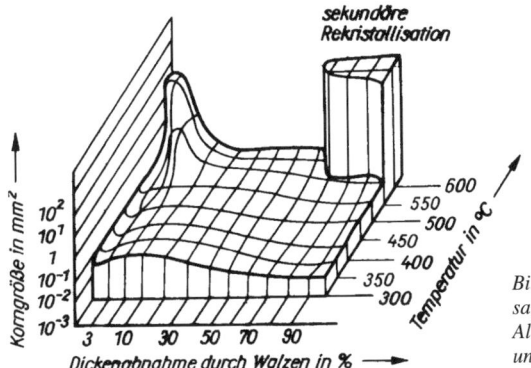

sekundäre
Rekristallisation

Bild 1.66 Rekristallisationsdiagramm von Al 99,5, nach DAHL und PAWLEK

Bei diskontinuierlichem Kornwachstum (sekundäre Rekristallisation), das u. a. bei Cu und Cu-Legierungen beobachtet wird, werden von Rekristallisationszwillingen oder feindispers ausgeschiedenen Verunreinigungen ausgehend einzelne große Kristalle gebildet, die zusammen mit den übrigen kleinen ein bezüglich der Korngröße inhomogenes Gefüge entstehen lassen.

Wegen der damit verbundenen Sprödbruchneigung des Werkstoffs ist ein derartiges Gefüge technisch unerwünscht (vgl. Bild 1.66).

Rekristallisationsglühen

Bis auf wenige Ausnahmen (Pb, Sn, Zn) ist zur Aufhebung der Kaltverfestigung bei allen Metallen und Legierungen eine nachträgliche Wärmebehandlung, das *Rekristallisationsglühen*, erforderlich. Die Rekristallisation verlangt neben der Erwärmung auf eine bestimmte Mindesttemperatur einen werkstoffabhängigen Mindestformänderungsgrad, den kritischen Formänderungsgrad η_{krit}. Der Formänderungsgrad η ergibt sich z. B. aus der Querschnittsänderung ΔA zu

$$\eta = \frac{A_0 - A}{A_0} \cdot 100 = \frac{\Delta A}{A_0} \cdot 100 \; (\text{in \%})$$

A_0 Ausgangsquerschnitt
A Querschnitt nach der Formänderung

Der Formänderungsgrad η kann aus der Höhenabnahme beim Stauchen, der Dickenabnahme beim Walzen oder der Dehnung berechnet und angegeben werden. Der kritische Formänderungsgrad wird für Al mit 2 . . . 3 %, für Weicheisen mit 5 . . . 10 % und für Stahl mit 8 . . . 12 % angegeben.

Die Mindesttemperatur für das Einsetzen der Rekristallisation ergibt sich nach der Beziehung von TAMMANN und BOTSCHWAR für Formänderungsgrade

$\eta \gg \eta_{krit}$ zu

$$T_R \approx 0,4 T_S$$

T_R Rekristallisationstemperatur in K
T_S Schmelztemperatur in K

Tabelle 1.10 enthält die Rekristallisationstemperaturen einiger Metalle.

Tabelle 1.10 Rekristallisationstemperaturen verschiedener Metalle

Metall	Schmelztemperatur		Rekristallisations-temperatur		T_R/T_S
	T_S in K	ϑ_S in °C	T_R in K	ϑ_R in °C	
Al	933	660	423...513	150...240	0,45...0,55
Cu	1357	1083	473...503	200...230	0,35...0,37
Fe	1809	1536	623...723	350...450	0,35...0,40
Ni	1725	1452	≈ 873	≈ 600	0,50
Pb	600	327	270...273	−3... 0	0,45
Sn	505	232	273...303	0...30	0,54...0,60
Ta	3303	3030	≈ 1273	≈ 1000	0,39
W	3643	3370	≈ 1473	≈ 1200	0,41
Zn	692	419	283...353	10...80	0,41...0,51

Bei Legierungen wird der Beginn der Rekristallisation nach höheren Temperaturen verschoben, da die Platzwechselvorgänge (Diffusion) der beteiligten Komponenten größere Energiewerte erfordern.

Für unlegierte und niedriglegierte Stähle liegt ϑ_R im Temperaturbereich von 450...700 °C, d. h. unterhalb der A_1-Temperatur (vgl. dazu 2.5.1).

Für hochlegierte Stähle wird ϑ_R mit 600...800 °C angegeben. Die Glühdauer beträgt etwa 1...2 Stunden. In extremen Fällen, wie bei dünnen Drähten und Folien, genügen Glühzeiten in der Größenordnung von Minuten. Zu lange Glühzeiten und/oder zu hohe Temperaturen führen zur Grobkornbildung durch sekundäre Rekristallisation.

Das Rekristallisationsverhalten ist insgesamt abhängig von
1. Formänderungsgrad
2. Temperatur ϑ_R (Rekristallisationstemperatur)
3. Glühzeit
4. Gefügezustand vor der Umformung

Bild 1.66 zeigt das Rekristallisationsdiagramm von Al nach DAHL und PAWLEK. Darin wird die durch Rekristallisation entstehende Korngröße (Kristallgröße) in Abhänigigkeit vom Formänderungsgrad und der Rekristallisationstemperatur für eine konstante Glühzeit (Rekristallisationsdauer) von 2 Stunden dargestellt.

Beachtenswert ist, daß die Korngröße bei geringen Formänderungsgraden und hohen Rekristallisationstemperaturen sehr stark zunimmt.

Wegen der niedrigen Keimzahl entstehen nur wenige, aber sehr große Kristalle, vgl. dazu auch Bild 1.67.

1

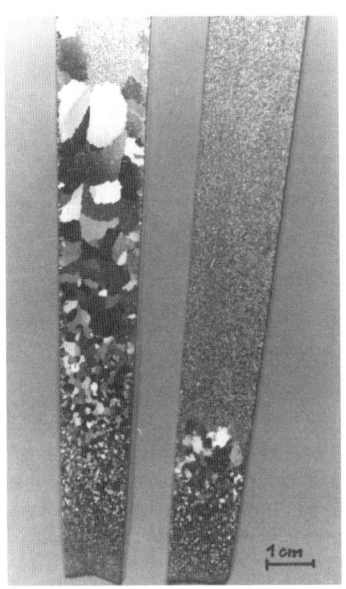

Bild 1.67 Al-Keilzugproben, rekristallisiert bei 450 °C und 550 °C, 30 min

Bild 1.67 zeigt das Rekristallisationsgefüge von Al-Keilzugproben, das in Abhängigkeit von der Dehnung kleiner Abschnitte bei konstanter Glühzeit von 30 min bei verschiedenen Rekristallisationstemperaturen entsteht.

Mit Hilfe von Keilzugproben ist es z. B. möglich, den (günstigsten) Formänderungsgrad und die geeignete Rekristallisationstemperatur und -dauer vor der Durchführung mehrstufiger Kaltformarbeiten an Blechen zu bestimmen. Als *spanlose Kaltformung* bezeichnet man Formänderungen unterhalb der Rekristallisationstemperatur. Entsprechend sind alle Formänderungen oberhalb der Rekristallisationstemperatur als *Warmformung* zu betrachten:

> Kaltformung, wenn $T_{umf} < T_R$
> Warmformung, wenn $T_{umf} > T_R$

Beispielsweise ist die spanlose Formung von Pb bei Raumtemperatur bereits als Warmformung aufzufassen, da dessen Rekristallisationstemperatur (laut Tabelle 1.10) zwischen 0 °C und -3 °C liegt.

Nach einer Warmformung ist das Rekristallisationsglühen im allgemeinen nicht erforderlich, da bereits während oder mit einer relativ geringen zeitlichen Phasenverschiebung die Kristallneubildung ohne zusätzliche Wärmezufuhr stattfindet.

Anwendung des Rekristallisationsglühens

Das Verfahren ist anzuwenden, wenn die spanlose Formung in mehreren Stufen erfolgt und die eingetretene Verfestigung eine weitere Formänderung nicht mehr zuläßt.

Wesentlich ist dabei, daß in jeder Umformstufe ein möglichst großer Formänderungsgrad erreicht wird, damit ein möglichst feinkörniges Rekristallisationsgefüge entsteht. Die Weiterverformung eines grobkörnigen Rekristallisationsgefüges führt durch Aufrauhung (Orangenhaut) zur Verminderung der Oberflächenqualität.

1.2.5 Formänderung in Abhängigkeit von der Zeit und der Temperatur

Bei konstanten mechanischen Belastungen weit unterhalb der Streckgrenze können sich an Bauteilen oder z. B. an Schraubklemmverbindungen von Al-Leitern in Abhängigkeit von der Zeit und der Temperatur irreversible, d. h. plastische Formänderungen einstellen, die im Endstadium zum Bruch bzw. zum Ausfall der Verbindung führen. Diese in längeren Zeiträumen ablaufenden Formänderungen werden als Kriechen bezeichnet.

Man unterscheidet, neben anderen, zwei Kriechvorgänge:
1. *Tieftemperaturkriechen*, bei Temperaturen $T < 0,3 T_S$
2. *Hochtemperaturkriechen*, bei Temperaturen $T > 0,3 T_S$

In Gegensatz zu den bei der spanlosen Formung üblichen Verformungsgeschwindigkeiten sind beim Kriechen neben der Versetzungswanderung auch thermisch aktivierte Erholungsvorgänge maßgebend, wobei sich Verfestigungs- und Erholungsvorgänge überlagern. Zur meßtechnischen Erfassung des Kriechens werden die Funktionen

| Kriechdehnung | $\varepsilon = f(t, \sigma, T)$ |
| Kriechgeschwindigkeit | $\dot{\varepsilon} = f(t, \sigma, T)$ |

als sogenannte Kriechkurven dargestellt (vgl. Bild 1.68).

Die Aufnahme von Kriechkurven ist von besonderer Bedeutung für metallische Werkstoffe, die statischen und thermischen Belastungen ausgesetzt sind.

Dabei liefern Kriechkurven wesentliche Aussagen zur Zeit- und Dauerstandfestigkeit der Werkstoffe.

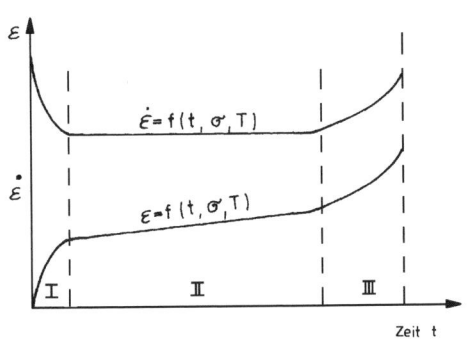

Bild 1.68 Kriechkurven
für das Hochtemperatur-
kriechen (schematisch),
nach [17]

Die Kriechkurven werden in 3 Bereiche eingeteilt (vgl. Bild 1.68):

Bereich I: *Primäres oder Übergangskriechen*

Die Kriechgeschwindigkeit $\dot{\varepsilon}$ sinkt infolge Verfestigungserscheinungen, die durch die Behinderung der Versetzungswanderung als Folge von thermisch aktivierten Schneidprozessen (vgl. 1.1.4.1.2) hervorgerufen werden.

Die Kriechdehnung ε wird durch die geometrische Form, das Ausgangsgefüge und den Eigenspannungszustand des Werkstücks bestimmt.

▶ *Hinweis*: Eigenspannungen sind mechanische Spannungen in einem Bauteil, daß sich im thermischen Gleichgewicht befindet und auf das keine äußeren Kräfte oder Momente einwirken. Sie können fertigungsbedingt entstehen.

Man unterscheidet:

Eigenspannungen I. Art (Makroeigenspannungen)
Diese Spannungen, die sich im Gleichgewicht befinden, erstrecken sich annähernd homogen über eine große Zahl von Kristallen. Wird der Zustand des Spannungsgleichgewichts z. B. durch spanende Bearbeitung aufgehoben, so treten plastische Formänderungen (Verzug) ein. Hierzu gehören auch die thermischen Eigenspannungen, die als Folge der bei der Abkühlung zwischen Kern- und Randzone auftretenden Temperaturunterschiede entstehen (Zugspannungen im Kern, Druckspannungen in der Randzone).

Eigenspannungen II. Art (Mikroeigenspannungen)
Diese Spannungen sind innerhalb einzelner Kristalle homogen. Sie treten in mehrphasigen Gefügen auf Grund der unterschiedlichen Wärmeausdehnungskoeffizienten auf.

Eigenspannungen III. Art werden durch Spannungsfelder inhomogen verteilter Versetzungen innerhalb einzelner Kristalle erzeugt. Praktisch überlagern sich die Eigenspannungen I. bis III. Art.

Bereich II: *Sekundäres oder stationäres Kriechen*

Dieser Bereich ist gekennzeichnet durch das dynamische Gleichgewicht zwischen Verfestigung und dynamischer Erholung.

Dynamische Erholung: Klettern von Stufenversetzungen, Quergleiten von Schraubenversetzungen und teilweise Auflösung von Versetzungen an den Kristalloberflächen.

Die Kriechdehnung ε folgt der Beziehung

$$\varepsilon = kt$$

Die Kriechgeschwindigkeit $\dot{\varepsilon}$ ist praktisch konstant. Als thermisch aktivierter Vorgang kann die Kriechgeschwindigkeit mit der ARRHENIUS-Gleichung

$$\dot{\varepsilon} = k \cdot e^{-\frac{Q}{RT}}$$

beschrieben werden.

Q ist die Aktivierungsenergie für das stationäre Kriechen. In die Konstante k gehen die Korngröße, die Kornform, der Verteilungsgrad und Anordnung verschiedener Phasen, die Leerstellenkonzentration, die Zahl und Dichte von isolierten Versetzungen u. a. ein.

Der Bereich II ist für die Bestimmung der sogenannten Zeitkriechgrenzen von großer technischer Bedeutung.

Bereich III: *Tertiäres oder beschleunigtes Kriechen*

Bei hohen Spannungen und hohen Temperaturen erfolgt ein schnell zunehmendes Kriechen mit steigender Kriechgeschwindigkeit. Als Endzustand stellt sich der Bruch ein. Dessen Ursachen sind in der Erhöhung der wahren Spannung als Folge lokaler Einschnürungen, von Rekristallisationsvorgängen sowie durch Porenbildung infolge des Korngrenzenfließens u. a. zu suchen.

Aufgaben der Untersuchungen zum Hochtemperaturkriechen

Das Kriechverhalten wird bei Werkstoffen untersucht, die während ihres Einsatzes mechanischen (statischen) Spannungen und hohen Betriebstemperaturen ausgesetzt sind. An Hand von Kriechkurven werden folgende Werkstoffkennwerte bei Beanspruchungszeiten von 1 000 h oder 10 000 h bestimmt:

- *Zeitstandfestigkeit* $R_{m/1\,000}$; $R_{m/10\,000}$
- *Zeitdehngrenze* $R_{p0,2/1\,000}$; $R_{p0,2/10\,000}$
- *Zeitbruchdehnung* $A_{5/1\,000}$; $A_{5/10\,000}$

- *Zeitbrucheinschnürung* $Z_{1\,000}$; $Z_{10\,000}$
- *Zugbeanspruchung*, bei der die Kriechgeschwindigkeit $10 \cdot 10^{-4}$ %/h beträgt

1

Für Stahl und Stahlguß wird im 45-Stunden-Kurzzeitstandversuch bei $\vartheta = 350 \ldots 500\ °C$ die Kriechgeschwindigkeit $\dot\varepsilon$ zwischen der 25. und 35. Stunde sowie die bleibende Dehnung von 0,2 % bei Zugbelastung bestimmt. Dazu ist die Aufnahme von mindestens drei Kriechkurven erforderlich.

1.3 Zustandsänderungen der Metalle und Legierungen

> Der Zustand eines Stoffes läßt sich durch die physikalischen Größen *Druck, Volumen* und *Temperatur* – die *Zustandsgrößen* – beschreiben.

Sind die Stoffe aus verschiedenen Komponenten zusammengesetzt (z. B. Legierungen), so sind zusätzlich noch Angaben über die Zusammensetzung mit Hilfe der *Konzentrationsmaße*, wie *Massenanteil* in % und *Stoffmengenanteil* in %, notwendig.

> Die bei konstantem Druck, Volumen und konstanter Temperatur meßbaren Eigenschaften werden bei Änderung einer oder der Zustandsgrößen ebenfalls geändert. Wird bei konstantem Druck durch Wärmezufuhr die Temperatur eines kristallinen festen Stoffes erhöht, so erfährt er eine Volumenänderung und geht schließlich am Schmelzpunkt in eine Flüssigkeit (Schmelze) über. Allotrope bzw. polymorphe Metalle und Legierungen ändern bei entsprechender Wärmezufuhr (oder Wärmeabfuhr) und für sie charakteristischen Temperaturen ihren kristallinen Aufbau (Gitter- bzw. Phasenumwandlung) im festen Zustand.

Die Kenntnis der gewöhnlich bei konstantem Druck in Abhängigkeit von der Temperatur ablaufenden Zustandsänderungen und der damit verbundenen Eigenschaftsänderungen ermöglicht eine zielgerichtete Beeinflussung der Werkstoffeigenschaften, besonders im Hinblick auf ihren ökonomischen Einsatz.

Von besonderer technischer Bedeutung ist das vor allem für die bei der Wärmebehandlung der metallischen Stoffe ablaufenden Vorgänge.

Zur übersichtlichen Darstellung der in Abhängigkeit von der Temperatur (bei Legierungen in Abhängigkeit von der Temperatur und Konzentration) eintretenden Zustandsänderungen (bzw. Strukturänderungen) werden Zustandsschaubilder (-diagramme) verwendet.

Zur Entwicklung von Zustandsschaubildern dienen die in 1.3.1 beschriebenen Meßmethoden.

1.3.1 Meßmethoden zur Bestimmung von Erstarrungs- bzw. Schmelzpunkten sowie des Umwandlungsverhaltens von Metallen und Legierungen im festen Zustand

1. Thermische Analyse nach Tammann

Diese Methode ist zur Bestimmung von Erstarrungs- und Schmelzpunkten geeignet. Mit dem in Bild 1.69 dargestellten Meßprinzip wird die Temperaturänderung in Abhängigkeit von der Zeit als $\vartheta = f(t)$ gemessen.

Wird $\vartheta = f(t)$ bei fallender Temperatur aufgenommen, so erhält man die *Abkühlungskurve*. Die Messung bei steigender Temperatur ergibt die *Erhitzungskurve*.

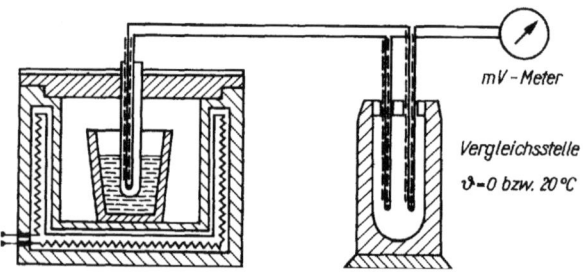

Bild 1.69   Thermische Analyse nach TAMMANN *(Prinzip)*

Bild 1.70 zeigt die Abkühlungs- und Erhitzungskurve von Zn. Die Kurven weisen zwei markante Punkte auf: *Liquiduspunkt* und *Soliduspunkt*.

Der Liquiduspunkt gibt in der Abkühlungskurve den Beginn des Erstarrens und in der Erhitzungskurve das Ende des Aufschmelzens an.

Der Soliduspunkt gibt einmal das Ende des Erstarrens und zum anderen den Beginn des Aufschmelzens an.

Das im Zeitintervall Δt auftretende horizontale Kurvenstück entsteht durch Freiwerden bzw. Aufnahme der Schmelzwärme (latente Wärme).

Die diesem Kurventeil zugehörige Temperatur, die den Phasenübergang flüssig $\rightleftharpoons$ fest charakterisiert, heißt *Haltepunkt* (A).

A_r Haltepunkt, ermittelt während der Abkühlung (r refroidissement, Abkühlung)

A_c Haltepunkt, ermittelt während der Erwärmung (c chauffage, Erhitzung)

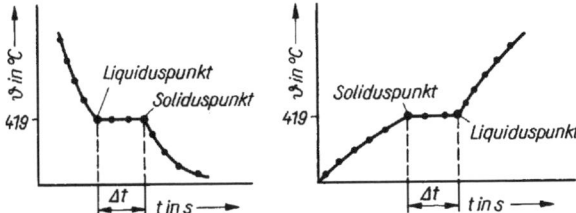

Bild 1.70 Abkühlungskurve (links) und Erhitzungskurve (rechts) von Zink

Bei erhöhter Abkühlungsgeschwindigkeit ändert sich durch Unterkühlung der Schmelze der Kurvenlauf.

Ist die Unterkühlung gering, so steigt nach Beginn der Erstarrung die Temperatur durch die freiwerdende Schmelzwärme wieder bis zur normalen Erstarrungstemperatur an, Bild 1.71 (links).

Bei stärkerer Unterkühlung wird dagegen die normale Erstarrungstemperatur nicht mehr erreicht, Bild 1.71 (rechts).

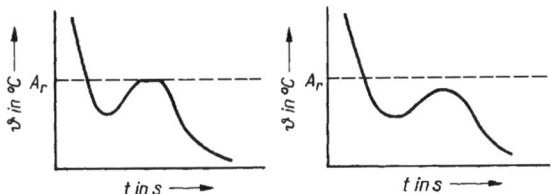

Bild 1.71 Abkühlungskurve bei geringer (links) und bei starker (rechts) Unterkühlung, schematisch

Schnell ablaufende Abkühlungsvorgänge sind mit der TAMMANNschen Thermoanalyse nicht zu erfassen. Für diese Fälle werden Schleifenoszillographen eingesetzt, die in der Lage sind, alle mit technischen Mitteln erreichbaren zeitlichen Temperaturänderungen automatisch zu erfassen und zu registrieren.

2. Differential-Thermoanalyse (DTA)

Die auf ROBERTS-AUSTEN zurückgehende DTA registriert im Gegensatz zur TAMMANNschen Thermoanalyse auch geringe Wärmetönungen. Daher können mit der DTA Umwandlungspunkte und Umwandlungsvorgänge im festen Zustand bei polymorphen Metallen und Legierungen erfaßt werden.

Das Meßprinzip geht aus Bild 1.72 hervor: Die zu untersuchende Probe P und die umwandlungsfreie Vergleichsprobe V (V hat die gleiche Masse wie P) befinden sich in einem Rohrofen in der Zone konstanter Temperatur (homogenes

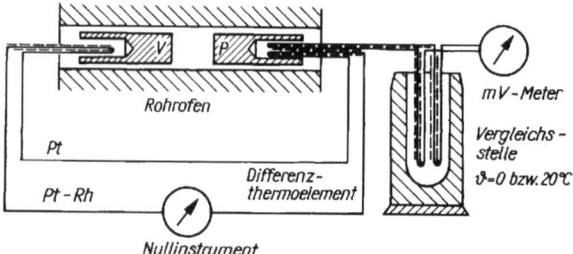

Bild 1.72 Differential-Thermo-Analyse (DTA) nach ROBERTS-AUSTEN
V Vergleichsprobe (umwandlungsfrei), P Probe

Temperaturfeld). Während das normale Thermoelement die jeweilige Temperatur der Probe anzeigt, wird nur dann am Nullinstrument (Spiegelgalvanometer) ein Ausschlag registriert, wenn an den Lötstellen des aus zwei gegeneinander geschalteten Thermoelementen bestehenden Differenzthermoelementes unterschiedliche Temperaturen herrschen. Das ist z. B. an Umwandlungspunkten der Fall. Trägt man die Temperaturdifferenz $\Delta \vartheta$ über der Temperatur ϑ auf, so kann die entsprechende Umwandlungstemperatur sehr genau angegeben werden.

3. Dilatometrische Analyse

Gefügeumwandlungen von Metallen und Legierungen sind mit Änderungen des spezifischen Volumens ($cm^3 \cdot g^{-1}$) verbunden. Bei polymorphen Metallen und Legierungen treten die allotropen Modifikationen mit unterschiedlicher atomarer Packungsdichte auf, daher ändert sich das spezifische Volumen an Umwandlungspunkten sprunghaft. (γ-Fe hat eine größere atomare Packungsdichte, d. h. ein geringeres spezifisches Volumen als das α-Fe). Da bei kubischen Metallen die Volumenänderung mit der Temperatur isotrop erfolgt, genügt es, die Gefügeänderungen eindimensional als Längenänderung zu erfassen.

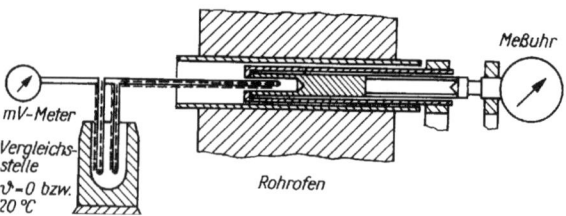

Bild 1.73 Dilatometrische Analyse (einfache Meßanordnung)

1

Neben der in Bild 1.73 dargestellten einfachen Meßeinrichtung gibt es Präzisionsdilatometer, die die Längenänderung der Probe selbsttätig registrieren. Dabei wird ein Lichtstrahl, der auf einen Drehspiegel, welcher über einen Quarzstab mit der Probe verbunden ist, einfällt, entsprechend der Längenänderung auf eine Fotoplatte aufgelenkt.

> Die dilatometrische Analyse erlaubt die Bestimmung der Längenänderung in Abhängigkeit von der Temperatur, z. B. die Ermittlung des linearen thermischen Ausdehnungskoeffizienten (Wärmeausdehnungskoeffizient) oder den Nachweis von Gefügeänderungen beim Anlassen von Stahl. Darüber hinaus läßt sich der zeitliche Ablauf von Gefügeänderungen bei konstanter Temperatur (isotherme Umwandlungen) verfolgen.

1.3.2 Zustandsänderungen binärer Systeme

Die in Abhängigkeit von der Temperatur und der Konzentration bei konstanten und normalen Druckverhältnissen auftretenden Zustandsänderungen von binären Systemen werden in *Zustandsschaubildern* dargestellt. Diese Diagramme gelten für den bei der jeweiligen Temperatur zu erwartenden Gleichgewichtszustand der beteiligten Phasen. Dieser Gleichgewichtszustand stellt sich gewöhnlich nur bei sehr geringen Änderungsgeschwindigkeiten der Temperatur ein.

Bedeutung der Zustandsschaubilder

Unabhängig davon, daß diese Schaubilder als Gleichgewichtsdiagramme streng nur für extrem geringe Abkühlungsgeschwindigkeiten gelten, können ihnen folgende wichtige Angaben entnommen werden:

> 1. die Temperaturen des Beginns und Endes der Phasenumwandlungen
> 2. Arten und Menge der Phasen
> 3. Änderungen der Mengenverhältnisse zwischen festen Phasen oder festen und flüssigen Phasen in Abhängigkeit von der Temperatur bzw. das Mengenverhältnis der Phasen bei einer bestimmten Temperatur
> 4. Wärmebehandlungstemperaturen (besonders bedeutungsvoll bei Eisenlegierungen und Systemen, die Aushärtungseffekte zeigen)
> 5. bei ferromagnetischen Legierungen die ferromagnetische CURIE-Temperatur

1.3.2.1 Zustandsschaubild eines binären Systems (*A–B*), dessen Komponenten im flüssigen und festen Zustand völlig löslich sind

Mit Hilfe der thermischen Analyse werden die Abkühlungskurven der reinen Komponenten und einer nicht zu geringen Zahl von Legierungen aufgenommen, s. dazu Bild 1.74.

Während die reinen Komponenten *A* und *B* bei konstanter Temperatur (Haltepunkt) erstarren, gehen die Legierungen in einem Temperaturintervall vom flüssigen zum festen Zustand über. Die vergleichsweise höhere kinetische Energie der Atome der niedriger schmelzenden 2. Komponente behindert die Kristallisation, so daß Liquidus- und Soliduspunkt nach tieferen Temperaturen hin verschoben werden. Das Fehlen eines Haltepunktes ist pauschal damit zu erklären, daß die flüssige Phase kontinuierlich unter Bildung von Austausch-Mk in den festen Zustand übergeht.

Die mit der thermischen Analyse gewonnenen Liquidus- und Soliduspunkte werden in einem vorbereiteten Zustandsdiagramm auf den Konzentrationssenkrechten der jeweiligen Legierungen eingetragen. Die Konzenrationssenkrechten werden auf der Konzentrationsachse errichtet.

> Die Verbindungslinie aller Liquidus- bzw. Soliduspunkte ergibt die *Liquiduslinie* bzw. *Soliduslinie.*

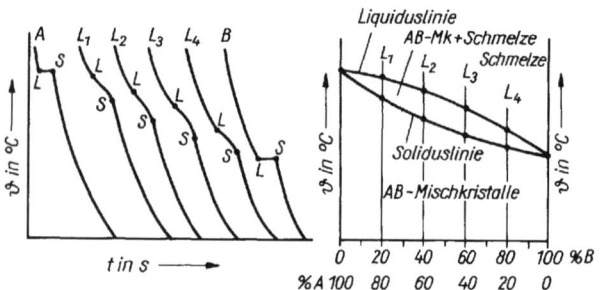

Bild 1.74   Entwicklung des Zustandsschaubildes des binären Systems A–B

> In den Zustandsdiagrammen binärer Systeme müssen Liquidus- und Soliduslinie einen geschlossenen Linienzug bilden. Die Liquidus- und Soliduslinie teilen das Zustandsdiagramm in Phasenfelder auf, s. Bild 1.74.

(Bei komplizierten Systemen treten je nach den Gegebenheiten zusätzliche Linienzüge, wie Sättigungslinien und Phasenumwandlungslinien im festen Zustand auf. Dadurch vergrößert sich die Zahl der Phasenfelder.)

In einem Phasenfeld sind die eingetragenen Phasen im thermodynamischen Gleichgewicht.

❑ **Beispiel**: Erläuterung des Abkühlungsverlaufes einer Legierung des Systems *A–B*. Gewählt wird die Legierung mit 60 % *A* und 40 % *B*, vgl. dazu Bild 1.75.

1

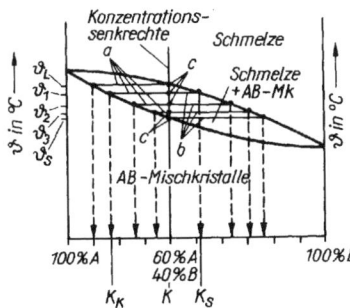

Bild 1.75 Abkühlungsverlauf einer Legierung des binären Systems A–B

Man errichtet auf der Konzentrationsachse die Konzentrationssenkrechte. Diese schneidet die Liquiduslinie im Liquiduspunkt und die Soliduslinie im Soliduspunkt der Legierung. Kühlt die Legierung (Schmelze) bis zum Liquiduspunkt (Temperatur ϑ_L) ab, so beginnt die Kristallisation unter Bildung von Kristallisationskeimen (vgl. 1.1.5). Die Zusammensetzung dieser Kristallisationskeime ergibt sich, indem man bei ϑ_L eine Parallele (Konode oder isotherme Linie) zur Konzentrationsachse durch das Zweiphasengebiet (Schmelze und *A*, *B*-Mk) zieht und vom Schnittpunkt mit der Soliduslinie das Lot auf die Konzentrationsachse fällt. Demnach haben die Kristallisationskeime die Zusammensetzung:

90 % *A* + 10 % *B*

Temperatur ϑ_1: Zwischen ϑ_L und ϑ_1 setzt sich der Phasenübergang unter zunehmender Bildung von *A*, *B*-Mk fort. Da hierzu der flüssigen Phase Atome der beiden Komponenten entzogen werden, ändert sich die Konzentration der Schmelze (Restschmelze). Die Zusammensetzung beider Phasen ergibt sich, indem man bei ϑ_1 eine Konode einträgt und von den Schnittpunkten mit der Liquidus- und Soliduslinie auf die Konzentrationsachse lotet.

Konzentration der Schmelze: 48 % *A* + 52 % *B*
Konzentration der Mk: 84 % *A* + 16 % *B*

Temperatur ϑ_2: Wie dem Zustandsschaubild leicht entnommen werden kann, haben sich die Konzentrationen beider Phasen zwischen ϑ_1 und ϑ_2 weiter verändert. Die Lote von einer weiteren Konode auf die Konzentrationsachse ergeben folgende Zusammensetzungen:

Schmelze: 37 % *A* + 63 % *B*
A, *B*-Mk: 74 % *A* + 26 % *B*

Temperatur ϑ_3: Bis zu dieser Temperatur ist der Phasenübergang (Kristallisation) unter weiterer Konzentrationsänderung der beteiligten Phasen sehr weit fortgeschritten.

Konzentration der Phasen:

Schmelze: 28 % A + 72 % B
A, B-Mk: 66 % A + 34 % B

Temperatur ϑ_S (Soliduspunkt): Beim Erreichen des Soliduspunktes ist der Phasenübergang zum festen Zustand beendet. Die Mk haben die vorgesehene Zusammensetzung 60 % A + 40 % B erreicht, während sich die letzten Anteile der Schmelze bis auf 23 % A + 77 % B angereichert haben. Die weitere Abkühlung der Legierung bis auf Raumtemperatur ergibt keine weiteren Konzentrationsänderungen der Mk.

Bestimmung der Mengenverhältnisse der Phasen

Die Gesamtlänge jeder bei einer bestimmten Temperatur ϑ in das Zweiphasenfeld eingetragenen Konode entspricht der Gesamtmenge der Legierung.

Zu Beginn der Erstarrung (ϑ_L) hat die zugehörige Konode die Länge a, d. h., die gesamte Legierung (100 %) ist noch flüssig. Am Ende der Erstarrung (ϑ_S) hat die zugehörige Konode die Länge b, d. h., die gesamte Legierung ist unter Bildung von Mischkristallen in den festen Zustand übergegangen.

Zwischen ϑ_L und ϑ_S sind bei der jeweiligen Temperatur 2 Phasen (Schmelze und Mk) im Gleichgewicht. Durch die Konzentrationssenkrechte werden die jeweiligen Konoden in den Punkten c in die Abschnitte a und b geteilt. Dabei repräsentieren die Abschnitte a den Schmelzenanteil und die Abschnitte b den Kristallanteil der Legierung bei der betreffenden Temperatur.

Sind entsprechend Bild 1.75 K_S die Konzentration der Schmelze und K_K die Konzentration der Kristalle und K die Ausgangskonzentration der Legierung, so ist das Mengenverhältnis der Schmelze und der Kristalle

$$\boxed{\frac{m_K}{m_S} = \frac{K - K_S}{K_K - K} = \frac{b}{a}}$$

Daraus ergibt sich das

Gesetz der abgewandten Hebelarme oder Gesetz der reziproken Konodenabschnitte:

$$\boxed{m_K a = m_S b}$$

Die Gesamtlänge der Konodenabschnitte a und b entspricht bei der jeweils gewählten Temperatur ϑ der Gesamtmenge der Legierung:

$$\boxed{a + b = (K_K - K) + (K - K_S) = K_K - K_S}$$

Die Teilmengen der Phasen in Masseprozent ergeben sich daher aus den Beziehungen:

$$m_K = \frac{(K - K_S)}{(K_K - K_S)} = \frac{b}{a + b} \cdot 100\ \%$$

$$m_S = \frac{(K_K - K)}{(K_K - K_S)} = \frac{a}{a + b} \cdot 100\ \%$$

Die Mengenanteile der Phasen lassen sich auch über die Messung der Länge der Konodenabschnitte bestimmen. Dabei gelten die vereinfachten o. a. Beziehungen

$$m_K = \frac{b}{a + b} \cdot 100\ \%$$

$$m_S = \frac{a}{a + b} \cdot 100\ \%$$

❏ **Beispiel**: Für die bereits behandelte Legierung mit 60 % A und 40 % B sind die Mengenanteile m_S und m_K bei der Temperatur ϑ_1 entsprechend Bild 1.67 zu bestimmen.

Bestimmung des Schmelzanteils m_S:

$$a = K_K - K = 84\ \%\ A - 60\ \%\ A = 24\ \%\ A$$

$$a = 24$$

$$b = K - K_S = 60\ \%\ A - 48\ \%\ A = 12\ \%\ A$$

$$b = 12$$

$$m_S = \frac{a}{a + b} \cdot 100\ \% = \frac{24}{36} \cdot 100\ \% = 66{,}7\ \%$$

Bestimmung des Kristallanteils m_K:

$$b = K - K_S = 60\ \%\ A - 48\ \%\ A = 12\ \%\ A$$

$$b = 12$$

$$a = K_K - K = 84\ \%\ A - 60\ \%\ A = 24\ \%\ A$$

$$a = 24$$

$$m_K = \frac{b}{a + b} = \frac{12}{36} = 33{,}3\ \%$$

$$m_S + m_K = 66{,}7\ \% + 33{,}3\ \% = \underline{100\ \%\ \text{Legierung}}$$

Die Rechnung führt zu gleichen Ergebnissen, wenn für K, K_K und K_S die prozentualen Anteile von B anstelle von A eingesetzt werden.

▶ *Man beachte*: Die Bestimmung von Konzentrationen und Mengenverhältnissen einer flüssigen und einer festen Phase oder zweier fester Phasen binärer Systeme ist nur in Zweiphasenfeldern möglich.

1.3.2.2 Zustandsschaubild eines binären Systems (Bi–Cd), dessen Komponenten im flüssigen Zustand völlig löslich und im festen Zustand völlig unlöslich sind

Im Gegensatz zu Legierungen binärer Systeme, deren Komponenten im festen Zustand völlig löslich sind, also Austausch-Mischkristalle bilden, zeigen Legierungen, deren Komponenten im festen Zustand völlig unlöslich sind, also Kristallgemische bilden, qualitativ anders verlaufende Phasenübergänge vom flüssigen zum festen Zustand, vgl. dazu Bild 1.76.

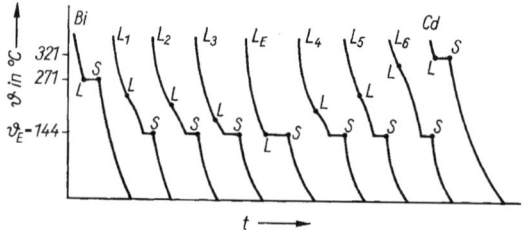

Bild 1.76 Abkühlungskurven zum System Bi–Cd (schematisch)

Dem Bild 1.76 ist zu entnehmen, daß im System Bi–Cd eine ausgezeichnete Legierung (L_E : 60 % Bi und 40 % Cd) existiert, die wie die reinen Komponenten mit einem Haltepunkt erstarrt. Sie hat innerhalb der Legierungsreihe den niedrigsten Erstarrungs- bzw. Schmelzpunkt und wird daher als *Eutektikum* oder hier als eutektische Legierung L_E bezeichnet.

Eutektika treten in Systemen auf, deren Komponenten im festen Zustand völlig unlöslich oder begrenzt löslich sind. Deshalb werden derartige Systeme als *eutektische Systeme* bezeichnet. Die Erstarrungs- oder Schmelztemperatur des Eutektikums heißt *eutektische Temperatur* (hier mit ϑ_E bezeichnet). Während des Erstarrungsvorgangs der eutektischen Legierung sind 3 Phasen (Schmelze, Bi- und Cd-Kristalle), allgemein eine flüssige und zwei feste Phasen, im thermodynamischen Gleichgewicht. Der Phasenübergang der eutektischen Schmelze zum festen Zustand heißt *eutektische Dreiphasenreaktion*.

> *Eutektische Dreiphasenreaktion*
> Schmelze $\rightleftharpoons$ 2 Kristallarten

Für das System Bi–Cd lautet diese Reaktion

$$S \rightleftharpoons \text{Bi-Kristalle} + \text{Cd-Kristalle}$$

Bei den Legierungen L_1 bis L_6, deren Konzentration von der eutektischen abweicht, werden nach Unterschreiten des Liquiduspunktes zunächst soviel Kristalle der jeweils im „Überschuß" vorhandenen Komponente gebildet, bis sich in der Restschmelze die eutektische Konzentration einstellt. Die Restschmelzen erstarren dann nach der eutektischen Dreiphasenreaktion.

Bild 1.77 zeigt das Zustandsdiagramm des Systems Bi–Cd.

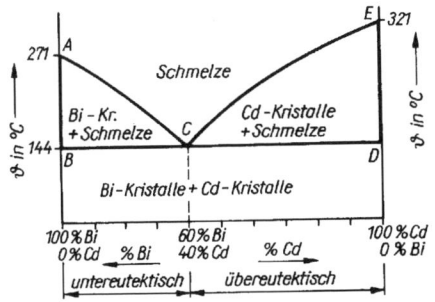

Bild 1.77 Zustandsschaubild des Systems Bi–Cd

Bedeutung der Linienzüge

Linie *ACE*	Liquiduslinie, ihr annähernd V-förmiger Verlauf ist für alle eutektischen Zweistoffsysteme charakteristisch.
Linie *ABCDE*	Soliduslinie
Linie *BCD*	Eutektikale

In dem Konzentrationsbereich des horizontalen Teils der Soliduslinie (Linie *BCD*) erstarren die Restschmelzen der Legierungen nach der eutektischen Dreiphasenreaktion. Das ist besonders bei Systemen mit begrenzter Löslichkeit der Komponenten im festen Zustand zu beachten.

Allgemein gültig sind die Bezeichnungen
- *untereutektisch* für die links vom Eutektikum,
- *übereutektisch* für die rechts vom Eutektikum befindlichen Legierungen.

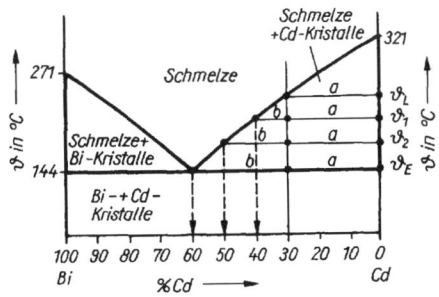

Bild 1.78 Abkühlungsverlauf einer übereutektischen Legierung des Systems Bi–Cd

Erläuterung des Abkühlungsverlaufes einer übereutektischen Legierung mit 70 % und 30 % Bi, Bild 1.78

Man errichtet auf der Konzentrationsachse die Konzentrationssenkrechte der Legierung. Sie schneidet bei ϑ_E die Soliduslinie und bei ϑ_L die Liquiduslinie im Liquiduspunkt der Legierung.

Den Abkühlungsvorgang verfolgt man längs der Konzentrationssenkrechten:

Temperatur ϑ_L: Kühlt die Legierung aus dem Einphasengebiet der Schmelze bis zur Temperatur ϑ_L ab, so beginnt hier die Kristallisation unter Bildung stabiler Kristallisationskeime. Das Lot vom Schnittpunkt des Konodenabschnittes *a* mit der Soliduslinie auf die Konzentrationsachse zeigt, daß die entstehenden Keime zu 100 % aus Cd bestehen. Bei ϑ_L ist die Legierung noch im flüssigen Zustand, das ist auch daraus ersichtlich, daß der Konodenabschnitt *b* Null ist.

Temperatur ϑ_1: Ausgehend von den Kristallisationskeimen erfolgt zwischen ϑ_L und ϑ_1 die Bildung primärer Cd-Kristalle. Das Ausscheiden fester Bestandteile aus der Schmelze führt zur Änderung ihrer Konzentration. Das Lot vom Schnittpunkt des Konodenabschnitts *b* mit der Liquiduslinie auf die Konzentrationsachse ergibt jetzt eine Schmelzenkonzentration von 60 % Cd und 40 % Bi. Mit dem Gesetz der reziproken Konodenabschnitte ermittelt man unter Verwendung des Cd-Anteils leicht die Mengenanteile beider Phasen:

$$m_K = \frac{K - K_S}{K_K - K_S} = \frac{70 - 60}{100 - 60} \cdot 100\,\% \ = \frac{10}{40} \cdot 100\,\% \qquad \text{oder}$$

$$m_K = \frac{b}{a + b} = \frac{10}{30 + 10} \cdot 100\,\% \ = \underline{25\,\%}$$

$$m_S = \frac{K_K - K}{K_K - K_S} = \frac{100 - 70}{100 - 60} \cdot 100\,\% \ = \frac{30}{40} \cdot 100\,\% \qquad \text{oder}$$

$$m_S = \frac{a}{a + b} = \frac{30}{30 + 10} \cdot 100\,\% \ = \underline{75\,\%}$$

Temperatur ϑ_2: Mit weiter abnehmender Temperatur verschiebt sich die Konzentration der Schmelze durch die fortschreitende Bildung von Cd-Kristallen in Richtung auf die eutektische Zusammensetzung. Die Konzentration der noch vorhandenen Schmelze (Restschmelze) ist bei ϑ_2 50 % Cd und 50 % Bi. Die Mengenanteile sind: 40 % Cd-Kristalle und 60 % Restschmelze.

Temperatur ϑ_E: Kühlt die Legierung bis zur eutektischen Temperatur ab, so erreicht die Restschmelze die eutektische Zusammensetzung (60 % Bi + 40 % Cd) und erstarrt nach der eutektischen Dreiphasenreaktion.

$$S \rightleftharpoons \text{Bi} + \text{Cd}$$

Die Mengenanteile der Phasen am Beginn der Dreiphasenreaktion sind: 50 % primäre Cd-Kristalle und 50 % eutektische Restschmelze.

Nach Abschluß der Erstarrung findet man im Zweiphasengebiet unterhalb der Linie *BCD* 70 % Cd-Kristalle (primäre und eutektische) und 30 % Bi-Kristalle. Wegen der völligen Unlöslichkeit der Komponenten im festen Zustand ist auch kein anderes Phasenverhältnis zu erwarten. Da das Eutektikum gewöhnlich feinkörnig erstarrt, lassen sich die primären Kristalle wegen ihrer Größe leicht im Gefügebild unterscheiden. Die primären und die eutektischen Cd-Kristalle unterscheiden sich zwar in ihrer Größe und im Entstehungszeitraum, aber nicht in ihrer Struktur, daher bilden sie nur eine Phase.

Aus diesem Grunde wird im Zustandsdiagramm unterhalb der Soliduslinie das Eutektikum nicht gesondert ausgewiesen.

Ausnahmen bilden nur solche Systeme, deren Phasen z. B. wegen ihrer verschiedenen Entstehungstemperaturen oder wegen ihres charakteristischen Aussehens besondere Gefügenamen tragen. Das gilt vor allem beim metastabilen System Fe-Fe$_3$C und beim stabilen System Fe-C.

1.3.2.3 Zustandsschaubild eines binären eutektischen Systems, dessen Komponenten im flüssigen Zustand völlig löslich und im festen Zustand begrenzt löslich sind

Charakteristisch für derartige Systeme ist die Temperaturabhängigkeit der Konzentration zweier Mk-Phasen, oder einer Mk-Phase, sofern als zweite eine intermetallische oder intermediäre Phase auftritt. Das Zweiphasenfeld, in dem die Konzentration der Mk-Phasen temperaturabhängig ist, wird als *Mischungslücke* im festen Zustand bezeichnet. Eine Reihe solcher Systeme hat sehr große technische Bedeutung, da durch eine geeignete Wärmebehandlung (Aushärtung) unter Ausnutzung der Mischungslücke erhebliche Festigkeitssteigerungen der betreffenden Legierungen gegenüber dem Normalzustand erreichbar sind.

Im Bild 1.79 ist das binäre System Ag-Cu dargestellt.

Bedeutung der Linienzüge:

Linie *AEB*	Liquiduslinie
Linie *ACEDB*	Soliduslinie
Linie *CED*	Eutektikale
Linie *CF*	Sättigungslinie der α-Mk für Cu
Linie *DG*	Sättigungslinie der β-Mk für Ag

Lösungsvermögen der Mk-Phasen:

Die Ag-reichen α-Mk können bei $C = \vartheta_E = 779\ °C$ max. 8,8 % Cu und bei $F =$ Raumtemperatur < 1 % Cu lösen.

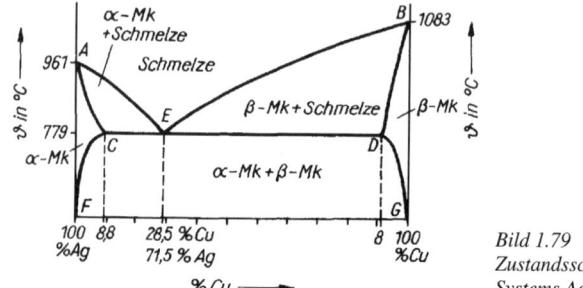

Bild 1.79
Zustandsschaubild des
Systems Ag-Cu

Die Cu-reichen β-Mk lösen bei $D = \vartheta_E = 779\ °C$ max. 8 % Ag und bei $G =$ Raumtemperatur < 1 % Ag.

Erläuterung des Abkühlungsverlaufs einer Legierung mit 95 % Ag und 5 % Cu, vgl. dazu Bild 1.80

Beim Abkühlen erreicht die Schmelze bei ϑ_L den Liquiduspunkt, dabei entstehen α-Mk-Keime mit etwa 1,5 % Cu-Gehalt.

Temperatur ϑ_1: Die aus den Keimen gebildeten α-Mk erhöhen ihren Cu-Anteil zwischen ϑ_L und ϑ_1 auf etwa 2,5 %. Durch das Ausscheiden Ag-reicher α-Mk aus der Schmelze verschiebt sich deren Konzentration auf 90 % Ag und 10 % Cu. Die Anwendung des Gesetzes der reziproken Konodenabschnitte ergibt für die beiden Phasen folgende Mengenanteile: 66,7 % α-Mk + 33,3 % Restschmelze.

Temperatur ϑ_2: Mit fortschreitender Abkühlung verschiebt sich die Konzentration der Schmelze auf 85 % Ag und 15 % Cu und die der α-Mk auf 96 % Ag und 4 % Cu. Die Mengenanteile der Phasen ergeben sich jetzt zu: 90,9 % α-Mk und 9,1 % Restschmelze.

Temperatur ϑ_S: Beim Erreichen des Soliduspunktes haben die α-Mk die Konzentration 95 % Ag und 5 % Cu und die letzten Anteile der Restschmelze 82 % Ag und 18 % Cu. Da die Restschmelze die eutektische Zusammensetzung (71,5 % Ag + 28,5 % Cu) nicht erreicht, erstarrt die Legierung unter Bildung nur einer Phase, den α-Mk.

Temperatur ϑ_3: Zwischen ϑ_S und ϑ_3 durchläuft die Legierung das Einphasengebiet der α-Mk. Bis ϑ_3 können die α-Mk gerade noch 5 % Cu in ihrem Gitterverband lösen. Nach Unterschreiten dieser Temperatur diffundieren Cu-Atome an die Korngrenzen der α-Mk und bilden mit den in den Grenzflächenbereichen der α-Mk vorhandenen Ag-Atomen eine 2. Phase, β-Mk.

Temperatur ϑ_4: Bis zu dieser Temperatur verringert sich das Lösungsvermögen der α-Mk für Cu auf 2 %, während die β-Mk bei dieser Temperatur noch etwa

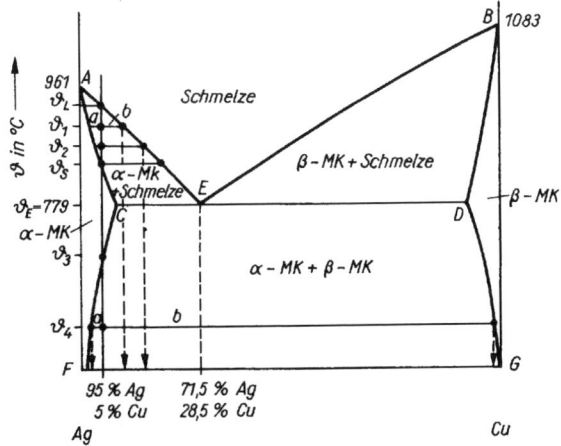

Bild 1.80 Abkühlungsverlauf einer Legierung des Systems Ag-Cu

1,8 % Ag aufnehmen können. Durch sinngemäßes Anwenden des Gesetzes der reziproken Konodenabschnitte ergeben sich für beide feste Phasen folgende Mengenverhältnisse:

$$m_{K\alpha} = \frac{K - K_\beta}{K_\alpha - K_\beta} = \frac{95 - 1,8}{98 - 1,8} \cdot 100\,\% = \frac{93,2}{96,2} \cdot 100\,\%$$
$$= \underline{96,9\,\% \;\alpha\text{-Mk}}$$

$$m_{K\beta} = \frac{K_\alpha - K}{K_\alpha - K_\beta} = \frac{98 - 95}{98 - 1,8} \cdot 100\,\% = \frac{3}{96,2} \cdot 100\,\%$$
$$= \underline{3,1\,\% \;\beta\text{-Mk}}$$

Die Abkühlung bis auf Raumtemperatur verursacht die weitere Abnahme des Ag-Gehaltes in den β-Mk und des Cu-Gehaltes in den α-Mk auf Werte unter jeweils 1 %. Dabei verschieben sich die Mengenanteile beider Phasen geringfügig zugunsten der β-Mk.

▶ *Man beachte*: Bei technisch üblichen Abkühlungsgeschwindigkeiten erfolgt die Bildung der zweiten Phase im festen Zustand nur unvollständig, da die Diffusionsgeschwindigkeit der Atome sehr viel geringer ist als die Abkühlungsgeschwindigkeit. Dadurch bedingt sind die betreffenden Phasen bei Raumtemperatur meist an Atomen der 2. Komponente übersättigt. Es liegen also übersättigte Mk-Phasen vor.

Bei Systemen mit völliger und begrenzter Löslichkeit der Komponenten im festen Zustand kann aus gleichen Gründen auch im Erstarrungsintervall zwischen ϑ_L und ϑ_S kein vollkommener Konzentrationsausgleich in den

Mischkristallen unter technischen Abkühlungsbedingungen erreicht werden. Die Mischkristalle zeigen daher häufig keine homogene Verteilung der beteiligten Atomarten. Diese auf das jeweilige Kristallvolumen bezogene inhomogene Verteilung der Atomarten wird als *Kristallseigerung* und die davon betroffenen Kristalle werden als *Zonenmischkristalle* oder *Zonenkristalle* bezeichnet, vgl. dazu Bild 1.81a und b. Bild 1.81b zeigt die Kristallseigerung in α-Ms-Kristallen von CuZn 30, das im Kokillenguß hergestellt wurde.

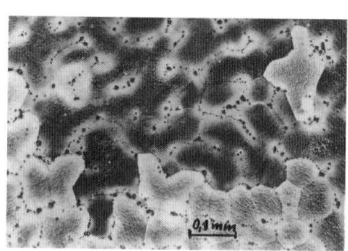

Bild 1.81a Zonenmischkristalle des Systems A–B (schematisch)

Bild 1.80b Kristallseigerung in α-Ms (CuZn-Mk; kfz)

Kristallseigerungen verändern die technischen Gebrauchseigenschaften in meist unerwünschter Weise. Bei Widerstandslegierungen stellt sich dadurch ein zu geringer spezifischer elektrischer Widerstand ein. Zur Beseitigung der Konzentrationsunterschiede innerhalb der Kristalle wird daher ein langzeitiger Glühprozeß – *Diffusionsglühen* – wenig unterhalb des Soliduspunktes durchgeführt.

1.3.2.4 Zustandsschaubild eines binären Systems mit Peritektikum, dessen Komponenten im flüssigen Zustand völlig löslich und im festen Zustand begrenzt löslich sind

Charakteristisch für derartige Systeme ist der Übergang einer primären Mk-Phase und einer Restschmelze in eine neue Mk-Phase. Dieser Übergang wird als *peritektische Dreiphasenreaktion* bezeichnet. Sie lautet allgemein:

1 Kristallart + Schmelze ⇌ 1 neue Kristallart

Am Beispiel des Systems *A–B* lautet die Reaktion

α-Mk + Schmelze ⇌ β-Mk

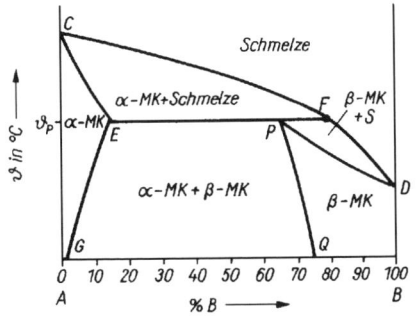

1

Bild 1.82 Zustandsschaubild des binären peritektischen Systems A–B

Bedeutung der Linienzüge: (vgl. Bild 1.82)

Linie *CFD*	Liquiduslinie
Linie *CEPD*	Soliduslinie
Linie *EPF*	Peritektikale
Linie *EG*	Sättigungslinie der α-Mk für *B*
Linie *PQ*	Sättigungslinie der β-Mk für *A*

Abkühlungsverlauf der rein peritektischen Legierung mit 35 % A und 65 % B
Die Konzentrationssenkrechte ist nicht in das Diagramm eingetragen.

Nach Unterschreiten des Liquiduspunktes beginnt die Erstarrung unter Bildung von α-Mk. Beim Erreichen der Peritektikalen (Linie *EPF*) bestehen die α-Mk aus 85 % *A* und 15 % *B* und die Restschmelze aus 20 % *A* + 80 % *B*.

Wie man leicht ermittelt, sind beide Phasen mit 23,4 % α-Mk und 76,6 % Schmelze an der Dreiphasenreaktion beteiligt.

$$23,4 \text{ % } \alpha\text{-Mk} + 76,6 \text{ % Schmelze} \longrightarrow 100 \text{ % } \beta\text{-Mk}$$

Da das Lösungsvermögen der β-Mk für *A* temperaturabhängig ist, scheiden sich mit weiter fallender Temperatur α-Mk sekundär an den Korngrenzen der β-Mk aus.

Bei Legierungen mit > 35 ... 85 % *A*-Anteilen ist beim Erreichen der peritektischen Temperatur ϑ_p der Mengenanteil der primären α-Mk größer als zur peritektischen Reaktion erforderlich.

Dieser überschüssige α-Mk-Anteil nimmt daher nicht an der Dreiphasenreaktion teil. Daher liegen in der Mischungslücke (*GEPQ*) im Konzentrationsbereich > *E* < *P* primäre α-Mk und peritektische β-Mk vor.

Bei langsamer Abkühlung bis Raumtemperatur scheiden sich wegen des fallenden Lösungsvermögens beider Phasen an den Korngrenzen der α-Mk sekundäre β-Mk und an den Korngrenzen der β-Mk sekundäre α-Mk aus.

Im Konzentrationsbereich $> P < F$ liegt beim Erreichen von ϑ_p ein Übermaß an Schmelze vor. Daher bleibt nach erfolgter Dreiphasenreaktion dieser Teil der Schmelze übrig, der dann bis zum Erreichen des Soliduspunktes auf der Linie *PD* kontinuierlich in β-Mk übergeht. Liegt die Konzentration solcher Legierungen zwischen *P* und *Q*, so scheiden sich nach Unterschreiten der Sättigungslinie *PQ* sekundäre α-Mk an den Korngrenzen der β-Mk aus.

1.3.2.5 Zustandsschaubild eines binären Systems mit begrenzter Löslichkeit und eutektoider Phasenumwandlung im festen Zustand

Wie dem Bild 1.83 entnommen werden kann, sind die Komponenten *A* und *B* polymorph.

Komponente *A* tritt in den allotropen Modifikationen α-*A* und γ-*A*, Komponente *B* in den allotropen Modifikationen β-*B* und γ-*B* auf.

Charakteristisch für dieses System ist die Umwandlung des von beiden Komponenten gebildeten γ-Mk in α-Mk und β-Mk. Wegen der Ähnlichkeit mit der eutektischen Dreiphasenreaktion, wird die Reaktion als *eutektoide Dreiphasenreaktion* bezeichnet:

> 1 Kristallart $\rightleftharpoons$ 2 Kristallarten

Für das System *A–B* gilt dann

$$\gamma\text{-Mk} \rightleftharpoons \alpha\text{-Mk} + \beta\text{-Mk}$$

Die neuentstandenen Phasen bilden das *Eutektoid*, das häufig lamellar auskristallisiert.

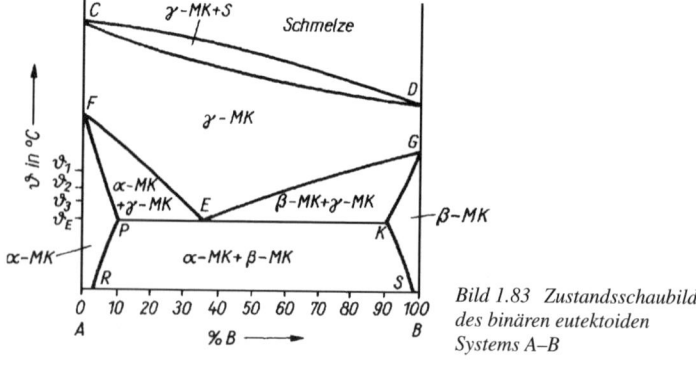

Bild 1.83 Zustandsschaubild des binären eutektoiden Systems *A–B*

Bedeutung der Linienzüge:

Linie *CD*	Liquidus- bzw. Soliduslinie
Linie *F E*	Beginn der voreutektoiden (untereutektoiden) γ, α-Umwandlung
Linie *FP*	Ende der voreutektoiden (untereutektoiden) γ, α-Umwandlung
Linie *GE*	Beginn der voreutektoiden (übereutektoiden) γ, β-Umwandlung
Linie *GK*	Ende der voreutektoiden (übereutektoiden) γ, β-Umwandlung
Linie *PEK*	Linie der eutektoiden Umwandlung (Eutektoide)
Linie *PR*	Sättigungslinie der α-Mk für *B*
Linie *KS*	Sättigungslinie der β-Mk für *A*

Eutektoide Konzentration der γ-Mk: 65 % *A* + 35 % *B*
Maximales Lösungsvermögen der α-Mk für *B*: 10 % (Punkt *P*)
Maximales Lösungsvermögen der β-Mk für *A*: 10 % (Punkt *K*)

Die Mischungslücke im festen Zustand wird von den Linien *PR*, *PEK* und *KS* begrenzt.

Alle Legierungen, die sich links vom reinen Eutektoid befinden, werden als untereutektoid, alle die sich rechts davon befinden, werden als übereutektoid bezeichnet. Diese Festlegung gilt für alle ähnlichen Systeme.

Abkühlungsverlauf einer untereutektoiden Legierung mit 80 % A und 20 % B

Im Diagramm wurde auf die Eintragung der Konzentrationssenkrechten und der Konodenabschnitte verzichtet.

Nach der unter Bildung von γ-Mk (80 % *A* + 20 % *B*) erfolgten Erstarrung, durchläuft die Legierung bis zur Temperatur ϑ_1 das Einphasengebiet der γ-Mk, ohne daß Änderungen ihrer Konzentration eintreten.

Mit dem bei ϑ_1 stattfindenden Übergang in das Zweiphasengebiet beginnt die voreutektoide γ, α-Umwandlung unter Bildung von α-Mk-Keimen mit etwa 5 % *B*-Anteilen. Bis ϑ_2 erhöht sich die Konzentration der α-Mk auf 93 % *A* und 7 % *B*, während die Zusammensetzung der in der Umwandlung befindlichen γ-Mk jetzt 75 % *A* + 25 % *B* beträgt.

Mit dem Gesetz der reziproken Konodenabschnitte findet man die Mengenanteile der Phasen zu: 27,8 % α-Mk und 72,2 % γ-Mk. Zwischen ϑ_2 und ϑ_3 setzt sich der voreutektoide Umwandlungsprozeß der γ-Phase unter weiterer Änderung der Konzentration und der Mengenverhältnisse der Mk fort: die α-Mk bestehen jetzt aus 92 % *A* + 8 % *B*, die γ-Mk aus 70 % *A* + 30 % *B*. Die Mengenanteile sind: 45,4 % α-Mk und 54,6 % γ-Mk. Beim Abkühlen auf die eutektoide Temperatur ϑ_E haben die α-Mk mit 10 % *B* ihr maximales Lösungsvermögen für diese Komponente erreicht. Die Konzentration der γ-Mk ist bei ϑ_E mit 65 % *A* + 35 % *B* eutektoid.

Bestand die Legierung bei ϑ_1 noch zu 100 % aus γ-Mk, so hat sich durch den voreutektoiden Zerfall bis zu ϑ_E ein Mengenverhältnis von 60 % α-Mk und 40 % γ-Mk eingestellt. Die noch verbliebenen γ-Mk wandeln sich nun nach der eutektoiden Dreiphasenreaktion in α-Mk mit 90 % A + 10 % B und β-Mk mit 90 % B und 10 % A um. Die freiwerdende Umwandlungswärme hätte in der Abkühlungskurve einen Haltepunkt zur Folge.

Nach Beendigung der eutektoiden Umwandlung besteht die Legierung aus 87,4 % voreutektoiden und eutektoiden α-Mk und 12,6 % eutektoiden β-Mk.

Bei Abkühlung bis Raumtemperatur laufen in der Mischungslücke durch Abnahme des Lösungsvermögens beider Phasen analoge Vorgänge, wie unter 1.3.2.3 beschrieben, ab.

1.3.2.6 Binäre Systeme mit begrenzter Löslichkeit im flüssigen und völliger Unlöslichkeit der Komponenten im festen Zustand

Diese Systeme haben technisch eine vergleichsweise geringe Bedeutung. Charakteristisch ist für sie das Auftreten einer Mischungslücke im flüssigen Zustand. Kühlt eine zunächst homogene Schmelze S bis auf bzw. unterhalb einer bekannten kritischen Temperatur ab, so geht sie in der Mischungslücke in zwei flüssige Phasen S_1 und S_2 unterschiedlicher Konzentrationen über.

Liegt nun bei einem betrachteten System von Anfang an eine Schmelze der Konzentration S_2 (oder S_1) vor, so geht diese bei Erreichen des Liquiduspunktes in eine feste Phase und eine flüssige Phase der Konzentration S_1 (oder S_2) über. Diese Dreiphasenreaktion wird als *monotektisch* bezeichnet.

> *Monotektische Dreiphasenreaktion*
> $$S_2 \rightleftharpoons S_1 + 1 \text{ Kristallart}$$

Bei vormonotektischen Konzentrationen zerfällt S_2 entweder in entsprechende Mengenanteile $S_1 + S_2$ oder S_2 + 1 feste Phase. Wird dann an der Monotektikalen die charakteristische Konzentration erreicht, so läuft die monotektische Dreiphasenreaktion ab.

Monotektische Dreiphasenreaktionen sind unter anderem bekannt bei den Systemen: Fe-Pb, Al-Pb, Zn-Pb, Cu-Pb, Cu-W, Cu-Mo, Ag-Fe, Ag-Ni, Bi-Ni, Bi-Zn, und bei einigen Metall-Nichtmetall-Systemen.

1.3.2.7   Überblick über die Grundtypen der Zustandsschaubilder binärer Systeme

In 1.3.2.1 bis 1.3.2.6 wurden allgemeine und reale Zustandsschaubilder binärer Systeme erläutert, die für das Verständnis des Verhaltens von Legierungen in Abhängigkeit von der Temperatur grundlegende Bedeutung haben. Bild 1.84 zeigt in einer Zusammenstellung diese und weitere Grundtypen von Zustandsdiagrammen binärer Systeme.

Kurze Erläuterung zu den in Bild 1.84 dargestellten binären Systemen

1.84a: System mit völliger Löslichkeit der Komponenten im festen Zustand
Reale Systeme: Ni-Cu, Ni-Co, Cu-Pt, Ag-Au, Au-Pt u. a.

1.84b: System mit völliger Löslichkeit der Komponenten im festen Zustand und Schmelzpunktsminimum
Reale Systeme: Cu-Mn, As-Sb

1.84c: System mit Schmelzpunktsminimum bei völliger Löslichkeit der Komponenten und Bildung geordneter Mk-Phasen (Überstrukturen) im festen Zustand
Reale Systeme: Au-Ni, Pt-Cu (zwei Überstrukturen in verschiedenen Konzentrationsbereichen), Fe-Cr, Fe-V

1.84d: System mit Peritektikum und Mischungslücke im festen Zustand
Reale Systeme: Cd-Hg, Cr-Ni, Cu-Zn, Cu-Sn, Pt-Ag und Sb-Sn. Im System Cu-Zn treten 5 Peritektika auf.

1.84e: Eutektisches System mit völliger Unlöslichkeit der Komponenten im festen Zustand
Reale Systeme: Bi-Cd, Al-Sn

1.84f: Eutektisches System mit Mischungslücke im festen Zustand
Reale Systeme: Ag-Cu, Pb-Sb, Pb-Sn, Al-Si, Cd-Sn

1.84g: System mit 2 eutektischen Teilsystemen und intermetallischer Phase *G*
Reale Systeme: Al-Sb, Mg-Si

1.84h: System mit 2 eutektischen Teilsystemen und Mischungslücken und intermetallischer Phase
Reales System: Ni-Be (Kombination 1.84h und 1.84f)

1.84i: Eutektoides System mit Mischungslücke und Phasenumwandlung im festen Zustand
Reales System: Al-Zn (Zustandsschaubild zusammengesetzt aus Bild 1.84f und 1.84i).

1.84j: System mit Eutektikum und Eutektoid, Phasenumwandlung und 2 Mischungslücken im festen Zustand
Reale Systeme: Fe-Fe_3C, Ti-Mn

Eine ganze Reihe realer binärer Systeme bildet, abweichend von den im Bild 1.84 gezeigten Grundtypen, sehr komplizierte Zustandsdiagramme. Dabei sind aneinandergereihte und ineinandergeschachtelte Grundtypen als binäre Teilsysteme nicht selten.

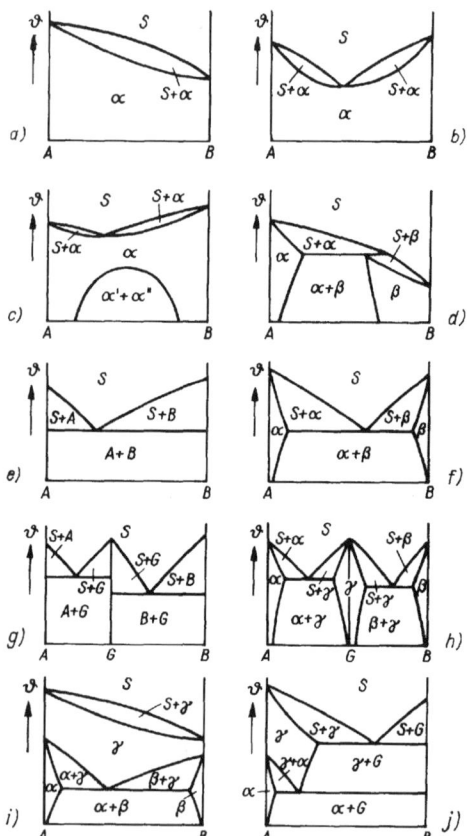

Bild 1.84 *Grundtypen der Zustandsschaubilder binärer Systeme*

1.3.3   Zustandsänderungen ternärer Systeme

1.3.3.1   Konzentrationsdreieck

Im Gegensatz zu binären Systemen lassen sich die Konzentrationen der Legierungen von ternären Systemen (Dreistoffsystemen) nicht auf Konzentrationsachsen angeben. Die Konzentration der Komponenten (A, B, C) wird auf einer Fläche, zweckmäßigerweise auf einem gleichseitigen Dreieck, dem *Konzentrationsdreieck*, dargestellt, vgl. dazu Bild 1.85.

Die Eckpunkte des Dreiecks geben die Konzentration der reinen Komponenten (100 % A, 100 % B, 100 % C) an. Auf den Dreieckseiten $\overline{AB}$, $\overline{BC}$ und $\overline{CA}$ sind alle Konzentrationen zwischen A–B, B–C und C–A eingetragen, d. h., die Dreiecksseiten sind die Konzentrationsachsen der binären Systeme A–B, B–C und C–A. Da hier der Mengenanteil der jeweils 3. Komponente Null ist, nennt man diese Zweistoffsysteme *binäre Randsysteme*.

Die Dreiecksfläche enthält dagegen alle zwischen A, B und C möglichen Legierungszusammensetzungen. Für jede beliebige Legierung muß die Summe der Konzentrationsanteile der einzelnen Komponenten 1 bzw. in Prozent ausgedrückt 100 % sein.

$$\frac{A}{A+B+C} + \frac{B}{A+B+C} + \frac{C}{A+B+C} = 1 \text{ (bzw. 100 \%)}$$

Für Zweistoffsysteme gilt analog

$$\frac{A}{A+B} + \frac{B}{A+B} = 1 \text{ (bzw. 100 \%)}$$

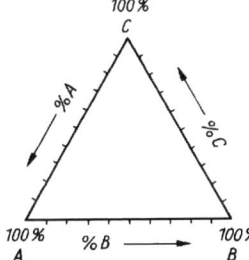

Bild 1.85 Konzentrationsdreieck des ternären Systems A–B–C

Bestimmung der Lage einer Legierung im Konzentrationsdreieck

❑ **Beispiel**: Gesucht ist die Lage der Legierung *L* mit 30 % A, 20 % B und 50 % C.

Lösung:

Die Parallele *I* zur Dreiecksseite $\overline{BC}$, sie schneidet $\overline{AB}$ und $\overline{AC}$ bei 30 % A, ist der geometrische Ort aller Legierungen A–B–C mit 30 % A.

Die Parallele *II* zur Dreiecksseite $\overline{AC}$, sie schneidet $\overline{AB}$ und $\overline{BC}$ bei 20 % B, ist der geometrische Ort aller Legierungen A–B–C mit 20 % B.

Die Parallele *III* zur Dreiecksseite $\overline{AB}$, sie schneidet $\overline{AC}$ und $\overline{BC}$ bei 50 % C, ist der geometrische Ort aller Legierungen A–B–C mit 50 % C.

Die vorgegebene Legierung *L* befindet sich im Schnittpunkt *S* der Parallelen *I*, *II* und *III*, Bild 1.86.

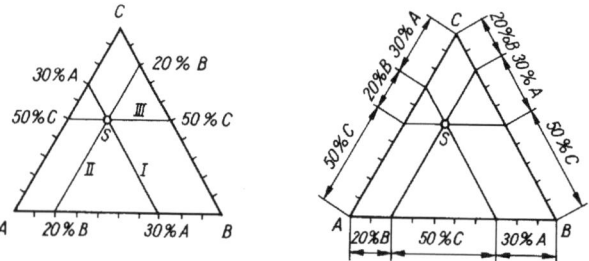

Bild 1.86 Bestimmung der Lage einer Legierung mit 30 % A, 20 % B und 50 % C im Konzentrationsdreieck

Wie aus Bild 1.86 (rechts) hervorgeht, kann die Konzentration der Legierung auch auf jeder Dreiecksseite angegeben werden, da die Summe der Parallelenabschnitte vom Punkt S bis zur jeweilig zugehörigen Seite gleich einer Dreiecksseite ist.

Dreistoff-Legierungen mit konstantem Verhältnis zweier Komponenten

Sind in dem ternären System ABC alle die Legierungen gesucht, in denen das Konzentrationsverhältnis z. B. zwischen den Komponenten A und C konstant ist, so liegen die gesuchten Legierungen auf der Verbindungslinie zwischen der Dreiecksseite $\overline{AC}$ und dem gegenüberliegenden Eckpunkt B.

❏ **Beispiel:** (vgl. dazu Bild 1.87)

Für die aus A, B und C bestehenden Legierungen soll zwischen A und C ein konstantes Mengenverhältnis 3:2 eingehalten werden.

Nach dem 2. Strahlensatz verhalten sich die Abschnitte

$$CK : KA = LK' : K'M \qquad \text{oder}$$
$$CK : KA = L'K'' : K''M' \qquad \text{oder}$$
$$CK : KA = L''K''' : K'''M''$$

Die Legierungen K, K', K'' und K''' haben, wie bereits an Hand Bild 1.86 erläutert, folgende Zusammensetzungen:

Legierung K 60 % A + 40 % $C \longrightarrow A : C = 3 : 2$
Legierung K' 15 % B + 51 % A + 34 % $C \longrightarrow A : C = 51 : 34 = 3 : 2$
Legierung K'' 40 % B + 36 % A + 24 % $C \longrightarrow A : C = 36 : 24 = 3 : 2$
Legierung K''' 65 % B + 21 % A + 14 % $C \longrightarrow A : C = 21 : 14 = 3 : 2$

Bestimmung der Mengenanteile der Phasen im Konzentrationsdreieck

Die Legierung L mit 27 % A + 49 % B + 24 % C sei bei einer bestimmten Temperatur in eine flüssige Phase S (43 % A + 44 % B + 13 % C) und feste Bestandteile K (13 % A + 52 % B + 35 % C) übergegangen, Bild 1.88.

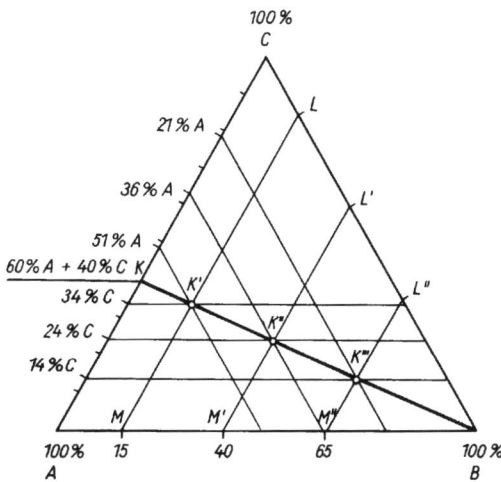

Bild 1.87 Legierungen K', K'' und K''' mit konstantem Verhältnis 3 : 2 der Komponenten A und B

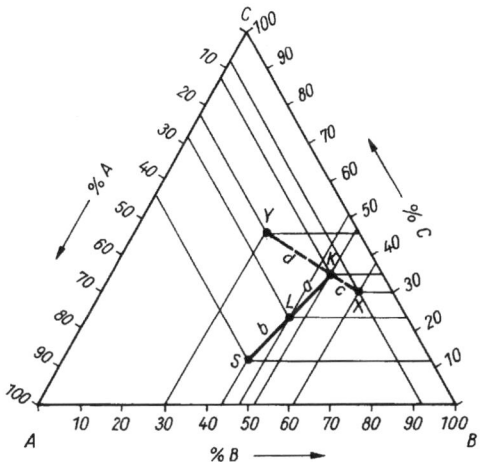

Bild 1.88 Bestimmung der Mengenanteile der Phasen S, X und Y der Legierung L (27 % A + 49 % B und 24 % C)

Durch Anwendung des unter 1.3.2.1 abgeleiteten *Gesetzes der reziproken Konodenabschnitte* erhält man die Mengenanteile m_S und m_K zu

$$m_S = \frac{\overline{LK}}{\overline{LK} + \overline{LS}} = \frac{a}{a + b} \cdot 100\,\%$$

$$m_K = \frac{\overline{LS}}{\overline{LK} + \overline{LS}} = \frac{b}{a + b} \cdot 100\,\%$$

Ohne Kenntnis des Löslichkeitsverhaltens der Komponenten im festen Zustand ergibt sich aus m_K noch keine Aussage über Kristallarten, die in den festen Bestandteilen evtl. enthalten sind. Bei völliger Löslichkeit der Komponenten im festen Zustand entspricht m_K dem Mengenanteil von *A–B–C* Austauschmischkristallen.

Besteht jedoch die Legierung *L* bei der vorgegebenen Temperatur im Gleichgewichtsfall, der vorausgesetzt wird, aus den 3 Phasen Schmelze *S* und den Kristallarten *X* (8 % *A* + 62 % *B* + 30 % *C*) und *Y* (23 % *A* + 30 % *B* + 47 % *C*), so lassen sich die Mengenanteile von *X* und *Y* mit der erweiterten Form des Gesetzes der reziproken Konodenabschnitte (doppeltes Hebelgesetz) ermitteln:

Mengenanteil der Phase *X*

$$m_X = \frac{\overline{LK}}{\overline{LK} + \overline{LS}} \cdot \frac{\overline{KY}}{\overline{KX} + \overline{KY}} = \frac{a}{a + b} \cdot \frac{d}{c + d} \cdot 100\,\%$$

Mengenanteil der Phase *Y*

$$m_Y = \frac{\overline{LK}}{\overline{LK} + \overline{LS}} \cdot \frac{\overline{KX}}{\overline{KX} + \overline{KY}} = \frac{a}{a + b} \cdot \frac{c}{c + d} \cdot 100\,\%$$

Quantitativ ergeben sich nach Bild 1.88 für *S*, *X*, *Y* folgende Mengenverhältnisse, wenn für die Dreiecksseiten eine Länge von jeweils 100 mm zugrunde gelegt wird:

$$\overline{LK} = a = 14\,\text{mm}$$

$$\overline{LS} = b = 14{,}5\,\text{mm}$$

$$\overline{KX} = c = 8\,\text{mm}$$

$$\overline{KY} = d = 17\,\text{mm}$$

$$m_S = \frac{a}{a + b} \cdot 100\,\% = \frac{14}{28{,}5} \cdot 100\,\% = 49\,\%$$

$$m_X = \frac{a}{a + b} \cdot \frac{d}{c + d} \cdot 100\,\% = \frac{14}{28{,}5} \cdot \frac{17}{25} \cdot 100\,\% = 36\,\%$$

$$m_Y = \frac{a}{a+b} \cdot \frac{c}{c+d} \cdot 100\,\% = \frac{14}{28{,}5} \cdot \frac{8}{25} \cdot 100\,\% = 15\,\%$$

$$m_S + m_X + m_Y = 49\,\% + 36\,\% + 15\,\% = 100\,\%$$

1

Wie man leicht überprüft, ist der Anteil m_K der festen Bestandteile 51 % ($m_K = m_X + m_Y$) und der Schmelzenanteil $m_S = 49\,\%$ der Legierung L.

1.3.3.2 Ternäre Zustandsschaubilder

Die Zustandsänderungen der Legierungen ternärer Systeme werden in räumlichen Schaubildern dargestellt. Dabei werden die auf den Dreiecksseiten des Konzentrationsdreiecks senkrecht stehenden Begrenzungsflächen durch die binären Randsysteme A–B, A–C, und B–C gebildet, Bilder 1.89, 1.90. Von den binären Randsystemen ausgehend, ergeben sich folgende Änderungen der Bestimmungsstücke der Schaubilder:

Binäre Systeme		**Ternäre Systeme**
Punkte	$\longrightarrow$	*Linien*
eutektischer Punkt	$\longrightarrow$	eutektische Rinne
Linien	$\longrightarrow$	*Flächen*
Liquiduslinie	$\longrightarrow$	Liquidusfläche
Phasenfelder	$\longrightarrow$	*Phasenräume*
Einphasenfeld	$\longrightarrow$	Einphasenraum: Schmelze, Mk
Zweiphasenfeld	$\longrightarrow$	Zweiphasenraum:
		Schmelze + Mk; Schmelze + A;
		Schmelze + B; Schmelze + C
		Dreiphasenraum: $A + B + C$
		Schmelze + $A + B$
		Schmelze + $B + C$
		Schmelze + $A + C$

Wegen der komplizierten Struktur der ternären Zustandsschaubilder lassen sich die Abkühlungs bzw. Erhitzungsvorgänge der Legierungen nur schwer verfolgen. Zur Verbesserung der Übersichtlichkeit dieser Vorgänge wendet man daher sogenannte *Projektionsdiagramme* an.

Hierbei legt man bei verschiedenen Temperaturen isotherme Schnitte (Schnitte parallel zum Konzentrationsdreieck) durch das Schaubild und projiziert die Schnittlinien auf das Konzentrationsdreieck.

In Bild 1.91 ist die Entstehung des Projektionsdiagrammes angedeutet. Zum besseren Verständnis sind in den umgeklappten Randsystemen die isothermen Schnitte eingetragen.

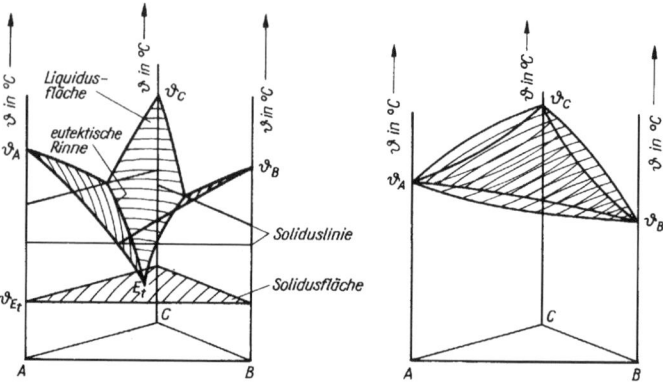

Bild 1.89 *Zustandsschaubild des ternären eutektischen Systems A–B–C*

Bild 1.90 *Zustandsschaubild des ternären Systems A–B–C, dessen Komponenten im festen Zustand völlig löslich sind*

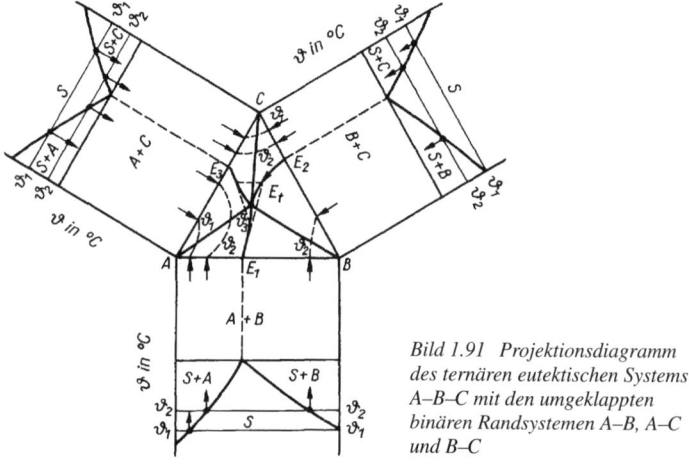

Bild 1.91 *Projektionsdiagramm des ternären eutektischen Systems A–B–C mit den umgeklappten binären Randsystemen A–B, A–C und B–C*

Erläuterung des Abkühlungsverlaufs einer Legierung L mit 15 % A + 55 % B + 30 % C (Bild 1.92)

Dem Abkühlungsverlauf wird das ternäre System entsprechend Bild 1.89 bzw. 1.91 zugrunde gelegt. Die Legierung erreicht bei ϑ_L den Liquiduspunkt, wobei sich Kristallisationskeime der Komponente B bilden. Zwischen ϑ_L und ϑ_1 entstehen B-Kristalle. Während die Schmelze an B-Anteilen verarmt, bleibt das Verhältnis 1 : 2 zwischen A und C konstant.

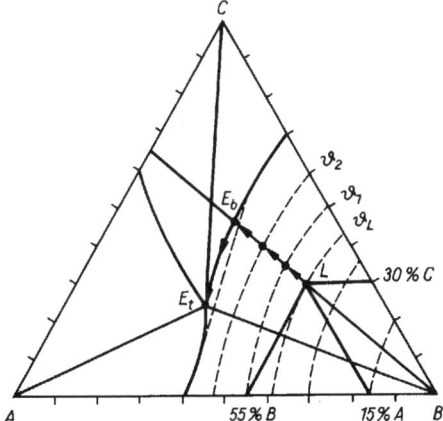

Bild 1.92 Abkühlungsverlauf der Legierung L (15 % A + 55 % B + 30 % C) des ternären eutektischen Systems A–B–C

Die Konzentration der Schmelze ist bei ϑ_1: 17 % A, 49 % B, 34 % C. Die weitere Abkühlung bis ϑ_2 erfolgt unter zunehmender Ausscheidung von B-Kristallen und Änderung der Schmelzenkonzentration. Schmelzenkonzentration bei ϑ_2: 20 % A, 40 % B, 40 % C. Am Punkt E_b erreicht die Legierung die eutektische Rinne, wobei ein Teil der Schmelze binär-eutektisch ($S \longrightarrow B + C$) zu erstarren beginnt. Vor dem Einsetzen der binär-eutektischen Erstarrung hat die Schmelze die Zusammensetzung 23,5 % A + 29,5 % B + 47 % C.

Die binäre eutektische Erstarrung verläuft, im Gegensatz zu reinen Zweistoffsystemen, bei fallender Temperatur längs $E_b - E_t$. Beim Erreichen der ternär-eutektischen Konzentration am Punkt E_t erstarrt dann die verbliebene Restschmelze mit einem Haltepunkt, also bei konstanter Temperatur, entsprechend der *ternär-eutektischen Vierphasenreaktion*

$$S \longrightarrow A + B + C$$

Die Konzentration der Restschmelze ist bei E_t:

42 % A + 34 % B + 24 % C.

Im festen Zustand setzt sich das Gefüge der Legierung, wie man durch Anwendung des Gesetzes der reziproken Konodenabschnitte ermittelt, aus 35,5 % primären B-Kristallen, 27 % binärem Eutektikum ($B + C$) und 37,5 % ternären Eutektikum ($A + B + C$) zusammen.

Isotherme Schnitte

Legt man bei einer bestimmten Temperatur einen parallel zum Konzentrationsdreieck verlaufenden Schnitt durch das räumliche Zustandsschaubild, so ergibt sich ein *isothermer Schnitt*. An Hand eines solchen Schnittes lassen sich für das betreffende ternäre System die Phasen angeben, die sich bei der gewählten Temperatur miteinander im Gleichgewicht befinden.

Temperatur-Konzentrations-Schnitte (Vertikalschnitte)

Legt man senkrecht zum Konzentrations-Dreieck und parallel zu den Temperaturachsen einen oder mehrere Schnitte durch das Zustandsschaubild eines ternären Systems, so ergeben sich die sogenannten Temperatur-Konzentrations- oder Vertikalschnitte. Den in Bild 1.93 gezeigten Darstellungen liegt das ternäre eutektische System *A–B–C* von Bild 1.89 und dessen Projektionsdiagramm (Bild 1.91) zugrunde.

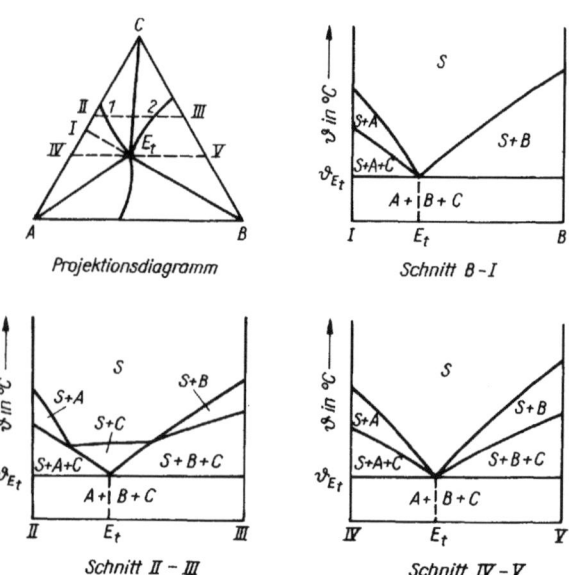

Bild 1.93 Temperatur-Konzentrations-Schnitte durch das ternäre eutektische System A–B–C

Während sich die bei bestimmten Temperaturen und Konzentrationen im Gleichgewicht befindlichen Phasen den Vertikalschnitten leicht entnehmen lassen, ist die Anwendung des Gesetzes der reziproken Konodenabschnitte nicht möglich. Es lassen sich also in Vertikalschnitten keine Mengenangaben über die entsprechenden Phasen machen.

1.3.4 Gibbssches Phasengesetz (Phasenregel)

Das 1878 von GIBBS aufgestellte Phasengesetz (Phasenregel) gestattet Aussagen über die Anzahl der Phasen eines Systems, die sich miteinander unter bestimmten Bedingungen (Freiheitsgrade) im thermodynamischen Gleichgewicht befinden. Die Freiheitsgrade sind die unabhängigen Variablen Temperatur, Druck und Konzentration der Komponenten.

Gibbssches Phasengesetz: Die Summe aus der Anzahl der Phasen P und der Freiheitsgrade F ist gleich der Summe aus der Anzahl der Komponenten K plus 2

$$\boxed{P + F = K + 2}$$

Im Bild 1.94 ist das vollständige Zustandsschaubild (Druck-Temperatur-Diagramm) des Einstoffsystems Magnesium dargestellt.

Anwendung des Phasengesetzes auf das Einstoffsystem Magnesium

In den Einphasengebieten ist die Zahl der Freiheitsgrade $F = 2$, denn

$$F = K + 2 - P$$
$$F = 1 + 2 - 1 = 2$$

Das heißt: Druck und Temperatur können in bestimmten Grenzen geändert werden, ohne daß die betreffende Phase verschwindet. Längs der Sublimationsdruck-, Schmelzdruck- und Dampfdruckkurve (Das System ist hier *divariant* (zweifach veränderlich).) befinden sich jeweils 2 Phasen (feste Phase – Dampf; feste Phase – Schmelze und Schmelze – Dampf) im Gleichgewicht. Für diese Gleichgewichtsfälle ist die Zahl der Freiheitsgrade $F = 1$, denn

$$F = K + 2 - P$$
$$F = 1 + 2 - 2 = 1$$

Das bedeutet: Wird eine Variable willkürlich geändert, so muß die zweite entsprechend verändert werden, damit der Gleichgewichtszustand aufrechterhalten werden kann.

Das System ist hier *monovariant* (einfach veränderlich).

Am Tripelpunkt ($p = 0,33$ kPa; $\vartheta = 650\ °C$) befinden sich drei Phasen (kristallines, flüssiges und dampfförmiges Mg) im Gleichgewicht. Hier ist die Zahl der Freiheitsgrade $F = 0$, denn

$$F = K + 2 - P$$
$$F = 1 + 2 - 3 = 0$$

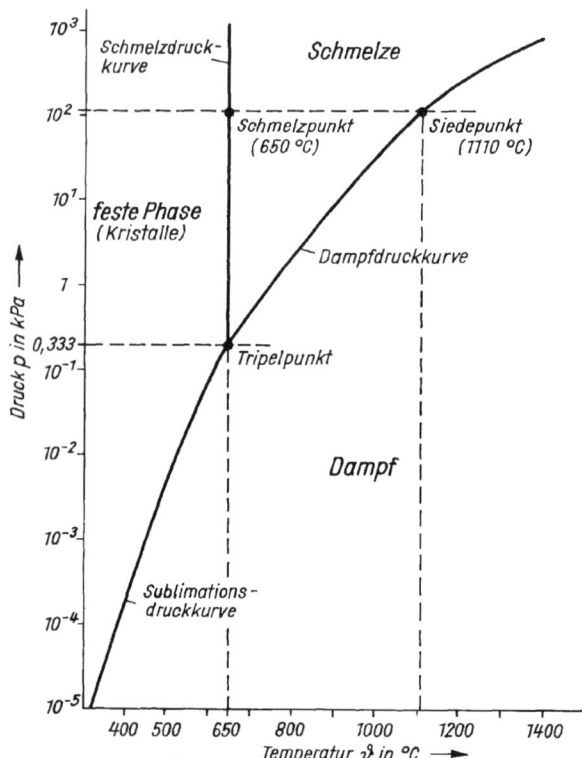

Bild 1.94 Vollständiges Zustandsschaubild von Magnesium, nach [21]

Das heißt: Es können weder der Druck noch die Temperatur geändert werden, ohne daß sich die Phasenzahl ändert. Das System ist hier *nonvariant* (un-
veränderlich). Nach *Kroll* liegen die Tripelpunkte des Pb bei $p \approx 0$ kPa und
$\vartheta = 327$ °C, des Zn bei $p = 13,33 \cdot 10^{-2}$ kPa und $\vartheta = 419$ °C, des Cu bei
$p = 10^{-6}$ kPa und $\vartheta = 1083$ °C und des Fe bei $p = 6,67 \cdot 10^{-3}$ kPa und
$\vartheta = 1536$ °C.

Anwendung des Phasengesetzes auf Zwei- und Mehrstoffsysteme
für p = konst. = 101,32 kPa = 1 013 mbar

Da für die Zustandsänderungen der Metalle und Legierungen im allgemeinen
konstanter Druck von $p = 101,32$ kPa vorausgesetzt wird, lautet das *Phasengesetz*

$$P + F = K + 1$$

In den Einphasenfeldern der isothermen Zustandsschaubilder von Zweistoffsystemen ist die Zahl der Freiheitsgrade $F = 2$, denn

$$F = K + 1 - P$$
$$F = 2 + 1 - 1 = 2$$

1

Hier können Temperatur und Konzentration geändert werden, ohne daß eine Änderung der Phasenzahl eintritt. Das System ist hier *divariant*. In den Zweiphasenfeldern von Zweistoffsystemen (binäre Systeme) ist $F = 1$, denn

$$F = K + 1 - P$$
$$F = 2 + 1 - 2 = 1$$

Das System ist *monovariant*, das heißt, wird die Temperatur geändert, so muß oder kann die zweite Variable „Konzentration der Komponenten" ebenfalls geändert werden, um die Phasenzahl konstant zu halten.

An Umwandlungspunkten bzw. Umwandlungslinien, an denen *Dreiphasenreaktionen* ablaufen, ist $F = 0$, denn $F = K + 1 - P = 2 + 1 - 3 = 0$.

Das System ist *nonvariant*, d. h., es können weder Temperatur noch Konzentration geändert werden, ohne daß sich die Phasenzahl ändert.

Sinngemäß können die Freiheitsgrade in den Phasenräumen bzw. an den Umwandlungslinien und -punkten der Dreistoffsysteme bestimmt werden: Längs der Linien der binär-eutektischen Erstarrung *(eutektischen Rinne)* eines ternär-eutektischen Systems ist $F = 1$; denn $F = K + 1 - P = 3 + 1 - 3 = 1$.

Während der binär-eutektischen Erstarrung ist das System monovariant, d. h., wenn die Temperatur geändert wird, muß zur Erhaltung der Phasenzahl die Konzentration (der Schmelze) geändert werden.

Bei der Erstarrung des ternären Eutektikums ist die Phasenzahl 4 und die Zahl der Freiheitsgrade $F = 0$, denn $F = K + 1 - P = 3 + 1 - 4 = 0$.

Es können für diesen nonvarianten Fall weder Temperatur noch Konzentration geändert werden, ohne daß eine Änderung der Phasenzahl eintritt.

1.4   Diffusion in Metallen

> Als **Diffusion** bezeichnet man irreversible Platzwechselvorgänge von Atomen, Ionen oder Molekülen in festen, flüssigen oder gasförmigen Phasen infolge von Konzentrationsunterschieden oder als Folge des Ausgleichs der kinetischen Energie der Wärmebewegung.

Hier soll nur die Diffusion in Metallen (feste Phasen) betrachtet werden.

Die Diffusion hat erhebliche technische Bedeutung in Zusammenhang mit der Beseitigung von Konzentrationsunterschieden in Mischkristallen *(Zonenmischkristalle, Kristallseigerungen)*, bei der Ausscheidung sekundärer oder tertiärer Phasen *(Alterungsvorgänge, Aushärtungs-Effekte)* und bei der thermochemischen Wärmebehandlung des Stahls. Nicht zuletzt ist die Diffusion ausschlaggebend bei chemischen Korrosionsvorgängen und beim Aufbringen von Korrosionsschutzschichten aus flüssigen und gasförmigen Phasen, ferner bei der Herstellung von Lötverbindungen und Plattierungen, für die Entgasung und Gasaufnahme von Metallen bei Sinterprozessen u. a.

Die Diffusion ist stark temperatur- und konzentrationsabhängig.

1.4.1   Diffusionsarten

1.4.1.1   Selbstdiffusion (Thermodiffusion)

Bei Temperaturen > 0 K führen die Atome Schwingungen um ihre Gitterplätze aus. Die kinetische Energie der Atome, ausgedrückt durch ihre Schwingungsamplitude, ist zu einem bestimmten Zeitpunkt nicht gleich, vielmehr liegt bei einer entsprechenden Zahl von Atomen eine Energieverteilung gemäß der *Gauß*schen Glockenkurve vor, d. h., eine bestimmte Anzahl von Atomen hat eine geringe, eine Reihe von Atomen hat eine mittlere und eine weitere Zahl von Atomen hat eine hohe kinetische Energie.

Das Bestreben der Atome einen Ausgleich der kinetischen Energie durch Platzwechsel herbeizuführen, heißt *Thermodiffusion*. Sind dabei nur Atome einer Art, d. h. Atome des reinen Metalls, beteiligt, so bezeichnet man diese Art als *Selbstdiffusion*. Dieser Vorgang läßt sich experimentell durch Anlagerung radioaktiver Isotope auf der Oberfläche des betrachteten Metalls nachweisen *(Autoradiographie)*.

1.4.1.2   Fremddiffusion (konzentrationsabhängige Diffusion)

Sind im Grundgitter (Matrix) z. B. eines Austausch-Mischkristalls die Atome der zweiten Komponente unregelmäßig verteilt (Kristallseigerung), erfolgt bei entsprechenden Temperaturen eine Diffusion. Dadurch stellt sich nach Ablauf eines bestimmten Zeitraumes der Konzentrationsausgleich ein. Gleichzeitig erreichen die Atome damit den stabilsten thermodynamischen Energiezustand.

Wegen des häufigen Auftretens wird diese Art als *normale* oder *positive Diffusion* bezeichnet.

Eine besondere Art der Fremddiffusion tritt im Zusammenhang mit der Aushärtung von z. B. Al-Cu-Mg-Legierungen auf. Hier erfolgen Platzwechselvorgänge in homogenen, übersättigten Mischkristallen, wobei sich die

Atome der einen Komponente (Cu) auf bevorzugten Gitterplätzen in $\{100\}$-Ebenen des kfz-Al-Mischkristalls ansammeln und sogenannte GUINIER-PRESTON-*Zonen* ausbilden, d. h., die homogene, statistische Verteilung der Cu-Atome geht in eine inhomogene nichtstatistische Verteilung über. Diese Platzwechselvorgänge werden als *negative* oder *Bergauf-(up hill-) Diffusion* bezeichnet, da sie mit einer lokalen Konzentrationserhöhung (sog. *Cluster-bildung*) verbunden ist.

Als Ursache dieser Diffusion werden die unterschiedlichen Bindungsverhältnisse zwischen Cu-Cu- und Cu-Al-Atomen (Aktivitätsgradient), ganz allgemein der Ausgleich thermodynamischer Potentialunterschiede, angesehen.

Die negative Diffusion wird außer im System Al-Cu-(Mg) in den Systemen Al-Ag, Al-Zn, Ni-Al, Cu-Ni-Fe, Cu-Ni-Co u. a. technisch genutzt.

1.4.2   Diffusionsgesetze

Der Stoffmengentransport in Abhängigkeit vom Konzentrationsgefälle kann mathematisch mit den *Fickschen Diffusionsgesetzen* beschrieben werden.

1. Ficksches Diffusionsgesetz

Liegt links und rechts einer Gitterebene (Fläche) mit dem Querschnitt q eine unterschiedliche Konzentration der Atomarten A und B vor, so ist auf einer Strecke x senkrecht zu dieser Ebene das Konzentrationsgefälle $\mathrm{d}c/\mathrm{d}x$. Wird nun z. B. auf Grund einer erhöhten Temperatur ein Diffusionsvorgang möglich, so wird in der Zeit eine bestimmte Stoffmenge $\mathrm{d}m$ durch den Querschnitt q transportiert:

$$\mathrm{d}m = -Dq\frac{\mathrm{d}c}{\mathrm{d}x}\,\mathrm{d}t$$

oder zweckmäßiger

$$\frac{\mathrm{d}m}{\mathrm{d}t} = -Dq\frac{\mathrm{d}c}{\mathrm{d}x}$$

$\mathrm{d}m$	Masse des diffundierenden Stoffes in g
$\mathrm{d}t$	Diffusionszeit in s
q	Querschnitt in cm^2
$\mathrm{d}c/\mathrm{d}x$	Konzentrationsgefälle in g $\cdot$ cm^{-4}
D	Diffusionskoeffizient in cm$^2 \cdot$ s^{-1}

Der Diffusionskoeffizient D ist die bestimmende Kenngröße der Diffusion bei einer bestimmten Temperatur. Diese stark temperaturabhängige Kenngröße gibt die Menge eines Stoffes in g an, die in 1 s bei dem Konzentrationsgefälle $\mathrm{d}c/\mathrm{d}x = 1$ durch den Querschnitt $q = 1$ cm^2 diffundiert.

Das negative Vorzeichen wird eingeführt, weil allgemein die Diffusion von Stellen hoher nach Stellen niedriger Konzentration verläuft, also ein negatives Konzentrationsgefälle vorliegt.

Das 1. FICKsche Diffusionsgesetz ist nur anwendbar – zum Beispiel zur Bestimmung des Diffusionskoeffizienten –, wenn das Konzentrationsgefälle konstant bleibt. Das ist nur in wenigen Fällen, wie beim Schichtdickenwachstum von Korrosionsschichten auf Metallen annähernd gewährleistet.

Soll die zeitliche Konzentrationsänderung berücksichtigt werden, so wird das 2. FICKsche Diffusionsgesetz angewendet.

2. Ficksches Diffusionsgesetz

Es hat die Form einer partiellen Differentialgleichung:

$$\frac{\partial c}{\partial t} = D \frac{\partial^2 c}{\partial x^2}$$

Unter Einhaltung bestimmter Randbedingungen und bestimmter Anfangsverteilung der Diffusionspartner, die im festen Zustand völlig oder begrenzt ineinander löslich sein müssen, sowie unter der Voraussetzung, daß der Diffusionskoeffizient D konzentrationsunabhängig ist, was nur bei Selbstdiffusion streng gilt, existieren Lösungen für das 2. FICKsche Diffusionsgesetz. Die Lösungsansätze und Lösungen sind der speziellen Fachliteratur zu entnehmen.

Das parabolische Zeitgesetz

Dieses Gesetz läßt sich unter Voraussetzung konstanter Konzentrationsgefälle aus dem 1. FICKschen Diffusionsgesetz ableiten.

Parabolisches Zeitgesetz

$$x^2 = Dt$$

oder

$$x = \sqrt{Dt}$$

x Eindringtiefe in cm
D Diffusionskoeffizient in $cm^2 \cdot s^{-1}$ bei einer bestimmten Temperatur T in K
t Diffusionszeit in s

Unter Verwendung der mittleren Eindringtiefe x der diffundierenden Atome erhält man das *Gesetz des mittleren Verschiebungsquadrates*

$$\bar{x}^2 = 2Dt$$

oder

$$D = \frac{\bar{x}^2}{2t}$$

1

Damit läßt sich bei bekannter mittlerer Eindringtiefe der Diffusionskoeffizient abschätzen, vgl. folgendes Beispiel.

Diese Abschätzung ist im Zusammenhang mit der thermochemischen Wärmebehandlung von Stahl (Aufkohlen, Nitrieren, Chromieren u. ä.) von Nutzen. Das Zeitgesetz ist anwendbar zur Ermittlung des Schichtdickenwachstums von Korrosionsschichten (Oxidschichten) bei chemischer Korrosion sowie zur Ermittlung der Diffusionsart.

❑ **Beispiel**: Welchen Wert hat der Diffusionskoeffizient von Kohlenstoff bei der Gasaufkohlung von Armco-Eisen (0,05 % C) bei einer Temperatur von 920 °C und einer Aufkohlungsdauer von 4 h = 14 400 s?

Voraussetzung: Die C-Konzentration in Abhängigkeit von der Eindringtiefe x ist bekannt.

Lösung:

Man zeichnet die Kohlenstoffkonzentration in Abhängigkeit von der Eindringtiefe (C, x-Verlauf) und ermittelt gemäß Bild 1.95 die mittlere Eindringtiefe x und daraus den Diffusionskoeffizienten D.

$$D = \frac{\bar{x}^2}{2t} = \frac{0,05^2}{2 \cdot 14\,400} \text{ cm}^2 \cdot \text{s}^{-1} = 8,68 \cdot 10^{-8} \text{ cm}^2 \cdot \text{s}^{-1}$$

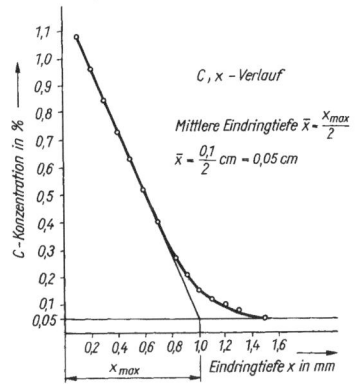

Bild 1.95   C, x-Verlauf bei der Gasaufkohlung von Armco-Eisen (0,05 % C); Aufkohlungsdauer 4 h; Aufkohlungstemperatur 920 °C

Bei bekannten Diffusionskoeffizienten D kann mit Hilfe des Zeitgesetzes der Weg abgeschätzt werden, den ein Atom bei konstanter Temperatur in verschiedenen Zeiten wandert. Im vorstehenden Beispiel ist der mittlere Diffusionsweg eines Atoms 0,05 cm.

Der Diffusionskoeffizient D ist stark temperaturabhängig. Die Temperaturabhängigkeit läßt sich aus einer ARRHENIUS-Gleichung folgender Form berechnen:

$$D = D_0\, e^{-\frac{Q}{RT}}$$

D_0 Frequenzfaktor in $cm^2 \cdot s^{-1}$ (temperaturunabhängige Konstante)
Q Aktivierungsenergie, Auflockerungsenergie in $J \cdot mol^{-1}$
R universelle Gaskonstante ($8,319\ J \cdot mol^{-1} \cdot K^{-1}$)
T absolute Temperatur in K

Q ist die Energie, die erforderlich ist, damit ein Atom seinen Gitterplatz verlassen kann.

Logarithmiert man die Gleichung, so ergibt sich

$$\ln D = \ln D_0 - \frac{Q}{RT} \qquad \text{bzw.} \qquad \lg D = \lg D_0 - \frac{Q}{19{,}150} \cdot \frac{1}{T}$$

Mit dieser Geradengleichung erhält man für $\lg D = f\left(1/T\right)$ aus dem Anstieg der Geraden die Aktivierungs- oder Auflockerungsenergie Q und aus dem Schnittpunkt der Ordinate mit der Geraden den Frequenzfaktor D_0, Bild 1.96.

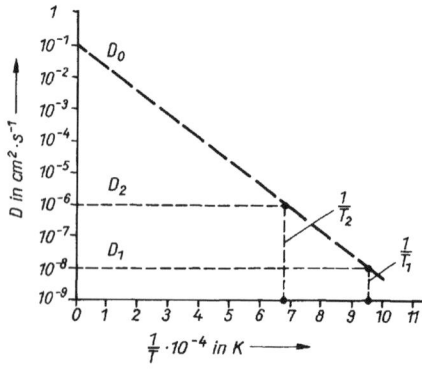

Bild 1.96 Bestimmung des Frequenzfaktors D_0 und der Aktivierungsenergie Q aus $\lg D = f\left(1/T\right)$

❏ **Beispiel**: Entsprechend Bild 1.96 ist die Aktivierungsenergie Q für das Element A, das in den Diffusionspartner B diffundiert, zu bestimmen.

Aus den C, x-Verläufen werden für $1/T_1 = 9{,}5 \cdot 10^{-4}\ K^{-1}$ und für $1/T_2 = 6{,}8 \cdot 10^{-4}\ K^{-1}$ die Diffusionskoeffizienten D_1 und D_2 ermittelt.

Lösungen:

Graphisch: Man zeichnet $\lg D = f\left(1/T\right)$ und erhält den Frequenzfaktor $D_0 = \lg 10^{-1} \mathrel{\hat=} 0{,}1\ cm^2 \cdot s^{-1}$.

Aus

$$\lg D = D_0 - \frac{Q}{19{,}150} \cdot \frac{1}{T}$$

1

erhält man

$$\frac{Q}{19{,}150} = \frac{\lg D_0 - \lg D}{1/T} \quad \text{und}$$

$$Q = \frac{\lg D_0 - \lg D}{1/T} \cdot 19{,}150 = \frac{\lg 10^{-1} - \lg 10^{-8}}{9{,}5 \cdot 10^{-4}} \cdot 19{,}150$$

$$Q = \frac{7}{9{,}5} \cdot 10^4 \cdot 19{,}150 = 141\,095{,}1$$

$$Q = 141\,095{,}1 \; \text{J} \cdot \text{mol}^{-1} \approx 141{,}1 \; \text{kJ} \cdot \text{mol}^{-1}$$

Analytisch: Für D_1 und D_2 gelten

$$\lg D_1 = \lg D_0 - \frac{Q}{19{,}150} \cdot \frac{1}{T_1}$$

$$\lg D_2 = \lg D_0 - \frac{Q}{19{,}150} \cdot \frac{1}{T_2}$$

Die Subtraktion beider Gleichungen ergibt

$$\lg D_1 - \lg D_2 = \frac{Q}{19{,}150} \left(\frac{1}{T_2} - \frac{1}{T_1} \right)$$

$$Q = \frac{19{,}150 \, (\lg D_1 - \lg D_2)}{\dfrac{1}{T_2} - \dfrac{1}{T_1}} = \frac{19{,}150 \left(\lg 10^{-8} - \lg 10^{-6} \right)}{6{,}8 \cdot 10^{-4} - 9{,}5 \cdot 10^{-4}}$$

$$= \frac{19{,}150 \, (-2)}{-2{,}7} \cdot 10^4$$

$$Q = 141{,}9 \; \text{kJ} \cdot \text{mol}^{-1}$$

Die Ergebnisse beider Lösungsverfahren zeigen gute Übereinstimmung.

1.4.3 Spinodale

Die negative oder Bergauf-Diffusion (vgl. 4.1.2) läßt sich nicht ohne weiteres mit den *Fick*schen Diffusionsgesetzen beschreiben, da bei ihnen als Triebkraft für die Diffusion ursprünglich das Streben nach Konzentrationsausgleich zugrunde gelegt ist.

Wird die Diffusion jedoch ganz allgemein auf das Streben nach *Ausgleich thermodynamischer Potentialunterschiede*, d. h. auf das Streben, den niedrigsten Energiezustand im Gitter anzunehmen, zurückgeführt, so ist die negative Diffusion zwanglos erklärbar. Durch Einführung des sogenannten *thermodynamischen Faktors m* wird das vom Idealfall abweichende Diffusionsverhalten berücksichtigt:

$$\boxed{\; m = \left(\frac{\delta \ln a}{\delta \ln c} \right) T \;}$$

a Aktivität der Atomart
c *Konzentration*

Nach WEVER und FLENDER ergibt sich dann das 1. FICKsche Diffusionsgesetz, wenn es auf den Einheitsquerschnitt bezogen wird, zu

$$I = -Dm\frac{\delta c}{\delta x}$$ I Teilchenstrom

Wird m negativ, so verläuft die Diffusion entgegen dem Konzentrationsgefälle.

Zur Bestimmung, ob positive oder negative Diffusion vorliegt, wird auch der partielle Differentialquotient

$$\frac{\delta^2 G}{\delta c^2}$$

herangezogen.

Darin ist G die freie GIBBSsche Energie oder freie Enthalpie und c die Konzentration.

Ist $\frac{\delta^2 G}{\delta c^2} < 0$, dann liegt negative Diffusion,

und ist $\frac{\delta^2 G}{\delta c^2} > 0$, dann liegt positive Diffusion vor.

In einem Zweistoffsystem mit Mischungslücke liegen bei den entsprechenden Temperaturen alle Punkte, für die $\frac{\delta^2 G}{\delta c^2} = 0$ ist, auf einer Kurve, die als *Spinodale* bezeichnet wird.

Längs der Spinodalen sind der thermodynamische Faktor $m = 0$ und ebenso $I = 0$. In der Mischungslücke eines Zweistoffsystems grenzt daher die Spinodale die Konzentrations-Temperatur-Bereiche positiver und negativer Diffusion ab, vgl. Bild 1.97.

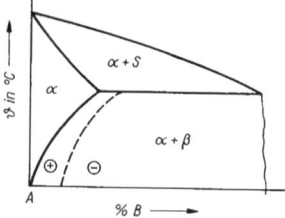

Bild 1.97 Schematischer Verlauf der Spinodalen in der Mischungslücke des Systems A–B

1.4.4 Einflüsse auf die Diffusion

Der Diffusionsablauf wird von mehreren Faktoren beeinflußt:

1

Temperatur: Den stärksten Einfluß auf den Diffusionsvorgang übt die Temperatur aus. Die Diffusionsgeschwindigkeit steigt mit zunehmender Temperatur. Die Temperaturabhängigkeit des Diffusionskoeffizienten wurde an dem Bild 1.88 zugeordneten Beispiel erläutert.

Gitterrichtung: Während bei kubischen Kristallen die Diffusion praktisch unabhängig von der Gitterrichtung, also isotrop ist, zeigt die Diffusion in nicht-kubischen Kristallen ein anisotropes Verhalten.

Fehlordnungen: Die Diffusion wird durch Gitterleerstellen (nulldimensionale Fehlordnungen) begünstigt. Dabei besteht für jede Temperatur eine bestimmte Gleichgewichts-Leerstellenkonzentration, die mit steigender Temperatur zunimmt. Werden durch Abschrecken von hohen Temperaturen die Leerstellen in den Kristallen „eingefroren", so liegt bei Raumtemperatur ein Leerstellenüberschuß vor, der Aushärtungs- und Alterungsvorgänge in relativ kurzen Zeiträumen ermöglicht. Technisch wird das bei der Kaltaushärtung von Al-Legierungen in erheblichen Umfang ausgenutzt.

Werden Leerstellen nicht nur durch erhöhte Temperaturen, sondern (zusätzlich) bei gleichzeitiger Umformung gebildet, so wird, besonders bei legierten Stählen, die Auflösung schwerlöslicher Karbide erleichtert.

Versetzungen (eindimensionale Fehlordnungen) haben eine noch verstärkte Wirkung, die durch Zunahme der Versetzungsdichte während der spanlosen Formung noch erhöht wird.

Eine besondere diffusionsfördernde Rolle spielen die *Korngrenzen* (zweidimensionale Fehlordnungen) in vielkristallinen Metallen und Legierungen. Korngrenzen sind Bereiche mit großer Störstellenkonzentration, besonders auch großer Leerstellenkonzentration. Die Diffusion eines Diffusionspartners wird daher längs der Korngrenzen sehr begünstigt. Die Herstellung eines feinkörnigen Gefüges durch Vergüten (Härten mit nachfolgendem Anlassen auf hohe Temperaturen $< A_{c_1}$) von Nitrierstahl vor dem Nitrieren (vgl. Wärmebehandlung des Stahls) hat unter anderem auch den Zweck, die Diffusion der Stickstoffatome zu begünstigen.

Die geringsten Hemmnisse für die Diffusion eines Diffusionspartners bieten die freien Oberflächen eines Kristalls oder eines vielkristallinen Materials. Zur Ausbreitung eines Diffusionspartners auf der Oberfläche des anderen sind daher die niedrigsten Werte der Aktivierungsenergie erforderlich. Die Diffusionskoeffizienten des diffundierenden Partners sind daher davon abhängig, ob eine Oberflächen-, Korngrenzen- oder Volumendiffusion (Diffusion durch das Kristallgitter) vorliegt.

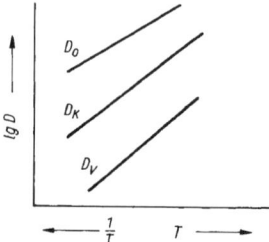

Bild 1.98 $\lg D = f\left(1/T\right)$ *bei Oberflächen-, Korngrenzen- und Volumendiffusion (schematisch)*

Die Abhängigkeit des Diffusionskoeffizienten von der Temperatur bei Oberflächendiffusion (D_0), Korngrenzendiffusion (D_K) und Volumendiffusion (D_V) zeigt schematisch Bild 1.98.

1.4.5 Diffusionsmechanismen

Zur Deutung der Platzwechselvorgänge der Atome bei der Diffusion sind einige Theorien und Modellvorstellungen entwickelt worden, die hier kurz erwähnt werden sollen.

1. Wagner-Schottky-Mechanismus

Nach diesem Mechanismus erfolgt der Platzwechsel eines Atoms über thermisch bedingte Gitterleerstellen. Das diffundierende Atom verläßt seinen Gitterplatz und besetzt eine Leerstelle. Von hier aus kann das Atom zu anderen Leerstellen, die in seiner Umgebung vorhanden sind oder sich bedingt durch die Gitterschwingungen bilden, weiterwandern.

2. Frenkel-Mechanismus

Danach verläßt ein Atom seinen Gitterplatz, wobei sich eine Leerstelle bildet, und besetzt einen Zwischengitterplatz (vgl. FRENKEL-Defekt, 1.1.4.1.1). Die weitere Diffusion soll auf weiteren, freiwerdenden Gitterplätzen und vor allem auf Zwischengitterplätzen stattfinden.

3. Diffusion über Zwischengitterplätze

Bei Metallen, die mit Nichtmetallen, wie C, H, O, B, N, Einlagerungs-Mk bilden, wird dieser Mechanismus als bevorzugter bzw. wahrscheinlichster Platzwechselvorgang betrachtet. Eine Voraussetzung ist dabei, daß die Einlagerungsatome einen wesentlich kleineren Atomradius als die Atome der Grundkomponente haben.

4. Zener-Mechanismus

Dieser Mechanismus beruht auf der Modellvorstellung, daß nur bei Selbstdiffusion gleichzeitig mehrere Atome, die sich in einer Ebene befinden, ihre Plätze unter Einhaltung eines bestimmten Richtungssinns tauschen (Ringtausch). Der ZENER-Mechanismus gilt als unwahrscheinlich.

1.4.6   Kirkendall-Effekt

Werden zwei reine Metalle oder je eine Probe aus einem reinen Metall und einer Legierung (z. B. Cu und Messing) diffusionsschlüssig durch Schweißen ohne Zusatzwerkstoff miteinander verbunden, so diffundieren Atome des einen Partners in das Gitter des anderen und umgekehrt. Da die Diffusionspartner unterschiedliche Diffusionskoeffizienten haben, müssen für die Berechnung der Diffusion für beide Seiten die jeweiligen Koeffizienten – partielle Diffusionskoeffizienten – eingesetzt werden.

Von KIRKENDALL und SMIGELSKAS (1947) wurde experimentell nachgewiesen, daß die Schweißebene wegen der unterschiedlichen Diffusionsgeschwindigkeit der beiden Atomarten wandert. Die Schweißebene wandert dabei entgegen der Richtung des größeren Massenflusses. KIRKENDALL und SMIGELSKAS markierten die Lage der Schweißebene mit sehr dünnen Mo-Drähten. Entsprechend Bild 1.99 verringerte sich der Abstand der Mo-Drähte gegenüber dem Ausgangszustand, da aus dem Ms-Blöckchen mehr Zn-Atome in das Cu wanderten als Cu-Atome in das Messing.

Bild 1.99   Versuchsanordnung zum KIRKENDALL-Effekt
(links nach KIRKENDALL und SMIGELSKAS, rechts für stabförmige Proben)

Verwendet man stabförmige Proben (vgl. Bild 1.99), so bildet sich parallel zur Schweißebene in der Komponente mit dem kleineren Diffusionskoeffizienten eine Wulst und in der anderen eine Einschnürung. Die Einschnürungsstelle zeigt dabei eine hohe Leerstellenkonzentration. Vereinigen sich diese Leerstellen *(Leerstellenkondensation)*, so bilden sich parallel zur Schweißebene Mikroporen.

Die unterschiedliche Diffusionsgeschwindigkeit der Komponenten nutzt man bei der Herstellung diffundierter Transistoren (echte Legierungstransistoren) aus, um besonders dünne Basisschichtdicken zu erzeugen. Als Diffusionspartner läßt man bei hohen Temperaturen im Vakuum Al und Sb in n- oder p-Si bzw. n- oder p-Ge diffundieren. Wegen der größeren Diffusionsgeschwindigkeit dringen die Al-Atome tiefer in das Halbleiterplättchen ein als die Sb-Atome.

1.5   Elektrische Leitfähigkeit der Metalle

Die elektrische Leitfähigkeit, als eine der kennzeichnenden Eigenschaften der Metalle, beruht auf der Existenz quasifreier Elektronen, deren Entstehung an die Metallbindung (vgl. 1.1) gebunden ist. Die Anzahl bzw. Konzentration n der quasifreien Elektronen läßt sich bei einwertigen Metallen, die je Atom ein Valenzelektron abgeben, mit nachstehender Beziehung berechnen

$$n = \frac{N_A \cdot \varrho}{m_{A\,rel}}$$

N_A AVOGADROsche Zahl: $6{,}023 \cdot 10^{23}$ g^{-1}
ϱ Dichte in $g \cdot cm^{-3}$
$m_{A\,rel}$ relative Atommasse

Für die besten elektrischen Leiter Ag, Cu und Au ergeben sich die Elektronenkonzentrationen zu

$$n_{Ag} = 5{,}86 \cdot 10^{22}\ cm^{-3}$$
$$n_{Cu} = 8{,}49 \cdot 10^{22}\ cm^{-3}$$
$$n_{Au} = 5{,}9\ \ \cdot 10^{22}\ cm^{-3}$$

Für den neben Cu technisch wichtigsten Leiterwerkstoff Al (dreiwertig) ist die o. a. Beziehung nicht anwendbar. Die Elektronenkonzentration wird unterschiedlich mit $n_{Al} = 8{,}3 \cdot 10^{22}\ cm^{-3}$ und $17 \cdot 10^{22}\ cm^{-3}$ angegeben.

Die quasifreien wie die gebundenen Elektronen gehorchen dem PAULI-Prinzip (W. PAULI, 1925), das wie folgt formuliert werden kann:

1. In einem Atom existieren nicht 2 Elektronen, die in allen 4 Quantenzahlen (Haupt-, Neben-, Magnet- und Spinquantenzahl) übereinstimmen.
2. Auf einem Energieniveau können maximal 2 Elektronen mit unterschiedlichen Spin auftreten.

Das PAULI-Prinzip ist nicht nur auf die Elektronen des Einzelatoms beschränkt. Es ist auch für die quasifreien Elektronen der Kristallatome gültig und wird dann mitunter als FERMI-Prinzip bezeichnet.

Da die Gesamtheit der Elektroneneigenschaften weder allein auf die Annahme eines Teilchencharakters (Korpuskularcharakter) noch auf die eines Wellencharakters zurückgeführt werden kann, wird den Elektronen ein Doppel-charakter oder Dualismus zugeordnet. Das heißt, die Elektronen lassen sich sowohl als sich schnell bewegende Teilchen (Korpuskel), als auch als Wellen auffassen. Der Zusammenhang zwischen dem Korpuskular- und dem Wellen-charakter wird durch die von LOUIS DE BROGLIE gefundene Beziehung her-gestellt:

$$\lambda = \frac{h}{mv} = \frac{h}{p} = \frac{2\pi}{k}$$

λ Wellenlänge des Elektrons
m Masse des Elektrons
v Geschwindigkeit des Elektrons
p Impuls
h PLANCKsches Wirkungsquantum $6{,}626 \cdot 10^{-34}$ V $\cdot$ A $\cdot$ s^2
k Wellenzahl, Wellenvektor, $k = 2\pi/\lambda$

Von den Eigenschaften der quasifreien Elektronen ist hinsichtlich der elektri-schen Leitfähigkeit besonders die Reflexion an den Gitterebenen der Kristalle von Interesse.

Braggsches Reflexionsgesetz

Bewegen sich, angeregt durch ein äußeres Feld, Elektronen durch das Raum-gitter, so können durch Wechselwirkung mit den Elektronenhüllen der Gitter-atome Reflexionseffekte auftreten.

Das ist immer dann der Fall, wenn die Wellenlänge λ oder ein ganzzahli-ges Vielfaches $n\lambda$ gleich dem sogenannten Gangunterschied $2d \sin \vartheta$ ist (Bild 1.100).

BRAGGsches Reflektionsgesetz $n\lambda = 2d \sin \vartheta$

ϑ Glanzwinkel
d Gitterebenenabstand
$2d \sin \vartheta$ Gangunterschied

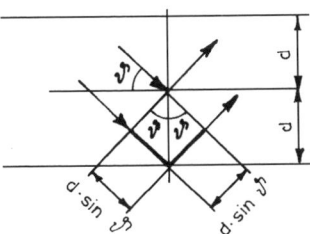

Bild 1.100 Reflexion von Elektronenwellen an Gitterebenen (BRAGG*sches Reflexionsgesetz)*

Für den Fall, daß die Wellenlänge λ oder ein ganzzahliges Vielfaches dem Gangunterschied $2d \sin \vartheta = 2a$ (a = Gitterkonstante) entspricht, gilt die

$$\boxed{\text{LAUEsche Reflexionsbedingung} \quad n\lambda_{krit} = 2a}$$

Wird diese Bedingung erfüllt, so werden die fortlaufenden Elektronenwellen durch Phasenverschiebung um 180 °C in stehende Wellen überführt und fallen damit für die elektrische Leitung aus.

Zusammenhang zwischen der Energie und der Wellenlänge des Elektrons

Mit der Energie W des Elektrons und seiner DE-BROGLIE-*Wellenlänge* λ ergibt sich folgender Zusammenhang:

$$\boxed{W = \frac{mv^2}{2}} \; ; \quad \boxed{\lambda = \frac{h}{mv} = \frac{2\pi}{k}}$$

Mit $v^2 = \dfrac{h^2}{\lambda^2 m^2}$ wird

$$W = \frac{mh^2}{2\lambda^2 m^2}$$

und mit $\lambda^2 = \dfrac{4\pi^2}{k^2}$ wird

$$\boxed{W = \frac{h^2 k^2}{8\pi^2 m}}$$

Nimmt man $\dfrac{h^2}{8\pi^2 m}$ als konstant an, so wird

$$\boxed{W \sim k^2}$$

Das heißt, die Energie des Elektrons ist proportional dem Quadrat der Wellenzahl. Da die Elektronen jeweils nur diskrete, d. h. gequantelte, Energiebeträge annehmen können, ergibt sich für das freie Elektron geometrisch ein punktförmig zusammengesetzter parabolischer Verlauf, die sogenannte Energieparabel (Bild 1.101).

Im Gegensatz zum freien Elektron muß beim quasifreien Elektron beachtet werden, daß es sich im periodischen Potentialfeld des Kristallgitters bewegt. Daher kann das quasifreie Elektron nicht alle möglichen Energiewerte annehmen. Die Energieparabel spaltet sich vielmehr infolge der Wechselwirkung zwischen quasifreien Elektronen und den Elektronenhüllen der Metallionen des Raumgitters sowie infolge der Wirkung des BRAGGschen Reflexionsgesetzes in erlaubte und verbotene Energiebereiche auf. Das heißt, die Energieparabel enthält Energiebereiche, die die quasifreien Elektronen nicht annehmen

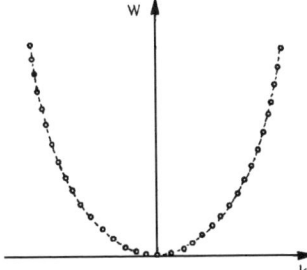

Bild 1.101 Energieparabel des freien Elektrons (schematisch)

können. Als BRILLOUINsche Zonen werden die erlaubten Energiebereiche bezeichnet, in denen sich quasifreie Elektronen aufhalten können. Die zugehörigen Wellenzahlbereiche sind (vgl. Bild 1.102)

$$k = \frac{\pi}{a} \cdots - \frac{\pi}{a}, \frac{\pi}{a} \cdots \frac{2\pi}{a}, -\frac{\pi}{a} \cdots -\frac{2\pi}{a}, \frac{2\pi}{a} \cdots \frac{3\pi}{a} \quad \text{usw.}$$

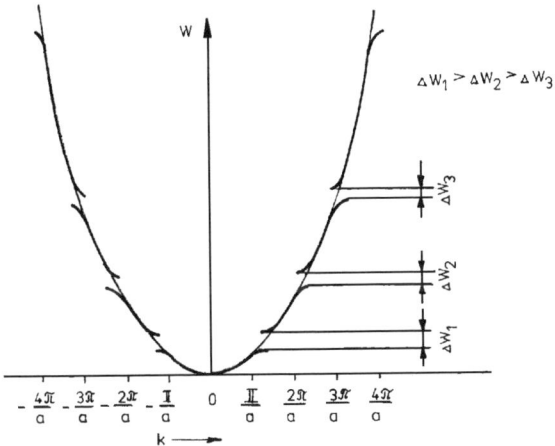

Bild 1.102 Energieparabel des quasifreien Elektrons (schematisch)

Wie aus Bild 1.102 zu entnehmen ist, werden die erlaubten Energiebereiche mit zunehmender Elektronenenergie breiter und die verbotenen Energiebereiche (ΔW_1, ΔW_2, ΔW_3) zunehmend schmaler.

Schließlich können sich die erlaubten Energiebereiche überlappen, so daß die verbotenen Bereiche nicht mehr auftreten. Das ist bei guten metallischen Leitern der Fall, wobei Elektronen von einem in den anderen erlaubten Bereich übergehen können.

Die Energieparabel gilt nur für den eindimensionalen Fall und ist daher für die Deutung der elektrischen Leitungsvorgänge wenig anschaulich. Vorteilhafter und leichter verständlich ist die Anwendung des Energiebandmodells oder Bändermodells.

Energiebandmodell (Bändermodell)

Im Einzelatom nehmen alle Elektronen unter Einhaltung des Pauli-Prinzips bestimmte diskrete Energiewerte, Energieniveaus, ein. Das heißt, sie umlaufen entsprechend der 4 Quantenzahlen den Atomkern auf bestimmten Haupt- und Nebenquantenbahnen. Dabei halten sich auf einem Energieniveau maximal zwei Elektronen mit entgegengesetztem Spin ($\pm 1/2$) auf.

Wegen der Wechselwirkung zwischen benachbarten Atomen im Raumgitter, deren räumlich und periodisch veränderlichen Potentials, das sowohl die gebundenen als auch die quasifreien Elektronen beeinflußt, spalten sich die entsprechenden Energieniveaus der Elektronen der Einzelatome in unterschiedlich breite Energiebänder auf. Ein Energieband besteht daher aus einer großen Zahl einzelner Energieniveaus mit jeweils sehr kleinen Energieunterschieden. Das heißt, daß bei einem Metall, dessen Konzentration quasifreier Elektronen in der Größenordnung von 10^{22} je cm^3 liegt, der zugehörige Energiebereich bzw. das Energieband aus der entsprechenden Zahl von Energienivaus zusammengesetzt ist.

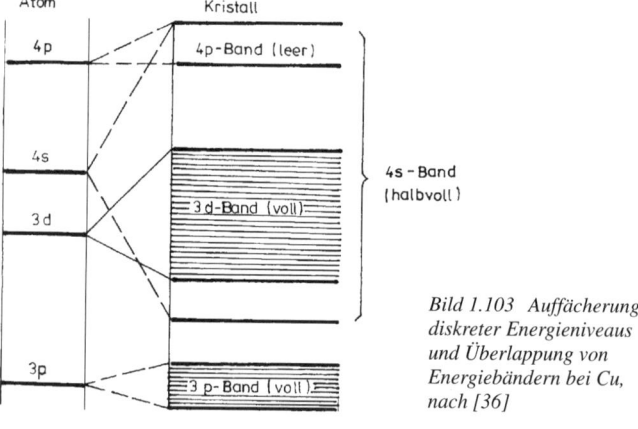

Bild 1.103 Auffächerung diskreter Energieniveaus und Überlappung von Energiebändern bei Cu, nach [36]

Während die Energiebänder der gebundenen Elektronen vollbesetzt sind, wird das Band der Leitungselektronen nur teilweise bzw. nur halbbesetzt. Da, wie aus der Energieparabel hervorgeht, sich die oberen erlaubten Energiebereiche überlappen können, ist es möglich, daß sich ein teilweise besetztes oder leeres

Energieband mit einem vollbesetzten überlappt. Bild 1.103 zeigt diese Verhältnisse für Cu.

Zur Darstellung der Leitungsverhältnisse werden zweckmäßigerweise nur drei Energiebänder verwendet:

1. Grundband oder Valenzband (als letztes mit Elektronen vollbesetztes Band)
2. Verbotenes Band
3. Leitungsband.

Fermi-Grenzenergie, Fermi-Niveau oder Fermi-Kante W_F

Bei $T = 0$ K sind im Kristall alle Energiezustände gemäß dem PAULI-Prinzip mit Elektronen besetzt. Das heißt, bei dieser Temperatur haben die Elektronen eine von Null verschiedene Energie. Das höchste Energieniveau, das bei $T = 0$ K von Elektronen besetzt wird, bezeichnet man als die Fermi-Grenzenergie, das Fermi-Niveau oder die Fermi-Kante W_F. Die Fermi-Grenzenergie ist für Ag = 5,5 eV, für Au = 5,6 eV, für Cu = 7,1 eV und für Al = 11,63 eV.

Bei Temperaturen $T > 0$ K gelangen Elektronen durch die thermische Energie kT (sie beträgt bei Raumtemperatur 0,026 eV) auf höhere Energieniveaus, so daß tiefere Niveaus nicht mehr voll besetzt sind (vgl. Bild 1.104).

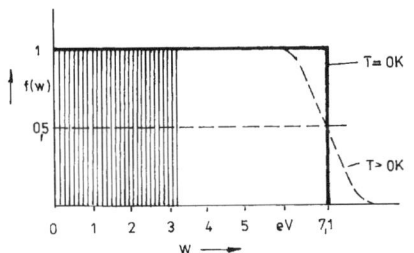

Bild 1.104 Besetzungswahrscheinlichkeit $f(W)$ der Energieniveaus von Cu bei $T = 0$ K und $T > 0$ K, nach [36]

Für Temperaturen größer 0 K läßt sich die Fermi-Kante W_F wie folgt definieren: „Die Fermi-Kante W_F entspricht dem Energieniveau für das die Wahrscheinlichkeit besteht, gerade zur Hälfte mit Elektronen besetzt zu sein." Unterhalb W_F befinden sich die dicht oder vollbesetzten, oberhalb die weniger dicht besetzten Niveaus. Bild 1.105 zeigt schematisch die Energiebandmodelle für metallische Leiter, Eigenhalbleiter (i-Halbleiter) und Isolatoren.

Bei einwertigen Metallen (Bild 1.105a), wie Ag, Au, Cu, Na, u. a. ist das Leitungsband nur teilweise bzw. halbgefüllt.

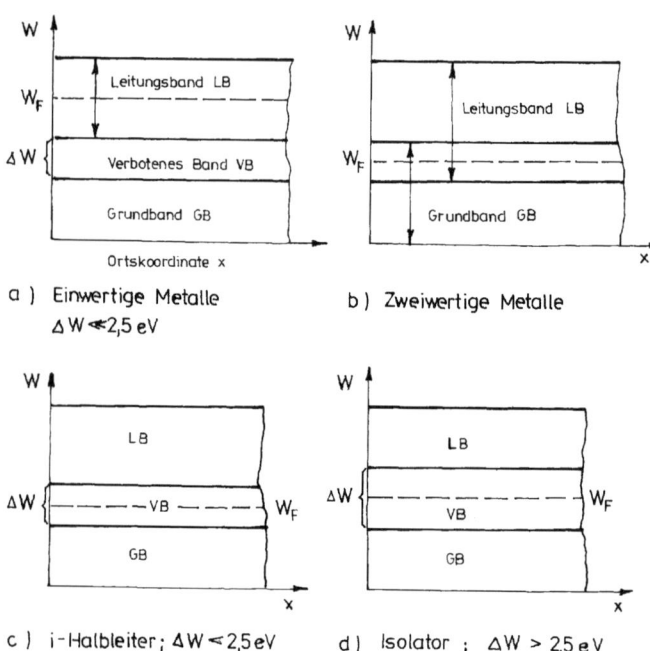

Bild 1.105   Energiebandmodelle für Metalle, Halbleiter und Isolatoren (schematisch), nach [24]

▶ *Man beachte*: Das 4s-Band als Leitungsband des Cu schließt das vollbesetzte 3d-Band und das leere 4p-Band durch Überlappung ein (vgl. Bild 1.103). Die Überlappung ist in Bild 1.105a nicht angegeben. Das verbotene Band erstreckt sich zwischen der Unterkante des Leitungsbandes und der Oberkante des als Grundband wirkenden 3p-Bandes. Der Bandabstand (Breite des verbotenen Bandes) ist mit $\Delta W \ll 2{,}5$ eV sehr schmal. W_F liegt im Leitungsband.

In Bild 1.105b, das für zweiwertige Metalle, wie Cd, Mg, Ni, Zn u. a., zutrifft, überlappen sich das Grund- und das Leitungsband, ohne daß ein verbotenes Band auftritt.

Bei Halbleitern ist die Breite des verbotenen Bandes $\Delta W < 2{,}5$ eV und bei Isolatoren ist $\Delta W \geqq 2{,}5 \dots 7$ eV.

Angemerkt sei, daß bei dotierten Halbleitern (Störstellenhalbleiter) innerhalb des verbotenen Bandes erlaubte Energieniveaus durch den Einbau entsprechender Dotierungsatome entstehen.

Spezifische elektrische Leitfähigkeit

Im potentialfreien Zustand bewegen sich die quasifreien Elektronen auf Grund ihrer thermischen Energie mit großer Geschwindigkeit völlig ungeordnet im Raumgitter der Kristalle. Die Summe aller Einzelgeschwindigkeiten ist Null. Legt man nun an einen Leiter der Länge l ein elektrisches Feld

$$E = \frac{U}{l} \qquad \text{in } V \cdot cm^{-1}$$

an, so geht die ungeordnete thermische in eine parallel zum äußeren Feld gerichtete Elektronenbewegung mit der Geschwindigkeit v_E (Driftgeschwindigkeit) über. Die durch das äußere Feld verursachte Ladungsträgerdichte oder Stromdichte j ist dann

$$j = n e v_E \qquad \text{in } A \cdot cm^{-2}$$

n Elektronenkonzentration $1/cm^3$
e Elementarladung $1{,}602 \cdot 10^{-19} A \cdot s$
v_E Driftgeschwindigkeit cm/s

Bezieht man die Stromdichte j auf das sie erzeugende elektrische Feld E, so läßt sich die spezifische elektrische Leitfähigkeit $\varkappa$ definieren als

$$\varkappa = \frac{j}{E} \qquad \text{in } \frac{1}{\Omega \, cm} \text{ bzw. } \frac{S}{cm}$$

S Siemens

Die vielfach benutzte Maßeinheit $\dfrac{m}{\Omega \, mm^2}$ ergibt sich aus

$$\frac{1}{\Omega \, cm} = \frac{1 \, cm}{\Omega \, cm \, cm} = \frac{10^{-2} \, m}{\Omega \cdot 10^2 \, mm^2} = \frac{m}{\Omega \cdot 10^4 \, mm^2} \quad \text{und}$$

$$\frac{1 \, m}{\Omega \, mm^2} = \frac{10^4}{\Omega \, cm} = \frac{10^4 \, S}{cm} = \frac{10^6 \, S}{m} = \frac{1 \, MS}{m}$$

Die durch das elektrische Feld E verursachte Driftgeschwindigkeit v_E wird als Elektronenbeweglichkeit μ (Ladungsträgerbeweglichkeit) definiert

$$\mu = \frac{v_E}{E} \qquad \text{in } cm^2/(V \cdot s)$$

Die Elektronenbeweglichkeit wird für die besten metallischen Leiter angegeben mit

$$\mu_{Al} = 27 \, cm^2/(V \cdot s)$$
$$\mu_{Au} = 32 \, cm^2/(V \cdot s)$$
$$\mu_{Cu} = 43 \, cm^2/(V \cdot s)$$
$$\mu_{Ag} = 66 \, cm^2/(V \cdot s)$$

▶ *Hinweis*: Bei Halbleitern findet man wegen der wesentlich geringeren Ladungsträgerdichte beispielsweise folgende Werte der Elektronenbeweglichkeit:

$$\mu_{Si} = 1\,350 \text{ cm}^2/(\text{V} \cdot \text{s})$$
$$\mu_{Ge} = 3\,600 \text{ cm}^2/(\text{V} \cdot \text{s})$$
$$\mu_{InAs} = 33\,000 \text{ cm}^2/(\text{V} \cdot \text{s})$$
$$\mu_{InSb} = 80\,000 \text{ cm}^2/(\text{V} \cdot \text{s})$$

Setzt man in die Definitionsgleichung

$$\varkappa = \frac{j}{E}$$

für $j = nev_E$ und für $E = \dfrac{v_E}{\mu}$ ein, so folgt

$$\varkappa = \frac{nev_E\mu}{v_E} \quad \text{und} \quad \boxed{\varkappa = ne\mu}$$

❏ **Beispiel**: Wie groß ist die spezifische elektrische Leitfähigkeit von Cu?

$$\varkappa_{Cu} = ne\mu$$
$$\varkappa_{Cu} = 8{,}49 \cdot 10^{22} \text{ cm}^{-3} \cdot 1{,}602 \cdot 10^{-19} \text{ A} \cdot \text{s} \cdot 43 \text{ cm}^2 \cdot \text{V}^{-1} \cdot \text{s}^{-1}$$
$$\varkappa_{Cu} = 58{,}48 \cdot 10^4 \text{ S} \cdot \text{cm}^{-1} = 58{,}48 \frac{\text{m}}{\Omega \cdot \text{mm}^2} = 58{,}48 \text{ MS/m}$$

Einflüsse auf die spezifische elektrische Leitfähigkeit

Die elektrische Leitfähigkeit wird durch die Temperatur, durch Verunreinigungen, durch Legieren und spanlose Kaltumformung negativ beeinflußt.

Einfluß der Temperatur

Mit zunehmender Temperatur erhöhen sich die Schwingungsamplituden der
Kristallatome. Dadurch bedingt werden die unter dem Einfluß eines äußeren
Feldes mit der Geschwindigkeit v_E durch den Kristall bzw. den Leiter driften-
den quasifreien Elektronen in zunehmendem Maße an den Elektronenhüllen
der Kristallatome gestreut.

Der Zeitraum zwischen zwei Streuprozessen wird als Relaxationszeit τ bezeichnet und hat die Größenordnung $10^{-13} \ldots 10^{-14}$ s. Der Weg, den ein Elektron zwischen zwei Streuprozessen zurücklegt, ist die mittlere freie Weglänge
l. Sie ergibt sich damit aus der Beziehung

$$\boxed{l = v_E \tau}$$

Bei 273 K ergibt sich, nach [3], die mittlere freie Weglänge eines Elektrons für
Cu, mit $v_E = 15{,}93 \cdot 10^5$ m/s und $\tau = 2{,}7 \cdot 10^{-14}$ s, zu $l = 43 \cdot 10^{-9}$ m = 43 nm.
Die Gitterkonstante des Cu ist $a = 0{,}361$ nm. Die mittlere freie Weglänge ent-
spricht damit 119 Atomabständen. Mit steigender Temperatur verringert sich

τ, so daß sich die mittlere freie Weglänge zunehmend vermindert und damit die elektrische Leitfähigkeit abnimmt.

1

> Weitere Ursachen für die mit steigender Temperatur eintretende Abnahme der elektrischen Leitfähigkeit sind:
> - die Auffüllung halbbesetzter Energieniveaus im Leitungsband, wobei die dort befindlichen Elektronen durch Spinkopplung für die elektrische Leitung ausfallen (PAULI-Prinzip),
> - thermisch bedingte Gitterleerstellen, deren Anzahl mit der Temperatur exponentiell zunimmt (vgl. 1.1.4.1.1) und in deren Umgebung driftende Elektronen zur Absättigung freigewordener Bindungen eingefangen werden,
> - die Wirkung des BRAGGschen Reflexionsgesetzes und der LAUEschen Reflexionsbedingung.

Für die technische Anwendung von Leiterwerkstoffen ist die Änderung des spezifischen elektrischen Widerstandes ϱ von erheblichem Interesse. Er ist definiert als

$$\varrho = \frac{1}{\varkappa}$$

Die Widerstandsänderung mit der Temperatur ist

$$\frac{\mathrm{d}\varrho}{\mathrm{d}T} \sim \varrho$$

Führt man den Proportionalitätsfaktor α (Temperaturkoeffizient des spez. Widerstandes) ein, so folgt

$$\frac{\mathrm{d}\varrho}{\mathrm{d}T} = \alpha\varrho$$

Nach Trennung der Variablen und Integration ergibt sich

$$\int \frac{\mathrm{d}\varrho}{\varrho} = \alpha \int \mathrm{d}T$$

$$\ln\varrho = \alpha T + C$$

Setzt man für die Integrationskonstante $C = \ln a$, so folgt

$$\ln\varrho - \ln a = \alpha T$$

Delogarithmiert erhält man

$$\varrho = a\,\mathrm{e}^{\alpha T}$$

Bezieht man den bei einer bestimmten Temperatur $T_E > 293$ K zu messenden Widerstand auf eine Bezugstemperatur z. B. $T_R = 293$ K und setzt für $T = T_E - T_R = \Delta T$, so ergibt sich

$$\varrho = a\, e^{\alpha \Delta T}$$

Entwickelt man $e^{\alpha \Delta T}$ in eine TAYLOR-Reihe

$$e^{\alpha \Delta T} = 1 + \frac{\alpha \Delta T}{1!} + \frac{\alpha \Delta T^2}{2!} + \cdots + \frac{\alpha \Delta T^n}{n!}$$

und setzt man für a den spezifischen Widerstand $\varrho_{20\,°C} = \varrho_{293\,K}$ ein, so ergibt sich durch Abbruch der Reihe nach dem 2. Glied die bekannte Näherungsformel zur Berechnung des spezifischen Widerstandes bei $T \geqq 293$ K bzw. bei $T \geqq 20\,°$ C

$$\varrho = \varrho_{293\,K}\,(1 + \alpha \Delta T)$$ bzw. $$\varrho = \varrho_{20\,°C}\,(1 + \alpha \Delta T)$$

Der Temperaturkoeffizient α des spezifischen Widerstandes wird allgemein für das Temperaturintervall von 20 ... 100 °C angegeben. Bei reinen Metallen liegt α in der Größenordnung von $3,7 \cdot 10^{-3}$ K^{-1} bis $6,7 \cdot 10^{-3}$ K^{-1}. Durch Legieren vermindert sich der Temperaturkoeffizient. Er kann Werte nahe Null (Konstantan: $\alpha = 0,01 \cdot 10^{-3}$ K^{-1}) oder kleiner Null annehmen. Bei Legierungen mit relativ geringen Anteilen der zweiten Komponente gilt

$$\varrho_{Metall} \cdot \alpha_{Metall} = \varrho_{Legierung} \cdot \alpha_{Legierung}$$

Einfluß von Verunreinigungen auf die spezifische elektrische Leitfähigkeit

Herstellungsbedingt enthalten die metallischen Werkstoffe unbeabsichtigt Fremdatome (Verunreinigungen). Bei technisch reinen Metallen geht die Menge der in den einschlägigen Normen zugelassenen Verunreinigungen aus dem Werkstoffkurzzeichen hervor: Al 99,5 ($\leqq 0,5$ % Verunreinigungen) oder E-Cu 99,9 ($\leqq 0,1$ % Verunreinigungen). Die Wirkung der Fremdatome ist von ihrem Löslichkeitsverhalten im festen Zustand im Basismetall abhängig. Ihr Einfluß ist dann erheblich, wenn sie mit dem Basismetall Mischkristalle bilden und entsprechend ihrer Ordnungszahl im PSE relativ weit von der Grundkomponente entfernt sind.

Einfluß von Legierungselementen auf die spezifische elektrische Leitfähigkeit

Der Einfluß der Legierungselemente auf $\varkappa$ wird grundsätzlich vom Löslichkeitsverhalten im festen Zustand bestimmt. Die Bilder 1.33, 1.34, 1.36 bis 1.38 im Abschnitt 1.1.3.5 verdeutlichen das. Während bei Systemen mit völliger Unlöslichkeit der Komponenten im festen Zustand eine nahezu lineare Abhängigkeit der Leitfähigkeit von Konzentration vorliegt, zeigen Systeme mit völliger Löslichkeit im festen Zustand bereits bei geringen Anteilen der zweiten Komponente eine stark nichtlineare Abhängigkeit

der Leitfähigkeit von der Konzentration. Ursache dafür ist der durch Cluster-
bildung hervorgerufene Mischkristall-Effekt.

Systeme mit Mischungslücke im festen Zustand zeigen in den Konzentrationsbereichen außerhalb der Mischungslücke das gleiche Verhalten der spezifischen elektrischen Leitfähigkeit wie die nur aus Austausch-Mischkristallen
bestehenden Systeme. Innerhalb der Mischungslücke, in der das Gefüge aus einem Kristallgemisch von Mischkristallen besteht, ergibt sich die nahezu lineare
re Abhängigkeit der Leitfähigkeit wie bei Systemen mit völliger Unlöslichkeit
der Komponenten im festen Zustand.

*Einfluß der spanlosen Kaltumformung auf die spezifische elektrische
Leitfähigkeit*

Die mit der spanlosen Kaltumformung einhergehende Kaltverfestigung, deren Ursachen im Abschnitt 1.2.3 erklärt werden, führt zur Abnahme der spezifischen elektrischen Leitfähigkeit um etwa 2 ... 5 %. Die Verminderung der
Leitfähigkeit beruht sowohl auf der Erhöhung der Versetzungsdichte, als auch
auf der Zunahme der verformungsbedingten Gitterleerstellen infolge nichtkonservativer Versetzungsbewegungen.

1.6   Amorphe Metalle

Während unter technisch üblichen Abkühlungsbedingungen Metalle beim
Phasenübergang flüssig $\longrightarrow$ fest in den kristallinen Zustand gelangen, d. h.,
räumliche und periodisch-regelmäßige Atomanordnungen entstehen, läßt
sich die Kristallisation durch extrem hohe Abkühlungsgeschwindigkeiten
unterdrücken. Der so erreichte amorphe Zustand läßt sich, neben anderen
Modellvorstellungen, durch die Bildung dichtgepackter, nichtkristalliner
Atomanordnungen erklären. Der amorphe Zustand wird dem Begriff „Glaszustand" gleichgesetzt. Dabei versteht man unter Glas einen Festkörper im
Zustand einer unterkühlten Flüssigkeit. Daher werden die amorphen Metalle
auch als Metallgläser bezeichnet.

Der Unterschied zwischen einer Flüssigkeit und einem amorphen Festkörper
wird durch die dynamische Viskosität η bestimmt. Die dynamische Viskosität
von Flüssigkeiten liegt bei Werten von $\eta < 10^{12}$ Pa $\cdot$ s, die von Festkörpern
bei $\eta > 10^{12}$ Pa $\cdot$ s (Pascalsekunden). Die Temperatur, bei der eine Flüssigkeit bzw. Schmelze in den Glaszustand übergeht, d. h., eine dynamische Viskosität $\eta > 10^{12}$ Pa $\cdot$ s erreicht, wird als Glas-Transformationstemperatur oder
Glastemperatur T_g bezeichnet. Unterhalb T_g ist der Glaszustand stabil. Wird
diese Temperatur nachträglich überschritten, so gehen die metallischen Gläser
in den für sie typischen kristallinen Zustand über. Der amorphe Zustand bzw.
Glaszustand der Metalle ist demzufolge ein Nichtgleichgewichtszustand oder

metastabiler Zustand. Nach H. JONEX [27] sind folgende Verfahrensgruppen zur Herstellung metallischer Gläser bekannt:

- Schnellabkühlung von Schmelzen (splat cooling)
- Verdampfen im Vakuum und Kondensation auf gekühltem Substrat
- Katodenzerstäubung (sputtering)
- chemische Abscheidung
- elektrolytische bzw. elektrochemische Abscheidung.

Die technisch am häufigsten angewandte und auf P. DUWEZ (1960) zurückgehende Verfahrensgruppe ist die Schnellabkühlung von Schmelzen. Die zur amorphen Erstarrung erforderlichen hohen Abkühlraten ergeben sich dadurch, daß der Gießstrahl z. B. auf einer wassergekühlten Cu-Walze, die eine Umfangsgeschwindigkeit bis etwa 40 m s^{-1} haben kann, zu einem Band von weniger als 60 μm Dicke und einer Breite von bis zu 100 mm erstarrt. Neben diesem als „Melt Spinning" bezeichneten Verfahren sind das „Melt-Extraktions-" und das „Twin-Roller-Quenching-Verfahren" im technischen Einsatz. Beim Melt-Extraktions-Verfahren wird mittels einer Abkühlwalze und einer nachgeschalteten Andrückwalze ein Folienband aus der Schmelze gezogen. Das entstehende Band wird durch die wirkende Fliehkraft von der Walze abgelöst und durch eine Vorrichtung aufgewickelt. Das Wirkprinzip des Verfahrens „Twin Roller Quenching" besteht darin, daß der Gießstrahl mit 2 . . . 3 m · s^{-1} durch den Walzspalt zweier Kühlwalzen, deren Umfangsgeschwindigkeit 15 . . . 30 m · s^{-1} beträgt, gedrückt wird, nach [28].

Die Verfahren der Schnellabkühlung erlauben gegenwärtig die kontinuierliche Herstellung von Folienbändern bis zu 100 m Länge. Zur Erläuterung der anderen o. a. Verfahrensgruppen wird auf die entsprechende Fachliteratur verwiesen.

Einteilung der amorphen Metalle

Zur Erzeugung metallischer Gläser sind insbesondere Legierungen eutektischer Zwei- und Mehrstoffsysteme mit niedrigen eutektischen Temperaturen geeignet. Nach [27], [29] und [31] lassen sich glasbildende Legierungen in folgenden Gruppen zusammenfassen:

1. Übergangsmetalle und Metalloide bzw. Nichtmetalle (Glasbildner);
   $Fe_{80}B_{20}$, $Fe_{80}P_{13}C_7$, $Fe_{78}Si_{10}B_{12}$, $Fe_{40}Ni_{40}P_{14}B_6$, $Pd_{80}Si_{20}$, $Pd_{79,5}Au_4Si_{16,5}$
2. Übergangsmetalle und Seltenerdmetalle; $Gd_{67}Co_{33}$
3. Übergangsmetalle und Übergangsmetalle; $Nb_{60}Ni_{40}$, $Ta_{60}Ni_{40}$, $Fe_{55}W_{45}$, $Ta_{55}Ir_{45}$, $Ta_{55}Rh_{45}$
4. Metalle 1. Art und Metalle 2. Art; $Ca_{70}Al_{30}$, $Ca_{70}Mg_{30}$, $Ca_{60}Zn_{40}$
5. Metalle und Seltenerdmetalle; $La_{70}Al_{30}$, $Ce_{70}Al_{30}$, $Gd_{65}Al_{35}$

Bei üblichen technischen Abkühlungsgeschwindigkeiten erstarren diese Legierungen unter Bildung intermetallischer Phasen.

Die kristallinen Phasen werden, mit Ausnahme der bei Legierungen aus Übergangsmetallen gebildeten intermetallischen Phasen, den LAVES-Phasen (AB_2-Typ) zugeordnet. Im glasartigen Zustand werden sie als *Anti*-LAVES-Phasen bezeichnet.

1.6.1   Eigenschaften amorpher Metalle

Die im allgemeinen extremen Unterschiede der physikalischen und chemischen Eigenschaften der amorphen Metalle gegenüber ihren gleichartigen, aber kristallin erstarrenden Metallen, werden durch den unterschiedlichen strukturellen Aufbau bestimmt. Während die kristallin erstarrten Metalle und Legierungen in den bekannten Gittertypen und Kristallarten auftreten und eine sehr große Zahl struktureller Fehlordnungen aufweisen, zeigen sie im amorphen Zustand eine nahezu fehlerfreie Struktur. Nach dem von BERNAL [1], [27] und [30] entwickelten Modell der dichtesten regellosen Packung harter Kugeln *DRPHS* (*D*ense *R*andom *P*acking of *H*ard *S*pheres) lassen sich die strukturabhängigen Eigenschaften, vor allem der Übergangsmetall-Metalloid-Legierungen weitestgehend erklären. Das Modell basiert auf einer Kombination von Tetraedern und/oder Oktaedern. Dabei besetzen die Metallatome die Eckpunkte dieser Polyeder, während die Atome der Metalloide (B, P) in den Hohlräumen angeordnet sind. Theoretisch können 21 At % Metalloidatome in diesen Hohlräumen untergebracht werden. Bestätigt wird dieses Modell durch die Zusammensetzung der Legierungen aus Übergangsmetallen und Metalloiden ($Fe_{80}B_{20}$, $Fe_{40}Ni_{40}P_{14}B_6$ u. a.). Vgl. dazu Bild 1.106.

Physikalische Eigenschaften

Die Zugfestigkeit R_m erreicht nahezu die für Festkörper berechneten theoretischen Werte. Der Elastizitätsmodul E wird mit etwa 70 % des der entsprechenden kristallinen Metalle angegeben. Das Verhältnis E-Modul zu Zugfestigkeit ist nach [30] 30 bis 60 und kommt damit den theoretischen Werten sehr nahe. Bemerkenswert sind die sehr hohen Härtewerte, die in [27] und [30] mit 325 HV ($Pd_{80}Si_{20}$) bis 1 100 HV ($Fe_{80}B_{20}$) angegeben werden. Vergleiche dazu Tabelle 1.11.

Das Verformungsverhalten ist sehr unterschiedlich. Während unter Zugbelastung ein sprödes Verhalten mit bleibenden Dehnungswerten unter 1 % festgestellt wird, treten unter Druckbelastungen Dehnungswerte bis zu 40 % auf, wobei Verfestigungseffekte nicht registriert werden. Bei Erwärmung auf Temperturen unterhalb der Glastemperatur T_g (0,6 $T_g < T < T_g$) verspröden viele amorphe Legierungen (Anlaßversprödung).

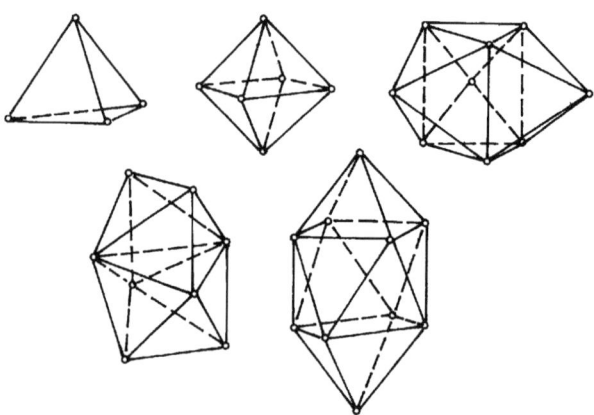

Bild 1.106   Einige mögliche Atomanordnungen nach dem DRPHS-Modell von BERNAL, *nach [27] –* BERNAL-*Polyeder*

Tabelle 1.11   Mechanische Eigenschaften einiger amorpher Metalle, nach [27], [30] und [31]

Legierung	R_m in MPa	E in GPa	E/R_m	HV
$Fe_{80}B_{20}$	3 200	172	54	1 100
$Fe_{80}P_{13}C_7$	3 100	124	40	760
$Fe_{78}Si_{10}B_{12}$	3 400	128	38	910
$Fe_{40}Ni_{40}P_{14}B_6$	1 750	147	84	640
$Pd_{80}Si_{20}$	1 360	87	64	325
$Ni_{75}Si_8B_{17}$	2 700	105	39	860
$Co_{75}Si_{15}B_{10}$	3 000	106	36	910

Der spezifische elektrische Widerstand ϱ ist gegenüber dem korrespondierender kristalliner Legierungen mit $\varrho > 100\ \mu\Omega \cdot cm$ etwa dreimal größer, wobei jedoch der Temperaturkoeffizient des spezifischen Widerstandes α positiv, negativ oder extrem klein sein kann, nach [30]. Der spezifische elektrische Widerstand wird in [32] für $Fe_{80}B_{20}$ mit $\varrho = 140\ \mu\Omega \cdot cm$ und für $Fe_{40}Ni_{40}P_{14}B_6$ mit $\varrho = 180\ \mu\Omega \cdot cm$ angegeben.

Da der amorphe Zustand metastabil ist, d. h., nicht dem thermodynamischen Gleichgewicht entspricht, geht der spezifische Widerstand nach Überschreiten der Glastemperatur T_g wegen der nun erfolgenden Kristallisation auf die normalen Werte des kristallinen Zustands zurück.

Amorph erstarrte Legierungen aus ferromagnetischen Übergangsmetallen und Metalloiden zeigen ferromagnetische Eigenschaften. Sie unterscheiden sich jedoch in den niedrigeren CURIE-Temperaturen T_C, den geringeren Werten der Sättigungsmagnetisierung B_S, der sehr geringen Koerzitivfeldstärke H_c und der damit verbundenen geringen Ummagnetisierungsverluste. Die amorphen ferromagnetischen Legierungen zeigen weichmagnetisches Verhalten, ohne allerdings die Werte der hochpermeablen kristallinen Legierungen, wie Permalloy (s. 3.11.3), zu erreichen. Das weichmagnetische Verhalten wird durch das Fehlen von Korngrenzen begünstigt, die bei kristallinen Ferromagnetika den Magnetisierungsverlauf beeinflussen.

Chemische Eigenschaften

Die amorphen Metalle zeigen im allgemeinen ein wesentlich besseres Korrosionsverhalten als ihre korrespondierenden kristallinen Legierungen. Besonders hohe Korrosionsbeständigkeit zeigen amorphe, mehr als 5 % Cr-haltige Fe-Cr-P-C-Legierungen gegenüber Lochfraß und Spannungsrißkorrosion.

Neben dem ausgeprägten Einfluß der Metalloide auf die chemische und elektrochemische Beständigkeit sind vor allem die korngrenzenfreie, dichte und relativ homogene Oberfläche sowie die sich während der korrosiven Beanspruchung bildenden Deckschichten, die eine passivierende Wirkung haben, für das Korrosionsverhalten verantwortlich.

1.6.2 Verwendung amorpher Metalle

Aus veröffentlichten Untersuchungsergebnissen läßt sich eine Reihe technischer Anwendungsmöglichkeiten amorpher Metalle angeben: amorphe glasartige Bänder auf der Basis von FeBSiC-Legierungen können wegen ihrer gegenüber FeSi-Legierungen um das 3 bis 5-fach niedrigeren Ummagnetisierungsverluste ($P_{1,0/50} \approx 0,1$ W/kg) in Verteiler und Sparstelltrafos eingesetzt werden. Sie erreichen jedoch nur 85 % der Sättigungsmagnetisierung B_S von FeSi-Blechen. FeBSi-Basislegierungen eignen sich wegen ihrer annähernd gleichen Sättigungsmagnetisierung und Hysterese-Schleifenform sowie der geringeren Verluste im Frequenzbereich von 50 . . . 100 kHz wie kristalline NiFe-Legierungen (Ni50Fe50, Ni80Fe20) zur Anwendung als Thyristorschutz, Schutzdrosseln, Fehlerstromschutzschalter und Magnetverstärker.

Amorphe Co-Basislegierungen können wegen ihrer günstigeren weichmagnetischen Eigenschaften (z. B. gegenüber Ni80Fe20), wie kleinere Koerzitivkraft H_c, höhere Maximalpermeabilität $\mu_{50\ Hz} = 600\,000$, sowie wegen ihrer besseren mechanischen Eigenschaften für magnetische Abschirmungen, Sensoren und Magnetonköpfe eingesetzt werden (s. [34]). In [27] werden darüberhinaus Verwendungsmöglichkeiten für magnetische Abschirmungen (Folienstreifen, Geflechte, Flechtschläuche), Impulsübertrager, Stromwandler (Ringbandkerne) und Drosseln genannt.

1.7   Literatur- und Quellenverzeichnis

[1]   *Schatt, W. (Hrsg.)*: Einführung in die Werkstoffwissenschaft. – Leipzig: Deutscher Verlag für Grundstoffindustrie, 1991

[2]   *Livschitz, B.G.*: Physikalische Eigenschaften der Metalle und Legierungen. – Leipzig: Deutscher Verlag für Grundstoffindustrie, 1989

[3]   *Weißmantel, C.; Hamann, C.*: Grundlagen der Festkörperphysik. – Berlin: Deutscher Verlag der Wissenschaften, 1981

[4]   *Bickel, E.*: Die metallischen Werkstoffe des Maschinenbaues. – Berlin: Springer-Verlag, 1964

[5]   *Boček, M.*: Metallphysik. – Freiberg: Lehrbriefe für das Fernstudium, 1966

[6]   *Haasen, P.*: Physikalische Metallkunde. – Berlin; Heidelberg; New York: Springer-Verlag, 1985

[7]   *Schulze, G. E. R.*: Metallphysik. – Leipzig: Deutscher Verlag für Grundstoffindustrie, 1973

[8]   *Eckstein, H.-J.*: Wärmebehandlung von Stahl. – Leipzig: Deutscher Verlag für Grundstoffindustrie, 1973

[9]   *Schaumburg, H.*: Werkstoffe und Bauelemente der E-Technik. – Stuttgart: B.G. Teubner-Verlag, 1991

[10] *Kittel, C.*: Einführung in die Festkörperphysik. – München: Oldenburg-Verlag, 1991

[11] *Hornbogen, E.; Warlimont, H.*: Metallkunde. – Berlin; Heidelberg; New York: Springer-Verlag, 1991

[12] *Hornbogen, E.*: Werkstoffe. – Berlin: Springer-Verlag, 1994

[13] *Kleber, W.*: Einführung in die Kristallographie. – Berlin: Verlag Technik, 1990

[14] *Schaumburg, H.*: Einführung in die Werkstoffe der Elektrotechnik. – Stuttgart: B. G. Teubner-Verlag, 1993

[15] *Kreher, K.*: Festkörperphysik. – Berlin: Akademie-Verlag, 1976

[16] *Tietz, H.-D.*: Grundlagen der Eigenspannungen. – Leipzig: Deutscher Verlag für Grundstoffindustrie, 1984

[17] *Schott, G.*: Werkstoffermüdung. – Leipzig: Deutscher Verlag für Grundstoffindustrie, 1980

[18] *Glocker, R.*: Materialprüfung mit Röntgenstrahlung. – Berlin; Heidelberg; New York: Springer-Verlag, 1985

[19] Autorenkollektiv : Diffusion in metallischen Werkstoffen. – Leipzig: Deutscher Verlag für Grundstoffindustrie, 1970

[20] *Schumann, H.*: Metallographie. – Leipzig: Deutscher Verlag für Grundstoffindustrie, 1991

[21] *Seeger, A.*: Moderne Probleme der Metallphysik, Bd. 1. – Berlin; Heidelberg; New York: Springer-Verlag, 1965

[22] *v. Münch, W.*: Werkstoffe der Elektrotechnik. – Stuttgart: B. G. Teubner-Verlag, 1993

[23] *Beyer, W.; Iancu, P.; Merkel, M.*: Verbindungen und Anschlüsse in der Elektronik. – Berlin; München: Verlag Technik, 1992

[24] *Nitzsche, K.; Ulrich, H.J.*: Funktionswerkstoffe. – Leipzig: Deutscher Verlag für Grundstoffindustrie, 1992

[25] *Vladimirov, V. I.*: Einführung in die physikalische Theorie der Plastizität und Festigkeit. – Leipzig: Deutscher Verlag für Grundstoffindustrie, 1992

[26] *Ashby, M. F.; Jones, D. R. H.*: Ingenieur-Werkstoffe. – Berlin; Heidelberg; New York: Springer-Verlag, 1986

[27] *Henkel, O.; Schneider, J.*: Überblick zur Entwicklung metallischer Gläser. – 14. Metalltagung in der DDR, 1981

[28] *Fiedler, H.; Illgen, L.*: Technologische Probleme bei der Herstellung amorpher Bänder. – 14. Metalltagung in der DDR, 1981

[29] *Hafner, J.*: Amorphe Metalle: Atomare Struktur und elektronische Eigenschaften. – 14. Metalltagung in der DDR, 1981

[30] *Schneider, J.; Pompe, W.*: Metallische Gläser, Herstellung, Struktur und physikalische Eigenschaften. – In: Neue Hütte. – 10(1979)

[31] *Warlimont, H.*: Aufbau und Eigenschaften metallischer Gläser. – In: Metallkunde. – 69(1978)4

[32] *Zaveta, K.; Schneider, J.*: Magnetic properties of amorphous materials. – 14. Metalltagung in der DDR, 1981

[33] *Aljochin, V. P.; Pompe, W.; Wetzig, K.*: Mechanische Eigenschaften amorpher Metalle. – 14. Metalltagung in der DDR, 1981

[34] *Barthel, J.*: Entwicklung elektrischer Sonderwerkstoffe. – Sitzungsberichte der AdW der DDR 4N/1989. – Berlin: Akademie-Verlag, 1989

[35] *Duwez, P.; Willens, R. H.*: Trans. Met. Soc. A/ME 227 (1963)

[36] *Mierdel, G.*: Elektrophysik. – Berlin: Verlag Technik, 1971

[37] *Gottstein, G.*: Physikalische Grundlagen der Materialkunde. – Berlin: Springer-Verlag, 1998

1

2 Eisenwerkstoffe

2.1 Eigenschaften

Physikalische Eigenschaften

Eisen ist ein Element der VIII. Nebengruppe des Periodensystems der Elemente (PSE) mit der Ordnungszahl 26. Wegen seiner Elektronenkonfiguration (nicht aufgefülltes 3-d-Niveau) gehört es zu den Übergangselementen. Als polymorphes Metall tritt es in Abhängigkeit von der Temperatur in den allotropen Modifikationen α-Fe (krz), γ-Fe (kfz) und δ-Fe (krz) auf, vgl. 1.1.2.1.

- Relative Atommasse: 55,874
- Dichte $\varrho = 7,87 \cdot 10^3$ kg $\cdot$ m^{-3}
- Schmelzpunkt: 1 536 °C
- Siedepunkt: 3 200 °C
- Spezifische Wärmekapazität $c_p = 452,17$ J $\cdot$ kg^{-1} $\cdot$ K^{-1}
- Wärmeleitfähigkeit $\lambda = 73,269$ W $\cdot$ m^{-1} $\cdot$ K^{-1}

Die Wärmeleitfähigkeit nimmt mit steigender Temperatur ab. Darüber hinaus verringert sich die Wärmeleitfähigkeit mit abnehmender Korngröße (Kristallgröße im vielkristallinen Werkstoff).

- Wärmeausdehnungskoeffizient $\alpha_{\alpha\text{-Fe } (0...100 \text{ °C})} = 12,1 \cdot 10^{-6}$ K^{-1}
  $$\alpha_{\gamma\text{-Fe}} = 25 \cdot 10^{-6} \text{ K}^{-1}$$
- Spezifische elektrische Leitfähigkeit $\varkappa = 10,5$ m $\cdot$ Ω^{-1} $\cdot$ mm^{-2}
- Spezifischer elektrischer Widerstand $\varrho = 0,095$ Ω $\cdot$ mm^2 $\cdot$ m^{-1}
  $$\varrho_{769 \text{ °C}} = 0,95 \text{ Ω} \cdot \text{mm}^2 \cdot \text{m}^{-1}$$
- Streckgrenze R_e ($\hat{=} \sigma_S$) = 98,1 MPa
- Zugfestigkeit R_m ($\hat{=} \sigma_B$) = 196,2 ... 245,3 MPa
- Bruchdehnung A ($\hat{=} \delta$) $\leq$ 40 %
- Brucheinschnürung Z ($\hat{=} \psi$) $\leq$ 80 %
- Elastizitätsmodul $E = 206,01$ GPa
- Gleit- oder Schubmodul $G = 82,2$ GPa
- Brinellhärte: 60 *HB*
- Kerbschlagzähigkeit = 245,3 J $\cdot$ cm^{-2}
- POISSON-Zahl $\mu = 0,28$

Chemische Eigenschaften

Geringe chemische Beständigkeit beim Angriff verdünnter anorganischer Säuren. Es bilden sich dabei Eisen(II-)salze.

Kalte konzentrierte HNO$_3$ passiviert Eisen durch Bildung dünner Oxidschichten. Technisch bedeutungsvoll ist die Wirkung verdünnter Phosphorsäure

(H_3PO_4) oder phosphathaltiger Salzlösungen, die zur Bildung festhaftender, aber poröser Phosphatschichten führt. Je nach dem verwendeten Mittel entstehen wasserhaltige Phosphatschichten entsprechender Zusammensetzung, zum Beispiel

- Vivianit: $Fe_3(PO_4)_2 \cdot 8\,H_2O$
- Fe-Hureaulith: $Fe_5H_2(PO_4)_4 \cdot 4\,H_2O$
- Hopeit: $Zn_3(PO_4)_2 \cdot 4\,H_2O$
- Phosphophyllit: $Zn_2Fe(PO_4)_2 \cdot 4\,H_2O$
- Hureaulith: $(Mn, Fe)_5H_2(PO_4)_4 \cdot 4\,H_2O$

Die Phosphatschichten dienen als Haftgrund für Farben und Lacke. Darüber hinaus zur Aufnahme von Schmiermitteln, wodurch die Reibung und der Werkzeugverschleiß bei der spanlosen Formung vermindert werden.

Während verdünnte H_2SO_4 Eisen unter starker H_2-Entwicklung angreift, erfolgt bei > 90 %iger H_2SO_4 kein Angriff.

Verdünnte H_2SO_4 und HCl dienen zum Blankbeizen. In der Kälte ist Eisen gegenüber Alkalilaugen beständig, in kochenden Laugen entsprechender Zusammensetzung (NaOH, $NaNO_2$, $NaNO_3$) bilden sich gegen atmosphärischen Angriff relativ gut beständige Schichten (Brünieren).

An feuchter Luft rostet Eisen unter Bildung von Eisen(III)-oxidhydrat FeO(OH). Bei hohen Temperaturen bildet sich Zunder, der aus 3 Schichten (Fe_3O_4; Fe_2O_3; FeO) besteht.

Die α-Modifikation des Eisens ist bis zur A_{c_2}-Temperatur, 769 °C, (ferromagnetische CURIE-Temperatur) ferromagnetisch. Die paramagnetische CURIE-Temperatur Θ liegt bei 819 °C.

2.2 Verwendung

Eisen wird wegen seiner magnetischen Eigenschaften als Relaiswerkstoff (RFe) und u. a. für Masseeisenkerne (pulvermetallurgische Herstellung) eingesetzt.

2.3 Eisen-Legierungen

Wichtigster Legierungsbestandteil des Eisens ist der Kohlenstoff, dessen Mengenanteil zwischen $< 0,05$ und < 5 %, je nach verlangten Eigenschaften und Anwendungsbereichen, liegt. Zur Gewährleistung bestimmter über den Einflußbereich des C hinausgehender Eigenschaften werden dem Fe noch andere Komponenten, wie Cr, Mn, Si, Ni, W, Co, Al, Mo, Ti, V, Cu, B, Nb, Zr, S, P, Pb u. a., zulegiert. Entsprechend ihrer Verarbeitungseigenschaften unterscheidet man die Eisenlegierungen in Knet- und Gußlegierungen.

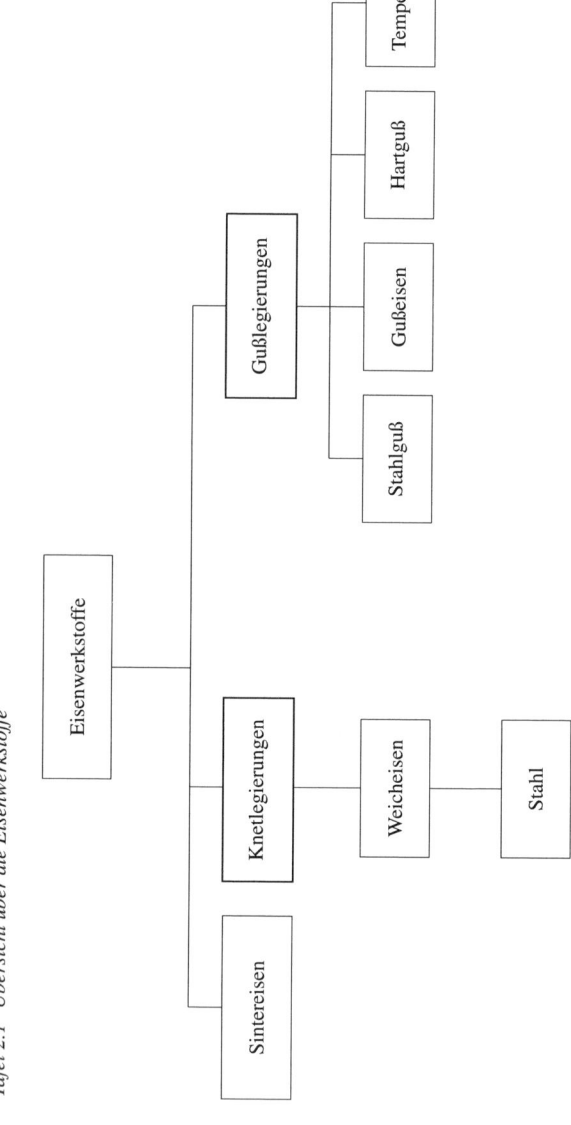

Tafel 2.1 Übersicht über die Eisenwerkstoffe

Tafel 2.2 *Übersicht über die wesentlichsten Eisen-Knetlegierungen*

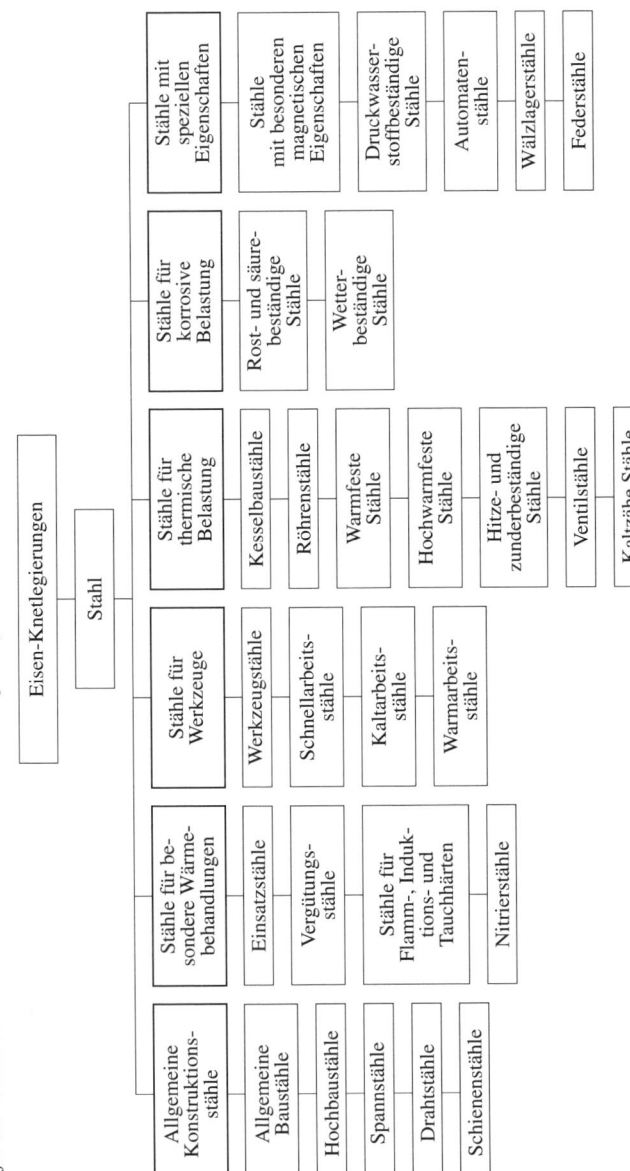

2

Tafel 2.3 Übersicht über die Gußlegierungen des Eisens

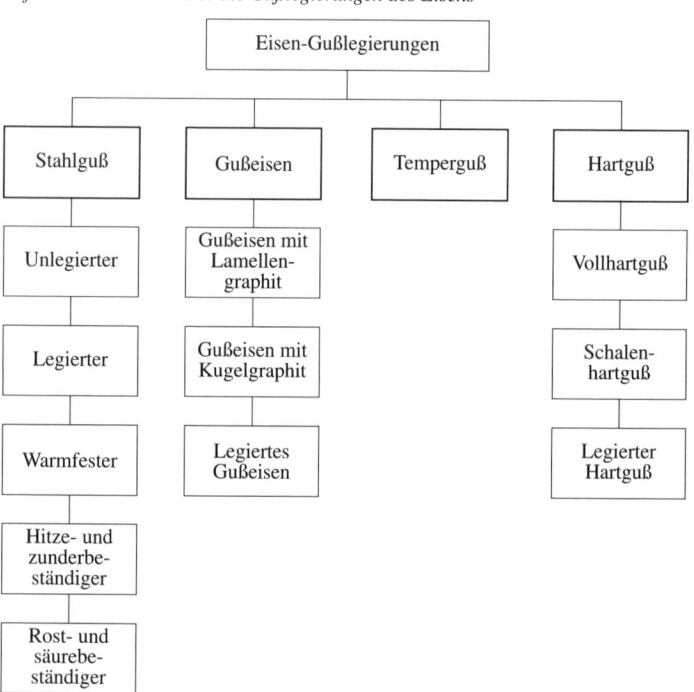

> *Knetlegierungen* sind Werkstoffe, die nach der Urformung (Kokillenguß, Strangguß) durch Walzen, Schmieden, Pressen, Ziehen u. ä. weiter geformt werden können (sollen).
> *Gußlegierungen* sind Werkstoffe, die während der Urformung (Sand-, Kokillenguß u. ä.) ihre Form erhalten und in der Regel nur noch spanend fertig bearbeitet werden.

Die Tafeln 2.1, 2.2, 2.3 geben einen Überblick über die Eisenwerkstoffe.

2.3.1   Einfluß der Legierungsbestandteile auf die Existenzbereiche der allotropen Modifikationen des Eisens

Die mit Verfahren der thermischen Analyse erhaltene Abkühlungs- und Erhitzungskurve zeigt die Temperatur-Existenzbereiche der allotropen Modifikationen des reinen Eisens, vgl. Bild 2.1. Die Temperaturdifferenz zwischen A_{r_3} und A_{c_3} ist thermodynamisch bedingt und heißt *thermische Hysteresis*.

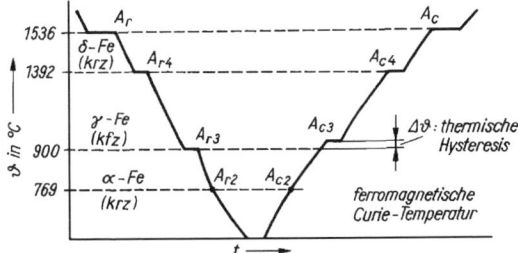

Bild 2.1 Abkühlungs- und Erhitzungskurve des reinen Eisens

Der Zusatz einer zweiten Komponente führt zur Änderung der Existenzbereiche der Modifikationen des Eisens. Je nach Komponente ergibt sich entweder eine Stabilisierung des krz-Gitters oder eine Stabilisierung des kfz-Gitters. Dabei wird der Existenzbereich der betreffenden Modifikation entweder erweitert oder eingeengt (eingeschnürt). Die Stabilisierung des krz- oder kfz-Gitters wird dabei entscheidend von der Elektronenstruktur der äußeren Haupt- und Nebenquantenbahnen, die sich durch das Legieren einstellt, und von den Größenverhältnissen der an der Mischkristallbildung beteiligten Atomarten beeinflußt.

Folgende Komponenten führen zur Stabilisierung des kfz-Gitters durch Erweiterung des γ-Gebietes:
1. mit unbeschränktem, offenem γ-Gebiet (Bild 2.2): Ni, Mn, Co, Ru, Rh, Pd, Os, Ir, Pt
2. mit Begrenzung durch heterogenes Phasenfeld (Bild 2.3): C, N, Cu, Zn, Au, Re

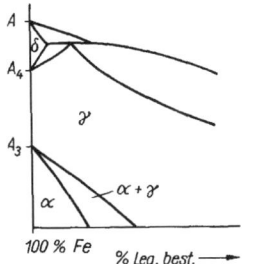

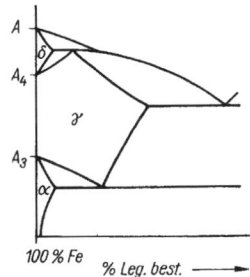

Bild 2.2 Erweiterung des γ-Gebietes (unbeschränktes, offenes γ-Gebiet), nach [2]

Bild 2.3 Erweiterung des γ-Gebietes mit Begrenzung durch heterogenes Phasenfeld, nach [2]

Zur Stabilisierung des krz-Gitters durch Einengung (Einschränkung) des γ-Gebietes führen folgende Komponenten:

1. mit geschlossenem γ-Gebiet mit rückläufiger Gleichgewichtslinie (Bild 2.4): Al, Be, Cr, Si, Mo, W, Ti, V, P, As, Sn, Sb
2. mit Begrenzung durch heterogene Phasenfelder (Bild 2.5): Nb, Ta, Zr, Ce, Hf

Die Bilder 2.2 bis 2.5 zeigen prinzipiell die Wirkung der genannten Legierungselemente auf den Existenzbereich der γ-Modifikation.

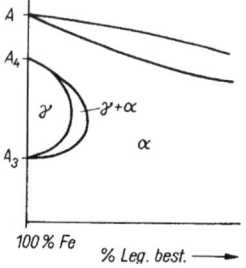

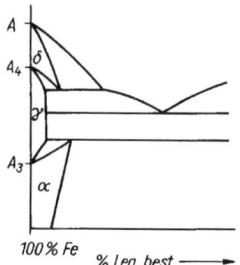

Bild 2.4 Einengung des γ-Gebietes (geschlossenes γ-Gebiet mit rückläufiger Gleichgewichtslinie), nach [2]

Bild 2.5 Einengung des γ-Gebietes mit Begrenzung durch heterogene Phasenfelder, nach [2]

2.3.2   System Eisen-Kohlenstoff

Das System Eisen-Kohlenstoff wird in zwei Zustandsschaubildern dargestellt, weil die Komponente Kohlenstoff einmal elementar als Graphit und zum anderen gebunden als intermediäre Phase Fe_3C auftreten kann.

Man unterscheidet daher das System Fe-Fe_3C und das System Fe-C.

Wegen der Möglichkeit, daß Fe_3C unter bestimmten Bedingungen bei langzeitigem Glühen (z. B. Tempern) in elementaren Kohlenstoff (Graphit, Temperkohle) und Eisen zerfällt, also nicht absolut beständig, sondern zwischenbeständig ist, wird dieses System als *metastabil* bezeichnet.

Der im System Fe-C vorhandene Graphit unterliegt dagegen auch bei langzeitiger Wärmeeinwirkung keinen Änderungen, daher wird dieses System als *stabil* bezeichnet.

Innerhalb der Eisenwerkstoffe hat jedoch das metastabile System Fe-Fe_3C technisch die größte Bedeutung.

2.3.2.1 Metastabiles System Fe-Fe₃C (Eisen-Eisenkarbid)

Vgl. dazu Bild 2.6.

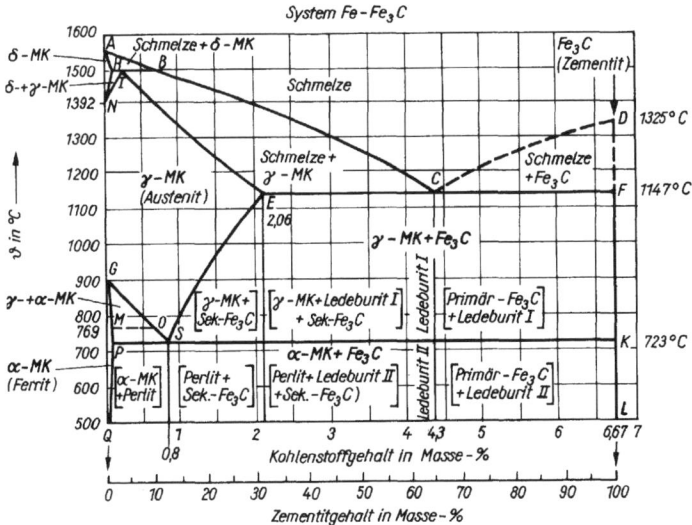

Bild 2.6 Metastabiles System Fe-Fe₃C

Bedeutung der Linienzüge

ABCD	Liquiduslinie
AHIECFD	Soliduslinie

Umwandlungslinien

Linien der δ, γ-Umwandlung

HIB	Peritektikale
HN	Beginn der Umwandlung vorperitektischer δ-Mk
NI	Ende der Umwandlung vorperitektischer δ-Mk

Linien der γ, α-Umwandlung

PSK	Eutektoide ($\widehat{=} A_1$- bzw. A_{r_1}- oder A_{c_1}-Temperatur)
GOS	Beginn der Umwandlung untereutektoider γ-Mk
	($\widehat{=} A_3$- bzw. A_{r_3}- oder A_{c_3}-Temperatur)
GMP	Ende der Umwandlung untereutektoider γ-Mk
MOSK	Linie der ferromagnetischen Umwandlung

Sättigungslinien

ES	Sättigungslinie der γ-Mk für Kohlenstoff
	($\widehat{=} A_{cm}$- bzw. $A_{r_{cm}}$- oder $A_{c_{cm}}$-Temperatur)
PQ	Sättigungslinie der α-Mk für Kohlenstoff

Lösungsvermögen der Fe-Mk für Kohlenstoff

δ-Mk lösen maximal 0,1   % C am Punkt $H \widehat{=}$ 1 493 °C

γ-Mk lösen maximal 2,06   % C am Punkt $E \widehat{=}$ 1 147 °C

γ-Mk lösen maximal 0,8   % C am Punkt $S \widehat{=}$ 723 °C

α-Mk lösen maximal 0,02   % C am Punkt $P \widehat{=}$ 723 °C

α-Mk lösen maximal 0,006 % C am Punkt $Q \widehat{=}$ 20 °C

Teildiagramme des Systems Fe-Fe$_3$C

Entsprechend der im System Fe-Fe$_3$C ablaufenden charakteristischen Dreiphasenreaktionen wird das Zustandsschaubild in drei Teildiagramme unterteilt.

1. Peritektisches Teildiagramm

Dieses Teildiagramm bildet die linke obere Ecke des Zustandsschaubildes. Am charakteristischen Punkt *I* (0,16 % C, 1 493 °C) vollzieht sich die *peritektische Dreiphasenreaktion*

> Schmelze + δ-Mk ⇌ γ-Mk

2. Eutektisches Teildiagramm

Am charakteristischen Punkt *C* (4,3 % C; 1 147 °C) läuft die *eutektische Dreiphasenreaktion* ab

> Schmelze ⇌ γ-Mk + Fe$_3$C

3. Eutektoides Teildiagramm

Am charakteristischen Punkt *S* (0,8 %; 723 °C) dieses technisch wichtigsten Teildiagramms erfolgt die *eutektoide Dreiphasenreaktion*

> γ-Mk ⇌ α-Mk + Fe$_3$C

Gefügebezeichnungen

Die Gefügebestandteile tragen nachfolgende Bezeichnungen:

α-Mk	*Ferrit*
γ-Mk	*Austenit*
Fe$_3$C	*Zementit, Eisenkarbid*

Perlit   *Eutektoid*, bestehend aus α-Mk + Fe$_3$C

Ledeburit I   *Eutektikum*, bestehend aus γ-Mk + Fe$_3$C, es existiert zwischen
        1 147 und 723 °C

Ledeburit II *Eutektikum*, bestehend aus Perlit + Fe$_3$C
        Perlit entsteht durch eutektoiden Zerfall der γ-Mk bei 723 °C
        Ledeburit II existiert unterhalb 723 °C.

Nach den Entstehungsbedingungen unterscheidet man Fe$_3$C noch in

- *Primärzementit*: Beim Abkühlen übereutektischer Legierungen zuerst (primär) aus der Schmelze gebildete Fe$_3$C-Kristalle
- *Sekundärzementit*: Infolge des mit der Temperatur fallenden Lösungsvermögens der γ-Mk für C längs der Linie *ES* an den Korngrenzen der γ-Mk ausgeschiedenen Fe$_3$C
- *Tertiärzementit*: Infolge des mit der Temperatur fallenden Lösungsvermögens der α-Mk für C längs der Linie *PQ* an den Kornzwickeln bzw. Korngrenzen der α-Mk ausgeschiedenen Fe$_3$C.

Unabhängig von den Entstehungsbedingungen besteht Fe$_3$C in jedem Falle aus 6,67 % C und 93,33 % Fe.

Einteilung der Legierungen des Systems Fe-Fe$_3$C

Im Bereich des eutektoiden Teildiagramms befinden sich das Weicheisen und die Stähle (Bau- und Werkzeugstähle, Stahlguß). Im Bereich des eutektischen Teildiagramms befinden sich das weiße Roheisen, Hartguß und Temperrohguß.

Tabelle 2.1 Einteilung der Legierungen des Systems Fe-Fe$_3$C

C-Gehalt in Masse-%	Bezeichnung nach der Lage im System Fe-Fe$_3$C	Gefüge	Anwendung
≦ 0,05 ... < 0,8	untereutektoid	Ferrit + Perlit + (Tertiärzementit)	Weicheisen Baustähle Werkzeugstähle Stahlguß
0,8	eutektoid	Perlit	Werkzeugstahl
> 0,8 ... ≦ 2,06	übereutektoid	Perlit + Sekundärzementit	Werkzeugstähle
> 2,06 ... < 4,3	untereutektisch	Ledeburit II + Perlit + Sekundärzementit	Temperrohguß Hartguß weißes Roheisen (3 ... 5 % C)
4,3	eutektisch	Ledeburit II	
> 4,3 ... ≦ 6,67	übereutektisch	Ledeburit II + Primärzementit	

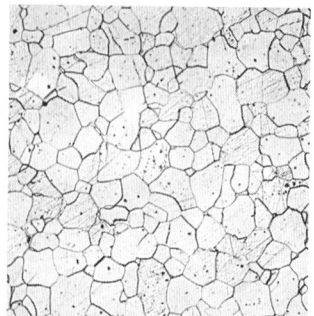

Bild 2.7   Weicheisen mit 0,03 % C
Gefüge: Ferrit (200 : 1)

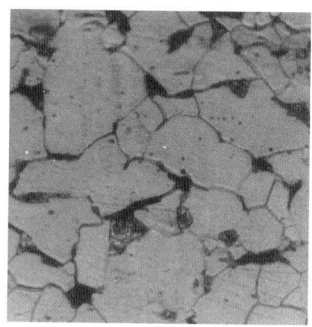

Bild 2.8   Stahl mit 0,15 % C (400 : 1)
Gefüge: Ferrit (hell) und Perlit (dunkel)

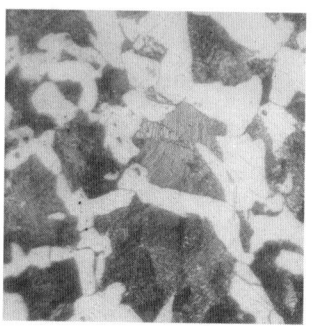

Bild 2.9   Stahl mit 0,45 % C (500 : 1)
Gefüge: Ferrit (hell) und Perlit (dunkel)

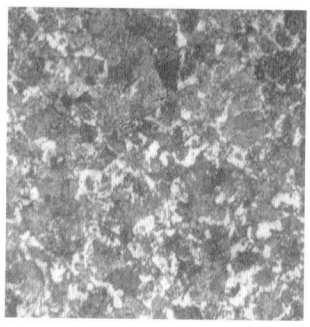

Bild 2.10   Stahl mit 0,6 % C
Gefüge: Ferrit (hell) und Perlit (dunkel)

Bild 2.11   Stahl mit 0,82 % C. Gefüge:
Perlit

Bild 2.12   Stahl mit 1,15 % C. Gefüge:
Perlit und Sekundärzementit

In Tabelle 2.1 sind diese Legierungen nach ihrer Lage im Zustandsschaubild (untereutektoid bis übereutektisch), dem dazugehörigen C-Gehalt (in Masse-%), den Gefügebestandteilen (für den Gleichgewichtszustand) bei Raumtemperatur und ihren allgemeinen Anwendungsfällen geordnet.

Die Bilder 2.7 bis 2.15 zeigen einige dem Gleichgewichtszustand nahekommenden Gefüge der Legierungen des Systems Fe-Fe₃C.

2

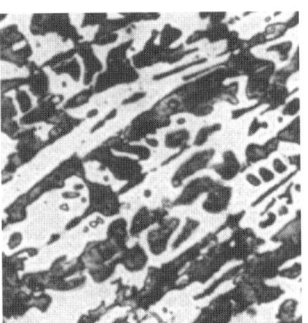

Bild 2.13 Untereutektische Fe-Fe₃C-Legierung mit 2,3 % C. Gefüge: Perlit + Sekundärzementit + Ledeburit II

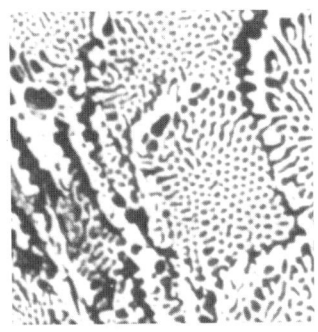

Bild 2.14 Eutektische Fe-Fe₃C-Legierung mit 4,3 % C. Gefüge: Ledeburit II

Bild 2.15 Übereutektische Fe-Fe₃C-Legierung mit 5 % C. Gefüge: Ledeburit II und Primärzementit

2.3.2.2 Stabiles System Eisen-Graphit (Fe-C)

Die Linienzüge des stabilen Systems Fe-C (Bild 2.16) stimmen nahezu mit denen des metastabilen Systems überein. Davon abweichende Linien werden an ihren charakteristischen Punkten mit einem Beistrich gekennzeichnet, z. B. E' C' F' (Eutektikale bei 1153 °C) und P' S' K' (Eutektoide bei 738 °C).

Die Kohlenstoffkonzentration wird am eutektischen Punkt C' mit 4,25 %, am eutektoiden Punkt S' mit 0,69 % und bei E' mit 2,03 % angegeben.

Unter der Voraussetzung der Einstellung thermodynamischer Gleichgewichtszustände ergeben sich die im stabilen System Fe-C (Bild 2.16) eingetragenen Gefügebestandteile.

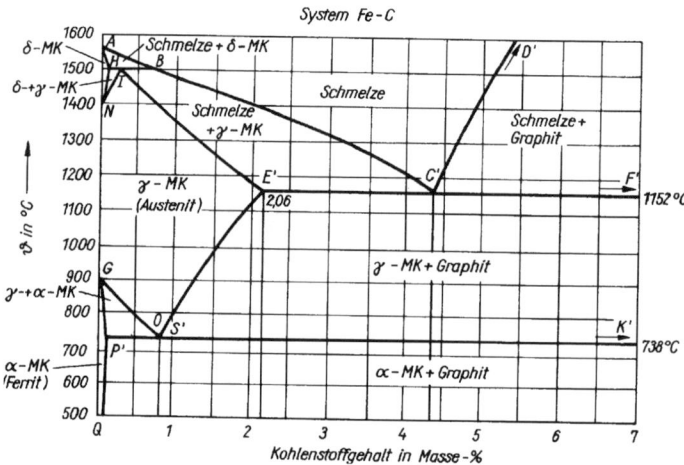

Bild 2.16   Stabiles System Fe-C

Bei den technisch üblichen Abkühlungsgeschwindigkeiten treten jedoch Phasen des metastabilen Systems auf, da während der Erstarrung und der γ, α-Umwandlung, sowie der längs E' S' sich abscheidende Kohlenstoff bei Mengen größer als 0,8 % in Graphit übergeht. C-Anteile unter 0,8 % nehmen an der γ, α-Umwandlung nach dem metastabilen System teil. Daher findet man in den verschiedenen Gußeisensorten je nach den Abkühlungsbedingungen ferritisches, ferritisch-perlitisches oder perlitisches Grundgefüge und Graphit. Der in einem hexagonalen Schichtgitter kristallisierende Graphit tritt in den technisch üblichen Legierungen lamellar (fein- bis groblamellar) und bei Anwendung bestimmter metallurgischer Maßnahmen (Mg-Zusatz) kugelförmig (globular, sphärolithisch) auf.

Die Bedeutung des stabilen Systems Fe-C ist gegenüber dem metastabilen System Fe-Fe$_3$C wesentlich geringer, da neben den Abkühlungsbedingungen vor allem die in den unlegierten technischen Fe-C-Legierungen metallurgisch bedingt vorhandenen Eisenbegleiter einen sehr starken Einfluß auf die Gefügeausbildung nehmen, s. dazu auch 2.4.2.

2.4   Genormte Eisen-Legierungen

2.4.1   Eisen-Knetlegierungen

Diese üblicherweise als Stahl bezeichneten Werkstoffe sind für die spanlose Kalt- bzw. Warmumformung geeignet oder werden durch Walzen, Schmieden, Pressen oder Ziehen in entsprechende Lieferformen (Bleche, Bänder, Platten, Rohre, Stangen, Draht) gebracht. Für diese Werkstoffgruppe wird gemäß DIN EN 10 020 (1997) folgende Definition vorgeschlagen:

> **Stahl** ist ein Werkstoff, dessen Massenanteil an Eisen größer ist als der jedes anderen Elementes, dessen Kohlenstoffgehalt i. allg. kleiner als 2 % ist und der andere Elemente enthält.

Einige wenige Chromstähle enthalten mit 2,1 % etwas mehr C. 2 % Kohlenstoff stellt die übliche Grenze zwischen Stahl und Gußeisen dar.

2.4.1.1   Einteilung der Stähle

DIN EN 10 020 (1997) definiert 3 Stahlklassen:

- unlegierte,
- nichtrostende und
- andere legierte Stähle.

Unlegierter Stahl liegt vor, wenn in der Schmelzenanalyse die Massenanteile der nachfolgend genannten Elemente die vorgegebenen Grenzwerte nicht überschreiten:

- $\leq 1,65 \ldots 1,80 \%$ Mn
- $\leq 0,60 \%$ Si
- $\leq 0,40 \%$ Cu, Pb (jeweils)
- $\leq 0,30 \%$ Al, Co, Cr, Ni, W (jeweils)
- $\leq 0,1 \%$ Bi, Lanthanide, Se, Te, V (jeweils)
- $\leq 0,08 \%$ Mo
- $\leq 0,06 \%$ Nb
- $\leq 0,05 \%$ Ti, Zr (jeweils)
- $\leq 0,000\,8 \%$ B

Nichtrostender Stahl

Diese Stähle sind Stahlsorten mit $\leq 1,2 \%$ C und $\geq 10,5 \%$ Cr, mit oder ohne anderen Legierungselementen.

Andere legierte Stähle

Zu dieser Stahlklasse zählen die Stahlsorten, bei denen mindestens eines der o. a. Elemente den Grenzwert erreicht und nicht der Definition für nichtrostenden Stahl entspricht.

Einteilung der Stähle in Hauptklassen nach DIN EN 10 020 (1997)

Die o. a. drei Stahlklassen werden nach den im folgenden genannten Kriterien spezifiziert:

1. Unlegierte Qualitätsstähle

An diese Stahlsorten werden Anforderungen hinsichtlich mechanischer Eigenschaften, wie Streckgrenze, Bruchzähigkeit, Umformbarkeit, Korngröße u. ä. gestellt.

Die in DIN EN 10 020: 1989-09 enthaltene Hauptgüteklasse „Grundstähle" wurde gestrichen und die darin genannten Stahlsorten in die Klassen der unlegierten Qualitätsstähle übernommen.

2. Unlegierte Edelstähle

Gegenüber den unlegierten Qualitätsstählen weisen diese Stähle einen höheren Reinheitsgrad an nichtmetallischen Einschlüssen auf. Sie sind vielfach für die Wärmebehandlung Vergüten oder Randschichthärten geeignet. Diese Eigenschaften, verbunden mit engen Grenzen für Streckgrenzen- oder Härtbarkeitswerte, werden durch genaue Einstellung der chemischen Zusammensetzung erreicht. Die unlegierten Edelstähle müssen einer oder mehreren der nachfolgend genannten Anforderungen entsprechen:

- festgelegte Kerbschlagarbeit im vergüteten Zustand
- festgelegte Einhärtungstiefe oder Oberflächenhärte im gehärteten, vergüteten oder randschichtgehärteten Zustand
- besonders niedrige Gehalte an nichtmetallischen Einschlüssen
- festgelegter Höchstgehalt an Phosphor und Schwefel: $\leq 0,020\,\%$ (Schmelzenanalyse) bzw. $\leq 0,025\,\%$ (Stückanalyse)
- Mindestwert der Kerbschlagarbeit an Charpy-V-Proben bei $-50\ ^{\circ}\mathrm{C}$ von ≥ 27 Joule in Längsrichtung oder ≥ 16 Joule in Querrichtung entnommener Proben
- elektrische Leitfähigkeit $> 9\ \mathrm{MS/m}\ (> 9\ \mathrm{Sm/mm^2})$
- bei Kernreaktorstählen darf der Anteil von $\leq 0,10\,\%$ Cu, $\leq 0,05\,\%$ Co und $\leq 0,05\,\%$ V in der Stückanalyse nicht überschritten werden
- bei ausscheidungshärtenden ferritisch-perlitischen Stählen mit $\geq 0,25\,\%$ C liegen die Anteile von Mikrolegierungselementen, wie z. B. Nb oder V, unterhalb der Grenzwerte für legierte Stähle

3. Nichtrostende Stähle

Sie werden neben den o. g. Kriterien der chemischen Zusammensetzung auch nach den Ni-Anteilen mit $\leq 2,5\,\%$ bzw. $\geq 2,5\,\%$ sowie nach Haupteigenschaften, wie korrosionsbeständig, hitzebeständig und warmfest unterschieden.

4. Andere legierte Stähle

Legierte Qualitätsstähle

Für diese Stähle bestehen Anforderungen für mechanische Eigenschaften und Korngrößen. Sie sind im allgemeinen nicht zum Vergüten oder Randschichthärten vorgesehen.

Hierzu gehören:

- schweißbare Feinkornbaustähle, Druckbehälter- und Rohrstähle. Bei Dicken $\leq$ 16 mm muß eine Mindeststreckgrenze $\leq$ 380 MPa eingehalten werden.
  Die Kerbschlagarbeit an Charpy-V-Kerbproben muß bei $-50\ ^\circ$C $\leq$ 27 J (Längsrichtung) oder $\leq$ 16 J für in Querrichtung (quer zur Walzrichtung) entnommene Proben liegen.
  Die chemische Zusammensetzung darf nachstehende Grenzwerte nicht überschreiten: Mn $\leq$ 1,80 %, Cr, Cu, Ni jeweils $\leq$ 0,50 %, Ti, V, Zr jeweils $\leq$ 0,12 %, Mo $\leq$ 0,10 % und Nb $\leq$ 0,08 %.
  Diese Werte geben die Grenze zwischen legierten Qualitäts- und legierten Edelstählen an.
- legierte Stähle für Schienen, Spundbohlen und Grubenausbau,
- legierte Stähle für schwierige Kaltumformungen, die kornfeinende Elemente (B, Nb, Ti, V und/oder Zr) enthalten oder Dualphasenstähle (Gefüge: Ferrit $+10 \ldots 35$ % Martensit),
- legierte Stähle mit Cu als einzigem festgelegten Legierungselement.

5. Andere legierte Edelstähle

In dieser Stahlklasse sind Stähle, außer den nichtrostenden, zusammengefaßt, die durch genaue Einstellung der chemischen Zusammensetzung sowie durch besondere Herstellungs- und Prüfbedingungen verbesserte Eigenschaften innerhalb enger Grenzen aufweisen. Hierzu gehören:

- hitzebeständige,
- warmfeste,
- Wälzlager-, Werkzeug-, Schnellarbeitsstähle,
- Stähle für den Maschinen- und Stahlbau.

Bezeichnung der Stahlmarken

Die Stähle werden bezeichnet durch
1. Angabe einer Kennzahl (Werkstoffnummer)
2. Angabe der Stahlmarke (Kurzzeichen)

Bezeichnung der Stahlmarken durch Werkstoffnummern

Die Bezeichnung der Stahlmarken durch Werkstoffnummern basiert auf dem Nummernsystem gemäß DIN EN 10 027-2: 1992 und ist für die rechnergestützte Datenverarbeitung in der Materialwirtschaft besonders günstig.

Die Werkstoffnummer setzt sich zusammen aus:
1. Werkstoff-Hauptgruppennummer (1 für Stahl)
2. Stahlgruppennummer (2 Ziffern)
3. Zählnummer (2 Ziffern), zur Unterscheidung der einzelnen Stahlmarken einer Stahlgruppe.

Für die zweiziffrige Stahlgruppennummer gilt nachstehende Einteilung:

00...09	unlegierter Baustahl, Feinbleche
10...19	unlegierte Edelstähle
20...29	legierte Werkzeugstähle
30...39	Schnellarbeitsstähle, Wälzlagerstähle und Werkstoffe mit besonderen physikalischen Eigenschaften
40...49	nichtrostende, chemisch beständige und hochwarmfeste Werkstoffe
50...89	Bau-, Maschinenbau- und Behälterstähle

❑ **Beispiele**:

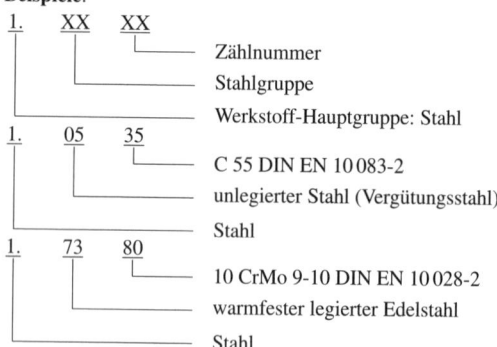

Bild 2.17 Beispiele zur Bezeichnung der Stahlmarken mit Werkstoffnummern nach dem Werkstoffnummernsystem

▶ *Hinweis*: Die Bezeichnung der Werkstoffe durch Nummern ist auch für andere Werkstoffe üblich. Für die Werkstoff-Hauptgruppen gelten folgende Ziffern:

0	Roheisen, Ferrolegierungen
1	Stahl (Guß- und Knetlegierungen), Gußeisen
2	NE-Schwermetalle
3	Leichtmetalle
4	Metallpulver, Sinterwerkstoffe
5...8	nichtmetallische Werkstoffe

Bezeichnung der Stähle durch Angabe der Stahlmarke

Die Bezeichnung der Stähle erfolgt bei unlegierten Baustählen unter Verwendung von Hauptsymbolen, die anderen Stahlgruppen werden in der Regel nach der chemischen Zusammensetzung gekennzeichnet.

Unlegierte Baustähle

Die unlegierten Baustähle sind Qualitätsstähle. Je nach dem Hauptverwendungszweck werden sie mit einem Hauptsymbol – S, P, L, E, B oder H – und nachgestellten Ziffern, die den Mindeststreckgrenzenwert in MPa bzw. N/mm^2 für die kleinste Erzeugnisdicke angeben.

Die Hauptsymbole bedeuten:
S   Stahl für den allgemeinen Stahlbau
P   Stahl für den Druckbehälterbau
L   Stahl für den Rohrleitungsbau
E   Stahl für den Maschinenbau
B   Betonstahl
H   kaltgewalzte Flacherzeugnisse in höherfesten Ziehgüten

Bei den Spannstählen – Y – und Schienenstählen – R – gibt die nachgestellte Ziffer die Mindestzugfestigkeit an.

Für Elektrobleche und -bänder gilt als Symbol der Buchstabe M. Nachgestellt werden mit 3 Ziffern die Ummagnetisierungsverluste in W/kg, sowie über Bindestrich angeschlossen 2 Ziffern, die den 100fachen Betrag der Blechdicke in mm angeben.

Zusätzlich werden durch Buchstaben besondere Merkmale angegeben:
A   nicht kornorientiert
B   unlegiert, nicht schlußgeglüht
E   legiert, schlußgeglüht
N   mit normalen Ummagnetisierungsverlusten bei magnetischer Induktion von 1,7 Tesla und 50 Hz
S   kornorientiert mit eingeschränkten Ummagnetisierungsverlusten
P   kornorientiert mit niedrigen Ummagnetisierungsverlusten

❏ **Beispiele**:
M 430-50 B   nicht schlußgeglühtes, unlegiertes Elektroblech; Ummagnetisierungsverluste 430 W/kg und 0,5 mm Dicke
M 140-30 S   kornorientiertes Elektroblech (-band) mit 140 W/kg und 0,3 mm Dicke

Bezeichnung der Stähle nach der chemischen Zusammensetzung

1. Unlegierte Stähle mit < 1 % Mn

Der Kurzname setzt sich aus dem Kohlenstoffsymbol – C – und nachgestellten Ziffern, die den 100fachen Betrag des mittleren C-Gehaltes in % angeben.

An den Kurznamen werden die Buchstaben E oder R angehängt, wobei diese Buchstaben auf verminderte bzw. maximale S-Gehalte hinweisen.

❑ **Beispiel**:

C 25 E   Vergütungsstahl mit 0,25 % C und vorgeschriebenem maximalem S-Gehalt

2. Unlegierte Stähle mit einem mittleren Mn-Gehalt > 1 %, unlegierte Automatenstähle sowie legierte Stähle mit Gehalten der einzelnen Legierungselemente unter 5 %

Die Kennzeichnung dieser Stähle erfolgt unter Angabe des 100fachen Betrages des mittleren C-Gehaltes und der die Stahlmarke charakterisierenden Legierungsbestandteile.

Das C-Symbol erscheint nicht mehr im Kurznamen. Die Legierungsbestandteile werden in der Reihenfolge ihrer tatsächlichen Anteile nach der C-Kennzahl aufgeführt. Zur Vermeidung gebrochener Legierungskennzahlen werden diese durch Multiplikation mit bestimmten Umrechnungszahlen in ganze Zahlen überführt. Diese Zahlen gelten auch für unlegierten und legierten Stahlguß sowie legiertes Gußeisen. Siehe dazu Tabelle 2.2.

Tabelle 2.2   Umrechnungszahlen zur Bestimmung der mittleren Gehalte der Legierungsbestandteile in niedrig- und mittellegierten Stählen und Eisengußwerkstoffen

Legierungsbestandteil	Umrechnungszahl
Co, Cr, Mn, Ni, Si, W	4
Al, Cu, Mo, Ti, V Be, Nb, Pb, Ta, Zr	10
C, N, P, S, Ce	100
B	1 000

❑ **Beispiele**:

C 45   unlegierter Vergütungsstahl mit 0,45 % C
32 CrMo 12-4 niedriglegierter Stahl mit 0,32 % C, 3 % Cr und 0,4 % Mo
142 W V 13   niedriglegierter Stahl mit 1,42 % C, 3,25 % W und $\leq$ 3,25 % V

Kurzzeichen für den Behandlungszustand

Zur Kennzeichnung des Wärmebehandlungszustandes wird ein Großbuchstabe mit Pluszeichen an den Kurznamen angeschlossen. Die nachstehenden Buchstaben bedeuten:

A   weichgeglüht (bisher G)
C   kaltverfestigt
M   thermomechanisch behandelt
N   normalgeglüht oder normalisierend gewalzt
QA   luftvergütet
QL   flüssigkeitsvergütet

QT   vergütet

S   spannungsarmgeglüht

T   angelassen (bisher A)

U   unbehandelt

❑ **Beispiel**:

42 CrMo 4 + QL flüssigkeitsvergüteter Stahl mit 0,42 % C, 1,0 % Cr und
< 1 % Mo

2

3. Legierte Stähle mit mindestens einem Legierungselement mit mehr als 5 % Gewichtsanteil

Der Kurzname setzt sich zusammen aus:

* Kennbuchstabe X,
* Zahlen, die den 100fachen Betrag des mittleren C-Gehaltes angeben,
* chemischen Symbolen der den Stahl kennzeichnenden Legierungselemente in abnehmender Reihenfolge ihrer Anteile
* Zahlen, die den tatsächlichen mittleren Gehalt der Legierungselemente angeben. Die für die jeweiligen Legierungselemente geltenden Zahlen sind durch Bindestriche voneinander zu trennen.

❑ **Beispiel**:

X 2 CrNiMo 18-14-3 (hoch)legierter Stahl mit 0,02 % C, 18 % Cr, 14 % Ni und
3 % Mo

4. Schnellarbeitsstähle

Der Kurzname setzt sich aus Kennbuchstaben und Kennzahlen zusammen:

* Kennbuchstaben HS
* Kennzahlen, die den mittleren Gehalt der Legierungselemente in nachstehender Reihenfolge angeben: **W-Mo-V-Co**

Die für die einzelnen Elemente geltenden Zahlen werden durch Bindestriche voneinander getrennt.

❑ **Beispiele**:

HS 6-5-2-5   Schnellarbeitsstahl mit 6 % W, 5 % Mo, 2 % V und 5 % Co
HS 3-3-2   Schnellarbeitsstahl mit 3 % W, 3 % Mo und 2 % V

2.4.1.2   Stahlgruppen und Stahlmarken

Die in den Tabellen angeführten Beispiele sollen dem Benutzer einen raschen Überblick über häufig verwendete Stahlmarken ermöglichen. Die Tabellen enthalten Angaben zu Festigkeits- und Verformungseigenschaften, sowie ggf. zur Wärmebehandlung und zur Verwendung. Eine umfassende Darstellung der Eigenschaften und Verhaltensweisen unter den verschiedenen Beanspruchungsbedingungen muß jedoch den jeweils gültigen Normen und Werkstoffblättern vorbehalten bleiben.

1. Allgemeine Baustähle

In den Tabellen 2.4 und 2.5 sind eine Reihe wichtiger Stahlmarken nach DIN EN 10 025 (März 1994), einige ihrer mechanischen Eigenschaften und Hinweise zur Wärmebehandlung zusammengestellt. Das Symbol A bedeutet, daß die Bruchdehnung A an Zugproben bestimmt wird, deren Meßlänge $L_0 = 5{,}65\sqrt{S_0} = 5d_0$ beträgt (S_0 Probenquerschnitt). Die Kerbschlagarbeit, die nach Charpy an Spitzkerbproben ermittelt wird und der Bestimmung des Sprödbruchverhaltens (Neigung zum verformungslosen Bruch bei schlagartiger Belastung) in Abhängigkeit von der Temperatur dient, erscheint in den Tabellen 2.4 und 2.5 nicht zahlenmäßig. Dafür geben Kurzzeichen im Kurznamen der Stahlmarke die Mindestwerte der Kerbschlagarbeit in Joule (J) bei festgelegten Prüftemperaturen an. Vgl. dazu Tabelle 2.3. Im Kurznamen einer Stahlsorte gleicher Streckgrenzenwerte werden für weitere Gütemerkmale, die die Desoxidationsart angeben, die Symbole G1, G2, G3 oder G4 angehängt. Die Kurzzeichen bedeuten:

G1 $\mathrel{\widehat{=}}$ FU   unberuhigt vergossener Stahl
G2 $\mathrel{\widehat{=}}$ FN   unberuhigter Stahl nicht zulässig
G3 $\mathrel{\widehat{=}}$ FF   vollberuhigt vergossener Stahl (mit $\geq 0{,}02$ % Al oder Si)
G4 $\mathrel{\widehat{=}}$ FF   vollberuhigter Stahl (mit Al + Si)

Tabelle 2.3   Symbole für die Kerbschlagarbeit (DIN V 17 006 T. 100)

Kerbschlagarbeit in Joule			Prüftemperatur
27 J	40 J	60 J	in °C
JR	KR	LR	+20
J0	K0	L0	0
J2	K2	L2	−20
J3	K3	L3	−30
J4	K4	L4	−40
J5	K5	L5	−50
J6	K6	L6	−60

Die allgemeinen Baustähle sind bezüglich ihrer Wärmebehandlung nur für das Normalglühen und das Spannungsarmglühen vorgesehen.

Schweißbarkeit: Eine allgemeine Eignung der Stähle für die verschiedenen Schweißverfahren kann nicht gewährleistet werden, da das Verhalten eines Stahles beim und nach dem Schweißen nicht nur vom Werkstoff, sondern auch von Fertigungs- und Betriebsbedingungen des Bauteils abhängt. Die Eignung der Stähle zum Schmelzschweißen wird unter anderem von ihrer Neigung zum Abschreckhärten und damit vom C-Gehalt und vor allem von der Sprödbruchempfindlichkeit bestimmt.

Tabelle 2.4 Unlegierter, warmgewalzter Baustahl DIN EN 10025 (3.94)

Kurzname	Werkstoff-nummer	C in %	Mn in %	R_m MPa	A L	A Q	Normalglühen in °C	Spannungsarmglühen in °C
S 185	1.0035	1)	1)	290…510	18	16		530…580
S 235 J	1.0037	0,20					890…920	
S 235 JR G1	1.0036			340…470				
S 235 JR G2	1.0038	0,17	1,40		26	24		
S 235 J0	1.0114							
S 235 J2 G3	1.0116							
S 275 JR	1.0044	0,21						
S 275 J0	1.0043	0,18	1,50	410…560	22	20	880…910	
S 275 J2 G3	1.0144							
S 355 J0	1.0553							
S 355 J2 G3	1.0570							
S 355 J2 G4	1.0577	0,22	1,60	510…680	22	20	880…910	
S 355 K2 G3	1.0595							
S 355 K2 G4	1.0596							
E 295	1.0055	0,37		470…610	20	18	860…890	
E 335	1.0060	≤ 0,49	1)	570…710	16	14	840…870	
E 360	1.0070	≤ 0,62		650…830	11	10	780…820	

1) nicht festgelegt
L, Q Bruchdehnung längs und quer zur Walzrichtung

Die Eignung für das Schmelzschweißen wird durch die obere Grenze von 0,22 % C bestimmt. Die Eignung zum Widerstands-Stumpfschweißen ist bei allen allgemeinen Baustählen vorhanden. In den Tabellen 2.4 und 2.5 sind die wichtigsten Stahlsorten und Verwendungsbeispiele dargestellt.

Tabelle 2.5 Verwendungsbeispiele und Vergleich einiger Kurznamen von unlegiertem, warmgewalztem Baustahl

Stahlsorte DIN EN 10 025 (1994)	Frühere Bezeichnung nach DIN EN 10 025 (1990)	DIN 17 100	Verwendungsbeispiele
S 185	Fe 310-0	St 33	Geländer, Abdeckplatten, Distanzbuchsen, Lenkrollen; nicht für Schweißkonstruktionen
S 235 JR G1	Fe 360 BFU	St 37-2	Schweißkonstruktionen
S 235 JR G2	Fe 360 BFN	R St 37-2	
S 235 J0	Fe 360 C	St 37-3U	
S 235 J2 G3	Fe 360 D1	St 37-3N	
S 275 JR	Fe 430 B	St 44-2	Schweißkonstruktionen
S 275 J0	Fe 430 C	St 44-3U	
S 275 J2 G3	Fe 430 D1	St 44-3N	
S 355 J0	Fe 510 C	St 52-3U	Schweißkonstruktionen hoher Festigkeit
S 355 J2 G3	Fe 510 D1	St 52-3N	
E 295	Fe 490-2	St 50-2	Wellen, Kurbeln, Bolzen, Kolbenstangen, Spindeln
E 335	Fe 590-2	St 60-2	Keile, Ritzel, Schnecken, Preßspindeln, für ungehärtete Verschleißteile
E 360	Fe 690-2	St 70-2	

2. Kaltgewalzte Bleche aus weichen Stählen zum Kaltumformen

Unter diesem Begriff sind Feinbleche und Bänder für Umformzwecke wie Ziehen, Tiefziehen u. ä. zu verstehen. Es werden daher hohe Anforderungen an das Formänderungsvermögen gestellt, die früher (DIN 1623) durch die mit dem Tiefungsversuch nach ERICHSEN ermittelten Werte dargestellt wurden. Eine bessere Aussage zum Formänderungsvermögen liefern nach DIN EN 10 130 die senkrechte Anisotropie r und der Verfestigungsexponent n.

Die *senkrechte Anisotropie r* ist der Quotient aus der wahren Breitenformänderung ε_b und der wahren Dickenformänderung ε_a einer Probe bei einachsiger Zugbeanspruchung

$$r = \frac{\varepsilon_b}{\varepsilon_a}$$

Anzuwenden ist jedoch die aus dem Gesetz der Volumenkonstanz vor und nach der Formänderung abgeleitete Formel

$$r = \frac{\ln \dfrac{b_0}{b}}{\ln \dfrac{L \cdot b}{L_0 \cdot b_0}}$$

b_0 Ausgangs-Probenbreite in mm (20 mm)
b Probenbreite nach dem Umformen bis zur vorgeschriebenen Längenformänderung in mm
L_0 Ausgangs-Meßlänge in mm (80 mm)
L Meßlänge nach dem Umformen in mm

Erfolgt die Zugbeanspruchung in der Winkellage x (in °) zur Walzrichtung und erreicht die Dehnung nicht den vorgeschriebenen Dehnungswert von 20 %, so werden Dehnungswerte zwischen 15 % und 20 % und die Kennzahl y angewendet. Daraus folgt als Kennzeichnung die Angabe $r_{x/y}$ für die senkrechte Anisotropie, z. B. $r_{45/15}$.

Der **Verfestigungsexponent n** (n-Wert) ist definiert als Exponent in der Beziehung, die die Abhängigkeit der wahren Dehnung ε und der Fließspannung σ angibt

$$\begin{aligned} \sigma &= K \cdot \varepsilon^n \quad \text{oder} \\ \ln \sigma &= \ln K + n \cdot \ln \varepsilon \end{aligned}$$

σ augenblickliche wahre Spannung nach Aufbringen der Kraft F

$$\sigma = \frac{F}{S_0} \cdot \frac{L}{L_0} \quad \text{in N/mm}^2$$

ε augenblickliche wahre Dehnung nach Aufbringen der Kraft F

$$\varepsilon = \ln \frac{L}{L_0}$$

K Festigkeitskoeffizient in N/mm^2

Die Kraft F und die zugehörige Dehnung ε sind in 5 gleichmäßigen Stufen im Dehnungsbereich von $10 \ldots 20$ % (bzw. 10 bis $15 \ldots 18$ %) zu ermitteln, für den der Exponent errechnet wird.

Der Exponent n ist nach der Methode der kleinsten Fehlerquadrate für den Anstieg einer Geraden zu berechnen:

$$n = \frac{N \sum x_i y_i - \sum x_i \cdot \sum y_i}{N \sum x_i^2 - \left(\sum x_i \right)^2}$$

N Anzahl der Messungen

Für die Geradengleichung $y = Ax + B$ ist

$$y = \ln \sigma, \qquad x = \ln \varepsilon$$
$$A = n, \qquad B = \ln K$$

Der Verfestigungsexponent n ist bei abweichender Winkellage der Probe zur Walzrichtung durch die Kennzahl x sowie durch die Kennzahl y, soweit die Dehnung den Standardwert 20 % nicht erreicht, mit der Bezeichnung $n_{x/y}$ (z. B. $n_{45/18}$) zu ergänzen.

Die Bleche und Bänder werden meist im Dickenbereich von 0,5 bis 3 mm hergestellt. Sie werden nach dem Glühen leicht kalt nachgewalzt, um die Neigung zur Bildung von *Fließfiguren* einzuschränken. Die Freiheit von Fließfiguren wird für unlegierte Sorten meist für den Zeitraum von 3 bis 6 Monaten vom Zeitpunkt der Herstellung an vom Hersteller gewährleistet.

Bei kalt nachgewalzten Erzeugnissen unterscheidet man die Oberflächenbeschaffenheit nach der Oberflächenart und der Oberflächenausführung. Die Oberflächenart wird mit dem großen Buchstaben O mit angehängter Ziffer (1 . . . 5) gekennzeichnet. Danach bedeutet z. B. O 3 übliche kaltgewalzte Oberfläche mit Fehlern, die die Umformung und das Aufbringen von Oberflächenüberzügen nicht beeinträchtigen.

Die Oberflächenausführung wird durch den Mittenrauhwert R_a charakterisiert:

b	besonders glatt	$R_a < 0{,}4\,\mu m$
g	glatt	$R_a < 0{,}9\,\mu m$
m	matt	$R_a = 0{,}6 . . . \leq 1{,}9\,\mu m$
r	rauh	$R_a > 1{,}6\,\mu m$

Die Bleche und Bänder sind im allgemeinen zum Aufbringen von Lacküberzügen, zum elektrolytischen Oberflächenveredeln, sowie zum Aufbringen metallischer Korrosionsschutzschichten, wie z. B. Zinn, Zink und Blei geeignet. Das Verbleien erfordert ein vorhergehendes Verzinnen, da Blei wegen seiner Unlöslichkeit im Eisen keine Mischkristalle bildet und somit keine Haftfähigkeit auf der Stahloberfläche hat.

Während die üblichen Sorten C-Gehalte von 0,08 . . . 0,1 % haben, weisen die emaillierfähigen wesentlich niedrigere C-Gehalte (0,004 . . . 0,08 %) auf. Diese Stahlsorten sind sowohl zur üblichen Emaillierung (Grund- und Deckemaillierung) als auch zur Direktemaillierung geeignet.

Das vor dem Emaillieren erforderliche Beizen (20 %ige H_2SO_4 oder 15 . . . 20 %ige HCl) führt neben einem Beizabtrag auch zur Aufnahme von Reaktionsgasen (Wasserstoff), die beim Emaillieren wieder freigesetzt werden. Das kann in der Emailschicht zu Blasen, Zeilen, Punkten oder halbmondförmigen Ausplatzungen, den sogenannten *Fischschuppen* führen.

Tabelle 2.6 enthält einige Stahlsorten nach DIN EN 10 130 und DIN EN 10 142 sowie Angaben zu mechanischen Eigenschaften und zur Verwendung. Als Spaltband wird eine Lieferform bezeichnet, die durch Spalten (Teilen) eines breiteren Bandes hergestellt wird. Das trifft besonders auf die Sorten 1.0330, 1.0333, 1.0338 und 1.0347 zu. Siehe dazu Tabelle 2.6.

Tabelle 2.6 Weiche Stähle zum Kaltumformen DIN EN 10 130 und 10 152

Stahlmarke Werkstoff- nummer	C in %	R_e in MPa (min)	R_m in MPa	A_{80} in % (min)	r_{90}	n_{90}	Verwendungs- beispiele
DC 01 1.0330	0,12	280	270…410	28	—	—	Spaltband, Stahl- leichtprofile, Karosserie- und Gehäuseteile
DC 03 1.0347	0,10	240	270…370	34	1,3	—	
DC 04 1.0338	0,08	210	270…350	38	1,6	1,80	
DC 05 1.0312	0,06	180	270…330	40	1,9	0,200	Gute Schweiß- eignung
1.0391	0,08	270	270…390	30	—	—	Besonders zum Emaillieren geeignet
1.0393	0,004	250	270…370	32	—	—	
1.0394	0,004	210	270…350	38	—	—	

3. Schweißgeeignete Feinkornbaustähle

Diese Stähle weisen ein feinkörniges Gefüge mit der Ferritkorngröße 6 oder feiner (Bestimmung nach EN 103) auf. Die Walzendtemperatur liegt in einem Bereich, die zu einem Gefügezustand führt, der dem nach dem Normalglühen entspricht (sog. normalisierendes Walzen). Lieferzustand N.

Ein nachträgliches Normalglühen führt nicht zur Änderung der Sollwerte der mechanischen Eigenschaften. Der durch thermomechanisches Walzen einge-stellte Werkstoffzustand (Lieferzustand M) kann. bei Erwärmung über 580 °C (Spannungsarmglühen) verändert werden, wodurch sich die mechanischen Ei-genschaften verschlechtern.

> Der Zustand kann nachträglich am Bauteil durch Wärmebehandlung nicht wieder eingestellt werden.

Die mit Al ($\geq$ 0,02 %) beruhigten Stähle haben, etwa folgende Zu-sammensetzung: 0,16…0,20 % C, 0,4…0,6 % Si, 0,5…1,7 % Mn, 0,025…0,030 % S, 0,030…0,035 % P, 0,35…0,70 % Cu, 0,3…0,8 % Ni, 0,30 % Cr, 0,05…0,20 % V, 0,05 % Nb, 0,1 % Mo und 0,015…0,025 % N. Die Stähle sind mit gebräuchlichen Verfahren schweißbar. Bei Materialdicken

> 15 ... > 30 mm ist, abhängig von der Stahlmarke, ein Vorwärmen auf > 100 ... 250 °C vor dem Schweißen erforderlich. Zu beachten ist, daß mit zunehmender Dicke und Festigkeit *Kaltrisse* auftreten können. *Kaltrissigkeit* kann durch diffusionsfähigen Wasserstoff im Schweißgut, durch spröde Gefügebestandteile in der Wärmeeinflußzone oder durch hohe Zugspannungskonzentrationen in Schweißverbindungen auftreten.

Blech, Band und Breitflachstahl sind kaltformbar (Abkanten, Kaltbiegen, -bördeln und -flanschen). Walzprofilierbare Sorten sind zur Herstellung von Hohlprofilen (quadratisch oder rechteckig) geeignet. Tabelle 2.7 enthält Angaben zu den mechanischen Eigenschaften der normalgeglühten Sorten nach DIN EN 10 113 Bl. 2.

Tabelle 2.7 Schweißgeeignete Feinkornbaustähle DIN EN 10 113 (4.93)

Stahlsorte		R_m in MPa	A in % (min)	Kerbschlagarbeit in J bei °C					
Kurzname	Werkstoff-nummer			+20		−20		−50	
				L	Q	L	Q	L	Q
S 275 N	1.0490	370 ... 510	24						
S 355 N	1.0545	470 ... 630	22	55	31	40	20	—	—
S 420 N	1.8902	520 ... 680	19						
S 460 N	1.8901	550 ... 720	17						
S 275 NL	1.0491	370 ... 510	24						
S 355 NL	1.0546	470 ... 630	22	63	40	47	27	27	16
S 420 NL	1.8912	520 ... 680	19						
S 460 NL	1.8903	550 ... 720	17						

R_m für Nenndicken $\leq$ 100 mm
L Spitzkerb-Längsprobe, Q Spitzkerb-Querprobe

DIN EN 10 113 Bl. 3 führt 8 thermomechanisch gewalzte Sorten an. Diese Sorten haben die gleichen Streckgrenzenwerte wie die normalgeglühten. Sie werden durch ein der Streckgrenzenziffer nachgestelltes M gekennzeichnet. z. B. S 275 M; S 355 M; S 420 M; S 460 M. Die kaltzähen Sorten werden zusätzlich mit dem Buchstaben L, wie z. B. S 355 ML, bezeichnet.

Die Prüftemperatur für die Ermittlung der Kerbschlagarbeit von kaltzähen Sorten ist −50 °C, sonst −20 °C.

❏ **Verwendungsbeispiele**: Diese Feinkornbaustähle sind für statisch und dynamisch hochbelastete Schweißkonstruktionen im Stahl-, Anlagen-, Fahrzeug-, Waggon- und Landmaschinenbau bis zu tiefen Temperaturen einsetzbar.

4. Wetterfeste Baustähle

Diese Stähle enthalten Legierungselemente wie Cr, Cu, Mo, Ni, P u. a., um den Widerstand gegen atmosphärische Korrosion durch Bildung festhaftender Deckschichten (Oxidschichten) zu erhöhen. Neben 0,12 ... 0,16 % C,

0,40 ... 0,75 % Si, 0,20 ... 1,50 % Mn beträgt der Anteil von Cu 0,25 ... 0,55 %, von Cr 0,40 ... 1,25 %, von Ni $\leq$ 0,65 %, von Mo $\leq$ 0,30 % und von Zr $\leq$ 0,15 %. Bei zwei Sorten, durch den angehängten Buchstaben P gekennzeichnet, liegt der P-Gehalt bei 0,06 ... 0,15 %. Die Stähle werden beruhigt vergossen (0,020 % Al) und werden meist normalgeglüht oder in einem dem normalisierenden Walzen entsprechenden Zustand geliefert. Die in Form von Blechen, Band und Breitflachstahl (Dicke $\leq$ 20 mm) sind zur Kaltumformung geeignet, Die Schweißeignung ist nicht uneingeschränkt gegeben, da das Verhalten des Stahles beim und nach dem Schweißen nicht nur werkstoffseitig, sondern auch von den Maßen, der Form sowie von den Fertigungs- und Betriebsbedingungen des Bauteils bestimmt wird. In Tabelle 2.8 sind die Stahlsorten und einige ihrer mechanischen Eigenschaften für Dicken $\leq$ 16 mm aufgeführt. Die Werte der Kerbschlagarbeit und der Streckgrenze gehen aus dem Kurznamen hervor.

❏ **Verwendungsbeispiele**: Die wetterfesten Baustähle sind in allen Bereichen des Stahl- und Stahlleichtbaues, für Freileitungs- und Fahrleitungsmaste u. ä. verwendbar.

Tabelle 2.8   Wetterfeste Baustähle nach DIN EN 10 155 (1993)

Stahlsorte		R_m in MPa	Bruchdehnung A in % (min)	
Kurzname	Werkstoff- nummer		längs	quer
S 235 J0W	1,8958	340 ... 470	26	—
S 235 J2W	1.8961		—	24
S 355 J0WP	1.8945	490 ... 630	22	—
S 355 J2WP	1.8946		—	20
S 355 J0W	1.8959			
S 355 J2G1W	1.8963			
S 355 J2G2W	1.8965		22	20
S 355 K2G1W	1.8966			
S 355 K2G2W	1.8967			

R_m für Nenndicken $\geq$ 3 ... $\leq$ 100 mm

5. Stähle für Rohrleitungen

Nahtlose und geschweißte Rohre für Druckbeanspruchung bei Raumtemperatur sind in DIN EN 216 und DIN EN 217 mit den gleichen Bezeichnungen SPT 360 (Werkstoffnummer 1.0254), SPT 410 (1.0256) und SPT 510 (1.0421) genormt.

Stahlrohre für die Leitung brennbarer Medien sind in DIN EN 10 208 T.1 und 2 genormt. Für den Niederdruckbereich sind die Sorten L 210, L 240, L 290 und L 360 vorgesehen. Für Betriebsdrücke > 16 bar werden in DIN EN 10 208 T.2 unter anderem die Stahlmarken L 240 NB, L 360 MB, L 415 QB, L 480 QB und L 550 MB genannt. Buchstabe B bedeutet Anforderungsklasse.

Stahlrohre, Rohrverbindungen und Fittings für den Transport wäßriger Flüssigkeiten einschließlich Trinkwasser werden gemäß DIN EN 10 224 aus den Stahlmarken L 235 (1.0254), L 275 (1.0256) und L 355 (1.0421) hergestellt.

Die auf die Kurzzeichen L und SPT folgenden Ziffern geben den Mindestwert der Streckgrenze in MPa bzw. N/mm^2 an.

6. Betonstähle

Diese Stähle dienen der Bewehrung von Beton. Dabei soll die Stahlbewehrung Zug- und Schubkräfte, der Beton Druckkräfte aufnehmen. Zur Verbesserung der Haftfestigkeit des Betons wird die Stahloberfläche durch z. B. pfeilförmige Schrägrippen profiliert. Im Gegensatz zu den Spannstählen sind diese Stähle sowohl punktschweißbar als auch mit anderen Verfahren schweißbar. In DIN EN 10 080 sind u. a. die Sorten B 500H (1.0438) und B 500N (1.0464) mit 0,22 % C angegeben. Die nachgestellten. Buchstaben geben gewährleistete Eigenschaften an: H …hohe Gleichmaßdehnung, N …normale Gleichmaßdehnung.

7. Spannstähle

In Form glatter oder mit Gewinderippen versehener runder Stäbe bzw. runder glatter oder flachgerippter Drähte sowie Litzen werden die Stähle in entsprechenden Vorrichtungen mechanisch durch Zugbeanspruchung vorgespannt und mit Beton umgossen. Nach dem Erhärten des Betons und Entnahme des so hergestellten Bauteils erzeugt die Stahlbewehrung darin Druckspannungen, wodurch äußere Zugbelastungen vom Beton besser aufgenommen werden können. Vgl. dazu 5.3.2.1. Beispiele für derartige Verbundkonstruktionen sind Eisenbahnschwellen, Brückenbauelemente u. ä.

Spannstähle sind in EN 10 138 (bzw. DIN EN 10 138) genormt. An das Kurzzeichen Y werden als vierstellige Ziffer die Zugfestigkeit in MPa und der Behandlungszustand mit Buchstaben C, H oder Q angehängt.

Dabei bedeuten:
C kaltgezogen
H warmgewalzt, gereckt und angelassen
Q vergütet

❑ **Beispiel:** Y 1570 Q …Spannstahl, vergütet auf $R_m = 1\,570$ MPa

Tabelle 2.9 enthält Angaben zu Abmessungen und mechanischen Eigenschaften der Spannstähle.

Tabelle 2.9 Spannstähle nach pr EN 10 138 (DIN EN 10 138)

Stahlmarke	rund, glatt	runde Gewinderippen	flachgerippt	$R_{p0,2}$	$R_{p0,01}$	$A_{1,0}$
	in mm	in mm	in mm^2	in MPa	in MPa	in %
Y 1030 H	26; 32 ... 36	26,5; 32 ... 36	—	835	735	7
Y 1230 H	—	26,5; 32; 26	—	1 080	950	6
Y 1570 Q	6; 7; 8; 10; 12,2; 14	5,2; 6,2; 7,2; 8; 10; 12; 14	40; 50; 114	1 420	1 220	6
Y 1670 C	6,0; 6,5; 7,0; 7,5	—	—	1 470	1 250	6
Y 1770 C	5,0; 5,5	—	—	1 570	1 300	6

$R_{p0,01}$ technische Elastizitätsgrenze (bleibende Dehnung der Meßlänge ist 0,01 %

8. Drahtstähle

Diese zum Kaltziehen vorgesehenen unlegierten Qualitäts- und Edelstähle enthalten je nach den geforderten Zugfestigkeitswerten etwa 0,08 und 0,10 % C ($R_m \leqq 1\,000$ MPa) oder zwischen 0,50 und 0,85 % C ($R_m > 1\,000$ MPa).

Um das zum Kaltziehen erforderliche hohe Formänderungsvermögen einzustellen, werden die Stähle nach der Warmumformung (1 100 ... 850 °C) im Bleibad (450 ... 520 °C) gesteuert abgekühlt (vgl. dazu 2.5.1.1.4, Bleipatentieren). Beim anschließenden Kaltziehen lassen sich dann Formänderungsgrade von 80 ... 90 % und wegen der damit verbundenen Kaltverfestigung Zugfestigkeitswerte von $R_m > 1\,000$ MPa erzielen.

Die Stähle sind für die Herstellung von Federstahldraht, Seildraht und für Drähte in der Textilindustrie bei maximalen Betriebstemperaturen von 80 °C vorgesehen.

9. Kaltstauch- und Kaltfließpreßstähle

Diese Stähle werden in Form von Walzdraht, Stäben oder Draht in verschiedenen Lieferzuständen hergestellt und sind zur spanlosen Formung durch Kaltstauchen oder Kaltfließpressen vorgesehen. Sie werden z. B. zur Fertigung von Schrauben und Profilen unterschiedlichster Formen verwendet. Die in DIN EN 10 263 genannten Stahlsorten sind nach der Formung entweder nicht für eine Wärmebehandlung vorgesehen oder sie sind einsatzhärtbar bzw. vergütbar oder es handelt sich um nichtrostende Stähle.

Zur Beschreibung des geforderten Lieferzustandes werden den Kurznamen Buchstaben mit folgender Bedeutung nachgestellt:

+ U   warmgewalzt
+ U + C   kaltgezogen

+ U + C + AC	kaltgezogen und geglüht zur Erzielung kugeliger Karbide
+ AC	geglüht zur Erzielung kugeliger Karbide
+ AC + C	kaltgezogen
+ AC + C + AC	kaltgezogen und geglüht zur Erzielung kugeliger Karbide
+ AC + C + AC + LC	kaltgezogen, geglüht zur Erzielung kugeliger Karbide und nachgezogen
+ A	weichgeglüht
+ AT	lösungsgeglüht
+ A + LC	weichgeglüht und nachgezogen

Die durch das Weichglühen erzielten kugeligen Karbide vermindern die Formänderungsfestigkeit, d. h., sie verbessern das Formänderungsvermögen des betreffenden Stahles. In Tabelle 2.10 sind Angaben zur Zugfestigkeit R_m und der Brucheinschnürung Z einiger der mehr als 85 Stahlsorten, die in DIN EN 10 263 T. 2 . . . 5 enthalten sind, zusammengestellt.

Tabelle 2.10   Kaltstauch- und Kaltfließpreßstähle DIN EN 10 263 (97)

Stahlsorte	Werkstoff-nummer	Liefer-zustand	d in mm	R_m in MPa	Z in %
C 4C	—			330	75
C 10C	—			380	70
18 B 2	—			460	64
22 MnB 4	—	+ AC	10 . . . 40	520	62
16 MnCrB 5	1.7160			550	62
10 NiCr 5-4	1.5805			520	62
20 NiCrMoS 2-2	1.6526			590	60
38 Cr 2	1.7003			600	60
34 CrMo 4	1.7220	+ AC	5 . . . 40	600	60
34 CrNiMo 6	1.6582			720	58
X 6 CrMo 17-1	1.4113	+ A + LC	10 . . . 25	690	57
X 12 Cr 13	1.4006			700	57
X 2 CrNiMoN 22-5-3	1.4462			880	55
X 10 CrNi 18-8	1.4310	+ AT	10 . . . 25	660	65
X 6 CrNiMoTi 17-12-2	1.4571			680	65
X 3 CrNiCu 19-9-2	1.4560			610	68

10. Stähle für Schweißdrähte

Zur Herstellung von Schweißdrähten wird der geglühte Walzdraht kaltgezogen und in Form von Stäben, Spulen oder Ringen geliefert. Stahlmarken, die zum Verbindungsschweißen von unlegierten und niedriglegierten Stählen geeignet sind, enthalten 0,04 bis 0,12 % C, in Ausnahmefällen bis 0,21 % C (z. B. 17 Mn Ni 4).

Der Mn-Gehalt liegt zwischen 0,4 und 2,1 %. Weitere wesentliche Legierungselemente sind Cr, Mo, Ni, Si, Ti und V. Die Stähle sind in DIN 17 145-80 genormt.

Schweißdrähte für unlegierte und niedriglegierte Stähle

2

1. Schweißdrähte zum Verbindungsschweißen
   - Elektrodenkerndrähte: USD 7
   - Gasschweißdrähte: RSD 7, 9 MnNi 4, 17 MnNi 4
   - UP-Schweißdrähte: USD 7, RSD 7, 11 MnMo 4-5, 12 Mn 6
   - ES-Schweißdrähte: RSD 7, 9 Mn Ni 4
   - WIG-Schweißdrähte: 10 MnMo 4-5, 11 NiMn 9-4
   Die Kurzzeichen bedeuten: UP … Unterpulver-, ES … Elektro-Schlacke-, MIG … Metall-Inertgas- (Ar), WIG … Wolfram-Inertgas- (Ar).

2. Schweißdrähte zum Auftragschweißen
   Die Stahlmarken 20 MnCrNi 7, 30 MnCrTi 5 und 50 MnCrTi 4 sind zum Auftragschweißen an Schienen, Achsen, Wellen, Kranrädern u. ä. geeignet. Für Auftragschweißungen mit sehr großer Schweißguthärte (45 … 50 HRC) an Kaltschnittwerkzeugen, Stempel, Matrizen und Verschleißteilen von Baggern, Landmaschinen u. ä. ist der Stahl 110 MnCrTi 8 vorgesehen. Warmarbeitswerkzeuge (Warmwalzen, Gesenke, Preßwerkzeuge, Messer) lassen sich mit 20 WCrV 17-10 auftragschweißen.

3. Drähte zum thermischen Spritzen (Metallspritzen)
   Zum Metallspritzen werden die Stahlmarken 12 MnSiTi 8, 50 MnCrTi 4 und 110 MnCrTi 8 verwendet.

Schweißdrähte für hochlegierte Stähle

Die Schweißdrähte enthalten 0,03 bis 0,15 % C und 18 bis 30 % Cr. Die austenitischen Marken haben Ni-Gehalte zwischen 9 und 20 %. Die ferritischen Sorten sind mit 18 bis 30 % Cr legiert.

1. Schweißdrähte zum Verbindungsschweißen
   - Elektrodenkerndrähte für
     austenitische Stähle: X 2 CrNi 19-9, X 2 CrNiMo 19-12,
     X 5 CrNiMoNb 19-12, X 12 CrNi 25-20, X 15 CrNiMn 18-8
     austenitisch-ferritische Stähle: X 12 CrNi 22-12
     ferritische Stähle: X 8 CrTi 18, X 8 Cr 30
     ferritisch-martensitische Stähle: X 8 Cr 18
   - UP-, MIG- und WIG-Schweißdrähte:
     X 2 CrNi 19-9, X 2 CrNiMo 19-12, X 5 CrNiMoNb 19-12, X 8 CrTi 18, X 15 CrNiMn 18-8

- MAG-Schweißdrähte (Metall-Aktivgas-; CO_2):
  X 5 CrNiNb 19-9

2. Drähte zum thermischen Spritzen
- X 5 CrNiMoNb 19-12, X 8 Cr 30, X 12 CrNi 25-20

3. Drähte zum Auftragschweißen

Mit Ausnahme der Stahlmarken X 2 CrNi 20-10 und X 5 CrNiNb 22-10 sind alle genannten Marken zum Auftragschweißen auf artgleiche oder artähnliche Stahlsorten und auch zum Teil auf unlegierte und legierte Stähle einschließlich Stahlguß geeignet. Da viele der erwähnten Stahlmarken beim Schweißen ein Vorwärmen der zu verbindenden Teile bzw. auch eine Wärmenachbehandlung erfordern, sind die Anwendungsrichtlinien der Drahthersteller zu beachten.

11. Stähle, die für bestimmte Wärmebehandlungsverfahren vorgesehen sind

Einsatzstähle

Diese Stähle sind wegen ihres verhältnismäßig niedrigen Kohlenstoffgehalts ($< 0,3$ %) zunächst nicht mit Erfolg härtbar. Durch ein nach der Formgebung durchzuführendes Wärmebehandlungsverfahren, das *Einsetzen*, wird die Randschicht der Teile mit C und/oder C + N angereichert (Aufkohlung oder Carbonitrierung). Nach dem anschließenden Härten weisen die Werkstücke eine harte, verschleißfeste Randschicht (mit etwa 58 bis 65 HRC – Rockwellhärte-C-Einheiten) und einen zähen, gegen Biege- und Stoßbeanspruchung relativ unempfindlichen Kern auf. Zur Kennzeichnung der Härtbarkeitsanforderungen für legierte Einsatzstähle werden Härtegrenzwerte in Rockwelleinheiten (HRC) mit Hilfe des Stirnabschreckversuches nach JOMINY festgelegt. Dabei wird eine zylindrische Probe von $d = 25$ mm auf Härtetemperatur erwärmt und anschließend stirnseitig mit einem Wasserstrahl abgeschreckt. Danach wird auf einer nachträglich angeschliffenen Meßbahn der Härteverlauf im Abstand von 1,5 bis 40 mm von der Stirnfläche die Rockwell-C-Härte bestimmt. Werden normale Härtbarkeitsforderungen gestellt, so wird an die Stahlbezeichnung der Buchstabe +H angehängt, wie z. B. 20 MnCr 5+H bzw. 1.7147+H. Bei eingeengten Härtbarkeitsforderungen werden für einen bestimmten Maximalwert der Härte die Buchstaben +HH und für einen bestimmten Minimalwert die Buchstaben +HZ an die Stahlbezeichnung angehängt. Vgl. dazu DIN EN 10 084.

Soll eine Stahlmarke bei Lieferung auf Scherbarkeit behandelt sein, so wird an den Kurznamen oder die Werkstoffnummer der Buchstabe S mit Pluszeichen angehängt. Wird eine günstigere spanende Bearbeitbarkeit (z. B. Kurzspanigkeit) verlangt, so sind die mit 0,020 . . . 0,040 % S legierten Sorten zu verwenden.

Ni-legierte Einsatzstähle gewährleisten größere Einhärtetiefen und sehr günstige Festigkeitswerte (nach dem Härten und Anlassen auf etwa 200 °C). Der Zusatz von 0,000 8 bis 0,005 0 % Bor in der Stahlmarke 16 MnCrB 5 dient hier nicht der Steigerung der Härtbarkeit, sondern soll die Zähigkeit der gehärteten Randschicht erhöhen. In Tabelle 2.11 sind die Mindestwerte der Zugfestigkeit nach dem Härten und Anlassen auf 200 °C sowie die Aufkohlungs- und Randhärtetemperaturen einiger der 35 genormten Stahlmarken zusammengestellt.

2

Tabelle 2.11 Einsatzstähle DIN EN 10 008 (6.1998)

Stahlsorte		R_m (min) in MPa	Aufkohlungs-temperatur in °C	Randhärte-temperatur in °C	Anlaß-temperatur in °C
Kurzname	Werkstoff-nummer				
C 10 E	1.1121	400			
C 16 R	1.1208	600			
17 CrS 3	1.7014	700			
28 Cr 4	1.7030				
20 MoCr 4	1.7321	800			
20 NiCrMo 2-2	1.6523				
16 MnCr 5	1.7131		880...980	780...820	150...200
16 MnCrB 5	1.7160	900			
20 MnCr 5	1.7147				
17 NiCrMoS 6-4	1.6569	1 000			
20 MnCr 5	1.7147				
18 NiCr 5-4	1.5810	1 100			
17 CrNi 6-6	1.5918				
14 NiCrMo 13-4	1.6657				

Verwendung

Die unlegierten Sorten werden z. B. für Bolzen, Dorne, Hebel, Exzenter- und Nockenwellen u. ä. verwendet. Die legierten Sorten sind anwendbar für Ritzelwellen, Nockenwellen, Zahnräder, Tellerräder und andere Getriebe- und Motorenteile, Spindeln, Werkzeuge und Meßwerkzeuge.

Vergütungsstähle

Vergütungsstähle sind unlegierte und legierte Edelstähle, die durch Härten und nachfolgendes hohes Anlassen (500 . . . 700 °C) eine dem Verwendungszweck angepaßte Streckgrenze und Zugfestigkeit bei guten Zähigkeitseigenschaften erhalten. Diese Stähle haben einen C-Gehalt von 0,2 . . . 0,6 %.

Als Maß für die Durchvergütung gilt das Streckgrenzenverhältnis:

$$\text{Streckgrenzenverhältnis} = \frac{\text{Streckgrenze}}{\text{Zugfestigkeit}} = \frac{R_{\mathrm{p}0,2}}{R_\mathrm{m}}$$

Beispielsweise stellt sich bei unlegierten Vergütungsstählen im Durchmesserbereich von mehr als 16 mm ein Streckgrenzenverhältnis von $0,5\ldots0,66$ und bei legierten Sorten ein Verhältnis von $0,6\ldots0,83$ ein. Tabelle 2.12 enthält für eine Reihe von Vergütungsstählen Festigkeits- und Verformungskennwerte sowie Verwendungsbeispiele.

Tabelle 2.12   Vergütungsstähle DIN EN 10 083-1 (1996)

Stahlsorte		$R_{p0,2}$ (min)	R_m	A (min)	Verwendungs-
Kurzname	Werkstoffnummer	in MPa	in MPa	in %	beispiele
C 22 +QT	1.0402	290	470…620	22	Maschinenteile, Achsen, Wellen, Bolzen, Schrauben, Muttern, Scheiben
C 22 E+N	1.1151	210	410	25	
C 22 R+N	1.1149				
C 25 +QT	1.0406	320	500…650	21	
C 25 E+N	1.1158	230	440	23	
C 35 +QT	1.0501	380	600…750	19	Kurbelwellen, Hebel, Pleuelstangen
C 35 R+N	1.1180	270	520	19	
C 45 +QT	1.0503	430	650…800	16	Zahnstangen, Wellen, Radreifen, Achsen
C 45 E+N	1.1191	305	580	16	
C 60 +QT	1.0601	520	800…900	13	Maschinen-, Getriebeteile, Kolben, Achsen
C 60 R+N	1.1223	340	670	11	
34 Cr 4 +QT	1.7033	590	800…950	14	Zahn-, Kegel-, Tellerräder, Kurbelwellen, Federn, Radreifen
41 Cr 4 +QT	1.7035	660	900…1 100	12	
25 CrMo 4 +QT	1.7218	540	780…930	14	Wellen, Flansche, Steuerungsteile
42 CrMo 4 +QT	1.7225	750	1 100…1 200	11	Zahnräder, -kränze, Dehnschrauben
50 CrMo 4 +QT	1.7228	880	1 080…1 270	10	Achsen, Wellen
36 CrNiMo 4 +QT	1.6511	785	980…1 180	11	Wellen, Kurbelwellen
51 CrV 4 +QT	1.8159	800	1 000…1 200	10	Achsen, Bolzen, Läuferwellen, Federn, Torsionsstäbe, Ritzel

Borlegierte Vergütungsstähle

Diese Stähle sind mit einem geringen Anteil Bor legiert, um die Härtbarkeit zu verbessern. Der Bor-Anteil bewegt sich zwischen 0,000 8 und 0,005 0 %. Hauptlegierungsbestandteil ist Mn mit 1,10 bis 1,70 %. DIN EN 10 083-3 (1996) gibt 6 Stahlsorten, wie z. B. 20 MnB 5, 38 MnB 5, 27 MnCrB 5-2 und 39 MnCrB 6-2) an. Die angehängte Ziffer -2 bezieht sich auf den Cr-Gehalt (0,5 %).

Diese Stähle sind für Maschinenelemente, Rundstäbe, Profilstäbe, Flacherzeugnisse, Freiform- und Gesenkschmiedestücke vorgesehen.

Stähle für Flammen- und Induktionshärtung

Für diese Randschichthärteverfahren sind Vergütungsstähle mit etwa 0,35 bis 0,60 % C geeignet. Die Stähle müssen vor dem Randschichthärten (vgl. 2.5.1.1.5) vergütet werden, damit die bei der kurzzeitig hohen Erwärmung auftretenden Wärmespannungen vom Grundwerkstoff ohne Rißbildung ertragen werden. Geeignete Stahlsorten sind z. B. C 45, C 55, 41 Cr 4, 42 CrMo 4 und 51 CrV 4.

Nitrierstähle

Nitrierstähle sind legierte Vergütungsstähle, die für die thermochemische Randschichthärtung, d. h. Gasnitrieren und Glimmnitrieren, vorgesehen bzw. geeignet sind. Wesentliche Legierungsbestandteile sind Al, Cr, Mo und V. Sie bilden als sogenannte Nitridbildner in der Stahloberfläche bei Temperaturen von 490 bis 520 °C (Gasnitrieren) im NH_3-Gasstrom sehr harte Nitride (intermediäre Phasen) mit Schichtdicken von 0,2 bis 0,8 mm.

Tabelle 2.13 Nitrierstähle nach DIN EN 10 085 (11.1998)

Stahlsorte Werkstoffnummer	$R_{p0,2}$ (min) in MPa	R_m (min) in MPa	A (min) in %	KV (min) in J	Verwendungsbeispiele
34 CrAlMo 5 1.8507	600	800...1 000	14	35	Heißdampfarmaturen, Zahn-, Kegel-, Tellerräder, Getriebeteile, Ventilspindeln
41 CrAlMo 7 1.8509	720	900...1 100	13	25	
31 CrMo 12 1.8515	785	980...1 180	11	30	Druckgußformen für Al-, Sn-, und Zn-Legierungen, Wellen, Kurbelwellen, Zahnkränze, hochbelastete Getriebe- und Lenkungsteile
31 CrMoV 9 1.8519	800	1 000...1 200	10	30	
39 CrMoV 13-9 1.8523	720	900...1 100	13	25	

In Tabelle 2.13 sind einige Nitrierstähle und zugehörige Verwendungsbeispiele aufgeführt. Im gasnitrierten Zustand sind die Stähle bis 500 °C einsetzbar. Die mechanischen Eigenschaften beziehen sich auf den vergüteten Zustand für $d = 40 \ldots 100$ mm.

Federstähle

Federstähle müssen ein großes elastisches sowie ein ausreichendes plastisches Formänderungsvermögen (Wickeln von Federn) aufweisen. Darüber hinaus ist eine hohe Wechsel- und Dauerfestigkeit für vereinzelt oder häufiger auftretende Überlastungen (z. B. Fahrzeugfedern im Eigenschwingbereich) erforderlich. Diese Eigenschaften werden durch zweckentsprechende C-Gehalte, Legierungsbestandteile (Si, Mn, Cr) und durch sorgfältige Wärmebehandlung bei gleichzeitig guter Oberflächenqualität erreicht.

Zu beachten ist, daß die Dauerfestigkeit durch Randentkohlung (auch örtliche), Riefen, Risse und Kerben erheblich vermindert wird. In Tabelle 2.14 sind mechanische Eigenschaften und Verwendungsbeispiele von Federstählen nach DIN EN 10089 (1999) dargestellt.

Tabelle 2.14 *Warmgewalzte Stähle für vergütbare Federn nach DIN EN 10089*

Stahlsorte Werkstoffnummer	$R_{p\,0,2}$ (min) in MPa	R_m in MPa	A (min) in %	Z (min) in %	Verwendungsbeispiele
38 Si 7 1.5023	1 150	1 300 … 1 600	8	35	
56 Si 7 1.5026	1 300	1 450 … 1 750	6	25	
55 Cr 3 1.7176	1 250	1 400 … 1 700	3	20	
56 SiCr 7 1.7106	1 350	1 500 … 1 800	6	25	Federringe, Blatt-, Schrauben-, Teller-, Drehstab-, Ringfedern
51 CrV 4 1.8159	1 200	1 350 … 1 650	6	30	
46 SiCrMo 6 1.8062	1 400	1 550 … 1 850	6	35	
52 SiCrNi 5 1.7117	1 300	1 450 … 1 750	6	35	
52 CrMoV 4 1.7701	1 300	1 450 … 1 750	6	35	

12. Stähle, die für besondere thermische und korrosive Belastung vorgesehen sind

Kaltzähe Stähle

Diese vor allem Ni-legierten Stähle sind für statisch und dynamisch belastete Bauteile bei Betriebstemperaturen unter −40 °C bis −200 °C in Gasverflüssigungsanlagen der Erdölverarbeitung, für die fraktionierte Destillation von Kohlenwasserstoffen, zum Transport von verflüssigtem Erdgas, in Luftverflüssigungs- und Anlagen in globalen Kälteregionen vorgesehen. In Tabelle 2.15 sind einige Stähle nach STEW-Bl. 680 und ihre mechanischen Eigenschaften zusammengestellt.

Tabelle 2.15 Kaltzähe Stähle STEW-Bl. 680

Stahlsorte Werkstoffnummer	Dicke (max) in mm	$R_{p0,2}$ (min) in MPa	R_m (min) in MPa	A_5 (min) in %	Z (min) in %	Kerbschlagarbeit bei in °C	(min) in J
14 Ni 6 1.5622	80	275	490...640	20	60	−110	41
10 Ni 14 1.5637	80	340	440...640	20	50	−120	41
X 12 Ni 5 1.5680	80	420	540...730	19	50	−140	41
X 8 Ni 9 1.5662	80	490	640...880	17	50	−195	41
X 8 CrNiTi 18-10 1.4878	160	210	490...730	30	40	−195	41

Warmfeste Stähle

Für Betriebstemperaturen > 400 °C reichen die Warmfestigkeitseigenschaften der unlegierten Qualitätsstähle, wie P 235 GH, P 265 GH, P 295 GH, P 355 GH, nicht mehr aus. Daher werden für Betriebstemperaturen bis zu 600 °C legierte Stähle mit 0,70 ... 2,50 % Cr und 0,40 ... 1,10 % Mo eingesetzt. Dazu gehören die Stahlsorten 16 Mo 3, 13 CrMo 4-5, 10 CrMo 9-10 und 11 CrMo 9-10.

Als Berechnungsgrundlage werden für Betriebstemperaturen > 400 °C die 1 %-Zeitdehngrenze $R_{p1/100000}$ und die 100 000- bzw. 200 000-Stunden-Zeitstandfestigkeit $R_{m\,100000}$ bzw. $R_{m\,200000}$ herangezogen.

R_{p1} ist die auf den Ausgangsquerschnitt bezogene Spannung, die zu einer bleibenden Dehnung von 1 % nach z. B. 100 000 Stunden führt. Die Zeitstandfestigkeit $R_{m\,100000}$ ist die auf den Ausgangsquerschnitt bezogene Spannung, die nach 100 000 Stunden zum Bruch führt.

Beispielsweise beträgt die 1 %-Zeitdehngrenze für den Stahl 13 CrMoV 4-5 bei 500 °C und nach 10 000 h 157 MPa. Bei gleicher Temperatur vermindert sie sich nach 100 000 h auf 98 MPa. Die Zeitstandfestigkeit $R_{m\,100\,000}$ des gleichen Stahls vermindert sich z. B. zwischen 450 °C und 500 °C von 285 MPa auf 137 MPa.

Die in DIN EN 10 028-1, 2 angegebenen Druckbehälterstähle sind vorgesehen für Überhitzer- und Heißdampfrohre, Kesselbleche u. ä. für Betriebstemperaturen bis max. 580 °C.

Ventilstähle

Diese Stähle werden wegen ihrer hohen Temperatur- und Biegewechselfestigkeit, ihrer Verschleiß- und Warmfestigkeit sowie ihrer Beständigkeit gegen den Angriff von Verbrennungsgasen für Ein- und Auslaßventile und Ventilsitzringe von Verbrennungskraftmaschinen verwendet. Die Betriebstemperaturen erreichen bei Einlaßventilen bis zu 350 °C und bei Auslaßventilen bis zu 700 °C.

❏ **Verwendungsbeispiele:** Für Einlaßventile niedriger Beanspruchung eignen sich C 45 und 41 Cr 4. Für hochbeanspruchte Einlaß- und mittelbeanspruchte Auslaßventile ist X 45 CrSi 9 eine häufig verwendete Stahlmarke. Für Ventilsitzringe, bei denen hohe Anforderungen an die Verschleißfestigkeit gestellt werden, kann die Stahlmarke X 210 Cr 12 eingesetzt werden.

Druckwasserstoffbeständige Stähle

In Hochdrucksyntheseanlagen, die bei Temperaturen bis zu 550 °C arbeiten, werden warmfeste Stähle eingesetzt, die unter der Einwirkung von Hochdruckwasserstoff, gegebenenfalls auch Schwefelwasserstoff und organischen Schwefelverbindungen (COS und Mercaptane) stehen und bei hohen Strömungsgeschwindigkeiten (z. B. 10 m · s^{-1}), durch Erosion beansprucht werden. Um die Werkstoffschädigung infolge der Überführung von Fe$_3$C in Ferrit und Methan (CH$_4$) durch Druckwasserstoff zu verhindern, werden mit sonderkarbidbildenden Komponenten, wie Cr, Mo und V, legierte, vergütbare Stähle verwendet. Das erforderliche ferrit- und perlitfreie Zwischenstufengefüge (Bainit) wird durch Luftvergüten (N+A) oder durch Ölvergüten eingestellt.

❏ **Verwendungsbeispiele:** Der Stahl 13 CrMo 9-10 wird in der Mitteldrucksynthese von Treibstoffen hoher Oktanzahl für Rohre bei Drücken bis 31,9 MPa und Temperaturen bis 400 °C eingesetzt. In Form nahtloser oder geschweißter Rohre wird der Stahl 12 CrMo 19-5 in Erdöldestillier- und Hydrieranlagen (bei Temperaturen bis zu 600 °C) verwendet. Im vergüteten Zustand ist der Stahl 17 CrMoV 10 bis < 480 °C für Hochdruckrohre, Formstücke, Ofenmäntel, Deckel u. ä. einsetzbar.

Die Stahlmarke 20 CrMoV 13-5 ist für Hochdruckrohre und Formstücke in Druckwasserstoffanlagen bei $p_{\ddot{u}} \leqq 31{,}9$ MPa und $\leqq 510$ °C geeignet. Der Stahl ist unbeständig gegenüber S-haltigen Medien.

Nichtrostende Stähle

Die nichtrostenden Stähle werden nach dem Gefüge im Verwendungszustand unterteilt in

1. ferritische Stähle
2. austenitische Stähle
3. austenitisch-ferritische Stähle
4. martensitische Stähle
5. ausscheidungshärtende Stähle

2

Die chemische Beständigkeit (Korrosionsbeständigkeit) wird durch Cr-Gehalte $\geq$ 12 % hervorgerufen. Sie beruht auf der passivierenden Wirkung des Cr infolge der Bildung dichter und festhaftender dünner Deckschichten, vgl. dazu 8. Die passivierende Wirkung wird durch Mo noch erhöht. Austenitische Stähle ($\geq$ 18 % Cr + $\geq$ 8 % Ni), sogenannte 18/8- oder 18/10-Stähle, werden durch Mischkristallbildung leichter und stabiler passiv als die nur mit Cr legierten Stähle. Die Korrosionsbeständigkeit, eingeschlossen die gefürchtete interkristalline Korrosion, wird durch eine hohe Oberflächenqualität der Erzeugnisse verstärkt. Austenitische Stähle sollen metallisch blank gebeizt sein. Bei den anderen nichtrostenden Stählen tragen feinstgeschliffene oder polierte Oberflächen zur Verstärkung der Korrosionsbeständigkeit bei. Die Beständigkeit gegen interkristalline Korrosion wird bei X 8 CrNiS 18-9 und X 10 CrNi 18-8 nicht gewährleistet.

Die Kaltumformung der austenitischen Stähle führt wegen des kfz-Gitters des Austenits zu einer erheblichen Kaltverfestigung. Beispielsweise erhöhen sich beim Stahl X 5 CrNi 18-10 ($d \leq$ 35 mm) vom lösungsgeglühten Ausgangszustand zum kaltverfestigten Zustand (Standardgüte) die 0,2-%-Dehngrenze von 270 auf 350 MPa und die Zugfestigkeit R_m von 550 auf 700 bis 850 MPa. Dagegen vermindert sich die Bruchdehnung A von 40 auf 20 %. Vgl. auch 1.2.3.

Obwohl die austenitischen Stähle im lösungsgeglühten Zustand unmagnetisch sind, kann sich im kaltverfestigten Zustand durch die Entstehung kleiner Anteile von Ferrit und/oder Martensit eine geringe Magnetisierbarkeit einstellen.

Die in DIN EN 10 088-3 (8.1995) aufgeführten Stahlmarken sind in Form von Halbzeugen, Stäben, Walzdraht und Profilen für allgemeine Verwendung vorgesehen. Einige Stahlmarken enthält Tabelle 2.16.

Hitze- und zunderbeständige Stähle

Diese Stähle werden bei Temperaturen über 550 °C, bei denen warmfeste und hochwarmfeste Stähle nicht mehr eingesetzt werden können, verwendet. Gefordert werden neben der Zunderbeständigkeit und ausreichender Warmfestigkeit möglichst geringe Volumenänderungen bei wiederholtem Erhitzen und Abkühlen, damit die Oxidschichten nicht aufreißen. Darüber hinaus sollen

Tabelle 2.16   Nichtrostende Stähle nach DIN EN 10 088-3 (Aug. 1995)

Stahlsorte Werkstoff- nummer	Gefüge	$R_{p\,0,2}$ (min) in MPa	R_m (min) in MPa	A (min) in %	Verwendungs- beispiele
X 10 CrNi 18-8 1.4310	Austenit	195	500 …750	40	Preßbleche zur Her- stellung von Span- und Furnierplatten
X 2 CrNiN 18-10 1.4311		270	550 …760	40	Druckbehälter, Teile der Kältetechnik
X 2 CrNiMoN 17-13-3 1.4429		280	580 …800	40	Druckgefäße im che- mischen Apparatebau
X 5 CrNi 18-10 1.4301		190	500 …700	45	Teile für den Chemie- anlagenbau, Nahrungs- und Mol- kereiindustrie
X 6 Cr 17 1.4016	Ferrit	270	480 …650	20	< 20 °C sprödbruch- empfindlich, Wasch- maschinen
X 20 Cr 13 1.4021	Martensit Perlit	450	520 …740	14	Vergütet für Turbi- nenschaufeln, Wellen
X 39 Cr 13 1.4031	Martensit	—	≥ 800	—	Chirurgische Instru- mente, Messerklin- gen, Wälzlagerku- geln
X 90 CrMoV 18 1.4112		—	≥ 900	—	Skalpelle, Fleischer- messer, Kugellager, Ventilnadeln

sie gut kalt- und warmformbar sowie schweißbar sein und eine hinreichende Beständigkeit gegenüber verschiedenen Glüh- bzw. Ofenatmosphären haben. Die Legierungselemente Cr, Si und Al verursachen durch die Bildung dichter und festhaftender Oxidschichten (besonders Cr-Oxide) die Zunderbeständig- keit. Als zunderbeständig gilt ein Stahl, wenn bei einer bestimmten Temperatur (z. B. bei Betriebstemperatur) die verzunderte Metallmenge im Durchschnitt $1\ g \cdot m^{-2} \cdot h^{-1}$ und bei einer um 50 K höheren Temperatur $2\ g \cdot m^{-2} \cdot h^{-1}$ nach 120 h mit vier Zwischenabkühlungen nicht überschreitet.

Die Cr-Al-legierten Stähle sind ferritisch. Die Cr-Ni-Si-legierten Stähle sind austenitisch. Eine Ausnahme bildet der Stahl X 15 CrNiSi 25-4 mit ferritisch- austenitischem Gefüge. Die ferritischen sind gegenüber den austenitischen Stählen weniger gut spanlos formbar und schweißbar. Gegenüber S-haltigen Gasen (SO_2, H_2S) zeigen die ferritischen Stähle eine sehr große Beständigkeit, während Ni in den austenitischen Stählen mit S bei etwa 700 °C ein niedrigschmelzendes Eutektikum bildet, das wegen seines Erstarrungsverhaltens zur Bildung von Mikroporen führen kann. Austenitische Stähle haben in aufkohlenden und N-haltigen Ofenatmosphären eine bessere Beständigkeit als ferritische. Die in Tabelle 2.17 genannten Stähle sind beständig gegen flüssiges Mg, Pb und Salzbäder aus Alkalinitraten und -nitriten. Nicht beständig sind sie gegen Salzbäder aus Chloriden, Cyaniden und Sulfiden sowie bei längerer Einwirkung gegenüber flüssigem Zn, Al, Cu und deren Legierungen.

2

Versprödungsbereiche der hitze- und zunderbeständigen Stähle

In Abhängigkeit von der Temperatur und vom Cr-Gehalt kann sich ein Kornwachstum bzw. die Bildung und Ausscheidung der spröden intermetallischen σ-Phase (FeCr) an den Korngrenzen einstellen. Die Versprödung ist ohne wesentlichen Einfluß auf die Warmfestigkeit und Zunderbeständigkeit. Sie ist jedoch bei der spanlosen Kaltumformung als Kaltversprödung zu beachten.

Bei ferritischen Stählen können drei Versprödungsbereiche nachgewiesen werden:

1. 475-°C-Versprödung (400 ... 500 °C). Sie tritt bei Cr-Gehalten über 15 % auf.
2. Versprödung zwischen 650 und 800 °C. Sie wird durch die Bildung und Ausscheidung der σ-Phase bei Cr-Gehalten über 20 % gekennzeichnet.
3. Versprödung oberhalb 950 °C durch Ferritkornwachstum.

Bei austenitischen Stählen, mit Ausnahme von X 10 NiCrAlTi 32-21, tritt nur die Versprödung durch die Ausscheidung der σ-Phase in Erscheinung. Der Stahl X 15 CrNiSi 25-4 zeigt zusätzlich im Temperaturbereich von 400 ... 500 °C eine Versprödungsneigung. Die σ-Phase läßt sich durch Lösungsglühen bei 1 050 ... 1 100 °C und anschließendes Abschrecken in Wasser oder durch Luftsturz beseitigen. Das Cr bleibt durch die rasche Abkühlung in den γ-Mischkristallen gelöst.

In Tabelle 2.17 sind einige Stahlmarken zusammengestellt.

❑ **Verwendungsbeispiele:** Die mit Cr, Al, Si legierten ferritischen Sorten werden für Härte- und Glühkästen, Glühhauben, -töpfe, Glüh- und Muffelrohre, Rohre für Wärmeaustauscher, Pyrometerschutzrohre, Brennkörbe, -spitzen und -roste in der Porzellan-, Steingut- und Zementindustrie verwendet.

Die austenitischen Sorten werden bei höherer mechanischer Beanspruchbarkeit für die gleichen Zwecke eingesetzt.

13. Stähle, die besonderen Verschleißbeanspruchungen ausgesetzt sind

Werkzeugstähle

Die Gruppe der Werkzeugstähle wird unterteilt in unlegierte und legierte Kaltarbeitsstähle, in Warmarbeits- und Schnellarbeitsstähle. Diese Stahlgruppe aus

Tabelle 2.17 Hitzebeständige Stähle nach DIN EN 10095

Stahlsorte Werkstoffnummer	$R_{p0,2}$ bei 20 °C (min) in MPa	R_m in MPa	Temperatur in °C	Warmfestigkeitseigenschaften E in GPa	$R_{p,1/1000}$ in MPa	$R_{m,1/10000}$ in MPa	Dauerbetriebstemperatur (max) in °C
X 10 CrAlSi 7 1.4713	245	490…690	600	152	20	25	700
			800	113	1	3	
X 10 CrAlSi 13 1.4724	290	440…690	600	152	34	25	800
			800	113	4	3	
X 10 CrAlSi 18 1.4742	290	440…690	800	152	4	3	900
			1000	113	0,7	0,7	
X 10 CrAlSi 25 1.4762	290	490…740	800	113	4	3	1000
			1000	—	0,7	0,7	
X 10 NiCrAlTi 32-21 1.4876	180	490…740	800	145	31	25	1000
			1000	—	4,9	5,3	
X 15 CrNiSi 20-12 1.4828	245	590…830	800	130	20	16	950…1050
			1000	110	4	1,5	
X 15 CrNiSi 25-21 1.4841	245	590…830	800	130	20	16	950…1200
			1000	110	4	3,3	
X 15 CrNiSi 25-4 1.4821	390	590…780	800	115	3	3	950
			1000	—	0,4	0,7	

Edelstählen ist zur Herstellung von Werkzeugen für die spanende und spanlose Formung metallischer und nichtmetallischer Werkstoffe, sowie zum Handhaben und Messen von Werkstücken vorgesehen. Diese Stähle weisen für diese Zwecke hohe Härte, Verschleißwiderstand und/oder Zähigkeit auf.

Unlegierte Kaltarbeitsstähle

Die unlegierten Kaltarbeitsstähle sind spanlos kalt- und warmformbar. Die spanende Bearbeitung ist im weichgeglühten Zustand gut möglich. Wegen ihrer relativ geringen Härterißempfindlichkeit können sie beim Härten in Wasser abgeschreckt werden. Mit Ausnahme der Sorte C 45 U sind die anderen in Tabelle 2.18 genannten Stähle schalenhärtend. Durchhärtung ist nur bis 10 mm Durchmesser möglich. Bei Durchmessern von 30 mm beträgt die Einhärtungstiefe etwa 3 mm.

Die Oberflächentemperatur soll im Betriebszustand 200 °C nicht überschreiten. Tabelle 2.18 enthält Stahlsorten nach DIN EN ISO 4957 und Angaben zum Härten sowie Verwendungsbeispiele.

Tabelle 2.18   Unlegierte Kaltarbeitsstähle nach DIN EN ISO 4957 (7.97)

Stahlsorte	Härtetemperatur in °C (±10 K)	Anlaßtemperatur in °C (±10 K)	Härte HRC (min)	Verwendungsbeispiele
C 70 U	800		57	Abgratwerkzeuge, Äxte, Schneidwaren
C 80 U	790		58	Warmgesenke, -walzen, Maschinenmesser, Spannzangen
C 105 U	780	180	61	Präge-, Ziehwerkzeuge, Reibahlen, Matrizen
C 120 U	770		62	Feilen, Fräser, Band- und Bügelsägen, Messer für Hartgummi und Kunststoffe

Legierte Kaltarbeitsstähle

Die Legierungsbestandteile Cr, Mo, W und Mn verursachen eine größere Einhärtetiefe und eine erhöhte Anlaßbeständigkeit. Der C-Gehalt der genormten. Sorten bewegt sich zwischen 0,18 und 2,30 %. In DIN EN ISO 4957 sind 17 Sorten genormt. In Tabelle 2.19 werden einige Beispiele gezeigt.

Tabelle 2.19 Legierte Kaltarbeitsstähle nach DIN EN ISO 4957 (7.97)

Stahlsorte	Härtetemperatur in °C (±10 K)	Härte HRC (min)	Verwendungsbeispiele
50 WCrV 8	920	56	Kaltschermesser, Kalt- und Warmschrotmeißel, Preßluftwerkzeuge
60 WCrV 8	910	58	Präge-, Fließpreß-, Schnitt- und Preßluftwerkzeuge, Lochstempel, Schermesser
90 MnCrV 8	790	60	Schnitt-, Biege-, Tiefzieh-, Präge- und Holzbearbeitungswerkzeuge
X 100 CrMoV 5 [1)]	970	62	Schnittwerkzeuge, Kaltpilgerdorne
X 153 CrMoV 12 [1)]	1 020	61	Tafel- und Kreisscherenmesser, Schnitt-, Gewindewalz-, Preß-, Präge-, Profilier- und Holzbearbeitungswerkzeuge
X 210 Cr 12	970	62	
45 NiCrMo 16	850	52	Präge- und Biegewerkzeuge, Scherenmesser, Kunststoffpreßformen

[1)] lufthärtend, Anlaßtemperatur 180 °C

Warmarbeitsstähle

Die Warmarbeitsstähle sind zur spanlosen Formung von Stahl, Nichteisenmetallen und ihren Legierungen bei Temperaturen weit oberhalb von 300 °C, häufig im rotwarmen Zustand vorgesehen. Daher werden hohe Anforderungen hinsichtlich Warmfestigkeit, Warmverschleißwiderstand, Wärmeleitfähigkeit, Zähigkeit und Anlaßbeständigkeit gestellt. Darüber hinaus sollen sie weitgehend gegen die Bildung von Brandrissen, die durch Temperaturwechselbeanspruchung entstehen können, unempfindlich sein. Diesen Anforderungen werden mehrfach legierte Stähle, wie Cr-Mo-V-, Ni-Cr-Mo-V-Stähle, mehr oder weniger vollkommen gerecht.

Während die Warmarbeitswerkzeuge aus Cr-Mo-V-Stählen wegen ihrer Temperaturwechselbeständigkeit für Wasserkühlung geeignet sind, werden Ni-Cr-Mo-V-Stähle wegen ihrer Zähigkeit für Werkzeuge mit schlagartiger und hoher Druckbeanspruchung verwendet. Alle Warmarbeitswerkzeuge sind zur Verminderung der Verzugs- und Bruchgefahr vor der Inbetriebnahme vorzuwärmen. Zur Erhöhung der Lebensdauer müssen die Werkzeuge in gewissen Zeitabständen durch mehrstündiges Erwärmen auf 300 ... 400 °C zwischenentspannt werden. Tabelle 2.20 enthält wichtige Stahlmarken, Angaben zur Wärmebehandlung und Verwendungsbeispiele.

Tabelle 2.20   Unlegierte Kaltarbeitsstähle DIN EN ISO 4957 (7.97)

Stahlsorte	Härte-temperatur in °C (±10 K)	Anlaß-temperatur in °C (±10 K)	Härte HRC (min)	Verwendungs-beispiele
55 NiCrMoV 7	850	500	42	Warmschermesser, Schnittplatten zum Warmabgraten, zäher Gesenkstahl
32 CrMoV 12-28	1 040	550	46	Strangpreßwerkzeuge für Leicht- und Schwermetalle, Warmschermesser, Gesenke
X 37 CrMoV 5-1	1 020	550	48	Druckgußformen, Strangpreßwerkzeuge für Leichtmetalle,
X 38 CrMoV 5-3	1 040	550	50	Kokillen, Gesenke, Warmschermesser;
X 40 CrMoV 5-1	1 020	550	50	Werkzeuge sind mit Wasser kühlbar und nitrierfähig

Schnellarbeitsstähle

Schnellarbeitsstähle sind hochlegierte Werkzeugstähle mit hoher Verschleißfestigkeit, die besonders für Spanungswerkzeuge, die mit hoher Schnittgeschwindigkeit und Wärmebeanspruchung arbeiten, eingesetzt werden. Sie sind bis etwa 600 °C anlaßbeständig. Die besonderen Eigenschaften dieser Stahlgruppe werden durch die starken Karbidbildner W, Mo, V und Cr verursacht. Das in einigen Sorten enthaltene Co ist kein Karbidbildner und liegt in der Grundmasse gelöst vor. Es ermöglicht das Härten von höheren Temperaturen, ohne daß Überhitzungseffekte auftreten.

Die Schnellarbeitsstähle werden unterschieden in die Mo-legierten und die Co-legierten. Sie enthalten neben 0,7 bis 1,1 % C folgende wesentliche Komponenten:

Mo-legierte Stähle: 1,4 ... 6,1 % W, 4,8 ... 5,5 % Mo, 0,9 ... 1,95 % V und 3 ... 4,5 % Cr

Co-legierte Stähle: 6 ... 18 % W, 0,5 ... 10 % Mo, 1,4 ... 2,3 % V, 4,5 ... 8,5 % Co und 3,8 ... 4,5 % Cr

Als wesentliche Voraussetzung für die Gewährleistung der Gebrauchseigenschaften gilt die feindisperse Verteilung der möglichst feinkörnigen Karbide. Seigerungen und zeilige Anordnung der Karbide sind jedoch nicht auszuschließen und auch nicht zu beseitigen. Bild 2.18a zeigt das von 1 180 °C abgeschreckte Gefüge des Stahls HS 6-5-2-5 (X 85 WMoCo 6-5-5).

Zur Einstellung der Gebrauchshärte müssen die Stähle nach dem Härten drei- bis viermal bis zur 4. Anlaßstufe (vgl. 2.5) angelassen werden. Während gehärtete unlegierte und legierte Werkzeugstähle beim Anlassen einen erheblichen Härteabfall aufweisen, zeigen die Schnellarbeitsstähle bis oberhalb 300 °C nur eine geringe Verminderung der Härte. Beim Anlassen in der 4. Anlaßstufe ($> 400 \ldots < 700$ °C) stellt sich durch die feindisperse Ausscheidung von Sonderkarbiden (allgemeine Bezeichnung: Me_3C, Me_7C_3, Me_6C, $Me_{23}C_6$) aus der Grundmasse eine Erhöhung der Härte, die sogenannte Sekundärhärte, ein.

Bild 2.18b stellt den prinzipiellen Verlauf der Rockwellhärte HRC in Abhängigkeit von der Anlaßtemperatur für unlegierte und legierte Werkzeugstähle sowie Schnellarbeitsstähle dar.

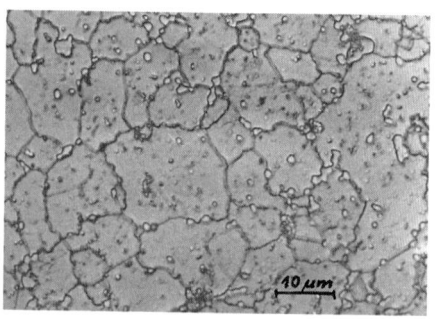

Bild 2.18 Gefüge des Stahls HS 6-5-2-5 nach Abschrecken von 1 180 °C (1 000 : 1)

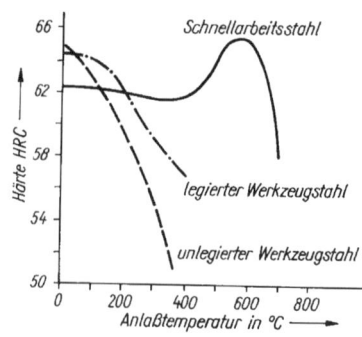

Bild 2.18 Rockwellhärte HRC in Abhängigkeit von der Anlaßtemperatur

In Tabelle 2.21 sind einige Stahlmarken, ihre Wärmebehandlung und Verwendungsbeispiele angegeben. Die Zahlenfolge in den Kurzzeichen geben in der Reihenfolge W̲-M̲o̲-V̲-C̲o̲ deren tatsächliche mittlere Gehalte an. Werden im Kurzzeichen nur drei Zahlen angegeben, so handelt es sich um einen Co-freien Stahl.

Tabelle 2.21 Schnellarbeitsstähle DIN EN 4957 (7.97)

Stahlsorte	Weichglühen bei °C	Härten bei °C	Anlassen bei °C	Verwendungsbeispiele
HS 6-5-2	780...820	1 200...1 230	550...570 3×	Drehmeißel, Fräser, Reibahlen, Gewindebohrer, Schneideisen
HS 3-3-2	770...800	1 150...1 180	550...570 3×	Drehmeißel, Fräser, Spiralbohrer, Gewindeschneidwerkzeuge, Metallkreissägen
HS 18-1-2-5	830...860	1 250...1 280	550...570 3×	Schruppfräser, Dreh-, Hobel- und Stoßmeißel
HS 6-5-2-5	830...860	1 205...1 235	550...570 4×	Hochleistungsfräser, Dreh-, Hobel- und Stoßmeißel, Gewindebohrer
HS 2-9-1-8	830...860	1 160...1 210	550...570 4×	Fräser, Schneidräder, Konvoidmesser; für Schrupp- und Schlichtarbeiten an hochwarmfesten Legierungen und Ti-Legierungen

2

Automatenstähle

Diese Stähle sind zur Herstellung von Massendrehteilen für die Feinmechanik/Optik, den Geräte- und Apparatebau, für Büro- und Nähmaschinen u. ä. vorgesehen. Es sind Stähle bester Zerspanbarkeit. Die für die spanende Bearbeitung auf Automaten erforderliche Kurzspanigkeit wird durch Zusatz von Schwefel und Blei sowie erhöhten Phosphorgehalt ($\leq 0{,}12$ %) erreicht. Der Schwefel liegt als Mangansulfid MnS vor und soll möglichst feinkörnig und feinverteilt in der Stahlgrundmasse auftreten, wobei jedoch eine zeilige Anordnung nicht als Werkstofffehler zu betrachten, sondern metallurgisch begründet ist. Pb-legierte Automatenstähle haben gegenüber den anderen Stahlmarken in der Querrichtung günstigere Festigkeitseigenschaften, eine ausgezeichnete Oberflächenbeschaffenheit und verursachen einen geringeren Werkzeugverschleiß. In Tabelle 2.22 sind einige wesentliche Stahlmarken, ihre Festigkeitseigenschaften im Dickenbereich von 16 bis 40 mm und Verwendungsbeispiele aufgeführt.

Wegen des hohen S- und Pb-Gehaltes wird das Schweißen nicht empfohlen. Die Automatenstähle werden unterschieden in:

• nicht für eine Wärmebehandlung vorgesehene Stähle
• Einsatzstähle
• Vergütungsstähle

Tabelle 2.22   Automatenstähle DIN EN 10 087 (9.98)

Stahlsorte	Werkstoffnummer	unbehandelt R_m	vergütet R_m	Verwendungsbeispiele
11 SMn 30	1.0715			Massendrehteile für hohe Zerspanungsleistung und Oberflächenqualität
11 SMnPb 30	1.0718	380…570	—	
11 SMnPb 37	1.0737			
Einsatzstähle				
10 S 20	1.0721	360…530	—	Einsatzhärtbare Massendrehteile
10 SPb 20	1.0722			
15 SMn 13	1.0725	430…600		
Vergütungsstähle				
35 S 20	1.0726	520…680	600…700	Vergütbare Massendrehteile, wie Schrauben, Muttern und andere Kleinteile
35 SPb 20	1.0756			
38 SMn 28	1.0760	530…730	700…850	
38 SMnPb 28	1.0761			
44 SMn 28	1.0762	630…820	700…850	
44 SMnPb 28	1.0763			
46 S 20	1.0727	590…760	650…800	
46 SPb 20	1.0757			

Automatenstähle werden im Durchmesserbereich von < 5… ≦ 100 mm hergestellt.

2.4.2   Eisen-Gußlegierungen

Als Werkstoffe für Formgußteile nehmen die Eisen-Gußlegierungen anteilsmäßig und hinsichtlich des Einsatzes unter den Gußwerkstoffen den bedeutendsten Platz ein. Innerhalb der Eisen-Gußlegierungen haben sich bis zum gegenwärtigen Entwicklungsstand die Bewertungsmaßstäbe bezüglich der Verwendungsmöglichkeiten dieser Werkstoffe sehr verändert. Waren früher mechanische Eigenschaften, wie Streckgrenze, Zugfestigkeit, Bruchdehnung und Kerbschlagzähigkeit, die wichtigsten Kriterien bei der Wahl von Stahlguß oder Gußeisen, so sind gegenwärtig die Dauerfestigkeit, Kerbempfindlichkeit und Dämpfungseigenschaften mechanischer Schwingungen mehr in den Vordergrund gerückt. Besonders die zuletzt genannten Eigenschaften sind bei Gußeisen mit Kugelgraphit und perlitischem Temperguß soweit entwickelt, daß sie dem Stahlguß in vielen Fällen gleichwertig oder überlegen sind. Die internationale Entwicklung des Stahlgußeinsatzes zeigt daher und wegen einer Reihe technisch-ökonomischer Vorteile, die sich bei den Gußwerkstoffen, wie Gußeisen, z. B. in günstigeren Gießeigenschaften, leichterer Bearbeitbarkeit, geringen Bearbeitungszeiten ergeben, eindeutig fallende Tendenz.

2

2.4.2.1 Stahlguß

1. Unlegierter Stahlguß

Stahlguß ist ein graphit- und ledeburitfreier Fe-Fe_3C-Gußwerkstoff, der in metallische oder nichtmetallische Formen vergossen wird und dessen mechanische Eigenschaften bei Temperaturen von $10 \ldots 250\,°C$ gewährleistet werden.

Unlegierter Stahlguß wird mit dem Kurzzeichen GS und mit durch Bindestrich angehängte Ziffern, die mit 9,81 MPa multipliziert die garantierte Mindestzugfestigkeit angeben, gekennzeichnet. Werden weitere Eigenschaften gewährleistet, so wird eine zusätzliche Kennzahl mit Punkt an die Zugfestigkeitsziffern angehängt.

Gewährleistungsumfang:

.1 Streckgrenze

.2 Streckgrenze und Faltversuch

.3 Streckgrenze und Kerbschlagzähigkeit

.5 Streckgrenze, Kerbschlagzähigkeit und Faltversuch

.9 magnetische Induktion

❏ **Beispiel**: GS-45.3: unlegierter Stahlguß mit garantierter Mindestzugfestigkeit von 440 MPa, gewährleisteter Streckgrenze ($R_{eH} = 225$ MPa) und Kerbschlagzähigkeit.

Die Festigkeitseigenschaften des unlegierten Stahlgusses werden im wesentlichen durch den Kohlenstoffgehalt bestimmt. Für die Marke GS-38 wird ein C-Gehalt von $0,12 \ldots 0,20\,\%$, für GS-45 wird $0,20 \ldots 0,30\,\%$, für GS-50 wird $0,30 \ldots 0,40\,\%$ und für GS-60 wird $0,40 \ldots 0,50\,\%$ angegeben. Die Si-Gehalte liegen bei allen Sorten zwischen 0,30 und 0,50 % und die Mn-Gehalte bei $0,40 \ldots 0,80\,\%$.

Unlegierter Stahlguß ist in DIN 1681 genormt.

❏ **Verwendungsbeispiele**: GS-38 wird zur Herstellung von Formgußteilen des Maschinenbaues, Fahrzeugbaues und für Armaturen (Schieber- und Ventilgehäuse) verwendet. Zahnräder müssen einsatzgehärtet werden.

GS-45.9 ist für Teile des Elektromaschinenbaues vorgesehen.

GS-60 wird für Formgußteile im Maschinen-, Lokomotiv-, Brücken- und Schiffbau, wie z. B. für Lagerteile, Walzen, Gehäuse, Grundplatten, Zahn- und Ket-
tenräder sowie für Schieber- und Ventilgehäuse verwendet. Unlegierter Stahlguß
wird normalgeglüht, weich- oder mindestens spannungsarmgeglüht geliefert.

2. Stahlguß mit verbesserter Schweißeignung

Die Verbesserung der Schweißeignung von Stahlguß wird durch Verminde-
rung des C-Gehalts und Erhöhung des Mn-Anteils erreicht. Die im vergüteten Zustand einstellbaren günstigen Werte der Streckgrenze sind mit denen
der mikrolegierten Feinkornbaustähle vergleichbar. Dadurch ist es möglich,
Schweißverbundkonstruktionen mit diesen Stählen herzustellen. Das gilt bei
G 17 Mn 5 (Nr. 1.1131) und G 20 Mn 5 (1.6220) für Wanddicken bis 50 mm.
Während G 17 Mn 5 mit $R_{eH} = 260$ MPa und $R_m = 430 \ldots 600$ MPa z. B. für
Armaturengehäuse in Betracht kommt, wird G 20 Mn 5, mit $R_{eH} = 360$ MPa
und $R_m = 500 \ldots 650$ MPa, für Walzwerksausrüstungen großer Stückmasse
eingesetzt. Diese Stahlgußgruppe ist in DIN 17 182 genormt.

3. Hochfester Stahlguß mit guter Schweißeignung

Die hochfesten Stahlgußsorten (nach SEW 520) zeichnen sich durch hohe
Streckgrenzenwerte, ausreichend hohe Zähigkeitswerte auch bei tiefen Temperaturen und gute Schweißbarkeit ohne Vorwärmen und Wärmenachbehandlung aus. Diese Eigenschaften werden durch niedrige C-Gehalte zwischen etwa 0,05 % und 0,25 % und die Durchvergütbarkeit bis zu Wanddicken von
500 mm erreicht. Für Wanddicken bis 100 mm werden Sorten mit bis zu
1,5 % Gehalt je Legierungskomponente verwendet. Diese in SEW 520 (3.89)
genannten Stahlgußmarken sind für alle Konstruktionsschweißungen geeignet. Vorwärmen auf $250 \ldots 300\,°C$ ist beim Schweißen größerer Wanddicken
zweckmäßig.

Tabelle 2.23 enthält mechanische Eigenschaften und Verwendungsbeispiele einiger Stahlgußsorten nach SEW 520.

Tabelle 2.23 Hochfester Stahlguß mit guter Schweißeignung nach SEW 520

Sorte	Wand-dicke in mm	$R_{p\,0,2}$ (min) in MPa	R_m in MPa	A_5 (min) in %	Verwendungs-beispiele
G 24 Mn 6	50	550	700 ... 800	12	Verbundschweiß-konstruktionen im Bergbau, Stahlhochbau, Schienenfahr-zeug-, Schiff- und Fahrzeugbau, Fördermittel
	150	400	600 ... 750	18	
G 12 MnMo 7-4	150	500	600 ... 750	16	
G 20 MnMoNi 5-5	300	400	550 ... 700	16	
G 17 CrMnMo 5-5	80	600	730 ... 880	12	
G 22 NiMoCr 5-6	50	825	930 ... 1080	10	
G X 3 CrNi 13-4	150	920	980 ... 1130	10	
	500	550	760 ... 900	15	

4. Vergütungsstahlguß

Zu dieser Gruppe gehören ein-, zwei- und dreifach niedriglegierte Stahlgußsorten mit C-Gehalten von etwa 0,25 ... 0,42 %. Charakteristische Legierungselemente sind neben Mn vor allem Cr, Ni, Mo und V. Die Durchvergütbarkeit für Wanddicken bis 400 mm wird durch Verwendung von dreifach legierten Sorten erreicht, da die kritische Abkühlungsgeschwindigkeit zum Härten u. a. von der Art und Menge der Legierungsbestandteile bestimmt wird.

Vergütungsstahlguß wird für statisch und dynamisch hochbeanspruchte Bauteile in allen Bereichen des Maschinenbaues eingesetzt. Die Sorten nach DIN 17 205 sind schweißbar. Tabelle 2.24 enthält Verwendungsbeispiele und mechanische Eigenschaften einiger Vergütungsstahlgußsorten. Die an ISO-V-Kerbproben zu ermittelnden Werte der Kerbschlagarbeit bewegen sich bei den genannten Sorten in der niedrigsten Festigkeitsstufe (I) zwischen 27 und 50 J.

Tabelle 2.24 Vergütungsstahlguß nach DIN 17 205 (4.1992)

Sorte Werkstoff-Nr.	Wanddicke in mm	$R_{p\,0,2}$ (min) in MPa	R_m in MPa	A_5 (min) in %	Verwendungs-beispiele
G 34 CrMo 4 1.7220	≤ 50	600	700 ... 800	14	Zahnkränze, z. B. für Drehrohröfen
	$> 50 ... \leq 100$	540	700 ... 850	12	
	≤ 150	480	620 ... 770	10	
G 42 CrMo 4 1.7225	≤ 50	650	780 ... 930	14	Zahnkränze für Mühlenantriebe, Teile für Bergbaufördergeräte
	$50 ... 100$	600	750 ... 900	12	
	≤ 150	550	700 ... 850	10	
G 34 CrNiMo 6 1.6582	≤ 100	700	850 ... 1 000	12	Stufenschlaghauben zum Einschlagen von Rohren in den Meeresboden
	≤ 250	650	800 ... 950	12	
	≤ 400				

5. Stahlguß für Druckbehälter

DIN EN 10 213 (1996) ersetzt DIN 17 245 (87) und teilweise DIN 17 182 (1992) sowie DIN 17 445 (1984). Die Stahlgußsorten sind je nach Zusammensetzung und Gefügezustand (ferritisch, austenitisch, austenitisch-ferritisch) vorgesehen für den Einsatz bei Raumtemperatur und erhöhter Temperatur (300 ... 600 °C) oder im Tieftemperaturbereich (bis etwa −200 °C) in Form von z. B. Armaturen, Ventilgehäuseblöcken und Gehäusen von Dampfturbinen. Für dem Einsatz bei erhöhten Temperaturen sind die $R_{p\,0,2}$-Grenze und im Temperaturbereich von 550 ... 700 °C die 10 000-h- bzw. 100 000-h-Zeitstandfestigkeit σ_r Berechnungsgrundlage. Bei den austenitischen Sorten wird anstelle der $R_{p\,0,2}$-Grenze die 1,0-%-Dehngrenze $R_{p\,1,0}$ sowohl bei Raumtemperatur als auch bei erhöhten Temperaturen (z. B. 100...550 °C) ermittelt. Tabelle 2.25 enthält mechanische Eigenschaften und Verwendungsbeispiele für diese Stahlgußgruppe.

Tabelle 2.25 Stahlguß für Druckbehälter nach DIN 10 213 (1996)

Sorte Werkstoffnummer	$R_{p0,2}$ in MPa	R_m in MPa	A_5 (min) in %	Verwendungsbeispiele
G P 240 GH 1.0619	245	440...590	22	Armaturen
G P 20 Mo 5 1.5410	245			
G 17 CrMo 5-5 1.7357	315	490...640	20	Zylinder für Dampfturbinen
G 17 CrMo 9-10 1.7379	400	590...740	18	Gehäuse für Dampfturbinen
G 17 CrMoV 5-10 1.7706	440	590...780	15	Ventilgehäuseblöcke für Dampfturbinen
G X 8 CrNi 12 1.4107	355	540...690	18	Innenmäntel für Dampfturbinen
G X 23 CrMoV 12-1 1.4931	540	740...880	15	Teile für Warmwalzwerke
G 17 Mn 5 1.1131	240	450...600	24	Kaltzäher Stahlguß für Armaturen und Gehäuse; Temperaturanwendungsbereich: $-30...-120\,°C$
G 18 Mo 5 1.5422	240	440...790	23	
G 9 Ni 14 1.5638	360	500...650	20	
G 17 NiCrMo 13-6 1.6781	600	750...900	15	
G X 5 CrNi 19-10 1.4308	200[1]	440...640	30	Austenitisch; Druckbehälter für Temperatur bis 550 °C; 1.4308 und 1.4408 auch für kältetechnische Anlagen bis $-196\,°C$
G X CrNiNb 19-11 1.4552	200[1]		25	
G X 5 CrNiMo 19-11-2 1.4408	210[1]		30	

[1] $R_{p1,0}$

6. Hitzebeständiger Stahlguß

Stahlguß gilt als hitzebeständig, wenn die Zundermenge bei einer Temperatur von x °C im Durchschnitt $1\ \mathrm{g \cdot m^{-2} \cdot h^{-1}}$ und bei einer Temperatur von $(x + 50)$ °C $2\ \mathrm{g \cdot m^{-2} \cdot h^{-1}}$ für eine Beanspruchungsdauer von 120 h bei

4 Zwischenkühlungen nicht überschreitet. Von technischem Interesse sind dabei Temperaturen von mehr als 600 °C bis maximal 1 100 °C. In Tabelle 2.26 sind einige ferritische und austenitische Stahlgußsorten, ihre maximale Einsatztemperatur an Luft, Angaben zur 100 000-h-Zeitstandfestigkeit und Verwendungsbeispiele angegeben.

Tabelle 2.26 Hitzebeständiger Stahlguß nach DIN 17 465, SEW-471 und SEW-595

Stahlsorte	10 000-h-Zeitstandfestigkeit in MPa bei °C				Einsatztemperatur (max) an Luft in °C	Verwendungsbeispiele
	600	800	900	1 000		
Ferritische Sorten						
G X 30 CrSi 6[1]	25	4	1,5	–	750	Teile für Anlaßöfen, Herdplatten, Glühretorten, Salzbadtiegel
G X 40 CrSi 13[1]	25	4	1,5	–	850	
G X 40 CrSi 17[1]	25	4	1,5	–	900	
G X 130 CrSi 29[2]	25	4	1,5	–	1 100	
Austenitische Sorten						
G X 40 CrNiSi 22-9[1]	96	27	12	–	950	Roste für Glühöfen, Rekuperatorrohre
G X 40 CrNiSi 25-12[1]	–	26	13	6,5	1 050	Rollen für Bandglühöfen, Roste, Ofenteile, Einsatzkästen
G X 40 CrNiSi 25-20[1]	—	42	20	9	1 100	Teile für Spaltrohranlagen in der Petrochemie, Rohrtragplatten
G-X 40 NiCrNb 35-25[3]	—	50	28	12	1 100	
G X 10 NiCrNb 32-20[3]	–	36	20	–	1 050	Teile für Industrieöfen, Gußverbundkonstruktionen für die Ethylenerzeugung

[1] DIN 17 465
[2] SEW-471
[3] SEW-595

7. Nichtmagnetisierbarer Stahlguß

Legierungen dieser Werkstoffgruppe werden vorzugsweise in solchen Fällen eingesetzt, bei denen die Bauteile keine Abschirmung oder Beeinflussung magnetischer Felder hervorrufen dürfen. Dazu gehören der Elektromaschinenbau und der Schiffbau als Hauptanwender. Kriterium des unmagnetischen Verhaltens ist die relative Permeabilität μ_r, die hier den Wert $\mu_r = 1{,}01 \ldots 1{,}02$ nicht überschreiten darf. Das Gefüge muß aus Austenit bestehen. Zur Einstellung des austenitischen Gefüges ist ein Lösungsglühen im Temperaturbereich von $1\,000 \ldots 1\,180\,°C$ und nachfolgendes Abschrecken erforderlich.

❑ **Verwendungsbeispiele**: Halterungsringe für Stator- und Rotorblechpakete im Generatorenbau, Motorengehäuse, Spannstücke für Transformatoren und Klemmen für Hochspannungsleitungen. Im Schiffbau werden unmagnetische Stahlgußsorten für Spillköpfe, Schiffspropeller u. ä. verwendet.

In SEW 395-87 werden folgende Sorten genannt:
G X 120 Mn 13, G X 25 MnCrNi 8-8-6, G X 12 CrNi 18-11, G X 2 CrNiN 18-13, G X 2 CrNiMoN 18-14 und G X 2 CrNiMnMoNNb 21-16-5-3.

8. Nichtrostender Stahlguß

Die zu dieser Gruppe gehörenden Stahlgußsorten weisen auf Grund ihres Cr-Gehaltes von $\geq 12\,\%$ besondere Korrosionsbeständigkeit gegenüber atmosphärischem Angriff und vielen anorganischen und organischen Säuren, Laugen und Salzlösungen auf. Die Korrosionsbeständigkeit setzt eine metallisch blanke Oberfläche voraus (vgl. korrosionsbeständige Stähle). Die geringe Wärmeleitfähigkeit ($\lambda = 14{,}6 \ldots 29{,}3\ \mathrm{W \cdot m^{-1} \cdot K^{-1}}$) ist bei Wärmebehandlungsprozessen zu berücksichtigen. Die Stahlgußsorten werden entsprechend ihres Gefügeaufbaus unterschieden in:

- *martensitische* mit $0{,}05 \ldots 0{,}22\ \%$ C und $13 \ldots 17\ \%$ Cr sowie ggf. bis $5\ \%$ Ni
- *ferritisch-karbidische* mit $0{,}4 \ldots 1{,}2\ \%$ C, $27 \ldots 29\ \%$ Cr, ggf. bis $5\ \%$ Ni oder $2\ \%$ Mo
- *ferritisch-austenitische* mit $0{,}02 \ldots 0{,}08\ \%$ C, $26 \ldots 27\ \%$ Cr, $6 \ldots 7\ \%$ Ni und $3 \ldots 4\ \%$ Mo
- *austenitische* mit $0{,}02 \ldots 0{,}06\ \%$ C, $17 \ldots 18\ \%$ Cr, $9 \ldots 13\ \%$ Ni sowie Mo- und Nb-Anteilen
- *vollaustenitische* mit $0{,}02\ \%$ C, $15 \ldots 25\ \%$ Ni, $20 \ldots 21\ \%$ Cr sowie Mo- und/oder Mn-Anteilen

---

Tabelle 2.27 enthält Angaben zu mechanischen Eigenschaften und Verwendungsbeispiele.

9. Stahlguß für Werkzeuge

Großformatige Werkzeuge für die spanlose Formung metallischer Werkstoffe oder Kunststoffe und Teile für Druckgußformen werden wirtschaftlich durch Gießen und anschließende spanende Bearbeitung hergestellt. Je nach Verwendungszweck unterscheidet man Stahlguß für Warmarbeitswerkzeuge, für Kaltarbeitswerkzeuge und für Kunststofformen. Aus der großen Zahl möglicher Legierungen sind in Tabelle 2.28 einige Beispiele zusammengestellt.

Tabelle 2.27 Nichtrostender Stahlguß DIN 10 213 und SEW 410-88

Sorte Werkstoffnummer	$R_{p0,2}$ (min) in MPa	R_m in MPa	A_5 (min) in %	Verwendungsbeispiele
Martensitisch				
G X 4 CrNi 13-4 1.4317	550	760...960	13	Peltonräder, Laufräder für Verdichter
G X 4 CrNiMo 16-5-1 1.4405	540			
Ferritisch-karbidisch				
G X 70 Cr 29[1] G X 120 Cr 29[1]	—	—	—	Teile für die chemische und Nahrungsmittelindustrie
G X 40 CrNiMo 27-5[1] G X 120 CrMo 29-2[1]	—	—	—	Pumpengehäuse, Laufräder, beständig gegen Chloride und schweflige Säure
Ferritisch-austenitisch				
G X 2 CrNiMoCuN 26-6-3-3 1.4517	480	650...850	22	Pumpengehäuse für Rauchgasentschwefelungsanlagen; erhöhte Beständigkeit gegen Lochfraß und Spaltkorrosion
Austenitisch				
G X 5 CrNi 19-10 1.4552	175	440...640	20	Gute Beständigkeit gegen interkristalline Korrosion
G X 2 CrNiMo 19-11-2 1.4409	205	440...640	30	Erhöhte Beständigkeit gegen interkristalline Korrosion

[1] SEW

Von erheblicher Bedeutung für die Standzeit der Werkzeuge ist die sorgfältige Durchführung der Wärmebehandlung. Die vom Hersteller bzw. die in Werkstoffdatenblättern genannten Wärmebehandlungsbedingungen sind einzuhalten. Wegen der bei hochlegierten Sorten verminderten Wärmeleitfähigkeit ist das Erwärmen auf Härtetemperatur in mehreren Stufen vorzunehmen, um der Gefahr des Verzuges und der Rißbildung infolge auftretender Wärmespannungen vorzubeugen. Entsprechend der für die jeweilige Legierung zutreffenden kritischen Abkühlungsgeschwindigkeit erfolgt das Härten im Warmbad, in Öl oder an der Luft. Das Anlassen ist sofort nach dem Härten (und ggf. Entspannen bei 120 ... 150 °C) durchzuführen.

Tabelle 2.28 Stahlguß für Werkzeuge

Stahlsorte	Verwendungsbeispiele
Warmarbeitsstahlguß	
G X 38 CrMoV 5-1	Gesenke, Kokillen, unempfindlich gegen Warmrißbildung; $R_m = 1\,000 \ldots 1\,600$ MPa
G X 40 CrMoV 5-1	Gesenkeinsätze, Teile für Preßgesenke, sehr gute Anlaßbeständigkeit und Warmverschleißfestigkeit; $R_m = 1\,300 \ldots 1\,600$ MPa
G 37 CrMoW 5-1	Stempel, Matrizen, Gesenkeinsätze; sehr gute Anlaßbeständigkeit und Warmfestigkeit, unempfindlich gegen Warmrißbildung
Kaltarbeitsstahlguß	
G 45 CrNiMo 4-2	Form- und Prägewerkzeuge, Niederhalter
G X 100 CrMoV 5-1	Präge-, Schnitt- und Ziehwerkzeuge, Form-, Profil- und Richtrollen
G X 165 CrMoV 12	Großwerkzeuge für die spanlose Umformung, Tiefzieh-, Form- und Schnittwerkzeuge, Richt-, Kalibrier- und Profilierrollen
G X 250 CrV 25	Form- und Tiefziehwerkzeuge, Verschleißteile in Pumpen, Förderschnecken, Rührarme in der Hütten-, Zement- und Keramikindustrie
Stahlguß für Kunststofformen	
G 40 CrMnMo 7	Niederhalter für die Kunststoffverarbeitung, Schließplatten und Rahmen für Druckgießformen für Leichtmetalle
G 38 CrMoV 5-1	
G X 40 CrMoV 5-1	

10. Randschicht- und thermochemisch härtbarer Stahlguß

Für Gußteile, z. B. große Getrieberäder, die neben einer hohen Kernzähigkeit eine harte und verschleißfeste Randschicht aufweisen sollen, kann in Abhängigkeit von der chemischen Zusammensetzung das Einsatz-, Nitrier- oder Induktions- bzw. Flammenhärten angewandt werden.

Einsatzhärtbare Stahlgußsorten

Für das Einfachhärten (vgl. 2.5.1.2) sind geeignet:
G 16 MnCr 5, G 17 CrMnMo 5-5 und G 22 NiMoCr 5-6.

Für das Direkthärten ist geeignet: G 25 CrMo 4.

Nitrierhärtbare Stahlgußsorten

Die nachfolgend genannten Sorten werden vornehmlich durch Gas- oder Badnitrieren aufgestickt. Während unlegierte Sorten im normalgeglühten

Zustand nitriert werden, müssen die legierten Sorten im vergüteten Zustand behandelt werden. Für das Nitrierhärten geeignete Sorten sind: G C 45 E, G 12 CrMo 19-5, G 30 CrMoV 6-4, G 35 CrMoV 10-4 und G 42 CrMo 4.

Die erreichbaren Randhärtewerte bewegen sich zwischen 400 HV (G C 45 E) und 1 100 HV bei G 12 CrMo 19-5.

Induktions- und flammenhärtbare Stahlgußsorten

2

Unlegierte Sorten werden im normalgeglühten, legierte Sorten im vergüteten Zustand randschichtgehärtet. Nach dem Härten soll bei 140 bis 200 °C entspannt werden.

Geeignete Sorten sind: G C 45 E, G 42 CrMo 4, G 51 CrV 4 u. a.

2.4.2.2 Temperguß

Temperguß ist ein Eisen-Kohlenstoff-Gußwerkstoff, dessen Zusammensetzung insbesondere hinsichtlich des C- und Si-Gehaltes so eingestellt ist, daß das Gußstück (Rohguß) graphitfrei erstarrt. Der gesamte Kohlenstoff liegt gebunden als Fe_3C und in Eisenmischkristallen gelöst vor. Die Rohgußteile sind wegen ihres hohen Fe_3C-Anteils sehr spröde und technisch noch nicht verwendbar. Die Gebrauchseigenschaften werden erst durch eine nachfolgende Wärmebehandlung (Tempern) bei 950 bis 1 050 °C mit 4 ... 6 Tagen Dauer eingestellt. Das Tempern hat die Aufgabe, das metastabile Fe_3C zu zerlegen und den freiwerdenden Kohlenstoff zu oxidieren oder elementar als Temperkohle im Gefüge abzuscheiden. Die chemische Zusammensetzung des Temperguß (Si-Anteil) und die Art des angewandten temperatur- und zeitabhängigen Glühverfahrens bestimmen den Gefügeaufbau des Werkstoffs und damit seine Festigkeitseigenschaften und Anwendungsmöglichkeiten.

Die als weißer Temperguß bekannten Sorten werden durch Glühen der Rohgußteile bei 1050 °C in entkohlender Atmosphäre (CO, CO_2, H_2, H_2O) und einer Glühdauer bis zu etwa 80 Stunden hergestellt. Dabei wird der in Abhängigkeit von der Wanddicke beim Zerfall des Fe_3C freiwerdende C völlig in CO überführt oder verbleibt zum Teil elementar als Temperkohle im Inneren des Werkstücks.

Das Gefüge ist bei geringen Wanddicken (< 12 mm) ferritisch. Bei größeren Wanddicken bilden sich 3 Gefügezonen:

Kernzone:	Perlit (+ Ferrit) + Temperkohle
Übergangszone:	Perlit + Ferrit + Temperkohle
Randzone:	Ferrit+ Temperkohle.

Schwarzen Temperguß erhält man durch Glühen der Rohgußteile bei 950 °C in Schutzgasatmosphäre (neutrale Atmosphäre). Entsprechend der Zusammensetzung und den Wärmebehandlungs- bzw. Glühbedingungen (Temperatur-Zeit-Verlauf) liegt nach dem Zerfall des Fe₃C die Temperkohle in einer überwiegend ferritischen oder perlitischen Grundmasse vor. Siehe dazu die Gefügebilder 2.19, 2.20 und 2.21.

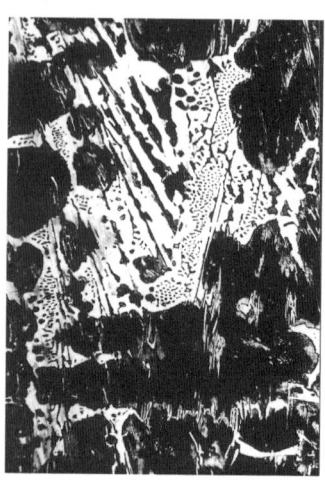

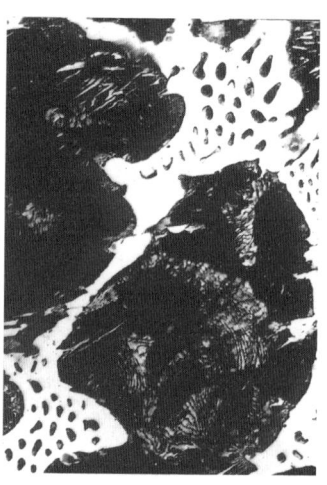

Bild 2.19 Temperrohguß; Gefüge: Perlit + Sekundärzementit + Ledeburit II (200 : 1)

Bild 2.20 Temperrohguß; Gefüge: Perlit + Sekundärzementit + Ledeburit II (500 : 1)

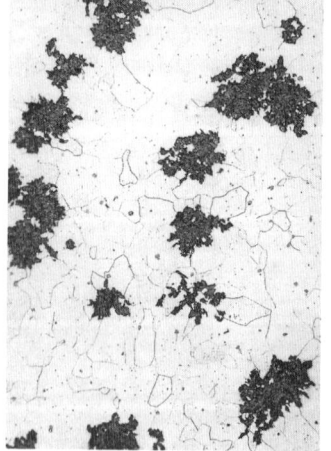

Bild 2.21 Temperguß; Gefüge: Ferrit + Temperkohle (100 : 1)

Temperguß wird mit Zugfestigkeitswerten zwischen 300 und 800 MPa, gültig für den Probendurchmesser $d = 12$ mm, hergestellt. Temperguß ist in DIN EN 1562 (8.1997) genormt.

Bezeichnung der Tempergußsorten

Mit dem Bezeichnungssystem für Gußeisen nach DIN EN 1560 (8.97) hat sich auch die Kennzeichnung von Temperguß grundlegend geändert. Sie kann mit einem Kurzzeichen oder durch Angabe der Werkstoffnummer vorgenommen werden.

❑ **Beispiele**: Im Kurzzeichen EN-GJMW-400-5 bedeuten:
   EN   Europanorm (europäische Norm)
   G   Gußwerkstoff
   J   Eisen
   MW entkohlend geglüht (W – white bzw. weiß)
   400 Mindestzugfestigkeit in MPa
   5   Dehnung in % für die Ausgangslänge $L_0 = 3,4\sqrt{S_0}$

Tabelle 2.29 Temperguß nach DIN EN 1562 (8.1997)

Kurzzeichen	Werkstoffnummer	$R_{p\,0,2}$ (min) in MPa	R_m (min) in MPa	$A_{3,4}$ (min) in %	HB
EN-GJMW-350-4	EN-JM 1010	—	350	4	230
EN-GJMW-360-12	EN-JM 1020	190	360	12	200
EN-GJMW-400-5	EN-JM 1030	220	400	5	220
EN-GJMW-450-7	EN-JM 1040	260	450	7	220
EN-GJMW-550-4	EN-JM 1050	340	550	4	250
EN-GJMB-300-6	EN-JM 1110	—	300	6	150
EN-GJMB-350-10	EN-JM 1130	200	350	10	150
EN-GJMB-450-6	EN-JM 1140	270	450	6	200
EN-GJMB-500-5	EN-JM 1150	300	500	5	215
EN-GJMB-550-4	EN-JM 1160	340	550	4	230
EN-GJMB-600-3	EN-JM 1170	390	600	3	245
EN-GJMB-650-2	EN-JM 1180	430	650	2	260
EN-GJMB-700-2	EN-JM 1190	530	700	2	290
EN-GJMB-800-1	EN-JM 1200	600	800	1	320

HB Brinellhärte

Die Bezeichnung EN-GJMW-400-5 entspricht dem bisherigen Kurzzeichen GTW-40-5 (weißer Temperguß) nach DIN 1692. Im Kurzzeichen EN-GJMB-350-10 bedeuten die Buchstaben MB nicht entkohlend geglüht (B – black bzw.

schwarz). Das Kurzzeichen dieser Sorte entspricht der bisherigen Bezeichnung GTS-35-10 (schwarzer Temperguß) nach DIN 1692.

Tabelle 2.29 enthält die Tempergußsorten nach DIN EN 1562 (1997) und ihre kennzeichnenden mechanischen Eigenschaften.

❑ **Verwendungsbeispiele für Temperguß**: Die Tempergußsorten niedriger R_m-Werte werden für Teile mit Stückmassen bis zu 2 kg, wie Fittings, Schraubenschlüssel, Zwingen, Hebel, Kleinmaschinenteile u. ä. verwendet. Die Sorten höherer Festigkeit werden für Teile mit Stückmassen bis zu 30 kg, wie Differential-, Hinterachs- und Getriebegehäuse, Druckhebel und anderes eingesetzt.

2.4.2.3   Hartguß

1. Unlegierter Hartguß

Hartguß ist Gußeisen, das ganz (Vollhartguß) oder teilweise (Kokillenhartguß, Schalenhartguß) nach dem metastabilen System Fe-Fe$_3$C erstarrt. Während Vollhartguß über den gesamten Querschnitt ein weißes bis meliertes Bruchaussehen aufweist, hat die Bruchfläche von Kokillenhartguß eine weiß erstarrte Randzone, eine melierte Übergangszone und einen grau erstarrten Kern (Perlit oder Ferrit + Graphit). Die Dicke der weiß erstarrten Randzone wird als *Schrecktiefe*, die Gesamtdicke der Randzone und der melierten Übergangszone wird als *Einstrahltiefe* bezeichnet.

Für die Kennzeichnung von unlegiertem Hartguß gilt die Bezeichnung -GJN-, daran werden das Kurzzeichen für die Vickershärte HV und die maximalen Härtewerte angehängt, z. B. EN-GJN-HV400.

❑ **Verwendung**: Die unlegierten Hartgußsorten werden z. B. für Mahlscheiben und Spaltringe in Getreide- und Farbmühlen, Mahlplatten in Zement-Rohrmühlen, Kniehebelplatten in Steinbrechern, Kollergangplatten, Stempel und Matrizen für Tiefziehwerkzeuge und Preßwerkzeuge für die Brikettherstellung verwendet.

2. Legierter Hartguß

Legierter Hartguß erstarrt nach dem metastabilen System Fe-Fe$_3$C. Neben C (2,6 . . . 3,2 %), Si (0,4 . . . 2,0 %), Mn (0,3 . . . 1 %), P ($\leq$ 0,3 %) und S ($\leq$ 0,15 %) enthält legierter Hartguß zur Erhöhung der Härte und Verschleißfestigkeit Ni (3,3 . . . 6 %), Cr (1,5 . . . 9 %) und Mo ($\leq$ 0,4 %).

Das Gefüge besteht aus martensitischer Grundmasse, geringen Mengen an Restaustenit und Karbiden. Wegen der beim Erstarren auftretenden erheblichen inneren Spannungen sind die Gußstücke sehr schlagempfindlich und müssen daher einer mehrstündigen Wärmebehandlung zum Abbau dieser Spannung unterworfen werden. Die spanende Bearbeitung ist sehr erschwert. Sie ist nur mit hartstoffbestückten Werkzeugen bzw. durch Schleifen (bei guter Kühlung) möglich.

❑ **Verwendungsbeispiele**:
- *Bauindustrie und Straßenbau*: Betonmischerschaufeln, -auskleidungen, Mischmesser in Asphaltmischern, Schlackenbrechwalzen
- *Bergbau und Sinteranlagen*: Mahlkugeln, Kugelmühlenroste, Brecherringe, -walzen, Flotationsschaufelräder, Warmsinter-Rücklaufrohre
- *Gießerei und Stahlindustrie*: Sandblasdüsen, Schaufeln und Pflüge für Sandmischer, Fallbirnen, Erzbunkerauskleidungen, Kalt- und Warmwalzen
- *Keramische- und Zementindustrie*: Kollergangslaufringe, Auskleidungen für Kollergangswannen, Walzen für Tonbrecher, Messer für Lehmmischer, Förderschnecken, Platten für Gliederbandförderer
- *Kraftwerke*: Aschenrohre, Aschenpumpengehäuse, Laufräder für Aschenpumpen, Mahlringe für Kohlenstaubmühlen, Kohlenstaubgebläse
- *Nahrungsmittel- und Futterindustrie*: Reibmahlscheiben, Mahlscheiben, Getreideflockenwalzen, Walzen und Schlagkörper für Ölgewinnung
- *Papierindustrie*: Scheiben für Rindenschälmaschinen, Holzklobenhalter, Auskleidungen für Holzklobenförderer.

2.4.2.4 Gußeisen

1. Gußeisen mit Lamellengraphit

Gußeisen mit Lamellengraphit ist ein Eisen-Kohlenstoff-Gußwerkstoff, dessen als Graphit vorliegender Kohlenstoff überwiegend lamellar ist. Seiner chemischen Zusammensetzung nach besteht Gußeisen mit Lamellengraphit etwa aus $2,7\ldots3,8$ % C, $0,8\ldots3$ % Si, $0,4\ldots0,8$ % Mn, $0,1\ldots1,1$ % P, $0,05\ldots0,12$ % S und Eisen.

Die Eigenschaften des Gußeisens werden maßgeblich durch den C- und Si-Gehalt bestimmt. Si verschiebt die Konzentration des Eutektikums nach niederen C-Gehalten. Es verringert die C-Löslichkeit der γ-Mk und die C-Konzentration des Eutektoids.

Si fördert den Zerfall des Fe_3C, wobei elementarer C entsteht:

$$Fe_3C + Si \longrightarrow Fe_3Si + C$$

Die Abhängigkeit der Eigenschaften des Gußeisens vom Anteil des C und Si wird mit dem Quotienten aus dem Gesamtkohlenstoffgehalt und dem eutektischen Kohlenstoffgehalt dargestellt und als Sättigungsgrad S_C bezeichnet.

$$S_C = \frac{C_{gesamt}}{C_{eutektisch}}$$

Die Verschiebung des eutektischen Punktes durch die Begleitelemente wird durch $C_{eutektisch}$ wiedergegeben.

Nach HANEMANN und SCHRADER ergibt sich $C_{eutektisch}$ aus der Beziehung

$$C_{eutektisch} = 4{,}23 - \frac{\% \, Si}{3{,}2}$$

Nach TOBIAS und BRINKMANN ergibt sich $C_{eutektisch}$ aus

$$C_{eutektisch} = 4{,}23 - 0{,}312 \, Si - 0{,}33 \, P + 0{,}006 \, Mn$$

Da Mn als karbidbildendes Element den eutektischen Punkt nach höheren C-Gehalten verschiebt, erhält es in dieser Beziehung ein positives Vorzeichen.

Für die Bestimmung des Sättigungsgrades S_C sind folgende Beziehungen gebräuchlich:

$$S_C = \frac{\% \, C}{4{,}23 - \dfrac{Si + P}{3{,}2}} \qquad \text{und}$$

$$S_C = \frac{\% \, C}{4{,}23 - 0{,}312 \, \% \, Si - 0{,}275 \, \% \, P}$$

Der Sättigungsgrad S_C gibt an, inwieweit ein Gußeisen von der eutektischen Zusammensetzung abweicht:

$$S_C = 1 \text{ eutektisch, } S_C < 1 \text{ untereutektisch, } S_C > 1 \text{ übereutektisch}$$

Da der Gefügeaufbau des Gußeisens sehr stark von den Abkühlungsbedingungen während und nach der Erstarrung und damit von der Gußstückwanddicke abhängig ist, sind die mechanischen Eigenschaften wanddickenabhängig. Für hohe Anforderungen an Zugfestigkeit und Verschleißfestigkeit ist ein perlitisches Grundgefüge am günstigsten (vgl. dazu Tabelle 2.30 und die Bilder 2.22 und 2.23).

Der in den verschiedenen Gußeisensorten im hexagonalen Schichtgitter kristallisierende lamellare Graphit (fein-, groblamellar, knoten- und nestförmig) unterbricht die metallische Grundmasse und stellt damit eine Querschnittsschwächung dar.

Da der Graphit im Gußeisen keine Zugspannungen aufnimmt, ergibt sich eine inhomogene Spannungsverteilung und eine Spannungsabhängigkeit des E-Moduls, d. h., für Gußeisen trifft das *Hookesche Gesetz* nicht zu. Für Druckbeanspruchung läßt sich durch die Inkompressibilität des Graphits ein E-Modul, der etwa dem des Stahls entspricht, bestimmen. Eine wichtige Eigenschaft des Gußeisens ist sein hohes Dämpfungsvermögen für mechanische Schwingungen. Das Dämpfungsvermögen ergibt sich nach GALLOWAY zu

$$GJL : GJS : St = 1 : 1{,}8 : 4{,}3$$

Das heißt, Gußeisen mit Lamellengraphit (GJL) dämpft gegenüber von Stahl mechanische Schwingungen 4,3-mal schneller oder besser.

Bezeichnung von Gußeisen nach DIN 1560 (8.97)

Je nach Form des im Gußeisen auftretenden Graphits wird an die Buchstaben GJ (für Gußeisenwerkstoff) ein entsprechender Buchstabe (L; S; V) angehängt. Dabei bedeuten:

L   Lamellengraphit
S   Sphärolithischer oder Kugelgraphit
V   Vermikulargraphit (wurmförmiger Graphit)

Das Kurzzeichen enthält bei GJL eine Ziffernfolge, die die Zugfestigkeit R_m in MPa bzw. N/mm^2 oder die zu erwartende Brinellhärte HB angibt.

❑ **Beispiele**:

EN-GJL-350   Gußeisen mit Lamellengraphit und $R_m = 350$ MPa
EN-GJL-HB235   Gußeisen mit Lamellengraphit und 235 Brinellhärte-Einheiten

Das Kurzzeichen GJS wird durch die Angabe der Zugfestigkeit in MPa bzw. N/mm^2 und der Bruchdehnung A in % und ggf. durch die Buchstaben RT oder LT, die die Eignung für Raumtemperatur bzw. tiefe Temperaturen angeben, ergänzt.

❑ **Beispiele**:

EN-GJS-400-15   Gußeisen mit Kugelgraphit; $R_m = 400$ MPa; $A = 15$ %
EN-GJS-400-18-LT   Gußeisen mit Kugelgraphit; $R_m = 400$ MPa; $A = 18$ %,
                   geeignet für tiefe Temperaturen

Für den Fall, daß ein bestimmter Brinellhärtewert verlangt wird, wird an das Kurzzeichen GJS das Symbol HB und der entsprechende Härtewert angehängt, z. B. EN-GJS-HB300.

❑ **Verwendungsbeispiele**: Die mit $S_C = 0,94 \ldots 1,06$ nahezu eutektischen Sorten EN-GJL-150 und EN-GJL-200 sind zur Herstellung von Maschinenbetten, -ständern und -tische, Traversen, Muffen-, Abfluß- und Flanschrohre geeignet. Die untereutektischen Sorten EN-GJL-250 und EN-GJL-300 werden für Gußteile im allgemeinen und Werkzeugmaschinenbau, sowie für Getriebe- und Kurbelgehäuse verwendet.

Für Schiffsdieselmotoren, Dampfturbinengehäuse sowie andere Maschinen- und Apparateteile mit erhöhten Festigkeitsansprüchen kommt die ebenfalls untereutektische Sorte EN-GJL-350 in Betracht.

▶ *Anmerkung*: Die metallische Grundmasse der Sorte EN-GJL-150 ist ferritisch-perlitisch, die der anderen Sorten ist perlitisch.

Tabelle 2.30 enthält mechanische Eigenschaften der üblichen Gußeisensorten nach DIN EN 1561 (8.1997).

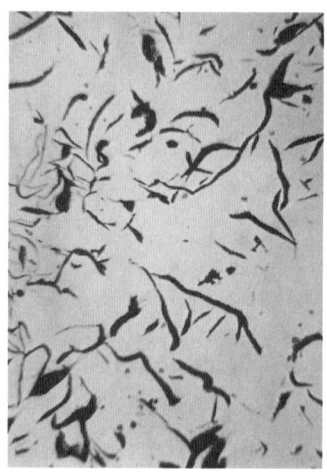 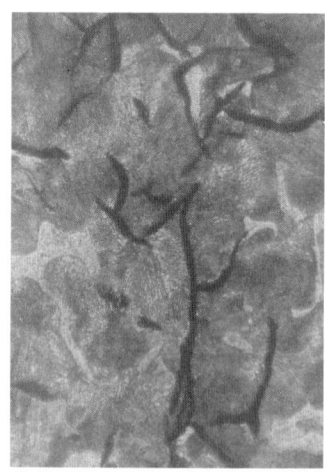

Bild 2.22 Gußeisen mit Lamellen-
graphit (poliert) (100 : 1)

Bild 2.23 Gußeisen mit Lamellen-
graphit; Gefüge: Perlit + Graphit +
Phosphideutektikum (400 : 1)

Tabelle 2.30 Gußeisen mit Lamellengraphit DIN EN 1561 (8.1997)

Kurzzeichen Werkstoff- nummer	R_m in MPa	$R_{p0,1}$ in MPa	σ_{dB} in MPa	$\sigma_{d0,1}$ in MPa	σ_{bB} in MPa	σ_{bW} in MPa	HB
EN-GJL-150 EN-JL 1020	150 ...250	98 ...165	600	195	250	70	100 ...175
EN-GJL-200 EN-JL 1030	200 ...300	130 ...195	720	260	290	90	120 ...195
EN-GJL-250 EN-JL 1040	250 ...350	165 ...228	840	325	340	120	145 ...215
EN-GJL-300 EN-JL 1050	300 ...400	195 ...260	960	390	290	140	165 ...235
EN-GJL-350 EN-JL 1060	350 ...450	228 ...285	1 080	455	490	145	185 ...255

Die Bruchdehnung A bewegt sich zwischen 0,3 und 0,8 %.
σ_{db} Druckfestigkeit, $\sigma_{d0,1}$ Stauchgrenze, σ_{bB} Biegefestigkeit, σ_{bW} Biegewechselfestigkeit

2. Gußeisen mit Kugelgraphit

Gußeisen mit Kugelgraphit (GGG) ist ein Eisen-Kohlenstoff-Gußwerkstoff, dessen als Graphit vorliegender Kohlenstoffanteil nahezu vollständig in weitgehend kugeliger Form vorliegt.

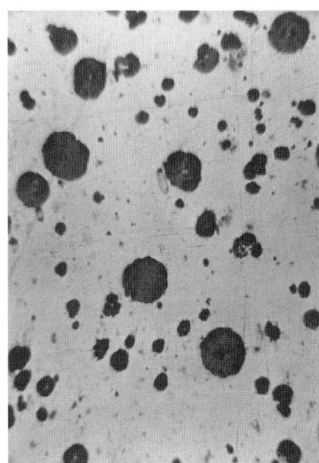

Bild 2.24 Gußeisen mit Kugelgraphit (poliert) (100 : 1)

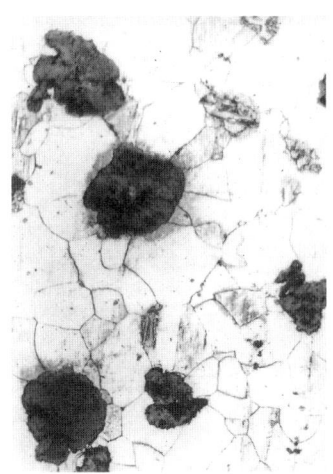

Bild 2.25 Ferritisches Gußeisen mit Kugelgraphit (200 : 1)

2

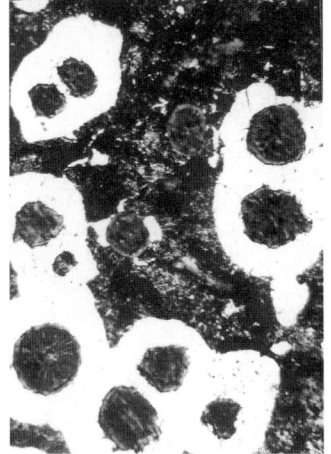

Bild 2.26 Perlitisches Gußeisen mit Kugelgraphit; Kugelgraphit mit Ferrithöfen (200 : 1)

Als Anhaltswerte der chemischen Zusammensetzung gelten für die genormten Sorten folgende Angaben: 3,2 ... 3,6 % C, 2,2 ... 2,8 % Si, 0,4 ... 1,0 % Mn, $\leqq$ 0,08 ... 0,20 % P, $\leqq$ 0,03 % S, Rest Fe.

Die Bildung von kugelförmigen Graphit setzt, neben bestimmten C- und Si-Gehalten und besonderer S-Armut, die Schmelzenbehandlung (Modifizierung) mit Mg (und Ferrosilizium) voraus. Außer reinem Magnesium werden auch Ni-Mg-, Cu-Mg-Vorlegierungen mit 10 ... 20 % Mg verwendet. Die Schmelzenbehandlung erfolgt im Autoklaven (mit Deckel verschlossene Gießpfanne) oder durch Tauchverfahren. Die beim Einbringen des Mg in die Schmelze im Autoklaven entstehende Drucksteigerung auf 0,59 ... 0,78 MPa erhöht die Mg-Ausbeute auf $\leq$ 90 % gegenüber 30 ... 40 % Mg-Ausbeute beim Modifizieren unter Atmosphärendruck.

Tabelle 2.31 Gußeisen mit Kugelgraphit nach DIN EN 1563 (8.1997)

Kurzzeichen Werkstoff- nummer	R_m in MPa	$R_{p0,2}$ in MPa	A in %	σ_{dB} in MPa	σ_D in MPa	HB	Gefüge
EN-GJS-350-22 EN-JS 1010	350	220	22	—	180	160	Ferrit
EN-GJS-400-18 EN-JS 1020	400	250	18	700	195	135 ... 180	Ferrit
EN-GJS-450-10 EN-JS 1040	450	310	10	700	210	160 ... 210	
EN-GJS-500-7 EN-JS 1050	500	320	7	800	224	170 ... 230	Ferrit–Perlit
EN-GJS-600-3 EN-JS 1060	600	370	3	870	248	190 ... 270	Perlit–Ferrit
EN-GJS-700-2 EN-JS 1070	700	420	2	1 000	280	225 ... 305	Perlit
EN-GJS-800-2 EN-JS 1080	800	480	2	1 150	304	245 ... 335	Perlit bzw. wärmebehandelter Martensit
EN-GJS-900-2 EN-JS 1090	900	600	2	—	317	270 ... 360	wärmebehandelter Martensit

σ_D Dauerfestigkeit (Umlaufbiegeversuch nach Wöhler mit ungekerbter Probe und 10,6 mm Durchmesser)

Zur Bildung des kugelförmigen Graphits gibt es verschiedene Theorien: indirekte Bildung beim Zerfall von Fe_3C, durch direkte Kristallisation aus der Schmelze und durch Kohlenstoffausscheidung aus dem primären Austenit. Der Beitrag des Mg an der Entstehung des kugelförmigen Graphits soll in der Herabsetzung der Oberflächenspannung des Graphits durch adsorbierte Mg-Atome bestehen. Die Kugelform des Graphits führt gegenüber lamellarem Graphit zu wesentlichen Verbesserungen der Eigenschaften des Gußeisens. So wird bei gleichen Graphitanteilen die metallische Grundmasse des GJS wesentlich weniger unterbrochen als bei GJL, wodurch die innere Kerbwirkung erheblich gemindert ist. Daraus ergeben sich bessere mechanische Eigenschaften (vgl. dazu Tabelle 2.30 und 2.31). Das Dämpfungsvermögen für mechanische Schwingungen verschlechtert sich jedoch. Die metallische Grundmasse ist je nach Sorte ferritisch, ferritisch-perlitisch oder perlitisch. Vgl. Bilder 2.24 bis 2.26. Durch Zusatz bestimmter Legierungsbestandteile (Ni) wird GJS austenitisch.

❏ **Verwendungsbeispiele**: Die Sorten EN-GJS-350-22, EN-GJS-400-18 und EN-GJS-450-10 sind für Auto- und Motorenteile, Kupplungen, Gehäuse, sowie für Gußteile in der Elektrotechnik geeignet. Die höherfesten Sorten werden für hochbeanspruchte Teile des Maschinenbaues, für Kurbelwellen, Zahnräder, Pressen- und Pumpen- sowie Hydraulikgußteile eingesetzt.

3. Bainitisches Gußeisen

Bei dieser Gußeisenklasse liegt der Kohlenstoff überwiegend in kugeliger Form vor. Durch eine Wärmebehandlung (Bainitisieren) ergeben sich im Vergleich zum Gußeisen mit Kugelgraphit höhere Festigkeits- und Zähigkeitseigenschaften. Die Wärmebehandlung ist hier ein integraler Bestandteil des Herstellungsprozesses und besteht in der Austenitumwandlung im Temperaturbereich von 250 bis 400 °C in ein bainitisch-ferritisches Grundgefüge. Falls eine mechanische Bearbeitung des Gußstückes erforderlich ist, so ist diese vor der Wärmebehandlung vorzunehmen.

Tabelle 2.32 enthält einige Angaben zu den mechanischen Eigenschaften dieser Gußeisenklasse.

Tabelle 2.32   Bainitisches Gußeisen nach DIN EN 1564 (8.1997)

Kurzzeichen Werkstoff- nummer	R_m (min) in MPa	$R_{p\,0,2}$ (min) in MPa	A in %	HB
EN-GJS-800-8 EN-JS 1100	800	500	8	260...320
EN-GJS-1000-5 EN-JS 1110	1 000	700	5	300...360
EN-GJS-1200-2 EN-JS 1120	1 200	850	2	340...440
EN-GJS-1400-1 EN-JS 1130	1 400	1 100	1	380...480

❏ **Verwendung**: Die in Tabelle 2.32 genannten Sorten sind analog zu den in Tabelle 2.31 genannten Gußeisensorten mit Kugelgraphit, jedoch bei höheren Festigkeitsansprüchen anwendbar.

4. Verschleißfestes Gußeisen

Das Gefüge dieser weißen Gußeisensorten besteht vorwiegend aus eutektischen Eisenkarbiden in einer perlitischen Grundmasse. DIN EN 12 513 (1996) löst für die weißen Gußeisensorten DIN 1695 (9.1981) ab.

Verschleißfestes weißes Gußeisen wird danach unterteilt in:
- unlegiertes oder niedriglegiertes Gußeisen
- Chrom-Nickel-Gußeisen mit 4 % Ni und 2 % Cr sowie 9 % Cr und 5 % Ni
- hochchromhaltiges Gußeisen mit 11 bis 14 % Cr, 14 bis 18 % Cr, 18 bis 23 % Cr, 23 bis 28 % Cr

Für die Bezeichnung von verschleißfestem Gußeisen gilt das Kurzzeichen EN-GJN-, daran werden das Kurzzeichen -HV- für die Vickershärte und die dreistellige Zahl der maximalen Härte angeschlossen.

Tabelle 2.33 Verschleißfestes Gußeisen nach DIN EN 12 513 (1996)

Kurzzeichen Werkstoffnummer	HV (min)	C in %	Cr in %	Ni in %	Mo in %	Cu in %
EN-GJN-HV 350 EN-JN 2010	350	2,4...3,9	≤ 2	—	—	—
EN-GJN-HV 520 EN-JN 2020	520	2,5...3,0	1,5...3,0	3,0...5,5	—	—
EN-GJN-HV 550 EN-JN 2030	550	3,0...3,6		3,0...5,5	—	—
EN-GJN-HV 600 EN-JN 2040	600	2,5...3,5	8,0...10	4,5...6,5	—	—
EN-GJN-HV 600 (X Cr 11) EN-JN 2050	600	1,8...2,4 oder > 2,4...3,2 oder > 3,2...3,6	11,0...14,0	$\leq 2,0$	$\leq 3,0$	$\leq 1,2$
EN-GJN-HV 600 (X Cr 14) EN-JN 2060			14,0...18,0			
EN-GJN-HV 600 (X Cr 18) EN-JN 2070			18,0...23,0			
EN-GJN-HV 600 (X Cr 23) EN-JN 2080			23,0...28,0			

Der Si-Gehalt liegt bei 0,4 bis 1,5 %. Die Mn-Gehalte liegt zwischen 0,2 und 1,5 %.

❑ **Beispiel**: En-GJN-HV 520
   Bei den hochchromhaltigen Sorten wird in Klammern der Mindest-Cr-Gehalt an das Kurzzeichen angehängt.

❑ **Beispiel**: EN-GJN-HV 600 (X Cr 14)
In Tabelle 2.33 sind Gußeisensorten nach DIN EN 12513 (1996) mit ihren wesentlichen Komponenten aufgeführt.

❑ **Verwendungsbeispiele**: Die in Tabelle 2.33 genannten Sorten werden für gleiche Zwecke wie Hartguß jedoch bei höheren Ansprüchen an Zähigkeit, Stoßbeanspruchbarkeit und Verschleißfestigkeit eingesetzt.

▶ *Anmerkung*: Zähigkeit und Stoßbeanspruchbarkeit nehmen mit abnehmendem C-Gehalt zu, während sich die Verschleißfestigkeit bei zunehmendem C-Gehalt erhöht.

2

5. Legiertes Gußeisen

Legiertes Gußeisen ist ein Eisen-Kohlenstoff-Gußwerkstoff, dessen als Graphit vorkommender Kohlenstoff überwiegend in lamellarer oder nahezu vollständig in kugeliger Form vorhanden ist und dem zum Erreichen besonderer Eigenschaften bei mechanischer, thermischer und chemischer Beanspruchung Legierungselemente zugesetzt werden. Da die bisher gültige DIN 1695 (9.81) durch eine Euronorm ersetzt werden soll, werden im folgenden nur einige allgemeine Angaben zur chemischen Zusammensetzung und zu Verwendungsmöglichkeiten gemacht.

Legiertes Gußeisen für besondere mechanische Beanspruchung

Diese Sorten können außer mit $2,8\ldots3,9\%$ C, $1,0\ldots2,6\%$ Si, $0,1\ldots2,0\%$ Mn, $\leq 0,5\%$ P und $\leq 0,12\%$ S mit $0,8\ldots3,0\%$ Cu, $0,2\ldots0,6\%$ Cr, $0,4\ldots4,0\%$ Ni und $0,3\ldots1,0\%$ Mo legiert sein.

❑ **Verwendungsbeispiele**: Die mit Cu und Cr legierten Sorten eignen sich für Gußstücke (Wanddicken von 15 bis 150 mm) mit größeren Wanddickenunterschieden, wie Pumpen, Verdichter, Verbrennungsmotoren, Teile für Werkzeugmaschinen. Die Ni-Mo-(Cr)-legierten Sorten kommen für Kurbel- und Nockenwellen, Zylinder, Zahnräder, Matrizen und Preßstempel in Betracht.

Legiertes Gußeisen für besondere thermische Beanspruchung

Neben Anteilen von $2,1\ldots3,8\%$ C, $0,5\ldots2,0\%$ Mn, $1,4\ldots3,6\%$ oder auch $3,5\ldots6,5\%$ Si können diese Sorten mit $< 0,4\ldots7,0\%$ Cu, $0,4\ldots20\%$ Ni, $0,2\ldots4,0\%$ Cr und $0,20\ldots1,0\%$ Mo legiert sein.

❑ **Verwendungsbeispiele**: Niedriglegiertes Ni-Cr-Gußeisen (mit Lamellengraphit) ist bei Betriebstemperaturen bis 500 °C für Dieselzylinderblöcke und -köpfe sowie Dampfturbinengehäuse geeignet.

Mo-Cr-legiertes Gußeisen ist für die gleichen Zwecke, jedoch für Temperaturen bis 600 °C einsetzbar. Die mit Si bzw. Ni-Si-Cr oder Ni-Cu-Cr hochlegierten Sorten (vornehmlich mit Kugelgraphit) sind bei Betriebstemperaturen zwischen 850 und 1000 °C für Gußstücke im Feuerungsbau, für Sinter- und Glühtöpfe, Glasformen, Schmelztiegel für Leichtmetalle sowie Turboladergehäuse und Zylinderköpfe verwendbar.

Legiertes Gußeisen für besondere chemische Beanspruchung

Diese Gußeisensorten können neben 2,1...3,7 % C, 0,8...5 % Si, 0,5...2,0 % Mn, $\leqq$ 0,08... $\leqq$ 0,30 % P und $\leqq$ 0,12 % S mit 0,4...7 % Cu, 1,5...20 % Ni und 0,05...4 % Cr legiert sein. Diese Werkstoffe sind korrosionsbeständig gegen oxidierende Säuren, Laugen, alkalische Wässer und schmelzflüssige Metalle, wie Blei, Zink und Aluminium.

❑ **Verwendungsbeispiele**: Die mit Ni, Ni-Cu-Cr oder Ni-Si-Cr hochlegierten Sorten (mit Kugelgraphit) werden im Wanddickenbereich bis 100 mm für Gußstücke in der chemischen, Fahrzeug-, Erdöl- und Schiffbauindustrie eingesetzt.

Die mit bis zu 3 % Ni niedriglegierten Sorten mit Kugelgraphit sind für Schmelztiegel und Vakuumkonzentrationsapparate für Ätzalkalien in Anwendung.

2.5   Wärmebehandlung der Eisenwerkstoffe

Der Wärmebehandlung der Eisenwerkstoffe, vor allem von Stahl und Gußeisen, kommt eine sehr große technische und wirtschaftliche Bedeutung zu, da sich bestimmte gewünschte Gebrauchseigenschaften durch zielgerichtete Beeinflussung bzw. Änderung des Gefügeaufbaues einstellen lassen. Ziele der Wärmebehandlung sind, je nach den geforderten Gebrauchseigenschaften:

1. Verbesserung der mechanischen Eigenschaften (gegenüber dem Ausgangszustand) zur Verringerung der Konstruktionsmasse und zur Optimierung des ökonomischen Materialeinsatzes
2. Verbesserung der spanlosen und spanenden Formbarkeit
3. Erhöhung der Standzeit von Werkzeugen
4. Erhöhung der Verschleißfestigkeit
5. Erhöhung der Korrosionsbeständigkeit
6. Gewährleistung der Maßbeständigkeit bei Gußteilen und Meßzeugen
7. Ausgleich von Gefügeinhomogenitäten zur Sicherung bestimmter mechanischer, chemischer und elektrischer Eigenschaften

2.5.1   Wärmebehandlung von Stahl

Die Wärmebehandlung des Stahls läßt sich in drei Verfahrensgruppen einteilen:

1. thermische Verfahren
2. thermochemische Verfahren
3. thermomechanische Verfahren

In den Tafeln 2.4, 2.5 und 2.6 sind die wichtigsten Verfahren der drei Gruppen zusammengestellt.

Tafel 2.4 Übersicht über die thermischen Verfahren der Wärmebehandlung nach [2] (teilweise geändert)

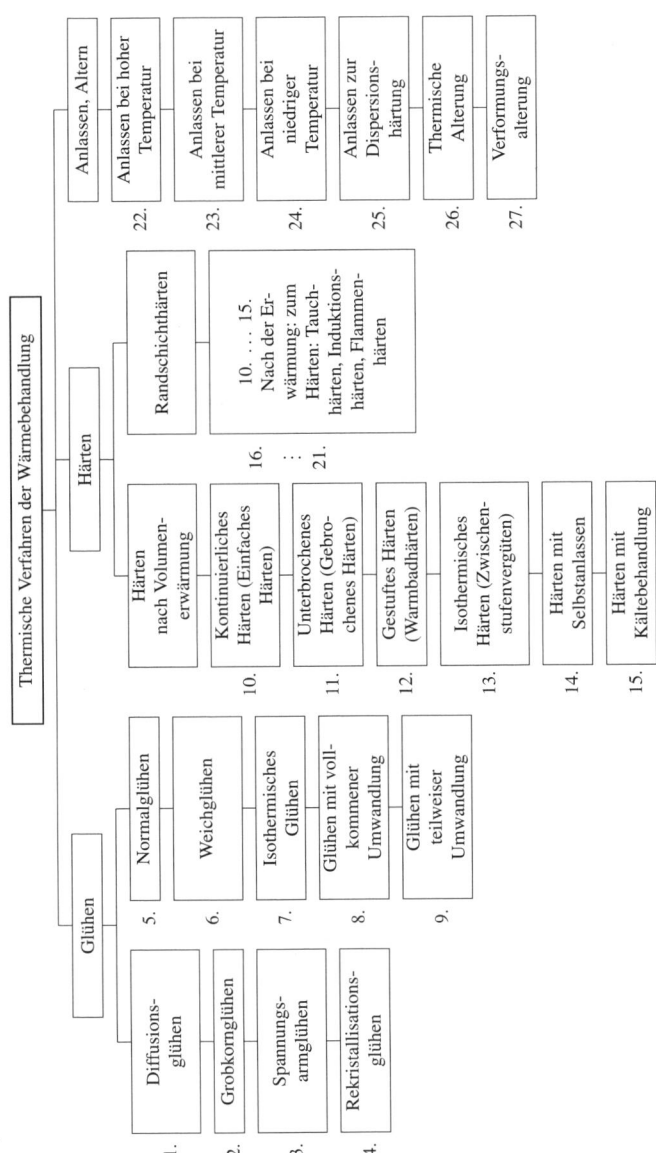

Thermische Verfahren der Wärmebehandlung

Glühen

1. Diffusionsglühen
2. Grobkornglühen
3. Spannungsarmglühen
4. Rekristallisationsglühen
5. Normalglühen
6. Weichglühen
7. Isothermisches Glühen
8. Glühen mit vollkommener Umwandlung
9. Glühen mit teilweiser Umwandlung

Härten

Härten nach Volumenerwärmung
10. Kontinuierliches Härten (Einfaches Härten)
11. Unterbrochenes Härten (Gebrochenes Härten)
12. Gestuftes Härten (Warmbadhärten)
13. Isothermisches Härten (Zwischenstufenvergüten)
14. Härten mit Selbstanlassen
15. Härten mit Kältebehandlung

Randschichthärten
16. ... 21. 10. ... 15. Nach der Erwärmung: zum Härten: Tauchhärten, Induktionshärten, Flammenhärten

Anlassen, Altern

22. Anlassen bei hoher Temperatur
23. Anlassen bei mittlerer Temperatur
24. Anlassen bei niedriger Temperatur
25. Anlassen zur Dispersionshärtung
26. Thermische Alterung
27. Verformungsalterung

Tafel 2.5 Übersicht über die thermochemischen Verfahren der Wärmebehandlung

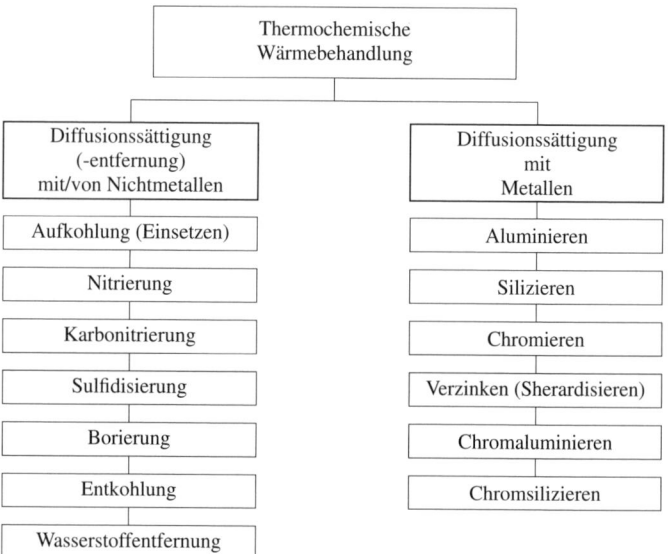

Tafel 2.6 Übersicht über die thermomechanischen Verfahren der Wärmebehandlung

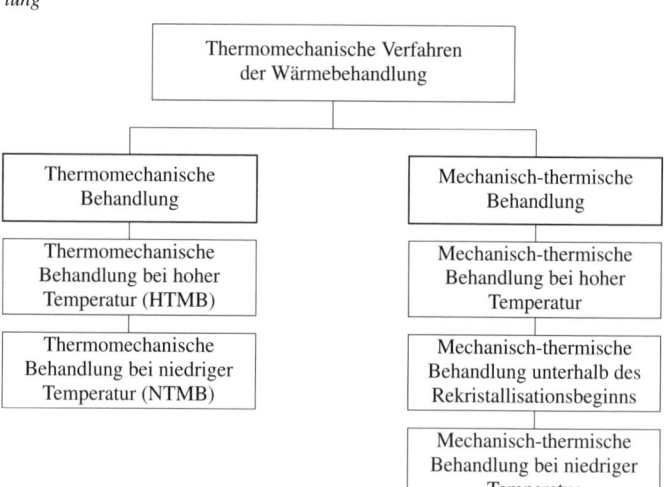

2.5.1.1 Thermische Verfahren der Wärmebehandlung des Stahls

2.5.1.1.1 Glühen

> **Definition**: Hoch- und Durchwärmen auf eine Temperatur, Halten und nachfolgendes Abkühlen zum Erzielen einer bestimmten Gefügeausbildung oder Verminderung vorhandener Spannungen.

2

Diffusionsglühen

> **Definition**: Glühen bei hohen Temperaturen – bei Stählen mit Gefügeumwandlung erheblich oberhalb A_{c3} bzw. A_{ccm} – mit langzeitigem Halten und nachfolgendem beliebigem Abkühlen, um eine gleichmäßigere Verteilung löslicher Bestandteile zu erzielen.

Aufgaben und Anwendung des Verfahrens. Das Verfahren hat die Aufgabe, Kristallseigerungen (Zonenmischkristalle) zu beseitigen und schalenförmige Sulfideinschlüsse in kuglige Form überzuführen. (Verbesserung der spanlosen und spanenden Formung). Zur Kristallseigerung im Stahl neigen folgende Elemente:

P, S, Si (in unlegierten Stählen)

Mn, Ni, Cr (in legierten Stählen)

Anwendung des Verfahrens bei Stahlguß, Stahlblöcken und Stahlknüppeln.

Durchführung des Verfahrens
1. langsames Hochwärmen auf etwa 1 000 . . . 1 200 °C
2. langzeitiges Halten (20 . . . 50 h) in diesem Temperaturbereich
3. langsames Abkühlen
4. Normalglühen (bei umwandlungsfähigen Stählen)

Um Entkohlen und Verbrennen des Stahls zu vermeiden, sind die Teile in Stahlspäne oder Koksgrieß zu verpacken.

Das Normalisieren ist zweckmäßig, um das ggf. durch den langzeitigen Homogenisierungsprozeß entstandene grobe Kristallgefüge (Grobkorn) zu beseitigen.

Bei umwandlungsfreien Legierungen (ferritische oder austenitische Stähle), die noch geformt werden müssen/können, wird das grobe Gefüge entweder durch Warmformen oder Kaltformen mit anschließendem Rekristallisationsglühen beseitigt.

In Bild 2.27a ist der Temperatur-Zeit-Verlauf für umwandlungsbehaftete untereutektoide Stähle schematisch dargestellt.

Grobkornglühen

> **Definition**: Glühen untereutektoider Stähle bei einer Temperatur oberhalb A_{c3} mit zweckentsprechendem Abkühlen, um gröberes Korn zu erzielen.

Aufgaben und Anwendung des Verfahrens. Mit dem Verfahren soll z. B. bei überdimensionierten Schmiedestücken oder bei schwer zu bearbeitenden Teilen die nachfolgende spanende Bearbeitung durch Bildung eines grobkristallinen Gefüges erleichtert werden. Diesem Verfahren können nur Stähle unterworfen werden, die bei langsamer Abkühlung in der Perlitstufe umwandeln. Dazu gehören die unlegierten Einsatz- und Vergütungsstähle, sowie Cr- und Cr-Mn-legierte Einsatzstähle. Um die Gebrauchseigenschaften der Teile wieder herzustellen, ist es erforderlich, nach dem Schruppen mindestens normalzuglühen.

Durchführung des Verfahrens. Siehe Diffusionsglühen, jedoch mit geringerer Haltezeit. Im Bild 2.27b ist der Temperatur-Zeit-Verlauf für untereutektoide Stähle schematisch angegeben.

Spannungsarmglühen

> **Definition**: Glühen bei einer Temperatur unterhalb A_{c1} mit anschließendem langsamen Abkühlen zum Verringern innerer Spannungen ohne Änderung der Gefügeausbildung.

Aufgaben und Anwendung des Verfahrens. Mit diesem Verfahren sollen innere Spannungen abgebaut bzw. vermindert werden. Man unterscheidet zwei Arten innerer Spannungen:

> 1. *Bearbeitungsspannungen*, die durch umfangreiche Spanungsarbeiten (z. B. beim Schruppen) oder durch spanlose Umformung hervorgerufen werden.
> 2. *Wärme- bzw. Schrumpfspannungen*, die bei zu rascher Abkühlung von Gußstücken und Schweißverbindungen oder bei ungleichmäßiger und zu schneller Erwärmung auftreten.

Bearbeitungsspannungen erhöhen beim nachfolgenden Härten die Verzugsempfindlichkeit. Wärmespannungen sind unter anderem Ursachen von Rissen in Schweißverbindungen. Das Spannungsarmglühen ist für Schweißverbindungen anzuwenden, deren Schweißfaktor $< 0,9$ ($< 90 \%$ Festigkeit der Schweißnaht gegenüber dem Grundwerkstoff) ist.

Bei Schweißkonstruktionen, die wegen ihrer Abmessungen nicht geglüht werden können, kann ein annähernder Spannungsausgleich durch örtliches Erwärmen auf etwa 200 °C schweißnahtnaher Bereiche erreicht werden.

Die inneren Spannungen werden im allgemeinen bei Haltezeiten von etwa 1 h bei 550 bis 650 °C, bei komplizierten Teilen in 6 bis 10 h im gleichen Temperaturbereich plastisch abgebaut.

Um das Entstehen von Wärmespannungen im Anschluß an das Glühen weitestgehend auszuschließen, kommt der langsamen Abkühlung der Teile größte Bedeutung zu. Die mechanischen Eigenschaften des Stahls und aller metallischen Werkstoffe sind temperaturabhängig. Dabei nehmen die Streckgrenze und die Zugfestigkeit mit steigender Temperatur ab. Liegen die inneren Spannungen bei Raumtemperatur weit unterhalb der Streckgrenze, so können sie die Werte der bei den Temperaturen des Spannungsarmglühens noch vorhandenen Streckgrenze überschreiten. Die inneren Spannungen verursachen dann die Wanderung gleitfähiger Versetzungen, die zu Formänderungen im Mikrobereich führen und gleichzeitig die Verminderung der Spannungen zur Folge haben.

Durchführung des Verfahrens
1. langsames Hochwärmen auf Glühtemperatur (550 . . . 650 °C)
2. ein- oder mehrstündiges Halten auf Glühtemperatur
3. langsames Abkühlen (50 . . . 100 K · h^{-1})

Bild 2.27c zeigt schematisch den Temperatur-Zeit-Verlauf.

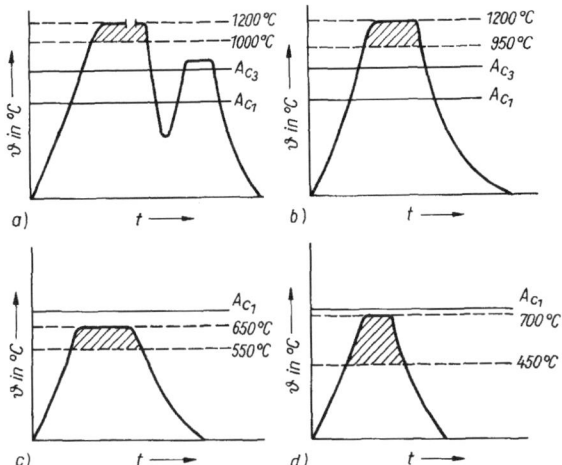

Bild 2.27 Temperatur-Zeit-Verläufe beim Glühen
a) Diffusionsglühen mit nachfolgendem Normalglühen, b) Grobkornglühen,
c) Spannungsarmglühen, d) Rekristallisationsglühen (unlegierter Stahl)

Als Entspannen wird das ein- oder mehrstündige Auskochen des Stahls in Wasser oder Öl (100…200 °C) bezeichnet, um eine relativ geringe Verminderung der durch Oberflächenhärtung hervorgerufenen hohen Wärme- bzw. Schrumpfspannungen bei Werkstücken zu erreichen, bei denen hohe Oberflächenhärtewerte gefordert werden.

Rekristallisationsglühen

> **Definition**: Glühen von kaltverfestigtem Stahl oberhalb der Temperatur des Rekristallisationsbeginns zum Beseitigen der Kaltverfestigung und Erzielen einer bestimmten Korngröße ohne Phasenumwandlung.

Aufgaben, Anwendung und Durchführung des Verfahrens. Vgl. Abschnitt „Rekristallisation". Temperatur-Zeit-Verlauf siehe Bild 2.27d.

Normalglühen oder Normalisieren

> **Definition**: Glühen bei einer Temperatur oberhalb A_{c3}, bei übereutektoidem Stahl oberhalb A_{c1} mit nachfolgendem Abkühlen zum gleichmäßigen Verteilen der Gefügebestandteile.

Aufgaben und Anwendung des Verfahrens. Umwandlung von grobkörnigem, ungleichmäßigem Gefüge in feinlamellares (normales), feinkörniges Gefüge.

Das bei zu hohen Schmiede- oder Walzendtemperaturen entstehende grobkörnige Gefüge oder die in untereutektoidem Stahlguß oder in Schweißverbindungen (bei Mehrlagen-Schweißverbindungen in der Decklage) auftretenden grobkörnigen α-Mk (*Widmannstättensches Gefüge*) kann durch Normalisieren (ein- oder zweifaches Normalisieren) beseitigt werden. Das Normalisieren von Schweißverbindungen ist dann erforderlich, wenn ein Schweißfaktor > 0,9 verlangt wird.

Durchführung des Verfahrens
1. langsames Erwärmen auf etwa 550…650 °C zur gleichmäßigen Durchwärmung und um Wärmespannungen zu vermeiden
2. zügiges Weitererwärmen (Hochwärmen) auf Glühtemperatur ($\approx$ 30 K oberhalb A_{c3} bzw. A_{c1})
3. Halten auf Glühtemperatur (Dauer entsprechend dem Querschnitt, aber möglichst kurz; für die Haltezeit existieren verschiedene empirische Beziehungen)
4. Luftabkühlung (bis etwa 600 °C)

Die Schlußabkühlung kann bei wenig verzugsempfindlichen Teilen an ruhender Luft, bei komplizierten Teilen in dem abkühlenden Ofen erfolgen.

Bild 2.30a zeigt schematisch den Temperatur-Zeit-Verlauf beim Normalglühen.

Ursachen der Kornverfeinerung beim Normalisieren

Das zügige Hochwärmen von Temperaturen (550...650 °C) unterhalb der Umwandlungslinie *PSK* ($\widehat{=} A_{c1}$) auf Temperaturen oberhalb der Umwandlungslinie *GOS* ($\widehat{=} A_{c3}$) verzögert den Beginn der α, γ-Umwandlung. Diese Umwandlungsverzögerung hat eine Vergrößerung der Keimzahl zur Bildung von γ-Mk (Austenit) zur Folge. Dadurch entstehen im Gegensatz zur langsamen Erwärmung eine größere Zahl, aber feinkörnigere γ-Mk. Beim relativ raschen Abkühlen an Luft wird nun analog der Beginn der γ, α-Umwandlung verzögert, wodurch gegenüber langsamer Abkühlung eine größere Keimzahl zur Bildung von α-Mk bzw. des Eutektoids Perlit (α-Mk + Fe$_3$C) entsteht. Die rasche Abkühlung des Stahls aus dem γ-Gebiet führt demnach zu einem ähnlichen Effekt wie die Unterkühlung von Metallschmelzen, d. h., es bildet sich ein feinkörniges Gefüge. Zusammenfassend läßt sich feststellen: die Herstellung eines feinkörnigen Gefüges (Normalisieren) des Stahls beruht auf der zweifachen Phasenumwandlung ($\alpha \rightarrow \gamma \rightarrow \alpha$) im festen Zustand.

Das Normalisieren übereutektoider Stähle (bis etwa 1 % C) wird durch Glühen bei Temperaturen von etwa 30 K $> A_{c1}$ und nachfolgender Abkühlung erreicht.

Das Glühen übereutektoider Stähle bei Temperaturen oberhalb der Linie *ES* ($\widehat{=} A_{ccm}$) wird zur Beseitigung grober Karbidnetze angewandt. Mit der nachfolgenden Luftabkühlung soll die erneute netzartige Ausscheidung von Sekundärzementit weitgehend verhindert werden (vgl. Bild 2.28 und 2.29).

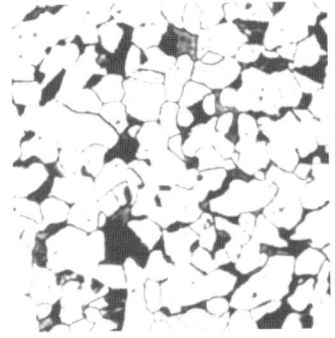

Bild 2.28 Stahlguß mit 0,27 % C, unbehandelt: WIDMANNSTÄTTEN*sches Gefüge (100 : 1)*

Bild 2.29 Stahlguß (wie Bild 2.28), normalgeglüht (100 : 1)

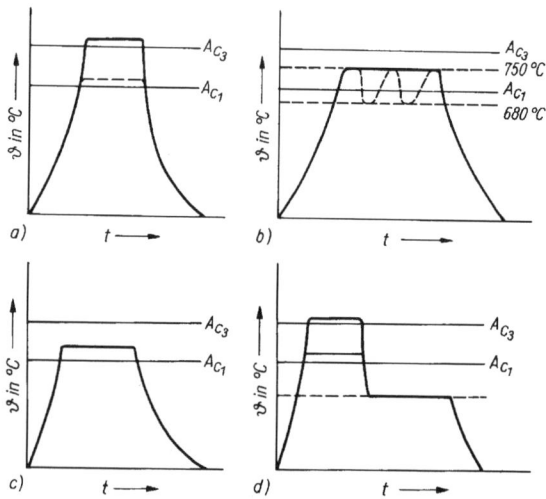

Bild 2.30 *Temperatur-Zeit-Verläufe beim Glühen*
a) Normalglühen, b) Weichglühen, c) Glühen mit teilweiser Umwandlung,
d) Isothermisches Glühen

Weichglühen

> **Definition**: Glühen bei einer Temperatur dicht unterhalb A_{c1} oder oberhalb
> A_{c1} mit anschließendem langsamen Abkühlen zum Erzielen überwiegend
> körnigen Zementits.

Aufgaben und Anwendung des Verfahrens. Verbesserung der spanlosen
oder spanenden Formbarkeit durch Einformen des lamellaren Zementits
(des Perlits). Bei übereutektoiden Stählen soll durch entsprechende Temperaturführung (Pendeln um A_{c1}) auch Sekundärzementit in kuglige Form
überführt werden. Durch die Bildung kugelförmigen Zementits oder anderer
Karbide bzw. körnigen Perlits verringert sich die Formänderungsfestigkeit,
d. h., der Stahl wird weicher.

Durch die gleichmäßige und feinkörnige Verteilung der Karbide ergibt sich für
ein nachfolgendes Härten ein günstiges Ausgangsgefüge, da die Karbide damit
leichter vom Austenit (γ-Mk) gelöst werden (vgl. Bild 2.31).

Für unlegierte, untereutektoide Stähle mit $< 0{,}5\ \%$ C ist das Weichglühen weniger geeignet, da diese Stähle bei der spanenden Formung zum „Schmieren"
neigen, wodurch die Oberflächenqualität vermindert wird.

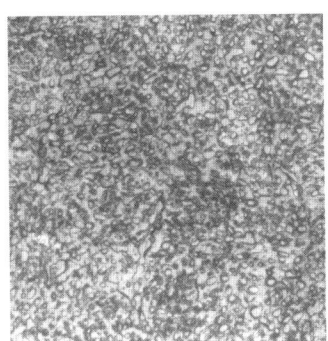

2

*Bild 2.31 C 115, weichgeglüht:
körniger Perlit*

Durchführung des Verfahrens
1. langsames durchgreifendes Hochwärmen
2. mehrstündiges Halten auf Glühtemperatur bzw. Pendeln um A_{c1}
3. Ofenabkühlung

Bild 2.30b zeigt schematisch den Temperatur-Zeit-Verlauf für unlegierten untereutektoiden bzw. übereutektoiden Stahl.

Die Glühtemperatur liegt für unlegierte Stähle zwischen 680 °C und 750 °C. Schnellarbeitsstähle und ledeburitische Chromstähle werden bei 800...850 °C weichgeglüht, Ni-legierte Stähle dagegen bei 620...650 °C.

Glühen mit vollkommener Umwandlung

> **Definition**: Glühen des Stahls oberhalb A_{c3} bzw. A_{ccm}. Halten bei dieser Temperatur und nachfolgender Abkühlung, um Gefüge der Perlitstufe nach vollständiger Umkristallisation zu erhalten [2], [22].

Aufgaben und Anwendung des Verfahrens. Dieses Verfahren ist dem Normalisieren fast analog. Das Ziel bzw. die Aufgaben des Verfahrens weichen jedoch davon ab, da hier nicht feinlamellarer Perlit, sondern andere Gefüge der Perlitstufe gebildet werden sollen.

Perlitstufe: Gefüge der Perlitstufe sind Perlit, Sorbit und Troostit. Sie unterscheiden sich in den Lamellenabständen und daraus resultierend in den Härtewerten. Nach BLANTER [2] ergeben sich folgende Verhältnisse

Gefüge	Härte in *HB*	Lamellenabstand in µm
Perlit	180	0,6...0,7
Sorbit	250	≈ 0,25
Troostit	400	0,03...0,1

Die γ, α-Umwandlung verschiebt sich durch Erhöhung der Abkühlungsgeschwindigkeit nach tieferen Temperaturen, vgl. 2.5.1.1.2.

Läuft diese Umwandlung auch bei erhöhter Abkühlungsgeschwindigkeit noch als eutektoide Dreiphasenreaktion (γ-Mk $\rightarrow$ α-Mk + Fe$_3$C) ab, so nimmt der Lamellenabstand der Phasen ab und die Feinstreifigkeit des Perlits zu, bis sie beim Troostit lichtmikroskopisch nicht mehr auflösbar ist.

Diese Gefüge, die als Folge der eutektoiden Dreiphasenreaktion entstehen, werden daher als Gefüge der Perlitstufe bezeichnet.

Während sich diese Gefüge bei unlegiertem Stahl durch erhöhte Abkühlungsgeschwindigkeit einstellen lassen, neigen legierte Stähle bei erhöhten Abkühlungsgeschwindigkeiten zur Bildung von Gefügen, die zwischen der Perlitstufe und dem Härtegefüge *Martensit (Martensitstufe)* liegen, sog. *Zwischenstufengefüge* oder *Bainit*, vgl. 2.5.1.1.2.

Da die Zwischenstufengefüge im allgemeinen höhere Festigkeitswerte als die der Perlitstufe zeigen, dürfte im Sinne einer besseren Bearbeitbarkeit dieses Verfahrens für niedriglegierte Stähle (bei Einhaltung geringer Abkühlungsgeschwindigkeiten) geeignet sein.

Durchführung des Verfahrens. Der Temperatur-Zeit-Verlauf entspricht prinzipiell dem des Normalglühens. Die Führung des Abkühlungsvorganges ist jedoch auf die Stahlmarke abzustimmen.

Glühen mit teilweiser Umwandlung

Definition: Glühen des Stahls zwischen A_{c1} und A_{c3} bzw. A_{ccm} und nachfolgendes Halten und Abkühlung, um perlitisches Gefüge nach unvollständiger Umkristallisation zu erzielen [2].

Aufgaben und Anwendung des Verfahrens. Die Aufgaben dieses Verfahrens sind nahezu mit denen des Weichglühens identisch.

Die Glühtemperaturen sind so zu wählen, daß die γ, α-Umwandlung nur unvollständig abläuft und bei der Abkühlung nichtlamellarer Perlit (körniger oder entarteter) entsteht. Die unvollständige Austenitisierung – Fe$_3$C wird nicht vollkommen im Austenit gelöst – führt zeitlich schneller zu einem Weichglühgefüge als beim üblichen Weichglühen bei Temperaturen unterhalb A_{c1}. Die Bedeutung dieses Gefüges für die Bearbeitbarkeit des Stahls wurde beim Weichglühen erklärt.

Durchführung des Verfahrens
1. langsames Erwärmen auf Glühtemperatur
2. Halten bei dieser Temperatur (zwischen A_{c1} und A_{c3} bzw. A_{ccm}) bei geringerer Haltedauer als beim Weichglühen
3. langsames Abkühlen

Temperatur-Zeit-Verlauf siehe Bild 2.30c.

2

Isothermisches Glühen

> **Definition**: Glühen oberhalb A_{c3} für untereutektoide und oberhalb A_{c1} oder A_{ccm} für übereutektoide Stähle, Abkühlung auf die Temperatur der Perlitumwandlung (γ, α-Umwandlung) und isothermisches Halten bis zum vollständigen Zerfalls des Austenits mit nachfolgender Abkühlung, um Gefüge der Perlitstufe zu erhalten [2].

Aufgaben und Anwendung des Verfahrens. Das Verfahren ist ein Sonderfall des Normalisierens, es wird auch als *Perlitisieren* bezeichnet.

Das isothermische Glühen ist bei solchen Stählen (legierte St.) anzuwenden, die beim langsamen Abkühlen von der Normalglühtemperatur zur Bildung von Zwischenstufengefüge oder Martensit neigen. Voraussetzung für eine erfolgreiche Behandlung, die eine bessere Bearbeitbarkeit des Stahls zum Ziel hat, ist die Kenntnis bzw. das Vorhandensein des isothermen Zeit-Temperatur-Umwandlungs-Diagramms (ZTU-Diagramm) der betreffenden Stahlmarke.

Das Verfahren wird vorzugsweise bei legierten Einsatz- und Vergütungsstählen sowie bei schweren Schmiedestücken angewandt, wenn annähernd gleiche Festigkeitswerte über große Querschnitte verlangt werden.

Durchführung des Verfahrens
1. Erwärmen auf Temperaturen wenig oberhalb A_{c3} bzw. A_{c1} oder A_{ccm}
2. Abkühlen im Warmbad (Salzbad) auf die jeweilige Temperatur der Perlitumwandlung mit der kürzesten Anlaufzeit ($550\ldots650\,°C$)
3. Halten bei dieser Temperatur bis zur vollständigen Perlitumwandlung
4. Abkühlen an der Luft

Vgl. dazu Bild 2.30d.

2.5.1.1.2 Härten

> **Definition**: Hoch- und Durchwärmen des gesamten Volumens oder bestimmter Oberflächenschichten auf Härtetemperatur, Halten und nachfolgendes Abkühlen mit solcher Geschwindigkeit, daß vorwiegend Martensit entsteht.

Martensit: Bezeichnung des Härtegefüges des Stahls. Martensitkristalle sind mit Kohlenstoff übersättigte α-Mk. Wegen der unter normalen Bedingungen geringen Löslichkeit von C im kubisch-raumzentrierten α-Mk des Fe führt das Härten zu einer Verzerrung des α-Gitters in Richtung der c-Achse. Martensit wird daher auch als tetragonal verzerrter α-Mk aufgefaßt, dessen Härte um ein Vielfaches höher ist als die des normalen (krz) α-Mk. Die Härte des Martensits ist abhängig von der Menge des im Augenblick des Abschreckens im Austenit gelösten Kohlenstoffs.

1. Grundlagen zum Härten

Die γ, α-Umwandlung des unlegierten Stahls (prinzipiell trifft das auch für die umwandlungsfähigen legierten Stähle zu) wird durch die Abkühlungsgeschwindigkeit aus dem γ-Gebiet entscheidend beeinflußt.

Die Steigerung der Abkühlungsgeschwindigkeit verursacht die Verschiebung der Umwandlungslinien (*GOS* und *PSK* im *EKD*) nach tieferen Temperaturen und des Eutektoids nach niedrigeren C-Gehalten. Die Unterkühlung hat daneben auch Einfluß auf den Beginn und das Ende der Umwandlungsvorgänge. Unter Verzicht auf die Darstellung der Verschiebung der Umwandlungslinien bei kontinuierlicher Abkühlung sollen die Umwandlungsvorgänge in der Perlit- und Zwischenstufe an Hand eines isothermen *Zeit-Temperatur-Umwandlungs-Diagramms* (ZTU-Diagramm) kurz erklärt werden, Bild 2.32.

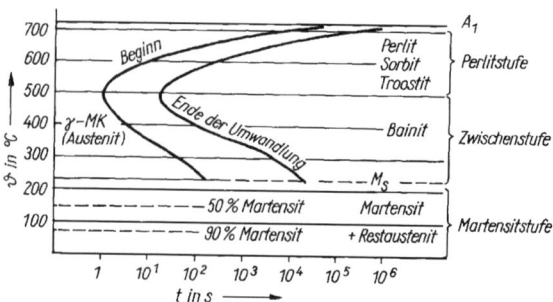

Bild 2.32 Isothermes Zeit-Temperatur-Umwandlungs-Diagramm (ZTU-Diagramm) eines eutektoiden Stahls

2. Erläuterung des isothermen ZTU-Diagramms

Das isotherme ZTU-Diagramm ist stets von links, an der Temperaturachse beginnend, nach rechts zu lesen!

Umwandlungsvorgänge in der Perlitstufe

Kühlt man den Stahl von der Austenitisierungstemperatur ($> A_{c1}$) auf eine Temperatur zwischen $< A_{c1}$ und etwa 500 °C in einem Warmbad (z. B. Salzschmelze) ab und hält ihn bei dieser Temperatur, so bleibt der Austenit (γ-Mk) über eine gewisse Zeit (Anlaufzeit) stabil. Wird nun entsprechend der gewählten Temperatur nach einiger Zeit die Linie des Beginns der Umwandlung erreicht, so beginnt die γ, α-Umwandlung gemäß der eutektoiden Dreiphasenreaktion: γ-Mk $\rightarrow$ α-Mk + Fe$_3$C. Mit Erreichen der Linie „Ende der Umwandlung" ist die γ, α-Umwandlung im wesentlichen abgeschlossen. Der Stahl weist jetzt gemäß der gewählten Temperatur ein Gefüge der *Perlitstufe* auf. Diese Gefüge sind durch lamellenartigen Aufbau bzw. die Anordnung der α-Mk und des Fe$_3$C gekennzeichnet.

Umwandlungsvorgänge in der Zwischenstufe

Kühlt man den Stahl von der Austenitisierungstemperatur auf eine Temperatur zwischen $\approx$ 500 °C und oberhalb M_S (Beginn der Martensitbildung) ab und hält ihn bei dieser Temperatur, so bildet sich im Umwandlungsintervall ein zweiphasiges Gefüge, das aus mit C übersättigten α-Mk und darin eingelagerten Karbiden besteht. Es wird als *Zwischenstufengefüge* oder *Bainit* bezeichnet.

Das Zwischenstufengefüge wird nach BROUWER und HABRAKEN [2] in 2 Hauptgruppen unterteilt:
1. Nadlige Zwischenstufengefüge: Sie entstehen sowohl bei isothermischer als auch bei kontinuierlicher Umwandlung.
2. Körnige Zwischenstufengefüge: Sie entstehen vor allem bei kontinuierlicher Abkühlung.

Nadlige Zwischenstufengefüge

Sie treten auf als:

Untere Zwischenstufengefüge (Umwandlungstemperatur dicht oberhalb M_S). Es besteht aus nadligen α-Mk, in denen reihenförmig stäbchenförmige Karbide (Fe$_3$C oder bei legierten Stählen Mischkarbide aus Fe und Legierungsmetallen) angeordnet sind. Diese Karbide liegen unter Winkeln von 50 . . . 60 ° zur α-Mk-Achse. Das „untere Zwischenstufengefüge" zeigt eine verhältnismäßig hohe Versetzungsdichte.

Oberes Zwischenstufengefüge (Umwandlungstemperatur im mittleren Bereich der Zwischenstufenumwandlung). Es besteht aus länglichen α-Mk-Platten mit parallel zur Achse liegenden langgestreckten Karbiden. Dieses Gefüge ähnelt lichtoptisch dem Perlit. Die Versetzungsdichte ist größer als im perlitischen Ferrit.

Nadliger Ferrit. Der Unterschied zum WIDMANNSTÄTTENschen Gefüge ist nur elektronenoptisch nachzuweisen. Die relativ großen α-Mk sind von einem Restaustenitsaum und Karbiden umgeben.

Körniges Zwischenstufengefüge

Dieses vornehmlich bei kontinuierlicher Abkühlung entstehende Gefüge bildet sich dicht unterhalb der Perlitstufe, d. h. im obersten Temperaturbereich der Zwischenstufenumwandlung. Nach [2] bildet sich zuerst Ferrit unter gleichzeitiger Kohlenstoffanreicherung des Austenits. Im Laufe der Umwandlung umschließen die α-Mk den Austenit, der dabei in α-Mk und Karbid oder nadlige Zwischenstufengefüge und Martensit zerfällt. Unter Umständen tritt eine Stabilisierung der γ-Mk als *Restaustenit* ein.

Umwandlungsvorgänge in der Martensitstufe

Um in den Bereich der Martensitstufe zu gelangen, muß der unlegierte Stahl von der Austenitisierungstemperatur mit einer so hohen Geschwindigkeit abgekühlt werden, daß Umwandlungen der Perlit- oder Zwischenstufe, d. h. kohlenstoff-(diffusionsabhängige-)gesteuerte Umwandlungen, unterdrückt werden. Die erforderliche Abkühlungsgeschwindigkeit heißt *kritische Abkühlungsgeschwindigkeit.* Man unterscheidet die *untere kritische Abkühlungsgeschwindigkeit* und die *obere kritische Abkühlungsgeschwindigkeit.*

Bei Anwendung der unteren kritischen Abkühlungsgeschwindigkeit wird neben Gefügen der Perlit- bzw. Zwischenstufe zum ersten Mal *Martensit* gebildet.

Die Anwendung der oberen kritischen Abkühlungsgeschwindigkeit führt nur zur Bildung von Martensit.

Bei isothermischer Umwandlung entscheidet zunächst die Haltetemperatur unterhalb des Martensitpunktes M_S über die Menge des entstehenden Martensits, vgl. Bild 2.32.

Die kritische Abkühlungsgeschwindigkeit ist abhängig:

1. vom Kohlenstoffgehalt
2. von Art und Menge der Legierungsbestandteile
3. von der Austenitisierungstemperatur (Härtetemperatur)

Im Regelfall verringert sich die kritische Abkühlungsgeschwindigkeit mit steigendem Anteil an C und Legierungsbestandteilen sowie mit steigender Austenitisierungstemperatur. Die Temperatur des Beginns (M_S) und des Endes der Martensitbildung (M_F) wird vor allem durch den C-Gehalt, die Austenitisierungsbedingungen und Legierungselemente beeinflußt. Die Abhängigkeit der

Martensittemperaturen vom C-Gehalt unlegierter Stähle geht aus Bild 2.33, nach MARDER und KRAUSS [2], hervor.

Der *Lattenmartensit* wurde bisher als *massiver Martensit*, der *Plattenmartensit* als *nadliger Martensit* bezeichnet.

Der Nachweis der Martensitstruktur wurde durch transmissionselektronenmikroskopische Untersuchungen erbracht.

Die *Austenitisierungsbedingungen* (Austenitisierungstemperatur und Dauer der Austenitisierung) beeinflussen die Lage des M_S-Punktes insofern, als mit zunehmender Austenitisierungstemperatur und -zeit die Menge gelöster Karbide bzw. Menge des Kohlenstoffs steigt und der M_S-Punkt erniedrigt wird.

Legierungselemente können, je nach Art und Menge, den M_S-Punkt anheben oder absenken. Co und Al erhöhen beispielsweise den M_S-Punkt.

Durch die Verschiebung des M_S- und M_F-Punktes nach niedrigeren Temperaturen und wegen der Stabilisierung des Austenits wird bei kontinuierlicher Abkühlung mit der kritischen Abkühlungsgeschwindigkeit, ausgehend von der Härtetemperatur (Austenitisierungstemperatur), die vollständige Umwandlung der γ-Mk in Martensit nicht mehr erreicht. Das Gefüge besteht dann bei Raumtemperatur aus Martensit (tetragonal) und mehr oder weniger großen Anteilen von Restaustenit (nicht umgewandelter metastabiler bzw. instabiler Austenit), vgl. dazu Bilder 2.33 und 2.34. Im Bild 2.34 ist der Volumenanteil von Restaustenit in Abhängigkeit vom C-Gehalt, nach MARDER, KRAUSS und ROBERTS [2], nach dem Abschrecken auf Raumtemperatur dargestellt.

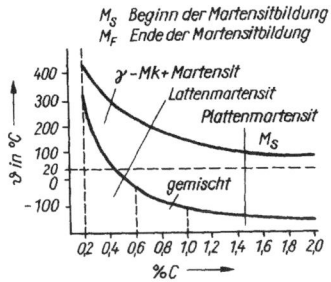

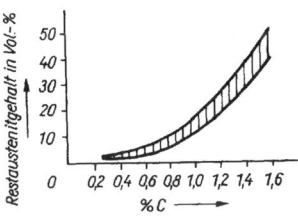

Bild 2.33 Abhängigkeit der Martensittemperaturen vom C-Gehalt bei unlegiertem Stahl, nach MARDER und KRAUSS [2]

Bild 2.34 Abhängigkeit des Restaustenitgehalts vom C-Gehalt unlegierter Stähle nach Abschrecken auf Raumtemperatur, nach MARDER, KRAUSS und ROBERTS [2]

Infolge der Volumenunterschiede zwischen Martensit und Restaustenit und der sich überlagernden Abkühlspannungen nimmt die *Härterißempfindlichkeit* mit steigendem C-Gehalt bzw. mit steigendem Restaustenitanteil zu.

Nach der Art des Abkühlungsmittels (Abschreckmittels), das zum Erreichen der kritischen Abkühlungsgeschwindigkeit bei kontinuierlicher Abkühlung für die jeweilige Stahlmarke erforderlich ist, unterscheidet man *Wasserhärter, Ölhärter* und *Lufthärter*. Die Wahl des Abschreckmittels (Wasser, Öl, Luft) richtet sich nach dem Umwandlungsverhalten des Stahls bei kontinuierlicher Abkühlung. Das Umwandlungsverhalten bei dieser Abkühlungsart kann dem entsprechenden *kontinuierlichen ZTU-Diagramm* entnommen werden. Je geringer die Zeit für das Erreichen des M_S-Punktes – ausgehend von der Härtetemperatur – ist, desto schroffer muß das Abkühlungsmittel wirken. Bild 2.35 zeigt kontinuierliche ZTU-Diagramme typischer Wasser-, Öl- und Lufthärter.

Ablauf der Martensitbildung

Wird der Stahl von der Härtetemperatur mit der kritischen Abkühlungsgeschwindigkeit (kontinuierlich) abgekühlt, so setzt beim Erreichen der M_S-Temperatur die Martensitbildung als diffusionslose γ, α-Umwandlung ein.

Innerhalb der einzelnen γ-Mk geht die Phasenumwandlung diskontinuierlich (stufenweise) vor sich, vgl. dazu Bild 2.36.

Die Phasenumwandlung erfaßt zunächst bestimmte Volumenanteile des Austenits, wobei Martensitkristalle mit einer Bildungsgeschwindigkeit von etwa 1 000 bis 5 000 m · s^{-1} entstehen. Die Zeit für die Bildung eines Martensitkristalls wird mit 10^{-7} s angegeben.

Infolge des größeren Volumens der Martensitkristalle gegenüber den austenitischen Bereichen, aus denen sie entstanden sind, ergeben sich Druckspannungen, die die Phasenumwandlung zunächst zum Stillstand bringen. Mit sinkender Temperatur und der gegenüber dem Martensit größeren Volumenschrumpfung vermindern sich die Druckspannungen, und die γ, α-Umwandlung erfaßt weitere Volumenanteile des noch verbleibenden γ-Mk. Liegt der M_F-Punkt bei oder oberhalb der Raumtemperatur, dann wird der γ-Mk restlos in Martensitkristalle umgewandelt. Andernfalls (vgl. dazu Bild 2.33) bleiben noch mehr oder weniger große Anteile des γ-Mk als *Restaustenit* im Gefüge. Der Restaustenit kann zu einem beliebig späteren Zeitpunkt durch Tiefkühlung, z. B. in flüssiger Luft oder flüssigem Stickstoff, in tetragonalen Martensit umgewandelt werden.

Die Martensitbildung ist nicht als Gitterumklappung aufzufassen, sondern stellt eine gleichzeitig *homogene Gleitungs- und inhomogene Scherungsdeformation* des Austenitgitters dar, wobei bestimmte Gitterebenen und -richtungen des Austenits und des Martensits parallel sein sollen, vgl. dazu Bild 2.37.

Zur Keimbildung bei der Martensitumwandlung und zur Entstehung von Latten- und Plattenmartensit gibt es noch keine einheitlichen Auffassungen.

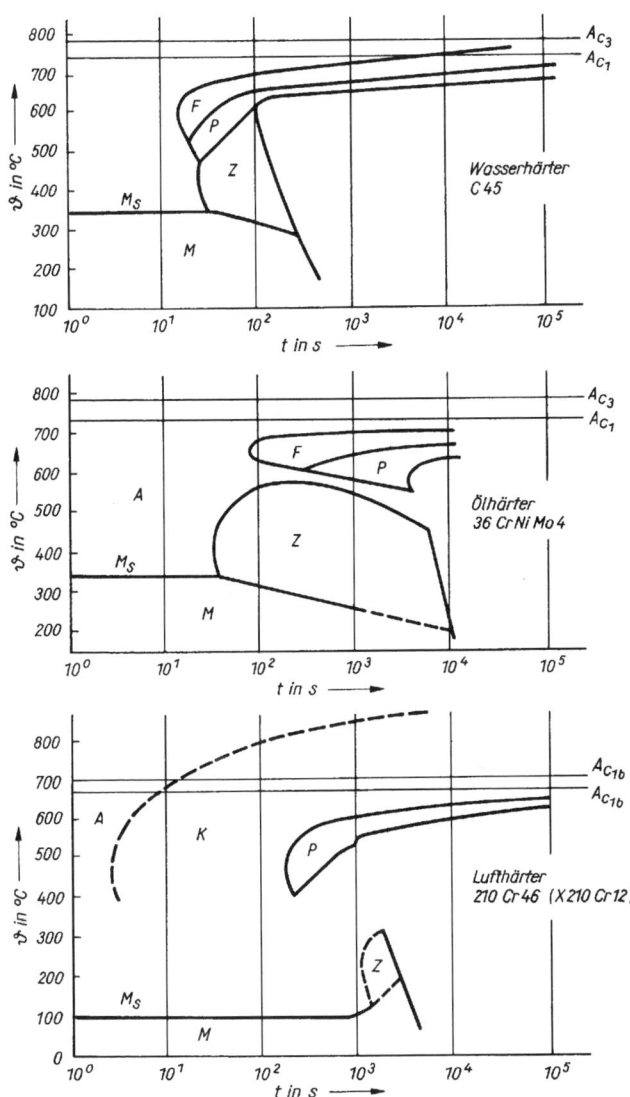

Bild 2.35 Kontinuierliche ZTU-Diagramme für Wasser-, Öl- und Lufthärter;
A Austenit (γ-Mk), F Ferrit (α-Mk), P Perlit, Z Zwischenstufengefüge, M Martensit,
K Karbid

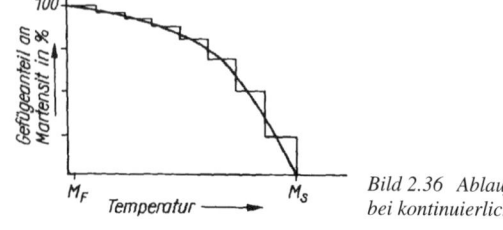

Bild 2.36 Ablauf der Martensitbildung bei kontinuierlicher Abkühlung, nach [2]

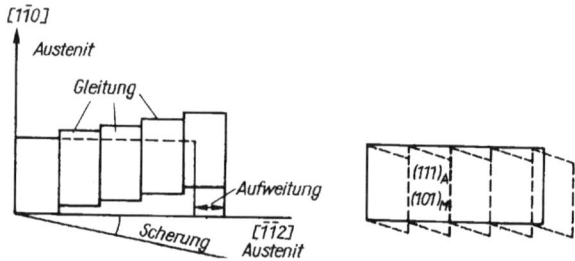

Bild 2.37 Gleitungs- und Scherungsdeformation bei der Martensitbildung, nach
DEHLINGER *[2]*

Martensit ist thermodynamisch instabil. Die Martensitbildung ist mit einer Volumenzunahme verbunden.

Nicht durchhärtende Bauteile können nach dem Härten wegen der Volumenunterschiede zwischen Martensit und den Gefügen der Perlit- oder Zwischenstufe bzw. dem Restaustenit sowie in Abhängigkeit vom Verlauf der Gitterumwandlung und den Abmessungen bzw. der Gestalt der Teile erhebliche Gefügespannungen aufweisen. Diese Spannungen sind Eigenspannungen I. Art, d. h. Spannungen, die sich zweidimensional über viele Kristallite erstrecken.

In der martensitischen Randzone erzeugen sie Druckspannungen und in der Kernzone Zugspannungen.

▶ *Anmerkung*: Die diffusionslose Phasenumwandlung – Martensitumwandlung – wird, außer bei umwandlungsfähigen Stählen und Eisenlegierungen, bei den Form-Gedächtnis-Legierungen auf der Basis Cu-Zn, Cu-Al, Cu-Al-Zn, Cu-Zn-Si, Cu-Zn-Ga, Ni-Ti, Au-Cd, In-Ti beobachtet.

2.5.1.1.3 Anlassen

1. Grundlagen zum Anlassen

Der beim Abschrecken von Stahl aus dem Austenitgebiet entstehende Martensit entspricht nicht dem Gleichgewichtszustand gemäß dem Zustandsdiagramm Fe-Fe_3C, sondern stellt das Gefüge eines Ungleichgewichtszustandes dar. Wegen der sehr großen Härte und Sprödigkeit werden die technischen Gebrauchseigenschaften des Stahls durch eine nachfolgende Wärmebehandlung – *Anlassen* – eingestellt.

Definition: Hoch- und Durchwärmen nach vorangegangenem Härten auf eine Temperatur unterhalb A_{c1}, Halten und nachfolgendes zweckentsprechendes Abkühlen zum Umwandeln des Gefüges vom Ungleichgewichtszustand in einen dem Gleichgewicht näheren Zustand.

2

Das Anlassen verursacht Gefügeänderungen, die bei unlegierten und legierten Stählen in 3 Stufen (Anlaßstufen) und bei sonderkarbidbildenden Stählen (z. B. Schnellarbeitsstähle) in 4 Stufen ablaufen.

2. Gefügeänderungen beim Anlassen

Die Gefügeänderungen sind abhängig von den Anlaßtemperaturen, -zeiten (-dauer), Aufheizgeschwindigkeiten und den Temperaturen und Zeiten, bei denen das Gefüge gebildet wurde. Legierungselemente verschieben die Anlaßstufen nach höheren Temperaturen. Die nachfolgenden Erläuterungen beziehen sich auf kontinuierliche, durchgreifende Erwärmung.

1. Anlaßstufe (> 100 °C)

Die erste Anlaßstufe ist gekennzeichnet durch den Rückgang der tetragonalen Verzerrung des Martensits. Die Tetragonalität geht auf $c/a = 1{,}012\ldots1{,}013$ zurück.

Gleichzeitig verringert sich der C-Gehalt des Martensits auf etwa $0{,}25\ldots0{,}35$ %, hervorgerufen durch die Ausscheidung eines hexagonal kristallisierenden C-reichen Karbids – ε-Karbid (etwa Fe_2C) – in $\langle 100 \rangle$-Richtung des Martensits. ε-Karbid bildet stäbchen- oder plättchenförmige Kristalle innerhalb des Martensits. Damit ist eine Verbesserung der Anätzbarkeit verbunden: Der nichtangelassene tetragonale Martensit erscheint im Gefügebild hell, während der in der 1. Anlaßstufe erhaltene Martensit dunkel angeätzt wird (*dunkler Martensit*).

2. Anlaßstufe (etwa 230 ... 280 °C)

Diese Anlaßstufe kann sich, bezogen auf den Temperaturbereich, mit der ersten etwas überlagern. Die tritt nur bei Stählen auf, deren M_F-Temperatur unterhalb Raumtemperatur liegt, die daher Restaustenit enthalten. Die zweite Anlaßstufe ist durch die Umwandlung von Restaustenit in dunklen Martensit gekennzeichnet. Sie ist mit einer Volumenzunahme verbunden, s. auch Bild 2.38.

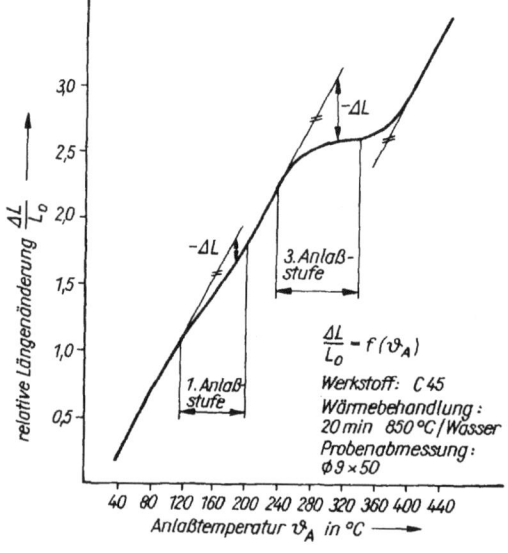

$$\frac{\Delta L}{L_O} = f(\vartheta_A)$$

Werkstoff: C 45
Wärmebehandlung:
20 min 850 °C / Wasser
Probenabmessung:
$\phi 9 \times 50$

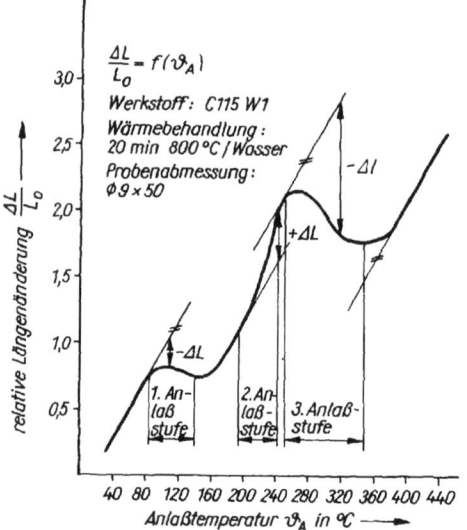

$$\frac{\Delta L}{L_O} = f(\vartheta_A)$$

Werkstoff: C 115 W1
Wärmebehandlung:
20 min 800 °C / Wasser
Probenabmessung:
$\phi 9 \times 50$

Bild 2.38 Längenänderung in Abhängigkeit von der Anlaßtemperatur von gehärtetem C 45 und C 115

3. Anlaßstufe (etwa 260 . . . 360 °C)

In dieser Anlaßstufe zerfällt der dunkle Martensit (unter Ausscheidung von Fe_3C) in ein zweiphasiges feinkörniges Gefüge aus α-Mk und Fe_3C.

Nicht sicher ist, ob sich Fe_3C aus ε-Karbid oder nach Wiederauflösung des ε-Karbids im dunklen Martensit aus diesem bildet.

4. Anlaßstufe (etwa 400 . . . < 700 °C)

Diese Anlaßstufe tritt bei sonderkarbidbildenden Stählen, vor allem Schnellarbeitsstählen auf. Zur Lösung der Sonderkarbide im Austenit verlangen die Schnellarbeitsstähle höhere Härtetemperaturen als andere härtbare Stähle. Nach dem Härten und Durchlaufen der drei Anlaßstufen erfolgt in der 4. Anlaßstufe eine feindisperse Ausscheidung der Sonderkarbide. In dieser Stufe stellt sich nach dem vorangegangenen Härteabfall (1. bis 3. Anlaßstufe) ein erneuter Härteanstieg – *Sekundärhärte* – ein, vgl. dazu Bild 2.18.

Die in den Anlaßstufen 1. bis 3. erwähnten Gefügeänderungen lassen sich nicht nur metallographisch, sondern auch meßtechnisch z. B. durch Längenänderungsmessungen (Dilatometer-Verfahren) nachweisen.

Bild 2.38 zeigt die relative Längenänderung $\Delta L/L_0$ als Funktion der Anlaßtemperatur ϑ_A bei einem untereutektoiden und einem übereutektoiden Stahl.

Die eingetragenen Parallelen weisen auf die Temperaturbereiche der thermischen Dilatation hin. Die Kontraktion $(-\Delta L)$ der Proben in der 1. und 3. Anlaßstufe wird durch die Bildung von ε-Karbid bzw. Fe_3C verursacht. Die nichtlineare Längenzunahme $(+\Delta L)$ in der 2. Anlaßstufe des übereutektoiden Stahls C 115 beruht auf der Umwandlung von Restaustenit in dunklen Martensit.

Das Fehlen der 2. Anlaßstufe läßt sich mit Bild 2.33 leicht erklären.

3. Anlaßverfahren

Anlassen bei niedriger Temperatur

> **Definition**: Anlassen durch Erwärmung des Stahls auf Temperaturen unterhalb von 250 °C und Abkühlung, um angelassenen Martensit und eine teilweise Beseitigung innerer Spannungen zu erzielen [2].

Anlassen bei mittlerer Temperatur

> **Definition**: Anlassen durch Erwärmung des Stahls auf Temperaturen zwischen 250 °C und 500 °C und Abkühlung, um vollständig angelassenen Martensit zu erhalten [2].

Diese Verfahren dienen der Einstellung der *Gebrauchshärte* durch Verringerung der Härte und Erhöhung der Zähigkeit des Stahls. Die Anlaßtemperaturen sind abhängig von der Stahlmarke und werden dem Verwendungszweck der jeweiligen Werkstücke angepaßt.

❑ **Beispiele**: Lehren und Meßwerkzeuge   100 ... 180 °C
Spanungswerkzeuge   bis 200 °C
(Dreh- und Hobelmeißel, Fräser)
Bohrer, Gewindebohrer   bis 250 °C
Meißel, Messer, Beile, Äxte   bis 300 °C
Federn   bis 500 °C

Die Anlaßdauer liegt vielfach zwischen 1 und 3 Stunden, für Endmaße etwa bei 24 Stunden.

Die Erwärmung soll in Luftumwälzöfen, Salz- oder Ölbädern, die eine gute Temperaturregelung gewährleisten, erfolgen. Das Anlassen auf Farbe (Anlaßfarbe) ist zu vermeiden. Die Abkühlung kann an Luft oder in Öl vorgenommen werden.

Anlassen bei hoher Temperatur

> **Definition**: Anlassen durch Erwärmung des Stahls auf Temperaturen zwischen 500 °C und 600 °C und Abkühlung, um Gefüge aus hochangelassenem Martensit zu erhalten [2].

Die Kombination – Härten (Volumenhärten) und nachfolgendes Anlassen bei hoher Temperatur – wird im üblichen technischen Sprachgebrauch als *Vergütung* bezeichnet.

Das Vergüten wird vornehmlich bei Stählen mit 0,2 ... 0,6 % C (Vergütungsstähle) angewendet.

Wird das Härten beim Vergüten nicht mit Wasser, sondern mit Öl vorgenommen, so spricht man von *Ölvergüten*.

Aufgaben und Anwendung des Vergütens

Dieses technisch äußerst wichtige Wärmebehandlungsverfahren für Konstruktionsstähle soll die mechanischen Eigenschaften dieser Stähle gegenüber ihrem Ausgangszustand (z. B. normalisiert, walz- oder schmiedehart) wesentlich verbessern: Erhöhung der Streckgrenze, der Zugfestigkeit, der Bruchdehnung, der Brucheinschnürung, der Härte und der Kerbschlagzähigkeit. Die erreichbaren Verbesserungen der mechanischen Eigenschaften sind querschnittsabhängig. Um auch größere Querschnitte bis in den Kern vergüten zu können, müssen legierte Stähle verwendet werden. Zur Bestimmung der *Durchhärtbarkeit* (Stahl gilt als durchgehärtet, wenn nach dem Härten mindestens 50 % Martensit im Kern zylindrischen Materials vorhanden sind) wird der *Stirnabschreckversuch* nach JOMINY herangezogen. Das Vergüten bietet die Möglichkeit, die Konstruktionsmasse von Bauteilen wesentlich zu vermindern. Das Vergüten ist wesentliche Voraussetzung vor der Anwendung von Randschichthärteverfahren, wie z. B. Induktions-, Flammen- und Tauchhärtung sowie Gasnitrieren und Sulfidisieren.

Das feinkörnige bzw. feinnadlige Vergütungsgefüge begünstigt die Diffusion der Nichtmetallatome und ist in der Lage, die beim Randschichthärten entstehenden Gefügespannungen aufzunehmen und das Abplatzen der gehärteten Randschicht (der abschreckgehärteten oder chemisch-thermisch behandelten Randschicht) zu verhindern.

2

2.5.1.1.4 Härten nach Volumenerwärmung

> **Definition**: Härten des Stahls durch Erwärmung des gesamten Stahlvolumens auf eine Temperatur oberhalb A_{c3} für untereutektoide bzw. oberhalb A_{c1} für übereutektoide Stähle, Halten und nachfolgende Abkühlung, um Martensitgefüge oder Bainit zu erhalten [2].

Voraussetzung für eine genügende Härtennahme des Stahls durch Härten ist ein Mindestkohlenstoffgehalt von 0,3 ... 0,35 %!

Erwärmen zum Härten

1. Vorwärmen: Um Wärmespannungen, Riß- und Verzugsgefahr, bedingt durch die relativ geringe Wärmeleitfähigkeit, zu vermindern, ist ein durchgreifendes, nicht zu rasches Vorwärmen erforderlich. Für das evtl. nachfolgende Erwärmen in Salzbädern ist das Vorwärmen zur Verhinderung von Badexplosionen unbedingte Notwendigkeit. Bau- und Werkzeugstähle werden meist in 1 Stufe vorgewärmt. Schnell- und Warmarbeitsstähle werden in 2 oder 3 Stufen vorgewärmt, da sie eine geringere Wärmeleitfähigkeit als die un- und niedriglegierten Bau- und Werkzeugstähle aufweisen.

2. Hochwärmen und Halten auf Härtetemperatur: Nach dem Vorwärmen wird der Stahl *zügig* auf Härtetemperatur $\approx 20 ... 30\ K > A_{c1}$ bzw. A_{c3} hochgewärmt, um ein feinkörniges Austenitgefüge zu erhalten.

Nach Erreichen der Härtetemperatur an der Werkstückoberfläche muß der Stahl eine gewisse, vom Querschnitt und der Stahlmarke abhängige Zeit durchgewärmt werden, damit auch der Kern oder bei einseitiger Erwärmung die Rückseite Härtetemperatur annehmen kann. Diese Zeitspanne wird als *Durchwärmdauer* bezeichnet. Nach dem Durchwärmen werden die Teile eine Zeitlang auf konstanter Temperatur gehalten – *Haltedauer* –, um die α, γ-Umwandlung weitestgehend vollständig ablaufen zu lassen.

Fehler bei Hochwärmen und Halten auf Härtetemperatur

Die wesentlichsten Fehler sind zu große Haltedauer – *Überzeiten* – und zu hohe Austenitisierungstemperatur (Härtetemperatur) – *Überhitzen* –.

Überzeiten und Überhitzen führen zur Bildung von grobem Austenit.

Grober Austenit verursacht beim Härten groben Martensit, die Erhöhung der Härterißneigung und die Verminderung der kritischen Abkühlungsgeschwindigkeit, wodurch sich der Restaustenitanteil und die Einhärtetiefe vergrößern. Übereutektoide Si-legierte Stähle neigen durch Zerfall des Sekundärzementits in elementaren Kohlenstoff zur *Schwarzbrüchigkeit*, wodurch das Werkstück völlig unbrauchbar wird.

Abschrecken von Härtetemperatur

Das *Abschrecken* (Abkühlen mit der kritischen Abkühlungsgeschwindigkeit) erfolgt entsprechend der Stahlmarke, dem anzuwendenden Härteverfahren und der Form des Werkstücks in folgenden Abschreckmitteln:
1. Wasser (abgestandenes; Frischwasser enthält gelöste Gase und CO_2-abspaltende Karbonate, wodurch verstärkte Dampfschichtbildung eintritt)
2. wäßrige Salzlösungen (Zusatz von 10 % NaCl oder 5…10 %iges NaOH; dadurch leichte Ablösung des Zunders)
3. Härteöle
4. Salzschmelzen (Alkalinitrate und -nitrite)
5. Druckluft

Beim Abkühlen in flüssigen Abschreckmitteln (vor allem in 1. bis 3.) müssen die Werkstücke formentsprechend eingetaucht und darin bis zum Ablösen von Dampf- und Zersetzungsgasschichten bewegt werden.

Fehler beim Härten und Glühen sind in Tafel 2.7 zusammengestellt.

Härteverfahren

1. Kontinuierliches oder einfaches Härten

Definition: Härten durch entsprechende Erwärmung und nachfolgende kontinuierliche Abkühlung in einem Abkühlungsmittel, um Martensit (oder Austenit) zu erhalten [2].

Abkühlungsmittel: Wasser oder Härteöl
Nach dem Härten ist zweckentsprechend anzulassen.

Der Temperatur-Zeit-Verlauf beim kontinuierlichen Härten ist mit Anlassen bei mittlerer Temperatur in Bild 2.39a dargestellt.

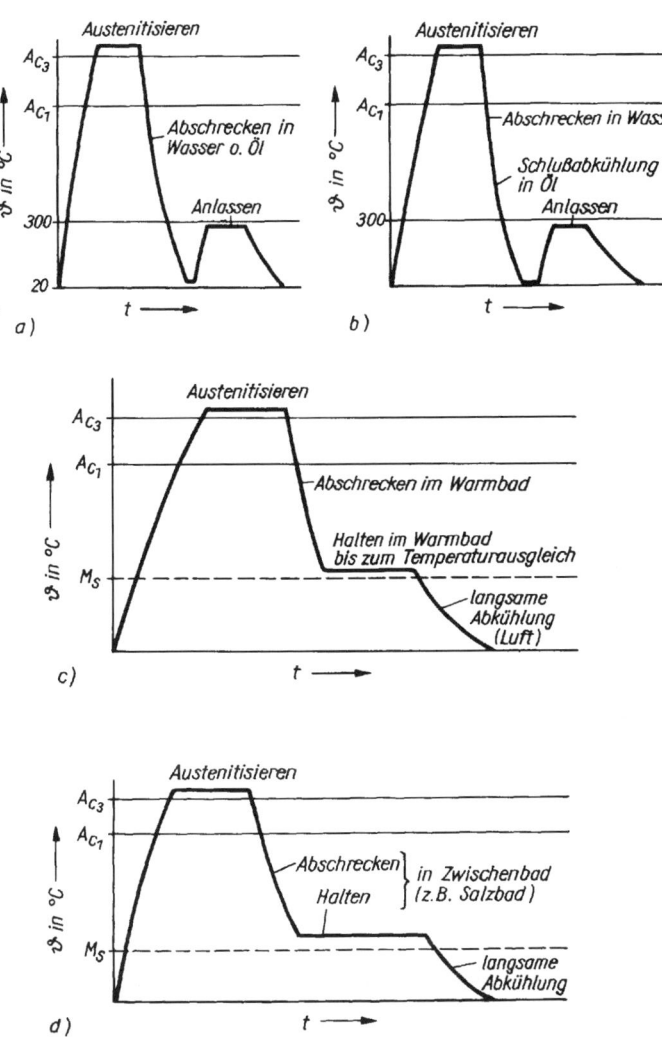

Bild 2.39 *Temperatur-Zeit-Verläufe beim Volumenhärten*
a) kontinuierliches oder einfaches Härten, b) gebrochenes oder unterbrochenes Härten, c) gestuftes Härten (Warmbadhärten), d) isothermisches Härten (Zwischenstufenvergüten oder Bainitisieren)

Anwendung des Verfahrens. Wegen der Härterißgefahr ist das Verfahren nur für geometrisch einfache Bauteile und Werkzeuge geeignet. Das gleiche gilt für Walz- oder Schmiedeteile, die aus der Walz- bzw. Schmiedehitze gehärtet werden (sog. Primärhärtung).

2. Unterbrochenes oder gebrochenes Härten

> **Definition**: Härten durch entsprechende Erwärmung und Abkühlung in zwei Abkühlungsmitteln – anfangs in einem Mittel mit großer, dann in einem Mittel mit geringerer Abkühlungsgeschwindigkeit, um Martensitgefüge und eine Verringerung der inneren Spannungen zu erwirken [2].

Durchführung des Verfahrens
1. Erwärmen und Halten auf Härtetemperatur
2. Abkühlen in Wasser bis dicht unterhalb M_S
3. Schlußabkühlung in Öl mit weiterer Martensitumwandlung
4. Zweckentsprechendes Anlassen

Der Verlauf $\vartheta = f(t)$ mit Anlassen bei mittlerer Temperatur ist in Bild 2.39b dargestellt.

Anwendung des Verfahrens. Bei formschwierigen, verzugs- und rißempfindlichen Werkstücken aus unlegiertem oder niedriglegiertem Stahl (Wasserhärter).

3. Gestuftes Härten oder Warmbadhärten

> **Definition**: Härten durch entsprechende Erwärmung und Abkühlung in einem Abkühlungsmittel, dessen Temperatur etwas oberhalb des Martensitpunktes M_S liegt, Halten ohne Umwandlung bis zum Temperaturausgleich über den gesamten Querschnitt, um Martensitgefüge und eine Verminderung der inneren Spannungen zu erzielen [2].

Durchführung des Verfahrens
1. Erwärmen und Halten auf Härtetemperatur
2. Abkühlen in einem Warmbad (meist Salzschmelze) bis oberhalb M_S (Warmbadtemperatur je nach Stahlmarke)
3. Halten oberhalb M_S zum Zwecke des Temperaturausgleichs, ohne daß die γ, α-Umwandlung eintritt. Die Haltedauer liegt je nach Stahlmarke und Querschnitt zwischen 20 s und 300 s.
4. Schlußabkühlung in Luft; beim Unterschreiten des M_S-Punktes beginnt die Martensitbildung, wobei nur wenig tetragonal verspannter Martensit entsteht. Ein nachfolgendes Anlassen ist in der Regel nicht erforderlich.

Den Verlauf $\vartheta = f(t)$ zeigt Bild 2.39c.

Anwendung des Verfahrens. Besonders günstig bei großen Stückzahlen und riß- bzw. verzugsempfindlichen Teilen aus hochgekohltem und legiertem Stahl. Nachteilig ist, daß zum Härten verschiedener Stahlmarken (mit entsprechend unterschiedlicher M_S-Temperatur) verschiedene Warmbäder vorhanden sein müssen.

4. Isothermisches Härten, Bainitisieren oder Zwischenstufenvergüten

Definition: Härten durch entsprechende Erwärmung und Abkühlung in einem Abkühlungsmittel, dessen Temperatur oberhalb M_S liegt, isothermisches Halten bis zur Beendigung oder teilweisen Umwandlung, um Bainit oder Bainit mit Martensit zu erhalten.

Durchführung des Verfahrens
1. Erwärmen und Halten auf Härtetemperatur
2. Abkühlen und Halten in einem Warmbad bei einer Temperatur oberhalb M_S bis zur Beendigung oder teilweisen Umwandlung in ein Zwischenstufengefüge mit oder ohne Martensit
3. Schlußabkühlung in Luft; Anlassen ist nicht erforderlich. Den ϑ, t-Verlauf zeigt Bild 2.39d.

Den Abkühlungsvorgang zeigt das ZTU-Diagramm im Bild 2.40.

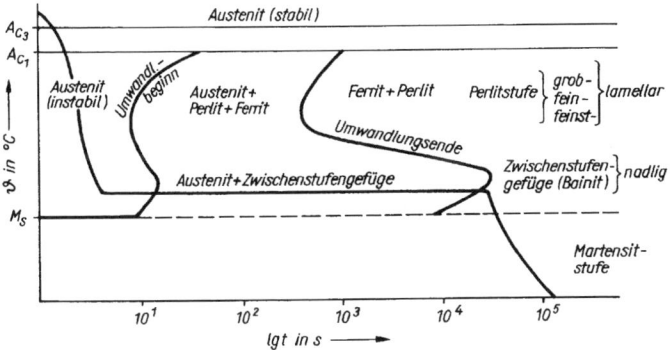

Bild 2.40 ZTU-Diagramm eines Stahls mit eingetragenem Verlauf des isothermischen Härtens (Zwischenstufenvergüten)

Anwendung. Für große Stückzahlen aus legierten Vergütungsstählen mit $> 0{,}4\ \%$ C, besonders für dünnwandige Bauteile geeignet. Die mechanischen Eigenschaften, wie Dauerschwingfestigkeit, Kerbschlagzähigkeit und Verschleißfestigkeit sind im Zugfestigkeitsbereich von etwa 1 180 ... 1 865 MPa besser als beim üblichen Vergüten.

5. Patentieren

In der Drahtindustrie wird anstelle des Begriffs Zwischenstufenvergüten bzw. isothermisches Härten der Begriff *Patentieren* verwendet. Nach der Art des Durchgangs des Drahtes durch die Patentieranlage (Erwärmungs- und Abschreckeinrichtung) unterscheidet man das *Durchlaufpatentieren* und das *Tauchpatentieren*. Beim Durchlaufpatentieren wird der Draht (oder das Band) von der Spule mit Hilfe eines Wickelwerkes kontinuierlich durch die Patentieranlage mit einer Geschwindigkeit von mehreren Metern je Sekunde gezogen. Beim *Tauchpatentieren* wird der Draht (oder das Band) in Ringen oder Bunden erwärmt und anschließend in das Abschreckmedium eingetaucht.

Nach der Erwärmungsweise unterscheidet man das *Gaspatentieren* (Erwärmen im gasbeheizten Ofen) und das *Widerstandspatentieren* (elektrische Widerstandserwärmung durch *Joulesche Wärme*).

Nach dem Abschreckmittel unterscheidet man das *Bleipatentieren* (Blei-Antimon-Legierung mit 13 % Sb) und das *Luftpatentieren*. *Salzpatentieren* wird kaum noch angewandt.

Aufgaben des Verfahrens. Herstellung eines feinlamellaren Perlitgefüges (Sorbit) als günstiges Ausgangsgefüge für den nachfolgenden Drahtzug.

Durchführung des Verfahrens. Prinzipiell wie das Zwischenstufenvergüten, (s. dieses).

Anwendung. Zur Herstellung von Federstahldraht, Seildraht und Textildraht.

6. Härten mit selbständigem Anlassen

> **Definition**: Härten durch entsprechende Erwärmung und oberflächliche Abkühlung oder Abkühlung eines Teiles des Werkstückes und Anlassen auf Kosten der überschüssigen inneren Wärme, um angelassenen Martensit oder ein Gefüge, das aus Zerfallsprodukten des Martensit besteht, zu erhalten [2].

Durchführung des Verfahrens
1. Erwärmen und Halten auf Härtetemperatur
2. Abkühlen des entsprechenden Teils des Werkstücks in Wasser (ggf. Öl) bis unterhalb M_S
3. nach Entfernung des anhaftenden Zunders und Blankreiben des abgekühlten Teils Anlassen mit der Restwärme bis zum Erscheinen der gewünschten Anlaßfarbe
4. Schlußabkühlung in Öl

Anwendung. Das Verfahren eignet sich zum Härten von schlagbeanspruchten einfachen Werkzeugen, wie z. B. Meißeln. Der Erfolg des Verfahrens ist stark subjektiv abhängig.

7. Härten mit Kältebehandlung (Tiefkühlen)

> **Definition**: Härten durch Abkühlung auf eine Temperatur unterhalb + 20 °C, die aber im Intervall $M_S - M_F$ liegt, um Restaustenit in Martensit umzuwandeln [2].

2

Durchführung des Verfahrens
1. Abkühlung des bereits gehärteten Stahls von Raumtemperatur auf eine Temperatur oberhalb bzw. unterhalb M_F in einer geeigneten Flüssigkeit (flüssiger Stickstoff, Kältemischungen aus CO_2-Schnee + Methanol u. a.)
2. Halten auf Tiefkühltemperatur (etwa 15 . . . 20 min)
3. Wiedererwärmung an Luft auf Raumtemperatur
4. Anlassen bei niedrigen Temperaturen

Diese Tieftemperaturbehandlung ist geeignet zur Umwandlung von Restaustenit in tetragonalen Martensit bei Stählen mit > 0,5 % C. Dabei tritt eine Volumen- und Härtezunahme auf. Um Maßstabilität bei Längennormalen und engtolerierten gehärteten Bauteilen zu erreichen, kann nachstehende Behandlungsfolge angewendet werden:
1. Anlassen des gehärteten Stahls bei niedriger Temperatur (1. Anlaßstufe)
2. Härten mit Kältebehandlung
3. Anlassen bei niedriger Temperatur

Diese Behandlungsfolge ist eine Form der *künstlichen Alterung.*

Anwendung. Zur Maßstabilisierung von Längennormalen, zur Verringerung des Restaustenitgehalts bei gleichzeitiger Erhöhung der Schneidhaltigkeit und Standzeit von Werkzeugen.

2.5.1.1.5 Randschichthärten

> **Definition**: Härten der gesamten oder einer bestimmten Randschicht.

Das Randschichthärten wird nach der Art der Erwärmung im wesentlichen in drei Verfahren unterteilt:

> 1. Flammen- oder Brennhärten
> 2. Induktionshärten
> 3. Tauchhärten

1. Flammen- oder Brennhärten

Prinzip: Das Erwärmen erfolgt mittels entsprechend der Werkstückform gestalteter Brenngas-Sauerstoff-Brenner (z. B. Ethin-Sauerstoff). Wegen der intensiven Wärmezufuhr und der relativ geringen Wärmeleitfähigkeit entsteht in der Stahloberfläche ein Wärmestau, der sich nur bis zu einer bestimmten Tiefe ausdehnen darf bzw. soll.

Wegen der erheblichen Wärmespannungen zwischen der hocherhitzten Randzone und dem relativ kühlen Kern ist vor dem Härten das Vergüten unerläßlich. Die Abkühlung erfolgt meist kontinuierlich mit Wasser. Die Mindesthärtetiefe beträgt 2 mm.

Zum Flammenhärten sind Vergütungsstähle mit 0,35 . . . 0,6 % C sowie perlitischer GJL, GJS und Temperguß geeignet.

Durchführung des Verfahrens
1. Vergüten
2. Hochwärmen auf Härtetemperatur
3. Abkühlen
4. Anlassen (bei niedriger oder mittlerer Temperatur)

Der Temperatur-Zeit-Verlauf beim Randschichthärten ist im Bild 2.41 schematisch dargestellt.

Man unterscheidet beim Flammhärten zwei Verfahrensgruppen:

Linien- oder Vorschubhärten, das für lange zylindrische oder flache Werkstücke in Betracht kommt,

Mantel- oder Standhärten, das für das gleichzeitige Härten der gesamten zu härtenden Randschicht bzw. zum partiellen Härten vorgesehen ist. Bild 2.42 zeigt dafür ein Beispiel.

Anwendung. Wellen, Bolzen, Zahnräder, Gleitbahnen, für Querschnitte > 10 mm². Das Verfahren ist wegen der jeweils erforderlichen spezifischen Brennerform nur bei großen Stückzahlen wirtschaftlich.

2. Induktionshärten

Prinzip: Wassergekühle Spulen (Cu- oder Silberrohre) geringer Windungszahl erzeugen bei hohen Stromstärken im Bereich der Mittelfrequenz (0,5 . . . 10 kHz) oder im Hochfrequenzbereich (100 . . . 2 500 kHz) in der Werkstückoberfläche Wirbelströme, die eine äußerst rasche Erwärmung der Randschicht bewirken.

Die Wirbelströme werden wegen des *Haut-* oder *Skin-Effekts* – die induzierten Wirbelströme werden durch das im Werkstück entstehende magnetische Gegenfeld nach der Randschicht abgedrängt – mit steigender Frequenz nur in oberflächennahen Schichten wirksam.

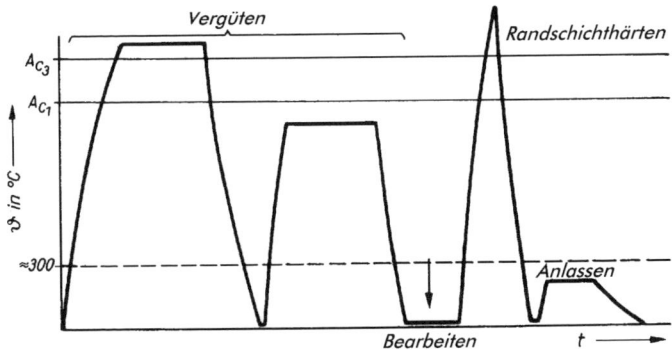

Bild 2.41 *Temperatur-Zeit-Verlauf zum Oberflächenhärten (Induktionshärten, Flammenhärten und Tauchhärten), schematisch*

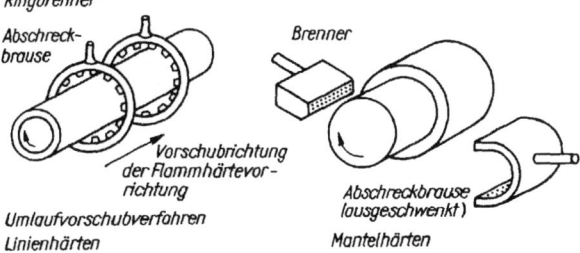

Bild 2.42 *Linienhärten (Vorschubhärten) und Standhärten (Mantelhärten) beim Flammenhärten*

Die Eindringtiefe ist frequenzabhängig und bewegt sich zwischen 20 mm bei 0,5 kHz und 0,3 mm bei 2 500 kHz.

Die Härtetiefe ist jedoch nicht mit der Eindringtiefe identisch. Sie ist abhängig von der Wärmeleitfähigkeit, der Erwärmungsgeschwindigkeit bzw. der Leistungsdichte (induzierte Leistung in $kW \cdot cm^{-2}$ Härtefläche) und der Aufheizdauer.

Wegen der, wie beim Flammenhärten, auftretenden Wärmespannungen ist das Härten nur bei vergütetem Material zweckmäßig. Werkstücke mit großen Querschnitten sind entsprechend vorzuwärmen (bis unterhalb der Anlaßtemperatur bei vorangegangenem Vergüten). Die Mindesthärtetiefe ist kleiner als 2 mm.

Zum Induktionshärten sind die gleichen Werkstoffe wie beim Flammenhärten geeignet.

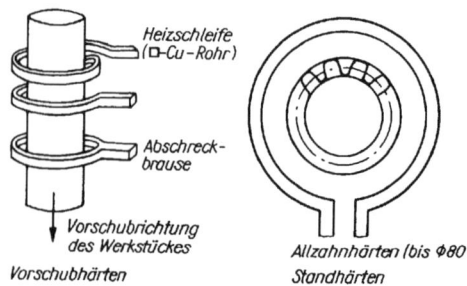

Bild 2.43 Vorschub-
und Standhärten beim
Induktionshärten

Durchführung des Verfahrens. Die Durchführung entspricht sinngemäß dem Flammenhärten, siehe auch Bild 2.41. Man unterscheidet auch hier das Standhärte- und das Vorschubhärteverfahren. Zwei Beispiele zeigt Bild 2.43. Ein Standhärteverfahren ist anwendbar, wenn die Leistungsdichte von $> 1{,}5\ kW \cdot cm^{-2}$ ermittelt wird.

Anwendung. Das Verfahren ist nur bei großen Stückzahlen wirtschaftlich, da jede Werkstückform eine spezielle Heizschleife (-spule) erfordert. Vorteilhaft sind die geringe Aufheizdauer (Größenordnung von Sekunden), die mit der Frequenz einstellbare Härtetiefe, das geringe Verziehen und die geringe Verzunderung. Die kontinuierliche Auslastung induktiver Härteanlagen ist nicht immer gewährleistet.

3. Tauchhärten

Prinzip: Die Erwärmung des Stahls erfolgt in Metallschmelzen (Grauguß, Cu-Sn-Legierungen) oder Salzschmelzen aus Bariumchlorid bzw. Kaliumchlorid.

Das Verfahren ist weitestgehend durch das Flammen- bzw. Induktionshärten verdrängt.

2.5.1.2 Thermochemische Wärmebehandlung

Definition: Wärmebehandlungsverfahren, bei denen bestimmte Gebrauchseigenschaften verbessert oder erreicht werden, in denen thermische und chemische Einwirkungen verbunden sind, um die chemische Zusammensetzung vorzugsweise in der Oberflächenschicht zu verändern.

I. Aufkohlen oder Einsetzen

Definition: Thermochemische Behandlung zur Diffusionssättigung der Randschicht des Stahls mit Kohlenstoff beim Erwärmen im entsprechenden Medium [2].

Aufgaben des Aufkohlens

Das Aufkohlen oder Einsetzen (früher als Zementieren bezeichnet) soll die Randschicht solcher Stähle, die wegen ihres niedrigen C-Gehaltes nicht mit Erfolg härtbar sind (Einsatzstähle), soweit mit Kohlenstoff anreichern, damit beim anschließenden Härten in dieser Randschicht Martensit entsteht. Der Kern bleibt weich und zäh.

Angestrebt wird ein *Randkohlenstoffgehalt* von etwa 0,8 % bei unlegierten und < 1,1 % bei legierten Einsatzstählen, vgl. dazu auch Tabelle 2.9.

2

Aufkohlungsmittel (Einsatzmittel)

In Anwendung sind:

1. Feste Aufkohlungsmittel (Einsatzpulver)

Schroffwirkend (größere Einsatztiefe) sind Gemische aus einem Aufkohlungsmittel (Holzkohle, Lederkohle, Knochenkohle, Braunkohle, Hornspäne, Sägemehl u. a.) und einem Aktivierungsmittel (Gasbildner), wie $BaCO_3$, Na_2CO_3, $MgCO_3$, $CaCO_3$, K_2CO_3, $SrCO_3$. Mildwirkende (geringere Einsatztiefe) Mittel bestehen aus einem der genannten pulverförmigen Aufkohlungsmittel ohne Zusatz von Aktivierungsmitteln.

2. Flüssige Aufkohlungsmittel (Kohlungssalze)

Nicht aktivierte Kohlungssalze: NaCN, KCN

Aktivierte Kohlungssalze: NaCN, KCN und Aktivatorsalze wie $BaCl_2$, $SrCl_2$, KCl, NaCl

Die Kohlungssalze werden im geschmolzenen Zustand (Salzbad) verwendet.

Für die Verwendung bzw. Arbeit mit Salzbädern gelten besondere Arbeitsschutzbestimmungen.

3. Gasförmige Aufkohlungsmittel

CO, CH_4, C_3H_8 (Propan), C_4H_{10} (Butan), Stadtgas (15 % CO, 18 % CH_4, 8,5 % N_2, 3 % CO_2, 53 % H_2, C_6H_6 (Benzen).

Das Kohlungsgas wird in Kohlungsgasgeneratoren aufbereitet. Es kann auch im (Auf)Kohlungsofen direkt erzeugt werden, wobei z. B. ein bestimmtes Holzkohlepulver-Aktivatorgemisch (Granulat-Gasaufkohlung) mit der im Ofenraum befindlichen Luft reagiert und ein Gas von fast konstanter Kohlungswirkung ergibt. Das Verfahren ist jedoch technisch nicht mehr von Bedeutung.

Kohlungsgase können auch durch Zugabe von Flüssigkeitsgemischen (Alkohol, Benzin, Petroleum, Terpentinöl und Wasser) im Ofenraum erzeugt

werden (Monocarb- und Tropfgasverfahren). Die patentierten Flüssigkeits-
gemische liefern ein C-Potential von 0,8...1,2 % (am Ende des Aufkoh-
lungsvorgangs). Die Flüssigkeitszugabe muß so groß sein, daß immer ein
Überdruck von 200 Pa im Ofenraum herrscht.

Vorbereitung der Werkstücke zum Aufkohlen

Die Werkstücke müssen metallisch blank, schmutz- und fettfrei, sowie, das ist
besonders beim Salzbadaufkohlen zu beachten, absolut trocken sein. Sollen
nur bestimmte Flächen eines Werkstücks aufgekohlt werden (partielles Aufkohlen), so werden die nicht aufzukohlenden Werkstückteile mit einem Übermaß hergestellt, das nach dem Aufkohlen abgearbeitet wird, oder galvanisch
verkupfert bzw. mit Abdeckpasten (lehmhaltig) versehen. Abdeckpasten sind
beim Salzbadaufkohlen unzulässig!

Chemische Vorgänge beim Aufkohlen

1. Pulveraufkohlung (Aufkohlen in festen Einsatzmitteln)

Aufkohlungsmittel (z. B.) 60 % Holzkohle + 40 % $BaCO_3$

Aufkohlungstemperatur 850...950 °C (unlegierter Stahl)
$$850...880 \text{ °C (legierter Stahl)}$$

$$BaCO_3 \longrightarrow BaO + CO_2$$

$$CO_2 + C \xrightarrow[\text{(Holzkohle)}]{} 2CO$$

$$2CO + 3Fe_\gamma \longrightarrow Fe_3C + CO_2$$

Fe_3C wird von der γ-Mk gelöst. Bei Überkohlung entsteht ein Zementitnetz-
werk (Sekundärzementit).

▶ *Hinweis*: Die hier angeführte Wirkung des $BaCO_3$ ist nicht eindeutig erwiesen.
Es wurde festgestellt, daß die gleiche Aktivierung mit BaO oder anderen Aktivatoren auf der Basis von Erdalkalikarbonaten und -oxiden erreichbar ist. Es wird
angenommen, daß die genannten Aktivatoren beim Beginn der Reaktion den zur
Bildung von CO erforderlichen Sauerstoff liefern und möglicherweise auch CO_2
abbinden. Dadurch soll sich der Anteil von CO im Aufkohlungsgas vergrößern
und die BOUDOUARDsche Kurve zu höheren CO-Gehalten, also nach links, verschieben, so daß damit die stärkere Aufkohlungswirkung der aktivierten Aufkoh-
lungspulver erklärbar wird, vgl. „Gleichgewichtsbedingungen beim Pulver- und
Gasaufkohlen".

Aufkohlungsgeschwindigkeit: bis 1 mm Einsatztiefe $\approx 0,1$ mm h^{-1}
$$> \text{ 1 mm Einsatztiefe} \approx 0,05 \text{ mm h}^{-1}$$

Die Aufkohlungsgeschwindigkeit ist temperaturabhängig und kann die hier
angegebenen Werte auch überschreiten.

2. Salzbadaufkohlung

Aufkohlungsmittel: (z. B.) NaCN + BaCl$_2$

Aufkohlungstemperatur: 850...930 °C (unlegierte und legierte Stähle)

$$2NaCN + BaCl_2 \longrightarrow Ba(CN)_2 + 2NaCl$$

$$(Ba(CN)_2 \longrightarrow BaCN_2 + C) \text{ Zwischenreaktion}$$

$$Ba(CN)_2 + 3Fe_\gamma \longrightarrow BaCN_2 + 3Fe_3C$$

2

Fe$_3$C wird von den γ-Mk gelöst.

Geringere Einsatzdauer als beim Pulveraufkohlen, z. B. 2 mm/8 h 930 °C.

3. Gasaufkohlung

Aufkohlungsmittel: CO; CH$_4$

Aufkohlungstemperatur: 900...930 °C (unlegierte und legierte Stähle)

$$2CO + 3Fe_\gamma \longrightarrow Fe_3C + CO_2$$

$$\text{oder} \quad CH_4 + 3Fe_\gamma \longrightarrow Fe_3C + 2H_2$$

Einsatztiefe (Einsatzhärtetiefe)

Die Einsatzhärtetiefe ist der Abstand in mm von der Oberfläche bei dem noch eine Härte von 540 HV 5 nach dem Härten vorliegt.

Die Einsatzhärtetiefe (EHT) ist abhängig von
1. Einsatzmittel
2. Einsatztemperatur
3. Einsatzdauer
4. Stahlmarke

Gleichgewichtsbedingungen beim Pulver- und Gasaufkohlen

Die beim Pulver- und Gasaufkohlen wirksamen Gasgemische CO$_2$-CO müssen in Abhängigkeit von der Temperatur und dem C-Gehalt der verwendeten Stahlmarken in bestimmten Mischungsverhältnissen vorliegen, wenn eine Aufkohlung erfolgen soll. In Bild 2.44 sind die Gleichgewichtsbedingungen für CO$_2$-CO-Gemische dargestellt. Der Gleichgewichtszustand wird durch die *Boudouardsche Kurve* gekennzeichnet. Wie aus Bild 2.44 zu entnehmen ist, muß bei steigender Temperatur der CO-Anteil immer mehr erhöht werden. Das CO$_2$-CO-Gleichgewicht wird durch die Diffusion der C-Atome in die Stahloberfläche gestört. Die Wiedereinstellung des Gleichgewichts muß über die entsprechende Pulvermenge bzw. eine dosierte CO-Zufuhr gewährleistet werden.

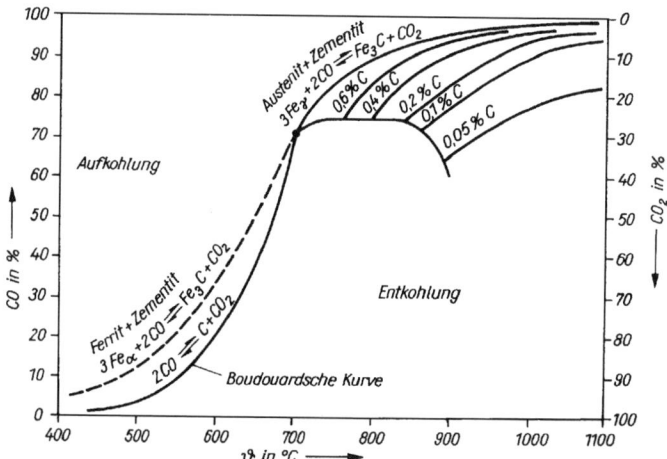

Bild 2.44 Gleichgewichtsbedingungen für CO_2-CO-Gemische mit Stählen verschiedenen C-Gehalts, nach JOHANNSON *und* SETH *[4]*

Härten nach dem Aufkohlen

1. Härten aus der Einsatztemperatur (Direkthärten)

Die Abkühlung erfolgt kontinuierlich, seltener gebrochen (unterbrochen), im Anschluß an das Salzbad- oder Gasaufkohlen.

2. Einsatzhärten ohne Kernrückfeinen

Nach dem Einsetzen läßt man die Teile im Einsatzkasten oder an der Luft abkühlen. Anschließend erfolgt das Säubern bzw. Bearbeiten (Entfernung von Übermaß) und das Härten der aufgekohlen Randschicht als Volumenhärten. Wegen des annähernd eutektoiden C-Gehalts der Randschicht wird der Stahl nur bis dicht oberhalb A_{c1} erwärmt, wobei die aufgekohlte Schicht austenitisiert wird, während im Kern nur die geringen Perlitanteile in γ-Mk umgewandelt werden. Der Kern bleibt daher relativ grobkörnig; ϑ, t-Verlauf, s. Bild 2.45.

3. Einsatzhärten ohne Kernrückfeinen mit Zwischenglühen

Das Zwischenglühen im Anschluß an das Aufkohlen dient der Einformung des perlitischen Zementits (Weichglühen).

Damit ergibt sich ein günstigeres Ausgangsgefüge für das auf die Bearbeitung folgende Härten – geringerer Härteverzug. ϑ, t-Verlauf, siehe Bild 2.46.

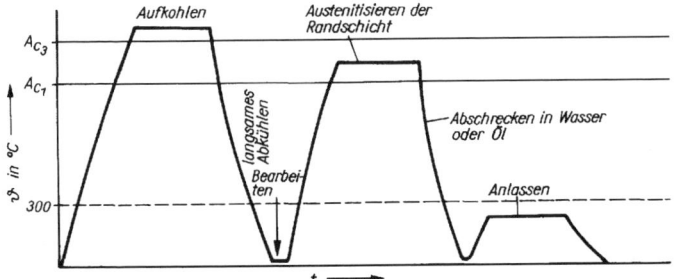

Bild 2.45 Temperatur-Zeit-Verlauf beim Einsatzhärten ohne Kernrückfeinen, schematisch

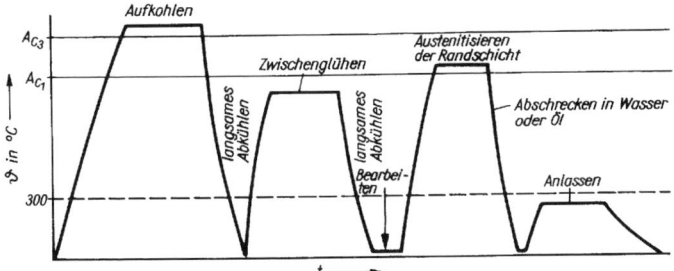

Bild 2.46 Temperatur-Zeit-Verlauf beim Einsatzhärten ohne Kernrückfeinen mit Zwischenglühen, schematisch

4. Doppelhärten mit Kernrückfeinen

Zur Herstellung eines feinkörnigen Kerngefüges wird der Stahl nach der Bearbeitung bzw. Säuberung auf die Austenitisierungstemperatur ($> A_{c3}$) des C-armen Kerns erwärmt und abgeschreckt. Das wegen seines höheren C-Gehaltes überhitzt gehärtete Randgefüge wird durch das anschließende Erwärmen auf $> A_{c1}$ in ein feinkörniges γ-Mk-Gefüge umkristallisiert, während der Kern dabei hoch angelassen und nur teilweise umgewandelt wird. Damit ergibt sich nach dem Härten der Randschicht ein Werkstück mit sehr hoher Randhärte und sehr guter Kernzähigkeit. Das Verfahren ist nur für wenig verzugsempfindliche Teile geeignet. ϑ, t-Verlauf, s. Bild 2.47.

Die unter 3. und 4. erläuterten Verfahren werden nur noch selten angewendet.

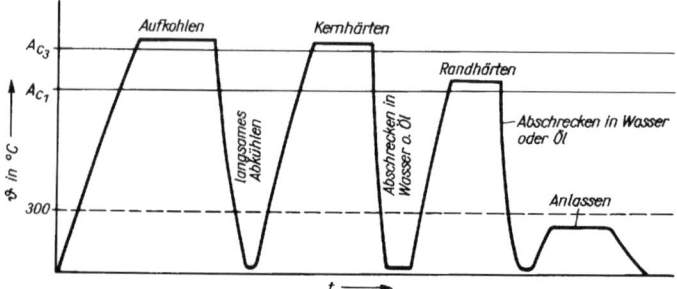

Bild 2.47 Temperatur-Zeit-Verlauf beim Doppelhärten mit Kernrückfeinen, schematisch

II. Nitrierung oder Nitrierhärten

Definition: Thermochemische Behandlung zur Diffusionssättigung der Randschicht des Stahls mit Stickstoff beim Erwärmen im entsprechenden Medium [2].

Das Nitrieren wird sowohl in gasförmigen als auch in flüssigen Medien durchgeführt.

1. Gasnitrieren

Aufgaben des Gasnitrierens. Das Verfahren soll eine bedeutende Härtesteigerung der Randschicht des Stahls durch die Bildung sehr harter Nitride (intermediäre Phasen) bewirken. Darüber hinaus soll und wird eine wesentliche Verbesserung der Verschleißfestigkeit, Korrosionsbeständigkeit und Dauerschwingfestigkeit erreicht.

Für diese Behandlung sind vergütbare Stähle, die mit *Nitridbildnern* wie Al, Cr, Mo oder V, legiert sind, geeignet, s. Tabelle 2.13 „Nitrierstähle".

Durchführung des Verfahrens. Nach vorangegangenem Normal- oder Weichglühen ist nachstehende Behandlungsfolge üblich:
1. Vergüten (zur Herstellung eines mechanisch hochbelastbaren Grundwerkstoffs und zur Erleichterung der Diffusion des Stickstoffs)
2. Mechanische (spanende) Grobbearbeitung
3. Spannungsarmglühen (die Glühtemperatur muß unterhalb der Anlaßtemperatur des Vergütens liegen)
4. Mechanische Feinbearbeitung
5. Gasnitrieren ($10 \ldots 100$ h/$490 \ldots 520$ °C in NH_3-Gasstrom, bei $p_{\ddot{u}} = 0{,}294 \ldots 0{,}981$ kPa)

6. Luftabkühlung

7. Feinschleifen oder Läppen

Der ϑ, t-Verlauf ist dem Bild 2.48 zu entnehmen.

▶ *Anmerkung*: Durch Zusatz von 2 % Propan oder Luft zur NH_3-Atmosphäre soll sich die Nitrierzeit um 50...60 % verkürzen.

2

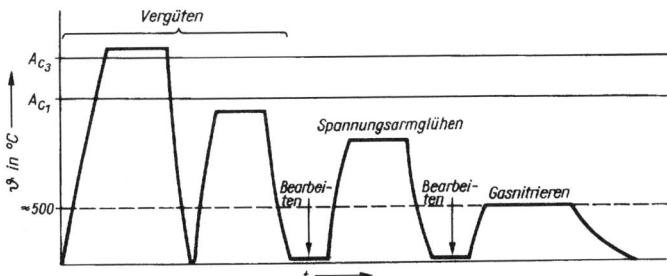

Bild 2.48 Temperatur-Zeit-Verlauf beim Gasnitrieren, schematisch

Chemische Vorgänge beim Gasnitrieren

Es laufen prinzipiell folgende Reaktionen ab: 2 Bildungsreaktionen und 1 Wachstumsreaktion. Die Reaktionen sollen am reinen Eisen dargestellt werden. Sie verlaufen mit den Nitridbildnern analog.

1. Bildungsreaktion

$$2NH_3 + 4Fe \xrightarrow{\; > 450\,°C \;} 2Fe_2N + 3H_2$$

Die Phase Fe_2N (ε-Phase) dissoziiert unter Bildung von atomarem Stickstoff nach der 2. Bildungsreaktion.

2. Bildungsreaktion

$$2Fe_2N \longrightarrow 4Fe + 2N$$

Der atomare, in statu nascendi vorliegende Stickstoff wird zum Teil an die Ofenatmosphäre abgegeben und diffundiert zum Teil in die Werkstückoberfläche.

Wachstumsreaktion

$$4Fe + 2N \longrightarrow 2Fe_2N$$

Die Nitride bilden sich erst nach der Stickstoff-Sättigung der α-Mk. Die Nitride werden von den α-Mk nicht gelöst, sondern scheiden sich feindispers in

der Oberflächenschicht aus. Die maximal erreichbare Nitrierschichtdicke wird mit 0,8 mm angegeben, sie ist abhängig von
1. Nitrierzeit
2. Nitriertemperatur
3. NH_3-Druck
4. Stahlmarke und deren Wärmevorbehandlung

Das sehr teure und zeitaufwendige Gasnitrieren bietet folgende Vorteile:
1. große Verschleißfestigkeit, bedingt durch die große Oberflächenhärte (1 000 . . . 1 200 HV)
2. Anlaßbeständigkeit bis 500 °C
3. verbesserte Korrosionsbeständigkeit (gegenüber dem Ausgangszustand)
4. Wegen des günstigen Spannungszustandes zwischen Rand- und Kernzone ist eine querschnittsabhängige Erhöhung der Dauerschwingfestigkeit von $\leq$ 35 % möglich.
5. geringere Kerbempfindlichkeit
6. Bauteile können fertig bearbeitet nitriert und auch partiell nitriert werden. (Nicht zu nitrierende Oberflächenteile werden mit einem 10 . . . 15 μm dicken Sn-Überzug versehen.)

Anwendung des Verfahrens (vgl. Tabelle 2.13)

2. Badnitrieren

Im Gegensatz zum Gasnitrieren können auch unlegierte Stähle bis etwa 0,5 % C, niedriglegierte Stähle, Schnellarbeitsstähle, GJL und GJS aufgestickt werden.

Das Badnitrieren ermöglicht die Erhöhung der Verschleißfestigkeit und der Dauerfestigkeit (vor allem der Biege- und Verdrehfestigkeit) ohne wesentliche Steigerung der Oberflächenhärte.

Durchführung des Verfahrens. Es werden fertig bearbeitete Werkstücke badnitriert:
1. Vorwärmen der Werkstücke auf etwa 400 °C
2. Badnitrieren (1 . . . 3 h/550 . . . 570 °C)
3. Abkühlung in Luft oder Wasser (anschließend Anlassen auf $\approx$ 300 °C zweckmäßig)

Die Abkühlung in Wasser (Salzwasser) erbringt maximale Werte der Dauerfestigkeit.

Chemische Reaktionen beim Badnitrieren

Nitrierbäder bestehen aus Mischungen von NaCN, KCN, NaCNO und KCNO. Zur Erhöhung der Beständigkeit von KCNO werden Titan-Tiegel verwendet.

Wirksame Bestandteile der Nitrierbäder sind die Zyanate:

$$4NaCNO \xrightarrow{550...570\,°C} 2NaCN + Na_2CO_3 + CO + 2N$$

$$4KCNO \xrightarrow{550...570\,°C} 2KCN + K_2CO_3 + CO + 2N$$

Der in statu nascendi auftretende Stickstoff diffundiert in die Werkstückoberfläche. Das CO reagiert entsprechend dem *Boudouardschen Gleichgewicht*

$$2CO \rightleftharpoons CO_2 + C$$

Während der atomare C in die Werkstückoberfläche diffundiert, reagiert CO_2 weiter:

$$NaCN + CO_2 \longrightarrow NaCNO + CO$$

In der Randschicht der badnitrierten Teile bilden sich 2 Zonen:
1. *Verbindungszone* (Außenzone von etwa 5 ... 10 µm Dicke)
   Sie besteht aus den intermediären Phasen („Verbindungen") Fe_2N, Fe_4N und Fe_3C
2. *Diffusionszone* (0,5 ... 1 mm Dicke)

Diese Zone enthält mit Stickstoff angereicherte α-Mk (N-Gehalt der α-Mk < 0,1 %)

Bei legierten Stählen ist die Diffusionszone unter Umständen schmaler, da Stickstoff zum Teil durch evtl. vorhandene Nitridbildner abgebunden wird.

Während die Verbindungszone die Verschleißfestigkeit erhöht, steigert die Diffusionszone die Dauerfestigkeit. Die Maximalwerte der Dauerfestigkeit ergeben sich, wenn durch Abschrecken die Ausscheidung von Nitriden aus den α-Mk verhindert wird.

Anwendung. Kurbelwellen, Zahnräder, Zylinderköpfe (Dieselmotoren), Ventil- und Schieberteile, Pumpenteile, Laufbuchsen, Schnellarbeitsstahlwerkzeuge (wie Gewindefräser und Reibahlen), Gußeisenlager- und Gleitteile, Warmarbeitsstähle für Druckgußformen, Warmpreßgesenke, Werkzeuge zur Muttern- und Schraubenfertigung.

3. Karbonitrieren oder Karbonitrierhärtung

Definition: Thermochemische Behandlung zur Diffusionssättigung der Randschicht des Stahls gleichzeitig mit Stickstoff und Kohlenstoff im Temperaturbereich von 500 ... 900 °C.

Das Karbonitrieren läßt sich einteilen in
1. Karbonitrieren bei hohen Temperaturen (800 ... 900 °C)
2. Karbonitrieren bei mittleren Temperaturen (600 ... 790 °C)
3. Karbonitrieren bei niedrigen Temperaturen (500 ... 580 °C)

Aufgaben des Karbonitrierens. Das Verfahren soll die Verschleißfestigkeit der entsprechenden Werkstücke erhöhen.

Durchführung des Verfahrens. Die fertigbearbeiteten Werkstücke werden nach dem Vorwärmen entweder im Gasstrom oder Salzbad karbonitriert.

Karbonitrieren im Gasstrom

Verwendet wird ein Gasgemisch z. B. aus NH_3 ($3 \ldots 40$ %) und Propan C_3H_8 (≈ 2 %) in einem Trägergas aus CO, H_2 und Spuren von CO_2. Haltedauer zwischen 10 min und ≥ 1 h. Die Abkühlung kann sowohl in Öl oder an der Luft erfolgen.

Karbonitrieren im Salzbad

Verwendet werden schwach aktivierte Salzbäder aus Alkalizyaniden und -zyanaten mit NaCN-Anteilen von $19 \ldots 22$ % für Temperaturen von $650 \ldots 750$ °C, bzw. aktivierte Salzbäder mit etwa 10 % Zyanidgehalt für Temperaturen von $800 \ldots 900$ °C. Die Haltedauer beträgt etwa $60 \ldots 90$ min. Abgekühlt wird in Öl, wäßriger Salzlösung oder an ruhender Luft.

Beim Karbonitrieren bildet sich eine aus zwei Zonen bestehende Randschicht: eine Verbindungszone (äußere Zone) und eine Diffusionszone (innere Zone) von $> 0,01$ mm Dicke. Die Diffusionszone wandelt sich beim Abschrecken von Temperaturen > 591 °C in Martensit um. Die Randschicht kann Dicken von $\leq 0,1 \ldots \leq 0,4$ mm erreichen.

Das *Karbonitrieren bei hohen Temperaturen* führt zu einer Randschicht, die im wesentlichen aus Martensit (Martensitzone) besteht. Beim *Karbonitrieren bei mittleren Temperaturen* ergeben Behandlungstemperaturen oberhalb A_1 eine Randschicht, die aus einer Verbindungszone (äußere Zone) und einer Martensitzone (innere Zone) besteht.

Bei Temperaturen unterhalb A_1 – das gilt auch für das *Karbonitrieren bei niedrigen Temperaturen* – besteht die Randschicht nur aus einer Verbindungszone.

Anwendung. Stark auf Verschleiß beanspruchte Bauteile mit engen Toleranzen, z. B. Nähmaschinenteile, Textilmaschinenteile, Schreib-, Rechen- und Registriermaschinen-, Kfz-Kleinteile, Steuerkurven für Werkzeugmaschinen, sowie Getrieberäder und Wellen im Kfz- und Maschinenbau aus Einsatz- und Vergütungsstählen.

4. Gasoxinitrieren

Bei diesem auch als Kurzzeitgasnitrieren bezeichneten Verfahren wird zur Beschleunigung des Nitriervorgangs beim Erreichen der Nitriertemperatur $2,35 \pm 0,05$ % O_2 der Nitriergasatmosphäre zugesetzt. Bei einer Nitrierdauer von 500 bis 650 min wird eine Nitriertiefe von $0,4 \pm 0,1$ mm erzielt.

Aufgaben des Gasoxinitrierens. Mit diesem Verfahren sollen die Biege- und Torsionswechselfestigkeit sowie die Verschleißfestigkeit von Bauteilen des Werkzeugmaschinenbaues und des Kfz-Baues u. ä. erhöht werden. Für diese Wärmebehandlung sind u. a. folgende Stahlmarken geeignet: S 235, E 335, E 360, C 15, 16 MnCr 5, 20 MnCr 5, C 45, 31 CrMoV 9 und 42 CrMo 4.

Durchführung des Verfahrens. Für die unlegierten Stähle und die legierten Einsatzstähle ist nachstehende Behandlungsfolge üblich:

1. Normalglühen
2. Spanende Bearbeitung
3. Spannungsarmglühen bei etwa 620 °C
4. Schleifen
5. Nitrieren bei 550 °C
6. Fertigschleifen

Die legierten Stähle 31 CrMoV 9 und 42 CrMo 4 werden nach dem Weichglühen zunächst spanend bearbeitet. Daran schließen sich an:

1. Vergüten (Anlaßtemperatur 620 °C)
2. Spanende Weiterbearbeitung
3. Spannungsarmglühen bei 590 °C
4. Schleifen
5. Nitrieren bei 550 °C
6. Fertigschleifen

Wie bei allen Nitrierverfahren müssen auch hier scharfe Kanten an den Werkstücken durch Anbringen von 45°-Fasen vermieden werden, um das Ausbrechen der harten Nitride zu verhindern. Die geringste Dicke zwischen nitrierten Flächen (z. B. zwischen Bohrungen und Bauteilaußenflächen) darf 3 mm nicht unterschreiten, andernfalls entstehen Aufwölbungen an der Oberfläche, die die Funktionstüchtigkeit des Bauteils in Frage stellen.

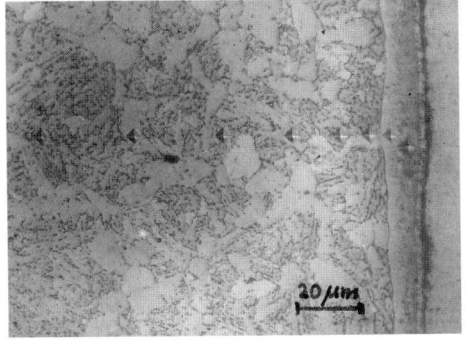

Bild 2.49 *16 MnCr 5 gasoxinitriert; Dicke der Verbindungs- und Diffusionszone 0,45 mm*

Bild 2.49 zeigt Mikrohärteeindrücke in der Verbindungs- und in der Diffusionszone einer gasoxinitrierten Probe aus 16 MnCr 5. Die Grundmasse wird durch Zwischenstufengefüge gebildet.

Anwendung. Rotationssymmetrische, flache und prismatische Teile im Werkzeugmaschinen- und Kfz-Bau mit bis und mehr als 400 mm Durchmesser, 1 360 mm Länge und Stückmassen bis 750 kg.

5. Glimmnitrieren

Das Glimm- oder Ionitrieren basiert auf folgendem Effekt: Bei sehr geringen Gasdrücken, die sich zum Beispiel in Vakuumkammern realisieren lassen, erfolgt durch Anlegen eines elektrischen Feldes zwischen Anode und Katode eine Stromleitung durch Ionen und Elektronen. Diese Art der Stromleitung wird als selbständige Entladung bezeichnet. Sie ist mit einer Leuchterscheinung, dem Glimmlicht, verbunden. Das Glimmlicht entsteht durch die Rekombination (Vereinigung oder Vernichtung freier Ladungsträger) von Ionen mit den durch Ionen aus der Katodenoberfläche herausgeschlagenen Elektronen.

Verfahrensprinzip. In einer Vakuumkammer, an deren Wandung Anoden angebracht sind und das Werkstück als Katode geschaltet ist, werden Stickstoffmoleküle durch ein elektrisches Feld (300 bis 1 000 V) ionisiert. Unter dem Einfluß der anliegenden Spannung wandern die Kationen zur Katode. Dicht über der Katode, dem Werkstück, bildet sich der sogenannte HITTORFsche Dunkelraum. In dessen elektrischem Feld (hier fällt nahezu die gesamte Spannung ab) werden die Kationen sehr stark beschleunigt und prallen auf die Katode, wobei gleichzeitig Elektronen aus der Oberfläche herausgeschlagen werden. Diese Elektronen werden in Richtung auf die Anode beschleunigt. Ein Teil dieser Elektronen rekombiniert mit Stickstoffionen und erzeugt das Glimmlicht über dem HITTORFschen Dunkelraum und dem gesamten Werkstück. Ein anderer Teil der Elektronen ionisiert weitere Stickstoffmoleküle. Infolge der Glimmentladung wird die Katode bzw. das Werkstück so aufgeheizt, daß keine zusätzliche Erwärmung erforderlich ist. (90 % der Ionenenergie werden zum Aufheizen des Werkstücks verbraucht). Die Leistungsdichte wird mit $0{,}5 \ldots 2\,\text{W/cm}^2$ angegeben.

Die infolge der Glimmentladung entstehenden Stickstoffionen diffundieren über Leerstellen, die beim Aufprall der Kationen auf der Werkstückoberfläche entstehen, in die Kristalloberflächen ein.

Durchführung des Verfahrens. Da für die Anwendung dieses Verfahrens im allgemeinen nur Nitrierstähle und mit Nitridbildnern legierte Stähle in Betracht kommen, gilt prinzipiell der gleiche Behandlungsablauf wie beim Gasnitrieren. Die Nitriertemperatur liegt zwischen 500 und 600 °C, die Nitrierdauer zwischen 0,5 und 20 Stunden.

Anwendung. Das Verfahren wird angewendet für Zahnräder, Spindeln und Wellen.

6. Borierung

> **Definition**: Thermochemische Behandlung zur Diffusionssättigung der Randschicht des Stahls mit Bor beim Erwärmen im entsprechenden Medium [2].

2

Aufgaben der Borierung. Herstellung harter und verschleißfester Randschichten auf Stahl, Gußeisen (und ggf. Nichteisenmetallen). Die Randschichten sollen im Interesse der Rißfreiheit nur aus Fe_2B (8,83 % B) bestehen und möglichst kein FeB (16,23 % B) enthalten.

Borierungsmittel

Bisher existieren noch keine Angaben über optimale Borierverfahren, daher werden Borierungsmittel unterschiedlicher Zusammensetzung angewendet. Gebräuchlich sind Mischungen aus B-abgebenden Mitteln, wie Borkarbid B_4C, Ferrobor (10 ... 20 % B) und pulverförmiges Bor, Aktivatoren, wie NaCl, NH_4Cl, NaF und KJ, Zusätzen, wie Borax $Na_2B_4O_7$ und Al_2O_3.

Ferner Borwasserstoffe wie z. B. B_2H_6 (giftig) $\longrightarrow$ *Diboran.*

Nach [15] wurden zur Herstellung FeB-freier Boridschichten folgende Mischungen verwendet:

$$20\ \%\ B_4C + 80\ \%\ Al_2O_3$$
$$19\ \%\ B_4C + \ \ 1\ \%\ NH_4Cl\ \ \ \ + 80\ \%\ Al_2O_3$$
$$14,7\ \%\ B_4C + 5,3\ \%\ Na_2B_4O_7 + 80\ \%\ Al_2O_3$$
$$13,9\ \%\ B_4C + 5,1\ \%\ Na_2B_4O_7 + \ \ 1\ \%\ NH_4Cl + 80\ \%\ Al_2O_3$$

Zur Erzeugung rißfreier Boridschichten werden in [15] folgende Mischungen angegeben:
- 55 % B_4C + 20 % $Na_2B_4O_7$ + 20 % Al-Pulver + 5 % NH_4Cl
- und ein B_4C-$Na_2B_4O_7$-NH_4Cl-Gemisch mit 15 ... 20 % Si.

Durchführung des Verfahrens. Das Verfahren kann in festen, flüssigen oder gasförmigen Borierungsmitteln durchgeführt werden.

Borieren in festen Mitteln wird in Wasserstoff-, Stickstoff- oder Edelgasatmosphäre (Ar) und auch im Vakuum vorgenommen. Unabhängig vom Borierungsmittel werden die fertigbearbeiteten, vorgewärmten Werkstücke 2 ... 8 h bei 900 ... 1 100 °C boriert. Die Abkühlung ist beliebig, meist an Luft.

Boridschichtdicke: Bei unlegierten, C-armen Stählen bis 0,15 ... 0,25 mm, bei legierten Stählen bis 0,15 mm.

Die Randschicht besteht aus der Verbindungszone (Boridschicht) und der Diffusionszone, die von B-haltigen α-Mk gebildet wird. Über die Wirkung der Diffusionszone auf die Eigenschaften des Stahls bestehen noch keine einheitlichen Auffassungen.

Die Boride Fe_2B (tetragonal) und FeB (rhombisch) sind nadelförmig, hervorgerufen durch eine Fasertextur – nachgewiesen von KUNST und SCHAABER [15] – bei der die Boratome zickzackförmige Ketten bilden (FeB) bzw. reihenförmig (Fe_2B) in Richtung der c-Achse angeordnet sind nach [15]. Das weist auf eine ausgeprägte Diffusionsanisotropie hin.

Als Ursache für die spontane Rißbildung in FeB- und Fe_2B-haltigen Boridschichten werden Eigenspannungen in den intermediären Phasen (Zugspannungen in FeB, Druckspannungen in Fe_2B) und die unterschiedlichen Wärmeausdehnungskoeffizienten genannt. Im Temperaturbereich $200\ldots600$ °C betragen die Wärmeausdehnungskoeffizienten für FeB etwa $23\cdot10^{-6}$ K^{-1}, für Fe_2B etwa $7{,}85\cdot10^{-6}$ K^{-1} und für reines Eisen $15{,}6\cdot10^{-6}$ K^{-1}, nach [15]. Rißfreie Boridschichten ergeben sich nach DEGER, RIEHLE und SCHATT durch Zusätze von Al_2O_3 zum Boriergemisch und durch Zusätze von Si oder Al. Letztere bilden Si- bzw. Al-reiche Mk zwischen den Boriden. Diese Mk nehmen durch ihre bessere Plastizität die Eigenspannung der Boride unter plastischer Formänderung auf, nach [15]. Diese Schichten haben eine etwas geringere Verschleißfestigkeit und chemische Beständigkeit als die reinen Boridschichten.

Die gleichzeitige Diffusion von B und Si bzw. Al wird als komplexe Diffusion bezeichnet.

Anwendung des Borierens. Im Traktorenbau, z. B. Raupenketten, in der Erdölbohrtechnik (Buchsen, Kolben, Lagerteile), Warmarbeitswerkzeuge, Stanz-, Umform- und Druckgußwerkzeuge.

Die Lebensdauer soll sich um das 2- bis 13fache erhöhen.

7. Sulfidisierung

Definition: Thermochemische Behandlung zur Diffusionssättigung der Randschicht des Stahls mit Schwefel und Stickstoff beim Erwärmen im entsprechenden Medium [2].

Das Verfahren ist auch unter den Bezeichnungen *Sulf-Inuz-Verfahren, Sulfonitrieren* und *Diffusionsschwefelung* bekannt.

Aufgaben des Verfahrens. Wesentliche Aufgabe ist die Erhöhung der Verschleißfestigkeit von unlegierten, legierten und hochlegierten Stählen sowie Grauguß. Damit wird auch die *Neigung zum Verschweißen* – Fressen – aufeinandergleitender Metalloberflächen bei trockener Reibung vermindert. Diese Eigenschaft zeigen auch Borid- und Nitridschichten.

Die Neigung zum Verschweißen wird mit der Abnahme des Metallbindungsanteils in den intermediären Phasen verringert.

Das Sulfidisieren wird in Salzbädern (Salzschmelzen), die aus Mischungen neutraler Salze (NaCl, BaCl$_2$, CaCl$_2$), aktiver Salze (FeS, Na$_2$SO$_4$) und Beschleunigern (K$_4$[Fe(CN)$_6$], Na$_4$[Fe(CN)$_6$]) bestehen, vorgenommen.

2

Durchführung des Verfahrens
1. Vorwärmen der fertigbearbeiteten Teile auf etwa 400 °C
2. Sulfidisieren (1 ... 3 h bei 560 ... 590 °C)
3. Abkühlen, beliebig

Für Schnellarbeitsstahl-Werkzeuge werden auch Behandlungszeiten von 0,5 ... 2 h bei 540 ... 580 °C angegeben.

Die sulfidisierte Randschicht (Verbindungszone) besteht aus FeS, FeS$_2$ und Nitriden.

Anwendung des Verfahrens. Zahnräder, Wellen, Spindeln für Textilmaschinen, Werkzeuge aus Schnellarbeitsstahl, ferner Lagerbuchsen, Kolbenringe, Pumpenzylinder aus GJL.

8. Entkohlung

Definition: Thermochemische Behandlung zur Diffusionsentfernung des Kohlenstoffs beim Erwärmen im entsprechenden Medium [2].

Aufgaben des Verfahrens. Verringerung oder Entfernung des Kohlenstoffs aus niedriggekohlten unlegierten Stählen zur Verminderung der Härte sowie bei Elektroblechen (Dynamo- und Trafobleche) zur Herabsetzung der Wattverluste.

Entkohlungsmitel
1. mit Wasserdampf angefeuchteter Wasserstoff
2. mit Wasserdampf angefeuchtetes Ammoniak-Crackgas
   (75 % H$_2$ + 25 % N$_2$)
3. mit Wasserdampf angefeuchtetes teilweise verbranntes Erdgas (Exogas)

Die unter 2. und 3. genannten Mittel werden zum entkohlenden Schutzgasglühen von Elektroblechen verwendet.

Durchführung des Verfahrens. Für niedriggekohlte Stähle wird die Entkohlung oberhalb A_1 in einem mehrstündigen Glühprozeß erreicht. Elektrobleche werden bei 1 000 ... 1 050 °C nach vorheriger Entfettung in Durchlaufglühöfen entkohlt.

Anwendung des Verfahrens. Herstellung von Dichtungsmaterial (-ringe) anstelle von Weicheisen, Verminderung der Wattverluste bei warm- und kaltgewalztem Dynamo- und Trafoblech.

9. Wasserstoffentfernung

Definition: Thermochemische Behandlung zur Diffusionsentfernung des Wasserstoffs aus dem Stahl durch Erwärmen im entsprechenden Medium.

Wasserstoff gelangt beim Erschmelzen des Stahls durch feuchte Zuschläge, durch die Ofenatmosphäre oder ungenügend getrocknete Ofen- und Gießpfannenausmauerungen, beim Vergießen über die Kokillenanstriche (-lacke, -schlichte) in den Stahl. Außerdem nimmt Stahl beim Glühen in H_2-haltigen Atmosphären und beim Beizen mit H_2SO_4 oder HCl Wasserstoff auf.

Die Menge C des vom Stahl gelösten Wasserstoffes ist von der Quadratwurzel des Partialdruckes des H_2 bei bestimmter Temperatur abhängig. Es gilt das SIEVERTSsche Druckgesetz (Quadratwurzelgesetz)

$$C = \sqrt{P_{H_2}}$$

Wasserstoff bildet mit Eisen Einlagerungsmischkristalle.

Die Löslichkeit des Stahls für Wasserstoff nimmt mit fallender Temperatur ab; an Umwandlungspunkten ändert sich das Lösungsvermögen sprunghaft. Der überschüssige Wasserstoff tritt, solange er atomar vorliegt, wegen seiner hohen Diffusionsgeschwindigkeit bei nicht zu dicken Querschnitten aus dem Stahl aus. Rekombiniert atomarer zu molekularem Wasserstoff, z. B. an Gitterbaufehlern oder an Einschlüssen, in denen er nicht löslich ist, so entstehen nicht diffusionsfähige Wasserstoffbläschen, die zu einer unerwünschten Versprödung (Abnahme der Zähigkeit) des Stahls führen.

Dabei führt der durch Beizen aufgenommene Wasserstoff zu *Beizblasen* unterhalb der Stahloberfläche (besonders bei Blechen). Anfällig für die *Wasserstoffversprödung* sind besonders Mn- oder Ni-legierte Stähle. Hier können sich vor allem in Schmiedestücken Spannungsrisse – *Flocken* – bilden. Flocken entstehen im Temperaturbereich von etwa 200 . . . 100 °C als Folge des sich beim Abkühlen (Schrumpfen des Stahls) entwickelnden hohen Druckes auf die Wasserstoffansammlungen. Der Wasserstoffdruck wird dabei so groß, daß die Streckgrenze bzw. die Zugfestigkeit des Stahls überschritten wird. An zerstörten Teilen oder Proben erkennt man die Flocken als runde oder elliptische, helle mattglänzende Stellen. Nicht flockenanfällig sind ferritische und austenitische Stähle.

Aufgaben des Verfahrens. Verminderung des Wasserstoffgehalts in flockenempfindlichen Stählen.

Durchführung des Verfahrens. Nach [4], S. 1388 kann die Wasserstoffentfernung durch Diffusionsglühen bei 1 100 ... 1 200 °C mit langsamer Abkühlung (je nach Abmessung 20 ... 100 Stunden) bis unterhalb 200 °C erreicht werden.

Anwendung des Verfahrens. Das Verfahren ist bei Schmiedeblöcken und Schmiedestücken üblich. Beizblasen können durch Zusätze von handelsüblichen Sparbeizmitteln zum Beizbad vermieden werden.

2

Diffusionssättigung mit Metallen

1. Aluminieren

Definition: Thermochemische Behandlung zur Diffusionssättigung der Randschicht des Stahls mit Aluminium im Temperaturbereich von 700 ... 1 100 °C im entsprechenden Medium [2].

Aufgaben des Verfahrens. Erhöhung der Zunderbeständigkeit, Korrosionsbeständigkeit gegenüber der Atmosphäre und konzentrierter Salpetersäure bei unlegierten und legierten Stähle sowie GJL und GJS.

Durchführung des Verfahrens. Man unterscheidet zwei Verfahren:

Beim *ersten* Verfahren (*Alitieren*) werden die Werkstücke in Al-Pulver bei 900 ... 1050 °C geglüht. Dabei diffundiert Al in die Oberfläche und bildet Al-reiche Mk-Phasen. Wegen der ferritisierenden Wirkung des Al, vgl. Bild 2.4, diffundiert C vor der Diffusionsfront des Al nach innen. Im Anschluß an das mehrstündige Glühen wird langsam abgekühlt. Die Hitze- und Korrosionsbeständigkeit wird durch die Bildung von Al_2O_3 auf der Randschicht hervorgerufen.

Beim *zweiten* Verfahren werden die Werkstücke zur besseren Haftung des Al mit einem Sn-Überzug versehen und danach in eine Al-Schmelze von etwa 675 ... 705 °C getaucht und anschließend an Luft abgekühlt. Die Diffusion des Al erfolgt nach [4] erst beim Einsatz bei höheren Temperaturen.

Anwendung des Aluminierens. Es dient zur Einsparung hochlegierter hitzebeständiger Eisen-Knet- und -Gußlegierungen. Geeignet sind besonders C-arme Stähle, wie z. B. unlegierte Einsatzstähle.

2. Chromieren

Definition: Thermochemische Behandlung zur Diffusionssättigung der Randschicht des Stahls mit Chrom im Temperaturbereich von 900 ... 1 200 °C im entsprechenden Medium [2].

Aufgaben des Verfahrens. Erhöhung der Korrosionsbeständigkeit und Hitzebeständigkeit (bis etwa 850 °C) niedriglegierter Stähle (< 0,2 % C)

Durchführung des Verfahrens. Bei dem als *Inchromieren* und *Diffusionsverchromung* bekannten Verfahren werden als Cr-abgebende Mittel Chromverbindungen wie z. B. CrJ_2 oder $CrCl_3$ verwendet.

Die fertigbearbeiteten Teile werden bis zu 10 h in Hauben- oder Schachtöfen bei 950 ... 1 000 °C in Cr-abgebenden Mitteln (ggf. mit H_2 als Trägergas und Reduktionsmittel) geglüht. Anschließend wird langsam im Ofen oder an der Luft abgekühlt.

Theoretisch laufen in der Inchromierungsperiode bei Verwendung von $CrCl_3$ und H_2 folgende Reaktionen ab:

1. Reduktionsreaktion

$$H_2 + 2CrCl_3 \rightleftharpoons 2CrCl_2 + 2HCl$$

2. Substitutionsreaktion

$$CrCl_2 + Fe \rightleftharpoons FeCl_2 + Cr$$

bzw.

$$3CrCl_2 + 2Fe \rightleftharpoons 2FeCl_3 + 3Cr$$

Das entstehende Cr diffundiert unter Mischkristallbildung in die Stahloberfläche. Die erreichbare optimale Schichtdicke mit > 12 % Cr-Anteil wird mit 0,15 mm angegeben [4].

Anwendung des Chromierens. Besonders geeignet ist der Inchromierstahl 5 Ti 5, der für Spindeln, Buchsen und Armaturen eingesetzt wird.

Der Ti-Anteil von $> 5x$ % C ... 0,60 % Ti dient der Abbindung von C zu Titankarbid und erleichtert die Cr-Aufnahme.

3. Verzinken

Definition: Thermochemische Behandlung zur Diffusionssättigung der Randschicht des Stahls mit Zink im Temperaturintervall von 700 ... 1 000 °C im entsprechenden Medium.

Aufgaben des Verfahrens. Verbesserung der Korrosionsbeständigkeit unlegierter, niedriggekohlter Stähle gegenüber neutralen Medien, Wasser und atmosphärischen Einflüssen.

Durchführung des Verfahrens. Im Temperaturintervall von 700 ... 1 000 °C werden Zinküberzüge durch *Diffusionsverzinken*, auch als *Sherardisieren* bekannt, erzeugt. Hier werden die Teile im genannten Temperaturintervall mehrere Stunden in einer Zinkdampfatmosphäre geglüht. Die Randschicht besteht aus Fe-Zn-Phasen. Die Abkühlung erfolgt im Ofen oder an der Luft.

Anwendung des Verzinkens. Bleche, Drähte und Behälter aus unlegierten, niedriggekohlten Stählen.

4. Weitere Verfahren der Diffusionssättigung mit Metallen

Silizieren

> **Definition**: Thermochemische Behandlung zur Diffusionssättigung der Randschicht des Stahls mit Silizium im Temperaturbereich von 800 ... 1 100 °C im entsprechenden Medium [2].

Chromaluminieren und Chromsilizieren

> **Definition**: Thermochemische Behandlung zur Diffusionssättigung der Randschicht des Stahls gleichzeitig mit Chrom und Aluminium bzw. gleichzeitig mit Chrom und Silizium im Temperaturbereich von 900 ... 1 200 °C im entsprechenden Medium [2].

2

2.5.1.3 Thermomechanische Verfahren

> **Definition**: Wärmebehandlungsverfahren, bei denen bestimmte Gebrauchseigenschaften durch Verbindung thermischer Einwirkung und plastischer Umformung verbessert oder erreicht werden.

Gemäß Tafel 2.6 werden diese Verfahren in zwei Hauptgruppen eingeteilt:

1. Thermisch-mechanische Verfahren bzw. thermomechanische Behandlung (TMB)

> **Definition**: Austenitisierung mit unmittelbar nachfolgendem plastischem Umformen.

2. Mechanisch-thermische Verfahren bzw. mechanisch-thermische Behandlung (MTB)

> **Definition**: Plastisches Umformen des Stahls bei einer bestimmten Temperatur und nachfolgendes Anlassen zum Erzielen einer bestimmten Gefügeausbildung.

Da sich die Mehrzahl der in Tafel 2.6 genannten umformungsthermischen Verfahren noch in einem mehr oder weniger fortgeschrittenen Entwicklungsstadium befinden, sollen hier nur einige Ausführungen zur thermomechanischen Behandlung (TMB) gemacht werden.

Thermomechanische Behandlung (TMB)

Die TMB setzt sich aus der Austenitisierung, einer plastischen Formänderung im Temperaturbereich des stabilen Austenits (*HTMB* Hochtemperatur-TMB) bzw. im Temperaturbereich des metastabilen Austenits (*NTMB* Niedertemperatur-TMB), anschließender γ, α-(Martensit-)Umwandlung und Anlassen zusammen. Die TMB ist auch als *Ausforming-Behandlung* bekannt. Mit der TMB wird eine Steigerung der Festigkeit bei unlegierten, niedrig- und hochlegierten Stählen angestrebt bzw. möglich.

Voraussetzungen für die Anwendbarkeit der TMB

RASSMANN und MÜLLER [16] geben folgende Voraussetzungen an:

> 1. Die Stähle müssen nach der γ, α-Umwandlung (Martensitumwandlung) Restaustenit aufweisen.
> 2. Die M_S-Temperaturen der Stähle müssen zwischen 400 °C und 150 °C liegen. Diese Stähle zeigen durch TMB eine geringere zusätzliche Austenitstabilisierung und einen hohen Restaustenitgehalt.

Ursachen der Festigkeitssteigerung durch TMB

RASSMANN und MÜLLER weisen nach, daß die Festigkeitssteigerung durch thermomechanische Behandlung auf der Verfestigung des Restaustenits beruht.

Der *Ausform-Effekt* – Steigerung der Festigkeit durch Verformung und Verfestigung des Austenits – kann jedoch durch zu große Restaustenitmengen gegenüber dem Martensitgehalt beeinträchtigt werden, da die Härte und Festigkeit des Austenits kleiner als die des Martensits sind. Der Ausform-Effekt kann auch durch die Unterdrückung bzw. Verzögerung der Ausscheidung feindisperser, festigkeitssteigernder Karbidausscheidungen scheinbar ausbleiben [16].

Die Festigkeitszunahme bei niedertemperatur-thermomechanischer Behandlung (NTMB) ist größer als bei hochtemperatur-thermomechanischer Behandlung (HTMB), da die Austenitumformung unterhalb der Rekristallisationstemperatur T_R erfolgt. Bei HTMB treten vor allem bei unlegierten Stählen Rekristallisationsvorgänge der Festigkeitserhöhung entgegen.

Thermomechanische Behandlung bei hoher Temperatur (HTMB) bzw. thermisch-mechanische Verfahren bei hohen Temperaturen

> **Definition**: Austenitisieren mit unmittelbar nachfolgendem plastischem Umformen und anschließendem Abkühlen oberhalb der kritischen Abkühlungsgeschwindigkeit.

Aufgaben des Verfahrens. Verbesserung der mechanischen Eigenschaften, wie Streckgrenze, Zugfestigkeit, Kerbschlagzähigkeit und Ermüdungsfestigkeit gegenüber den mit thermischen Verfahren der Wärmebehandlung erreichbaren Werten.

Durchführung des Verfahrens
1. Erwärmen auf eine Austenitisierungstemperatur $\gg A_{c3}$
2. spanlose Formung (Walzen, Schmieden), dabei soll der Umformungsgrad möglichst hoch sein (abhängig von der Stahlmarke)
3. Härten vor der Umformendtemperatur (dicht oberhalb A_{c3})
4. Anlassen bei niedriger und mittlerer Temperatur

2

Anwendung des Verfahrens. Das Verfahren ist in Anwendung für Grobbleche aus korrosionsträgen Stählen mit Mikrolegierungszusätzen von Al und V. Ferner ist es geeignet für rekristallisationsträge Stahlmarken.

Thermomechanische Behandlung bei niedriger Temperatur (NTMB) bzw. thermisch-mechanische Verfahren bei niedrigen Temperaturen

> **Definition**: Austenitisieren und nachfolgendes Abkühlen oberhalb der kritischen Abkühlungsgeschwindigkeit auf die Temperatur der relativen Austenitstabilität bzw. auf eine Temperatur im Bereich des metastabilen Austenits, die ein Umformen vor der Umwandlung zuläßt, plastisches Umformen bei dieser Temperatur und anschließend zweckentsprechendes Abkühlen.

Aufgaben der Verfahrens. Die Aufgaben entsprechen denen der HTMB.

Durchführung des Verfahrens
1. Erwärmen auf Austenitisierungstemperatur $> A_{c3}$
2. Abkühlen in den Temperaturbereich des instabilen Austenits (vgl. isothermes ZTU-Diagramm, Bild 2.50) unterhalb der Rekristallisationstemperatur ϑ_R bzw. T_R und oberhalb der Martensittemperatur M_S
3. spanlose Umformung
4. Härten in Wasser oder Öl
5. Anlassen bei niedriger oder mittlerer Temperatur

Bild 2.50 zeigt schematisch den ϑ, t-Verlauf der NTMB.

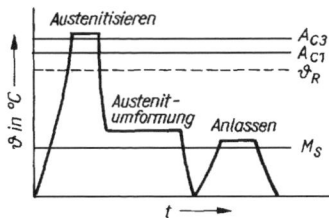

Bild 2.50 Temperatur-Zeit-Verlauf bei niedertemperatur-thermomechanischer Behandlung (NTMB)

Anwendung des Verfahrens. Das Verfahren ist für Stähle geeignet, bei denen der Umwandlungsbeginn der Perlit- und Zwischenstufe einen größeren Zeitraum (Inkubationszeit) erfordert und bei denen zwischen der Perlit- und Zwischenstufe ein erhebliches Temperaturintervall gemäß dem entsprechenden isothermen ZTU-Diagramm auftritt, vgl. dazu schematische Darstellung in Bild 2.51.

Die Anwendung des Verfahrens ist für solche Fälle sinnvoll, wo extreme Forderungen an Streckgrenze und Zugfestigkeit gestellt werden und wo ggf. gleichzeitig eine hohe Anlaßbeständigkeit ($\approx$ 500 °C) erforderlich ist, z.B. Flugzeug- und Raketenbau, Federn für Kfz, Spannbetonstähle.

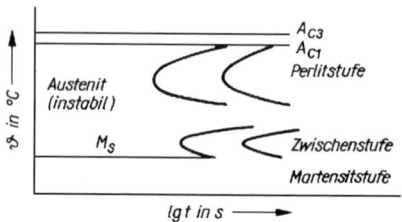

Bild 2.51 Isothermisches ZTU-Diagramm für zur thermomechanischen Behandlung (TMB) geeignete Stähle (Schema)

▶ *Anmerkung*: Die Linien des Beginns und des Endes der Perlit- und der Zwischenstufenumwandlung verschieben sich mit Zunahme der inneren Spannungen durch Kaltverfestigung nach links, d.h. nach kürzeren Inkubationszeiten.

2.5.2 Wärmebehandlung von Gußeisen mit Lamellen- und Kugelgraphit

Die wichtigsten Wärmebehandlungsverfahren für Gußstücke aus GJL und GJS sind die Glühverfahren. Weniger häufig angewendet werden das Volumen- und Randschichthärten und die thermochemische Wärmebehandlung.

1. Spannungsarmglühen

Aufgaben des Verfahrens. Das Spannungsarmglühen soll innere Spannungen, die beim Abkühlen der Gußstücke entstehen, weitestgehend abbauen und die Maßstabilität der Gußstücke gewährleisten.

Durchführung des Verfahrens
1. Hochwärmen auf Glühtemperatur mit einer Aufheizgeschwindigkeit von $70 \ldots 100 \ \text{K} \cdot \text{h}^{-1}$
2. Halten auf Glühtemperatur: 2 bis 8 h bei $510 \ldots 565$ °C für unlegiertes GJL und GJS bzw. 2 bis 8 h bei $565 \ldots 595$ °C für niedriglegierte bzw. 2 bis 8 h bei $595 \ldots 650$ °C für hochlegierte Sorten
3. Ofenabkühlung mit $20 \ldots 50 \ \text{K} \cdot \text{h}^{-1}$ bis auf 250 °C, anschließend Luftabkühlung

2. Weichglühen

Aufgaben des Verfahrens. Verbesserung der spanenden Bearbeitung, der Dehnung und Verringerung der Zugfestigkeit und Härte durch Überführung des perlitischen oder perlitisch-ferritischen oder ledeburitisch-perlitisch-ferritischen Ausgangsgefüges in ferritisches Gefüge.

Durchführung des Verfahrens

2

Weichglühen bei niedriger Temperatur
1. langsames Hochwärmen
2. Halten auf Glühtemperatur: 0,45...1 h je 25 mm Wanddicke bei 700...760 °C (unlegiertes und niedriglegiertes GJL und GJS)
3. Ofenabkühlung mit etwa 55 K · h^{-1} bis 300 °C, anschließend an Luft

Weichglühen bei mittlerer Temperatur
1. langsames Hochwärmen
2. Halten auf Glühtemperatur: 0,45...1 h je 25 mm Wanddicke bei 700...900 °C (Si-armes und legiertes GJL und GJS)
3. Ofenabkühlung mit etwa 55 K · h^{-1} bis 300 °C, anschließend an Luft

Weichglühen bei hoher Temperatur
1. langsames Hochwärmen
2. Halten auf Glühtemperatur: 1 bis 3 h + 1 h je 25 mm Wanddicke bei 850...950 °C (Hierbei soll neben dem perlitischen auch der ledeburitische Zementit zum Zerfall gebracht werden.)
3. Ofenabkühlung mit etwa 55 K · h^{-1} bis 300 °C, anschließend Luftabkühlung

3. Normalglühen

Aufgaben des Verfahrens. Erhöhung der Festigkeit, Härte und Verschleißfestigkeit durch Umwandlung des perlitisch-ferritischen bzw. ferritischen Ausgangsgefüges in ein perlitisch-sorbitisches Gefüge.

Durchführung des Verfahrens
1. langsames Hochwärmen
2. Halten auf Glühtemperatur: 1 h je 25 mm Wanddicke bei 850...950 °C
3. Luftabkühlung bis etwa 550 °C, anschließend verlangsamte Abkühlung mit 50 K · h^{-1}

4. Härten

Aufgaben des Härtens. Erhöhung der Härte, Festigkeit und Verschleißfestigkeit.

Härtbar sind unlegierte und legierte perlitische und perlitisch-ferritische GJL- und GJS-Sorten.

Durchführung des Härtens
1. langsames Hochwärmen auf Härtetemperaur (850 . . . 950 °C)
2. Halten auf Härtetemperatur 1 h je 25 mm Wanddicke
3. Abschrecken in Wasser oder Öl (einfaches oder kontinuierliches Härten) oder in Wasser und Öl (unterbrochenes oder gebrochenes Härten)
4. Anlassen: 1 h + 1 h je 25 mm Wanddicke bei 250 . . . 500 °C, anschließend Luftabkühlung

5. Bainitisieren (Zwischenstufenvergüten)

Dieses Verfahren ist für unlegierte und legierte perlitische oder perlitisch-ferritische GJL- und GJS-Sorten anwendbar.

Aufgaben des Bainitisierens. Erhöhung der Härte und Zugfestigkeit und erhebliche Steigerung der Verschleißfestigkeit. Angestrebt wird Zwischenstufengefüge, daneben treten Sorbit, Troostit und Restaustenit auf.

Durchführung des Verfahrens
1. langsames Hochwärmen auf Härtetemperatur 850 . . . 900 °C
2. Halten auf Härtetemperatur: 1 h je 25 mm Wanddicke
3. Abkühlen und Halten im Warmbad (Blei-, Öl- oder Salzbad), Haltedauer je nach Sorte und Wanddicke 2 . . . 5 min
4. Luftabkühlung

6. Randschichthärten

Für perlitischen oder perlitisch-ferritischen GJL und GJS sind das Flammen- und Induktionshärten anwendbar. Nach GRÖNEGRESS sind dazu mindestens 0,5 % gebundener Kohlenstoff und eine feine Graphitverteilung erforderlich.

7. Thermochemische Wärmebehandlung

Gasnitrieren ist bei mit Nitridbildnern Al, Cr, Ti und V legierten Gußeisensorten möglich. Die erreichbaren Nitridschichtdicken sind mit 0,25 . . . 0,4 mm dünner als bei Stahl.

Badnitrieren ist ebenfalls anwendbar.

Aluminieren (Alitieren), Chromieren, Diffusionsverzinken (Sherardisieren) und Sulfidisieren sind im wesentlichen unter gleichen Bedingungen wie bei Stahl möglich.

2.5.3   Wärmebehandlungsfehler

Bei der Durchführung von Wärmebehandlungsverfahren können eine Reihe von *Fehlern* auftreten, die vielfach zum Ausschuß führen oder durch entsprechende Nacharbeit, wie Richten bzw. energie- oder zeitaufwendige Wiederho-

Tafel 2.7 Übersicht über häufige Wärmebehandlungsfehler

Fehler	Ursache	Möglichkeiten zur Fehlerbehebung
Verzug	1. Überzeiten, Überhitzen	1. Baustähle normalisieren, Werkzeugstähle weichglühen, richten, anschließend unter vorgegebenen Bedingungen härten
	2. unsachgemäßes Abschrecken und zu schroffe Abkühlung	2. wie unter 1.
	3. ungleichmäßiges Erwärmen und falsches Lagern beim Erwärmen	3. wenn Richten noch möglich, danach erneut wärmebehandeln
	4. Bearbeitungsspannungen	4. nochmaliges Spannungsarmglühen
Ungenügende Härteannahme	1. Härtetemperatur zu niedrig oder zu kurze Haltezeit auf Härtetemperatur	1. erneute Wärmebehandlung bei richtiger Härtetemperatur und Haltzeit
	2. Randentkohlung	2. entkohlte Randschicht entfernen, Wiederholung der Wärmebehandlung im Salzbad oder in entsprechender Abdeckung
	3. zu mildes Abkühlungsmittel (beim Härten)	3. Wiederholung der Wärmebehandlung unter Verwendung eines schrofferen Abkühlungsmittels
	4. Dampf- oder Zersetzungsgasschichten (Werkstück wurde im Wasser oder Öl zu wenig bewegt)	4. Wiederholung der Wärmebehandlung und kräftige Bewegung des Werkstücks im Abkühlungsmittel
Grobkörnigkeit	1. Überzeiten, Überhitzen	1. gehärtete Teile erneut Härten, ggf. vorher normalisieren 2. geglühte Halbzeuge normalisieren, eventuell spanlos warmumformen und für andere Verwendungszwecke vorsehen

2

Tafel 2.7   Übersicht über häufige Wärmebehandlungsfehler (Fortsetzung)

Fehler	Ursache	Möglichkeiten zur Fehlerbehebung
Ungenügende Bearbeitbarkeit nach dem Glühen	1. Glühzeit zu kurz, 2. falsche Abkühlung (zu schnell) 3. falsche Wärmebehandlung	1. … 3. Wiederholung der Wärmebehandlung unter Einhaltung der entsprechenden Bedingungen
Risse nach der Wärmebehandlung	1. Überhitzen, Überzeiten 2. ungleichmäßige und zu rasche Erwärmung 3. zu schroffe Abkühlung	1. … 3. rissiges Material ist Ausschuß
Risse in thermochemisch behandelten Randschichten	1. Überkohlung der Randschicht beim Einsetzen 2. zu langsame Abkühlung nach dem Einsetzen (vor allem bei Cr-Ni-Einsatzstählen) 3. ungenügende Vergütung von Nitrierstählen 4. ungeeignete Mischung beim Borieren	1. … 4. rissiges Material ist Ausschuß

lung der betreffenden Wärmebehandlung oder Wärmebehandlungsfolge, behoben werden können.

In Tafel 2.7 sind häufig auftretende Fehler, ihre Ursachen und Möglichkeiten zu ihrer Behebung zusammengestellt.

2.6   Stahl- und Gußfehler

Die bei Eisenknet- und -gußwerkstoffen (und NE-Knet- und -Gußwerkstoffen) auftretenden Fehler können metallurgisch, gießtechnisch, verarbeitungstechnisch (Walzen, Ziehen usw.) und konstruktiv bedingt sein. Sie führen zur Minderung der geforderten Gebrauchseigenschaften, Qualitätsabwertungen, Ausschuß, Ausfall von Konstruktionsteilen, Anlagen und als deren Folge zu wirtschaftlichen Verlusten.

Dopplungen

Beim Walzen ungenügend geschopfter Blöcke, Brammen oder Knüppel tritt nur eine mechanische Haftung der oxidierten Lunkeroberflächen oder nichtmetallischer Verunreinigungen (Kopf- und Fadenlunker) und kein Verschweißen auf. Bleche spalten sich parallel zur Walzebene, Rohre parallel zur Mantelfläche auf. Rohrluppen für Wälzlagerringe können Dopplungen durch zu hohe Walztemperatur im Schrägwalzwerk aufweisen.

Einschlüsse

Man unterscheidet *endogene* und *exogene Einschlüsse*. Endogene Einschlüsse entstehen durch metallurgische Reaktionen beim Schmelz- und Gießprozeß in der Schmelze, z. B. beim Beruhigen des Stahls mit Si oder/und Al (Al_2O_3, SiO_2) oder beim Entschwefeln (Fe- und Mn-Sulfide). Exogene Einschlüsse gelangen von außen in die Schmelze, wie z. B. aus der Ofen- und Pfannenausmauerung stammende Silikate, oder Formsand, nichtaufgelöste Legierungszusätze und Schlacken.

Die Verteilung, Menge und Größe der Einschlüsse beeinflussen Eigenschaften und Güte des Werkstoffs. Größere Anhäufungen können zur Bildung von Schalen führen und wie bei Wälzlagerrohren zum völligen Versagen beitragen.

Flocken

Flocken sind Spannungsrisse als Folge der Wasserstoffversprödung. Vgl. Wasserstoffentfernung.

Gestiegene und eingefallene Köpfe

Diese Fehler treten beim Vergießen von Blöcken auf.

Gestiegene Köpfe werden ausschließlich bei unberuhigten und halbberuhigten Stählen als Folge einer verspäteten Gasabscheidung beobachtet. Verspätete Gasabscheidung tritt unter anderem bei dickflüssigen Chargen, überfrischten Chargen und bei zu großer Gießgeschwindigkeit auf. Gestiegene Köpfe verursachen durch Materialspaltung Walzschwierigkeiten, erhöhten Stahlverlust, Materialabwertung durch Kernauflockerungen und durch Bildung einer Seigerungszone durch längeres „Nachkochen" der Blöcke, Innenschalen an Rohren aus halbberuhigten Stählen.

Eingefallene Köpfe sind die Folge einer „Überberuhigung" halbberuhigter Stähle. Die dabei entstehenden Lunker erfordern ein stärkeres Schopfen der Blöcke, womit sich das Ausbringen des Stahls verringert. Die spanlose Formung kann zu Kernzerstörungen und bei Rohren zu Innenschalen führen.

Kaltbrüchigkeit

Darunter versteht man das Auftreten verformungsloser Brüche (Sprödbrüche) bei dynamischer Belastung in der Umgebung von Raumtemperatur. Als Ursache werden Spannungsunterschiede zwischen P-reichen und P-ärmeren α-Mk sowie die durch Tertiärausscheidung von Fe_3C und Nitriden hervorgerufene Alterung angesehen. Kaltbrüchigkeit wird bei C-armen, windgefrischten Stählen beobachtet.

Karbidzeiligkeit

Zeilenförmige Anordnungen von Karbiden (z. B. Sekundärzementit) in übereutektoiden Stählen durch zu niedrige Walzendtemperatur ($< A_{ccm} \hat{=}$ Linie *ES*). Dabei werden die sich ausscheidenden Karbide beim Walzen zeilenförmig angeordnet. Wälzlager, die aus Rohren mit ausgeprägter Karbidzeiligkeit hergestellt werden, fallen durch Ausbröckelungen frühzeitig aus.

Lunker

Lunker sind Schwindungshohlräume, die beim Erstarren der Schmelze entstehen. Beim Erstarren von Blöcken aus beruhigtem Stahl bilden sich im oberen Blockdrittel trichterförmige *Kopflunker (Primärlunker)*. Unterhalb des Kopflunkers kann, getrennt durch eine fehlerfreie Materialschicht, als Sekundärlunker ein röhrenförmiger, sog. *Fadenlunker* auftreten. Das Nichteinhalten der Gießtechnologie (z. B. zu hohe Abstichtemperatur und zu rasches Gießen) verursacht eine Vergrößerung der Kopflunker, wodurch Materialverluste bis zu 25 % entstehen können.

Das Stahlausbringen kann z. B. erhöht werden durch Aufsetzen einer Haubenkokille, wodurch der Kopflunker in die Haube verlegt wird. Das ist üblich beim Vergießen von Qualitäts- und Edelstählen.

In Formgußstücken können trotz Anwendung von Aufgußtrichtern und Steigern Lunker infolge nicht gießgerechter Konstruktion gebildet werden.

Narben

Narben oder Poren sind längliche bzw. punktförmige, unregelmäßig angeordnete Vertiefungen auf der Oberfläche von Draht oder gezogenem Stabstahl. Sie entstehen durch Einwalzen von Zunder in das Vormaterial, durch schlechte Lagerung (Rostnarben) und zu langes Beizen ohne Sparbeizzusätze (Beizporen). Narben und Poren haben kaum Einfluß auf die Funktionstüchtigkeit, da sie meist vor dem Einsatz durch spanende Bearbeitung entfernt werden.

Querrisse

Beim Ziehen von Draht bilden sich quer oder unter bestimmten Winkeln zur Drahtachse im Inneren Risse infolge zu großer Formänderungsgrade, nichtmetallischer Einschlüsse, Seigerungen und Lunker. Material mit Querrissen (Innenrissen) ist Ausschuß und auch nicht für untergeordnete Zwecke verwendbar.

Randblasen

Als Folge der Reaktionen zwischen Kohlenstoff und dem Sauerstoff der Oxide entsteht CO beim Vergießen von unberuhigtem und halbberuhigtem Stahl. Dieses reduzierend wirkende Gas verbleibt in Form von Blasenkränzen und unregelmäßig verteilten Gasblasen im erstarrten Block. Beim nachfolgenden Walzen verschweißen die Blasen, wobei das CO mechanisch feinverteilt wird. Liegen die Gasblasen dicht unter der Oberfläche (Randblasen) des Blockes, so können sie zur Bildung von Rissen und Schalen an der Walzgutoberfläche oder zum örtlichen Aufreißen der Kanten bei Blechen, Bändern oder Profilen führen.

Randporen

2

Randporen sind feine, offene Löcher in der Gußhaut von beruhigt vergossenem Stahl. Sie entstehen, einwandfreie metallurgische Arbeit vorausgesetzt, durch Gasbildung an der nicht ordnungsgemäß gelackten Kokillenwandung.

Randporen führen zur Schalen- und Rißbildung an Rohren und Blechen sowie zur Qualitätsabwertung der Charge und zum Ausschuß.

Rotbrüchigkeit oder Warmbrüchigkeit

Diese Fehlerart wird mitunter bei der spanlosen Warmformung im Temperaturbereich zwischen 800 °C und 1 000 °C durch FeO und FeS bei geringen Mn-Gehalten festgestellt.

Das geringe Formänderungsvermögen der Einschlüsse und örtlich auftretende, niedrigschmelzende Eutektika aus FeO + FeS (Schmelzpunkt 930 °C) und γ-Mk + FeS (Schmelzpunkt 985 °C) verursachen Risse bzw. Anschmelzungen an den Korngrenzen des Austenits, wodurch Ausschuß entsteht.

Schalen

Schalen sind meist unregelmäßig geformte flächenhafte Oberflächenteile, die mechanisch mit dem übrigen Werkstoff verbunden sind. Sie vermindern die Verarbeitbarkeit und die Funktionstüchtigkeit sowie das Aussehen des Materials. Bei starker Schalenbildung werden die Teile Ausschuß. Ursachen der Entstehung von Schalen (Außenschalen) sind: Anhäufungen nichtmetallischer Einschlüsse (Al_2O_3) dicht unter der Oberfläche, Randblasenrisse, Beizblasen, Seigerungen, Überwalzungen am Vormaterial. Bei Schalen an der inneren Oberfläche von Rohren *(Innenschalen)* können Kernzerstörungen der Knüppel, Seigerungen und Anhäufungen nichtmetallischer Einschlüsse (Al_2O_3) die Ursachen sein.

Seigerungen

Seigerungen oder Entmischungen können beim Erstarren von Legierungen auftreten. Man unterscheidet:

1. *Kristallseigerung*, das sind Konzentrationsunterschiede der Komponenten innerhalb der einzelnen Kristalle.

2. *Blockseigerung* tritt beim unberuhigten und in geringerem Umfang beim halbberuhigten Vergießen von Blöcken auf. Dabei werden niedrigschmelzende Bestandteile, wie Sulfide und Phosphide, vor den Kristallisationsfronten hergeschoben und durch aufsteigende Gasblasen nach den oberen Blockabschnitten transportiert. Daraus ergibt sich eine stark unterschiedliche Verteilung dieser Bestandteile über dem gesamten Blockquerschnitt (bezogen auf die Längsachse des Blockes). Die Blockseigerung läßt sich durch Glühprozesse **nicht** mehr beseitigen! In gewalztem oder geschmiedetem Material lassen sich Blockseigerungen, vor allem Sulfide, durch den *Baumann-Abdruck* (Bild 2.52) oder durch die *Ätzung nach Heyn* (Bild 2.53) nachweisen.

   Blockseigerungen vermindern die Schweißbarkeit von unberuhigten Stählen (nur bis zu 12,5 mm Dicke zulässig). Da die Randzonen der unberuhigten Stähle dagegen fast frei von Verunreinigungen sind, eignen sich diese Stähle besonders zum Verchromen und Emaillieren.

3. *Umgekehrte Blockseigerung* wird vor allem bei Al- und Kupferlegierungen festgestellt. Hier kann ein Teil der mit Verunreinigungen angereicherten Restschmelze bei starkem Dendritenwachstum durch Kapillarwirkung (der Dendriten) und den Druck, der im Inneren freiwerdenden Gase in die Randschicht verlagert werden. Die Randzone zeigt daher einen größeren Gehalt an Verunreinigungen als der Kern.

4. *Gasblasenseigerung* ist als Abart der randzonennahen umgekehrten Blockseigerung zu klassifizieren. Der Druck in randzonennahen Gasblasen (H_2, CO, N_2 verringert sich mit zunehmender Abkühlung. Stehen solche Gasblasen über Kapillaren zwischen den Dendriten noch mit der mit Verunreinigungen angereicherten Restschmelze in Verbindung, so können niedrigschmelzende Verunreinigungen durch den Unterdruck bis in diese oberflächennahen Hohlräume gelangen. Wegen ihrer schlechten Verschweißbarkeit während der Warmformung können sich leicht Oberflächenrisse bilden.

5. *Schwerkraftseigerung* tritt bei Legierungen solcher Systeme auf, deren Komponenten im flüssigen Zustand eine Mischungslücke zeigen (Cu-Pb, Pb-Zn, Fe-Pb). Außerdem ist die Schwerkraftseigerung bei solchen Legierungen anzutreffen, deren Komponenten große Dichteunterschiede aufweisen. Bei langsamer Erstarrung werden leichtere Primärkristalle nach der Oberfläche der Schmelze getrieben (z. B. bei Pb-Sb-Legierungen, Lagermetalle auf Pb-Sn-Basis). Bei übereutektischen Gußeisenlegierungen steigt primärer Graphit an die Oberfläche der Schmelze (sog. *Garschaumgraphit*), nach [5].

Sekundärzementitnetzwerk

Werden übereutektoide Stähle langsam von Temperaturen $\gg A_{ccm}$ (Linie *ES*) abgekühlt, so scheidet sich an den Korngrenzen des Austenits Sekundärzementit ab. Im Schliffbild erscheint diese Ausscheidung wie ein mehr oder weniger zusammenhängendes Netz. Tritt das Sekundärzementitnetzwerk nach zu hoher Walzendtemperatur und zu langsamer Abkühlung zwischen A_{ccm} und A_{c1} bei Wälzlagerstählen auf, so kann sich die Lebensdauer der Wälzlager durch Ausbröckelungen stark vermindern.

Weitere Fehlerarten, ihre Ursachen, Auswirkungen und Möglichkeiten zu ihrer Behebung sind der im Literaturnachweis angeführten Spezialliteratur zu entnehmen.

2

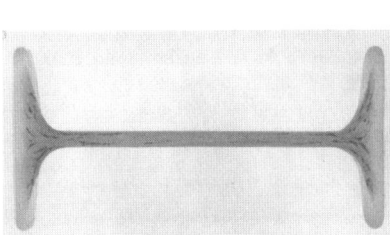
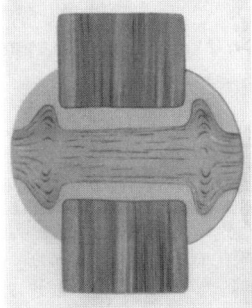

Bild 2.52 BAUMANN-*Abdruck: Schwefelseigerungen in einem I-Profil und einer Nietverbindung*

Bild 2.53 Ätzung nach HEYN*: Schwefel- und Phosphorseigerungen in einer Nietverbindung*

2.7   Literatur- und Quellenverzeichnis

[1]   *Hornbogen, E.*: Werkstoffe. – Berlin: Springer-Verlag, 1994

[2]   *Eckstein, H. J.*: Wärmebehandlung von Stahl. – Leipzig: Dt. Verl. f. Grund-
       stoffindustrie, 1973

[3]   *Hornbogen, E.; Warlimont, H.*: Metallkunde. – Berlin: Springer-Verlag, 1991

[4]   *Houdremont, E.*: Handbuch der Sonderstahlkunde, Bd. 1 und 2. – Berlin;
       Göttingen; Heidelberg: Springer-Verlag, 1956

[5]   *Schumann, H.*: Metallographie. – Leipzig: Dt. Verl. f. Grundstoffindustrie,
       1991

[6]   *Ashby, M. F.; Jones, D. R. H.*: Ingenieur-Werkstoffe. – Berlin: Springer-Verlag,
       1986

[7]   *Riehle, M.; Simmchen, E.*: Grundlagen der Werkstofftechnik. – Stuttgart: Dt.
       Verl. f. Grundstoffindustrie, 1997

[8]   *Gräfen, H.*: VDI-Lexikon Werkstofftechnik. – Berlin: Springer-Verlag, 1993

[9]   *Seidel, W.*: Werkstofftechnik. – München; Wien: Carl Hanser Verlag, 1999

[10]   *Ilscher, L.*: Werkstoffwissenschaft und -technik. – Berlin: Springer-Verlag,
       1999

[11]   *Christianus, D.; u. a.*: Stahlguß. – In: Konstruieren und Gießen. – 4(1988)

[12]   *Schatt, W.; Worch, H.*: Einführung in die Werkstoffwissenschaft. – Stuttgart:
       Dt. Verl. f. Grundstoffindustrie, 1996

[13]   *Bargel, H.-J.; Schulze, G.*: Werkstoffkunde. – VDI-Verlag, 1994

[14]   *Böhmer, S.; Lerche, W.; Spies, H.-J.*: Gasoxinitrieren in der DDR. – In: Stahl-
       beratung. – 2(1989)

[15]   *Deger, M.; Riehle, M.; Schatt, W.*: Untersuchung zur Herstellung rißfreier und
       festhaftender Boridschichten auf Stahl. – In: Neue Hütte – 1(1973)

[16]   *Rassmann, G.; Müller, P.*: Über die Ursachen der Festigkeitssteigerung durch
       Ausformingbehandlung. – In: Neue Hütte. – 1(1973)

[17]   *Hasse, St.*: Duktiles Gußeisen. – Berlin: Fachverlag Schiele und Schön, 1996

[18]   DIN-Taschenbuch 401: Stahl und Eisen (Allgemeines). – Berlin: Beuth-
       Verlag, 1998

[19]   DIN-Taschenbuch 402: Stahl und Eisen (Bauwesen, Metallverarbeitung). –
       Berlin: Beuth-Verlag, 1998

[20]   DIN-Taschenbuch 403: Stahl und Eisen (Rohrleitungsbau). – Berlin: Beuth-
       Verlag, 1998

[21]   DIN-Taschenbuch 404: Stahl und Eisen (Maschinen- und Werkzeugbau). –
       Berlin: Beuth-Verlag, 1998

[22]   DIN-Taschenbuch 405: Stahl und Eisen (Nichtrostende Stähle). – Berlin:
       Beuth-Verlag, 1998

[23]   DIN-Taschenbuch 218: Stahl und Eisen (Wärmebehandlung metallischer
       Werkstoffe). – Berlin: Beuth-Verlag, 1998

3 Nichteisenmetalle

3.1 Aluminium

3.1.1 Eigenschaften

Physikalische Eigenschaften

Aluminium (Al) ist ein Element der III. Hauptgruppe des PSE mit der Ordnungszahl 13 und der relativen Atommasse 26,981 5. Al kristallisiert kubischflächenzentriert (kfz).

- Dichte $\varrho = 2{,}70 \cdot 10^3$ kg $\cdot$ m^{-3}
- Schmelzpunkt 660 °C
- Siedepunkt 2 060 °C
- Spezifische Wärmekapazität $c_p = 896$ J $\cdot$ kg^{-1} $\cdot$ K^{-1}
- Wärmeleitfähigkeit $\lambda = 230$ W $\cdot$ m^{-1} $\cdot$ K^{-1}
- Wärmeausdehnungskoeffizient $\alpha_{20...100\,°C} = 23{,}86 \cdot 10^{-6}$ K^{-1}
- Spezifische elektrische Leitfähigkeit
  $\varkappa = 37{,}74$ m $\cdot$ Ω^{-1} $\cdot$ mm$^{-2} = 37{,}74$ MS $\cdot$ m^{-1}
- Spezifischer elektrischer Widerstand
  $\varrho = 0{,}026\,5\ \Omega \cdot$ mm^2 $\cdot$ m$^{-1} = 2{,}65 \cdot 10^{-6}\ \Omega \cdot$ cm
- Temperaturkoeffizient des Widerstands $\alpha = 4{,}3 \cdot 10^{-3}$ K^{-1}
- Elastizitätsmodul $E = 68{,}67$ GPa
- Gleitmodul $G = 26{,}49$ GPa
- POISSON-Zahl $\mu = 0{,}34$
- Streckgrenze $R_{p0,2} = 9{,}81 \ldots 24{,}5$ MPa (weich)
  $\qquad\qquad\qquad = 68{,}7 \ldots 98{,}1$ MPa (hart)
- Zugfestigkeit $R_m = 39 \ldots 49$ MPa (weich)
  $\qquad\qquad\quad = 88 \ldots 117{,}7$ MPa (hart)
- Bruchdehnung $A_{10} = 30 \ldots 45$ % (weich)
  $\qquad\qquad\qquad = 1 \ldots 3$ % (hart)
- Brucheinschnürung $Z = 97 \ldots 99$ % (weich)
  $\qquad\qquad\qquad\quad = 85 \ldots 90$ % (hart)
- Brinellhärte $HB = 15$ (weich)
  $\qquad\qquad\quad = 25$ (hart)

Chemische Eigenschaften

Al bildet an der Luft eine dünne, festhaftende und durchsichtige Oxidschicht. Diese Schicht hat amphoteren Charakter, d. h., sie ist gegenüber dem Angriff von Säuren und Basen wenig beständig, mit Ausnahme verdünnter organischer

Säuren, wie sie in Lebensmitteln vorhanden sind, und HNO_3 (bei 20 °C). Gegenüber neutralen Lösungen ist sie beständig.

Die Verhaltensweise des Al gegenüber den verschiedenen Medien ist [1] und [4] zu entnehmen.

Technologische Eigenschaften

Wegen des kfz-Gitters ist Al spanlos sehr gut kalt- und warmumformbar. Die spanende Bearbeitung des langspanenden Al erfordert Werkzeuge mit kleinem Keilwinkel und großem Spanwinkel sowie geläppte Schneiden. Bei mehrschneidigen Werkzeugen sind ausreichend bemessene und polierte Spannuten erforderlich, um sowohl das große Spanvolumen einwandfrei abzuführen, als auch hohe Oberflächengüten zu erreichen und die Bildung von Aufbauschneiden zu vermeiden. Eine wirtschaftliche spanende Formung von Al (und Al-Legierungen) verlangt schnellaufende Sondermaschinen mit hohen Vorschubgeschwindigkeiten, die die Anwendung hoher Schnittgeschwindigkeiten erlauben, um hohe Oberflächengüten zu gewährleisten. Al und seine Legierungen sind schweiß- und lötbar. Unter den verwendbaren Schmelzschweißverfahren haben sich das WIG (Wolfram-Inert-Gas)- und das MIG (Metall-Inert-Gas)-Schweißverfahren mit Argon als Schutzgas sehr gut eingeführt. Wegen der großen spezifischen Wärmekapazität c_p und der guten Wärmeleitfähigkeit von Al und seinen Legierungen müssen im Vergleich zu Stahl in kürzeren Zeiten größere Wärmemengen zugeführt werden.

Das Widerstandsschweißen erfordert wegen der guten elektrischen und Wärmeleitfähigkeit sehr hohe Stromstärken. Je nach Einzelblechdicke (0,5 ... 2,6 mm) beträgt die Stromstärke zum Schweißen von Al (AlMn, AlMg, AlMgSi) etwa 15 000 bis 32 000 A. Die beim Schweißen und Löten hinderliche Oxidschicht muß entsprechend dem angewandten Verfahren durch Flußmittel (Gemische aus Fluoriden und Chloriden von Alkali- und Erdalkalimetallen) oder mechanisch (mit Drahtbürsten) entfernt werden.

Als Flußmittel zum Hartlöten (Löttemperatur 430 ... 640 °C) sind zwei Sorten üblich: Typ F-LH 1, auf der Basis von hygroskopischen Chloriden und Fluoriden (Lithium-Verbindungen), deren Rückstände nach dem Löten mit verdünnter HNO_3 und/oder heißem Wasser zu entfernen sind und Typ F-LH 2 auf der Basis nichthygroskopischer Fluoride.

Als Flußmittel zum Weichlöten (Löttemperatur 200 ... 310 °C) sind drei Sorten handelsüblich:

Typ F-LW 1: Das pastenförmige Lot-Flußmittel-Gemisch beruht auf der Basis von Zn- oder Sn-Chlorid. Das Schwermetall wird unter Wärmeeinwirkung beim Löten ausgeschieden und kann dabei als Lot wirken oder das Löten fördern. Die Rückstände sind zu entfernen.

Typ F-LW 2: Es besteht aus flüssigen organischen Verbindungen (Amine). Die Rückstände sind nach dem Löten zu entfernen.

Typ F-LW 3: Es besteht aus flüssigen organischen Halogenverbindungen, deren Rückstände nach dem Löten zu entfernen sind.

Die Typen F-LW 2 und F-LW 3 sind zusammen mit Weichloten zu verwenden.

In den Tabellen 3.1 und 3.2 sind Zusatzwerkstoffe zum Löten und Schweißen von Al und Al-Legierungen zusammengestellt.

Zur Herstellung von Klebeverbindungen werden folgende Gruppen von Klebstoffen verwendet:
1. Epoxidharze (nichtmodifiziert), wie Epilox und Araldit
2. Epoxidharze (modifiziert mit Polyester oder Polyamid bzw. Thiokoll), wie Versamid (+ Polyamid), Metallon (+ Polyester) und Araldit-Thiokoll
3. Phenolharz (modifiziert mit Polyvinylformaldehyd)
4. Ungesättigte Polyesterharze

Einzelheiten zur Klebtechnik sind [1] und [2] zu entnehmen.

Tabelle 3.1 Weichlote für Al und Al-Legierungen E-DIN 1707-100 (97)

Sorte (Frühere Bezeichnung)	Arbeitstemperatur in °C	Verwendung
S-Sn 90 Zn 10 (L-SnZn 10)	200 . . . 250	Reiblöten, Ultraschall-Löten
S-Sn 60 Zn 40 (L-SnZn 40)	200 . . . 340	US-Löten, Reiblöten (für Al-Kabelmäntel), auch zum Löten mit Flußmittel F-LW 1 geeignet
S-Cd 80 Zn 20 (L-CdZn 20)	265 . . . 280	US-Löten, Löten mit Flußmittel F-LW 2
S-Zn 95 Al 5 (L-ZnAl 5)	380 . . . 390	US- und Ofenlöten

Bezeichnung von Al und Al-Knetlegierungen nach DIN EN 573

Die Bezeichnung für Al und Al-Legierungen in Form von Halbzeug und entsprechendes Vormaterial (Walz- und Preßbarren und Vormaterial für Schmiedestücke) setzt sich nach DIN EN 573 wie folgt zusammen:
1. Abkürzung *EN*
2. Buchstabe *A* für Aluminium
3. Buchstabe *W* für Halbzeug
4. Bindestrich
5. vier Ziffern für die chemische Zusammensetzung
6. ggf. ein Buchstabe zur Kennzeichnung einer nationalen Variante (z. B. *A*)

Tabelle 3.2 Zusatzwerkstoffe zum Schweißen von Al und Al-Legierungen

| Bezeichnung nach DIN EN 573 | | Schweißdrahtwerkstoff | |
| | | Forderungen an die Schweißnaht | |
Sorte	Werkstoff-Nr.	Korrosions- beständigkeit	Festigkeit
EN-AW-Al 99,90	EN AW-1090		
EN AW-Al 99,8 (A)	EN AW-1080 A	S-Al 99,8	—
EN AW-Al 99,7	EN AW-1070		
EN AW-Al 99,5	EN AW-1050 A	S-Al 99,5	S-Al 99,5 Ti
EN AW-AlMn 1	EN AW-3103	S-AlMn	S-AlMn
EN AW-AlMg 3	EN AW-5754	S-AlMg 3	S-AlMg 5
EN AW-AlMg 5	EN AW-5056 A	S-AlMg 5	S-AlMg 5
EN AW-AlMgSi	EN AW-6060	S-AlSi 5	S-AlMg 5

❏ **Beispiele**:
   EN AW-3104 (≙ EN AW-AlMn1Mg1Cu)
   EN AW-4047 A (≙ EN AW-AlSi 12 (A))

Die erste der vier Ziffern in der Bezeichnung gibt die Legierungsgruppe (Serie) nach den Hauptlegierungselementen an:

Hauptlegierungselement

Al mit ≥ 99,0 %	1xxx (Serie 1000)
Kupfer	2xxx (Serie 2000)
Mangan	3xxx (Serie 3000)
Silizium	4xxx (Serie 4000)
Magnesium	5xxx (Serie 5000)
Magnesium und Silizium	6xxx (Serie 6000)
Zink	7xxx (Serie 7000)
sonstige Elemente	8xxx (Serie 8000)

Für die Serie 1000 gibt die 2. Ziffer (1 ... 9) eine oder besondere Verunreinigungen oder Legierungselemente an. Ist die zweite Ziffer eine Null, so liegt unlegiertes Al mit natürlichen Verunreinigungsgrenzen vor. Die 3. und 4. Ziffer entsprechen den Dezimalen nach dem Komma, z. B. EN AW-1098 entspricht Al 99,98.

In den Serien 2000 bis 8000 bezeichnet die 2. Ziffer entweder die Originallegierung (0) oder mit den Ziffern 1 ... 9 Legierungsabwandlungen. Die beiden letzten Ziffern sind Bezeichnungen für die Legierungen in der jeweiligen Serie.

❏ **Beispiel**: EN AW-6005 – AlSiMg

Bezeichnung der Al-Knetlegierungen nach der chemischen Zusammensetzung

Bei den Legierungen schließen sich an das Symbol Al in der Reihenfolge ihrer Nenngehalte das oder die Symbole der Legierungselemente an. In der Bezeichnung dürfen maximal vier Legierungselemente aufgeführt werden.

❑ **Beispiele**:
- EN AW-AlSi 10 Mg – Al-Knetlegierung mit 10 % Si und < 10 % Mg
- EN AW-AlZn 7 CuMg – Al-Knetlegierung mit 7 % Zn und < 7 % Cu sowie Mg < Cu

Bei Al-Knetwerkstoffen für elektrotechnische Zwecke wird der Buchstabe E vor das Symbol für Al gesetzt.

❑ **Beispiele**:
- EN AW-EAl 99,7 – EN AW 1370
- EN AW-EAlMgSi – EN AW 6101

Bezeichnung von Al und Al-Legierungen in Masseln, Vorlegierungen und Gußstücken nach DIN EN 1780 (2.1997)

Hier soll nur die auf chemischen Symbolen beruhende Bezeichnung dargestellt werden:

Der Bezeichnung vorangestellt wird *EN*, darauf folgt mit Zwischenraum der Buchstabe *A* für Al, an den sich der Buchstabe *B* für Masseln, *C* für Gußstücke oder *M* fürt Vorlegierungen anschließt. Mit Bindestrich angehängt wird die chemische Zusammensetzung mit den mittleren Gehalten der Legierungsbestandteile.

Hauptverunreinigungen werden daran anschließend in Klammern gesetzt. Ist die Legierung bzw. das Al für elektrotechnische Zwecke vorgesehen, so wird der Buchstabe *E* angehängt.

❑ **Beispiele**:
- EN AB-Al 99,7E – unlegiertes Al in Masselform für elektrotechnische Zwecke
- EN AC-AlSi 5 Cu 3 – Al-Legierung für Gußstücke mit 5 % Si und 3 % Cu
- EN AB-AlSi 12 (Fe) – Al-Legierung in Masselform mit 12 % Si und Fe als Hauptverunreinigungselement
- EN AM-AlSr 10 Ti 1 B 0,2 – Al-Vorlegierung mit 10 % Sr, 1 % Ti und 0,2 % B

3.1.2 Verwendung von unlegiertem Aluminium

Al wird in unterschiedlichen Reinheitsgraden hergestellt.

Man unterscheidet:
1. Reinstaluminium, z. B. EN AW-Al 99,99; EN AW-Al 99,98
2. Reinaluminium, z. B. EN AW-Al 99,90; EN AW-Al 99,8; EN AW-Al 99,7; EN AW-Al 99,6; EN AW-Al 99,0
3. Reinaluminium für elektrotechnische Zwecke, z. B. EN AW-EAl 99,7; EN AW-EAl 99,5

In Tabelle 3.3 und 3.4 sind einige mechanische Eigenschaften von Al-Halb-zeugen zusammengestellt.

Tabelle 3.3 Mechanische Eigenschaften von Drähten aus EN AW-EAl 99,5 nach DIN 40 501 T.4

Festigkeitszustand	Durchmesser in mm	$R_{p,0,2}$ in MPa	R_m in MPa	A in %
F 7	0,2 ... 1,0	—	70 ... 120	16 ... 18
	$\geq$ 1,0 ... 3,5	—	70 ... 100	20 ... 22
	$\geq$ 3,5 ... 14	$\geq$ 60	60 ... 90	23 ... 25
F 9	1,5 ... 6,0	$\geq$ 70	90 ... 130	2 ... 3
F 13	1,5 ... 6,0	$\geq$ 90	130 ... 180	1 ... 2
F 17	0,2 ... 1,5	—	$\geq$ 180	—
	$\geq$ 1,5 ... 3,0	$\geq$ 130	$\geq$ 170	—
	$\geq$ 3,0 ... 6,0	$\geq$ 130	$\geq$ 180	—

Die elektrische Leitfähigkeit der in Tabelle 3.3 genannten Drähte vermindert sich auf Grund der Kaltverfestigung von der Festigkeitsstufe F 7 zur Festig-keitsstufe F 17 von $\varkappa = 35,7$ auf 35,4 m/$\Omega \cdot$ mm^2. Das gilt auch für sek-torförmige und Flachdrähte. Eigenschaften von Wickeldrähten und Drähten für Freileitungsseile sind in DIN 46 455 T.2 bzw. DIN 48 200 T.5 angegeben.

Rein-Al wird wegen seiner elektrischen Leitfähigkeit, außer im Elektroanla-genbau und Elektromotorenbau, in der Hochfrequenztechnik für Sende- und Empfangsantennen, Koaxialkabel, Hohlleiter und Abschirmungen eingesetzt.

Ein wichtiges Anwendungsgebiet für Rein-Al sind Kondensatoren:
1. Papierkondensatoren ($C \leq 40\,\mu$F). Sie bestehen aus Al-Folien mit dazwi-schenliegendem Dielektrikum aus Spezialpapier. In zunehmendem Maße werden jedoch mit Al bedampfte Folien aus Papier oder Polyester einge-setzt.
2. Elektrolytkondensatoren ($C \leq 100\,\mu$F). Hierbei wird Band aus Al 99,99 zur Erhöhung der Kapazität mechanisch, chemisch oder elektrochemisch aufge-rauht. Die als Dielektrikum wirkende Oxidschicht wird anschließend durch sogenanntes Formieren in 5-%iger Borsäurelösung verstärkt ($< 1\,\mu$m). Das formierte Al-Band dient als Anode; der in einer Zwischenlage befindliche Elektrolyt bildet die Katode. Ein nicht formiertes Al-Band bildet die Zulei-tung zur Katode.

Ein breites Anwendungsgebiet haben Al-Folien als Verpackungsmaterial (be-druckt, gelackt, kaschiert) in der Nahrungs- und Genußmittelindustrie sowie als Knitterfolie zur Wärmedämmung gefunden. Al wird in vielfältiger Form für Haushaltsgeschirr verwendet. Die Möglichkeit, die Dicke der natürlichen

Tabelle 3.4 Mechanische Eigenschaften von Blechen und Bändern aus Rein-Al

Sorte Werkstoff-Nr.	Festigkeitszustand	Dicke Bleche in mm	Dicke Bänder in mm	$R_{p0,2}$ in MPa	R_m in MPa	A in %	HB
EN AW-Al 99,8 EN AW-1080A	G 8	0,35 … 5	0,35 … 3,0	50	80 … 120	15	28
	W 6			≤ 50	60 … 90	40	18
	F 10	0,35 … 10,0		80	100 … 140	6	32
	F 12			100	120 … 160	4	36
EN AW-Al 99,7 EN AW-1070A	W 6			≤ 50	60 … 90	40	18
	F 10			80	100 … 140	6	32
	F 12			100	120 … 160	4	36
EN AW-Al 99,5 EN AW-1350	W 7	0,35 … 6,0		≤ 55	65 … 95	40	20
	F 9			60	90 … 130	9	30
	F 11			90	110 … 150	6	35
	G 11	0,35 … 10,0		90	110 … 150	9	35
	F 13			110	130 … 170	4	40
	G 13			110	130 … 170	6	40
	F 15	0,35 … 6,0		130	150	3	45
EN AW-Al 99,0 EN AW-1200	W 8			≤ 60	75 … 105	40	22
	F 10			70	100 … 140	9	32
	G 10	0,35 … 10,0		70	100 … 140	13	32
	F 12			120	120 … 160	6	37
	F 14			120	140 … 180	4	42
	F 16			140	160	3	47

G rückgeglüht
W weichgeglüht

Al_2O_3-Schicht ($\approx 0,01$ µm) durch anodische oder chemische Oxidation zu verstärken und einzufärben, erweiterte den Einsatz von Al auf Bauteile für die Innen- und Außenarchitektur sowie für Schmuckwaren. Durch anodische Oxidation lassen sich Schichtdicken von 8 bis 25 µm und von 1 bis 2 µm durch chemische Oxidation erreichen. Zur Erhöhung der Beständigkeit werden Halbzeuge (Bleche) aus korrosionsanfälligen Al-Legierungen, wie AlCuMg, mit Al plattiert.

Ein weiteres Anwendungsgebiet ist die Aluminothermie, wobei Al-Pulver bzw. -Grieß in Verbindung mit Eisenoxiden zum Gießpreßschweißen von Schienen oder zur Reparaturschweißung von Gußstücken oder in Verbindung mit anderen Metalloxiden zur Herstellung kohlenstofffreier Metalle und Vorlegierungen verwendet wird. Al-Grieß kommt auch in größeren Mengen zur Desoxidation von Stahl zur Anwendung.

Al-Pulver, das wegen seiner Neigung zur Selbstentzündung an feuchter Atmosphäre trocken gelagert werden muß, dient in Form von Pigmentpaste zur Herstellung wärme- und korrosionsbeständiger Farben und Lacksysteme sowie zum Einfärben von Plasten und Elasten. Al-pigmentierte Farben reflektieren Wärmestrahlung und werden daher als Schutzanstriche für Tankanlagen und Rohrleitungen eingesetzt. Gasbeton wird unter Zusatz von Al-Wasserpaste zur Betonmischung genutzt. (Die alkalischen Bestandteile der Betonmischung reagieren mit dem Al-Pulver unter Wasserstoffentwicklung und treiben den Beton in entsprechenden Formen auf).

Auf pulvermetallurgischem Wege werden Al-Sinterwerkstoffe mit Al_2O_3-Gehalten von 7 ... 15 % erzeugt. Halbzeuge lassen sich spanlos nach dem Sintern unter anderem durch Strangpressen herstellen.

Unter dem Handelsnamen SAP (Sinter-Aluminium-Produkt) werden Kolben für Verbrennungsmotoren, Turbinenschaufeln, Teile für Strahltriebwerke, Kernreaktoren, Wärmeaustauscher u. ä. produziert. SAP ist bis 550 °C anlaßbeständig.

3.1.3   Aluminium-Legierungen

3.1.3.1   Aluminium-Knetlegierungen

> Die technisch wichtigsten Al-Knetlegierungen sind in den Legierungsgruppen AlCuMg, AlMg, AlSiMg bzw. AlMgSi, AlZnMgCu und AlFeMn bzw. AlFeSi enthalten.

Legierungsgruppe AlCuMg (Serie 2000)

Legierungen dieser Gruppe werden technisch nur kalt ausgehärtet, obwohl das Warmaushärten noch größere Festigkeitswerte erreichen läßt. Ursache ist die erhöhte Korrosionsempfindlichkeit, wenn durch Warmaushärten die intermetallische Phase Al_2Cu (Θ-Phase) feindispers aus dem Al-reichen ω-Mk ausgeschieden wird.

Nichtplattiertes oder anderweitig korrosionsgeschütztes AlCuMg ist gegenüber dem Angriff von Seewasser nicht beständig.

Ausgehärtete AlCuMg-Bauteile dürfen ohne nachfolgende erneute Aushärtung nicht geschweißt, gelötet oder Temperaturen über 150 °C ausgesetzt werden, da in den wärmebeeinflußten Bereichen ein Abfall der Festigkeit auf den weichgeglühten Zustand eintritt.

❏ **Verwendungsbeispiele**: Halbzeuge einschließlich Schmiedestücke solcher Legierungen wie EN AW-AlCu 2,5 Mg (Nr. 2117), EN AW-AlCu 4 Mg 1 (Nr. 2024), EN AW-AlCu 5,5 MgMn (Nr. 2001), EN AW-AlCu 2,5 NiMg (Nr. 2031), EN AW-AlCu 2 Li 2 Mg 1,5 (Nr. 2091) und EN AW-AlCu 6 Mn (Nr. 2219) werden im Berg-, Fahrzeug-, Flugzeug-, Ingenieur- und Maschinenbau eingesetzt.

Legierungsgruppe AlMg (Serie 5000)

Al hat ein temperaturabhängiges Lösungsvermögen für Mg (System mit Mischungslücke im festen Zustand). Bei 450 °C werden 17,4 %, bei 20 °C nur 2,5 % Mg im Al-Mischkristall gelöst. Eine wesentliche Festigkeitssteigerung durch Aushärten ist jedoch bei den üblichen Legierungen mit bis zu 7 % Mg-Anteil nicht zu erreichen. Eine Erhöhung der Festigkeitswerte gegenüber dem weichgeglühten Zustand wird daher nur durch spanlose Kaltumformung (Kaltverfestigung) möglich. Die spanlose Formbarkeit nimmt mit steigendem Mg-Gehalt ab. Die genormten Legierungen zeichnen sich durch gute bis sehr gute Schweißbarkeit und Korrosionsbeständigkeit gegenüber Meerwasser und atmosphärischer Einwirkung aus. Die AlMg-Legierungen sind dekorativ anodisch oxidierbar. Die Legierungen Al 99 Mg 0,5 bis Al 90 Mg 1 sind glanzanodisierbar und werden daher u. a. für Reflektoren verwendet.

❏ **Verwendungsbeispiele**: Legierungen, wie z. B. EN AW-Al 99,9 Mg 0,5 (Nr. 5210) und EN AW-AlMg 3 (Nr. 5754) werden in Form von Halbzeugen (Bleche, Bänder, Stangen, Profile, Schmiedestücke) für Metallwaren, Verpackungen und Bedachungen, sowie in der Nahrungsmittelindustrie, im Fahrzeugbau und in der Architektur eingesetzt.

Legierungsgruppe AlMgSi bzw. AlSiMg (Serie 6000)

Legierungen der Gruppe AlMgSi sind kalt- und warmaushärtbar. Die Aushärtbarkeit beruht auf der temperaturabhängigen Löslichkeit des Al-Mischkristalls für die intermetallische Phase Mg_2Si.

Gemäß dem Zustandsschaubild Al-Mg₂Si (quasibinäres System) löst der Al-reiche α-Mk bei 595 °C 1,85 % Mg_2Si, bei 200 °C jedoch nur 0,2 %. Die günstigsten Festigkeitseigenschaften werden durch Warmaushärten erreicht. Die Legierungen zeichnen sich durch gute bis sehr gute Schweißbarkeit, Korrosionsbeständigkeit gegen Seewasser und im warmausgehärteten Zustand durch sehr gute spanende Formbarkeit aus. Für elektrotechnische Zwecke ist die Legierung E-AlMgSi mit $R_m = 290 \ldots 350$ MPa und $\varkappa = 30$ m $\cdot \Omega^{-1} \cdot$ mm^{-2} geeignet. Größere Bedeutung erlangen gegenwärtig unter diesem Aspekt Legierungen auf der Basis von AlFeMg (mit < 1 % Fe, $< 0{,}5$ % Mg und $< 0{,}5$ % Si). Durch Dispersionsverfestigung erreichen diese Legierungen günstige Festigkeitswerte bei sehr guter elektrischer Leitfähigkeit ($\varkappa = 35{,}2$ m $\cdot \Omega^{-1} \cdot$ mm^{-2}). Sie werden in Form von Stromschienen in E-Lokomotiven und im Elektroanlagenbau eingesetzt.

❑ **Verwendungsbeispiele**: Legierungen dieser Gruppe werden in Form von Halbzeugen aller Art in der Architektur, im Berg-, Fahrzeug-, Ingenieur- und Schiffbau, in der Nahrungsmittel- und Textilindustrie sowie für Metallwaren und in der Elektrotechnik angewendet.

Beispielhaft seien einige Legierungen genannt: EN AW-AlSiMg (Nr. 6005), EN AW-AlSi 1 Mg 0,5Mn (Nr. 6351), EN AW-AlMg 1 SiCu (Nr. 6061), EN AW-AlMg 0,7 Si (Nr. 6063), EN AW-EAlMgSi (Nr. 6101), EN AW-EAlMg 0,7 Si (Nr. 6201).

Legierungsgruppe AlZnMgCu

Genormte Legierungen dieser Gruppe enthalten etwa 3,8 bis 5,2 % Zn, 2,4 bis 2,8 % Mg und 0,4 bis 1,5 % Cu. Die Legierungen sind warmaushärtbar, wobei die intermetallische Phase MgZn$_2$ feindispers ausgeschieden wird und höhere Festigkeitswerte als bei den kaltaushärtbaren AlCuMg-Legierungen erreicht werden. Da die MgZn$_2$-Phase nur sehr langsam aus dem Al-reichen Mk ausgeschieden wird, genügt nach dem Lösungsglühen Luftabkühlung. Bemerkenswert ist, daß eine nachträgliche Wärmebehandlung (Aushärtung) nach dem Schweißen nicht erforderlich ist, da sich der Aushärtungseffekt in den Wärmeeinflußzonen und in der Schweißnaht durch Kaltaushärten (≥ 1 Monat) selbsttätig einstellt. Legierungen dieser Gruppe sind korrosionsbeständiger als Legierungen der Gruppe AlCuMg.

❑ **Verwendungsbeispiele**: Die Einsatzgebiete dieser Legierungen, wie z.B. EN AW-AlZn 6 MgCu (Nr. 7010), EN AW-AlZn 6 Mg 2 Cu (Nr. 7012), EN AW-AlZn 5 Mg 3 Cu (Nr. 7022), EN AW-AlZn 8 MgCu (A) (Nr. 7149) und EN AW-AlZn 7 MgCu (Nr. 7178), sind der Berg-, Flugzeug- und Maschinenbau, wo sie in Form von Stangen, Rohren und Schmiedestücken verwendet werden.

3.1.3.2   Al-Gußlegierungen

Im Gegensatz zum Reinaluminium-Formguß zeigen die Al-Legierungen günstigere gießtechnische Eigenschaften, vor allem ein besseres Formfüllungsvermögen. Als Vergießungsarten kommen in Betracht: Sandguß (GS), Kokillenguß (GK), Druckguß (GD), Strangguß (GC) und Feinguß (GF).

Da die bisher gültige DIN 1725 zukünftig durch DIN EN 1706 ersetzt werden soll, werden nachfolgend keine detaillierten Aussagen zu einzelnen Al-Gußlegierungen gemacht. Verwendungsbeispiele werden in Form typischer Anwendungsfälle der jeweiligen Legierungsgruppe angegeben.

Al-Mg-Gußlegierungen

Diese Legierungen werden mit Mg-Gehalten bis zu 10 % und Si-Gehalten von 0,1 . . . 1,3 % hergestellt.

AlMg-Legierungen haben von den Al-Gußlegierungen die ungünstigsten Gießeigenschaften (Neigung zur Bildung von Mikrolunkern, Warmrissen und Oxidation). Der Mg-Anteil wirkt sich dagegen günstig auf die Korrosionsbeständigkeit (geringe Potentialdifferenz zwischen Al und Mg), die spanende Bearbeitbarkeit und Festigkeit aus. Die Aushärtbarkeit ist nur bei G-AlMg 3 gegeben, da hier ein günstiges Verhältnis zwischen Mg_2Si und dem Mg-Anteil vorhanden ist. Dieses Verhältnis verschlechtert sich bei größerem Mg-Gehalt, so daß der Aushärtungseffekt praktisch unwirksam wird.

❑ **Verwendungsbeispiele**: Die z. B. 3 . . . 5 % Mg enthaltenden Legierungen haben eine sehr gute Korrosionsbeständigkeit gegen Meerwasser und schwach alkalische Lösungen. Sie sind polierbar und dekorativ anodisch oxidierbar. Sie werden daher eingesetzt für Beschläge im Bauwesen und Fahrzeugbau, für Geräte der chemischen und Nahrungsmittelindustrie, für Haushaltgeräte und in der Innen- und Außenarchitektur.

Bisherige Bezeichnungen: G-AlMg 3, G-AlMg 5, G-AlMg 3 Si und G-AlMg 5 Si.

Al-Si-Gußlegierungen

Die binären AlSi-Legierungen mit 1 . . . 2,5 % Si sind nicht aushärtbar, da trotz fallender Löslichkeit des Al-Mk für Si (Al löst bei 577 °C 1,65 % und bei Raumtemperatur 0,05 % Si) kein Aushärtungseffekt eintritt. Aushärtbarkeit wird durch Zusätze von 0,2 . . . 0,7 % Mg infolge der Bildung von Mg_2Si erreicht.

Gute bis sehr gute gießtechnische Eigenschaften (z. B. geringe Schwindung beim Erstarren und damit geringe Warmrißneigung) weisen die binären Legierungen mit 5 . . . 12 % Si auf, die durch Mg-Zusatz auch aushärtbar sind. Diese Legierungen kommen vor allem für dünnwandige, verwickelte bzw. komplizierte Gußstücke in Betracht.

Das Eutektikum liegt bei 11,7 % Si und 577 °C. Es erstarrt bei Sandguß entartet, d. h., die sonst übliche Feinkörnigkeit der Eutektika geht hier durch die Bildung grober, platten- oder nadelförmiger Si-Kristalle verloren. Durch Zusatz von 0,06 % metallischen Natriums oder entsprechender Mengen Na-haltiger Salze werden das Eutektikum zu höheren Si-Gehalten (14 %) und die eutektische Temperatur nach tieferen Temperaturen (564 °C) verschoben. Die keimbildende Wirkung des Na bewirkt eine sehr feinkörnige Erstarrung des Eutektikums. Der Na-Zusatz wird als Veredeln bezeichnet. Bei der spanenden Bearbeitung binärer AlSi-Legierungen tritt ein erheblicher Werkzeugverschleiß auf. Eine Verbesserung der spanenden Bearbeitbarkeit wird durch Cu-Zusatz von 1...4 % erreicht. AlSiMg und AlSiCu-Legierungen sind zur anodischen Oxidation für dekorative Zwecke nicht geeignet. Dagegen ist die anodische Oxidation zur Erhöhung der Korrosionsbeständigkeit und Verschleißfestigkeit möglich.

❑ **Verwendungsbeispiele**: Für Fahrzeug- und Flugzeugteile mittlerer und größerer Wanddicke ist die warmaushärtbare Legierung mit 7 % Si und < Mg geeignet. Dünnwandige, druck- und schwingungsfeste hochbeanspruchte Gußstücke, wie Zylinderköpfe, Kurbel- und Getriebegehäuse werden aus der ebenfalls warmaushärtbaren Legierung mit 10 % Si und < Mg hergestellt. Die eutektische Legierung mit 12 % Si ist durch ihr besonders gutes Formfüllungsvermögen sehr gut gießbar. Dadurch bedingt ist diese Legierung für komplizierte, auch dünnwandige stoß- und schwingungsbeanspruchte Teile, wie Zylinderblöcke, -köpfe, Pumpengehäuse und Flügelräder geeignet.

Bei geringeren Ansprüchen an die Korrosionsbeständigkeit kann auch die Legierung mit 12 % Si und < Cu eingesetzt werden. Warmfeste Maschinen- und Motorenteile im Berg- und Fahrzeugbau sowie in der Elektrotechnik sind aus der Legierung mit 5 % Si und 4 % Cu herstellbar. Für komplizierte, dünnwandige Gußstücke im Fahrzeugbau, sowie Zylinderköpfe, Gehäuse, Verkleidungen und Lagerschilde für Elektromotoren ist die Legierung mit 9 % Si und 3 % Cu geeignet. Bisherige Bezeichnungen: G-AlSi 7 Mg, G-AlSi 10 Mg, G-AlSi 12, G-AlSi 12 (Cu), G-AlSi 9 Cu 3.

AlSiCuNiMg-Gußlegierungen

Diese Legierungsgruppe mit 11,5...23 % Si, 1,0...3,5 % Cu, 0,8...2,7 % Ni und 0,4...1,5 % Mg ist für Kolben von Verbrennungsmotoren in Anwendung. Sie zeichnet sich durch geringe Wärmeausdehnung ($18,5...21,5 \cdot 10^{-6}\,K^{-1}$), große Warmhärte, gute Wärmeleitfähigkeit ($125,6...146,5\,W \cdot m^{-1} \cdot K^{-1}$) und gute Biegewechselfestigkeit aus. Die Bruchdehnung ist mit 0,3...0,5 % sehr gering. Der E-Modul liegt zwischen 73,6...84,4 GPa. Zur Gewährleistung der engen Maßtoleranzen der Motorkolben werden die Gußstücke vor der Fertigbearbeitung einem mehrstündigen Stabilisierungsglühen bei 200...300 °C unterworfen.

3.1.3.3   Wärmebehandlung von Al und Al-Legierungen

Die Wärmebehandlung von Al und seinen Legierungen umfaßt das *Erholungs-, Entspannungs-, Weich-* (Rekristallisations-), *Stabilisierungs-* und *Homogenisierungsglühen*. Bei entsprechend geeigneten Legierungen kommt das *Aushärten* hinzu.

Das Erwärmen auf Glühtemperatur soll möglichst rasch und gleichmäßig erfolgen. Das Halten auf Glühtemperatur ist zweckentsprechend vorzunehmen, wobei von den Glüheinrichtungen die Einhaltung der vielfach engen Temperaturtoleranzen gewährleistet werden muß. In Anwendung sind Luftumwälzöfen, Induktionsöfen (für Strangpreßbarren und Schmiederohlinge), Schutzgasglühöfen und Salzbäder. Für Glühprozesse unterhalb 550 °C wird ein Gemisch aus $NaNO_3 : KNO_3 = 4 : 1$ bis $2 : 1$, zum Anwärmen auf Temperaturen von $160 \ldots 300$ °C wird ein Gemisch aus $NaNO_3 : KNO_3 = 1 : 1$ verwendet. Um Korrosionserscheinungen durch Salzrückstände vorzubeugen, sollen Hohlprofile nicht in Salzbädern geglüht werden, nach [1].

1. Erholungsglühen

3

Aufgaben des Verfahrens. Die durch spanlose Kaltumformung erhöhten Festigkeitswerte sollen zum Teil abgebaut werden, um eine weitere Verformung zu ermöglichen und um ggf. den halbharten (hh) Zustand zu erreichen.

Durchführung des Verfahrens

1. Erwärmen auf Temperaturen von $10 \ldots 30$ K unterhalb der Rekristallisationsschwelle
2. mehrstündiges (bis 4 h) Halten auf Glühtemperatur ($150 \ldots 270$ °C)
3. Abkühlen an Luft oder in Wasser

Anwendung des Verfahrens. Das Verfahren ist nur für Al und seine nichtaushärtbaren Knetlegierungen üblich. Aushärtbare Legierungen werden dem Verfahren nicht unterworfen, da die Glühtemperaturen im Bereich der Warmaushärtetemperaturen liegen. Knetlegierungen mit mehr als 4 % Mg, wie z. B. AlMg 5, dürfen nur bei heterogenem Gefügeaufbau, das heißt, wenn die intermetallische β-Phase (Al_3Mg_2) feinverteilt aus dem Al-reichen α-Mischkristall ausgeschieden vorliegt, geglüht werden. Werden diese Legierungen im abgeschreckten (homogenisierten) Zustand, die β-Phase ist dann in dem mit Mg übersättigten α-Mk gelöst, diesem Glühverfahren unterzogen, so scheidet sich die β-Phase an den Korngrenzen in mehr oder weniger zusammenhängenden Filmen aus und verursacht eine ausgeprägte Neigung zur interkristallinen und Spannungsrißkorrosion.

Um den halbharten Zustand bei gleichzeitig sehr guter Oberflächenqualität zu erreichen, ist das Glühen unter Schutzgas anzuwenden.

2. Entspannungsglühen

Aufgaben des Verfahrens. Beseitigung von Wärmespannungen (bei Gußstücken) oder von Spannungen, die durch spanlose oder spanende Bearbeitung entstehen.

Durchführung des Verfahrens. Das Verfahren wird unter gleichen Bedingungen wie das Erholungsglühen durchgeführt.

Anwendung des Verfahrens. Sowohl für Al als auch für seine Knet- und Gußlegierungen, mit Ausnahme von Legierungen mit > 4 % Mg, anwendbar.

3. Weichglühen (Rekristallisationsglühen)

Aufgaben des Verfahrens. Wiederherstellung des Formänderungsvermögens nach vorangegangener spanloser Kaltumformung und bei aushärtbaren Legierungen die Beseitigung des Aushärtungseffektes.

Durchführung des Verfahrens
1. schnelles Erwärmen (außer bei Reinstaluminium) auf Weichglühtemperatur
2. mehrstündiges Halten (0,5 . . . 8 h je nach Legierung) auf Glühtemperatur (bei Systemen mit Mischungslücke dicht unterhalb der Sättigungslinie)
3. langsames Abkühlen (vielfach im Ofen bis etwa 200 °C, anschließend an Luft)

Anwendung des Verfahrens. Da das Formänderungsvermögen beim Weichglühen durch Rekristallisation wiederhergestellt wird, muß, um eine möglichst geringe Korngröße zu erhalten, der Formänderungsgrad mindestens 20 % betragen und möglichst über 50 % liegen. Grobes Korn führt zur Verschlechterung der Oberflächenqualität bei einer nachfolgenden weiteren Kaltumformung (Orangen- oder Apfelsinenhaut).

Grobes Korn ist nur in Sonderfällen erwünscht (diffus wirkende Reflektoren), nach [1].

Bei aushärtbaren Legierungen wird der weiche Zustand durch Rekristallisation und *Heterogenisierung* erreicht.

Hierbei soll die Phase, die den Aushärteeffekt bewirkt, zur Ausscheidung gebracht werden; das heterogene Gefüge besteht dann aus dem Al-reichen Mischkristall und der entsprechenden intermetallischen Phase.

Mit Rein- oder Reinstaluminium plattierte AlCuMg-Legierungen sollen nur kurzzeitig geglüht werden, um der Diffusion von Cu in die Plattierungsschicht und der damit verbundenen Abnahme der Korrosionsbeständigkeit entgegenzuwirken.

4. Homogenisierungsglühen

Aufgaben des Verfahrens. Das Homogenisierungsglühen entspricht dem Diffusionsglühen und hat die Beseitigung von Kristallseigerungen und das Lösen sekundärer Ausscheidungen (Phasen) im Al-reichen Mischkristall zur Aufgabe.

Durchführung des Verfahrens
1. schnelles Erwärmen auf Glühtemperatur
2. mehrstündiges Halten auf Glühtemperatur (dicht unterhalb der Soliduslinie)
3. langsames Abkühlen

Anwendung des Verfahrens. Zur Homogenisierung von Walz-, Preß-, Schmiedebarren und Butzen (zum Fließpressen).

5. Stabilisierungsglühen

Aufgaben des Verfahrens. Gewährleistung der Maßstabilität von Teilen, die thermisch beansprucht werden, oder von Teilen, deren Funktionstüchtigkeit durch Ausscheidungs- oder Aushärtungseffekte, die mit Änderungen des Volumens oder der mechanischen Eigenschaften verbunden sind, beeinträchtigt werden kann.

Durchführung des Verfahrens
1. schnelles Erwärmen auf Glühtemperatur
2. mehrstündiges Halten bei $200 \ldots 300\ °C$, bei G-AlMg bis $350\ °C$
3. langsames Abkühlen

Anwendung des Verfahrens. Bei Kokillengußteilen, wie Fahrzeugkolben und Präzisionsteile, die im Betrieb keine Maßänderungen erfahren dürfen. Das Verfahren wird vor der spanenden Bearbeitung durchgeführt.

6. Aushärten

Aufgaben des Verfahrens. Das Aushärten hat die Aufgabe, die Streckgrenze bzw. $R_{p0,2}$-Grenze, die Zugfestigkeit R_m und die Härte geeigneter Al-Legierungen gegenüber dem Ausgangszustand wesentlich zu erhöhen.

Voraussetzungen für das Aushärten

Die Al-Legierungen müssen einem System mit Mischungslücke im festen Zustand angehören.

In Betracht kommen das binäre System Al-Cu und die quasibinären Systeme Al-Mg$_2$Si und Al-MgZn$_2$, vgl. dazu die Bilder 3.1, 3.2 und 3.3.

Durchführung des Verfahrens
1. Lösungsglühen dicht oberhalb der Sättigungslinie (aber stets unterhalb der eutektischen Temperatur ϑ_E)
2. Abschrecken auf Raumtemperaur (in Wasser, Sprühnebel, seltener Luft)
3. Aushärten

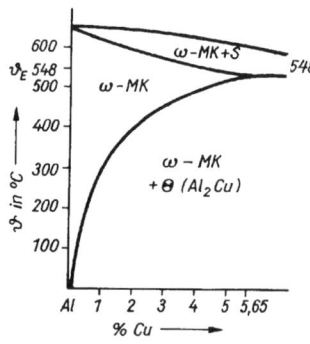

Bild 3.1 Al-reiche Seite des binären
Systems Al-Cu

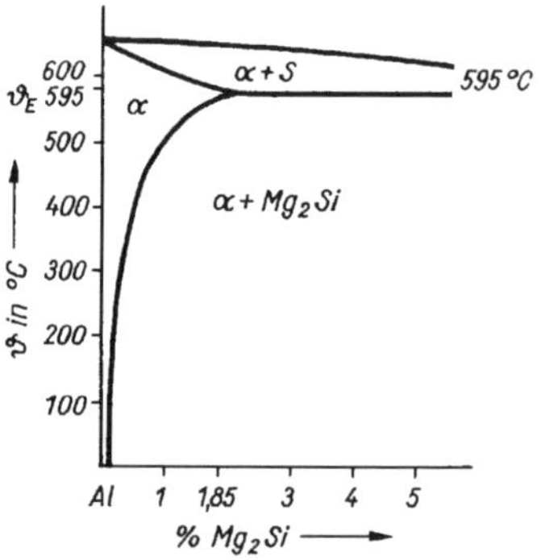

Bild 3.2 Al-reiche Seite des
quasibinären Systems Al-Mg₂Si

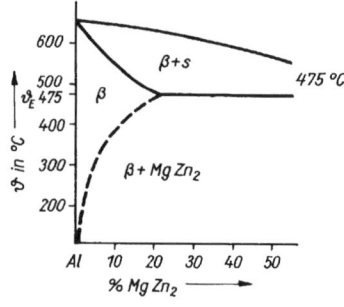

Bild 3.3 Al-reiche Seite des
quasibinären Systems Al-MgZn₂,
nach [1]

Kaltaushärten: etwa 5 Tage bei Raumtemperatur (AlCuMg, AlMgSi)
oder   bis 90 Tage bei Raumtemperatur bei AlZnMg
Warmaushärten: etwa 1…48 h bei 120…180 °C (AlMgSi, AlSiMg)

Vorgänge beim Aushärten

Beim *Lösungsglühen* wird je nach dem betrachteten System die bei langsamer
Abkühlung ausgeschiedene intermetallische Phase vom Al-reichen Mischkristall gelöst.

System AlCuMg: Θ-Phase (Al₂Cu) wird vom ω-Mk gelöst
System AlMgSi: Mg₂Si wird vom α-Mk gelöst
System AlZnMg: MgZn₂ wird vom β-Mk gelöst

Das *Abschrecken* verhindert die sonst bei langsamer Abkühlung infolge der
fallenden Löslichkeit des Al-reichen Mk einsetzende Ausscheidung der entsprechenden intermetallischen Phasen (Al₂Cu, Mg₂Si). Außerdem wird die für

die Diffusionsvorgänge wesentliche, durch das Lösungsglühen erhöhte thermisch bedingte Leerstellenkonzentration eingefroren, vgl. 1.4.

Kaltaushärten: Nach dem Abschrecken und einer eventuellen spanlosen Kaltumformung erfolgt bei Knetlegierungen des Typs AlCuMg eine negative Diffusion (vgl. Abschnitt „Diffusion in Metallen") von Cu-Atomen. Die Cu-Atome ordnen sich unter lokaler Konzentrationserhöhung (Clusterbildung) auf {100}-Ebenen des Al-reichen ω-Mk an (Ausbildung von GUINIER-PRESTON-Zonen I). Die damit verbundene elastische Gitterspannung hemmt die Versetzungsbewegung und verursacht damit die Erhöhung der mechanischen Eigenschaftskennwerte (ohne wesentliche Abnahme der Dehnung). Der Prozeß ist nach etwa 5 Tagen beendet.

Bei Knetlegierungen des Typs AlZnMg genügt wegen der geringen Diffusionsgeschwindigkeit Luftabkühlung. Im Laufe von etwa 90 Tagen wird $MgZn_2$ feindispers ausgeschieden.

Warmaushärten: Nach dem Abschrecken und einer etwaigen spanlosen Kaltumformung werden Knetlegierungen des Typs AlMgSi 5 ... 24 h auf 140 ... 160 °C gehalten. Dabei scheidet sich Mg_2Si feindispers aus. Neben der Erhöhung des Festigkeitswertes nimmt die Dehnung jedoch um etwa 50 % ab.

Die hier auch anwendbare Kaltaushärtung führt ebenfalls zur Bildung der Mg_2Si-Phase, ohne jedoch die im warmausgehärteten Zustand möglichen Festigkeitswerte zu erreichen. Knetlegierungen des Typs AlZnMg sind sowohl kalt- als auch warmaushärtbar.

Strangpreßlegierungen, wie AlMgSi 0,5, werden im Anschluß an das Strangpressen abgeschreckt und kalt- oder warmausgehärtet. Beim Aushärten von Al-Gußlegierungen ist der technologische Ablauf prinzipiell der gleiche wie bei Al-Knetlegierungen. Das Lösungsglühen erfolgt jedoch nur in Luftumwälzöfen, da sich Salzreste nur schwierig entfernen lassen und sich die Korrosionsanfälligkeit erhöht, darüber hinaus besteht beim Glühen in Salzbädern Spritzgefahr.

Druckgußteile dürfen nach [1] nicht lösungsgeglüht werden, da dabei Lufteinschlüsse unterhalb der Oberfläche kraterartig aufbrechen.

Zum Aushärten sind folgende Typen von Al-Gußlegierungen geeignet: G-AlMg 3, G-AlSiMg, G-AlSiCu, G-AlZnMg und G-AlSiCuNi.

Anwendung des Verfahrens. Das Verfahren ist in Anwendung bei Halbzeugen (Profile, Bänder und Drähte) und bei Gußteilen aus den oben genannten Al-Knet- und Gußlegierungen.

3.1.4   Literatur- und Quellenverzeichnis

[1]   *Göner, H.; Marx, S.* (Hrsg.): Aluminium-Handbuch. – Berlin: Verlag Technik, 1971

[2]   *Ostermann, F.*: Anwendungstechnologie Aluminium. – Berlin: Springer-Verlag, 1998

[3]   *Hornbogen, E.*: Werkstoffe. – Berlin: Springer-Verlag, 1994

[4]   *Hufnagel, W.* u. a.: Aluminium-Taschenbuch (Herausgeber Aluminium-Zentrale Düsseldorf). – Düsseldorf: Aluminium-Verlag, 1988

[5]   *Schumann, H.*: Metallographie. – Leipzig: Deutscher Verlag für Grundstoffindustrie, 1991

[6]   *Riehle, M.; Simmchen, E.*: Grundlagen der Werkstofftechnik. – Stuttgart: Deutscher Verlag für Grundstoffindustrie, 1997

[7]   *Schatt, W.; Worch, H.* u. a.: Werkstoffwissenschaft. – Stuttgart: Deutscher Verlag für Grundstoffindustrie, 1996

[8]   *Altenpohl, D.*: Aluminium und Aluminium-Legierungen. – Düsseldorf: Aluminium-Verlag, 1980

[9]   *Altenpohl, D.*: Aluminium von innen. – Düsseldorf: Aluminium-Verlag, 1994

[10]   DIN-Taschenbuch 450: Aluminium 1. – Berlin: Beuth-Verlag 1998

[11]   Aluminium-Werkstoffdatenblätter. – Herausgeber: Aluminium-Zentrale Düsseldorf, 1998

3.2   Beryllium

3.2.1   Eigenschaften

Physikalische Eigenschaften

Beryllium (Be) ist ein Element der II. Hauptgruppe des PSE mit der Ordnungszahl 4 und der relativen Atommasse 9,013. Be kristallisiert hexagonal mit dichtester Kugelpackung (hdP). Das Achsenverhältnis ist $c/a = 1,568$.

- Dichte $\varrho = 1,847 \cdot 10^3 \text{ kg} \cdot \text{m}^{-3}$
- Schmelzpunkt: 1 285 °C
- Siedepunkt: 2 970 °C
- Spezifische Wärmekapazität $c_{p0...100\ °C} = 1\,984,5 \text{ J} \cdot \text{kg}^{-1} \cdot \text{K}^{-1}$
- Wärmeleitfähigkeit $\lambda_{0\ °C} = 148,6 \text{ W} \cdot \text{m}^{-1} \cdot \text{K}^{-1}$ (Elektrolyt-Be, gepreßt)
- Wärmeleitfähigkeit $\lambda_{100\ °C} = 138,6 \text{ W} \cdot \text{m}^{-1} \cdot \text{K}^{-1}$ (Elektrolyt-Be, gepreßt)
- Wärmeausdehnungskoeffizient $\alpha_{0...100\ °C} = 11,54 \cdot 10^{-6} \text{ K}^{-1}$
- Spezifische elektrische Leitfähigkeit $\varkappa = 24 \text{ mm} \cdot \Omega^{-1} \cdot \text{mm}^{-2}$
- Spezifischer elektrischer Widerstand
  $\varrho = 0,041 \text{ }\Omega \cdot \text{mm}^2 \cdot \text{m}^{-1} = 4,1 \cdot 10^{-6} \text{ }\Omega \cdot \text{cm}$
- Temperaturkoeffizient des Widerstandes $\alpha = 9 \cdot 10^{-3} \text{ K}^{-1}$
- Elastizitätsmodul $E = 245,3 \ldots 304,1 \text{ GPa}$

- Gleitmodul (Schubmodul) $G = 147{,}2$ GPa
- POISSON-Zahl $\mu = 0{,}1$
- Zugfestigkeit $R_m = 245{,}2 \ldots 382{,}6$ MPa (gegossen und gepreßt)
  $R_m = 412 \ldots 540$ MPa (Elektrolyt-Be, gepreßt)
- Brinellhärte $HB = 90 \ldots 120$
- Vickershärte $HV = 60$

Chemische Eigenschaften

Be hat wie Al und Mg eine große Affinität zu Sauerstoff. Be bildet an der Luft eine sehr dünne Oxidschicht.

Es ist in verdünnten Säuren (HCl, H_2SO_4) unter H_2-Entwicklung löslich. Verdünnte HNO_3 greift weniger an, konzentrierte HNO_3 führt bei Raumtemperatur zur Passivität.

Unter Einwirkung von Wasser neigt Be zum Lochfraß.

> Be führt als ein sehr giftiges Metall zu Hautschäden, chronischen Lungenerkrankungen (Berylliosis) und zu toxischer Pneumonie, nach [1].

Technologische Eigenschaften

Die spanlose Formbarkeit des Be ist gering und wird wegen der hdP-Struktur bei stranggepreßtem Material durch Anisotropie-Effekte, die bei heißgepreßten Teilen nicht beobachtet werden, beeinflußt. Die Anisotropie kann durch Glühen bei 1 000 °C beseitigt werden.

Bei der spanlosen Formung herrscht Basisgleitung mit (0001) als Gleitebene und [11$\bar{2}$0] als Gleitrichtung. Dabei besteht bei technisch reinem Be nach [1] die Gefahr der Bildung von Mikrorissen und Aufspaltung in der (0001)- und der (11$\bar{2}$0)-Ebene. Die beste Formbarkeit ist in der Umgebung von 425 °C gegeben. Formteile werden meist pulvermetallurgisch (Kaltpressen, Heißpressen, Strangpressen) erzeugt. Dazu sind hohe Preßdrücke, auch bei Preßtemperaturen zwischen 900 ... 1 150 °C, und große Preßzeiten (30 min ... 20 Stunden) erforderlich. Wegen der Sauerstoff-Affinität müssen besondere Schutzmaßnahmen angewandt werden (Vakuum, Graphitmatrizen, Umhüllung mit Stahlblechmantel). Das gilt auch für das Walzen (800 ... 1 100 °C) und Schmieden, wobei das Beryllium mit Stahlblech-Umhüllung umgeformt wird. Die Stahlumhüllung wird mit HNO_3 abgebeizt.

Die spanende Formung (mit üblichen Werkzeugen) muß wegen der Giftigkeit des Be in geschlossenen Kabinen, die mit automatischer Luftabsaugung hoher Sauggeschwindigkeit ausgerüstet sind, vorgenommen werden. Schweißverbindungen werden als Diffusionsschweißung im Vakuum oder in Schutzgasatmosphäre (Argon) hergestellt. Schmelzschweißungen sind rißanfällig.

Leichter lassen sich Hartlötverbindungen herstellen. Hartlote für Be sind: Al, Al-Si10, Ag-Cu-Lot mit 72 % Ag und 28 % Cu (Eutektikum des Systems Ag-Cu).

Weichlöten ist nach üblichen Verfahren möglich, wenn die Be-Oberfläche vorher verkupfert wurde ($CuCl_2$ in Terpentin lösen und auf 425 °C erhitzen), nach [1].

3.2.2   Verwendung

Be wird als Konstruktionswerkstoff (Moderatoren und Reflektoren) für Kernreaktoren eingesetzt (sehr geringer Absorptionsquerschnitt für thermische Neutronen ≈ 1 fm^2)[1].

Reflektor: Hülse um den „Kernbrennstoff", die ausbrechende thermische Neutronen zur Weiterführung der Kernreaktion wieder in das spaltbare Material reflektiert. Be hat einen großen Neutronenstreuquerschnitt (754 fm^2).

Wegen seiner hohen Durchlässigkeit für Röntgenstrahlen (1/17 des Absorptionsvermögens von Al für Röntgenstrahlen), wird es in der Röntgentechnik (vakuumdichte Strahlenaustrittsfenster in Röntgenröhren) verwendet. Be wird als Werkstoff in Raketentriebwerken und für Überschallflugzeuge eingesetzt. Die hochwarmfesten intermetallischen Phasen (Beryllide) $TaBe_{12}$ und $TaBe_{11}$ werden für Raketen- und Raumschiffbauteile verwendet [1].

Das sehr gute Wärmeabsorptionsvermögen wird bei Rückkehrkapseln von Raumschiffen und für Flugzeugbremsscheiben ausgenutzt.

3.2.3   Berylliumhaltige Legierungen

Be wird im allgemeinen nur in Zusätzen bis etwa 3,0 % zu anderen Grundkomponenten wie Cu, Ni, Fe, Al und Mg verwendet.

1. Kupfer-Beryllium-Legierungen

CuBe2 (*Berylliumbronze*): Kupfer und Beryllium bilden ein binäres System mit Mischungslücke im festen Zustand. Cu löst bei 864 °C maximal 2,1 % Be, bei Raumtemperatur < 0,1 %. Durch Warmaushärten lassen sich sehr hohe Festigkeitswerte ($R_m \geqq 1\,324{,}4$ MPa) erreichen. Die Lösungsglühtemperatur liegt zwischen 750 °C und 900 °C. Das Warmaushärten wird nach dem Abschrecken in Wasser bei 200 . . . 300 °C im Zeitraum von 30 min . . . 10 h vorgenommen. CuBe2 enthält noch etwa 0,25 . . . 0,5 % Co, vgl. Bild 3.4.

---

[1] bisher gebräuchliche Einheit Barn (b); 1 b $= 10^{-24}$ $cm^2 = 100$ fm^2

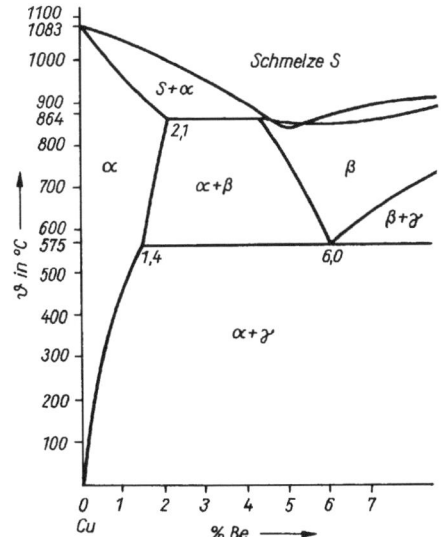

Bild 3.4 Cu-reiche Seite des binären Systems Cu-Be

Berylliumbronze ist gut warmformbar, sehr korrosionsbeständig (seewasserbeständig) und hat eine gute elektrische Leitfähigkeit $\varkappa = 12\ldots$ $15\,\text{m} \cdot \Omega^{-1} \cdot \text{mm}^{-2}$).

Wärmeleitfähigkeit $\qquad\qquad \lambda = 83{,}74\,\text{W} \cdot \text{m}^{-1} \cdot \text{K}^{-1}$
Wärmeausdehnungskoeffizient $\quad \alpha_{20\ldots100\,°C} = 17{,}5 \cdot 10^{-6}\,\text{K}^{-1}$
Elastizitätsmodul $\qquad\qquad\quad E = 117{,}72\,\text{GPa}$

Verwendung von Berylliumbronze

CuBe2 (mit 0,25 % Co) wird in Form von Flach- und Spiralfedern in Schaltgeräten, Relais, für Membranen in Höhenmessern, funkensichere Werkzeuge (Hämmer, Schaufeln, Schraubenschlüssel), Luftspaltbildner in Magnettonköpfen verwendet.

Berylliumbronze mit 0,4 % Be, 2,6 % Co und 0,5 % Si wird als aushärtbare Legierung für stromführende Federn, Elektroden für Punkt-, Naht- und Stumpfschweißmaschinen sowie als Kontaktwerkstoff für Halbleiterbauelemente verwendet. Beryllium-Gußbronzen ($\leqq$ 3 % Be) sind für Schaltkammern in Druckluftschaltern in Anwendung.

2. Nickel-Beryllium-Legierungen

Diese Legierungen enthalten 1,7...2,4 % Be. Sie finden wegen ihrer Korrosionsbeständigkeit und Anlaßbeständigkeit (450...500 °C) Anwendung als

Hochtemperaturfedern, Wälzlagerkörper, Ventile für Laugenpumpen, chirurgische Instrumente und funkensichere Werkzeuge.

3. Eisen-Beryllium-Legierungen

Hochlegierte Cr-Ni-Stähle mit 0,15 ... 1 % Be sind wegen ihrer Federungseigenschaften ausgezeichnet geeignet für Federn, Ventilfedern, Schaltelemente im Kraftfahrzeug- und Maschinenbau. In der Uhrenindustrie haben sich Federn aus Legierungen, wie *Invar* (38 % Ni, 1 % Be, 61 % Fe), *Elinvar* (30 % Ni, 8,9 % W, 0,5 % Be und 61,5 % Fe) sehr gut bewährt. Diese Legierungen sind für chirurgische, dentaltechnische Zwecke, für wärmebelastete Membranen und Ventilfedern sowie für Stimmgabeln im Einsatz.

4. Beryllium in Al- und Mg-Legierungen

Zusätze von 0,01 ... 0,05 % Be verbessern das Formfüllungsvermögen von Al-Mg-Legierungen bei der Herstellung formschwieriger Gußteile (Motorengehäuse, Rippenzylinder). Zusätze von 0,003 ... 0,01 % Be in Mg-Al-Legierungen verhindern das Ausbrennen des Mg und vermindern die Wasseraufnahme (Herabsetzung der Porosität).

3.2.4   Literatur- und Quellenverzeichnis

[1]   *Schreiter, W.*: Seltene Metalle, Bd. I. – Leipzig: Deutscher Verlag für Grundstoffindustrie, 1963

[2]   Taschenbuch der Werkstoffkunde (Stoffhütte), – Herausgegeben vom Akad. Verein Hütte E.V. – Berlin; München: Verlag W. Ernst & Sohn, 1967

[3]   *Espe, W.*: Werkstoffkunde der Hochvakuumtechnik, Bd. I und II. - Berlin: Deutscher Verlag der Wissenschaften, 1959 und 1960

[4]   *Schumann, H.*: Metallographie. – Leipzig: Deutscher Verlag für Grundstoffindustrie, 1991

[5]   *Pastuchova, Z. P.; Rachstadt, A. G.*: Federlegierungen aus Nichteisenmetallen. – Leipzig: Deutscher Verlag für Grundstoffindustrie, 1986

3.3   Blei

3.3.1   Eigenschaften

Physikalische Eigenschaften

Blei (Plumbum, Pb) ist ein Element der IV. Hauptgruppe des PSE mit der Ordnungszahl 82 und der relativen Atommasse 207,19.

Pb kristallisiert kubisch-flächenzentriert (kfz).

- Dichte $\varrho = 11{,}34 \cdot 10^3 \text{ kg} \cdot \text{m}^{-3}$
- Schmelzpunkt: 327,4 °C
- Siedepunkt: 1 740 °C
- Spezifische Wärmekapazität $c_\text{p} = 129{,}8 \text{ J} \cdot \text{kg}^{-1} \cdot \text{K}^{-1}$
- Wärmeleitfähigkeit $\lambda = 34{,}75 \text{ W} \cdot \text{m}^{-1} \cdot \text{K}^{-1}$
- Wärmeausdehnungskoeffizient $\alpha = 28{,}3 \cdot 10^{-6} \text{ K}^{-1}$
- Spezifische elektrische Leitfähigkeit $\varkappa = 4{,}82 \text{ m} \cdot \Omega^{-1} \cdot \text{mm}^{-2}$
- Spezifischer elektrischer Widerstand $\varrho = 0{,}21 \ \Omega \cdot \text{mm}^2 \cdot \text{m}^{-1}$
  $$= 21 \cdot 10^{-6} \ \Omega \cdot \text{cm}$$
- Temperaturkoeffizient des Widerstandes $\alpha = 3{,}7 \ldots 4{,}2 \cdot 10^{-3} \text{ K}^{-1}$
- Elastizitätsmodul $E = 15{,}7 \ldots 19{,}6$ GPa
- Gleitmodul (Schubmodul) $G = 7{,}35$ GPa
- POISSON-Zahl $\mu = 0{,}44$
- Streckgrenze $R_\text{e} = 4{,}9 \ldots 7{,}85$ MPa
- Zugfestigkeit $R_\text{m} = 10{,}8 \ldots 18{,}6$ MPa
- Bruchdehnung $A = 50 \ldots 70 \ \%$
- Brucheinschnürung $Z = 100 \ \%$
- Brinellhärte $HB = 4$
- Rekristallisationstemperatur: $0 \ldots -3$ °C

Chemische Eigenschaften

Pb ist an der Luft gegenüber HCl und H_2SO_4 sehr beständig. Es ist in HNO_3 und lufthaltiger Ethansäure (Essigsäure) löslich. Hartes und mittelhartes Wasser verursacht die Bildung dichter und festhaftender Bleikarbonate, wodurch die Verwendung von Blei für Trinkwasserrohrleitungen gefahrlos ist.

CO_2-reiches Wasser bildet mit Blei leicht lösliches Bleihydrogenkarbonat $Pb(HCO_3)_2$.

> Blei und viele seine Verbindungen (z. B. Bleitetraethyl $Pb(C_2H_5)_4$) sind sehr giftig. Sie führen zu chronischen Vergiftungen: Abmagerung, Dickdarmkolik, Nierenschädigung, Nervenlähmung, Hirnschädigung.

Technologische Eigenschaften

Pb ist gut gießbar und läßt sich durch Walzen und Pressen spanlos gut formen. Wegen der geringen Zugfestigkeit läßt sich Pb durch Ziehen nicht umformen. Pb ist schweiß- und lötbar.

3.3.2 Verwendung

Blei wird für Dichtungen, Behälterauskleidungen (H_2SO_4-Herstellung), wegen seiner Absorptionsfähigkeit für Röntgen- und Gammastrahlung in der Röntgen- und Kerntechnik verwendet.

Blei dient als Basismetall und Komponente für Lagermetalle, Weichlote, Kabelhartblei, Schriftmetall, Rohrblei, Anodenhartblei.

Blei wird darüber hinaus zur Herstellung von Farbpigmenten, wie Bleiweiß $2\ PbCO_3 \cdot Pb(OH)_2$, Bleimennige Pb_3O_4, Chromgelb $PbCrO_4$ und Chromrot $PbO \cdot PbCrO_2$ verwendet.

3.3.3   Blei-Legierungen

1. Blei-Zinn-Legierungen

Pb und Sn bilden ein binäres eutektisches System mit Mischungslücke im festen Zustand. Die Schmelz- und Erstarrungstemperatur (eutektische Temperatur) des Eutektikums (38,1 % Pb + 61,9 % Sn) liegt bei 183 °C. Pb löst bei dieser Temperatur 19,5 % Sn. Die Löslichkeit der Pb-reichen Mk verringert sich bis zur Raumtemperatur auf Werte unter 1 % Sn. Das Löslichkeitsvermögen des Sn verringert sich von 2,6 % Pb bei 183 °C auf annähernd 0 % bei 20 °C, vgl. dazu Bild 3.5.

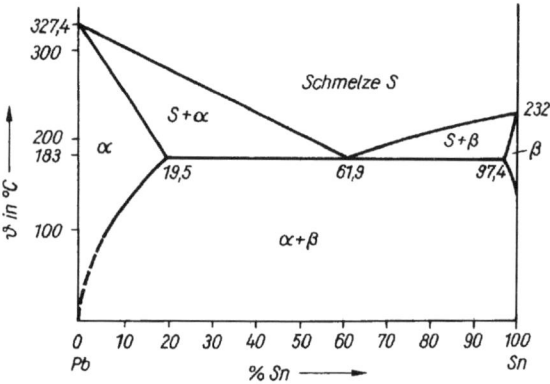

Bild 3.5 Zustandsschaubild des Systems Pb-Sn

Pb-Sn-Legierungen (mit geringen Zusätzen an Sb 0,5...3,5 %) werden vornehmlich als Lotwerkstoffe zum Weichlöten von Stahl, Cu und Cu-Legierungen, Pb sowie Zn und Zn-Legierungen mit < 1 % Al verwendet. Zum Weichlöten von Zn und Zn-Legierungen muß der Sn-Gehalt des Lotes unter 35 % liegen. Tabelle 3.5 enthält Angaben zu bekannten Loten auf Pb- und Sn-Basis.

2. Blei-Antimon-Legierungen

Pb und Sb bilden ein binäres eutektisches System mit Mischungslücke im festen Zustand. Der Liquidus- und Soliduspunkt des Eutektikums (87 % Pb und 13 % Sb) liegt bei 247 °C. Pb löst bei dieser Temperatur maximal 2,94 % Sb. Bis zum Erreichen der Raumtemperatur vermindert sich das Lösungsvermögen der Pb-Mk bis auf 0,24 % Sb. Das Lösungsvermögen des Sb beträgt bei der eutektischen Temperatur 5 % Pb und bei Raumtemperatur fast 0 % (vgl. dazu Bild 3.6).

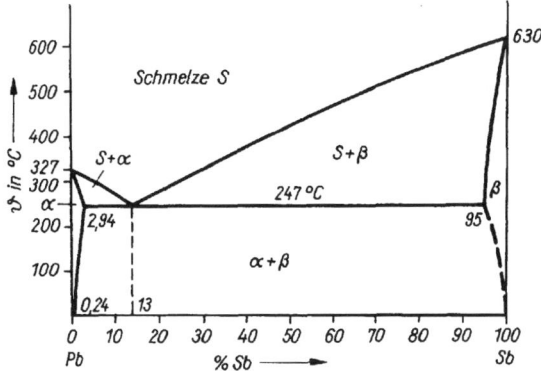

Bild 3.6 Zustandsschaubild des Systems Pb-Sb, nach [1]

Blei-Antimon-Legierungen sind aushärtbar. Die maximale Härtesteigerung wird bei der Legierung PbSb 3 von 6 *HB* auf 25 *HB* erreicht. Die Aushärtung erfolgt nach Abschrecken von etwa 240 °C bei Raumtemperatur im Zeitraum von mehreren Wochen. Die Pb-Sb-Legierungen werden auch als Hartblei bezeichnet.

❏ **Verwendungsbeispiele für Pb-Sb-Legierungen**: Die Legierungen PbSb 1, PbSb 2 und PbSb 4 werden für Rohrleitungen und Auskleidungen in der chemischen Industrie verwendet. In Form von Auswuchtkörpern ist die Legierung PbSb 3 As üblich. Für Akkumulatoren wird PbSb 5 As eingesetzt. PbSb 10 wird vorzugsweise für Anoden galvanischer Verchromungsbäder und zum Formguß für Armaturen verwendet. Pb-Sb-Legierungen sind in DIN 17 641 genormt.

3. Blei-Zinn-Antimon-Legierungen

Pb-Sn-Sb-Legierungen haben zwei Hauptanwendungsgebiete:
1. Lagermetalle und
2. Schriftmetalle (graphische Legierungen).

Lagermetalle auf Pb- bzw. Sn-Basis werden auch als Weißmetalle oder Lagerweißmetalle bezeichnet.

Die Lagermetalle enthalten bis maximal 20 % Sb sowie ggf. geringe Mengen Cd (0,3 ... 1 %) und Cu (0,5 ... 1,2 %). Eine Ausnahme bildet LgSn 80, das zwischen 5 und 7 % Cu aufweist. Der Cu-Zusatz führt neben der Härtesteigerung zur Behinderung der Schwerkraftseigerung. Die Gleitlagerwerkstoffe müssen neben hoher statischer und dynamischer Belastbarkeit eine gute Benetzbarkeit durch das Schmiermittel, einen möglichst niedrigen Wärmeausdehnungskoeffizienten, gute Wärmeleitfähigkeit und vor allem gute Laufeigenschaften (Einlauf-, Dauerlauf- und Notlaufeigenschaften) haben.

Die Belastbarkeit und die Laufeigenschaften werden durch harte Trägerkristalle, die in die weiche, bleireiche bzw. zinnreiche eutektische Grundmasse eingelagert sind, gewährleistet.

In den Lagerweißmetallen sind das würfelförmige SbSn-Kristalle (β-Phase mit 47 ... 50 % Sn) und nadlige Cu_6Sn_5-Kristalle (γ-Phase). Die Härte der Lagerweißmetalle ist bei Raumtemperatur $< 30\,HB$ 10/62,5 und verringert sich mit steigender Temperatur auf Werte $< 10\,HB$ 10/62,5 bei 150 °C. Dadurch ist die Wärmebelastbarkeit relativ gering: Ein Warmlaufen der Lager ist, wegen der Gefahr des Fressens und Ausschmelzens, zu vermeiden.

❑ **Verwendungsbeispiele für Lagermetalle**: Die Legierungen LgPbSn 5 und LgPbSn 10 Cu sind für Schienenfahrzeuge und im allgemeinen Maschinenbau für Lagerdrücke von $p_{stat} \leq 24,5$ MPa einsetzbar. Sie sind lötbar auf Legierungen auf Cu-Zn-Sn-Basis (Rotguß), Stahlguß und mit Zwischenschicht auf GJL. Das Cd-haltige Lagerweißmetall LgPbSn 9 Cd wird für Lager von Abraum- und Kohlewagen, Schlagmühlen der Kalk- und Zementindustrie sowie für Kolbenkompressoren bis $p_{stat} = 25$ MPa verwendet. LgPbSn 9 Cd ist lötbar wie die o. g. Legierungen.

Die auf Sn-Basis beruhenden Lagerweißmetalle LgSn 80 und LgSn 80 Cd sind für p_{stat} bis 30 MPa und als Lager für Dieselmotoren geeignet. Sie weisen die beste Löt- und Gießbarkeit unter den Lagermetallen auf.

Schriftmetalle

Die graphische Industrie (Buchdruck, Zeitungsdruck) benötigt zur Herstellung der verschiedenen Schriftarten niedrigschmelzende Legierungen, die sich durch relativ hohe Verschleißfestigkeit, Härte, sehr gutes Formfüllungsvermögen und niedrige Umschmelzverluste auszeichnen. Diese Eigenschaften weisen Pb-Sn-Sb-Legierungen mit 12 ... 28 % und 3 ... 9 % Sn auf.

❑ **Verwendungsbeispiele für Schriftmetalle**: PbSb 12 Sn 5 (*Lino-Mono-Metall*) wird für Zeilensetz- und Gießmaschinen, Einzelbuchstaben-Gießmaschinen, Großkegel-, Linien- und Reglettengießmaschinen verwendet.

PbSb 15 Sn 4 und PbSb 15 Sn 6 werden unter der Bezeichnung *Stereometall* zur Herstellung von Flach- bzw. Rundstereoplatten eingesetzt. Das *Reglettenmetall* PbSb 10 Sn 8 ist zum Guß von Einpunktregletten auf Linien- und Reglettengießmaschinen vorgesehen.

Die als *Monometall* bezeichnete Legierung PbSb 18 Sn 8 ist bei Einzelbuchstaben-Großkegelgießmaschinen in Anwendung.

Das *Prägeplattenmetall* PbSb 20 Sn 10 wird für Prägeplatten und Zeugkegel zur Schriftherstellung eingesetzt.

Für Komplettgußschriften wird das *Letternmetall* PbSb 28 Sn 5 und für die Herstellung von Notenstichplatten wird das *Notenmetall* PbSn 15 Sb 4 verwendet.

Tabelle 3.5   Weichlote auf Pb- und Sn-Basis nach DIN 1707-100 (8.97)

Gruppe	Kurzzeichen nach DIN EN ISO 1677	Schmelz-bereich in °C	Verwendung
Sn-Pb-Legie-rungen ohne Sb	S-Pb 60 Sn 40 E	183 . . . 235	Elektronik
	S-Pb 67 Sn 33	183 . . . 242	Schmierlot
	S-Sn 70 Pb 30	183 . . . 192	Industriefeinlötung
Sn-Pb-Legie-rungen mit Sb	S-Pb 64 Sn 35 Sb 1	186 . . . 235	Zn-Blechlötung
	S-Pb 79 Sn 20 Sb 1	186 . . . 270	Kühlerbau
Sn-Pb-Cu-Legierungen	S-Sn 60 Pb 40 Cu	183 . . . 190	Elektrogerätebau
Sn-Pb-Ag-Legierungen	S-Sn 63 Pb 35 Ag 2	178	Leiterplatten
	S-Sn 50 Pb 46 Ag 4	225 . . . 236	Warmwasserinstallation
	S-Pb 95 Sn 3 Ag 2	304 . . . 310	Elektromotorenbau
Sn-Pb-Legie-rungen mit P-Zusatz	S-Sn 63 Pb 37 P	183	Maschinenlötung: Schlepp-, Schwall-, Tauchlöten
	S-Sn 60 Pb 40 P	183 . . . 190	
	S-Pb 50 Sn 50 P	183 . . . 215	

3

3.3.4   Literatur- und Quellenverzeichnis

[1]   *Schumann, H.*: Metallographie. – Leipzig: Deutscher Verlag für Grundstoffindustrie, 1991

[2]   *Hornbogen, E.*: Werkstoffe. – Berlin: Springer-Verlag, 1994

[3]   *Riehle, M.; Simmchen, E.*: Grundlagen der Werkstofftechnik. – Stuttgart: Deutscher Verlag für Grundstoffindustrie, 1997

[4]   *Schatt, W.; Worch, H.* u. a.: Werkstoffwissenschaft. – Stuttgart: Deutscher Verlag für Grundstoffindustrie, 1996

[5]   *Bargel, H.-J.; Schulze, G.*: Werkstoffkunde. – VDI-Verlag, 1994

[6]   DIN Taschenbuch 54. – Berlin: Beuth-Verlag, 1991

3.4   Chrom

3.4.1   Eigenschaften

Physikalische Eigenschaften

Chrom (Cromium, Cr) ist ein Element der 6. Nebengruppe des PSE mit der Ordnungszahl 24 und der relativen Atommasse 51,996. Cr kristallisiert kubisch-raumzentriert (krz). Bei elektrolytischer Abscheidung in wäßriger Lösung kristallisiert es, bedingt durch Aufnahme von Wasserstoff hdP. Dieser Gittertyp geht jedoch beim Erhitzen wieder irreversibel in das krz-Gitter über.

- Dichte $\varrho = 7,19 \cdot 10^3$ kg $\cdot$ m^{-3}
- Schmelzpunkt: 1 890 °C
- Siedepunkt: 2 500 °C
- Spezifische Wärmekapazität $c_p = 460,5$ J $\cdot$ kg^{-1} $\cdot$ K^{-1}
- Wärmeleitfähigkeit $\lambda = 67$ W $\cdot$ m^{-1} $\cdot$ K^{-1}
- Wärmeausdehnungskoeffizient $\alpha = 6,2 \cdot 10^{-6}$ K^{-1}
- Spezifische elektrische Leitfähigkeit $\varkappa = 6,7$ m $\cdot$ Ω^{-1} $\cdot$ mm^{-2}
- Spezifischer elektrischer Widerstand $\varrho = 0,13$ Ω $\cdot$ mm^2 $\cdot$ m^{-1}
$$= 13 \cdot 10^{-6} \, \Omega \cdot \text{cm}$$
- Temperaturkoeffizient des Widerstandes $\alpha = 5,9 \cdot 10^{-3}$ K^{-1}
- Elastizitätsmodul $E = 186,4$ GPa
- Gleitmodul (Schubmodul) $G = 71,6$ GPa
- Zugfestigkeit $R_m = 687$ MPa
- Vickershärte $HV = 120 \ldots 570$

Chemische Eigenschaften

Cr ist gegenüber atmosphärischen Einflüssen sehr beständig. Es löst sich leicht in HCl, schwerer in verdünnter H_2SO_4. HNO_3 und Königswasser (HCl : HNO_3 = 3 : 1) greifen bei Raumtemperatur nicht an, Cr wird durch diese Medien passiviert.

3.4.2   Verwendung

Cr findet wegen seiner Sprödigkeit keine Anwendung als Werkstoff. Dagegen ist Cr eine der wichtigsten Komponenten zur Herstellung legierter Stähle. Cr verbessert die mechanischen Eigenschaften schon bei geringen Zusätzen. Die Korrosionsbeständigkeit der ferritischen und austenitischen Stähle wird durch Cr-Anteile ≥ 13 % hervorgerufen. In großem Umfang wird Cr als Überzugsmetall zur Erhöhung der Verschleißfestigkeit von Bauteilen und Werkzeugen (Hartverchromen; Schichtdicken bis 0,5 mm) und für dekorative Zwecke (Glanzverchromen; Schichtdicken etwa 0,3 µm) verwendet. Cr-Überzüge werden galvanisch mit Elektrolyten aus Chrom und Schwefelsäure unter Verwendung von Hartbleianoden erzeugt.

Zur Erhöhung der Korrosions- und Hitzebeständigkeit niedriggekohlter Stähle wird Cr durch Chromieren (vgl. 2.5.1.) in den Randschichten der entsprechenden Stähle angereichert.

3.4.3   Literatur- und Quellenverzeichnis

[1]   Hütte (Hrsg. *Czichos, H.*): – Berlin: Springer Verlag, 1991

[2]   *Schwister, K.*: Taschenbuch der Chemie. – Leipzig: Fachbuchverlag, 1996

[3]   *Maaß, P.; Peißker, P.*: Korrosionsschutz. – Leipzig: Deutscher Verlag für Grundstoffindustrie, 1989

[4]   *Hornbogen, E.*: Werkstoffe. – Berlin: Springer-Verlag, 1994

[5]   *Riehle, M.; Simmchen, E.*: Grundlagen der Werkstofftechnik. – Stuttgart: Deutscher Verlag für Grundstoffindustrie, 1997

[6]   *Bargel, H.-J.; Schulze, G.*: Werkstoffkunde. – VDI-Verlag, 1994

3.5   Gallium

3.5.1   Eigenschaften

Physikalische Eigenschaften

Gallium (Ga) ist ein Element der III. Hauptgruppe des PSE mit der Ordnungszahl 31 und der relativen Atommasse 69,72. Ga kristallisiert rhombisch ($a = 0,452$ nm, $b = 0,451$ nm und $c = 0,764$ nm).

- Dichte $\varrho = 5,907 \cdot 10^3 \text{ kg} \cdot \text{m}^{-3}$
- Schmelzpunkt: 29,8 °C
- Siedepunkt: 1 983 °C
- Spezifische Wärmekapazität $c_{\text{p12...23 °C}} = 331 \text{ J} \cdot \text{kg}^{-1} \cdot \text{K}^{-1}$
- Wärmeleitfähigkeit $\lambda = 29,3 \ldots 40,4 \text{ W} \cdot \text{m}^{-1} \cdot \text{K}^{-1}$
- Wärmeausdehnungskoeffizient $\alpha = 18 \cdot 10^{-6} \text{ K}^{-1}$
- Spezifische elektrische Leitfähigkeit $\varkappa = 2,5 \text{ m} \cdot \Omega^{-1} \cdot \text{mm}^{-2}$
- Spezifischer elektrischer Widerstand $\varrho = 0,40 \text{ } \Omega \cdot \text{mm}^2 \cdot \text{m}^{-1}$
  $$= 40 \cdot 10^{-6} \text{ } \Omega \cdot \text{cm}$$
- Temperaturkoeffizient des Widerstandes $\alpha = 3,96 \ldots 4,0 \cdot 10^{-3} \text{ K}^{-1}$

Kennwerte der mechanischen Eigenschaften ($R_{\text{m}} = 19,62 \ldots 37,3$ MPa) sind wegen des niedrigen Schmelzpunktes nicht von wesentlichem Interesse. Gallium läßt sich mit dem Messer schneiden.

Chemische Eigenschaften

Ga ist löslich in Königswasser, konzentrierter HF, NaOH und KOH, wenn es nicht in hochreiner Form vorliegt. Im flüssigen Zustand werden fast alle Metalle durch Gallium angegriffen. Al und Al-Legierungen zerfallen durch mechanische Einwirkung (Reiben) von festen Ga. Gallium ist ungiftig.

Flüssiges Ga kann nur in Behältern aus Quarz, Glas, Graphit, Al_2O_3, W (bis 800 °C) und Ta (bis 450 °C) aufbewahrt bzw. transportiert werden.

3.5.2   Verwendung

Wegen des großen Temperaturintervalls zwischen Schmelz- und Siedepunkt und seines relativ geringen Dampfdruckes ist Ga als Thermometerflüssigkeit für Temperaturen bis 1 200 °C geeignet. Ga wird als flüssiges Elektrodenmaterial zur Gewinnung von Reinstmetallen (z. B. In) verwendet. Ga wird wegen seiner Benetzungsfähigkeit und seines sehr guten Reflektionsvermögens zur Spiegelherstellung (einschließlich astronomischer Spiegel) eingesetzt. Ga wird als Sperrflüssigkeit zur Gasvolumenmessung bei höheren Temperaturen anstelle von Quecksilber verwendet.

Gallium dient als Legierungsbestandteil in der Halbleitertechnik und zur Dotierung von npn-Transistoren sowie zur Herstellung intermetallischer, halbleitender $A^{III}B^V$-Verbindungen, s. 3.5.3.

3.5.3   Gallium-Legierungen

Legierungen des Ga sind nicht standardisiert. Sie zeichnen sich durch extrem niedrige Schmelzpunkte aus. Bekannt sind die Schmelzpunkte der Eutektika folgender binärer, ternärer und quaternärer Systeme: GaTl 0,5 (27,3 °C), GaZn 5 (25 °C), GaSn 8 (20 °C), GaSn 12 Zn 6 (17 °C), GaIn 24 (16 °C), GaIn 29 Zn 4 (13 °C), GaIn 25 Sn 13 (5 °C) und GaIn 25 Zn 1 (3 °C). Die Eigenschaften dieser Legierungen sind denen des Bleis ähnlich bzw. vergleichbar. Allgemeine Verwendung haben diese Legierungen bisher nicht gefunden.

In der Halbleitertechnik werden Ga-haltige Legierungen eingesetzt, z. B. Golddrahtdioden mit 1 . . . 3 % Ga, Rest Gold, Halbleiterfolien auf Goldbasis mit bis 4 % Ga, sie werden als Zuleitungs-, Kontakt- und Halterungsmaterial verwendet.

Große Bedeutung für Halbleiterbauelemente haben die $A^{III}B^V$-Verbindungen des Ga. Dazu gehören Galliumarsenid-GaAs-Hallgeneratoren (Elektronenbeweglichkeit $\mu_\ominus = 8\,600 \ cm^2 \cdot V^{-1} \cdot s^{-1}$, Defektelektronenbeweglichkeit $\mu_\oplus = 250 \ cm^2 \cdot V^{-1} \cdot s^{-1}$), Tunneldioden, Mesadioden, Varaktordioden und GaAs-Fotohalbleiter für Sonnenbatterien.

Erhebliche technische Bedeutung haben die $A^{III}B^V$-Verbindungen im Bereich der Optoelektronik erlangt. Physikalische Grundlage der optoelektronischen Bauelemente sind die für Halbleiter typischen Prozesse der Erzeugung (Generation) und Rekombination (Wiedervereinigung oder Vernichtung) von negativen und positiven Ladungsträgern (Elektronen und Defektelektronen); die aus dem Grundband (Valenzband) oder aus einem im verbotenen Band befindlichen erlaubten Energieniveau durch Energiezufuhr in das Leitungsband gelangten Elektronen fallen spontan in das entsprechende ursprüngliche Energieniveau zurück, wobei die vorher aufgenommene Energie in Form von Lichtquanten (Photonen) oder/und unter Anregung von Gitterschwingungen (Phononen) abgegeben wird. Die mit der Freisetzung von Lichtquanten verbundene Wiedervereinigung (Vernichtung) beweglicher Ladungsträger wird als „*strahlende Rekombination*" bezeichnet. Die Wellenlänge λ bzw. die Farbe des dabei entstehenden Lichtes ist abhängig vom Bandabstand ΔW zwischen Grundband (Valenz-) bzw. vom Abstand des gezielt durch Dotieren eingebauten Störstellenniveaus und dem Leitungsband (vgl. dazu auch Bild 1.105).

Lichtemissionsdioden (LED) oder Lumineszenzdioden mit Bandabständen $\Delta W = 1,87\ldots 2,8$ eV erzeugen sichtbares Licht im Wellenlängenbereich $\lambda = 0,66\,\mu m$ (rot) und $\lambda = 0,45\,\mu m$ (blau).

GaAs mit $\Delta W = 1,43$ eV emittiert Infrarotstrahlung mit $\lambda = 0,87\,\mu m$.

Die technisch üblichen LED bestehen aus einem binären Substrat und einer durch Flüssigphasen-Epitaxie (LEP) auf dem Substrat erzeugten ternären Schichtenfolge unterschiedlicher Zusammensetzung. Diese n-leitende (elektronenleitende) Schichtenfolge ist erforderlich, um die durch LEP aufgebrachte kristalline Deckschicht an die Gitterkonstante des Basiskristalls (Substrat) anzupassen. Der zur Funktion als LED notwendige p-n-Übergang wird durch Diffusion oder Implantation entsprechender Dotierungsatome eingestellt.

❑ **Beispiele**: LED aus GaP mit einer n-dotierten GaP-Schicht emittieren mit $\lambda = 0,56\,\mu m$ grünes, LED aus GaAs mit einer Schicht aus $Ga_{0,65}Al_{0,35}As$ emittieren mit $\lambda = 0,66\,\mu m$ rotes Licht. Die Schaltzeiten der LED liegen zwischen 10 und 100 ns (Nanosekunden).

Laserdioden für optische Nachrichtenübertragungssysteme werden für Wellenlängen $\lambda = 0,85$; 1,3 und 1,5 µm ausgelegt. Das ist erforderlich, da die für die Lichtleittechnik verwendeten Glasfasern bei diesen Wellenlängen Absorptionsminima aufweisen. Für $\lambda = 0,85$ µm werden z. B. GaAl- und für $\lambda = 1,3$ µm GaAlAsSb-Laserdioden eingesetzt.

Optoelektronische Wandler (Photoempfänger, -detektoren) für $\lambda = 1,3$ µm und 1,5 µm werden auf der Basis von InGaAs, InGaAsP und GaAsSb hergestellt.

3.5.4   Literatur- und Quellenverzeichnis

[1]   *Schreiter, W.*: Seltene Metalle, Bd. I. – Leipzig: Deutscher Verlag für Grund-
      stoffindustrie, 1963

[2]   *Weißmantel, Ch.; Hamann, C.*: Grundlagen der Festkörperphysik. – Berlin:
      Deutscher Verlag der Wissenschaften, 1989

[3]   *Hadamovsky, H.-F.*: Werkstoffe der Halbleitertechnik. – Leipzig: Deutscher
      Verlag für Grundstoffindustrie, 1990

[4]   *Unger, K; Schneider, H.G.*: Verbindungshalbleiter. – Leipzig: Akad. Verlags-
      gesellschaft Geest & Portig K.-G., 1986

[5]   *Popp, H.P.* u. a.: Elektrophysik. – Berlin: Springer-Verlag, 1997

[6]   *Wagemann, H.-G.; Schmidt, A.*: Grundlagen der optoelektronischen Halblei-
      terbauelemente. – Stuttgart: B. G. Teubner Verlag, 1998

3.6   Germanium

3.6.1   Eigenschaften

Physikalische Eigenschaften

Germanium (Ge) ist als Metalloid (Halbmetall) ein Element der IV. Hauptgruppe des PSE mit der Ordnungszahl 32 und der relativen Atommasse 72,59. Ge
kristallisiert im kubischen Diamantgitter.

- Dichte $\varrho = 5{,}32 \cdot 10^3 \ \mathrm{kg \cdot m^{-3}}$
- Schmelzpunkt: 958 °C
- Siedepunkt: 2 700 °C
- Spezifische Wärmekapazität $c_\mathrm{p} = 315{,}7 \ \mathrm{J \cdot kg^{-1} \cdot K^{-1}}$
- Wärmeleitfähigkeit $\lambda = 62{,}8 \ \mathrm{W \cdot m^{-1} \cdot K^{-1}}$
- Wärmeausdehnungskoeffizient $\alpha = 5{,}75 \cdot 10^{-6} \ \mathrm{K^{-1}}$
- Spezifische elektrische Leitfähigkeit $\varkappa = 2 \cdot 10^{-6} \ \mathrm{m \cdot \Omega^{-1} \cdot mm^{-2}}$
- Spezifischer elektrischer Widerstand $\varrho = 50 \ \Omega \cdot \mathrm{cm}$

Der spezifische Widerstand ist stark vom Reinheitsgrad und von der Temperatur abhängig. Ge hat halbleitende Eigenschaften.

- Temperaturkoeffizient des Widerstandes $\alpha = 1{,}4 \cdot 10^{-3} \ \mathrm{K^{-1}}$
- Dielektrizitätskonstante $\varepsilon = 15{,}7 \ldots 16{,}3$
- Bandabstand (Breite des verbotenen Bandes) $\Delta W = 0{,}67 \ \mathrm{eV}$
- Aktivierungsenergie bei Störstellenleitung $\approx 0{,}01 \ \mathrm{eV}$
- Elektronenbeweglichkeit $\mu_\ominus = 3\,900 \ \mathrm{cm^2 \cdot V^{-1} \cdot s^{-1}}$
- Defektelektronenbeweglichkeit $\mu_\oplus = 1\,900 \ \mathrm{cm^2 \cdot V^{-1} \cdot s^{-1}}$
- Elastizitätsmodul $E = 78{,}5 \ \mathrm{GPa}$
- POISSON-Zahl $\mu = 0{,}272 \ldots 0{,}32$

Ge ist an der Luft sehr beständig. Es wird erst oberhalb 600 °C oxidiert. Germanium wird von Königswasser (HNO_3 + HF-Gemisch), NaClO-Lösung und alkalischen 30 %igem H_2O_2 gelöst.

HNO_3 oxidiert Ge zu GeO_2. Wasser, KOH-Lösung, konzentrierte oder verdünnte HCl und verdünnte H_2SO_4 greifen nicht an.

3.6.2 Verwendung

Hauptverwendungsgebiet für Ge ist die Halbleitertechnik. Für die Herstellung von Halbleiterbauelementen, wie Dioden und Transistoren ist Ge extrem hoher Reinheit – Neun-Neuner-Ge = 99,999 999 9 % bis Zwölf-Neuner-Ge und extrem niedriger, struktureller Fehlordnungszahl erforderlich (Versetzungsdichte $\approx 10^3 \ldots 10^4$ Versetzungen cm^{-2}). Der spezifische Widerstand für Ge-Einkristallscheiben für Transistoren und Gleichrichter soll etwa $5 \ldots 25\,\Omega \cdot cm$ betragen. Einsatzmöglichkeiten ergeben sich auch als Gleichrichter in Elektrolyse-Anlagen anstelle von Hg- und Se-Gleichrichtern.

Die Betriebstemperatur darf jedoch 75 °C nicht überschreiten, da die Breite des verbotenen Bandes nur 0,67 eV gegenüber Si 1,12 eV beträgt. (Si ist als HL-Material deshalb bis $150 \ldots 200$ °C einsetzbar).

Oberflächenthermometer für Temperaturen von $-10 \ldots 210$ °C.

Peltier-Elemente für Kühlschränke.

Als Legierungselement ist Ge noch wenig gebräuchlich, da es in seiner Wirkung dem billigeren Si sehr ähnlich ist.

3.6.3 Literatur- und Quellenverzeichnis

[1] *Schreiter, W.*: Seltene Metalle, Bd. I. – Leipzig: Deutscher Verlag für Grundstoffindustrie, 1963

[2] *Weißmantel, Ch.; Hamann, C.*: Grundlagen der Festkörperphysik. – Berlin: Deutscher Verlag der Wissenschaften, 1989

[3] *Hadamovsky, H.-F.*: Werkstoffe der Halbleitertechnik. – Leipzig: Deutscher Verlag für Grundstoffindustrie, 1990

[4] *Popp, H.P.* u. a.: Elektrophysik. – Berlin: Springer-Verlag, 1997

3.7 Gold

3.7.1 Eigenschaften

Physikalische Eigenschaften

Gold (Aurum, Au) ist ein Element der 1. Nebengruppe des PSE mit der Ordnungszahl 79 und der relativen Atommasse 196,967.

Au kristallisiert kubisch-flächenzentriert (kfz).

- Dichte $\varrho = 19,28 \cdot 10^3$ kg $\cdot$ m^{-3}
- Schmelzpunkt: 1 063 °C
- Siedepunkt: 2 950 °C
- Spezifische Wärmekapazität $c_p = 133,6$ J $\cdot$ kg$^{-1} \cdot$ K^{-1}
- Wärmeleitfähigkeit $\lambda = 314$ W $\cdot$ m$^{-1} \cdot$ K^{-1}
- Spezifische elektrische Leitfähigkeit $\varkappa = 49,05$ m $\cdot$ $\Omega^{-1} \cdot$ mm^{-2} bzw. 49,05 MS $\cdot$ m^{-1}
- Spezifischer elektrischer Widerstand $\varrho = 0,020\,6$ $\Omega \cdot$ mm$^2 \cdot$ m^{-1}
$$= 2,06 \cdot 10^{-6}\ \Omega \cdot \text{cm}$$
- Temperaturkoeffizient des spezifischen Widerstandes $\alpha = 4 \cdot 10^{-3}$ K^{-1}
- Elastizitätsmodul $E = 77,5$ GPa
- Gleitmodul (Schubmodul) $G = 27,9$ GPa
- Zugfestigkeit $R_m = 116,7$ MPa
- Streckgrenze $R_e = 29 \ldots 39$ MPa
- Bruchdehnung $A = 45 \ldots 2$ %
- POISSON-Zahl $\mu = 0,42$
- Vickershärte $HV = 5,8 \ldots 19$

Chemische Eigenschaften

Gold zeigt eine sehr gute chemische Beständigkeit an der Luft, gegenüber H_2S, Säuren, Laugen und Salzen.

Gold wird angegriffen bzw. gelöst durch Chlor, Brom und Königswasser.

3.7.2   Verwendung

Wegen seiner sehr guten spanlosen Formbarkeit läßt sich Au zu feinen Drähten und Folien von etwa $0,1 \ldots 0,85$ µm Dicke verarbeiten. Die Folien sind lichtdurchlässig.

Gold wird, außer als Währungsbasis, in der Schmuckwarenindustrie, Dentaltechnik, als Überzugsmetall für leistungslos schaltende Kontakte (Steckverbindungen, Kanalwählerkontakte, Relaiskontaktniete, Messerleisten) und Kontakte für niedrige Spannungen im Gebiet der Feinwanderung (vgl. Abschnitt Platinmetalle), bei Gleichstrombelastung, als Kontaktdraht für Halbleiterbauelemente sowie für chemische Geräte und zur Herstellung von Goldsalzen für die Galvanotechnik verwendet.

Feindrähte aus Gold, die zuerst in der spanischen Provinz Leon zur Herstellung von Goldgewirken erzeugt wurden, heißen auch *Leonische Feindrähte*.

3.7.3 Gold-Legierungen

Gold bildet mit Cu, Ni, Cr, Ag und Pt binäre Systeme, deren Komponenten im festen Zustand völlig löslich sind.

Im System Cu-Au treten die Überstrukturen CuAu und Cu_3Au auf, die sich durch Extremwerte der elektrischen Leitfähigkeit innerhalb der Legierungsreihe auszeichnen (vgl. Bild 1.37).

Die Legierung AuCr 2 wird als Werkstoff für Normal- und Präzisionswiderstände verwendet. Ihr spezifischer Widerstand wird für Raumtemperatur mit $\varrho = 0,33\ \Omega \cdot mm^2 \cdot m^{-1}$ angegeben. Der Temperaturkoeffizient des Widerstandes nimmt im Temperaturbereich zwischen $-50\ °C$ und $+100\ °C$ den Wert Null bzw. negative Werte an. Dieses anomale Verhalten geht auf die Einstellung des sogenannten K-Zustandes (Komplex-Zustand) zurück.

K-Zustand: Im kaltverformten Zustand zeigen Legierungen mit mindestens einem Übergangsmetall ein der *Matthiessen-Regel* entsprechendes Verhalten in Abhängigkeit von der Temperatur. Werden diese Legierungen (AuCr 2; CrAl 30-5; NiCr 90-10; NiCr 80-20; NiCr 60-15; molybdänhaltige Permalloys mit etwa 75 % Ni, 20 % Fe und 5 % Mo) nach dem Kaltverformen auf entsprechende Temperaturen wiedererwärmt (angelassen) bzw. rekristallisiert oder erfolgt das Anlassen nach dem Abschrecken von höherer Temperatur, so bilden sich innerhalb kleiner Kristallbereiche komplexe Atomanordnungen (Nahordnungen), die den Übergang von z. B. 4s-Elektronen in das 3d-Niveau ermöglichen und so das anomale Widerstandsverhalten verursachen.

Für Präzisionspotentiometer, Präzisions- und Normalwiderstände wird eine Legierung mit 70 % Au, 26 % Ag und 4 % Zusätze unedler Metalle (Handelsname Goldin) eingesetzt ($\varrho = 0,31\ \Omega \cdot mm^2 \cdot m^{-1}$; Temperaturkoeffizient des Widerstandes $\alpha = 1,5 \cdot 10^{-4}\ K^{-1}$). Goldlegierungen, wie AuPt 90/10, AuAg 80/20, AuAg 70/30 und AuNi 95/5 werden als Kontaktwerkstoffe, die höchsten Ansprüchen genügen müssen, verwendet, z. B. für Fernmelderelais, Bimetallkontakte, Zerhackerkontakte, Kontakte in gepolten Relais und in der Meßtechnik. In Form von Ronden oder Hütchen zur Herstellung von Spinndüsen für Kunstfasern sind die Legierungen AuPt 30, AuPt 40, AuPt 50 und AuPt 29,5 Rh 0,5 üblich.

Zur Kennzeichnung des Goldgehaltes der Legierungen für Schmuckwaren und Gebrauchsgegenstände (z. B. Uhrengehäuse) wird an das Symbol „Au" der Goldgehalt in Tausendstel-Anteilen nachgestellt: Au 900, Au 750, Au 585, Au 417 und Au 333. Der Goldgehalt kann auch in Karat (1 Karat $\widehat{=}\ 41,67\ ‰$) angegeben werden. Danach ergeben sich für die o. g. Legierungen folgende Werte: 21,6; 18; 14; 10 und 8 Karat. Diese Legierungen enthalten je nach Sorte außer dem Au-Anteil noch $\leqq 13 \ldots 20$ % Pd, $\leqq 10 \ldots 58$ % Cu, $\leqq 10 \ldots 54$ % Ag, $\leqq 1 \ldots 18$ % Zn, $\leqq 9 \ldots 15$ % Ni und $\leqq 6 \ldots 22$ % Cd.

3.7.4   Literatur- und Quellenverzeichnis

[1]   Hütte (Hrsg. *Czichos, H.*): – Berlin: Springer-Verlag, 1991

[2]   *Nitzsche, K.; Ullrich, H. J.*: Funktionswerkstoffe. – Leipzig: Deutscher Verlag für Grundstoffindustrie, 1992

[3]   *v. Münch:* Werkstoffe der Elektrotechnik. – Stuttgart: B. G. Teubner-Verlag, 1989

[4]   *Schatt, W.; Worch, H.* u. a.: Werkstoffwissenschaft. – Stuttgart: Deutscher Verlag für Grundstoffindustrie, 1996

[5]   *Schwister, K.* (Hrsg.): Taschenbuch der Chemie. – Leipzig: Fachbuchverlag, 1996

3.8   Indium

3.8.1   Eigenschaften

Physikalische Eigenschaften

Indium (In) ist ein Element der III. Hauptgruppe des PSE mit der Ordnungszahl 49 und relativen Atommasse 114,76. Indium kristallisiert tetragonal-flächenzentriert (tetr.f.z.).

- Dichte $\varrho = 7{,}31 \cdot 10^3 \ \mathrm{kg \cdot m^{-3}}$
- Schmelzpunkt: 156,4 °C
- Siedepunkt: 1 450 °C
- Spezifische Wärmekapazität $c_p = 238{,}6 \ \mathrm{J \cdot kg^{-1} \cdot K^{-1}}$
- Wärmeleitfähigkeit $\lambda = 23{,}9 \ \mathrm{W \cdot m^{-1} \cdot K^{-1}}$
- Wärmeausdehnungskoeffizient $\alpha = 56 \cdot 10^{-6} \ \mathrm{K^{-1}}$
- Spezifische elektrische Leitfähigkeit $\varkappa = 12 \ \mathrm{m \cdot \Omega^{-1} \cdot mm^{-2}}$
  $= 12 \ \mathrm{MS \cdot m^{-1}}$
- Spezifischer elektrischer Widerstand $\varrho = 0{,}083\,7 \ \Omega \cdot \mathrm{mm^2 \cdot m^{-1}}$
  $= 8{,}37 \cdot 10^6 \ \Omega \cdot \mathrm{cm}$
- Temperaturkoeffizient des elektrischen Widerstandes $\alpha = 4{,}98 \cdot 10^{-3} \ \mathrm{K^{-1}}$
- Zugfestigkeit $R_m = 2{,}9 \ \mathrm{MPa}$
- Elastizitätsmodul $E = 10{,}5 \ \mathrm{GPa}$
- Gleitmodul (Schubmodul) $G = 3{,}73 \ \mathrm{GPa}$
- POISSON-Zahl $\mu = 0{,}45$
- Reibungszahl $\mu = 0{,}04$
- Brinellhärte $HB = 0{,}9$

Chemische Eigenschaften

Indium ist an der Luft gut beständig. Verdünnte anorganische Säuren lösen In unter Wasserstoffentwicklung bei Raumtemperatur nur langsam. Konzentrierte HCl und H_2SO_4 lösen In leicht. Während es gegenüber Ethansäure (Essigsäure) beständig ist, bildet In mit anderen organischen Medien Verbindungen.

Technologische Eigenschaften

Da die Rekristallisationstemperatur unter 0 °C liegt, läßt sich In bei Raumtemperatur sehr gut spanlos durch Walzen und Pressen (Drähte) umformen. Gezogene Drähte bis ⌀ 0,1 μm sind nur mit Spezialverfahren herstellbar.

Das knisternde Geräusch beim Biegen von Indiumstäben wird durch die Bildung mechanischer Zwillinge hervorgerufen. Dieser akustische Effekt wurde zuerst beim Zinn bemerkt und als „Zinngeschrei" bezeichnet.

3

3.8.2 Verwendung

Indium kann in Gleitlagern für Verbrennungsmotoren eingesetzt werden. Dabei wird In auf galvanischem Wege auf dem Lagerwerkstoff (Bleibasis) in Schichtdicken von etwa 0,025 mm abgeschieden. Die feste Haftung mit dem Grundwerkstoff wird durch Erwärmen im Ölbad (150...175 °C), wobei das In zum Teil in den Grundwerkstoff diffundiert und eine PbIn-Legierung bildet, gewährleistet. Damit wird die Benetzbarkeit der Lagerlaufflächen mit dem Schmierstoff erhöht.

Das große Temperaturintervall zwischen Schmelz- und Siedepunkt ermöglicht den Einsatz von In in Hochtemperatur-Flüssigkeitsthermometern und in Wärmeaustauschern.

3.8.3 Indium-Legierungen

Indium dient als Basiskomponente bzw. Komponente zur Herstellung niedrigschmelzender Legierungen wie:

In Zn 2:	Schmelzpunkt 141,5 °C
InCd 27 :	Schmelzpunkt 122,5 °C
InSn 48:	Schmelzpunkt 117 °C
InSn 42 Cd 14:	Schmelzpunkt 93 °C
BiIn 26 Sn 17:	Schmelzpunkt 78,9 °C

Diese Legierungen sind eutektisch zusammengesetzt. Zwei Legierungen mit 40,6...44,7 % Bi, 22,4...22,6 % Pb, 18...19,1 % In, 8,3...10,8 % Sn und 5,3...8,2 % Cd erstarren bei 46,5 und 47,2 °C. Eutektische In-haltige Gallium-Legierungen mit Schmelzpunkten zwischen 16 und 3 °C wurden bereits in 3.5.3 erwähnt. Die niedrigschmelzenden Legierungen werden als Schnellote, Kontaktwerkstoffe (InSn 48) für Bauelemente der Nachrichtentechnik, Thermosicherungen u. ä. verwendet.

Tabelle 3.6 Zugfestigkeit von Indiumloten, nach [1]

| Lot | R_m (in MPa) bei | | Schmelzpunkt |
	27 °C	−196 °C	in °C
InAg 10	14	35	144
InSn 50	6	42	116
InPb 50	21	28	116
In 25 Pb 37,5 Sn 37,5	35,5	84	117...126
PbIn 25	28	49	234

Mit In-Loten lassen sich fast alle metallischen Werkstoffe löten. Durch die Zunahme der Festigkeit mit sinkender Temperatur eigenen sich In-Lote besonders für Verbindungen in Apparaturen, die mit Flüssiggasen betrieben werden. Vgl. Tabelle 3.6. In-Lote eignen sich zum Löten von auf Glas, Quarz oder Keramik aufgebrachten Metallschichten. Durch die Benetzungsfähigkeit des In und einiger seiner Legierungen lassen sich Verbindungen zwischen Glas oder Glas und Metall herstellen. Als „Glaslote" sind InSn-Lote (InSn 48) zur Herstellung gasdichter Verschlüsse in der Vakuumtechnik von großer Bedeutung. Wegen ihrer geringen Koerzitivfeldstärke eignen sich ferromagnetische ternäre Cu-Mn-In- oder Cu-Mg-In-Legierungen für Übertrager in der HF-Technik.

3.8.4 Intermetallische und intermediäre $A^{III}B^V$-Verbindungen des Indiums

Das 3wertige In bildet mit den 5wertigen Elementen As, Sb, P und N die für die Halbleitertechnik wichtigen kristallinen $A^{III}B^V$-Verbindungen. Während das InN im Wurtzitgitter kristallisiert, treten InAs, InP und InSb im Zinkblendegitter auf. Das Zinkblendegitter ist dem kubischen Diamantgitter sehr ähnlich. Das Wurtzitgitter ist kompliziert hexagonal aufgebaut, wobei die beteiligten Atomarten Tetraederplätze besetzen. Indiumphosphid (InP) wird vielfach für Laserdioden, Indiumarsenid (InAs) und Indiumantimonid (InSb) werden wegen ihrer großen Elektronenbeweglichkeit für Hall-Generatoren eingesetzt. Für InAs wird in [2] die Elektronenbeweglichkeit mit $\mu_n = 33\,000\ \mathrm{cm}^2 \cdot \mathrm{V}^{-1} \cdot \mathrm{s}^{-1}$ und für InSb mit $\mu_n = 80\,000\ \mathrm{cm}^2 \cdot \mathrm{V}^{-1} \cdot \mathrm{s}^{-1}$ angegeben.

Neben InP werden InGaAsP und InGaAs als Werkstoffe für Bauelemente der Optoelektronik, wie Laserdioden, Photoempfänger und Photodetektoren (Infrarotdetektoren) eingesetzt. Physikalische Grundlage ihrer technischen Anwendung ist die „direkte Rekombination mit Photonenprozessen" oder „strahlende Rekombination".

Direkte Rekombination mit Photonenprozessen

Die für die elektrischen Leitungsvorgänge der Halbleiter maßgebenden Prozesse sind die Generation (Erzeugung) und die Rekombination (Vereinigung, Vernichtung) der negativen und positiven Ladungsträger (Elektronen und Defektelektronen): Werden Elektronen durch Energiezufuhr aus dem Grundband (Energiebandmodell) in das Leitungsband angehoben, so fallen sie nach gewisser Zeit (Lebensdauer) spontan unter Abgabe der vorher aufgenommenen Energie wieder in das Grundband zurück und rekombinieren dort mit Defektelektronen. Dabei wird die vorher zur Generation aufgenommene Energie ΔW in Form von Lichtquanten (Photonen) emittiert.

$$\Delta W = h \cdot v = h \frac{c}{\lambda}$$

3

W Bandabstand in eV ($1\ \text{eV} = 1{,}602\ 1 \cdot 10^{-19}\ \text{V} \cdot \text{A} \cdot \text{s}$)
h PLANCKsches Wirkungsquantum $= 6{,}625\ 6 \cdot 10^{-34}\ \text{V} \cdot \text{A} \cdot \text{s}^2$
v Frequenz in $1/\text{s}$
c Lichtgeschwindigkeit ($0{,}299\ 79 \cdot 10^{15}\ \mu\text{m} \cdot \text{s}^{-1}$)
λ Wellenlänge in μm

Die Wellenlänge des emittierten Lichtes ist kohärent und ergibt sich aus

$$\lambda = \frac{h \cdot c}{\Delta W} = \frac{1{,}24}{\Delta W} \quad \text{in } \mu\text{m}$$

Optoelektronische Wandler aus InGaAs und InGaAsP werden für die Wellenlängen $\lambda = 1{,}3\ \mu\text{m}$ und $1{,}5\ \mu\text{m}$, Laserdioden aus InGaAsP für die Wellenlänge $\lambda = 1{,}3\ \mu\text{m}$ hergestellt.

3.8.5   Literatur- und Quellenverzeichnis

[1]   *Schreiter, W.*: Seltene Metalle, Bd. II. – Leipzig: Deutscher Verlag f. Grundstoffindustrie, 1961

[2]   *Kreher, K.*: Festkörperphysik. – Leipzig: Akad. Verlagsgesellschaft Geest & Portig, 1979

[3]   *Weißmantel, C; Hamann, C.*: Grundlagen der Festkörperphysik. – Berlin: Dt. Verl. der Wissenschaften, 1989

[4]   *Hadamovsky, H.-F.*: Werkstoffe der Halbleitertechnik. – Leipzig: Dt. Verlag für Grundstoffindustrie, 1990

[5]   *Unger, K.; Schneider, H.G.*: Verbindungshalbleiter. – Leipzig: Akad. Verlagsgesellschaft Geest & Portig, 1986

[6]   *Paul, R.*: Optoelektronische Halbleiterbauelemente. – Stuttgart: B. G. Teubner-Verlag, 1992

[7]   *Harth, W.; Grothe, H.*: Sende- und Empfangsdioden für die optische Nachrichtentechnik. – Stuttgart: B. G. Teubner-Verlag, 1998

3.9   Kupfer

3.9.1   Eigenschaften

Physikalische Eigenschaften

Kupfer (Cuprum, Cu) ist ein Element der 1. Nebengruppe des PSE mit der Ordnungszahl 29 und der relativen Atommasse 63,54.

Cu kristallisiert kubisch-flächenzentriert (kfz).

- Dichte $\varrho = 8,93 \cdot 10^3 \ kg \cdot m^{-3}$
- Schmelzpunkt: 1 083 °C
- Siedepunkt: 2 600 °C
- Spezifische Wärmekapazität $c_p = 385,2 \ J \cdot kg^{-1} \cdot K^{-1}$
- Wärmeleitfähigkeit $\lambda = 394 \ W \cdot m^{-1} \cdot K^{-1}$
- Wärmeausdehnungskoeffizient $\alpha = 16,4 \cdot 10^{-6} \ K^{-1}$
- Spezifische elektrische Leitfähigkeit $\varkappa = 58 \ m \cdot \Omega^{-1} \cdot mm^{-2} = 58 \ MS \cdot m^{-1}$
- Spezifischer elektrischer Widerstand $\varrho = 0,017\,24 \ \Omega \cdot mm^2 \cdot m^{-1}$
  $$= 1,724 \cdot 10^{-6} \ \Omega \cdot cm$$
- Temperaturkoeffizient des elektrischen Widerstandes
  $\alpha = 3,93 \ldots 4,33 \cdot 10^{-3} \ K^{-1}$
- Elastizitätsmodul $E = 122,6 \ GPa$
- Gleitmodul (Schubmodul) $G = 38,3 \ldots 47,1 \ GPa$
- Poisson-Zahl $\mu = 0,35$
- Streckgrenze $R_{p\,0,2} = 39,2 \ldots 78,5 \ MPa$
  $$R_{p\,0,2\,hartgezogen} = 294 \ MPa$$
- Zugfestigkeit $R_{m\,gegossen} = 147 \ldots 196 \ MPa$
  $$R_{m\,gewalzt} = 196 \ldots 235 \ MPa$$
  $$R_{m\,hartgezogen} = 441 \ MPa$$
- Bruchdehnung $A = 38 \ldots 40 \ \%$
  $$A_{hartgezogen} = 2 \ \%$$
- Brucheinschnürung $Z = 70 \ \%$
- Brinellhärte $HB = 50 \ldots 110$

Chemische Eigenschaften

An der Atmosphäre bildet sich eine relativ festhaftende und dichte hellgrüne Deckschicht – *Patina* –, die aus basischem Cu-Karbonat und/oder Cu-Hydroxidsulfat besteht. Mit Ethansäure (Essigsäure) bildet Cu den *Grünspan* – Cu(II)-hydroxidazetat. Beim Glühen bildet sich an der Oberfläche eine Zunderschicht aus Cu_2O oder auch CuO.

Wegen seiner Stellung in der elektrochemischen Spannungsreihe löst sich Cu nur in oxidierenden Säuren. Bei Einwirkung von HNO_3 entwickeln sich giftige nitrose Gase. NH_3 greift Cu unter Bildung leicht löslicher Komplexsalze an.

Technologische Eigenschaften

Die Gießbarkeit ist wegen der hohen Aufnahmefähigkeit für Gase und der damit verbundenen Dickflüssigkeit der Schmelze und der Porosität (Blasen) der Gußstücke schlecht. Cu-Guß wird nur in Fällen, wo gute elektrische Leitfähigkeit verlangt wird, unter Zusatz von Desoxidationsmitteln und Schmelzenabdeckung (Holzkohle, Borax) hergestellt.

Spanlos läßt sich Cu sowohl kalt als auch warm gut umformen (Cu verfügt über Haupt- und Nebengleitsysteme). Wegen der durch Ausscheidung der in den Cu- Kristallen gelösten Verunreinigungen hervorgerufenen Versprödung (Blaubrüchigkeit, Blaubruchsprödigkeit) ist die spanlose Umformung im Temperaturbereich von 350 . . . 650 °C zu vermeiden.

Cu_2O-haltiges Cu ist bei Temperaturen > 500 °C empfindlich gegenüber der Einwirkung reduzierender Gase, wie H_2 und CO. Beim Glühen oder Schweißen mit H_2-Schutzgas tritt eine starke Versprödung infolge der Reduktion des Cu_2O ein.

$$Cu_2O + H_2 \xrightarrow{\; > 500\,°C \;} 2Cu + H_2O$$

Während der Wasserstoff (atomar) leicht in das Cu diffundiert und Cu_2O reduziert, ist der H_2O-Dampf nicht mehr diffusionsfähig. Der am Entstehungsort eingeschlossene Wasserdampf verursacht während der Abkühlung pla-

Tabelle 3.7 Hartlote

Sorte	Arbeitstemperatur in °C	Verwendung
L-Cu	1 100	Kupfer, Stähle
L-CuPb 8	710	Kupfer, Messing
L-CuZn 40	900	für Werkstoffe mit Schmelztemperaturen größer 950 °C, wie Cu, St, GJMW, GJMB, Ni, Ni-Legierungen
L-Ag 12	830	große Lötungen an dicken und mitteldicken Teilen
L-Ag 12 Cd	800	kleine Lötungen an dicken Teilen; Cu und Cu-Legierungen mit St, GJMW, GJMB, Ni, Ni-Legierungen
L-Ag 15 P	710	kleine Lötungen an dicken und dünnen Teilen
L-Ag 25	780	dünne Bleche, Drähte, Rohre
L-Ag 40 Cd	610	Edelmetalle, Dublee
L-Ag 45	730	Bandsägenlötung
L-Ag 50 Cd	640	Lötungen dünner Teile, Ag und Ag-Legierungen

stische Deformationen des Cu und führt zu Rissen, die das Werkstück gebrauchsunfähig werden lassen. Dieser Effekt heißt „Wasserstoffkrankheit des Kupfers".

Bei der spanenden Bearbeitung muß die große Zähigkeit des Cu berücksichtigt werden. Cu läßt sich gut weich- und hartlöten. Gebräuchliche Weichlote sind Zinnlote (vgl. dazu Tabelle 3.5). Als Hartlote für Cu und Cu-Legierungen werden Silber- und Messinglote verwendet (vgl. dazu Tabelle 3.7). Die in der Tabelle aufgeführten Hartlote sind in DIN 8513 T.2 und T.3 genormt.

3.9.2   Verwendung

Kupfer wird in Form von Katoden (KE-Cu; mit $\geq$ 99,9 % Cu) und Formaten (Draht-, Rund-, Walzflachbarren) geliefert. KE-Cu wird zur Herstellung von Cu-Basiswerkstoffen mit hohen Anforderungen an die elektrische Leitfähigkeit verwendet.

Neben Katodenkupfer unterscheidet man noch sauerstoffhaltiges, mit Phosphor desoxidiertes und nichtdesoxidiertes sauerstofffreies Kupfer. Die Kupfersorten sind in DIN 1708 und 1787 genormt.

❑ **Beispiele:**

Sauerstoffhaltiges Kupfer:
E1-Cu 58 (elektrolytisch raffiniert und zähgepolt; $\varkappa = 58\ \text{MS} \cdot \text{m}^{-1}$)
E2-Cu 58 (feuerraffiniert, zähgepolt; $\varkappa = 58\ \text{MS} \cdot \text{m}^{-1}$)
E-Cu 57 (zähgepolt; $\varkappa = 57\ \text{MS} \cdot \text{m}^{-1}$)
F-Cu (feuerraffiniert; 0,015 ... 0,040 % O_2)

P-desoxidiertes, sauerstofffreies Kupfer:
SE-Cu (0,003 % P; $\varkappa = 57\ \text{MS m}^{-1}$)
SW-Cu (mit begrenztem niedrigem Rest-P-Gehalt: 0,005 ... 0,014 % P)
SF-Cu (mit begrenztem hohem Rest-P-Gehalt: 0,015 ... 0,04 % P)

Die Cu-Gehalte der genannten Sorten betragen mindestens 99,9 %. Nichtdesoxidiertes sauerstofffreies Cu (OF-Cu) enthält dagegen mindestens 99,95 % Cu. Seine elektrische Leitfähigkeit ist $\varkappa = 58\ \text{m} \cdot \Omega^{-1} \cdot \text{mm}^{-2}$ bzw. 58 MS $\cdot$ m^{-1}.

Die Sorten E-Cu 58, E-Cu 57, SE-Cu und OF-Cu werden in der Elektrotechnik zur Herstellung von Kabeln, Leitungen, Drähten, Stromschienen u. ä. verwendet. Kupfer für die Elektrotechnik ist in DIN 40 500 T.1 ... T.5 genormt. SF-Cu wird für nahtlos gezogene und gepreßte Rohre eingesetzt. F-Cu ist Vormaterial für Gußstücke und Legierungen. SW-Cu wird für die Herstellung von Halbzeugen verwendet, an die keine elektrischen Forderungen gestellt werden ($\varkappa \approx 52\ \text{m} \cdot \Omega^{-1} \cdot \text{mm}^{-2}$).

Die Sorten OF-, SE-, SF- und SW-Cu sind gut bis sehr gut schweiß- und hartlötbar, sie weisen eine hohe Wasserstoffbeständigkeit auf.

3.9.3   Kupfer-Legierungen

Cu bildet mit einer Reihe von Metallen technisch wichtige Zwei-, Drei- und Mehrstoffsysteme.

> *Zweistoffsysteme*: Cu-Ni, Cu-Zn (Messing). Unter Verwendung des Namens der zweiten Komponente werden die folgenden binären Systeme als Bronze bezeichnet: Cu-Al, Cu-Ag, Cu-Be, Cu-Mn, Cu-Si und Cu-Sn.
> *Drei- und Mehrstoffsysteme*: Cu-Sn-Zn (-Pb) (Rotguß), Cu-Ni-Zn (Neusilber), Cu-Al-(-Fe, Mn, Ni) (Mehrstoffbronze).

1. Cu-Ni-Legierungen

3

Die technisch verwendeten Legierungen enthalten neben Cu bis zu 46 % Ni, 0,3 … 1,8 % Mn und ggf. 0,4 … 1,5 % Fe.

Die in DIN 17 664 genormten Legierungen zeichnen sich durch gute bis sehr gute spanlose Formbarkeit aus. Bemerkenswert ist die sehr gute Beständigkeit gegenüber korrosiven Einflüssen durch Meerwasser sowie Erosion und Kavitation der Legierungen CuNi 10 Fe 1 Mn, CuNi 30 Fe 2 Mn 2 und CuNi 30 Mn 1 Fe, die für Rohrleitungen, Rohre, Platten und Böden von Wärmeaustauschern und Kondensatoren sowie in Klimaanlagen einsetzbar sind. Die Legierungen CuNi 2, CuNi 6 und CuNi 10 sind für Heizdrähte und -kabel mit niedriger Heizleitertemperatur sowie als niederohmige elektrische Widerstände ($\varrho = 0{,}05$, $0{,}10$ und $0{,}15\ \Omega \cdot mm^2/m$) in Anwendung.

CuNi 9 Sn 2 ist im federharten Zustand als elektrischer Kontaktwerkstoff in Schaltern und Relais sowie für Steckverbinder gut geeignet.

CuNi 44 Mn 1 (bisher CuNi 44) ist unter dem Handelsnamen Konstantan als Werkstoff für Potentiometer, Anlaß-, Regel- und Belastungswiderstände (DIN 17 471) sowie für Fe-Konstantan-Thermoelemente bekannt ($\varrho = 0{,}49\ \Omega \cdot mm^2/m$; $TK_\varrho\alpha = -0{,}08 … + 0{,}04 \cdot 10^{-3}\ K^{-1}$).

CuNi 25 dient als Münzlegierung.

2. Cu-Zn-Knetlegierungen (Messing)

Die Legierungen des Systems Cu-Zn bilden in Abhängigkeit von der Konzentration verschiedene Kristallarten (vgl. dazu Bild 3.7). α-Messing (α-Ms) kristallisiert kfz. β'-Ms (Beta-Strich-Messing) ist eine geordnete Mischkristallphase mit krz-Gitter, dessen Raumzentrum durch Zn und dessen Eckpunkte durch Cu-Atome besetzt werden. β'-Ms entsteht in Abhängigkeit von der Zusammensetzung der betreffenden Legierungen (37 … 58 % Zn) bei 454 °C bzw. 468 °C aus der ungeordneten krz-β-Phase.

Die β'-Phase hat bei Form-Gedächtnis-Legierungen fundamentale Bedeutung. Die γ- und δ-Phase kristallisieren kubisch-kompliziert, während die ε- und η-Phase im hdP-Gitter auftreten.

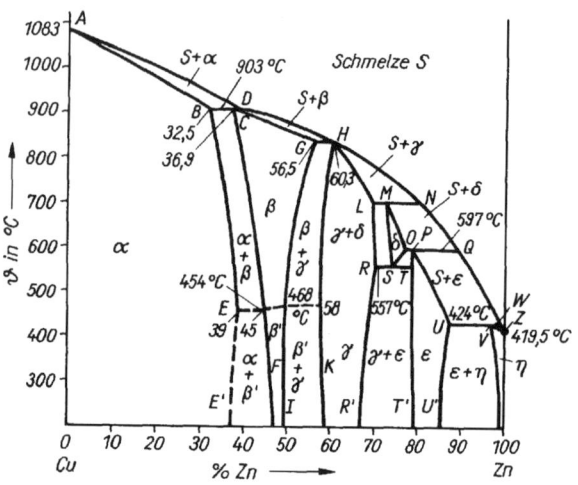

Bild 3.7 Zustandsschaubild des Systems Cu-Zn

In Tabelle 3.8 sind eine Reihe von CuZn-Knetlegierungen nach DIN 17 660 und Angaben zur elektrischen Leitfähigkeit, zum *E*-Modul und Verwendungsbeispiele zusammengestellt.

Die Halbzeuge aus Cu und Cu-Legierungen werden in verschiedenen Lieferzuständen bereitgestellt. Nach DIN EN 1173 (1995) werden diese Zustände u. a. mit folgenden Kurzzeichen angegeben:

Kurzzeichen	Beispiel
-A*xxx* – Bruchdehnung (in %)	CuAl 8 Fe 3-A030
-B*xxx* – Federbiegegrenze (in MPa)	CuSn 8-B410
-H*xxx* – Härte (in HB)	CuZn 37-H150
-R*xxx* – Zugfestigkeit (in MPa)	CuZn 37-R450
-Y*xxx* – 0,2-%-Dehngrenze (in MPa)	CuZn 30-Y460

Die einphasigen Legierungen (α-Messinge, kfz) mit ≥ 63 % Cu sind spanlos sehr gut kalt- und warmformbar. Mit der Kaltumformung ist eine erhebliche Verfestigung verbunden (die wesentlichen Ursachen der Kaltverfestigung werden im Abschnitt 1.2.3 erläutert). CuZn 37 ist die Hauptlegierung für die spanlose Kaltumformung durch z. B. Tiefziehen, Walzen, Drücken, Stauchen, Gewinderollen, Biegen und Prägen.

Tabelle 3.8 Kupfer-Zink-Knetlegierungen, nach [2] und DIN 17660

Sorte	E-Modul in GPa	$\varkappa$ in MS · m^{-1}	Verwendungsbeispiele
CuZn 10	123,6	25	Installationsteile für die Elektrotechnik, emaillierfähige Schmuckwaren
CuZn 15	121,6	22	Manometer- und Schlauchrohre, Druck-
CuZn 20	118,7	19	meßgeräte, Webedrähte, Installationsteile für die Elektrotechnik
CuZn 28	114,7	16	Tiefziehteile, Musikinstrumentenrohre,
CuZn 30	113,8	16	Rohre für Wärmeaustauscher, Blattfedern, Steckverbinder in der Elektrotechnik
CuZn 33	111,8	16	Hauptlegierungen für die spanlose Kaltum-
CuZn 37	109,8	15	formung, Kühlerbänder, Ätzbleche, Ziffer- blätter, Stimmenmessing
CuZn 40	102	14,5	spanlos gut warm- und kaltformbar; Warm- preßteile, Drehteile, Schrauben, Beschlag- und Schloßteile

3

Die zweiphasigen Legierungen (α- + β'-Messinge) mit 55... < 63 % Cu sind spanlos kalt- und warmumformbar. Durch Zusatz von 0,1...3,5 % Pb erhält man Legierungen mit verbesserter spanender Formbarkeit. Für die Bearbeitung auf Automaten eignen sich besonders CuZn 36 Pb 3 und CuZn 38 Pb 1,5. Die für die spanende Bearbeitung auf Automaten erforderliche Kurzspanigkeit ergibt sich aus der Unlöslichkeit des Pb in den Matrixkristallen, wobei das Blei in rundlicher oder gestreckter Form die metallische Grundmasse in unregelmäßiger Folge unterbricht und so zur Entstehung kurzer, bröckeliger Späne führt.

Die zweiphasigen (α- + β'-Ms) Legierungen neigen infolge der Kaltverfestigung bei spanloser Umformung und der damit verbundenen Eigenspannungen in Gegenwart von NH_3, Luftfeuchtigkeit und Sauerstoff oder ammoniakalischen Salzlösungen, die zur Bildung des Cu(II)-Tetramminkomplexes $Cu(NH_3)_4^{++}$ führen, zur *Spannungsrißkorrosion*. Dabei treten verformungslose Brüche sowohl entlang der Korngrenzen (interkristallin) als auch transkristallin auf. Diese Erscheinungsform der Korrosion ist besonders gefürchtet, da der Schadensfall ohne vorher sichtbare Anzeichen plötzlich eintritt. Der Spannungsrißkorrosion kann je nach den Gegebenheiten durch Erwärmen auf 250 bis 300 °C (Kristallerholung) oder durch galvanisches Aufbringen von Schutzschichten, wie Ni oder Ni+Sn, begegnet werden. Eine andere Erscheinungsform der Korrosion ist die *Entzinkung*, die bei einphasigen (α-Ms) und zweiphasigen (α- + β'-Ms) Legierungen, besonders bei Schwitzwasser ausgesetzten Armaturen oder Rohren auftritt. Dabei gehen die Mischkristalle im Bereich der

Schwitzwassertropfen unter gleichzeitiger Wirkung von Korrosionselementen (Lokalelemente, Belüftungselemente) in Lösung. Die edleren Cu-Ionen werden durch das unedlere Zn aus der Lösung verdrängt und bilden auf der Metalloberfläche einen rötlichen schwammigen Niederschlag. Aus der fälschlichen Annahme, daß eine örtliche Verminderung des Zn-Gehaltes vorliegt, hat man dafür früher den Begriff „Entzinkung" eingeführt. In zweiphasigen Messingsorten wird dabei besonders β'-Ms bevorzugt korrodiert (selektive Korrosion). Die „Entzinkung" ist mit örtlicher pfropfenförmiger Zerstörung (Lochfraß) des Bauteils verbunden.

Innere Spannungen (Eigenspannungen) sind beim Weichlöten Ursache der *Lötbrüchigkeit*: das entlang der Korngrenzen in die Werkstückoberflächenschicht diffundierte Lot vermindert den Zusammenhalt (Festigkeit) benachbarter Kristalle, so daß bei ausreichend hohen Eigenspannungen Risse entstehen.

3. Cu-Zn-Knetlegierungen (Sondermessing)

Die auch als Sondermessing bezeichneten Legierungen sind Mehrstoffsysteme auf Cu-Zn-Basis mit Zusätzen anderer Komponenten, wie Al, Fe, Mn, Ni, Si und Sn, die sich durch besondere Eigenschaften (hohe Festigkeit, Verschleißfestigkeit, gute Gleiteigenschaften und Korrosionsbeständigkeit) auszeichnen. Die Legierungen sind im allgemeinen zweiphasig und bestehen aus α- und β'-Ms, ggf. treten zusätzlich auch intermetallische Phasen auf. Der Anteil der beiden Phasen wird durch die Zusätze nach größeren oder kleineren Mengen einer der beiden Phasen verschoben. Tabelle 3.9 enthält Verwendungsbeispiele und Angaben zur elektrischen Leitfähigkeit und zu mechanischen Eigenschaften. Diese Cu-Zn-Knetlegierungen sind in DIN 17 660 genormt.

4. Cu-Zn-Gußlegierungen

Das zur Verbesserung der spanenden Bearbeitbarkeit mit Pb legierte Gußmessing G-CuZn 33 Pb 2 wird zur Herstellung von Armaturen, Gehäusen und Beschlagteilen verwendet.

Die Legierung G-CuZn 37 Mn 3 Al 1 Fe 1 wird wegen ihrer Festigkeit, Härte, Verschleißfestigkeit und Korrosionsbeständigkeit für Hochdruckarmaturen, Ventile, Steuerungsteile und Schiffspropeller eingesetzt. Als Werkstoff für Druckmuttern in Walzwerken und Spindelpressen ist G-CuZn 37 Mn 3 Al 1 geeignet.

5. Zwei- und Mehrstoffbronzen

Zinnbronze (CuSn-Legierungen)

Von technischem Interesse sind Zinnbronzen bis maximal 20 % Sn. In größerem Umfang werden jedoch nur Legierungen mit bis höchstens 11 % Sn-Gehalt

*Tabelle 3.9 Mehrstoff-Kupfer-Zink-Knetlegierungen (Sondermessing), nach [2]
und DIN 17660*

Sorte	E-Modul in GPa	R_m in MPa	$\varkappa$ in MS·m^{-1}	Verwendungsbeispiele
CuZn 40 Mn 1 Pb	93,2	450	9,0	Automatenlegierung, Wälzlagerkäfige
CuZn 40 Al 1	104	450	9,1	Armaturen, hohe Zähigkeit, gute Verschleißfestigkeit
CuZn 40 Al 2	103	600	8,5	Gleitwerkstoff mit hoher Verschleißfestigkeit, seewasserbeständig
CuZn 35 Ni 2	98	500	5,75	Apparatebau, Schiffbau
CuZn 38 Sn 1	106	420	15	Rohrböden für Wärmeaustauscher und Kondensatoren
CuZn 20 Al 2	103	340	12,5	Rohre für Wärmeaustauscher und Kondensatoren, seewasserbeständige Maschinenelemente
CuZn 23 Al 6 Mn 4 Fe 3	103	800	4	für Bauteile sehr hoher statischer Belastung

3

verwendet. Bild 3.8 zeigt die Cu-reiche Seite des Zustandsschaubildes des binären Systems Cu-Sn. Die darin eingetragenen Kristallarten treten in folgenden Gittertypen auf: α-Phase: kfz; β-Phase (Cu$_5$Sn): krz; γ-Phase (Überstruktur): krz; δ-Phase (Cu$_{31}$Sn$_8$ mit 416 A/E): kub. kompl.; ε-Phase (Cu$_3$Sn): hdP.

Das in Bild 3.8 gezeigte Zustandsschaubild gilt für den Gleichgewichtsfall, der sich unter technisch üblichen Abkühlungsbedingungen kaum einstellen läßt. Dadurch bedingt ist die technische Nutzung des temperaturabhängigen Lösungsvermögens der α-Phase für Sn (11 % Sn bei 350 °C und ≪ 1,3 % bei Raumtemperatur) im Sinne der Festigkeitssteigerung durch Aushärten nicht gegeben. Ursache dafür ist der sehr kleine Diffusionskoeffizient des Sn, der unterhalb von 350 °C kleiner als $D = 4,8 \cdot 10^{-13}$ cm$^2 \cdot$ s^{-1} ist. Die Diffusionsträgheit des Sn in Cu ist zusammen mit dem breiten Erstarrungsintervall auch die Ursache für die ausgeprägte Neigung zur Bildung von Zonenkristallen durch Kristallseigerung. Ebenso wird dadurch die eutektoide Dreiphasenreaktion δ ⟶ α + ε unterdrückt, so daß unterhalb von 350 °C das Gefüge aus voreutektoiden α-Mk und dem bei 520 °C durch die eutektoide Dreiphasenreaktion γ ⟶ α + δ gebildeten Eutektoid α + δ besteht.

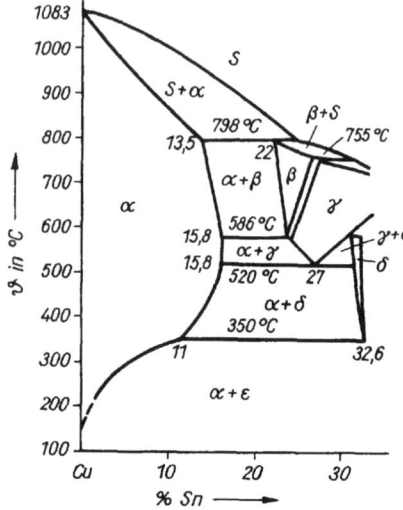

Bild 3.8   *Cu-reiche Seite des Systems Cu-Sn*

Der eutektoide Zerfall der δ-Phase läßt sich nur durch langzeitiges Glühen bei 350 °C erreichen. CuSn-Legierungen mit bis zu 6 % Sn-Gehalt bestehen bei Raumtemperatur aus den genannten Gründen nur aus homogenen α-Mk.

Guß-Zinnbronzen lassen sich im Sandguß-(G), Kokillenguß-(GK), und Schleudergußverfahren (GZ) vergießen. Die Guß-Zinnbronze G-CuSn 10 wird für Armaturen, Leit- und Laufräder, Pumpen- und Turbinengehäuse sowie schnellaufende Schnecken- und Zahnräder verwendet. Ihre Zugfestigkeit liegt im Bereich $R_m = 150\ldots250$ MPa und die Bruchdehnung zwischen $A = 15\ldots20$ %.

Für stoßbeanspruchte Gleitlagerschalen und -platten für Drücke bis $p = 6000$ N/cm^2 sowie für Schneckenradkränze ist G-CuSn 14 mit $R_m = 200\ldots250$ MPa und $A = 3\ldots5$ % verwendbar.

Zur Herstellung von Glocken ist G-CuSn 20 üblich ($R_m = 150\ldots220$ MPa und $A = 0\ldots1$ %).

Die CuSn-Knetlegierungen sind in DIN 17 662 genormt. Sie zeichnen sich neben der guten chemischen Beständigkeit durch gute Federungs- und Festigkeitseigenschaften aus.

In Tabelle 3.10 sind Sorten, Lieferformen und Verwendungsbeispiele der Zinnbronzen zusammengestellt.

Tabelle 3.10   Cu-Sn-Knetlegierungen, nach [2] und DIN 17 662

Sorte	Lieferform	Verwendungsbeispiele
CuSn 4	Bleche, Bänder	stromführende Federn, Steckverbinder
CuSn 6	Bleche, Bänder, Stangen, Drähte, Rohre	stromführende Federn, Steckverbinder, Schlauch- und Federrohre, Rohre, Drahtgewebe
CuSn 8	wie CuSn 6	wie CuSn 6, aber erhöhte Verschleiß- und Korrosionsbeständigkeit; Gleitleisten, Gleitlagerbuchsen
CuSn 6 Zn 6	Bleche, Bänder	Verschleißteile, Federn, Membranen

3

Aluminiumbronzen (CuAl-Legierungen)

Technisch verwendbar sind CuAl-Legierungen mit bis max. 14 % Al-Anteil. Außer diesen sind nur noch Legierungen der Al-reichen Seite des Systems Cu-Al von Bedeutung (Al-Cu-Legierungen bis $\leqq$ 6 % Cu). Bild 3.9 zeigt die Cu-reiche Seite des Zustandsschaubildes des Systems Cu-Al.

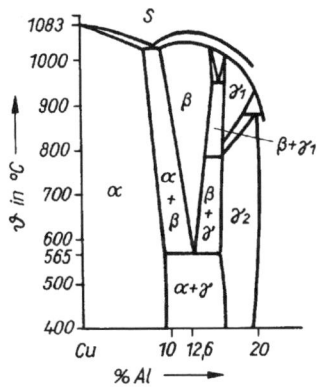

Bild 3.9   Cu-reiche Seite des Systems Cu-Al

Die α-Phase kristallisiert kfz, die β-Phase (Cu₃Al) krz und die γ-Phase (Cu₉Al₄) kubisch kompliziert.

Durch Abschrecken aus dem β-Gebiet läßt sich die eutektoide Dreiphasenreaktion β $\longrightarrow$ α + γ (565 °C) unterdrücken. Nach [1] ergeben sich bei einer Legierung mit 10 % Al nach dem Abschrecken R_m-Werte zwischen 690 und 880 MPa (Ausgangswert $R_m \approx$ 490 MPa) bei sehr geringer Dehnung und Einschnürung. Beim Anlassen des nadligen martensitähnlichen Gefüges auf 650 °C scheidet sich die α-Phase feinkörnig aus. Dadurch verbessern sich die Werte der Dehnung und Einschnürung, jedoch bei höherer Zugfestigkeit als im Ausgangszustand. Diese Behandlung zeigt eine gewisse Ähnlichkeit mit dem Vergüten von Stahl.

Die technisch wichtigen Al-Bronzen, außer CuAl 5 As (0,1...0,4 % As) und CuAl 8, sind Mehrstoffbronzen, die außer Al noch 1...7,3 % Fe, 1...3,5 % Mn und 0,8...7,5 % Ni enthalten.

Die Al-Bronzen zeichnen sich durch eine gute Beständigkeit gegenüber heißen Salzlösungen sowie Schwefel- und Essigsäure aus. Die Mehrstoffbronzen weisen gegenüber den binären Al-Bronzen eine erhöhte Korrosionsbeständigkeit auf und zeigen neben hohen Festigkeitswerten einen hohen Widerstand gegenüber gleitendem Verschleiß, Erosion und Kavitation.

In Tabelle 3.11 sind einige in DIN 17 665 genormte Legierungen zusammengestellt.

Tabelle 3.11   Cu-Al-Knetlegierungen, nach DIN 17 665

Sorte	R_m in MPa	A_5 in %	Verwendungsbeispiele
CuAl 8	$\geq 370 ... \geq 490$	35...15	Teile für die chemische Industrie
CuAl 8 Fe 3	≥ 480	30	Kondensatorböden
CuAl 9 Mn 2	$\geq 440 ... \geq 570$	25...15	Getriebe- und Schneckenräder, Lagerteile, Ventilsitze mit hoher Warmfestigkeit
CuAl 9 Ni 3 Fe 2	$\geq 490 ... \geq 620$	25...15	Schweißkonstruktionen, Ölkühler, Beizanlagen, Kaliindustrie
CuAl 10 Fe 3 Mn 2	≥ 640	10	chemischer Apparatebau, Wellen, Lagerbuchsen, Schrauben
CuAl 10 Ni 5 Fe 4	≥ 640	8...10	Wellen, Schneckenräder, Lagerbuchsen, Schrauben, Steuerteile der Hydraulik, Kondensatorböden
CuAl 11 Ni 6 Fe 5	≥ 690	≥ 5	Ventile, Ventilsitze, höchstbelastete Lagerteile, Druckplatten, Verschleißteile

Mehrstoff-Bleibronze (Cu-Pb-Sn-Legierungen)

Die Mehrstoff-Bleibronzen zeichnen sich als Lagerwerkstoffe (Verbundguß- und Massivgußlager) durch hohe Belastbarkeit, gute Einlauf- und Notlaufeigenschaften sowie gute Wärmeleitfähigkeit aus. Die gute Wärmeleitfähigkeit wird durch Cu verursacht, da Pb im Cu unlöslich ist und in Form von Einschlüssen in diesen Legierungen auftritt. Die Mehrstoff-Bleibronzen neigen wegen der erheblichen Dichteunterschiede und wegen der Unlöslichkeit des Pb in Cu zur Schwerkraftseigerung.

Bekannte Sorten sind G-CuPb 10 Sn 10, G-CuPb 15 Sn 7 und G-CuPb 22 Sn 5.

Für Lagerzwecke und mechanisch sowie chemisch hochbeanspruchte Teile eignen sich auch die Mehrstoff-Manganbronzen G-CuMn 10 Zn 8 Al 6 NiFe und G-CuMn 10 Zn 9 Al 6 Fe sowie die Mehrstoff-Siliziumbronzen G-CuSi 3 Zn 5 und G-CuSi 3 Zn 15.

6. Niedriglegierte Kupfer-Knetlegierungen

Diese Legierungsgruppe wird wegen ihrer guten bis sehr guten elektrischen Leitfähigkeit und ihrer vergleichsweise guten Festigkeitseigenschaften, die bei aushärtbaren Legierungen, wie CuBe 1,7, CuBe 2 und CuCo 2 Be, extrem hohe Werte bis $R_m = 1\,000 \ldots 1\,550$ MPa erreichen, in größerem Umfang in vielen Bereichen der Elektrotechnik eingesetzt. Hierzu gehören auch die Leitbronzen (DIN 48 200 T.2 und DIN 48 300) aus CuMg 0,4 bzw. CuMg 0,7, die als Leitungsseile (z. B. für Fernmelde-Freileitungen) mit mittlerer bis hoher Zugfestigkeit verwendet werden. Als Legierungsbestandteile können folgende Elemente vertreten sein:

Ag :	0,08	…	0,12 %		Pb :	0,03	…	1,5 %
Be :	0,2	…	2,1 %		S :	0,3	…	0,5 %
Co :	2	…	2,8 %		Si :	0,4	…	1,3 %
Cr :	0,3	…	1,2 %		Te :	0,4	…	0,7 %
Fe :	2,1	…	2,6 %		Zn :	0,05	…	1 %
Mg :	0,3	…	0,8 %		Zr :	0,03	…	0,3 %
Ni :	1	…	4,5 %					
P :	0,001	…	0,15 %					

In Tabelle 3.12 sind die Zugfestigkeit, die elektrische Leitfähigkeit und Verwendungsbeispiele nach DIN 17 666 zusammengestellt.

7. Cu-Ni-Zn-Legierungen (Neusilber)

Die technisch üblichen Legierungen des Dreistoffsystems Cu-Ni-Zn enthalten 44 … 66 % Cu, 6 … 19 % Ni und 18 … 40 % Zn. Der silberähnlich helle Farbton dieser Legierungen führte zur Bezeichnung *Neusilber*. Die Entfärbung des Cu wird durch den Einbau von Nickel, dessen 3d-Niveau nicht vollständig mit Elektronen besetzt ist, in die ternären Mischkristalle verursacht.

Die Legierungen mit 55 … 66 % Cu, 11 … 19 % Ni, Rest Zn bestehen aus α-Mk (kfz), die eine sehr gute spanlose Kaltformbarkeit gewährleisten. Die mit der spanlosen Kaltumformung einhergehende erhebliche Kaltverfestigung läßt sich durch Weichglühen (Rekristallisationsglühen) bei 600 … 750 °C beseiti-

Tabelle 3.12 Niedriglegierte Cu-Knetlegierungen, nach DIN 17 666

Sorte	$\varkappa$ in $MS \cdot m^{-1}$	R_m in in MPa	Verwendungsbeispiele
CuAg 0,1	57	≤ 270	Kollektorringe, Kontakte, Kommutator-lamellen
CuFe 2 P	36…48	300…490	Halbleiterträger
CuMg 0,4	> 36	> 600	Leitbronze (DIN 48 200 T.2), Leitungsseile
CuMg 0,7	18…34	> 700	Leitbronze (DIN 48 200 T.2, DIN 48 300), Leitungsseile
CuSP CuTeP	> 48	400… 600	sehr gut spanlos und spanend formbar; Drehteile
CuBe 1,7 CuBe 2	8…13	420…1 550	Federn, Schlitzklemmen, funkensichere Werkzeuge
CuCo 2 Be	11…25	250…1 000	Widerstands-Schweißelektroden
CuNi 2 Be		600…1 000	
CuCrZr	> 48	400… 600	Kontaktteile, Widerstands-Schweiß-elektroden
CuZr	≈ 55	400… 600	Federn, Kontaktteile für Schaltanlagen, Kommutatorlamellen; sehr hohe Anlaß-beständigkeit

gen. Gußlegierungen mit 45…50 % Cu, 10…16 % Ni, Rest Zn haben ein heterogenes Gefüge aus ternären α-Mk (kfz) und ternären β'-Mk (krz, Über-struktur).

Legierungen, die vorzugsweise spanend bearbeitet werden, enthalten 0,3…4 % Pb.

Verbindungsarbeiten, wie Löten und Schweißen, sind ähnlich wie bei Messing möglich. Zum Weichlöten werden Blei-Zinn-Lote nach DIN 1707 (vgl. Tabelle 3.5), zum Hartlöten werden Neusilberlote verwendet. Ni-arme Sorten können mit Messing-Hartlot gelötet werden.

CuNiZn-Legierungen lassen sich gut schleifen und polieren. Pb-Zusatz schränkt die Polierbarkeit etwas ein.

Bestecke und Tafelgeräte werden meist galvanisch versilbert. Wegen des Ni-Gehaltes lassen sich Neusilber-Teile ohne Zwischenvernickelung einwandfrei verchromen.

Während Neusilber durch verdünnte HNO_3 und HCl ziemlich stark ange-griffen wird, ist die Beständigkeit gegenüber verdünnten organischen Säuren und gegenüber Laugen relativ gut. Durch Bildung einer Oxidschicht (Anlau-

Tabelle 3.13 *Cu-Ni-Zn-Knetlegierungen, nach [2] und DIN 17663*

Sorte	Dicke Durchmesser in mm	$R_{p0,2}$ in MPa	R_m in MPa	A_5 in %	Verwendungsbeispiele
CuNi 12 Zn 30 Pb 1 [1]	2…12	$\geqq 240$	410…490	25	Feinmechanik, Optik, Schlüssel
CuNi 18 Zn 39 Pb 1 [1]	2…12	$\geqq 290$	430…530	25	wie CuNi 12 Zn 30 Pb 1, jedoch anlaßbeständiger
CuNi 7 Zn 39 Mn 5 Pb 3 [1]	10…45	$\geqq 370$	$\geqq 510$	12	Feinmechanik, Optik
CuNi 12 Zn 24 [1]	$\leqq 40$	290	340…540	40…18	Tiefziehteile, Tafelgerät, Innenarchitektur
CuNi 18 Zn 20 [1]	$\leqq 40$	290…$\geqq 340$	390…540	40…22	Federn, Kunstgewerbe
CuNi 18 Zn 27 [2]	0,1…5	$\geqq 280$	470…540	20	Federwerkstoff

[1] Stangen
[2] Bleche, Bänder

fen), begünstigt durch Feuchtigkeit, NH_3 und schweflige Säure, vermindert sich der Glanz polierter Oberflächen. Das Anlaufen wird auch durch erhöhte Temperaturen hervorgerufen. Widerstandsmaterial aus Neusilber darf daher nur bei Temperaturen weit unterhalb 500 °C eingesetzt werden. Die elektrische Leitfähigkeit der üblichen Legierungen bewegt sich zwischen $\varkappa = 3{,}12 \ldots 4{,}12$ MS $\cdot$ m^{-1}. Die CuNiZn-Knetlegierungen werden in verschiedenen Festigkeitsstufen mit R_m-Werten zwischen 340 und 540 MPa geliefert. In Tabelle 3.13 sind für Bleche, Bänder und Stangen mechanische Eigenschaften und Verwendungsbeispiele angegeben. Neusilber ist in DIN 17 663 genormt.

3.9.4   Literatur- und Quellenverzeichnis

[1]   *Beyer, B.*: Werkstoffe NE-Metalle. – Leipzig: Deutscher Verlag für Grundstoffindustrie, 1974

[2]   *Dies, K.*: Kupfer und Kupferlegierungen in der Technik. – Berlin; Heidelberg; New York: Springer-Verlag, 1967

[3]   *Hornbogen, E.*: Werkstoffe. – Berlin: Springer-Verlag, 1994

[4]   *Riehle, M.; Simmchen, E.*: Grundlagen der Werkstofftechnik. – Stuttgart: Deutscher Verlag für Grundstoffindustrie, 1997

[5]   *Schumann, H.*: Metallographie. – Leipzig: Deutscher Verlag für Grundstoffindustrie, 1991

[6]   *Beyer, W; Iancu, P.; Merkel, M.*: Verbindungen und Anschlüsse in der Elektrotechnik. – Berlin; München: Verlag Technik, 1992

[7]   DIN-Taschenbuch 26: Kupfer und Kupferknetlegierungen. – Berlin: Beuth-Verlag, 1991

3.10   Magnesium

3.10.1   Eigenschaften

Physikalische Eigenschaften

Magnesium (Mg) ist ein Element der II. Hauptgruppe des PSE mit der Ordnungszahl 12 und der relativen Atommasse 24,312.

Mg kristallisiert hdP mit dem idealen Achsenverhältnis $c/a = 1{,}62$.
- Dichte $\varrho = 1{,}74 \cdot 10^3$ kg $\cdot$ m^{-3}
- Schmelzpunkt: 650 °C
- Siedepunkt: 1 110 °C
- Spezifische Wärmekapazität $c_p = 1\,017{,}4$ J $\cdot$ kg^{-1} $\cdot$ K^{-1}
- Wärmeleitfähigkeit $\lambda = 157{,}4$ W $\cdot$ m^{-1} $\cdot$ K^{-1}
- Wärmeausdehnungskoeffizient $\alpha = 24{,}5 \cdot 10^{-6}$ K^{-1}

- Spezifische elektrische Leitfähigkeit $\varkappa = 22{,}2 \text{ m} \cdot \Omega^{-1} \cdot \text{mm}^{-2}$
$$= 22{,}2 \text{ MS} \cdot \text{m}^{-1}$$
- Spezifischer elektrischer Widerstand $\varrho = 0{,}045 \ \Omega \cdot \text{mm}^2 \cdot \text{m}^{-1}$
$$= 4{,}5 \cdot 10^{-6} \ \Omega \cdot \text{cm}$$
- Temperaturkoeffizient des Widerstandes $\alpha = 4{,}2 \cdot 10^{-3} \text{ K}^{-1}$
- Elastizitätsmodul $E = 44{,}3$ GPa
- Gleitmodul (Schubmodul) $G = 17{,}4$ GPa
- POISSON-Zahl $\mu = 0{,}27$
- Zugfestigkeit $R_{\text{m gegossen}} = 98 \ldots 128$ MPa
$$R_{\text{m gepreßt}} = 245 \text{ MPa}$$
- Bruchdehnung (gegossen) $A = 5 \%$
Bruchdehnung (gepreßt) $A = 10 \%$

3

Chemische Eigenschaften

Mg bildet an der Luft eine weißliche, poröse Oxidschicht. Gegenüber HF und Laugen ist Mg nicht oder nur wenig empfindlich. Anorganische Säuren, besonders HNO_3, greifen Mg sehr stark an; Seewasser und Schwitzwasser wirken stärker korrosiv als auf Al. Zur Verbesserung der Korrosionsbeständigkeit werden Mg und insbesondere seine Legierungen mit einer Lösung von 10 ... 15 % Salpetersäure, 6 ... 10 % Kaliumbichromat, Rest Wasser, gebeizt. Die Oberfläche wird damit goldgelb bis braun gefärbt. Bewährt haben sich auch Lacküberzüge.

Technologische Eigenschaften

Mg zeigt wegen seiner hohen Gasaufnahmefähigkeit und Neigung zur Nitridbildung eine schlechte Gießbarkeit. Die große Affinität zu Sauertoff erfordert beim Schmelzen und Abgießen bestimmte Sondermaßnahmen, um das Ausbrennen zu verhindern. (Abdecken der Schmelze mit Salzgemischen aus $MgCl_2$, $BaCl_2$, CaF_2 und MgO, Einnebeln des Gießstrahls mit Schwefelpuder, Zusatz von Schwefelpuder (-blüte) und Borsäure zum Formsand).

Da Späne von Mg und Mg-Legierungen leicht entzündlich sind (Entzündungstemperatur ≈ 400 °C) und mit großer Wärmeentwicklung verbrennen, dürfen Brände nur mit Graugußspänen erstickt werden. Die Verwendung von Wasser ist unzulässig, da H_2O-Dampf durch Mg reduziert wird (Mg + H_2O $\longrightarrow$ MgO+H_2) und durch Knallgasbildung intensiveres Weiterbrennen verursacht.

Die spanlose Formbarkeit unterhalb 225 °C ist bei vielkristallinem Magnesium gering. Die Formänderung erfolgt durch Translation (Basisgleitung; 3 Hauptgleitsysteme) und in gewissem Umfang durch Zwillingsbildung. Oberhalb 225 °C ist Mg durch zusätzliche Beteiligung von Pyramidenebenen $\{1\bar{1}01\}$, $\{11\bar{2}2\}$ und den $\langle 10\bar{1}0 \rangle$-Richtungen wesentlich besser spanlos formbar, vgl. dazu Bild 1.15. Magnesium läßt sich nicht löten und ist schwer schweißbar.

3.10.2   Verwendung

Wegen seiner mäßigen mechanischen Eigenschaften wird Mg in reiner Form für technische Zwecke kaum angewendet. Anwendungsgebiete sind die Pyrotechnik und Gießereitechnik, wo Mg als Zusatz zur Gewinnung von Kugelgraphitguß wesentlich ist.

Von größerer Bedeutung ist Mg als Basismetall für Mg-Legierungen und als Komponente in Al-Legierungen.

3.10.3   Magnesium-Legierungen

Die Legierungen der binären Systeme Mg-Al, Mg-Mn, Mg-Si und Mg-Zn haben an Bedeutung verloren, dafür sind die Legierungen des ternären Systems Mg-Al-Zn in den Vordergrund gerückt. Mg-Legierungen werden sehr häufig als Gußwerkstoffe (Sand-, Kokillen- und Druckguß) verwendet. Sie enthalten neben Mg 5 . . . 10 % Al, 0,3 . . . 3,5 % Zn und 0,15 . . . 0,5 % Mn.

Zum katodischen Korrosionsschutz von Stahl, z. B. für erdverlegte Rohre, Schiffswände und Bojen sowie für gas- und flüssigkeitsdichte Gußstücke ist G-MgAl 6 Zn 3 gut geeignet.

Schlag- und wechselbeanspruchte Gußstücke aus G-MgAl 8 Zn 1, G-MgAl 9 Zn 1 und G-MgAl 9 Zn 2 werden im homogenisierten Zustand, ggf. auch im warmausgehärteten Zustand (G-MgAl 9 Zn 1), eingesetzt. Das Warmaushärten (-auslagern) erhöht die $R_{p0,2}$-Grenze und die Dehnungswerte um etwa 30 %. Die Zugfestigkeit der genannten Legierungen bewegt sich zwischen 155 und 235 MPa, die $R_{p0,2}$-Grenze liegt zwischen 90 und 150 MPa.

Wegen des niedrigen E-Moduls (43 . . . 45 GPa) haben die Mg-Legierungen gute Dämpfungseigenschaften; andererseits muß durch die Wahl geeigneter Querschnittsformen das Trägheitsmoment vergrößert werden, um Verformungen bei stoßartiger Belastung zu vermeiden.

In Tabelle 3.14 sind die Lieferformen, mechanische Eigenschaften und Verwendungsbeispiele genormter Mg-Knetlegierungen zusammengestellt.

Wärmebehandlung der Mg-Legierungen

Die Systeme Mg-Al und Mg-Zn weisen im festen Zustand Mischungslücken auf, so daß die Möglichkeit zur Aushärtung der entsprechenden Legierungen prinzipiell gegeben ist. Von dieser Methode der Festigkeitssteigerung wird relativ selten Gebrauch gemacht, da hier die Dehnung und die Dauerschwingfestigkeit ungünstig beeinflußt werden.

Homogenisierungsglühen (H): Die Aufgabe dieses Verfahrens besteht darin, die spröde γ-Phase (Al_3Mg_4 bzw. $Al_{12}Mg_{17}$) in der δ-Phase der Mg-reichen

Tabelle 3.14 Magnesium-Knetlegierungen, nach DIN 1729 und DIN 9715

Sorte	Lieferform	$R_{p0,2}$ in MPa	R_m in MPa	A_{10} in %	Verwendungsbeispiele
MgMn 2	Rohre	145...165	200...220	2...1,5	korrosionsbeständig,
	Stangen	145	200	1,5	schweißbar,
	Strangpreßprofile	165	220	2	Anoden
MgAl 3 Zn	Rohre, Stangen,	155	240	10	Bauteile mittlerer mechanischer
	Strangpreßprofile				Beanspruchung im Fahrzeug- und
	Gesenkschmiedestücke			8	Maschinenbau, Ätzplatten, Anoden
MgAl 6 Zn	Rohre	175	270	10	Bauteile mittlerer und
	Stangen	155...175	250	10...6	hoher mechanischer
	Strangpreßprofile	175	270	10	Beanspruchung,
	Gesenkschmiedestücke	175	270	6	schwingungsfest
MgAl 8 Zn	Stangen	195...215	270...310	10...6	Bauteile mit hoher
	Strangpreßprofile	205...215	290...310	10...6	mechanischer Beanspruchung,
	Gesenkschmiedestücke	205...215	290...310	6	schwingungsfest

3

Mischkristalle zu lösen. Bei langsamer Abkühlung scheidet sich die γ-Phase feinverteilt und stäbchenförmig aus. Der Glühprozeß wird in Schutzgasatmosphäre (erzeugt durch Schwefelkies oder SO_2) in 3 Stufen zu je 8 h bei 390 °C, 400 °C und 410 °C geführt. Die Schlußabkühlung erfolgt an Luft.

Warmaushärten (-auslagern)

Das Wärmebehandlungsregime besteht aus der Folge: Homogenisierungs- bzw. Lösungsglühen mit nachfolgender rascher Abkühlung und anschlie- ßendem 12stündigem Halten bei 180 °C. Die Schlußabkühlung wird an Luft vorgenommen. Die Festigkeitssteigerung wird durch die feindisperse Aus- scheidung der γ-Phase aus den δ-Mk hervorgerufen. Das Warmaushärten wird z. B. bei G-MgAl 9 Zn 1 angewandt.

Spannungsarmglühen

Innere Spannungen werden durch 2- bis 4stündiges Glühen bei 260 °C pla- stisch abgebaut; anschließend Luftabkühlung. Richtarbeiten verzogener Teile werden bei 250 . . . 300 °C vorgenommen.

3.10.4   Literatur- und Quellenverzeichnis

[1]   *Hornbogen, E.*: Werkstoffe. – Berlin: Springer-Verlag, 1994

[2]   *Schumann, H.*: Metallographie. – Leipzig: Deutscher Verlag für Grundstoff- industrie, 1991

[3]   *Riehle, M.; Simmchen, E.*: Grundlagen der Werkstofftechnik. – Stuttgart: Deut- scher Verlag für Grundstoffindustrie, 1997

[4]   DIN-Taschenbuch 54. – Berlin: Beuth-Verlag, 1991

3.11   Nickel

3.11.1   Eigenschaften

Physikalische Eigenschaften

Nickel (Ni) ist ein Element der 8. Nebengruppe des PSE mit der Ordnungszahl 28 und der relativen Atommasse von 58,71.

Ni kristallisiert kubisch-flächenzentriert (kfz).
- Dichte $\varrho = 8,9 \cdot 10^3$ kg $\cdot$ m^{-3}
- Schmelzpunkt: 1 455 °C
- Siedepunkt: 2 730 °C
- Spezifische Wärmekapazität $c_p = 511,2$ J $\cdot$ kg^{-1} $\cdot$ K^{-1}

- Wärmeleitfähigkeit $\lambda = 92,1 \text{ W} \cdot \text{m}^{-1} \cdot \text{K}^{-1}$
- Wärmeausdehnungskoeffizient $\alpha = 13,3 \cdot 10^{-6} \text{ K}^{-1}$
- Spezifische elektrische Leitfähigkeit $\varkappa = 14,6 \text{ m} \cdot \Omega^{-1} \cdot \text{mm}^{-2}$
  $$= 14,6 \text{ MS} \cdot \text{m}^{-1}$$
- Spezifischer elektrischer Widerstand $\varrho = 0,069 \ \Omega \cdot \text{mm}^2 \cdot \text{m}^{-1}$
  $$= 6,9 \cdot 10^{-6} \ \Omega \cdot \text{cm}$$
- Temperaturkoeffizient des elektrischen Widerstandes $\alpha = 6,7 \cdot 10^{-3} \text{ K}^{-1}$
- Ferromagnetische CURIE-Temperatur $\vartheta_C = 353 \ °C$
- Elastizitätsmodul $E = 189 \cdots 206 \text{ GPa}$
- Gleitmodul (Schubmodul) $G = 73,5 \ldots 75,5 \text{ GPa}$
- POISSON-Zahl $\mu = 0,31 \ldots 0,32$
- Zugfestigkeit $R_{m\,\text{gegossen}} = 343 \text{ MPa}$
  $$R_{m\,\text{weichgeglüht}} = 441 \text{ MPa}$$
  $$R_{m\,\text{kaltumgeformt}} = 490 \ldots 735 \text{ MPa}$$
- Bruchdehnung $A_{\text{gegossen}} = 18 \ \%$
  $$A_{\text{weichgeglüht}} = 45 \ \%$$
  $$A_{\text{kaltumgeformt}} = 3 \ldots 30 \ \%$$
- Brinellhärte $HB = 90 \ldots 185$

Chemische Eigenschaften

An der Luft, gegen Wasser, Seewasser, alkalische Lösungen, konzentrierte HNO_3 und verdünnte organische Säuren ist Ni gut beständig. Bei Temperaturen $> 500 \ °C$ wird Ni in zunehmendem Maße oxidiert, schwefelhaltige Gase (Heizgase) führen unter Bildung von Nickelsulfid (NiS) zur Rotbrüchigkeit (sowie zur Kaltbrüchigkeit). Das ist besonders beim Einsatz von Heizleiterlegierungen auf Ni-Basis und Ni-haltigen Legierungen zu beachten.

Technologische Eigenschaften

Ni läßt sich spanlos sehr gut kaltumformen. Wegen der dabei auftretenden erheblichen Kaltverfestigung sind Zwischenglühungen bei $550 \ldots 900 \ °C$, zumeist aber bei $600 \ldots 780 \ °C$ erforderlich. Die Rekristallisationsschwelle liegt bei $400 \ °C$. Die Warmumformung durch Pressen, Schmieden und Walzen erfolgt bei etwa $1\,100 \ °C$, nach Anwärmung in neutraler, schwefelfreier Atmosphäre. Wegen der großen Zähigkeit im weichen Zustand ist die spanende Formung im kaltverfestigten Zustand günstiger. Ni läßt sich schmelz- und preßschweißen und ist gut weich- und hartlötbar.

Für das Verbindungsschweißen von Ni, Ni-Legierungen, unlegiertem, legiertem, austenitischem Stahl und NE-Metallegierungen sind die Schweißzusätze (in Form von Drähten, Stäben, Band- und Drahtelektroden) in DIN 1736 T.1 (8.85) genormt.

Als Hinweis auf das anzuwendende Verfahren werden dem Kurzzeichen der Legierungen entsprechende Buchstaben vorangestellt:

- SG Schutzgasschweißen;
- UP Unterpulverschweißen;
- EL Lichtbogenhandschweißen.

Die Legierungskennzahlen geben die mittleren tatsächlichen Anteile der Komponenten an.

In Abhängigkeit von der Art der zu verbindenden Werkstoffe bestehen die für Schutzgas- und Unterpulverschweißen vorgesehenen Zusätze aus: $\geq 35 \ldots$ ≥ 93 % Ni, $2,8 \ldots 30$ % Mo, $17 \ldots 31$ % Cr, $0,2 \ldots 4$ % Ti, $0,5 \ldots 30$ % Fe, $0,4 \ldots 4,5$ % Nb, $0,4 \ldots 4$ % Mn, $3 \ldots 4,5$ % W, $10 \ldots 14$ % Co und $27 \ldots$ 34 % Cu.

Für das Lichtbogenhandschweißen zu verwendende Stabelektroden enthalten: $\geq 35 \ldots > 92$ % Ni, ≤ 31 % Cr, $2 \ldots 30$ % Mo, ≤ 4 % Ti, $0,5 \ldots 30$ % Fe, $0,8 \ldots 4$ % Mn, $0,4 \ldots 4$ % Nb, $3 \ldots 4,5$ % W und $10 \ldots 14$ % Co.

❏ **Anwendungsbeispiele einiger Schweißzusätze**:
- *SG-NiTi 4; EL-NiTi 3*; LC-Ni 99; Ni 99,2; Ni 99,6; NE-Metall-Legierungen
- *UP-NiCr 20 Nb; EL-NiCr 19 Nb*: Ni-Legierungen, kaltzähe Ni-Stähle
- *SG-NiCr 29 Mo; EL-NiCr 26 Mo*: korrosionsbeständige austenitische Stähle
- *SG-NiCr 22 Co 12 Mo; EL-NiCr 21 Co 12 Mo*: hochwarmfeste NiCrCoMo-Legierungen
- *UP-NiCu 30 MnTi; EL-NiCu 30 Mn*: NiCu 30 Fe, CuNi 30 MnFe 1

Zum *Hochtemperatur-Hartlöten* (Solidustemperatur $> 900\,°C$), das allgemein als Spaltlöten ausgeführt wird, von Ni, Co und ihren Legierungen, unlegierten, legierten und hochlegierten Stählen werden die in DIN 8513 T.5 (2,83) genormten Lote in Form von Lotpulver und Lotpaste, in bestimmten möglichen Fällen als Folie, Draht oder Lotformteilen geliefert.

Die DIN-Kurzzeichen tragen die Bezeichnung L-Ni 1...L-Ni 8. Die ISO-Kurzzeichen bestehen aus einem vorangestellten -*B*-, den Symbolen der Legierungsbestandteile und der Angabe der Solidus- und Liquidustemperatur.

❏ **Beispiele**:
- L-Ni 1 oder BNi 74 CrSiB 980-1040
- L-Ni 5 oder BNi 71 CrSi 1080-1135
- L-Ni 8 oder BNi 65 MnSiCu 980-1010

3.11.2   Verwendung

Nickel ist Basismetall für eine Reihe technisch wichtiger niedrig- und hochlegierter Legierungsgruppen und Komponente in Eisenwerkstoffen.

In der Hochvakuumtechnik wird Ni für Bauteile von Elektronenröhren, sowie Aufbaustützen, Schellen, Schirmbleche, Anoden, Gitter, Schrauben und Niete, verwendet. Ni wird in Form von Anodenplatten in der Galvanotechnik, für Ni-Cd-Akkumulatoren sowie als Katalysator zur Fetthärtung (Hydrierkatalysator) eingesetzt.

In E DIN 17 740 (5.1998) sind die Sorten *Ni 99,6* (Werkstoffnummer 2.4060), *LC-Ni 99,6* (Nr. 2.4061), *Ni 99,2* (Nr. 2.4066) und *LC-Ni 99* (Nr. 2.4068) genormt. Die Sorten können neben maximal 1 % Co noch 0,15 ... 0,25 % Cu; 0,25 ... 0,40 % Fe; 0,15 % Mg; 0,35 $ Mn; 0,15 ... 0,25 % Si; 0,10 % Ti; 0,005 % S sowie 0,02 ... 0,10 % C enthalten. Das Kurzzeichen LC weist auf den niedrigen C-Gehalt von 0,02 % hin.

3.11.3 Nickel-Legierungen

Nachstehend genannte Legierungsgruppen haben größere technische Bedeutung erlangt:

- Niedriglegierte Ni-Knetlegierungen (DIN 17 741) mit 0,2 ... 0,6 % Fe, 0,4 ... 5,5 % Mn und 1 ... 2 % Al
- Ni-Legierungen mit Cr (DIN 17 742)
- Ni-Legierungen mit Cu (DIN 17 743)
- Ni-Legierungen mit Mo und Cr (DIN 17 744)
- Ni-Legierungen mit Fe (DIN 17 745)

Darüber hinaus ist Nickel Basismetall oder Komponente für eine Reihe von Sonderwerkstoffen:

- Ausdehnungs- und Einschmelzlegierungen: Ni-Fe; Ni-Co-Fe
- Magnetische Legierungen: Ni-Fe; Ni-Fe-Mo; Ni-Fe-Cr
- Korrosionsbeständige Legierungen: Ni-Cu; Ni-Mo-Cr-Fe; Ni-Cr-Fe
- Hochwarmfeste Legierungen (Superlegierungen): Ni-Cr-Fe; Ni-Cr-Al-Ti; Ni-Co-Cr-(Mo)-Al-Ti
- Form-Gedächtnis-Legierungen (shape-memory-alloys): Ni-Ti; Ni-Ti-Cu; Ni-Ti-Fe

1. Niedriglegierte Ni-Knetlegierungen

Die dieser Gruppe zugeordneten Legierungen sind beispielsweise für folgende Anwendungsfälle vorgesehen:

Ni 99,4 Fe: Widerstandsthermometer (DIN 43 760)
NiMn 1: Elektroakustische Bauteile
NiMn 2: Einbauteile für Glühlampen und Elektronenröhren
NiMn 3 Al: Thermoelemente

2. Nickel-Chrom-Legierungen

Wegen ihrer hohen Hitzebeständigkeit und ihres hohen spezifischen elektrischen Widerstandes werden die bis zu 32 % Cr enthaltenden Legierungen für Widerstände, Heizleiter und Ofenbauteile eingesetzt. Die Widerstands-legierungen NiCr 8020 ($\varrho_{20\,°C} = 1,0\ \Omega \cdot mm^2 \cdot m^{-1}$), NiCr 6015 ($\varrho_{20\,°C} = 1,11\ \Omega \cdot mm^2 \cdot m^{-1}$) und NiCr 20 AlSi ($\varrho_{20\,°C} = 1,32\ \Omega \cdot mm^2 \cdot m^{-1}$) sind zusätzlich in DIN 17 470 (E) und DIN 17 471 genormt.

Für hitze- und korrosionsbeständige Bauteile (auch Zündkerzen) werden Ni-Cr 15 Fe (mit 6 ... 10 % Fe), NiCr 23 Fe (mit $\leq$ 18 % Fe) und NiCr 20 Ti (für Flammrohre in Gasturbinen) verwendet.

3. Nickel-Kupfer-Legierungen

Zum Einsatz für korrosionsbeständige Bauteile sind NiCu 30 Fe, LC-NiCu 30 Fe sowie die aushärtbare Legierung NiCu 30 Al vorgesehen.

4. Nickel-Molybdän-Chrom-Legierungen

Die in Form von Bändern, Blechen, Rohren, Stangen und Schmiedestücken herstellbaren Legierungen werden vor allem für korrosionsbeständige Bauteile verwendet. Zu dieser Legierungsgruppe gehören z. B. NiMo 28, NiMo 16 Cr 16 Ti, NiCr 22 Mo 7 Cu, NiMo 16 Cr 15 W und NiCr 22 Mo 9 Nb.

5. Nickel-Eisen-Legierungen

Diese Legierungsgruppe, deren Vertreter für weichmagnetische Werkstoffe und als Einschmelzlegierungen verwendet werden, wird bei den Sonderwerk-stoffen besprochen.

3.11.4   Nickelhaltige Sonderwerkstoffe

1. Ausdehnungs- und Einschmelzlegierungen

Legierungen dieser Gruppe zeichnen sich gegenüber anderen metallischen Werkstoffen durch extrem niedrige lineare Wärmeausdehnungskoeffizienten aus. Die Gewährleistung eines solchen Eigenschaftskennwertes wird bei Meß-geräten der Geodäsie und für das Einschmelzen von metallischen Bauteilen in Gläser und bestimmte Keramiksorten verlangt.

FeNi 36 ist eine zwischen -80 und 1 450 °C austenitische Legierung, die sich im Temperaturintervall von 20 ... 200 °C durch den kleinsten linearen Wärme-ausdehnungskoeffizienten, der sich bei metallischen Werkstoffen beobachten läßt, auszeichnet. FeNi 36 (bekannt unter dem Handelsnamen Invar) ist eine ferromagnetische Legierung, deren Volumenänderung zwischen 0 und 100 °C durch Magnetostriktion eingeschränkt wird und dadurch den extrem niedri-gen Ausdehnungskoeffizienten hervorruft. Im weichgeglühten Zustand ist $\alpha = (15 \pm 5) \cdot 10^{-7}\ K^{-1}$ und im kaltverfestigten Zustand ist $\alpha = (10 \pm 5) \cdot 10^{-7}\ K^{-1}$.

Oberhalb 200 °C entspricht das Ausdehnungsverhalten etwa dem der austeni-tischen Stähle.

Diese Legierung wird vor allem für Meßbänder und andere Geräte der Geodäsie und Meßtechnik verwendet.

Die Legierungen FeNi 28 Co 18 (Nicosil 61) und FeNi 28 Co 23 (Nicosil 71) sind austenitische Legierungen mit thermischen Ausdehnungskoeffizienten von $\alpha = (61 \pm 3) \cdot 10^{-7} \, \text{K}^{-1}$ bzw. $\alpha = (71 \pm 3) \cdot 10^{-7} \, \text{K}^{-1}$ im Temperaturbereich von 25 ... 500 °C.

Sie sind vorgesehen und bewährt für Verschmelzungen mit Hartgläsern und Al_2O_3-Keramik (für thermisch hochbeanspruchte vakuumdichte elektronische Bauelemente).

Zum Verschmelzen mit Weichgläsern (und auch mit Keramik) sind die austenitischen Legierungen FeNi 46 Cr 1 (Dilasil 91) mit $\alpha_{25...500 \, °C} = (91 \pm 3) \cdot 10^{-7} \, \text{K}^{-1}$, FeNi 48 Cr 1 (Dilasil 97) mit $\alpha_{25...500 \, °C} = (97 \pm 3) \cdot 10^{-7} \, \text{K}^{-1}$ und FeNi 51 Cr 1 (Dilasil 102) mit $\alpha_{25...500 \, °C} = (102 \pm 3) \cdot 10^{-7} \, \text{K}^{-1}$ bestimmt.

Ebenfalls zum Verschmelzen (Anglasen) mit Weichgläsern sind die austenitischen Legierungen FeNi 10 Co 20 (Socosil 102) mit $\alpha_{25...400 \, °C} = (102 \pm 3) \cdot 10^{-7} \, \text{K}^{-1}$ und FeNi 32 Co 20 (Socosil 105) mit $\alpha_{25...400 \, °C} = (105 \pm 3) \cdot 10^{-7} \, \text{K}^{-1}$ vorgesehen.

Lieferformen der Einschmelzlegierungen sind: Bleche, Bänder, Stangen, Rohre, Drähte sowie Stanz- und Tiefziehteile (Ringe, Kappen, Näpfe) und Profilrohlinge. Die Einschmelzlegierungen werden zur Fertigung von Elektronen-, Röntgen-, Fernsehaufnahme- und Bildröhren, Röntgenbildverstärkern und geschützten Kontakten, in Verbindung mit den entsprechenden Glas- bzw. Keramiksorten, verwendet.

Einschmelzlegierungen sind in DIN 17 745 genormt. Für Einschmelzungen in Weichgläsern werden z. B. NiFe 45, NiFe 47, NiFe 48 Cr und für Einschmelzungen in Hartgläsern wird NiCo 29 18 angegeben.

2. Magnetische Nickellegierungen

Ni-Legierungen gehören zu den weichmagnetischen Ferromagnetika. Kennzeichen weichmagnetischer Werkstoffe sind ihre leichte Magnetisierbarkeit und geringen Hystereseverluste (schmale Hystereseschleife), ihre hohe Sättigungsinduktion und geringe Koerzitivfeldstärke sowie ihre sehr hohe Permeabilität.

Hochpermeable Nickellegierungen (Permalloys)

Diese Legierungen enthalten etwa 76 % Ni, 17 % Fe, 5 % Cu und 2 % Cr oder 75,5 % Ni, 20,7 % Fe und 3,8 % Cr (*Cr-Permalloy*) oder 75,5 % Ni, 20,8 % Fe und 3,7 % Mo (*Mo-Permalloy*).

Wesentlichste Eigenschaften sind die sehr hohen Werte der Anfangs- und Maximalpermeabilität und die sehr geringe Koerzitivfeldstärke (0,8 T). Die vom Hersteller garantierten magnetischen Eigenschaften werden durch das Schlußglühen in Schutzgasatmosphäre (gereinigter Elektrolytwasserstoff) eingestellt.

Schlußglühen: 2...5 h bei 1 000...1 200 °C mit Ofenabkühlung bis 600...480 °C und anschließender Luftabkühlung.

Die hochpermeablen Legierungen, die für Magnetverstärker, Relais, Abschirmungen, Drosseln, Übertrager und Meßgeräte eingesetzt werden, sind in DIN 17 745 unter den Bezeichnungen NiFe 15 Mo, NiFe 16 CuCr und NiFe 16 Cu-Mo genormt.

Nickel-Eisen-Legierungen mit etwa 50 % Ni

Diese Werkstoffgruppe zeigt mit 1,5 T die bei Ni-Fe-Legierungen maximal erreichbare Sättigungsinduktion. Die Anfangspermeabilität liegt zwischen $\mu = 2\,500$ und 40 000. Ein bekannter Handelsname ist *Nifemax*. Diese Legierung, die mit unterschiedlichen Werten der Anfangspermeabilität μ_4 (gemessen bei 4 mA · cm^{-1} und 50 Hz) hergestellt wird, ist zur Verwendung in Übertragern, Dreheisensystemen, Luftspaltdrosseln, magnetischen Sonden, magnetostriktiven Schwingern, Telefonmembranen, Relais, Spannungswandlern und Strommessern vorgesehen.

Die unter dem Handelsnamen *Nifetex* bekannte Legierung dieser Gruppe wird mit Würfeltextur hergestellt. Hier liegen die {100}-Ebenen parallel zur Walzebene und die ⟨100⟩-Richtungen parallel und senkrecht zur Walzrichtung. Dabei ist die Texturunschärfe < 1 %, d. h., mehr als 99 % aller Kristalle haben die Texturlage. In der magnetischen Vorzugsrichtung - ⟨100⟩ - zeigt diese Legierung rechteckige Hystereseschleifen, die z. B. für Schaltdrosseln von Kontaktgleichrichtern erforderlich sind. Weitere Anwendungsbeispiele sind: Impulsgeneratoren, logische Schaltungen, Magnetverstärker, Oberwellen- und Rechteckgeneratoren, Speicher- und Schaltkerne.

Nickel-Eisen-Legierungen mit etwa 36 % Ni

Diese Legierungen zeichnen sich durch einen geringen Anstieg der Permeabilität im Magnetfeld bis zu 8 A · m^{-1} aus. Die Anfangspermeabilität μ_{16} (gemessen bei 16 mA · cm^{-1} und 50 Hz) liegt bei 2 200 und die Sättigungsinduktion bei 1,3 T.

Verwendung finden diese Legierungen für Relais, Ankerkörper, Polschuhe, Übertrager, Drosseln, Filter und Schwingkreisspulen.

Nickel-Eisen-Legierungen mit etwa 30 % Ni

Diese Legierungen zeigen sehr niedrige Curie-Temperaturen. Die Curie-Temperatur läßt sich durch geringe Änderungen des Ni-Gehalts in relativ weiten Grenzen zwischen 35 und 85 °C variieren. Änderungen des Ni-Gehaltes von 0,25 % ergeben Änderungen der CURIE-Temperatur von etwa 10 K. Die Eigenschaft der Ferromagnetika, daß die magnetische Induktion bei Annäherung an den CURIE-Punkt nahezu linear abnimmt, wird hier zur Temperaturkompensation in Magnetsystemen ausgenutzt. Hierzu wird eine dieser Legierungen als magnetischer Nebenschluß an dem Dauermagneten des Systems angebracht. Dabei schwächt die Legierung den magnetischen Fluß des Dauermagneten. Bei ansteigender Temperatur wird der magnetische Fluß des Dauermagneten geschwächt, wodurch sich Spulenwiderstand und/oder Richtkräfte verändern. Da gleichzeitig die schwächende Wirkung der parallelgeschalteten Legierung abnimmt, wird der Temperatureinfluß auf den Magnetfluß im Luftspalt des Dauermagneten kompensiert. Diese Legierungen sind z. B. unter dem Handelsnamen *Kompentherm* bekannt und werden in Meßinstrumenten, Tachometern, Stromzählern sowie in Schaltern und Relais eingesetzt.

3

3. Korrosionsbeständige und hochwarmfeste Nickellegierungen

Eine der bekanntesten Legierungen ist das *Monel-Metall* mit 65 . . . 67 % Ni, 30 . . . 32 % Cu und 1 % Mn. Kurzzeichen Ni 67 Cu. Sie ist warmfest bis 500 °C und beständig gegenüber Säuren, Laugen, Salzlösungen sowie überhitztem Dampf. Monel-Metall wird im chemischen Apparatebau, in Beizereien, für Dampfturbinenschaufeln, Ventilteile und zur Gußeisenschweißung verwendet.

Eine Legierung mit 78 % Ni, 15 % Cr und 7 % Fe (Inconel X) zeigt neben ähnlicher chemischer Beständigkeit wie Monel-Metall sehr gute Werte der Warmfestigkeit ($R_{m20 °C} = 1\,120$ MPa; $R_{m730 °C} = 630$ MPa). Gegen Flußsäure, HCl und H_2SO_4 sind Legierungen mit etwa 56 . . . 66 % Ni, 17 . . . 28 % Mo, ggf. 17 % Cr, 6 % Fe und W-Zusatz sehr gut beständig. Diese Legierungen (Handelsnamen *Hastelloy*) haben bei 650 °C noch eine Zugfestigkeit von etwa 442 MPa.

Eine weitere Legierungsgruppe (Handelsname *Udimet*) besteht aus 15 . . . 19 % Cr, 16 . . . 19,5 % Co, 4 . . . 5 % Mo, 2,9 . . . 4,2 % Al, 2,9 . . . 3,5 % Ti, 1 . . . 4 % Fe, Rest Ni. Ihre Zugfestigkeit beträgt bei Raumtemperatur 1 300 . . . 1 400 MPa und bei 650 °C noch etwa 1 200 MPa.

Die hohe Festigkeit dieser zur Gruppe der Superlegierungen zählenden Legierungen beruht auf einer Kombination von Mischkristallhärtung, Aushärtung oder Dispersionshärtung. Dabei bilden Ni, Cr, Co und Fe Mischkristalle, zu deren Härtesteigerung Mo, Ti, Al und andere Komponenten (V, Nb, Ta) zulegiert werden. Wegen ihrer Warmfestigkeit, Zunderbeständigkeit, Korrosionsbeständigkeit und ihrer paramagnetischen Eigenschaften werden sie als Gasturbinenschaufeln und in Düsenantrieben verwendet.

Berylliumhaltige Nickellegierungen, wie NiBeTi und Ni 60 CrMoBe, zeigen im kaltverfestigten und ausgehärteten Zustand Zugfestigkeitswerte von 1 815 ... 1 865 MPa. Sie werden für säurebeständige Federn, unmagnetische Federn und Wellen für Schwingungsmesser (NiBeTi) verwendet.

4. Form-Gedächtnis-Legierungen (shape memory alloys)

Phasenumwandlungen im festen Zustand, die diffusionslos durch Gitterumklappung bzw. Gitterscherung vor sich gehen, werden als martensitische Umwandlungen bezeichnet. Derartige Umwandlungen werden nicht nur bei Eisenwerkstoffen beobachtet, sondern sie treten auch bei Legierungen solcher Nichteisenmetallsysteme, wie Ni-Ti, Ni-Ti-Fe, Ni-Ti-Cu, Cu-Zn, Cu-Zn-Al, Cu-Zn-Si, Cu-Zn-Ga, In-Ti und Au-Cd, auf.

Die martensitischen Umwandlungen sind bei den NE-Metalllegierungen im Gegensatz zu den Eisenwerkstoffen mit reversiblen (elastischen) Formänderungen verbunden. Daraus resultiert der *Form-Gedächtnis-Effekt*, der erstmalig 1932 an einer Au-Cd-Legierung entdeckt wurde.

> **Definition**: Der Form-Gedächtnis-Effekt (shape-memory-effect) ist die Eigenschaft einer martensitumwandelnden NE-Metalllegierung, nach einer Formänderung im martensitischen Zustand durch Erwärmen in den Ausgangszustand seine ursprüngliche Form nahezu vollständig oder teilweise wieder anzunehmen.

Analog zum Stahl werden wegen ihrer äußerlichen Ähnlichkeit die Tieftemperaturphase α als Martensit und die Hochtemperaturphase β' als Austenit bezeichnet.

▶ *Man beachte*: Die β'-Phase (Austenit) hat im Gegensatz zum Stahl eine wesentlich höhere Festigkeit als die α-Phase (Martensit).

Grundlagen zum Form-Gedächtnis-Effekt (FG-Effekt)

Voraussetzung für das Auftreten des FG-Effektes ist eine thermoelastische martensitische Umwandlung geordneter Mischkristallphasen (Überstrukturen, intermetallische Phasen). Wesentlich ist dabei, daß der Ordnungszustand der Hochtemperaturphase der Tieftemperaturphase „vererbt" wird. Das ist die Bedingung für die Umkehrbarkeit der Phasenumwandlung Austenit → Martensit → Austenit.

Vorgänge bei der Martensitbildung

Bei hohen Temperaturen besteht das Gefüge der FG-Legierung aus homogenen β-Mischkristallen mit ungeordneter Atomverteilung. Durch Abkühlung auf eine für die Legierung charakteristische Temperatur erfolgt die Umordnung der Atome unter Bildung einer bzw. der geordneten Hochtemperaturphase β' oder

Austenit. Der Gittertyp der Hochtemperaturphase ist bei den entsprechenden Legierungen der Systeme Ni-Ti, Ni-Ti-Fe, Ni-Ti-Cu, Cu-Zn, Cu-Zn-Al und Cu-Al-Ni kubisch-raumzentriert.

Die Abkühlung aus dem Existenzbereich der β'-Phase führt zur Temperatur des Beginns der β'-α-Umwandlung (Martensit-Starttemperatur M_s). Bei weiterer Abkühlung verläuft die Umwandlung kontinuierlich bis zur Martensit-Finish-Temperatur M_f in Schersystemen durch Gitterscherung unter Zwillingsbildung. Die Scherung führt zur Änderung der Stapelfolge und damit zu einem anderen Gittertyp. Die Schersysteme im krz-Gitter sind $\{110\}; \langle 110 \rangle$ und im kfz-Gitter $\{111\}; \langle 112 \rangle$.

Bei Betätigung der möglichen Schersysteme verläuft die Martensitbildung zur Verminderung bzw. Vermeidung von Gitterspannungen unter Zwillingsbildung oder Gleitung bei gleichzeitiger Bildung von Stapelfehlern (vgl. dazu Bild 3.10).

3

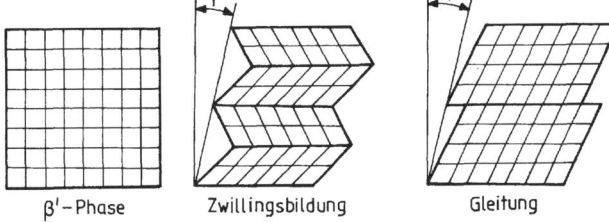

β'−Phase   Zwillingsbildung   Gleitung

Bild 3.10 Innere plastische Verformung im Martensit durch Zwillingsbildung und Gleitung, nach E. HORNBOGEN *[9]*

Die Scherung in den sechs $\langle 110 \rangle$-Richtungen ergibt je 6 Gruppen von 4 Varianten der Zwillingsanordnung.

▶ *Man beachte*: Die Zwillingsgrenzen sind beweglich.

Bei β'-NiTi- und CuZn-Legierungen erfolgt die β', α-Umwandlung in zwei Schritten:
1. Bildung einer vormartensitischen, rhomboedrischen 9R-Phase
2. Bildung von Martensit (mit annähernder kfz-Struktur)

Die vormartensitische β', α-Umwandlung führt infolge der Gitterscherung zu einem rhomboedrisch verzerrten kfz-Gitter, das in jeder 3. Basisebene (001) einen Stapelfehler aufweist. Die Stapelfolge in den $\{111\}$-Ebenen (Ebenen dichtester Kugelpackung) geht dabei aus der Form ...*ABCABC*... in die fehlerbehaftete Stapelfolge ...*ABC/BCA/CAB/ABC*... über. Das heißt, die richtige Stapelfolge stellt sich erst nach jeder 9. Ebene wieder ein. Diese Struktur des rhomboedrisch verzerrten kfz-Gitters wird als 9R-Martensit bezeichnet (R $\hat{=}$ rhomboedrisch).

T. A. SCHRÖDER und C. M. WAYMAN, zitiert bei [8], ermittelten an CuZn 40 folgende Gitterparameter des 9R-Martensits: $a = 0{,}441\,2$ nm; $b = 0{,}267\,8$ nm; $c = 1{,}919$ nm und $\beta = 88{,}004\,°$.

Die mit der Bildung der 9R-Phase verbundene Formänderung ist bei Wiedererwärmung in das Austenitgebiet ($T > A_s$) nahezu ohne Hysterese reversibel. Der Martensit mit annähernder kfz-Struktur entsteht bei tieferer Temperatur als der vormartensitische 9R-Martensit.

Man unterscheidet zwei Martensitarten:

- *Thermoelastischer Martensit*
  Er entsteht bei der β'-α-Umwandlung durch Abkühlung (meist in flüssigem Stickstoff) aus dem Existenzbereich der β'-Phase (Austenit) in den der Tieftemperaturphase (α-Phase, Martensit).
- *Spannungsinduzierter Martensit*
  Er entsteht durch spanlose Umformung der im β'-Zustand befindlichen Legierung im Temperaturbereich $A_f \ldots M_d$.
  M_d ist die Temperatur, bis zu der sich gerade noch spannungsinduzierter Martensit bilden kann.
  Die Bilder 3.11 und 3.12 zeigen die β'-Phase und spannungsinduzierten Martensit.

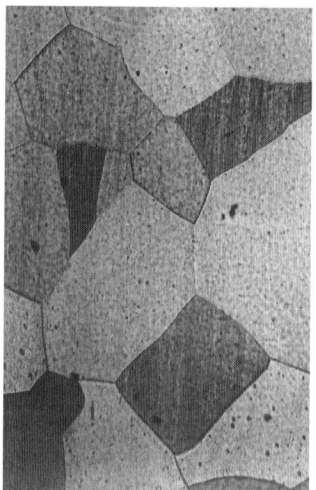

Bild 3.11   CuZn 40: β'-Ms (50 : 1)

Bild 3.12   CuZn 40: Spannungsinduzierter Martensit mit Gleitlinien (500 : 1)

In Bild 3.13 sind die Lage und die Bezeichnungen der Umwandlungstemperaturen eingetragen.

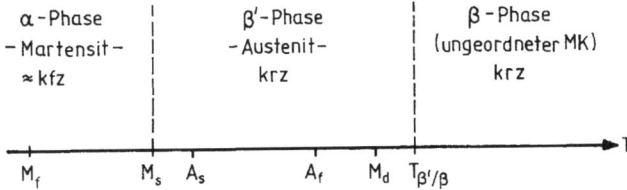

A_s ... Austenit-Start-Temperatur; A_f ... Austenit-Finish-Temperatur

M_s ... Martensit-Start-Temperatur; M_f ... Martensit-Finish-Temperatur

M_d ... Grenztemperatur für die Bildung von spannungsinduziertem Martensit

Bild 3.13 Bezeichnung und Lage der Umwandlungstemperaturen

A_s ist die Temperatur, bei der bei Erwärmung die Umwandlung von Martensit in Austenit beginnt. Bei A_f ist der Martensit vollständig in Austenit (β'-Phase) umgewandelt. Im Temperaturintervall zwischen A_s und A_f entfaltet sich der Form-Gedächtnis-Effekt. Die Umwandlung von thermoelastischem Martensit in Austenit vollzieht sich in einem Intervall von 5 ... 20 K, bei 9R-Martensit bewegt sich das Umwandlungsintervall zwischen 1 und < 5 K. Das Temperaturumwandlungsintervall wird als Temperaturhysterese ΔT_h bezeichnet.

Der Umwandlungsbeginn (A_s-Temperatur) läßt sich durch die chemische Zusammensetzung zwischen -150 und $+150\,°C$ variieren.

Legierungen, deren β', α-β'-Umwandlung bei tieferen Temperaturen als $-100\,°C$ erfolgt, werden als *kryogene Legierungen* bezeichnet. Bauteile aus kryogenen Legierungen werden im martensitischen Zustand in flüssigem Stickstoff verformt, gelagert, transportiert und montiert. Beispiele dafür sind Rohrverbinder im Schiffbau, in der Erdöl- und Halbleiterindustrie; Steckverbinder in der Elektrotechnik/Elektronik: ZIF-Kontakte (zero insertion force) oder Null-Einsteckkraft-Kontakte, Cryocon-Buchsen- und Gabelkontakte, Pin-Grid-Array-Steckverbinder zur Kontaktierung von Logik-Chips.

Zum Umgehen der technologischen Probleme, die mit der Verwendung kryogener Legierungen verbunden sind, kann durch spezielle thermomechanische Behandlung von NiTi- und CuZnAl-Legierungen der Umwandlungsbeginn (A_s-Temperatur) bis $+80\,°C$ verschoben werden. In diesem Behandlungszustand bezeichnet man die genannten als Legierungen mit erweiterter Hysterese.

Die Phasenumwandlungen β'-α-β' können folgende Effekte hervorrufen:
1. Einweg-Formgedächtnis-Effekt (one-way-effect)
2. Pseudo- oder Superelastizität
3. Zweiweg-Formgedächtnis-Effekt (two-way-effect)

Einweg-Formgedächtnis-Effekt

In Bild 3.14 ist der Mechanismus dieses Effektes dargestellt.

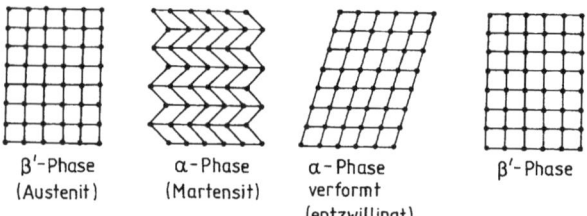

β'-Phase   α-Phase   α-Phase   β'-Phase
(Austenit)   (Martensit)   verformt
                       (entzwillingt)

Bild 3.14 Mechanismus des Einweg-Formgedächtnis-Effektes, nach
P. Tautzenberger *[9]*

Wird die Legierung aus dem Austenitgebiet in den Existenzbereich der Tieftemperaturphase abgekühlt, so entsteht als Folge der β', α-Umwandlung thermoelastischer Martensit mit Zwillingsstruktur. Verformt man nun den Martensit nur bis unterhalb eines bestimmten kritischen Formänderungsgrades, so erfolgt die Formänderung pseudoplastisch durch Verschiebung der beweglichen Zwillingsgrenzen (*Entzwillingen*).

Wegen der geringen Festigkeit des Martensits sind dazu nur relativ geringe mechanische Spannungen erforderlich. Die pseudoplastische Verformung mit Formänderungsgraden bis maximal 10 % verläuft entlang des Martensitplateaus im σ, ε-Diagramm (vgl. dazu Bild 3.15).

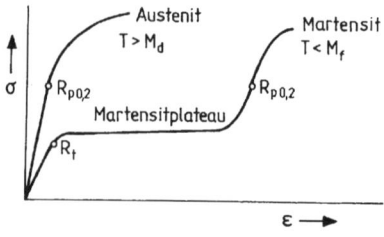

R_t ... pseudoplastische Streckgrenze

Bild 3.15 Spannungs-Dehnungs-Diagramm einer FG-Legierung im austenitischen und martensitischen Zustand, nach [9]

Wie aus Bild 3.15 zu entnehmen ist, beginnt das Entzwillingen nach Überschreiten der pseudoplastischen Streckgrenze R_t bei einem in Abhängigkeit von der Dehnung nur geringen Spannungsanstieg. Bei Zunahme der Spannung stellt sich nach dem Verlassen des Martensitplateaus eine erneute elastische Formänderung ein, die bei $\sigma \geq R_{p\,0,2}$ in die plastische Formänderung durch Translation von Versetzungen übergeht.

Die zweite Kurve zeigt für Temperaturen oberhalb M_d den normalen σ, ε-Verlauf dieser Legierung.

Wird die pseudoplastisch verformte Legierung erwärmt, so entfaltet sich im Temperaturbereich zwischen A_s und A_f der Form-Gedächtnis-Effekt, wobei das Bauteil seine ursprüngliche Form wieder annimmt, d. h., es erinnert sich an seine Ausgangsform (vgl. Bild 3.10). Die völlige Wiederherstellung der Ausgangsform eines Bauteils wird technisch nur in wenigen Fällen angestrebt und wird als *freies Formgedächtnis* (free recovery) bezeichnet.

❑ **Anwendungsbeispiele**: Entfaltung von Satellitenantennen im Weltraum, Anzeigeelemente oder Demonstrationsobjekte.

Von erheblich größerer technischer Bedeutung ist das sogenannte *unterdrückte Formgedächtnis* (constrained recovery). Hierbei wird durch die Wahl unterschiedlicher Abmessungen von Verbindungselement (FG-Legierung) und den zu verbindenden Teilen die Wiederherstellung der Ausgangsform der FG-Legierung verhindert. Dadurch bedingt, entstehen sehr hohe mechanische Spannungen σ_r (Montagespannung). In Bild 3.16 sind die Funktionen $\sigma = f(\varepsilon)$ und $\varepsilon = f(T)$ für das unterdrückte Formgedächtnis dargestellt.

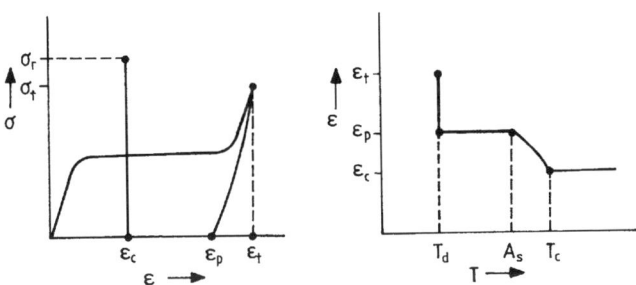

Bild 3.16 $\sigma = f(\varepsilon)$ *und* $\varepsilon = f(T)$ *beim unterdrückten Formgedächtnis, nach* D. STÖCKEL *[9]*

In Bild 3.16 bedeuten:

σ_t	Verformungsspannung (gesamt); σ_r Montagespannung
ε_t	Gesamtdehnung; ε_p pseudoplastische Dehnung
$\varepsilon_p - \varepsilon_c$	unterdrücktes Formgedächtnis
T_d	Verformungstemperatur; T_c Temperatur, bei der sich die zu verbindenden Teile gegenseitig berühren.

Pseudoelastizität (Superelastizität)

Die Martensitbildung kann nicht nur durch thermische, sondern auch durch mechanische Einwirkung hervorgerufen werden. Wird eine FG-Legierung oberhalb A_f, aber unterhalb M_d mechanisch beansprucht, so entsteht eine pseudoelastische oder superelastische Formänderung durch die Bildung von spannungsinduziertem Martensit.

Die Verformung der β'-Phase führt zunächst zu Martensit mit Zwillingen in den maximal 24 Orientierungsvarianten. Wird die Spannung über das Martensitplateau hinaus erhöht, so bilden sich unter Aufzehrung ungünstig zur äußeren Spannung orientierter Zwillingsvarianten nur noch einige wenige, günstig zur äußeren Spannung angeordnete Varianten heraus, die eine pseudoelastische Formänderung von 6...8 % zur Folge haben. Diese Formänderung ist bei Verminderung der mechanischen Spannung reversibel. Die Pseudoelastizität ist besonders bei β-NiTi-Legierungen ausgeprägt.

Bild 3.17 zeigt das Verformungsverhalten einer FG-Legierung bei Temperaturen $T > M_d$ und $A_f < T < M_d$.

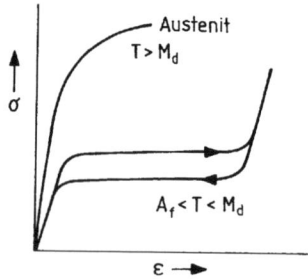

Bild 3.17 $\sigma = f(\varepsilon)$ einer Form-Gedächtnis-Legierung mit pseudoelastischer Formänderung bei $A_f < T < M_d$, nach D. STÖCKEL [9]

Die Anwendung der Superelastizität ist gegenwärtig noch beschränkt auf die Dentalmedizin (NiTi-Dentalbögen zur Regulierung des Zahnstandes im Ober- und Unterkiefer), die Augenoptik (Brillengestelle und -bügel) und die Konfektionsindustrie (Kleider und Miederwaren).

Zweiweg-Formgedächtnis-Effekt

Im Gegensatz zu Legierungen mit Einweg-FG-Effekt, erinnern sich Legierungen mit Zweiweg-FG-Effekt sowohl an die Form der Hochtemperaturphase als auch an die der Tieftemperaturphase. Zur Aufprägung dieses Effektes sind jedoch zusätzliche Verfahrensschritte und Maßnahmen erforderlich.

Aufprägung des Zweiweg-Effektes

Zweiweg-Effekt durch Martensitverformung

Die im martensitischen Zustand befindliche Legierung (am günstigsten β-NiTi) wird über das Martensitplateau hinaus verformt, so daß beim Überschreiten der $R_{p0,2}$-Grenze plastische Formänderungen durch Versetzungswanderung eintreten. Der dabei auftretende Verfestigungseffekt ist mit der Entstehung elastischer Spannungsfelder in der Umgebung der aufgestauten Versetzungen und Versetzungsknäuel (tangles) verbunden.

Beim Erwärmen in das Austenitgebiet geht der reversible Formänderungsanteil nur teilweise zurück. Das beruht auf der Wirkung der elastischen Spannungsfelder. Unter ihrem Einfluß bilden sich bei erneuter Abkühlung in das Martensitgebiet bevorzugte Martensitvarianten, die eine reversible Formänderung in Richtung auf die ursprünglich im Martensitzustand erzeugte Form verursachen. Das heißt, daß die Legierung sich auch an die Form der Tieftemperaturphase erinnert. Das Gefüge besteht nun aus spannungsinduziertem Martensit.

Dieser Effekt ist reversibel und nahezu beliebig oft wiederholbar und erfordert keine äußeren Rückstellkräfte. Der Zweiweg-Effekt ist jedoch kleiner als der Einweg-Effekt (vgl. dazu Tabelle 3.15).

Zweiweg-Effekt durch elastische Kraftwirkung effektfreier Oberflächenschichten

Für diese Art der Aufprägung des Zweiweg-Effektes sind CuAlNi-Legierungen geeignet.

Zunächst wird das Bauteil im Bereich der Martensitphase zur Erzeugung des Einweg-Effektes verformt. Anschließend wird im fest eingespannten Zustand eine Wärmebehandlung (thermische Alterung) durchgeführt. Dadurch entsteht in den oberflächennahen Schichten ein *Zwischenstufengefüge* (*Bainit*), das im Betriebstemperaturbereich effektfrei ist. Bei Abkühlung des Bauteils reicht die hohe Elastizität dieses Randgefüges aus, um spannungsinduzierten Martensit und den Zweiweg-Effekt zu erzeugen.

Eine andere Möglichkeit ist das Aufbringen einer gummielastischen Schicht (Verbundwerkstoff), wodurch die thermische Alterung nicht durchgeführt werden muß.

Zweiweg-Effekt durch Spannungsfelder ausgeschiedener intermetallischer Phasen

In NiTi-Legierungen (50,5 At-% bzw. 55 Masse-% Ni) scheidet sich bei thermischer Alterung ($T < 600\,°C$) in linsenförmiger Gestalt die intermetallische Phase Ti_3Ni_4 aus. Die durch sie in ihrer Umgebung infolge von Gitterverzerrungen erzeugten Spannungsfelder bewirken die Bildung bevorzugter 9R-Phasen- und Martensitvarianten. Das hat einen besonders stark ausgeprägten Zweiweg-Effekt, den *All-Round-Effekt*, zur Folge. Das Prinzip des Aufprägens des *All-Round-Effektes* zeigt Bild 3.18.

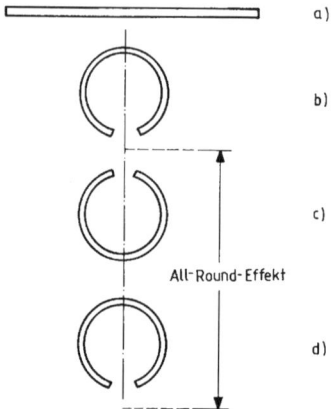

Bild 3.18 *All-Round-Effekt*
a) martensitische β-NiTi-Probe
b) Probe verformt und in Zwangslage thermisch gealtert
c) abgekühlt auf T < M_f
d) erwärmt ins Austenit-Gebiet

Dabei ist nachstehende Behandlungsfolge üblich: Die martensitische Probe wird verformt und anschließend in Zwangslage (fest eingespannt) unterhalb 600 °C thermisch gealtert, wobei Ti_3Ni_4-Teilchen feindispers ausgeschieden werden. Bei Abkühlung in den Existenzbereich des Martensits verursachen die um die Teilchen aufgebauten elastischen Spannungsfelder in den Zug- und Druckseiten des Teils bevorzugte Orientierungen der 9R- und der Martensitphase. Durch Erwärmung auf Temperaturen $> A_s$ nimmt das Teil die vorher erzeugte Gestalt der martensitischen Probe an.

Dieser Effekt wiederholt sich bei jedem Temperaturzyklus. Weitere Verfahren zur Aufprägung des Zweiweg-FG-Effektes sind:

• *SME-Training* (shape-memory-effect-training)
  Prinzip: Geringe Verformung des Martensits und anschließende Erwärmung in das Austenitgebiet. Dieser Zyklus muß zur Stabilisierung bevorzugter Martensitvarianten mehrfach wiederholt werden.

• *SIM-Training* (stress-induced-martensite-training)
  Prinzip: Mehrfach wiederholte Verformung im Austenitgebiet ($< M_d$) zur Bildung bevorzugter Orientierungsvarianten im spannungsinduzierten Martensit. Bei Abkühlung in das Martensitgebiet entsteht ohne zusätzliche externe Spannung eine bestimmte Tieftemperaturform.

• *Kombiniertes SME- und SIM-Training*
  Prinzip: Verformung im Austenitgebiet und Abkühlung im eingespannten Zustand in das Martensitgebiet.

In Tabelle 3.15 sind wesentliche Eigenschaften technisch wichtiger Form-gedächtnis-Legierungen zusammengestellt.

Tabelle 3.15 Eigenschaften von Formgedächtnis-Legierungen, nach D. STÖCKEL und P. TAUTZENBERGER [9]

Eigenschaft	Maßeinheit	β-NiTi	β-CuZnAl	CuAlNi
Dichte ρ	10^3 kg/m^3	6,4...6,5	7,8...8,0	7,1...7,2
Spez. el. Leitfähigkeit $\varkappa$	MS $\cdot$ m^{-1}	1...1,5	8...13	7...9
Zugfestigkeit R_m	MPa	800...1 000	400...700	700...800
Bruchdehnung A	%	40...50	10...15	5...6
Max. A_s-Temperatur	°C	120	120	170
Max. Gebrauchstemperatur	°C	400	160...200	300
Max. Einweg-Effekt ε_1	%	6...8	4	5
Max. Zweiweg-Effekt ε_2	%	5	1	1,2
Temperaturhysterese ΔT_h	K	30	10	35
Zul. Spannung σ_{zul}	MPa	250	75	100

3

Anwendungsbeispiele für den Zweiweg-Formgedächtnis-Effekt

Legierungen mit Zweiweg-FG-Effekt (Zweiwegverhalten) werden vor allem für Stellelemente verwendet. Besonders günstig wirken sich dabei die unter-schiedlichen Festigkeitseigenschaften der Austenit- und der Martensitphase aus, da wegen der niedrigen Martensitfestigkeit nur geringe oder auch keine äußeren Rückstellkräfte für die Stabilität des Zweiwegverhaltens erforderlich sind. Das heißt, das Zweiwegverhalten kann sowohl bei Legierungen mit dem reinen Zweiweg-Effekt als auch bei Legierungen mit Einweg-Effekt und An-wendung äußerer Rückstellkräfte eingestellt oder ausgenutzt werden.

Die wesentlichen aus FG-Legierungen bestehenden Funktionsteile der Stell-elemente sind schraubenförmige Zug- oder Druckfedern, Biegestreifen und Drähte. Stellelemente mit Zug- oder Druckfeder und/oder ohne linear-elastische Gegenfeder werden z. B. verwendet in der Hydraulik, Pneuma-tik und in der Solartechnik zur Synchronisation der Solarkollektoren mit dem Sonnengang oder für Solar-Wasserpumpen. Biegestreifen können als thermische Stellelemente in der Lüftungstechnik (z. B. zur Betätigung von Lüfterklappen u. ä.), in der Elektrotechnik als thermische Schutzschalter und in der Brandschutztechnik für Warngeräte eingesetzt werden. Ni-Ti-Drähte mit Durchmessern kleiner als 0,5 mm werden in bisher geringem Umfang als Stell- oder Antriebselemente für Roboter oder für künstliche Gliedmaßen (Hände) verwendet.

3.11.5   Literatur- und Quellenverzeichnis

[1]   *Hornbogen, H.*: Werkstoffe. – Berlin: Springer-Verlag, 1994

[2]   *Ashby, M.F.; Jones, D.R.H.*: Ingenieur-Werkstoffe. – Berlin; Heidelberg; New York: Springer-Verlag, 1986

[3]   Einschmelz- und Ausdehnungslegierungen. Informationsschrift/Halbzeugwerk Auerhammer, Aue

[4]   Weichmagnetische Werkstoffe. Informationsschrift/ Halbzeugwerk Auerhammer, Aue

[5]   *Reinboth, H.*: Technologie und Anwendung magnetischer Werkstoffe. – Berlin: Verlag Technik, 1970

[6]   *Heubner, U.*: Nickellegierungen und hochlegierte Sonderedelstähle. – Ehningen: Expert-Verlag, 1993

[7]   *Hornbogen, E.; Thumann, M.*: Die martensitische Umwandlung und ihre werkstofftechnischen Anwendungen. – Oberursel: DGM-Verlag, 1986

[8]   *Schumann, H.*: Kristallographie der martensitischen $\beta \rightarrow$ 9R-Umwandlungen in Kupferlegierungen. – In: Neue Hütte 33(1988)5

[9]   *Stöckel, D.*: Legierungen mit Formgedächtnis. – Ehningen: Expert-Verlag, 1988

[10] *Riehle, M.; Simmchen, E.*: Grundlagen der Werkstofftechnik. – Stuttgart: Deutscher Verlag für Grundstoffindustrie, 1997

[11] DIN-Taschenbuch 53. – Berlin: Beuth-Verlag, 1991

[12] DIN-Taschenbuch 54. – Berlin: Beuth-Verlag, 1991

3.12   Platinmetalle

3.12.1   Eigenschaften

Physikalische Eigenschaften

Die Platinmetalle sind Elemente der 8. Nebengruppe des PSE. Zu ihnen gehören Ruthenium Ru (Ordnungszahl 44), Rhodium Rh (OZ 45), Palladium Pd (OZ 46), Osmium Os (OZ 76), Iridium Ir (OZ 77) und Platin Pt (OZ 78). Ru und Os kristallisieren hdP, die übrigen im kfz-Gitter. In Tabelle 3.16 sind die wichtigsten Eigenschaften der Platinmetalle zusammengestellt.

Chemische Eigenschaften

Die Platinmetalle zeichnen sich durch eine sehr gute Korrosionsbeständigkeit, wobei Iridium das chemisch beständigste aller Metalle ist, aus. Palladium, als das unedelste der Pt-Metalle, löst große Mengen Wasserstoff: Kompaktes Pd löst das 600fache, *Palladiumschwamm* (feinverteiltes Pd) das 850fache, die wäßrige Suspension von Pd (*Palladiummohr*) das 1 200fache und eine kolloidale Pd-Lösung das 3 000fache seines Volumens, nach [1]. Die große Wasserstoffdurchlässigkeit des Pd wird zur Reinigung von Wasserstoffgas technisch genutzt.

Tabelle 3.16 Physikalische Eigenschaften der Platinmetalle, nach [1], [4], [5]

Eigenschaft	Ru	Rh	Pd	Os	Ir	Pt
relative Atommasse	101,07	102,9	106,4	190,2	192,2	195,09
Dichte ρ in $\times 10^3$ kg $\cdot$ m^{-3}	12,2	12,44	12,02	22,61	22,55	21,45
Schmelzpunkt in °C	2450	1960	1552	2700	2454	1773
Siedepunkt in °C	4900	3670	2930	4400	4527	3800
Spezifische Wärmekapazität c_p in J $\cdot$ kg^{-1} $\cdot$ K^{-1}	240,3	246,2	247	130,6	134	134
Wärmeleitfähigkeit λ in W $\cdot$ m^{-1} K^{-1}	—	87,9	71,2	61	58,6	71,2
Wärmeausdehnungskoeff. α in $\times 10^{-6}$ K^{-1}	10,0	9,0	10,6	7,0	6,6	9,0
Spezifische elektr. Leitfähigkeit $\varkappa$ in MS $\cdot$ m^{-1}	7	23,25	10,2	10,5	20,3	10,2
Spezifischer elektr. Widerstand ρ in $\Omega \cdot$ mm$^2 \cdot$ m^{-1}	0,14	0,0043	0,098	0,095	0,0493	0,0981
Temperaturkoeff. des Widerstandes α in $\times 10^{-3}$ K^{-1}	4,6	4,4	3,7	4,2	4,1	3,9
Elastizitätsmodul E in GPa	431,6	379	121,3	559,2	528	170
Gleitmodul G in GPa	172,6	150	40,4	224	210	61
Zugfestigkeit R_m in MPa	240…380	235…300	196…470	550…2480	150…235	216…375
Bruchdehnung A in %	5	10…2,5	35…3	—	3,3…1,8	40…3
Vickershärte HV	220…390	130…180	40…100	435	220…350	45…100

3

Technologische Eigenschaften

Während sich Pt und Pd spanlos gut verformen lassen, sind Ir und Rh nur schwer, Os und Ru praktisch spanlos nicht verformbar. Os und Ru werden ebenso wie ihre Legierungen pulvermetallurgisch erzeugt und verarbeitet. Gesintertes Ru ist bei sehr hohen Temperaturen schmiedbar.

Gesintertes Rhodium wird etwa von 800 °C nach Raumtemperatur geschmiedet und läßt sich dann zu Drähten oder Folien weiter umformen. Bis auf 0,75 mm Dicke warmgewalztes Rh läßt sich anschließend kaltwalzen.

3.12.2   Verwendung

In der chemischen Industrie werden Platin und Palladium teils als trägerlose, teils als Träger-Katalysatoren (Träger sind Aktivkohle, Tonerde, Kieselgur, Bariumsulfat u. a.) verwendet.

In der Glasindustrie werden Platinwannen und -tiegel zum Schmelzen und Gießen von Spezialgläsern und zur Herstellung von Glasfasern eingesetzt. Werden dabei niedrigschmelzende Metalle und Metalloide, wie Sn, Pb, Al, Zn, As, B, Sb und Si oder P, durch Reduktion aus ihren Verbindungen freigesetzt, so bilden sie mit Pt an den Korngrenzen niedrigschmelzende Eutektika, wodurch die Zeitstandfestigkeit und Warmfestigkeit vermindert werden und die Neigung zur interkristallinen Rißbildung zunimmt. Die genannten Metalle und Metalloide werden auch als Platinschädlinge bezeichnet.

PtRh 10 und PtRh 20 werden bevorzugt für Düsenwannen zur Herstellung von Glasfasern verwendet. Diese Legierungen werden zur Erhöhung der Zeitstandfestigkeit und der Kriechbeständigkeit dispersionsverfestigt. Dabei wird durch innere Oxidation von Zirkonium-Zusätzen eine feindisperse Verteilung des ZrO_2 bewirkt, wodurch das Kornwachstum bei hohen Temperaturen ($\leq 1\,250$ °C) eingeschränkt und Versetzungswanderungen entsprechend behindert werden.

PtRh 5 und PtRh 10 werden in Form von Katalysatornetzen zur katalytischen Oxidation von NH_3 zu HNO_3 sowie zur Gewinnung von Zyanwasserstoff HCN eingesetzt.

Zur Erhöhung der Korrosionsbeständigkeit gegen atmosphärische und Seewasserkorrosion werden auf galvanischem Wege Rhodiumniederschläge auf Kontaktwerkstoffen und Schmuckwaren aufgebracht. Das sehr gute Reflexionsvermögen und die Hitzebeständigkeit von Rhodiumniederschlägen sind die Gründe für ihre Anwendung bei Instrumentenspiegeln, Infrarot-Reflektoren, Filmprojektoren u. ä.

In der Dentaltechnik werden warmaushärtbare Pd-Ag-Cu-Legierungen verwendet. In der Elektrotechnik werden Legierungen der Platinmetalle als Kontaktwerkstoffe mit hoher Betriebssicherheit in der Schwachstromtechnik eingesetzt.

Pt-Ir-Legierungen mit 5, 10, 20, 25 und 30 % Ir sind im Bereich 1*c* und 2 in der Umgebung der Lichtbogengrenzkurve, in der Fein- und Grobwanderungen auftreten, verwendbar (vgl. Bild 3.19).

3

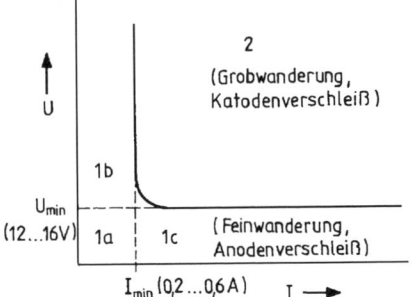

Bild 3.19 Lichtbogengrenzkurve mit U, I-Bereichen der Gasentladung im Kontaktspalt; 1a plasmalose unnd energiearme Entladungen, 1b Schauer- und Glimmentladungen, 1c Bereich des kurzen, instabilen Lichtbogens, 1d Bereich des stabilen Lichtbogens

Materialwanderung: Unter dem Einfluß elektrischer und thermischer Belastungen, z. B. infolge der Bildung kurzer instabiler (Bereich 1*c*) oder stabiler Lichtbögen (Bereich 2) beim Ein- und Ausschalten elektrischer Stromkreise, wird an dem einen Kontaktstück Material verdampft und an dem anderen kondensiert. Dieser Vorgang wird als Materialwanderung bezeichnet.

Die Materialwanderung ist definiert als

$$\Delta V = V_A - V_K$$

V_A an der Anode verdampftes Volumen
V_K an der Katode verdampftes Volumen

Nach dem Vorzeichen unterscheidet man

$\Delta V > 0$ Feinwanderung; vorzugsweise Anodenverschleiß
$\Delta V < 0$ Grobwanderung; vorzugsweise Katodenverschleiß
$\Delta V = 0$ gleichmäßiger Verschleiß an Anode und Katode

Pt-Ir-Legierungen sind korrosionsbeständig und können wegen ihrer Härte (140...320 *HB*) mit großen Kontaktkräften belastet werden. Sie weisen eine hohe Lichtbogenfestigkeit auf und zeigen bei Belastungen bis 8 A und 60...300 V nur einen geringen Verschleiß.

Pt-Ru-Legierungen mit 5 und 10 % Ru haben eine größere Abbrandneigung als Pt-Ir- und Pd-Legierungen.

Pt-W-Legierungen mit 5 und 12 % W sind im Gebiet der Feinwanderung und im Bereich 1*c* und 2 (Bild 3.19), d. h., in der Umgebung der Lichtbogengrenzkurve für kleine und mittlere Schaltleistungen bei Strömen bis 2 A und Spannungen bis 220 V sehr gut einsetzbar.

Pd-Legierungen werden in der Nachrichtentechnik, für Relais und Wähler, Blinkschalter für Kfz, Präzisionspotentiometer, Bimetallkontakte u. ä. verwendet.

Pd-Ag-Legierungen mit $\geq$ 30 % Pd sind unempfindlich gegen S-haltige Atmosphäre (H_2S) – die Resistenzgrenze des Ag gegen H_2S liegt bei 28 % Pd-Anteil – und gegen Schichtbildung aus polymerisierten Substanzen (*Brown-Powder*-Effekt). Pd-Ag-Legierungen mit 30, 40 und 50 % Pd sind im Bereich 1*c* und in der Umgebung der Lichtbogengrenzkurve einsetzbar. Legierungen mit 56 und 60 % Pd sind im gleichen Grenzgebiet einsetzbar. Neben der Verwendung als Kontaktwerkstoffe werden die Platinmetalle bzw. ihre Legierungen als Heizleiter (Pt-Rh) für Ofentemperaturen bis 1600 °C, als Widerstandsthermometer (Pt), für Thermoelemente (Pt-PtRh 10; RhPt 6-RhPt 30; RhPt 20-RhPt 40; Ir-RhIr 10; Ir-IrRh 40 und Ir-RhIr 50) zur Temperaturmessung im Bereich von 1 000 bis 2 000 °C eingesetzt.

3.12.3   Literatur- und Quellenverzeichnis

[1]   *Schreiter, W.*: Seltene Metalle, Bd. II. – Leipzig: Deutscher Verlag für Grundstoffindustrie, 1961

[2]   *v. Münch, W.*: Werkstoffe der Elektrotechnik. – Stuttgart: B. G. Teubner-Verlag, 1989

[3]   *Nitzsche, K.; Ullrich, H. J.*: Funktionswerkstoffe der Elektrotechnik und Elektronik. – Leipzig: Deutscher Verlag für Grundstoffindustrie, 1992

[4]   Hütte (Hrsg. *Czichos, H.*). – Berlin: Springer-Verlag, 1991

[5]   *Schumann, H.*: Metallographie. – Leipzig: Deutscher Verlag für Grundstoffindustrie, 1991

3.13   Quecksilber

3.13.1   Eigenschaften

Physikalische Eigenschaften

Quecksilber (Hydrargyrum, Hg) ist ein Element der 2. Nebengruppe des PSE mit der Ordnungszahl 80 und der relativen Atommasse 200,59. Als einziges Metall ist Hg bei Raumtemperatur flüssig.

Hg kristallisiert rhomboedrisch.

- Dichte $\varrho = 13{,}55 \cdot 10^3 \text{ kg} \cdot \text{m}^{-3}$
- Schmelzpunkt: $-38{,}84 \,°\text{C}$
- Siedepunkt: $356{,}6 \,°\text{C}$
- Spezifische Wärmekapazität $c_p = 139 \text{ J} \cdot \text{kg}^{-1} \cdot \text{K}^{-1}$
- Wärmeleitfähigkeit $\lambda = 7{,}95 \text{ W} \cdot \text{m}^{-1} \cdot \text{K}^{-1}$
- Spezifische elektrische Leitfähigkeit $\varkappa = 1{,}05 \text{ m} \cdot \Omega^{-1} \cdot \text{mm}^{-2}$
$$= 1{,}05 \text{ MS} \cdot \text{m}^{-1}$$
$$\varkappa_{100\,°\text{C}} = 0{,}958 \text{ MS} \cdot \text{m}^{-1}$$
- Spezifischer elektrischer Widerstand $\varrho = 0{,}940\,7 \; \Omega \cdot \text{mm}^2 \cdot \text{m}^{-1}$
- Temperaturkoeffizient des Widerstandes $\alpha = 0{,}99 \cdot 10^{-3} \text{ K}^{-1}$
- Dynamische Viskosität $\eta = 1{,}6 \cdot 10^{-3} \text{ Pa} \cdot \text{s}$

Wegen seiner hohen Oberflächenspannung ($0{,}491 \text{ N} \cdot \text{m}^{-1}$) werden Glasgefäße nicht benetzt; im Tropfen bildet Hg Kugeln.

Chemische Eigenschaften

Als Halbedelmetall ist Hg an Luft gut beständig. Es löst sich leicht in verdünnter HNO_3, aber nicht in HCl und verdünnter H_2SO_4. Hg-Dämpfe sind stark giftig (Nervengift). Es verdampft in geringen Mengen bereits bei Raumtemperatur.

3.13.2 Verwendung

Hg wird in Kippschaltern, Gleichrichtern, Kontaktthermometern, Hochdruck-Dampflampen, Leuchtröhren, Höhensonnen, Barometern, Vakuumpumpen, Diffusionspumpen, Ringwaagen und als Thermometerflüssigkeit eingesetzt.

HgO wird für Trockenbatterien und Knopfzellen verwendet. Die in der Dentaltechnik noch verwendeten und als *Amalgame* bezeichneten Hg-haltigen Legierungen bestehen aus $\leqq 3 \%$ Hg, $\leqq 65 \%$ Ag, $\leqq 29 \%$ Sn, $\leqq 6 \%$ Cu und $\leqq 2 \%$ Zn.

In der allgemeinen Medizin werden Hg-Verbindungen als Desinfektionsmittel, z. B. Sublimat (Hg_2Cl_2) eingesetzt.

3.13.3 Literatur- und Quellenverzeichnis

[1]   *Schwister, K.*: Taschenbuch der Chemie. – Leipzig: Fachbuchverlag, 1996

[2]   Hütte (Hrsg. *Czichos, H.*). – Berlin: Springer-Verlag, 1991

[3]   *Nitzsche, K.; Ullrich, H. J.*: Funktionswerkstoffe der Elektrotechnik und Elektronik. – Leipzig: Deutscher Verlag für Grundstoffindustrie, 1992

[4]   *Kutzsche, K.*: In: Neue Hütte. – 34(1989)5

3.14   Silber

3.14.1   Eigenschaften

Physikalische Eigenschaften

Silber (Argentum, Ag) ist ein Element der 1. Nebengruppe des PSE mit der Ordnungszahl 47 und der relativen Atommasse 107,87.

Ag kristallisiert kubisch-flächenzentriert (kfz).

- Dichte $\varrho = 10,5 \cdot 10^3 \, \text{kg} \cdot \text{m}^{-3}$
- Schmelzpunkt: 961,28 °C
- Siedepunkt: 2 177 °C
- Spezifische Wärmekapazität $c_p = 234 \, \text{J} \cdot \text{kg}^{-1} \cdot \text{K}^{-1}$
- Wärmeleitfähigkeit $\lambda = 410,3 \, \text{W} \cdot \text{m}^{-1} \cdot \text{K}^{-1}$
- Wärmeausdehnungskoeffizient $\alpha = 18,7 \cdot 10^{-6} \, \text{K}^{-1}$
- Spezifische elektrische Leitfähigkeit $\varkappa = 61,3 \, \text{m} \cdot \Omega^{-1} \cdot \text{mm}^{-2}$
  $$= 61,3 \, \text{MS} \cdot \text{m}^{-1}$$
- Spezifischer elektrischer Widerstand $\varrho = 0,016 \, 3 \, \Omega \cdot \text{mm}^2 \cdot \text{m}^{-1}$
  $$= 1,63 \cdot 10^{-6} \, \Omega \cdot \text{cm}$$
- Temperaturkoeffizient des elektrischen Widerstandes $\alpha = 4,1 \cdot 10^{-3} \, \text{K}^{-1}$
- Elastizitätsmodul $E = 80 \, \text{GPa}$
- Gleitmodul (Schubmodul) $G = 26,5 \, \text{GPa}$
- POISSON-Zahl $\mu = 0,38$
- Zugfestigkeit $R_m = 180 \ldots 345 \, \text{MPa}$
- Bruchdehnung $A = 45 \ldots 50 \, \%$
- Vickershärte $HV = 26 \ldots 80$

Chemische Eigenschaften

Ag ist in verdünnter H_2SO_4 und HCl beständig, wird aber leicht von HNO_3 gelöst. Wegen seiner großen Affinität zum Schwefel wird Ag bei Einwirkung von H_2S oder organischer Schwefelverbindungen unter Bildung von Ag_2S geschwärzt. Diese unerwünschte Erscheinung kann durch galvanisch aufgetragene Rhodiumüberzüge verhindert werden.

Technologische Eigenschaften

Silber läßt sich spanlos ausgezeichnet umformen (Folien, sehr dünne Drähte). Zur Erhöhung der Zugfestigkeit und zur Verringerung der Korngröße wird Ag mit etwa 0,15 % Ni legiert (Feinkornsilber). Silber ist löt- und schweißbar.

3.14.2   Verwendung

In der Elektrotechnik wird Silber vor allem dort eingesetzt, wo seine große Leitfähigkeit von Bedeutung ist: Gedruckte Schaltungen, Leiterplatten mit

Keramik-Trägermaterial für Mikromodulblöcke, Überzugswerkstoff für elektrische Kontakte.

Ag hat dann nur 50...80 % seiner spezifischen elektrischen Leitfähigkeit und einen Temperaturkoeffizienten $\alpha = 2 \cdot 10^{-3}$ K^{-1}. Große technische Bedeutung, besonders für schaltende Kontakte, haben Ag-Verbund- und Ag-Dispersionswerkstoffe sowie die sogenannten Tränklegierungen. Diese Werkstoffe werden vorzugsweise pulvermetallurgisch hergestellt.

Ag-Ni-Sinterverbundwerkstoffe

Zur Gewinnung von Pulvergemischen aus Ag und Ni werden die Komponenten zunächst aus wäßrigen Lösungen von AgNO$_3$ und Ni(NO$_3$)$_2$ mit der gewünschten Pulverzusammensetzung durch chemische Fällung mit Alkalihydrogenkarbonaten in Ag$_2$CO$_3$ und NiCO$_3$ überführt. Durch thermische Zersetzung an Luft bei $\geq$ 300 °C entsteht ein Mischpulver aus Ag und NiO. Die sich anschließende Reduktion des NiO mit H$_2$ bei $\geq$ 400 °C ergibt das Ag-Ni-Mischpulver. Durch Pressen und Sintern erhält man Rohlinge, die spanlos zu Kontaktstücken geformt werden, wobei sich die Ni-Teilchen zeilenförmig anordnen und so ein anisotropes Verhalten verursachen. Da Ag und Ni im festen Zustand völlig unlöslich sind, ist die elektrische Leitfähigkeit linear von der Konzentration abhängig. Sie bewegt sich bei AgNi 10 ... AgNi 40 zwischen $\varkappa = 54...37$ MS $\cdot$ m^{-1}. Mit Ni-Fasern hergestellte AgNi-Kontaktstücke (z. B. AgNi 83/17) zeichnen sich gegenüber solchen aus üblichen AgNi-Pulvermischungen durch geringere Abbrandwerte aus.

AgNi-Sinterverbundwerkstoffe sind schweiß- und lötbar.

❏ **Anwendung**: Schalter für Haushaltsgeräte (Waschmaschinen, Elektroherde), Thermostate in Bügeleisen, Fahrschalter in Straßen-, S- und U-Bahnen. Hilfsstromschalter für Gleich- und Wechselstrom bis $I = 10$ A: Leistungsrelais, Nockenschalter, Schütze und Luftschütze.

Ag-CdO-Dispersionswerkstoffe

Diese Werkstoffe werden pulvermetallurgisch analog wie die AgNi-Werkstoffe oder schmelzmetallurgisch mit nachträglicher Oxidation (bei normalen oder erhöhtem O$_2$-Druck) des Cd hergestellt. Das Cd wird dabei bis zu einer Tiefe von 1...4 mm in CdO überführt. Der Vorgang wird als „innere Oxidation" bezeichnet.

Die Werkstoffe Ag-CdO 90/10, Ag-CdO 88/12 und Ag-CdO 85/15 haben $\varkappa$-Werte von 38, 35 und 32 MS $\cdot$ m^{-1}.

CdO erhöht neben der Festigkeit und Härte, die Viskosität des durch Ein- oder Ausschaltlichtbögen bzw. thermischer Überlastung geschmolzenen Kontaktmaterials und verringert damit das Verspritzen. Darüber hinaus wird zur Verdampfung des CdO dem Lichtbogen eine beträchtliche Energiemenge (etwa 365 kJ · mol^{-1}) entzogen, so daß sich die thermische Belastung der Schaltstücke vermindert. Wegen der Flüchtigkeit des CdO bei höheren Temperaturen tritt auf den Kontaktstücken kaum eine Fremdschichtbildung auf, wodurch der Kontaktwiderstand langzeitig konstant bleibt. Die Ag-CdO-Werkstoffe haben den technologischen Nachteil, nicht löt- oder schweißbar zu sein.

❑ **Anwendung**: Niederspannungsschütze (380; 600 V, 5 . . . 250 A), Motorschalter, Motorschutzschalter (ab 10 A), Niederspannungsleistungsschalter, Fehlerstromschutzschalter, Relais zum Schalten von Asynchronmotoren (mit Einschaltströmen $\leqq 10 \times$ Betriebsstrom).

Ag-Graphit-Verbundwerkstoffe

Diese Werkstoffe haben gute Gleiteigenschaften und ein gutes Antischweißverhalten (hervorgerufen durch 3 . . . 5 % Graphit). Zur Verbesserung des Abbrandverhaltens werden die gesinterten Rohlinge nachträglich durch Warmstrangpressen verformt.

Die Werkstoffe AgC 3 ($\varkappa = 47$ MS · m^{-1}) und AgC 5 ($\varkappa = 43,5$ MS · m^{-1}) werden angewendet für Geräte- und Fehlerstromschutzschalter, Sicherungsautomaten, Kondensatorschütze (für Kondensatorbatterien mit großen Einschaltstromspitzen), Schleifkontakte für Elektromotoren u. ä.

Ag-haltige Tränkwerkstoffe (Tränklegierungen)

Für Abbrandkontakte in Hochleistungsschaltern der Hochspannungstechnik (z. B. Schalter in elektrischen Bahnen) werden, wegen der hohen Abbrandfestigkeit und der geringen Schweißneigung gegenüber W-Cu-Kontakten, gesinterte und mit Ag getränkte W-Kontaktstücke verwendet. Um der Bildung festhaftender Fremdschichten aus Ag-Wolframaten entgegenzuwirken, werden Gegenkontaktstücke aus AgC oder mit Co-Zusätzen versehene Tränklegierungen (AgWCo 45/47/8; AgWCo 45/43/12) eingesetzt.

Bekannte Werkstoffe sind z. B. W-Ag 90/10 ($\varkappa = 18$ MS · m^{-1}), W-Ag 60/40 ($\varkappa = 29 . . . 36$ MS · m^{-1}) und W-Ag 30/70 ($\varkappa = 43$ MS · m^{-1}).

Weitere Verwendungsbeispiele für Ag-Legierungen:

Schmelzsicherungen (Ag-Cu-Legierungen mit etwa 50 % Cu).

Zur Verbesserung der Festigkeit und Härte wird für Schmuck- und Gebrauchsgegenstände sowie für Münzen und Medaillen dem Silber Cu zulegiert. Dabei wird der Ag-Gehalt (Feingehalt) in $^{\circ}/_{\circ\circ}$ angegeben. Für Schmuckwaren sind üblich Ag 925 (92,5 %; Ag 7,5 % Cu), Ag 835 (83,5 % Ag; 16,5 % Cu) und Ag 800 (80 % Ag; 20 % Cu). Für Münzen und Medaillen werden die Legierungen Ag 625 und Ag 500 verwendet.

3.14.3   Literatur- und Quellenverzeichnis

[1]   *Schwister, K.*: Taschenbuch der Chemie. – Leipzig: Fachbuchverlag, 1996

[2]   Hütte (Hrsg. *Czichos, H.*). – Berlin: Springer-Verlag, 1991

[3]   *Nitzsche, K.; Ullrich, H.*: Funktionswerkstoffe der Elektrotechnik und Elektronik. – Leipzig: Deutscher Verlag für Grundstoffindustrie, 1992

[4]   *Schatt, W.*: Pulvermetallurgie, Sinter- und Verbundwerkstoffe. – Leipzig: Deutscher Verlag für Grundstoffindustrie, 1988

[5]   *Schatt, W.; Wieters, K.-P.*: Pulvermetallurgie und Sintervorgänge. – Berlin: Springer-Verlag, 1999

3.15   Silizium

3

3.15.1   Eigenschaften

Physikalische Eigenschaften

Silizium (Si) ist ein Metalloid der IV. Hauptgruppe des PSE mit der Ordnungszahl 14 und der relativen Atommasse 28,086.

Si kristallisiert im kubischen Diamantgitter (kub. Diamant).

- Dichte $\varrho = 2{,}329 \cdot 10^3 \; kg \cdot m^{-3}$
- Schmelzpunkt: 1 420 °C
- Siedepunkt: 2 600 °C
- Spezifische Wärmekapazität $c_p = 707{,}6 \; J \cdot kg^{-1} \cdot K^{-1}$
- Wärmeleitfähigkeit $\lambda = 83{,}7 \; W \cdot m^{-1} \cdot K^{-1}$
- Wärmeausdehnungskoeffizient $\alpha = 2{,}3 \ldots 7{,}6 \cdot 10^{-6} \; K^{-1}$
- Spezifische elektrische Leitfähigkeit $\varkappa = 16{,}7 \cdot 10^{-6} \ldots 4{,}3 \cdot 10^{-6} \; \Omega^{-1} \cdot cm^{-1}$
- Spezifischer elektrischer Widerstand $\varrho = 6 \cdot 10^4 \ldots 2{,}3 \cdot 10^5 \; \Omega \cdot cm$
- Temperaturkoeffizient des Widerstandes $\alpha = -8 \ldots -18 \cdot 10^{-4} \; K^{-1}$
- Relative Dielektrizitätszahl $\varepsilon_{rel} = 12{,}5 \pm 0{,}5$
- Bandabstand $\Delta W = 1{,}11 \; eV$
- Elektronenbeweglichkeit $\mu_{\ominus} = 1\,350 \; cm^2 \cdot V^{-1} \cdot s^{-1}$
- Defektelektronenbeweglichkeit $\mu_{\oplus} = 480 \; cm^2 \cdot V^{-1} \cdot s^{-1}$
- Zugfestigkeit $R_m = 690 \; MPa$
- Elastizitätsmodul $E = 112{,}8 \; GPa$
- Gleitmodul (Schubmodul) $G = 39{,}7 \; GPa$
- POISSON-Zahl $\mu = 0{,}28$
- Brinellhärte $HB = 240$

Chemische Eigenschaften

Silizium ist bis etwa 550 °C gegenüber O_2, HCl, HNO_3, H_2SO_4 und HF beständig. Bei Temperaturen oberhalb 200 °C wird Si von NaOH oder KOH unter H_2-Entwicklung zu entsprechenden Alkalisilikaten (z. B. Na_2SiO_3) gelöst.

3.15.2   Verwendung

Neben seiner vielseitigen Verwendung als Legierungselement für Eisen- und NE-Metallegierungen, als Desoxidationsmittel (Ferrosilizium) für Stahl oder als Schleif- und Poliermittel, Ofenbauwerkstoffe, Varistoren und Heizleiter in Form von SiC, wird Si vor allem in der Halbleitertechnik eingesetzt. Für Halbleiterbauelemente, wie Dioden, Transistoren, Fotoelemente und Gleichrichter wird Si in hochreiner Form (7-... 9-Neuner-Si) mit entsprechender Dotierung verwendet. Die obere Grenze der Temperaturbelastbarkeit der Si-Bauelemente liegt wegen des Bandabstandes von $\Delta W = 1,11$ eV bei 150 bis 200 °C.

3.15.3   Literatur- und Quellenverzeichnis

[1]   *Schreiter, W.*: Seltene Metalle, Bd. II. – Leipzig: Deutscher Verlag für Grundstoffindustrie, 1961

[2]   *Weißmantel, C.; Hamann, C.*: Grundlagen der Festkörperphysik. – Berlin: Deutscher Verlag der Wissenschaften, 1989

[3]   *Kittel, C.*: Einführung in die Festkörperphysik. – München: Oldenbourg-Verlag, 1991

[4]   *Nitzsche, K.; Ullrich, H. J.*: Funktionswerkstoffe der Elektrotechnik und Elektronik. – Leipzig: Deutscher Verlag für Grundstoffindustrie, 1992

[5]   *Gorjunowa, N. A.*: Halbleiter mit diamantähnlicher Struktur. – Leipzig: BSB B. G. Teubner Verlagsgesellschaft, 1971

[6]   *Hadamovsky, H.-F.*: Werkstoffe der Halbleitertechnik. – Leipzig: Deutscher Verlag für Grundstoffindustrie, 1990

[7]   *Paul, R.*: Optoelektronische Halbleiterbauelemente. – Stuttgart: B. G. Teubner-Verlag, 1992

[8]   *Harth, W.; Grothe, H.*: Sende- und Empfangsdioden für die optische Nachrichtentechnik. – Stuttgart: B. G. Teubner-Verlag, 1998

3.16   Tantal

3.16.1   Eigenschaften

Physikalische Eigenschaften

Tantal (Ta) ist ein Element der 5. Nebengruppe des PSE mit der Ordnungszahl 73 und der relativen Atommasse 180,95.

Ta kristallisiert kubisch-raumzentriert (krz).
- Dichte $\varrho = 16,67 \cdot 10^3$ kg · m^{-3}
- Schmelzpunkt: 2 990 °C
- Siedepunkt: 6 100 °C
- Spezifische Wärmekapazität $c_p = 138,2$ J · kg^{-1} · K^{-1}

- Wärmeleitfähigkeit $\lambda = 54,4 \text{ W} \cdot \text{m}^{-1} \cdot \text{K}^{-1}$
- Spezifische elektrische Leitfähigkeit $\varkappa = 8,1 \text{ m} \cdot \Omega^{-1} \cdot \text{mm}^{-2}$
  $$= 8,1 \text{ MS} \cdot \text{m}^{-1}$$
- Spezifischer elektrischer Widerstand $\varrho = 0,124 \, \Omega \cdot \text{mm}^2 \cdot \text{m}^{-1}$
  $$= 12,4 \cdot 10^{-6} \, \Omega \cdot \text{cm}$$
- Temperaturkoeffizient des Widerstandes $\alpha = 3,82 \cdot 10^{-3} \text{ K}^{-1}$
- Elastizitätsmodul $E = 184,6 \text{ GPa}$
- Gleitmodul (Schubmodul) $G = 68,7 \text{ GPa}$
- POISSON-Zahl $\mu = 0,35$
- Zugfestigkeit $R_{\text{m geglüht}} = 343 \text{ MPa}$
  $$R_{\text{m kaltverfestigt}} = 1\,325 \text{ MPa}$$
- Bruchdehnung $A = 40 \, \%$
- Vickershärte $HV = 60 \ldots 120$
- Brinellhärte $HB = 30 \ldots 220$

3

Chemische Eigenschaften

Bei normalen Temperaturen wird Ta nur von Flußsäure, rauchender H_2SO_4 und Mischungen von HNO_3 und HF angegriffen.

Tantal ist bis 190 °C gegen konzentrierte HCl, bis 200 °C gegen konzentrierte H_2SO_4 und H_3PO_4 beständig. Seewasser greift nicht an, dagegen aber stark alkalische Kesselspeisewasser und Kondensate. Katodisch geschaltetes Ta kann in schwacher Säurelösung das 750fache seines Volumens an Wasserstoff aufnehmen. Es wird dadurch hart und spröde. Ta wird wegen seiner kohlenstoffbindenden Wirkung als Stabilisator gegen Kornzerfall austenitischen Stählen (18/8-Stähle) zulegiert.

Wegen seiner großen Absorptionsfähigkeit für Gase, wie H_2, O_2, N_2 und CO_2 im Temperaturbereich von etwa 600 ... 1 000 °C, wird Ta als Gitterwerkstoff in Elektronenröhren zur Aufrechterhaltung des Hochvakuums eingesetzt.

Technologische Eigenschaften

Tantal wird durch Schmelzflußelektrolyse bei Katodenstromdichten von $\leq 40 \text{ A} \cdot \text{dm}^{-2}$ und 700 ... 900 °C unter Verwendung von Graphitstäben als Katodenwerkstoff pulverförmig mit Teilchengrößen von 75 ... 750 µm gewonnen. Die Elektrolyte sind eutektische Mischungen aus z. B. 50 ... 70 % KCl und 20 ... 35 % KF, in denen 4 ... 5 % Ta_2O_5 und 5 ... 10 % K_2TaF_7 gelöst werden.

Die Weiterverarbeitung des Ta-Pulvers zu Blöcken oder Stäben kann schmelz- oder pulvermetallurgisch (Pressen und Sintern) erfolgen. Schmiedbarkeit wird nur bei gegossenem Tantal gewährleistet. Reines Ta läßt sich bei 150 ... 200 °C spanlos kaltumformen. Das nach Erreichen hoher Formänderungsgrade (70 %)

erforderliche Rekristallisationsglühen wird bei 1 300 . . . 1 400 °C im Hochvakuum durchgeführt.

Ta-Bleche können bis zu $\geq$ 0,013 mm, Folien bis zu 0,006 mm Dicke hergestellt werden. Die spanende Formung ist mit üblichen Werkzeugen für die Stahlbearbeitung möglich. Als Kühlmittel wird CCl$_4$ (Tetrachlormethan) verwendet.

Tantal läßt sich punkt- und lichtbogenschweißen. Bleche mit weniger als 0,5 mm Dicke werden widerstandsgeschweißt.

3.16.2   Verwendung

Tantal wird in reiner Form in der chemischen Industrie für Wärmeaustauscherrohre, Heiz- und Kühlschlangen, Rohrleitungen, zum Auskleiden (Plattieren) von Gefäßen, die der Einwirkung von HCl, Cl$_2$, HNO$_3$ u. ä. ausgesetzt sind, angewandt.

Ta-Erhitzer werden bei der H$_2$SO$_4$-Erzeugung und -Rückgewinnung sowie in Beizereien und in der Galvanotechnik für Verchromungsanlagen eingesetzt. Tantal-Spinndüsen werden zur Herstellung synthetischer Fasern verwendet. Weitere Anwendungsgebiete sind die Chirurgie (Drähte, Nägel, Klammern, Drahtgewebe) und die Labortechnik. Tantal-Wolfram-Legierungen mit 7,5 und 10 % W sind als hochwarmfeste Legierungen bis zu Temperaturen von 2 800 °C einsetzbar.

3.16.3   Literatur- und Quellenverzeichnis

[1]   *Schreiter, W.*: Seltene Metalle, Bd. III. – Leipzig: Deutscher Verlag für Grundstoffindustrie, 1962

[2]   *Hornbogen, E.*: Werkstoffe. – Berlin: Springer-Verlag, 1994

[3]   *Schatt, W.*: Pulvermetallurgie, Sinter- und Verbundwerkstoffe. – Leipzig: Deutscher Verlag für Grundstoffindustrie, 1988

[4]   *Schatt, W.; Wieters, K.-P.*: Pulvermetallurgie und Sintervorgänge. – Berlin: Springer-Verlag, 1999

3.17   Titan

3.17.1   Eigenschaften

Physikalische Eigenschaften

Titan oder Titanium (Ti) ist ein Element der 4. Nebengruppe des PSE mit der Ordnungszahl 22 (Übergangselement) und der relativen Atommasse 47,90.

Titan tritt als polymorphes Metall in zwei allotropen Modifikationen auf: α-Ti kristallisiert hexagonal mit dichtester Kugelpackung (hdP). β-Ti kristallisiert kubisch-raumzentriert (krz). Die α, β-Umwandlung erfolgt bei 882,5 °C.

- Dichte $\varrho = 4{,}505 \cdot 10^3$ kg $\cdot$ m^{-3}
- Schmelzpunkt: 1 670 °C
- Siedepunkt: 3 660 °C
- Spezifische Wärmekapazität $c_p = 523{,}4$ J $\cdot$ kg^{-1} $\cdot$ K^{-1}
- Wärmeleitfähigkeit $\lambda = 17{,}2$ W $\cdot$ m^{-1} $\cdot$ K^{-1}
- Wärmeausdehnungskoeffizient $\alpha = 8{,}7 \cdot 10^{-6}$ K^{-1}
- Spezifische elektrische Leitfähigkeit $\varkappa = 2{,}08$ m $\cdot$ Ω^{-1} $\cdot$ mm^{-2}

$= 2{,}08$ MS $\cdot$ m^{-1}
- Spezifischer elektrischer Widerstand $\varrho = 0{,}49$ Ω $\cdot$ mm^2 $\cdot$ m^{-1}

$= 49 \cdot 10^{-6}$ Ω $\cdot$ cm
- Temperaturkoeffizient des Widerstandes $\alpha = 4{,}3 \cdot 10^{-3}$ K^{-1}
- Elastizitätsmodul $E = 111{,}8$ GPa
- Gleitmodul (Schubmodul) $G = 40{,}2$ GPa
- POISSON-Zahl $\mu = 0{,}36$
- Streckgrenze $R_{p\,0,2} = 180 \ldots 390$ MPa
- 1%-Dehngrenze $R_{p\,1,0} = 200 \ldots 410$ MPa
- Zugfestigkeit $R_m = 290 \ldots 740$ MPa
- Bruchdehnung $A_5 = 30 \ldots 16$ %
- Brinellhärte $HB = 120 \ldots 200$
- Kerbschlagarbeit $A_v = 24 \ldots 62$ J (DVM-Probe)

Chemische Eigenschaften

Titan hat eine sehr gute chemische Beständigkeit gegenüber Seewasser, oxidierenden Medien, chlor- und chloridhaltigen Lösungen. Es überzieht sich wegen seines niedrigen Passivierungspotentials ($-$ 0,4 V) sehr schnell mit einer dünnen oxidischen Deckschicht (Passivschicht). Es ist beständig gegen feuchtes Chlorgas (0,4 % H_2O bei 20 °C; 0,6 % H_2O bei 100 °C). In reduzierenden Medien, in denen die Passivschicht aufgelöst wird, ist Ti kaum beständig. Flußsäure und fluorionenhaltige Lösungen greifen Titan stark an. Rotrauchende HNO_3 verursacht bei NO_2-Überschuß eine explosionsartige Reaktion und Spannungsrißkorrosion. Ti nimmt sehr leicht Wasserstoff auf, was dann infolge der Bildung von Ti-Hydrid zu einer starken Herabsetzung der Kerbschlagzähigkeit führt (Wasserstoffversprödung).

Technologische Eigenschaften

Titan läßt sich spanlos kalt- und warmumformen. Bei der Kaltumformung (Ziehen, Tiefziehen, Biegen, Abkanten, Falzen, Explosionsumformen usw.) sind die elastische Rückfederung und die Rißempfindlichkeit zu beachten.

Das für die Umformung wichtige Streckgrenzenverhältnis (Quotient aus Streck- bzw. 0,2-Dehngrenze und Zugfestigkeit) liegt bei 0,7...0,8 (austenitische Stähle haben dagegen nur Werte zwischen 0,33 und 0,5). Die Kaltverfestigung ist jedoch nicht so ausgeprägt wie bei den austenitischen Stählen.

Um größere Formänderungen durch Kaltumformung zu erreichen, ist eine Erwärmung der Teile oder ggf. auch der Werkzeuge auf 150...450 °C in Schutzgas oder in leicht oxidierender bzw. neutraler Atmosphäre zweckmäßig. Sind Zwischenglühungen erforderlich, so ist stets eine Entzunderung vorzunehmen (Salzbäder von 440...470 °C auf NaOH-Basis). Metallisch glänzende Oberflächen ergeben sich durch Nachbeizen mit einem Salpetersäure-Flußsäure-Gemisch aus 1 Teil 30-%iger wäßriger HNO_3 und 4 Teilen 40-%iger HF.

Die spanlose Warmumformung (Schmieden; Walzen) läßt sich im Temperaturbereich von 750...900 °C durchführen. Warmpressen soll bei 950...1 000 °C erfolgen. Wegen des erheblichen Lösungsvermögens für O_2 und N_2 entstehen bei der spanlosen Warmumformung sehr harte Titanoxid- und -nitridschichten, die einen größeren Werkzeugverschleiß verursachen.

Die spanende Formung ist mit allen gebräuchlichen Verfahren der Stahlbearbeitung möglich. Beachtet werden müssen jedoch die spezifische Wärmekapazität und Wärmeleitfähigkeit (notwendig ist eine ausreichende Kühlung mit wäßriger Lösung von 5 %igem $NaNO_2$ oder 5...10 %igen Ölemulsionen oder mit chlorierten und sulfurisierten Schneidölen).

Weiter zu beachten sind die hohe chemische Aktivität und die Neigung zum Verschweißen, vor allem bei Verwendung stumpfer Werkzeuge, und der gegenüber Stahl wesentlich geringere E-Modul. Erforderlich sind daher möglichst starre Einspannungen von Werkstück und Werkzeug. Die spanende Bearbeitung soll mit geringerer Schnittgeschwindigkeit als bei gleichharten Stählen und mit Schnellarbeitsstählen bzw. Hartmetallschneiden erfolgen. Bei Temperaturen oberhalb 400 °C sind Ti-Späne leicht entflammbar!

Das Lichtbogen- und Widerstandsstumpfschweißen wird unter Schutzgas durchgeführt, während Punktschweißen ohne Schutzgas möglich ist. Die Schweißnahtgüte läßt sich optisch an den Anlauffarben subjektiv beurteilen: Schwach gelbliche oder in der Randzone bläuliche Anlauffarben mit metallischem Glanz deuten auf eine einwandfreie, mattgraue oder weißliche glanzlose Anlauffarben auf eine versprödete, unbrauchbare Naht hin.

Titan läßt sich unter Verwendung von Flußmitteln weichlöten. Zum Löten von Stahl auf Ti ist es zweckmäßig, die Lötflächen vorher galvanisch zu verkupfern oder zu versilbern. Als Lote eignen sich Zinn-Blei-Lote. Zum Löten von Messing auf Ti eignet sich, nach [2], besonders das bleifreie Lot L-SnAg 5 bzw.

BSn 95 Ag 221-240. Unter Schutzgas oder im Hochvakuum läßt sich Titan hartlöten. Sonst sind alkalichlorid- und fluoridhaltige Flußmittel anzuwenden. Zum Hartlöten sind besonders Silber und silberhaltige Lote, wie L-Ag 85 und L-Ag 40 Cd u. a. geeignet. Eutektische Lote auf der Basis von Ti-Ni-Cu und Ti-Cu-Fe (Arbeitstemperaturen 910 °C bzw. 950 °C) ergeben um 50 % höhere Festigkeitswerte gegenüber Silberloten.

3.17.2 Verwendung

Titan hat ein breites Anwendungsgebiet in der chemischen Industrie gefunden, insbesondere dort, wo sich herkömmliche metallische Werkstoffe infolge der korrosiven Beanspruchung wirtschaftlich nicht einsetzen lassen oder wo Kunststoffe wegen der wirksamen Temperaturen oder Drücke versagen. Ti ist als Konstruktionswerkstoff für Anlagen der Chlorindustrie, -elektrolyse, für Bleichereien und Bleichmittelherstellung, in der Salpetersäureherstellung und -verarbeitung, in der Essigsäureindustrie für Verdampfer, Kolonnen und Einbauten, in der Petrolchemie für die Verarbeitung schwefel- und salzhaltiger Rohöle und in der Kunstfaserindustrie als Werkstoff für Rohr- und Plattenwärmeaustauscher, Eindickkessel und Rührer in Anwendung. Wegen seiner Seewasserbeständigkeit findet Titan in Seewasser-Eindampfanlagen und -Kondensatoren Verwendung.

In der Galvanotechnik ist Ti ein Konstruktionswerkstoff für Anodensparkörbe, Anodisiergestelle, Elektropolieranlagen, Entfettungsbäder, Beizbottichauskleidungen. Titan bewährt sich als Werkstoff für Heiz- und Kühlkörper (Wärmeaustauscher) in von Fluorverbindungen freien galvanischen Bädern, in Chrombädern auf Chromsäure- und Schwefelsäurebasis, in Nickelbädern (einschließlich der hochchloridhaltigen Glanzbäder sowie in Cu-Bädern auf Sulfat-, Pyrophosphat- oder Zyanidbasis.

Titan hat als Tiegelwerkstoff für das Badnitrieren und in Form von Schöpflöffeln in der Leichtmetall-Druckgußtechnik Anwendung gefunden. Im Maschinenbau wird Ti als Werkstoff für Läufer in Kreiselpumpen, Zentrifugen und Gebläsen eingesetzt.

In der Elektrotechnik findet Titan als hochbelastbarer Gitterwerkstoff in Vakuumröhren, Gleichrichtern u. ä. Anwendung.

Für den katodischen Korrosionsschutz von Schiffskörpern werden mitunter platinierte Titanelektroden (0,1 μm Pt-Überzeug) eingesetzt. Wegen der sehr günstigen mechanischen Eigenschaften bei tiefen Temperaturen ($\leqq -190$ °C) ist Ti ein wichtiger Werkstoff für Flüssigkeitsraketen, andererseits findet Ti zur Verkleidung der Triebwerke, von Flügel- und Rumpfteilen sowie für Brandschotten im Flugzeugbau in zunehmendem Maße Verwendung. In der Chirurgie und Orthopädie wird es für Prothesen, Knochennägel, -schrauben, Schienen u. ä. eingesetzt.

Die in DIN 17 850 (11. 1990) genannten Ti-Sorten Ti1, Ti2, Ti3 und Ti4 unterscheiden sich in ihrer chemischen Zusammensetzung vornehmlich im Fe- und O_2-Gehalt. Der maximale Fe-Anteil in der Schmelzenanalyse beträgt in der o. g. Reihenfolge: 015; 0,20; 0,25 und 0,35 %. Für den Sauerstoffgehalt werden in gleicher Reihenfolge angegeben: 0,12; 0,18; 0,25 und 0,35 %.

Die Ziffern 1 . . . 4 sind nach DIN 17 850 wertneutrale Zählnummern. Die unlegierten Sorten Ti1...Ti3 sind als handelsübliche Werkstoffe zur Herstellung von Blechen, Bändern, Stangen, Drähten, Schmiedestücken sowie von nahtlosen und geschweißten Rohren vorgesehen. Halbzeuge aus Ti4 sind Sonderzwecken vorbehalten.

3.17.3   Titan-Legierungen

Je nach dem, welcher Gittertyp des polymorphen Ti durch entsprechende Komponenten stabilisiert wird, unterscheidet man α-Ti-, β-Ti- und α, β-Ti-Legierungen.

α-Stabilisatoren sind Al, B, C, Ce, N_2 und O_2.

β-Stabilisatoren sind Cr, Fe, Mn, Mo, Sn, Nb, Ta, Zr und H_2.

Die α-Stabilisatoren lösen sich bevorzugt in der hdP-α-Modifikation und erhöhen die α, β-Umwandlungstemperatur. Dazu Bild 3.20. Die β-Stabilisatoren lösen sich bevorzugt in der krz-β-Modifikation und senken die α, β-Umwandlungstemperatur. Die Stabilität der β-Phase bis unterhalb Raumtemperatur wird aber nur durch Komponenten erreicht, die den gleichen Gittertyp wie β-Ti aufweisen, nach [2].

In kleineren Mengen zugesetzte β-Stabilisatoren führen zu α, β-Legierungen, die beim Abschrecken von hohen Temperaturen *Martensit* bilden. Im Gegensatz zum Stahl läßt sich jedoch keine wesentliche Verbesserung der mechanischen Eigenschaften erreichen. Bei langsamer Abkühlung zerfällt β-Ti nach der eutektoiden Dreiphasenreaktion in α-Ti und eine intermetallische Phase.

Bild 3.21 zeigt das Gefüge einer α-Ti-Legierung.

In Tabelle 3.17 sind einige niedrig- und hochlegierte Knet- und Gußlegierungen nach DIN 17 851 (Nov. 1990) und DIN 17 865 (Nov. 1990) zusammengestellt.

Wärmebehandlung der Titanlegierungen

α-Legierungen

Die $\alpha, \beta/\beta, \alpha$-Umwandlung führt bei diesen Legierungen im Gegensatz zur $\alpha, \gamma/\gamma, \alpha$-Umwandlung des Stahls im Sinne des Normalglühens nicht zur Verfeinerung des Gefüges, da die α-Phase auch bei langsamer Abkühlung in *Widmannstättenscher Struktur* auftritt.

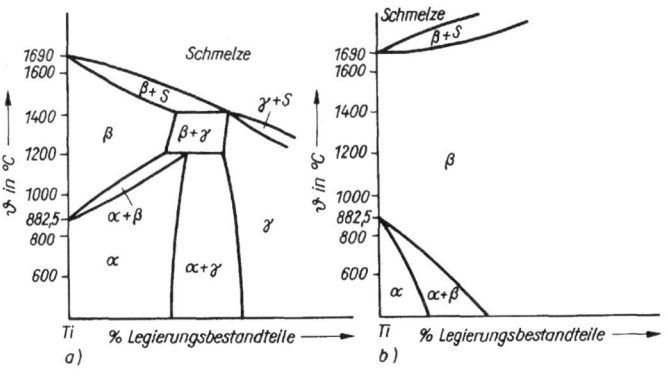

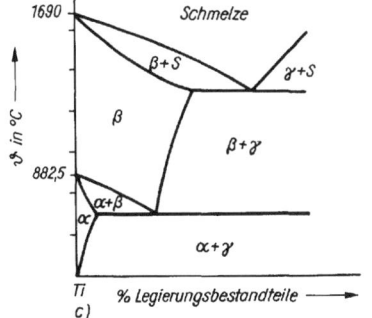

Bild 3.20 Schematische
Darstellung binärer Ti-Systeme
a) Erweiterung des α-Gebietes
   (Stabilisierung der α-Phase)
b) Erweiterung des β-Gebietes
   (Stabilisierung der β-Phase)
c) Erweiterung des β-Gebietes mit
   eutektoidem Zerfall der β-Phase

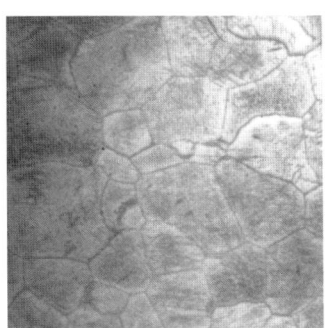

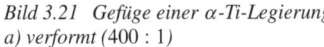

Bild 3.21 Gefüge einer α-Ti-Legierung
a) verformt (400 : 1)

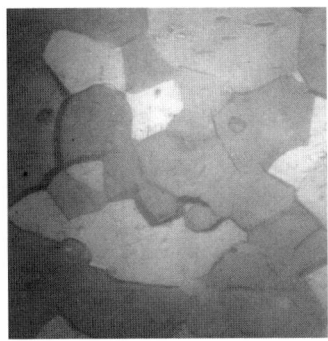

b) rekristallisiert: 2 h 750°C/Luft (200 : 1)

Tabelle 3.17 Titan-Knet- und Gußlegierungen, nach DIN 17 860 (Bleche) und DIN 17 865 (Gußwerkstoffe)

Sorte	$R_{p\,0,2}$ in MPa	$R_{p\,1,0}$ in MPa	R_m in MPa	A_5 in %	Verwendung
TiNi 0,8 Mo 0,3	≥ 345	≥ 370	≥ 480	18	Apparatebau in der chemischen Industrie, Papier-, Zellstoff-, Textil- und Lebensmittelindustrie, Galvanotechnik, Medizintechnik
Ti 2 Pd	≥ 250	≥ 270	$390\ldots540$	22	
TiAl 6 V 4	≥ 830	—	≥ 900	10	für massesparende Konstruktionen in Maschinenbau, Elektrotechnik, Feinmechanik, Optik und Medizintechnik
TiAl 6 V 6 Sn 2	≥ 930	—	$\geq 1\,000$	8	
TiAl 5 Fe 2,5	≥ 780	—	≥ 860	8	
TiAl 4 Mo 4 Sn 2	$\geq 1\,050$	—	$\geq 1\,050$	9	
G-Ti 2 Pd	≥ 280	—	≥ 350	15	Apparatebau in der chemischen, Zellstoff- und Lebensmittelindustrie, Galvanotechnik, Medizintechnik
G-TiNi 0,8 Mo 0,3	≥ 360	—	≥ 480	10	Konstruktionswerkstoffe in Maschinenbau, Elektrotechnik, Feinmechanik, Optik, Medizintechnik
G-TiAl 6 V 4	≥ 785	—	≥ 880	5	
G-TiAl 5 Fe 2,5	≥ 780	—	≥ 830	5	

Gefügeverfeinerung wird durch spanlose Kaltumformung mit anschließendem Rekristallisationsglühen oder durch spanlose Warmumformung erreicht. Weichglühen ist bei Temperaturen zwischen 700 und 800 °C möglich.

Die Verbesserung der mechanischen Eigenschaften wird durch Aushärtung (Mischkristallverfestigung) in analoger Weise wie bei den aushärtbaren Al-Legierungen erzielt. Hauptlegierung für diesen Zweck ist TiAl 5 Sn 2,5.

α, β-Legierungen

Die Festigkeitseigenschaften dieser Legierungen werden durch das Mengenverhältnis der α- und β-Phase und einer bei der Abkühlung aus der instabilen β-Phase entstehenden metastabilen submikroskopischen intermetallischen Phase (ω-Phase) bestimmt. Bei rascher kontinuierlicher Abkühlung (Abschrecken) läßt sich das Auftreten der intermetallischen Phase, die härtesteigernd und versprödend wirkt, verhindern. Das nach dem Abschrecken zweckmäßige Anlassen wird, um die nachträgliche Bildung der intermetallischen Phase zu unterbinden, bei Temperaturen oberhalb 425 °C vorgenommen.

Die Einstellung eines dem thermodynamischen Gleichgewicht nahekommenden α, β-Gefüge kann durch folgende Behandlung erzielt werden:
1. spanlose Umformung
2. Lösungsglühen im α, β-Zweiphasengebiet
3. Abkühlen auf eine Temperatur $> 425\ ^\circ C$ und isothermes Halten
4. Abkühlen auf Raumtemperatur (vgl. dazu Bild 3.22).

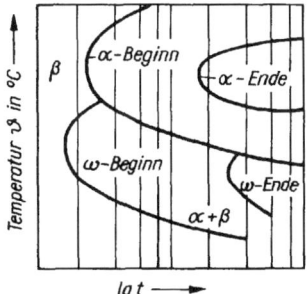

Bild 3.22 Isothermes ZTU-Diagramm einer α, β-Titanlegierung

Möglich ist auch das Abschrecken nach dem Lösungsglühen und anschließendes Anlassen auf eine Temperatur oberhalb $425\ ^\circ C$.

β-Legierungen

Die Wärmebehandlung beschränkt sich bei diesen Legierungen auf das Weichglühen und Rekristallisationsglühen.

3.17.4   Literatur- und Quellenverzeichnis

[1] *Schreiter, W.*: Seltene Metalle, Bd. III. – Leipzig: Deutscher Verlag für Grundstoffindustrie, 1962

[2] *Ashby, M. F.; Jones, D. R. H.*: Ingenieur-Werkstoffe. – Berlin; Heidelberg, New York: Springer-Verlag, 1986

[3] *Rassmann, G.; Illgen, L.*: – In: Neue Hütte. – 17(1972)9

[4] *Hornbogen, E.*: Werkstoffe. – Berlin: Springer-Verlag, 1994

[5] *Seidel, W.*: Werkstofftechnik. – München; Wien: Carl Hanser Verlag, 1999

[6] *Riehle, M.; Simmchen, E.*: Grundlagen der Werkstofftechnik. – Stuttgart: Deutscher Verlag für Grundstoffindustrie, 1997

[7] *Ilschner, L.*: Werkstoffwissenschaft und -technik. – Berlin: Springer-Verlag, 1999

[8] DIN-Taschenbuch 53. – Berlin: Beuth-Verlag, 1991

[9] DIN-Taschenbuch 54. – Berlin: Beuth-Verlag, 1991

3.18   Wolfram

3.18.1   Eigenschaften

Physikalische Eigenschaften

Wolfram (W) ist ein Element der 6. Nebengruppe des PSE mit der Ordnungszahl 74 und der relativen Atommasse 183,85.

Wolfram kristallisiert kubisch-raumzentriert (krz).

- Dichte $\varrho = 19,3 \cdot 10^3 \text{ kg} \cdot \text{m}^{-3}$
- Schmelzpunkt: 3 380 °C
- Siedepunkt: 5 900 °C
- Spezifische Wärmekapazität $c_\text{p} = 134,4 \text{ J} \cdot \text{kg}^{-1} \cdot \text{K}^{-1}$
- Wärmeleitfähigkeit $\lambda = 163,3 \text{ W} \cdot \text{m}^{-1} \cdot \text{K}^{-1}$
- Wärmeausdehnungskoeffizient $\alpha = 4,4 \cdot 10^{-6} \text{ K}^{-1}$
- Spezifische elektrische Leitfähigkeit $\varkappa = 18,2 \text{ m} \cdot \Omega^{-1} \cdot \text{mm}^{-2}$
  $= 18,2 \text{ MS} \cdot \text{m}^{-1}$
- Spezifischer elektrischer Widerstand $\varrho = 0,055 \, \Omega \cdot \text{mm}^2 \cdot \text{m}^{-1}$
  $= 5,5 \cdot 10^{-6} \, \Omega \cdot \text{cm}$
- Temperaturkoeffizient des Widerstandes $\alpha = 4,8 \cdot 10^{-3} \text{ K}^{-1}$
- Elastizitätsmodul $E = 407,1 \text{ GPa}$
- Gleitmodul (Schubmodul) $G = 137,3 \text{ GPa}$
- POISSON-Zahl $\mu = 0,17$
- Zugfestigkeit $R_\text{m geglüht} = 1\,080 \text{ MPa}$
  $R_\text{m gezogen} = 3\,925 \text{ MPa}$
- Streckgrenze $R_\text{p0,2 geglüht} = 705 \ldots 8\,15 \text{ MPa}$
  $R_\text{p0,2 gezogen} = 1\,470 \text{ MPa}$
- Bruchdehnung $A = 1 \ldots 4\,\%$
- Vickershärte $HV = 320 \ldots 470$

Chemische Eigenschaften

Bei Raumtemperatur wird Wolfram von anorganischen Säuren einschließlich
Königswasser nicht angegriffen. In einem Säuregemisch aus HNO_3 und HF
ist es leicht löslich. Bei 300 °C ist W in geschmolzenem Natriumnitrit $NaNO_2$
löslich. Bis 400 °C ist Wolfram an Luft beständig, oberhalb dieser Temperatur
kann W nur in Schutzgas (H_2) eingesetzt werden.

Wolframkarbid erhält man bei $1\,400 \ldots 1\,600$ °C aus WO_3 + Ruß oder W +
Ruß und bei $1\,200 \ldots 1\,600$ °C aus W + Ruß + Kohlenwasserstoff.

Technologische Eigenschaften

Wolfram wird durch Reduktion von WO_3 mit H_2 oder durch Zersetzung von
WF_6 (Wolframhexafluorid) mit H_2 pulverförmig gewonnen. Das W-Pulver

(Teilchengröße 0,3...5 µm) wird nach Zusatz von 0,03...1,5 % Metalloxiden (ThO$_2$, Al$_2$O$_3$ u. a.) und Alkalisilikaten durch Pressen und Sintern (Hochsintern bei 2 800...3 100 °C) in H$_2$-Atmosphäre zu Halbzeugen (8 × 8 × 200...30×80×1 000 mm) verarbeitet. Durch das Hochsintern wird die Dichte von 10...13 auf 16,5...18 g · cm^{-3} erhöht. Das Hochsintern verbessert die nachfolgende notwendige spanlose Formbarkeit. Bleche erhält man durch Vorschmieden der Sinterrohlinge bei einer Anfangstemperatur von 1 700 °C und anschließendem Warmwalzen. Bleche von < 1...0,1 mm und Folien der Dicke $\geq$ 0,003 mm werden zwischen Stahlblechen kaltgewalzt.

Zur Herstellung von Drähten werden die hochgesinterten Rohlinge in Rundhämmermaschinen (nach KIEFFER und HOTOP) bei Temperaturen von 1 400...1 600 °C mit bis zu 10 000 Schlägen/min auf Durchmesser von 1 mm verjüngt. Nach jeweils 10 % Querschnittsabnahme müssen die Stäbe unter Schutzgas (H$_2$) erneut erwärmt werden. Mit zunehmendem Formänderungsgrad und zunehmender Verdichtung verbessert sich die Formbarkeit, und es bildet sich in axialer Richtung ein langgestrecktes sog. *Fasergefüge* (*Stapeldrahtgefüge*). Die Verformungstemperatur wird nach und nach auf 600...800 °C in das Gebiet der Kaltumformung gesenkt. Die Dichte erhöht sich dabei auf 18...19 g · cm^{-3}. Die Zugfestigkeit steigt während der Umformung von R_m = 130 MPa auf 1 400...1 500 MPa an.

Die Weiterverarbeitung zu Drähten bis 0,3 mm Durchmesser erfolgt bei 500...600 °C mit Hartmetallziehsteinen; Feinstdrähte (bis 0,01 mm Durchmesser) werden mit Diamantziehsteinen gezogen. Hochgesintertes Wolfram läßt sich spanend nicht bearbeiten. Wolfram läßt sich mit Ag-Lot und Borax hartlöten und ist punktschweißbar (z. B. Kontaktstücke auf Trägerwerkstoff: Stahl, Cu, Messing).

3.18.2 Verwendung

Wolfram wird als Komponente für die Herstellung legierter Werkzeugstähle (Warmarbeitsstähle) und Schnellarbeitsstähle verwendet.

Überragende Bedeutung für Spanungs- und Umformwerkzeuge in der Metallurgie, im Maschinenbau, im Bergbau, in der keramischen und Holzbearbeitungsindustrie sowie für verschleißbeanspruchte Bauteile in der Textilindustrie, in der Meß-, Prüf- und Regelungstechnik haben die Hartmetalle auf Wolframkarbid-Kobalt-Basis. (Hartmetall = Hartstoff + Bindemetall.) Als Hartstoffe bezeichnet man Stoffe mit einer Vickershärte HV > 1 000).

Co ist das wichtigste Bindemittel für den Hartstoff Wolframkarbid WC. Ursachen dafür sind die sehr gute Benetzbarkeit der WC-Kristalle durch das im Sintertemperaturbereich flüssige WC-Co-Eutektikum und die sehr hohen Adhäsionskräfte zwischen WC und Co.

Die Hartmetalle werden nach ISO 4499, zitiert bei [4], nach der Korngröße in drei Gruppen eingeteilt, die ihrerseits in 5 ... 9 Anwendungsgruppen unterschieden werden:

1. Korngrößenbereich fein bis sehr fein

Die Anwendungsgruppen KO3, KO5, K10; K15 und K20 enthalten 3 bis 12 % Co und geringe Mengen anderer Karbide, wie Ta(Nb)C, TiC, VC und Cr_3C_2. Die Hartmetallsorten dieser Gruppen vereinen hohe Verschleißfestigkeit und hohe Zähigkeit. Die Korngröße liegt bei < 1 µm. Für die mechanische Eigenschaften werden folgende Richtwerte angegeben:

- Vickershärte $HV\,30 = 1\,500 \ldots 1\,850$
- Biegebruchfestigkeit $\sigma_{bB} = 1\,400 \ldots 2\,100$ MPa
- Druckfestigkeit $\sigma_{dB} = 5\,700 \ldots 6\,500$ MPa
- Elastizitätsmodul $E = 600 \ldots 660$ GPa
- Schubmodul $G = 246 \ldots 270$ GPa

2. Korngrößenbereich mittel bis mittelfein

Die Anwendungsgruppen K15, K20, K30, K40 und K50 enthalten 6 ... 15 % Co und bis zu 0,6 % TiC und/oder Ta(Nb,V)C. Die Sorten dieser Gruppen sind vor allem für die Bereiche spanende und spanlose Formung sowie Verschleißschutz vorgesehen. Für sie gelten nach ISO 4499 nachstehende Richtwerte der mechanischen Eigenschaften:

- $HV\,30 = 1\,200 \ldots 1\,650$
- $\sigma_{bB} = 1\,700 \ldots 2\,500$ MPa
- $\sigma_{dB} = 4\,500 \ldots 5\,800$ MPa
- $E = 570 \ldots 640$ GPa
- $G = 232 \ldots 262$ GPa

3. Korngrößenbereich mittelgrob bis grob

Die Anwendungsgruppen, bezeichnet nach Plansee ZITIT [4], B10T, B20T, B30T, B36T, B40T, B50T, H60T, H70T und H80T enthalten 6 ... 28 % Co. In diesen Gruppen sind die hochzähen Sorten für vorwiegend schlagende Beanspruchung (Bergbauwerkzeuge, Schrauben- und Nägelfertigung) vertreten. Die Richtwerte der mechanischen Eigenschaften nach ISO 4499 sind:

- $HV\,30 = 800 \ldots 1\,450$
- $\sigma_{bB} = 1\,800 \ldots 2\,700$ MPa
- $\sigma_{dB} = 3\,200 \ldots 5\,500$ MPa
- $E = 480 \ldots 650$ GPa
- $G = 194 \ldots 266$ GPa

Große Bedeutung hat Wolfram wegen seiner hohen thermischen Belastbarkeit in der Elektrotechnik. Neben der Anwendung als Glühlampendraht, der zur Verringerung des Kornwachstums mit ThO_2-Zusätzen versehen wird, und seiner Anwendung in der Hochvakuumtechnik (Katodendrähte in direkt beheizten Senderöhren, Gitter, Anoden in Röntgenröhren, Spannfedern für Glühelektroden, Einschmelzdraht für Hartglasröhren) ist W ein wichtiger Kontaktwerkstoff.

Beispielsweise wird einphasiges Sinterwolfram wegen seiner hohen Abbrandfestigkeit und Härte bevorzugt in der Kfz-Elektrik für Unterbrecherkontakte und Zündelektroden sowie in Hochleistungs- und Hochspannungsschaltern als Abbrandkontaktwerkstoff eingesetzt. Die Schweißneigung durch Einschaltlichtbogen wird durch konstruktive Maßnahmen (unsymmetrische Kontaktpaarungen) vermindert. Die Kontaktstücke werden in zylindrischer oder Plättchenform sowie als Nietschaltstücke, die auf einen Trägerwerkstoff hart aufgelötet werden, geliefert.

3

Wolfram-Verbundwerkstoffe, die ein günstigeres Abbrandverhalten als einphasige Sinterkontakte haben, werden durch Festphasensintern (vgl. 4.5.1) von Preßlingen aus Pulvermischungen von W-Cu, W-Ag oder W-Cu- bzw. W-Ag-Legierungen oder durch Tränken von Wolfram-Preßlingen bzw. gesinterten W-Preßlingen mit flüssigem Cu oder Ag hergestellt. Die Kontaktstücke werden in Form von Leisten, Spitzen, Ringen oder Profilkörpern geliefert.

W-Cu-Tränkwerkstoffe werden als Abbrandkontakte für Hochleistungsschalter im Hochspannungsgerätebau, W-Ag-Tränkwerkstoffe für Leistungsschalter mit Schaltströmen bis 1 000 A sowie für Schalter in elektrischen Bahnen eingesetzt. Bekannte Werkstoffe sind z. B. W-Cu 80/20, W-Cu 70/30, W-Cu 60/40, W-Ag 90/10, W-Ag 80/20, W-Ag 70/30 und W-Ag 60/40.

Ein weiteres Anwendungsgebiet ist der Strahlenschutz in der Gamma-Defektoskopie und Medizin, wobei Container für radioaktive Isotope aus W-Cu-Ni mit mehr als 90 % W zum Einsatz kommen.

3.18.3   Literatur- und Quellenverzeichnis

[1]   *Nitzsche, K.; Ullrich, H. J.*: Funktionswerkstoffe der Elektrotechnik und Elektronik. – Leipzig: Deutscher Verlag für Grundstoffindustrie, 1992

[2]   *v. Münch, W.*: Werkstoffe der Elektrotechnik. – Stuttgart: B. G. Teubner-Verlag, 1989

[3]   *Schatt, W.*: Pulvermetallurgie, Sinter- und Verbundwerkstoffe. – Leipzig: Deutscher Verlag für Grundstoffindustrie, 1985

[4]   *Schedler, W.*: Hartmetall für den Praktiker. – Düsseldorf: VDI-Verlag, 1988

[5]   *Schatt, W.; Wieters, K.-P.*: Pulvermetallurgie und Sintervorgänge. – Berlin: Springer-Verlag, 1999

[6]   *Riehle, M.; Simmchen, E.*: Grundlagen der Werkstofftechnik. – Stuttgart: Deutscher Verlag für Grundstoffindustrie, 1997

3.19   Zink

3.19.1   Eigenschaften

Physikalische Eigenschaften

Zink (Zn) ist ein Element der 2. Nebengruppe des PSE mit der Ordnungszahl 30 und der relativen Atommasse 65,37. Zink kristallisiert hexagonal mit dichtester Kugelpackung (hdP).

- Dichte $\varrho = 7{,}14 \cdot 10^3$ kg $\cdot$ m^{-3}
- Schmelzpunkt: 419,5 °C
- Siedepunkt: 906 °C
- Verdampfungsbeginn etwa 500 °C
- Spezifische Wärmekapazität $c_p = 387{,}3$ J $\cdot$ kg$^{-1} \cdot$ K^{-1}
- Wärmeleitfähigkeit $\lambda = 113$ W $\cdot$ m$^{-1} \cdot$ K^{-1}
- Wärmeausdehnungskoeffizient $\alpha = 29{,}8 \cdot 10^{-6}$ K^{-1}
- Spezifische elektrische Leitfähigkeit $\varkappa = 16{,}9$ m $\cdot \Omega^{-1} \cdot$ mm^{-2}

  $\qquad\qquad\qquad\qquad\qquad\quad = 16{,}9$ MS $\cdot$ m^{-1}
- Spezifischer elektrischer Widerstand $\varrho = 0{,}059\ \Omega \cdot$ mm$^2 \cdot$ m^{-1}

  $\qquad\qquad\qquad\qquad\qquad\quad = 5{,}9 \cdot 10^{-6}\ \Omega \cdot$ cm
- Temperaturkoeffizient des Widerstandes $\alpha = 4{,}17 \cdot 10^{-3}$ K^{-1}
- Elastizitätsmodul $E = 103$ GPa
- Gleitmodul (Schubmodul) $G = 41{,}2$ GPa
- Zugfestigkeit $R_{m\,\text{gegossen}} = 24{,}5 \ldots 39$ MPa

  $\qquad\qquad R_{m\,\text{gewalzt}} = 118 \ldots 137$ MPa

  $\qquad\qquad R_{m\,\text{gepreßt}} = 137 \ldots 147$ MPa
- Streckgrenze $R_{p\,0{,}2} = 59 \ldots 108$ MPa

  Bruchdehnung $A_{10\,\text{gegossen}} = 0{,}3 \ldots 0{,}5$ %

  $\qquad\qquad\quad A_{10\,\text{gewalzt}} = 52 \ldots 60$ %

  $\qquad\qquad\quad A_{10\,\text{gepreßt}} = 40 \ldots 50$ %
- Brinellhärte *HB* 5/2,5-30 = 28 ... 40

Die angeführten Werte der mechanischen Eigenschaften, der elektrischen Leitfähigkeit, der Wärmeleitfähigkeit und des Wärmeausdehnungskoeffizienten gelten für vielkristallines Zink. Bei Zn-Einkristallen sind diese Eigenschaftswerte wegen des hdP-Gitters stark anisotrop.

Chemische Eigenschaften

An Luft bildet Zn eine als weißer Rost bezeichnete Korrosionsschicht aus ZnO und ZnCO$_3$. Das amphotere Zink ist nur an der Luft in neutralen Medien gut beständig. Diese Beständigkeit beruht bei sehr reinem Zn auf der hohen Wasserstoffüberspannung (0,7 V) und bei üblichen Zn-Sorten auf der Bildung von Deckschichten. So bilden sich in Abwesenheit von CO$_2$ Zn(OH)$_2$-, in CO$_2$-

haltigem Wasser $ZnCO_3 \cdot 3\,Zn(OH)_2$-(basisches Zinkkarbonat) und in heißem Wasser ZnO-Deckschichten. Die Beständigkeit feuerverzinkter Überzüge auf Stahl gegenüber den verschiedenen Wasserarten – Oberflächenwasser (Fluß-, Kanal- und Seewasser), Meerwasser, kalte Brauchwässer, Leitungswasser und Abwässer – ist sehr stark abhängig vom pH-Wert und vom Härtegrad.

Wasser mit pH-Werten < 7 verursacht Säurekorrosion, mit pH-Werten > 7 Sauerstoffkorrosion.

Die Härte bzw. Gesamthärte GH des Wassers setzt sich zusammen aus der Karbonathärte KH, die durch $Ca(HCO_3)_2$ und $Mg(HCO_3)_2$ verursacht wird, und der Nichtkarbonathärte NKH, die auf $CaSO_4$ und $MgSO_4$ beruht. Zur Bestimmung der Wasserhärte wird der Anteil Ca^{++}- und Mg^{++}-Ionen auf CaO umgerechnet.

Dabei entsprechen 7,15 mg Ca^{++}- bzw. 4,34 mg Mg^{++}-Ionen einem Anteil von 10 mg CaO je Liter Wasser. 10 mg/l CaO sind 0,357 mval/l bzw. 0,179 mmol/l äquivalent. Mit $0\ldots0{,}716$ mmol/l bzw. $0\ldots1{,}428$ mval/l CaO wird Wasser als sehr weich, mit mehr als 5,37 mmol/l bzw. 10,71 mval/l CaO wird es als sehr hart bezeichnet (vgl. dazu auch [4]).

Technologische Eigenschaften

Zink ist löt-, schweiß- und gut gießbar. Die spanlose Formbarkeit wird durch die geringe Zahl von Hauptgleitsystemen (3) beeinträchtigt. Bei Temperaturen $< 0\,°C$ tritt Kaltversprödung, bei $> 200\,°C$ Warmversprödung auf. Oberhalb dieser Temperatur läßt sich Zn pulverisieren. Wegen der niedrigen Rekristallisationstemperatur tritt nach Kaltumformung eine Entfestigung ein, die um so stärker ist, je größer der Formänderungsgrad ist.

Bei der Umformung entsteht eine ausgeprägte Verformungstextur, die mit der Rekristallisationstextur übereinstimmt.

Die spanlose Warmumformung ist im Temperaturbereich von $90\ldots200\,°C$ günstig.

3.19.2 Verwendung

Als Feinzink werden die Sorten mit $\geq 99{,}9$ % Zn-Gehalt, wie Zn 99,95, Zn 99,99 und Zn 99,995, bezeichnet. Sie werden durch ein- oder mehrmalige Destillation bzw. Elektrolyse gewonnen. Als Hüttenzink bezeichnet man die durch Reduktion, Destillation oder auch Elektrolyse hergestellten Sorten mit $\leq 99{,}5$ % Zn, wie Zn 99,5, und Zn 98,5.

Die Zinksorten sind in DIN EN 1179 genormt.

Zink wird als Komponente in Cu-Legierungen (Messing, Rotguß, Neusilber), als Basismetall für Knet- und Gußlegierungen, für Ätzbleche und -platten,

Opferanoden, fließgepreßte Becher für Trockenelemente, zur Herstellung von Zinkfarben (Zinkweiß ZnO), und nicht zuletzt in großem Umfang für den Korrosionsschutz von Stahl eingesetzt. Für den Korrosionsschutz durch Feuerverzinken wird mehr als 25 % der Weltzinkproduktion, d. h., mehr als $1 \cdot 10^6$ t zur Verzinkung von mehr als $20 \cdot 10^6$ t Stahl (Bleche, Rohre, Draht, Fertigerzeugnisse) verwendet.

3.19.3   Zink-Legierungen

Die technisch wichtigen Legierungen enthalten bis zu 6 % Al und bis zu 3 % Cu. Die für das Bauwesen wichtige Knetlegierung Titanzink (DIN EN 988), bisher als D-Zn (DIN 17 770) genormt, die für Dachrinnen, Regenfallrohre, Dachdeckungen u. ä. verwendet wird, enthält 0,06 ... 0,2 % Ti und 0,08 ... 1,0 % Cu sowie maximal 0,015 % Al und wird auf der Basis von Zn 99,995 (Zinksorte Z 1 nach DIN EN 1179) hergestellt. Für Bleche und Bänder bis 1,0 mm Dicke werden folgende mechanische Eigenschaften angegeben:

- $R_{p0,2} \geqq 100$ MPa; $R_m \geqq 150$ MPa und $A_{50\,mm} \geqq 35$ %.
- Der lineare Wärmeausdehnungskoeffizient ist $\alpha = 22 \cdot 10^{-6}$ K^{-1}.
- Die Rekristallisationstemperatur liegt bei 300 °C.

In Tabelle 3.18 sind einige nach DIN EN 12 844 (1.1999) genormte Gußlegierungen zusammengestellt.

Tabelle 3.18 Zink-Gußlegierungen, nach DIN 12 844 (1.1999)

Sorte Werkstoff-Nr.	$R_{p0,2}$ in MPa	R_m in MPa	A_5 (50 mm) in %	Verwendungsbeispiele
GD-ZnAl 4 ZP 0400	200	280	10	Druckgußstücke mit hoher Maßbeständigkeit
GD-ZnAl 4 Cu 1 ZP 0410	250	330	5	Armaturen, Beschläge, Büromaschinenteile
G-ZnAl 4 Cu 3 GK-ZnAl 4 Cu 3 ZP 0430	270	335	5	Blechumformwerkzeuge, Formen für die Kunststoffverarbeitung
G-ZnAl 6 Cu 1 GK-ZnAl 6 Cu 1 ZP 0610	150 ... 180 170 ... 200	180 ... 230 220 ... 260	1 ... 3	gießtechnisch schwierige Gußstücke: Armaturen für trockene Gase und Treibstoffe, Vergasergehäuse, Schneckenräder

Bild 3.23 zeigt das Zustandsschaubild Zn-Al. Der α-Mk kristallisiert hexagonal (hdP), die β- und β′-Mk kristallisieren kfz. Die nicht unterdrückbare eu-

tektoide Dreiphasenreaktion

$$\beta\text{-Mk} \longrightarrow \alpha\text{-Mk} + \beta'\text{-Mk}$$

ist mit einer erheblichen Wärmetönung, einer Härteänderung und einer Volumenminderung verbunden. Während die Schrumpfung durch den eutektoiden Zerfall der β-Mk in relativ kurzen Zeiträumen, die durch künstliche Alterung bei 100 °C und in etwa 100 Stunden beendet ist, erfolgt, nimmt die Maßänderung (Verlängerung) durch Ausscheidung der β'-Mk aus α-Mk bei untereutektoiden Legierungen Monate und Jahre in Anspruch. Insgesamt sind die Maßänderungen infolge der Schrumpfungs- und Dehnungsvorgänge gering (etwa 0,05 %).

3

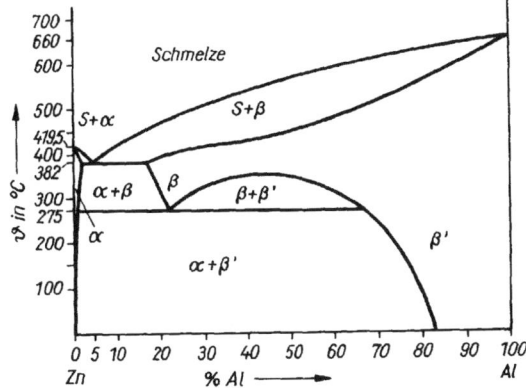

Bild 3.23 Zustandsschaubild des Systems Zn-Al

In wasserdampfhaltiger Atmosphäre neigen Zn-Al-Legierungen zur selektiven Korrosion, wobei die an den Korngrenzen der α-Mk befindlichen eutektischen Gefügebestandteile in Lösung gehen. Die Korrosionsanfälligkeit wird durch Zusatz von 0,05 % Mg herabgesetzt.

Ternäre ZnAlCu-Legierungen verlangen zum Erreichen optimaler mechanischer Eigenschaften eine genaue Einhaltung der Gießtemperatur. Sie liegt etwa 20 K oberhalb des Liquiduspunktes (405 ... 410 °C). Bei Kokillenguß muß die Kokillentemperatur etwa 250 °C betragen. Abweichungen nach oben ergeben geringere Dehnungswerte, nach unten verringerte Werte der Schlagfestigkeit.

Zinklegierungen sind schweiß- und lötbar. Ternäre Legierungen lassen sich mit üblichen Weichloten und Lötwasser, binäre Legierungen lassen sich mit Cd-haltigen Loten, wie z. B. S-Zn 60 Cd 40 (bisherige Bezeichnung L-ZnCd 40); S-Cd 80 Zn 20 (L-CdZn 20); S-Cd 70 Zn 30 (L-CdZn 30) und 40-%iger NaOH als Lötwasser löten.

3.19.4   Literatur- und Quellenverzeichnis

[1]   *Hornbogen, E.*: Werkstoffe. – Berlin: Springer-Verlag, 1994

[2]   *Riehle, M.; Simmchen, E.*: Grundlagen der Werkstofftechnik. – Stuttgart: Deutscher Verlag für Grundstoffindustrie, 1997

[3]   *Schumann, H.*: Metallographie. – Leipzig: Deutscher Verlag für Grundstoffindustrie, 1991

[4]   Autorenkollektiv: Handbuch Feuerverzinken. – Leipzig: Deutscher Verlag für Grundstoffindustrie, 1970

[5]   DIN-Taschenbuch 53. – Berlin: Beuth-Verlag, 1991

[6]   DIN-Taschenbuch 54. – Berlin: Beuth-Verlag, 1991

3.20   Zinn

3.20.1   Eigenschaften

Physikalische Eigenschaften

Zinn (Stannum, Sn) ist ein Element der IV. Hauptgruppe des PSE mit der Ordnungszahl 50 und der relativen Atommasse 118,69.

Sn tritt als polymorphes Metall in zwei Modifikationen auf.

α-Sn kristallisiert als nichtmetallische Modifikation (mit Atombindung) im kubischen Diamantgitter (kub. Diamant). Die metallische Modifikation β-Sn kristallisiert tetragonalraumzentriert (tetr.r.z.). Die β, α-Umwandlung beginnt bei 13,2 °C und ist irreversibel.

- Dichte $\varrho = 7{,}29 \cdot 10^3 \text{ kg} \cdot \text{m}^{-3}$
- Schmelzpunkt: 231,9 °C
- Siedepunkt: 2 270 °C
- Spezifische Wärmekapazität $c_\text{p} = 226{,}1 \text{ J} \cdot \text{kg}^{-1} \cdot \text{K}^{-1}$
- Wärmeleitfähigkeit $\lambda = 67 \text{ W} \cdot \text{m}^{-1} \cdot \text{K}^{-1}$
- Wärmeausdehnungskoeffizient $\alpha = 21{,}4 \cdot 10^{-6} \text{ K}^{-1}$
- Spezifische elektrische Leitfähigkeit $\varkappa = 8{,}67 \text{ m} \cdot \Omega^{-1} \cdot \text{mm}^{-2}$
  $$= 8{,}67 \text{ MS} \cdot \text{m}^{-1}$$
- Spezifischer elektrischer Widerstand $\varrho = 0{,}115 \, \Omega \cdot \text{mm}^2 \cdot \text{m}^{-1}$
  $$= 11{,}5 \cdot 10^{-6} \, \Omega \cdot \text{cm}$$
- Temperaturkoeffizient des Widerstandes $\alpha = 4{,}6 \cdot 10^{-3} \text{ K}^{-1}$
- Elastizitätsmodul $E = 54 \text{ GPa}$
- Gleitmodul (Schubmodul) $G = 20{,}2 \text{ GPa}$
- POISSON-Zahl $\mu = 0{,}33$
- Zugfestigkeit $R_\text{m} = 27 \text{ MPa}$
- Streckgrenze $R_{\text{p}0{,}2} = 14{,}7 \text{ MPa}$

- Bruchdehnung $A = 40\ \%$
- Vickershärte $HV = 4 \ldots 5$

Chemische Eigenschaften

Zinn ist gegenüber Luft, Wasser, Ammoniak, verdünnten organischen Säuren sehr gut beständig. Anorganische Säuren greifen Sn in mit steigender Konzentration stärker an. Durch Chlorgas wird Sn leicht in $SnCl_4$ überführt (wichtig für die Rückgewinnung von Sn aus Weißblechschrott). Heiße Laugen greifen Zinn unter Bildung von Stannaten, z. B. $Na_2[Sn(OH)_6]$, an. Wegen seiner Ungiftigkeit ist Sn für Lebensmittelverpackungen (Weißblech, Stanniol) sehr gut geeignet.

Technologische Eigenschaften

Zinn ist sehr gut gieß- und lötbar. Es läßt sich leicht zu Folien (Stanniol) verarbeiten. Bei Temperaturen um 200 °C versprödet es und läßt sich zu Pulver zerreiben bzw. schlagen.

3.20.2 Verwendung

Zinn wird in 5 Reinheitsgraden hergestellt: Sn 99,9; Sn 99,75; Sn 99,5; Sn 99 und Sn 98. Die beiden ersten Sorten sind für die Herstellung von Weißblech geeignet. Wegen des hohen Preises wurde Stanniol weitgehend durch Al-Folie verdrängt. Außer Sn 99,9 werden die anderen Zinnsorten zur Herstellung von Legierungen (Zinnbronze, Lagermetalle, Lote) eingesetzt.

In DIN 17810 ist die Legierung Sn 90-10 ($\geq$ 90 % Sn; 0 … 7 % Sb; 0 … 3 % Cu; 0 … 4 % Ag und $\leq$ 0,5 % Pb) genormt, die für Zinngeräte vorgesehen ist, die mit Nahrungs- und Genußmitteln in Berührung kommen.

In DIN 1707-100 (8.1997) und DIN EN 29453 sind Weichlote auf Sn-Basis genormt. Vgl. dazu auch die Tabellen 3.1 und 3.5. Die Lotwerkstoffe werden in Form von Stangen, Fäden, Stäben, Draht, Bändern, Folien und Blöcken geliefert.

3.20.3 Literatur- und Quellenverzeichnis

[1] *Riehle, M.; Simmchen, E.*: Grundlagen der Werkstofftechnik. – Stuttgart: Deutscher Verlag für Grundstoffindustrie, 1997

[2] *Schumann, H.*: Metallographie. – Leipzig: Deutscher Verlag für Grundstoffindustrie, 1991

[3] *Hornbogen, E.*: Werkstoffe. – Berlin: Springer-Verlag, 1994

[4] DIN-Taschenbuch 53. – Berlin: Beuth-Verlag, 1991

[5] DIN-Taschenbuch 54. – Berlin: Beuth-Verlag, 1991

4   Pulver- und Sinterwerkstoffe

Die Pulvermetallurgie befaßt sich mit der Herstellung von Halbzeugen und Formteilen aus Metall- oder Hartstoffpulvern bzw. -gemischen. Gegenüber der Schmelzmetallurgie bietet die Pulvermetallurgie eine Reihe von Vorteilen, wie

- Herstellbarkeit von Teilen aus Metallen oder Metall-Nichtmetall-Kombinationen, die schmelzmetallurgisch nicht zu gewinnen sind (Verbundwerkstoffe),
- Fertigung von Teilen aus hoch- und höchstschmelzenden Metallen,
- Fertigung von Teilen, die durch ihre Maßgenauigkeit nicht oder kaum noch nachzuarbeiten sind (sehr hohe Materialausnutzung),
- Verbesserung der Eigenschaften von Sonderwerkstoffen.

Die Herstellung von Pulver- und Sinterwerkstoffen erfolgt prinzipiell in den nachstehend genannten Schritten:
1. Pulvergewinnung
2. Klassierung (Trennen von Pulvern nach Teilchengrößenklassen oder Fraktionen)
3. Mischen der Pulverfraktionen und Zusatz von entsprechenden Hilfsmitteln (Bindemittel, Plastifizierungs- und Preßhilfsmittel)
4. Formgebung (mit oder ohne Druckanwendung)
5. Sintern
6. Ggf. Kalibrieren.

4.1   Pulvergewinnung

Metall-Hartstoffpulver lassen sich in grober Einteilung durch mechanische, chemische und elektrochemische Verfahren gewinnen.

Mechanische Verfahren

Diese Verfahren dienen der Zerkleinerung (Dispergierung) von festen oder flüssigen (geschmolzenen) Metallen, Legierungen, Hartstoffen oder Oxiden. Feste Ausgangsstoffe werden durch Grobzerkleinerung (Zerspanen, durch Backenbrecher oder Kollergänge) oder Mahlen (Kugelmühlen, Schwingmühlen, Attritoren u. ä.) in die Form von Spänen, Plättchen und Pulver überführt. Schmelzflüssige Ausgangsstoffe werden durch Granulation (in oder mit Wasser sowie durch Rühren), Zerstäuben (Schleuder-, Twin-roller-, Ultraschall-Schockwellen-Verfahren) und Verdüsen (mit Druckluft, -gas und

-wasser oder Vakuum) in Granalien, Plättchen oder Pulver dispergiert. Die Druckwasser- bzw. Druckgasverdüsung ist weit verbreitet und wird vor allem zur Gewinnung von Eisen- und Bronzepulvern angewandt.

Chemische Verfahren

Die Pulvergewinnung aus oxidischen Ausgangsstoffen kann mit Hilfe fester, flüssiger oder gasförmiger Reduktionsmittel erfolgen.

Man unterscheidet die trockene und die nasse Reduktion.

Trockene Reduktion

Bei dieser am weitesten verbreiteten Verfahrensgruppe werden folgende Reduktionsmittel verwendet: elementarer Kohlenstoff, H_2, CH_4, CO, Kohlenwasserstoffe und Ammoniakspaltgas oder Gemische aus den genannten Gasen.

$$\text{Ammoniakspaltgas: } 2NH_3 \leftrightharpoons N_2 + 3H_2$$

Die trockene Reduktion kann *stationär* oder *nichtstationär* durchgeführt werden.

4

Beim *Höganäs-Verfahren*, als dem bekanntesten stationären Verfahren, wird hochreines Magnetiterz (Fe_3O_4) in Tonrohren mittels Koks-Kalkstein-Gemisch (85 : 15) in einer Ofenfahrt von 68 h durch einen Tunnelofen (Länge etwa 170 m) zu einem porösen, teilweise gesinterten Eisenschwamm reduziert. Durch anschließendes Mahlen und Magnetscheidung sowie Windsichtung erhält man Pulver unterschiedlicher Teilchengröße. Durch Nachreduktion bei 870 °C mit Spaltgas wird der C-Gehalt von 0,3 % auf weniger als 0,03 % und der O_2-Gehalt von 1 % auf 0,3 ... 0,4 % gesenkt. Das leicht gesinterte Reduktionsgut wird erneut dispergiert und klassiert. Das so erhaltene spratzig-schwammige Fertigpulver ist sehr gut zum Pressen und Sintern geeignet.

Bei nichtstationären Verfahren werden brikettierter Walzzunder oder Erz im Drehrohrofen oder das dispergierte Reduktionsgut im Wirbelschicht-Verfahren mit H_2 oder CO reduziert. Pulver der Nichteisenmetalle Co, Cu, Mo, Ni, Re und W werden vornehmlich durch Reduktion ihrer Oxide mit H_2 gewonnen. Sulfidische Ausgangsstoffe, wie MoS_2, werden vorher durch Rösten (Erhitzen unter Luftzutritt) in Oxide überführt. Der Reduktionsprozeß wird bei Mo-Oxid und W-Oxiden in 2 bzw. 3 Stufen bei unterschiedlichen Temperaturen durchgeführt.

Nasse Reduktion

Die Verfahren der nassen Reduktion (Hydrometallurgie) erlauben die Gewinnung von Metallen bzw. Metallpulvern aus armen, komplex zusammengesetzten Erzen und aus Sekundärrohstoffen. Nach entsprechender Aufbereitung werden die wasserlöslichen aminsalzhaltigen Lösungen der betreffenden

Metalle (Ag, Cd, Co, Cu, Ni, Sn) durch Einleiten von Wasserstoff nach der Reaktionsgleichung

$$Me^{2+} + H_2 \longrightarrow Me + 2H^+$$

reduziert. Wesentlich ist dabei die Einhaltung des H_2-Druckes und des pH-Wertes.

Chemische Fällung

Dieses Verfahren dient der Gewinnung von Pulvern mit Teilchengrößen im Mikrometer- und Nanometerbereich, vorzugsweise von Mischpulvern aus Ag und Ni bzw. Ag und CdO (vgl. 3.13.4.2).

Darüber hinaus wird dieses Verfahren zur Herstellung von Schneidkeramik aus α-Al_2O_3, mit $Al(OH)_3$ als Ausgangsstoff, angewandt.

Karbonyl-Verfahren

Die Beständigkeit der Metallkarbonyle – $Me(CO)_x$ – ist druck- und temperaturabhängig. D. h., unter entsprechenden Druck- und Temperaturverhältnissen gehen diese Verbindungen in den gasförmigen Zustand über und zersetzen sich in ihre Bestandteile. Das Verfahren wird zur Gewinnung sehr feiner und sinteraktiver Eisen- und Nickelpulver aus Erzen, Eisenfeinschrott, Schwammeisen, Nickelgranulat oder Nickelfeinstein angewandt.

Die gasförmigen Karbonyle entstehen bei CO-Drücken von $7 \ldots 30$ MPa und bei $200 \ldots 250\ °C$ nach folgenden Reaktionsgleichungen:

$$Fe + 5CO \rightleftharpoons Fe(CO)_5$$
$$Ni + 4CO \rightleftharpoons Ni(CO)_4$$

Die Karbonyle werden unter Druck verflüssigt und gespeichert. Die zur Pulvergewinnung erforderliche Zersetzung wird als Niederdruckzersetzung bei $p = 0{,}1 \ldots 0{,}4$ MPa und $200 \ldots 250\ °C$ oder als Hochdruckzersetzung bei $p = 25$ MPa und $250\ °C$ bei $Ni(CO)_4$ vorgenommen. Das freiwerdende CO wird abgeleitet. Nebenreaktionen, die zur Bildung von Fe_3C, FeO oder CO_2 führen können, werden durch Einleiten von NH_3 in die Zersetzungskammer bzw. in den Zersetzungszylinder verhindert.

Die Pulverteilchen haben einen schalenförmigen Aufbau und Teilchengrößen zwischen 2 und 15 µm. Wegen der sehr hohen Härte ($\approx 850\ HV$) muß das Pulver in H_2-Atmosphäre weichgeglüht werden.

Thermochemische Reaktionen

Mit Hilfe derartiger Reaktionen können Hartstoffe, wie Karbide, Nitride, Boride und Silizide, gewonnen werden, die als Werkzeugwerkstoffe (Schneid- und Umformwerkzeuge) eingesetzt werden.

Metallkarbide werden durch Karburierung von Metall- oder Metalloxidpulver mit Ruß unter H_2-Atmosphäre oder im Vakuum bei hohen Temperaturen hergestellt, z. B.:

$$WO_3 + Ruß \xrightarrow{1\,400\ldots1\,600\ °C} WC$$

$$Mo + Ruß \xrightarrow{1\,200\ldots1\,400\ °C} Mo_2C$$

$$TiO_2 + Ruß \xrightarrow{1\,700\ldots1\,900\ °C} TiC$$

$$Ta + Ruß \xrightarrow{1\,300\ldots1\,500\ °C} TaC$$

Nitride, wie TiN, TaN, VN, ZrN werden bei $1\,200\ldots1\,400\ °C$ in Gegenwart von N_2 oder NH_3 aus den entsprechenden Metallpulvern gewonnen.

Boride und *Silizide* lassen sich durch verschiedene Verfahren herstellen, wie:
- Schmelzen oder Sintern von Gemischen aus Metall und B bzw. Si
- metallothermische Reduktion von Metall- und Nichtmetalloxiden
- Reduktion mit festem Kohlenstoff
- Schmelzflußelektrolyse
- Abscheidung aus der Gasphase.

Pulvergewinnung durch elektrolytische Reduktion

Elektrolytisch lassen sich 61 Metalle darstellen, davon 22 aus wäßrigen Lösungen und 39 durch Schmelzflußelektrolyse. Pulverförmig sind jedoch nur Cu, Fe, Ni, Be und Ta zu gewinnen. Die elektrolytische Reduktion von Metallen folgt der Gleichung

$$\boxed{Me^{z+} + z \cdot e \rightleftharpoons Me}$$

Das Gleichgewichtspotential ε_{Me} des abzuscheidenden Metalls ergibt sich aus der *Nernstschen Gleichung* zu

$$\boxed{\varepsilon_{Me} = \varepsilon_{Me}^0 + \frac{RT}{zF} \cdot \ln c^{z+}}$$

ε_{Me}^0 Normalpotential des Metalls
R Gaskonstante ($8{,}31\ J/mol \cdot K$)
F FARADAY-Konstante ($96\,494\ A \cdot s = 26{,}8\ A \cdot h$)
z Wertigkeit des Metalls
c^{z+} Konzentration der Metallionen im Elektrolyt

Das Potential des Elektrolyten muß negativer als das Potential des Metalls sein; das wird durch die äußere Stromzufuhr gewährleistet. Die Anode (Pluspol) besteht aus dem Metall, dessen Ionen im Elektrolyten vorhanden sind. Bei Stromfluß wird das Metall an der Katode (Minuspol) abgeschieden.

4

Die an der Katode durch den Strom I in der Zeit t abgeschiedene Metallmenge m (in g) ist

$$\boxed{m = A_e I t} \qquad (\textit{1. Faradaysches Gesetz})$$

A_e elektrochemisches Abscheidungsäquivalent $(g/A \cdot h)$

Das praktisch erreichbare Abscheidungsäquivalent A_{eprakt} ist, wegen der als Überspannung bezeichneten Polarisationserscheinungen, geringer als das theoretische $A_{e\,theor}$.

Der Quotient aus A_{eprakt} und $A_{e\,theor}$ wird als Stromausbeute γ bezeichnet.

$$\boxed{\gamma = \frac{A_{eprakt}}{A_{e\,theor}}}$$

Die tatsächlich abscheidbare Metallmenge ist dann

$$m = A_e I t \gamma$$

▶ *Hinweis:* In der Galvanotechnik wird die auf einer Substratoberfläche A (dm^2) bei der Stromdichte i (A/dm^2) in der Expositionszeit t (h) abscheidbare Metallmenge m (g) unter Beachtung des katodischen Wirkungsgrades $\eta_K = \dfrac{\gamma}{100}$ nach der Gleichung

$$m = A_e i t A \eta_K$$

berechnet.

Während in der Galvanotechnik zur Abscheidung glatter und dichter Schichten eine hohe Keimzahl (Keimbildungsgeschwindigkeit) und eine hohe Ionenkonzentration erforderlich sind, werden zur pulverförmigen Abscheidung dagegen eine geringe Ionenkonzentration, eine hohe Stromdichte (bei niedriger Elektrolyt- bzw. Katodentemperatur) und eine hohe Leitfähigkeit des Elektrolyten (Zusatz von Säuren oder Salzen) verlangt. Als Katodenwerkstoffe werden verwendet: Stahl, NE-Metalle, einschließlich der hochschmelzenden Graphitstäbe oder Preßlinge aus dem abzuscheidenden Metall. Die Anoden bestehen aus Rohmetallbarren oder -blechen des abzuscheidenden Metalls.

Pulverabscheidung aus wäßrigen Elektrolyten

Cu-Pulver gewinnt man aus schwefelsauren $CuSO_4$-Elektrolyten (Temperatur: $50\ldots60\,°C$) bei Stromdichten $i = 6\ldots20\ A/dm^2$. Je nach Cu-Gehalt des Elektrolyten (z. B. 4 g/l bzw. 35 g/l) ergeben sich fein- oder grobkörnige Pulver ($< 38\ldots > 125\ \mu m$), nach [1].

Fe-Pulver erhält man aus wäßrigen $FeCl_3$-NH_4Cl-Elektrolyten, *Ni-Pulver* aus einem aus $NiCl_3$, NH_4Cl und Alkalichloriden bestehenden Elektrolyten. Im Anschluß an die Elektrolyse werden die Pulver zur Entfernung von Salz- bzw. Elektrolytresten gewaschen, reduzierend geglüht und ggf. dispergiert.

Pulverabscheidung durch Schmelzflußelektrolyse

Dieses Verfahren ist nur bei Ta und Be üblich.

Die jeweiligen Elektrolyten bestehen aus eutektischen Mischungen von Alkali- und Erdalkalihalogeniden, in denen die Oxide oder Halogenide des Ta bzw. Be gelöst werden.

Wegen der stärker negativen Abscheidungspotentiale der Alkali- und Erdalkalimetalle werden nur Ta bzw. Be abgeschieden. Ta-Pulver gewinnt man mit einem Elektrolyten aus $50 \ldots 70 \%$ KCl und $20 \ldots 35 \%$ KF sowie $5 \ldots 10 \%$ K_2TaF_7 und $4 \ldots 5 \%$ Ta_2O_5 bei Temperaturen zwischen 700 und 900 °C und einer Katodenstromdichte von $i = 40 \text{ A/dm}^2$ (Katode: Graphitstab), nach [1].

Be-Pulver wird aus einem $BeCl_2$ + NaCl-Elektrolyten mit einem Molverhältnis 6 : 4 bei $330 \ldots 380$ °C und $i = 7,2 \text{ A/dm}^2$ in Form von Flocken oder Flittern gewonnen, nach [1].

4

4.2 Pulveraufbereitung

Die durch die entsprechenden Verfahren gewonnenen Pulver müssen zur Erzielung optimaler Preß- und Sinterbedingungen zu Pulvermischungen unterschiedlicher Teilchengrößen aufbereitet werden. Das Trennen der Pulver in Teilchengrößenklassen (Fraktionen) wird als *Klassieren* bezeichnet.

Das Klassieren kann durch *Sieben, Sichten* oder *Schlämmen* erfolgen. Die Siebklassierung wird mit sogenannten Siebböden, die aus Sieben unterschiedlicher Maschenweiten bestehen, für Pulver mit Teilchengrößen > 0,04 mm angewandt.

Beim Klassieren durch Sichten bewegen sich die Pulverteilchen in einem Luftstrom entgegen der Schwerkraft. Dieses als Windsichten bezeichnete Klassieren wird für Teilchengrößen von $0,02 \ldots 0,1$ mm benutzt. Die Sichter werden in Schwerkraft- und Fliehkraftsichter unterschieden.

Das Schlämmen dient der Klassierung oxidischer und silikatischer Pulver in bewegten Flüssigkeiten, vornehmlich Wasser, für Teilchengrößen von $0,02 \ldots 0,1$ mm.

4.3 Mischen der Pulver

Vor dem eigentlichen Mischen müssen die Pulverfraktionen in reduzierender Atmosphäre (H_2, Ammoniakspaltgas) geglüht werden, sofern sie durch die Lagerung Feuchtigkeit absorbiert haben, oberflächlich oxidiert sind oder wenn es sich um kaltverfestigte Pulver handelt.

Zur Verminderung der Reibung zwischen dem Pulver und dem Preßwerkzeug werden Preßhilfsmittel (Gleit- und Plastifizierungsmittel) in Mengen von $0,2\ldots 1\,\%$ zugesetzt. Wesentlich ist dabei, daß diese Mittel während der Aufheizperiode zum Sintern wieder aus den Preßlingen ausgetrieben werden. Häufig verwendete Preßhilfsmittel sind:

Zinkstearat $Zn(C_{18}H_{35}O_2)_2$ mit $T_{Siede} = 335\,^\circ C$

Stearinsäure $CH_3(CH_2)_{16}COOH$ mit $T_{Siede} = 360\,^\circ C$

Paraffin $C_{22}H_{46}\ldots C_{27}H_{56}$ mit $T_{Siede} = 320\ldots 390\,^\circ C$

Binde- und Plastifizierungsmittel ($1\ldots 20\,\%$) werden bei der Herstellung von Kontaktwerkstoffen (Metallkohlen: Cu-Graphit oder Ag-Graphit), Graphitlagerwerkstoffen oder Schleifkörpern aus Hartstoffen zugesetzt. Verwendet werden Cellulosederivate, Polysaccharide $(C_6H_{10}O_5)_n$ – Stärke – oder Salze der Alginsäure $(C_6H_8O_6)_n$ – *Alginate* –.

Zur Gewährleistung optimaler Preß- und Sintereigenschaften müssen die verschiedenen Pulverfraktionen und Hilfsmittel intensiv gemischt werden, wobei eine möglichst gute statistische und homogene Verteilung der Teilchen angestrebt wird. Beim Mischen stofflich homogener Pulver sollen die Schüttdichte ϱ_S und die Preßbarkeit optimiert werden. Die Schüttdichte beeinflußt die Hubhöhe des Preßwerkzeuges, die Größe der Vorratsbehälter und die Stückzahl je Zeiteinheit.

Die Optimierung der Preßbarkeit drückt sich in der Verminderung des zum Erreichen einer bestimmten Preßdichte erforderlichen Preßdruckes aus. Dabei führt eine hohe Preßdichte zu einer hohen *Grünfestigkeit*, wodurch die Handhabbarkeit der Preßlinge verbessert wird.

Kriterium für das Mischen heterogener Pulver ist die *Mischungsgüte*. Sie wird statistisch ermittelt und durch den *Variationskoeffizienten v* charakterisiert:

$$v = \frac{s}{q} = \frac{\sqrt{\dfrac{1}{n}\displaystyle\sum_{i=1}^{n}(q_i - q)^2}}{q}$$

s Standardabweichung

q Konzentrationssollwert

q_i Konzentration der i-ten Probe

n Probenanzahl

Dabei gilt: je kleiner der Variationskoeffizient, desto besser ist die Mischungsgüte. Sie wird unter anderem beeinflußt von der Dichte, der Teilchenform, den Teilchengrößenunterschieden, der mittleren Teilchengröße und ihrer Verteilung, von der Oberflächenstruktur der Teilchen, dem Mischungsverhältnis und von der Art des Mischers. Für leicht mischbare Pulver werden

Schwerkraftmischer (Trommel-, Taumel-, Doppelkonus- und Tetraedermischer), für schwer mischbare Komponenten werden stehende oder rotierende Behälter mit rotierenden Mischwerkzeugen (mechanisch wirkende Mischer) eingesetzt.

4.4 Herstellung von Formteilen

Formteile oder Formkörper aus Pulvermischungen können entsprechend der gegebenen Erfordernisse mit grundsätzlich zwei Verfahrensgruppen hergestellt werden:

1. Formgebung durch Druckanwendung
2. Formgebung ohne Druckanwendung.

Zur ersten Verfahrensgruppe zählen: Verdichten durch einseitigen oder mehrseitigen statischen Druck in Matrizen mit Ober- und Unterstempel, isostatisches Pressen zur allseitigen Verdichtung, Heißpressen, Sinterschmieden, Strangpressen und Walzen.

Zur zweiten Gruppe gehören das Schütten (für Filter), das Schlickergießen (z. B. Thermoelement-Schutzrohre) und das Vibrationsverdichten (z. B. für Pellets für Brennelemente der Kernenergietechnik).

Einzelheiten zu diesen Verfahrensgruppen sind der einschlägigen Fachliteratur zu entnehmen.

4.5 Sintern

Aufgabe und Zweck des Wärmebehandlungsverfahrens *Sintern* ist es, den Pulverpreßling zu verdichten bzw. seine Porosität zu verringern und die geforderten technischen Eigenschaften zu erreichen.

Die Sintertemperaturen einphasiger Pulvermischungen liegen bei

$$T_{\text{Sint}} = 0,67 \ldots 0,8 \; T_{\text{Schmelz}}$$

Mehrphasige Pulvermischungen werden bei Temperaturen, die in der Umgebung der Schmelz- bzw. Solidustemperatur der am niedrigsten schmelzenden Komponente liegen, gesintert.

Die Haupttriebkraft der mit dem Sintern verbundenen Vereinigung von Pulverteilchen ist ihr Streben nach Verminderung der Oberflächenspannung bzw. ihrer freien Energie G. Die Verminderung der freien Energie in diesem freiwillig ablaufenden Prozeß wird in großem Umfang durch Diffusionsvorgänge (Materietransport) bewirkt, wobei die äußeren Begrenzungsflächen des Preßlings, seine inneren Oberflächen (Porenwände, Korngrenzen) und die strukturellen

Fehlordnungen reduziert werden. Darüber hinaus werden bei mehrphasigen Pulvern die Ungleichgewichtszustände in Abhängigkeit vom Löslichkeitsverhalten der Komponenten im festen Zustand mehr oder weniger vollkommen ausgeglichen.

Die technischen Sinterprozesse werden unterschieden in:
- Festphasensintern einphasiger Pulver
- Festphasensintern mehrphasiger Pulver
- Temporäres Flüssigphasensintern
- Permanentes Flüssigphasensintern.

4.5.1   Festphasensintern einphasiger Pulver

Das Sintern der Pulverformteile kann nach [1] schematisch in drei aufeinanderfolgende Vorgänge, die sich praktisch jedoch überlagern können, eingeteilt werden (vgl. dazu Bild 4.1):

1. Frühstadium

Das Frühstadium ist gekennzeichnet durch die *Kontaktbildung* und das Kontaktwachstum benachbarter Teilchen in der Aufheizperiode.

2. Zwischenstadium

Dieses Stadium ist durch eine erhebliche Schwindungsgeschwindigkeit $\dot{\varepsilon}$ charakterisiert, die im Bereich des isothermen Sinterns das Maximum erreicht. Nach Überschreiten dieses Maximums fällt $\dot{\varepsilon}$ nichtlinear ab. Das Zwischenstadium wird auch als *Schwindungsstadium* bezeichnet.

3. Spät- oder Endstadium

Hier strebt der sinternde Preßling die Dichte ϱ des entsprechenden Festkörpers, bei gleichzeitiger weiter abnehmender Schwindungsgeschwindigkeit, an.

Vorgänge im Frühstadium

Die Kontaktbildung vollzieht sich noch vor Erreichen der eigentlichen Sintertemperatur, d. h. in der Aufheizperiode. Zur Deutung dieses Vorganges bedient man sich des Zweikugelmodells (vgl. Bild 4.2).

Die Vereinigung (Zusammensintern) beider Kugeln folgt dem Streben nach Verminderung der Gesamtoberfläche bzw. der Verminderung der Oberflächenspannung γ. Dabei entsteht aus den beiden Kugeln mit den gleichgroßen Radien a und den Volumina $V_1 = V_2$ eine einzige Kugel mit dem Radius a_1

$$\frac{4}{3}\pi a_1^3 = \frac{4}{3}\pi \left(2a^3\right)$$

$$\boxed{a_1 = a\sqrt[3]{2}}$$

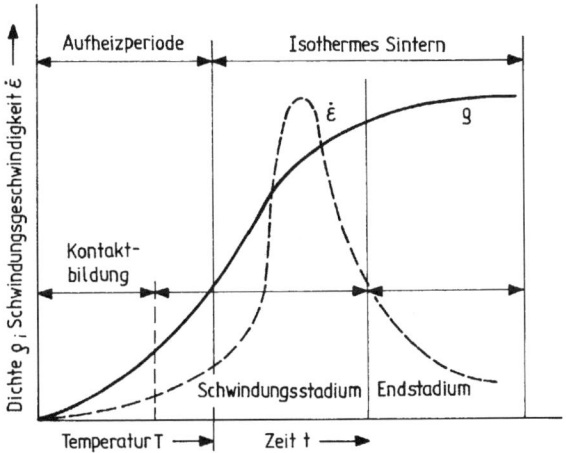

Bild 4.1   Verlauf des Festphasensinterns, schematisch nach [1]

4

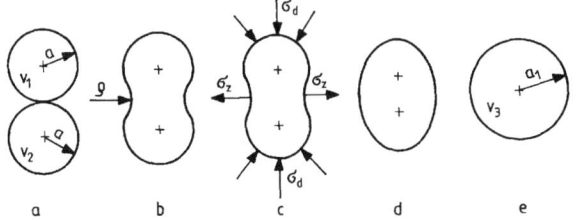

Bild 4.2   Sintern zweier kugelförmiger Teilchen – Zweikugelmodell – nach [1]

Der sich zwischen den Kugeln bildende und in Bild 4.2b dargestellte Kontaktbereich mit dem Radius ϱ wird als *Kontakthals* bezeichnet. Das Entstehen des Kontaktbereiches und die schließliche Vereinigung zu einer Kugel beruht auf Diffusionsprozessen unter dem Einfluß von Zug- (σ_z) und Druckspannungen (σ_d), vgl. Bild 4.2c.

Dabei wird davon ausgegangen, daß die unter Druckspannungen stehenden kugelförmigen Bereiche Gebiete mit einem Mangel oder Unterschuß an Gitterleerstellen, sogenannte *Leerstellensenken*, sind. Dagegen sollen die unter Zugspannungen stehenden Bereiche des Kontakthalses einen Überschuß an Gitterleerstellen, sogenannte *Leerstellenquellen*, aufweisen.

Der Ausgleich der Konzentrationsunterschiede an Leerstellen erfolgt durch Diffusion von Atomen aus den Leerstellensenken in die Leerstellenquellen, während die Leerstellen den umgekehrten Weg gehen.

Die in den Oberflächenbereichen ablaufenden Diffusionsvorgänge (Oberflächendiffusion) werden als *Coble-Mechanismus*, die durch den Kontaktbereich erfolgende Volumendiffusion als *Nabarro-Herring-Mechanismus* bezeichnet.

Eine andere Deutung des Materietransports beruht auf der Annahme nichtkonservativer Versetzungsbewegungen. Dabei geht man davon aus, daß die Kontaktbildung mit kristallographischen Fehlanpassungen von Gitterebenen und Freiwerden von Oberflächenenergie verbunden ist. Dadurch bedingt bilden sich im Kontaktbereich spontan Stufenversetzungen, wodurch sich die Versetzungsdichte auf etwa $N = 10^8 \dots 10^9 \ \text{cm}^{-2}$ erhöht.

Nach [1] werden die in diesem Bereich aufgestauten Versetzungen (*Versetzungszonen*) je nach ihrer Lage zur Kontaktebene entweder als Leerstellensenken oder Leerstellenquellen betrachtet. Dabei wirken die annähernd senkrecht zur Kontaktebene angeordneten Versetzungen als Leerstellenquellen und die parallel dazuliegenden als Leerstellensenken. Der Konzentrationsausgleich der Leerstellen erfolgt so, daß die senkrecht zur Kontaktebene liegenden Stufenversetzungen Leerstellen emittieren, während von den als Leerstellensenken wirkenden Versetzungen Atome emittiert werden, die zu den Leerstellenquellen diffundieren. Dadurch verbreitert sich der Kontaktthals. Durch die Aufnahme von Leerstellen klettern die Leerstellensenken in Richtung zur Kugeloberfläche und lösen sich dort auf. Infolgedessen nähern sich die Kugelmittelpunkte an. Dieser durch nichtkonservative Versetzungsbewegung (Klettern) gekennzeichnete Materietransport wird als *Peach-Köhler-Kriechen* bezeichnet (vgl. Bild 4.3).

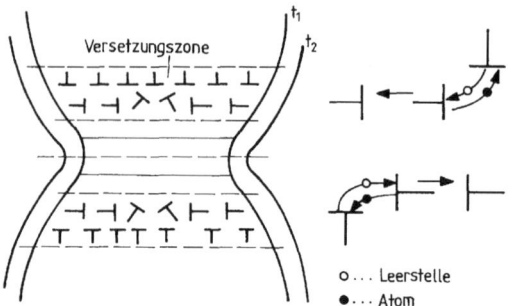

Bild 4.3 Materietransport durch nichtkonservative Versetzungsbewegung (Klettern) – PEACH-KÖHLER-Kriechen –, nach [1]

Vorgänge im Zwischenstadium

Das Zwischenstadium, das bereits in der Aufheizperiode beginnt und einen breiten Zeitraum des isothermen Sinterns beherrscht, zeichnet sich durch eine bis zu einem Maximum zunehmende Schwindungsgeschwindigkeit $\dot{\varepsilon}$ aus. Betrachtet man die Verminderung des Porenvolumens nur unter dem Aspekt, daß außer der Temperatur und der Zeit keine anderen Einflußgrößen (z. B. äußere Druckkräfte) wirken, so beschreiben nach [1], zwei wesentliche Modellvorstellungen diesen freiwilligen Sintervorgang:

> 1. Wechselwirkung zwischen den als Leerstellensenken zu betrachtenden Korngrenzen und Poren (Korngrenzen-Leerstellen-Prozeß)
> 2. Wechselwirkung zwischen den als Leerstellensenken aufzufassenden Versetzungen und Poren (Versetzungs-Leerstellen-Prozeß).

Korngrenzen-Leerstellen-Prozeß

Auf eine von Pulverteilchen allseitig umgebene Pore wirkt der sogenannte LAPLACE-Binnendruck $P = 2\frac{\gamma}{a}$. Darin sind γ die Oberflächenspannung und a der Porenradius. Unter dem Einfluß des Binnendruckes diffundieren aus den Korngrenzen (Leerstellensenken) Atome in den Porenraum, gleichzeitig diffundieren äquivalente Mengen von Leerstellen des Porenraumes in die Korngrenzen und werden dort aufgelöst. Dieser Prozeß wird als diffusionsgesteuerter NABARRO-HERRING-Mechanismus aufgefaßt (vgl. Bild 4.4).

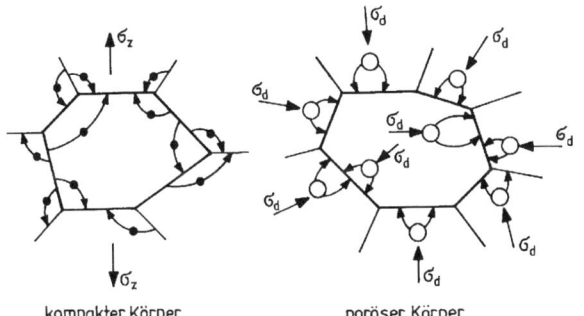

Bild 4.4 Diffusionsgesteuertes NABARRO-HERRING-*Kriechen, nach [1]*

Versetzungs-Leerstellen-Prozeß

Unter dem Einfluß von Temperatur und Kapillarkräften (bzw. des Binnendruckes) führen Stufenversetzungen Kletterbewegungen aus, die als nichtkonservative Bewegungsweise mit Leerstellendiffusion verbunden sind. Dabei diffundieren Atome in die Poren und hinterlassen in den Pulverteilchen Gitterleerstellen. Dieser Vorgang entspricht dem PEACH-KÖHLER-Kriechen.

Die Bestimmung der Abnahme der Porosität, die natürlicherweise mit einer bleibenden Formänderung (hier ist die Schwindung gemeint) des Preßlings verbunden ist, läßt sich durch die Berechnung der Schwindungsgeschwindigkeit $\dot{\varepsilon}$ beim Versetzungs-Leerstellen-Prozeß, im Gegensatz zum Korngrenzen-Leerstellen-Prozeß, den experimentellen Ergebnissen weitgehend annähern. Die Geschwindigkeit $\dot{\varepsilon}_V$ der auf Versetzungsbewegungen beruhenden Kriechvorgänge ist

$$\boxed{\dot{\varepsilon}_V \approx N_V \bar{v} \boldsymbol{b}}$$

N_V Versetzungsdichte beweglicher Versetzungen
$\bar{v}$ mittlere Bewegungsgeschwindigkeit der Versetzungen
$\boldsymbol{b}$ BURGERS-Vektor

Da nichtkonservative Versetzungsbewegungen (Klettern) mit der Diffusion von Leerstellen gekoppelt sind, ist die mittlere Bewegungsgeschwindigkeit der Versetzungen

$$\boxed{\bar{v} \approx \frac{D_s \Omega}{\boldsymbol{b}kT} P}$$

D_s Diffusionskoeffizient
Ω Porenvolumen
k BOLTZMANN-Konstante
T Temperatur
$\boldsymbol{b}$ BURGERS-Vektor
P Kapillardruck, Binnendruck

Durch Einsetzen in $\dot{\varepsilon} \approx N_V \bar{v} \boldsymbol{b}$ folgt

$$\boxed{\dot{\varepsilon} \approx \frac{N_V D_s \Omega}{kT} P}$$

Die Schwindungsgeschwindigkeit wird in %/min angegeben.

Vorgänge im Endstadium

Hier nimmt nach Überschreiten des Maximums die Schwindungsgeschwindigkeit wegen der zunehmenden Verdichtung weiter ab. Kennzeichnend sind ein Kornwachstum, das einem Zeitgesetz folgt, und das sogenannte *innere Sintern*. Darunter ist die Leerstellendiffusion aus den Bereichen kleinerer Poren zu noch vorhandenen größeren zu verstehen. Dabei lösen sich die kleineren Poren zugunsten der größeren auf, ohne daß die Gesamtporosität geändert wird, wobei die Korngrenzen nahezu porenfrei werden und sich die größeren Poren im Korninneren befinden.

4.5.2   Festphasensintern mehrphasiger Pulver

Das Sintern mehrphasiger, heterogener Pulverpreßlinge wird außer durch die in 4.5.1 dargestellten Vorgänge noch wesentlich durch das Löslichkeitsverhalten der Komponenten im festen Zustand beeinflußt.

Völlige Unlöslichkeit der Komponenten im festen Zustand

Für die Kontaktbildung zwischen Teilchen der Komponenten A und B ist die Größe der Oberflächenspannung γ_{AB} im Kontaktbereich zwischen A- und B-Teilchen maßgebend. A- und B-Teilchen sintern zusammen, wenn

$$\gamma_{AB} < \gamma_A + \gamma_B$$

ist. Im umgekehrten Fall, also wenn

$$\gamma_{AB} > \gamma_A + \gamma_B$$

ist, dann sintern nur A-Teilchen bzw. nur B-Teilchen zusammen.

Völlige und begrenzte Löslichkeit der Komponenten im festen Zustand

Bei diesem Löslichkeitsverhalten diffundieren die Atome der entsprechenden Komponenten durch und in den Kontaktbereich der Teilchen der jeweils anderen Komponente. Dabei bilden sich zunächst in den Kontaktbereichen Mischkristalle oder ggf. intermetallische Phasen. In Abhängigkeit von der Temperatur und der Zeit findet in zunehmendem Maße eine Legierungsbildung statt. Die Einstellung des Gleichgewichtszustandes gemäß des jeweiligen Zustandsdiagramms wird aus zeitlichen bzw. wirtschaftlichen Gründen nicht angestrebt. Wird jedoch ein Gleichgewichtsgefüge verlangt, so müssen fertiglegierte Pulvermischungen verwendet werden (vgl. Bild 4.5).

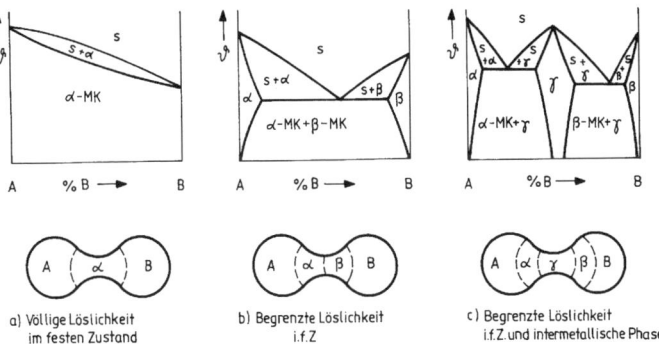

Bild 4.5   Phasenbildung im Kontaktbereich in Abhängigkeit vom Löslichkeitsverhalten der Komponenten im festen Zustand, nach [1]

Bei der Legierungsbildung durch Diffusion sind die unterschiedlichen Diffusionskoeffizienten der Partner zu beachten. Beispielsweise betragen die Diffusionskoeffizienten bei 1 000 °C für die Diffusion von Ti in Fe: $D = 7,2 \cdot 10^{-12}$ cm²/s und von Fe in Ti: $D = 2,9 \cdot 10^{-8}$ cm²/s. Wegen des um vier Zehnerpotenzen größeren Diffusionskoeffizienten bildet sich in Fe-Teilchen ein Leerstellenüberschuß, der zu einer zusätzlichen Porenbildung führen kann, während die Ti-Teilchen eine Volumenzunahme erfahren (KIRKENDALL-Effekt).

4.5.3 Temporäres Flüssigphasensintern

Unter diesem Begriff ist ein Sinterprozeß zu verstehen, bei dem sich in einem Preßling aus einer mehrphasigen Pulvermischung bei entsprechender Temperaturführung, die dem zugehörigen Zustandsdiagramm angepaßt ist, kurzzeitig (*temporär*) eine flüssige Phase bildet, die zur Entstehung eines einphasigen, homogenen Werkstoffs vorgegebener Zusammensetzung führt.

Voraussetzungen dafür sind:

1. Die Komponenten müssen einem eutektischen System mit Mischungslücke im festen Zustand angehören.
2. Der Diffusionskoeffizient des Grundwerkstoffs muß erheblich größer als der des Legierungselementes sein.
3. Das oder die Eutektika müssen eine gute Benetzbarkeit (relativ geringe Oberflächenspannung) gegenüber den Pulverteilchen haben (vgl. dazu auch Bild 4.6).

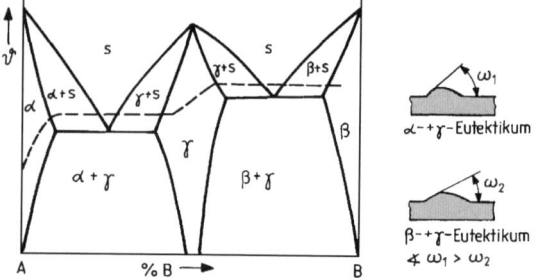

Bild 4.6 Temperaturverlauf beim temporären Flüssigphasensintern, nach [1]

Die technische Anwendung dieses Verfahrens findet man bei aushärtbaren Legierungen, wie CuTi 5 und FeTi 3,5, hoch- und höchstfesten Stählen, Superlegierungen, Zinnbronze, Sinteraluminium-Legierungen und Si-Nitrid-Keramik (SiAlON-Keramik: $Si_{6-x}Al_xO_xN_8$; $x = 1,5$; 2 und 3). Die SiAlON-Keramik wird u. a. für Schneid- und Ziehwerkzeuge angewandt.

4.5.4 Permanentes Flüssigphasensintern

Das Verfahren wird bei Preßlingen angewandt, deren Komponenten im festen Zustand begrenzt oder völlig unlöslich sind, z. B. W-Ag, W-Cu und Fe-Cu (Sinterstahl Fe 90 Cu 10). Dabei existiert im Zeitraum des isothermen Sinterns neben der festen, höher schmelzenden eine flüssige Phase.

Die Verdichtung des Preßlings aus im festen Zustand völlig unlöslichen Komponenten (W-Ag, W-Cu) setzt voraus, daß die Grenzflächenenergie zwischen den Teilchen (W) und der flüssigen Phase kleiner ist als die zwischen den festen Teilchen und daß eine gute Benetzbarkeit (kleiner Randwinkel) gegeben ist. Unter diesen Voraussetzungen werden die hochschmelzenden Teilchen von einem Schmelzenfilm der niedriger schmelzenden Komponente umgeben bzw. bedeckt. Die Verminderung des Porenvolumens des Preßlings erfolgt nun vornehmlich durch die *Umordnung der Teilchen* unter Wirkung des Kapillardruckes. Der Umordnungsprozeß verläuft sprungartig unter gleichzeitiger Beteiligung meist weniger Teilchen. Die Verdichtung wird begünstigt durch eine annähernd gleiche Packungsdichte im Preßling, eine hohe Mischungsgüte (kleiner Variationskoeffizient *v*) und einem Volumenanteil der flüssigen Phase von mindestens 35 %.

Ein weiterer Mechanismus zur Erhöhung der Dichte der Preßlinge, der besonders beim Sinterstahl Fe 90 Cu 10 erhebliche technische Bedeutung hat, ist der *Kornzerfall* oder die *Teilchendesintegration*. Voraussetzung dafür ist die teilweise Löslichkeit der festen in der flüssigen Phase. Dieser Mechanismus ist dadurch gekennzeichnet, daß beim Erreichen und Überschreiten des Schmelzpunktes der niedriger schmelzenden Komponente Oberflächenbereiche der höher schmelzenden Pulverteilchen von der flüssigen Phase bis zu ihrer Sättigung gelöst und sekundäre Teilchen gebildet werden. Das heißt, es tritt ein teilweiser Zerfall der höher schmelzenden Pulverteilchen und eine Teilchenumordnung auf.

Im Fall des Sinterstahls Fe 90 Cu 10 dringt die mit Fe gesättigte Cu-Schmelze in die Poren ein und verursacht durch Überkompensation der durch die Teilchenumordnung hervorgerufenen Schwindung eine Volumenzunahme (*Schwellung*) von etwa 6 %. Dadurch bedingt können Teile sehr hoher Maßgenauigkeit hergestellt werden.

Weitere Deutungsmöglichkeiten zur Verdichtung beim Sintern, wie Materialumfällung (Auflösung und Wiederausscheidung von Teilchen), OSTWALD-Reifung, HEAVY-ALLOY- und KINGERY-Mechanismus oder die Deutungen von PETZOW und HUPPMANN sollen nur erwähnt werden. Einzelheiten dazu sind der weiterführenden Literatur zu entnehmen.

4

4.5.5   Nachbehandlung gesinterter Formteile

Sinterformteile müssen bei entsprechenden Forderungen einer Nachbehandlung unterzogen werden. Neben einem eventuell notwendigen Entgraten durch Schleifen oder der spanenden Ausarbeitung von bestimmten Konturen, die preßtechnisch nicht zu realisieren sind, kann die nachfolgende Behandlung mit der Aufgabe verbunden sein, die mechanischen Eigenschaften und das Verschleiß- oder Korrosionsverhalten zu verbessern. Bei einfach geformten Teilen geringer bis mittlerer Dichte lassen sich die Festigkeitseigenschaften durch Kalibrieren bzw. Nachpressen, infolge der damit verbundenen Nachverdichtung und Kaltverfestigung, erhöhen.

Festigkeitssteigerungen lassen sich bei porenarmen Sinterstählen durch Härten und Vergüten erreichen. Verbesserungen des Verschleißverhaltens sind durch Randschichthärten mit Verfahren der thermochemischen Wärmebehandlung möglich. Temporärer oder permanenter Korrosionsschutz kann durch eine Reihe von Maßnahmen erzielt werden, wie

- Aufbringen von organischen Schutzschichten (Öle, Lacke, Hochpolymere)
- Aufbringen von anorganischen Schutzschichten durch Phosphatieren, Brünieren oder Wasserdampfoxidation
- Aufbringen metallischer Schichten auf galvanischem Wege oder von Diffusionsschichten (z. B. durch Inchromieren).

4.6   Anwendung von Sinterwerkstoffen

Im Hinblick auf Porenvolumen und Festigkeit bzw. statische und dynamische Belastbarkeit ergeben sich für Sinterwerkstoffe folgende wesentliche Anwendungsgebiete:

- Porenvolumen $\leq 60 \ldots \leq 90$ %: Filter
- Porenvolumen ≤ 30 %: selbstschmierende Gleitlager
- Porenvolumen ≤ 20 %: Reib- und Gleitwerkstoffe, statisch beanspruchte Formteile geringer Festigkeit
- Porenvolumen ≤ 15 %: Formteile mittlerer Festigkeit und hoher Maßgenauigkeit
- Porenvolumen ≤ 5 %: einsatzhärtbare und aushärtbare Formteile hoher Festigkeit
- Porenvolumen ≤ 1 %: Formteile höchster Festigkeit und für dynamische Belastung.

Weitere wichtige Anwendungsgebiete, für die spezielle physikalische und technische Eigenschaften der pulvermetallurgisch erzeugten Werkstoffe im Vordergrund stehen, sind: Hartstoffe, Hartmetalle, Magnetwerkstoffe und Kontaktwerkstoffe.

4.6.1 Filterwerkstoffe

Filterwerkstoffe aus Metallpulvern ($\leq$ 60 % Porenvolumen) und aus Metallfasern ($\leq$ 90 % Porenvolumen) sind denen auf organischer (Kunststoffe, Papier, Textilien) und anorganischer Basis (Glas, Keramik) in einer Reihe von Eigenschaften überlegen. Dazu gehören das breite Spektrum der Porosität und Durchlässigkeit, gute Festigkeitseigenschaften auch gegenüber dynamischer Belastung, die gute Wärmeleitfähigkeit und Temperaturwechselbeständigkeit sowie die Korrosionsbeständigkeit. Darüber hinaus lassen sich metallische Filter löten und schweißen und erforderlichenfalls spanend und spanlos bearbeiten. Die metallischen Filter sind im Vergleich zu organischen und anorganischen besser regenerierbar, d. h., Filterrückstände lassen sich gut beseitigen. Die Filterwirkung läßt sich in weiten Grenzen mit der Porengröße, Porenverteilung und durch die Anordnung der Porenkanäle beeinflussen. Der Gütefaktor L eines Filters ist nach ALBANO-MÜLLER

$$L = \frac{A}{\Delta p}$$

Darin sind A die Filtrationsgüte, die den Anteil separierter Verunreinigungen bezogen auf den Gesamtverunreinigungsgrad darstellt, und Δp der Druckabfall beim Filtrieren.

Filter aus kugligen oder kugelähnlichen Pulvern werden durch Einschütten der Pulvermischung in hitzebeständige Formen (Stahl, Keramik, Graphit) und anschließendes Sintern hergestellt.

Diese Schüttfilter (Ronden, Platten, Rohre, Töpfe, Kegel, Lamellen, Scheiben u. ä.) können mit Porenweiten (Filterfeinheit) von 3 bis 200 μm geliefert werden. Je nach den zu filtrierenden Medien und Arbeitstemperaturen werden CuSn 10 (Sn-Bronze), nichtrostende und säurebeständige Stähle (z. B. X 5 Cr-NiMo 18-10) und Neusilber (CuNiZn) als Filterwerkstoffe eingesetzt.

Filter aus spratzigen oder dendritischen Pulvern werden hauptsächlich durch Pressen in Werkzeugen und anschließendes Sintern erzeugt. Die Porosität bzw. Filterfeinheit von 1 ... 200 μm läßt sich durch die Preßparameter und durch Zusatz von Füllstoffen, die beim Sintern verdampfen oder vergasen, in weiten Grenzen variieren. Wegen der unregelmäßig geformten Pulverteilchen treten jedoch höhere Druckverluste auf.

Bandförmige Filter können kontinuierlich durch Pulverwalzen oder Schlickergießen mit anschließendem Sintern hergestellt werden. Als Werkstoffe sind
hochlegierte Stahlpulver, Ni und Ni-Legierungen sowie hochwarmfeste Ni-
Mo-Legierungen u. ä. üblich. Gepreßte Filter können neben anderen Einsatz-
zwecken auch als Flammensperren und Geräuschdämpfer verwendet werden.
Filter mit einer Porosität von $\leqq$ 90 % werden aus Drähten mit Durchmessern
von $\leqq$ 250 µm oder Metallfasern der Dicke 4 ... $\leqq$ 65 µm durch Verfilzen mittels Vibrationsverdichten und Sintern oder durch Anwendung geeigneter Web-
verfahren gefertigt und gesintert. Die Gewebe werden zu Matten geschich-
tet, gepreßt oder gewalzt und durch Sintern oder andere Verbindungsverfahren
verbunden. Die aus Fasern hochlegierter Cr-Ni-Stähle bestehenden Metallfil-
ter haben gegenüber denen aus Pulver hergestellten günstigere Festigkeitseigenschaften und sind spanlos durch Schneiden, Ausschneiden und Rollen zu
Formkörpern zu verarbeiten.

4.6.2   Sinterlagerwerkstoffe

Gleitlagerwerkstoffe sollen eine Reihe von Forderungen erfüllen, wie

- hohe Belastbarkeit bei entsprechender statischer und dynamischer Festigkeit
- hohe Verschleißfestigkeit und niedrige Reibungszahl
- gute Wärmeleitfähigkeit und thermische Belastbarkeit
- geringe Wärmeausdehnung
- gute Einlauf- und Notlaufeigenschaften
- Korrosionsbeständigkeit.

Diese Forderungen sind von einem Lagerwerkstoff insgesamt in vollem Umfang nicht oder kaum zu erfüllen.

Während in vielen Fällen die Gleitpaarung „Welle–Lager" zwangsgeschmiert
wird, ist es in anderen Fällen nicht möglich, die Gleitpaarung nach dem Einbau zu schmieren. Um dem Versagen der Paarung durch mangelnde Schmier-
stoffzufuhr vorzubeugen, kann das Gefüge des Lagerwerkstoffs mit dem
Schmierstoff getränkt werden (*gebrauchsdauergeschmiert*), oder es werden
Werkstoffe, wie Hochpolymere und Graphit, die selbst schmierfähig sind
(*selbstschmierend*), verwendet. Derartige Lager werden auch als *wartungsfreie* Lager bezeichnet.

Für Temperaturen bis zu 100 °C und niedrige Gleitgeschwindigkeit
($\leqq$ 3 m · s^{-1}) sowie relativ hohe Belastungen (6 ... 12 MPa) werden in
großem Umfang ölgetränkte Sinterlager auf der Basis von CuSn 10 (teilweise mit 1,5 % Graphitzusatz), Fe und Fe-Cu-(Cu)-Legierungen mit Graphit-
oder MoS$_2$-Zusätzen eingesetzt. Die Auswahl des zum Tränken des Lagerwerkstoffs zu verwendenden Öls richtet sich nach den Betriebsbedingungen.

Das Öl muß eine entsprechende Viskosität und Schmierfähigkeit, eine hohe Temperatur- und Oxidationsbeständigkeit und eine geringe Alterungsneigung aufweisen. Die Alterung, die z. B. auf Polymerisationsvorgängen beruht und zum Verharzen des Öls führt, wird besonders durch Cu katalytisch gefördert. Die Sinterlager werden in Form von Buchsen mit und ohne Bund sowie als Kalottenlager hergestellt. Ihre Hauptanwendungsgebiete sind der Maschinen-, Apparate- und Kfz-Bau (Lager für Lichtmaschinen, Öl- und Wasserpumpen, Anlasser u. a.), der Büro-, Textil-, Druck- und Landmaschinenbau, die Medizintechnik sowie Haushaltsgeräte und Geräte der Unterhaltungselektronik.

Für Temperaturbereiche, in denen die Ölschmierung versagt ($> 200\ °C$ und Temperaturen unterhalb des Stockpunktes der jeweiligen Öle), werden Metall-Festschmierstoff-Verbundwerkstoffe eingesetzt. Als Festschmierstoffe sind vor allem Graphit, MoS_2 und Pb gebräuchlich. In einigen Ausnahmefällen werden elementarer Schwefel und Sulfide (ZnS, Cu_2S) sowie Fluoride (CaF_2 und BaF_2) verwendet.

Je nach den äußeren Bedingungen – Einsatz der Lager in vorwiegend neutraler oder korrosiv wirkender Umgebung – werden Fe, rost- und säurebeständige Stähle oder Cu und Cu-Legierungen, sowie Co-, Cr-, Mo-, Ni- und W-Basiswerkstoffe als metallische Komponenten angewandt.

❑ **Beispiele für selbstschmierende Verbundlagerwerkstoffe** nach [1]:
- CuSn-Pb-C (10 % Sn, 10 ... 12 % Pb, 15 ... 16 % C)
- Fe-C (10 ... 15 % C, 1,5 ... 3,5 % Bi, As, Sb); selbstschmierend zwischen 50 ... 370 °C
- Fe-C-S (3 % C, 1 % S)
- Fe-C-ZnS (3 % C, 4 % ZnS)
- Fe-Mo-C (15 % Mo, 3 % C) selbstschmierend bis 400 °C
- Fe-Ni-C-CaF$_2$ (6 % Ni, 1 % C, 5 % CaF$_2$) selbstschmierend bis 650 °C
- NiFe-BaF$_2$ (5 ... 30 % Fe, 1 ... 30 % BaF$_2$, 0,15 % B) selbstschmierend bis 700 °C.

▶ *Anwendungsgebiete*: Lebensmittel-, Textil-, Druck- und Verpackungsmaschinen, Wärmekraftmaschinen, in der Kunststoff- und Glasindustrie, Pressen, Walzwerke, Gießmaschinen und Turbinen.

Selbstschmierende Metall-Kunststoff-Verbundlagerwerkstoffe

Unter den Kunststoffen, die sich durch sehr gute Gleiteigenschaften (niedrige Reibungszahlen) auszeichnen, wie Polyethylene, Polyoximethylen, Polyamide, Polykarbonate, ist **Polytetrafluorethylen** (PTFE) der technisch wichtigste Lagerbasiswerkstoff. PTFE hat eine große chemische Beständigkeit, ein breites Temperaturanwendungsgebiet ($- 200 ... + 300\ °C$) und eine sehr gute Verschleißbeständigkeit. Wegen seines großen Wärmeausdehnungskoeffizienten ($\alpha = 160 \cdot 10^{-6}\ K^{-1}$) und seiner geringen Wärmeleitfähigkeit ($\lambda = 0,244\ W \cdot m^{-1} \cdot K^{-1}$) ist PTFE ohne Zusatzstoffe und metallische Stützschalen nicht anwendbar.

Verbundlager werden daher beispielsweise unter Verwendung von verkupfertem Stahlband, auf das Zinnbronzepulver (Dicke etwa 0,2 ... 0,6 mm) aufgesintert ist, hergestellt. In diese Schicht wird eine Mischung von PTFE und Pb (Verhältnis 80 : 20) aufgewalzt (Dicke 0,5 ... 3 mm). Diese Lager sind selbstschmierend und können sehr hoch, etwa bis $p \geq 100$ MPa, sowie bis in den Temperaturbereich von 250 ... 300 °C belastet werden.

Angewendet werden diese Lager z. B. für Zahnradpumpen, Kleingetriebe in Textilverarbeitungsmaschinen, in Landmaschinen und Förderanlagen.

Thermisch hochbeanspruchte Sinterlagerwerkstoffe

Diese Werkstoffe, die für Hochtemperaturbelastungen bis 700 °C in oxidierender und bis 900 °C in neutraler Atmosphäre bei gleichzeitig hohen mechanischen Belastungen einsetzbar sind, bestehen aus hochlegierten Cr-Ni-Stählen oder Co-, Mo- und W-Legierungen. Die aus Cr-Ni-Stahlpulvern gesinterten Lager werden zur Selbstschmierung mit Fluoriden (CaF_2 oder BaF_2) getränkt.

Weitere Lagerwerkstoffe, die sowohl für hohe Temperaturen, als auch bei starken Verschleißbeanspruchungen oder in aggressiven Medien einsetzbar sind, werden aus Hartmetallen auf der Basis von WC-Co oder TiC-Ni-Mo und aus Legierungen auf Co- oder Ni-Basis mit in Mengen zwischen 50 und 65 % zugesetzten harten und verschleißfesten *Laves-Phasen* (z. B. CoMoSi; Co_3Mo_2Si) hergestellt.

Für Lager, die hohen Temperaturen und korrosiven Medien z. B. in der chemischen Industrie ausgesetzt sind, werden Sonderkeramiken, wie Al_2O_3, Si_3N_4, Si_3N_4-SiC u. a., sowie Keramik-Metallverbunde, die sogenannten *Cermets*, auf der Basis von z. B. 60 % W, 25 % Cr und 15 % Al_2O_3 eingesetzt.

4.6.3   Friktionswerkstoffe

Friktions- oder Reibwerkstoffe haben die Aufgabe, kinetische Energie in Wärmeenergie umzuwandeln. Diese Aufgabe erfüllen Kupplungen, Bremsen und Reibscheiben in Spindelpressen, indem sie Bewegungsvorgänge auslösen, beschleunigen oder abbremsen. Gegenüber den vielfach eingesetzten Verbundwerkstoffen aus Mineralien, Metalloxiden, Graphit, Eisengranulaten, Mineral- und Glaswolle oder Kunststoff- und Kohlenstofffasern, die mit Phenol-Formaldehyd- bzw. Kresol-Formaldehyd-Harzen oder Kautschuk gebunden sind, zeichnen sich gesinterte Reibwerkstoffe durch bessere Temperaturbeständigkeit und Wärmeleitfähigkeit bei gleichzeitig verringertem Platzbedarf und geringerer Masse aus. Für hohe Beanspruchungen bestehen diese Sinterwerkstoffe aus einer metallischen Grundkomponente und Graphit, bei extrem hohen Beanspruchungen, die in der Luftfahrttechnik sowie auch in Förderanlagen auftreten, dienen keramische Stoffe als Zusatzkomponenten.

Nach KRAGELSKI und HORNUNG, zitiert in [1], müssen diese Werkstoffe folgenden weiteren Anforderungen gerecht werden:

- von den Betriebsbedingungen weitgehend unabhängige Reibungszahlen
- geringer Verschleiß, gute Festigkeit, Korrosionsbeständigkeit
- kein Angriff des Werkstoffes des Reibungspartners
- gute bzw. ausreichende Wärmeleitfähigkeit
- hohe Wärmebelastbarkeit
- gutes Einlaufverhalten und weicher Eingriff
- hohe Schwingungsdämpfung
- von äußeren klimatischen Bedingungen weitgehend unabhängige Reibungscharakteristik.

Friktionswerkstoffe auf der Basis von Kupferlegierungen

Diese Werkstoffe bestehen aus Zinnbronzen (etwa $60\ldots81$ % Cu und $3\ldots10$ % Sn) mit Zusätzen von $3\ldots10$ % Fe. Weitere wesentliche Bestandteile, die verschleißmindernd und gleitfördernd wirken, sind: $8\ldots30$ % Graphit (bei unter Öl laufenden Kupplungen ist der Graphitanteil kleiner als 10 %), $1\ldots21$ % Pb, ggf. Anteile anderer niedrigschmelzender Metalle (Bi, Cd) sowie MoS_2 ($1,4\ldots12$ %) und kleinere Zusätze an SiO_2 (≤ 7 %), Al_2O_3 (≤ 10 %) u. a.

Reibungspartner dieser Friktionswerkstoffe sind: Gußeisen mit Lamellengraphit, unlegierte Stähle, Vergütungsstähle und hartverchromte Stähle. Die Anwendung dieser vor allem für den Trockenlauf geeigneten Reibwerkstoffe ist breit gefächert und erstreckt sich von Nutzfahrzeugen (Traktoren, Landmaschinen, Baumaschinen) über Lokomotiven, Hebezeuge, Flugzeuge, Werkzeug-, Textil- und Verpackungsmaschinen bis zu Umformmaschinen.

Für unter Öl laufende Reibwerkstoffe, die besonders in automatischen Fahrzeuggetrieben und Schaltkupplungen in Nutzfahrzeugen, Werkzeugmaschinen sowie Boots- und Schiffsgetrieben üblich sind, werden die gleichen Matrixwerkstoffe, jedoch mit erhöhtem Anteil keramischer Stoffe und vermindertem Anteil gleitfördernder Bestandteile (Graphit, Pb), verwendet. Der Matrixwerkstoff wird im allgemeinen auf Stahllamellen gestreut und aufgesintert. Nachträglich werden die Reibelemente zur Verbesserung der Ölzirkulation mit Nuten oder Rillen versehen. Als Gegenwerkstoffe werden die gleichen wie für den Trockenlauf angewandt.

Friktionswerkstoffe auf der Basis von Eisen

Diese Werkstoffe werden für den Trockenlauf verwendet und bestehen zu 40 bis 90 % aus Fe, 5 bis 35 % Cu, 2 bis 22 % Pb sowie als wichtigster nichtmetallischer Komponente aus 2 bis 30 % Graphit. Daneben werden auch Zusätze von

Bi, Cd, Cr, Mo, Pb und Sn sowie SiO_2, Al_2O_3, Silikate, Sulfide und Phosphide zugegeben. Diese Werkstoffe zeichnen sich durch relativ hohe Reibungszahlen und einen hohen Verschleißwiderstand aus.

Die bei den Sintertemperaturen zwischen 1 000 und 1 150 °C zwischen Eisen und Graphit ablaufenden Reaktionen führen zur Lösung von bis zu 2 % C im Eisen und während der Abkühlung zu Gefügebestandteilen aus Ferrit, Perlit, sekundärem Graphit und Sekundärzementit. Der sekundäre Zementit erhöht zwar die Verschleißfestigkeit des Reibwerkstoffes, fördert aber den Verschleiß des Gegenwerkstoffs. Zur Verminderung dieser Wirkung werden bis zu 10 % Cu zugesetzt, wodurch sich gleichzeitig der Perlitanteil verringert.

Die Reibwerkstoffe auf Eisenbasis können in Wendegetrieben, in Kupplungen von Werkzeug-, Verpackungs-, Bau- und Papiermaschinen sowie in Fördereinrichtungen eingesetzt werden. Nach [1] haben sich diese Friktionswerkstoffe in Sicherheits- und Überlastkupplungen bei Landmaschinen, Seilwinden und Straßenbahnen bewährt.

Wegen ihrer gegenüber Zinnbronze-Reibwerkstoffen größeren Leistungsfähigkeit, müssen die Gegenwerkstoffe entsprechend bessere mechanische Eigenschaften aufweisen. So sollen bei mittleren Belastungen z. B. perlitisches Gußeisen oder unlegierter Stahl mit $R_m \geq 500$ MPa und bei höheren Belastungen Vergütungsstähle und niedriglegierte Gußeisensorten verwendet werden.

Metall-Keramik-Friktionswerkstoffe

Diese Reibwerkstoffe haben einen erheblichen Anteil keramischer bzw. nichtmetallischer Bestandteile, die Arbeitstemperaturen von 600 bis mehr als 1 000 °C zulassen. Als metallische Komponenten, die besonders als Bindemetall fungieren und die Wärmeleitfähigkeit günstig beeinflussen, sind vor allem Cu, Cu-Legierungen, Fe, Fe-Legierungen, Ni und Mo üblich.

Die nichtmetallischen Komponenten sind, neben Metalloxiden (Al_2O_3, MgO, SiO_2, TiO_2), silikatische Stoffe, wie $3Al_2O_3 \cdot 2SiO_2$ *(Mullit)* und *Sillimanit* $Al(AlSiO_5)$ bzw. $Al_2O_3 \cdot SiO_2$.

Zur Einstellung des gewünschten tribologischen Verhaltens der Reibwerkstoffe werden noch Graphit, Pb, Sulfide, Karbide, Phosphide oder die intermetallischen *Laves-Phasen* Co_3MoSi bzw. Co_3Mo_2Si zugesetzt.

In [1] und [8] werden nachstehende Beispiele genannt:
- 31 % Cu, 22 % Mullit, 32 % Graphit, 15 % andere Zusätze
- 55 % Fe, 20 % Graphit, 20 % MgO, 5 % Pb
- 47,6 % Ni, 19,8 % Mullit, 27,5 % Graphit, 5 % $PbWO_4$
- 50 % Mo und 50 % Laves-Phasen (Co-Mo-Si).

Die Metall-Keramik-Friktionswerkstoffe, die in Hochleistungskupplungen und -bremsen (Landebremsen in Überschallflugzeugen, Lenkbremsen für Kettenfahrzeuge, Kupplungen im Schwermaschinenbau) verwendet werden, stellen an den Werkstoff des Reibungspartners hohe Anforderungen hinsichtlich der Wärme- und Verschleißbeständigkeit. Dadurch bedingt müssen hier legierte und wärmebeständige Stähle oder auch gesinterte Verbundwerkstoffe ähnlicher Zusammensetzung eingesetzt werden.

4.6.4   Gesinterte Eisenwerkstoffe

Sinterformteile werden mit Stückmassen von $\leqq 1$ g... $\leqq 2\,000$ g, meist jedoch nur bis 200 g hergestellt. nach [1].

Unlegiertes Sintereisen (mit einer Porosität von etwa 5 %) genügt im allgemeinen nur geringen Festigkeitsansprüchen ($R_m = 300$ MPa; $A = 25$ %).

Festigkeitssteigerungen sind durch Erhöhung der Dichte auf 7,2 g $\cdot$ cm^{-3} und durch Legieren mit Kohlenstoff, was durch Verwendung von Fe-Pulver und Graphit bei Sintertemperatur erfolgt, oder z. B. durch Verwendung von Pulver aus weißem Gußeisen mit 3 % C, möglich. Durch Abschreckhärten läßt sich die Festigkeit von 400 auf 700 MPa, jedoch unter Zähigkeitsverlust, erhöhen. Die so herstellbaren unlegierten Sinterstähle sind u. a. wegen der geringen Zähigkeit nur in wenigen Fällen technisch sinnvoll anwendbar. Große Bedeutung haben dagegen legierte Sinterstähle erlangt.

4

Fe-Cu-Sinterstahl

Diese Sinterstähle werden aus Fe-Pulver unter Zusatz von bis zu 10 % (in Tränklegierungen bis zu 20 %) Cu-Pulver sowie Kohlenstoff hergestellt. Die während des Sinterns ($< 1\,150\,°$C) eintretende Legierungsbildung ist durch die Entstehung von Fe-Cu-Mischkristallen sowohl mit einer Festigkeitssteigerung ($R_m = 350...450$ MPa) als auch mit einer Volumenzunahme verbunden. Die Volumenzunahme soll bei einem Cu-Gehalt von 2 % die Schwindung des Eisens kompensieren, so daß nahezu maßgetreue Werkstücke zu erhalten sind, nach [1]. Eine große Maßgenauigkeit ergibt sich auch durch Tränken von gesinterten Fe-Preßlingen mit 15...20 % Cu. Mit Cu getränkter Sinterstahl ist aushärtbar und erreicht im optimalen Fall $R_m = 1\,250$ MPa und eine Bruchdehnung von $A \leqq 6$ %.

Fe-Cu-Ni-Sinterstahl

Die Festigkeitseigenschaften der Sinterstähle mittlerer Festigkeit werden durch Zusätze von 3...4,5 % Cu und 2,5...5 % Ni auf Werte von $R_m = 500...650$ MPa angehoben. Maximalwerte liegen bei $R_m = 750$ MPa. Gleiche Festigkeitswerte erhält man, nach ZAPF [4], durch Verwendung von 2 ... 4 % Cu und 6 ... 9 % Cr oder Chromkarbid Cr_3C_2 in Mengen von 2,5 ... 3,5 % sowie durch Zusatz von 2 % Mn und 3 ... 6 % Cr oder 2 % Mn, 2 % Cr und 0,2 ... 0,6 % C.

Metallkarbidhaltiger Sinterstahl

Das Sinterverhalten von Eisenbasis-Pulverpreßlingen wird durch die relativ gut oxidationsbeständigen Einfachkarbide Cr_3C_2, MoC_2, VC und WC begünstigt. Eine noch stärkere Wirkung erreicht man durch Verwendung von Komplexkarbiden, die in schmelzmetallurgisch hergestellten und pulverisierten Vorlegierungen enthalten sind. Die Verwendung derartiger Vorlegierungen wird als *Master-alloy-Technik* bezeichnet.

Die Vorlegierungen bestehen z. B. aus 25 ... 40 % Mn, 23 % Cr, 20 ... 25,5 % Mo, 23 % V, 20 ... 32 % Fe, 5 ... 7 % C und 0,18 ... 1 % O_2.

Sie enthalten z. B. folgende Komplexkarbide:
$(Fe, Mn, Mo)_3C$, $(Fe, Mo, Cr, Mn)_6C$, $(Cr, Mn, Fe, Mo)_7C_3$, $(V, Mo)C$ und $(V, Mo_2)C$.

Sie werden nach den wichtigsten Komponenten bezeichnet als:

MCM-Vorlegierung	... Mn-Cr-Mo
MVM-Vorlegierung	... Mn-V-Mo
MM-Vorlegierung	... Mn-Mo

Die Vorlegierungspulver werden in Mengen bis zu 4 % dem Fe-Pulver zugesetzt. Da der C-Gehalt der Vorlegierungen zur Bildung der Karbide verbraucht wird, muß oder kann zur Gewährleistung des Gesamtkohlenstoffgehalts des Sinterstahls noch Graphit zugegeben werden.

Im Gegensatz zu den maßgenauen Sinterstählen auf Fe-Cu- und Fe-Cu-Ni-Basis zeichnet sich diese Sinterstahlgruppe auf Grund ihres Mn-Gehaltes durch ihre Härtbarkeit und die damit verbundene höhere Zugfestigkeit und Härte aus. Wegen der Dichteabhängigkeit der Härte ist es günstig, die Formteile zweimal zu pressen und zu sintern und anschließend die Dichte durch Sinterschmieden von etwa 7,3 g · cm⁻³ auf 7,7 g · cm⁻³ zu erhöhen.

Nachfolgendes Härten und Anlassen ergibt Rockwell-Härtewerte von $HRC = 44$. Dabei wird beispielsweise für einen niedriglegierten Sinterstahl mit 0,6 % C und 2 % MCM im doppeltgepreßten und gesinterten Zustand die Zugfestigkeit mit $R_m = 679$ MPa, die Bruchdehnung mit $A = 5,3$ % und die Rockwell-B-Härte mit $HRB = 87$ angegeben. Der gleiche Stahl ergibt im sintergeschmiedeten und gehärteten Zustand, bei einer Anlaßtemperatur von 300 °C, eine Zugfestigkeit von $R_m = 1\,950$ MPa, eine Bruchdehnung von $A = 3,5$ % und eine Rockwell-C-Härte von $HRC = 44$.

Anwendung der Sinterstähle

Die Sinterstähle werden bevorzugt für Teile des Automobilbaus, des allgemeinen Maschinen- und Büromaschinenbaus sowie für Teile von Haushalts- und Elektrogeräten angewandt.

Schnellarbeitsstähle

Schmelzmetallurgisch hergestellte Schnellarbeitsstähle zeigen eine große Neigung zur Seigerung und zur Entstehung eines inhomogenen Gefüges. Diese Nachteile lassen sich pulvermetallurgisch durch Verwendung von z. B. inertgasverdüstem Schnellarbeitsstahlpulver ($< 30\ \%$ Karbidgehalt) vermeiden. Bei der Verarbeitung zu Halbzeugen wird das Pulver z. B. nach dem ASEA-STORA-Verfahren in Stahlkapseln eingerüttelt. Nach dem gasdichten Verschweißen der Kapseln, die vorher zur Verhinderung von Oxidationsvorgängen mit Stickstoff angereichert wurden, werden die Kapseln isostatisch kaltgepreßt, anschließend zur weiteren Verdichtung auf 1 050 bis 1 150 °C erwärmt und isostatisch heißgepreßt. Die Stahlkapseln werden erst bei der Weiterverarbeitung zu Werkzeugen abgespant.

4

Kaltisostatisch verdichtete Schnellarbeitsstahlpulver können auch durch Strangpressen bei maximal 1 200 °C zu Werkzeughalbzeugen verarbeitet werden.

Eine Zwischenstellung zwischen Schnellarbeitsstählen und Hartmetallen (Hartstoffe) nehmen Sinterverbundwerkstoffe ein, die aus Pulvermischungen von Eisen- oder Nickelbasislegierungen und Karbiden (30 . . . 70 % Anteil), wie Ti- oder Cr-Karbiden hergestellt werden. Die Basislegierungen begünstigen die Bearbeitbarkeit, die Zähigkeit und das Korrosionsverhalten, während die Hartstoffe die Härte einschließlich der Warmhärte und die Verschleißfestigkeit gewährleisten.

Im Vergleich zu schmelzmetallurgisch erzeugten weisen die gesinterten Schnellarbeitsstähle folgende Vorteile auf:

- feinkörnigeres Gefüge
- gleichmäßige Größe und Verteilung der Karbide (sie sind vor allem an den Kornzwickeln des Matrixwerkstoffes anzutreffen)
- keine zeilige Karbidanordnung
- verbesserte Härtbarkeit (die feinkörnigen Karbide lösen sich beim Erwärmen und Halten auf Härtetemperatur leichter und schneller in der austenitischen Matrix)
- bessere Zähigkeit und Bearbeitbarkeit (Schleifen)
- bessere und höhere Materialausnutzung durch geringere Nacharbeit.

4.6.5   Sinter-Superlegierungen

Superlegierungen sind hochwarmfeste Werkstoffe, die besonders für Laufräder in Gasturbinen des Flugzeugbaues eingesetzt werden. Sie können schmelz- und pulvermetallurgisch hergestellt werden. Diese Werkstoffe sind z. B. Ni-Basislegierungen mit Zusätzen von: 10...22 % Cr, 8...18,5 % Co, 1,7...5 % Mo, 2,6...4 % W, 0,3...5,5 % Al, 0,5...4,7 % Ti sowie 1,7...2 % Ta, 0,4 % Hf, 0,9...3,5 % Nb, 0,85 % V und 0,6...1,3 % Y_2O_3.

Während Cr, Al und Ti in allen bekannten Legierungen enthalten sind, wird nicht jede der anderen Komponenten von allen Herstellern eingesetzt.

Neben diesen werden auch Co-Basislegierungen verwendet. Die Verarbeitung der Pulvermischungen, die sehr hohen Ansprüchen bezüglich Gas-, Oxid- und Schlackenreinheit genügen müssen, erfolgt durch isostatisches Heißpressen, Heißstrangpressen oder/und Schmieden, wodurch ein nahezu vollständig po- renfreies und dichtes Gefüge entsteht.

Die im Gebrauchszustand erforderlichen mechanischen Eigenschaften, vor al- lem die Kriechfestigkeit bei hohen Temperaturen, werden bei Ni-Basislegie- rungen durch Ausscheidungshärten (Ausscheidung von $Ni_3(Al, Ti)$, sog. γ'- Phase), bei anderen Legierungen durch Ausscheidungs- und Dispersionshärten eingestellt. Weitere Möglichkeiten sind die thermomechanische Behandlung und Ausscheidungshärten sowie die *gesteuerte Kristallisation* und *Zonen- Rekristallisation*.

4.6.6   Kontaktwerkstoffe

Man unterscheidet ruhende und schaltende elektrische Kontakte. *Ruhende Kontakte* dienen der Herstellung elektrisch leitender, lösbarer oder unlösbarer Verbindungen und Anschlüsse zwischen Kabeln oder Leitungen und Geräten, Bauelementen bzw. Baugruppen. *Schaltende Kontakte* haben dagegen die Auf- gabe, Stromkreise zu öffnen und zu schließen. Dabei werden sie mehr oder we- niger häufig wechselnden elektrischen, mechanischen, thermischen und kor- rosiven Belastungen ausgesetzt. Für die Werkstoffauswahl, insbesondere für schaltende Starkstromkontakte, sind solche Eigenschaften und Verhaltenswei- sen, wie elektrischer und mechanischer Verschleiß sowie das Schweißverhal- ten beim Ein- und Ausschaltvorgang und die Änderung des Kontaktwiderstan- des, von besonderem technischen Interesse. Der Kontaktwiderstand R_K ist de- finiert als

$$R_K = R_E + R_F$$

R_E Engewiderstand
R_F Fremdschicht- oder Hautwiderstand

Beim Schließen eines Kontaktes bilden sich durch elastische und plastische Deformation „scheinbare" Berührungsflächen zwischen den Kontaktpartnern. Innerhalb dieser Flächen entstehen sehr kleine stromleitende „wahre" Berührungsflächen, die wegen ihrer geringen Ausdehnung die Einengung des elektrischen Strömungsfeldes verursachen und damit den Engewiderstand R_E hervorrufen.

Der Fremdschicht- oder Hautwiderstand R_F entsteht durch atmosphärische und korrosive Einflüsse, die auf den Kontaktflächen mindestens eine monomolekulare anorganische oder organische Schicht erzeugen.

Für die Größe des Kontaktwiderstandes R_K sind vor allem die elastischen Eigenschaften der Kontaktpartner, die Kontaktkraft und die Kontaktgeometrie von wesentlicher Bedeutung.

Verschleißerscheinungen elektrischer Kontakte

1. Mechanischer Verschleiß

Der mechanische Verschleiß beruht bei schaltenden Kontakten zum einen auf der adhäsiven Wechselwirkung zwischen den Kontaktflächen und zum anderen auf der deformierenden und abrasiven Wirkung von Relativbewegungen und Normal- sowie Tangentialkräften zwischen den Kontaktpartnern. Der Verschleiß ist umso geringer, je größer die Härte des Kontaktwerkstoffes ist. Bei schaltenden und Schlitzklemmkontakten wird der Verschleiß wesentlich durch die elastische und plastische Deformation der Kontaktpartner bestimmt, während bei Schleif-, Gleit- und Steckkontakten der abrasive Verschleiß vorherrscht.

2. Elektrischer Verschleiß

Unter elektrischem Verschleiß versteht man den mit Masseverlust verbundenen *Abrand* und die *Materialwanderung* der Kontakte, hervorgerufen durch elektrische Entladungen beim Zu- und Abschalten elektrischer Ströme. Der elektrische Verschleiß wird von der im Kontaktspalt umgesetzten Energie, ihrer Verteilung auf die Kontaktpartner und der Energieabgabe des Schalters nach außen bestimmt.

Abrand

Man unterscheidet den *Ausschalt-* und den *Einschaltabbrand*. Beim Ausschalten, d. h., beim Öffnen des Kontaktes, vermindern sich durch die abnehmende Kontaktkraft die wahren Berührungsflächen. Dadurch bedingt nimmt die Stromdichte an diesen Flächen stark zu, so daß eine sehr hohe thermische Belastung eintritt, die zum örtlichen Aufschmelzen und Verdampfen des Werkstoffs führt. In gleicher Weise und mit Verspritzen des Kontaktmaterials wirken die beim Ausschalten entstehenden Funken oder Lichtbögen.

Einschaltabbrand tritt auf, wenn das bewegliche Kontaktstück beim Auftreffen auf das feste Kontaktstück elastische Formänderungen hervorruft, so
daß eine Reihe aufeinanderfolgende Schließ- und Öffnungsvorgänge ausgelöst
werden (sog. *Kontaktprellen*), die sich innerhalb weniger Millisekunden bis zu
fünfmal wiederholen können. Die dadurch entstehenden Lichtbögen verursachen den Einschaltabbrand.

Materialwanderung (vgl. dazu auch 3.12.2.)

Infolge der Entstehung von Lichtbögen wird an einem Kontaktstück Material
verdampft und am Gegenstück kondensiert.

Dieser Vorgang wird als Materialwanderung bezeichnet und ist definiert als

$$\Delta V = V_A - V_K$$

V_A an der Anode verdampftes Volumen
V_K an der Katode verdampftes Volumen

Man unterscheidet

$\Delta V > 0$	vorzugsweise Anodenverschleiß
$\Delta V < 0$	vorzugsweise Katodenverschleiß
$\Delta V = 0$	gleichmäßiger Verschleiß an Anode und Katode

3. Korrosiver Verschleiß

Während der Schaltvorgänge unterliegen die Kontaktpartner (-stücke) durch
Reaktionen mit der Atmosphäre oder Schadgasen infolge der thermischen und
mechanischen Belastungen dem korrosiven Verschleiß. Dabei entstehen auf
den Kontaktflächen Fremdschichten, die je nach den äußeren Bedingungen aus
Oxiden, polymerisierten organischen Verbindungen oder kondensierten organischen Dämpfen u. a. bestehen. Die Fremdschichten führen zur Erhöhung des
Kontaktwiderstandes R_K.

Anforderungen an Kontaktwerkstoffe

An Sinterkontaktwerkstoffe werden, entsprechend ihrer wichtigsten Einsatzgebiete (Niederspannungs- und Hochspannungsleistungsschalter) eine Reihe
von Forderungen hinsichtlich ihrer elektrischen, mechanischen, thermischen
und chemischen Eigenschaften gestellt:

- gute elektrische Leitfähigkeit, niedriger Kontaktwiderstand
- hoher *E*-Modul und gute elastische Eigenschaften, große Festigkeit,
  Härte und Verschleißfestigkeit

- hoher Schmelz- und Siedepunkt, große Wärmeleitfähigkeit und Abbrandbeständigkeit, geringe Neigung zur Materialwanderung und geringe Schweißneigung
- hohe Korrosionsbeständigkeit und geringe katalytische Wirkung.

Diese Anforderungen werden je nach den speziellen Bedingungen in unterschiedlichem Umfang von einphasigen und von Sinterverbundwerkstoffen erfüllt.

4.6.6.1 Einphasige Sinterkontaktwerkstoffe

Wegen des erforderlichen hohen Schmelzpunktes, der hohen Abbrandfestigkeit und ihrer Härte sind technisch nur Wolfram, Molybdän und Rhenium als einphasige Kontaktwerkstoffe verwendbar. In Tabelle 4.1 sind einige physikalische Eigenschaften zusammengestellt.

Tabelle 4.1 Physikalische Eigenschaften von W, Mo und Re

4

Eigenschaft	Einheit	W	Mo	Re
Dichte ρ	$10^3 \text{ kg} \cdot \text{m}^{-3}$	19,3	10,2	21,04
Schmelzpunkt	°C	$3\,140 \pm 20$	$2\,625 \pm 50$	$3\,170 \pm 60$
Siedepunkt	°C	5 900	4 800	5 900
Spez. Wärmekapazität c_p	$\text{J} \cdot \text{kg}^{-1}$	142,4	259,6	138,2
Wärmeleitfähigkeit λ	$\text{W} \cdot \text{m}^{-1} \cdot \text{K}^{-1}$	129,8	159,1	0,586
Spez. elektr. Leitfähigkeit $\varkappa$	$\text{MS} \cdot \text{m}^{-1}$	18,2	17,3	5,23
Spez. elektr. Widerstand ρ	$\Omega \cdot \text{mm}^2 \cdot \text{m}^{-1}$	0,054 9	0,057 8	0,191
Widerstandstemperatur-koeffizient α	10^{-3} K^{-1}	4,8	4,7	4,5
Elastizitätsmodul E	GPa	407	320	520
Zugfestigkeit R_m (weich)	MPa	1 400	800	1 200
(hart)		4 000	2 500	2 400
Bruchdehnung A (weich)	%	1…3	20	20
(hart)		0	1…3	2
Vickershärte HV (weich)	–	–	70	100
(hart)		360	200	200

Wolfram

Wolfram neigt beim Sintern und bei der Warmumformung zum Kornwachstum, das sich für die nachfolgende Bearbeitung und Anwendung als sehr ungünstig erwiesen hat. Daher werden dem W-Pulver Metalloxide (Al_2O_3, CaO, K_2O, SiO_2, ThO_2) und Alkalisilikate in Mengen von 0,03…1,5 % zugesetzt, die das Kornwachstum weitestgehend verhindern.

Halbzeuge für Kontaktstücke (mit den Abmessungen 8 × 8 × 200 mm …
30 × 80 × 1 000 mm) werden nach dem Vorsintern durch Widerstandserwärmung in trockener H_2-Atmosphäre (COOLIDGE-Verfahren) bei
2 800 … 3 100 °C hochgesintert. Dabei erhöht sich die Dichte von 10 … 13
auf 16,5 … 18 g · cm^{-3}. Dadurch wird die spanlose Formbarkeit wesentlich verbessert bzw. erst ermöglicht. Die spanlose Formung erfolgt durch
Rundhämmern in Rundhämmermaschinen (nach KIEFFER und HOTOP) beginnend bei 1 400 … 1 600 °C mit etwa 10 000 Schlägen je Minute. Nach
jeweils 10 % Querschnittsabnahme müssen die Stäbe in H_2-Atmosphäre
zwischengeglüht werden. Mit zunehmendem Formänderungsgrad bildet sich
in axialer Richtung ein langgestrecktes Gefüge (sog. *Fasergefüge*) bei gleichzeitiger Erhöhung der Dichte auf 18 … 19 g · cm^{-3}. Die Zugfestigkeit steigt
dabei von $R_m = 130$ MPa im gesinterten auf $R_m = 1 400 … 1 500$ MPa im verformten Zustand an. Drähte werden aus bis zu etwa 1 mm Durchmesser durch
Rundhämmern verjüngten Stäben durch Kaltziehen bei 500 … 600 °C mit
Hartmetallziehsteinen (bis 0,3 mm Durchmesser) oder Diamantziehsteinen
(bis 0,01 mm Durchmesser) hergestellt.

▶ *Man beachte*: Die Rekristallisationstemperatur des Wolfram liegt bei etwa
  1 200 °C, daher ist das Ziehen bei 500 … 600 °C eine Kaltumformung.

Anwendung

Sinterwolframkontakte werden sowohl in der Kfz-Elektrik (Unterbrecherkontakte, Zündelektroden u. ä.) als auch in Form von Abbrandkontakten in
Hochleistungs- und Hochspannungsschaltern verwendet. Die Kontaktstücke
werden in zylindrischer und in Form von Plättchen oder als Nietschaltstücke
geliefert. Sie werden im allgemeinen auf einen Trägerwerkstoff (St, Cu,
Ag, Cu- und Ni-Legierungen) hart aufgelötet. Wegen der Schweißneigung
durch Einschaltlichtbögen ist es zweckmäßig, hinsichtlich der Werkstoffe
unsymmetrische Kontaktpaarungen, z. B. Silber-Graphit-Kontaktstücke als
Gegenelektroden, einzusetzen.

Molybdän

Sintermolybdän ist gegenüber W besser zu bearbeiten. Es hat eine größere
Beständigkeit gegenüber Gasen und Dämpfen und eine wesentlich niedrigere
Dichte, was sich für das dynamische Verhalten von Schaltgliedern günstig auswirkt. Sinter-Mo wird hauptsächlich für Abbrandkontakte in Hochleistungs-
und Hochspannungsschaltern verwendet.

Rhenium

Sinterrheniumkontakte neigen kaum zur Materialwanderung. Re-Oxide haben
aus zwei Gründen keinen Einfluß auf den Kontaktwiderstand:

- Oxide, wie ReO_2, sind elektrisch leitfähig
- Oxide, wie ReO_7, verdampfen.

Obwohl sich der Kontaktwiderstand bis 1 000 °C kaum ändert (W-Kontakte fallen bei Temperaturen $T \geqq 700$ °C aus) und ein sehr gutes Kontaktverhalten nachweisbar ist, wird Re wegen des hohen Preises nur in Extremfällen verwendet.

4.6.6.2   Kontakt-Verbundwerkstoffe

Zu den Kontakt-Verbundwerkstoffen gehören folgende Werkstoffgruppen:

- W-Verbundwerkstoffe: W-Cu, W-Ag, W-Cu- und W-Ag-Legierungen
- Ag-Dispersionswerkstoffe: Ag-CdO
- Ag-Ni-Verbundwerkstoffe
- Metall-Graphit-Verbundwerkstoffe: Ag-Graphit, Cu-Graphit

4

1. Wolfram-Verbundwerkstoffe

Diese Werkstoffe können hergestellt werden durch:

- Festphasensintern (vgl. 4.5.2)
- Tränken der W-Preßlinge mit flüssigem Cu, Ag bzw. mit deren Legierungen und nachfolgendes Kaltumformen
- Tränken gesinterter W-Preßlinge mit flüssigem Cu, Ag bzw. mit deren Legierungen.

Für die durch Tränken herzustellenden Legierungen (Tränklegierungen) sind mindestens 30 % W-Anteil und die Gewährleistung einer definierten Anzahl, Größe und Verteilung der Poren (sog. Porenraum) erforderlich. Die Größe der W-Teilchen soll 2 . . . 8 µm betragen. Die W-Cu- und W-Ag-Kontaktwerkstoffe zeigen bei 20 . . . 40 Masse-%-Anteil von Cu, Ag bzw. deren Legierungen eine sehr hohe Abbrandfestigkeit. Diese Eigenschaft beruht darauf, daß die W-Matrix der Kontaktstücke durch den Energieverbrauch zum Verdampfen der niedrigschmelzenden Komponenten gekühlt und damit geschützt wird. Der Abbrand geht als gleichmäßige Abtragung der Kontaktflächen vor sich, während bei reinen W-Kontakten eine Aufrauhung dieser Flächen durch die Bildung von Schmelztröpfchen eintritt.

Neben der höheren Abbrandfestigkeit zeigen W-Ag-Tränkwerkstoffe gegenüber W-Cu-Kontakten eine geringere Schweißneigung und eine bessere elektrische und Wärmeleitfähigkeit.

In Tabelle 4.2 sind die Dichte, die Brinellhärte *HB* und die elektrische Leitfähigkeit von W-Cu- und W-Ag-Tränkwerkstoffen gegenübergestellt.

Tabelle 4.2 Einige Eigenschaften von W-Cu- und W-Ag-Tränkwerkstoffen, nach [1]

Werkstoff	Dichte ϱ g · cm^{-3}	HB	$\varkappa$ MS · m^{-1}
W-Cu 80/20 leg[1]	15,5	265	15
W-Cu 80/20	15,5	220	19
W-Cu 70/30 leg[1]	14,2	240	15
W-Cu 70/30	14,2	200	21
W-Cu 60/40 leg[1]	13,0	220	16
W-Cu 60/40	13,0	170	25
W-Ag 90/10	16,9	180...240	18
W-Ag 80/20	16,0	180...240	22...28
W-Ag 70/30	15,0	120...160	26...32
W-Ag 60/40	14,0	100...130	26...36
W-Ag 30/70	11,9	60	43

[1] leg – mit Cu- bzw. Ag-Legierung getränkt

Anwendung der W-Tränkwerkstoffe

Die Kontaktstücke (Leisten, Spitzen, Ringe, Profilkörper) aus W-Cu-Tränkwerkstoffen sind für Abbrandkontakte in Hochleistungs- und Hochspannungsschaltern vorgesehen.

W-Ag-Kontakte können wegen ihrer besseren elektrischen Leitfähigkeit höhere Dauerströme führen. Sie sind für Leistungsschalter mit größeren Schaltfrequenzen, hohe Spannungen und für Ströme bis 1 000 A geeignet. Hauptanwendungsgebiet sind Schalter für elektrische Bahnen.

Wegen der Entstehung festhaftender Fremdschichten aus Ag-Wolframaten, sind unsymmetrische Kontaktpaarungen z. B. mit Ag-Graphit zweckmäßig. Eine andere Möglichkeit, der Fremdschichtbildung entgegenzuwirken, ist die Verwendung von Kontakten mit 8 ... 12 % Co-Zusatz, wie Ag-W-Co 45/47/8 oder Ag-W-Co 45/43/12.

2. Dispersionsgehärtete Ag-Verbundwerkstoffe

Gegenüber reinen Ag-Kontakten zeigen dispersionsgehärtete (oder teilchenverfestigte) Ag-Verbundwerkstoffe neben der guten elektrischen und Wärmeleitfähigkeit höhere Festigkeits- und Härtewerte bei einem wesentlich verbesserten Abbrandverhalten und verminderter Schweißneigung durch Einschaltlichtbögen.

Dispersionshärtung oder Teilchenverfestigung

Im Gegensatz zur Ausscheidung bzw. Aushärtung müssen die beteiligten Komponenten im festen Zustand nahezu völlig unlöslich sein. Während bei aushärtbaren Legierungen (z. B. AlCuMg), wegen der thermodynamischen Instabilität der ausgeschiedenen Phasen bzw. der *Guinier-Preston-Zone I*, der Aushärtungs-Effekt höchstens bis $T = 0,5 \cdot T_S$ in K erhalten bleibt, ist der durch Dispersionshärtung erzielte Effekt bis zu hohen, werkstoffspezifischen Temperaturen wirksam.

Ursachen der Teilchenverfestigung

Die Teilchenverfestigung beruht auf der Wechselwirkung zwischen wandernden, vollständigen Versetzungen und den als Hindernisse der Versetzungswanderung wirkenden Teilchen:

- stimmen das Gitter des Teilchens und das der Grundkomponente überein (kohärente Gitter), so durchlaufen die Versetzungen die Gitter auf der gleichen Gleitebene
- bei nichtkohärenten Gittern baut sich durch die Gitterverzerrung um das Teilchen ein elastisches Spannungsfeld auf. Bei erhöhter äußerer Schubspannung durchqueren oder schneiden die Versetzungen das Teilchen und erzeugen darin eine *Antiphasengrenze* (zweidimensionaler Gitterbaufehler)
- sind die Teilchen von (starken) elastischen Spannungsfeldern umgeben, so versuchen die Versetzungen, bei erhöhter Schubspannung, diese Teilchen zu umgehen. Bei Temperaturen $T < 0,5 \cdot T_S$ werden nichtschneidbare Teilchen durch Quergleiten unter Bildung von Versetzungsringen oder nach dem OROWAN-Mechanismus, bei dem sich ungleichnamige Versetzungsstücke zu Versetzungsringen um die Teilchen vereinigen, umgangen.
  Bei Temperaturen $T > 0,5 \cdot T_S$ werden die Teilchen durch spannungsinduzierte Diffusion (stationäres Kriechen) ohne Bildung von Versetzungsringen umgangen.

Die Dispersionhärtung von teilchenverfestigten Ag-Verbundwerkstoffen (AgCdO), oder Ni-ThO$_2$ (TD-Nickel) und bei Cu-legiertem Sinterstahl beruht auf Umgehungsmechanismen.

Ag-CdO-Sinterverbundwerkstoffe

Diese Werkstoffe werden aus durch Mischfällung erzeugtem Ag-CdO-Pulver hergestellt. (Bei schmelzmetallurgisch erzeugten AgCd-Legierungen muß sich zur Bildung von CdO eine sog. „innere Oxidation" im festen Zustand anschließen). Anwendungsbeispiele sind dem Abschnitt 3.14.2 zu entnehmen.

Ag-Ni-Sinterverbundwerkstoffe

Ag-Ni-Pulver werden ebenso wie Ag-CdO-Pulver durch Mischfällung gewonnen, vgl. 3.14.2. Im Gegensatz zu den Ag-CdO-Werkstoffen sind die Ag-

Ni-Werkstoffe schweiß- und hartlötbar (Ag-Hartlote). Ag-Ni-Kontakte zeigen beim Zuschalten von Strömen > 150 A eine gewisse Schweißneigung, die durch unsymmetrische Kontaktpaarungen, z. B. durch Verwendung von Ag-Graphit- oder Ag-Ni-Gegenkontakten unterschiedlicher Zusammensetzung, vermieden werden kann. Weitere Einzelheiten und Anwendungsbeispiele sind 3.14.2 zu entnehmen.

4. Metall-Graphit-Verbundwerkstoffe

Bei diesen Kontaktwerkstoffen wird die Schweißneigung durch einen Graphitanteil von 3 ... 5 % weitestgehend verhindert.

Hervorzuheben sind die guten Gleiteigenschaften, die gegebenenfalls durch Pb-Zusatz (Cu-Graphit-Kontakte) noch verbessert werden können.

Cu-Graphit-Verbundwerkstoffe

Diese Kontaktwerkstoffe werden auch als *Metallkohlen* bezeichnet und sind die Weiterentwicklung der sogenannten Kohlebürsten. Die Verschleißfestigkeit wird durch Zusatz von Sn oder/und Zn verbessert. Pb-Zusatz begünstigt die Gleiteigenschaften. Eine gleichzeitige Verbesserung der Festigkeit und der Gleiteigenschaften läßt sich durch Tränken mit geeigneten Hochpolymeren erreichen.

Anwendung der Cu-Graphit-Kontaktwerkstoffe

Wichtige Anwendungsfälle sind Schleifbürsten (-kontakte) für elektrische Schienenfahrzeuge (Stromabnehmer und Schleifkontakte für Schleifringläufermotoren) sowie für Anlasser und Lichtmaschinen für Kraftfahrzeuge.

Ag-Graphit-Verbundwerkstoffe

Wie bereits in 3.14.2 erwähnt, werden die gesinterten Halbzeuge zur Erhöhung der Dichte und damit zur Verbesserung des Abbrandverhaltens nachträglich durch Warmstrangpressen verformt. Dabei werden die Graphitteilchen parallel zur Verformungsrichtung in einer Art Faserstruktur angeordnet.

Das Abbrandverhalten kann auch durch asymmetrische Kontaktpaarungen günstig beeinflußt werden.

Die Befestigung der Kontaktstücke auf metallischen Trägerwerkstoffen ist z. B. bei Verwendung reduzierend wirkender Fluß- und Lötmittel möglich.

Anwendungsbeispiele sind in Abschnitt 3.14.2 angegeben.

4.6.7   Pulver- und Sintermagnetwerkstoffe

Magnetische Werkstoffe werden sowohl schmelz- als auch pulvermetallurgisch hergestellt. Für die elektrisch-mechanische und die mechanischelektrische Energieumwandlung sowie zur Energieversorgung und -verteilung werden schmelzmetallurgisch gewonnene Eisenwerkstoffe in Form von Dynamo- und Trafoblechen (Fe-Si-Legierungen mit bis 4,5 % Si und 0,05...0,08 % C) in großem Umfang eingesetzt. Für die Nachrichten- und Datenübertragungstechnik sowie in der Automatisierungstechnik werden neben schmelzmetallurgisch erzeugten Werkstoffen (Übertragerbleche, Relaiswerkstoffe, Spulenkerne bis 20 kHz aus Fe-Ni-Legierungen) pulvermetallurgisch hergestellte verwendet (Masseeisen, weichmagnetische Ferrite).

Für akustische, magnetomechanische und elektromechanische Wandler werden neben schmelzmetallurgisch hergestellten Hartmagneten in großen Mengen hartmagnetische Ferrite (etwa 120 000 t/a) und metallische Hartmagnete (z. B. AlNiCo) angewendet.

4.6.7.1   Sintereisenmagnete

Die Auswahl der zu verwendenden Pulver richtet sich nach der Art der für den Einsatz der Magneten vorgesehenen Magnetisierung. Während Magnete für Gleichfeldmagnetisierung aus Karbonyleisen-, Elektrolyteisen- oder Verdüsungspulvern (mit bis 0,8 % P) hergestellt werden, müssen für Wechselfeldmagnetisierung Pulvermischungen aus hochverdichtbarem Fe-Pulver und FeSi-Vorlegierungspulver (33 % Si-Gehalt) verwendet werden. Das ist erforderlich, da sich sonst wegen der relativ guten elektrischen Leitfähigkeit des Fe ($\varkappa = 10,5 \, \text{MS} \cdot \text{m}^{-1}$) sehr hohe Ummagnetisierungsverluste, die durch Wirbelströme hervorgerufen werden, ergeben.

Die Verwendung der Fe-Si-Vorlegierung erhöht dagegen den spezifischen elektrischen Widerstand, so daß sich die Koerzitivfeldstärke H_c und damit die Ummagnetisierungsverluste wesentlich vermindern.

Das Sintern der Preßlinge wird als temporäres Flüssigphasensintern bei 1 200...1 250 °C vorgenommen. Wegen der hohen Sinterdichte ($\approx 7,6 \, \text{g/cm}^3$) ergeben sich relativ geringe Koerzitivfeldstärken von $H_c \leq 40 ... \leq 60 \, \text{A} \cdot \text{m}^{-1}$. Die gesinterten Teile werden gewöhnlich zur Erhöhung der Maßgenauigkeit kalibriert und wegen der damit verbundenen Kaltverfestigung anschließend bei 700...800 °C geglüht.

Anwendung

Sintereisenmagnete für Gleichfeldmagnetisierung werden in Gleichstromrelais (Rundkerne, dickwandige Joche), in Startermotoren in Form von Flußleitstücken und Polschuhen sowie als angesinterte Weicheisenpolschuhe in Dauermagnetsystemen verwendet.

Sintereisenmagnete für Wechselfeldmagnetisierung werden in Kleintransformatoren, kleinen Generatoren und Motoren, als Kerne für Wechselstromrelais, in Büromaschinen und Hochgeschwindigkeitsdruckern eingesetzt.

4

4.6.7.2   Masseeisenkerne

> Masseeisenkerne (Pulverkerne) sind Verbundwerkstoffe aus ferri- oder ferromagnetischen Pulvern und einem elektrisch isolierenden Bindemittel.

Die z. B. mit einer Oxidschicht überzogenen Pulverteilchen bestehen aus Karbonyleisen (Teilchengröße 1 ... 10 μm), hochreinem Fe-Verdüsungspulver oder -Legierungspulver (Teilchengröße 20 ... 200 μm), hochpermeablem Ni-Fe-Legierungspulver (Permalloy: 81 % Ni, 2 % Mo, Rest Fe) oder Ferritpulver.

Der Bindemittelanteil (3 ... 40 %) besteht aus Polycarbonat PC, Polytetrafluorethylen PTFE, Polystyren PS oder härtbaren Hochpolymeren. Die mit härtbaren Bindemitteln hergestellten Teile werden nach der Formgebung bei 130 ... 180 °C gehärtet.

Da die Pulverteilchen durch Oxidschichten und das Bindemittel voneinander isoliert sind, wird die Wirbelstrombildung weitestgehend unterdrückt, so daß die Ummagnetisierungsverluste minimiert werden, was sich besonders günstig für Hochfrequenzbauteile auswirkt. Andererseits verursacht die gegenseitige Isolation der Pulverteilchen eine innere Luftspaltbildung, wodurch die Permeabilität ($\mu_{max} \approx 100$) stark abfällt. Dieser Nachteil wird jedoch durch die geringe Abhängigkeit der Permeabilität von der Feldstärke und der Temperatur, sowie die zeitliche Konstanz der magnetischen Eigenschaften kompensiert. Die Hystereseschleife wird als *Perminvar-Schleife* bezeichnet, vgl. Bild 4.8d.

Anwendung

Wegen ihrer günstigen HF-Eigenschaften werden Masseeisenkerne als Spulenkerne in Form von Schalen-, Topf-, Ring-, Zylinder- und Gewindekernen für Bauelemente (z. B. Drosselspulen) in der Nachrichtentechnik und Unterhaltungselektronik eingesetzt.

4.6.7.3   Ferritmagnete

> Ferrite sind oxidische, magnetische Stoffe. Dazu gehört z. B. der Magneteisenstein oder Magnetit Fe_3O_4 bzw. $FeO \cdot Fe_2O_3$.

Die Bezeichnung Ferrit geht ursächlich auf das ferrimagnetische Verhalten zurück und steht daher nicht mit α-Mk (Ferrit) der Eisenwerkstoffe in Verbindung.

Der Ferrimagnetismus als eine strukturell bestimmte Form des Magnetismus kann als nichtkompensierter Antiferromagnetismus verstanden werden.

Während bei Ferromagnetika eine parallele Anordnung der Spinmomente vorherrscht, sind bei Ferrimagnetika die Spinmomente antiparallel ausgerichtet, ohne daß sie sich wie bei den Antiferromagnetika kompensieren. Daher existiert bei den Ferrimagnetika ähnlich wie bei den Ferromagnetika in kleinen Elementarbereichen (Domänen) eine spontane Magnetisierung.

Weichmagnetische Ferrite

Zur Gewinnung weich- oder hartmagnetischer Ferrite sind nach [1] prinzipiell gleichartige technologische Abläufe üblich:

1. Mischung der Ausgangsstoffe in Trommel- oder Schwingmühlen
   - Ausgangsstoffe für weichmagnetische Ferrite sind: Oxide des Fe, Mn, Ni, Cu, Zn u. a.
   - Ausgangsstoffe für hartmagnetische Ferrite sind: Fe-Oxid und $BaCO_3$ oder $SrCO_3$.

2. Reaktionssintern der brikettierten Mischungen an Luft in Tunnel- oder Drehrohröfen zur Bildung der Ferrite.
   Für weichmagnetische Ferrite, wie $MnFe_2O_4$ und $NiFe_2O_4$, beträgt die Sintertemperatur $900 \ldots 1\,100\,°C$.
   Für hartmagnetische Ferrite, wie $BaFe_{12}O_{19}$ und $SrFe_{12}O_{19}$, liegt die Sintertemperatur zwischen $1\,000$ und $1\,400\,°C$.

3. Zerkleinerung der gesinterten und vorzerkleinerten Mischungen in Kugel-, Schwingmühlen oder Attritoren (naß oder trocken) auf Teilchengrößen von $1 \ldots 5\,\mu m$.

4. Nach dem Zusatz von Bindemitteln oder Plastifikatoren erfolgt die Formgebung. Isotrope Ferrite werden in mechanischen oder hydraulischen Pressen, durch Strangpressen oder Spritzen, ggf. durch kalt- bzw. heißisostatisches Pressen verdichtet und geformt. Hochwertige anisotrope hartmagnetische Ferrite mit Korngrößen von $0,5 \ldots 1,3\,\mu m$ (Einbereichsteilchen) werden unter Einwirkung starker äußerer Magnetfelder ($H = 500 \ldots 1\,000\,kA \cdot m^{-1}$) mechanisch oder hydraulisch gepreßt.

5. Das Sintern erfolgt an Luft, im Vakuum oder unter Schutzgas bei $1\,000 \ldots 1\,300\,°C$.

Eine nachträgliche Bearbeitung ist, wegen der großen Härte, nur noch durch Schleifen möglich.

Weichmagnetische Ferrite erhält man, wenn die Pulvermischungen geeignete Metallionen mit wenig voneinander abweichenden Ionenradien enthalten, wie Fe^{3+} ($r = 0,06\,nm$), Ni^{2+} ($r = 0,07\,nm$), Co^{2+} ($r = 0,072\,nm$), Zn^{2+} ($r = 0,074\,nm$), Fe^{2+} ($r = 0,075\,nm$) oder Mn^{2+} ($r = 0,08\,nm$). Die damit verbundene kubische Struktur und die daraus resultierende niedrige Anisotropieenergie verursachen das weichmagnetische Verhalten. Als Anisotropieenergie versteht man die Differenz der Magnetisierungsarbeit je Volumenelement zwischen der magnetischen Vorzugsrichtung und einer anderen Gitterrichtung. Das Maß der Anisotropieenergie ist die Kristallenergiekonstante K. K wird für Mn-Zn-Ferrit mit $1,5 \cdot 10^{-3}$ J $\cdot$ m^{-3}, für Fe mit $40 \ldots 52,5 \cdot 10^{-3}$ J $\cdot$ m^{-3} und für Ba-Ferrit mit $3\,000 \cdot 10^{-3}$ J $\cdot$ m^{-3} angegeben.

Enthalten die Pulvermischungen Kationen mit größeren Ionenradien, wie Sr^{2+} ($r = 0,127$ nm), Pb ($r = 0,132$ nm) oder Ba^{2+} ($r = 0,143$ nm), so entstehen hexagonale Strukturen mit höherer Anisotropieenergie und hartmagnetischem Verhalten.

Bei den kubischen (weichmagnetischen) Ferriten unterscheidet man:
1. Ferrite mit normaler und inverser Spinellstruktur
2. Ferrite mit Granatstruktur.

Ferrite mit Spinellstruktur

Die Spinelle bestehen aus 3- und 2wertigen Metallkationen und Sauerstoffionen: Me^{3+} (Me^{2+}, Me^{3+}) O_4. Bezeichnet man die 3wertigen Metallionen mit A und die 2wertigen mit B, so heißt die allgemeine Schreibweise AB_2O_4.

Anstelle von 2wertigen können auch Gemische aus 1- und 3wertigen und statt 3wertigen können Gemische aus 2- und 4wertigen oder 1- und 5wertigen Ionen eingesetzt werden. In Bild 4.7 ist die Elementarzelle des normalen Spinells 8 (AB_2O_4) dargestellt.

Die Elementarzelle besteht aus 4 Würfeln der Sorte A und 4 der Sorte B. Die O_2-Ionen bilden jeweils einen Würfel in kfz-Struktur. Sie bilden jeweils 8 Tetraeder und $1 + \dfrac{12}{4} = 4$ Oktaeder. Entsprechend der Formel AB_2O_4 sind in einem Würfel auf 4 O_2-Ionen 3 Kationen A, B in Tetraeder- und Oktaederlücken anzuordnen. Von den 12 möglichen Lücken in einem Würfel werden nur 3 besetzt:

Würfel Sorte A: $6 \cdot \dfrac{1}{4} + 2 \cdot 1 = 3,5$ Kationen in Tetraederlücken

Würfel Sorte B: $6 \cdot \dfrac{1}{4} + 1 = 2,5$ Kationen in Oktaederlücken

Atomanzahl je Elementarzelle:

$$\begin{array}{ll} 4 \text{ Würfel Sorte A} & = 4 \cdot 3,5 \text{ Kationen} \\ 4 \text{ Würfel Sorte B} & = 4 \cdot 2,5 \text{ Kationen} \\ \underline{8 \text{ Würfel (A + B)}} & \underline{= 8 \cdot 4 \text{ } O_2\text{-Anionen}} \\ \text{A/E} & = 56 \end{array}$$

Beim umgekehrten Spinell besetzen die A-Kationen die Oktaederlücken und die B-Kationen die Tetraederlücken.

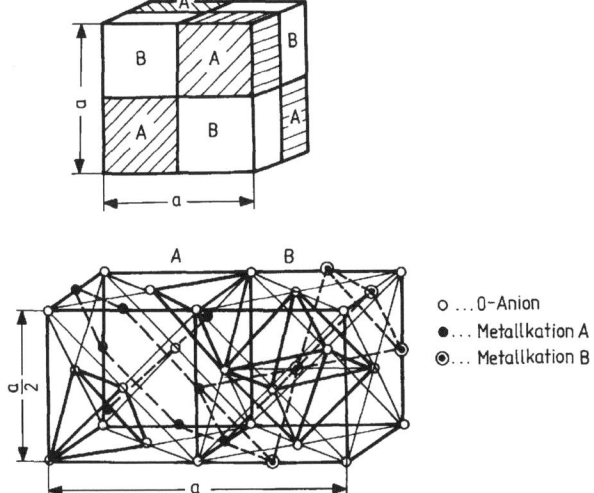

Bild 4.7 Elementarzelle des normalen Spinells 8(AB_2O_4), nach [9]
Metallkationen A in Tetraederlücken; Metallkationen B in Oktaederlücken;
Sauerstoffanionen bilden kfz-Gitter; A/E: 24 Kationen + 32 Anionen = 56

Ferrite mit Granatstruktur

Die allgemeine Formel ist ($R^{3+}Me_5^{3+}O_{12}$)$_8$.

R^{3+} ... Y^{3+}; seltener Sm^{3+}, Yb^{3+}, Er^{3+}, ($Ca^{2+} + Bi^{3+}$).

Die Elementarzelle besteht aus 96 O_2-Anionen und 64 Kationen: $A/E = 160$. Im Gegensatz zum Spinell werden hier alle Tetraeder- und Oktaederplätze mit Kationen besetzt. Bei den Yttrium-Eisen-Granaten werden die Dodekaederplätze (Zwölfflächner) von Y^{3+}-Kationen besetzt.

Anwendung der weichmagnetischen Ferrite

Diese Ferrite werden als Kernwerkstoffe für Spulen und Übertrager in der HF-, Nachrichten- und Meßtechnik sowie als Speicherkerne (Rechteckferrite) in der Computertechnik verwendet.

Wesentliche Kenngrößen sind:

1. *Anfangspermeabilität* μ_i; gemessen bei einer Feldstärke $H < 1$ A · m^{-1} an einem geschlossenen magnetischen Kreis. Üblich ist die Feldstärke $H = 0{,}4$ A · m^{-1} (μ_4).

2. Koerzitivfeldstärke H_c

Für Mn-Zn-Ferrite werden $H_c = 10 \ldots 80 \; A \cdot m^{-1}$ und für Ni-Zn-Ferrite $H_c = 100 \ldots 600 \; A \cdot m^{-1}$ angegeben. Bei Ni-Zn-Perminvarferriten kann die Öffnungsfeldstärke der Hystereseschleife bei $H_ö = 1\,500 \; A \cdot m^{-1}$ liegen (vgl. Bild 4.8).

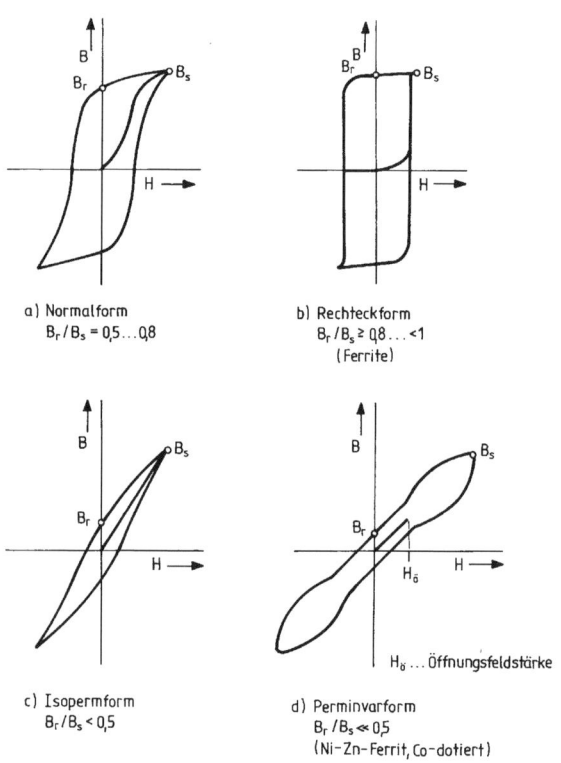

a) Normalform
$B_r / B_s = 0,5 \ldots 0,8$

b) Rechteckform
$B_r / B_s \gtrless 0,8 \ldots <1$
(Ferrite)

c) Isopermform
$B_r / B_s < 0,5$

d) Perminvarform
$B_r / B_s \ll 0,5$
(Ni–Zn–Ferrit, Co–dotiert)

$H_ö \ldots$ Öffnungsfeldstärke

Bild 4.8   Grundformen der Hystereseschleife

3. Relativer Verlustfaktor $\tan \delta / \mu_i$

Der Verlustfaktor $\tan \delta$ einer Spule ist der Quotient aus Wirkwiderstand R und Blindwiderstand ωL.

$$\tan \delta = \frac{R}{\omega L}$$

$\omega = 2\pi f$ Winkelfrequenz
L Induktivität

Der Wirkwiderstand setzt sich aus dem Widerstandsanteil der Cu-Wicklung und dem des Kerns zusammen

$$\tan \delta = \frac{R_{Cu} + R_{K}}{\omega L}$$

R_K wird bestimmt durch die Widerstandsanteile:

Hystereseverlustanteil R_h

$R_h = hLHf$ $\qquad$ h Hystereseverlustbeiwert

Wirbelstromverlustanteil R_w

$R_w = wLf^2$ $\qquad$ w Wirbelstromverlustbeiwert

Nachwirkungsverlustanteil R_n

$R_n = nLf$ $\qquad$ n Nachwirkungsverlustbeiwert

Als Spulengüte Q gilt

$$Q = \frac{1}{\tan \delta}$$

4

Die Verlustbeiwerte müssen möglichst klein sein, um hohe Spulengüten zu erreichen. Der relative Verlustfaktor $\tan \delta / \mu_i$ erlaubt den Vergleich verschiedener ferrimagnetischer Stoffe unabhängig von ihrer Anfangspermeabilität μ_i. Der relative Verlustfaktor wird bei verschiedenen Frequenzen bestimmt. Für Mn-Zn-Ferrite sind das je nach Sorte: $f_1 = 0{,}01 \ldots 0{,}5$ MHz und $f_2 = 0{,}1 \ldots 1{,}5$ MHz. Für Ni-Zn (Co)-Ferrite sind das, abhängig von der Sorte, die Frequenzen $f_1 = 0{,}1 \ldots 50$ MHz und $f_2 = 1 \ldots 200$ MHz.

Anwendung der hartmagnetischen Ferrite

Technisch wichtig sind die Barium- und die Strontium-Ferrite. Für sie werden folgende Kennwerte angegeben:

- $B_r = 0{,}2 \ldots 0{,}41$ V $\cdot$ s $\cdot$ m^{-2},
- $H_c = 120 \ldots 240$ kA $\cdot$ m^{-1},
- $(BH)_{max} = 5 \ldots 32$ kJ $\cdot$ m^{-3},
- maximale Arbeitstemperatur ≤ 150 °C.

Die hartmagnetischen Ferrite haben drei wesentliche Anwendungsgebiete:

1. **Erzeugung mechanischer Kräfte** für Haftsysteme, Spannelemente, Magnetkupplungen, Magnetabscheider, Bremsmagnete
2. **Umwandlung mechanischer in elektrische Energie** bei Fahrraddynamos, Kleinstgeneratoren, Mikrophonen, Tonabnehmern, Tachometern, Schwungmagnetzündern
3. **Umwandlung von elektrischer in mechanische Energie** bei Lautsprecher-Magnetsystemen, Kleinstmotoren, Telephonen und elektrischen Uhren.

Die anwendungstechnischen Eigenschaften sind abhängig vom Verlauf der Entmagnetisierungskurve, vom Arbeitsluftspalt, von der Temperaturabhängigkeit der Luftspaltinduktion und von der Geometrie des Magnetsystems.

Für alle hartmagnetischen Werkstoffe gelten drei Gütekennzeichen:

---

1. Maximale Energiedichte oder maximales Energieprodukt $(BH)_{max}$ (vgl. Bild 4.9),
2. Ausbauchungsfaktor γ der Entmagnetisierungskurve (vgl. Bild 4.10),
3. Reversible Permeabilität μ_r (vgl. Bild 4.11).

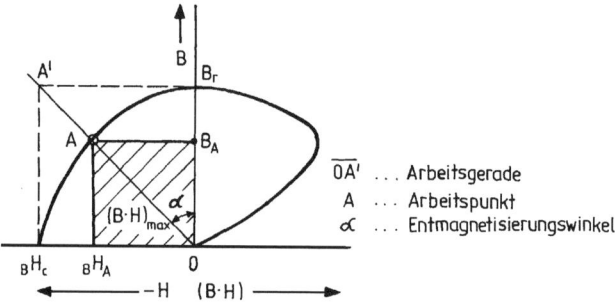

$\overline{OA'}$ ... Arbeitsgerade
A ... Arbeitspunkt
α ... Entmagnetisierungswinkel

Bild 4.9   Entmagnetisierungskurve und Kurve der Energiedichte

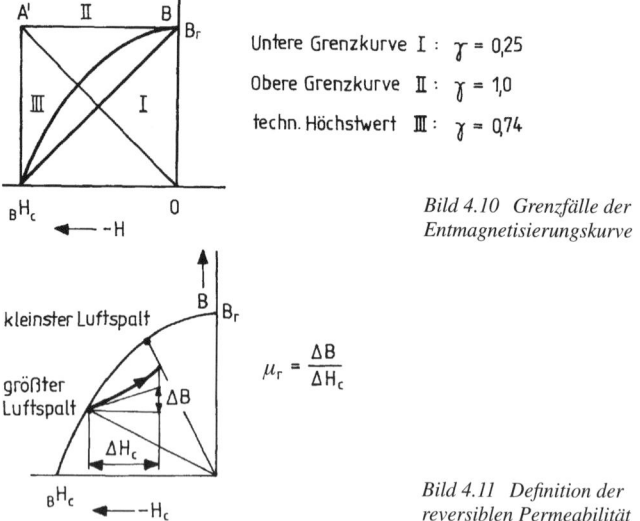

Untere Grenzkurve I : $\gamma = 0{,}25$

Obere Grenzkurve II : $\gamma = 1{,}0$

techn. Höchstwert III : $\gamma = 0{,}74$

Bild 4.10   Grenzfälle der Entmagnetisierungskurve

$\mu_r = \dfrac{\Delta B}{\Delta H_c}$

Bild 4.11   Definition der reversiblen Permeabilität

Maximales Energieprodukt $(BH)_{max}$

Der in jedem technischen Dauermagnetsystem erforderliche Arbeitsluftspalt verursacht durch den Austritt der Feldlinien an den Polen eine Schwächung der magnetischen Flußdichte.

Auf der Entmagnetisierungskurve stellt sich in Abhängigkeit von der Geometrie des Magnetsystems zwischen $H = 0$ und $B = B_r$ sowie zwischen $H = {}_BH_c$ und $B = 0$ der sogenannte Arbeitspunkt A ein. Die dort gespeicherte bzw. zur Verfügung stehende magnetische Energie ist die Energiedichte oder das maximale Energieprodukt $(BH)_{max}$.

Maßeinheiten:

B: 1 T (Tesla) $= 1$ V $\cdot$ s $\cdot$ m$^{-2} = 1$ Wb $\cdot$ m$^{-2} = 10^4$ G (Gauß)

H: 1 A $\cdot$ m$^{-1} = 10^{-2}$ A $\cdot$ cm$^{-1} = 1{,}256 \cdot 10^{-2}$ Oe (Oerstedt)

$BH = 1$ V $\cdot$ s $\cdot$ m$^{-2} \cdot 1$ A $\cdot$ m$^{-1} = 1$ W $\cdot$ s $\cdot$ m$^{-3} = 1$ J $\cdot$ m^{-3}

      1 kJ $\cdot$ m$^{-1} = 10^3$ W $\cdot$ s $\cdot$ m$^{-3} = 10^{-3}$ W $\cdot$ s $\cdot$ cm$^{-3} = 1$ mW $\cdot$ s $\cdot$ cm^{-3}

Ausbauchungsfaktor

4

$(BH)_{max}$ wird wesentlich durch den Verlauf der Entmagnetisierungskurve, d. h. durch die Kurvenausbauchung bestimmt (vgl. Bild 4.10).

Reversible Permeabilität μ_r

μ_r beschreibt das Verhalten eines Dauermagnetsystems mit veränderlichen Luftspaltverhältnissen (Länge, Querschnitt), wie das bei Motoren, Generatoren, Tachometern und Haftmagneten der Fall ist. Hier ist der Arbeitspunkt nicht konstant, sondern er pendelt zwischen zwei konstruktiv bedingten Grenzwerten auf einer unterhalb der Entmagnetisierungskurve gelegenen Kurve (vgl. Bild 4.11).

$$\mu_r = \frac{\Delta B}{\Delta H_c}$$

μ_r bestimmt die Stabilität des Werkstoffs gegenüber der Änderung der Luftspaltverhältnisse.

4.6.7.4   Sinterhartmagnete auf der Basis von Al-Ni-Co

Neben den hartmagnetischen Ferriten sind die AlNiCo-Magnetwerkstoffe technisch am wichtigsten. Sie können sowohl pulver- als schmelzmetallurgisch hergestellt werden. In ihrer chemischen Zusammensetzung unterscheiden sich Sinter- und Gußmagnete nur unwesentlich in den Mengenanteilen der Komponenten. Die Sintermagnete bestehen aus: 5 . . . 14 % Al, 13 . . . 28 % Ni, $\leq$ 40 % Co, 1 . . . 6 % Cu, $\leq$ 9 % Ti, Rest Fe.

Wegen der hohen Affinität des Al zu Sauerstoff wird es der aus den reinen Komponenten bestehenden Mischung als Fe-Al-Vorlegierungspulver zugesetzt.

Das Sintern der mit Drücken von 500 ... 1 000 MPa geformten Preßlinge wird als temporäres Flüssigphasensintern bei 1 200 ... 1 350 °C in H_2-Atmosphäre oder im Vakuum vorgenommen. Beim Sintern entstehen zunächst homogene Mischkristalle, die jedoch bei langsamer Abkühlung in ein mehrphasiges Gefüge zerfallen. Da dieses Gefüge noch nicht über ausreichende ferromagnetische Eigenschaften verfügt, ist eine nachträgliche Wärmebehandlung erforderlich.

Wärmebehandlung von AlNiCo-Sintermagnetwerkstoffen

In Bild 4.12 sind das Zustandsdiagramm des Systems AlNiCo und der Temperatur-Zeit-Verlauf der Wärmebehandlung einer durch die gestrichelte Konzentrationssenkrechte gekennzeichneten Legierung dargestellt:

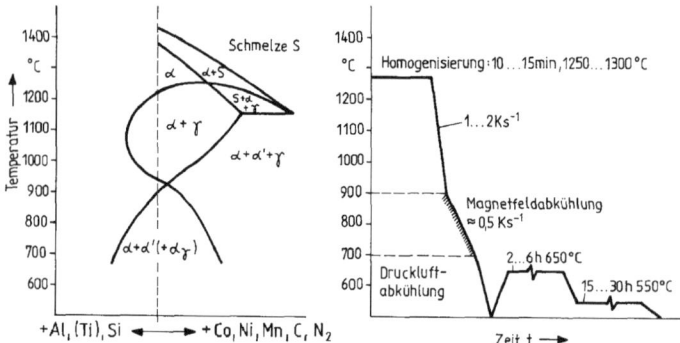

Bild 4.12 Zustandsdiagramm und Wärmebehandlung von AlNiCo-Legierungen, nach H. G. MÜLLER, L. JAHN und M. LENZ

1. Homogenisierungsglühen bei 1 250 ... 1 300 °C zur Bildung homogener α-Mk (krz).
2. Die Abkühlung von der Homogenisierungstemperatur erfolgt so, daß beim Durchlaufen des Zweiphasengebietes (α + γ) die Bildung der kfz γ-Phase verhindert wird. Im Temperaturbereich zwischen 900 ... 700 °C zerfallen nach Unterschreiten der Sättigungslinie die α-Mk in eine schwach ferromagnetische Ni-Al-reiche α-Phase (krz) und die stark ferromagnetische Fe-Co-reiche α'-Phase (krz). Durch ein äußeres Magnetfeld ($H = 100 ... 200$ kA · m^{-1}) erfolgt die Ausscheidung der α'-Phase aus den α-Mk bevorzugt parallel zu deren ⟨100⟩-Richtungen und zum äußeren Feld. Die α'-Phase bildet dabei stäbchenförmige Einbereichsteilchen von

etwa 10 nm Dicke, die wegen ihrer Formanisotropie die hartmagnetischen Eigenschaften verursachen.

An die Magnetfeldabkühlung schließt sich die weitere Abkühlung mit Druckluft an.

3. Die nachfolgende Anlaßbehandlung, 2 ... 6 h bei 650 °C und 15 ... 30 h bei 550 °C, bezweckt die weitere Entmischung der α-Phase und die Erhöhung der Konzentrationsunterschiede zwischen der α- und der α'-Phase, ohne daß die Teilchengröße verändert wird. Gleichzeitig wird jedoch dadurch die Anisotropieenergie erhöht.

Anwendung der AlNiCo-Sintermagnete

Anisotrope AlNiCo-Sintermagnete weisen Koerzitivfeldstärken von $H_c = 40 ... 134 \, \text{kA} \cdot \text{m}^{-1}$ auf; isotrope haben H_c-Werte = 45 kA · m^{-1}.

Das maximale Energieprodukt $(BH)_{\text{max}}$ der anisotropen Magnete liegt zwischen 30 und 41 kJ · m^{-3}, das der isotropen bei 12 ... 15,5 kJ · m^{-3}.

Hervorzuheben sind die Curie-Temperatur von etwa 830 °C, wobei maximale Betriebstemperaturen bis zu 500 °C technisch sinnvoll sind (hartmagnetische Ferrite sind dagegen nur bis 100 °C einsetzbar), und die große Stabilität der magnetischen Eigenschaften gegenüber Temperaturschwankungen.

Angewendet werden diese Magnete in Motoren, Generatoren, Linearmotoren und Lautsprechersystemen.

4

4.6.7.5 Hartmagnetische intermetallische Phasen der Seltenerd- und Übergangsmetalle

Eine Reihe intermetallischer Phasen aus Übergangsmetallen, insbesondere Co, und Seltenerdmetallen (Ordnungszahl 57 ... 69) sowie Yttrium weisen eine hohe Sättigungsmagnetisierung, eine ausgeprägt anisotrope Magnetisierbarkeit und hohe Curie-Temperaturen (600 ... 900 °C) auf. Bei den Seltenerdmetallen sind von technischem Interesse Samarium Sm, Praseodymium Pr, Neodymium Nd, Lanthan La und Cerium Ce. Besonders wichtig sind die im System Sm-Co auftretenden Co-reichen intermetallischen Phasen SmCo$_5$ (hex) und Sm$_2$Co$_{17}$ (rhomboedrisch). Vgl. dazu Bild 4.13.

Das magnetische Moment der Seltenerdmetalle wird durch das nicht aufgefüllte 4f-Niveau, das der Übergangsmetalle (Fe, Co, Ni) durch das nicht voll besetzte 3d-Niveau erzeugt.

In den intermetallischen Phasen sind Co durch Fe und/oder Cu, Sm durch Pr oder Cer-Mischmetall (40 ... 60 At % Ce; 23 ... 35 At % La; 9 ... 20 At % Nd und 3 ... 7 At % Pr) ersetzbar.

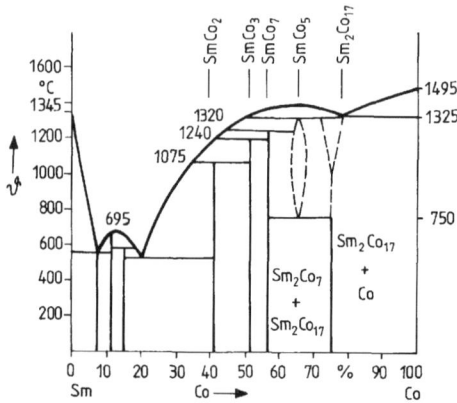

Bild 4.13 System
Samarium-Cobalt,
nach G. HEIMKE

Zur Herstellung von Sm-Co-Magneten geht man von schmelzmetallurgisch erzeugten oder durch Reduktions- und Diffusionsverfahren gewonnenen Legierungen aus. Die so erhaltenen sehr spröden Ausgangsstoffe werden unter Schutzgas oder in Mahlflüssigkeit (Benzin) in Kugel- oder Strahlmühlen bzw. in Attritoren zu Teilchengrößen von $3 \ldots 7\ \mu m$ dispergiert.

Wegen der dabei auftretenden Kaltverfestigung muß das Pulver weichgeglüht werden. Die sich anschließende Formgebung wird in Matrizen vorgenommen oder erfolgt durch hydrostatisches Heißpressen in einem sehr starken äußeren Magnetfeld ($H = 5 \ldots 10\ \mathrm{MA} \cdot \mathrm{m}^{-1}$), um die Teilchen in magnetischer Vorzugslage auszurichten.

Das Sintern im Vakuum oder in Schutzgasatmosphäre (H_2, Ar) wird in $30 \ldots 90$ min bei $1\,050 \ldots 1\,150\ ^\circ C$ (SmCo$_5$) oder $1\,150 \ldots 1\,230\ ^\circ C$ (Sm$_2$Co$_{17}$) durchgeführt.

Die gesinterten Teile werden nach einem Homogenisierungsglühen bei etwa $900\ ^\circ C$ in Wasser abgeschreckt, um den Zerfall von SmCo$_5$ unterhalb von $750\ ^\circ C$ in Sm$_2$Co$_7$ und Sm$_2$Co$_{17}$ zu verhindern. Im Anschluß daran werden die Teile aufmagnetisiert. Vgl. dazu Bild 4.13.

Anwendung der Sm-Co-Magnetwerkstoffe

Wegen der hohen $(BH)_{max}$-Werte, der hohen Koerzitivfeldstärke und ihrer nahezu linearen Entmagnetisierungskurve werden die Seltenerdmagnetwerkstoffe dort eingesetzt, wo eine große magnetische Flußdichte bei geringstem Volumen verlangt wird: Mikrowellensysteme, Rotoren in Schrittmotoren elektrischer Uhren, Magnetkupplungen, Geräte der Luft- und Raumfahrt.

Trotz ihrer hervorragenden magnetischen Eigenschaften steht einer umfangreicheren Anwendung der noch sehr hohe Preis entgegen. In Tabelle 4.3 sind zum Vergleich die Kennwerte verschiedener hartmagnetischer Werkstoffe gegenübergestellt.

Tabelle 4.3 Kennwerte verschiedener hartmagnetischer Werkstoffe, nach [1]

Kennwert	AlNiCo	SmCo$_5$	Sm(Co, Cu, Fe, Mo)$_{6,5-9}$	Ferrite
B_r in T	0,7...1,35	0,78...0,92	1,02...1,12	0,2...0,43
H_c in kA $\cdot$ m^{-1}	35...150	560...680	530...780	120...280
$(B \cdot H)_{max}$ in kJ $\cdot$ m^{-3}	12...75	120...160	176...240	8...34
ϑ_{Curie} in °C	800...880	700...730	800...900	460
$\vartheta_{Anwend.}$ in °C	400...500	200...250	250...350	100...150

4.6.8   Hartmetalle

Hartmetalle sind Verbundwerkstoffe, die aus metallischen Hartstoffen und einem Bindemetall bestehen.

Metallische Hartstoffe sind intermetallische (intermediäre) Phasen, wie die hexagonal kristallisierenden Karbide Mo$_2$C, Nb$_2$C, TaC, WC und W$_2$C oder die kfz im NaCl-Typ auftretenden Karbide HfC, NbC, TiC, VC und ZrC. Dazu gehören außerdem Nitride, wie HfN, Mo$_2$N, TiN, VN, W$_2$N (kfz, NaCl-Typ) und das hexagonal kristallisierende NbN. Zu den metallischen Hartstoffen zählt man auch die Boride LaB$_6$, TiB$_2$, ZrB$_2$ und die Silizide MoSi$_2$, TiSi$_2$ und WSi$_2$. Diese Hartstoffe zeichnen sich neben ihrer großen Härte durch vergleichsweise gute elektrische und Wärmeleitfähigkeit, geringe Wärmeausdehnungskoeffizienten ($\alpha = 3,8$ bis $9,4 \cdot 10^{-6}$ K^{-1}) und hohe Werte des E-Moduls (250...700 GPa) aus. Als wichtigstes Bindemetall wird Co, in geringerem Umfang werden Ni oder Fe verwendet.

Überragende Bedeutung für Spanungs- und Umformwerkzeuge im Maschinenbau, in der Metallurgie, im Bergbau, in der keramischen und Holzbearbeitungsindustrie sowie für Bauteile in der Textilindustrie und in der Fertigungsmeßtechnik haben die Hartmetalle auf WC-Co-Basis. Ursache sind die sehr gute Benetzbarkeit der WC-Kristalle durch das flüssige WC-Co-Eutektikum im Sintertemperaturbereich und die sehr hohen Adhäsionskräfte zwischen WC und Co.

Zur Herstellung von Hartmetallteilen wird die Pulvermischung aus Karbiden, dem Bindemetall und einem organischen Preßhilfsmittel (z. B. Paraffin) unter Ethanol (oder einer anderen geeigneten Flüssigkeit) in Kugel- oder Schwingmühlen bzw. in Attritoren weiter dispergiert und intensiv vermischt, wobei vor allem eine gute Verteilung des Bindemetalls zwischen den Karbidteilchen angestrebt wird. Das in der Mahlflüssigkeit aufgeschlämmte Gemisch wird danach unter Verwendung von Inertgas sprühgetrocknet. Die Pulvermischung wird anschließend gepreßt ($p = 200\dots400$ MPa). Nach der Formgebung folgt das Sintern, wobei zunächst bis etwa 600 °C unter H_2-Atmosphäre das Preßhilfsmittel ausgetrieben wird. Das Fertigsintern wird in Abhängigkeit von der Zusammensetzung der Mischung bei 1 350 bis 1 500 °C in H_2-Atmosphäre oder vielfach im Vakuum durchgeführt. Größere Teile, die nicht sofort in die Endform gepreßt werden können, werden nach einem Vorsintern bei bis zu 1 000 °C spanend fertig bearbeitet und danach fertig gesintert.

Sehr große Teile, wie Umformwerkzeuge, werden isostatisch gepreßt und heißisostatisch nachverdichtet, wodurch eine hohe dynamische Belastbarkeit gewährleistet werden kann.

Die gesinterten Teile sind wegen ihrer sehr großen Härte nur noch durch Schleifen mit superharten Werkzeugen oder durch Elektroerosion zu bearbeiten. Die Vickershärte bewegt sich z. B. bei Schneidplatten in Abhängigkeit vom Bindemetallanteil ($6\dots17$ % Co) und Karbidanteilen ($WC + TiC + TaC$) von 83 bis 94 % zwischen $1\,300\dots1\,800$ HV 30. Die Härte vermindert sich mit steigendem Bindemetallanteil, während sich dagegen die Biegefestigkeit ($750\dots2\,100$ MPa) und der E-Modul ($460\dots660$ GPa) erhöhen. Prinzipiell gleichartige Eigenschaften zeigen Hartmetallsorten für Umformwerkzeuge (Ziehsteine, Ziehdorne, Ziehbacken, Kaltpreß- und Kaltfließpreßmatrizen, Kaltschlagmatrizen, Schnittwerkzeuge u. ä.).

Zur Erhöhung der Verschleißbeständigkeit und der Standzeit ist es möglich, z. B. Wendeschneidplatten nach dem Sintern mit Hartstoffen, wie TiC, TiN oder Titankarbonitrid Ti(CN), zu beschichten. Als Beschichtungsverfahren haben sich das CVD-Verfahren (chemical vapour deposition) und das physikalische Verfahren (PVD $\dots$ physical vapour deposition) eingeführt.

Beim CVD-Verfahren wird bei Temperaturen zwischen 900 und 1 200 °C aus einem Gasgemisch ($TiCl_4$ und Kohlenwasserstoffe) in H_2-Atmosphäre TiC auf der Oberfläche abgeschieden. Die Schichten sind etwa $3\dots15$ μm dick.

Die PVD-Verfahren (reaktives Bedampfen, Sputtern, Ionenimplantation) arbeiten mit niedrigeren Arbeitstemperaturen. Sie verlangen jedoch zur gleichmäßigen Abscheidung entsprechende Bewegungen der Teile, da die Ionen als gerichteter Teilchenstrom auf die Oberfläche auftreffen. Die PVD-Beschichtung wird bei Schnellarbeitsstahlbohrern und in der Uhren- und Schmuckwarenindustrie (z. B. Herstellung goldfarbener Uhrengehäuse) angewandt.

Anwendung der Hartmetalle

Neben ihrer Verwendung für Umformwerkzeuge werden die Hartmetalle in großem Umfang für Wendeschneidplatten für die spanende Formung eingesetzt.

Die Schneidplatten werden gemäß ISO/TC 29/GT 9 in drei Zerspanungshauptgruppen eingeordnet. Die Zerspanungshauptgruppen sind in Abhängigkeit von den Eigenschaften der zu bearbeitenden Werkstoffe zusätzlich in eine Reihe von Anwendungsgruppen unterteilt, die durch die an die Kennbuchstaben (P; M; K) der Hauptgruppen nachgestellten Ziffern gekennzeichnet werden.

Zerspanungshauptgruppe P

Die dieser Gruppe zugeordneten Hartmetallsorten der Anwendungsgruppen P 01, P 05, P 10, P 20 ... P 50 sind für die Bearbeitung von Stahl, Stahlguß und langspanendem Temperguß vorgesehen.

Zerspanungshauptgruppe M

Die den Gruppen M 10, M 20, M 30 und M 40 zugehörigen Sorten werden zur spanenden Bearbeitung von Stahl, Stahlguß, Hartmanganstahl, austenitischem Stahl, Automatenstahl, Gußeisen mit Kugelgraphit, legiertem Gußeisen und Temperguß eingesetzt.

4

Zerspanungshauptgruppe K

Die in den Anwendungsgruppen K 01, K 05, K 10, K 20, K 30 und K 40 zusammengefaßten Hartmetallsorten werden zur Bearbeitung von Gußeisen, Hartguß, gehärtetem Stahl, kurzspanendem Temperguß, Nichteisenmetallen, Holz und Kunststoffen verwendet.

Außer zu ihrem Einsatz als Wendeschneidplatten für Drehmeißel sind die Hartmetalle in Form von Schneidplatten in allen Werkzeugen der spanenden Formung in Anwendung.

Bei Verwendung von Ni als Bindemetall für WC erhält man Hartmetalle mit hoher Korrosionsbeständigkeit gegenüber sauren Angriffsmitteln, so daß sie zum Beispiel als Dichtungsringe oder Lagerwerkstoffe in Apparaten und Anlagen der chemischen Industrie einsetzbar sind. Hartmetall aus Chromkarbid und Ni als Bindemetall ist unmagnetisch und korrosionsbeständig. Es eignet sich daher auch zur Bestückung von Meß- und Prüfmitteln in der Fertigungsmeßtechnik.

4.6.9   Nichtmetallische Hartstoffe

> Nichtmetallische Hartstoffe, wie Oxide (γ-Al_2O_3, BeO, ZrO_2, MgO), Karbide (SiC) und Nitride (Si_3N_4) und entsprechende Mischungen werden den sonderkeramischen Werkstoffen zugeordnet.

Obwohl die spezifische Eigenschaft der keramischen Werkstoffe, das Sprödbruchverhalten, auch hier vorhanden ist, zeichnen sich diese Werkstoffe durch bessere mechanische Eigenschaften, wie höhere Biegefestigkeit und Warmhärte, und größere Korrosionsbeständigkeit aus.

> Die sonderkeramischen Werkstoffe unterscheidet man in Oxidkeramik, Oxid-Karbid-Keramik, SiC- und Siliziumnitrid-Keramik sowie Keramik-Metall-Sinterverbundwerkstoffe (Cermets).

1. Sinterkorund

Sinterkorund oder Sintertonerde besteht aus hochreinem γ-Al_2O_3 (sog. „weiße Keramik") und ist der bekannteste oxidkeramische Werkstoff. Sein Hauptanwendungsgebiet sind Wendeschneidplatten zum Schlichten von Eisen- und Nichteisenwerkstoffen, da schwere Spanungsarbeiten wegen der Sprödigkeit von Sinterkorund nicht in Betracht kommen. Er erfordert daher auch eine hohe Biegesteifigkeit und Laufruhe der Werkzeugmaschine. Wegen der geringen Temperaturwechselbeständigkeit dürfen keine Kühlmittel verwendet werden. Andere wesentliche Einsatzmöglichkeiten sind: Laborschmelztiegel für Metalle, Thermoelement-Schutzrohre, Gleitlager, Heizleiterträger, Zündkerzen, Brennerrohre für Na-Hochdruckdampflampen, Gehäuse für Dioden und Thyristoren sowie Gelenkprothesen und Knochenimplantate in der Chirurgie.

2. Sintermagnesiumoxid

Wegen des hohen elektrischen Widerstandes und des hohen Schmelzpunktes kann Sintermagnesiumoxid als Isolierwerkstoff für Temperaturen bis 2 000 °C eingesetzt werden. Es dient auch als Tiegelwerkstoff für basische Oxidschmelzen und Schlacken für Arbeitstemperaturen bis 2 400 °C.

3. Sinterzirkondioxid

Wegen des hohen Schmelzpunktes und der guten chemischen Beständigkeit wird ZrO_2 für Thermoelement-Schutzrohre und als Tiegelwerkstoff sowie für Lager und Gleitdichtringe verwendet.

4. Oxid-Karbid-Keramik

Zur Verbesserung der Temperaturwechselbeständigkeit wird dem üblichen Matrixmaterial Al_2O_3 vor allem TiC (10...50 %) zugesetzt. Mitunter werden auch Mo_2C oder Mischkarbide (Mo_2C-WC-TiC) in diesem Sinne verwendet. Der Karbidzusatz verursacht eine Dunkelfärbung (sog. „schwarze Keramik"). Wegen der wesentlich besseren Temperaturwechselbeständigkeit gegenüber der „weißen Keramik" können Wendeschneidplatten mit Kühlflüssigkeit gekühlt werden. Die höhere Bruchzähigkeit ermöglicht die Anwendung dieser Schneidplatten zum Schruppen und Schlichten (Drehen und Fräsen) von Stahl, Gußeisen und Hartguß sowie zur spanenden Bearbeitung von NE-Metallen, Kunststoffen und Graphit.

5. SiC-Keramik und Si_3N_4-Keramik

Die SiC- und Si_3N_4-Keramiken sind Stoffe, die als hochwarmfeste und korrosionsbeständige Konstruktionswerkstoffe zunehmende Bedeutung erlangen. Arbeitstemperaturen von 1 200 bis 1 400 °C sowie ihre Beständigkeit gegenüber aggressiven Medien ermöglichen den Einsatz von SiC-Keramik für Teile in Gasturbinen, Verbrennungskammern, für Tiegel und Schutzrohre gegenüber aggressiven Schmelzen sowie für Ventilsitzringe, Gleitringe und Lager, nach [1].

Ausgangsstoff der Siliziumnitrid-Keramik ist Si-Pulver.

Während die durch Heißpressen und mit Sinterhilfsmitteln hergestellten hochfesten und dichten Si_3N_4-Bauteile (HPSN) nur einfache geometrische Formen aufweisen und hohe Nachbearbeitungskosten verursachen, sind die reaktionsgebundenen (RBSN) Si-Nitridbauteile in vielfältiger Form herstellbar und schon im gepreßten Zustand (Grünlinge) spanend bearbeitbar.

Meist wird jedoch das mit organischen Preßhilfsmitteln versetzte Si-Pulver nach dem Pressen in N_2- oder NH_3-Atmosphäre bei 1 100 °C vornitridiert und anschließend spanend bearbeitet. Danach folgt bei 1 400 °C das Fertignitridieren und Dichtsintern. Das durch die Reaktion des Si mit N_2 entstehende Si_3N_4 und die damit verbundene Bindung der Si-Teilchen wird als Reaktionsbinden bezeichnet.

Si_3N_4-Keramik wird für Gießrinnen, Steigrohre, Gießstopfen, Schmelzwannenauskleidungen u. ä. in der NE-Metall-Gießereitechnik sowie für Gleitringdichtungen, Gleit- und Wälzlager eingesetzt. Darüber hinaus gewinnt diese Keramik im Motorenbau der Kfz-Industrie zunehmend an Bedeutung.

6. Hartstoff-Metall-Sinterverbundwerkstoffe (Cermets)

Sinterwerkstoffe aus nichtmetallischen Hartstoffen und Metallen, die sogenannten Cermets, haben entgegen der Erwartungen, sie als Hochtemperatur-Konstruktionswerkstoffe einsetzen zu können, nur ein begrenztes Anwendungsgebiet gefunden.

Wesentliche Nachteile der Cermets sind die Sprödigkeit und die Empfindlichkeit gegen schockartige Temperaturwechsel. Ausnahmen bilden Cermets aus CrO_2 und Mo (mit 40 % ZrO_2), Al_2O_3 und Mo sowie Cr_2O_3 und Cr. Diese Werkstoffe werden als Schutzrohre für Thermoelemente in der Schwarz- und Buntmetallurgie, für Stranggußkokillen (Stahl und Hartguß) oder Strangpreßmatrizen für Cu-Legierungen eingesetzt.

▶ *Hinweis*: Schleifkörper als Verbundwerkstoffe aus nichtmetallischen Hartstoffen (SiC, Al_2O_3, BN und Diamant) und einem Bindemittel (keramische und Glas-Bindemittel, Kunstharz-, Gummi-, Silikat-, Magnesit- und Metallbindemittel) werden hier nicht besprochen.

4.7   Literatur- und Quellenverzeichnis

[1]   *Schatt, W.*: Pulvermetallurgie, Sinter- und Verbundwerkstoffe. – Leipzig: Deutscher Verlag für Grundstoffindustrie, 1985

[2]   *Eisenkolb, F.*: Fortschritte der Pulvermetallurgie. – Berlin: Akademie-Verlag, 1963

[3]   *Schwabe, K.*: Physikalische Chemie, Bd. 2. – Berlin: Akademie-Verlag, 1974

[4]   *Spur, G. (Hrsg)*: Handbuch der Fertigungstechnik, Bd. 1. – München: Carl Hanser Verlag, 1981

[5]   *Kieffer, R.; Jangg, G.; Ettmayer, P.*: Sondermetalle. – Wien; New York: Springer-Verlag, 1971

[6]   *Geguzin, Ja. E.*: Physik des Sinterns. – Leipzig: Deutscher Verlag für Grundstoffindustrie, 1973

[7]   *Schatt, W. (Hrsg.)*: Werkstoffe des Maschinen-, Anlagen- und Apparatebaues. – Leipzig: Deutscher Verlag für Grundstoffindustrie, 1991

[8]   *Habig, K.-H.*: Verschleiß und Härte von Werkstoffen. – München; Wien: Carl Hanser Verlag, 1980

[9]   *Haase, Th.*: Keramik. – Leipzig: Deutscher Verlag für Grundstoffindustrie, 1968

[10]   *Müller, K.-G.; Jahn, L.; Lenz, M.*: Stand der Entwicklung von Dauermagnetwerkstoffen. In: Magnetische Eigenschaften von Festkörpern. – Leipzig: Deutscher Verlag für Grundstoffindustrie, 1975

[11]   *Schedler, W.*: Hartmetall für den Praktiker. – Düsseldorf: VDI-Verlag, 1988

[12]   *Schatt, W.; Wieters, K.-P.*: Pulvermetallurgie und Sintervorgänge. – Berlin: Springer-Verlag, 1997

[13]   *Schatt, W.; Wieters, K.-P.*: Pulvermetallurgie . – Berlin: Springer-Verlag, 1992

[14]   *Schatt, W.*: Sintervorgänge. – Berlin: Springer-Verlag, 1992

[15]   *Tietz, H.-D.*: Technische Keramik. – Berlin: Springer-Verlag, 1994

[16]   *Schaumburg, H.*: Keramik. – Stuttgart: B. G. Teubner-Verlag, 1994

[17]   DIN-Taschenbuch 247: Pulvermetallurgie. – Berlin: Beuth-Verlag, 1991

5   Nichtmetallische Stoffe

5.1   Kunststoffe

Definition: Kunststoffe sind makromolekulare (organische) Stoffe, die synthetisch oder durch Umwandlung von Naturstoffen erzeugt werden und unter bestimmten Bedingungen plastisch formbar sind (oder plastisch geformt wurden).

Nach der Herstellung unterscheidet man die Kunststoffe in *Polymerisate, Polykondensate, Polyaddukte* und *Derivate natürlicher Hochpolymere*.

Nach dem Umformverhalten unterscheidet man *Thermoplaste* (sie sind prinzipiell auch bei wiederholter Erwärmung plastisch formbar), *Duroplaste (Duromere)*, die nur einmal, während der Urformung plastisch formbar sind, und *Elaste* oder *Elastomere* (sie zeigen gummielastische Eigenschaften). Für bei Raumtemperatur flüssige Hochpolymere wird mitunter der Begriff *Fluidoplaste* verwendet.

Allgemeine Eigenschaften der Kunststoffe

Kunststoffe weisen gegenüber metallischen Werkstoffen sowohl günstigere als auch ungünstigere Eigenschaften auf. In Tabelle 5.1 sind einige Eigenschaften gegenübergestellt.

5.1.1   Grundbegriffe der Synthesereaktionen zur Herstellung von Kunststoffen

Die Gewinnung hochmolekularer synthetischer Werkstoffe aus niedermolekularen Ausgangsstoffen (*Monomere*) erfolgt durch Polymerisation, Polykondensation oder Polyaddition.

Polymerisation ist die Vereinigung vieler kleiner Moleküle (Grundmoleküle der Monomeren) durch Aufspaltung von Doppelbindungen (Aufrichtung von π-Bindungen) zu Makromolekülen.

Die Polymerisation ist eine in drei Phasen ablaufende exotherme Reaktion:
1. Startreaktion,
2. Kettenwachstum (Wachstumsreaktion) und
3. Kettenabbruch (Abbruchreaktion).

Startreaktion: In dieser Phase werden einzelne Monomerenmoleküle durch Katalysatoren oder/und Energiezufuhr (Wärme, Druck, Licht) aktiviert. Da-

Tabelle 5.1   Vergleich einiger Eigenschaften der Kunststoffe gegenüber den Metallen

Eigenschaft	Kunststoffe	Metalle
Dichte ϱ in 10^3 kg $\cdot$ m^{-3}	$0{,}8\ldots 2{,}2$ $\leq 0{,}05$ (Schäume)	$0{,}53\ldots 22{,}55$ (Li) (Ir)
Zugfestigkeit in MPa	$7{,}85\ldots 800$ (GUP, GFP)	$13\ \ldots\ 2\,745$ (Pb) (Mo)
Biegefestigkeit, Kerbschlag- und Schlagzähigkeit	relativ gering	hoch
Spanlose und spanende Formbarkeit	allg. sehr gut	meist gut
Spez. elektrischer Widerstand ϱ in $\Omega \cdot$ cm	$10^9 \ldots 10^{18}$	$1{,}49 \cdot 10^{-6} \ldots 42 \cdot 10^{-6}$ (Ag) (Ti)
Wärmeleitfähigkeit λ in W $\cdot$ m$^{-1} \cdot$ K^{-1}	$0{,}116\ldots 0{,}349$	$17{,}2\ldots 459{,}4$ (Ti) (Ag)
Linearer Wärmeausdehnungs- koeffizient α	$0{,}4 \cdot 10^{-4}$ K$^{-1} \ldots$ $6 \cdot 10^{-4}$ K^{-1}	$4{,}4 \cdot 10^{-6}$ K^{-1} (W) $\ldots$ $61 \cdot 10^{-6}$ K^{-1} (Hg)
Temperaturanwendungs- bereich in °C	$-70\ldots 200$	schmelzpunkts- und belastungsabhängig
Korrosionsbeständigkeit	gut	bedingt
Alterungsbeständigkeit	begrenzt	gut
Brennbarkeit	wenig bis leicht	nicht bei massiven Teilen
Giftigkeit	nicht gegeben	in einigen Fällen
Elektrostatische Aufladung	gegeben	nicht vorhanden
Dielektrische Verluste	gegeben	nicht vorhanden

bei werden Doppelbindungen aufgespalten; die freiwerdende Bindungsenergie trägt zusätzlich zur Aktivierung benachbarter Moleküle bei.

Kettenwachstum: In dieser Phase ordnen sich die aktivierten Moleküle zu kettenförmigen, linearen Makromolekülen an.

Kettenabbruch: Mit dieser Reaktion wird die Polymerisation beendet. Das Ende dieser Reaktion kann eintreten durch:
Vereinigung zweier wachsender Kettenmoleküle durch Desaktivation infolge Reaktion mit anderen Molekülen, ohne daß eine weitere Aktivierung erfolgt, oder durch Energieverluste infolge von Stoßprozessen der Moleküle mit der Wandung des Reaktionsgefäßes.

Die Polymerisation kann in Abhängigkeit von den Monomeren und den Katalysatoren als *Radikalkettenpolymerisation* oder *Ionenkettenpolymerisation* (Kationen- bzw. Anionenkettenpolymerisation) durchgeführt werden.

Radikalkettenpolymerisation: Die Startreaktion wird durch ein katalytisch, thermisch oder photochemisch gebildetes Radikal eines Polymerisationsanregers (z. B. organische Peroxide) eingeleitet. An das Radikal lagern sich aktivierte Monomerenmoleküle, die nun selbst zu Radikalen werden. Der Kettenabbruch erfolgt durch Rückbildung des Polymerisationsanregers. Diese Synthesereaktion ist möglich bei: Styren (Styrol), Ethylen, Butadien, Acrylnitril, Methacrylnitril, Acrylsäureester, Methacrylsäureester u. a.

Ionenkettenpolymerisation: Sie verlangt als polarer Reaktionsmechanismus, daß die lockerer gebundenen Elektronen der Doppelbindung der Monomeren verschiebbar sind. Die Verschiebung (die eine Aufspaltung der Doppelbindung darstellt) wird durch Katalysatoren beim kationischen Mechanismus noch zusätzlich durch einen Cokatalysator (z. B. Wasser) bewirkt. Durch die Verschiebung der Elektronen nehmen die Moleküle polaren, d. h. kationischen bzw. anionischen Charakter an.

Kationen-Kettenpolymerisation: Als Katalysatoren kommen *saure Verbindungen*, wie $AlCl_3$, $ZnCl_2$, BF_3 und Alkylhalogenide, und Cokatalysatoren in Betracht. Das Katalysatoren- und das Cokatalysatorenmolekül bilden eine Komplexverbindung. Diese Verbindung verursacht in der Startphase die Verschiebung der π-Elektronen der Monomerenmoleküle, wobei sich das Kation des Komplexes (meist das H^+-Ion) an das aktivierte Molekül anlagert, das nun selbst zum Kation wird. Daran lagert sich das nächste aktivierte Molekül. Durch Anlagerung weiterer Moleküle vergrößert sich das Radikal in der Phase des Kettenwachstums bis zum Kettenabbruch. Der Katalysator wird jedoch nicht in das entstandene Makromolekül eingebaut.

Dieser Reaktionmechanismus ist möglich bei Styren, Ethylen, Ethylenoxid, Isobutylen, Vinylether, Vinylcarbazol u. a.

Anionen-Kettenpolymerisation: Als Katalysatoren werden hier *basische Verbindungen*, wie Ammoniak, Metallhydride, Natriumalkoholate (C_2H_5ONa), Natriumamid ($NaNH_2$) u. a. verwendet.

Im Gegensatz zur Kationen-Kettenpolymerisation wird beim Kettenabbruch der Katalysator in das Makromolekül eingebaut. Die anionische Kettenpolymerisation ist anwendbar bei Acrylnitril, Acrylsäureester, Butadien, Methacrylsäureester, Methacrylnitril u. a.

Polymerisationsgrad

> Die Anzahl der in einem Makromolekül vereinigten Grundmoleküle wird als Polymerisationsgrad bezeichnet. Da der Polymerisationsgrad der Makromoleküle uneinheitlich ist, wird im allgemeinen der *mittlere Polymerisationsgrad* bestimmt.

5

K-Wert: Zur Charakterisierung des mittleren Polymerisationsgrades wird bei einigen Kunststoffen (PVC, PS u. a.) durch Viskositätsmessung einer etwa 1-%igen Lösung des betreffenden Hochpolymeren der sogenannte K-Wert (oder Eigenviskosität) nach FIKENTSCHER angegeben. Der K-Wert ist umso größer, je größer die Molmasse ist. Ein allgemeingültiger quantitativer Zusammenhang besteht jedoch nicht.

Schmelze-Massenfließrate MFR: Dieser Kennwert gibt die Masse einer Schmelze in g an, die unter vorgegebener Belastung und Temperatur durch eine Düse bestimmten Durchmessers (z. B. 2,095 mm) in 10 min ausfließt.

Schmelze-Volumenfließrate MVR: Hier wird anstelle der Masse das in 10 min ausfließende Volumen in cm^3 einer Schmelze bestimmt.

MFR und MVR lassen qualitative Aussagen zu Polymerisationsgrad zu. Sie sind Kennwerte für die Spritzguß- und Extruderverarbeitung von z. B. PE, PS, POM u. ä.

Polymerisationsverfahren

Nach der technischen Durchführung unterscheidet man die Block-, Emulsions-, Suspensions- und Lösungspolymerisation.

Blockpolymerisation: Das flüssige Monomere geht nach Zusatz des Katalysators und bei entsprechender Energiezufuhr (meist Wärme) durch Polymerisation in eine hochpolymere Schmelze über und erstarrt zu Blöcken (Polystyren, Polymethylmethacrylat).

Wegen der schwierigen Abfuhr der Reaktionswärme wird das Verfahren nur in wenigen Fällen angewendet.

Emulsionspolymerisation: Das Monomere wird mit Emulgatoren (Alkali-, Ammoniumsalze, Seife u. ä.) in Wasser fein verteilt, mit dem Katalysator und anderen Zusätzen (sog. Regler) versetzt und erwärmt. Das Polymerisat, das einen nur relativ wenig streuenden Polymerisationsgrad aufweist, wird durch Ausfällen des Katalysators und der Zusätze oder durch Versprühen in warmer Luft gewonnen. Die auftretenden Reaktionstemperaturen lassen sich gut beherrschen. Es ist ein häufig angewandtes Verfahren (z. B. bei PVC).

Suspensions- oder Perlpolymerisation: Das Monomere wird durch kräftiges Rühren ohne Emulgator, aber mit Suspensionsstabilisatoren, in Wasser fein verteilt. In den Monomerentröpfchen ($\varnothing \leq 1$ mm) erfolgt im Beisein von Katalysatoren die Polymerisation. Das Polymerisat erhält man durch Filtrieren oder Zentrifugieren, wobei das Wasser abgetrennt wird.

Lösungspolymerisation: Das Monomere und der Katalysator werden in einem geeigneten Lösungsmittel gelöst. Ist das Polymere ebenfalls im Lösungsmittel löslich, so ist die Abtrennung schwierig. Soll das Polymere für Lacke,

Kleber oder Imprägnationsmittel weiterverarbeitet werden, so erfolgt das meist ohne Abtrennung des Lösungsmittels. Ist das Polymere im Lösungsmittel nicht löslich, so fällt es pulverförmig aus.

Arten der Polymerisation

Man unterscheidet die Homo- und die Co- oder Mischpolymerisation. Als *Homopolymerisation* bezeichnet man die Polymerisation eines einzigen Monomeren. Das Produkt heißt *Homopolymerisat.* Unter *Co-* oder *Mischpolymerisation* versteht man die gleichzeitige Polymerisation von in der Regel zwei, seltener drei verschiedener Monomere. Das Produkt heißt *Copolymerisat* oder *Mischpolymerisat.*

Anordnung der Monomerenmoleküle in Copolymerisaten

Sind die Moleküle der beteiligten Monomeren wechselweise regelmäßig verknüpft, so ist die Anordnung *alternierend.* Bei unregelmäßiger Verknüpfung heißt die Anordnung *statistisch.* Bestehen die Makromoleküle aus miteinander verknüpften Gruppen von Monomerenmolekülen (. . .AAAAA-BBBBB-CCCCC-AAAAA-. . .), so wird das Polymere als *Block-Copolymerisat* bezeichnet, wie z. B. ABS (**A**crylnitril-**B**utadien-**S**tyren) oder AMMA (**A**crylnitril- **M**ethyl**m**eth**a**crylat).

Ein technisch wichtiger Sonderfall ist die nachträgliche Anlagerung (Aufpfropfen) bestimmter anderer Monomerenmoleküle an lineare Makromoleküle, so daß Seitenketten entstehen. Das Endprodukt ist das *Pfropf-Copolymerisat* (*Graft*-Polymere).

5

Beispiele dafür sind die modifizierten Kautschuke und das Anfärben synthetischer Fasern.

Als *Polyblends* werden physikalische Gemische zweier Hochpolymere (z. B. schlagzähes Polystyrol oder Polystyren) bezeichnet (blend . . . Mischung).

> **Polykondensation** ist die stufenweise Vereinigung vieler kleiner Moleküle zweier organischer Verbindungen zu Makromolekülen unter Abspaltung niedermolekularer Substanzen.

Die Monomere müssen 2 oder 3 reaktionsfähige Atomgruppen (-OH, -NH$_2$ oder -COOH) haben. Je nach der Art der verwendeten Monomere entstehen als Spaltprodukte Wasser, Wasserstoff, Halogenwasserstoffe, Schwefelwasserstoff, Alkohole oder NaCl.

Reaktionsstufen der Polykondensation

1. Stufe: In dieser Stufe entstehen lineare Makromoleküle. Das Kondensat befindet sich im *A-Zustand* und heißt auch **Resol**.

2. Stufe: Durch Temperatur- und/oder Druckerhöhung werden an reaktionsfähigen Stellen der linearen Makromoleküle Seitenketten gebildet. Die jetzt vorliegenden sind verzweigte Makromoleküle. Das Kondensat befindet sich im *B-Zustand* und heißt auch **Resitol**.

3. Stufe: Durch weitere Temperatur- und/oder Druckerhöhung tritt eine Verknüpfung benachbarter Makromoleküle, die als Vernetzung (Aushärtung) bezeichnet wird, auf. Das Kondensat befindet sich im *C-Zustand* und heißt auch **Resit**. Das Endprodukt ist duroplastisch.

Der stufenweise Reaktionsverlauf gestattet die Gewinnung von Zwischenprodukten (Resol, Resitol), die erst beim Weiterverarbeiten während der Herstellung von Fertigteilen (durch Pressen oder Spritzpressen) in den C-Zustand übergehen. Die so entstandenen Duromere (Duroplaste) sind dann meist nicht mehr spanlos formbar.

Polyaddition ist die Bildung von Makromolekülen durch wechselseitige Anlagerung verschiedener Monomerenmoleküle unter Platzwechselreaktion von Wasserstoffatomen ohne Abspaltung von Nebenprodukten. Die Polyaddition wird auch als kondensierende Polymerisation bezeichnet. Polyaddukte sind die Epoxidharze und Polyurethane.

❏ **Beispiel**: Polyaddition von Butandiol $HO-(CH_2)_4-OH$ und Hexamethylendiisocyanat $OCN-(CH_2)_6-NCO$ zu Polyurethan:

$$\dots H-O-(CH_2)_4-O-H + O=C=N-(CH_2)_6-N=C=O + \dots$$

$$\dots \begin{bmatrix} & & H & & & H & \\ & & | & & & | & \\ -O-(CH_2)_4-O-\overset{\displaystyle}{\underset{\displaystyle \parallel}{C}}-N-(CH_2)_6-N-\overset{\displaystyle}{\underset{\displaystyle \parallel}{C}}-O- \\ & & O & & & O & \end{bmatrix}_n \dots$$

Die H-Atome der OH-Gruppen des Butandiols wandern zu den N-Atomen des Hexamethylendiisocyanats. Zur späteren Vernetzung der linearen Makromoleküle werden unter Zusatz geeigneter Katalysatoren und Härter die Doppelbindungen aufgespalten.

5.1.2   Struktur und strukturabhängige Eigenschaften der Kunststoffe

Die Struktur der Kunststoffe wird durch die zwischen den Atomen und Makromolekülen wirkenden Bindungskräfte bestimmt. Die Hauptvalenzkräfte oder primären Bindungskräfte (homöopolare oder Atombindung) verursachen die Bindung der Atome im einzelnen Molekül. Die Nebenvalenzkräfte oder sekundären Bindungskräfte (*van der Waalssche Kräfte*, Wasserstoffbrückenbindung, Schwefelbrückenbindung, Dipol-Dipol-Bindung u. a.) sind maßgebend für die Struktur der Kunststoffe. Der innere Aufbau dieser Werkstoffe wird außerdem durch die Gestalt und die Wärmebewegung der Makromoleküle beeinflußt. Nach der Anordnung der Makromoleküle unterscheidet man die amorphe (regellose), die orientierte und die partiell-kristalline Struktur.

Nach ihrer Gestalt werden die Makromoleküle in lineare (Faden- oder Kettenmoleküle), verzweigte und vernetzte Moleküle eingeteilt.

Die statistische Gestalt der linearen Makromoleküle

Die Bindungskräfte der homöopolaren Bindung sind gerichtet. Die Valenzelektronen des C-Atoms nehmen wegen der zwischen ihnen wirkenden Abstoßungskräfte einen Winkel von 109,5° zueinander ein. Daraus ergibt sich das *Tetraedermodell des Kohlenstoffs*, vgl. Bild 5.1.

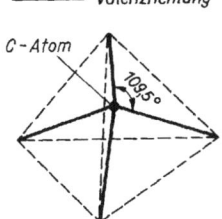

Bild 5.1 Tetraedermodell des C-Atoms

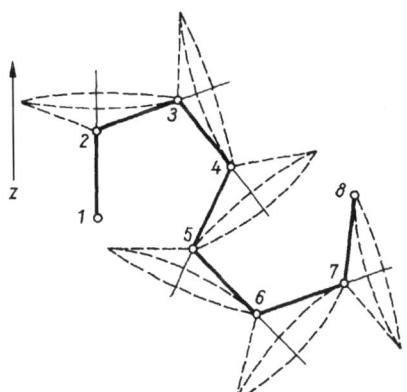

Bild 5.2 Entstehung der statistischen Gestalt der linearen Makromoleküle, nach [1]

Im Mittelunkt des Tetraeders befindet sich das C-Atom, die Ecken werden von den 4 Valenzelektronen gebildet. Die Verbindungslinien zwischen C-Atom und Valenzelektronen sind die Valenzrichtungen. In den Molekülen sind die C-Atome um ihre Einfachbindungen drehbar. Zum Teil trifft das auch für Makromoleküle zu. In Bild 5.2 liegt die Valenzrichtung des 1. Grundmoleküls in der z-Richtung. Die Valenzrichtung des 2. Grundmoleküls kann nun auf einem Kegelmantel liegen, da der Valenzwinkel des C-Tetraeders vorgegeben ist. Die Rotationsachse des 3. Grundmoleküls liegt in der Valenzrichtung des zweiten. Mit zunehmender Kettenlänge ergibt sich ein Makromolekül mit knäuelartiger, amorpher Gestalt. Die amorphe Gestalt linearer Makromoleküle ist statistisch ein Zustand größter Unordnung (größte Entropie), der die größte Wahrscheinlichkeit hat.

Da sich die Knäuelform durch die Wärmebewegung ständig verändert, ist die Gestalt der Makromoleküle nur statistisch erfaßbar. Die dazu erforderlichen wichtigsten Parameter sind in Bild 5.3 dargestellt.

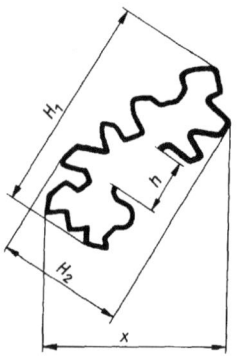

Bild 5.3 Parameter zur Kennzeichnung der statistischen Gestalt eines linearen Makromoleküls, nach [1]
H_1 Abstand der räumlich entferntesten Punkte; H_2 mittlere Querausdehnung senkrecht zu H_1; x mittlere Ausdehnung in beliebiger Richtung; h Abstand der Endpunkte des Makromoleküls (Molekülänge)

5.1.2.1   Einfluß der Gestalt der Makromoleküle auf einige Eigenschaften der Kunststoffe

1. Lineare Makromoleküle

Sie entstehen synthetisch durch Polymerisation, Polyaddition und in der 1. Stufe der Polykondensation. Bei genügender Wärmezufuhr sind die entsprechenden Kunststoffe oder deren Vorprodukte schmelzbar. Die Wärmebeständigkeit wird durch seitenständige Molekülgruppen verbessert. In geeigneten Lösungsmitteln lösen sich diese Kunststoffe unbegrenzt. Bei der spanlosen Umformung werden die knäuelartig angeordneten linearen Moleküle in die Belastungsrichtung gestreckt (gereckt). Durch das Recken stellt sich ein größerer Ordnungszustand (kleinere Entropie), der für lineare Moleküle wenig wahrscheinlich ist, ein. Daher versuchen die Moleküle nach der Entlastung ihre ursprüngliche Gestalt (mit der größeren Entropie) wieder anzunehmen. Dieses spontan eintretende Verhalten wird als *Entropieelastizität* bezeichnet.

Die spanlose Formbarkeit wird durch seitenständige Gruppen (z. B. bei Polystyren) behindert.

2. Verzweigte Makromoleküle

Sie entstehen vor allem in der 2. Stufe der Polykondensation. Die Verzweigungen schränken die Makro-Brownsche Bewegung ein, so daß der betreffende Kunststoff bei Erwärmung nur teigig wird, aber nicht schmilzt. Lösungsmittel verursachen nur noch eine Quellung. Die spanlose Formung ist bei erhöhten Temperaturen möglich.

3. Vernetzte Makromoleküle

Sie entstehen in der 3. Stufe der Polykondensation, bei der Vulkanisation von Kautschuk bzw. synthetischem Gummi und bei der Härtung ungesättigter Polyester oder Epoxidharzen. Die vernetzten Makromoleküle sind nicht schmelzbar, sie zersetzen sich unter Aufbrechen von Hauptvalenzbindungen in verschiedene Zerfallsprodukte. In Lösungsmitteln sind genügend ausgehärtete Kunststoffe unlöslich. Bei den schwach vernetzten Elasten (Kautschuk, synthetischer Gummi) tritt Quellung auf.

Kunststoffe mit stark vernetzter Struktur sind nur spanend formbar. Bei schwacher Vernetzung stellt sich gummielastisches Verhalten ein.

5

5.1.2.2 Amorphe, orientierte und partiell-kristalline Strukturen

1. Amorphe Struktur

Die amorphe Struktur, d. h. die regellose Anordnung der Makromoleküle, tritt bei Duroplasten, bei Elasten und bei einigen Thermoplasten auf. Füll- und farbstofffreie Kunststoffe mit amorpher Struktur sind im allgemeinen glasklar durchsichtig.

2. Orientierte Struktur

Die knäuelartige Anordnung der linearen Makromoleküle läßt sich unter bestimmten äußeren Bedingungen in eine gerichtete (orientierte), parallele Anordnung überführen. Die Orientierung kann durch äußere Krafteinwirkung im Temperaturbereich der Kautschukelastizität erfolgen. Diese Ausrichtung der Makromoleküle wird als *Kaltverstrecken* bezeichnet.

Die als *Warmverstrecken* definierte Orientierung kann beim Urformen (Gießen, Spritzgießen, Extrudieren, Verspinnen) auftreten. Da die Parallelausrichtung als Zustand größerer Ordnung wenig wahrscheinlich ist, muß der Kunststoff, soll dieser Zustand aufrechterhalten bleiben, noch während der Krafteinwirkung auf eine Temperatur unterhalb seiner *Einfrier-* bzw. *Glastemperatur* abgekühlt werden. Anderenfalls tritt der Effekt der Entropieelastizität ein.

Die orientierte Struktur zeigt gegenüber der amorphen eine Richtungsabhängigkeit (Anisotropie) der mechanischen (Festigkeit, Elastizität), der thermischen (Wärmeleitfähigkeit), der elektrischen (dielektrisches Verhalten) und optischen (von durchsichtig zu doppelbrechend) Eigenschaften.

3. Partiell-kristalline Struktur

Für die Kristallisation von Hochpolymeren gelten im Prinzip die gleichen thermodynamischen und kinetischen Gesetzmäßigkeiten wie für die Metalle. Im Gegensatz zu den Metallen werden bei den entsprechenden Hochpolymeren nur Teilvolumina von der Kristallisation erfaßt, d. h., diese Kunststoffe treten nur partiell-kristallin auf. Der Kristallisationsgrad (kristalliner Volumenanteil) beträgt in vielen Fällen 40 . . . 60 %, bei PP (Polypropylen) etwa 80 %, bei Polyethylen je nach Herstellungsverfahren 80 . . . < 95 %.

Voraussetzungen für die Kristallisation

Die Kristallisation ist nur möglich, wenn die linearen Makromoleküle einen weitgehend regelmäßigen Aufbau zeigen, oder wenn unregelmäßig gebaute Grundmoleküle in bestimmter Weise im linearen Makromolekül miteinander verbunden sind (Kopf–Schwanz- oder Kopf–Kopf- bzw. Schwanz–Schwanz-Polymerisation). Kristallisation ist bei unregelmäßig gebauten Grundmolekülen auch durch bestimmte räumliche Anordnungen der Seitengruppen während der Polymerisation (stereospezifische Polymerisation) erreichbar, z. B. bei isotaktischer (einseitig regelmäßig) oder syndiotaktischer (abwechselnd regelmäßig) Anordnung.

Sind die Seitengruppen dagegen ataktisch (völlig unregelmäßig) angeordnet, so ist die Kristallisation nicht möglich (s. dazu Bild 5.4).

> Die Bildung partiell-kristalliner Strukturen wird begünstigt durch:
> 1. Polymerisation bei relativ niedrigen Temperaturen,
> 2. sehr langsame Abkühlung,
> 3. nachträgliches Erwärmen auf mittlere Temperaturen (sogenanntes Tempern).

Die Kristallisation geht von sogenannten *Faltenkeimen* aus, die sich oberhalb der Schmelztemperatur der Kristalle durch Faltung von Abschnitten der Makromoleküle bilden.

Kristallarten der Hochpolymeren

1. Lamellen

Von Faltenkeimen ausgehend, ordnen sich Teile der Makromoleküle zu lamellenförmigen Kristallen einer Dicke von etwa 10 . . . 12 nm an. Die an der Faltung nicht beteiligten Molekülabschnitte bilden amorphe Bereiche, die bei mechanischer Belastung gleichsam als Gelenke wirken und als Korngrenzen betrachtet werden können.

1. Regelmäßiger Aufbau der Moleküle

$$
\left[\begin{array}{cc} H & H \\ | & | \\ -C - C - \\ | & | \\ H & H \end{array} \right]_n
$$

2. Kopf - Schwanz - Polymerisation

$$
\begin{array}{cc} R & H \\ | & | \\ C = C \\ | & | \\ H & H \end{array}
$$

R... Seitengruppe, sie bildet den Kopf des Moleküls

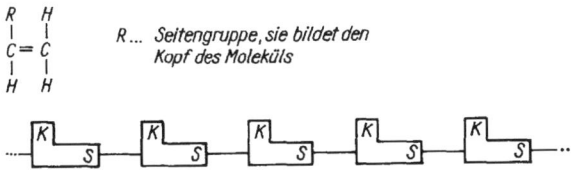

3. Kopf - Kopf - bzw. Schwanz-Schwanz - Polymerisation

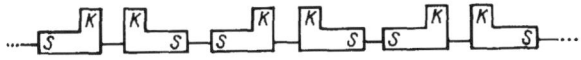

5

4. Stereospezifische Polymerisation

$$
\cdots C \begin{array}{c} R \\ | \\ \diagdown \\ | \\ H \end{array} \begin{array}{c} H \\ | \\ C \\ | \\ H \end{array} C \begin{array}{c} R \\ | \\ \diagdown \\ | \\ H \end{array} \begin{array}{c} H \\ | \\ C \\ | \\ H \end{array} C \begin{array}{c} R \\ | \\ \diagdown \\ | \\ H \end{array} \begin{array}{c} H \\ | \\ C \\ | \\ H \end{array} C \begin{array}{c} R \\ | \\ \diagdown \\ | \\ H \end{array} \begin{array}{c} H \\ | \\ C \\ | \\ H \end{array} C \begin{array}{c} R \\ | \\ | \\ H \end{array} \cdots
$$

Isotaktische Anordnung der Seitengruppen (R)

$$
\cdots C \begin{array}{c} R \\ | \\ | \\ H \end{array} \begin{array}{c} H \\ | \\ C \\ | \\ R \end{array} C \begin{array}{c} H \\ | \\ | \\ H \end{array} \begin{array}{c} H \\ | \\ C \\ | \\ H \end{array} C \begin{array}{c} R \\ | \\ | \\ H \end{array} \begin{array}{c} H \\ | \\ C \\ | \\ R \end{array} C \begin{array}{c} H \\ | \\ | \\ H \end{array} \begin{array}{c} H \\ | \\ C \\ | \\ H \end{array} C \begin{array}{c} R \\ | \\ | \\ H \end{array} \cdots
$$

Syndiotaktische Anordnung der Seitengruppen

Bild 5.4 Aufbauprinzipien partiell-kristalliner Hochpolymerer

2. Sphärolithe

Diese Kristallart zeigt eine kugelähnliche Gestalt, die dadurch entsteht, daß sich, von einem Faltenkeim ausgehend, Lamellenpakete radial anordnen. Die Sphärolithe, die im polarisierten Licht sichtbar werden, haben Durchmesser von $< 0,1 \ldots > 1$ mm; vgl. Bild 5.5.

3. Überstrukturen

Im Gegensatz zu den Metallkristallen, die Überstrukturen heißen, wenn die
Atome der beteiligten Komponenten bestimmte Gitterplätze einnehmen, werden Lamellen oder Sphärolithe als Überstrukturen bezeichnet, wenn sie in regelmäßiger Größe im Kunststoff auftreten.

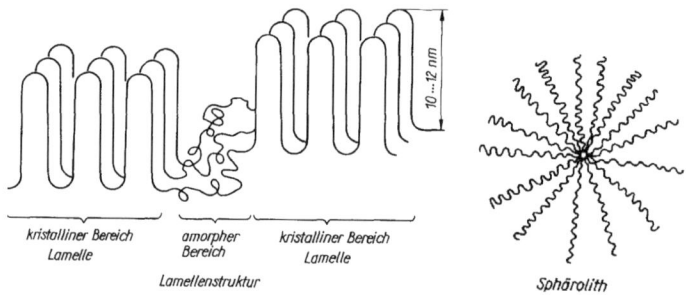

kristalliner Bereich   amorpher   kristalliner Bereich
Lamelle   Bereich   Lamelle

Lamellenstruktur   Sphärolith

*Bild 5.5 Lamellen- und Sphärolithstruktur von linearen Hochpolymeren
(schematisch), nach [1] und [3] leicht geändert*

5.1.2.3   Einige spezielle Eigenschaften und Verhaltensweisen der Kunststoffe

5.1.2.3.1   Thermisches Verhalten

Der sich beim Unterschreiten einer werkstoffspezifischen Temperatur T_g
(*Glastemperatur*) einstellende feste Zustand zeichnet sich durch ein glas-
artiges, hartes und sprödes Verhalten des betreffenden Kunststoffes aus.
Deshalb ist der feste Zustand besser als *Glaszustand* zu charakterisieren. Der
Oberbegriff für T_g ist die *Einfriertemperatur* T_E. Unter Einfrieren ist hier das
durch fallende Temperatur bedingte Ende bestimmter Schwingungs- oder
Bewegungsvorgänge von Molekülen, Molekülsegmenten, Seitenketten und
Seitengruppen zu verstehen.

Beim Erwärmen aus dem Glaszustand bis zum flüssigen Zustand durchlaufen
Hochpolymere mit amorpher und schwachvernetzter Molekülstruktur Zwischenzustände. Diese Zwischenzustände stellen sich als Folge der Anregung
der *Mikro-Brownschen-Bewegung* (räumliche Schwingungen von Seitengruppen und Molekülsegmenten mit einer Länge von 50...100 Atomen)
und der *Makro-Brownschen-Bewegung* (räumliche Schwingungen ganzer
Makromoleküle nach Überwindung sekundärer Bindungskräfte) ein. Wird
beim Erwärmen die Temperatur T_g überschritten, so wird bei T_b (*brittle point*)
zunächst die Temperatur erreicht, bei der der Kunststoff gerade noch bricht.

Daran schließt sich für Thermoplaste und Elaste das Haupterweichungsgebiet mit dem Zustand des *quasigummielastischen* (Thermoplaste) bzw. des *gummielastischen Verhaltens* (Elaste) an. In diesem Temperaturgebiet sind die thermoplastischen Kunststoffe spanlos sehr gut formbar. Wegen der nach der Entlastung eintretenden Entropieelastizität ist es erforderlich, die geformten Teile noch unter Einwirkung der Umformkräfte auf $T < T_g$ abzukühlen.

Partiell-kristalline Hochpolymere gehen beim Erwärmen über T_g in den sogenannten Hornzustand über. Im Hornzustand wirken die kristallinen Bereiche formstabilisierend auf das betreffende Werkstück.

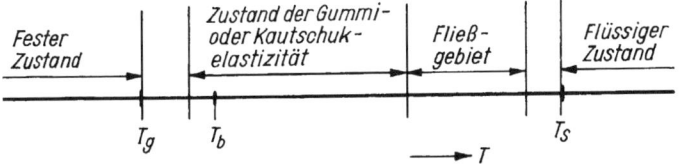

Bild 5.6 *Übergang vom festen zum flüssigen Zustand bei linearen und schwach vernetzten Hochpolymeren*
T_g *Glastemperatur,*
T_b *Versprödungstemperatur (brittle point),*
T_S *Schmelztemperatur*

Durch Temperaturerhöhung bis in das Fließgebiet (Bild 5.6) wird die Makro-Brownsche-Bewegung angeregt. Hier gleiten (fließen) die Makromoleküle bei mechanischer Belastung wegen der verminderten sterischen Behinderung und der verringerten Wirkung anderer Einflußfaktoren aneinander ab. Dieses Verhalten wird als viskoelastisch oder plastisch-viskos bezeichnet. Oberhalb des Fließgebietes erfolgt der Übergang in den flüssigen Zustand.

Die Einfrier- bzw. Glastemperatur kann durch sogenannte *Weichmachung* nach niedrigeren Temperaturen verschoben werden. Man unterscheidet die äußere und die innere Weichmachung.

Äußere Weichmachung

Hierbei werden dem Hochpolymeren (z. B. PVC) hochsiedende, niedermolekulare Lösungsmittel (Weichmacher) zugesetzt bzw. eingearbeitet. Die Weichmachermoleküle lagern sich an sekundären Bindungen an, vergrößern damit die Abstände zwischen den Makromolekülen und können ggf. polare Gruppen abschirmen.

Für die jährliche Produktion von etwa $1,5 \cdot 10^6$ t weichgemachtem PVC (PVC-P) werden etwa 760 000 t Weichmacher in Europa verwendet. Dabei werden vorrangig Ester der Phthalsäure $C_6H_4(COOH)_2$ eingesetzt, wie Dioctylphthalat (DOC), Dibutylphthalat (DBP), Diisooctylphthalat (DIOP), Diisononylphthalat (DINP). Außerdem verwendet man Tricresylphosphat (TCP), Trioctylphosphat (TOP), epoxidiertes Leinöl (ELO) und epoxidiertes Sojabohnenöl (ESO).

Innere Weichmachung

Es gibt zwei Möglichkeiten:

1. *Substitution von H-Atomen durch Alkylgruppen* (CH_3-) während der Polymerisation bzw. die Anlagerung niedermolekularer Substanzen an primäre Bindungen. Die Substitution von H-Atomen durch CH_3-Gruppen führt z. B. bei Polyamiden zur Verminderung des Anteils der Wasserstoffbrückenbindung und damit zur Verringerung des kristallinen Anteils.

2. *Copolymerisation*, sie hat hauptsächlich bei Polystyren (PS) (Polystyrol) Bedeutung. Hier wird zur Herstellung schlagzäher bzw. schlagfester PS-Typen Styren z. B. mit Butadien (C_4H_6) in bestimmten Mengenverhältnissen polymerisiert (Pfropf-Copolymerisation). Dabei wird die Glastemperatur T_g bei einem Verhältnis 80 % Butadien + 20 % Styren auf $-60\,°C$ und bei 50 % Butadien + 50 % Styren auf $-20\,°C$ gesenkt.

Die Weichmachung verursacht neben der Senkung von T_E bzw. T_g eine Verbesserung der Elastizität, der Schlagzähigkeit und Dehnung auf Kosten der Festigkeit.

Die Copolymerisation ist jedoch für die Mehrzahl der thermoplastischen Hochpolymere mit der Aufgabe verbunden, die Festigkeitseigenschaften, die elektrischen Eigenschaften, wie den Durchgangswiderstand, den Oberflächenwiderstand und das dielektrische Verhalten in technisch günstigem Sinne zu verbessern. Die Wärmeausdehnung, die spezifische Wärmekapazität und die Wärmeleitfähigkeit werden durch das Verhältnis der primären zu den sekundären Bindungskräften, durch die Gestalt der Moleküle und ihrer gegenseitigen Anordnung (amorph, orientiert und partiell-kristallin) und den Bewegungszustand von Molekülen und Molekülgruppen beeinflußt. Während im allgemeinen die Wärmeausdehnung (Wärmeausdehnungskoeffizient α), die spezifische Wärmekapazität c_p und die Wärmeleitfähigkeit λ mit steigender Temperatur stetig zunehmen, wird bei linearen Hochpolymeren beim Erreichen von T_g bzw. T_E eine sprunghafte Änderung der Kennwerte dieser Eigenschaften beobachtet. Diese Erscheinung wird mit der Anregung der Mikro-Brownschen-Bewegung erklärt. Die Änderung von α, c_p und λ ist bei amorphen Kunststoffen stärker ausgeprägt als bei partiell-kristallinen.

Tabelle 5.2 enthält für einige Hochpolymere die mittleren linearen Wärmeausdehnungskoeffizienten für Temperaturen unterhalb und oberhalb T_g bzw. T_E.

Tabelle 5.2 Glastemperatur T_g bzw. Einfriertemperatur T_E und mittlerer linearer Wärmeausdehnungskoeffizient α einiger Hochpolymerer, nach [1] und [3]

Kunststoff-Typ	T_g (T_E) in °C	$\alpha < T_g$ (T_E) $\cdot 10^{-6}$ K^{-1}	$\alpha > T_g$ (T_E) $\cdot 10^{-6}$ K^{-1}
PIB (Polyisobutylen)	-70	–	200...220
PE-LD (Polyethylen, niedere Dichte)	-10	100...110	200...250
PVDC (Polyvinylidenchlorid)	-18	70... 80	160...180
PTFE (Polytetrafluorethylen)	20	60... 70	80...120
PVAC (Polyvinylacetat)	20... 30	60... 85	220...240
PCTFE (Polychlortrifluorethylen)	35... 40	30... 50	70... 90
PA 6 (Polyamid 6)	60	100...110	120...140
PA 6.6 (Polyamid 6.6)	70	70... 90	100...130
PVC-U (Polyvinylchlorid, unplasticized)	80	60... 80	200...220
PMMA (Polymethylmethacrylat)	75... 80	70... 90	170...190
PS (Polystyren, Polystyrol)	80...100	60... 80	160...180

Wärmeformbeständigkeit

Als Wärmeformbeständigkeit bezeichnet man die Eigenschaft eines hochpolymeren Prüfkörpers, bei einer bestimmten statischen Belastung und einer vorgegebenen Erwärmungsgeschwindigkeit bis zu einer bestimmten Temperatur seine Form beizubehalten bzw. bei konstanter Temperatur und statischer Belastung innerhalb eines bestimmten Zeitintervalls einen vorgegebenen Verformungsbetrag nicht zu überschreiten. Zur Bestimmung dieser Eigenschaft sind drei Verfahren bekannt: Verfahren nach MARTENS, VICAT und *HDT*.

Wärmeformbeständigkeit nach MARTENS *(VDE 0302/III; DIN 53 462)*

Ein einseitig eingespannter Normstab (Verfahren A) oder Normkleinstab (Verfahren B) wird am freien Ende über ein auf einem Hebel angebrachtes Massestück mit einer statischen Biegespannung von 5 N · mm^{-2} und bei einer Aufheizgeschwindigkeit von 50 K · h^{-1} in Luft thermisch belastet. Als *Martens-Zahl* t_{Martens} gilt die Temperatur in °C, bei der das freie Ende des Belastungshebels um 6 mm abgesunken ist. Das Verfahren ist nur noch selten in Anwendung.

Wärmeformbeständigkeit nach VICAT *(DIN ISO 306; VDE 0302/III)*

Auf eine Probe von mindestens 3 mm Dicke wird eine Stahlnadel mit einer Auflagefläche von 1 mm^2 aufgesetzt und durch ein Massestück mit 10 N (Verfahren A) bzw. 50 N (Verfahren B) statisch belastet und mit einer Aufheizgeschwindigkeit von 50 K · h^{-1} in einem Flüssigkeitsbad erwärmt. Als *Vicat-Zahl* gilt die Temperatur, bei der die Stahlnadel 1 mm tief in die Probe eingedrungen ist.

▶ *Kurzzeichen*: VST/A 10 bzw. VST/B 50 (A 10 – Verfahren A mit 10 N Belastung; B 50 – Verfahren B mit 50 N Belastung)

HDT-Verfahren (ISO 75; DIN 53 462; ASTM D 648)

Hier wird ein Prüfkörper in Dreipunktauflage durch ein maximales Biegemoment von 1,85 N · mm^{-2} (Verfahren A) bzw. 4,6 N · mm^{-2} (Verfahren B) oder 8 N · mm^{-2} (Verfahren C) in einem Flüssigkeitsbad mit einer Aufheizgeschwindigkeit von 120 K · h^{-1} statisch und thermisch belastet. Als Wärmeformbeständigkeit gilt die Temperatur, bei der eine von der Prüfkörperdicke (3,8 . . . 4,2 mm) abhängige und festgelegte Durchbiegung von 0,21 bis 0,33 mm erreicht ist.

▶ *Kurzzeichen*: HDT/A; HDT/B oder HDT/C

Die mit diesen drei Verfahren ermittelten Temperaturen sind untereinander nicht oder nur wenig vergleichbar und können nicht als maximale Gebrauchstemperatur betrachtet werden.

Entflammbarkeit

Unter Entflammbarkeit wird die Eigenschaft oder Fähigkeit eines Kunststoffes verstanden, bei Einwirkung von Zündquellen mit Flamme zu brennen.

Nach DIN VDE 307 Teil 3 werden zur Untersuchung hochpolymerer Isolierstoffe drei Verfahren angegeben. Zur Prüfung werden jeweils 5 Probestäbe mit festgelegten Maßen (Länge: 125 ± 5 mm, Breite: 10 ± 0,2 mm, Dicke: 4 ± 0,2 mm) verwendet. Auf dem Probestab werden im Abstand von 25 mm und 100 mm von der Stirnfläche zwei Strichmarken angerissen.

Beim Verfahren BH wird der Probestab in horizontaler (H) Lage 3 min lang an einen auf 955 °C ±15 K glühenden Silitstab gedrückt. Die Entflammbarkeit wird aus der Länge der Brennstrecke und der Flammenausbreitgeschwindigkeit (Brenngeschwindigkeit) beurteilt. Als Kriterien der Entflammbarkeit gelten die Stufen:

BH 1 keine sichtbare Flamme

BH 2 Flamme erlischt, bevor die Flammenfront die 100-mm-Marke erreicht. Die Länge der Brennstrecke ist anzugeben, z. B. BH 2-40 mm

BH 3 Die Flammenfront erreicht die 100-mm-Marke. Die Brenngeschwindigkeit zwischen der 25-mm- und 100-mm-Marke ist zu bestimmen, z. B. BH 3-30 mm/min.

Bei den Verfahren FH und FV (senkrechte Lage des Stabes) werden die Probestäbe direkt beflammt. Während beim Verfahren FH (horizontale Lage des Stabes) die gleichen Kriterien wie beim Verfahren BH gelten, wird beim Verfahren FV die Brennzeit nach unterschiedlicher Beflammung und die Nachglühzeit bestimmt.

5.1.2.3.2 Mechanische Eigenschaften

Zugfestigkeit, Biegefestigkeit, Bruchdehnung, Schlag- und Kerbschlagzähigkeit u. a. sind strukturabhängige Eigenschaften. *Lineare, amorphe Hochpolymere* zeigen im Gegensatz zu denen mit orientierter Molekülanordnung niedrige Werte der Zug- und Biegefestigkeit. Dagegen sind die Dehnungswerte und die Werte der Schlagzähigkeit relativ hoch, sofern sich nicht infolge sterischer Behinderung von Seitengruppen (z. B. bei Polystyrol bzw. Polystyren) niedrige Werte ergeben.

Partiell-kristalline Hochpolymere haben ähnliche Festigkeitswerte wie amorphe, jedoch sehr hohe Schlagzähigkeitswerte. Hohe Werte ergeben sich bei duroplastischen Schichtstoffen und bei faserverstärkten duro- und thermoplastischen Verbundwerkstoffen mit unidirektionaler oder nichtunidirektionaler Verstärkung (wie z. B. Matten, Vliese, Gewebe, Rovinggewebe, Stränge und Kurzfasern).

Nach DIN EN ISO 527-1 (1996) gelten beim Zugversuch folgende **Definitionen**:

- *Spannung σ* (tensile stress):

$$\sigma = \frac{F}{A} \quad \text{in MPa}$$

   F Kraft in Newton
   A Anfangsquerschnitt in mm^2

- *Streckspannung σ_Y* (yield stress): der erste Spannungswert in MPa, bei dem ein Zuwachs der Dehnung ohne Steigerung der Spannung auftritt. σ_Y ist mit der Streckgrenze der Metalle vergleichbar.
- *Zugfestigkeit σ_M* (tensile strength) ist die Maximalspannung in MPa, die der Probekörper während des Zugversuches trägt.
- *Bruchspannung σ_B* (tensile stress at break) ist die Spannung in MPa beim Bruch der Probe.
- *Dehnung ε* (tensile strain) ist die auf die Ausgangslänge bezogene Änderung der Meßlänge in Prozent.
- *Streckdehnung ε_Y* (yield strain) ist die Dehnung unter Wirkung der Streckspannung σ_Y in Prozent.
- *Bruchdehnung ε_B* (tensile strain at break) ist der Dehnungswert bei Bruch der Probe, d. h. unter Wirkung der Bruchspannung σ_B.
- *Elastizitätsmodul* oder *Zugmodul E_t* (modulus of elasticity in tension); E_t berechnet sich zu

$$E_t = \frac{\sigma_2 - \sigma_1}{\varepsilon_2 - \varepsilon_1}$$

   σ_1 Spannung, gemessen bei $\varepsilon_1 = 0{,}000\,5$
   σ_2 Spannung, gemessen bei $\varepsilon_2 = 0{,}002\,5$

5

Der bisher übliche Anfangstangentenmodul mit $\varepsilon_1 = 0$ wird nicht mehr angewendet. Für Folien und Gummi gilt E_t nicht.

Die Biegeeigenschaften nichtverstärkter Kunststoffe werden nach DIN EN ISO 178 (1997) und die faserverstärkten Kunststoffe nach DIN EN ISO 14 125 (1998) ermittelt. Zur Bestimmung der Biegeeigenschaften können das *Dreipunkt-* oder *Vierpunktverfahren* angewendet werden. Bei beiden Verfahren wird die Probe, z. B. mit der Länge $L = (80 \pm 2)$ mm, der Breite $b = (10,0 \pm 0,2)$ mm und der Dicke $h = (4,0 \pm 0,2)$ mm als Träger auf zwei Stützen (Auflager) betrachtet. Beim *Dreipunktverfahren* wird die Probe mittig, d. h. bei $L/2$, durch eine Druckfinne mit entsprechend vorgegebener Prüfgeschwindigkeit bis zum Bruch oder einem bestimmten Durchbiegungswert belastet. Beim *Vierpunktverfahren* wird der Probekörper durch zwei Druckfinnen im Abstand $(1/3)L$ vom linken und rechten Auflager belastet.

Die Anwendung eines der beiden Verfahren ist in DIN EN ISO 14 125 für faserverstärkte Kunststoffe möglich.

Die *Biegespannung* σ_f in MPa wird beim Dreipunktverfahren berechnet zu

$$\sigma_f = \frac{3 \cdot F \cdot L}{2 \cdot b \cdot h^2}$$

F Kraft in Newton
L Stützweite in mm
b Breite der Probe in mm
h Dicke der Probe in mm

Bei Anwendung des Vierpunktverfahrens berechnet sich σ_f zu

$$\sigma_f = \frac{F \cdot L}{b \cdot h^2}$$

Weiter gelten folgende **Definitionen**:

- *Durchbiegung s*: Verschiebung in mm der Ober- oder Unterseite der Probe in der Mitte der Stützweite während des Versuchs gegenüber der Ausgangslage.
- *Normdurchbiegung s_C*: Durchbiegung in mm, die dem 1,5fachen der Probendicke h entspricht. Wird die Stützweite $L = 16 \cdot h$ benutzt, so entspricht s_C einer Randfaserdehnung von 3,5 %.
  Die Randfaserdehnung ε_f berechnet sich zu

$$\varepsilon_f = \frac{6 \cdot h \cdot s}{L^2} \cdot 100\ \%$$

- *Biegefestigkeit σ_{fM}*: maximale Biegespannung in MPa, die während des Versuchs von der Probe ertragen wird.
- *Biegedehnung ε_{fM}*: Biegedehnung bei Biegefestigkeit σ_{fM}

Wegen des elastischen und viskoelastischen Verhaltens der Kunststoffe ist die Bestimmung der Härte wie bei den Metallen, bei denen die Härte aus der plastischen Formänderung durch Berechnung der Oberfläche von Kugelkalotten (Brinellhärte) und Eindruckpyramiden (Vickershärte) oder der Eindringtiefe eines Diamantkegels (Rockwellhärte *C*) ermittelt wird, nicht zweckmäßig. Nach DIN ISO 2039 Teil 1 wird die Härte mit dem Kugeleindruckversuch bestimmt. Dabei wird eine Stahlkugel von 5 mm Durchmesser mit konstanter Prüfkraft 30 s lang in die Probenoberfläche gedrückt. Die Prüfkraft kann 49; 132; 358 oder 961 N betragen. Wesentlich für die Wahl der Prüfkraft ist, daß die Eindringtiefe der Kugel nach 30 s zwischen 0,15 und 0,35 mm liegt.

▶ Das Kurzzeichen der Kugeldruck-Härte ist unter der Angabe der verwendeten Prüfkraft z. B. H 358.

In DIN ISO 2039-2 sind die *Rockwell-α-Härte Rα* und *Rockwell HR* genormt.

Rockwell-α-Härte: Hier wirkt eine Kugel von 12,7 mm Durchmesser mit der Prüfkraft $F = 588$ N auf die Oberfläche ein. Aus den nach 15 s (d_h) und 10 s (d_s) gemessenen Eindringtiefen ergibt sich als dimensionslose Zahl die Rockwell-α-Härte zu

$$Rα = 150 - (d_h - d_s)$$

Bei der *Rockwell-HR-Messung* wird die Härte aus der Eindringtiefe *e* einer Stahlkugel, die sich nach Wegnahme der Hauptlast unter der verbleibenden Vorlast einstellt, bestimmt. Daraus ergibt sich

$$HR = 130 - e$$

Je nach Prüfkraft *F* und Kugeldurchmesser *d* werden hier vier Härteskalen unterschieden:

Härteskala R für $d = 12,7$ mm und $F = 588$ N
Härteskala L für $d = 6,35$ mm und $F = 588$ N
Härteskala M für $d = 6,35$ mm und $F = 980$ N
Härteskala E für $d = 3,175$ mm und $F = 980$ N

Das Verformungsverhalten bei Zug- oder Druckbelastungen unterscheidet sich von den Metallen auch dadurch, daß die elastische Formänderung gleichzeitig von einer plastischen begleitet wird. Daher läßt sich vor allem bei linearen Hochpolymeren das *Hooke*sche Gesetz kaum anwenden. Die Werte des Elastizitätsmoduls sind im Vergleich zum Stahl ($E = 206$ GPa) äußerst niedrig. Sie liegen bei füllstofffreien Thermoplasten zwischen 0,98 und 3,9 GPa, bei Elasten zwischen 0,9 und 4,9 MPa, bei synthetischen Fasern (orientierte Struktur) zwischen 1,96 und 10,8 GPa. Der elastische Anteil der Formänderung ist jedoch eine wesentliche Eigenschaft, da nach seiner Größe beurteilt wird, ob eine niederelastische, eine hochelastische oder eine kautschukartig hochelastische Formänderung vorliegt.

Niederelastische Formänderung

Rückfederung eines Probestabes der Länge L_0 (Meßlänge) nach einer Dehnung auf die Länge nL_0 um weniger als $0,01L_0$.

Hochelastische Formänderung

Rückfederung eines Probestabes der Länge L_0 nach einer Dehnung auf die Länge nL_0 um mehr als $0,01L_0$.

Kautschukartig hochelastische Formänderung

Rückfederung eines Probestabes der Länge L_0 nach einer Dehnung auf die Länge nL_0 um mehr als die Länge L_0.

Hochpolymere, die in der Umgebung der Raumtemperatur kautschukartig hochelastisches Verhalten zeigen, werden als *Elaste* oder *Elastomere* bezeichnet.

Die nach der spanlosen Formung auftretende Rückfederung erfolgt nicht nur spontan, sondern in Abhängigkeit von der Zeit (elastische Nachwirkung) und der Temperatur (Thermorückfederung). *Elastische Nachwirkung* und *Thermorückfederung* sind Verzögerungseffekte, die durch die eingeschränkte Beweglichkeit der Makromoleküle unterhalb T_g bedingt sind. Den Verlauf der gesamten möglichen Rückfederung nach vorangegangener Druckumformung zeigt Bild 5.7.

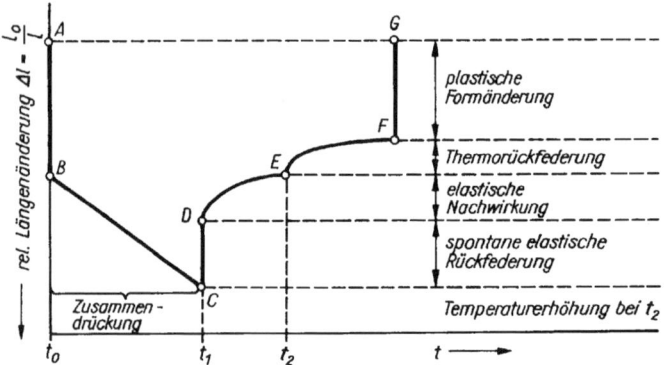

Bild 5.7 Mögliche Rückfederungen eines Hochpolymeren nach der Formänderung durch Druckbeanspruchung, nach HOUWINK

5.1.2.3.3 Lösungs- und Quellverhalten

Das Verhalten der Hochpolymere gegenüber Lösungsmitteln ist abhängig von der Struktur der Makromoleküle, der Kristallinität partiell-kristalliner Kunststoffe, der Temperatur und der Zeit sowie von der Art der verwendeten Füllstoffe (besonders bei Duroplasten).

> **Lösen**: Durch Einwirkung eines (geeigneten) Lösungsmittels oder Lösungsmittelgemischs geht das Hochpolymere unter Verlust seiner äußeren Form in eine mehr oder weniger niedrigviskose zwei- oder mehrphasige Flüssigkeit über.

> **Quellen**: Unvollständiges Lösen von Hochpolymeren durch Lösungsmittel oder Lösungsmittelgemisch, das mit Maßänderungen verbunden ist.

Während das Lösen bei Kunststoffen mit amorpher Struktur möglich ist, tritt das Quellen bei solchen mit partiell-kristalliner Struktur oder verzweigten Molekülen und bei mit organischen Füllstoffen (Holzmehl, Papier, Textilfasern, -schnitzeln und Gewebebahnen) versehenen Duroplasten ein. Bei gefüllten Duroplasten ist das Quellen in der Regel nur möglich, wenn die an der Oberfläche befindliche reine Harzschicht durch nachträgliche spanende Bearbeitung verletzt oder beseitigt ist.

Das Quellen wird unterschieden in:

1. Quellung mit Solvatation
2. Quellung ohne Solvatation

Im ersten Fall diffundieren die Lösungsmittelmoleküle in das Hochpolymere und umhüllen die Makromoleküle, wobei durch Verringerung der sekundären Bindungskräfte eine teilweise Lösung (Solvatation) eintritt. Die Zugfestigkeit verringert sich zugunsten der Dehnung.

Im zweiten Fall bilden die Lösungsmittelmoleküle zwischen den Makromolekülen „Inseln", die die Verminderung der Schlag- bzw. Kerbschlagzähigkeit verursachen.

Wahl geeigneter Lösungsmittel

Die Auswahl geeigneter Lösungsmittel kann qualitativ nach folgenden Gesichtspunkten vorgenommen werden:

1. Ähnlichkeit der Struktur von Lösungsmittel und Hochpolymerem (z. B. Benzen und Polystyren)
2. polare Lösungsmittel für Hochpolymere mit polaren Atom- oder Molekülgruppen

5

3. unpolare Lösungsmittel für Hochpolymere ohne polare Gruppen. Die Quellung von Kunststoffen ist nicht nur an das Einwirken bestimmter Lösungsmittel gebunden, sondern sie wird auch durch Wasser bzw. Luftfeuchtigkeit verursacht.

Die Wasseraufnahme wird begünstigt, wenn Makromoleküle, Weichmacher, Farb- oder Füllstoffe hydrophile Gruppen ($-OH$; $-COOH$; $-NH_2$) enthalten. Sie verursacht neben dem Quellen (Maßänderung) auch die Änderung der mechanischen und elektrischen Eigenschaften. PA 6 und PA 66 nehmen etwa 2,5 ... 3 % Wasser auf, wodurch sich die Zähigkeit und Dehnbarkeit erhöhen, Streckgrenze, Härte, Steifigkeit und elektrisches Isolationsvermögen jedoch abnehmen.

Wasserdampfdurchlässigkeit

Für die Wahl von Kunststoffisolationen für elektrische Kabel und Leitungen, Rohr- und Behälterauskleidungen, Bautenschutz sowie für Verpackungszwecke ist die Kenntnis des Permeationskoeffizienten bzw. der Permeabilität *P* erforderlich. *Permeation* ist die Diffusion niedermolekularer Substanzen durch feste Hochpolymere. Die Diffusion oder Wanderung erfolgt durch Platzwechselreaktionen zwischen dem permeierenden Stoff und den Polymerenmolekülen, nach [1].

Der *Permeationskoeffizient* ergibt sich aus

$$P = \frac{m\,d}{A\,t\,\Delta p}$$

P Permeationskoeffizient in $g \cdot cm^{-1} \cdot h^{-1} \cdot Pa^{-1}$
m Masse des permeierenden Stoffes (Wasserdampf) in g
d Dicke der Kunststoffolie in cm
A Folienoberfläche in cm^2
t Zeit in h (meist 24 h)
Δp Dampfdruckdifferenz zwischen den Folienoberflächen in Pa

Sehr geringe Permeationskoeffizienten zeigen PIB-Ruß-Mischungen (PIB – Polyisobutylen), PE, PVC-U und PS. Sehr große Werte zeigt dagegen Cellulosetriacetat CTA.

Wegen der großen Streuung der Literaturwerte des Permeationskoeffizienten wird auf die Angabe von Zahlenwerten verzichtet. Die Permeation ist temperaturabhängig und wird dabei durch die Löslichkeit des permeierenden Stoffes im Hochpolymeren in Abhängigkeit von der Temperatur und der Diffusionsgeschwindigkeit bestimmt. *P* kann mit steigender Temperatur zu- oder abnehmen. Nimmt die Löslichkeit mit der Temperatur zu, so verringert sich *P* und umgekehrt.

5.1.2.3.4 Elektrische Eigenschaften

Elektrische Leitfähigkeit

Wegen der vorwiegend homöopolaren Bindung verhalten sich die Hochpolymeren elektrisch wie Nichtleiter (Isolatoren). Die äußerst geringe elektrische Leitfähigkeit beruht im wesentlichen auf Ionenleitung und nur zu einem sehr geringen Teil auf Elektronenleitung. Die Ionenleitung rührt von niedermolekularen Substanzen, wie Monomerenresten, Katalysatorenresten, Weichmachern und Reaktionsprodukten her. Zur Deutung der Ionenleitfähigkeit $\varkappa$ wird die für Elektrolyte gültige Beziehung herangezogen:

$$\boxed{\varkappa = n_i \, e_i \, \mu_i}$$

n_i Ionenkonzentration in cm^{-3}
e_i Ladung der Ionen in $A \cdot s$
μ_i Beweglichkeit der Ionen in $cm^2 \cdot V^{-1} \cdot s^{-1}$

Im Gegensatz zu den Elektrolyten sind jedoch Anzahl und Ladung der Ionen sowie deren Beweglichkeit nicht genau bekannt. Für die Leitfähigkeit der Hochpolymere gilt das OHMsche Gesetz

$$\boxed{U = IR}$$

Führt man die Stromdichte i

$$i = \frac{I}{A} \quad (\text{in } A \cdot cm^{-2})$$

und für den Widerstand R den bekannten Ausdruck

$$R = \frac{\varrho \, l}{A}$$

ein, so ergibt sich mit $I = i \, A$

$$\boxed{U = \frac{i \, A \, \varrho \, l}{A} = i \, \varrho \, l}$$

Da die elektrische Spannung U gleich der entlang der Strecke l herrschenden Feldstärke E ist, wird mit $U = E \, l$ bzw. $E = \dfrac{U}{l}$ in $V \cdot cm^{-1}$

$$E l = i \, \varrho \, l$$

$$\boxed{\varrho = \frac{E}{i}} \quad \text{in } \frac{V \cdot cm^2}{A \cdot cm} = \Omega \cdot cm$$

Die in Ω cm angegebenen Werte sind 10^4 mal kleiner als die auf $\Omega \cdot mm^2 \cdot m^{-1}$ bezogenen.

Da sich ϱ als spezifischer elektrischer Widerstand aus dem Reziprokwert der spezifischen elektrischen Leitfähigkeit $\varkappa$ ergibt, ist die Maßeinheit der spezifischen elektrischen Leitfähigkeit $\Omega^{-1} \cdot cm^{-1}$. $\varkappa$, als übliche Werkstoff-kenngröße der Leitfähigkeit (Gleichstromleitfähigkeit), stimmt bis zu hohen Feldstärken ($E \approx 10^5 \ldots 10^6 \ V \cdot cm^{-1}$) mit der Wechselstromleitfähigkeit überein. Oberhalb dieser Feldstärkewerte, d. h., außerhalb des Gültigkeits-bereiches des OHMschen Gesetzes, wird $\varkappa$ feldstärkeabhängig und nimmt stark zu *(Wien-Poole-Effekt)*, wobei dann der elektrische Durchschlag erfolgt. Im OHMschen Bereich liegt die spezifische elektrische Leitfähigkeit der ver-schiedenen Kunststoffe in der Größenordnung von $10^{-10} \ldots 10^{-18} \ \Omega^{-1} \cdot cm^{-1}$. Da bei den hochpolymeren Werkstoffen die elektrische Isolationsfähigkeit interessiert, wird als Werkstoffkenngröße der spezifische elektrische Wider-stand ϱ, im folgenden als spezifischer Durchgangswiderstand ϱ_D bezeichnet, in $\Omega \cdot cm$ angegeben.

Der mit dem Anlegen einer elektrischen Spannung verbundene geringe Stromfluß heißt *Durchgangs-* oder *Querstrom*. Erreicht die Spannung bzw. die Feldstärke E einen bestimmten werkstoffabhängigen kritischen Wert *(kritische Feldstärke)*, so nimmt der Stromfluß durch Bildung von Elektro-nenlawinen infolge von Feld- oder Stoßionisation so stark zu, daß ein durch viele kleine Kanäle im Werkstoff gekennzeichneter elektrischer Durchschlag *(Felddurchschlag)* eintritt. Zur Kennzeichnung des Isolationsvermögens von Kunststoffen wird daher die *Durchschlagfestigkeit* E_d in $kV \cdot mm^{-1}$ oder $kV \cdot cm^{-1}$ angegeben.

Die Durchschlagfestigkeit ist abhängig von der Temperatur, Zeit, Frequenz, Spannung und Schichtdicke. Allerdings ist zu beachten, daß die Durchschlag-festigkeit nicht proportional der Schichtdicke ist. Im Frequenzbereich von 50 Hz bis 1 MHz sinkt E_d auf $1/10$ ihres Ausgangswertes bei 50 Hz.

Oberhalb einer werkstoffabhängigen kritischen Temperatur – *Grenztempera-tur* – nimmt die kritische Feldstärke infolge Zunahme der *Jouleschen Wärme* (sie ist vom Effektivwert der Spannung abhängig) und damit verbundener stärkerer Ionisation ab. Der dadurch entstehende elektrische Durchschlag, der durch einen relativ großen Durchschlagskanal gekennzeichnet ist, heißt *Wärmedurchschlag*.

Oberflächenwiderstand R_O

Der Oberflächenwiderstand kennzeichnet das Isoliervermögen der Isolierstoff-oberfläche. R_O wird bei Kunststoffen durch die Bildung einer Wasserhaut, die durch die Wirkung hydrophiler Gruppen (–COOH, –NH$_2$, –OH), Weichma-cher und organischer Füllstoffe entsteht, verringert.

R_O wird bei einer Prüfspannung von 1 kV zwischen zwei im Abstand von 10 mm befindlichen Elektroden (federnde Metallschneiden) bestimmt. R_O wird entweder in Ohm oder als Vergleichszahl angegeben, z. B. $10^6 \ \Omega \leq R_O < 10^7 \ \Omega$ oder Vergleichszahl 6; $10^{11} \ \Omega \leq R_O < 10^{12} \ \Omega$ oder Vergleichszahl 11.

Kriechstromfestigkeit

Durch abgelagerten Staub, Ruß und adsorbierte Feuchtigkeit erhöht sich bei elektrischen Isolierstoffen die elektrische Leitfähigkeit. Treten nun Potential-differenzen bzw. elektrische Spannungen auf, so entsteht auf der Isolatorober-fläche ein Stromfluß über unterschiedlich lange Strecken oder es kommt in unterschiedlicher zeitlicher Folge zu Funkenentladungen oder zur Entstehung von Lichtbogen. Der so entstehende Stromfluß wird als *Kriechstrom* bezeich-net. Infolgedessen wird der Isolierstoff thermisch zersetzt bzw. thermisch-oxidativ belastet und abgebaut, wodurch sich elektrisch leitende (verkohl-te) Verbindungsstrecken, die sogenannten Kriechspuren, bilden. Die Summe aller Kriechspuren ist der *Kriechweg*.

Unter dem Begriff *Kriechstromfestigkeit* wird nun der Widerstand eines Iso-lierwerkstoffes gegen die Bildung von Kriechspuren verstanden.

Zur Bestimmung der Kriechstromfestigkeit wird, neben einer Reihe anderer Verfahren, das Tropfverfahren international am häufigsten angewandt. Hier-bei wird in Zeitabständen von jeweils 30 s ein Tropfen ($\approx$ 20 ml) Prüflösung (0,1 % NH_4Cl-Lösung) zwischen die schneidenförmigen Elektroden (Abstand: 4 mm) auf die Isolierstoffoberfläche getropft. Die Prüfspannung beträgt 100 bis 600 V bei 50 Hz.

Gemäß DIN IEC 112 werden als Kriterien der Kriechstromfestigkeit die *Kriechwegbildung CTI* (Comperative Tracking Index) und die *Prüfzahl der Kriechwegbildung PTI* (Proof Tracking Index) herangezogen. Die Einzelhei-ten sind der Prüfvorschrift zu entnehmen.

5

Dielektrisches Verhalten

In äußeren elektrischen Feldern verhalten sich die Hochpolymeren wie Isola-toren oder Dielektrika, d. h., ihr Verhalten wird wegen des Fehlens quasifreier Elektronen vorwiegend durch die gebundenen Ladungen im Kern und in der Elektronenhülle bestimmt. Je nachdem, ob die Schwerpunkte der positiven und negativen Ladungen zusammenfallen oder nicht, unterscheidet man unpolare und polare Dielektrika. Polare Dielektrika bilden daher Dipole.

Wirkt ein elektrisches Feld (z. B. bei der Isolation elektrischer Leiter) auf das polare Dielektrikum ein, so erfolgt eine Verschiebung der Ladungsschwer-punkte in Richtung des Feldes, die beim Abschalten des äußeren Feldes wieder zurückgeht.

Diese reversible Verschiebung der Ladungsschwerpunkte heißt *Polarisation*. Man unterscheidet die *Deformations-* und die *Orientierungspolarisation*.

Deformationspolarisation beruht auf der bei der Polarisation auftretenden De-formation der Elektronenkonfiguration eines oder der Moleküle.

Elektronenpolarisation ist die Verschiebung gebundener Elektronen gegenüber ihren zugehörigen Atomkernen. Als Maß für die Größe der Elektronenpolarisation gilt das *Dipolmoment* P_E

$$\boxed{P_E = \alpha_E E} \qquad \text{(in A · s · cm)}$$

α_E Polarisierbarkeit in A · s · cm^2 · V^{-1}
E Feldstärke in V · cm^{-1}

Reine Elektronenpolarisation tritt nur bei Hochpolymeren aus reinen Kohlenwasserstoffen, wie Polyethylen und Polystyren, auf. *Atom-* oder *Ionenpolarisation*, als zweite Form der Deformationspolarisation, tritt bei anorganischen Isolierstoffen, wie Glimmer und Keramik, auf. Dabei werden unter Wirkung eines elektrischen Feldes die Atome bzw. Ionen elastisch gegeneinander verschoben, wobei auch eine Deformation der Elektronenkonfiguration erfolgt.

Orientierungspolarisation (Dipolpolarisation): Hochpolymere mit polaren Atom- oder Molekülgruppen, d. h., mit permanenten Dipolen, erfahren im elektrischen Feld eine Ausrichtung oder Orientierung dieser Dipole in Feldrichtung.

Als Maß für die Größe der Orientierungspolarisation gilt das permanente Dipolmoment μ

$$\boxed{\mu = Ql} \qquad \text{(in A · s · cm)}$$

Q Ladung der Atom- oder Molekülgruppen in A · s
l Abstand der Ladungsschwerpunkte in cm

Die Orientierungspolarisation wird durch die Mikro-Brownsche-Bewegung behindert.

Bei Kunststoffen mit permanenten Dipolen tritt im elektrischen Feld sowohl Orientierungs- als auch Deformationspolarisation auf.

Dielektrizitätszahl (relative Dielektrizitätskonstante) ε_r

Beim elektrischen Aufladen eines Körpers ist die entstehende Spannung U der zugeführten Ladungsmenge Q proportional

$$U \sim Q$$

Das Verhältnis der zugeführten Ladungsmenge Q zur entstandenen elektrischen Spannung U ist die Kapazität C

$$C = \frac{Q}{U} \qquad \text{(in A · s · V}^{-1}\text{)} \qquad 1 \text{ A · s · V}^{-1} = 1 \text{ F}$$

Die je Flächeneinheit A (in m^2) gebundene Ladungsmenge Q (in $A \cdot s$) ist die Ladungsdichte oder *Verschiebungsdichte D*

$$D = \frac{Q}{A} \qquad (\text{in } A \cdot s \cdot m^{-2})$$

Die Verschiebungsdichte D und die sie erzeugende Feldstärke E sind einander proportional

$$D \sim E$$

Der Proportionalitätsfaktor ist die *elektrische Feldkonstante* ε_0 oder die *Influenzkonstante.*

$$\boxed{D = \varepsilon_0 E} \qquad (\text{in } A \cdot s \cdot m^{-2})$$

E in $V \cdot m^{-1}$
$\varepsilon_0 = 8{,}85 \cdot 10^{-12} A \cdot s \cdot V^{-1} \cdot m^{-1}$ (bzw. $F \cdot m^{-1}$)

Bringt man zwischen die Platten mit der Oberfläche A und dem Abstand d eines Kondensators ein Dielektrikum (z. B. eine Kunststofffolie), so erhöht sich die Kapazität C um den Faktor ε_r

$$\boxed{C = \varepsilon_r \cdot \varepsilon_0 \frac{A}{d}}$$

Die Dielektrizitätszahl ε_r ist für das Vakuum und Luft definitionsgemäß 1, für Kunststoffe liegt ε_r etwa zwischen 2 und 6.

Der Zahlenwert von ε_r wird durch die Polarisation des Dielektrikums bestimmt. ε_r ist frequenz- und temperaturabhängig, sie nimmt mit steigender Temperatur und Frequenz ab.

Ursache der Frequenz- und Temperaturabhängigkeit der Dielektrizitätszahl: Die Polarisation folgt bei Einwirkung äußerer elektrischer Wechselfelder nicht trägheitslos.

Die Einstellzeiten bei Orientierungspolarisation liegen in der Größenordnung von $> 10^{-8} \ldots 10^{-10}$ s, bei Deformationspolarisation sind sie wesentlich geringer. Bei Kunststoffen mit permanenten Dipolen wird dagegen die Dipolorientierung bei steigender Frequenz durch die zunehmende Dipolbewegung stärker gestört und ε_r nimmt ab. Analog wirkt sich die mit steigender Temperatur zunehmende Wärmeschwingung der permanenten Dipolmoleküle bzw. -gruppen aus.

Dielektrische Verluste

In einem Kondensator mit dem Dielektrikum Luft oder Vakuum bilden Strom- und Spannungsvektor einen Phasenwinkel von 90 °. Wird dagegen ein mit permanenten Dipolen behaftetes Dielektrikum verwendet, so tritt eine Phasenverschiebung um den Winkel δ (dielektrischer Verlustwinkel) auf. Zur rechnerischen Bestimmung der entstehenden Leistungsverluste P_v wird statt δ der *dielektrische Verlustfaktor* tan δ herangezogen.

$$P_v = U^2 \omega \, C \tan \delta \qquad \text{(in W)}$$

U Spannung in V
ω Kreisfrequenz $2\pi f$ in s^{-1}
C Kapazität in $A \cdot s \cdot V^{-1}$

tan δ wird meist für drei technisch wichtige Frequenzen (50 Hz, 1 kHz und 1 MHz) ermittelt. Im allgemeinen soll tan δ möglichst klein sein. Das gilt vor allem in der HF- und Hochspannungstechnik. Die HF-Schweißbarkeit von Folien einiger Kunststoffe beruht dagegen auf dem relativ großen tan δ (z. B. bei PVC-P). tan δ ist frequenz- und temperaturabhängig, bei äußerlich weichgemachten (plasticized) Kunststoffen, wie PVC-P, auch abhängig vom Weichmachergehalt. Der dielektrische Verlustfaktor bewegt sich bei den verschiedenen Kunststoffen zwischen 10^{-1} und 10^{-4}.

Elektrostatisches Verhalten

Berühren bzw. nähern sich zwei nichtmetallische Stoffe bis auf 10^{-10} m (0,1 nm), so erfolgt ein Ladungsträgerübergang. Dabei ladet sich, nach der *Coehnschen Ladungsregel*, der Stoff positiv auf, der von beiden die größere Dielektrizitätszahl ε_r hat. (Dieser Effekt tritt auch zwischen einem Metall und einem Nichtmetall auf). Entfernen sich beide Stoffe etwas voneinander, so entstehen an den Oberflächen elektrische Doppelschichten, die zwischen beiden ein elektrisches Feld aufbauen.

Ob die Oberfläche elektrisch positiv oder negativ aufgeladen wird, ist von den Berührungspartnern abhängig. Praktisch ist es jedoch möglich, daß sich an verschiedenen Stellen eines Partners sowohl positive als auch negative Ladungen ansammeln.

Die elektrostatische Aufladung von Hochpolymeren ist gekennzeichnet durch Staubfiguren, durch elektrische Funkenstrecken, durch Störungen des Bandablaufes von Magnetbändern u. ä. Wegen des mit der elektrostatischen Aufladung möglichen Effektes der Funkenentladung ist das Tragen synthetischer Bekleidung beim Umgang mit explosiven und leicht entzündlichen Stoffen (z. B. im chemischen Labor) verboten.

Kennwerte der elektrostatischen Aufladung sind die Grenzladung (Grenzwertaufladung) und die Halbwertzeit der Entladung. Nach [8] gelten folgende Definitionen:

> *Grenzladung*: mittlere Ladung, die sich nach wiederholten einzelnen Aufladungsvorgängen als gleichbleibender Wert einstellt.
> *Halbwertzeit*: Entladungszeit bis zum Abfluß der halben Grenzladung.

Da die elektrostatische Aufladung durch den hohen Oberflächenwiderstand R_O insofern begünstigt wird, als die Ladungen nur langsam von der Oberfläche abfließen, versucht man ihren unerwünschten Effekten durch nachträgliches Vermindern des R_O unter Verwendung sogenannter Antistatika entgegenzuwirken. *Antistatika* sind hydrophile, polare Substanzen, die durch Einwirkung von Luftfeuchtigkeit die Kunststoffoberfläche in gewissem Umfang elektrisch leitend machen. Bei der Auswahl antistatischer Mittel ist zu beachten, unter welchen äußeren Bedingungen die Aufladung vornehmlich erfolgt. Antistatika, die z. B. gegen die Aufladung durch Berührungsvorgänge wirksam sind, versagen bei Aufladung durch elektrische Felder (Funk- und Fernsehgeräte).

Die Größe der elektrostatischen Aufladung und der dadurch hervorgerufenen Feldstärke läßt sich mit Hilfe eines Statometers bestimmen. Das elektrostatische Verhalten läßt sich durch die Ermittlung der Grenzladung, der Zahl der Aufladungsvorgänge, der Halbwertzeit und aus dem Verhältnis der Ladungen nach 15 min Entladungszeit zu den Ladungen nach 10 min Entladungszeit beurteilen.

5

5.1.3   Polymerisate

In Tabelle 5.3 sind die für konstruktive Zwecke wesentlichsten Polymerisate, ihre Kurzzeichen, die Strukturformeln und der strukturelle Aufbau zusammengestellt. In die Tabelle sind auch die durch Polykondensation von Diaminen und Dicarbonsäuren entstehenden Polyamide aufgenommen worden.

Die Polymerisate zeigen ein mehr oder weniger ausgeprägtes thermoplastisches Verhalten. Die im Zusammenhang mit den Eigenschaften der Polymerisate angegebenen Zahlenwerte sind allgemeine Richtwerte.

5.1.3.1   Polyethylen (PE)

PE gehört wie Polypropylen (PP) und Polybuten (PB) zur Gruppe der Polyolefine. Polyethylen läßt sich nach Hochdruckverfahren bei $p_{ü} = 1\,000\ldots$ $3\,000$ bar und $80\ldots300$ °C und nach Niederdruckverfahren bei $p_{ü} = 1\ldots50$ bar und $20\ldots150$ °C herstellen. Möglich sind dabei die Anwendung der Gasphasen-, Lösungs-, Emulsions-, Suspensions- oder Blockpolymerisation.

Nach Hochdruckverfahren erzeugtes PE hat wegen seiner verzweigten Molekülstruktur mit Seitenketten, wie $-CH_2-CH_3$, geringe Dichtewerte

Tabelle 5.3 Polymerisate (Kurzzeichen nach DIN 7728, Struktur)

Bezeichnung Kurzzeichen	Strukturformel	Struktur
Polyethylen PE	$$\left[\begin{array}{c} H\ \ H \\ |\ \ | \\ -C-C- \\ |\ \ | \\ H\ \ H \end{array}\right]_n$$	partiell-kristallin: rhombisch
PE-HD	hohe Dichte ($> 0{,}94 \cdot 10^3$ kg $\cdot$ m^{-3})	
PE-HD-HMW	hohe Dichte und hohe Molmasse	
PE-HD-UHMW	hohe Dichte und sehr hohe Molmasse	
PE-LD	niedrige Dichte ($< 0{,}93 \cdot 10^3$ kg $\cdot$ m^{-3})	
PE-LLD	niedrige Dichte und lineare Struktur	
PE-MD	mittlere Dichte ($0{,}93 \ldots 0{,}94 \cdot 10^3$ kg $\cdot$ m^{-3})	
PE-C	chloriert	
PE-V	vernetzt	
Polypropylen PP	$$\left[\begin{array}{c} H\ \ H \\ |\ \ | \\ -C-C- \\ |\ \ | \\ H\ \ CH_3 \end{array}\right]_n$$	partiell-kristallin isotaktisch: monoklin syndiotaktisch: rhombisch
PP-C	chloriert	
Polybuten-1 PB	$$\left[\begin{array}{c} H\ \ H \\ |\ \ | \\ -C-C- \\ |\ \ | \\ H\ \ CH_2 \\ | \\ CH_3 \end{array}\right]_n$$	partiell-kristallin: 4 Modifikationen: a) hex mit Zwillingen b) tetragonal c) orthorhombisch d) hexagonal
Polyisobutylen PIB	$$\left[\begin{array}{c} H\ \ CH_3 \\ |\ \ | \\ -C-C- \\ |\ \ | \\ H\ \ CH_3 \end{array}\right]_n$$	amorph; auch partiell-kristallin: rhombisch
Polyvinylchlorid PVC	$$\left[\begin{array}{c} H\ \ H \\ |\ \ | \\ -C-C- \\ |\ \ | \\ H\ \ Cl \end{array}\right]_n$$	amorph
PVC-C	chloriertes PVC	
PVC-P	plasticized (PVC-weich)	
PVC-U	unplasticized (PVC-hart)	
Polyvinyliden-chlorid PVDC	$$\left[\begin{array}{c} H\ \ Cl \\ |\ \ | \\ -C-C- \\ |\ \ | \\ H\ \ Cl \end{array}\right]_n$$	partiell-kristallin: monoklin

Tabelle 5.3 Polymerisate (Kurzzeichen nach DIN 7728, Struktur) (Fortsetzung)

Bezeichnung Kurzzeichen	Strukturformel	Struktur
Polyvinylcarbazol PVK		partiell-kristallin
Polyacrylnitril PAN		partiell-kristallin: hexagonal
Polymethyl-methacrylat PMMA		amorph; isotaktisch: partiell-kristallin: rhombisch
Polyoxymethylen POM		partiell-kristallin: hexagonal
Polystyren (Polystyrol) PS		amorph
Acrylnitril-Butadien-Styren-Copolymerisat ABS		amorph
Styren-Butadien-Copolymerisat SB		amorph
Styren-Acrylnitril-Copolymerisat SAN		amorph

5

Tabelle 5.3 Polymerisate (Kurzzeichen nach DIN 7728, Struktur) (Fortsetzung)

Bezeichnung Kurzzeichen	Strukturformel	Struktur
Polytetrafluor-ethylen PTFE	$\left[\begin{array}{c} F\ \ F \\ \|\ \ \| \\ -C-C- \\ \|\ \ \| \\ F\ \ F \end{array}\right]_n$	partiell-kristallin: hexagonal
Polychlortrifluor-ethylen PCTFE	$\left[\begin{array}{c} F\ \ F \\ \|\ \ \| \\ -C-C- \\ \|\ \ \| \\ F\ \ Cl \end{array}\right]_n$	partiell-kristallin
Polyamid 6 PA 6 ε-Caprolactam	$\left[\begin{array}{c} H \qquad\quad O \\ \| \qquad\quad \| \\ -N-(CH_2)_5-C- \end{array}\right]_n$	partiell-kristallin: monoklin
Polyamid 6 6 PA 6 6 (Hexamethylen-diamin + Adipin-säure)	$\left[\begin{array}{c} H \qquad\quad H\ \ O \qquad\quad O \\ \| \qquad\quad \|\ \ \| \qquad\quad \| \\ -N-(CH_2)_6-N-C-(CH_2)_4-C- \end{array}\right]_n$	partiell-kristallin
Polyamid 6 9 PA 6 9 (Hexamethylen-diamin + Acelain-säure)	$\left[\begin{array}{c} H \qquad\quad H\ \ O \qquad\quad O \\ \| \qquad\quad \|\ \ \| \qquad\quad \| \\ -N-(CH_2)_6-N-C-(CH_2)_7-C- \end{array}\right]_n$	partiell-kristallin
Polyamid 6 10 PA 6 10 (Hexamethylen-diamin + Sebacin-säure)	$\left[\begin{array}{c} H \qquad\quad H\ \ O \qquad\quad O \\ \| \qquad\quad \|\ \ \| \qquad\quad \| \\ -N-(CH_2)_6-N-C-(CH_2)_8-C- \end{array}\right]_n$	partiell-kristallin
Polyamid 6 12 PA 6 12 (Hexamethylen-diamin + Dode-candisäure)	$\left[\begin{array}{c} H \qquad\quad H\ \ O \qquad\quad O \\ \| \qquad\quad \|\ \ \| \qquad\quad \| \\ -N-(CH_2)_6-N-C-(CH_2)_{10}-C- \end{array}\right]_n$	partiell-kristallin
Polyamid 11 PA 11 Aminoundecan-säure	$\left[\begin{array}{c} H \qquad\quad O \\ \| \qquad\quad \| \\ -N-(CH_2)_{10}-C- \end{array}\right]_n$	partiell-kristallin
Polyamid 12 PA 12 Laurinlactam	$\left[\begin{array}{c} H \qquad\quad O \\ \| \qquad\quad \| \\ -N-(CH_2)_{11}-C- \end{array}\right]_n$	partiell-kristallin

($\varrho \leq 0{,}930$ g/cm^3) und eine Kristallinität von 40...50 %. Die Kurzbezeichnungen dieser Typen sind: PE-LD und PE-LLD.

Die nach Niederdruckverfahren hergestellten Polyethylene haben wegen ihrer linearen Molekülstruktur höhere Dichtewerte von $\varrho = 0{,}94...0{,}96$ g · cm^{-3} und eine Kristallinität von 60...80 %. Die Molekularmasse von PE-LD liegt zwischen 20 000 und 50 000, die der Polyethylene hoher Dichte (PE-HD) erreicht Werte bis 400 000.

5.1.3.1.1 Eigenschaften

Physikalische Eigenschaften

Die wesentlichsten physikalischen Eigenschaften von Polyethylen niederer Dichte (PE-LD) und hoher Dichte (PE-HD) sind in Tabelle 5.4 zusammengestellt.

Tabelle 5.4 Physikalische Eigenschaften von Polyethylen

Eigenschaft	PE-LD	PE-HD
Dichte ϱ (· 10^3 kg · m^{-3})	$\leq 0{,}920$	$\leq 0{,}954$
MFR in g/10 min	88...0,4	30... 2
Schmelzbereich der Kristallite in °C	105...110	130...135
Wärmeleitfähigkeit λ in W · m^{-1} · K^{-1}	0,349	0,465
Wärmeformbeständigkeit nach		
VICAT (VST/B 50) in °C	40	60... 65
HDT/A in °C	35	50
HDT/B in °C	45	75
Gleitmodul (Schubmodul) G in MPa	100...200	700...1 000
Streckspannung σ_Y in MPa	8... 15	20... 30
Bruchdehnung ε_B in %	600	80... 400
Normdurchbiegung s_C in MPa	7... 10	30... 40
Kugeldruckhärte (30-s-Wert)	15	50
Spez. Durchgangswiderstand ϱ_D in Ω · cm	$> 10^{16}$	$> 10^{16}$
Relative Dielektrizitätszahl ε_r	2,3	2,4
Dielektrischer Verlustfaktor tan δ (50 Hz...10^6 Hz)	$2 \cdot 10^{-4}$	$3 \cdot 10^{-4}$
Oberflächenwiderstand R_O in Ω	10^{13}	10^{13}
Durchschlagfestigkeit E_d in kV · mm^{-1}	700	700

5

Bei Temperaturen unterhalb der Kristallitschmelztemperatur ist reines, ungefülltes und ungefärbtes PE wegen der partiell-kristallinen Struktur und der damit verbundenen diffusen Lichtstreuung milchig-trüb, oberhalb dieser Temperatur wird PE infolge zunehmender Auflösung der kristallinen Struktur glasklar durchsichtig.

Wegen der Alterungsneigung (Versprödung) durch UV-Strahlung und Wärmeeinwirkung in Anwesenheit von Sauerstoff werden die PE-Typen vielfach mit Stabilisatoren hergestellt. UV-Stabilisatoren (UV-Absorber) sind Ruß oder Hydroxyphenylbenzotriazol. Als Antioxidantien wirken Phenole, Amine, sterisch gehinderte Amine und Phosphite.

Die in einer Reihe von Anwendungsfällen störende elektrostatische Aufladung, hervorgerufen durch den hohen spezifischen Durchgangswiderstand und den großen Oberflächenwiderstand, wird durch Einarbeiten oder nachträgliches Auftragen von Antistatika (Aminderivate, Polyethylenglykolester) wesentlich vermindert.

Der Anfälligkeit gegen Spannungsrißkorrosion wird bei einigen Typen durch Zusatz von Polyisobutylen (PIB) begegnet. Spannungsrißkorrosion wird nach [8] durch polare Flüssigkeiten (Alkohole, organische Säuren, Ester, Amine) und wäßriger Lösungen oberflächenaktiver Stoffe (Seife, Netzmittel) bei gleichzeitiger Einwirkung mechanischer Spannungen verursacht.

Die mechanischen Eigenschaften verbessern sich mit steigender Dichte (Zunahme der Kristallinität). Wegen der Neigung zum *kalten Fluß* (Kriechen) und dem damit verbundenen schlechten Zeitstandverhalten (1 000-h-Zeitstandfestigkeit) ist PE als Konstruktionswerkstoff (z. B. für Maschinenteile) nur bedingt geeignet.

Chemische Eigenschaften

Die gute chemische Beständigkeit der Polyethylene wird vor allem durch den Kristallanteil bestimmt.

Sie sind beständig gegenüber Ammoniak, verdünnter HNO_3, H_2SO_4, HCl, KOH, NaOH, Alkoholen, Benzen, Toluen $C_6H_5CH_3$, Xylen $C_6H_4(CH_3)_2$. Unbeständig sind sie gegenüber Chromsäure H_2CrO_4, Chromschwefelsäure (Gemisch aus Dichromat und H_2SO_4), gasförmigem und flüssigem Cl, Schwefelkohlenstoff CS_2, Tetrachlormethan, Trichlorethylen, konzentrierte HNO_3 und H_2SO_4.

Technologische Eigenschaften

PE-Formmassen lassen sich durch Spritzgießen, Extrudieren, Blasverfahren sowie durch Vakuumumformung sehr gut verarbeiten. Halbzeuge und Formteile sind mit den üblichen mechanischen Verfahren zu bearbeiten. Um örtliche Überhitzungen zu vermeiden, ist für eine rasche Wärmeabfuhr zu sorgen.

Wegen des unpolaren Charakters und der chemischen Beständigkeit lassen sich mit üblichen Klebstoffen keine brauchbaren Verbindungen zwischen PE-

Teilen herstellen. Zur Herstellung haltbarer Klebeverbindungen ist eine chemische oder physikalische Oberflächenvorbehandlung erforderlich.

Die chemische Oberflächenvorbehandlung kann mit Chromschwefelsäure oder durch Oxidation durch Beflammen vorgenommen werden. Zu den Verfahren der physikalischen Vorbehandlung gehören das Sandstrahlen, das Quarzsandschmirgeln, Glimmentladungen, UV-Bestrahlung, die Lösungsmittelvorbehandlung mit Benzen, Toluen, Trichlorethylen, Perchlorethylen oder Dekalin $C_{10}H_{18}$.

Darüber hinaus ist auch das Aufbringen adhäsionsfreundlicher Schichten aus Polyvinylalkohol, Polyvinylacetat, Celluloseether u. ä. beim Extrudieren möglich.

Als Klebstoffe sind Epoxidharze, ungesättigte Polyester, Polyvinylacetat- oder Polyacrylat-Dispersionen geeignet.

Wegen der geringeren Kristallinität sind PE-LD-Typen besser klebbar als PE-HD-Typen. Mit Füllstoffen versehene Typen sind besser klebbar als ungefüllte.

Wegen der erreichbaren höheren Festigkeitswerte und des geringeren Vorbehandlungsaufwandes ist das Schweißen von PE weitaus verbreiteter.

Folien werden mit Wärmeimpuls- bzw. Wärmekontaktverfahren geschweißt. Platten, Tafeln und andere Halbzeuge aus PE-HD-Typen werden durch Warmgasschweißen verbunden. (Warmgas: N_2; Temperatur etwa 320 . . . 340 °C). Mit dem Heizelement-Stumpfschweißverfahren werden Rohre aus PE-HD und Halbzeuge aus PE-LD geschweißt. Die Temperatur der Heizelemente ist bei Rohrschweißungen 210 °C und bei anderen Halbzeugen 180 °C.

5.1.3.1.2 Verwendung

PE wird in Form von Granulat, Pulver, Platten, Rohren, Stäben, Blöcken und Folien geliefert.

PE-LD wird zur Herstellung von Folien (Verpackungs-, Schwergutsack-, Tragtaschen-, Schrumpf-, Landwirtschafts- und Dünnfolien) sowie für ungeschäumte und geschäumte Ummantelungen für Nachrichtenkabel verwendet.

PE-HD wird in großem Umfang für Spritzgußartikel, wie Haushaltwaren, Lager- und Transportbehälter (Müllcontainer mit 660 bis 1 100 l Fassungsvermögen), Flaschentransportbehälter eingesetzt. Mit Extrusionverfahren werden Kraftstofftanks, Ringfässer, Trinkwasserdruckrohre, Abwasserrohre bis 1 600 mm Durchmesser hergestellt. Ferner werden Fittings, Armaturen und Teile für den chemischen Apparatebau aus PE-HD gefertigt.

PE-HD-HMW (Molmasse 200 000 ... 500 000) wird für Verpackungsfolien, Haushaltmüllbeutel (7 ... 10 μm Foliendicke), Netze, Seile, Gewebe und für Surfbretter verwendet.

Vernetztes PE: Zur Erhöhung der Dauerbetriebstemperatur von Starkstromkabeln und -leitungen werden PE-HD und PE-LD vernetzt (PE-HD-V, PE-LD-V). Größte technische Bedeutung hat die Vernetzung mit Peroxiden, wie Dicumylperoxid. Spritzgußteile aus PE-HD für die E-Technik und den Kfz-Bau werden bei bis zu 230 °C mit Peroxiden im Werkzeug vernetzt. Kabelummantelungen für Mittel- und Hochspannungskabel werden nach der Extrudierung mit β- oder γ-Strahlung kontinuierlich vernetzt.

Die Silanvernetzung wird bei mit Silanen pfropfpolymerisiertem PE durch die Bildung von Si-O-Bindungen vernetzt.

PE ist in DIN 16 776 T. 1 und 2 typisiert.

5.1.3.2   Polypropylen (PP)

Polypropylen wird durch Lösungspolymerisation im Niederdruckverfahren bei Verwendung entsprechender Katalysatoren, die eine isotaktische bzw. syndiotaktische Anordnung von CH_3-Gruppen (stereospezifische Polymerisation) gewährleisten, gewonnen. Strukturformel siehe Tabelle 5.3.

5.1.3.2.1   Eigenschaften

Physikalische Eigenschaften

PP ist (Homopolymerisat) partiell kristallin (Kristallinität: 50 ... 70 %).
- Dichte $\varrho = 0{,}90 ... 0{,}915 \cdot 10^3 \text{ kg} \cdot \text{m}^{-3}$
- Schmelzbereich der Kristallite: 160 ... 165 °C
- Wärmeleitfähigkeit $\lambda = 0{,}22 \text{ W} \cdot \text{m}^{-1} \cdot \text{K}^{-1}$
- Linearer Wärmeausdehnungskoeffizient $\alpha = 100 ... 200 \cdot 10^{-6} \text{ K}^{-1}$
- Glastemperatur $T_g = 0 ... -10 \text{ °C}$
- Dauergebrauchstemperatur: 100 °C
- Wärmeformbeständigkeit VST/B: 90 ... 100 °C
                                    HDT/A: 55 ... 65 °C
- Spezifischer Durchgangswiderstand $\varrho_D > 10^{16} \text{ } \Omega \cdot \text{cm}$
- Relative Dielektrizitätszahl $\varepsilon_r = 2{,}3$
- Dielektrischer Verlustfaktor $\tan \delta = 2{,}4 ... 3{,}8 \cdot 10^{-4}$
- Oberflächenwiderstand $R_O = 13 \mathrel{\widehat{=}} 10^{13} \text{ } \Omega$
- Durchschlagfestigkeit $E_d = 35 ... 40 \text{ kV} \cdot \text{mm}^{-1}$
- Streckspannung $\sigma_Y = 25 ... 33 \text{ MPa}$
- Zugfestigkeit $\sigma_M = 29 \text{ MPa}$
- Bruchdehnung $\varepsilon_B = 800 ... 900 \text{ %}$

- Normdurchbiegung $s_C = 22 \ldots 30$ MPa
- Kugeldruckhärte (30-s-Wert) $= 50 \ldots 85$

Die Wasseraufnahme von PP ist praktisch Null. Wegen des hohen Oberflächen-widerstandes R_O neigt PP zur statischen Aufladung, die in speziellen Fällen durch Verwendung antistatisch hergestellter Typen wesentlich vermindert wird. PP versprödet unterhalb von 0 °C.

Chemische Eigenschaften

PP ist gegenüber den meisten wäßrigen Lösungen von Säuren, Alkalien und Salzen sowie Schmierölen, chlorierten Kohlenwasserstoffen, Alkoholen gut beständig. Wenig oder unbeständig ist PP gegen konzentrierte H_2SO_4, HNO_3 sowie Wasserstoffperoxid. Nichtstabilisiertes Polypropylen ist lichtempfindlich.

PP ist sauerstoffempfindlich; diese Eigenschaft wird bei erhöhten Temperaturen in Gegenwart von Cu und Cu-Legierungen noch verstärkt. Im Gegensatz zu PE ist PP nicht spannungsrißempfindlich.

Technologische Eigenschaften

PP läßt sich in Abhängigkeit von den Schmelzindizes der verschiedenen Typen im Spritzguß-, Strangguß-, Extrusions- und Extrusionsblasverfahren urformen. Spanlose Umformungen sind im Temperaturbereich zwischen $155 \ldots 200$ °C üblich.

Folien ($20 \ldots 100$ µm Dicke) werden als Gießfolien und als biaxial gereckte, orientierte Folien gefertigt.

Die spanende Formung ist wie bei PE möglich. PP ist polierbar. Als Schweiß-verfahren haben sich das Heizelement-, Heizgas- und Reibschweißen durch-gesetzt. Wegen des unpolaren Charakters ist wie bei PE das HF-Schweißen nicht möglich. Klebverbindungen sind wenig zweckmäßig, da die Haftfestig-keit sehr gering ist.

5.1.3.2.2 Verwendung

Polypropylen findet Verwendung im Rohrleitungs- und Apparatebau der che-mischen Industrie, für Waschmaschinenteile, Verpackungszwecke, wie Folien, Lebensmittelverpackungen u. ä.

PP-Folien sind wegen ihrer sehr guten elektrischen Isoliereigenschaften in der Nachrichtentechnik, Elektrogeräteindustrie und Hochspannungstechnik ein-geführt. Für diese Zwecke werden auch antistatische und selbstlöschende Ty-pen hergestellt. Für besondere mechanische Beanspruchungen werden glas-faserverstärkte Typen angeboten. Durch den Glasfaseranteil erhöht sich die

Dichte auf $1{,}1 \cdot 10^3$ kg $\cdot$ m^{-3}. Die Zugfestigkeit und Kerbschlagzähigkeit steigen auf das Doppelte, der E-Modul auf das Fünffache an. Während ε_r konstant bleibt, sinkt dagegen die Durchschlagfestigkeit von 75 kV $\cdot$ mm^{-1} auf 17 kV $\cdot$ mm^{-1} ab.

5.1.3.3   Polybuten-1 (PB)

Polybuten-1 (Strukturformel siehe Tab. 5.3) wird durch stereospezifische Polymerisation mit isotaktischer Anordnung der Seitengruppe als partiell-kristallines Material gewonnen. PB tritt hinsichtlich seiner Kristallstruktur in 4 Modifikationen auf. Beim Erstarren bildet sich zunächst die gummiähnliche, weiche Modifikation mit tetragonalem Gittertyp. Diese Modifikation geht im Laufe einiger Tage (etwa einer Woche) in die mit Zwillingen behaftete hexagonale Struktur über. Die Gitterumwandlung kann jedoch auch während der spanlosen Umformung erfolgen. Die verzwillingte hexagonale Modifikation ist stabil, während die tetragonale und die bei niedrigeren Temperaturen mögliche orthorhombische und die einfach hexagonale Modifikation metastabil sind.

5.1.3.3.1   Eigenschaften

Physikalische Eigenschaften
- Dichte $\varrho = 0{,}91 \ldots 0{,}915 \cdot 10^3$ kg $\cdot$ m^{-3}
- Wärmeleitfähigkeit $\lambda = 0{,}22$ W $\cdot$ m$^{-1} \cdot$ K^{-1}
- Linearer Wärmeausdehnungskoeffizient $\alpha = 130 \cdot 10^{-6}$ K^{-1}
- Glastemperatur $T_g = 78$ °C
- Wärmeformbeständigkeit VST/A: $108 \ldots 113$ °C
  - $\qquad\qquad\qquad\qquad$ HDT/A: $54 \ldots 60$ °C
- Streckspannung $\sigma_Y = 12 \ldots 17$ MPa
- Bruchspannung $\sigma_B = 31 \ldots 37$ MPa
- Bruchdehnung $\varepsilon_B = 300 \ldots 380$ %
- Spezifischer Durchgangswiderstand $\varrho_D > 10^{16}$ $\Omega \cdot$ cm
- Durchschlagfestigkeit $E_d = 18 \ldots 40$ kV $\cdot$ mm^{-1}
- Dielektrizitätszahl $\varepsilon_r = 2{,}52$ (bei 1 MHz)
- tan δ (bei 1 MHz) $= 2 \ldots 5 \cdot 10^{-3}$

Chemische Eigenschaften

PB ist beständig gegenüber nichtoxidierenden Säuren, Laugen, Ölen, Fetten, Alkoholen, Ketonen, aliphatischen Kohlenwasserstoffen und Wasser. Gegenüber oxidierenden Säuren, aromatischen und chlorierten Kohlenwasserstoffen ist PB nicht beständig. Polybuten-1 ist physiologisch unbedenklich. Witterungsbeständigkeit wird durch Stabilisierung mit Ruß erreicht.

PB brennt wie PE und PP mit leuchtender Flamme, jedoch mit stechend nach Paraffin riechenden Schwaden.

Technologische Eigenschaften

PB wird vorzugsweise durch Extrudieren und Spritzgießen verarbeitet. Die Gitterumwandlung nach der Urformung ist zu berücksichtigen. Die Bearbeitungs- und Fügeverfahren sind denen der anderen Polyolefine ähnlich.

5.1.3.3.2 Verwendung

Polybuten-1 wird in Form von Rohren, Folien, Spritzgußteilen und geblasenen Hohlkörpern verwendet für Warmwasserleitungen, Rohre für Fußbodenheizungen, Schlammleitungsrohre in Kraftwerken und im Bergbau (hohe Verschleißfestigkeit), Fittings, Behälterauskleidungen, Transportsäcke, Verpackungsfolien, Kabelisolation.

5.1.3.4 Polystyren (PS)

Polystyren ist eine andere Bezeichnung für die als Polystyrol bekannten Polymerisate (Strukturformel siehe Tab. 5.3).

Die Homopolymerisate werden durch Block- und besonders durch Suspensions- oder Perlpolymerisation hergestellt. Durch Modifizierung mit Butadien, Acrylnitril oder Acrylnitril und Butadien wird der durch die Sprödigkeit der Homopolymerisate begrenzte Anwendungsbereich wesentlich erweitert.

5

5.1.3.4.1 Eigenschaften

Physikalische Eigenschaften

Die wesentlichsten physikalischen Eigenschaften sind für reines Polystyren (PS), mit Butadien modifiziertes, schlagzähes Polystyren (PS-SZ), mit Acrylnitril modifiziertes PS (SAN) und mit Acrylnitril + Butadien modifiziertes PS (ABS) in Tabelle 5.5 dargestellt.

Im allgemeinen kristallisieren die PS-Typen nicht. Bei Spritzgußteilen kann jedoch eine Orientierung der Makromoleküle, besonders in der Umgebung der Angußstellen, auftreten. Die Rißbildung, die häufig bei Spritzgußteilen aus Homopolymerisaten zu beobachten ist, wird vor allem auf die Wirkung innerer Spannungen (Abkühl- und Schrumpfspannungen) zurückgeführt. Die Sprödigkeit der reinen PS-Sorten geht auf die bei der Verformung unterhalb T_g wirksame sterische Behinderung durch die Benzenkerne zurück.

Wasseraufnahme und Gasdurchlässigkeit sind sehr gering.

Tabelle 5.5   Physikalische Eigenschaften einiger Polystyrene, nach [3]

Eigenschaft	PS	PS-SZ	SAN	ABS
Dichte ϱ ($\cdot 10^3$ kg $\cdot$ m^{-3})	1,05	1,05	1,08	1,04...1,06
Wärmeleitfähigkeit λ in W $\cdot$ m^{-1} $\cdot$ K^{-1}	0,18	0,18	0,18	0,18
Lin. Wärmeausdehnungs-koeffizient α ($\cdot 10^{-6}$ K^{-1})	70	70	80	60...110
Wärmeformbeständigkeit VST/B in °C	78...99	77...95	100	95...110
Spez. Durchgangswiderstand ϱ_D in $\Omega \cdot$ cm	10^{14}	10^{14}	10^{14}	10^{14}
Relative Dielektrizitätszahl ε_r (bei 10^6 Hz)	2,5	2,6	2,9	3,2
Durchschlagfestigkeit E_d in kV $\cdot$ mm^{-1}	55...65	45...65	30	30...40
Oberflächenwiderstand R_O	15	14	14	13
E-Modul E_t in GPa	3,2	2,5	3,6	2,7
Bruchspannung σ_B in MPa	45...65	25... 60	75	15... 30
Bruchdehnung ε_B in %	3... 4	38... 80	5	55... 80
Biegefestigkeit σ_{fM} in MPa	100	37... 78	135	54... 78
Normdurchbiegung s_C in MPa	—	44... 78	122	59... 88
Kugeldruckhärte (30-s-Wert)	110...115	70...120	160	65...105
Schlagzähigkeit in kJ $\cdot$ m^{-2}	5... 20	10... 80	8...20	20... 50

Chemische Eigenschaften

Die Homopolymerisate sind beständig gegenüber verdünnten und konzentrierten Laugen und Säuren (außer konz. HNO$_3$), Alkoholen und polaren Lösungsmitteln. Nicht oder nur wenig beständig sind sie gegenüber Ether, Benzen, Toluen, chlorierten Kohlenwasserstoffen, Aceton und ätherischen Ölen (in Früchten und Gewürzen enthalten), Terpentinöl u. ä.

Das chemische Verhalten der modifizierten Typen ist nicht grundlegend verändert. Stärker ausgeprägt ist die Unbeständigkeit und Löslichkeit gegenüber HNO$_3$, H$_2$SO$_4$, höheren Alkoholen, Ethern, Estern, Ketonen (z. B. Aceton), aromatischen und chlorierten Kohlenwasserstoffen.

Technologische Eigenschaften

Die Polystyrene sind sehr gut im Spritzgußverfahren zu verarbeiten. Das Extrusions- oder Schneckenpreßverfahren ist zur Konfektionierung (Herstellung eingefärbter Granulate) der Homopolymerisate und zur Herstellung von Platten und Profilen aus schlagzähen Typen in Anwendung.

Platten oder Folien aus PS-SZ lassen sich nach üblichen Ziehverfahren bei 130 ... 150 °C umformen.

Wegen der Sprödigkeit sollen Fertigteile aus Homopolymerisaten nicht spanend bearbeitet werden (Rißbildung). Schlagfeste Typen sind dagegen gut zu bearbeiten.

Klebverbindungen lassen sich nach Anlösen der Oberfläche mit Benzen, Toluen oder Trichlorethylen oder mit Polymerisationsklebstoffen auf Methacrylatbasis sowie mit Lösungen von PS in Estern (Ethylacetat, Butylacetat) oder Ketonen herstellen. ABS-Typen sind mit Polyurethan-Klebern, Polystyren-Lösungen, Lösungen von ABS in Ketonen oder auch nur mit Ethylacetat klebbar.

Polystyrenschaumstoffe lassen sich mit Polyvinylacetat-Klebstoffen, Dispersionen oder Kontaktklebstoffen auf Kautschukbasis oder Klebstoffen auf Polyvinylether-, Polysulfid-, Polyurethan- oder Bitumenbasis kleben.

Schweißverbindungen werden wegen der guten Klebbarkeit nur in Sonderfällen als Ultraschallschweißung hergestellt.

Die ABS-Typen sind galvanisch metallisierbar.

5

5.1.3.4.2 Verwendung

Homopolymerisate werden vor allem in Form von Spritzgußartikeln (bis zu 10 kg Masse) für Haushaltsgegenstände, Spielzeuge, Gebrauchsgegenstände verschiedenster Art, Lichtraster, Spulenkörper in der HF-Technik, Folien für Kabel- und Kondensatorenisolationen und für die Fernsehtechnik hergestellt. Die modifizierten Typen sind durch ihre geringere Schlagempfindlichkeit geeignet für Dekorations- und Wandplatten, Telefongehäuse, Kühlschrankeinsätze u. a.

Polystyrenschaum wird in großem Umfang für den Schall- und die Wärmedämmung an Gebäuden und für Verpackungszwecke verwendet.

5.1.3.5 Polyvinylchlorid (PVC)

PVC wird vorwiegend nach den Verfahren der Suspensions- und der Emulsionspolymerisation gewonnen. Nach dem erstgenannten Verfahren werden auch die Copolymerisate Polyvinylchloridacetat PVCA (87 % Vinylchlorid + 13 % Vinylacetat) und Polyvinylacetat PVAC (60 % Vinylchlorid + 40 % Vinylacetat) erzeugt. PVC-P ist äußerlich weichgemachtes (plasticized) PVC mit einem Weichmachergehalt von 20 ... 50 %.

PVC-U ist weichmacherfreies (unplasticized) PVC, das sogenannte PVC-hart. PVC-U-Folien enthalten zur Verbesserung der Verarbeitungseigenschaften jedoch 10 ... 20 % Weichmacher als Verarbeitungshilfsmittel.

PVC-C erhält man durch nachträgliches Erhöhen des Chlor-Anteils von etwa 55 auf 63 ... 65 %.

5.1.3.5.1 Eigenschaften

Physikalische Eigenschaften

Tabelle 5.6 enthält Angaben zu den wesentlichsten physikalischen Eigenschaften von PVC-U und PVC-P. Die elektrischen Werte des PVC-U beziehen sich auf Suspensionspolymerisate.

Tabelle 5.6 Physikalische Eigenschaften von PVC-U und PVC-P, nach [3]

Eigenschaft	PVC-U	PVC-P
Dichte ϱ ($\cdot 10^3$ kg $\cdot$ m^{-3})	1,38 ... 1,39	1,20 ... 1,35
Glastemperatur T_g in °C	70 ... 80	-5 ... -20
Wärmeleitfähigkeit λ in W $\cdot$ m^{-1} $\cdot$ K^{-1}	0,170	0,151 ... 0,174
Lin. Wärmeausdehnungskoeffizient α ($\cdot 10^{-6}$ K^{-1})	70 ... 80	200
Dauergebrauchstemperatur in °C	65	60
Wärmeformbeständigkeit VST/B in °C	75	—
Spez. Durchgangswiderstand ϱ_D in $\Omega \cdot$ cm	10^{15}	10^{11} ... 10^{15}
Oberflächenwiderstand R_O	13	13
Rel. Dielektrizitätszahl ε_r	2,7 ... 3,5	3 ... 9
Dielektr. Verlustfaktor tan δ (800 Hz)	$3 \cdot 10^{-3}$	0,1 ... 0,5
Durchschlagfestigkeit E_d in kV $\cdot$ mm^{-1}	20 ... 40	20 ... 50
Zugfestigkeit σ_M in MPa	50 ... 60	13 ... 35
Bruchdehnung ε_B in %	10 ... 100	195 ... 375
Elastizitätsmodul E_t in MPa	2 000 ... 3 000	2,9 ... 37
Normdurchbiegung s_C in MPa	70 ... 110	—
Kugeldruckhärte (30-s-Wert)	100 ... 130	—
Kerbschlagzähigkeit in kJ $\cdot$ m^{-2}	2 ... 5	—

Bei der Kombination von PVC-P mit PVC-U oder PS, PS-SZ, CA, CAB oder Lackschichten tritt eine Schädigung durch Weichmacherwanderung (Migration) auf.

Chemische Eigenschaften

Die PVC-U-Typen zeigen gegenüber einer großen Zahl von Chemikalien bis zu 60 °C eine gute bis sehr gute Beständigkeit. Unbeständigkeit liegt vor gegen rauchende Schwefelsäure (Oleum), konz. H_2SO_4 und konz. HNO_3 sowie gegen flüssige Halogene.

PVC-U quillt bzw. löst sich in chlorierten Kohlenwasserstoffen, Estern, Ketonen, Ether, Benzen, Toluen, Xylen, CS_2 u. ä.

Technologische Eigenschaften

PVC-U: Übliche Urformverfahren sind Spritzgießen, Extrudieren, Hohlkörperblasen, Kalandrieren, Schäumen und Sintern. Die spanlose Umformung, wie Biegen, Ziehen, Tiefziehen, wird vor allem im Temperaturbereich von 130 . . . 140 °C vorgenommen.

Um den Einfluß der Entropieelastizität auszuschalten, müssen die Teile von der Umformtemperatur im eingespannten Zustand sehr schnell auf Temperaturen unterhalb T_g abgekühlt werden. Bei der spanenden Bearbeitung von Halbzeugen ist für ausreichende Kühlung zu sorgen. Die Schnittgeschwindigkeiten sollen beim Drehen, Fräsen und Sägen (Kreissäge) bis etwa $1\,000$ m · min^{-1}, beim Sägen mit der Bandsäge $1\,500 . . . 2\,000$ m · min^{-1} und beim Bohren $30 . . . 50$ m · min^{-1} betragen. Für eine einwandfreie Bearbeitung sind scharfe Werkzeuge unerläßlich.

PVC-U läßt sich unter anderem mit folgenden Klebstoffen verkleben: Nachchloriertes PVC (PVC-C), PVAC und PUR-Kleber. Klebverbindungen zwischen PVC-U und PVC-P, PA, PF und Aminoplasten lassen sich u. a. mit PUR-Klebstoffen herstellen. PVC-U ist mit dem Warmgas-, Hochfrequenz- und Reibschweißverfahren, durch Suspensionspolymerisation hergestelltes PVC-U ist auch mit dem Heizelementschweißverfahren schweißbar.

PVC-P: Die Urformung ist möglich durch Extrudieren, Gießen, Tauchen, Kalandrieren, Streichen, Flammenspritzen, Hohlkörperblasen und Schäumen. Die spanlose und spanende Umformung von Halbzeugen und Fertigteilen ist naturgemäß nicht üblich. PVC-P läßt sich sehr gut schweißen (Warmgas-, Heizkeil-, Hochfrequenz-, Wärmeimpuls-, Wärmekontakt-, Ultraschall- und Extrusionsschweißen).

Folien mit ≤ 35 % Weichmachergehalt sind mit PVC-C, PUR, Polyacrylsäureestern, Polymethacrylsäureestern klebbar.

Kombinationen aus PVC-P und PUR-Schaum werden mit PMMA und PVC-C, aus PVC-P und Schaumgummi mit PMMA + PVC-P als Vorstrich und dann mit PVAC oder Polychloropren geklebt.

5

5.1.3.5.2 Verwendung

Aus der Vielzahl der Anwendungsmöglichkeiten der PVC-Homopolymerisate sollen nur einige Beispiele genannt werden:

PVC-U wird wegen der guten Korrosionsbeständigkeit in der chemischen Industrie und im Apparatebau in Form von Behältern, Rohrleitungen für Säuren und Laugen, Armaturen, Fittings, Ventilatoren eingesetzt. In der Elektrotechnik wird PVC-U für Kabelkanäle, Isolierrohre, Akkukästen und Abzweigdosen verwendet. Umfangreiche Anwendung finden Folien für Verpackungszwecke für Lebens- und Genußmittel, in der Foto-, Medizintechnik und im Bauwesen.

PVC-Schaumstoff kann als Schall- und Wärmedämmstoff im Fahrzeug- und Schiffbau verwendet werden.

PVC-P (Suspensionspolymerisate) werden in großem Umfang zur Herstellung von Leitungs- und Kabelisolationen (Kabelmantelmassen) in der Elektrotechnik eingesetzt. Transparente Schläuche werden in der Nahrungsmittelindustrie, im Apparatebau und in der Medizintechnik verwendet.

Folien, die physiologisch unbedenkliche Weichmacher enthalten, sind auch im Haushalt (Tischdecken u. ä.) gebräuchlich. PVC-C eignet sich zur Herstellung von Lacken und als Kleber für PVC-U und PVC-P sowie in Form synthetischer Fasern (Pe-Ce-Faser) zur Herstellung säurefester Filtertücher, Säureschutzbekleidung und wegen ihrer elektrostatischen Aufladung für rheumalindernde Unterbekleidung und Decken.

Die innere Weichmachung des PVC durch Copolymerisation von Vinylchlorid und Vinylacetat erweitert seine Verarbeitungsmöglichkeiten. Die Acetatkomponente erhöht das Geliervermögen und die Kaschierfähigkeit und verleiht dem Copolymerisat die Eigenschaft der Aufnahmefähigkeit für Füllstoffe. Außerdem werden die Löslichkeit und das Filmbildungsvermögen verbessert. Die Copolymerisate PVCA und PVAC sind mehr oder weniger löslich in Ketonen (Methylethylketon, Cyclohexanon) und quellen in aromatischen Kohlenwasserstoffen.

Die spanlose Formung bzw. Verarbeitung ist möglich durch Pressen, Walzen, Tiefziehen, Strangpressen, Kalandrieren und Kaschieren. Wegen der niedrigen K-Werte (48 . . . 64) liegen die Verarbeitungstemperaturen niedriger als bei den Homopolymerisaten. PVAC und PVCA sind miteinander mischbar.

Die mechanischen Eigenschaften lassen sich durch Mischen mit PVC beliebig variieren. Dabei ist es auch möglich, den Effekt der inneren Weichmachung durch Zusatz von Weichmachern (z. B. Dioctylphthalat DOP), also durch äußere Weichmachung noch zu verstärken. PVCA ist für Hartplatten, PVAC ist für tiefziehfähige Folien und Platten geeignet.

PVCA und PVAC werden auch als Ausgangsstoffe für Lack- und Druckfarben (für Kunststoffe und Kunstleder), für Streich- und Tauchlacke, zur Beschichtung von Papier und Pappe, als Korrosionsschutzlacke und als Bindemittel für Spezialkleber verwendet.

5.1.3.6 Polymethylmethacrylat (PMMA)

Das Monomere Methacrylsäuremethylester (Methylpropensäuremethylester) wird in großem Umfang durch Blockpolymerisation in Kammern mit verstellbaren Spiegelglasscheiben polymerisiert. Die Polymerisation ist wegen der geforderten optischen Eigenschaften (organisches Glas) sehr zeitaufwendig. PMMA wird auch als Pulver und Granulat geliefert.

Strukturformel siehe Tabelle 5.3.

5.1.3.6.1 Eigenschaften

Physikalische Eigenschaften
- Dichte $\varrho = 1{,}18\ldots1{,}19 \cdot 10^3$ kg $\cdot$ m^{-3}
- Glastemperatur $T_g = 106\,°C$
- Wärmeleitfähigkeit $\lambda = 0{,}186$ W $\cdot$ m^{-1} $\cdot$ K^{-1}
- Linearer Wärmeausdehnungskoeffizient $\alpha = 70\ldots90 \cdot 10^{-6}$ K^{-1}
- Dauergebrauchstemperatur: $82\ldots98\,°C$
- WärmeformbeständigkeitVST/B $= 80\ldots110\,°C$
  nach MARTENS $= 76\ldots115\,°C$
- Spez. Durchgangswiderstand $\varrho_D = 10^{14}\ldots10^{15}\ \Omega \cdot$ cm
- Oberflächenwiderstand $R_O = 13\ldots15$
- Rel. Dielektrizitätszahl $\varepsilon_r = 3{,}7$ bei 50 Hz
  $= 2\ldots2{,}7$ bei 100 kHz
  Dielektrischer Verlustfaktor $\tan\delta = 0{,}06$ bei 50 Hz
  $= 0{,}03$ bei 100 kHz
- Durchschlagfestigkeit $E_d = 30$ kV $\cdot$ mm^{-1}
- Elastizitätsmodul $E = 2{,}94$ GPa
- Zugfestigkeit $\sigma_B = 20\ldots80$ MPa
- Bruchdehnung $\varepsilon_B = 4{,}5\ldots5{,}5\,\%$
- Kugeldruckhärte $H_{30} = 180\ldots200$ MPa
- Schlagzähigkeit $= 11\ldots30$ kJ $\cdot$ m^{-2}
- Kerbschlagzähigkeit: 2 kJ $\cdot$ m^{-2}

Chemische Eigenschaften

PMMA ist beständig gegenüber Wasser, bis zu 20 % verdünnten Säuren, verdünnten Laugen, Ammoniak, Benzin, Mineralölen und fetten Ölen.

5

Unbeständig bzw. löslich bis quellbar ist PMMA in Benzen, Toluen, Estern, Ketonen, chlorierten Kohlenwasserstoffen, konzentrierten Säuren und Laugen.

Technologische Eigenschaften

Die Urformung ist üblich durch Gießen, Schleuderguß, Spritzguß und Extrudieren.

PMMA läßt sich mit allen Verfahren der spanenden Formung bearbeiten. Die spanlose Formung (Biegen, Ziehen, Prägen, Stanzen, Vakuumformen u. a.) von Tafeln bzw. Platten ist möglich bei Temperaturen zwischen 100 und 150 °C.

Wegen der Klebbarkeit hat das Schweißen keine wesentliche Bedeutung. PMMA ist klebbar mit

1. Lösungsmittelklebern: Aceton (CH_3COCH_3), Toluen ($C_6H_5CH_3$), Methylethylketon ($CH_3COC_2H_5$), Dichlorethan ($C_2H_4Cl_2$), Methylenchlorid (CH_2Cl_2) u. a.
2. Kleblacken: 5…20 % Polyacrylat oder PMMA in verschiedenen Lösungsmitteln gelöst
3. Polymerisationsklebstoffen: Die Klebstoffe bestehen aus 20…40 % in polymerisierbaren Monomeren gelösten Hochpolymeren, meist auf PMMA-Basis.

5.1.3.6.2 Verwendung

Wegen der sehr guten optischen Eigenschaften wird PMMA für Verglasungen im Flugzeug-, Fahrzeug- und Bootsbau sowie im Elektroanlagen- und Gerätebau (Verglasungen von Schaltschränken u. ä.), in der Beleuchtungstechnik, im Modellbau und für Werbezwecke angewendet. Darüber hinaus wird PMMA für Meß- und Zeichengeräte, Linsen, Uhrgläser und in der Dentalprothetik eingesetzt.

Für erhöhte Ansprüche an Bruchsicherheit, Schlagzähigkeit und Lösungsmittelbeständigkeit kann das Copolymerisat AMMA (Acrylnitril-Methylmethacrylat) eingesetzt werden, das in Form von Platten, Blöcken, Stäben und Rohren geliefert wird.

5.1.3.7 Polyhalogenolefine

Polytetrafluorethylen (PTFE), Polytrifluorchlorethylen (PCTFE) und das Copolymerisat aus Tetrafluorethylen und Hexafluorpropylen – Polytetrafluorethylenperfluorpropylen FEP – gehören zur Gruppe der Polyhalogenolefine bzw. Polyfluorcarbone. PTFE zeigt einen völlig symmetrischen Aufbau der schraubenartig verdrehten linearen Makromoleküle und kristallisiert daher sehr stark (s. Tabelle 5.3).

Infolge der Stabilisierung der C-C-Bindungen durch die Fluoratome ergeben sich die hervorragende chemische Beständigkeit und die für Kunststoffe extreme Temperaturbeständigkeit ($-269 \ldots +280\,°C$). PTFE wird oberhalb $327\,°C$ amorph und zersetzt sich etwa bei $450\,°C$. Im Gegensatz zum FEP sind PTFE und PCTFE nicht thermoplastisch.

5.1.3.7.1 Eigenschaften

Physikalische Eigenschaften

Die wesentlichsten Eigenschaften der Polyhalogenolefine PTFE, PCTFE und FEP enthält Tabelle 5.7.

Tabelle 5.7 Physikalische Eigenschaften von PTFE, FEP und PCTFE, nach [3]

Eigenschaft	PTFE	FEP	PCTFE
Dichte ϱ ($\cdot 10^3\,kg \cdot m^{-3}$)	$2,15 \ldots 2,2$	$2,12 \ldots 2,17$	$2,1 \ldots 2,12$
Kristallitschmelztemperatur in °C	327	290	216
Wärmeleitfähigkeit λ in $W \cdot m^{-1} \cdot K^{-1}$	0,25	0,25	0,116
Lin. Wärmeausdehnungs- koeffizient α ($\cdot 10^{-6}\,K^{-1}$)	100	80	60
Wärmeformbeständigkeit HDT/B in °C	$130 \ldots 140$	80	125
Dauergebrauchstemperatur in °C	250	205	150
Spez. Durchgangswiderstand ϱ_D in $\Omega \cdot cm$	$> 10^{18}$	$> 10^{18}$	$> 10^{18}$
Oberflächenwiderstand R_O	17	17	16
Rel. Dielektrizitätszahl ε_r bei 50 Hz ... 1 MHz	$< 2,1$	2,1	$2,3 \ldots 2,7$
Dielektr. Verlustfaktor $\tan \delta$ bei 50 Hz ... 1 MHz	$0,5 \ldots 1 \cdot 10^{-4}$	$2 \ldots 8 \cdot 10^{-4}$	$200 \ldots 50 \cdot 10^{-4}$
Durchschlagfestigkeit E_d in $kV \cdot mm^{-1}$	60	60	100
Zugfestigkeit σ_M in MPa	$25 \ldots 36$	$22 \ldots 28$	$31 \ldots 41$
Bruchdehnung ε_B in %	$350 \ldots 550$	$250 \ldots 330$	$128 \ldots 175$
Elastizitätsmodul E_t in MPa	408	350	$1\,050 \ldots 2\,110$
Normdurchbiegung s_C in MPa	$17,6 \ldots 19$	$17,6 \ldots 19$	$51 \ldots 61$

5

Chemische Eigenschaften

PTFE wird nur von Fluor, einigen Fluorverbindungen bei höheren Temperaturen und von flüssigen Alkalimetallen angegriffen.

Es zersetzt sich bei Rotglut unter Abspaltung giftiger Fluordämpfe. PCTFE und FEP zeigen nahezu gleiche Eigenschaften.

Technologische Eigenschaften

Das pulverförmig anfallende PTFE wird durch Pressen und Sintern zu Halbzeugen und Fertigteilen verarbeitet.

FEP läßt sich bei 390 °C im Spritzgußverfahren oder auch durch Strangpressen verarbeiten. PCTFE kann unter Verwendung geeigneter korrosionsbeständiger Werkzeuge durch Spritzgießen und Extrudieren zu Fertigteilen und Halbzeugen verarbeitet werden. Die Polyhalogenolefine lassen sich durch Bohren, Drehen und Fräsen bearbeiten, wobei jedoch wegen ihrer hohen Preise umfangreichere Spanungsarbeiten vermieden werden sollten. Mit üblichen Klebstoffen sind diese Kunststoffe wegen ihrer Unpolarität, ihrer sehr niedrigen Oberflächenspannung und ihrer Unlöslichkeit in Lösungsmitteln (bei Raumtemperatur) ohne spezielle Oberflächenvorbehandlung nicht klebbar.

Nach [18] ergeben sich klebfähige Oberflächen durch 15-minütiges Tauchen in eine Lösung von 23 g metallischem Natrium, 128 g Naphthalen und 100 ml Tetrahydrofuran, dem sich ein Waschen in Aceton und Wasser anschließt. Die richtige Vorbehandlung ist an der Dunkelbraun- bis Schwarzfärbung der Oberfläche zu erkennen. Nach der Vorbehandlung lassen sich bei 100...150 °C wärmebeständige Verbindungen mit Epoxidharzen, modifizierten Phenolharzen, Polyacrylaten oder Kautschuk-Klebstoffen in Verbindung mit Polyisocyanaten herstellen.

Schweißverbindungen von PTFE sind kaum üblich. FEP ist mit dem Warmgas- und Wärmeimpulsverfahren, PCTFE ist mit dem Wärmeimpuls- und HF-Verfahren schweißbar.

Zur Verringerung der Reibung lassen sich PTFE-Schichten auf Metalloberflächen durch Sintern herstellen (gerollte Lager). Die Reibungszahl μ für PTFE-Stahl beträgt bei trockener Reibung 0,07...0,11 und bei Ölschmierung 0,02...0,06. Die PTFE-Schichten verhalten sich abhäsiv, bieten aber wegen ihrer Porosität keinen Korrosionsschutz. Durch Wirbelsintern erzeugte Oberflächenschichten aus FEP gewährleisten dagegen einen sehr guten Korrosionsschutz.

5.1.3.7.2 Verwendung

Die Anwendung der Polyhalogenolefine ist wegen des hohen Preises und der erschwerten Verarbeitbarkeit nur auf spezielle Einsatzgebiete ausgedehnt,

z. B. in der chemischen Industrie für Dichtungen, Manschetten, Filterscheiben, Membranen, Rohre, Ventilsitze und Absperrhähne, im Fahrzeugbau für wartungsfreie Gleitlager, zur Beschichtung von Heizspiegeln oder von Küchengeräten. Bei dauernd auf Druck beanspruchten Teilen, insbesondere bei PTFE, ist der „kalte Fluß" zu berücksichtigen. In der Elektrotechnik/Elektronik werden PTFE-Folien (0,005 ... 0,1 mm Dicke) als Dielektrika in Kondensatoren, als Isolationsmaterial für Spulen, Kabel und in Transformatoren eingesetzt. Wegen der physiologischen Unbedenklichkeit sind den Polyhalogenolefinen auch Anwendungsmöglichkeiten in der Nahrungsmittelindustrie und Medizintechnik (Schläuche, Fäden) erschlossen.

5.1.3.8 Polyoximethylen (POM)

POM oder Polyformaldehyd (auch als Polyacetal bezeichnet) hat eine partiellkristalline Struktur mit einer Kristallinität von 70 ... 75 %. Die Strukturformel ist in Tabelle 5.3 angegeben.

5.1.3.8.1 Eigenschaften

Physikalische Eigenschaften

5

- Dichte $\varrho = 1{,}41 \ldots 1{,}42 \cdot 10^3 \text{ kg} \cdot \text{m}^{-3}$
- Kristallitschmelztemperatur $= 175 \,°\text{C}$
- Glastemperatur $T_g = -60 \,°\text{C}$
- Wärmeleitfähigkeit $\lambda = 0{,}23 \ldots 0{,}31 \text{ W} \cdot \text{m}^{-1} \cdot \text{K}^{-1}$
- Lin. Wärmeausdehnungskoeffizient $\alpha = 90 \ldots 110 \cdot 10^{-6} \text{ K}^{-1}$
- Wärmeformbeständigkeit VST/A $= 154 \ldots 160 \,°\text{C}$
- Dauergebrauchstemperatur $= 90 \ldots 110 \,°\text{C}$
- Kältebeständigkeit $= -60 \,°\text{C}$
- Spez. Durchgangswiderstand $\varrho_D = 10^{15} \,\Omega \cdot \text{cm}$
- Oberflächenwiderstand $R_O = 13$
- Rel. Dielektrizitätszahl $\varepsilon_r = 3{,}7$
- Dielektrischer Verlustfaktor $\tan \delta = 5 \cdot 10^{-3}$
- Durchschlagfestigkeit $E_d = 50 \ldots 65 \text{ kV} \cdot \text{mm}^{-1}$
- Elastizitätsmodul $E_t = 2{,}8 \text{ GPa}$
- Streckspannung $\sigma_Y = 60 \ldots 70 \text{ MPa}$
- Zugfestigkeit $\sigma_M = 67 \ldots 69 \text{ MPa}$
- Bruchdehnung $\varepsilon_B = 25 \ldots 70 \text{ %}$
- Normdurchbiegung $s_C = 102 \text{ MPa}$
- Kugeldruckhärte (30-s-Wert): 160 MPa
- Schlagzähigkeit: 100 kJ $\cdot \text{m}^{-2}$

Chemische Eigenschaften

POM ist gegen Treibstoffe, Mineralöle und übliche Lösungsmittel gut beständig. Angriff erfolgt durch anorganische Säuren, Essigsäure (Ethansäure) und oxidierende Medien.

Technologische Eigenschaften

Die Urformung erstreckt sich vor allem auf Spritzgießen, Extrudieren und Strangpressen. Die spanlose Formung ist bisher wenig gebräuchlich. POM läßt sich nach mechanischer oder chemischer Oberflächenvorbehandlung (verdünnte Chromschwefelsäure bzw. konzentrierte HCl) mit Epoxidharz kleben.

Gute Ergebnisse liefert das Schweißen, wie Warmgas-, Heizelement-, HF- und Reibungsschweißen.

5.1.3.8.2 Verwendung

Wegen der für Kunststoffe sehr guten mechanischen Eigenschaften ist Polyoximethylen als Konstruktionswerkstoff für Wasserarmaturen, Lager und Zahnräder von Bedeutung. Für den Einsatz als Lager- und Zahnradwerkstoff ist die niedrige Reibungszahl, die sich bei trockener Reibung zwischen POM und Stahl bzw. Messing und Aluminium zwischen 0,15 und 0,20 bewegt, günstig. Öl- oder Wasserschmierung verringert die Reibungszahl weiter. Nach [8] sollen ungeschmierte Gleitlager bis 100 °C einsetzbar sein. Wegen des verstärkten Abriebes sollen POM-Zahnräder nur im geschmierten Zustand miteinander kämmen und nur für geringe Belastungen und Drehzahlen vorgesehen werden. Im Spritzgußverfahren werden außerdem Gehäuse und Zubehörteile für Büromaschinen, Elektrogeräte, Kameras und Spulenkörper gefertigt. Rohre, Stangen, Profile und Platten werden im Extrusionsverfahren hergestellt.

Wegen seiner dielektrischen Eigenschaften wird POM auch als Kabelmantelmasse und als Drahtisolation verwendet. Der Anwendungsbereich kann durch Verstärkung mit Glasfasern im Hinblick auf höhere Festigkeitseigenschaften erweitert werden.

5.1.3.9   Polyisobutylen (PIB)

Das in flüssigem Propan gelöste Monomere Isobutylen (Methylpropan) wird im Temperaturbereich von $-70\ldots-100\,°C$ zu ölartigen oder kautschukähnlichen hochpolymeren Substanzen mit Molekularmassen zwischen 25 000 und 400 000 polymerisiert.

PIB (Strukturformel s. Tabelle 5.3) ist daher, selbst unter Zusatz von Füllstoffen (bis zu 1 000 Masse-%), wie Glasgewebe, Graphit, Talkum, Kreide, Kaolin,

Glimmer, Quarz-, Schiefermehl, ZnO oder Ruß, für den Einsatz als Konstruktionswerkstoff ungeeignet.

5.1.3.9.1 Eigenschaften

Physikalische Eigenschaften

Nachstehend sind einige Eigenschaften der beiden wichtigsten kautschukähnlichen Typen mit Molekularmassen von 100 000 bis 200 000 (Typ 100) und 200 000 ... 300 000 (Typ 200) zusammengestellt.

- Dichte $\varrho = 0{,}93 \cdot 10^3$ kg $\cdot$ m^{-3}
- Glastemperatur $T_\mathrm{g} = -70\,°$C
- Wärmeausdehnungskoeffizient $\alpha = 80 \ldots 120 \cdot 10^{-6}$ K^{-1}
- Spez. Durchgangswiderstand $\varrho_\mathrm{D} = 10^{15}\ \Omega \cdot$ cm
- Rel. Dielektrizitätszahl $\varepsilon_\mathrm{r} = 2{,}2 \ldots 2{,}3$
- Dielektrischer Verlustfaktor $\tan \delta = 4 \cdot 10^{-4}$
- Durchschlagfestigkeit $E_\mathrm{d} = 23 \ldots 25$ kV $\cdot$ mm^{-1}
- Temperaturanwendungsbereich $= -40 \ldots + 80\,°$C
- Wasserdampfdurchlässigkeit $= 1{,}5 \cdot 10^{-11}$ g $\cdot$ h^{-1} $\cdot$ cm^{-1} $\cdot$ Pa^{-1}
- Bruchspannung $\sigma_\mathrm{B} = 2 \ldots 6$ MPa
- Bruchdehnung $\varepsilon_\mathrm{B} \geq 1\,000$ %

5

Chemische Eigenschaften

Die PIB-Typen sind beständig gegenüber Alkoholen, Ketonen, verdünnten und konzentrierten Säuren und Laugen sowie Ozon. Sie sind unbeständig gegenüber chlorierten Kohlenwasserstoffen, Ether, Estern, Benzen, Treibstoffen und Ölen. Sie sind gesundheitlich unbedenklich.

Technologische Eigenschaften

PIB ist zwischen 150 ... 200 °C spanlos gut formbar. Die spanende Bearbeitung ist kaum, außer durch Schleifen, möglich.

PIB ist schweißbar (Warmgas- und Quellschweißen). Beim Quellschweißen werden Überlappverbindungen hergestellt, wobei die Schweißstellen nach dem Anquellen in Lösungsmitteln durch Druck ohne zusätzliche Wärmeeinwirkung miteinander verbunden werden.

In wesentlich größerem Umfang werden Klebverbindungen zwischen PIB und anderen (metallischen und nichtmetallischen) Werkstoffen unter Verwendung von Polymerisationsklebstoffen (z. B. Mischungen aus Styren und PIB) oder Klebstoffen auf Bitumenbasis hergestellt.

5.1.3.9.2 Verwendung

In der Elektrotechnik dient PIB zur Isolation von Fernmeldekabeln als Kabelmantelmasse und elastische Vergußmasse. In der chemischen und Nahrungsmittelindustrie wird PIB zur Auskleidung von Behältern und Rohren (PIB-Schläuche) eingesetzt.

Im Bauwesen dienen PIB-Folien zur Bautenabdichtung (DIN 16 935) gegen Sicker- und Grundwasser.

Polyisobutylene werden als Zusatzstoffe zur Verbesserung der Verarbeitbarkeit, Alterungsbeständigkeit, Ozon- und Haftfestigkeit sowie der elektrischen Isoliereigenschaften des natürlichen und synthetischen Kautschuks verwendet.

Polyisobutylene niedriger Molekularmassen werden für Klebstoffe, Isolierbänder, Heftpflaster und Selbstklebebänder sowie als Zusatz zu Isolier- und Schmierölen zur Verbesserung des Viskositätsverhaltens bei tiefen und höheren Temperaturen eingesetzt.

5.1.3.10   Polyvinylcarbazol (PVK)

Die Strukturformel ist Tabelle 5.3 zu entnehmen. PVK ist partiell-kristallin.

5.1.3.10.1 Eigenschaften

Physikalische Eigenschaften

- Dichte $\varrho = 1,19 \cdot 10^3$ kg $\cdot$ m^{-3}
- Glastemperatur $T_g = 173$ °C
- Wärmeleitfähigkeit $\lambda = 0,29$ W $\cdot$ m$^{-1} \cdot$ K^{-1}
- Wärmeformbeständigkit nach MARTENS $= 150 \ldots 170$ °C
  VST/B $= 180$ °C
- Dauergebrauchstemperatur: 150 °C
- Durchgangswiderstand $\varrho_D = 10^{16}$ Ω $\cdot$ cm
- Oberflächenwiderstand $R_O = 14$
- Dielektrischer Verlustfaktor tan $\delta = 6 \cdot 10^{-4} \ldots 1 \cdot 10^{-3}$
- Biegefestigkeit $\sigma_{fM} = 20 \ldots 30$ MPa
- Kugeldruckhärte (30-s-Wert) $= 200$
- Wasseraufnahme $< 0,5$ mg/d

Die relativ große Härte und Steifigkeit sowie die hohe Glastemperatur und die Photoleitfähigkeit des PVK werden auf die heterocyclischen Seitengruppen zurückgeführt.

Chemische Eigenschaften

PVK ist beständig gegenüber Laugen, Salzlösungen, Säuren, Alkohol, Ester, Ether, Ketonen, Tetrachlormethan, aliphatischen Kohlenwasserstoffen, Trafoöl, Rizinusöl, Wasser und Wasserdampf bis 180 °C.

PVK ist unbeständig gegenüber konzentrierter HNO_3, H_2SO_4, Chromsäureanhydrid CrO_3, Dimethylformamid $HCON(CH_3)_2$, Kraftstoffgemischen, aromatischen Kohlenwasserstoffen, chlorierten Kohlenwasserstoffen (Chlorbenzol, Methylenchlorid, Tetrahydrofuran). Polyvinylcarbazol darf nicht mit Lebensmitteln in Berührung kommen.

Technologische Eigenschaften

PVK wird üblicherweise nur durch Spritzgießen, Extrudieren und Preßsintern (bei 190 °C) verarbeitet. Spanende Bearbeitung ist möglich.

5.1.3.10.2 Verwendung

PVK wird für thermisch und mechanisch beanspruchte Isolierteile in der Hochfrequenz-, Rundfunk- und Fernsehtechnik sowie für thermisch beanspruchte und chemisch beständige Teile im Maschinen- und Apparatebau eingesetzt. Polyvinylcarbazol ist flammwidrig und selbsterlöschend.

5

5.1.3.11   Polyamide (PA)

Die zur Gruppe der Polyamide zählenden Kunststoffe nehmen als Thermoplaste hinsichtlich ihrer Gewinnungsverfahren eine gewisse Sonderstellung ein. Sie werden nach zwei verschiedenen Syntheseverfahren hergestellt:

1. Polykondensation von Diaminen und Dicarbonsäuren
2. Polymerisation mit Platzwechselreaktionen von Wasserstoffatomen (*Beckmannsche Umlagerung*) von Aminocarbonsäuren.

Für die Polykondensation eignen sich Diamine des Typs $H_2N–(CH_2)_x–NH_2$ und Dicarbonsäuren des Typs $HOOC–(CH_2)_y–COOH$ mit $x, y = 4$. Wichtigster Vertreter der Diamine ist hier Hexamethylendiamin ($x = 6$). Dicarbonsäuren zur Gewinnung von PA sind Adipinsäure mit $y = 4$, Acelainsäure mit $y = 7$, Sebacinsäure mit $y = 8$ und Dodecandisäure mit $y = 10$.

Für die Polymerisation eignen sich Aminocarbonsäuren der Form $H_2N–(CH_2)_z–COOH$ mit $z = 5$.

Wichtige Vertreter sind:

ε-Caprolactam mit	$z = 5 \longrightarrow$	PA 6
11-Aminoundecansäure mit	$z = 10 \longrightarrow$	PA 11
Laurinlactam mit	$z = 11 \longrightarrow$	PA 12

Die Aufspaltung der Peptidbindung

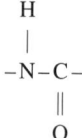

der Monomerenmoleküle während der Polymerisation ergibt lineare Makromoleküle. Die Polyamide sind partiell-kristallin mit einem Kristallisationsgrad von maximal 60 %.

5.1.3.11.1 Eigenschaften

Physikalische Eigenschaften

Außer in den in Tabelle 5.8 dargestellten Eigenschaften unterscheiden sich diese Kunststoffe bemerkenswert in der Wasseraufnahmefähigkeit. Als maximale Werte wurden bei PA 6 $\leq$ 11 %, bei PA 66 $\leq$ 9 %, bei PA 6 10 $\leq$ 4 %, bei PA 11 $\leq$ 1,9 % und bei PA 12 $\leq$ 1,3 % ermittelt.

Im wasserfreien, d. h. spritzfrischen Zustand zeigen PA6, PA 66 und PA 6 10 schlechtere mechanische, aber bessere dielektrische Eigenschaften. Da sich mit der Wasseraufnahme Längenänderungen ergeben, sollen Fertigteile auf einen Wassergehalt konditioniert werden, der sich bei 20 °C und 65 % relativer Luftfeuchtigkeit einstellt. Bei PA 6 entspricht das einem Wassergehalt von 2 ... 3 %.

Die Polyamide sind witterungsbeständig. Der Versprödung dünnwandiger Teile und Folien durch UV-Strahlung kann durch Stabilisierung mit z. B. Ruß entgegengewirkt werden.

Chemische Eigenschaften

Die Polyamide sind beständig gegenüber Alkoholen, Benzin, aromatischen und aliphatischen Kohlenwasserstoffen, Mineralölen, Fetten, Ether, Estern, Ketonen, Meerwasser u. a.

Unbeständig sind die PA gegen verdünnte und konzentrierte Mineralsäuren, Methansäure (Ameisensäure), Phenole, Kresole, Glycole und Benzylalkohol.

Tabelle 5.8 Physikalische Eigenschaften der Polyamide, nach [3]

Eigenschaft	PA 6	PA 6-GF 30	PA 11	PA 12	PA 6 6	PA 6 10
Dichte ϱ ($\cdot 10^3$ kg m^{-3})	1,13	1,36	1,04	1,02	1,14	1,08
Schmelzbereich in °C	220	220	180...190	170...180	225	215
Wärmeleitfähigkeit λ in W · m^{-1} · K^{-1}	0,29	0,23	0,23	0,23	0,23	0,23
Lin. Wärmeausdehnungskoeffizient α ($\cdot 10^{-6}$ K^{-1})	80	30	150	140	80	195
Wärmeformbeständigkeit VST/B in °C	180	200	150	140	200	170
Dauergebrauchstemperatur in °C	80...100	100...130	70...80	70...80	80...120	80...110
Spez. Durchgangswiderstand ϱ_D in Ω · cm	10^9...10^{15}	10^{11}...10^{15}	10^{13}	10^{15}	10^{11}...10^{15}	10^{12}...10^{15}
Oberflächenwiderstand R_O	9...13	14	14	13	12	12
Rel. Dielektrizitätszahl ε_r bei 1 kHz	6,3	3,8	3,7	3,6	5	3,8
$\tan \delta$ ($\cdot 10^{-2}$) bei 1 kHz	2,7...13	2,4	5	4	2...20	3...20
Durchschlagfestigkeit E_d in kV · mm^{-1}	60	45	60	60	40...50	> 60
Elastizitätsmodul E_t in GPa	1,4	5	1	1,6	2	1,5
Bruchspannung σ_B in MPa	40	100	50	45	65	40
Bruchdehnung ε_B in %	200	2,2...7	500	300	150	500
Normdurchbiegung s_C in MPa	50	130	70	60	50	40
Kerbschlagzähigkeit in kJ · m^{-2}	25	17	40	10...20	20	13
Kugeldruckhärte (30-s-Wert)	60...70	110	50	70	90	70

5

Technologische Eigenschaften

Die Polyamide zeigen auf Grund ihrer niedrigen Schmelzenviskosität sehr gute Spritzgießeigenschaften. Glasfaserverstärkte Typen verlangen jedoch höhere Temperaturen, Spritzdrücke und Einspritzgeschwindigkeiten. Präzisionsspritzgußteile sowie thermisch und mechanisch höher beanspruchte Teile werden einer thermischen Nachbehandlung (Tempern) bei 130 ... 150 °C unter Schutzgas oder im Ölbad unterzogen. Dabei werden innere Spannungen abgebaut. Die damit verbundene Nachkristallisation führt zu einer zusätzlichen Schwindung. Gleichzeitig erhöhen sich jedoch die Kugeldruckhärte und der *E*-Modul.

PA sind auch strangpreßbar. Die spanende Bearbeitung ist wie bei Leichtmetallen durchzuführen. Spezielle PA-Typen sind zur Herstellung korrosionsschützender oder verschleißmindernder Überzüge metallischer Bauteile durch Wirbelsintern oder Flammspritzen geeignet.

Einige PA-Typen sind galvanisch metallisierbar (Verchromung von z. B. Kalt- und Heißwasserarmaturen), wobei die Teile vor der Behandlung nicht mit Handschweiß in Berührung kommen dürfen.

Das Kleben von PA ist schwierig. Als beste Klebstoffe werden Lösungen von löslichen Polyamiden mit einem erheblichen Überschuß (bis zu 200 %) an Resorcin [$C_6H_4(OH)_2$] angegeben. Zum Schweißen der Polyamide sind das Warmgasschweißen (Stickstoff von 240 ... 280 °C) für V- und X-Nähte, das Heizelementschweißen für weichere PA-Typen, das Abschmelzschweißen sowie das HF- und Wärmeimpulsschweißen für Folien geeignet.

5.1.3.11.2 Verwendung

Die Polyamide haben ein breites Anwendungsgebiet als Konstruktionswerkstoffe im Maschinen- und Apparatebau und als synthetische Fasern gefunden.

❏ **Verwendungsbeispiele**: Zahnräder, Wälzlagerkäfige, Kupplungsteile, Lüfterräder, Gleitlager, Lagerbuchsen, Kolbenringe für Kompressoren

Die Gleitorgane werden meist aus mit Graphit und/oder Molybdändisulfid gefüllten PA-Sorten hergestellt. Für erhöhte Festigkeitsansprüche werden glasfaserverstärkte Typen verwendet (PA 6 und PA 11). Polyamide finden weiterhin Verwendung für schlag- und stoßbeanspruchte Gehäuse, für Dichtungen, Klemmen, Klemmleisten, Spulenkörper, Draht- und Kabelummantelungen, Verpackungszwecke und für Überzüge auf Metallen.

5.1.4   Polykondensate

Mit Ausnahme der linearen sind die räumlich vernetzten Polykondensate duroplastisch.

5.1.4.1 Phenolharze (PF)

Phenolharze erhält man durch Kondensation von Phenol oder m-Kresol mit Formaldehyd (Methanal)

Phenol   Kresol   Methanal (Formaldehyd)

Je nach dem Molverhältnis zwischen Phenol und Methanal und der Art des verwendeten Katalysators (saurer oder basischer Katalysator) ergeben sich zwei Gruppen harzartiger Kondensationsprodukte:

1. indirekt härtbare (und nicht härtbare) Harze (Novolake)
2. direkt härtbare Harze (Resole).

Indirekt härtbare und nicht härtbare Harze entstehen bei einem Molverhältnis Phenol : Methanal = 10 : 8 und unter Verwendung saurer Katalysatoren. Die indirekt härtbaren Harze werden durch nachträglichen Zusatz von Hexamethylentetramin $(CH_2)_6N_4$, das bei erhöhter Temperatur in NH_3 und HCHO zerfällt, durch Weiterführung der Kondensation bis zur Bildung räumlich vernetzter Makromoleküle gehärtet. Diese Harze werden vor allem als Schnellpreßmassen verwendet.

Direkt härtbare Harze werden mit basischen Katalysatoren und bei Methanalüberschuß gewonnen.

5

5.1.4.1.1 Eigenschaften

Die Eigenschaften der Phenolharze werden durch die Art und Menge der verwendeten Füllstoffe bestimmt. Gemeinsam sind den reinen (ungefüllten) und den gefüllten Harzen folgende Eigenschaften: Sie sind nicht in hellen Farbtönen herstellbar; sie sind nicht geruchs- und geschmacksfrei und somit für Lebensmittelverpackungen nicht geeignet.

Als Füllstoffe sind üblich: Gesteinsmehl, Glimmermehl, -schuppen, Graphit, Holzmehl, Cellulosefasern, -schnitzel, Papierbahnen, Textilfasern, -schnitzel, Gewebebahnen, Glasfasergewebe, -vliese.

Physikalische Eigenschaften

In Tabelle 5.9 sind die wichtigsten Eigenschaften einiger Phenolharztypen zusammengestellt.

Tabelle 5.9 Physikalische Eigenschaften einiger Phenolharztypen, nach [3]

Eigenschaft	Ohne Füllstoff	Typ 11.5 Gesteins-mehl	Typ 31.5 Holz-mehl	Typ 57 Papier-bahnen	Typ 77 Gewebe-bahnen
Dichte ϱ ($\cdot 10^3$ kg m^{-3})	1,3	1,8	1,4	1,3...1,4	1,3...1,4
Wärmeleitfähigkeit λ in W $\cdot$ m^{-1} $\cdot$ K^{-1}	0,198	0,5	0,31	0,29	0,35
Lin. Wärmeausdehnungskoeffizient α ($\cdot 10^{-6}$ K^{-1})	80	15...30	30...50	10...25	10...25
Wärmeformbeständigkeit t_{Martens} in °C	155	150	125	125	125
Dauergebrauchstemperatur in °C	150	140	110	110...120	110...120
Spez. Durchgangswiderstand ϱ_D in $\Omega \cdot$ cm	10^{12}	10^{11}	10^{11}	$10^9...10^{12}$	$10^8...10^{10}$
Oberflächenwiderstand R_O	–	10	10	7	7
Rel. Dielektrizitätszahl ε_r bei $\leqq$ 1 kHz	5	4...7	6...9	6...8	6...7
Dielektr. Verlustfaktor $\tan \delta$ bei $\leqq$ 1 kHz	0,3	0,1	0,1	0,1	0,1
Durchschlagfestigkeit E_d in kV mm^{-1}	10	10...20	8...15	20	10
Elastizitätsmodul E in GPa	3,14	3,5	1,5	8...10	8...10
Zugfestigkeit in MPa	49	15	25	118	49
Bruchdehnung in %	< 1	< 1	< 1	< 1	< 1
Biegefestigkeit in MPa	78,5	50	70	128...147	79...98
Schlagzähigkeit in kJ $\cdot$ m^{-2}	5...10	3,5	6	15	25...30
Kerbschlagzähigkeit in kJ $\cdot$ m^{-2}	1...1,5	1	1,5	10	18
Kugeldruckhärte (30-s-Wert)	250...350	270...350	250...350	130	130

Chemische Eigenschaften

Die Phenolharze sind beständig gegen Alkohole, Ether, Benzin, Benzen, Ester, Ketone, Fette, Öle, Treibstoffgemische, Trichlorethylen, Perchlorethylen und schwache Säuren.

Bedingt beständig oder unbeständig sind sie gegen starke und oxidierende Säuren sowie gegen Laugen.

Technologische Eigenschaften

Die Urformung erfolgt durch Pressen, Spritzpressen und Spritzgießen. Schichtpreßstoffe (Hartpapier, Hartgewebe), besonders Platten und Tafeln werden in Etagenpressen hergestellt. Wegen des duroplastischen Verhaltens sind die Phenolharze spanlos nicht formbar mit Ausnahme des Ausschneidens bei Schichtpreßstoffen der Dicke kleiner 1 mm.

Die spanende Bearbeitung von Fertigteilen aus Preßmassen beschränkt sich auf das Entgraten. Halbfabrikate aus Schichtpreßstoffen sind unter Beachtung der geringen Wärmeleitfähigkeit dieser Werkstoffe spanend mit warmfesten Werkzeugen (Schnellarbeitsstahl, Hartstoffschneidwerkzeugen) gut zu bearbeiten.

Zur Herstellung unlösbarer Verbindungen zwischen Phenolharzteilen kommt nur das Kleben in Betracht, wobei vorher die Preßhaut durch mechanisches Aufrauhen zu beseitigen ist. Geeignete Klebstoffe sind: Epoxidharz-, Phenolharz-, Polyesterharz- und kaltvulkanisierbare Polybutadien-Klebstoffe. Klebstoffe zum Verbinden von Phenolharzen mit anderen Kunststoffen sind den entsprechenden VDI-Richtlinien zu entnehmen.

5

5.1.4.1.2 Verwendung

Reine, ungefüllte Phenolharze

Wegen der Sprödigkeit und Schlagempfindlichkeit werden die ungefüllten Phenolharze nur in speziellen Fällen eingesetzt: Ionenaustauscher, Säurekitt für Fliesen, zur Herstellung von Formmasken (Maskenformverfahren nach CRONING) für den Genauguß und als sogenanntes Edelkunstharz für Haushaltsgegenstände (Besteckgriffe u. ä.) und Bijouteriewaren.

Gefüllte Phenolharze (Preßmassen)

Zur Verbesserung der physikalischen Eigenschaften bei gleichzeitiger Senkung des Harzeinsatzes werden die Phenolharze mit Füllstoffen versehen.

Nach der Art der Füllstoffe werden den Phenolharzen folgende Typengruppen zugeordnet:

Typ 00 ... 09	ohne Füllstoff
Typ 10 ... 29	anorganische Füllstoffe
Typ 30 ... 49	Holzmehl
Typ 50 ... 69	Cellulose-Arten (Schnitzel, Papierbahnen)
Typ 70 ... 89	Textilfasern, -schnitzel und -gewebe
Typ 90 ... 99	Glasfasern, -gewebe und -vliese

Die an die Typennummer durch Punkt angehängte Ziffer bedeutet: .5 ... elektrisch hochwertig, .9 ... NH_3-frei.

Die Typen 11, 11.5 (Gesteinsmehl), 13.5, 13.9 (Glimmer), 14 (Glimmerschuppen), 17 (Graphit) und 20 (Holzmehl + Gesteinsmehl) werden vornehmlich in der Elektrotechnik für Feuchtraumschalter, -steckdosen und -installationsmaterial sowie für Wärmegerätestecker und -griffe verwendet.

Die mit Holzmehl gefüllten Typen 30, 32 und 40 werden unter anderem für Meßgerätegehäuse, Spulenkörper und Installationsteile eingesetzt. Die Typen 31, 31.5 und 31.9 sind Schnellpreßmassen, die vor allem der Herstellung flacher Teile verschiedener Anwendungsgebiete dienen. Die Typen 51, 51.5 und 51.9 (Zellstoff) finden Anwendung zur Herstellung von Buchsen, Hebeln und Handrädern im Maschinen-, Apparatebau, in der Elektrotechnik sowie z. B. für Filter in der Textilindustrie.

Die Typen 71 (fasrige Textilschnitzel), 74 (Textilschnitzel), 75 und 76 (Viskoseseide-Faserstränge) werden im Maschinenbau für Zahnräder, Lagerschalen, Lagerbuchsen und andere höherbeanspruchte Teile eingesetzt. Der Typ 90 (Glas-Wirrfaser) eignet sich für großflächige Bauteile. Typ 91 (Glasfaserstränge) ist für Profile vorgesehen.

Die Preßmassen gestatten das Einlegen von Metallteilen, wie Stifte, Bolzen, Gewindestifte und -bolzen, Lötfahnen, Kontaktmesser u. ä.

Wegen der Gefahr der Spannungsrißkorrosion sollen Messingteile nur mit NH_3-freien Typen verpreßt werden.

Schichtpreßstoffe

Hartpapier (Typ 57) wird vor allem in der Elektrotechnik in Form von Tafeln, gewickelten Rohren und formgepreßten Körpern als Konstruktionswerkstoff und als Cu-kaschiertes Halbzeug für Leiterplatten eingesetzt. Die kaschierte Cu-Folie ist meist mit PUR-Lack überzogen, der gleichzeitig als Korrosionsschutz und als Flußmittel beim Löten dient.

Hartgewebe (Typ 77) eignen sich besonders für Maschinenelemente, wie Gleitlager, Gleitbahnen, Reibkupplungen u. ä. Gleitlager werden als Buchsen mit und ohne Bund, als Lagerschalen mit und ohne Bund und in Sonderausführungen geliefert.

Hartgewebe-Gleitlager haben sich unter anderem wegen ihrer Abriebfestigkeit bei rauhen Betriebsbedingungen (Brech- und Mischwerke, Bagger, Förderbänder, -schnecken, Krane, Landmaschinen, Pumpen und Walzwerke) sehr gut bewährt. Bei Beachtung einiger spezifischer Besonderheiten dieses Werkstoffes (gehärtete und geschliffene bzw. prägepolierte Lagerzapfen, größeres Lagerspiel als bei Metallagern, Quellung durch Schmierstoffe, erforderliche intensivere Wärmeabfuhr) ergeben sich mehrfach höhere Lebensdauerwerte gegenüber den Metallagern.

5.1.4.2 Aminoplaste

Aminoplaste ist der Oberbegriff für duroplastische Kunststoffe, die durch Polykondensation von Harnstoff bzw. Melamin mit Formaldehyd hergestellt werden.

$$
\begin{array}{cc}
O = C \begin{array}{l} \diagup NH_2 \\ \diagdown NH_2 \end{array} &
\begin{array}{c}
NH_2 \\
| \\
C \\
\diagup\;\;\diagdown \\
N\qquad N \\
|\qquad\quad \| \\
H_2N-C\qquad C-NH_2 \\
\diagdown\;\;\diagup \\
N
\end{array}
\\[1em]
\text{Harnstoff} & \text{Melamin}
\end{array}
$$

(2.4.6.-Triamino-1.3.5.-triazin)

Die für Melamin angegebene Strukturformel ist die allgemein benutzte.

▶ *Kurzzeichen der Aminoplaste*:
- UF Harnstoff-Formaldehyd-Kondensat
- MF Melamin-Formaldehyd-Kondensat

5.1.4.2.1 Eigenschaften

Im Gegensatz zu den Phenolharzen zeichnen sich die Aminoplaste durch physiologische Unbedenklichkeit, Geruchs- und Geschmacksfreiheit sowie Lichtbeständigkeit (Aminoplaste lassen sich in allen Farbtönen einfärben) aus.

Physikalische Eigenschaften

Mit Ausnahme der Schaumstoffe werden die Aminoplaste nur mit Füllstoffen, wie Gesteinsmehl, Holzmehl, kurzfasriger Cellulose, Textilfasern, Textilschnitzel oder Glasfasern, verarbeitet. In Tabelle 5.10 sind für drei Typen die wesentlichsten Eigenschaften zusammengestellt.

- Typ 131 (Harnstoffharz + kurzfasrige Cellulose)
- Typ 152 (Melaminharz + kurzfasrige Cellulose)
- Typ 155 (Melaminharz + Gesteinsmehl)

Tabelle 5.10 Physikalische Eigenschaften einiger Aminoplast-Typen, nach [3]

Eigenschaft	Typ 131 UF	Typ 152 MF	Typ 155 MF
Dichte ϱ ($\cdot 10^3$ kg $\cdot$ m^{-3})	1,5	1,5	2,0
Wärmeleitfähigkeit λ in W $\cdot$ m^{-1} $\cdot$ K^{-1}	0,4	0,5	0,7
Lin. Wärmeausdehnungskoeffizient α ($\cdot 10^{-6}$ K^{-1})	60	30...60	10...30
Wärmeformbeständigkeit t_{Martens} in °C	100	120	130
Dauergebrauchstemperatur in °C	70	80	110
Spez. Durchgangswiderstand ϱ_D in $\Omega \cdot$ cm	10^{11}	10^{11}	10^9
Rel. Dielektrizitätszahl ε_r bei 1 kHz	6...9	6...10	5...10
Dielektr. Verlustfaktor tan δ bei 1 kHz	0,3	0,3	0,3
Durchschlagfestigkeit E_d in kV $\cdot$ mm^{-1}	$\leqq$ 15	8...15	5...15
Oberflächenwiderstand R_O	10	10	8
Elastizitätsmodul E in GPa	6...11	8...10	8...12
Zugfestigkeit in MPa	30	30	15
Bruchdehnung in %	1	1	1
Schlagzähigkeit in kJ $\cdot$ m^{-2}	6,5	7	2,5
Kerbschlagzähigkeit in kJ $\cdot$ m^{-2}	1,5	1,5	1
Kugeldruckhärte (30-s-Wert)	260...350	260...410	300...470

Chemische Eigenschaften

Im allgemeinen sind die Aminoplaste beständig gegen schwache Laugen, Alkohole, Ester, Ether, Ketone, Benzin, Benzen, Treibstoffe und Mineralöle. Sie sind unbeständig gegen starke Säuren und Laugen und bedingt beständig gegen schwache Säuren.

Technologische Eigenschaften

In technologischer Hinsicht unterscheiden sich die Aminoplaste kaum von den Phenolharzen. Halbzeuge können allerdings auch im Strangpreßverfahren erzeugt werden. Schichtpreßstoffe, die meist dekorativen Charakter tragen, bestehen aus Phenol-Kresolharz- getränkten Papierbahnen, deren Decklagen einseitig oder beidseitig aus mit reinen Melaminharzen getränkten, eingefärbten bzw. gemusterten Papierbahnen aufgebaut sind.

5.1.4.2.2 Verwendung

Die Harnstoffharz-Preßmassen Typ 131 und Typ 131.5 werden vor allem in der Elektrotechnik (weiße Installationsteile, Apparategehäuse) und für Gebrauchsgegenstände verwendet. Daneben werden Schaumstoffe aus Harnstoffharzen zur Schall- und Wärmedämmung eingesetzt.

Dekorativen Zwecken in der Innenarchitektur dienen Harnstoffharz-Hartpapiere. Spezielle Anwendungsfälle für Harnstoffharze sind Gießharze, Lacke, wasserfeste Leime, Textilhilfsmittel und naßfeste Papiere.

Die günstigsten mechanischen, thermischen, elektrischen und chemischen Eigenschaften in der Gruppe der Aminoplaste zeigen die teureren Melaminharz-Preßmassen.

Für die verschiedenen Typen sind nachstehend einige wesentliche Anwendungsbeispiele angeführt:

- *Typ 150* (Holzmehl): kriechstromfeste Abzweigdosen, Sockel, Klemmbretter, Verschraubungen für geruchsempfindliche Güter
- *Typ 152* (kurzfasrige Cellulose): elektrotechnische Massenartikel, wärme- und kriechstromfeste Isolierteile, Haushaltsgeschirr, Gebrauchsartikel
- *Typ 153* (Textilfaser) und *Typ 154* (Textilschnitzel): hochbeanspruchte Schaltergehäuse, Apparateteile, kriechstromfeste Isolierteile hoher Stoßfestigkeit
- *Typ 155* (Gesteinsmehl): wegen der Funken- und Flammbeständigkeit für Funkenlöschkammern sowie für Isolierteile der HF-Technik

Glasfaserverstärkte Melaminharz-Preßmassen weisen die besten Eigenschaftswerte auf. Besonders günstig sind die Schlagzähigkeit und die Kerbschlagzähigkeit mit $> 40 \ \text{kJ} \cdot \text{m}^{-2}$.

Die Preßmassen sind in zunehmendem Maße im Elektroapparatebau, für hochbeanspruchte Schalterteile und Schweißzangengriffe im Gebrauch.

Zur Verbesserung der Fließfähigkeit und der Verbilligung der Preßmassen können Mischharz-Preßmassen auf der Basis Melamin-Harnstoff und Melamin-Phenolharz, wie Typ 180 (Holzmehl), Typ 181 (Cellulose), Typ 182 (Holzmehl + Gesteinsmehl) und Typ 183 (Textilschnitzel), für die schon oben erwähnten Zwecke in der Elektrotechnik verwendet werden.

Weitere Anwendungsfälle: Ionenaustauscherharze, z. B. für die Rückgewinnung von Silber aus fotographischen Fixierlösungen und zur Behandlung industrieller Abwässer, Lackharze, Schaumstoffe, Textilhilfsmittel, Leimharze, Harze für die Papierindustrie, Harze für die Gießereitechnik (CRONING-Verfahren).

5

5.1.4.3 Polyester

Die Reaktion eines Alkohols mit einer Säure

Alkohol + Säure ⟶ Ester + Wasser

bezeichnet man als Veresterung (in der anorganischen Chemie entspricht dieser Vorgang der Neutralisation). Läßt man einen Diol (zweiwertiger Alkohol) mit einer Dicarbonsäure (2 COOH-Gruppen) reagieren, so entstehen ein Polyester mit linearen Molekülen und Wasser. Diese Reaktion entspricht der 1. Stufe der Polykondensation. Man unterscheidet gesättigte und ungesättigte Polyester.

Gesättigte Polyester

> Sie entstehen durch Veresterung von Diolen mit gesättigten Dicarbonsäuren.

❑ **Beispiel:**

$$\ldots + HOOC{-}\langle\bigcirc\rangle{-}COOH + HO{-}CH_2{-}CH_2{-}OH + HOOC{-}\langle\bigcirc\rangle{-}COOH + \ldots$$

Terephthalsäure   Ethandiol

$$\ldots{-}O{-}\underset{O}{\overset{\|}{C}}{-}\langle\bigcirc\rangle{-}\underset{O}{\overset{\|}{C}}{-}O{-}CH_2{-}CH_2{-}O{-}\underset{O}{\overset{\|}{C}}{-}\langle\bigcirc\rangle{-}\underset{O}{\overset{\|}{C}}{-}O{-}\ldots + n(H_2O)$$

Polyterephthalsäureethylester oder Polyethylenterephthalat (PETP)

Dieser Polyester ist Ausgangsstoff für synthetische Fasern.

Ungesättigte Polyester (UP)

> Sie entstehen durch Veresterung von Diolen mit ungesättigten Dicarbonsäuren.

❑ **Beispiel:**

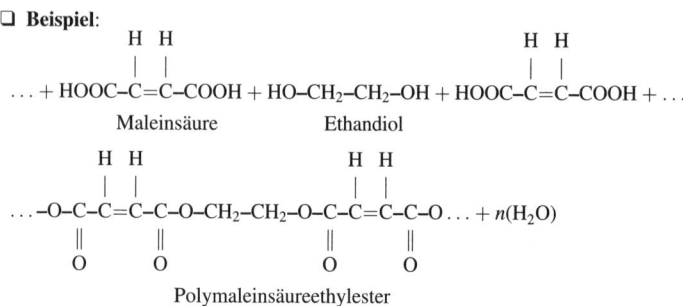

Polymaleinsäureethylester

Neben Maleinsäure werden auch *Fumarsäure* $HOOC{-}(CH)_2{-}COOH$, *Adipinsäure* $HOOC{-}(CH_2)_4{-}COOH$, *Sebacinsäure* $HOOC{-}(CH_2)_8{-}COOH$ sowie eine Reihe Dicarbonsäureanhydride verwendet.

Außer *Ethandiol* (Ethylenglycol) werden auch *Diethylenglycol* (HO–CH$_2$–CH$_2$–O–CH$_2$–OH), *Propylenglycol*-(1,3) (HO–CH$_2$–CH$_2$–CH$_2$–OH) u. a. als zweite Komponente für die Veresterung angewandt.

Die Polyesterharze fallen als mehr oder weniger hochviskose Flüssigkeiten an. Technische Gebrauchseigenschaften erhalten die ungesättigten Polyesterharze durch Vernetzen (Härten) mit polymerisierbaren Lösungsmitteln (z. B. Styren) unter Verwendung bestimmter Katalysatoren (Peroxide) und Beschleunigern (Metallsalze bzw. -seifen, tertiäre aromatische Amine und Schwefelverbindungen, z. B. Mercaptane).

Die Härtung führt zur räumlichen Vernetzung der Polyestermoleküle durch Aufrichtung der Doppelbindungen und Copolymerisation der Säuregruppen mit Styren oder anderen Vernetzern.

Insgesamt setzt sich also die Herstellung ungesättigter Polyesterharze aus zwei Vorgängen zusammen:

---

1. Polykondensation von Diolen und Dicarbonsäuren
2. Copolymerisation von Dicarbonsäuregruppen mit Vernetzern

Die Härtung der ungesättigten Polyesterharze kann entsprechend der angewandten Temperatur in 3 Gruppen unterteilt werden:

5

---

1. *Heißhärtung* bei 80 . . . 160 °C (Härtung in beheizten Preßformen)
2. *Warmhärtung* bei 40 . . . 80 °C (Härtung in begehbaren Wärmekammern oder Öfen)
3. *Kalthärtung* bei 15 . . . 20 °C

Bei der Heißhärtung sind keine Beschleuniger erforderlich.

5.1.4.3.1 Eigenschaften

Physikalische Eigenschaften

In Tabelle 5.11 sind physikalische Eigenschaften eines reinen, gehärteten Polyesters (Universaltyp) und glasfaserverstärkter Polyester zusammengestellt.

Chemische Eigenschaften

Ausgehärtete ungesättigte Polyester sind beständig gegen Wasser, Meerwasser, Alkohol, Ether, Benzin, Mineralöle, fette Öle, verdünnte Säuren, Wasch- und Seifenlaugen.

Unbeständig sind sie gegen Ketone (Aceton), Ester (Ethylacetat), Methanol, Natronlauge, konzentrierte H$_2$SO$_4$ und HNO$_3$.

Die chemische Beständigkeit wird durch Füllstoffe etwas vermindert.

Tabelle 5.11   Physikalische Eigenschaften ungesättigter Polyester nach [3], DIN 16 911, DIN 16 913 und DIN 16 946

Eigenschaft	UP (Typ 1110) ungefüllt	UP Glasfasermatte		UP Glasfasergewebe	
Glasgehalt in Masse-%	—	25	35	45	45
in Volumen-%	—	14	21	28	29
Dichte ϱ ($\cdot 10^3$ kg $\cdot$ m^{-3})	1,2	1,8	1,8	1,8	1,8
Wärmeleitfähigkeit λ in W $\cdot$ m^{-1} $\cdot$ K^{-1}	0,11...0,19	0,5	0,5	0,5	0,5
Lin. Wärmeausdehnungskoeffizient α ($\cdot 10^{-6}$ K^{-1})	60...80	36	27	20	20
Wärmeformbeständigkeit t_{Martens} in °C	55...90	55...90		55...90	
Dauergebrauchstemperatur in °C	120...140	150	150	150	150
Spez. Durchgangswiderstand ϱ_D in $\Omega \cdot$ cm	10^{13}	10^{14}	10^{14}	10^{14}	10^{14}
Rel. Dielektrizitätszahl ε_r bei 1 kHz	4...4,5	4...6	4...6	4...6	4...6
Dielektr. Verlustfaktor $\tan \delta$ bei $\leqq$ 1 kHz	0,01...0,02	0,1	0,1	0,1	0,1
Oberflächenwiderstand R_O	15	11	11	11	11
Durchschlagfestigkeit E_d in kV $\cdot$ mm^{-1}	23	20	20	20	25
Zugfestigkeit in MPa	30... 55	74	98	147	216
Biege-E-Modul E in GPa	3,5	9	8	10	12
Biegefestigkeit in MPa	60...110	120	160	200	240
Schlagzähigkeit in kJ $\cdot$ m^{-2}	10... 15	—	—	—	—

Technologische Eigenschaften

Vor dem Aushärten sind die ungesättigten Polyesterharze mit und ohne Füllstoffe durch Gießen und Pressen formbar. Die Verarbeitung glasfaserverstärkter UP wird je nach Art der Verstärkung, wie Glasseidenstränge (Rovings), Glaswirrfasern, Glasfasermatten (Stapelfasern) und Glasseidengewebe, durch das Handauflege-, Vakuumsack-, Drucksack- und Vorformverfahren sowie durch Spritz-, Preß- und Düsenziehverfahren vorgenommen. Die Glasfasern haben einen Durchmesser von 5... $\leqq$ 15 µm und bestehen aus alkalifreiem Elektroglas oder alkaliarmem Glas mit höchstens 1 % freiem Alkalianteil.

Außer den Glasfasern haben Kohlenstoffasern (C-Fasern) und Aramidfasern (A-Fasern) zur Verstärkung ungesättigter Polyester zunehmende Bedeutung erlangt.

Die C-Fasern werden auf der Basis von Polyacrylnitril in zwei Stufen (Pyrolisieren bei 300 °C und Carbonisieren bei 1 600 °C) als Hochfestfaser (HF) oder Niederfestfaser (NF) hergestellt. Durch Graphitieren bei 3 000 °C entstehen die Hochmodulfasern (HM). Der E-Modul wird für HM-Fasern mit 400 GPa und für HF-Fasern mit 240 GPa angegeben. Die in Verbundkonstruktionen (Flugzeugbau, Raumfahrt, Sportgeräte, Autokarossen) verwendeten Rovings bestehen aus jeweils 1 000 . . . 1 500 Einzelfasern.

Die von Du Pont de Nemours unter dem Handelsnamen *Kevlar* hergestellten Aramidfasern (Aramid…aromatisches Polyamid) haben folgende mechanische Eigenschaften: $\sigma_M \leq 4\,700$ MPa, $\varepsilon_B = 0{,}5 \ldots 2{,}1\,\%$ und $E = 450$ GPa!

Die Aramidfasern sind flammwidrig, schmelzen und schrumpfen nicht. Ihr Temperaturanwendungsbereich liegt zwischen $-\,200$ und $+\,160\,°$C. Technisch wichtig ist Kevlar 49, das zusammen mit C-Fasern oder Glasfasern als Hybridverstärkung in Verbundkonstruktionen eingesetzt wird. Für kugelsichere Westen wird Kevlar 20 verwendet.

Die spanende Bearbeitung reiner oder mit anderen Füllstoffen als Glasfasern versehener Harze ist nicht üblich. Glasfaserverstärkte UP lassen sich spanend nur mit Diamant- oder SiC-Trennscheiben und hartstoffbestückten Schneidwerkzeugen bearbeiten. Verbindungen lassen sich durch Kleben mit Polyester-Klebharzen und mechanisch durch Schrauben, Nieten (Metall-Kunststoffverbindungen), Krampen und schnelllösbare Verbindungen herstellen.

5

5.1.4.3.2 Verwendung

Gießharze ohne oder mit Füllstoffen (DIN 16 946), wie Quarzmehl oder Kaolin, werden zum Ausgießen von Ankern für Kleinmotoren, von elektrischen Geräten (z. B. Gießharzwandler), Kabelendverschlüsse u. ä. verwendet.

Klebharze dienen Reparaturzwecken von Polyester-Bauteilen und zum Kleben metallischer und nichtmetallischer Bauteile.

Formmassen (DIN 16911) werden unter anderem zur Herstellung von Steckern, Röhrensockeln, Sicherungsschaltern und -automaten, Isolierscheiben für Paketschalter, Klemm- und Lötleisten, Spulenkörper, Zündkerzenstecker, Verteilerkappen und Gehäusen für Elektrowerkzeuge verwendet.

Mattenförmige, vorimprägnierte Prepregs (DIN 16913) und textilglasverstärkte Halbzeuge werden eingesetzt im
• Bauwesen: Bedachungen, Balkonverkleidungen, Windschutzwände

- Chemische Industrie: Tanks, Behälter, Apparateteile
- Flugzeug- und Schienenfahrzeugbau: Motorhauben, Propeller, Türen, Sitze, Karosserien, Treibstofftanks u. ä.
- Sportgerätebau: Schutzhelme, Boote, Angelruten, Hochsprungstangen.

Die oben erwähnten Gießharze werden darüber hinaus im Bauwesen zur Herstellung von Gießharzbeton und Betonbeschichtungen verwendet.

5.1.4.4   Polycarbonate (PC)

Polycarbonate sind lineare Polykondensate, deren wichtigster Vertreter aus Bisphenol A (4,4-Diphenyl-2,2-Propan) hergestellt wird. Dieses PC hat nachstehende Strukturformel:

Wegen der linearen Makromoleküle zeigt PC thermoplastisches Verhalten und kann, trotz geringer Neigung zur Kristallinität, z. B. in gereckten Gießfolien partiell-kristallin im rhombischen System auftreten. Die gegenüber anderen Thermoplasten beachtlichen mechanischen, elektrischen und thermischen Eigenschaften werden durch Glasfaserverstärkung noch verbessert.

5.1.4.4.1   Eigenschaften

Physikalische Eigenschaften

In Tabelle 5.12 sind die physikalischen Eigenschaften von ungefülltem und glasfaserverstärktem PC gegenübergestellt.

Chemische Eigenschaften

Polycarbonat ist beständig gegen Wasser ($< 60\,°C$), schwache Mineralsäuren, Benzin, Mineralöle. PC ist bedingt beständig gegen Alkhole, starke und oxidierende Mineralsäuren und unbeständig gegen Benzen, Ether, Ester, Ketone und Laugen.

Technologische Eigenschaften

Ungefülltes und glasfaserverstärktes PC läßt sich im Spritzgußverfahren urformen. Komplizierte und hochbeanspruchte Spritzgußteile werden zum Abbau innerer Spannungen auf $120 \ldots 130\,°C$ erwärmt und dort in Abhängigkeit von der Wanddicke eine Zeitlang gehalten (40 min bei 2,5 mm Wanddicke). Folien lassen sich im Vakuumverfahren bei $180\,°C$ umformen.

Tabelle 5.12 Physikalische Eigenschaften von ungefülltem und glasfaserverstärktem Polycarbonat, nach [3]

Eigenschaft	Ungefüllt	Glasfaserverstärkt	
		20 % (PC-GF 20)	30...35 % (PC-GF 30)
Dichte ϱ ($\cdot 10^3$ kg $\cdot$ m^{-3})	1,20	1,33	1,44
Schmelzbereich in °C	220...260	220...230	220...260
Glastemperatur T_g in °C	150	150	150
Wärmeleitfähigkeit λ in W $\cdot$ m^{-1} $\cdot$ K^{-1}	0,21	0,163	0,24
Lin. Wärmeausdehnungs- koeffizient α ($\cdot 10^{-6}$ K^{-1})	65	45	27
Dauergebrauchstemperatur in °C	$-115...130$	$-115...145$	$-115...150$
Wärmeformbeständigkeit VST/B in °C	148...150	160...165	150...160
t_{Martens} in °C	115...125	140...150	—
Spez. Durchgangswiderstand ϱ_D in $\Omega \cdot$ cm	$> 10^{16}$	$> 10^{16}$	$> 10^{16}$
Oberflächenwiderstand R_O	15	14	14
Rel. Dielektrizitätszahl ε_r bei 50 Hz...1 MHz	2,9...3,0	3,2	3,3
Dielektr. Verlustfaktor tan δ bei 50 Hz...1 MHz	$11 \cdot 10^{-4}$	$8 \cdot 10^{-4}$	$12 \cdot 10^{-4}$
Durchschlagfestigkeit E_d in kV $\cdot$ mm^{-1}	> 80	> 50	> 80
Elastizitätsmodul E in GPa	2,3	3,9	5,5
Zugfestigkeit in MPa	69	83...93	206
Bruchdehnung in %	110	8,5	3,5
Kerbschlagzähigkeit in kJ $\cdot$ m^{-2}	> 30	8	6
Kugeldruckhärte (30-s-Wert)	110	125	145

5

PC ist schweißbar: Folien $< 0,25$ mm Dicke mit dem Wärmeimpulsverfahren, Folien $> 0,25$ mm Dicke mit dem Heizkeilverfahren.

Warmgasschweißen ist für Teile größerer Dicke (V-Naht) in Anwendung. Reibungs- und Ultraschallschweißen sind ebenfalls möglich.

Polycarbonate sind metallisierbar.

5.1.4.4.2 Verwendung

Wegen der guten mechanischen (und elektrischen) Eigenschaften ist PC als Konstruktionswerkstoff in der Elektrotechnik geeignet für Gehäuse (Zeilentrafos), Schaltkästen, Zählergehäuse, Stecker, Kupplungen, Drucktasten, Klemm- und Kontaktleisten. Im Maschinen- und Büromaschinenbau findet PC Verwendung für Zahnräder, Lüfterräder, Hebel, Nockenscheiben, Gehäuse, Schutzhauben, Kaltwasserpumpen, Ventile, Nähmaschinenteile, Rechen- und Schreibmaschinenteile, Schriftschablonen, Kugelschreiber, Füllfederhalter, Schrumpffolien, Klebbänder. Glasklares PC wird für Lebensmittelverpackungen und zur Verglasung von land- und forstwirtschaftlichen Fahrzeugen sowie Wohnwagen eingesetzt.

5.1.4.5   Polyimide (PI)

Die Polyimide zählen zu den hochwärmebeständigen Kunststoffen. Sie werden durch Polykondensation oder Polyaddition hergestellt. Kennzeichnend für alle Imide (Polyamidimide, Polyetherimide, Polyimide) ist die Gruppe

$$O = C - C = O$$
$$| $$
$$N$$
$$|$$

Im folgenden sind die Strukturformeln von drei handelsüblichen Polyimiden dargestellt.

Polyimid (Vespel von Du Pont de Nemours)

Polyamidimid

Polyhydantoin (Bayer)

5.1.4.5.1 Eigenschaften

Die durch Polykondensation erzeugten Polyimide können duro- und auch thermoplastische Eigenschaften aufweisen. Die Polyaddukte sind dagegen nur duroplastisch.

Die Polyimide zeichnen sich allgemein durch folgende Eigenschaften aus:

- hohe Festigkeit im Temperaturintervall von -240 bis $+370\,°C$
- hohe Wärmestandfestigkeit und -stabilität
- hohe Flammwidrigkeit und Strahlenbeständigkeit
- gute elektrische Eigenschaften
- befriedigende chemische Beständigkeit
- gute Gleiteigenschaften und Abriebfestigkeit.

5

Die Gleiteigenschaften werden durch Zusatz von MoS_2, Graphit oder PTFE noch verbessert. Glas-, C-und A-Fasern steigern die Festigkeit.

Physikalische Eigenschaften

Beispielhaft werden einige physikalische Eigenschaften des ungefüllten PI-Formstoffs Vespel SP-1, nach [3], angegeben.

- Dichte $\varrho\,(\cdot 10^3\,kg \cdot m^{-3}) = 1{,}43$
- Wärmeleitfähigkeit $\lambda = 0{,}29\ldots 0{,}35\,W \cdot m^{-1} \cdot K^{-1}$
- Linearer Wärmeausdehnungskoeffizient $\alpha = 50\ldots 63 \cdot 10^{-6}\,K^{-1}$
- Dauergebrauchstemperatur $= 260\,°C$
- Spez. Durchgangswiderstand $\varrho_D = 10^{16}\ldots 10^{17}\,\Omega \cdot cm$
- Oberflächenwiderstand $R_O = 15$
- Relative Dielektrizitätszahl ε_r bei 100 kHz $= 3{,}41$
- Dielektrischer Verlustfaktor $\tan\delta$ bei 100 kHz $= 5{,}2 \cdot 10^{-3}$
- Durchschlagfestigkeit $E_d = 22\,kV \cdot mm^{-1}$ (2-mm-Probe)
- Zugfestigkeit $= 75\ldots 100\,MPa$
- Biegefestigkeit $= 105\ldots 130\,MPa$
- Biege-E-Modul $= 3\ldots 3{,}2\,GPa$
- Druckfestigkeit $= 250\ldots 310\,MPa$
- POISSON-Zahl $\mu = 0{,}41$

Chemische Eigenschaften

Polyimide sind beständig gegen Lösungsmittel, verdünnte Säuren und Laugen, Fette, Öle und Kraftstoffe. Sie sind nicht beständig gegen starke Säuren und Laugen, Oxidationsmittel. PI erlöschen nach Entfernen der Zündquelle und zeigen eine nur geringe Rauchgasentwicklung.

Technologische Eigenschaften

Die Vespel-Polyimide werden nur als Fertigteile vom Hersteller geliefert. Sie lassen sich spanend mit Hartmetallwerkzeugen bearbeiten. Als Fügeverfahren kommt das Kleben mit Epoxid- und Phenolharzklebstoffen in Betracht.

5.1.4.5.2 Verwendung

Die PI-Formstoffe werden zur Fertigung von Kolbenringen, Ventilsitzen, Lagern, Dichtungen (auch für Strahltriebwerke), Rollen, Gleit- und Führungsschienen, Spulenkörpern u. ä. angewandt.

PI-Folien (Kapton) werden in der Elektrotechnik zur Isolation von Kabeln und Leitungen sowie zur Nutisolierung von Elektromaschinen verwendet. Albedampfte Folien dienen zur Reflexion der Wärmestrahlung.

PI dienen auch als Substratwerkstoff für gedruckte Schaltungen. Polyimid-Schaumstoff wird zur Schalldämmung bei hohen Betriebstemperaturen eingesetzt.

5.1.4.6   Silicone (SI)

Silizium kann ähnlich wie Kohlenstoff ketten-, ring- oder netzförmige Verbindungen bilden, wenn sich in den Verbindungen Si- und O-Atome abwechseln: ... Si–O–Si–O– ...

> Silicone erhält man durch Anlagerung organischer Radikale, wie Methyl-, Ethyl- oder Phenylgruppen an freie Wertigkeiten der ... Si–O–Si–O– ... Ketten.

Siliconharze ergeben sich durch Polykondensation von mono-, di- und trifunktionellen Silanolen. Diese Bezeichnung der Silanole richtet sich nach der Anzahl der reaktionsfähigen (funktionellen) OH-Gruppen.

$$
\begin{array}{ccc}
CH_3 & CH_3 & CH_3 \\
| & | & | \\
H_3C{-}Si{-}OH & HO{-}Si{-}OH & HO{-}Si{-}OH \\
| & | & | \\
CH_3 & CH_3 & OH \\
\text{Trimethylsilanol} & \text{Dimethylsilandiol} & \text{Monomethylsilantriol} \\
\text{(monofunktionell)} & \text{(difunktionell)} & \text{(trifunktionell)}
\end{array}
$$

Die Vernetzbarkeit der Siliconharze ist um so größer, je mehr trifunktionelle Silanole an der Polykondensation teilnehmen. Methylsilanole liefern spröde Harze. Mit Methyl- und Phenylgruppen substituierte Silanole ergeben nach der Polykondensation elastische und wärmebeständigere Harze.

5.1.4.6.1 Eigenschaften

Siliconharze werden vornehmlich in Form von Schichtpreßstoffen, mit Glasseidengewebe als Harzträger, verwendet.

Die Eigenschaften der Siliconharze werden deshalb nur für Schichtpreßstoffe angegeben.

Physikalische Eigenschaften

Tabelle 5.13 enthält einige wichtige physikalische Eigenschaften von Schichtpreßstoffen mit feinem (F) und grobem (G) Glasseidengewebe als Harzträger.

Tabelle 5.13 Physikalische Eigenschaften von Siliconharz-Schichtpreßstoffen

Eigenschaft	Hartgewebe	
	(Glasseiden-gewebe F)	(Glasseiden-gewebe G)
Dichte $\varrho \ (\cdot 10^3 \ \mathrm{kg} \cdot \mathrm{m}^{-3})$	1,7	1,4
Dauergebrauchstemperatur in °C	$\leqq$ 180	$\leqq$ 180
Oberflächenwiderstand R_O	11	–
Dielektrischer Verlustfaktor $\tan \delta$ bei 800 Hz	0,05	—
1-min-Stehspannung bei 90 °C senkrecht zu den Schichten und 3 mm Elektrodenabstand in kV	10	—
Zugfestigkeit in MPa	88	—
Biegefestigkeit in MPa	88	64
Schlagzähigkeit in kJ $\cdot$ m^{-2}	40	—
Kerbschlagzähigkeit in kJ $\cdot$ m^{-2}	25	22 ... 25

5

Chemische Eigenschaften

Si-Harze sind außer gegen starke Basen bzw. Laugen gegenüber den meisten Chemikalien beständig. Quellung tritt in aromatischen und chlorierten Kohlenwasserstoffen auf. Siliconharze sind physiologisch unbedenklich.

Technologische Eigenschaften

Die reinen, nicht ausgehärteten Harze werden in 50 ... 60-%igen Lösungen von Toluen $C_6H_5CH_3$ oder Xylen $C_6H_4(CH_3)_2$ geliefert. Die Aushärtung erfolgt je nach Harztyp zwischen 200 und 350 °C. Schichtpreßstoffe (Hartge-

webe, Hartpapier) lassen sich durch Bohren, Fräsen, Sägen und Ausschneiden (Lochen und Stanzen bis 1,5 mm Dicke) bearbeiten. Zur Verminderung
des Werkzeugverschleißes sind nur hartstoffbestückte Werkzeuge zu verwenden.

5.1.4.6.2 Verwendung

Hauptanwendungsgebiet der Siliconharze ist die Elektrotechnik. Sie werden
als Tränkharzlacke von Wicklungen stark schwankenden Belastungen unter-
worfener Motoren (Bahn-, Kran- und Rollgangsmotoren), von Schaltgeräte-
wicklungen, Drahtisolationen und Isolierbändern aus Glasseidengewebe und
Laminierharze zur Herstellung von Schichtpreßstoffen eingesetzt.

Harzträger der Schichtpreßstoffe sind Glimmermehl, Glasseidenfein- und
-grobgewebe. Die Schichtpreßstoffe werden als mechanisch und thermisch
hochbelastbare Konstruktionswerkstoffe der Isolationsklasse H (180 °C) verwendet: Hartpapier ist für Grundplatten, Klemmleisten, Distanzstücke und
Sammelschienenhalterungen im Berg- und Schiffsbau geeignet. Im Transfor-
matorenbau (Trocken-Trafo) wird Hartpapier für Distanzstäbe, Randstäbe,
Isolierzylinder, Lagerisolation und Spulenabstützungen eingesetzt.

Hartgewebe mit Glasfasergrobgewebe ist als Konstruktionswerkstoff im Elektromaschinenbau für Abstützungen, Distanzstücke, Klemmbretter u. ä. verwendbar. Hartgewebe mit Glasseidengewebe wird für Zwischenlagen, Nut-
grundstreifen, Bandageunterlagen und Wickelträgerisolation in Elektromaschinen verwendet.

Das im ausgehärteten Zustand in Tafeln von 0,15 ... 0,6 mm Dicke und aus
z. B. zweiseitig mit Glimmerpapier beschichtetem Glasseidengewebe (mit SI-
Lack als Bindemittel) bestehende Novomikaflex läßt sich bei 50 °C biegen und
falzen. Es ist klebbar und kann für Nuthülsen, Nutkappen, Phasentrennkappen,
Umbügelungen der Ständerspulen von Drehstrommotoren oder Läuferspulen
von Gleichstrom-Bahnmotoren sowie für die Isolation von Heizpatronen verwendet werden.

Silicon-Lackharze (Einbrennlacke) mit Al-Flittern bzw. -Pulver bewähren sich
als hitzebeständige Lacke (bis 500 °C) für Ofentüren-, -rohre und Blechschorn-
steine.

5.1.5   Polyaddukte

5.1.5.1   Epoxidharze (EP)

Entsprechend der chemischen Zusammensetzung lassen sich die Epoxidharze
in drei Typengruppen einteilen:

1. Epoxidgrundharze auf phenolischer Basis (aromatische Glycidether)
2. Modifizierte Epoxidharze auf phenolischer Basis (Typen, die nichtreaktive oder reaktive monomere Verdünnungsmittel, polymere bzw. harzartige makromolekulare Stoffe sowie Füllstoffe enthalten)
3. Epoxidharze auf nichtphenolischer Basis (aliphatische, cycloaliphatische und gemischte Basis)

Epoxidgrundharze auf phenolischer Basis

Die technisch wichtigsten Ausgangsstoffe sind Bisphenol A (4,4-Diphenyl-2,2-Propan oder Dian) und Epichlorhydrin.

$$CH_2-CH-CH_2$$
$$\diagdown\diagup \quad |$$
$$O \qquad Cl$$

Epichlorhydrin entsteht durch Cl-Substitution zweier OH-Gruppen des Glycerins ($C_3H_5(OH)_3$…Propantriol) und anschließender HCl-Abspaltung mit NaOH.

Die Epoxidgrundharze werden durch Additions- und Kondensationsreaktion der Ausgangsstoffe gebildet. Dabei entstehen flüssige bis feste Harze aus linearen Molekülen mit Molekularmassen zwischen 150 und 4 000.

5

Modifizierte Epoxidharze auf phenolischer Basis

Zur Verbesserung der Gießbarkeit der hochviskosen niedermolekularen Grundharze werden Verdünnungsmittel zugesetzt. Reaktive Verdünnungsmittel (Alkyl-, Arylglycidether und -ester, Olefinoxide, Vinylverbindungen) bewirken eine innere Weichmachung. Nichtreaktive Verdünnungsmittel (Dibutylphthalat, Xylen, Styrenoxid u. a.) sowie Lösungsmittel verursachen eine äußere Weichmachung.

Flexible Gießharze ergeben sich durch Modifizierung der Grundharze mit gesättigten Polyestern, Polyalkylenglykolen, Diepoxidverbindungen, Teer u. a. Die Modifizierung mit Füllstoffen (mineralische und metallische, Al- oder Eisenpulver, Glasfasern) ist üblich zur Verringerung des Harzanteiles, zur Verbesserung der Verarbeitungseigenschaften und zur Herstellung bestimmter Anwendungseigenschaften (z. B. Spachtelmasse, Klebharz).

Epoxidgrundharze auf nichtphenolischer Basis

EP-Grundharze auf aliphatischer, cycloaliphatischer und gemischter Basis wurden zur Gewinnung ganz bestimmter Formstoffeigenschaften in großer Anzahl entwickelt. Dazu gehören Polybutadien-Epoxidharz, epoxidiertes Sojaöl und Leinöl, Vinylcyclohexendioxid.

Härter für Epoxidharze

Die Härter werden in drei Gruppen eingeteilt:

1. Organische Di- und Polycarbonsäureanhydride
2. Reaktionsfähige Di- und Polyamine
3. Katalytisch wirkende basische und saure Substanzen

❑ **Beispiele**: Zur 1. Gruppe gehören: Phthalsäureanhydrid (PSA), Maleinsäureanhydrid, Dichlormaleinsäureanhydrid, Methylendimethylentetrahydro-PSA. Zur 2. Gruppe gehören: Ethylendiamin, Diethylentriamin, m-Phenylendiamin u. a.

Basische Substanzen sind: Dimethylaminoethanol, Diethylaminoethanol u. a.

Saure Substanzen sind: Bortrifluorid-Komplexe von Monethylamin, von Benzylamin, von 2,4-Dimethylanilin u. a.

Härtung der Epoxidharze

Der wichtigste Vorgang zur Erzielung der Gebrauchseigenschaften der Epoxidharze ist die Härtung bzw. Vernetzung der linearen Harzmoleküle durch die Härtermoleküle.

Die Vernetzung erfolgt durch Öffnung des Epoxidringes

$$-\underset{|}{\overset{|}{C}}-\underset{|}{\overset{|}{C}}-$$
$$\diagdown\,O\,\diagup$$

und Aufrichtung evtl. vorhandener Doppelbindungen als Polyaddition oder Polymerisation ohne zusätzlichen Druck und ohne Freisetzung flüchtiger Substanzen.

Die Härtung der Epoxidharzmasse (Epoxidharz-Härter-Gemisch) wird entsprechend der verarbeitungs- und anwendungstechnischen Forderungen (Viskosität, Gießeigenschaften, Löslichkeit der Komponenten, Formstoffeigenschaften, Wärmebeständigkeit bzw. -stabilität zu vergießender Teile, mechanischer und elektrischer Eigenschaften der Fertigteile) bei Raumtemperatur (Kalthärtung) oder bei Temperaturen $> 100\,°C$ durchgeführt. In manchen Fällen wird zur Verkürzung der Härtungszeit bei kalthärtenden Harzmassen eine Nachhärtung bei Temperaturen $< 100\,°C$ vorgenommen.

Die Härtung beginnt mit dem Vermischen von Harz und Härter. Der Zeitraum zwischen Vermischen bis zum völligen Festwerden, der durch einen starken Viskositätsanstieg der Mischung und das Freiwerden der Reaktionswärme gekennzeichnet ist, wird als *Gelierzeit* (Gelzeit) bezeichnet. Als *Gebrauchsdauer* oder *Topfzeit* wird der Zeitraum zwischen Vermischen und dem Vorliegen einer zur Verarbeitung gerade noch möglichen Viskosität bezeichnet. Die Gebrauchsdauer ist jedoch temperaturabhängig. Optimale Werte werden von den Herstellern angegeben.

Die *Härtungszeit* ist der Zeitraum zwischen Vermischen und dem Erreichen der Eigenschaftskonstanz des Fertigteils, wozu etwa die 2- bis 10fache Gelierzeit erforderlich ist.

5.1.5.1.1 Eigenschaften

Physikalische Eigenschaften

Wegen der Vielzahl von im Angebot befindlichen EP-Harzen und der Abhängigkeit der Eigenschaften von der Art und Menge der verwendeten Härter, der Verdünnungsmittel, den Füllstoffen und den Härtungsbedingungen sind allgemeingültige Angaben über physikalische Eigenschaften kaum möglich.

Tabelle 5.14 enthält Angaben zu physikalischen Eigenschaften eines mit verschiedenen Härtern ausgehärteten EP-Grundharzes phenolischer Basis und zu zwei mit Verdünnungsmitteln modifizierten Harzen im ausgehärteten Zustand.

Tabelle 5.14 Physikalische Eigenschaften von EP-Formstoffen auf Dian-Basis (modifiziert und nicht modifiziert)

EP-Harz	nicht modifiziert		modifiziert	
Härter	HET[1]	PSA[2]	DETA[3]	DETA
Menge auf 100 Teile Harz	120	70	10	7
Eigenschaft				
Dichte ϱ ($\cdot 10^3$ kg $\cdot$ m^{-3})	1,51	1,26	1,19	1,17
Wärmeleitfähigkeit λ in W $\cdot$ m$^{-1} \cdot$ K^{-1}	0,116	—	0,349	—
Lin. Wärmeausdehnungskoeffizient α ($\cdot 10^{-6}$ K^{-1})	60	65	60	85
Dauergebrauchstemperatur in °C	140	120	50	50
Spez. Durchgangswiderstand ϱ_D in $\Omega \cdot$ cm	10^{16}	10^{16}	10^{16}	10^{15}
Rel. Dielektrizitätszahl ε_r bei 50 Hz	3,3	3,9	3,5	4,4
Dielektr. Verlustfaktor tan δ ($\cdot 10^{-3}$) bei 50 Hz	5,6	4,6	3	19
Durchschlagfestigkeit E_d in kV $\cdot$ mm^{-1}	—	65	60	68
Zugfestigkeit in MPa	39	59	72	46
Biegefestigkeit in MPa	102	118	124	75,5
Schlagzähigkeit in kJ $\cdot$ m^{-2}	10	12	24	19
Kugeldruckhärte	130	123	113	83

[1] HET Hexachlorendimethylentetrahydrophthalsäureanhydrid
[2] PSA Phthalsäureanhydrid
[3] DETA Diethylentriamin

5

Chemische Eigenschaften

Die chemischen Eigenschaften der EP-Formstoffe im gehärteten Zustand sind abhängig von der Art des verwendeten Härters, dem damit erreichbaren Härtungsgrad (Vernetzungsdichte) und der Bindungsart (Esterbindung, Etherbindung) sowie von der Art der Füllstoffe. Die Härtung mit Anhydriden führt infolge der entstehenden Esterbindungen zur Abnahme der Beständigkeit gegen Laugen. Die Härtung mit Aminen ergibt neben geringerer Vernetzungsdichte eine Abnahme der Säurebeständigkeit und erhöhte Wasseraufnahme (durch OH-, sekundäre und tertiäre Aminogruppen).

Die EP-Harze sind im allgemeinen bei Raumtemperatur beständig gegen Wasser, verdünnte organische Säuren und Laugen, Benzin, Benzen, Mineralöle, Tetrachlorkohlenstoff u. a.

Unbeständig sind EP-Harze gegen Alkohole, Ester, Ketone (Aceton), Trichlorethylen, konzentrierte Säuren u. a.

Technologische Eigenschaften

EP-Harze lassen sich in verlorenen Formen (Sandguß) und Dauerformen gut vergießen. Beim Kokillenguß ergeben sich jedoch an kernreichen und komplizierten Gußstücken beim Entformen Schwierigkeiten, so daß zweckmäßig die Sandgußtechnik angewandt wird. Die Formen sind aber in jedem Fall auf die Gießtemperatur anzuwärmen. Wegen der großen Klebfähigkeit der EP-Harze sind die Formwände und Formteilebenen mit Trennmitteln (Siliconlösung und Siliconfett) oder Trennfolien zu versehen. Die spanende Bearbeitung ist mit hartstoffbestückten Werkzeugen möglich. Für mit mineralischen Füllstoffen versehenen EP-Formteilen ist nur das Schleifen zweckmäßig.

Die spanlose Formung ist wegen des duroplastischen Verhaltens der EP-Harze nicht möglich.

Klebverbindungen werden mit EP-Harzen hergestellt. Das Verarbeiten der Harz-Härter-Mischungen erfordert besondere Arbeits- und Gesundheitsschutzmaßnahmen.

5.1.5.1.2 Verwendung

Wegen der sehr guten Haftfestigkeit an metallischen und nichtmetallischen Stoffen (außer an thermoplastischen Kunststoffen) werden die EP-Harze als Kleb-, Gieß- und Laminierharze sowie als Spachtelmasse genutzt.

Klebharze werden im Metall-Leichtbau, im Flugzeug-, Fahrzeug-, Schiff-, Geräte-, Apparate- und Werkzeugbau sowie in der Elektrotechnik wirtschaftlich vorteilhaft eingesetzt.

Gießharze werden wegen ihrer dielektrischen Eigenschaften in der Hochspannungstechnik unter anderem für die Herstellung von Strom- und Spannungswandlern, Stützisolatoren, Kabeldurchführungen und Kabelendverschlüssen verwendet. In der Schwachstrom- und Hochfrequenztechnik sowie Elektronik werden Bauelemente, Baugruppen, Mikromodulbausteine u. ä. mit Gießharzen stabil und korrosionssicher vergossen. Die Gießharze eignen sich zur Herstellung von Gießereimodellen, von Werkzeugen für die spanlose Blechformung, von Säurepumpen, Ventilen, Gehäusen in der chemischen Industrie, von Gleitlagerbuchsen (mit Graphitzusatz) in allen Zweigen des Maschinenbaus. Andere Anwendungsmöglichkeiten sind die Gußfehlerbeseitigung mit Al- oder Fe-Pulver als Füllstoff, die Herstellung von Plastbeton u. a. EP-Hartschaum wird zur Schall- und Wärmedämmung und für die Sandwichbauweise im Leichtbau eingesetzt.

Laminierharze dienen zur Herstellung glasfaserverstärkter Schichtpreßstoffe für großflächige Bauteile und Cu-kaschierte Glashartgewebetafeln für gedruckte Schaltungen.

Wegen des höheren Preises und der ungünstigeren Verarbeitungsbedingungen ist, trotz einiger wesentlicher Vorteile, wie sehr gute Haftung des Harzes auf Glasfasern, günstigere mechanische, bessere thermische und chemische Eigenschaften, die Anwendung der EP-Harze gegenüber ungesättigten Polyesterharzen eingeschränkt.

5

Lackharze und *Spachtelmassen* eignen sich wegen ihrer sehr guten chemischen und mechanischen Eigenschaften für den Oberflächenschutz von Metallkonstruktionen, Beton, Holz u. a.

5.1.5.2   Polyurethane (PUR)

Kunststoffe der PUR-Gruppe lassen sich durch Polyaddition von Isocyanaten mit zweiwertigen Alkoholen (Diole), von Isocyanaten mit Aminen, von Isocyanaten mit Carbonsäureamiden und von Isocyanaten mit Wasser gewinnen. Technisch wichtige Isocyanate sind z. B. 2,4- und 2,6-Toluylendiisocyanat (TDI), 1,6-Hexamethylendiisocyanat (HDI), Isophorendiisocyanat (IPDI), 4,4-Diphenylmethandiisocyanat (MDI), Naphthylendiisocyanat (NDI) und Triphenylmethantriisocyanat (TMTI).

Die aus einer oder mehreren Komponenten bestehenden verarbeitungsfertigen, handelsüblichen Mischungen werden als Polyurethan-Systeme bezeichnet. Sie werden in Abhängigkeit von den Komponenten und den jeweiligen Reaktionsbedingungen zur Herstellung linearer und vor allem mehr oder weniger stark vernetzter PUR-Makromoleküle bzw. -Fertigteile oder Halbzeuge verwendet.

5.1.5.2.1 Eigenschaften

Physikalische Eigenschaften

1. Lineare Polyurethane (z. B. aus HDI und 1,4-Butandiol)
- Dichte $\varrho = 1,2\ldots1,21 \cdot 10^3$ kg $\cdot$ m^{-3}
- Schmelzbereich: $180\ldots185\,°C$
- Wärmeleitfähigkeit $\lambda = 0,279\ldots0,314$ W $\cdot$ m^{-1} $\cdot$ K^{-1}
- Linearer Wärmeausdehnungskoeffizient $\alpha = 105\ldots210 \cdot 10^{-6}$ K^{-1}
- Dauergebrauchstemperatur: 80 °C
- Spezifischer Durchgangswiderstand $\varrho_D = 10^{13}\ldots10^{14}\ \Omega \cdot$ cm
- Oberflächenwiderstand $R_O = 12\ldots14$
- Relative Dielektrizitätszahl ε_r (bei 50 Hz) = 3,6
- Dielektrischer Verlustfaktor tan δ (bei 50 Hz) = $21 \cdot 10^{-3}$
- Durchschlagfestigkeit $E_d = 20\ldots25$ kV $\cdot$ mm^{-1}
- Zugfestigkeit = $39\ldots60$ MPa
- Bruchdehnung = $50\ldots200\,\%$
- Elastizitätsmodul $E = 1,9\ldots9,8$ GPa
- Normdurchbiegung $s_C = 20\ldots60$ MPa
- Kugeldruckhärte (30-s-Wert) = $20\ldots80$ MPa

2. PUR-Elastomere
- Dichte $\varrho = 1,2\ldots1,3 \cdot 10^3$ kg $\cdot$ m^{-3}
- Wärmeleitfähigkeit $\lambda = 0,233\ldots0,291$ W $\cdot$ m^{-1} $\cdot$ K^{-1}
- Dauergebrauchstemperatur: 80 °C
- Spezifischer Durchgangswiderstand $\varrho_D = 10^{10}\ldots10^{12}\ \Omega \cdot$ cm
- Relative Dielektrizitätszahl $\varepsilon_r = 6\ldots8$
- Dielektrischer Verlustfaktor tan $\delta = 0,05\ldots0,2$
- Durchschlagfestigkeit $E_d = 20\ldots25$ kV $\cdot$ mm^{-1}
- Zugfestigkeit: $24\ldots39$ MPa
  Bruchdehnung: $300\ldots650\,\%$

3. PUR-Gießharze

PUR-Gießharze können entsprechend dem gewählten System mit weit und eng vernetzter Struktur zu Formteilen verarbeitet werden. Gießharze mit weiter Vernetzung haben zäh-elastische bis kautschuk-elastische Eigenschaften. Eng vernetzte Harze werden je nach verwendeter Rezeptur mit weicher, mittelharter oder harter Einstellung hergestellt. Die nachstehenden Angaben beziehen sich auf eng vernetzte Gießharze.
- Wärmeleitfähigkeit $\lambda = 0,233$ W $\cdot$ m^{-1} $\cdot$ K^{-1}
- Dauergebrauchstemperatur: 100 °C
- Spezifischer Durchgangswiderstand $\varrho_D = 10^{13}\ldots10^{16}\ \Omega \cdot$ cm

- Dielektrischer Verlustfaktor $\tan \delta = 0{,}01 \ldots 0{,}15$
- Relative Dielektrizitätszahl $\varepsilon_r = 3{,}1 \ldots 4{,}2$
- Oberflächenwiderstand $R_O = 11 \ldots 14$
- Durchschlagfestigkeit $E_d = 18 \ldots 27 \, \text{kV} \cdot \text{mm}^{-1}$
- Zugfestigkeit (weich) $= 3 \ldots 10 \, \text{MPa}$
  (mittelhart) $= 20 \ldots 49 \, \text{MPa}$
  (hart) $= 49 \ldots 79 \, \text{MPa}$
- Bruchdehnung (weich) $= 20 \ldots 80 \, \%$
  (mittelhart) $= 2 \ldots 7 \, \%$
  (hart) $= 0{,}5 \ldots 4 \, \%$
- Biegefestigkeit (mittelhart) $= 40 \ldots 60 \, \text{MPa}$
  (hart) $= 69 \ldots 108 \, \text{MPa}$
- Elastizitätsmodul E (weich) $= 0{,}29 \ldots 0{,}69 \, \text{GPa}$
  (mittelhart) $= 1 \ldots 1{,}96 \, \text{GPa}$
  (hart) $= 1{,}96 \ldots 2{,}95 \, \text{GPa}$
- Schlagzähigkeit (weich) ohne Bruch
  (mittelhart) $= 15 \ldots 30 \, \text{kJ} \cdot \text{m}^{-2}$
  (hart) $= 2 \ldots 3 \, \text{kJ} \cdot \text{m}^{-2}$

4. PUR-Schaumstoffe

Im Gegensatz zu thermoplastischen Schaumstoffen (PS- oder PVC-Schaum) wird bei PUR die Schaumbildung durch gasbildende oder verdampfende Zusätze während der Mischung und Vernetzung der Reaktionspartner des entsprechenden Systems (z. B. MDI oder TDI und Polyether- oder Polyesteralkohole) hervorgerufen. Eine andere Möglichkeit ist die Schaumbildung durch Freisetzen von CO_2 bei der Isocyanat-Wasser-Reaktion.

Einzelheiten zur Verfahrenstechnik der Erzeugung von PUR-Schaumstoffen sind z. B. [16] und den Verarbeitungsrichtlinien der Hersteller zu entnehmen. Je nach dem gewählten System lassen sich Schaumstoffe mit Rohdichten von $5 \ldots 700 \, \text{kg} \cdot \text{m}^{-3}$, mit offen- oder geschlossenzelliger Struktur, mit Wärmeleitzahlen $\lambda \approx 0{,}016 \ldots 0{,}064 \, \text{W} \cdot \text{m}^{-1} \cdot \text{K}^{-1}$ und unterschiedlichen mechanischen Eigenschaften hinsichtlich Zug-, Druckfestigkeit und Stoßelastizität herstellen.

Chemische Eigenschaften

Die Polyurethane sind bei Raumtemperatur beständig gegen schwache Säuren, Benzin, Benzen, CCl_4, Trichlorethylen, Mineralöle, fette Öle, Fette u. a. Bedingt beständig sind die PUR gegen Laugen, Alkohol und Ether. Unbeständigkeit liegt vor gegenüber starken Säuren, Estern, Ketonen u. a.

5.1.5.2.2 Verwendung

1. *Thermoplastische PUR-Elastomere* sind zum Spritzgießen und Extrudieren geeignet. Sie werden im allgemeinen Maschinenbau und Fahrzeugbau für die Herstellung von Gleitelementen, Kugelgelenkteilen, Dichtungen, Rohren, Profilen und Stangen verwendet.

2. *Gießelastomere* werden für sehr verschleißbeanspruchte Teile, wie Zahnräder, Kupplungsteile, Verschleißringe, Dichtungen, Pumpenmembranen und massive Fahrzeugreifen (Transportwagen des innerbetrieblichen Transports) eingesetzt.

3. *Schaumstoffe*

Hartschaumstoffe werden in großem Umfang für Isolationszwecke (Wärme- und Schallisolation) im Hochbau, Behälter-, Fahrzeug- und Schiffsbau sowie zum Aus- und Umschäumen kältetechnischer Anlagenteile verwendet. Weitere wichtige Anwendungsbeispiele sind Sandwichelemente für die Leichtbauweise im Bauwesen (Türen, Zwischenwände) und Karosserieteile. Darüber hinaus sind Hartschaumstoffe zur Herstellung von sogenannten Korpusmöbeln, Gehäusen und als Füllschaum für Verpackungszwecke u. ä. geeignet.

Weichschaumstoffe werden als Polyetherschäume für Sitzpolsterungen im Fahrzeugbau, Flugzeugbau und in der Möbelindustrie, mit harter Einstellung oder in halbharter Einstellung (Polyesterschäume) für Verpackungen, Schallisolation, Beschichten (Laminieren) von Textilien und für Haushaltsartikel verwendet.

Integralschaumstoffe. Die Bezeichnung geht darauf zurück, daß bei der Herstellung von Schaumstoff-Formteilen im Inneren ein poröser Kern entsteht, während die Randschichten, als integraler Bestandteil des Formteils, porenfrei bleiben.

Entsprechend den gewählten Rezepturen lassen sich, vornehmlich Polyether-Schaumstoffe, weich-elastische (Dichte etwa $200 \ldots 300 \text{ kg} \cdot \text{m}^{-3}$), flexible (Dichte etwa $400 \ldots 600 \text{ kg} \cdot \text{m}^{-3}$) und zäh-elastische (Dichte etwa $700 \ldots 1\,000 \text{ kg} \cdot \text{m}^{-3}$) Schaumstoffe herstellen.

Weich-elastische Schaumstoffe werden für Fahrradsättel, Kopfstützen und Lenkradumhüllungen in Kfz, flexible für Schuhsohlen und zäh-elastische für Karosserieteile (Stoßfänger, Stoßfängerhörner, Außenspiegel), Armaturenbretter, Armstützen, Gehäuse elektrotechnischer Geräte und der Unterhaltungselektronik sowie für Fenster- und Türrahmen mit eingeschäumten Metallarmierungen und für Holzimitationen verwendet.

Flexible Polyester-Schaumstoffe werden wegen ihrer Abriebfestigkeit für Schuhsohlen von Sportschuhen eingesetzt. Weitere Anwendungsgebiete der Polyurethane sind Klebstoffe und Lackharze.

5.1.6   Cellulosederivate

Cellulose, die als wesentlicher Bestandteil in der Baumwolle, in Baumwoll-Linters (Fasern der Baumwollsamenkerne), in den verschiedenen Laub- und Nadelhölzern sowie im Getreide- und Schilfrohrstroh enthalten ist, besteht aus linearen Makromolekülen. Das Grundmolekül $C_6H_{10}O_5$ (Glucoserest) hat drei reaktionsfähige OH-Gruppen.

Wegen der Wasserstoffbrückenbindung zwischen benachbarten OH-Gruppen neigt die Cellulose partiell zur Kristallbildung, die sich für die Verarbeitung als hinderlich erweist.

5

> Durch Veresterung oder Veretherung der OH-Gruppen lassen sich Cellulo-seprodukte und Kunststoffe mit guten Verarbeitungseigenschaften herstellen.
> Unter den Cellulose-Derivaten sind *Celluloseacetat (CA)*, *Cellulosetriace-tat (CTA)* und *Celluloseacetobutyrat (CAB)* von größerem technischen Interesse.

Vulkanfiber (VF), neben Papier und Pappe das älteste Celluloseprodukt, das durch Anquellen in ZnOH-Lösung, anschließendes Verdichten, Wässern und Trocknen entsteht, ist nicht als Kunststoff einzuordnen.

Cellulosetriacetat (CTA)

Durch Veresterung der drei OH-Gruppen des $C_6H_{10}O_6$ mit Ethansäureanhydrid (Essigsäureanhydrid) gewinnt man CTA, das auch als primäres Celluloseacetat bezeichnet wird.

Celluloseacetat (CA)

Um thermoplastisches Material zu erhalten, wird ein Teil des Ethansäureanhy-drids durch Wasser und Schwefelsäure vom Triacetat abgespalten und durch OH-Gruppen substituiert. Die Verarbeitbarkeit wird durch Zusatz von Weich-machern und Lösungsmitteln (Alkohol + Benzen) verbessert.

Spritzgußmassen werden nur mit anorganischen Füllstoffen verarbeitet, da die Zersetzungstemperatur nur wenig oberhalb der Erweichungstemperatur liegt.

Celluloseacetobutyrat (CAB)

Die Veresterung der Cellulose mit Ethansäure und Buttersäure (Butansäure CH_3-$(CH_2)_2$-COOH) bzw. ihrer Anhydride ergibt als Mischester CAB. Durch Zusatz geringer Mengen Weichmacher erhält CAB sehr gute Spritzgußeigenschaften.

5.1.6.1 Eigenschaften

Physikalische Eigenschaften

In Tabelle 5.15 sind einige physikalische Eigenschaften von CTA, CA und CAB zusammengestellt.

Tabelle 5.15   Physikalische Eigenschaften der Cellulosederivate CTA, CA und CAB, nach [3]

Eigenschaft	CTA (Folie)	CA	CAB
Dichte ϱ ($\cdot 10^3$ kg $\cdot$ m^{-3})	1,20 … 1,27	1,27 … 1,30	1,18 … 1,21
Wärmeleitfähigkeit λ in W $\cdot$ m^{-1} $\cdot$ K^{-1}	0,209	0,221	0,20 … 0,22
Lin. Wärmeausdehnungskoeffizient α ($\cdot 10^{-6}$ K^{-1})	80 … 130	100 … 120	97 … 148
Dauergebrauchstemperatur in °C	120	0…80	−40 … + 115
Wärmeformbeständigkeit VST/B in °C	40	77 … 110	65 … 100
Spez. Durchgangswiderstand ϱ_D in $\Omega \cdot$ cm	$> 10^{12}$ … 10^{14}	10^{13} … 10^{15}	10^{14} … 10^{16}
Oberflächenwiderstand R_O	13	13	13…16
Rel. Dielektrizitätszahl ε_r bei 1 MHz	3,8…4,1	4,3	3,2 … 3,6
Dielektrischer Verlustfaktor $\tan \delta$ bei 1 MHz	—	$6,3 \cdot 10^{-3}$	$3,2 … 3,6 \cdot 10^{-3}$
Durchschlagfestigkeit E_d in kV $\cdot$ mm^{-1}	110 … 120	28 … 33	31 … 32
Zugfestigkeit in MPa	69 … 108	29 … 69	29 … 44
Bruchdehnung in %	20 … 30	3 … 40	3 … 5
Normdurchbiegung s_C in MPa	—	43 … 47	37 … 54
Elastizitätsmodul E_t in GPa	—	1,5 … 3	1,5 … 3
Schlagzähigkeit in kJ $\cdot$ m^{-2}	—	> 70	> 70
Kerbschlagzähigkeit in kJ $\cdot$ m^{-2}	—	10 … 18	3 … 25
Kugeldruckhärte	—	42 … 94	25 … 72

Chemische Eigenschaften

CTA ist unlöslich oder höchstens quellbar in Aceton, Alkohol, Benzin, Ester und Mineralöl. Löslichkeit liegt vor in Trichlormethan $CHCl_3$ (Chloroform), Methylenchlorid (Dichlormethan CH_2Cl_2) und Eisessig (100-%ige Essigsäure). CTA ist ozonbeständig.

CA ist beständig gegen schwache Säuren, Benzin, Benzen, Tetrachlorkohlenstoff, Trichlorethylen (C_2HCl_3), Mineral- und Pflanzenöle. Gegen starke Säuren und Laugen ist CA unbeständig.

CAB ist beständig gegen Benzin, Mineralöle und verdünnte Schwefelsäure ($\leq 10\,\%$). Unbeständig ist CAB gegen Aceton, Benzen, Methylenchlorid, Trichlorethylen und starke Säuren.

Technologische Eigenschaften

CA und CAB lassen sich durch Strangpressen und Spritzguß urformen. Metallteile können mit CA und CAB umspritzt werden. Die spanlose Umformung ist als Warmformung nach dem Druckluft- und Vakuumverfahren üblich. Die Umformungstemperatur liegt im Bereich von 160 . . . 180 °C.

Unlösbare Verbindungen werden am günstigsten durch Kleben (Aceton) hergestellt. CAB ist auch zum Wirbelsintern geeignet. CTA ist nur in Form von Gießfolien in Anwendung; Umformungen sind nicht üblich. CTA ist klebbar mit Aceton und Methylenchlorid.

5

5.1.6.2 Verwendung

CA findet unter anderem in der Fernmeldetechnik für Gehäuse, Spulenkörper und Bedienteile Verwendung. Da CA nur schwer entflammbar ist, wird es wie CTA für Sicherheitsfilme (Kleinbild- und Kinofilme) eingesetzt. In der Textil- bzw. Bekleidungsindustrie wird CA unter der Bezeichnung Acetatfaser oder Acetatseide verwendet.

CTA, das vornehmlich zu Gießfolien verarbeitet wird, ist wegen seiner relativ guten Wärmebeständigkeit für elektrische Isolationen (Spulen) gut geeignet.

CAB weist durch seine große Zähigkeit und den sehr guten Oberflächenglanz günstige Gebrauchseigenschaften auf. Als Spritzgußmasse wird CAB vor allem zum Umspritzen von Metallteilen (Schraubendreher, Schaltgriffe u. ä.) eingesetzt.

5.1.7 Identifizierung der Kunststoffe

Für den Kunststoffverarbeiter, -anwender und -verbraucher ist es mitunter wichtig, in kurzer Zeit, ohne aufwendige chemische Analyse und mit ausreichender Sicherheit, die Art oder Gruppe eines Kunststoffes zu bestimmen.

Tabelle 5.16 Brenntest zur Bestimmung der Kunststoffart, nach [8], [27]

Kunststoffart	Brennverhalten	Flammenfärbung, sonstige Vorgänge	Schwadengeruch nach Entzünden und Ablöschen
Polyethylen PE	II	leuchtend mit blauem Kern, tropft ab	schwach wie Paraffin
Polypropylen PP	II	blau, tropfend	schwach wie Paraffin
Polybuten-1 PB	II	wie PE	stechend nach Paraffin
Polybutylenterephthalat PBTP	II	leuchtend gelb mit blauem Saum, tropft, fadenziehend, rußend	süßlich und schwach wie Paraffin
Polystyren PS	II	leuchtend, stark rußend	typisch süßlich nach Styren
PS-SZ PS-SAN	II	leuchtend, stark rußend	süßlich, gummiartig
ABS	II	gelb, rußend	süßlich, gummiartig
Polyvinylchlorid PVC-U	I	gelbgrüner Flammensaum, rußend	Salzsäure mit typischem Beigeruch
PVC-P	I, II	wie PVC-U ggf. durch Weichmacher leuchtend	wie PVC-U Weichmachergerüche
Polymethylmethacrylat PMMA	II	leuchtend, knisternd	fruchtartig (ähnlich Citrusfrüchte)
Polytetrafluorethylen PTFE	0	brennt nicht, verkohlt nicht	bei Rotglut stechend nach Flußsäure
Polychlortrifluorethylen PCTFE	0	wie PTFE	bei Rotglut stechend nach Salz- und Flußsäure
Polyoximethylen POM	II	blau, tropfend (Flamme läßt sich nur schwer ausblasen)	stechend nach Formaldehyd
Polyvinylcarbazol PVK	II	stark rußend	Naphthalin
Polyamide PA	II	bläulich, gelber Rand, tropft blasig und fadenziehend	typisch, wie verbranntes Horn
Phenolharze PF reine Harze	0, (I)	wenn I, hell rußend	Phenol, Formaldehyd,
Preßmassen	0, (I)	meist verkohlend	ggf. Ammoniak
Schichtpreßstoffe	0, (I), (II)	ggf. Schichttrennung	

*Tabelle 5.16 Brenntest zur Bestimmung der Kunststoffart, nach [8], [27]
(Fortsetzung)*

Kunststoffart	Brenn-verhalten	Flammenfärbung, sonstige Vorgänge	Schwadengeruch nach Entzünden und Ablöschen
Aminoplaste			
Harnstoff- (UF), Melamin-Preßmassen (MF), Schichtpreßstoffe	0	Verkohlung, meist weiße Kanten	Ammoniak, widerlicher Beigeruch (Fischgeruch), Formaldehyd
Gesättigte Polyester			
Polyethylenterephthalat PTFE	II	gelb-orange, rußend, tropfend	süßlich
Ungesättigte Polyester			
UP (mit Styren vernetzt)	II	leuchtend, rußend und verkohlend	süßlich nach Styren
Polycarbonat PC	I	leuchtend, rußend, Blasenbildung und Verkohlung	Phenol
Silicone SI Schichtpreßstoffe	0, I	gelb, auch rußend weißer Niederschlag (SiO_2)	süßlich, wenig kennzeichnend
Epoxidharze EP auf phenolischer Basis	II	gelb, leuchtend, rußend	zunächst wenig kennzeichnend, später Phenol
Polyurethane PUR	II	bläulich, gelber Rand, tropft fadenziehend, leuchtend	typisch, unangenehm stechend (Isocyanat)
Celluloseacetat CA	II	gelbgrün mit Funken, tropfend	Essigsäure und verbranntes Papier
Cellulosetriacetat CTA	I, II	gelb, knisternd	Essigsäure
Celluloseacetobutyrat CAB	II	gelb leuchtend, tropfend	Buttersäure und verbranntes Papier

5

Eine sehr grobe Unterscheidung läßt sich durch die Ermittlung der Dichte treffen, die jedoch für Schaumstoffe unzweckmäßig ist.

Eine andere Möglichkeit ist die Untersuchung der Löslichkeit in Lösungsmitteln. Dabei werden etwa 0,1 g des feinzerkleinerten Materials im Reagenzglas mit etwa 10 cm^3 eines Lösungsmittels versetzt. Die gegebenenfalls eintretenden Reaktionen (Gasentwicklung, Verfärbung des Lösungsmittels, Quellung oder Lösung des Probematerials) sind die Grundlage der Identifizierung. Diese Methode kann relativ zeitaufwendig sein. In kürzerer Zeit erhält man Aufschlüsse über die Kunststoffart, indem man feine Späne im Glühröhrchen (Glasröhrchen: 60 mm lang und 8 mm Durchmesser) in der Bunsenbrennerflamme erhitzt. Die dabei auftretenden Reaktionen, wie Schwadenentwicklung, Schwadengeruch, Verfärbung von Lackmuspapier, Verkohlung oder Aufschmelzung der Späne, lassen schnell Rückschlüsse auf die Art des Kunststoffes zu.

Die einfachste und am wenigsten zeitaufwendige Methode ist der Brenntest. Dazu entnimmt man einen schmalen Probestreifen und hält diesen in die kleingestellte Flamme des Bunsenbrenners oder in die Flamme eines Spiritusbrenners. Vielfach reicht die Flamme eines Feuerzeuges oder Streichholzes aus. Nach dem Verhalten in und außerhalb der Flamme kann die Art oder Gruppe des Kunststoffes bei einiger Übung sehr schnell bestimmt werden. Die Untersuchung ist zweckmäßig auf bzw. über einer nichtbrennbaren Unterlage vorzunehmen, da besonders Thermoplaste leicht schmelzen und abtropfen. Für das Brennverhalten beim oder nach dem Entzünden gelten in Tabelle 5.16 folgende Kurzzeichen:

0   kaum entflammbar
I   brennt in der Flamme, erlischt außerhalb
II brennt nach Entzündung außerhalb der Flamme weiter

5.1.8   Literatur- und Quellenverzeichnis

[1]   *Holzmüller, W.; Altenburg, K.*: Physik der Kunststoffe. – Berlin: Akademie-Verlag, 1961

[2]   *Batzer, H.*: Polymere Werkstoffe, Bd. 1 und 2. – Stuttgart; New York: Georg Thieme Verlag, 1985

[3]   *Domininghaus, H.*: Die Kunststoffe und ihre Eigenschaften. – Berlin: Springer-Verlag, 1998

[4]   *Ulbricht, J.*: Grundlagen der Synthese von Polymeren. – Heidelberg: Hüthig-Verlag, 1992

[5]   *Menges, G.*: Werkstoffkunde Kunststoffe. – München: Carl Hanser Verlag, 1998

[6]   *Carlowitz, B.*: Thermoplastische Kunststoffe. – Heidelberg: Zechner & Hüthig Verlag, 1990

[7]   *Schaumburg, H.* (Hrsg.): Polymere. – Stuttgart: B. G. Teubner Verlag, 1997

[8]   Hütte (Hrsg. *Czichos, H.*). – Berlin: Springer-Verlag, 1991

[9]   *Ehrenstein/Bittmann*: Duroplaste. – München: Carl Hanser Verlag, 1997

[10] *Bachmann, A.; Müller, K.*: Phenoplaste. – Leipzig: Fachbuchverlag, 1973

[11] *Bachmann, A.; Bertz, T.*: Aminoplaste. – Leipzig: Deutscher Verlag für Grundstoffindustrie, 1970

[12] *Wende, A.; Moebes, W.; Marten, H.*: Glasfaserverstärkte Plaste. – Leipzig: Deutscher Verlag für Grundstoffindustrie, 1969

[13] *Ehrenstein, G. W.*: Faserverbund-Kunststoffe. – München: Carl Hanser Verag, 1992

[14] *Neitzel, M.; Breuer, U.*: Verarbeitungstechnik der Faser-Kunststoff-Verbunde. – München: Carl Hanser Verlag, 1997

[15] *Becker, R.*: Polyurethane. – Leipzig: Fachbuchverlag, 1973

[16] *Uhlig*: Polyurethan-Taschenbuch. – München: Carl Hanser Verlag, 1998

[17] *Jahn, H.*: Epoxidharze. – Leipzig: Deutscher Verlag für Grundstoffindustrie, 1969

[18] *Ludeck, W.*: Handbuch der Kleb-, Gieß- und Laminiertechnik. – Leipzig: Deutscher Verlag für Grundstoffindustrie, 1985

[19] *Reuther, H.*: Silikone. – Leipzig: Deutscher Verlag für Grundstoffindustrie, 1981

[20] *Bednarz, J.*: Kunststoffe in der Elektrotechnik. – Stuttgart: Kohlhammer Verlag, 1988

[21] *Mair, H.; Roth, S.* (Hrsg.): Elektrisch leitende Kunststoffe. – München: Carl Hanser Verlag, 1989

[22] *Saechtling, H. J.*: Kunststoff-Taschenbuch. – 27. Ausgabe. – München: Carl Hanser Verlag, 1998

[23] *Carlowitz, B.*: Kunststoff-Tabellen. – München: Carl Hanser Verlag, 1995

[24] *Schmiedel, H.*: Handbuch der Kunststoffprüfung. – München: Carl Hanser Verlag, 1992

[25] *Troitzsch, J.*: Brandverhalten von Kunststoffen. – München: Carl Hanser Verlag, 1990

[26] *Stoeckert/Woebcken*: Kunststoff-Lexikon. – München: Carl Hanser Verlag, 1998

[27] DIN-Taschenbuch 18: Kunststoffe, mechanische und thermische Eigenschaften. – Berlin: Beuth-Verlag, 1997

[28] DIN-Taschenbuch 21: Duroplast-Kunstharze, Duroplast-Formmassen. – Berlin: Beuth-Verlag, 1995

[29] DIN-Taschenbuch 149: Thermoplastische Kunststoff-Formmassen. – Berlin: Beuth-Verlag, 2. Auflage in Vorbereitung

[30] DIN-Taschenbuch 235: Schaumstoffe. – Berlin: Beuth-Verlag, 1989

5

5.2   Holz – Werkstoffe aus Holz

5.2.1   Allgemeines

Holz nimmt in der Weltwirtschaft einen wichtigen Platz ein. Im Weltmaßstab steht das Holzaufkommen hinter Kohle und Erdöl mengenmäßig an 3. Stelle in der Erzeugung von Massengütern.

Der Gebrauchswert des Werkstoffes Holz ist auf Grund seiner Eigenschaften, wie leichte Bearbeitbarkeit, relativ hohe Festigkeit bei geringer Dichte, relativ gute Widerstandsfähigkeit gegen verschiedene aggressive Medien, sehr hoch, und es gibt z.z. mehrere Tausend verschiedene Verwendungszwecke für Holz. Diese Anwendungspalette wird durch die wissenschaftlich-technische Entwicklung verändert. So kann Holz in verschiedenen Einsatzgebieten andere Werkstoffe substituieren, z. B. in Bereichen, wo Wasserdampf und agressive Medien einwirken, wie bei Lagerhallen in der Kaliindustrie. Dagegen wird Holz, wenn auch nicht in dem erwarteten Maße, von anderen Werkstoffen, z. B. von Kunststoffen, ersetzt werden können. Holz ist ein Rohstoff, der im Gegensatz zu anderen Rohstoffen, wie Kohle und Erdöl, durch das Wachstum in den Wäldern wieder erzeugt werden kann.

Der Wald ist somit eine unerschöpfliche Rohstoffquelle, wenn durch gute Waldpflege und sachgemäße Aufforstung der Holzverbrauch mit der jährlichen Nachwuchsmenge in Einklang gebracht wird.

Nach prognostischen Einschätzungen der FAO (Food an Agriculture Organization of the United Nations) ist bis zum Jahre 2000 mit einem Anstieg des jährlichen Holzverbrauches auf etwa 2,4 Mrd. t zu rechnen.

Um den künftigen Bedarf decken zu können, ist erforderlich:

Die Rohholzerzeugung muß durch stärkere Rationalisierung die Forderungen in der Holzbereitstellung und -verwertung erfüllen.

Mögliche Maßnahmen dazu sind unter anderem:
- Melioration und Düngung
- Anlage großer Flächen
- Einsatz von Großmaschinen in der Holzernte und -abfuhr
- sparsame Verwendung des Holzes und sinnvolles Substituieren
- Konzentration der Holzverwertung auf die Verwendungsarten, die bei komplexer Nutzung des Rohstoffes Holz mit relativ geringem Materialeinsatz und hoher Arbeitsproduktivität Erzeugnisse von hohem Veredlungsgrad in großen Stückzahlen liefern.

Eine solche Forderung wird z. B. bei der Herstellung von Span- und Faserplatten weitgehend erfüllt.

Der Wald als wichtigster Rohstofflieferant ist die räumlich mächtigste und die Umwelt am stärksten beeinflussende Vegetationsformation der Erde. Der Wald stellt eine stabile Lebensgemeinschaft dar, in der eine solche dichte Ansammlung von Bäumen herrscht, daß es zwischen ihnen zu gewissen Wechselwirkungen kommt. Durch Rückwirkung der Bäume auf die Umwelt entsteht ein kompliziertes System, in dem ein Stoff-, Energie- und Informationsaustausch erfolgt.

Daraus leiten sich Einflüsse ab, die heute als *Komitativwirkungen*[1] des Waldes bezeichnet werden. Darunter versteht man alle über die reine Holzerzeugung hinausgehenden Funktionen des Waldes, besonders seine Wirkungen auf den Landschaftshaushalt und die Landschaftsentwicklung sowie auf die Lebensbedingungen und Bewußtseinsbildung der menschlichen Gesellschaft (s. Tafel 5.1). Es kann deshalb nicht für alle Wälder die höchstmögliche Holzerzeugung Bewirtschaftungsziel sein.

Tafel 5.1 Komitativwirkungen des Waldes

Komitativwirkungen des Waldes

Landeskulturelle Wirkungen	*Soziale Wirkungen*
Wirkungen auf das Klima wie Wärmehaushalt, Niederschlag und Verdunstung, Luftbewegung und -zusammensetzung usw.	*Sozialhygienische Wirkungen* wie hydrochemische Wirkungen (Einfluß auf Trink- und Heilwasser) humanbiometeorologische Wirkungen (lufthygienische, akustische, thermische Wirkungen)
Wirkungen auf Wasserkreislauf wie Ab- und Zufluß, jahreszeitliche Verteilung	
Wirkungen auf die Bodenfruchtbarkeit wie Kultivierung von Rohböden, Wasser-, Winderosion und Austrocknung	*Bewußtseinsbeeinflussende (psychische) Wirkungen* wie ästhetische und emotionale Wirkungen

5

Es gibt auch Wälder mit besonderen Aufgaben oder Schutzfunktionen, die eine von der normalen Waldbewirtschaftung abweichende Behandlung erfahren. Ihre Bewirtschaftung wird von Forderungen der Landeskultur und des Naturschutzes beeinflußt. Dazu gehören z. B. Küstenschutzgebiete, wissenschaftliche Versuchsflächen, Grünzonen und Naherholungsgebiete der größeren Städte und Industriezentren. Eine wichtige Perspektivaufgabe besteht darin, die Forderung nach hoher Holzerzeugung und -bereitstellung mit der Erhaltung und Steigerung der landeskulturellen und sozialen Wirkung des Waldes in Einklang zu bringen, damit z. B. die wachsenden Erholungsbedürfnisse der Bevölkerung befriedigt werden können. Daneben sind die landeskulturellen und sozialen Wirkungen der Wälder für ein Land von besonderer Bedeutung, wie das Reinigen der abgasverseuchten Luft, Erwirken einer gleichmäßig anhaltenden Bodenfeuchte usw.

Nach *Kollmann* soll der Bewaldungsgrad eines Landes zur vollständigen Erfüllung aller Funktionen des Waldes nicht unter 20 % absinken. Er beträgt in Deutschland 29,2 %. Dabei sind gegenwärtig 23 % der forstlichen Nutzungsfläche mit Laubholz, der Rest mit Nadelholz bepflanzt. Diese

---

[1] comitatus (lat.) Umgebung, begleitende Erscheinung

Baumartenanteile sind Ergebnisse einer jahrhundertelangen forstwirtschaftlichen Tätigkeit. So ist der ursprüngliche Mischwald mit überwiegendem Laubholzanteil in den meisten Fällen in Reinbestand von Kiefer und Fichte umgewandelt worden, die leistungsstärker und volkswirtschaftlich wichtiger sind. Diese Verteilung von Nadel- und Laubholz wird in den nächsten Jahren nahezu konstant bleiben. Bei den Nadelbaumarten wird der Flächenanteil Lärche, Douglasie, Küstentanne und Sitkafichte wegen ihrer hohen Ertragsleistung ansteigen, der entsprechende Anteil von Kiefer und Fichte wird kleiner. Bei den Laubbaumarten wird sich der Flächenanteil bei Buche und Erle vergrößern, während Eiche und andere Laubbaumarten anteilig abnehmen. Dadurch soll das Ertragsvermögen der Waldfläche und damit der Holzvorrat in den nächsten Jahren erhöht werden.

Tabelle 5.17 Waldflächen der Erde (Statistisches Jahrbuch für das Ausland 1998, Statistisches Bundesamt)

Land/Region	Waldfläche in Mill. ha	Waldfläche in % der Gesamtfläche
Europa (ohne Russische Föderation)	202	41,2
Asien (ohne Russische Föderation)	531	11,9
Amerika	1 686	40,1
Afrika	688	22,7
Australien und Ozeanien	195	22,8
Russische Föderation	766	45,1
Deutschland	10,4	29,2

Tabelle 5.18 Nomenklatur einiger Holzarten

Holzart (Handelsname)	Familie	Gattung	Art
Fichte	Pinaceae	Picea	abies
Tanne	Pinaceae	Abies	alba
Kiefer	Pinaceae	Pinus	siloestris
Fichte	Pinaceae	Picea	abies
Lärche, europ.	Pinaceae	Larise	decidua
Lärche, sibir.	Pinaceae	Larise	sibirica
Buche, Rot	Fagaceae	Fagus	sylvatica
Buche, Weiß/Hain	Batulaceae	Carpinus	betulus
Birke	Batulaceae	Betula	verrucosa
Eiche, Sommer	Fagaceae	Quercus	robur
Eiche, Winter	Fagaceae	Quercus	petraea
Mahagoni, Echtes	Meliaceae	Swictenia	macrobylla
Mahagoni, Sipo	Meliaceae	Entandrophragma	utile

Von den auf der Erde vorkommenden Holzarten (schätzungsweise 25 000) werden etwa 300 Arten gewerblich genutzt. Um sich international verständigen zu können, ist eine allgemein anerkannte Nomenklatur erforderlich. Wie aus Tabelle 5.18 hervorgeht, erfolgt die Benennung einer Holzart durch Angabe der Gattung und der dazugehörigen Art.

Die Waldverteilung der Erde zeigt, daß nur 11 % in echter forstlicher Bewirtschaftung stehen. Von der Gesamtwaldfläche der Erde sind immer noch 50 % unzugänglicher, unerschlossener Urwald. Es gibt aber bereits etwa 10 % brachliegendes Ödland – Ergebnis eines nur auf hohes Holzaufkommen gerichteten Raubbaues. 38 % der Gesamtwaldfläche der Erde decken den Weltholzbedarf ab. Dabei liefert der Tropenwald 10 % und der Nadelwald 70 % des Nutzholzaufkommens der Welt (s. a. Tabelle 5.17).

5.2.2 Aufbau des Holzes

> Holz ist der organische Baustoff höherer Pflanzen und stellt ein hartes, festes Zellgewebe dar, das vom Kambium unter der Rinde erzeugt wird.

Die kleinste biologische Einheit des Holzes ist die Zelle, die aus Zellwand und dem Zellhohlraum (Lumen) besteht. Gleichartige Zellen bilden ein Gewebe. Die vom Kambium gebildeten Zellen haben die Eigenschaft, bestimmte Gewebe zu bilden, die unterschiedliche Aufgaben am lebenden Baum erfüllen.

Es sind dies das Leitgewebe für den Wasser- und Nährstofftransport, das Speichergewebe für die Speicherung von Nährstoffen und das Festigungsgewebe für die mechanische Festigung des Holzgefüges. Für besondere Aufgaben dienen Stütz-, Richt- und Wundgewebe bzw. Sekretgewebe.

Die Größe, Menge und Verteilung der Zellarten bzw. der Aufbau der Gewebearten ist von Holzart zu Holzart verschieden. Besonders große Unterschiede bestehen in dieser Beziehung zwischen den Laubhölzern und den entwicklungsgeschichtlich älteren Nadelhölzern, die sich auch bei den Eigenschaften bemerkbar machen. Die Eigenschaften des Holzes werden weiter durch die Unterschiede der chemischen Bestandteile des Holzes beeinflußt, denn obwohl die Elementarzusammensetzung der Hölzer eine auffallende Übereinstimmung zeigt, weisen die prozentualen Anteile der chemischen Bestandteile je nach Art, Alter, Standort und Wachstum deutliche Unterschiede auf (s. Tabellen 5.19, 5.20, 5.21). Die chemischen Bestandteile des Holzes werden nach ihrer Bedeutung und Häufigkeit in Haupt- und Nebenstoffgruppen unterteilt:

| Hauptstoffgruppen: | Holzzellulose und Lignin |
| Nebenstoffgruppen: | Harze, Wachse, Gerbstoffe, Stärke, Öle, Alkaloide und mineralische Bestandteile |

Unter *Holzzellulose* versteht man die Gesamtheit der polymeren Kohlenhydrate mit unterschiedlichen Polymerisationsgraden, die die sogenannte Gerüstsubstanz der Zellwand bilden. Dabei hat die technisch wichtige Zellulose bei allen Holzarten den größten Anteil. Sie ist ein Polysaccharid (Kohlenhydrat) mit Fadenstruktur und hat einen Polymerisationsgrad von etwa 20 000.

Holzpolyosen sind ein Gemisch verschiedener anderer Kohlenhydrate mit Polymerisationsgraden von 150 . . . 200. Sie dienen der Pflanze als Gerüst- und Vorratsstoffe.

Tabelle 5.19 Elementarzusammensetzung des Holzes

Kohlenstoff	etwa 50 %
Sauerstoff	etwa 43 %
Wasserstoff	etwa 6 %
Stickstoff und andere Elemente	etwa 1 %

Tabelle 5.20 Hauptbestandteile des Holzes und Streubreiten ihrer gefundenen Analysenwerte

Holzzellulose	46 . . . 87 %
davon Zellulose	40 . . . 60 %
Holzpolyosen (Hemizellulosen)	6 . . . 27 %
Lignin	18 . . . 41 %
Extraktstoffe	0,3 . . . 10 %

Tabelle 5.21 Hauptbestandteile einiger Holzarten

Holzarten	Zellulose	Holzpolyosen (Hemizellulosen)	Lignin
Fichte	47 %	19 %	28 %
Kiefer	43 %	23 %	29 %
Rotbuche	39 %	28 %	23 %
Linde	38 %	33 %	18 %
Zitterpappel	42 %	26 %	18 %

Im Laubholz sind davon mehr enthalten als im Nadelholz (siehe Tabelle 5.21). *Lignin* ist chemisch nicht eindeutig zu bestimmen. Es ist der Bestandteil des

Holzes, der bei Behandlung von Holz mit konzentrierten Säuren (totale Hydrolyse) als Rückstand zurückbleibt. Es bildet die Hauptmasse der Kittsubstanz und bewirkt durch seine Einlagerung in das von der Zellulose gebildete Mizellargerüst eine Versteifung der Zellwände, die sogenannte Verholzung. Nadelholz enthält etwas mehr Lignin als Laubholz (siehe Tabelle 5.21). Zu den Nebenstoffgruppen oder chemischen Nebenbestandteilen des Holzes gehören Stoffe, die im Holz meist nur in relativ geringen Mengen vorkommen, aber nach Art und Menge ihrer Einlagerung Eigenschaften und Verwendbarkeit des Holzes in gewissen Grenzen beeinflussen. Vorkommen und Menge können je nach Holzart, Baumteil, Alter und Standort differieren.

Einige dieser Stoffe, wie *Harze, Wachse* u. a., haben eine erhebliche technische Bedeutung. So können z. B. aus 1 t Kieferholz (Stubbenholz) etwa 150 kg Harz und etwa 25 l Terpentinöl gewonnen werden. Dieses Harz besitzt eine breite Verwendungspalette von Siegellack, Brauchpech, Firnis über Bohnerwachs, Papierleim bis zu pharmazeutischen Präparaten. Besonders harzhaltig sind viele Nadelhölzer (Kiefer, Fichte und Lärche).

> *Gerbstoffe* sind Substanzen, die wie Säuren wirken und das Holz vor Pilzbefall schützen. Gerbstoffreiches Holz, z. B. Kernholz der Eiche, ist deshalb sehr dauerhaft. Laubhölzer sind im allgemeinen gerbstoffreicher als Nadelhölzer.

5

> *Mineralische Bestandteile* sind anorganische Verbindungen, die durch die Wurzelhaare mit dem Bodenwasser aufgenommen werden und beim Verbrennen des Holzes als Oxide, Karbonate, Phosphate und Nitrate in der Asche zurückbleiben.

Wie alle Pflanzen wachsen Bäume durch Zellteilung. Dabei verlaufen Längen- und primäres Dickenwachstum der Zellen parallel. Im Ergebnis der Entwicklung werden die tragenden Teile (Stamm und Äste) länger und vergößern zugleich ihren Querschnitt. So stellt der Baum eine langlebige, sich jährlich verlängernde, verdickende und verholzende Pflanze dar. Dieser Wachstumsprozeß erfolgt im Bildungsgewebe des Baumes, dem Kambium. Bedingt durch die klimatischen Schwankungen erfolgt in Mitteleuropa der Prozeß nur in der Vegetationsperiode, etwa April bis August.

Durch ständige tangentiale Teilung des Kambiums entstehen dabei Zellen mit unterschiedlichen Eigenschaften. Nach innen wird Holz gebildet, nach außen Bast und Rinde. Dabei ist der Anteil der neugebildeten Holzzellen weitaus größer.

Die in der Vegetationsperiode gebildeten Zellen unterscheiden sich in ihren Eigenschaften, je nachdem, ob sie zu Beginn oder gegen Ende dieser Periode ausgebildet wurden. Die im Frühjahr, zu Beginn der Vegetationsperiode gebildeten Zellen wachsen durch die Nährstoffreserven und den Saftreichtum besonders schnell. Darum sind sie verhältnismäßig leicht, weich, hell und im Zellenbau locker und dünnwandig. Die sich am Ende der Periode gebildeten Zellen wachsen langsamer. Deshalb sind diese als Spätholz bezeichneten Zellen gegenüber dem zuerst gebildeten Frühholz fester, dunkler und besitzen, da sie im Zellenbau enger und dickwandiger sind, eine höhere Rohdichte. Die gesamte vom Kambium gebildete jährliche, ringförmige aus Früh- und Spätholz bestehende Zuwachsschicht wird dabei als *Jahrring* bezeichnet. Dabei übernimmt das Frühholz den Nährstofftransport, das Spätholz dient vor allem der Festigung des Stammes. Die Grenzlinie zwischen dem Spätholz des einen und dem Frühholz des anderen Jahrringes wird als Jahrringgrenze bezeichnet. Da Jahr für Jahr ein neuer Jahrring gebildet wird, läßt sich aus der Anzahl von Jahrringen etwa das Alter des Baumes bestimmen.

Mit zunehmendem Alter entsteht im Inneren des Stammes durch strukturelle und chemische Vorgänge das festere dunklere *Kernholz*, das sich vom jüngsten vom Kambium gebildeten helleren Holz, dem *Splintholz*, unterscheidet. Diese Verkernung setzt ein, wenn der Baum einen genügend breiten Splintring zur Leitung besitzt und das innere Holzteil dafür nicht mehr benötigt. Die bisherigen Leitbahnen werden durch strukturelle Veränderungen, wie Tüpfelverklebung bei Nadelholz, gegen Wasserdurchfluß blockiert. In die abgestorbenen Zellen lagern sich Gerb- und Farbstoffe, Harze u. a. ein. Kernholz ist dadurch gegenüber dem Splintholz trockener, schwerer, härter, schwieriger zu imprägnieren und wird von tierischen Schädlingen weniger befallen. Diese Unterschiede sind bei Kernholzbäumen, wie Eiche, Kiefer, besonders ausgeprägt, bei Splintholzbäumen, wie Birke, Erle, sind sie kaum feststellbar. So etwas wird als verzögerte Kernholzbildung bezeichnet.

Der makroskopische Bau des Holzes, das Oberflächenbild des Holzes, das mit bloßem Auge oder mit einer Lupe dem Betrachter erscheint, ist je nach der Schnittrichtung unterschiedlich (vgl. Tabelle 5.22 und Bild 5.8). Die erkennbaren Einzelheiten des Holzgefüges auf den glatten Schnittflächen werden als Zeichnung (Textur) oder *Maserung* bezeichnet, die ein charakteristisches Merkmal der verschiedenen Hölzer ist. Die unterschiedliche Zeichnung ist weiterhin abhängig vom wuchsbedingten Faserverlauf, den Zellinhaltsstoffen, ihren verschiedenen Farben u. a. Für die Holzartenbestimmung ist der Querschnitt von Bedeutung. Er zeigt am deutlichsten die Jahrringe, einschließlich Früh- und Spätholz, Rindenteil mit Splintholz, Kernholz, Markstrahlen, Harzkanäle und die Markröhre (siehe Bild 5.9).

Während der Querschnitt stets senkrecht zur Stammachse geführt wird und eine mehr oder weniger kreisrunde Form zeigt, verlaufen Tangential- und Radialschnitt parallel zur Stammachse.

Beim Radialschnitt entsteht dabei eine schlichte, streifige Textur, da die Jahrringe als fast parallel zueinander laufende Längsstreifen auftreten (siehe Bild 5.10).

Tabelle 5.22 Unterschiedliche Schnittführungen und Oberflächenbilder beim Holz

Bezeichnung der Schnittführung	Schnittführung	Oberflächenbild
Querschnitt (Hirnschnitt)	senkrecht zur Stammachse in Richtung der Markstrahlen	*Jahrringe:* konzentrische Ringe um das Mark *Markstrahlen:* radiale Striche von innen nach außen
Radialschnitt (Spiegelschnitt)	parallel zur Stammachse in Richtung des Radius und fast parallel zu den Markstrahlen	*Jahrringe:* parallele Streifen verschiedene Abstände *Markstrahlen:* quer zur Faserrichtung verlaufende Bänder (Spiegel)
Tangentialschnitt (Fladerschnitt) (Sehnenschnitt) (Brettschnitt)	parallel zur Stammachse außerhalb des Markes, tangential zu den Jahrringen und quer zu den Markstrahlen	*Jahrringe:* fladerförmige Zonen oder Farbstreifen mit unterschiedlichen Kurven *Markstrahlen:* in Faserrichtung verlaufende, kurze Striche, Punkte

5

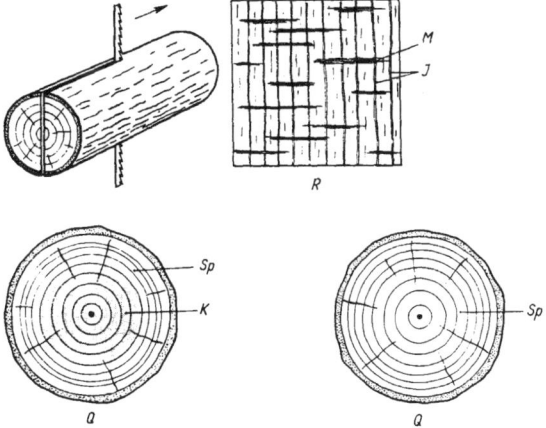

Bild 5.8 Hauptabschnitte und Aufbau des Holzes; M Markstrahl, R Rinde, J Jahrring, Sp Splintholz, K Kernholz, Q Querschnitt

Die stärkste Wirkung geht von den Holzbildern der Tangentialschnitte aus, wo die einzelnen Jahrringe als bogen- oder wellenförmige Linien erscheinen (siehe Bild 5.11).

Sie ist deshalb für den Holzverbraucher die wichtigste Schnittfläche, die Bedeutung für die Furnierherstellung und für Einlegearbeiten (Intarsien) hat.

Bild 5.9   Querschnittsfläche von Tannenholz

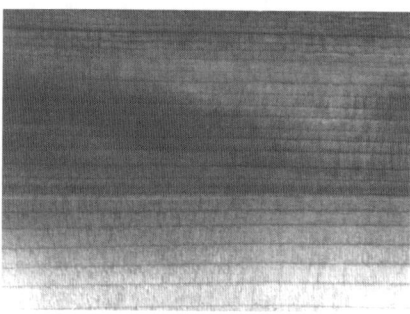

Bild 5.10   Radialschnittfläche von Kiefernholz

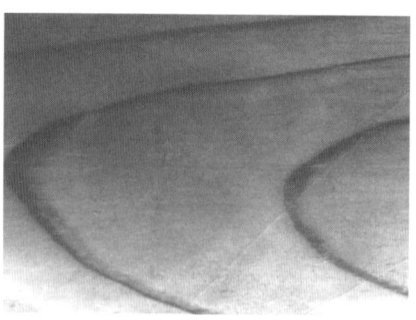

Bild 5.11   Tangentialschnittfläche von Kiefernholz

5.2.3   Eigenschaften des Holzes

5.2.3.1   Allgemeines

Zur richtigen Einschätzung und Verwendung des Holzes muß man neben der Struktur auch die Eigenschaften dieses Werkstoffes kennen, besonders das Verhalten beim Einwirken von Kräften. Dabei ist zu beachten, daß das Holz zu den Werkstoffen gehört, die eine relativ große Streubreite in den Eigenschaftskennwerten aufweisen. Diese Werte folgen der Gaußschen Normalverteilung nur in Ausnahmen, z. B. ist die Streubreite der Rohdichte von Kiefer im Minimum bei 300 kg · m^{-3}, im Maximum bei 850 kg · m^{-3}, und die mittlere Rohdichte beträgt 490 kg · m^{-3}. Einen weiteren Einfluß übt die inhomogene, anisotrope Struktur des Holzes auf die Eigenschaften aus. So sind besonders alle Festigkeitseigenschaften sehr stark von der Faserrichtung abhängig, z. B. beträgt die Zugfestigkeit senkrecht zur Faserrichtung weniger als 10 % der Festigkeit, die in Faserrichtung gemessen wird. Bereits bei einem Winkel von 15° zur Faserachse vermindert sich die Zugfestigkeit um mehr als 50 %.

Eine große Wirkung auf das Verhalten des Holzes geht davon aus, daß Holz im physikalischen Sinne ein poröser Körper ist. Er enthält Hohlräume unterschiedlicher Größe, die mit Gasen (Luft-Wasserdampf-Gemisch) oder mit Flüssigkeiten (Wasser bzw. wäßrigen Lösungen) gefüllt sein können. Die Aggregatzustände des Wassers im Holz, die sogenannte Holzfeuchte, beeinflussen fast alle Eigenschaften des Holzes. So werden die Festigkeitswerte beim Holz auf eine bestimmte Holzfeuchte bezogen. Durch Veränderung der Holzfeuchte in der Wechselwirkung mit der Luftfeuchte kommt es zu Volumenänderungen des Holzes, auf die noch näher eingegangen wird. Auf die Veränderungen der Eigenschaften durch biochemische Prozesse, die durch Organismen, wie Bakterien, Pilze und Insekten ausgelöst werden, wird im Abschnitt Holzfehler – Holzschäden eingegangen.

5

5.2.3.2   Verhalten des Holzes gegenüber Feuchtigkeit (Holzfeuchte)

Holz ist als kapillarporöser Körper hygroskopisch. Es hat dadurch die Eigenschaft, so lange aus der jeweiligen Umgebung, in der Regel aus der Luft, Feuchtigkeit aufzunehmen oder an diese abzugeben, bis ein Gleichgewichtszustand erreicht ist. Dieses Gleichgewicht ist von der Temperatur, vom Luftdruck und von der relativen Luftfeuchte abhängig.

Diese gesetzmäßige Relation zwischen Temperatur und relativer Feuchte der Luft einerseits und der sich dazu einstellenden Holzfeuchte wird als hygroskopisches Gleichgewicht bezeichnet, siehe Bild 5.12. Dieses Gleichgewicht umfaßt nur den Konzentrationsbereich, in dem das Wasser im Holzkörper als „gebundenes Wasser" in den intermizellaren Zwischenräumen durch verschiedene Bindekräfte, wie Chemosorption, Adsorption und Kapillarkondensation festgehalten wird. Oberhalb einer bestimmten Konzentration, der sogenannten Fasersättigung, tritt „freies Wasser" auf, das sich in den Zellwänden in freier, tropfbarer Form befindet. Dieser Fasersättigungsbereich liegt bei einheimischen Hölzern zwischen 25 % und 30 % Holzfeuchte. Bei Aufnahme und Abgabe von gebundenem Wasser kommt es zu einer alternierenden Volumenänderung des Holzes (Quellen und Schwinden). Dieses Verhalten des Holzes muß bei seinem Einsatz beachtet werden. Im Gegensatz dazu verändert das „freie Wasser" die Holzabmessungen nicht. Die Quell- und Schwindmaße sind in den einzelnen Hauptorientierungsrichtungen des Stammes unterschiedlich. Die linearen Werte in *Längsrichtung* (Faserrichtung), parallel zur Längsachse des Baumzylinders, in *Radialrichtung* (Markstrahlrichtung), radial zu den Jahrringen, in *Tangentialrichtung*, tangential an den Jahrringen, verhalten sich etwa wie 1 : 10 : 20.

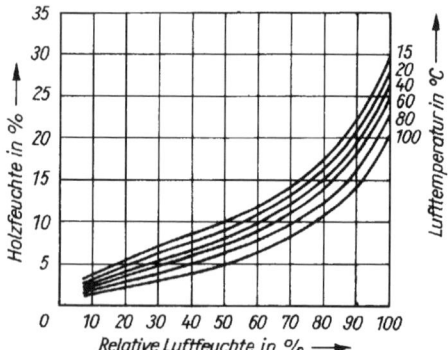

Bild 5.12 Hygroskopisches Gleichgewicht des Holzes

Holz zeigt hier ein ausgeprägtes anisotropes Verhalten.

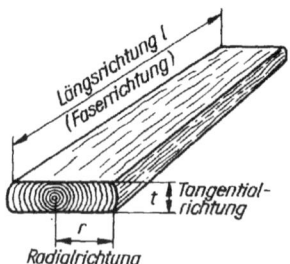

Bild 5.13 Hauptorientierungsrichtungen bei einem Holzkörper (Schnittholz)

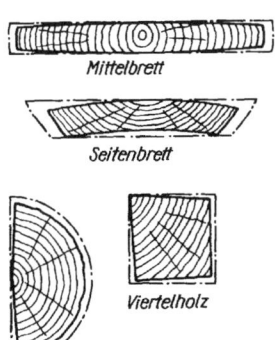

Mittelbrett

Seitenbrett

Viertelholz

Halbholz

Form des grünen Holzes

Bild 5.14 Formänderungen des Schnittholzes durch unterschiedliches Quellen und Schwinden in den Hauptorientierungsrichtungen

Tabelle 5.23 Schwindmaße einiger Holzarten – Angabe in Prozent

Holzarten	Radial β_r	Tangential β_t	Räumlich β_v
Fichte	3,6	7,8	11,9
Kiefer	4,0	7,7	12,1
Tanne	3,8	7,6	11,5
Lärche	3,3	7,8	11,4
Birke	5,3	7,8	13,7
Eiche	4,0	7,8	12,2
Esche	5,0	8,0	13,2
Linde	5,5	9,1	14,9
Rotbuche	5,8	11,8	17,8

5

Die Quell- und Schwindmaße in Längsrichtung liegen meist unter 0,5 % und können in der Praxis vernachlässigt werden.

Die Summe der linearen Werte ergibt angenähert die sogenannte Volumenquellung bzw. Volumenschwindung. Tabelle 5.23 enthält die Schwindmaße einiger Holzarten, und die Bilder 5.13, 5.14, veranschaulichen die Formänderung des Schnittholzes, Arbeiten eines Brettes, bedingt durch das unterschiedliche Quellen und Schwinden in tangentialer bzw. radialer Richtung in Zusammenhang mit der unterschiedlichen Lage des Brettes im ursprünglichen Stamm. Die Holzfeuchte im lebenden Baum ist von der Jahreszeit, von der Art, dem Alter und von den Standortbedingungen abhängig. Sie ist dabei ungleichmäßig über den Stammquerschnitt verteilt. So hat das jüngere Splintholz, in dem sich

Leitungsvorgänge abspielen, eine höhere Holzfeuchte als das Kernholz. Diese Verteilung verändert sich, wenn der gefällte, entrindete Baum von der Stammperipherie her auszutrocknen beginnt.

5.2.3.3   Dichte (Rohdichte, Reindichte, Raumdichtezahl)

Die mechanische Größe Dichte, als das Verhältnis der Masse zum Volumen, ist bei Holz als einem porösen Körper vom Porenraum und von den Füllungszuständen der Hohlräume abhängig.

Man unterscheidet deshalb beim Holz
- die Rohdichte ϱ
- die Reindichte ϱ_ϱ
- die Raumdichtezahl R

> Unter *Rohdichte* ϱ versteht man den Quotienten aus Masse und Volumen des Holzes einschließlich aller Hohlräume. Angabe meist in $kg \cdot m^{-3}$.

Sie ist abhängig vom Porenraum, Holzfeuchtesatz und vom Anteil verschiedener Inhaltsstoffe, wie Harze und Gerbstoffe. Je nach den Füllungsvariationen der Hohlräume unterscheidet man ϱ_{dtr} des absolut trockenen Holzes, auch Darrdichte genannt, und ϱ_f Rohdichte bei einem bestimmten Feuchtesatz u.

> Unter *Reindichte* ϱ_ϱ versteht man das Verhältnis der Masse des Holzkörpers zum Volumen des Holzkörpers ohne Zellhohlräume und Wasser, jedoch einschließlich intermizellarer Zwischenräume.

Infolge annähernd gleichen chemischen Aufbaus beträgt die Reindichte bei allen Holzarten im Mittel $1\,500 \; kg \cdot m^{-3}$. Sie schwankt nur in geringen Grenzen, die vorwiegend auf die in den Zellwänden unterschiedlich eingelagerten Inhaltsstoffe, z. B. Harzeinlagerungen, zurückzuführen ist.

> Als *Raumdichtezahl* R bezeichnet man den Quotienten aus der darrtrockenen Holzmasse und dem voll gequollenen Holzvolumen.

Diese Zahl gibt an, wieviel darrtrockene Holzmasse in $1 \; m^3$ fasergesättigtem Holz enthalten ist, und sie ist für verschiedene Verwendungszwecke des Holzes, vor allem für die chemische Verwertung des Holzes zu Zellstoff, von Bedeutung. In Tabelle 5.24 sind Rohdichte und Raumdichtezahlen verschiedener Hölzer zusammengestellt.

Zwischen Raumdichtezahl R und Darrdichte ϱ_{dtr} bestehen folgende Zusammenhänge:

$$\varrho_{dtr} = R \frac{100}{100 - \beta_v} \qquad bzw. \qquad R = \varrho_{dtr} \frac{100 - \beta_v}{100}$$

Tabelle 5.24 Rohdichten (Darrdichten) und Raumdichtezahlen einiger Holzarten

Holzarten	Darrdichte ϱ_{dtr} in kg · m^{-3}	Raumdichtezahl R in kg · m^{-3}
Pappel	410	370
Tanne	410	360
Fichte	430	380
Kiefer	490	430
Lärche	550	490
Birke	610	530
Eiche	650	570
Rotbuche	680	560
Robinie	730	650

Das räumliche Schwindmaß kann aus Tabelle 5.23 entnommen werden, so beträgt es bei Kiefer 12,1 % und bei Buche 17,8 %.

5.2.3.4 Mechanisch-technologische Eigenschaften des Holzes

Festigkeit und Elastizität

Bei der Ermittlung und Angabe dieser Eigenschaften wie Zugfestigkeit u. a. ist die inhomogene Struktur des Holzes zu berücksichtigen. Bei Tabellenwerten müssen deshalb Angaben gemacht werden, in welcher Richtung zur Faserachse die Belastung wirkt, vgl. Tabelle 5.25.

Tabelle 5.25 Festigkeiten einiger Holzarten bei einer Holzfeuchte von $u = 12$ %, Angaben in N · mm^{-2}

Holzarten	Zugfestigkeit		Druckfestigkeit		Biegefestigkeit
	längs	quer	längs	quer	quer
Tanne	84	2,3	40	—	62
Fichte	90	2,7	43	5,8	66
Kiefer	104	3,0	47	7,7	87
Lärche	107	2,3	47	5,0	96
Eiche	90	4,0	53	11,0	91
Esche	160	7,0	48	11,0	102
Nußbaum	100	3,5	58	12,0	119
Rotbuche	130	7,0	53	9,0	105

5

Tabelle 5.26 Einfluß der Holzfeuchte auf Zugfestigkeit σ_z, *Druckfestigkeit* σ_d, *Biegefestigkeit* σ_b

u in %	0	5	10	20	30	40
σ_z in %	90	100	95	90	75	70
σ_d in %	100	85	70	50	35	30
σ_b in %	90	100	90	60	50	50

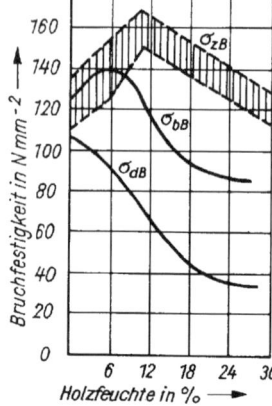

Bild 5.15 Abhängigkeit verschiedener Festigkeiten von der Holzfeuchte bei Buche, nach KÜCH

Weiteren Einfluß auf diese Kennwerte haben Rohdichte, Holzfeuchte, Temperatur und biologische Faktoren, wie Wuchsbedingungen. Die Abhängigkeit von der Rohdichte ist dabei besonders ausgeprägt. Allgemein gilt, daß mit steigender Rohdichte die Kennwerte zunehmen. Der Einfluß der Holzfeuchte macht sich so bemerkbar, daß bei geringen Holzfeuchten ein Maximum liegt, das mit zunehmender Holzfeuchte unterschiedlich stark abfällt, am stärksten bei der Druckfestigkeit, siehe Tabelle 5.26 und Bild 5.15.

Der Einfluß der Temperatur auf die Festigkeitseigenschaften ist im Bereich von − 30 °C bis + 30 °C unwesentlich. Erst bei Temperaturen über 100 °C nehmen die Festigkeitswerte durch Pyrolyse des Holzes schnell minimale Werte an. Siehe auch 5.2.3.5, Thermische Eigenschaften.

Die anatomisch-morphologischen Besonderheiten des Holzes sind bei der Herstellung der Prüfkörper besonders zu beachten. Die Messungen müssen an fehlerfreiem Holz erfolgen.

Je nach der Beanspruchungsart unterscheidet man Zugfestigkeit, Biegefestigkeit, Druckfestigkeit, Schlagzähigkeit, Torsionsfestigkeit. Ein Maß für die Verformungsfähigkeit des Holzes sind Elastizitätsmodul E und Torsionsmodul G. Je nach der Belastungsrichtung unterscheiden sich die Verformungsvorgänge. So werden bei zunehmender Druckbeanspruchung quer zur Faserrichtung des Holzes die Hohlräume im Inneren des Holzes geschlossen, und der Prüfkörper wird immer mehr zusammengedrückt. Als wichtige Kenngröße ist hier eine sogenannte Quetschgrenze von Bedeutung. Bei der Druckbeanspruchung parallel zur Faser tritt die Festigkeitswirkung des Zellulosefaserskeletts stärker in Erscheinung. Die Längsdruckfestigkeit ist deshalb bedeutend höher als die Querdruckfestigkeit. Der Bruch der Probe erfolgt hier durch ein Umknicken der Fasern. Vor diesem Umknicken wird die Höchstlast erreicht, danach sinkt die Spannung stetig ab. Manche Holzarten erzeugen vor dem Bruch Warngeräusche und können in der Praxis als warnfähig für Belastungsbruch angesehen werden. Dazu zählen unter anderen Kiefer, Buche, Eiche und Fichte. Eine Rolle kann das bei Grubenstempeln spielen.

Die Zugfestigkeiten des Holzes in Faserrichtung stellen die höchsten Festigkeitswerte für Holz dar. Quer zur Faser darf Holz nie auf Zug beansprucht werden, da die Querzugfestigkeit ähnlich der Querdruckfestigkeit sehr gering ist. Sie beträgt weniger als 1/10 der Längszugfestigkeit und wird noch durch Bearbeitungs- und Trockenrisse so beeinflußt, daß sie fast Null werden kann, siehe Tabelle 5.25.

Härte und Abnutzungswiderstand

Die *Härte* des Holzes ist eine Eigenschaft, von der seine Bearbeitbarkeit und die Wahl des zu verwendenden Werkzeuges abhängig sind. Die Bestimmung erfolgt nach verschiedenen Verfahren. Es hat sich vor allem das statische Kugeldruckverfahren nach BRINELL durchgesetzt, das zuerst bei der Härtemessung von Metallen Anwendung fand. Bei der Prüfung von Holz wird eine Stahlkugel von 10 mm Durchmesser mit einer Kraft von 500 N bzw. bei Weichholz mit 100 N in den Prüfkörper eingedrückt.

Aus erzeugter Verformungsfläche und eingewirkter Kraft erhält man den Brinellhärtewert, der bei bestimmten Werkstoffen in einer gewissen Beziehung zur Zugfestigkeit steht. Bei allen Verfahren wird versucht, durch den anisotropen Bau des Holzes bedingte Streuungen einzuschränken. Es bleiben trotzdem alle Härtezahlenangaben für Holz nur Näherungswerte. So lassen sich auch keine Beziehungen zur Zugfestigkeit herstellen.

Es zeigt sich bei allen Verfahren eine Abhängigkeit der Härte des Holzes von der Rohdichte, Holzfeuchte und Faserrichtung. So ist die Härte im Querschnitt eines Holzes stets größer als im tangentialen oder radialen Längsschnitt, und das Spätholz ist härter als das Frühholz. Mit zunehmender Rohdichte nimmt in der Regel die Härte der Hölzer zu. Die stark ausgeprägte Abhängigkeit von der Holzfeuchte äußert sich darin, daß bis zur Fasersättigung eine zunehmende Holzfeuchte von jeweils 1 % eine Verringerung der Härte um jeweils 3 % her-

5

vorruft. Legt man eine Brinellhärte des Holzes im Querschnitt bei einer Holzfeuchte von $u = 12\,\%$ zugrunde, so kann man die Holzarten in verschiedenen Härtestufen zusammenfassen, siehe Tabelle 5.27.

Tabelle 5.27 Einteilung der Holzarten nach der Härte

Härtestufen	Härte in *HB*	Holzarten
sehr weich	bis 3,5	Pappel, Weide, Linde
weich	3,5…4	Birke, Fichte, Erle
mittelhart	4…5	Lärche, Kastanie
hart	5…7	Ahorn, Eiche, Esche, Rüster, Kirschbaum
sehr hart	über 7	Buchsbaum, Palisander

Unter *Abnutzungswiderstand* versteht man beim Holz dessen Widerstand gegen die mit Masseverlust verbundene Veränderung seiner Oberfläche, wie sie bei Fußböden, Treppenstufen, Schneeschuhen, Webschützen und anderen Gegenständen auftritt. Zur Ermittlung dieser Eigenschaft gibt es viele Verfahren. Zum Materialabtrag wendet man Sandstrahlung, Schmirgelung oder Hartmetallschneidenabtrag an. Die Werte sind vollständig vom Meßverfahren abhängig. Dabei wird versucht, den in der Praxis auftretenden Beanspruchungen im Verfahren weitgehend zu entsprechen und aus praktischen Abnutzungsfällen Kurzversuche zu entwickeln. Messungen ergaben, daß unabhängig vom Verfahren der Abnutzungswiderstand durch hohe Holzfeuchte verringert wird und bestimmte Holzarten, wie Erle und Ahorn, einen größeren Abnutzungswiderstand haben als andere, wie z. B. Robinie und Esche. Es ist üblich, die Abnutzungswerte verschiedener Hölzer auf die der Rotbuche zu beziehen. Man erhält dann Verhältniszahlen der Abnutzung zur Rotbuche, die bei Erle 3,34 und Robinie 0,37 betragen.

5.2.3.5   Sonstige Eigenschaften

Thermische Eigenschaften

Holz ist auf Grund seiner Struktur ein schlechter Wärmeleiter. Die allgemein niedrige Wärmeleitfähigkeit ist bei den einzelnen Holzarten verschieden und zeigt eine deutliche Abhängigkeit von der Rohdichte, Holzfeuchte und Faserrichtung (Tabelle 5.28). Die Wärmeausdehnungskoeffizienten sind infolge der Anisotropie unterschiedlich.

Sie besitzen aber nur bei Temperaturen unter 0 °C Bedeutung (Entstehung von Frostrissen). Bei höheren Temperaturen werden die relativ kleinen Werte der Wärmeausdehnung durch erheblich größere Werte der Längenänderung bei Schwindung kompensiert. Weitere thermische Eigenschaften sind die spezifische Wärmekapazität, der Heizwert und das Verhalten bei der thermischen

Tabelle 5.28 Wärmeleitfähigkeit einiger Holzarten in Abhängigkeit von der Rohdichte und der Faserrichtung

Holzarten	Rohdichte bei $u = 12\%$ in kg $\cdot$ m^{-3}	Wärmeleitfähigkeit für den Bereich 20...30 °C in W $\cdot$ m^{-1} $\cdot$ K^{-1}	
		längs	quer
Fichte	420	0,26	0,14
Kiefer	550	0,35	0,14
Esche	640	0,30	0,15
Eiche	690	0,30	0,19
Rotbuche	700	0,35	0,18
Ahorn	720	0,43	0,18

Zersetzung. Die mittlere spezifische Wärmekapazität liegt bei Holz im normalen Temperaturbereich bei 1,3 kJ kg^{-1} K^{-1} und ist damit ungefähr dreimal so groß wie die von Eisen. Dieser relativ hohe Wert in Verbindung mit der geringen Wärmeleitfähigkeit ergab für das Holz bestimmte Anwendungsbereiche, wie Handgriffe an Koch- und Heizgeräten. Der durchschnittliche Heizwert des lufttrocknen Holzes liegt bei 1 200 kJ $\cdot$ kg^{-1}. Die thermische Zersetzung (Pyrolyse) des Holzes beginnt bei Temperaturen über 100 °C und führt bei etwa 230 °C zum Flammpunkt. Zwischen 260 °C und 290 °C tritt selbständiges Weiterbrennen des Holzes auf (Brennpunkt). Diese Pyrolysekennziffern als auch der Heizwert sind stark von der Holzfeuchte und von der Elementarzusammensetzung des Holzes abhängig. So sinkt der Heizwert des feuchten Holzes gegenüber dem darrtrocknen Zustand bis auf 50 % ab.

Für die Baupraxis sind darüber hinaus Brenngeschwindigkeit und Brandverhalten wichtige Größen. Die Widerstandsfähigkeit gegen Feuer, die von den genannten Größen bestimmt wird, ist für verschiedene Hölzer unterschiedlich. So haben Eiche, Robinie eine hohe Widerstandsfähigkeit, Erle, Pappel, Linde eine sehr geringe.

Elektrische und magnetische Eigenschaften

Holz hat im trockenen Zustand eine niedrige Dielektrizitätszahl ($\varepsilon_r = 2...3$) und einen hohen spezifischen elektrischen Widerstand ($\varrho = 10^{14}$ Ω $\cdot$ cm) und kann demnach als Isolator angesehen werden. Mit steigender Holzfeuchte nehmen diese Werte erheblich zu. Bei einer Holzfeuchte von $u = 18\%$ beträgt der spezifische elektrische Widerstand $3 \cdot 10^5$ Ω $\cdot$ cm. Diese starke Abhängigkeit hat den Anlaß gegeben, auf dieser Basis Meßgeräte zur Bestimmung der Holzfeuchte zu entwickeln. Die magnetischen Eigenschaften sind im Vergleich zu den Metallen schwach ausgeprägt. Daraus ergibt sich die Nutzung des Holzes als Baumaterial für Antennenmeßtürme.

Akustische Eigenschaften

Die Verwendung von Holz zur Herstellung von Musikinstrumenten beruht auf den besonderen akustischen Eigenschaften des Holzes. So weist Holz bei kleinerer innerer Verlustdämpfung die größte Strahlungsdämpfung auf, wie sie für Resonanzböden von Bedeutung ist. Die Ursachen sind in den Schallgeschwindigkeiten des Holzes zu suchen, die in Größenordnung zwischen $3\,500\ \mathrm{m} \cdot \mathrm{s}^{-1}$ und $5\,300\ \mathrm{m} \cdot \mathrm{s}^{-1}$ liegen. Diese Werte befinden sich im Vergleich zu Metallen im gleichen Größenbereich, z. B. hat Cu eine Schallgeschwindigkeit von $3\,900\ \mathrm{m} \cdot \mathrm{s}^{-1}$. Da aber die Dichte des Holzes erheblich niedriger liegt und Strahlungsdämpfung als das Verhältnis der Schallgeschwindigkeit zur Dichte aufgefaßt werden kann, ergibt sich hieraus das erwähnte günstigere Dämpfungsverhalten.

Ähnlich verhält es sich mit dem Vergleich der Schallwiderstände von Holz und Metall. Sie liegen bei Holz um eine Zehnerpotenz niedriger.

5.2.4   Holznutzung und Holzverwertung

5.2.4.1   Allgemeines

Zur Sicherstellung einer ökonomischen Verwendung des Rohstoffes Holz ist eine industriemäßig mechanisierte Rohholzbereitstellung erforderlich. Schwerpunkt ist dabei die Ausformung, die immer mehr auf zentralen Ausformungsplätzen durchgeführt wird.

> Unter *Ausformung* ist die Aufbereitung (Entasten, Entrinden, Numerieren) und Aufteilung der gefällten Stämme in verwendungs- und transportfähige Rohholzsorten zu verstehen.

Die Stämme werden unter Beachtung der Qualität und Abmessungen sowie der Anforderungen der Verbraucher in verwertungsgerechte Stücke zerlegt. Entsprechend der Entwicklung der industriellen Holzverwertung veränderten sich die Sortengruppen des Rohholzes. Heute unterscheidet man
- Furnier- und Klangholz für Furniere und Sperrholz
- Sägeholz für Schnittholz (Schwellen)
- Schichtholz für Nutzzwecke, wie *Plattenholz* für die Herstellung von Span- und Faserplatten, *Faserholz* für die Herstellung von Zellstoff und Holzschliff und sonstiges Schichtnutzholz zur Herstellung von Holzkohle, Holzwolle u. a.
- Langrohholz für Masten
- Pfähle für Erdbau, Zäune u. a.
- Brennholz für Hausbrand.

Tafel 5.2 Wichtigste Arten der industriellen Holzverwertung in der ersten und zweiten Verarbeitungsstufe sowie der nichtindustriellen Verwertung

Rohholz	1. Verarbeitungsstufe	2. Verarbeitungsstufe
Industrielle Verwertung		
Nutzholz		
Furnier- und Klangholz	Furniere Sperrholz	Möbeloberflächen, Möbelteile, Innenausbau, Formteile, Musikinstrumente, Waggon- und Containerbau, Schalungen, Konstruktionsmaterial, Verpackungen
Sägeholz	Schnittholz (Schwellen)	Fenster, Türen, Treppen, Parkett, Dielung, Bauelemente (Dachkonstruktionen), Bauhilfs- material (Gerüst- und Schalholz), Grubenausbau, Möbelteile (Sitzmöbel), Paletten, Kisten, Verschläge, Kabeltrommeln, Fässer, Fahrzeugteile, Bootsbau, Decksplanken, Modelltisch- lerei, Leisten, Stiele, Griffe, Leitern, Haus- und Küchengeräte, Kultur- und Spielwaren, Lernmittel, Sportgeräte
Plattenholz	Spanplatten Faserplatten	Möbelteile, Innenausbau, Trennwände, Verschalungen, Verkleidungen, Türen, Isolierun- gen (Unterlagen, Schallschutz), Fahrzeug-, Schiffbau, Verpackungen
Faserholz	Zellstoff Holzschliff	Papier, Pappe, Karton, Zellwolle, Kunstseide, sonstige chemische Erzeugnisse (Zelluloid, Schwämme usw.)
Sonstiges Schicht- nutzholz	Holzwolle	Leichtbauplatten, Verpackungshilfsmaterial
Nichtindustrielle Verwertung		
Nutzholz		
Grubenholz (rund)	Ausbau von Stollen und Schächten	
Masten	Starkstrom- und Fernmeldefreileitungen	
Rammpfähle	Erd- und Wasserbau	
Pfähle	Erdbau, Zäune, Gartenbau	
Stangen	Bauwesen (Gerüste, Abgrenzungen), Landwirtschaft (einfache Bauten, Klee- und Heureuter usw.), Gartenbau, Zäune	
Sonstiges Schicht- nutzholz (Meilerholz)	Holzkohle	
Brennholz	Hausbrand	

5

Für die Verwertung des Holzes in der Industrie ergibt sich infolge technologischer Stufung eine 1. Verarbeitungsstufe (primäre Holzverwertung) und eine 2. Verarbeitungsstufe (sekundäre Holzverwertung). Oftmals ist eine 3. Stufe angeschlossen, so daß sich die Holzverwertung mit zunehmender Veredlung fächerförmig verbreitert, siehe Tafel 5.2. In der primären Holzverwertung, zu der die Hauptgruppen *Schnittholz, Furniere und Sperrholz, Span- und Faserplatten und Zellstoff-Holzschliff* gehören, wird die Struktur relativ stabil bleiben. Im einzelnen zeigen sich folgende Tendenzen:

Schnittholz wird, obwohl seine Bedeutung gegenüber anderen Gruppen abnimmt, weiterhin eine wichtige Rolle spielen, da es relativ billig und universell verwendbar ist. Durch Verbesserung von Holzschutzmaßnahmen kann seine Nutzungsdauer verlängert werden.

Furniere und Sperrholz erfordern hochwertiges Rohholz, stellen aber Erzeugnisse mit dem höchsten Veredlungsgrad dar. Besonders beim Einsatz von Furnieren kommt die wertvolle kulturell-ästhetische Wirkung des Holzes zum Tragen. Die Herstellung dieser Produkte entwickelt sich in den einzelnen Ländern unterschiedlich. Dabei verzeichnet die Produktion von Sperrholz im Weltmaßstab eine starke Zunahme, die jedoch die Wachstumsrate von Span- und Faserplatten nicht erreicht. Die Produktion von *Span- und Faserplatten* entwickelt sich vom rationellen Verbraucher von Holzresten zum erstrangigen Rohholzverbraucher. In verschiedenen Ländern ist sie in kurzer Zeit an die 3. Stelle im Rohholzverbrauch gekommen. Die Produktion dieser Werkstoffe entspricht von allen Arten der Rohholzverwertung am besten den unter 5.2.1 genannten Forderungen an eine effektive Holzverwertung. Das hohe Wachstumstempo wird beibehalten. Die Produktion dieser Platten ist sehr anlagenintensiv.

Die Produktion von *Zellstoffen und Holzschliff* hat sich im Weltmaßstab besonders durch den zunehmenden Bedarf an Papier und Pappe zum zweitgrößten Holzverbraucher entwickelt und wird weiter ansteigen. Eine Substitution von Papier und Pappe im Verpackungssektor durch andere Werkstoffe, wie Kunststoffe und Metall, hat keinen Einfluß auf diesen Trend. Für die uneffektive Form der Holznutzung als Brennmaterial ist im Weltmaßstab ein Rückgang anzustreben.

5.2.4.2   Vollholz

Vollholz ist der Holzwerkstoff, bei dem das natürliche Holz mit seinen Eigenschaften und seinem Aussehen weitgehend erhalten bleibt.

Vollholz wird aus Rohholz durch Längs- und/oder Querschnitte gewonnen und direkt oder nach einer besonderen Behandlung verwertet. Dazu zählen unvergütetes Vollholz, wie Schnittholz und vergütetes Vollholz, wie Tränkvollholz.

Unvergütetes Vollholz

Unvergütetes Vollholz ist Vollholz, das ohne weitere Vorbehandlung, außer Trocknen und Klimatisieren, direkt verwendbar ist. Wichtiges unvergütetes Vollholz ist neben dem Rundholz das Schnittholz, das durch Quer- und Längsschnitte aus Rohholz gewonnen wird, zwei planparallele Breitflächen und senkrecht dazu stehende Kantenflächen hat. Eine Übersicht der festgelegten Begriffe und Abmessungen zeigt Tabelle 5.29.

Tabelle 5.29 Abgrenzung der Begriffsinhalte beim Schnittholz nach DIN 68252

Begriff	Begriffsinhalt
Schnittholz	Holzerzeugnis, z. B. Balken, das durch Sägen von Rundholz parallel zur Stammachse hergestellt wird. Schnittholz kann scharfkantig sein (besäumtes Schnittholz) oder Baumkanten haben (unbesäumtes Schnittholz).
Latte (Leiste)	Schnittholz mit einer Querschnittsfläche bis 32 cm^2 und einer Breite bis 80 mm.
Brett	Schnittholz mit einer Dicke von mindestens 8 mm und weniger als 40 mm und einer Breite von mindestens 75 mm.
Bohle	Schnittholz mit einer Dicke von mindestens 40 mm. Die große Querschnittsseite ist mindestens doppelt so groß wie die kleine.
Kantholz	Schnittholz von quadratischem oder rechteckigem Querschnitt mit einer Seitenlänge von mindestens 60 mm. Die große Querschnittsseite ist höchstens dreimal so groß wie die kleine.
Balken	Kantholz, dessen größere Querschnittsseite mindestens 200 mm breit ist.
Kreuzholz (Rahmen)	Schnittholz mit einer Querschnittsfläche von mehr als 32 cm^2. Bei Kreuzholz müssen vier Stück kerngetrennt und bei Rahmen mindestens vier Stück aus einem Rundholzausschnitt erzeugt sein.

5

Eine weitere Kennzeichnung des Schnittholzes umfaßt bestimmte Kriterien, wie Farbfehler, Krümmung, Risse u. a.

Vergütetes Vollholz

Es ist ein Vollholz, das einer besonderen Behandlung, ausgenommen Trocknen und Klimatisieren, unterzogen worden ist. Dadurch wird eine zielgerichtete Veränderung bestimmter Eigenschaften des Holzes erreicht. Nach der Art der Veränderung unterscheidet man Preßvollholz (verdichtetes Holz), Formvollholz, Tränkvollholz und als besondere Art das Mykoholz.

> *Preßvollholz* ist ein vergütetes Vollholz, das unter Einwirkung von Wärme (Temperatur bis 160 °C) und Druck (Preßdruck bis 30 N · mm^{-2}) so verdichtet wird, daß es Rohdichten bis 1400 kg · m^{-3} erreicht.

Eine zusätzliche Behandlung durch Tränken ist möglich. Als Grundmaterial kommt fehlerfreies Laubholz, z. B. Rotbuche, Birke zum Einsatz. Das innere Gefüge des Holzes wird dabei vollkommen verändert, und es kommt neben der Dichteerhöhung zu einer damit verbundenen Steigerung der Festigkeit (Tabelle 5.30). Zur Verwendung kommt dieser Holzwerkstoff im Maschinenbau nur für bestimmte Teile, z. B. Webschütze.

> *Formvollholz (Biegeholz)* ist ein vergütetes Vollholz, das durch eine spezielle Behandlung plastisch geformt ist.

Verwendet werden Laubhölzer, z. B. Rotbuche, die durch Dämpfen und anschließendes Stauchen für die Herstellung von gekrümmten Teilen genutzt werden, wie im Möbel- und Bootsbau für Rundungen und im Karosseriebau für Schweifungen.

> *Tränkvollholz* ist ein vergütetes Vollholz, das durch Tränken mit Holzschutzmitteln, Kunstharzen oder Metallen veränderte Eigenschaften aufweist.

Dazu zählen neben der Erhöhung der Dichte, Festigkeit und Härte, eine Verringerung der Reibung, Verbesserung des hygroskopischen Verhaltens und Beeinflussung des elektrischen Verhaltens. Von besonderer Bedeutung sind die Arten *Metallvollholz, Ölholz und kunstharzgetränktes Vollholz*. Die Eigenschaften des Metallvollholzes sind vom Metallgehalt abhängig. Es kommen Metalle und Legierungen zur Anwendung, die einen Schmelzpunkt unter 200 °C haben, da das Gefüge des Holzes erhalten bleiben muß.

Tabelle 5.30 Einige Eigenschaften von vergütetem Vollholz

Holzart und Zustand	Rohdichte in $kg \cdot m^{-3}$	Druckfestigkeit in $N \cdot mm^{-2}$	Biegefestigkeit in $N \cdot mm^{-2}$	Zugfestigkeit $N \cdot mm^{-2}$	E-Modul in $N \cdot mm^{-2}$
Rotbuche unbehandelt	700	60	120	135	16 000
Rotbuche als Formvollholz (Biegeholz)	640	42	40	—	1 800
Rotbuche als Preßvollholz	1 050 … 1 460	152	273	324	28 000

Es hat eine gute Bearbeitbarkeit und wird im Lagerbau als selbstschmierende Lager verwandt. Dazu eignet sich ebenfalls das Ölholz, bei dem das Holz mit Maschinenöl geringer Viskosität getränkt wird. Der Masseanteil des Öls liegt bei ungefähr 25 %.

Das *kunstharzgetränkte Vollholz* ist ein Beispiel für die Entwicklung der Holz-Kunststoff-Kombinationen. Hier werden organische Monomere in das Holz eingebracht und danach durch Strahlung, Wärme in Verbindung mit Katalysatoren zu Makromolekülen umgewandelt. Wirtschaftlich ist zur Zeit ein Verfahren zur Erhöhung der Härte und Abriebfestigkeit. So wird Parkett aus solchem Holz bereits seit einiger Zeit mit Erfolg verlegt. Die Kunststoffkomponenten sind sowohl Polymerisationsharze wie Styren, als auch Polykondensations- und Polyadditionsverbindungen, wie Phenol-Formaldehyd-Harze und Polyurethane. Beim *Mykoholz* wird durch eine technisch-mykologische Holzauflockerung mit speziellen Kulturpilzen eine Dichteverringerung bis $0,13\ \mathrm{g \cdot cm^{-3}}$ erreicht. Die Durchwucherung des Holzes, meist Rotbuche, dauert $3 \ldots 5$ Monate. Dieses Verfahren liefern einen weitgehend verzugsfreien und gut schnitzbaren Holzwerkstoff, der vor allem zur Bleistiftherstellung und im Form- und Modellbau eingesetzt wird.

5.2.4.3 Furniere und Lagenholz

> *Furniere* gehören zu den am längsten bekannten Werkstoffen aus Holz. Nach DIN 4079 ist Furnier ein dünnes Blatt aus Holz, das durch Schälen, Messern oder Sägen vom Stamm oder Stammteil abgetrennt wird.

Wurden die Furniere früher fast ausschließlich für dekorative Zwecke genutzt (Ausnutzung von Textur und Farbe der Hölzer), so sind sie heute vor allem Ausgangsstoffe für die Herstellung von Lagenholz und anderen Verbundkonstruktionen. Nach der Herstellungsart unterscheidet man *Sägefurniere, Messerfurniere, Rundschälfurniere* und *Exzenterschälfurniere*. Nach ihrer Verwendung werden sie eingeteilt in Absperr-, Unter-, Gegen- und Deckfurniere. Dabei bilden *Deckfurniere* die äußere dekorative Furnierlage bei Sperrholz, Spanplatten u. a. Die anderen dienen zur Erhöhung der Festigkeit, die vor allem durch die Lage der Furniere zueinander erreicht wird. Des weiteren wird dadurch das Verziehen verhindert und das Quellen und Schwinden eingeschränkt. Furniere haben im wesentlichen die Eigenschaften der Hölzer, aus denen sie hergestellt wurden. Wichtig sind vor allem für ihren Einsatz neben der Quellung und Schwindung die Luftdurchlässigkeit, um Leimdurchschläge zu vermeiden. Auf die nachfolgende Lackierung können Holzinhaltsstoffe Einfluß haben. Zur Veränderung der Farbe der Furniere dient besonders das Beizen.

> Zum *Lagenholz* gehören Holzwerkstoffe, die aus übereinandergeschichteten Furnieren mit Klebstoff unter Einwirkung von Druck und mit oder ohne Wärme hergestellt werden.

Dieses Holz hat infolge der Schichtung der Furniere bei weitgehender Ausschaltung von Wuchsfehlern in Verbindung mit der Verdichtung und dem Einfluß des Klebstoffes verbesserte Eigenschaften gegenüber dem Vollholz. Das betrifft besonders die mechanischen Eigenschaften, wie Biegefestigkeit, Härte. Das führt dazu, daß Lagenholz im allgemeinen dimensionsstabiler ist als Vollholz. Die Einteilung von Lagenholz erfolgt nach der Art der Verdichtung, z. B. Kunststofflagenholz, und nach der Lage der Faserrichtungen der Furnierlagen zueinander. Dazu gehören Schichtholz, Sperrholz und Sternholz. Dabei besteht *Sperrholz* aus Furnieren, bei denen die Faserrichtung von Schicht zu Schicht im Winkel von 90 °C wechselt. Bei *Sternholz* ändert sich die Faserrichtung der Furniere von Schicht zu Schicht und bildet in der Projektion einen Stern mit Winkeln von 15° . . . 45°. Mit der Anzahl der Lagen steigt die Vergütung, weil damit eine Verkleinerung der Winkel zwischen den Faserrichtungen der einzelnen Schichten verbunden ist. Das *Schichtholz* ist ein Lagenholz, das aus vielen dünnen Furnieren mit meist paralleler Faserrichtung besteht. Seine Vergütung beruht auf der in Faserrichtung hervorgerufenen Festigkeit. Die wenigen Furnierschichten (bis 15 %), die senkrecht zur Hauptfaserrichtung liegen (um 90° versetzt), bewirken eine ausreichende Querzugfestigkeit. Die Verwendung ist sehr vielseitig. Sie reicht von hochbeanspruchten Maschinenteilen aus Schichtholz bis zum konstruktiven Bauelement aus Sperrholz im Möbelbau. Auf bestimmten Gebieten ist besonders das Sperrholz immer mehr von den Span- und Faserplatten verdrängt worden.

5.2.4.4   Faserplatten

> Faserplatten sind Werkstoffe aus Holz, die aus zerfasertem Holz mit oder ohne härtbarem Kunstharzklebstoff, mit oder ohne Druck und unter Einwirkung von Wärme hergestellt werden.

Wie schon der Name sagt, bestehen die Platten aus Fasern, die mit Hilfe von Wasser (Naßverfahren), ähnlich der Papier- und Pappeherstellung, zu einem Faservlies geformt werden. Z.Zt. verwendet man zur Vliesbildung statt Wasser auch Luft (Trockenverfahren). Die gebildeten Faservliese werden dann getrocknet und zum Teil auch gepreßt. Unter der Wirkung von rohstoffeigenen oder zugesetzten Klebstoffen, durch die Zugabe von anderen vergütenden Stoffen, durch Druck und Wärmeeinwirkung während des Herstellungsprozesses werden je nach dem Verwendungszweck Faserplatten mit einer Rohdichte von $180 \ kg \cdot m^{-3}$ bis $1\,200 \ kg \cdot m^{-3}$ hergestellt, siehe Tabelle 5.31.

Die Faserplatten niedriger Dichte (Rohdichte bis zu $350 \ kg \cdot m^{-3}$) finden hauptsächlich für Wärme- und Schalldämmung Verwendung und werden in Dicken von 8 bis 20 mm hergestellt. Faserplatten mittlerer Dichte (Rohdichte

Tabelle 5.31 Einteilung der Faserplatten

Einteilungsgesichtspunkt	Arten
Verdichtung bzw. Rohdichte in kg · m^{-3}	Faserplatten niedriger Dichte (bis 350 kg · m^{-3}); auch poröse Faserplatten; Faserplatten mittlerer Dichte (350 bis 800 kg · m^{-3}); auch mittelharte Faserplatten; Faserplatten hoher Dichte (über 800 kg · m^{-3}); auch harte Faserplatten
Herstellungsverfahren	Faserplatten hergestellt nach dem Naßverfahren, auch einseitig glatte Faserplatten; Faserplatten hergestellt nach dem Trockenverfahren, auch zweiseitig glatte Faserplatten
Querschnittsstruktur	einschichtige Faserplatten; mehrschichtige Faserplatten
Breitflächenbeschaffenheit	unbeschichtete Faserplatten; beschichtete Faserplatten (Beschichtungsmaterial Furnier, Dekorfolie u. a.)

350 . . . 800 kg · m^{-3}) werden entweder als mittelharte, einschichtige Faserplatten im Bauwesen oder nach entsprechender Oberflächenbeschichtung besonders im Möbelbau eingesetzt. Die Faserplatten hoher Dichte (Rohdichte über 800 kg · m^{-3}) werden in Dicken von 3 bis 6 mm hergestellt und sind besonders für Verkleidungen geeignet, die hohen mechanischen Beanspruchungen ausgesetzt sind. Sie ergeben als Deckschichtmaterial in Kombination mit anderen Werkstoffen Verbundwerkstoffe, die vielseitige Verwendung, z. B. im Fahrzeug- und Schiffsbau finden. Neben der Einteilung der Platten nach der Rohdichte gibt es eine Einteilung nach der Querschnittstruktur und nach der Breitflächenbeschaffenheit, vgl. Tabelle 5.31.

Daneben ist eine Einteilung nach besonderen Eigenschaftsmerkmalen möglich, wie gelochte Faserplatte (Akustikplatte) u. a. Im Laufe der Entwicklung der Faserplattenherstellung haben sich verschiedene Verfahren herausgebildet, wie Naßverfahren, Trockenverfahren, Trockenpreßverfahren. Grundsätzlich treten bei allen Verfahren folgende charakteristische Arbeitsgänge auf:

- Rohstoffbevorratung und -lagerung
- Aufbereitung des Rohstoffes
- Herstellen des Faserstoffes (Zerfasern des Rohstoffes, Aufbereiten des Faserstoffes)
- Bilden der Faservliese auf Langsieb-Entwässerungs- bzw. auf Streumaschinen
- Trocknen und Pressen der Faservliese
- Nachbehandlung (Imprägnieren u. a.)
- Lagerung und Versand.

Tabelle 5.32   Einteilung der Spanplatten

Einteilungsgesichtspunkt	Arten
Verdichtung bzw. Rohdichte in kg · m^{-3}	Spanplatten geringer Dichte (bis 450 kg · m^{-3}); auch leichte Spanplatten; Spanplatten mittlerer Dichte (450 bis 750 kg · m^{-3}); auch mittelschwere Spanplatten; Spanplatten hoher Dichte (über 750 kg · m^{-3}); auch schwere Spanplatten
Herstellungsart bzw. Lage der Späne	Spanpreßplatte, hergestellt im Strangpreßverfahren, deren Späne vorzugsweise rechtwinklig zur Herstellrichtung und zur Plattenebene liegen; Flachpreßplatte, hergestellt im Flachpreßverfahren, deren Späne vorzugsweise parallel zur Plattenebene liegen
Breitflächenbeschaffenheit	unbeplankte bzw. unbeschichtete Spanplatte; beplankte bzw. beschichtete Spanplatten (zur Erzielung von höheren elastomechanischen Eigenschaftswerten mit Furnieren, Folien u. a. versehen)
nach der Verleimung	Spanplatten mit nicht wetterbeständiger Verleimung (Bindemittel Aminoplaste); Spanplatten mit begrenzt wetterbeständiger Verleimung (Bindemittel alkalisch härtende Epoxidharze)

5.2.4.5   Spanplatten

Spanplatten sind Werkstoffe aus Holz, die aus zerspantem Holz und härtbarem Kunstharzklebstoff unter Einwirkung von Druck und Wärme hergestellt werden.

Im Gegensatz zur Faserplattenherstellung ist bei der Spanplatte die Vliesbildung nur durch Zusatz von Klebstoffen möglich. Die mit Klebstoff (meist Kunstharze auf Amino- und Epoxidharzbasis) besprühten Späne werden entweder nach dem Flachpreß- oder nach dem Strangpreßverfahren zum Endprodukt geformt. Diese Herstellungsverfahren haben Einfluß auf die Lage der Späne, Tabelle 5.32. Neben dieser Einteilung gibt es eine Gliederung nach:

- der Rohdichte
- der Querschnittsstruktur
- der Breitflächenbeschaffenheit, die analog der Faserplatten erfolgt.

Zusätzlich erfaßt man die Spanplatten nach der verwendeten Klebstoffart, der Spanart und nach besonderen Eigenschaftsmerkmalen, wie schwerentflammbare Spanplatten u. a. Spanplatten werden überwiegend im mittleren Rohdichtebereich von 450 . . . 750 kg · m^{-3} hergestellt. Sie sind damit schwerer als die eingesetzten Holzarten, für die alle in Mitteleuropa vorkommenden Arten geeignet und in Mischung miteinander verwendbar sind. Die Dicken sind zwischen 6 mm und 25 mm genormt. Spanplatten werden sowohl in der Möbelindustrie als auch im Bauwesen eingesetzt. Die zu stellenden Eigenschaftsforderungen an die Platten sind abhängig von der Aufgabe der daraus herzustellenden Teile, wie tragende, aufbauende, verkleidende oder freistehende Elemente und von der vorgesehenen Oberflächenbeschichtung. Bei Möbelplatten werden besondere Anforderungen an die Formbeständigkeit, Oberflächengüte, Kantenfestigkeit sowie Dickentoleranzen gestellt. Die Bauspanplatten im Hochbau, die für tragende oder aussteifende Zwecke eingesetzt werden, müssen entsprechend den mechanischen Werten eine erhöhte Klimabeständigkeit besitzen, die durch spezielle Verleimungs- oder Vergütungsverfahren erreicht wird. Als Dachschalung (tragende Dachplatten) finden vor allem für Flachdächer epoxidharzverleimte, unter Zusatz geeigneter Holzschutzmittel hergestellte Spanplatten Verwendung. Im Innenausbau wird die Spanplatte mit Erfolg für Trennwände, Türen und Verkleidungen eingesetzt. Das gilt in zunehmenden Maße auch für Unterböden der verschiedenen Fußbodenbeläge. Spanplatten niedriger Rohdichte in Stärken zwischen 13 mm und 20 mm werden für akustisch wirksame Wand- und Deckenverkleidungen genutzt. Von den beiden Herstellungsverfahren ist das Flachpreßverfahren bedeutsam. Es liefert eine Spanplatte, die in Plattenebene isotropen Aufbau zeigt und mit dem auch mehrschichtige Spanplatten hergestellt werden können. Wichtig sind bei den Verfahren die Eigenschaften der Späne, wie Schüttdichte, mittlere Abmessungen, die Beleimungsqualität der Späne, die von der Dosierung des Leimes abhängen. Außer den Einrichtungen für Vliesbildung und Pressung stimmen prinzipiell beide Verfahren überein.

5

5.2.4.6 Verbundplatten

> Verbundplatten sind Werkstoffe, die aus einer überwiegend die Plattendicke bildenden Mittellage und konstruktionsbedingten Decklagen mit Klebstoff unter Einwirkung von Druck mit oder ohne Wärme hergestellt werden.

Je nach der Beschaffenheit der Mittellage unterscheidet man (s. auch Tabelle 5.33):
- Verbundplatte mit Vollholzmittellage (Tischlerplatte)
- Verbundplatte mit Spanplattenmittellage
- Verbundplatte mit Hohlraummittellage.

Die Verbundplatten gehören zur großen Gruppe der Verbundwerkstoffe oder Kombinationswerkstoffe. Wichtig ist bei diesen Werkstoffen die sogenannte Beplankung von relativ dicken und leichten Mittellagen, wie Spanplatten mit dünnen Deckschichten, wie Furnieren und Kunstharzplatten. Diese Beplan-

Tabelle 5.33 Einteilung der Verbundplatten

Benennung	Materialien für Mittellage	Materialien für Deckschichten
Verbundplatte mit einer Mittellage aus Vollholz	Stäbe aus Schnittholz, Schälfurniere, Bretter, geritzt	Absperr- und Deckfurniere, Laminate, Folien
Verbundplatte mit Hohlmittellage	Waben, Kork, harte Kunststoffschäume, Röhrenspanplatten	Furnier-, Hartfaser-, Gipskarton-Schichtpreßstoffe u. a.
Verbundplatte mit Spanplattenmittellage	ein- oder mehrschichtige, flach- oder stranggepreßte Spanplatten	Folien, Furniere, Deck- und Ausgleichslaminate u. a.
Verbundplatte mit Faserplattenmittellage	Faserplatten verschiedener Dichte mit einer oder zwei glatten Flächen	Furniere, Folien, dekorative Schichtpreßstoffe u. a.

kung steht im Übergang zur Oberflächenveredlung. Es wird im Prinzip dieser Vorgang dann zu einer Verfahrensstufe der Verbundplattenherstellung gerechnet, wenn damit eine deutliche Festigkeitssteigerung verbunden ist.

Daneben werden eine Verminderung der Anisotropie, Inhomogenität und der damit verbundenen Festigkeitsabhängigkeit angestrebt. Untersuchungen ergaben, daß diese Zielsetzung um so vollständiger erreicht wird, je besser beim Aufbau der Platte Rohdichte der Einzelschichten, Dickenverhältnis vom Beplankungsmaterial zur Gesamtdicke mit den elastischen Eigenschaften der Einzelschichten abgestimmt sind. Bei günstiger Auswahl der zu verbindenden Komponenten sind Verbundwerkstoffe „nach Maß" im Prinzip herstellbar. Die Einsatzgebiete der Verbundplatten liegen in der Möbelindustrie, im Bauwesen, im Fahrzeug- und Schiffsbau. Eine Übersicht vermittelt Tabelle 5.34.

5.2.4.7 Verwendung des Holzes als Faserholz und als Brennholz

Bei der Verwendung des Holzes als Faserholz wird entweder durch Chemikalien das Holzgefüge verändert, z. B. Isolieren der Zellstoffaser vom Lignin durch Kochen des zerkleinerten Holzes mit Laugen oder Säuren, oder mechanisch zu Fasern umgewandelt (Holzschliff). Der erzeugte Zellstoff und der Holzschliff finden Verwendung für die Erzeugung von Papier, Karton und Pappe; der Zellstoff zur Gewinnung von Regeneratfaserstoffen und Kunststoffen, z. B. von Viskose.

Die Gewinnung von Zellstoff und Papier hat sich in den letzten Jahren stark erhöht, z. B. ist die Weltproduktion von Papier, die am Anfang des Jahrhunderts insgesamt 5 Mill. t (Jahresproduktion) betrug, 1993 auf 330 Mill. t gestiegen und weist auch in den letzten Jahren hohe Steigerungsraten auf.

Tabelle 5.34 Einsatzbeispiele und Verwendungsbeispiele von Verbundplatten

Verbundplattenart	Einsatzgebiete	Verwendungsbeispiele
Verbundplatten mit einer Mittellage aus Vollholz	Möbelindustrie	Einbau-, Ton-, Büro- und Schulmöbel sowie andere Möbelarten
	Bauwesen	Betonschalungsplatten, Wandverkleidungen, Türen, Decken, Ladeneinrichtungen usw.
	Fahrzeugbau	Waggon- und Karosserieausbau, Innenausbau
	Schiffbau	Schiff- und Bootsinnenausbau
	Sondergebiete	Modell- u. Vorrichtungsbau, Behälter
Verbundplatten mit Hohlraummittellage	Möbelindustrie	Möbel verschiedener Art
	Bauwesen	Zwischendecken, Fußbodenplatten, Türen, Verkleidungen, Außenwände, Sanitäranlagen u. a.
	Fahrzeugbau	Kühlwaggonbau, Campinganhänger
	Schiffbau	Sportboote, Schiffstüren, -möbel
Verbundplatten mit Spanplattenmittellage	Möbelindustrie	Möbel verschiedener Art
	Bauwesen	Trennwände, Türen, Fußböden, Einbaumöbel, Dächer, Betonschalung, Verkleidungen aller Art
	Fahrzeugbau	LKW-Aufbauten, Chassisböden
	Schiffbau	Innenausbau, Türen u. a.
	Sondergebiete	Schilder- und Reklametafeln, Verpackungsindustrie
Verbundplatten mit Faserplattenmittellage	Möbelindustrie	dekorative Flächen auf Rahmenunterkonstruktionen
	Bauwesen	Verkleidungen, Beläge usw.
	Fahrzeugbau	Innenausbau, Verkleidungen in Schienen- und Straßenfahrzeugen
	Schiffbau	Innenausbau, Wandverkleidungen
	Sondergebiete	Schilder- und Reklametafeln u. a.

5

Am geeignetesten für die Zellulosegewinnung ist das Holz der Fichte. Ferner kommen neben Kiefer, Lärche und Weißtanne die Laubhölzer Rotbuche, Birke und Pappel in Frage. Auf Grund der angespannten Lage im Rohholzaufkommen werden auch andere Faserstoffquellen genutzt, z. B. Getreidestroh und Schilfpflanzen. Die Wiederverwendung von Altpapier und Alttextilien ist ebenfalls notwendig. Der alkalische Aufschluß (Sulfatverfahren) kommt in erster Linie für die Verarbeitung von Kiefernholz und Stroh in Betracht. Nach dem sauren Aufschluß (Sulfitverfahren) werden hauptsächlich Fichten- und Buchenholz verarbeitet. Die entstehenden Produkte unterscheiden sich in ihren Eigenschaften und Einsatzgebieten. Der nach dem *Sulfatverfahren* gewonnene Sulfatzellstoff hat eine hohe Festigkeit und Zähigkeit, besitzt eine braune Farbe und läßt sich schwieriger bleichen. Er wird besonders für die Herstellung von hochfesten Papieren, wie Sackpapier, eingesetzt. Der nach dem *Sulfitverfahren* gewonnene Sulfitzellstoff hat einen hohen Weißgrad. Er dient neben der Papierherstellung als Ausgangsstoff in der Chemiefaserindustrie. So werden aus Zellulose durch Einwirkung von Säuren thermoplastische Kunststoffe hergestellt, u. a. Zellglas, Klebstoffe, Preßmassen. Weitere Gebiete der chemischen Holzverwertung sind die Holzverzuckerung und -verkohlung bzw. die Holzverbrennung und -vergasung. Bei der Holzverzuckerung wird aus sonst schwer verwertbaren Holzabfällen Holzzucker hergestellt, der direkt als Mastfutter verwendet wird oder als Ausgangsstoff für die Futterhefeproduktion dient. Ferner wird Holzzucker zu Alkohol vergoren. Ein beachtlicher Teil des in der Welt anfallenden Holzes (etwa 40 %) wird als Brennholz verwendet.

5.2.4.8   Fehler und Schädigungen des Holzes

> Holzfehler und -schädigungen sind Abweichungen vom normalen Wuchs, der normalen Struktur und den normalen Eigenschaften des gesunden Holzes.

Diese Abweichungen von der normalen Beschaffenheit können den Gebrauchswert des Holzes für bestimmte Verwendungszwecke herabsetzen. Zu den Holzfehlern gehören *Wuchsfehler, Schädigungen durch Organismen*, wie Pilze, Insekten, *Klima- und technische Schädigungen,*wie Blitzschäden. Wuchsfehler werden unterschieden in *Fehler der Stammform*, wie Abholzigkeit, Krümmungen und in *Fehler der Struktur*, wie Farbfehler, Kernverlagerungen.

Manche Wuchsfehler beeinflussen den Gebrauchswert nur teilweise bzw. bedingen sogar die spezielle Verwendung des Holzes. Während z. B. krumme Stämme als Mastholz völlig ungeeignet sind, können sie als sogenanntes Kurvenholz für die Arbeiten des Stellmachers bevorzugt werden. Der Wimmer oder Wellenwuchs (feinwelliger Jahrringverlauf mit Einkerbungen in gleichen Abständen) macht das Holz infolge geringer Festigkeit als Bau- und Werkholz ungeeignet, wird aber als Furnier- und Drechselholz geschätzt. *Wuchsfehler* sind auf holzartenbedingte Veranlagungen in Wechselwirkung mit Klima, Höhenlage, Baumalter u. a. zurückzuführen. So gehören z. B. zu den Wuchsfehlern der Drehwuchs und der exzentrische Wuchs (Markröhre liegt außerhalb der Querschnittsmitte). Solche Fehler können auf die Einflüsse des Winddruckes und der Sonnenbestrahlung zurückgeführt werden. Starke Astigkeit des Holzes mindert seinen Wert. Astreines Holz bringt stets einen höheren Nutzen und ist für den Einsatz hochwertiger Fertigwaren unbedingte Voraussetzung. *Risse* entstehen am lebenden Baum sowie am gefällten Holz durch das Auftreten von inneren Spannungen im Holz. Diese Fehler gehören zu den Klima- und technischen Schädigungen, zu denen auch Einwüchse wie Harzgallen zählen. Die Ursachen der Risse sind zu schnelles Austrocknen, geringer Wassergehalt im Baum bei großer Trockenheit, plötzlich einsetzender Frost. Rissiges Holz ist, abhängig von der Art und Größe der Risse, nur noch bedingt verwendbar. Die Luft- oder Schwindungsrisse am gefällten Holz können durch eine sachgemäße Trocknung auf ein Mindestmaß beschränkt werden. *Harzgallen* sind im Querschnitt sichtbare schmale Spalten, die sich mit Harz gefüllt haben. Sie mindern die Festigkeit und erschweren die Oberflächenbehandlung, da das Harz auch am verarbeiteten Holz noch durch Farbanstriche herauslaufen kann. Sie sind typisch für harzführende Bäume, wie Fichte, Kiefer und Lärche. Holzschäden können auch durch Organismen hervorgerufen werden, und es gibt nur wenige Holzarten, die durch Vorhandensein besonderer Inhaltsstoffe einer Zerstörung durch Organismen widerstreben, z. B. Greenheart, Bubniga. Bakterien, Pilze und Insekten können Holz zerstören, indem Zellulose, Hemizellulose, Lignin abgebaut und dabei die Struktur und chemische Zusammensetzung des Holzes verändert wird. Dabei spielen die von Organismen ausgeschiedenen hydrolysierenden oder oxidierenden Enzyme oder Enzymsysteme eine entscheidende Rolle im Zerstörungsprozeß.

5

Bei den Schädigungen durch Pilze wird zwischen *holzverfärbenden und holzzerstörenden Pilzen* unterschieden. Zur ersten Gruppe gehören die Bläuepilze, die besonders Nadelhölzer befallen und zur zweiten Gruppe die meist mit großer Zerstörungskraft auftretenden Erreger der Hausfäule (Echter Hausschwamm), Lagerfäule, Stammfäule, Braunfäule, Weißfäule. Sie tritt sowohl am lebenden Baum als auch am gefällten und verbauten Holz auf. Dabei sind Temperatur, Feuchtigkeit, Sauerstoffgehalt, pH-Wert und Nährsubstrat für das Pilzwachstum und damit für die Zerstörung von Bedeutung. Bei $+ 27\,°C$ ist eine hohe Aktivität vorhanden, ab $+ 40\,°C$ Wärmestarre und Wärmetod, unter $+ 4\,°C$ Kältestarre. Bei einer Holzfeuchte unter 10 % besteht kaum noch Entwicklungsmöglichkeit. Fast alle einheimischen Holzarten werden bei günstigen Lebensbedingungen befallen.

Die Entwertung des Holzes durch Insekten erfolgt durch das Anlegen von Fraßgängen, Puppenwiegen und Fluglöchern sowie Holzverfärbungen im Bereich der Fraßgänge. Zu den holzzerstörenden Insekten gehören Borkenkäfer, Scheibenböcke (entwickeln sich nur im saftfrischen, berindeten Holz), Mulmbock, Holzwespen (befallen frisch gefälltes Holz und beenden ihre Entwicklung im ausgetrockneten Holz), Hausbock und Pochkäfer (entwickeln sich nur im ausgetrockneten Holz). Weitere holzschädigende Organismen sind Bakterien sowie Muscheltiere und Krebse. Sie befallen besonders wassergelagertes oder im Wasser verbautes Holz. Die hervorgerufenen Schädigungen sind vergleichsweise gering. Unter Umständen können auch Vögel und Säugetiere, wie Rehwild, Holzschädigungen verursachen. Oft sind die Schadensstellen, wie die Verbißschäden von Säugetieren und die Nistlöcher von Vögeln, Ausgangspunkte von Faulstellen oder begünstigen das Eindringen von Pilzsporen.

5.2.4.9 Holzschutz

Zur Erhaltung des Gebrauchswertes von Rohholz und Werkstoffen aus Holz sind eine Reihe von Maßnahmen des *Holzschutzes* notwendig. Sie haben die Aufgabe, die holzschädigenden Einflüsse abzuschwächen bzw. ganz auszuschalten. Dabei werden die *Holzschutzmittel* eingesetzt. Darunter versteht man chemische Stoffe, die das Holz vor schädigenden Einflüssen schützen bzw. bei bereits vorliegender Schädigung (durch Pilze oder Insekten) zur Abtötung der Schädlinge führen. Zu den Holzschutzmitteln zählen neben solchen gegen holzzerstörende Pilze (Fungizide) und Insekten (Insektizide) auch Holzschutzmittel gegen die leichte Entflammbarkeit des Holzes. Die Auswahl des Verfahrens ist abhängig von der Holzart, der Holzfeuchte, dem Verwendungszweck und der Schutzmittelart selbst. Neben Streichen, Sprühen und Tauchen, wodurch meist nur ein Randschutz erreicht wird, gibt es die Kesseldrucktränkung und die Diffusionstränkung, die einen Vollschutz des Holzes gewährleisten. Die Kesseldrucktränkung ist z. B. für die Holzmaste und -schwellen der Eisenbahn gesetzlich vorgeschrieben.

Tabelle 5.35 Orientierungswerte für die Gebrauchsdauer von nichtimprägnierten Schwellen und Masten

Holzarten	Gebrauchsdauer in Jahren	
	Schwellen	Maste
Rotbuche	2 ... 4	1 ... 3
Fichte	3 ... 6	3 ... 5
Kiefer	4 ... 7	6 ... 8
Lärche	6 ... 9	7 ... 12
Eiche	10 ... 18	7 ... 12

Es wird nach *vorbeugenden* und *bekämpfenden Holzschutzmaßnahmen* unterschieden. Zum *vorbeugenden Holzschutz* gehören neben der Entwicklung und Trockenhaltung die Anwendung von Holzschutzmitteln, die einer Wertminderung vorbeugen. Dabei wird zwischen Erstschutz (Grundschutz) und Nachschutz (turnusmäßige Nachbehandlung) unterschieden. Der *bekämpfende Holzschutz* umfaßt Maßnahmen, die holzschädigende Organismen am Holz abtöten, also Schadensursachen beseitigen. Dazu gehört aber auch die Auswechslung nicht mehr hinreichend tragfähiger Holzteile. Die umfassende Aufgabe des Holzschutzes ist darin zu sehen, daß das Holz werkstoffgerecht unter Einbeziehung der den Verwendungsbedingungen angepaßten Holzschutzmaßnahmen eingesetzt wird.

Aus den Tabellen 5.35 und 5.36 geht hervor, wie durch eine Holzschutzmaßnahme (Imprägnieren) die Gebrauchsdauer von Holzwerkstoffen erheblich erhöht werden kann.

Tabelle 5.36 Orientierungswerte für die Gebrauchsdauer von imprägnierten Schwellen und Masten

Holzarten	Gebrauchsdauer in Jahren			
	Schwellen imprägniert mit Teeröl	Schwellen imprägniert mit Salz	Maste imprägniert mit Teeröl	Maste imprägniert mit Salz
Rotbuche	28...34	7...10	30...35	8...12
Fichte	—	6... 9	—	7...15
Kiefer	28...32	12...15	30...35	14...18
Lärche	28...34	13...16	30...35	16...20
Eiche	25...30	18...20	25...30	20...25

5

5.2.5   Literatur- und Quellenverzeichnis

[1]   Holz-Lexikon, Bd. 1 und 2. – Stuttgart: DRW-Verlag, 1988

[2]   *Niemz, P.*: Physik des Holzes und der Holzwerkstoffe. – Stuttgart: DRW-Verlag, 1999

[3]   *Lohmann, U.*: Holz-Handbuch. – Stuttgart: DRW-Verlag, 1990

[4]   *Leiße, B.*: Holzschutzmittel im Einsatz. – Wiesbaden: Bauverlag, 1992

[5]   *Wagenfuhr, R.*: Holzatlas. – Leipzig: Fachbuchverlag, 1996

5.3   Mineralische Werkstoffe

Unter mineralischen Werkstoffen versteht man Stoffe, die direkt als anorganische (meist silikatische) Naturstoffe oder nach physikalisch-chemischer Umwandlung derselben in der Volkswirtschaft Anwendung finden. Mineralische Rohstoffe sind die Grundlage ganzer Industriezweige mit unterschiedlichem Charakter, z. B. der Baustoffindustrie, der Glasindustrie und der keramischen Industrie.

5.3.1   Naturgesteine und natürliche Gesteinsstoffe

5.3.1.1   Begriffe

Naturgesteine (Festgesteine) sind Mineralgemenge, die durch geologische Vorgänge in erdgeschichtlicher Vergangenheit entstanden sind, durch eine Kornbindung oder ein Bindemittel verfestigt wurden und Bestandteile der Erdkruste darstellen.

Natürliche Gesteinsstoffe (Lockergesteine) sind die nicht verfestigten natürlichen Gesteinsmassen, z. B. Sand, und andere Gemengebestandteile, besonders von Böden, wie Ton, Schluff und Lehm.

Als *Minerale* werden alle strukturell, chemisch und physikalisch homogenen anorganischen Bestandteile der Erdkruste verstanden. Der überwiegende Teil dieser Stoffe besitzt eine silikatische Zusammensetzung und einen kristallinen Aufbau.

5.3.1.2   Einteilung der Gesteine nach ihrer Entstehung

Nach der Art der geologischen Prozesse, die zu der Entstehung der Gesteine führen, können drei Hauptgruppen unterschieden werden
- *Magmagesteine* (Eruptivgesteine oder Erstarrungsgesteine)
- *Sedimentgesteine* (Ablagerungsgesteine)
- *metamorphe Gesteine* (Umwandlungsgesteine).

Die Häufigkeit der drei Gesteinsgruppen, bezogen auf die Erdkruste, beträgt bei Magmagesteinen und metamorphen Gesteinen 95 %, der Rest sind Sedimente. Zur Erdkruste zählt dabei die äußerste feste Schicht des Erdballs mit einer Dicke von 40 km, das ist etwa 1 % des Erdradius. Bezogen auf die Erdoberfläche (Schichtdicke 1 500 m), wächst der Anteil für die Sedimentgesteine auf 75 %. Demzufolge ist die Nutzung der Sedimentgesteine durch den Menschen mit 85 . . . 90 % sehr hoch. Zu den Magmagesteinen gehören die Tiefgesteine mit grobkristallinem Aufbau, die Ganggesteine und Ergußgesteine mit feinkörniger bis glasiger Struktur. Zu den Sedimentgesteinen gehören die *Rückstandssedimente*, die durch Ablagerung von Zerstörungsprodukten anderer Gesteine entstanden sind. Diese wurden teils in sehr lockerer Form abgelagert (Sand), zum Teil traten Verfestigungen auf (Sandstein). Weiterhin gehören dazu die *Ausscheidungssedimente*, bei denen es durch chemische und biologische Prozesse zur Auflösung der ursprünglichen Gesteine und zur Ausscheidung an anderen Stellen gekommen ist (Kalkstein). Zu den metamorphen Gesteinen gehören umgewandelte Gesteine von magmatischem oder sedimentärem Ursprung, die ihre heutige Gestalt durch spätere Einwirkung verschiedener Kräfte erhalten haben, z. B. Marmor. Eine Übersicht dieser Gesteinsgruppen zeigt Tafel 5.3.

Tafel 5.3 Gesteinsgruppen – Kreislauf der Gesteine

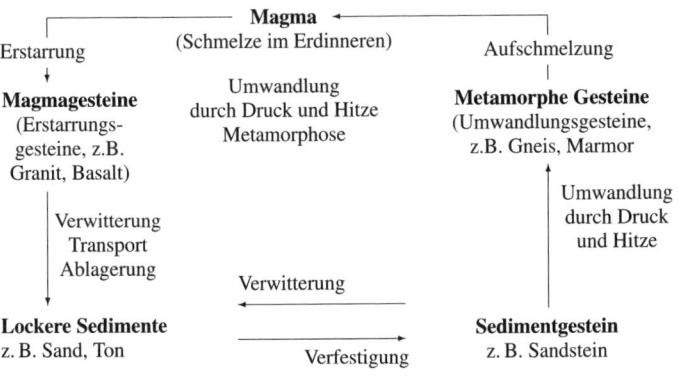

Magma ←
(Schmelze im Erdinneren)

Erstarrung   Aufschmelzung

Magmagesteine   Umwandlung   **Metamorphe Gesteine**
(Erstarrungs-   durch Druck und Hitze   (Umwandlungsgesteine,
gesteine, z.B.   Metamorphose   z.B. Gneis, Marmor
Granit, Basalt)

                                                 Umwandlung
   Verwitterung   durch Druck
   Transport   und Hitze
   Ablagerung   Verwitterung

Lockere Sedimente   ←   **Sedimentgestein**
z. B. Sand, Ton   ──────→   z. B. Sandstein
                 Verfestigung

5.3.1.3   Makrostruktur der Gesteine

5

Die *Makrostruktur* oder das *Gefüge* eines Gesteins wird bestimmt durch Menge, Größe, Form und räumliche Anordnung der einzelnen Mineralkörper. Zur Einschätzung der Gesteine ist die Einteilung der aufbauenden Minerale in Hauptgemengeteile, Nebengemengeteile, Verunreinigungen wichtig.

> *Hauptgemengeteile* sind die Mineralien, die in größerer Menge auftreten und damit die Eigenschaften des Gesteins weitgehend bestimmen.

> *Nebengemengeteile* sind solche Mineralien, die in geringen Mengen (bis 1 %) auftreten, aber im Gegensatz zu den Verunreinigungen im Gestein gesetzmäßig enthalten sind und auch seine Eigenschaften beeinflussen können.

Die Gemengeteile der durch Ablagerung an der Erdoberfläche entstandenen Gesteine sind oft durch ein *Bindemittel* verkittet. Nach der Anordnung und gegenseitigen Orientierung der Gemengeteile unterscheidet man bei Festgesteinen die *vollkristallinen* oder gleichkörnigen von den *porphyrischen Gesteinen*. Letztere Gesteine haben größere kristalline Einsprenglinge, die in einer feinkörnigen Grundmasse eingestreut auftreten. Einige wenige Gesteine sind *glasig*, bestehen also aus einer amorphen Masse und nicht aus Mineralkörnern.

Je nach den geologischen Bedingungen bei der Gesteinsneu- oder -umbildung können die Gemengeteile in allen drei Richtungen gleichmäßig, also aniso- trop angeordnet oder parallel gerichtet sein. Die Parallelgefüge entstehen durch Ablagerungsvorgänge, durch Fließen des Schmelzflusses (Fließstruktur) oder durch gerichteten tektonischen Druck. Weitere Strukturelemente der Gesteine sind *Poren, Hohlräume* und *Klüfte*. Klüfte sind nachträglich durch Spannung entstandene Trennflächen. Sie begrenzen die Größe der gewinnbaren Blöcke und bedingen, daß die Verwitterung tiefer in den Gesteinskörper eingreifen kann. Einen Überblick über die wichtigsten Naturgesteine und ihre typische Struktur gibt Tabelle 5.37.

Tabelle 5.37 Wichtige Naturgesteine und ihre Struktur

Gesteinsgruppe	Vertreter	Hauptgemengenteile	Typische Struktur
Magmagesteine			
Tiefengestein	Granit	Quarz, Feldspat, Glimmer	kristallin-körnig, richtungslos
Ganggestein	Granit-porphyr	Quarz, Feldspat, Glimmer	kristallin-porphyrisch, richtungslos
Ergußgestein	Basalt	Augit, Feldspat	kristallin, feinkörnig bis dicht
Sedimente			
Ausscheidungs-sedimente	Kalkstein	Kalkspat	kristallin, feinkörnig bis dicht, geschichtet
Rückstands-sedimente	Sandstein	Quarz, Bindemittel	klastisch geschichtet
Metamorphe Gesteine			
Orthogesteine (durch Umwandlung von Magmagestein)	Gneis	Quarz, Feldspat, Glimmer	kristallin, körnig, geschiefert
Paragestein (durch Umwandlung von Sedimenten)	Marmor	Kalkspat	kristallin-körnig

5.3.1.4   Kenngrößen und Eigenschaften

Kenngrößen und Eigenschaften lassen sich einteilen in:
- physikalische Kenngrößen, wie Rohdichte
- Gefügekenngrößen, wie Porosität
- Körnungskenngrößen, wie Korngrößen
- baumechanische Kenngrößen, wie Druckfestigkeit
- bauphysikalische Kenngrößen, wie Wasseraufnahmefähigkeit
- bauästhetische Kenngrößen, wie Farb- und Oberflächenwirkung.

Tabelle 5.38 Gesteinstechnische Richtwerte von Gesteinsgruppen

Gesteinsgruppe	Rohdichte in kg · dm^{-3}	Reindichte in kg · dm^{-3}	Wasser-aufnahme in Masse-%	Druck-festigkeit in MPa	Zug-festigkeit in MPa	Farbe
SiO$_2$-reiches Hartgestein, wie Granit	2,3 … 2,5	2,7	0,4 … 1,8	160 … 400	10 … 20	vorwiegend helle Minerale
SiO$_2$-armes Hartgestein, wie Basalt	2,8 … 2,9	3,1	0,2 … 1,1	160 … 400	10 … 20	vorwiegend dunkle Minerale
SiO$_2$-reiches Weichgestein, wie Sandstein	1,7 … 2,5	2,6	6 … 15	20 … 100	2 … 10	weiß bis dunkelgrau
Weichgestein mit wenig SiO$_2$ bzw. ohne SiO$_2$, wie Kalkstein	1,7 … 2,7	2,8	6 … 15	20 … 100	2 … 10	verschiedene Farben, auch geadert

5

Tabelle 5.39 Übersicht der wichtigsten Natursteinerzeugnisse

Vertreter	Funktion	Anforderungen	Gesteinsart
Werksteine Treppenstein	sicheres Überwinden von Höhenunterschieden, Ableiten des Wassers	wetterbeständig, geringer Verschleiß, polierfähig	Sandstein, Granit, Porphyr
Tür- und Fensterrahmenstein	Verzierungen an Fenstern und Türen, Schutz des Mauerwerks, monumentaler Schmuck	gut bearbeitbares, nicht zu dunkles, belebendes Gestein	Muschelkalk, Tuffe, Sandstein
Gesimsstein Sohlbankstein	Gewährleistung des Ableitens von Wasser (Schräge und Wassernase)	wetterbeständiges, gut polierbares und bearbeitbares Gestein	Sandstein, Muschelkalk
Decksteine Dach- und Wandschiefersteine	Ableitung des Wassers, Schutz des Mauerwerks	wetterbeständig, wasserundurchlässig, spaltbar	Tonschiefer
Pflasterstein Böschungsstein	Befestigen von Verkehrsflächen, Böschungen und Sohlen im Tief- und Wasserbau	festes, grobes, haltbares Gestein	Granit
Zuschläge und Bettungsstoffe *Steine* (Gesteinsgekörn aus Festgestein mit Korngrößen > 125 mm)	als Bettungsstoffe und Erdbaustoffe zum Schütten und Dämmen, Tragschichten für Straßen, Eisenbahnen u. a.	müssen sich gut verdichten lassen, wichtig ist ein optimaler Wassergehalt bei bindigen Erdbaustoffen (Ton) bzw. ein richtiger Verdichtungsgrad bei nichtbindigen Erdbaustoffen	lockere Sedimente bzw. zerkleinertes Festgestein
Schotter/ Grobkies (Korngröße 125 … 25 mm) *Splitt/Kies* (Korngröße 25 … 2 mm) *Brechsand/Sand* (Korngröße < 2 mm)	als Zuschläge für die raumfüllenden Teile der Mörtel und Betone, vermindern die Spannungen beim Erhärten der Bindemittel, verbilligen die Erzeugnisse	genügend hohe Kornfestigkeit, gedrungene Kornform, keine schädlichen Beimengungen wie Humus, geringerer Feinstkorngehalt, geeignete Korngrößenverteilung	meist Gestein mit höherer Druckfestigkeit, wie Granit aus Ablagerung von Sedimenten im Meer, in Flüssen und Gruben

Je nach der Verwendung sind jeweils bestimmte Kenngrößen und Eigenschaften von Bedeutung und müssen durch Prüfungen nachgewiesen werden. So wird die Wasseraufnahme durch Wägen einer Probe vor und nach einer Wasserlagerung bestimmt und ist ein Nährungswert für die offene Porosität eines Gesteines. Einen Überblick der erforderlichen Eigenschaften und Richtwerte gibt Tabelle 5.38.

5.3.1.5   Verwendung der Gesteine und Gesteinsstoffe

Nach den ermittelten Parametern richtet sich die Auswahl des geeigneten Gesteins bzw. Gesteinsstoffes für einen bestimmten Verwendungszweck. Die Festgesteine werden als *Setzsteine* (Treppen-, Böschungs- und Pflastersteine) im Hoch-, Tief- und Straßenbau, als *Decksteine* (Dach- und Wandschieferstein) im Hochbau und im zerkleinerten Zustand als *Zuschläge und Bettungsstoffe* (Splitt, Schotter) im Hoch- und Tiefbau verwendet.

Natürliche Gesteinsstoffe, wie Sand und Kies, werden besonders als Zuschläge und Bettungsstoffe eingesetzt. Darüber hinaus sind sie Ausgangsstoffe (Rohstoffe) für die Herstellung von Glas und keramischen Erzeugnissen, z. B. Kaolin für die Porzellanherstellung. Eine Übersicht über Naturstein-Erzeugnisse ist in Tabelle 5.39 enthalten.

Beim Einsatz dieser Werkstoffe ist zu beachten, daß sie als Naturprodukte so genommen werden müssen, wie sie abgebaut werden. Es besteht hier nur die Möglichkeit zur Variation in der Auswahl der Rohsteine.

5

5.3.2   Mörtel und Betone

Begriffe

> Mörtel und Betone sind im frischen Zustand bildsame Massen, die im Gegensatz zu keramischen Erzeugnissen bei niedrigeren Temperaturen (0 °C. . . 100 °C) zu steinharten Körpern durch physikalische und chemische Reaktionen erhärten.

Struktur

Im erhärteten Zustand sind Mörtel und Betone mit den natürlichen Trümmergesteinen, wie Sandstein, zu vergleichen. Das Verkitten erfolgt hier durch ein *Bindemittel*. Es handelt sich dabei meist um ein feinkörniges Bindemittel mit einer *Anmachflüssigkeit*. Die „Trümmeranteile" der Mörtel und Betone werden als *Zuschläge* bezeichnet und sind raumfüllende Bestandteile dieser Massen. Die Anmachflüssigkeit (meist Wasser) ermöglicht die plastische Formgebung und ist für den Ablauf der Erhärtungsvorgänge im Zusammenhang mit dem

Tabelle 5.40 Gliederung der Mörtel und Betone nach verschiedenen Klassifizierungsgesichtspunkten

Klassifizierungs-gesichtspunkt	Klassifizierungsbeispiele	
	Mörtel	Betone
Erhärtungszustand	Trockenmörtel, Frisch-mörtel, Festmörtel	Frischbeton, Festbeton
Art der Bindemittel	Kalkmörtel, Zementmörtel, Gipsmörtel	Zementbeton, Bitumenbeton
Art der Zuschläge	Sandmörtel (kurz Mörtel), Schamottemörtel, Steinholzmörtel	Kiessandbeton, Splittbeton, Holzbeton
Konsistenz (Grad der Verar-beitbarkeit)	steifer, plastischer, weicher Mörtel (Km_1 bis Km_3)	steifer Beton (KS), plastischer Beton (KP), weicher Beton (KR), fließfähiger Beton (KF)
Art der Förderung und Verarbeitung	Pumpmörtel, Spritzmörtel	Stampf-, Rüttel-, Spritz-, Pump- und Schleuderbeton
Art der Erhärtung	Luftmörtel, hydraulischer Mörtel	normalerhärteter Beton, warmbehandelter Beton, Autoklavbeton
Anwendung	Mauer-, Putz-, Fugen- und Estrichmörtel	Straßenbeton, Feuerbeton, Strahlenschutzbeton
Ort der Herstellung	Baustellenmörtel, Werkmörtel	Baustellenbeton, Transport-beton, Betonfertigteile
nach dem Gefüge (Beton)	Feinmörtel, Grobmörtel	Beton mit geschlossenem Gefüge, Beton mit hauf-werksporigem Gefüge, Beton mit Zellstruktur (Porenbeton)
Nennfestigkeit in $N \cdot mm^{-2}$	Putzmörtelgruppen P I bis P V	Beton B I (Betone der Festig-keitsklassen B 5 bis B 25), Beton B II (Betone der Fe-stigkeitsklassen B 35 bis 55 und mit besonderern Eigen-schaften), hochfester Beton (Betone der Festigkeitsklassen B 65 bis B 115)
Trockenrohdichte in $kg \cdot dm^{-3}$		Schwerbeton $> 2{,}8$, Normalbeton $2{,}0$ bis $2{,}8$, Leichtbeton $< 2{,}0$

Bindemittel erforderlich. Durch *Betonzusätze* können die Eigenschaften der Mörtel und Betone während der Verarbeitung, der Erhärtung und im erhärteten Zustand beeinflußt werden.

Die Mörtel- und Betongemenge setzen sich allgemein aus einem Bindemittel, den Zuschlägen, einer Anmachflüssigkeit und den Zusatzmitteln zusammen.

Einteilung

Mörtel unterscheidet sich von Beton in der Funktion und Korngröße der Zuschläge. Mit *Mörtel* werden Flächen beschichtet (z. B. Putze, Estriche) und Bauteile verbunden. Aus *Beton* werden überwiegend großformatige Bauteile und Bauwerksteile hergestellt.

Unter dem Gesichtspunkt der verwendeten Zuschläge werden die mit Sanden (Körnung bis 2 mm) hergestellten Massen als *Mörtel* und die mit grobkörnigen Zuschlagstoffen in Form von Splitt und Kies hergestellten Massen als *Betone* bezeichnet. Gliederung der Mörtel und Betone nach verschiedenen Gesichtspunkten, vgl. Tabelle 5.40.

5.3.2.1 Eigenschaften der Mörtel und Betone

Allgemeine Eigenschaften

1. Mörtel und Betone sind in einem bestimmten Zeitraum plastisch formbar. Das ist besonders für Beton wichtig, der sich dadurch mit Hilfe von Formeinrichtungen (Schalungen) in fast jede beliebige Gestalt bringen läßt.
2. Durch Veränderung der Zusammensetzung (Mischungsverhältnis und Art der Zuschläge) können Gebrauchseigenschaften in bestimmten Grenzen verändert werden.
3. Mörtel und Betone erhärten bei normalen Temperaturen, ohne daß sich unzulässige große Eigenspannungen entwickeln.
4. Sie weisen im erhärteten Zustand eine hohe Druckfestigkeit, aber eine geringe Zugfestigkeit auf. Durch Einlegen von Stahl (Bewehrung) wird besonders bei Beton dieser Mangel ausgeglichen. In diesem als Stahlbeton bezeichneten Verbundbaustoff ergänzen sich die Eigenschaften von Stahl und Beton in günstiger Weise. Maßgebend für die Möglichkeit einer solchen Kombination sind annähernd gleiche Wärmeausdehnungszahlen von Stahl und Beton, chemische Verträglichkeit und Korrosionsschutz des Bewehrungsstahles durch dichten Zementbeton.
5. Eine Steigerung des Gebrauchswertes des Stahlbetons im engeren Sinn (mit sogenannter „schlaffer Bewehrung") erreicht man beim Spannbeton durch Vorspannung der Bewehrungsstähle. Das Ziel ist dabei, in den Stahlbetonbauteilen, Spannungszustände zu erreichen, die sich mit den Belastungsspannungen sinnvoll kombinieren lassen. So können an den Stellen des Bau-

5

teiles, an denen infolge der Belastungen Zugspannungen auftreten würden, vorher mit Hilfe der Vorspannung solche Druckspannungen erzeugt werden, daß insgesamt nur die vom Beton ohne Schwierigkeiten aufnehmbaren Druckspannungen bestehen bleiben, vgl. Bild 5.16.

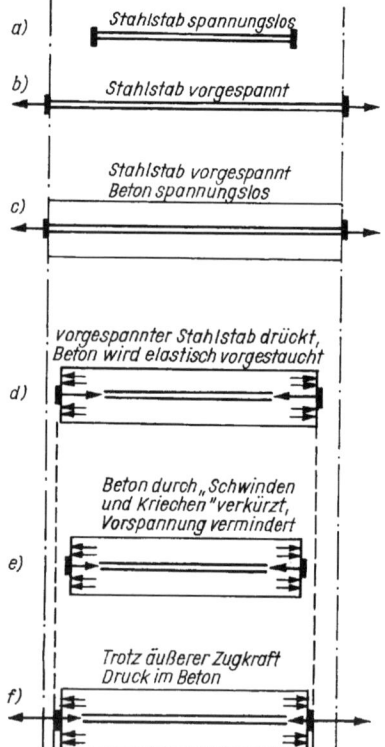

Bild 5.16 Wirkungsweise des Spannbetons

Besondere Eigenschaften der Betone

Der Gebrauchswert der Betone wird im wesentlichen bestimmt
- von der Festigkeit, besonders von der Druckfestigkeit,
- dem Formänderungsverhalten, wie Schwinden, E-Modul,
- dem Widerstandsverhalten, wie Frostwiderstand, Widerstand gegen starken chemischen Angriff,
- den Durchlässigkeitseigenschaften, wie Wärmeleitfähigkeit, Flüssigkeitsdurchlässigkeit und Strahlenundurchlässigkeit.

Zahlenwerte siehe Tabelle 5.41.

Tabelle 5.41 Eigenschaften der Betone

Betonart	Zuschläge	Rohdichte-bereich in kg · dm^{-3}	Wärmeleit-fähigkeit in W · m^{-1} · K^{-1}
Betone mit geschlosse-nem Gefüge			
Schwerbeton	Schwerspat, Baryt, Eisengranulat	3,2 ... 4,0	2,3
Normalbeton	Kies, Splitt, Schlacke	2,3 ... 2,5	2,1
Leichtbeton	Blähbeton, Hüttenbims	1,0 ... 1,8	0,38 ... 0,9
Betone mit haufwerks-porigem Gefüge	dto.	0,8 ... 1,4	0,2 ... 0,5
Betone mit Zellstruktur (Porenbeton)	Natursand	0,4 ... 0,8	0,06 ... 0,4

Die sichere Erreichung der vom Festbeton entsprechend seines Einsatzes geforderten Gebrauchseigenschaften ist von einer Reihe Einflußfaktoren abhängig. Sie betreffen

- Eigenschaften der Betonbestandteile, wie Eigenschaften der Zemente und Zuschläge, z. B. Normfestigkeit des Zements,
- stoffliche Zusammensetzung des Ausgangsgemenges, wie Mischungs-verhältnis Zement, Zuschläge und Wasser,
- bestimmte Verarbeitungsbedingungen des Frischbetons und Bedingungen für die Verfestigung zum Zementstein, wie Frischbetonverdichtung und Warmbehandlung des Betons.

Im einzelnen soll der Einfluß der Faktoren kurz angedeutet werden. Die Ge-samtheit dieser Eigenschaften bildet ein kompliziertes System von Einflußfak-toren, das im Rahmen dieses Buches nicht in gesamten Auswirkungen und ge-genseitiger Bedingtheit dargestellt werden kann. Weiterführende Literatur am Ende dieses Abschnittes.

Einfluß des Bindemittels

Der Einfluß des Bindemittels (Zement) auf den Beton ist darin zu sehen, daß durch die erreichte Festigkeit des Zementsteines, der aus Zement nach Anma-chen mit Wasser durch Erhärtung entsteht, die mögliche erreichbare Festigkeit des Betons bestimmt wird. Durch den Einsatz von Zement mit höherer Norm-festigkeit (höhere Festigkeit des Zementsteines) wird somit die Betonfestig-keit erhöht. Der Einsatz ist trotz höheren Preises meist ökonomisch günstig, da er einmal zum Teil durch geringere Einsatzmenge ausgeglichen wird und zum anderen diese Zemente durch eine schnellere Anfangserhärtung die Aus-schalfristen verkürzen. Nur mit diesen Zementen ist die technologisch günstige

Gleitbauweise möglich. Die Festigkeit des Zementsteines hängt außerdem wesentlich von der im Verarbeitungszustand vorhandenen Wassermenge im Zementleim ab. Später soll beim Einfluß des Wassers näher darauf eingegangen werden.

Einfluß der Zuschläge

Dieser Einfluß wird hauptsächlich über die *Korngrößenverteilung* der Zuschläge wirksam. Man versteht darunter das Mengenverhältnis der in einem Zuschlag (mineralisches Gekörn) vorhandenen Korngrößen. Dieses Verhältnis beeinflußt den Bindemittel- und Wasserbedarf für die Betonherstellung und -verarbeitung, z. B. steigt mit zunehmendem Anteil an kleineren Körnern die spezifische und damit die Benetzungsfläche eines Körnergemisches an. Damit wird der Wasseranspruch zur Erreichung einer bestimmten notwendigen Betonkonsistenz, z. B. von fließfähigem Beton, höher sein als bei grobkornreichen Gemengen. Gleichzeitig vergrößert sich aber wegen notwendiger Umhüllung aller Körper mit Zementleim der Bindemittelbedarf.

Weitere Einflüsse ergeben sich aus der Oberflächenbeschaffenheit der Körner, der Eigenfestigkeit der Zuschläge und dem Grad der Verunreinigungen.

Die Korngrößenverteilung wird über Siebdurchgangslinien ermittelt. Dabei haben oft die in der Natur vorkommenden Gekörne nicht die wünschenswerte Zusammensetzung. Deshalb ist eine Verbesserung der Korngrößenzusammensetzung durch Beimengung geeigneter Kornklassen oder Körnungen erforderlich, um die gewünschten Betoneigenschaften zu erreichen. Dabei sind die Forderungen an die Zusammensetzung von der Betonart abhängig. So müssen für die Herstellung eines möglichst dichten Betons alle Korngrößen in solchen Mengen vorhanden sein, daß die kleineren die Lücken zwischen den größeren ausfüllen. Dagegen fehlen beim Leichtbeton mit Haufwerksporigkeit (Einkornbeton) die kleineren Kornklassen beim Zuschlag, s. 5.3.2.2.

Einfluß des Wassers

Das Wasser hat beim Beton eine doppelte Aufgabe zu erfüllen. Das Wasser schafft zunächst die zur Verarbeitung des Gemisches notwendige *Formbarkeit*, ausgedrückt als Konsistenzbereich, vgl. Tabelle 5.42. Zum anderen reagiert Wasser mit den Klinkermineralien des Zements und es entsteht über Zwischenstrukturen Zementstein, in dem das Wasser gebunden ist.

Ein bestimmter Teil des Anmachwassers wird von Zement während seiner Verfestigung nicht gebunden und ist verdampfbar. Dieses verdunstende Wasser trägt zur Porenbildung im Zementstein bei und beeinflußt damit die Betoneigenschaften, z. B. die Druckfestigkeit. Zur Charakterisierung dient die auf eine bestimmte Zementmenge entfallende relative Wassermenge, das Wasser-Zement-Verhältnis.

Daraus ergibt sich die Forderung, das Wasser-Zement-Verhältnis eines Betons gering zu halten und in steifer Konsistenz (KS bis KP) den Beton zu verarbeiten. Dabei ist aber zu beachten, daß sich die Verarbeitung von solchem Beton ungünstiger gegenüber weicheren Konsistenzen gestaltet, z. B. hoher Aufwand an Verdichtungsenergie, geringere Haftung am Bewehrungsstahl. Zum anderen ist das Wasser-Zement-Verhältnis kein direktes Maß für die Konsistenz, denn bei günstiger Korngrößenverteilung und hoher Zementmenge kann auch ein sehr weicher oder flüssiger Beton (KR bis KF) ein geringes Wasser-Zement-Verhältnis aufweisen und damit günstigere Festbetoneigenschaften haben, s. Tabelle 5.42.

Tabelle 5.42 Konsistenzbereiche des Frischbetons nach DIN 1045

Konsistenzbereich	Eigenschaften des Frischbetons beim Schütten	Verdichtungsart
steif KS	noch lose	kräftig wirkende Rüttler und/oder kräftiges Stampfen in dünner Schüttlage
plastisch KP	schollig bis knapp zusammenhängend	Rütteln und/oder Stochern oder Stampfen
weich KR	schwach fließend	Stochern und/oder leichtes Rütteln
fließfähig KF	gut fließend	Stochern und/oder leichtes Rütteln

Einflüsse aus den Bedingungen bei der Betonverarbeitung und Erhärtung (äußere Einflußfaktoren)

Diese Einflüsse treten in ihrer Wirkung und Bedeutung gegenüber den bisher behandelten zurück.

Zu diesen Einflußfaktoren zählen Art des *Mischens*, des *Transportes*, der *Verdichtung* und die *Erhärtungsbedingungen*, wie *Temperatur* und *Feuchtigkeit*. Dabei spielt die Frischbetonverdichtung eine besondere Rolle. Sie soll zu einer optimal dichten Packung von Zuschlagstoff und Zementleim führen.

Auf die Verfestigung des Frischbetons haben besonders Feuchtigkeit und Temperatur einen Einfluß. Erhöhte Temperaturen beschleunigen – wie jeden chemischen Prozeß – die Erhärtung des Betons. Durch niedrige Temperaturen ($t < 10\,°C$) wird die Betonverfestigung zunehmend verlangsamt, bis sie bei Werten um 0 °C praktisch zum Stehen kommt. Auf die Endfestigung hat die höhere Temperatur nicht diesen Einfluß, im Gegenteil, die anfänglich bei niedrigen Temperaturen hergestellten und gelagerten Zementbetone erreichen die höchsten Endfestigkeiten. Somit bezieht sich diese Beeinflussung besonders auf die Erreichung einer hohen Anfangsfestigkeit, die im wesentlichen in der

Vorfertigung wichtig ist. Dazu wurden verschiedene Verfahren der Warmbehandlung von Beton entwickelt, wie Behandlung mit Sattdampf, die Elektroerwärmung und die Dampfdruckerhärtung im Autoklaven, die für Silikatbeton angewendet wird.

Zur Gewährleistung zusätzlicher Eigenschaften wurden in den letzten Jahren Betonzusätze entwickelt. Dabei ist zu unterscheiden zwischen

- Betonzusatzmitteln und
- Betonzusatzstoffen

Betonzusatzmittel sind flüssige oder pulverförmige Stoffe, die dem Beton zugesetzt werden, um durch chemische oder physikalische Wirkung oder durch beides Eigenschaften des Frisch- oder Festbetons – wie z. B. Verarbeitbarkeit, Erstarren, Erhärten oder Frostwiderstand – zu verändern.

Betonzusatzstoffe sind feinstkörnige Zusätze, die bestimmte Eigenschaften des Betons beeinflussen. Dies sind vorrangig die Verarbeitbarkeit des Frisch- und die Festigkeit und Dichtigkeit des Festbetons. Im Gegensatz zu Betonzusatzmitteln ist die Zugabemenge im allgemeinen so groß, daß sie bei der Stoffraumrechnung zu berücksichtigen ist.

5.3.2.2   Verwendung der Mörtel und Betone

Mörtel

Mauermörtel verbinden Bauteile, wie Ziegel, Betonfertigteile zu Bauwerksteilen. Sie übertragen die in den Bauteilen herrschenden Kräfte, gleichen die Maßabweichungen der Bauteile aus und verschließen die Bauwerksfugen. Die Zusammensetzung der verschiedenen Mörtelgruppen richtet sich nach den Festigkeits- und Beständigkeitsforderungen.

Putzmörtel beschichten Wand- und Deckenflächen, gleichen Unebenheiten aus, schaffen geschlossene, ebene oder strukturierte Flächen, erzielen eine Dämmwirkung und einen gewissen Feuer- bzw. Brandschutz.

Diese Mörtel müssen gute Haftung, ausreichende Eigenfestigkeit und bei Außenputzmörtel zusätzlich Wetter- und Frostbeständigkeit aufweisen.

Estrichmörtel dienen zur Herstellung von fugenlosen Fußböden und müssen Druck- und Biegezugfestigkeit, einen Abnutzungswiderstand, Ebenflächigkeit und in Sonderfällen Beständigkeit gegen aggressive Medien aufweisen.

Spezielle Mörtel sind der *säurebeständige* und der *feuerfeste* Mörtel. Beide haben entsprechende Zuschläge und Bindemittel. So sind feuerfeste Mörtel Gemische aus feuerfesten Magerungsstoffen und Zuschlägen mit Binde- und Sinterungseigenschaften, wie Schamotte. Säurefeste Mörtel enthalten Wasserglasmehl oder ausgewählte Kunstharze als Bindemittel.

Betone

Eine umfassende Behandlung der Betonverwendung kann im Rahmen dieses Buches nicht gegeben werden. Es soll deshalb exemplarisch die Verwendung der Betonarten nur kurz behandelt werden. Man unterscheidet zwei Betongruppen:

- Beton B I und
- Beton B II

Beton B I ist ein Kurzzeichen für Beton der Festigkeitsklassen B 5 bis B 25. In Rahmen dieser Festigkeitsklassen dürfen auch wasserdurchlässiger Beton, Beton mit hohem Frostwiderstand und Beton mit hohem Widerstand gegen schwachen chemischen Angriff als Beton B I hergestellt werden.

Beton B II ist ein Kurzzeichen für Beton der Festigkeitsklassen B 35 und B 55 für verzögerten Beton mit einer um mindestens drei Stunden verzögerten Verarbeitbarkeitszeit und in der Regel für Betone mit besonderen Eigenschaften. Dazu gehören:

- wasserundurchlässiger Beton,
- Beton mit hohem Frostwiderstand,
- Beton mit hohem Frost- und Tausalzwiderstand,
- Beton mit hohem Widerstand gegen chemische Angriffe,
- Beton mit hohem Verschleißwiderstand,
- Beton für hohe Gebrauchstemperaturen bis 250 °C,
- Beton für Unterwasserschüttung.

Für tragende und aussteifende Bauteile aus bewehrtem Beton gibt es die Bestandfestigkeitsklassen B 65 bis B 115 (hochfester Beton). Dieser Beton darf nur als Beton B II hergestellt und verarbeitet werden.

In den Tabellen 5.43 und 5.44 sind die Festigkeitsklassen und ihre Anwendung dargestellt.

Entsprechend den jeweiligen Anwendungsgebieten unterscheidet man verschiedene Betonarten, deren Zusammensetzung und Verarbeitung in Vorschriften festgelegt sind, z. B. in DIN 1084 und DIN 1045. Nach der neueren Bautechnologie ist der Beton als ein Zweistoffsystem anzusehen. Die eine Komponente ist der erhärtete Zement (beim Zementstein) und die zweite sind die Zuschläge.

5

Tabelle 5.43 Festigkeitsklassen für Betone

Betongruppe	Betonfestig-keitsklasse	Nennfestig-keit β_{WN} in N/mm^2	Serienfestig-keit β_{WS} in N/mm^2	Anwendung
Beton B I	B 5	5,0	8,0	nur für unbewehrten Beton
	B 10	10	15	
	B 15	15	20	für unbewehrten und bewehrten Beton
	B 25	25	30	
Beton B II	B 35	35	40	
	B 45	45	50	
	B 55	55	60	

Tabelle 5.44 Festigkeitsklassen für Leichtbetone

Betongruppe	Betonfestig-keitsklasse	Nennfestigkeit β_{WN} in N/mm^2	Serienfestigkeit β_{WS} in N/mm^2	Anwendung	
Leichtbeton B I	LB 8	8	11	nur für unbewehrte Bauteile und bewehrte Wände	nur bei vorwiegend ruhenden Lasten
	LB 10	10	13		
	LB 15	15	18	unbewehrter Leichtbeton und Stahlleichtbeton	
Leichtbeton B II	B 25	25	29	unbewehrter Leichtbeton, Stahlleichtbeton und Spannleichtbeton	auch bei nicht vorwiegend ruhenden Lasten
	B 35	35	39		
	B 45	45	49		
	B 55	55	59		

Schwerbeton, der für spezielle Zwecke, wie Belastungsmassen und Maschinenfundamente Verwendung findet, erhält seine hohe Dichte und Druckfestigkeit durch besonders schwere Zuschläge, wie Schwerspat und Eisenschrott.

Normalbeton wird wegen seiner hohen Festigkeit, guten Dichtigkeit und Beständigkeit im monolithischen Beton- und Stahlbetonbau, einschließlich Spannbetonbau, in der Vorfertigung konstruktiver Stahl- und Spannbetonbauteile sowie im Verkehrsbau eingesetzt. Bei diesem Beton wird einem gemischtkörnigen, möglichst hohlraumarmen Zuschlaggemenge so viel Bindemittel und Anmachwasser zugegeben, daß nach einer anschließenden intensiven Verdichtung der Hohlraum zwischen den Zuschlagkörnern völlig mit Bindemittel ausgefüllt ist.

Beim *Leichtbeton* unterscheidet man:

Leichtbeton mit Haufwerksporigkeit ist ein Beton mit einem Korngerüst (Einkornbeton), das mit Zementleim (Bindemittel) lediglich umhüllt wird, aber nicht vollständig eingebettet ist. Es fehlen die kleineren Kornklassen beim Zuschlag. Das Bindemittel wird in geringen Mengen zugesetzt, damit die Porigkeit erhalten bleibt. Die nicht mit Bindemittel ausgefüllten Hohlräume zwischen den Körnern ergeben die Haufwerksporigkeit, die die Eigenschaften des Betons bestimmt. Er wird fast ausschließlich in stationären Betrieben (Betonwerken) hergestellt und wegen seiner guten Wärmedämmung hauptsächlich im Montagewohnungsbau und Gesellschaftsbau für Außenwandteile eingesetzt.

Hochfester konstruktiver Leichtbeton enthält hochfeste Leichtzuschläge, wie Blähton, Porensinter, die in Verbindung mit hochwertigen Zementen diesem Beton bei einer Rohdichte von $1,4 \ldots 1,8 \ \text{kg} \cdot \text{m}^{-3}$ so hohe Druckfestigkeiten verleihen, daß er für tragende Fertigteile (Binder, Schalen) benutzt werden kann.

Bei *Porenbetonen* (Gas- und Schaumbeton) erzeugt man die entsprechend hohe Porigkeit durch treibende oder schäumende Zusatzstoffe. Beim Gasbeton wird der erforderliche Frischbetonporenraum durch Substanzen (Treibmittel) gebildet, die in chemischen Reaktionen Gase abgeben, z. B. Aluminiumpulver nach der Reaktion

$$2 \ \text{Al} + 3 \ \text{Ca(OH)}_2 \longrightarrow \text{Al}_2\text{O}_3 \cdot 3 \ \text{CaO} + 3 \ \text{H}_2$$

Der Schaumbeton erhält durch Zusatz von Schaumstoffen während des Mischens Luftblasen, die seine Porenstruktur bestimmen. Geringe Druckfestigkeit und Wärmeleitfähigkeit lassen für die Porenbetone besonders eine Verwendung für nichttragende, wärmedämmende Bauteile zu, vgl. Tabelle 5.41.

5.3.3   Mineralische Bindemittel

5.3.3.1   Begriffe

> Mineralische Bindemittel sind eine Gruppe von Stoffen, die pulverförmige Gemenge aus einer oder mehreren natürlich vorgefundenen oder synthetischen Mineralkomponenten darstellen und, mit Wasser angerührt, andere Stoffe, wie Sand und Kies, einbinden.

Sie sind die wichtigsten Komponenten der Mörtel und Betone (s. 5.3.2). Neben diesen pulverförmigen Bindemitteln gibt es flüssige Bindemittel, die eine geringere Bedeutung besitzen, z. B. Bitumen, flüssige Kunstharzsysteme.

5.3.3.2   Einteilung der mineralischen Bindemittel

Nach der Zusammensetzung:
- silikatische Bindemittel, wie Ton, Lehm und silikatische Zemente
- nichtsilikatische Bindemittel, wie Kalk, Gips und Tonerdeschmelzzement

Nach dem vorherrschenden Herstellungsprozeß:
- ungebrannte Bindemittel, wie Lehm
- entwässerte Bindemittel, wie Gips
- entsäuerte Bindemittel, wie Kalk
- gesinterte Bindemittel, wie Portlandzement
- geschmolzene Bindemittel, wie Tonerdeschmelzzement.

Nach dem Reaktionsmechanismus beim Erhärten:
- hydraulisch erhärtende Bindemittel, wie Zemente und hydraulische Kalke
- nichthydraulisch, unselbständig erhärtende Bindemittel, wie Luftkalk
- nichthydraulisch, selbständig erhärtende Bindemittel, wie Gips und Anhydrit
- im Autoklaven erhärtende Bindemittel, wie aktiver Quarzsand bei der Herstellung von Silikatbeton.

5.3.3.3   Kennzeichnende Reaktionen der Bildung und Erhärtung von Bindemitteln

Reaktionen bei der Herstellung und Erhärtung von Luftkalk
(Kreislauf des Kalksteins)

Brennen des Kalksteins

Kalkstein $\longrightarrow$ Branntkalk + Kohlendioxid

$$CaCO_3 \longrightarrow CaCO + CO_2; \ \Delta H = + 191,1 \ kJ \cdot mol^{-1}$$

Löschen des Branntkalks

Branntkalk + Wasser $\longrightarrow$ Kalkhydrat; $\Delta H = - 63,0 \ kJ \cdot mol^{-1}$

$$CaO + H_2O \longrightarrow Ca(OH)_2$$

Mörtelherstellung

Calciumhydroxid (Kalkhydrat) wird mit Wasser (Anmachwasser) und Sand (Zuschlagstoff) zu Mörtel verarbeitet.

Erhärten des Mörtels (Calciumhydroxid)

Calciumhydroxid + Kohlensäure $\longrightarrow$ Kalkstein + Wasser

$$Ca(OH)_2 + H_2CO_3 \longrightarrow CaCO_3 + 2H_2O; \ \Delta H = -117,4 \ kJ \ mol^{-1}$$

H_2CO_3 bildet sich bei Anwesenheit von Feuchtigkeit aus dem Kohlendioxid (CO_2) der Luft.

Reaktionen bei der Bildung und Erhärtung von Branntgips und von synthetischem Anhydritbinder

Brennen (Entwässern) des Gipssteines

1. Stufe bei 120 ... 180 °C

$$CaSO_4 \cdot 2\,H_2O \longrightarrow CaSO_4 \cdot \frac{1}{2}\,H_2O + \frac{3}{2}\,H_2O$$

Gipstein   Branntgips

2. Stufe bei 250 ... 1200 °C

$$CaSO_4 \cdot \frac{1}{2}\,H_2O \longrightarrow CaSO_4 + \frac{1}{2}\,H_2O$$

3. Stufe bei 800 ... 1 400 °C

$$CaSO_4 \longrightarrow CaO + SO_3$$

Branntkalk

Erhärten von Branntgips

$$CaSO_4 \cdot \frac{1}{2}\,H_2O + \frac{3}{2}\,H_2O \longrightarrow CaSO_4 \cdot 2\,H_2O$$

Branntgips löst sich im Anmachwasser, bildet übersättigte Lösungen und kristallisisert zum nadelförmigen Gipsstein aus.

Erhärten von Anhydritbinder

$$CaSO_4 + 2H_2O \longrightarrow CaSO_4 \cdot 2\,H_2O$$

Anreger, wie vorhandenes CaO, wirken als Hydrationsbeschleuniger, indem sie die Löslichkeit des Anhydrits im Anmachwasser erhöhen. Die Erhärtung kann durch größere Mahlfeinheit des Bindemittels, besonders bei natürlichem Anhydritbinder, beschleunigt werden.

Reaktionen bei der Zementherstellung und bei der Verfestigung von Zement-Wasser-Gemischen

Brennen der aufbereiteten und gemischten Rohstoffe Kalkstein und Ton mit einem bestimmten Gehalt an Rohstoffoxiden CaO, Al_2O_3, Fe_2O_3 und SiO_2. Nachdem H_2O und CO_2 bis 1000 °C ausgetrieben sind, reagieren diese Oxide, meist unter Sinterung, zu folgenden *Klinkermineralien*:

$3\,CaO \cdot SiO_2$	Tricalciumsilikat (C_3S)
$2\,CaO \cdot SiO_2$	Dicalciumsilikat (C_2S)
$3\,CaO \cdot Al_2O_3$	Tricalciumaluminat (C_3A)
$4\,CaO \cdot Al_2O_3 \cdot Fe_2O_3$	Tetracalciumaluminatferrit (C_4AF)

Feinmahlen der gekühlten Zementklinker unter Zusatz von Gipsstein zur Erhärtungsregulierung bis zur Teilchengröße 0,1 ... 10 µm

Verfestigung der Zement-Wasser-Gemische (Zementleim)

1. Phase: Erstarren

Durch Reaktion der Klinkermineralien mit dem Anmachwasser entstehen bei C_3S und C_2S unter Abspaltung von Calciumhydroxid (Hydrolyse) Calciumsilikathydrate. Die Art der entstehenden Silikathydrate wird vom Wasser-Zement-Wert beeinflußt. Durch Wasseranlagerung bilden sich um die einzelnen Zementkörner Gelhüllen, die sich nach einer gewissen Zeit berühren. Es bildet sich eine Struktur heraus, bei der Zementbrei eine schneidbare, aber nicht mehr formbare Masse darstellt.

2. Phase: Erhärten

Mit fortschreitender Reaktion verdichtet sich die Gelphase, d. h., trockene Bezirke saugen aus dem wasserhaltigen Gel freies Wasser, um selbst ein Gel zu bilden. Es kommt zu einer Strukturvergrößerung des anfangs gebildeten kolloid-amorphen Gels, die ein Zusammenziehen der Masse, das Schrumpfen des Zements, bewirkt. Durch diese fortschreitende Gelbildung werden Zwischenräume weitgehend ausgefüllt. Einfluß auf das Verfestigungsverhalten haben die Art der Zemente und die Erhärtungsbedingungen. Zusammenfassend und vereinfacht kann gesagt werden, daß die Klinkermineralien mit dem Anmachwasser unter Hydrolyse bzw. Hydratation zu sich verfestigenden Hydrogelen und wasserhaltigen Kristallen nach folgenden Gleichungen reagieren:

$$3CaO \cdot SiO_2 + xH_2O \longrightarrow 3CaO \cdot 2SiO_2 \cdot mH_2O + nCa(OH)_2$$
$$3CaO \cdot Al_2O_3 + xH_2O \longrightarrow 3CaO \cdot 2Al_2O_3 \cdot mH_2O$$

Die vollständige Hydratation kann sich über einen längeren Zeitraum erstrecken (Nacherhärten). Wichtig ist für die Anwendung bei bestimmten Betonarbeiten eine hohe Frühfestigkeit der Zemente, die z. B. kürzere Schalungszeiten ermöglicht.

5.3.3.4   Charakterisierung wichtiger Bindemittel

Zemente

> Zemente sind hydraulische Bindemittel, die durch getrenntes oder gemeinsames Feinmahlen von Portlandzementklinker, Gips- oder Anhydritgestein und teilweise von Zumahlstoffen, wie z. B. Hüttensand, Gesteinsmehl, hergestellt werden.

Mit Wasser angemacht, erhärten sie an der Luft und unter Wasser; sind nach der Erhärtung wasserbeständig, erreichen eine hohe Druckfestigkeit, geben für Bewehrungsstahl auf Grund ihrer Alkalität [$Ca(OH)_2$] einen Korrosionsschutz und sind auf der Grundlage ihrer mineralischen Struktur gegen viele aggressive Medien beständig. Nachteilig sind die durch die Verfestigungsvorgänge bedingten Prozesse des Schwindens und Schrumpfens.

Die Eigenschaften der Zemente sind abhängig von der Mahlfeinheit und der chemisch-mineralogischen Zusammensetzung der Klinkermineralien. Die Unterscheidung der Zemente erfolgt nach den Anteilen der Hauptbestandteile, die eine Kennzeichnung nach der Mindestdruckfestigkeit mit 28tägiger Erhärtungsdauer einschließt. Diese Kennzeichnung gibt weiter Auskunft über chemisch-mineralogische Forderungen, Warmbehandlungsfähigkeit sowie Erstarrungs- und Erhärtungsgeschwindigkeiten. Die zu erreichende Mindestdruckfestigkeit bzw. Normfestigkeit bezieht sich auf einen Wasser-Zement-Wert von 0,5.

Kalke

> Kalke sind Bindemittel, die durch Brennen von Kalkstein unterhalb der Sintergrenze hergestellt werden.

Nach dem Brennen werden sie gemahlen und zum Teil mit Wasser gelöscht, d. h. hydratisiert. Die gebrannten Produkte werden als Branntkalke, die hydratisierten als Kalkhydrate bezeichnet. Zu den Kalken gehören ferner das nichthydraulische Karbidkalkhydrat, das bei der Ethinproduktion anfällt. Die Kalke unterscheiden sich je nach der Zusammensetzung des Rohkalksteines. Beim Brennen von *tonhaltigem Kalkstein* (Anteile von SiO_2, Al_2O_3, Fe_2O_3) entsteht ein teilweise hydraulisch erhärtendes Bindemittel, das stets als Kalkhydrat ausgeliefert wird. Aus fast *reinem Kalkstein* wird ein nichthydraulisches Bindemittel als Branntkalk oder als Kalkhydrat hergestellt. Diese Kalke erhärten nach dem Anmachen mit Wasser nur an der Luft (deshalb auch Luftkalke genannt) und sind nach der Erhärtung nicht wasserbeständig, s. auch 5.3.3.3.

Im Bauwesen werden Kalke vorwiegend zur Herstellung der verschiedenen Mörtel (siehe 5.3.2.2) sowie als Bindemittelkomponente bei der Silikatbetonherstellung eingesetzt. Auf Grund ihrer spezifischen Eigenschaften verleihen die Kalke dem Frischmörtel eine hohe Plastizität, Geschmeidigkeit und gute Haftfähigkeit am Untergrund (Putzträger) sowie dem Festmörtel hohe Porosität und gutes Feuchtigkeitsadsorptionsvermögen. Diese Eigenschaften sind abhängig vom Aktivitätsgrad des verfügbaren CaO und von der Höhe des Anteils an Hydraulefaktoren, d. h. der Anteile an SiO_2, Al_2O_3 und Fe_2O_3. Mit steigendem Anteil an diesen Faktoren erhöhen sich die Feuchtebeständigkeit und die Druckfestigkeit der Festmörtel. Mit höherem Anteil an aktivem CaO verbessern sich die Verarbeitungseigenschaften, wie Plastizität und Haftvermögen. Die Unterscheidung der Kalke erfolgt nach dem Mindest-CaO-Gehalt und nach dem Zustand des Bindemittels (vgl. Tabelle 5.47 und 5.48).

5

Calciumsulfat-Bindemittel

Zu diesen Bindemitteln gehören zwei Hauptgruppen, die Branntgipse und die Anhydritbinder.

> *Branntgipse* sind nichthydraulische Bindemittel, die durch teilweise oder vollständige Entwässerung von Gipsstein hergestellt werden. Vor und nach der Entwässerung werden sie in einer oder mehreren Stufen gemahlen.

> *Anhydritbinder* sind nichthydraulische Bindemittel, die durch gemeinsames Vermahlen von natürlichem oder synthetischem Anhydrit mit Anregerstoffen bzw. durch Mischen von gemahlenem Anhydrit mit Anregerstoffen hergestellt werden.

Mit Wasser angemacht, erfolgt eine Erhärtung des Gipsbindemittels durch Auskristallisieren des Calciumsulfatdihydrates, siehe 5.3.3.3.

Der Hauptanteil der Branntgipse findet Verwendung für die Herstellung von Wand- und Deckenelementen, Gipskartonplatten und für Stuckarbeiten. Anhydritbinder kommt zum Einsatz als Mörtel für Putz-, Maurer- und Estricharbeiten in trockenen Räumen, besonders für die fugenlosen Estrichfußböden als Fließanhydrit, siehe Tabelle 5.49 und 5.50.

Sonstige Bindemittel

Neben den weitverbreiteten Bindemitteln Zement, Kalk und Gipsbindemittel werden im Bauwesen für spezielle Zwecke Bindemittel auf MgO-Basis (Magnesiabinder) eingesetzt.

Magnesiabinder sind nichthydraulische Bindemittel auf MgO-Basis, die mit $MgCl_2$- oder $MgSO_4$-Lösung als Anreger erhärten. Als Zuschlagstoffe eignen sich besonders Holzspäne (Steinholz).

Eigenschaften und Kennzeichnung der Bindemittel

Zemente

Normzemente nach DIN 1164 (s. Tafel 5.4)

Man unterscheidet drei Hauptgruppen:
CEM I Portlandzement
CEM II Portlandkompositzement
CEM III Hochofenzement

Tafel 5.4 Zementarten und Zusammensetzung nach DIN 1164 (Massenanteile in Prozent[1])

Zementart	Benennung	Kurzzeichen	Hauptbestandteile						Nebenbestandteile[2]
			Portland-zement-klinker K	Hütten-sand S	Natür-liches Puzzolan P	Kieselsäu-rereiche Flugasche V	Gebrannter Schiefer T	Kalkstein L	
CEM I	Portlandzement	CEM I	95...100	—	—	—	—	—	0...5
CEM II	Portlandhütten-zement	CEM II/A-S	80...94	6...20	—	—	—	—	0...5
		CEM II/B-S	65...79	21...35	—	—	—	—	0...5
	Portlandpuzzo-lanzement	CEM II/A-P	80...94	—	6...20	—	—	—	0...5
		CEM II/B-P	65...79	—	21...35	—	—	—	0...5
	Portlandflug-aschezement	CEM II/A-V	80...94	—	—	6...20	—	—	0...5
	Portlandölschie-ferzement	CEM II/A-T	80...94	—	—	—	6...20	—	0...5
		CEM II/B-T	65...79	—	—	—	21...35	—	0...5
	Portlandkalk-steinzement	CEM II/A-L	80...94	—	—	—	—	6...20	0...5
	Portlandflugasche-hüttenzement	CEM II/B-SV	65...79	10...20	—	10...20	—	—	0...5
CEM III	Hochofenzement	CEM III/A	35...64	36...65	—	—	—	—	0...5
		CEM III/B	20...34	66...80	—	—	—	—	0...5

[1] Die in der Tafel angegebenen Werte beziehen sich auf die aufgeführten Haupt- und Nebenbestandteile des Zements ohne Calciumsulfat und Zementzusatzmittel

[2] Füller oder ein oder mehrere Hauptbestandteile, soweit sie nicht Hauptbestandteile des Zements sind

5

Tabelle 5.45 Festigkeitsklassen der Zemente nach DIN 1164

Festigkeitsklasse nach Druckfestigkeit in $N \cdot mm^{-2}$ nach 28 Tagen	Zementart
32.5	überwiegend CEM III
32.5 R	überwiegend CEM II und CEM I
42.5	überwiegend CEM III
42.5 R	überwiegend CEM II und CEM I
52.5	CEM I
52.5 R	

Tabelle 5.46 Eigenschaften und Anwendungsbeispiele für Normzemente

Zement	Eigenschaften/Anwendung
32.5	Langsamere Anfangserhärtung, gute Nacherhärtung für massige Bauteile, Betonieren bei warmer Witterung
32.5 R	Zemente mit normaler Anfangshärtung und mittlerer Wärmeentwicklung, für alle üblichen Bauteile bei normalen Anforderungen im Hoch- und Tiefbau
42.5	für massige Bauteile mit höheren Endfestigkeiten
42.5 R	Zemente mit hoher Anfangsfestigkeit, günstig für den Winterbau, Bauteile mit kurzen Ausschalfristen, Herstellung von Betonfertigteilen
52.5/52.5 R	Zemente mit besonders hohen Festigkeiten, Bauteile mit extrem kurzen Ausschalfristen, Spannbetonfertigteile

Aus der Tabelle 5.46 geht hervor, daß der unterschiedliche Erhärtungsverlauf der Zemente berücksichtigt wird. Die Zemente mit hoher Anfangsfestigkeit werden durch das zusätzliche Kennzeichen R ausgewiesen.

Baukalke

Bei den Luftkalken werden die verschiedenen Baukalkarten nach ihrem Gehalt an (CaO + MgO)-Anteil, bei den hydraulischen Kalken nach ihrer Druckfestigkeit klassifiziert, s. Tabelle 5.47.

Tabelle 5.47 Einteilung der Luftkalke

Baukalkart	Kurzzeichen	(CaO + MgO)-Anteil
Weißkalk 90	CL 90	≥ 90
Weißkalk 80	CL 80	≥ 80
Weißkalk 70	CL 70	≥ 70
Dolomitkalk 85	DL 85	≥ 85
Dolomitkalk 80	DL 80	≥ 80

Tabelle 5.48   Einteilung der hydraulichen Kalke

Baukalkart	Kurzzeichen	Druckfestigkeit in $N \cdot mm^{-2}$ nach	
		7 Tagen	28 Tagen
Hydraulischer Kalk 2	HL 2	—	2 ... 7
Hydraulischer Kalk 3,5	HL 3,5	$\geq 1,5$	3,5 ... 10
Hydraulischer Kalk 5	HL 5	≥ 2	5 ... 15

Baugipse

Baugipse bestehen nach DIN 1168 aus den verschiedenen Hydrationsstufen des Calciumsulfates.

Man unterscheidet Baugipse ohne werkseitig beigegebene Zusätze und Baugipse mit solchen Zusätzen zur Erzielung bestimmter Eigenschaften. Zur ersten Gruppe gehören Stuckgips und Putzgips und zur zweiten die Arten Fertigputzgips, Haftputzgips, Maschinenputzgips, Aussetzgips, Eigengips und Spachtelgips.

Die geforderten Eigenschaften enthält die Tabelle 5.49.

Tabelle 5.49   Anforderungen an Baugips

Baugipssorte	Versteifungsbeginn in min	Biegefestigkeit in MPa	Druckfestigkeit in MPa	Härte in MPa
Stuckgips	8 ... 25	$\geq 2,5$	—	≥ 10
Putzgips	≥ 3	$\geq 2,5$	—	≥ 10
Fertigputzgips	≥ 25	$\geq 1,0$	$\geq 2,5$	—
Haftputzgips	≥ 25	$\geq 1,0$	$\geq 2,5$	—
Maschinenputzgips	≥ 25	$\geq 1,0$	$\geq 2,5$	—
Ansetzgips	≥ 25	$\geq 2,5$	$\geq 6,0$	—
Fugengips	≥ 25	$\geq 1,5$	$\geq 3,0$	—
Spachtelgips	≥ 15	$\geq 1,0$	$\geq 2,5$	—

Anhydridbinder

Anhydridbinder (AB) sind nach DIN 4208 nichthydraulische Bindemittel, die aus feingemahlenem Anhydrit (≥ 85 Masse-%) und Anregern (max. 7 Masse-%) bestehen. Die Anreger sind basische Stoffe wie Kalk u. a.

Je nach Druckfestigkeit unterscheidet man nach DIN 4208 zwei Güteklassen, den Anhydritbinder AB 5 und den Anhydritbinder AB 20. Die geforderten Eigenschaften der Anhydritbinder enthält die Tabelle 5.50.

Tabelle 5.50 Anforderungen an Anhydritbinder

Festigkeitsklasse	Mindestfestigkeiten in $N \cdot mm^{-2}$ nach			
	3 Tagen		28 Tagen	
	Biegezug-festigkeit	Druck-festigkeit	Biegezug-festigkeit	Druck-festigkeit
AB 5	0,5	2,0	1,2	5,0
AB 20	1,6	8,0	4,0	20,0

5.3.4   Keramische Werkstoffe

5.3.4.1   Allgemeines

Keramische Werkstoffe haben charakteristische Eigenschaften und Merkmale und werden nach einem grundsätzlich übereinstimmenden Prozeß erzeugt. Sie weisen folgende Besonderheiten auf:
- hohe Druckbelastbarkeit
- sprödes Verhalten
- gute chemische Beständigkeit
- hohe Temperaturbeständigkeit und niedrige Temperaturwechselbeständigkeit.

Es sind meist chemische Verbindungen von Metallen mit nichtmetallischen Elementen der 3. bis 7. Hauptgruppe, überwiegend Oxide, in denen kovalente Bindungen bzw. Ionenbeziehungen vorliegen.

Keramische Erzeugnisse werden aus pulverförmigen Massen geformt und durch Wärmeeinwirkung verfestigt. Es ergeben sich dabei folgende Verfahrensstufen:
1. Aufbereitung der Ausgangsstoffe und Erzeugung eines dispersen Pulvers
2. Erzeugung von Formlingen aus diesem Pulver mit oder ohne Flüssigkeit bei niedrigen Temperaturen durch verschiedene Formungsverfahren, wie Gießen, Pressen
3. Trocknen der Formlinge
4. Verfestigung der Formlinge in einem Hochtemperaturprozeß (Brennen), meist durch Sintern, durch den sie ihre charakteristischen Eigenschaften erhalten

Die keramische Bindung, die der Verfestigung zu Grunde liegt, wird durch verschiedene Vorgänge herbeigeführt.

Dazu gehören:
- Diffusionsvorgänge an den Oberflächen (Oberflächendiffusion) bzw. im Inneren (Volumendiffusion) der Formlinge

- thermische Dissoziationen und bestimmte Verdampfungsvorgänge
- viskoses oder plastisches Fließen unter Herausbildung einer benetzenden Glasphase
- Reaktionen zwischen Oxiden, wie SiO_2, CaO, Al_2O_3, Na_2O unter Herausbildung von stabilen Verbindungen, die zum großen Teil oder vollständig aus kristallinen Phasen bestehen.

Die meisten und wichtigsten Vorgänge erfolgen bei Temperaturen, die etwa dem $0,7 \ldots 0,9$fachen Betrag der Schmelztemperatur der Rohstoffe entsprechen und werden als Sinterprozesse bezeichnet. Je nach der Zusammensetzung der Pulver erfolgen sie zwischen 850 °C und 1 800 °C.

Als treibende Kraft der Sinterprozesse kann die Abnahme der Oberflächenspannungen und -energien der pulverförmigen Ausgangsstoffe angesehen werden. Je nachdem, ob beim Sinterprozeß eine Glasphase anwesend ist oder nicht, unterscheidet man zwischen einer *nassen* Sinterung und einer *trockenen* Sinterung. Zur Erreichung der häufig technisch angewandten nassen Sinterung enthält das pulverförmige Rohstoffgemisch (keramischer Versatz) ein Flußmittel, das zum Teil als natürliche Beimengung in den Ausgangsstoffen enthalten sein kann.

Keramische Materialien sind die ältesten Werkstoffe der Menschheit, die am Anfang aus natürlichen Rohstoffen mit mehr oder weniger großer Aufbereitung zu Produkten geformt wurden. Dazu zählen Porzellan, Ziegeleierzeugnisse und Feuerfeststoffe. In der Weiterentwicklung wurden die Rohstoffe besonders aufbereitet und gemischt. Dabei wurde auf Reinheit und Körnung stärkerer Wert gelegt. Ein Beispiel dafür ist die Entwicklung und Herstellung von Siliziumcarbid.

Zur Zeit gibt es eine weitere Periode, in der es zur Entwicklung und dem Einsatz von keramischen Hochleistungswerkstoffen kommt. Diese technische Keramik hat breite Anwendungsgebiete, wie Raumfahrttechnik, Reaktortechnik, Computertechnik und Medizin.

5.3.4.2 Einteilung der keramischen Erzeugnisse

Die Einteilung erfolgt nach verschiedenen Gesichtspunkten, vgl. Tabelle 5.51. Eine Gliederung der Werkstoffgruppen der Keramik, die den Trend widerspiegelt, ist in Tabelle 5.52 dargestellt.

5.3.4.3 Eigenschaften keramischer Werkstoffe

Für die einzelnen Werkstoffgruppen haben solche Parameter besondere Bedeutung, die in einer Beziehung zur technischen Verwendung stehen.

Tabelle 5.51 Einteilung der keramischen Erzeugnisse

Ordnungsgesichtspunkt	Arten bzw. Gruppen
Grad der Sinterung, ausgedrückt in Porositätszustand bzw. Wasseraufnahme in %	*Dichte keramische Werkstoffe* WA < 0,2 % bzw. Scherben dicht und nicht wassersaugend; **Beispiele:** Steinzeug, Porzellan, dichte Schlackensteine *Poröse keramische Werkstoffe* WA > 0,2 % bzw. Scherben noch porös und wassersaugend; **Beispiele:** Ziegel, Steingut, poröse Silikatsteine
Makrostruktur des Scherbens bzw. Aufbereitungsgrad der Rohstoffe, ausgedrückt in der Korngröße bzw. der Korngrößenverteilung	*Grobkeramik* heterogene Makrostruktur, geringer Aufbereitungsgrad, Korngröße überwiegend 0,2 mm und größer **Beispiele:** Ziegel, Steinzeug, Silikatsteine *Feinkeramik* homogene Makrostruktur, hoher Aufbereitungsgrad, Korngröße < 0,2 mm **Beispiele:** Steingut, Porzellan, Feinsteinzeug, Oxidkeramik
Chemische Zusammensetzung	*Silikatkeramische Werkstoffe* **Beispiele:** Tonkeramik für Haushalt und Bauwesen, silikatische feuerfeste Keramik, silikatische technische Keramik auf Tonbasis, sonstige silikatische technische Keramik *Nichtsilikatkeramische Werkstoffe* Nichtsilikatkeramische feuerfeste Keramik, nichtsilikatische technische Keramik
Anzahl der Komponenten in der Rohmasse	*Einstoffsysteme* **Beispiel:** Sinterkorund Al_2O_3 *Zweistoffsysteme* **Beispiel:** Pyrolan $Al_2O_3 \cdot SiO_2$ *Dreistoffsysteme* **Beispiel:** Porzellan $K_2O \cdot Al_2O_3 \cdot SiO_2$
Verwendung in der Wirtschaft	Baukeramik, feuerfeste Keramik, Elektro- und Magnetokeramik, keramische Hartstoffe, Geschirrkeramik, chemisch-technische Keramik

Man unterscheidet dabei Eigenschaften, die prüftechnisch quantitativ bestimmbar sind, z. B. Festigkeitsangaben, von denen, die vorzugsweise qualitativ erfaßt werden, z. B. Frostwiderstand oder Farbe des Scherbens. Eigenschaften und Kenngrößen bzw. Parameter lassen sich zu Gruppen zusammenfassen; so gehören Leitfähigkeit und Dielektrizitätskonstante zu den elektrischen Eigenschaften, Zugfestigkeit und Druckfestigkeit zu den Festigkeitskenngrößen. Zwischen einer Reihe von Kenngrößen bestehen Beziehungen, die eine Abschätzung oder auch Ermittlung bestimmter Größen aus anderen ermöglichen. So hat die Porosität eines keramischen Werkstoffes

Tabelle 5.52 Gliederung der Werkstoffgruppen der Keramik unter Einbeziehung der Hochleistungskeramik (HLK) (nach 8)

Gruppe	Vertreter der „ersten Generation"	Vertreter der HL-Keramik
1. *Silikatkeramische Werkstoffe*		
1.1 porös-fein	Steingut	—
1.2 porös-grob	Irdengut, Ziegelgut	—
1.3 dicht-fein	Feinsteinzug, Hartporzellan	Zirkonporzellan, Steatit, Glaskeramik, Keramonitrane, Cordierit
1.4 dicht-grob	Grobsteinzeug	schmelzgeglühte Ff-Steine
2. *Oxidkeramische Werkstoffe*		
2.1 einfache Oxide	—	Al_2O_3-Keramik, TiO_2-Keramik, ZrO_2-Keramik, andere Oxide
2.2 komplexe Oxide	Chromit, Dolomit, Sillimanit	Mullit, Ferrite, Titanate
3. *nichtoxidische keramische Werkstoffe*	—	Carbide (B_4C, SiC), Boride (SiB_6), Nitride (Sialon), Silicide
4. *Metallische Hartstoffe*	—	Carbide (TaC, WC), Nitride (TiN, ZrN), Boride (TiB_2, ZrB_2)
5. *Verbundwerkstoffe*	—	Faserverbundwerkstoffe, Schichtverbundwerkstoffe, Teilchenverbundwerkstoffe

5

sowohl Einfluß auf die Frostbeständigkeit als auch auf die Wärmeleitfähigkeit des Werkstoffes. Eine Umrechnung der Parameter ist meist nur in einer Richtung möglich. So kann bei bestimmten keramischen Werkstoffen, z. B. bei Ziegeln, von der Porosität auf die Festigkeit, nicht aber von der Festigkeit direkt auf eine bestimmte Porosität geschlossen werden. Für die keramischen Werkstoffe sind auf Grund der porigen Struktur die Massekenngrößen Rohdichte und Reindichte und die Gefügekenngröße Porosität von Bedeutung, zwischen denen wiederum Relationen bestehen. Diese Kennwerte sind von großer Bedeutung zur Charakterisierung der „Dichtheit" bzw. „Undurchlässigkeit" eines keramischen Werkstoffes. In enger Beziehung zu Porosität steht die Wasseraufnahme (WA), die besonders für bestimmte Baustoffe wichtig ist. So kann sie für einen Ziegelstein von Bedeutung sein, weil bei diesem die Gefahr des Zerfrierens besteht (Frostwiderstand). Von großer Bedeutung sind weiterhin alle Kenngrößen, die Aussagen über die Temperaturbeständigkeit und das Wärmeleitverhalten der keramischen Werkstoffe machen. Dazu zählen die reinen kalorischen Eigenschaften, wie die spezifische Wärmekapazität, die schichtdickenbezogenen Kenngrößen, wie die Wärmeleitfähigkeit, und die komplexen Beständigkeitseigenschaften, wie die *Temperaturwechselbeständigkeit* (TWB) und die *Feuerfestigkeit*. Die wichtigste Kenngröße ist dabei die *Wärmeleitfähigkeit*.

Die Feuerfestigkeit wird mit Hilfe des Kegelfallpunktes an 32 mm hohen Kegeln, die aus den betreffenden Massen gefertigt sind, bestimmt. Ähnlich wird die Temperatur mit dem sogenannten *Seger-Kegel* bzw. *Pyrometerkegel* ermittelt. Das ist die Temperatur, bei der die betreffende Pyramide, sich über die kurze Kante neigend, die Unterlage gerade berührt. Zur Kontrolle muß eine gegebene zweite gerade zu erweichen beginnen und die dritte noch aufrecht stehen. Zu den quantitativ erfaßbaren optischen Eigenschaften gehören die Transparenz, die speziell bei Porzellan ermittelt wird. Unter Transparenz versteht man das Verhältnis der Intensität des einfallenden Lichtstroms zu der Intensität des durchgelassenen Lichtstroms.

Bei der qualitativ-visuellen Prüfung werden Farbeinheitlichkeit, Formhaltigkeit und Kantenschärfe erfaßt. Das geschieht entweder ohne Hilfsmittel oder unter Zuhilfenahme einer Lupe bzw. bei entsprechenden Forderungen durch mikroskopische Untersuchungen. So kann die Glasur und Maßhaltigkeit von Grobsteinzeug ohne Hilfsmittel mit einem gewissen Maß an Erfahrung schnell überprüft werden. Zu Untersuchungen von Einzelheiten in der Textur wird es ohne die Hilfe eines Mikroskopes nicht möglich sein, eine Entscheidung zu fällen. Die Bedeutung des chemischen Beständigkeitsverhalten ist von der Art der keramischen Werkstoffe abhängig. Erzeugnisse der Baukeramik, Elektroporzellan u. a. müssen eine hohe Beständigkeit gegen Wasser und atmosphärische Beeinflussung aufweisen, feuerfeste Steine werden dagegen kaum entsprechend beansprucht. Viele keramische Erzeugnisse müssen eine hohe Beständigkeit gegenüber Säuren haben. Keramische Werkstoffe mit hohem Kieselsäuregehalt, wie Porzellan und Steinzeug, erfüllen diese Anforderungen und sind deshalb als Material für Säurebehälter geeignet. Besonders wichtig ist die Kenntnis des Verhaltens von Glasuren und Dekors der keramischen Erzeugnisse, die meist eine geringere chemische Beständigkeit haben, aber am stärksten beansprucht werden.

Die elektrischen und magnetischen Eigenschaften haben naturgemäß nur für solche keramischen Werkstoffe eine Bedeutung, die entsprechenden Einsatz finden sollen. Dazu zählen Porzellan, eine Gruppe des Feinsteinzeugs, Magnesiakeramik, Titanate, Ferrite u. a. Von Interesse sind:

1. die reinen Gleichstromeigenschaften, wie der ohmsche Widerstand und dessen Temperaturkoeffizient

2. die Eigenschaften, die das Isolationsverhalten widerspiegeln, wie Durchschlagfestigkeit
3. die magnetischen und elektrischen Eigenschaften von ferromagnetischen Werkstoffen

Die wichtigste Eigenschaft aus der zweiten Gruppe, die Durchschlagfestigkeit, gibt an, bei welcher Feldstärke der elektrische Durchschlag des keramischen Prüfkörpers erfolgt. Man kann sie auch als Widerstand, den ein keramischer Werkstoff dem elektrischen Feld entgegensetzt, bezeichnen. Diese Erscheinung kommt dadurch zustande, daß Inhomogenitäten und Spuren von Elektrizitätsträgern in keramischen dielektrischen Medien bei einer bestimmten Feldstärke zu einer stoßartigen Entladung führen können (rein elektrischer Durchschlag).

Beim Wärmedurchschlag wird der Werkstoff zunächst infolge einer geringen Leitfähigkeit örtlich erhitzt. Dadurch steigt die Leitfähigkeit an dieser Stelle an und führt zur weiteren Erwärmung mit erneuter Leitfähigkeitssteigerung und anschließendem Durchschlag. Bei keramischen Werkstoffen tritt das meist erst bei höheren Temperaturen auf. Eine hohe Durchschlagfestigkeit für rein elektrischen Durchschlag ergibt sich bei einem homogenen Scherben des keramischen Isolierstoffes. Zur dritten Gruppe gehören Eigenschaften, die für die oxidkeramischen ferromagnetischen Werkstoffe wichtig sind, dazu zählen die Permeabilität, Koerzitivfeldstärke u. a.

5

5.3.4.4   Auswahl von wichtigen keramischen Werkstoffen

Silikatkeramische Werkstoffe

Eine Übersicht der wichtigsten silikatkeramischen Erzeugnisse zeigt die Tabelle 5.53.

Ein großes Anwendungs- und Einsatzgebiet finden Vertreter dieser Gruppe im Bauwesen. Besonders wertvoll ist hierbei, daß sich die Rohdichte der keramischen Baustoffe über die Porosität der Scherben und mit Hilfe von Lochungen in relativ weiten Grenzen verändern läßt, s. Tabelle 5.54.

Deshalb können solche Stoffe als Wärmedämmstoffe dienen (Lochziegel), aber auch für Abdichtungen genutzt werden (Bodenfliesen). Als Nachteil für das industrielle Bauen ist anzusehen, daß keramische Baustoffe nur kleinformatig hergestellt werden und die Verarbeitung viel Handarbeit erfordert. Für bestimmte Zwecke, besonders im Ausbau, sind sie aber nicht durch andere Werkstoffe zu ersetzen.

Die bekanntesten Vertreter sind die Mauerziegel und die Klinker, die trotz der zunehmenden Verwendung von Betonerzeugnissen ihre Bedeutung behalten haben. Ziegel und Klinker sind kleinformatige Baustoffe mit unterschiedli-

Tabelle 5.53 Wichtige silikatkeramische Erzeugnisse

Erzeugnis	Charakteristik der Herstellung und Eigenschaften	Anwendungsbeispiele
Porzellan	Erzeugnis mit weißen, durchscheinenden, gas- und flüssigkeitsdichten Scherben aus Quarz, Kaolin und Feldspat hergestellt. Dabei bestimmt der Quarzanteil die Festigkeit, Feldspat die Transparenz und Kaolin die chemische Resistenz und Temperaturwechselbeständigkeit	
Hartporzellan	dto., aber flußmittelärmer und meist höhere Konzentration an Quarz und Kaolin, Brenntemperatur 1 450 °C	Bauelemente in der chemischen Industrie und in der Elektrotechnik
Weichporzellan	dto., aber höherer Feldspatgehalt und niedrigere Brenntemperatur 1 280 °C	Geschirrporzellan, Schmuck- und Ziergegenstände
Steinzeug	Erzeugnis mit dichten, nicht saugenden, nicht durchscheinenden Scherben, mit salz- oder porzellanähnlicher Glasur, sehr widerstandsfähig gegen Chemikalien (Ausnahme HF und heiße, hochkonzentrierte Alkalien). In der chemischen Zusammensetzung dem Porzellan ähnlich, aber höheren Tonanteil und breiteres Brennintervall	
Feinsteinzeug	dto., aber meist mit Salzglasur	Fliesen, Klinker, Platten
Grobsteinzeug	dto., aber meist mit porzellanähnlicher Glasur	Bauteile in der chemischen Industrie, wie Pumpen, Ventile, Haushaltgeräte
Steingut	Erzeugnis mit porösen, saugenden, nicht durchscheinenden Scherben, zum Teil durch farbige Glasuren dichte Oberfläche, verschiedene Rohstoffe, weißbrennende Tone, Kaolin, Quarz, Feldspat, Kalkspat, Schamotte im Vergleich zum Porzellan niedrigere Brenntemperaturen, vereinfachte Masseaufbereitung und gutes Standvermögen in Feuer	unglasiert als Tonzellen und Filterkörper, sanitäre Einrichtungen, Haushaltartikel, Wandplatten
Töpferware	Erzeugnis mit porösen, saugenden, nicht durchscheinenden Scherben, feuerfest, durch Metalloxide in der Glasur gefärbt	Geschirr, Blumentöpfe, Ofenkacheln, Terrakotten
Ziegeleierzeugnisse	Erzeugnis mit porösen, saugenden, nicht durchscheinenden Scherben, grobkörnig, nicht feuerfest, rotbraun durch Eisenoxide	Ziegel in verschiedenen Formaten, Dachziegel, Dränrohre

chen Festigkeitsstufen und Frostwiderstandsfähigkeiten, s. Tabelle 5.54. Unterscheidungskriterien sind:

Abmessungen und Format

Nach DIN 105 unterscheidet man normalformatige Mauerziegel (NF) mit den Abmessungen in mm: $115 \times 71 \times 240$ sowie dünnformatige Ziegel (DF) mit den Abmessungen in mm: $115 \times 52 \times 240$. Großformatige Ziegel werden als Vielfaches eines DF-Ziegels angegeben.

Hohlraumgehalt

Danach werden Vollziegel mit weniger als 15 % Hohlraumgehalt von Hohl- oder Lochziegeln unterschieden, die mehr als 15 % Hohlraumgehalt oder Lochanteil aufweisen. Nach der Lage der Lochung gibt es Langlochziegel (Lochung parallel zur Lagerfläche) und Hochlochziegel (Lochung senkrecht zur Lagerfläche).

Druckfestigkeit

Als wesentliches Qualitätsmerkmal führt sie zur Einordnung der Ziegel und Klinker in die jeweilige Festigkeitsklasse, z. B. ist ein Hlzv 250 ein Hochlochziegel, verblendfähig mit einer Mindestdruckfestigkeit von $25 \text{ N} \cdot \text{mm}^{-2}$.

Anwendung

5

Sie spiegelt sich in der Bezeichnung der Arten wider, z. B. Mauerziegel, Dachziegel, Kanalklinker u. a. Weitere Werkstoffe aus der Gruppe der silikatischen Werkstoffe sind Töpfereierzeugnisse, wie Ofenkacheln, Blumentöpfe und Steingut. Letzteres wird hauptsächlich für die Herstellung von Haushaltsgeschirr, Wandplatten und Sanitärwagen benutzt.

Obwohl Steingut dem Porzellan in bestimmten Parametern unterlegen ist, wird es wegen den günstigen Herstellungsbedingungen und der Möglichkeit, die Erzeugnisse mit farbenfreudigen, gut deckenden Glasuren zu versehen, zu verschiedenen Zwecken genutzt. Der Einsatz von Steingutfliesen ist wegen der fehlenden Frostbeständigkeit auf den Innenausbau beschränkt.

Bei den dichten silikatischen keramischen Werkstoffen haben besonders Steinzeug und Porzellan in verschiedenen Arten und Qualitäten Bedeutung. Zu dieser Gruppe gehören auch die Klinker. Sie besitzen einen Steinzeugscherben mit geringer Wasseraufnahme und haben eine hohe Festigkeit, gute Beständigkeit gegenüber Säuren, eine hohe Dichte und daraus abgeleitet, eine geringe Wärmedämmung. Siehe dazu auch die Tabellen 5.54 und 5.55.

Die häufigste Verwendung bei Steinzeug liegt in der chemischen Industrie für die Aufbewahrung und den Transport von Säuren und anderen aggressiven Flüssigkeiten. Für diese Zwecke werden Behälter, Rohrleitungen, Pumpen u. a.

Tabelle 5.54   Charakteristische Kennwerte keramischer Baustoffe

Kenngröße	Mauer-vollziegel	Lochziegel	Klinker-erzeugnisse
Rohdichte in $kg \cdot dm^{-3}$	1,8	0,4...1,4	1,8...2,25
Porosität in %	bis 20	20...50	0...4
Wärmeleitfähigkeit in $W \cdot m^{-1} \cdot K^{-1}$	0,46...0,69	0,13...0,33	0,8...1,16
Druckfestigkeit in $N \cdot mm^{-2}$	10...25	5...15	30...50
Zugfestigkeit in $N \cdot mm^{-2}$	2... 5	2... 5	5...10
Biegefestigkeit in $N \cdot mm^{-2}$	5...10	5...10	10...30
E-Modul in $N \cdot mm^{-2}$	5 000...20 000	5 000...20 000	30 000...70 000

Tabelle 5.55   Richtwerte zu den Eigenschaften von Steinzeug und technischem Porzellan

Eigenschaft	Steinzeug	Porzellan
Rohdichte in $kg \cdot dm^{-3}$	2,1...2,6	2,3...2,5
Porosität in %	0...4	praktisch 0
Wärmeleitfähigkeit in $W \cdot m^{-1} \cdot K^{-1}$	1,25...1,93	0,81...1,39
Druckfestigkeit in $N \cdot mm^{-2}$	160...800	400...600
Zugfestigkeit in $N \cdot mm^{-2}$	8...25	25...52
Biegefestigkeit in $N \cdot mm^{-2}$	26...90	40...100
E-Modul in $N \cdot mm^{-2}$	420...560	600...900
Dielektrizitätszahl	5,2	5,5...6,5
Wärmeausdehnungskoeffizient in K^{-1}	$3...5 \cdot 10^{-6}$	$2,5...5,3 \cdot 10^{-6}$
Durchschlagfestigkeit in $kV \cdot mm^{-1}$	≈ 100	40...50

aus Steinzeug gefertigt, z. B. ist der Säuretransportwagen aus Steinzeug allgemein bekannt. Bei Porzellan ist neben der Verwendung als Haushalt- und Hotelporzellan der Einsatz als Elektroporzellan und wegen der großen chemischen Beständigkeit, als Werkstoff für Destillationskolonnen, Rührwerkskessel in der chemischen Industrie bedeutungsvoll. Wie bei Steinzeug ist hier der Bau kompletter Anlagen mit Leitungen und dazugehörigen Armaturen aus dem sogenannten Hartporzellan möglich.

Zu den weiteren dichten silikatkeramischen Werkstoffen gehören Stoffe, die keinen oder nur einen unbedeutenden Tonanteil aufweisen. Dazu zählen

* Stoffe mit Komponenten des Systems MgO-Al_2O_3-SiO_2 *(Cordieritkeramik)*
* Stoffe mit Komponenten des Systems Li_2O-Al_2O_3-SiO_2 *(Lithiumkeramik)*
* Stoffe mit Komponenten des Systems MgO-SiO_2 *(Steatitkeramik)*.

Die Erzeugung dieser Produkte im technischen Maßstab ist mit gewissen herstellungstechnischen Schwierigkeiten verbunden, die zum Teil auf ein kleines Sinterintervall zurückzuführen sind, z. B. beträgt es bei Cordierit nur wenige Grad Kelvin. Diese Werkstoffe werden wegen ihrer geringen Wärmeausdehnung und ihrem guten dielektrischen Verhalten in der Elektrowärmetechnik, für die Herstellung von Hoch- und Niederspannungsisolatoren und Kondensatoren genutzt. Wichtig für diesen Einsatz ist die erreichte Dichtheit des Scherbens, da schon geringe Saugfähigkeit eine Feuchtigkeitsaufnahme bewirkt, die das dielektrische Verhalten verschlechtert.

Rohstoffe für die silikatkeramischen Werkstoffe

Man unterscheidet prinzipiell zwischen
- *feindispersen* oder *bildsamen* Rohstoffen und
- *grobdispersen* oder *unbildsamen* Rohstoffen.

Tabelle 5.56 Übersicht der wichtigsten keramischen Rohstoffe

Bezeichnung	Eigenschaften; Anteil im Rohstoffgemisch (Versatz)
Kaolin (geschlämmt)	mäßig plastisch, gut gießfähig, weiß-gelblich brennend, Hauptbestandteil Kaolinit, mit 50 % im Versatz für Porzellan
Kaolin (roh)	wenig plastisch, enthält viel Quarz und Feldspat, geringere Bedeutung als geschlämmter Kaolin, für Wandfliesen und Brennkapseln
Feuerfester Ton	stark bis gut plastisch, graue Brennfarbe, Hauptbestandteile Tonminerale mit $33\ldots37$ % Al_2O_3, Verwendung für Feuerfesterzeugnisse
Steingutton	gut plastisch und gießfähig, weißbrennend, hochsinternd, mit 50 % im Versatz für Steingut
Ziegelton, Ziegellehm	mäßig bis gut plastisch, rotbrennend, erweicht schon bei niedrigen Temperaturen, mit über 80 % im Versatz für Ziegelerzeugnisse
Quarz	unplastischer Rohstoff, verringert Schwinden beim Trocknen und Brennen, steigert die Festigkeit, mit $20\ldots50$ % im Versatz für Steingut und Porzellan, mit 95 % für Silikatsteine
Feldspat (Kalifeldspat)	unplastischer Rohstoff, bildet Glasphase, setzt Brenntemperatur herab, fördert Sintern, bewirkt breites Brennintervall, mit $5\ldots25$ % im Versatz für Steingut und Porzellan, erhöht die Transparenz bei Porzellan
Kalkspat $CaCO_3$	unplastischer Rohstoff, reagiert mit Ton und Quarz zu einem glasigen Bindemittel, das die Festigkeit erhöht, Porosität vermindert, Schwindung erhöht, mit 5 % im Versatz für Silikasteine
SnO_2, TiO_2	unplastische Rohstoffe, für die Herstellung von Glasuren als Trübungs- und Färbungsmittel

5

So gehören Kaolin, Ton, Lehm und Talk zu den bildsamen Rohstoffen und SiO_2-Rohstoffe, Phosphate, Kreide, Bor- und Bleiverbindungen zu den unplastischen, unbildsamen Ausgangsstoffen. Die plastischen Rohstoffe erleichtern das Trocknen, verringern das Schwinden (Magerungsmittel), wirken beim Brennen als Fluß-, Farb- oder Porosierungsmittel und haben Einfluß auf die Standfestigkeit im Feuer. Eine Auswahl der wichtigsten Rohstoffe bringt Tabelle 5.56.

Technische Keramik der nichtsilikatischen Werkstoffe

Die Produkte der technischen Keramik sind hochentwickelte nichtmetallische anorganische Werkstoffe, die zumeist aus künstlich synthetisierten Ausgangsstoffen unter hochreinen und kontrollierten Bedingungen hergestellt werden. Die chemische und mineralische Zusammensetzung technischer Keramikwerkstoffe ist sehr vielfältig und umfaßt neben Oxiden auch Carbide, Nitride, Boride und Fluoride. Es treten dabei fast alle Kationen des PSE auf, wobei vorwiegend ionische und kovalente Bindungsanteile vorliegen.

Beispiele unterschiedlicher Strukturen zeigt Tabelle 5.57.

Tabelle 5.57 Zusammensetzung und Kristallstruktur kristalliner Phasen in technischen Keramiken (nach 2)

Klasse	Vertreter	Kristallstruktur	Mineralname
I. Oxide			
binäre Oxide	SiO_2	Quarz (trig)	Quarz
	MgO	Steinsalz (kub)	Periklas
	Fe_2O_3	Korind (hex)	Hämatit
	Fe_3O_4	Spinell (kub)	Magnetit
Silikate	$Al_9Si_3O_{19}$	Nesosilik (rhom)	Mullit
	$ZrSiO_4$	Nesosilik (tetr)	Zirkon
Aluminate	$MgAl_2O_4$	Spinell (kub)	Spinell
Ferrite	(Fe, Zn, Ni, Mg) Fe_2O_4	Spinell (kub)	Spinellferrite
II. Nichtoxide			
Karbide	SiC	Wurtzit (hex) Diamant (kub)	
	TiC	Steinsalz (kub)	
Nitride	AlN	Wurtzit (hex)	
	Si_2N_4	Phenakit (hex)	
III. Oxid-Nichtoxidverbindungen			
Oxynitride	Al_3O_3N	Spinell (kub)	„Alon"

Entsprechend der für die Anwendung benötigten Eigenschaften werden die technischen Keramiken in Funktionsgruppen unterteilt, s. Tabelle 5.58.

Tabelle 5.58 Funktionen und Eigenschaften technischer Keramik (nach 2)

Funktionen	Eigenschaften	Anwendungsbeispiele
mechanisch	Festigkeit, Härte	Schneidwerkstoff
biologisch	bioverträglich	Implantate
chemisch	korrosionsbeständig, oberflächenaktiv	Katalysatorträger, Filter
optisch	Transluzenz, Brechungsindex	Lasermaterial
thermisch	Wärmeleitung, Wärmedämmung	Wärmetauscher, Isolation
nukleartechnisch	Neutronenabsorption, strahlenresistent	Abschirmung, Brennstoff, Endlagerung
elektrisch, magnetisch	Isolator, Halbleiter, Supraleiter, ferroelektrisch	Sensoren, Thermistoren, Kondensatoren

Bezüglich der Anwendungsgebiete unterscheidet man heute die in Tabelle 5.59 angeführten Werkstoffgruppen.

Tabelle 5.59 Werkstoffgruppen der technischen Keramik bezüglich der Anwendung (nach 8)

Gruppe	Kennzeichnung
Thermokeramik	Keramik für den Einsatz bei hohen Temperaturen
Chemokeramik	Keramik für die chemische Industrie, Werkstoffe zur Messung chemischer Effekte
Mechanokeramik	Keramik für mechanische Anwendungen (Maschinen-, Motorenbau)
Biokeramik	Knochenersatzwerkstoffe (Implantate)
Elektrokeramik	Keramik für die Elektrotechnik und Elektronik
Magnetokeramik	keramische Magnete und Spulenkerne
Optokeramik	Keramik mit optischen Effekten
Nuklearkeramik	Keramik für Kernenergieanlagen

Die wesentlichen Fertigungsschritte von Produkten der technischen Keramik sind:

1. Herstellung des Pulverrohstoffes

Die Verfahren sind zahlreich und werden ständig weiterentwickelt. Dazu gehören die chemische Gasphasenabscheidung, das Solgel-Verfahren und die Polymer-Pyrolyse. Eine Reihe der synthetischen Rohstoffe werden aus natürlichen gewonnen, so z. B. das Al_2O_3 aus dem Bauxit und das ZrO_2 aus dem Monarzitsand. Das Fe_2O_3 für die Ferritherstellung entsteht heute hauptsächlich als Abfallprodukt bei der Wiederaufbereitung der Beizsäure.

2. Aufbereitung des pulverförmigen Rohstoffes zur Formgebung

Dazu zählen die Prozesse
- Mischen und Mahlen
- Zusatz von Sinterhilfs- und Flußmitteln
- Granulatherstellung unter Zusatz von organischen Bindemitteln, wie Wachs, Dextrin u. a., um den Teilchen eine ausreichende Festigkeit zu geben.

3. Formgebung

Bei diesem Vorgang erhält das Bauteil im wesentlichen seine endgültige Form. Dabei muß beachtet werden, daß beim anschließenden Sintern ein Schwinden auftritt, das sowohl vom Werkstoff als auch von dem Formgebungsverfahren abhängt.

Zu den Formgebungsverfahren gehören
- Trockenpressen mit Granulat
- isostatisches Pressen mit Granulat
- Gießen
- Strangpressen
- Spritzgießen.

4. Wärmebehandlung zur Erzielung der benötigten Eigenschaften (Sintern, Brennen)

Die Sintertemperaturen betragen etwa 70 % der Schmelztemperaturen der keramischen Rohstoffe und liegen zwischen 1 300 °C und 2 000 °C. Es laufen bei diesem Vorgang verschiedene Prozesse, wie Flüssigphasensintern, Reaktionssintern u. a.

5. Nachbehandlung zur Erreichung der Maßgenauigkeit und Oberflächengüte

Dazu gehören das Naßschleifen mit Diamant-Schleifscheiben und in Zukunft verstärkt Ultraschall- und Laserbearbeitung.

In der Praxis werden Maschinen und Maschinenelemente aus verschiedenen Bauteilen zusammengesetzt. Es werden Teile aus gleichen oder ähnlichen Werkstoffen zum Einsatz kommen, aber auch solche, die aus völlig verschiedenen Werkstoffen bestehen. Beim Einsatz von keramischen Bauteilen müssen beim Fügen die werkstoffspezifischen Eigenschaften der Keramikprodukte berücksichtigt werden. In Tabelle 5.60 sind die für das Fügen von keramischen Bauteilen benutzten Fügeverfahren zusammengestellt.

Die Eigenschaftspalette der technischen Keramik ist entsprechend der Vielfalt der Stoffe breit gefächert. Am Beispiel eines Vergleiches der Al_2O_3-Keramik bzw. ZrO_2-Keramik mit anderen Materialvertretern soll das gezeigt werden, s. Tabelle 5.61.

Tabelle 5.60 Fügeverfahren für keramische Bauteile (nach 2)

Fügeverfahren	mögliche Paarung	Zustand der Keramik	Zusätze	Anwendungs-beispiele
Schweißen	Keramik/Metall	gesintert	Metall	Elektronik-bauteile
Löten	Keramik/Metall	gesintert	Lot	dto.
Kleben	Keramik/Metall	gesintert	Kleber	Kupplungs-teile
Kleben	Keramik/Keramik	gesintert	Kleber	Kolben
Vulkanisieren	Keramik/Metall	gesintert	Kautschuk	Gleitringe
Laminieren	Keramik/Keramik	ungesintert	—	Multilager
Einschrumpfen	Keramik/Metal	gesintert	—	Ventilführung
Eingießen	Keramik/Metall	gesintert	—	Auslaßkanal-auskleidung
Einsintern	Keramik/Metall	gesintert	—	Welle mit Nabe

Tabelle 5.61 Eigenschaftsvergleich von Werkstoffen (nach 8)

Materialvertreter	Härte	Festig-keit	Zähig-keit	Wärme-leitung	elektri-sche Leitung	chemi-sche Bestän-digkeit	Hochtem-peratur-bestän-digkeit
Eisen-Metalle (normaler Stahl)	hoch	sehr hoch	sehr hoch	sehr hoch	sehr hoch	sehr niedrig	niedrig
Kunststoffe	sehr niedrig	sehr niedrig	sehr hoch	sehr niedrig	niedrig	hoch	sehr niedrig
Klassische Keramik	hoch	mittel	sehr niedrig	sehr niedrig	niedrig	hoch	hoch
Al_2O_3-Keramik (dichte Werkstof-fe)	sehr hoch	hoch	niedrig	hoch	sehr niedrig	sehr hoch	sehr hoch
ZrO_2-Keramik (dichte umwand-lungsverstärkte Werkstoffe)	hoch	sehr hoch	hoch	sehr niedrig	niedrig	sehr hoch	mittel

Dabei werden die Eigenschaften der technischen Keramikwerkstoffe sehr stark von Reinheit, Porosität und Kristallinität beeinflußt. In Tabelle 5.62 wird dieser Einfluß an der Werkstoffgruppe Al_2O_3 dargestellt.

Tabelle 5.62   Einfluß von Reinheit, Porosität und Kristallinität auf die Eigenschaften der Werkstoffgruppe Al_2O_3 (nach 8)

angezielte Eigenschaft	erforderliche Struktur
Raumtemperatur-Festigkeit	hochdicht und feinkristallin
Formbeständigkeit bei hohen Temperaturen	grobkristallin
Temperatur-Wechselbeständigkeit	porös
chemische Beständigkeit	hochrein und dicht
hohe Wärmeleitfähigkeit	hochrein und dicht
Wärmeisolation bei hohen Temperaturen	hochrein und porös

Aus dem Vergleich mit anderen Werkstoffgruppen ergibt sich, daß die technische Keramik eine Reihe von Vorzügen gegenüber anderen Werkstoffgruppen aufweist, wie hart, nicht brennbar und hitzebeständig, aber auch ungünstige Eigenschaften besitzt, wie spröde, zerbrechlich, unelastisch.

Oft ist aber der Werkstoff für die Anwendung auf wenige Eigenschaften konzentriert, andere vorliegende Eigenschaften werden dabei nicht genutzt. So sind z. B. für den Einsatz von Keramik für eine Zündkerze die Eigenschaften Temperaturbeständigkeit, Temperaturwechselbeständigkeit und elektrisch isolierend bestimmend.

Die erwähnten nachteiligen Eigenschaften der technischen Keramik, wie das Sprödbruchverhalten, standen einer breiten Anwendung auf gewissen Gebieten, z. B. im Maschinenbau, entgegen. Durch die Einlagerung von hochfesten Fasern, Platelets und Whiskern in die keramische Matrices wurden sogenannte Verbundwerkstoffe geschaffen, bei denen eine Erhöhung der Festigkeit und Bruchzähigkeit auftritt. Dieser Effekt ist in Tabelle 5.61 zu erkennen (Vergleich der Festigkeit und Zähigkeit von dichter Al_2O_3-Keramik mit verstärkter ZrO_2-Keramik).

Diese Verbundwerkstoffe sind eine Gruppe von Werkstoffen, zu denen auch die klassischen Werkstoffe Beton und Mörtel gehören, mit einer großen Palette von Werkstoffkombinationen, wie Keramik/Metall, Keramik/Kunststoff u. a. Das bekannteste Beispiel für die Nutzung dieser Werkstoffgruppe ist der Einsatz von kohlenstoffverstärktem Epoxidharz für Teile des Space Shuttle. Nur durch Anwendung dieser Werkstoffkombinationen war es möglich, dieses Projekt zu realisieren.

Eine eingehende Behandlung der Werkstoffgruppen der technischen Keramik geht über den Rahmen dieser einführenden Betrachtung hinaus. Einige Vertreter der technischen Keramik sind in diesem Buch unter 4.6.9 dargestellt. Weiterführende Literatur findet man am Ende des Kapitels.

5.3.5 Technisches Glas

5.3.5.1 Definitionen – Strukturbeschreibung

Bei der Erklärung des Begriffes Glas soll zwischen Glas als Zustand und als Werkstoff unterschieden werden.

Glaszustand

Dieser Stoffzustand ist gekennzeichnet durch amorph-isotropes Verhalten mit hoher innerer Reibung und energiereichem, metastabilem Gleichgewicht. Die Glasbildung kann auf verschiedenen Wegen erfolgen und ist unabhängig von der chemischen Zusammensetzung, z. B. Silikatglas, Acrylglas und Polycarbonatglas.

Im Gegensatz zur regelmäßigen Teilchenanordnung in Kristallen treten hier Verzerrungen und Änderungen im Bindungsabstand und in der Bindungsfestigkeit der Grundbausteine auf. Stoffe im Glaszustand haben anstelle eines exakten Schmelzpunktes, wie er bei den kristallinen Stoffen zu beobachten ist, ein breites Erweichungsintervall. Der Übergang aus dem flüssigen in den Glaszustand ist reversibel, und die mechanischen Eigenschaften fester Körper erreichen die Stoffe im Glaszustand durch allmähliche Zunahme der Viskosität.

Zusammenfassend kann gesagt werden, daß der Glaszustand entweder als der eingefrorene Zustand einer unterkühlten Flüssigkeit mit großer Viskosität (bei 20 °C ungefähr 10^{19} Pa · s; Vergleich in der Schmelze 10^2 Pa · s) oder als Kristall mit großer Fehlordnung aufgefaßt werden kann.

Werkstoff Glas

Glas ist ein nichtkristalliner spröder, anorganischer, vorzugsweise silikatisch-oxidischer Werkstoff, dessen Eigenschaften durch die Art und Menge der Oxide beeinflußt werden.

Glas kann farblos oder gefärbt, klar oder getrübt sein. Seine Zusammensetzung ist in Tabelle 5.64 angegeben.

Um typische Eigenschaften zu erzielen, ist das richtige Abkühlen der Glasschmelze entscheidend. Bei falscher Abkühlung kann es zur lokalen Kristallisation kommen, d. h., der Glaszustand wird an bestimmten Stellen nicht erreicht bzw. aufgehoben. Durch diese Entglasung wird das Glas trüb.

Neuere Entwicklungen brachten Werkstoffe hervor, die durch gesteuerte Kristallisation einen mikrokristallinen Aufbau zeigen und dabei glasklar erscheinen. Diese als Vitrokerame bezeichneten Werkstoffe haben z. B. extrem geringe thermische Ausdehnungskoeffizienten. Ihre Bedeutung steigt ständig.

Tabelle 5.63   Einflüsse der wichtigsten Glaskomponenten

Komponente	Wirkung, verursachte Glaseigenschaft
Cr_2O_3	Färbungsmittel (grün)
CoO	Färbungsmittel (blau)
Sb_2O_3, Cu/SnO$_2$	Färbungsmittel (rot)
$Ca_3(PO_4)_2$	Trübungsmittel
MgO	Erhöhung der Entglasungsfestigkeit
CaO	Verringerung der Schmelzviskosität, Erhöhung der Entglasungsneigung
Al_2O_3	Verbesserung der thermischen und mechanischen Eigenschaften, starke Verbesserung der chemischen Beständigkeit
B_2O_3	Senken der Sprödigkeit, Verbesserung der hydrolytischen Eigenschaften, besondere Verarbeitungsmöglichkeit durch Herabsetzung der Viskosität, Verbesserung der thermischen Beständigkeit
BaO	Senken der Aufschmelztemperatur
PbO	Erhöhung des elektrischen Widerstandes und der Brechzahl
K_2O, Na_2O	Erleichtern der Herstellung und Verarbeitung (im Verarbeitungsbereich breites Temperaturintervall), geringe chemische Beständigkeit und Temperaturwechselbeständigkeit, keine hohe Isolationsfähigkeit

Tabelle 5.64   Richtwerte für die chemische Zusammensetzung von Gläsern und Email (Angaben in %)

Glaskom-ponente	Quarzglas	Flachglas	Hohlglas	Laborglas	Kronglas	Email
SiO_2	100	72,5	70	79,7	72	40,5
Na_2O	—	14,5	12	4,1	7,2	9
CaO	—	6,5	10	0,2	1,55	—
K_2O	—	0,6	3	0,7	10,45	6
Al_2O_3	—	1,3	3	2,7	—	1,5
MgO	—	4,5	—	—	0,45	1
B_2O_3	—	—	—	12,6	8,15	10,2
PbO	—	—	—	—	—	3,7
TiO_2	—	—	—	—	—	15
Fluoride	—	—	—	—	—	13
Fe_2O_3	—	0,1	2	—	—	—

Sie zählen aber nicht zu den Gläsern im definierten Sinne, sondern nehmen auf Grund ihres physikalischen Aufbaues eine Mittelstellung zwischen den Gläsern und den Keramiken ein, vgl. 5.3.4.

Dagegen stehen die *Emails* als auf Metall aufgebrachte, niedrigschmelzende, getrübte oder gefärbte glasige Massen nach Struktur und Eigenschaften in enger Beziehung zum Glas, siehe Tabelle 5.65. Zur Deutung des Verhaltens von Glas und glasähnlichen Stoffen bestehen verschiedene Modelle.

Nach dem Modell von ZACHARIASEN und WARREN ist das Glas eine Art anorganisches *Polymeres*, bei dem bestimmte Nichtmetalloxide mit Metalloxiden ein räumliches Netzwerk bilden. Das Nichtmetalloxid, meist SiO_2, ist der *Glasbildner* oder *Netzwerkbildner*, und die Metalloxide, die in das Gerüst des Netzwerkes, meist SiO_4-Baugruppen, eingelagert sind, werden *Netzwerkwandler* genannt. Diese Modellvorstellung läßt sich gut an der Gegenüberstellung von kristallisiertem SiO_2, glasigem SiO_2 (Quarzglas) und einem Alkalisilikatglas zeigen, siehe Bild 5.17. Nach LEBEDEW besteht das Glas aus Mikrokristallen, die in eine Glasmatrix eingelagert sind. Dieser mikroheterogene Aufbau wurde durch die Elektronenmikroskopie bestätigt. Die Netzwerkhypothese nach ZACHARIASEN hat sich zur Beschreibung der Verhältnisse als nicht ganz ausreichend erwiesen. Sie ist dennoch ein Ansatzpunkt zum Verständnis vieler Vorgänge im Glas und zur Erklärung von Beziehungen zwischen Zusammensetzung und Eigenschaften.

Es ist anzunehmen, daß die Gläser in ihrem Aufbau sowohl Elemente des LEBEDEW- wie des ZACHARIASEN-Modells enthalten.

5

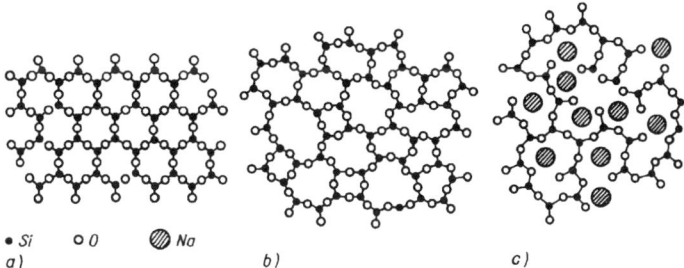

• Si   ○ O   ⊘ Na

a)   b)   c)

Bild 5.17   Vereinfachte schematische Darstellung der Strukturen von kristallinem SiO_2 (a), Kieselglas (b) und Alkaligas (c), nach ZACHARIASEN

5.3.5.2   Eigenschaften der Gläser

Die Eigenschaften der Gläser sind im starken Maße abhängig von ihrer Zusammensetzung und der Wirkung der verschiedenen Zusätze in den Mehrkomponenten-Gläsern. Dadurch können die Eigenschaften der Gläser nach den verschiedenen Anwendungsgebieten verändert werden. Eine Vorausberechnung der Eigenschaften aus der prozentualen chemischen Zusammensetzung mit Hilfe von Berechnungsfaktoren und Rechenbeiwerten ist im Prinzip möglich, wenn auch nicht überall mit genügender Genauigkeit. Eine Übersicht über die Einflüsse der wichtigsten Zusätze in oxidischer Form zeigt Tabelle 5.63.

Die Eigenschaften der Gläser werden nach der chemischen Beständigkeit, dem wärmephysikalischen Verhalten, der Lichtdurchlässigkeit und der Schlagfestigkeit beurteilt. Besonders bei Bauglas interessieren noch Druck- und Biegefestigkeit. In Tabelle 5.65 sind Richtwerte zu den Eigenschaften der Gläser und Emails angeführt. Die silikatische Grundmasse verleiht dem Glas eine relativ hohe Härte und Festigkeit und eine gute chemische Resistenz gegenüber verschiedenen Medien.

Tabelle 5.65   Richtwerte zu den Eigenschaften von Gläsern und Email

Eigenschaften	Flachglas	Quarzglas	Weißemail
Härte nach MOHS-Skale	$6 \ldots 7$	7	$5 \ldots 6$
VICKERS-Härte HV	$400 \ldots 800$	710	$500 \ldots 600$
Zugfestigkeit in $N \cdot mm^{-2}$	$50 \ldots 80$	115	$50 \ldots 80$
Druckfestigkeit in $N \cdot mm^{-2}$	900	2 300	$600 \ldots 700$
Biegefestigkeit in $N \cdot mm^{-2}$	$40 \ldots 50$	50	$40 \ldots 50$
E-Modul in $N \cdot mm^{-2}$	70 000	76 300	40 000
Wärmeleitfähigkeit in $W \cdot m^{-1} \cdot K^{-1}$	$0,7 \ldots 0,93$	1,2	0,9
Wärmeausdehnungskoeffizient in K^{-1}	$9 \cdot 10^{-6}$	$5 \cdot 10^{-7}$	$8,5 \cdot 10^{-6}$
Dielektrizitätszahl (bei 20 °C im statischen Feld)	$5 \ldots 9$	3,75	—
Spezifischer elektrischer Widerstand bei 20 °C in $\Omega \cdot cm$	$10^{10} \ldots 10^{17}$	10^{18}	—
Brechzahl n_D	$1,48 \ldots 1,75$	1,458 8	—
Mittlere Dispersion $(n_F - n_C) \cdot 10^5$	$700 \ldots 2 750$	670	—

Glas hat eine hohe Druckfestigkeit ($R_d = 600 \ldots 1\,200\ N \cdot mm^{-2}$) und Härte ($HV = 200 \ldots 800$, nach MOHS $6 \ldots 7$), aber eine geringe Zugfestigkeit ($R_z = 30 \ldots 80\ N \cdot mm^{-2}$). Die theoretische Biegebruchfestigkeit des Glases beträgt nach heutigem Erkenntnisstand $16\,000\ N \cdot mm^{-2}$. Die Biegezugfestigkeit von Glasfasern steigt mit abnehmendem Faserdurchmesser, z. B. beträgt sie bei 1 mm Durchmesser $170\ N \cdot mm^{-2}$, bei 3 µm Durchmesser dagegen $3\,400\ N \cdot mm^{-2}$ und kommt damit dem theoretischen Wert näher. Bei glasfaserverstärkten Kunststoffen wird diese Eigenschaft genutzt.

Durch geringe Zugfestigkeit und Bruchdehnung ist das normale Glas spröde und leicht zerbrechlich. Dabei spielt die Oberflächenbeschaffenheit eine wichtige Rolle, weil bereits geringste Oberflächenverletzungen (Risse, Kerben) durch ihre Kerbwirkung die mechanischen Eigenschaften beeinflussen.

Chemisch zeichnet sich Glas durch eine relativ hohe Resistenz gegenüber vielen Stoffen mit Ausnahme von Fluor und seinen Verbindungen sowie konzentrierten Alkalien aus. Dieses Verhalten wird durch die Parameter Wasser-, Säure- und Laugenbeständigkeit beschrieben.

Das Glas entspricht damit dem Verhalten vieler natürlicher Silikate. Beim Angriff von aggressiven Medien, wie verdünnten Säuren, kommt es nicht zur Auflösung der gesamten Substanz, des gesamten Netzwerkes, sondern zu einer Auslaugung der Netzwerkwandler, der Alkalien und Erdalkalien. Erst bei der Einwirkung von heißen alkalischen Lösungen wird auch das SiO_4-Netzwerk zerstört. Die chemische Beständigkeit ist deshalb umso höher, je weniger Alkali- und Erdalkaliverbindungen und je mehr SiO_2 enthalten sind.

Die Lichtdurchlässigkeit ist die wichtigste optische Eigenschaft, die durch eine geringe Wechselwirkung zwischen den Eigenschwingungen der Struktureinheit des Glases und den elektromagnetischen Wellen des Lichtes bedingt ist.

5

Das Fehlen von Phasengrenzflächen in der Größenordnung dieser Wellen bedingen somit die Transparenz dieses Werkstoffes. Diese Durchlässigkeit ist abhängig vom Spektralbereich der elektromagnetischen Wellen, dem Einfallswinkel des Lichtes und von der Dicke des Glases. Weitere optische Parameter sind die Brechzahl und die mittlere Dispersion, die besonders für das optische Glas bedeutungsvoll sind. Das normale Silikatglas hat eine spektrale Durchlässigkeit, die bei der Anwendung als Flachglas (Fensterscheiben) Bedeutung erlangt. So ist dieses Glas für die biologisch wirksame UV-Strahlung unterhalb 350 nm undurchlässig, für den sichtbaren Bereich (400 ... 760 nm) beträgt die Durchlässigkeit ungefähr 90 %, und für die langwellige Wärmestrahlung bis 3 000 nm ist die Transmission bei normalem Fensterglas noch so hoch (80 %), daß in den Räumen mit viel Lichteinfall ein sogenannter „Treibhauseffekt" auftreten kann, der sich in einem Wärmestau äußert. Es wurden deshalb Gläser entwickelt, die durch Zusätze eine minimale Durchlässigkeit für den IR-Bereich (Wärmestrahlung) haben. Dieses Wärmeschutzglas, als WSA-Glas und WSR-Glas bekannt, hat je nach Farboxidgehalt (Eisen-, Nickel- oder Kobaltoxid) eine schwach grünliche, blaue bis graue Färbung und absorbiert 55 % der Wärmestrahlen (normales Glas absorbiert 10 ... 15 %).

Die erwähnte Wärmeabsorption gehört zu den wärmephysikalischen Eigenschaften, zu denen die Temperaturwechselbeständigkeit, das Ausdehnungsverhalten und die Parameter der Wärmeleitfähigkeit und des Wärmedurchgangs gehören. Es besteht ein enger Zusammenhang zwischen der Temperaturwechselbeständigkeit und dem Ausdehnungskoeffizienten. So besitzen Gläser mit niedrigen Ausdehnungskoeffizienten, z. B. Jenaer Glas mit $\alpha = 30 \cdot 10^{-7}\,\mathrm{K}^{-1}$, eine hohe Temperaturwechselbeständigkeit.

Die Wärmeleitfähigkeit des Glases ist bei Flachglas unabhängig von der Zusammensetzung und liegt bei $0{,}7 \ldots 0{,}93\ \mathrm{W \cdot m^{-1} \cdot K^{-1}}$. Für die Praxis ist der Wärmedurchgangskoeffizient von größerer Bedeutung, weil davon der tatsächliche Wärmeverlust und damit der Heizbedarf der Bauwerke abhängen.

Bezugnehmend auf die elektrischen Parameter ist Glas bei Raumtemperatur ein Isolator. Dabei ist zu beachten, daß der spezifische elektrische Widerstand, der bei 20 °C bis $10^{18}\ \Omega \cdot \mathrm{cm}$ beträgt, bei Temperaturerhöhung abnimmt, bei 1 500 °C auf $1\ \Omega \cdot \mathrm{cm}$ absinkt. Daraus folgt, daß Glas bei höheren Temperaturen als Leiter 2. Klasse (Ionenleiter) aufzufassen ist.

Dieses Verhalten läßt den Schluß zu, daß die elektrischen Eigenschaften von der Menge und Beweglichkeit leitender Ionen abhängig ist, d. h., schwach gebundene Ionen erhöhen die Leitfähigkeit der Gläser. Alle den verschiedenen Verwendungszwecken zugeordneten Gläser weisen sehr unterschiedliche chemische und physikalische Eigenschaften auf. Meist kommt es nur auf eine bestimmte Eigenschaft an, während die übrigen Glaseigenschaften, die sich zwangsläufig ergeben, ohne besondere Bedeutung sind. Oft werden jedoch an ein Glas Forderungen gestellt, die eine Festlegung mehrerer Glaseigenschaften bedingen, z. B. bestimmte elektrische Eigenschaften bei ganz bestimmten Wärmeausdehnungskoeffizienten. Diese Forderungen schließen sich nicht selten gegenseitig aus, so daß nach neuen Wegen gesucht werden muß, die zur verlangten Eigenschaftskombination führen.

5.3.5.3   Einteilung der Gläser und ihre Verwendung

Obwohl viele chemische Substanzen in den Glasgegenstand übergeführt werden können, sind für technische Zwecke nur bestimmte Substanzen von Bedeutung.

Vom chemischen Gesichtspunkt aus unterteilt man die technischen Gläser in
1. oxidische Gläser
    a) Silikatgläser, z. B. Alkali-Kalk-Silikatglas
    b) nichtsilikatische Gläser, z. B. Boratgläser
2. nichtoxidische Gläser, z. B. Fluoridgläser

Von diesen Glasarten haben die Silikatgläser und unter diesen die Alkali-Kalk-Silikatgläser die größte volkswirtschaftliche Bedeutung. Unter Werkstoff Glas versteht man im wesentlichen Silikatglas.

Nach dem Prinzip der Fertigung und damit auch nach der Lieferform unterteilt man in:

- Flachglas,
- Hohlglas,
- stranggezogenes Glas und Glasfasern,
- Schaumglas.

Bei einer Einteilung nach Anwendungsgebieten läßt sich eine enge Beziehung zu den geforderten Eigenschaften und Parametern herstellen. Es ergeben sich folgende Gruppen:

1. Verpackungs- und Wirtschaftsgläser,
2. Baugläser,
3. technische Gläser,
4. optische Gläser,
5. Sondergläser.

1. Verpackungs- und Wirtschaftsgläser

Nach der Lieferform ist das überwiegend Hohlglas. Die Eigenschaftsanforderungen, die an dieses Glas gestellt werden, sind unterschiedlich. Die Verpackungsgläser, wie Flaschen für die Getränkeindustrie, Flaschen für Kosmetika usw., müssen aus gut schmelz- und verarbeitbarem Glas hergestellt werden. Sie sind meist farblos oder durch Eisenionen gefärbt, z. B. Bierflaschen. Wirtschaftsglas umfaßt alle im Haushalt und in der Gastronomie benutzten Hohl- und Preßgläser. An diese Gläser werden ebenfalls keine besonderen Ansprüche an Zusammensetzung und Qualität gestellt. Für hochwertige Gebrauchsgegenstände wird Kristallglas, das ein farbloses Bleiglas mit hohen lichtbrechenden Eigenschaften ist, benutzt. Feuerfeste Gläser sind meist Spezialgläser, die borhaltig sind und einen geringen thermischen Ausdehnungskoeffizienten haben. Die Farbwirkung ist hierbei von untergeordneter Bedeutung.

2. Baugläser

Zu dieser Gruppe gehören *Tafelglas* und seine veredelten Abarten, *Glasbausteine, Glasfasern* und *Schaumglas*. Unter Tafelglas ist ein in ebenen Tafeln von gleichmäßiger Dicke hergestelltes Flachglas zu verstehen. Besondere Forderungen sind dabei weitgehendes Fehlen von Einschlüssen, Schlieren und Blasen. Es sind meist farblose einfache Na-Ca-Silikat-Gläser, die nach der Dicke in die 3 Gruppen Dünnglas, Fensterglas und Dickglas eingeteilt werden. Zu der Gruppe der Baugläser gehören außerdem die Glasbausteine, die aus farbarmen Preßglas ohne *spezifische* Eigenschaftsforderungen bestehen (Hohlziegel oder Dachziegel) und Schaumglasprodukte in Form von Platten oder Blöcken mit bestimmtem Wärmedämmvermögen sowie Glasfaserprodukte, deren Verwendung meist in Kombination mit organischen oder anorganischen Bindestoffen erfolgt, s. 5.3.2.

Die große Masse der Baugläser hat folgende Besonderheiten:

- relativ einfache Zusammensetzung und damit eine kostengünstigere Herstellung in Verbindung mit der einfachen Formbarkeit in großen Stückzahlen
- Lichtdurchlässigkeit und Möglichkeiten der Farbgebung und ästhetischen Gestaltung
- gute Korrosionsbeständigkeit
- ausreichende Festigkeiten, die in der Perspektive auch eine Verwendung von Glasteilen als konstruktive Elemente zulassen
- Kombinationsfähigkeit mit anderen Werkstoffen, besonders mit Kunststoffen als Verbundwerkstoffe.

3. Technische Gläser

Zu dieser Gruppe gehören nach der Lieferform Hohlgläser, Beleuchtungsglas, Röhrenglas und Geräteglas. Durch die zunehmende Entwicklung in bestimmten Industriezweigen erweitert sich hier der Anwendungsbereich ständig. Es werden hohe und spezielle Anforderungen für verschiedene Zwecke gestellt. So verlangt das Röhren- und Geräteglas thermische und chemische Beständigkeit sowie Abschreckfestigkeit. Besondere Forderungen sind eine möglichst gute Homogenität und entweder weitgehende Farblosigkeit oder aber bestimmte Farbigkeit zur Absorption bestimmter, physikalisch wirksamer Lichtwellenlängenbereiche. Für Thermometerglas bestehen zusätzlich Forderungen im Zusammenhang mit zeitlichen Nachwirkungen- bzw. Veränderungserscheinungen. Beleuchtungsgläser oder auch elektrotechnische Gläser müssen neben anderen Parametern bestimmte elektrische Eigenschaften erfüllen, wie elektrisches Leitvermögen, dielektrisches Verhalten. An die Gläser werden im allgemeinen hohe Homogenitätsforderungen gestellt. Besonders wichtig ist hier das Einhalten von niedrigen Abmessungstoleranzen der Fertigprodukte.

4. Optische Gläser

Dieses Glas enthält häufig seltene und schwierig zu handhabende Komponenten. Die Herstellung muß sehr sorgfältig durchgeführt werden. Vorrangig ist das Einhalten besonderer optischer Parameter. Es gibt zwei Hauptgruppen: farbloses Glas und Farb- und Filterglas. Aus dem Glas der ersten Gruppe werden z. B. Linsen, astronomische Spiegel u. ä. hergestellt. Zur zweiten Gruppe gehören die Signalgläser, Strahlenschutzgläser und Gläser, die für UV- und IR-Strahlen durchlässig sind. Es handelt sich um Gläser mit definierter

Durchlässigkeit für elektromagnetische Wellen bestimmter Frequenzen. Hohe Forderungen werden in den meisten Fällen neben der Homogenität an die Reproduzierbarkeit der spezifischen Lichtabsorption gestellt.

5. Sonderglas

Dazu gehören die von verschiedenen Industriezweigen benötigten Gläser mit Sondereigenschaften und höchster optischer Qualität, z. B. Gläser mit Halbleitereigenschaften, Gläser für die Erzeugung von Lasern und Gläser, die eine veränderliche Durchlässigkeit für elektromagnetische Wellen in Abhängigkeit von der Intensität haben (fotochrome Gläser). Diese fotochromen Gläser werden für helligkeitsgesteuerte Sonnenbrillen und automatische Sonnenblenden verwendet. Sie werden außerdem zur Strahlungssteuerung in optischen Geräten und in anderen Bereichen der Technik eingesetzt.

5.3.5.4 Glaserzeugung und Glasverarbeitung

Erzeugung und Verarbeitung des Glases unterliegen auf Grund der gemeinsamen spezifischen Strukturen und Eigenschaften besonderen Bedingungen, die unabhängig von den unterschiedlichen Zusammensetzungen bei fast allen Gläsern vergleichbar sind. Es lassen sich prinzipiell drei Stufen der Glaserzeugung unterscheiden:

1. Glasbildungsprozeß,
2. Läuterungsprozeß,
3. Abstehprozeß.

Sie sind in der Praxis nicht streng voneinander abgrenzbar und weisen Übergänge auf. Daneben laufen weitere Prozesse ab, wie Verdampfung, Angriff des Ofenmaterials u. a. Die Zusammensetzung der Gemenge für die einzelnen Glassorten, die sogenannten Glassätze, sind sehr verschieden.

Die Komponenten liegen dabei in Form von Oxiden, Karbonaten und Nitraten vor und bestimmen durch Art und Menge die Eigenschaften des Glases. Die technischen Gläser sind meist Silikatgläser. Sie benötigen deshalb mehr oder weniger große Mengen an SiO_2 in Form von Quarzsand. Die Funktion des SiO_2 als sogenannter Glasbildner oder Netzwerkbildner kann auch von B_2O_3, das in Form von Borsäure oder Borax zugegeben wird, übernommen werden. Durch Zufügen von Alkalimetalloxiden in Form ihrer Karbonate oder Sulfate, die als Flußmittel wirken, tritt eine Schmelzpunkterniedrigung auf. Erdkalimetalloxide, die zu einer Stabilisierung der Strukturen führen (Stabilisatoren oder Netzwerkwandler) werden meist in Form ihrer Karbonate zugesetzt, siehe Tabelle 5.66.

Für den Läuterungsprozeß werden Läutermittel benutzt, die der Entgasung und Homogenisierung der Glasschmelze dienen. Im Gegensatz zum Glasbildungs-

Tabelle 5.66 Übersicht der wichtigsten Glasrohstoffe

Gruppe	Kennzeichnung der Gruppe	Wichtige Vertreter
Hauptroh-stoffe	Rohstoffe, die die Hauptbe-standteile der Gläser liefern	SiO_2-Rohstoffe in Form von Sanden und Quarziten; B_2O_3-Rohstoffe in Form von Boraten; Al_2O_3-Rohstoffe in Form von Feldspaten, Kaolin; Alkali- und Erdalkali-Rohstoffe in Form der Karbonate z. B. Na_2CO_3
Läutermittel, Schmelzbe-schleuniger	Stoffe, die sich in der Schmelze zersetzen und gasförmige Stoffe ent-wickeln	Nitrate z. B. KNO_3 (Freisetzen von N_2, O_2); Sulfate z. B. Na_2SO_4 (Freisetzen von SO_2); Peroxide, Chlorate (Freisetzen von O_2)
Färbungs-mittel	Stoffe, die sich in Glas-schmelzen kolloidal oder ionogen lösen	Metalloxide von Nebengruppen-elementen, z. B. erzeugt CoO blaue Färbung (siehe Tabelle 5.63)
Trübungs-mittel	Stoffe, die in der Schmelze reagieren und schwerlösli-che Verbindungen bilden; Stoffe, die sich in der Schmelze schwer lösen und beim Abkühlen in fein-disperser Form ausscheiden	Ausscheidung von Bleiarsenat bei Zusatz von As_2O_3 zu bleihal-tigen Gläsern; Ausscheiden von SnO_2 (siehe Tabelle 5.63)

prozeß, der einen Aufschmelzvorgang darstellt, werden die Läuterungs- und Abstehprozesse erst in einer Schmelze wirksam. Das Schmelzen, der Glasbil-dungsprozeß und der Läuterungsprozeß erfolgen bei Temperaturen zwischen 1 300 °C und 1 550 °C. Sie sind gebunden an eine Reihe physikalischer und chemischer Reaktionen, wie Lösungseffekte, verbunden mit Schmelzpunkter-niedrigungen, teilweise Entmischung und anderen Erscheinungen. Beim Ab-stehprozeß tritt durch Temperatursenkung auf ungefähr 1 000 °C eine Vis-kositätserhöhung auf. Feinste, in der Schmelze noch vorhandene Gasblasen verschwinden.

Die Anwendung der einzelnen Verarbeitungs- und Formgebungsverfahren des Glases wird besonders durch das Verhalten im zähflüssigen Zustand be-stimmt, das bei unterschiedlich zusammengesetzten Gläsern verschiedenartig sein kann. Die entscheidende physikalische Größe ist dabei die Viskosität mit ihrer Temperaturabhängigkeit. Der für die unterschiedlichen Verarbeitungsme-thoden verwendbare Viskositätsbereich des Glases liegt zwischen 10^3 Pa · s und 10^8 Pa · s. Glaserzeugnisse können sowohl aus der Schmelze durch Bla-sen, Pressen, Ziehen, Walzen und Gießen (Glasmachertätigkeit) oder auch aus dem bereits festen Zustand durch erneuten Erwärmen (Glasbläsertätigkeit) hergestellt werden. Wichtig ist dabei, daß sich das Glas über einen sinnvoll breiten Temperaturbereich in der günstigen Verarbeitungsviskosität befinden. Für die meisten Gläser gilt für den Viskositätsbereich von $10^3 \dots 10^5$ Pa · s ein Temperaturbereich von 400 K.

5.3.5.5 Entwicklungstendenzen bei Glas

Die Glasproduktion hat seit Jahren hohe Zuwachsraten. Mengenmäßig lag das Verpackungsglas an der Spitze, gefolgt vom Tafelglas. Der Anteil aller anderen Gläser lag unter 10 % der Gesamtweltproduktion. Wertmäßig gesehen stehen dagegen die Sonder- und Spezialgläser an erster Stelle. In zunehmendem Maße wird Glas zur Herstellung von Apparaturen in verschiedenen Industriebetrieben Verwendung finden. Zukünftig wird auf Grund der hohen thermischen Belastbarkeit mehr Quarzglas bzw. Geräteglas mit extrem hohem SiO_2-Gehalt zum Einsatz kommen.

Da unter Glas nicht ein bestimmter Stoff, sondern ein bestimmter stofflicher Zustand zu verstehen ist, wird es auch möglich sein, durch angepaßte Abkühlungsbedingungen nichtsilikatische Stoffe, wie Karbide und Metallnitride, in einen glasigen Zustand zu überführen und damit den Bereich der glasig erstarrenden Systeme zu erweitern. Ebenso ist an weitere Kombinationen mit organischen Hochpolymeren zu denken, die als Verbundwerkstoffe günstige Eigenschaftskombinationen aufweisen. Zur Erhöhung des Gebrauchswertes von Glas ist es notwendig, unter ökonomisch vertretbaren Bedingungen die Bruchfestigkeit zumindest um eine Zehnerpotenz zu erhöhen. Auf bestimmten Anwendungsgebieten, wie bei Verpackungsglas, wurde in den vergangenen Jahren das Glas durch andere Stoffe, besonders durch Kunststoffe und Metalle, verdrängt. Anders sieht es auf dem Gebiet des optischen Glases und des Apparateglases aus. Hier sind noch weitere Entwicklungstendenzen zu erwarten, die die Anwendungspalette des Glases erweitern und neue Verwendungsmöglichkeiten erschließen. Auch weitere Entwicklungen der Glaskeramik (Vitrokerame) erschließen neue Anwendungsgebiete. Sie reichen von der stark reibungsbeanspruchten Raketenspitze über temperaturwechselbeständiges Geschirr bis zum astronomischen Spiegel. Erkennbar sind Möglichkeiten der Herstellung von Glaskeramiken mit besonderen elektrischen und elektromagnetischen Eigenschaften. Die Gesamtentwicklung beim Werkstoff Glas wird von der Rohstofflage und von den Rohstoffpreisen erheblich beeinflußt.

Wie oben ausgeführt ist der Glaszustand nicht nur auf Oxide beschränkt. Es ist möglich, auch metallische Gläser herzustellen. Sie wurden zunächst beim Abschrecken von Al-Si-Schmelzen erhalten. Später fand man noch andere Kombinationen. Die Eigenschaften dieser auch als glasige Metalle bezeichneten Stoffe sind im Vergleich in Tabelle 5.67 dargestellt. Weitere Eigenschaften sind

5

im Abschnitt 1.6 in diesem Buch aufgeführt. Sie werden dort im Vergleich mit kristallinen Metallen als amorphe Metalle bezeichnet.

Tabelle 5.67 Vergleich einiger Eigenschaften von Gläsern und Metallen (nach 3)

Eigenschaft	Silikatische Gläser	Glasige Metalle	Kristalline Metalle
Verformbarkeit	schlecht	gut	gut
Härte	groß	groß	klein
Lichtdurchlässigkeit	gut	undurchsichtig	undurchsichtig
elektrische Leitfähigkeit	schlecht	gut	gut
Magnetismus	unmagnetisch	magnetische Eigenschaften	magnetische Eigenschaften
Korrosionswiderstand	groß	groß	klein
Wärmeleitfähigkeit	schlecht	gut	gut

Aus der Übersicht erkennt man, daß diese neuen Gläser sich in ihren Eigenschaften z. T. den Silikatgläsern und z. T. den kristallinen Metallen nähern. Einige Eigenschaften werden bereits genutzt, z. B. Magnete aus glasigem Metall mit fast verlustfreier Hysteresis. Weitere Anwendungsbeispiele sind im Abschnitt 1.6.2 angegeben.

Eine weitere Entwicklung führt zur Stoffklasse der kohlenstoffhaltigen Gläser. Neben glasartigem Kohlenstoff sind vor allem die organisch modifizierten Silikate von Bedeutung. Diese auch als Ormosile bezeichneten Stoffe werden in einem Sol-Gel-Prozeß hergestellt. Es ist eine Werkstoffgruppe, bei der in das silikatische Netzwerk organische Komponenten eingebaut werden und die sowohl anorganische wie organische Eigenschaften aufweisen und als innere Verbundwerkstoffe angesehen werden können.

5.3.6 Literatur- und Quellenverzeichnis

[1]   *Wendehorst* (Hrsg. Vollenschaar, D.): Baustoffkunde. – Hannover: Vincentz Verlag, 1998

[2]   *Schaumburg, H.* (Hrsg.): Keramik. – Stuttgart: B. G. Teubner Verlag, 1994

[3]   *Scholze, H.*: Glas, Natur, Struktur und Eigenschaften. – Berlin; Heidelberg; New York: Springer Verlag, 1988

[4]   *Petzold, A.; Marusch, H.; Schramm, B.*: Der Baustoff Glas. – Berlin: Verlag für Bauwesen, 1990

[5]   Beton-Handbuch. – Wiesbaden: Bauverlag, 1977

[6]   *Mehling, G.* (Hrsg.): Naturstein-Lexikon. – München: Callwey, 1993

[7]   DIN-Taschenbuch 33: Baustoffe. – Berlin: Beuth-Verlag, 1997

[8]   *Kriegesmann, J.* (Hrsg.): Technische Keramik. – Essen: Vulkanverlag, 1990

6 Schmierstoffe

6.1 Einführung

6.1.1 Ursachen von Reibung und Verschleiß

Beim gegenseitigen Verschieben oder der relativen Bewegung von sich berührenden Körpern treten *Reibung* und *Verschleiß* auf.

Die damit verbundene Übertragung von Kräften bzw. von Energie hat einen Verlust an mechanischer Energie zur Folge. Ein Teil dieser Energie wird in Wärmeenergie umgewandelt. Dieser Verlust an mechanischer Energie wird als *Reibung* definiert. Bei diesem Vorgang kommt es ebenfalls zu einer unerwünschten, bleibenden Form- und Stoffänderung der Reibpartner. Diese Veränderungen, an denen chemische Prozesse mitwirken können, bezeichnet man als *Verschleiß*. Es ist anzunehmen, daß dieser Verschleiß bei metallischen Werkstoffen in der Größenordnung von Korrosionsschäden liegen kann.

Reibung und Verschleiß sind von verschiedenen Faktoren abhängig. Dazu zählen Art der Reibung, z. B. Gleitreibung, Rollreibung, Beschaffenheit der Körperoberfläche, wie Adsorptionsschichten, Rauhigkeiten, Temperatur, die auf den Kontaktflächen herrscht und die Gleitgeschwindigkeit. Ein Maß für die Größe der Reibung liefern die Reibungszahlen oder Reibungskoeffizienten, die stets auf Stoffpaare bezogen sind, z. B. Reibungszahl von Stahl auf Stahl oder von Stahl auf Kunststoff.

Um die Reibung zu vermindern und die Verschleißerscheinungen so niedrig wie möglich zu halten, werden deshalb *Schmierstoffe* eingesetzt. Mit der Schmierung wird das Ziel verfolgt, den unmittelbaren Kontakt der Reibpartner zu verhindern und den Energieverlust zu senken. Das wird erreicht, indem man die Reibung in den Schmierstoffbereich verlagert.

Für die Verschiebung der Schmierstoffschichten ist bei flüssigen und halbflüssigen Schmierstoffen deren Viskosität ein wichtiger Einflußfaktor. Bei festen Schmierstoffen gilt dies für die Scherfestigkeit des Schmierstoffes. Erstrebenswert ist der Reibungszustand der *Flüssigkeits-* oder *Schwimmreibung*; die gleitenden Körper berühren sich nicht mehr, sondern schwimmen aufeinander.

Technisch nicht zu vermeiden, ist das Auftreten einer *Mischreibung*, da es zur teilweisen Berührung der gleitenden Körper kommt. Sie entsteht durch Abreißen des Schmierfilmes bei niedriger Gleitgeschwindigkeit oder bei vorübergehendem örtlichem Schmierstoffmangel. Unbedingt vermieden werden muß die *Trockenreibung*, weil hier die größten Reibungskoeffizienten vorliegen.

6.1.2   Allgemeine Anforderungen an Schmierstoffe

> Als Schmierstoffe sind alle Flüssigkeiten, fließfähigen Feststoffe und Gase geeignet, die in der Lage sind, den Gleitraum vollständig auszufüllen (Förderfähigkeit) und die Umsetzung von Strömungsenergie in Druckenergie zu ermöglichen.

Weitere wichtige erwünschte Eigenschaften sind:
- feste Haftung an den Oberflächen der Gleitkörper
- großer innerer Zusammenhalt der dünnen Schmierstoffschichten unter den unterschiedlichsten Spannungszuständen bei Betriebstemperaturen
- hohe Wärmekonvektion und Wärmeleitung
- Dauerbeständigkeit der gewünschten Eigenschaften mindestens über die Dauer der Speicher- und Transportzeiten.

Zusätzlich gewünschte Wirkungen bei den in Frage kommenden Schmierstoffen, wie Mineralölen, lassen sich durch Zugabestoffe, sogenannte *Additive*, erreichen. Durch Additive kann unter anderem die Steigerung der Alterungsbeständigkeit, die Unterdrückung der Korrosionsneigung und die Verbesserung des Viskositäts-Temperatur-Verhaltens erzielt werden.

6.1.3   Einteilung der Schmierstoffe

Die Schmierstoffe lassen sich nach Konsistenz und chemischer Zusammensetzung wie folgt einteilen:

Flüssige Schmierstoffe

Mineralöle. Dazu zählen gesättigte Kohlenwasserstoffe mit linearer oder ringförmiger Struktur, meist mit Seitenketten. Sie werden überwiegend aus Erdöl durch fraktionierte Destillation gewonnen und durch Raffination veredelt.

Tierische und pflanzliche Öle. Das sind Ester von höheren Fettsäuren mit mehrwertigen Alkoholen aus tierischer und pflanzlicher Herkunft.

Synthetische Schmieröle. Dazu gehören niedermolekulare Ethylenpolymerisate, Siliconöle und Polyglycole.

Schmierfette

Hier handelt es sich um Mineralöle, die mit Eindickern, meist Metallseifen der Alkali- und Erdalkalimetalle, versetzt werden.

Durch Zugabe von Festschmierstoffen, wie Graphit, werden Schmierfette mit verbesserten Notlaufeigenschaften hergestellt.

Festschmierstoffe

Einige feste Stoffe haben infolge ihrer Struktur hervorragende Gleiteigenschaften und werden deshalb als Schmierstoffe genutzt.

Dazu gehören Graphit und Molybdändisulfid, aber auch Kunststoffe, wie Teflon, und weiche metallische Werkstoffe.

6.2 Flüssige Schmierstoffe

6.2.1 Übersicht

Die meisten flüssigen Schmierstoffe sind Mineralölprodukte, die vorwiegend durch fraktionierte Destillation aus Erdöl gewonnen werden. Sie stellen ein kompliziertes Gemisch von Kohlenwasserstoffen dar, deren Zusammensetzung von der Herkunft des Erdöls abhängt.

Hochwertige Mineralöle erzielt man durch eine nachgeschaltene Raffination der erhaltenen Schmierölfraktionen, bei der unerwünschte Verbindungen, wie Harze und Asphalte, beseitigt werden.

Zur weiteren Verbesserung der Eigenschaften werden trotz der dabei auftretenden erhöhten Kosten viele Schmieröle mit öllöslichen Additiven versehen. Man spricht dann von *legierten Ölen*.

Wenn eine Verminderung bestimmter negativer Eigenschaften, wie Öloxidation, erzielt wird, werden die Zusätze *Inhibitoren* genannt. Durch Auswahl und Abstimmen dieser Legierungsbestandteile erhält man Schmierstoffe mit Mehrzweckcharakter.

Es ist darauf zu achten, daß legierte Schmieröle nicht beliebig gemischt werden können und daß die meisten Legierungsbestandteile beim Schmierstoffeinsatz verbraucht werden. So ist ein bestimmter minimaler Gehalt an Legierungsbestandteilen ein Kriterium für den Schmierstoffwechsel.

6

6.2.2 Verhaltenscharakteristik der flüssigen Schmierstoffe

Die flüssigen Schmierstoffe haben neben der Reibungs- und Verschleißminderung noch andere Aufgaben zu erfüllen. Dazu zählen Sicherung der Kraftübertragung, Kühlung, Schwingungsdämpfung u. a.

Die wichtigste physikalische Eigenschaft dieser Stoffgruppe ist die Viskosität und ihre Abhängigkeit von Temperatur und Druck.

Zur Charakterisierung der notwendigen Viskositätsspanne ist eine Klassifikation in 18 Viskositätsklassen in Bereich von $2 \ldots 15\,000\ \text{mm}^2/\text{s}$ vorgenommen worden, wobei die jeweilige Mittelpunktviskosität bei der Bezugstemperatur von 40 °C angegeben ist.

Diese ISO-Viskositätsklassifikation (ISO-3448) enthält keine Qualitätsbewertung. Für das Verhalten der Viskosität bei Temperaturänderung, die ein echtes Gebrauchswertkriterium darstellt, dienen die Viskositäts-Temperatur-Kurven nach DIN 51563 und die Zahlenwerte des Viskositätsindexes nach DIN 51 564.

Weitere physikalische Eigenschaften sind der *Flammpunkt* nach DIN 51 376 und der sogenannte *Pourpoint* nach DIN 51 597, der ein Maß für die Kältefließfähigkeit des Öles ist.

Der Bewertung des Alterungszustandes des Schmieröles (Eigenschaftsänderung durch Oxidation oder Abbau der Additive), dienen Neutralisationszahlen nach DIN 51 558 und Verseifungszahlen nach DIN 51 559.

6.2.3   Ausgewählte flüssige Schmierstoffe

Zur Unterscheidung der flüssigen Schmierstoffe erhalten sie Kurzbezeichnungen aus Kennbuchstaben, die Aufschluß über die Stoffgruppe, z. B. Mineralöl oder Syntheseöl, über die Stoffart, z. B. Motorenöl oder Kühlschmierstoff, und über besondere Eigenschaften bzw. über bestimmte Zusammensetzungen liefern.

Ergänzt wird diese Kennzeichnung durch Symbole. So erhalten die Mineralöle das Symbol □ und die Syntheseflüssigkeiten das Symbol ⊟.

Eine Auswahl von wichtigen flüssigen Schmierstoffen soll nachfolgend gegeben werden. Siehe Tabelle 6.1 bis 6.4.

Tabelle 6.1 *Stoffgruppe „Mineralöle" nach DIN 51 502 mit dem Symbol □*

Stoffart	Kennbuchstabe(n)
Normalschmieröl	AN
Umlaufschmieröl	C
Hydrauliköl	H
Motorenöl	HD
Kfz-Getriebeöl	HYP
Isolieröl (elektrisch)	I
Kühlschmierstoffe	S
Korrosionsschutzöl	R
Wärmeträgeröl	Q
Druckluftöl	D
Luftverdichteröl	V
Luftfilteröl	F

Tabelle 6.2 Stoffgruppe „Schwer entflammbare Hydraulikflüssigkeiten" nach DIN 51 502 mit dem Symbol ⊟

Stoffart	Kennbuchstabe(n)
Öl-in-Wasser-Emulsionen	HFA
Wasser-in-Öl-Emulsionen	HFB
wäßrige Polymerlösungen	HFC
wasserfreie Lösungen	HFD

Tabelle 6.3 Stoffgruppe „Synthese- oder Teilsyntheseflüssigkeiten" nach DIN 51 502 mit dem Symbol ⊟

Stoffart	Kennbuchstabe(n)
Ester, organisch	E
Kohlenwasserstoffe	HC
Ester der Phosphorsäure	PH
Perfluor-Flüssigkeiten	FK
Polyglykolöle	PG
Silikonöle	SI

Tabelle 6.4 Kennzeichnung von Schmierstoffen mit Zusatz-Kennbuchstaben nach DIN 51 502

Schmierstoffart	Zusatz-Kennbuchstabe
für Schmierstoffe, die in Mischung mit Wasser zum Einsatz kommen, z. B. Kühlschmierstoffe	E
für Schmierstoffe mit Festschmierstoff, z. B. Graphit	F
für Schmierstoffe mit Wirkstoffen zum Erhöhen des Korrosionsschutzes und/oder der Alterungsbeständigkeit	L
für Schmierstoffe mit Wirkstoffen zum Herabsetzen der Reibung und des Verschleißes im Mischreibungsgebiet und/oder zur Erhöhung der Belastbarkeit	P

6

6.3   Schmierfette

6.3.1   Übersicht

Schmierfette sind feste oder halbflüssige Produkte einer Dispersion aus einem Dickungsmittel (Eindicker) in einem flüssigen Schmiermittel (Grundöl) mit einem Einsatzbereich von − 70 °C bis + 350 °C.

Als Grundöl kommen vorwiegend Mineralöle zum Einsatz. Für den Hoch- und Tieftemperaturbereich sowie für andere Sonderfälle werden auch synthetische Öle eingesetzt.

Als Dickungsmittel verwendet man Metallseifen aus Metallen der 1. bis 3. Hauptgruppe des PSE, z. B. Na-, Ca- und Al-Seifen, aber auch Polyharnstoff, Bentonit (Tonerde), Kieselgel sowie Graphit oder Ruß. Die Schmierfette können zusätzlich noch Additive und Füllstoffe enthalten.

Die Eigenschaften der Schmierstoffe werden beeinflußt
- von der Art und Qualität des Grundöls, wichtig ist dabei die Viskosität des Grundöls
- von der Art und Menge des Eindickers
- vom technologischen Ablauf bei der Herstellung der Produkte.

6.3.2   Verhaltenscharakteristik der Schmierfette

Eine wichtige Kenngröße zur Charakterisierung der Schmierfette ist die *Konsistenz* oder Verformbarkeit. Sie ist ein Ausdruck für die Geschmeidigkeit oder Härte eines Schmierfettes und wird durch die *Penetration* gekennzeichnet. Man unterscheidet zwischen *Ruh- und Walkpenetration*. Durch die Walkpenetration (das ist die Penetration nach Bearbeitung – Walken – des Fettes) wird die Konsistenz eindeutiger ausgedrückt, da das dem Betriebsverhalten besser entspricht.

Zur Charakterisierung der notwendigen Konsistenzspanne wurde nach DIN 51 804 eine Klassifikation in 9 Konsistenzklassen festgelegt.

Wichtig für Schmierstoffe ist besonders der Bereich zwischen der Klasse 00 mit der Struktur – fast fließend – und der Klasse 4 mit der Struktur – mittelfest.

Weitere Eigenschaftskenngrößen der Schmierfette sind Tropfpunkt, Wasserbeständigkeit und Korrosionsverhalten gegenüber Metallen.

6.3.3   Ausgewählte Schmierfette

Die Kennzeichnung der Schmierfette erfolgt analog den flüssigen Schmierstoffen durch Kurzbezeichnungen. Hier sind besonders Angaben über Konsistenzbereiche, über Gebrauchstemperaturen und über das Verhalten gegenüber Wasser durch Verwendung von Kennzahlen und Kennbuchstaben enthalten.

Ergänzt wird diese Kennzeichnung auch hier durch Symbole. So erhalten die Schmierfette auf Mineralölbasis das Symbol △ und die Schmierfette auf Syntheseölbasis das Symbol ◇.

Eine Auswahl von wichtigen Schmierfetten soll nachfolgend gegeben werden. Siehe Tabelle 6.5 bis 6.7.

Tabelle 6.5 Schmierfette auf Mineralölbasis nach DIN 51 502 mit dem Symbol △

Schmierfett	Kennbuchstabe(n)
Schmierfette für Wälzlager, Gleitlager und Gleitflächen	K; nach ISO: XM
Schmierfette für geschlossene Getriebe	G
Schmierfette für offene Getriebe	OG
Schmierfette für hohe Druckbelastung	KP

Tabelle 6.6 Konsistenzbereiche für Schmierfette nach DIN 51 818

Konsistenz-Kennzahl	visuelle Beurteilung	Verwendung
000	sehr weich, ähnlich	
00	sehr dickem Öl	00 bis 1 als
0		Getriebefett
1	weich	
2	salbenartig	1 bis 4 als
3	beinahe fest	Wälzlagerfett
4	fest	3 bis 5 als
5		Wasserpumpenfett
6	sehr fest, wie Seife	6 als Blockfett

Tabelle 6.7 Zusatzbuchstaben für Schmierfette nach DIN 51 502

Obere Gebrauchs-temperatur in °C	Verhalten gegenüber Wasser nach DIN 51 807	Zusatzbuchstabe
60	0 oder 1	C
60	2 oder 3	D
80	0 oder 1	E
80	2 oder 3	F
100	0 oder 1	G
100	2 oder 3	H
120	0 oder 1	K
120	2 oder 3	M
140	0 oder 1	N
140	2 oder 3	O

6

Nach DIN 51 807 bedeutet:
0 keine Veränderung, 1 geringe Veränderung, 2 mäßige Veränderung, 3 starke Veränderung

6.4   Festschmierstoffe

6.4.1   Übersicht

> Die Festschmierstoffe sind eine komplexe Gruppe von Stoffen und Stoffpaarungen, die teils über Zusätze zu Schmierölen oder Schmierfetten oder als technologisch erzeugte Schichten wirksam werden.

Ausgangspunkt des Einsatzes dieser Schmierstoffe ist die Tatsache, daß Reibungs- und Verschleißverhalten von Werkstoffen wesentlich vom Aufbau und von den Eigenschaften der mechanisch beanspruchten Randschichten abhängt. Es ist deshalb das Ziel, durch solche Schichtbildung eine optimale beanspruchungsgerechte Oberflächenschichtreibung der bewegten, sich berührenden Bauteile zu erreichen, d. h. direkten Kontakt der Oberflächenspitzen und damit örtliches Verschweißen zu verhindern.

Diese Schichtbildung kann erfolgen durch Aufbringen von Schichten aus einem weichen Metall, z. B. von Weißmetallen, durch Bildung von Reaktionsschichten durch chemische Umsetzung oder durch die Anwendung von kristallinen Feststoffen mit Schichtgitterstruktur, wie Graphit. Die Auswahl des Verfahrens hängt ab von den Beanspruchungsbedingungen und dem Kosten-Nutzen-Verhältnis.

6.4.2   Verhaltenscharakteristik der festen Schmierstoffe

Die festen Schmierstoffe werden für Schmierungsaufgaben unter extremen Bedingungen benötigt, bei denen Schmieröle und Schmierfette versagen oder aus anderen Gründen nicht geeignet sind.

Feste Schmierstoffe

- sind in einem weiten Temperaturbereich einsetzbar, der von − 240 °C bis + 900 °C reicht
- sind beständig gegen energiereiche Strahlung und haben von allen Schmierstoffen die geringste Flüchtigkeit im Vakuum
- haben eine hohe Beständigkeit gegen chemische Angriffe
- sind besonders geeignet für Bauteile, die bei hoher Belastung mit geringer Gleitgeschwindigkeit laufen und bei denen sich mit flüssigen Schmiermitteln kein ausreichender hydrodynamischer Druck ausbildet.

Nachteilig bei der Anwendung von Festschmierstoffen ist die Tatsache, daß sie bestimmte Aufgaben, wie Abdichten der Schmierstelle, Abführen der Reibungswärme und Verhindern von Rostbildung, nicht erfüllen.

6.4.3 Ausgewählte Festschmierstoffe

6.4.3.1 Anorganische Stoffe mit Schichtgitterstruktur

Diese Stoffe, zu denen als bekanntester Vertreter Graphit gehört, besitzen Strukturen, bei denen schwache Bindungskräfte zwischen den Schichten des Gitters eine leichte Verschiebbarkeit (Gleiten) in Längsrichtung des Schichtgitters bewirken (Sandwichstruktur). Die starken Bindungen innerhalb der Schichten bedingen eine hohe Belastbarkeit und Widerstandsfähigkeit gegen das Durchdringen von Oberflächenrauhigkeiten.

Zu diesen Stoffen gehört außer Graphit, der schon seit über 100 Jahren als Schmierstoff genutzt wird, Molybdändisulfid und Wolframdisulfid.

Wesentlich für die Anwendung ist, daß der Schmierstoff an der Metalloberfläche haftet und der Schmierfilm ausreichend stark ist oder laufend erneuert wird, um eine wirtschaftliche Laufzeit zu garantieren.

Einen gewissen Einfluß, besonders bei Graphit, hat eine bestimmte Feuchtigkeitskonzentration, die die Adsorption der Filme begünstigt. Entscheidend für die Erreichung optimaler Wirkung sind Anwendungsform und Aufbringung des Festschmierstoffes.

Die Aufbringung in Pulverform wird bevorzugt bei Molybdändisulfid angewandt. Es geschieht durch Einreiben, über Trommelbeschichtung oder mit Ultraschall.

Die Verwendung von Suspensionen mit einem Feststoffgehalt bis 10 % ist wichtig für Graphit, dagegen für Molybdändisulfid nicht geeignet. Die Suspensionsmittel sind Flüssigkeiten, die während des Betriebes verdampfen und einen festen Oberflächenfilm hinterlassen.

Der Einsatz von Pasten mit hoher Konzentration an festem Schmierstoff ist für Graphit und Molybdändisulfid geeignet. Als Flüssigkeitskomponente kommen Siliconöle oder oxidationsstabile Mineralöle in Frage. Geeignet ist die Anwendung von Pasten z. B. für die Schmierung der Achsschenkel von Lokomotiven oder an den Führungen schwerer Werkzeugmaschinen.

Weitgehend unabhängig von der Anwendungsform ist der Schmierstoff Graphit bei Temperaturen von $-18\ldots+450\ °C$ einsetzbar. Seine Schmierwirkung in feuchter Luft ist sehr gut. Für einen Einsatz in Sauerstoff- und Stickstoffatmosphäre ist er wenig geeignet.

Der Schmierstoff Molybdändisulfid ist im Temperaturbereich von $-180\ldots+380\ °C$ in beliebiger Atmosphäre verwendbar. Nachteilig sind bei diesem Schmierstoff die Korrosionswirkung auf Eisenwerkstoffe in feuchter Umgebung und seine geringe Eignung für Kupfer- und Aluminiumwerkstoffe.

6

6.4.3.2 Metallfilme

Durch Überziehen harter Metallflächen mit einem dünnen Film eines weichen Metalles wird das Gleit- und Verschleißverhalten der Werkstoffpaarung verbessert, da dann die Reibung von der Scherfestigkeit des weichen Metallfilms bestimmt wird. Geeignet sind Weißmetalle sowie Kupfer- und Zinklegierungen.

Schwierig ist das richtige Aufbringen der Schichten, das durch Angießen, Schweißplattieren und Sinterverfahren erfolgen kann.

Die Filme haben eine Dicke von 10^{-5} cm, und ihre Wirkung wird durch den Schmelzpunkt des weichen, metallischen Werkstoffes begrenzt.

6.4.3.3 Chemische Oberflächenschichten (Umwandlungsüberzüge)

Diese Schichten haben eine ähnliche Wirkung wie die Weichmetallfilme. Die Oberfläche besteht aber hier aus chemischen Aufbauschichten, die durch Reaktion des Metalles mit bestimmten reaktionsfähigen Stoffen entstehen. Es können Seifen oder Metallsalze sein.

Ein bekanntes Verfahren ist das Phosphatieren, bei dem durch Reaktion von Eisenmetallen mit phosphorsauren Lösungen unlösliche Phosphate abgeschieden werden. Diese Kristalle, günstig sind Mischkristalle aus Eisen und Mangan-Phosphaten, bilden eine 2 bis 5 µm dicke Schicht, die fest mit der Metalloberfläche verbunden ist.

Diese Schicht hat wie andere solche Aufbauschichten eine geringere Scherfestigkeit als das Metall und vermindert somit den Gleitwiderstand. Durch das Phosphatieren werden Kaltformvorgänge reibungsärmer durchgeführt und somit die Standzeit der Umformwerkzeuge erhöht.

6.4.3.4 Kunststoffe

Einige Kunststoffe haben einen solchen hohen Abriebwiderstand und so ein gutes Gleitvermögen, daß sie als Festschmierstoffe eingesetzt werden können.

Da die Wärmeableitung von Kunststoffen ungünstig ist, wird meist ein Kern aus Metall mit einem Kunststoffüberzug durch Wirbelsintern oder Flammspritzen versehen.

Die Reibung dieser Kunststoffschichten ist temperaturunabhängig. Besonders geeignet ist Polytetrafluorethylen (PTFE), das keine zusätzliche Schmiermittel benötigt und auch als Gleitlack hergestellt werden kann.

Die Einsatztemperatur von PTFE liegt zwischen -250 und $+260$ °C. Die Reibungszahl von PTFE liegt in der Größenordnung von Molybdändisulfid.

Während die Beständigkeit gegen Chemikalien gut ist, liegt im Gegensatz zu Graphit und Molybdändisulfid keine Beständigkeit gegen Strahleneinwirkung vor.

Anwendung finden solche Kunststoffschmierstoffe in verschiedenen Bereichen, wo flüssige Schmiermittel nicht verwendet werden können, z. B. in der Nahrungsmittelindustrie.

6.5   Literatur- und Quellenverzeichnis

[1]   *Möller, U. J.*: Schmierstoffe im Betrieb. – Düsseldorf: VDI-Verlag, 1987

[2]   DIN-Taschenbuch 192. Schmierstoffe. – Berlin: Beuth-Verlag, 1996

[3]   DIN-Taschenbuch 203. Schmierstoffe, Prüfverfahren 1. – Berlin: Beuth-Verlag, 1996

[4]   DIN-Taschenbuch 248. Schmierstoffe, Prüfverfahren 2. – Berlin: Beuth-Verlag, 1996

6

7 Korrosion – Korrosionsschutz

7.1 Allgemeines

Korrosion ist die von der Oberfläche ausgehende unerwünschte Zerstörung von Werkstoffen durch chemische oder elektrochemische Reaktion mit ihrer Umgebung.
Sie tritt in verschiedenen Erscheinungsformen praktisch bei allen Werkstoffen auf, z. B. als Stahlkorrosion, Betonkorrosion, Gesteinskorrosion u. a.

Die Schäden durch Korrosion sind erheblich und die Maßnahmen zu ihrer Verhütung von nicht zu unterschätzender Bedeutung. Es werden deshalb in der Welt umfangreiche Untersuchungen durchgeführt und große Anstrengungen unternommen, um diese Probleme immer besser zu lösen.

So betragen z. B. die Kosten, die zur Erhaltung von Stahlkonstruktionen im Laufe der Zeit aufgewendet werden müssen, mitunter ein Vielfaches der ursprünglichen Baukosten. Diese Kosten zählt man zu den *direkten Verlusten*, zu denen noch der Ersatz der verbrauchten Anlagen und die Mehrkosten durch den Einsatz von korrosionsbeständigen Werkstoffen gerechnet wird. Über das Ausmaß der Schäden und Kosten liegen größtenteils nur Schätzungen vor.

Die entstehenden jährlichen Kosten erreichen in den entwickelten Industrieländern Milliardenbeträge, und es treten damit Korrosionsverluste auf, die 2 ... 3 % des Bruttosozialproduktes betragen.

Die *indirekten Verluste* kann man schwer erfassen, da sie unterschiedlicher Natur sind und in ihrer Höhe von verschiedenen Faktoren bestimmt werden. Dazu zählen die Verluste durch Betriebsstörungen, Verminderung der Leistungsfähigkeit von Anlagen unter Einwirkung von Korrosion u. a.

Diese indirekten Verluste betragen ein Vielfaches der direkten Verluste; in einigen Industriezweigen, wie in der chemischen Industrie, können sie sogar das Zehnfache ausmachen.

Die Gesamtkosten durch Korrosionsschäden und Aufwendungen für Korrosionsschutz haben eine zunehmende Tendenz. Die Ursachen dafür sind vielschichtig und tragen komplexen Charakter. Exemplarisch sollen folgende genannt werden:

- die steigende Aggressivität der Atmosphäre durch erhöhte Schadstoffbelastung, wie Zunahme der SO_2-Konzentration
- verschärfte technologische Parameter durch höhere Drücke und Temperaturen

- Einsatz von Einstranganlagen
- das Auftreten von neuartigen Werkstoff- und Korrosionsschutzproblemen, z. B. in der Landwirtschaft.

Die Korrosionsschutzmaßnahmen müssen in allen Anwendungsbereichen auf die jeweiligen Beanspruchungsbedingungen abgestimmt werden, um eine hohe Effektivität zu gewährleisten. Das optimale Ziel wäre es, die Haltbarkeit des verwendeten Schutzsystems in weitgehender Übereinstimmung mit der Lebensdauer des zu schützenden Werkstückes zu bringen.

Aus dieser Zielfunktion heraus betrachtet, die nur in Ausnahmefällen erreicht wird, ergibt sich die Notwendigkeit, schon bei der Projektierung von technischen Anlagen und Systemen die Auswahl geeigneter Schutzsysteme und Werkstoffe unter dem Aspekt der zu erwartenden korrosiven Beanspruchung vorzunehmen.

Der Projektant muß deshalb unter Berücksichtigung ökonomischer, funktioneller und fertigungstechnischer Gesichtspunkte sowie standortspezifischer Einflüsse Werkstoff- und Korrosionsschutzprojekte für einzelne Ausrüstungen erarbeiten.

Dabei ist folgendes zu beachten:
1. Zusammenstellung der makroklimatischen Belastungen
2. Auswahl geeigneter Korrosionsschutzmöglichkeiten einschließlich der korrosionsschutzgerechten Konstruktion
3. Festlegung von Ausführungskriterien, wie Art der Oberflächenvorbehandlung u. a.
4. Festlegen von Instandhaltungs- und Wiederholungsschutzmaßnahmen

7.2 Wesen der Korrosion

Die Korrosionsvorgänge sind meist Grenzflächenreaktionen zwischen dem Werkstoff und dem ihn umgebenden flüssigen oder gasförmigen, angreifenden Medium, siehe dazu Tabelle 7.1.

Eine eingeleitete Korrosion kann zu einer völligen Zerstörung des Werkstoffes führen, wenn sich der korrodierende Werkstoff in einem thermodynamisch instabilen Zustand befindet bzw. Werkstoff, angreifendes Medium und Angriffsbedingungen ein offenes System ergeben, in dem ein ständiger Energie- und Stofftransport erfolgt.

So gehen z. B. stark unedle Metalle, wie Kalium, in Gegenwart von Wasser und Sauerstoff (feuchte Luft) sehr rasch in ihre Verbindungen über. Aus diesem Grund müssen solche Metalle unter wasserfreien organischen Flüssigkeiten aufbewahrt werden.

Tabelle 7.1   Übersicht der Grenzflächenvorgänge bei der Korrosion

Werkstoff	Angreifendes Medium	Überwiegend ablaufende Korrosionsprozesse
Metall	Elektrolyte, natürliche und technische Wässer, feuchte Gase (Atmosphäre)	elektrochemische Vorgänge (elektrochemische Korrosion)
Metall	Nichtelektrolyte (nichtleitende organische Flüssigkeiten), trockene und heiße Gase	chemische Vorgänge (chemische Korrosion)
Keramische Werkstoffe	stark angreifende Flüssigkeiten (Flußsäure, Basen)	
Glas	trockene und heiße Gase	
Kunststoffe	organische Flüssigkeiten und Dämpfe, Wasser und wäßrige Lösungen, oxidierende Gase	physikalische und chemische Vorgänge
Silikatkeramische Feuerfesterzeugnisse	Schlacken-, Salz- und Glasschmelzen	physikalische, chemische und elektrochemische Vorgänge

Neben dem thermodynamischen Zustand sind aber für das Korrosionsverhalten vieler Werkstoffe besonders der Mechanismus und die Geschwindigkeit des Korrosionsablaufs bedeutungsvoll. So können deshalb verhältnismäßig unedle Metalle, wie Aluminium, relativ korrosionsbeständig sein. Entscheidend ist dabei die Beschaffenheit der auf der Werkstoffoberfläche gebildeten Reaktionsprodukte, die für den weiteren Ablauf der Reaktion infolge der möglichen Diffusionsvorgänge bestimmend sind. Bei festen, porenfreien Schichten kann es trotz thermodynamischer Instabilität des Grundwerkstoffes zu einem Stillstand der Korrosionsvorgänge kommen, wie es bei Aluminium beobachtet wird.

Wichtig ist auch die Art des angreifenden Mediums. Ist dieses ein Elektrolyt und zur Aufnahme von Ionen des korrodierenden Stoffes befähigt, so ist die Korrosion überwiegend ein elektrochemischer Vorgang, z. B. Rosten des Eisens an feuchter Luft. Vorwiegend chemischer Natur ist die Korrosion von Metallen in heißen, trockenen Gasen, in flüssigen Nichtelektrolyten und die Korrosion von keramischen Werkstoffen in diesen Medien. Bei der Korrosion von organischen hochpolymeren Stoffen laufen neben chemischen auch physikalische Vorgänge ab.

Nach der überwiegenden Art der ablaufenden Korrosionsprozesse, die besonders vom angreifenden Medium bestimmt werden, sind folgende Korrosionsarten zu unterscheiden:

1. Elektrochemische Korrosion

Hier spielt sich der größte Teil der Korrosionsprozesse in Form von elektrochemischen Reaktionen in Elektrolylösungen bzw. in Flüssigkeits- oder Feuchtigkeitsfilmen an der Oberfläche von Werkstoffen ab, z. B. Rosten von Eisen an feuchter Luft. Dabei bilden sich sogenannte *Korrosionselemente*, bei kleinen Bereichen ($A < 1$ mm^2) auch *Lokalelemente* genannt, heraus, die im Aufbau und in der Wirkungsweise *galvanischen Ketten* entsprechen. Siehe Bilder 7.1, 7.2, 7.3.

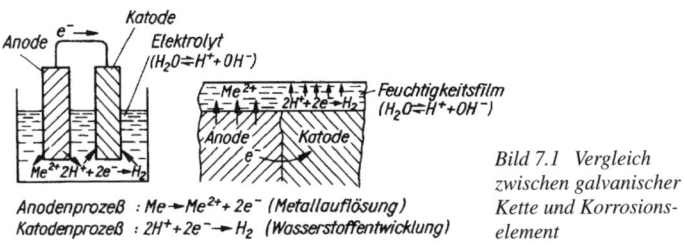

Bild 7.1 Vergleich zwischen galvanischer Kette und Korrosionselement

Grundlegende Begriffe der elektrochemischen Korrosion

Korrosionselement. Elektrochemisches Element, das bei der Korrosion von Metallen auftritt. Es besteht aus Anode und Katode in Berührung mit einem gemeinsamen Elektrolyten.

Lokalelement. Kleinflächiges Korrosionselement, dessen wirksame Elektrodenflächen sehr klein sind (d. h. Bruchteile von 1 mm^2).

Anode bei Korrosionselementen. Oberflächenbereich eines Werkstoffes (Metall), von dem aus bei der Korrosion Ionen (Metallionen) in den Elektrolyten übertreten.

Katode bei Korrosionselementen. Oberflächenbereich eines Werkstoffes (Metall), an dem die bei der Korrosion im Werkstoff (Metall) auftretenden freiwerdenden Elektronen von Elektronennehmern (Elektronenakzeptoren) im Elektrolyten aufgenommen werden.

7

Ursachen für die Bildung von Korrosionselementen
1. Verbindung von Teilen aus verschiedenen Werkstoffen (Metallen)
2. Vorhandensein von verschiedenen Stoffen in und auf der Oberfläche des Werkstoffes, wie die verschiedenen Gefügebestandteile einer heterogenen Legierung oder Deckschichten und Grundwerkstoff u. a.

3. Vorhandensein einer örtlich unterschiedlichen Intensität des angreifenden Mediums, wie örtliche Unterschiede in der Konzentration des gelösten Sauerstoffes oder örtliche Unterschiede in der Temperatur des Elektrolyten
4. Vorhandensein von örtlich unterschiedlichen Spannungen (Verarbeitungszustände) im Werkstoff

Ein Ergebnis von Untersuchungen an solchen Ketten ist die elektrochemische Spannungsreihe der Metalle. Wenn auch eingeschränkt werden muß, daß sich die Metalle nur näherungsweise bei der Korrosion entsprechend dieser Reihe verhalten, so ist die galvanische Kette ein brauchbares Modell für die Korrosionsvorgänge. Nach Bild 7.2 wirkt das Eisen in der Kombination mit Kupfer als Anode, da es entsprechend der Spannungsreihe das Metall mit dem negativeren Potential darstellt. Das dabei mit Kupfer gebildete Gleichgewichtspotential hat den Charakter eines Redoxpotentials. Bei diesem Korrosionsfall wird das Eisen anodisch oxidiert (aufgelöst) und dafür äquivalent am Kupfer Wasserstoffionen zu Wasserstoffatomen bzw. Molekülen katodisch reduziert (abgeschieden).

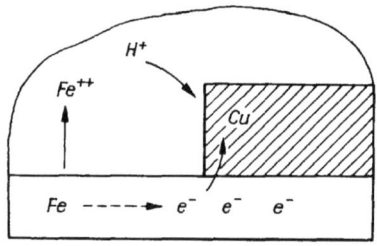

Bild 7.2 Darstellung des Wasserstoffkorrosionstyps $Fe/H_2O/Cu$
Vorgänge an der Anode (Fe):
$Fe \longrightarrow Fe^{++} + 2e^-$
Vorgänge an der Katode (Cu):
$2H^+ + 2e^- \longrightarrow 2H$
$2H \longrightarrow H_2$

Bei der elektrochemischen Korrosion können nach Art der Elektronennehmer im Elektrolyten unterschieden werden:

Wasserstoffkorrosionstyp

Hier sind die Wasserstoffionen (H^+ bzw. H_3O^+) die vorherrschende Art der Elektronennehmer (Elektronenakzeptoren), die die katodischen Vorgänge beeinflussen und eine Korrosion unter Wasserstoffgasentwicklung bedingen. Sie erfolgt bei einem pH-Wert unter 4 und tritt besonders bei der Korrosion von unedlen Metallen in stark sauren Medien auf, siehe Bild 7.2.

Sauerstoffkorrosionstyp

Hier sind die elektrochemischen Vorgänge an der Katode nur unter Beteiligung des Elektronenakzeptors Sauerstoff (O_2) möglich und führen in der Primärreaktion zur Bildung von Hydroxidionen, die in Sekundärreaktionen mit anodisch gebildeten Ionen weiter reagieren können. Diese Korrosion läuft in neutralen und alkalischen sauerstoffhaltigen Medien ab, ist für die Praxis der wichtigere Korrosionstyp und führt sogar zum Korrosionsangriff an edlen Metallen, wie an Kupfer, siehe Bild 7.3. Bei Gegenwart von Sauerstoff in sauren Lösungen können beide Korrosionstypen gleichzeitig auftreten.

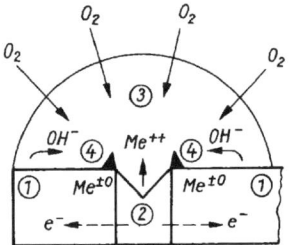

Bild 7.3 Darstellung des Sauerstoffkorrosionstyps (Belüftungselement; Wassertropfen mit unterschiedlicher Sauerstoffkonzentration)
Vorgänge an der Anode (2) – Bezirk mit geringer Konzentration an gelöstem Sauerstoff: $Me \longrightarrow Me^{++} + 2e^-$
Vorgänge an der Katode (1) – Bezirk mit höherer Konzentration an gelöstem Sauerstoff: $\frac{1}{2}O_2 + H_2O + 2e^- \longrightarrow 2OH^-$
Sekundärvorgänge (4): $Me^{++} + 2OH^- \longrightarrow Me(OH)_2$

2. Chemische Korrosion

Hier laufen die Redoxvorgänge bei erhöhter Temperatur und in Abwesenheit eines Elektrolyten durch direkten Elektronenaustausch zwischen den beteiligten Reaktionspartnern ab, z. B. Verzundern von Eisen bei höheren Temperaturen. Für den Ablauf dieser Korrosion, bei der durch das Fehlen eines flüssigen Elektrolyten keine echten Ionenreaktionen auftreten können, ist die Beschaffenheit der auf der Werkstoffoberfläche gebildeten Reaktionsprodukte bestimmend. Man unterscheidet danach folgende Fälle:

1. Das Reaktionsprodukt ist flüchtig und hat keinen Einfluß auf Korrosionsverlauf und -geschwindigkeit, z. B. Oxidation von Mo zu flüchtigem MoO_3.
2. Das Reaktionsprodukt ist hygroskopisch (wasseranziehend) und leitet damit den Übergang zu einer elektrochemischen Korrosion ein, z. B. Chlorangriff auf Mg führt zur Bildung von hygroskopischem $MgCl_2$.
3. Das Reaktionsprodukt ist porös und gestattet einen weiteren Korrosionsangriff, meist als ungleichmäßige Korrosion durch die Poren, z. B. chemische Korrosion von Metallen unter Bildung von dickeren Oxidschichten, in denen Spannungen auftreten.
4. Das Reaktionsprodukt bildet eine dichte, festhaftende Schicht auf der Werkstoffoberfläche. Eine weitere Reaktion ist nur durch Diffusionsvorgänge

7

möglich. Je nach der Art dieser Vorgänge unterscheidet man:

a) Angreifendes Medium kann durch die Schicht diffundieren und reagiert mit dem Werkstoff. Die Schicht wächst nach innen, und zwar ihre Dicke s in der Zeit t nach dem parabolischen Gesetz $s^2 = k \cdot t$ bzw. $s = \sqrt{k \cdot t}$, z. B. Hochtemperaturoxidation vieler Metalle, wie Cu, Cr, Fe und Co.

b) Die Schicht ist undurchlässig für das Medium. Der bestimmende Vorgang für den Korrosionsablauf ist die Diffusion der Werkstoffatome durch die Deckschicht, die eine Dickenzunahme nach einer logarithmischen Beziehung bedingt, z. B. Bildung von Metalloxiden bei mittleren Temperaturen (Anlaufschichten). Da die Dicke dieser Schichten nur von der Temperatur abhängig ist, können z. B. über die durch Interferenzerscheinungen bedingten Anlauffarben des Eisens gewisse Rückschlüsse auf die Temperatur des Metalls gezogen werden.

In der Praxis gehen solche Vorgänge der chemischen Korrosion ineinander über. So kann die Oxidation von bestimmten Metallen zuerst nach der logarithmischen und dann nach der parabolischen Gleichung erfolgen. Bei Anwesenheit von Rissen und Poren in der Deckschicht erfolgen die Vorgänge dann meist nach einer linearen Beziehung, d. h. mit konstanter Oxidationsgeschwindigkeit. Unter ungünstigen Bedingungen kann es auch zu einer starken Erhöhung der Korrosionsgeschwindigkeit kommen. Eine scharfe Trennung ist manchmal schwierig, und oft ändert sich auch im Ablauf der Korrosion der Charakter der vorherrschenden Reaktion. So können elektrochemische Korrosionen mit Prozessen beginnen, die charakteristisch für chemische Korrosion sind.

3. Biokorrosion

Hier werden die Korrosionsprozesse vorwiegend durch Mikroorganismen beeinflußt. Sie tritt z. B. an erdverlegten Rohren und Kabeln auf. Dabei bilden bestimmte Bakterien an feuchten Metalloberflächen mikrobiologische Filme und führen Redoxvorgänge herbei, die das elektrochemische Gleichgewicht stören. Dadurch können verstärkt elektrochemische Reaktionen ablaufen, und die Folge sind narbenartige Vertiefungen an der Werkstoffoberfläche.

Erscheinungsformen der Korrosion

Je nach Stoffabtrag beim Korrosionsvorgang unterscheidet man verschiedene Erscheinungsformen der Korrosion. Sie lassen sich in zwei Hauptgruppen zusammenfassen:

1. Ebenmäßige Korrosion oder gleichmäßige Oberflächenkorrosion

Hier erfolgt ein Korrosionsangriff nahezu parallel zur Oberfläche. Bei diesem Angriff wird der Werkstoff überall annähernd parallel zur Oberfläche abgetragen, und es tritt eine Querschnittsverminderung ein, die leicht überwacht und kontrolliert werden kann, siehe Bild 7.4.

2. *Ungleichmäßige Korrosion oder örtlich begrenzte Korrosion*

Hier kommt es, da die Korrosionsgeschwindigkeit an einigen Stellen wesentlich größer ist als an anderen, zu lokalen stärkeren Materialverlusten bzw. Querschnittsverminderungen, die zu schwerwiegenden Schädigungen führen können.

Angriffsform	Kennzeichnung	Schema
gleichmäßig	Korrosion unter a) Wasserstoffentwicklung b) Sauerstoffverbrauch	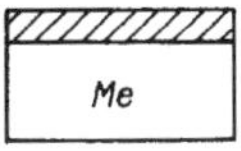 Me
ungleichmäßig	Kontaktkorrosion	 Me_I Me_{II}
	Selektive Korrosion	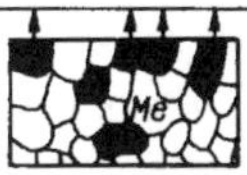 Me
	Spaltkorrosion	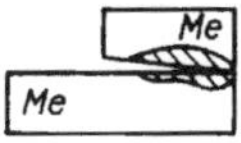 Me Me
	Lochfraßkorrosion	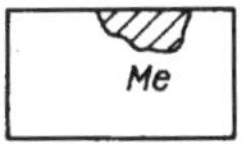 Me
	Interkristalline Korrosion	 Me
	Spannungsrißkorrosion	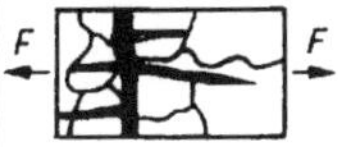 F F

Bild 7.4 Erscheinungsformen der Korrosion

Besondere Arten dieser Korrosionsform sind die *Lochfraßkorrosion, die selektive Korrosion* (z. B. die Entzinkung von Messing, Spongiose bei Grauguß) und die *Korngrenzenkorrosion* (interkristalline Korrosion). Im weiteren Sinne zählen dazu auch die *Kontakt-, Spalt- und Spannungsrißkorrosion*, vgl. Bild 7.4.

Eine besondere Form der Korrosion ist die *Streustrom-* oder *Fremdstromkorrosion*, die durch in das Erdreich abfließende Gleichströme aus elektrischen Anlagen, wie Schweißumformer und Straßenbahnen, ausgelöst wird.

7

7.3   Korrosionsschutz

Die Notwendigkeit des Korrosionsschutzes und seine ökonomischen Aspekte wurden bereits in 7.1 dargestellt. Die Methoden des Korrosionsschutzes sind sehr vielfältig. Bei jeder Korrosionsschutzmaßnahme geht es im Prinzip darum, die Bildung eines offenen Systems aus instabilem Werkstoff, angreifendem Medium und Angriffsbedingungen zu verhindern.

Dazu bieten sich grundsätzlich zwei Möglichkeiten an:

> *Passiver Korrosionsschutz.* Der Werkstoff wird durch eine Schutzschicht vom angreifenden Medium getrennt. Diese Schicht muß porenfrei bleiben und beständiger als der Grundwerkstoff gegenüber dem Medium sein. Sie verhindert den Energie- und Stoffkreislauf und somit die Veränderungen des Grundwerkstoffes.

> *Aktiver Korrosionsschutz.* Dazu gehören Verfahren, die aktiv das System bzw. Teile davon beeinflussen und verändern. Dafür kommen Veränderungen am Werkstoff, wie Legieren, die Beeinflussung des angreifenden Mediums, wie der Einsatz von Inhibitoren, und die Änderungen der Angriffsbedingungen, wie katodischer Schutz, in Betracht.

Der Korrosionsschutz beginnt, wie bereits unter 7.1 verdeutlicht wurde, schon bei einer korrosionsschutzgerechten Gestaltung der Erzeugnisse. Dabei müssen unter anderem folgende Aspekte beachtet werden:

- die zu schützenden Oberflächen sind klein zu halten und starke Profilierung, Spalten u. a. möglichst zu vermeiden,
- der notwendige Korrosionsschutz muß sich ohne Nacharbeit oder konstruktive Änderungen aufbringen lassen,
- Profile dürfen nicht in Richtung der korrosiven Beanspruchung offen sein. Rohrkonstruktionen sind Profilkonstruktionen vorzuziehen,
- bei Verbindungen ist Schweißen oder Kleben dem Nieten oder Verschrauben der Vorzug zu geben,
- bei Verbundbauweise muß eine mögliche Kontaktkorrosion berücksichtigt werden.

7.3.1   Passiver Korrosionsschutz

7.3.1.1   Allgemeines

Unter dem Korrosionsschutzverfahren besitzen die Verfahren des passiven Korrosionsschutzes die größte Bedeutung, denn oft ist dies ökonomischer als die Veredlung des Gesamtwerkstoffes und der Einsatz aktiver Schutzverfahren in ihrer gesamten Vielfalt.

Passiver Korrosionsschutz bedeutet, daß der Werkstoff vom Korrosionsvorgang durch Schutzschichten getrennt wird und dabei in den direkten Korrosionsvorgang (Angriffsbedingungen, angreifendes Medium) nicht eingegriffen wird.

Entscheidend für die Lebensdauer und Qualität der Schutzschichten ist die richtige Oberflächenvorbehandlung durch chemische oder mechanische Verfahren, denn Oxidationsprodukte, wie Rost und Zunder, haben die Eigenschaft, die Korrosionsvorgänge des Grundmetalls, z. B. beim Eisen, unter der Schutzschicht weiter zu fördern und durch Volumenvergrößerung diese Schicht zu zerstören.

Neben diesen Oxidationsprodukten, die als arteigene Verunreinigungen bezeichnet werden, gibt es artfremde Verunreinigungen der Metalloberfläche, wie Staub, Schmutz, Salze. Auch Reste von Konservierungs-, Stanz- und Ziehhilfsmitteln aus vorangegangenen technologischen Prozessen, wie Öle, Fette, Silikone, Graphit, zählen dazu. Arteigene Verunreinigungen werden durch mechanische Verfahren (Handentrostung, maschinelle Entrostung, Strahlentrostung), chemische Verfahren (Beizen mit Säuren, Laugen, Salzschmelzen) oder Flammstrahlen entfernt.

Artfremde Verunreinigungen werden durch Abwaschen, Abkochen oder Abspritzen mit alkalischen Mitteln (Soda, Natriumhydroxid) oder mit organischen Lösungsmitteln entfernt.

Die Auswahl der Vorbehandlungsverfahren wird bestimmt durch:
- vorhandene Flächenbedeckung mit Verunreinigungen, z. B. vorhandener sogenannter Rostgrad (Flächenbedeckung mit Rost in Prozent)
- Zustand der alten Beschichtung
- Art der aufzubringenden Beschichtung
- Bedingungen für Arbeitsschutz und Sicherheitstechnik.

Da alle Vorbehandlungsverfahren kosten- und arbeitskräfteaufwendig sind, machen sie einen relativ großen Teil der Kosten aus, die zu den direkten Korrosionsverlusten zählen.

Zur Einordnung der verschiedenen Verfahren des passiven Korrosionsschutzes gelten nach DIN 50 902 folgende Begriffe:

> Eine *Korrosionsschutzschicht* ist eine auf dem Metall oder im oberflächennahen Bereich des Metalls hergestellte Schicht, die aus einer oder mehreren Lagen besteht. Man unterscheidet Beschichtungen von Überzügen.

> Nach DIN 50 902 ist eine *Beschichtung* eine Korrosionsschutzschicht aus Beschichtungsstoff(en).

Beschichtungsstoff ist der Oberbegriff für flüssige bis pastenförmige, pulverförmige oder feste Stoffe, die aus Bindemitteln sowie gegebenenfalls zusätzlich aus Pigmenten und anderen Farbmitteln, Füllstoffen, Lösungsmitteln und sonstigen Zusätzen bestehen.

Ein *Überzug* ist nach DIN 50902 eine Korrosionsschutzschicht aus Metall(en), ein Umwandlungsüberzug oder ein Diffusionsüberzug.

Ein *Umwandlungsüberzug* wird durch eine chemische und/oder elektrochemische Reaktion des zu schützenden Metalls mit einem vorgegebenen Medium hergestellt.

Ein *Diffusionsüberzug* ist eine Korrosionsschutzschicht, die durch Anreicherung eindiffundierter Metalle oder Nichtmetalle an der Oberfläche des zu schützenden Metalls hergestellt wird. In Grenzfällen gibt es gleitende Übergänge zwischen Umwandlungs- und Diffusionsüberzügen.

7.3.1.2 Verfahren des passiven Korrosionsschutzes

Überzüge

Metallische Überzüge

Die Mehrzahl dieser Überzüge wird entweder durch Schmelztauchen (Feuermetallisierung), durch elektrolytische Abscheidung, durch Metallspritzen oder durch Plattieren erzeugt. Daneben gibt es auch noch andere Verfahren, deren Einsatz in der Praxis von untergeordneter Bedeutung ist. Eine Übersicht der wichtigsten Verfahren zeigt Tabelle 7.2.

Die metallischen Überzüge haben für den Korrosionsschutz eine große Bedeutung, weil sie die Forderung nach guter mechanischer Festigkeit bei ausreichender Formbarkeit in weiten Temperaturbereichen erfüllen. Entscheidend für die Art der Schutzwirkungen ist das unterschiedliche elektrochemische Verhalten von Überzug und Grundwerkstoff. Man unterscheidet darin katodische und anodische Überzüge.

Katodische Überzüge

Hier ist der Überzug edler als der Grundstoff, und der Korrosionsstrom ist dabei so gerichtet, daß er bei Verletzung der Schutzschicht den Angriff auf den Grundwerkstoff verstärken kann. Es ist deshalb ein unbedingter Korrosionsschutz nur gewährleistet, wenn die Schicht möglichst porenfrei ist und unverletzt bleibt. Da sich vollkommen porenfreie Schichten praktisch nicht reali-

Tabelle 7.2 Metallische Überzüge

Art des Überzuges	Kurzbeschreibung des Verfahrens
Elektrolytisch abgeschiedener Metallüberzug (galvanischer Überzug)	Überzug wird durch katodische Metallabscheidung aus einer Elektrolytlösung hergestellt
Überzug duch elektrochemische Reaktion mit dem Werkstoff	Überzug entsteht durch Reaktion des Werkstoffs mit Kationen einer Elektrolytlösung ohne Anwendung von Elektrolytströmen, auch als Zementation bezeichnet
Schmelztauchüberzug	Die zu schützende Metalloberfläche wird in die Schmelze eines Metalles oder einer Metall-Legierung getaucht; zu den Verfahren gehören Feuerverzinken, Feuerverzinnen, Feuerverbleien und Feueraluminieren
Überzug durch thermisches Spritzen	auf die zu schützende Metalloberfläche wird das geschmolzene Überzugsmetall aufgespritzt; zu den Verfahren gehören Drahtflammenspritzen, Pulverflammspritzen, Lichtbogenspritzen und Plasmaspritzen
Überzug durch Plattieren	auf die zu schützende Metalloberfläche wird das Überzugsmetall aufplattiert (kalt verschweißt) oder aufgeschweißt; zu den Verfahren gehören Gußplattieren, Walzplattieren und Schweißplatieren

sieren lassen, müssen Zahl und Größe der Poren durch eine Vergrößerung der Schichtdicke so klein wie möglich gehalten werden. Oft werden auch vorhandene Poren nachträglich mit organischen oder metallischen Medien gefüllt. Als Beispiel für katodische Überzüge soll verzinntes Eisen (Weißblech) genannt werden.

7

Anodische Überzüge

Bei diesen Schichten fließt der Korrosionsstrom vom unedleren Überzug zum Grundwerkstoff, wodurch dieser katodisch geschützt wird. Als Beispiel soll verzinktes Eisen dienen. Solange dieser Strom fließt und die Schicht mit dem Grundwerkstoff elektrisch leitend verbunden ist, findet keine Korrosion am Grundwerkstoff, sondern am Überzug statt. Die Anforderungen an den Grad der Porigkeit einer anodischen Schicht sind deshalb nicht so hoch. Selbstverständlich bleibt dieser katodische Schutz des Grundwerkstoffes um so länger erhalten, je dicker die Schutzschicht ist.

Die Größe der freien Fläche des Grundwerkstoffes, die dadurch geschützt werden kann, hängt von der Leitfähigkeit des Mediums ab. Enthält z. B. ein verzinktes Stahlblech eine Defektstelle von mehreren Millimetern Länge, so wird im weichen Wasser (geringe Elektrolytkonzentration) in der Mitte der Defektstelle schon Rost entstehen, wogegen im Seewasser eine Defektstelle von mehreren Zentimetern blank bleibt. Das ergibt sich daraus, daß für den katodischen Schutz eine bestimmte Stromdichte an der Katode erforderlich ist, die in Medien hoher Leitfähigkeit noch in relativ großer Entfernung von der Anode vorhanden ist, während sie bei geringer Leitfähigkeit mit wachsendem Abstand von der Anode stark abnimmt und diesen erforderlichen Schutzwert unterschreitet.

Die Fälle sind vereinfacht dargestellt und nur auf die reine Stoffkombination bezogen. In der Praxis führen gegebene Korrosionsbedingungen zur Ausbildung von katodisch oder anodisch wirksamen Schutzschichten, die prinzipiell den geschilderten Fällen, aber in der Potentialausbildung nicht immer dem nach der Spannungsreihe erwarteten Verlauf entsprechen.

Umwandlungsüberzüge

Diese Überzüge erhält man durch gelenkte Oberflächenreaktionen (oxidierende Behandlung) des Werkstoffs oder durch Einbrennen von anorganischen Suspensionen zum Email-Überzug. Eine Übersicht der wichtigsten Verfahren zeigt Tabelle 7.3.

Tabelle 7.3 Umwandlungsüberzüge

Art des Überzuges	Kurzbeschreibung des Verfahrens
Email-Überzug	zur Herstellung werden wäßrige Suspensionen der Email-Komponenten (Schlicker) aufgebracht und bei hohen Temperaturen eingebrannt; es entstehen glasartige Überzüge auf einem oxidischen Umwandlungsüberzug
Thermisch erzeugter oxidischer Überzug	in alkalischen Salzlösungen erzeugt man auf Stahloberflächen dunkelbraune bis schwarze Oxidüberzüge; wird auch als Brünieren bezeichnet
Elektrochemisch erzeugter oxidischer Überzug	in Elektrolytlösungen entstehen elektrochemisch erzeugte oxidische Überzüge; sie können farbig sein oder es wird eingefärbt; das Verfahren wird als Anodisieren bezeichnet; Anwendung besonders für Aluminium und Al-Legierungen, aber auch für Titan und Magnesium geeignet

Beschichtungen

Man unterscheidet hier organische Beschichtung, anorganische Beschichtung und Beschichtung durch Aufdampfen. Eine Übersicht zeigt Tabelle 7.4. Die größte Bedeutung haben die organischen Beschichtungen.

Tabelle 7.4 Umwandlungsüberzüge

Art der Beschichtung	Kurzbeschreibung des Verfahrens
Organische Beschichtung	Beschichtungsstoffe aus Pigmenten, Füllstoffen, Lösemitteln und organischen Bindemitteln werden auf die Metalloberfläche aufgebracht; zu diesen Beschichtungen gehören auch dickschichtige Systeme aus bituminösen Stoffen, Kunststoffen und Gummi
Anorganische Beschichtung Zementmörtel-Beschichtung	wäßriger Zementfrischmörtel wird auf die zu schützende Metalloberfläche gebracht und erhärtet unter Abbindung von Wasser
Beschichtung durch Aufdampfen	durch Kondensation des im Vakuum verdampften nichtmetallischen Beschichtungsstoffes oder durch eine oberflächenkatalytische chemische Reaktion mit gasförmigen Verbindungen des Beschichtungsstoffes wird auf der zu schützenden Metalloberfläche eine Beschichtung hergestellt; das Kondensationsverfahren wird auch als PVD-Verfahren und das chemische Verfahren als CVD-Verfahren bezeichnet

Zu dieser Gruppe gehören die Anstrichstoffe, wie Farben und Lacke, die als Suspensionen von unlöslichen Pigmentteilchen in einem homogenen organischen Bindemittel aufzufassen sind. Daneben enthalten sie entsprechend den Anforderungen der Praxis Hilfsstoffe, wie Härter, Stabilisatoren, Weichmacher und Lösungsmittel. Sie stellen damit ein komplex aufgebautes Stoffsystem dar, bei dem das Bindemittel die eigenschaftsbestimmende Komponente ist.

7

Daneben gibt es Kunststoffübergänge, die ohne Vermittlung von Lösungsmittel aufgetragen werden. Dazu zählen verschiedene Hochpolymere, wie z. B. Polyamid, Polyethylen und Epoxidharze. Das Auftragen erfolgt durch Wirbelsintern, Elektrostatik- und Elektrokinetikverfahren. Entsprechend dem Anliegen einer korrosionsschützenden Wirkung sollen diese organischen Beschichtungen neben den eingangs genannten Bedingungen folgende Anforderungen erfüllen:

• hohe Lebensdauer bei geringen Kosten

- die im Grundüberzug enthaltenen Pigmente sollen eine gewisse Inhibitorwirkung haben
- geringe Dampfdurchlässigkeit (porenarme Schichten).

Sehr gute korrosionsinhibierende Pigmente sind Bleimennige (Pb_3O_4) und Zinkchromat ($ZnCrO_4$), die deshalb in großen Mengen als Rostschutzfarbe für den Stahlgrundanstrich verwendet werden. Poren und Defekte werden besonders durch mehrschichtige Überzüge mit guter Haftfestigkeit und blättchenförmigen Pigmenten, die parallel zur Werkstoffoberfläche orientiert sind, vermieden. Die Geschwindigkeit bei der Zerstörung eines Anstriches hängt von äußeren Faktoren, wie Menge der atmosphärischen Verunreinigungen, Feuchtigkeitseinfluß, Sonneneinstrahlungsdauer und -intensität, und von inneren Faktoren, wie Bindemitteltyp, Pigment der Deckschicht u. a., ab. So sind Leinöle und ähnliche Bindemittel nicht alkalibeständig und werden bei Angriff verseift (alkalische Erweichung).

7.3.2   Aktiver Korrosionsschutz

7.3.2.1   Aktiver Korrosionsschutz durch Veränderungen am Werkstoff

Hier wird die Besonderheit ausgenutzt, daß sich die Passivität bestimmter Metalle, z. B. beim Chrom, auf Legierungen übertragen läßt, wenn der Legierungsanteil einen bestimmten Grenzwert überschreitet. So zeigen Fe-Cr-Legierungen, die mindestens 12 % Cr (Resistenzgrenze) enthalten, eine sprunghafte Veränderung im Korrosionsverhalten und gehören in die Gruppe der rost- und säurebeständigen Stähle. Meist weisen diese Stähle niedrige Kohlenstoffgehalte und mehrere Legierungselemente auf, z. B. der rostund säurebeständige Stahl X 10 CrNi 18-10 enthält 0,1 % C, 18 % Cr und 10 % Ni. Weitere Beispiele sind die Erhöhung der Korrosionsbeständigkeit von Baustählen durch geringe Kupferanteile (0,2 ... 0,5 % Cu), und die Verbesserung der Zunderbeständigkeit von Gußeisen durch Si oder Al.

Eine Verbesserung der Korrosionsbeständigkeit kann bei bestimmten Werkstoffen auch durch eine Wärmebehandlung erreicht werden, denn durch die Ausbildung eines homogenen bzw. spannungsfreien Gefüges wird das Entstehen von Korrosionselementen erschwert und damit die Korrosionsstabilität erhöht.

Die Veränderung des Oberflächenzustandes beeinflußt ebenfalls den Korrosionsablauf, denn die Bildung von Korrosionselementen ist bei glatten Oberflächen schwerer möglich als bei stark aufgerauhten. Jede Verbesserung der Oberflächengüte wirkt sich somit günstig auf die Korrosionsbeständigkeit aus. Einen erheblichen Einfluß auf die Senkung der Korrosionsverluste haben nicht zuletzt alle Maßnahmen eines korrosionsschutzgerechten Konstruierens und Werkstoffeinsatzes. Dazu gehören unter anderem eine Minimierung der zu schützenden Oberflächen und eine sinnvolle Anordnung der Bauteile, um die Einwirkung korrodierender Medien herabzusetzen.

7.3.2.2 Aktiver Korrosionsschutz durch Beeinflussung der Angriffsbedingungen

Hier zielen die Maßnahmen häufig darauf hin, die Bedingungen so zu wählen, daß niedrige Korrosionsgeschwindigkeiten auftreten. Dabei spielen Druck und Temperatur eine besondere Rolle. So haben höhere Drücke bei Sauerstoffkorrosion einen erhöhten Angriff zur Folge. Eine Erhöhung der Wassertemperaturen auf etwa 80 °C führt z. B. bei Zink zur verstärkten Korrosion, da die hier gebildeten Korrosionsschichten keine Schutzwirkung aufweisen.

Eine zweckmäßige Anpassung von Druck und Temperatur erhöht somit die Korrosionsbeständigkeit der Werkstoffe. Die wichtigste Art dieser Schutzmaßnahmen ist aber die elektrochemische Beeinflussung, die als katodischer oder anodischer Schutz angewandt werden kann.

Katodischer Schutz

Hier wird durch geeignete Maßnahmen erreicht, daß der zu schützende Werkstoff bis zum Ruhepotential der Anode katodisch polarisiert wird, d. h., die gesamte Werkstoffoberfläche hat das gleiche Potential, es fließt zwischen anodischen und katodischen Bereichen auf der Oberfläche kein Korrosionsstrom mehr, und dadurch treten keine Metallionen in den Elektrolyten über.

Die Schutzwirkung wird bestimmt durch das Schutzpotential, d. h. durch das eine Metallauflösung verhindernde Mindestpotential, und durch die Schutzstromdichte, d. h. durch den zur Erreichung des Schutzpotentials erforderlichen Strom. Beide Größen sind abhängig von der Stellung der metallischen Werkstoffkomponente des zu schützenden Objektes in der Spannungsreihe und vom Medium (Elektrolyten), in dem sich das Objekt befindet, z. B. Sandboden, salzhaltiger Boden oder Meereswasser.

Diese Verfahren dienen zum Schutz von metallischen Konstruktionen, die in Wasser, Erde oder korrodierenden Elektrolyten verlegt sind, z. B. erdverlegte Rohre und Kabel. Sie werden aber auch bei Schiffen und Hafenanlagen (Spundwände) sowie in der chemischen Industrie mit Erfolg eingesetzt.

Nach der Art des erzeugten Schutzstromes unterscheidet man katodischen Schutz durch *Opferanoden* und katodischen Schutz mit *Fremdstrom*.

Bei der ersten Art erzielt man die Schutzwirkung dadurch, daß zwischen Objekt und einer eingebrachten Opferanode durch eine leitende Verbindung ein galvanisches Element gebildet wird, bei dem die unedlere Opferanode korrodiert und damit verbraucht, „geopfert", und das Objekt als Katode vor der Zerstörung bewahrt wird. Als Anodenmaterial, das in spezielle Bettungsmassen verlegt wird, eignet sich im Prinzip jedes Metall, das unedler als das Metall des Schutzobjektes ist. In der Praxis werden meist Mg, Mg-Legierungen, in geringem Maße Zn und Al verwendet, siehe Bild 7.5.

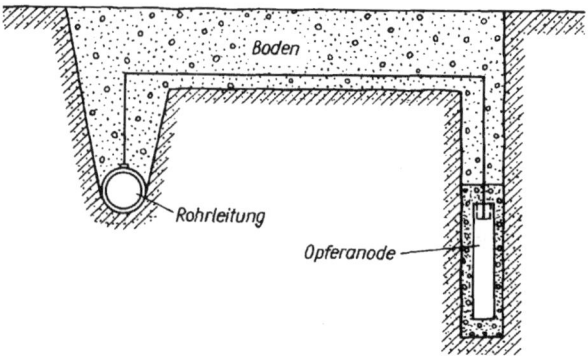

Bild 7.5 Darstellung eines durch Opferanode geschützten Rohres

Beim katodischen Schutz mit Fremdstrom liefert eine Gleichstromquelle, meist ein Wechselstrom gespeister Gleichrichter, den notwendigen Schutzstrom, der im ersten Fall durch die chemische Reaktion an der Opferelektrode erzeugt wurde. Dazu ist eine Hilfselektrode (Anode) nötig, die gewöhnlich aus Eisen oder Graphit besteht und in einiger Entfernung vom Schutzobjekt angebracht ist. Verbindet man den Pluspol der Gleichstromquelle mit der Hilfselektrode und den Minuspol mit dem zu schützenden Objekt, dann fließt ein Strom von der Hilfselektrode durch den Elektrolyten zum Objekt. Die angewandte Spannung muß gewährleisten, daß eine ausreichende Stromdichte an allen Teilen des zu schützenden Objektes vorhanden ist. Dieses Verfahren gestattet Korrekturen des Einspeisepotentials, wenn sie durch jahreszeitlich bedingte Änderung der Elektrolytfähigkeit notwendig werden könnten, siehe Bild 7.6.

Anodischer Schutz

Von einem anodischen Schutz spricht man, wenn geeignete Metalle, wie Fe, mit Hilfe einer äußeren Spannungsquelle durch einen aufgeprägten Strom so anodisch polarisiert werden, daß das Potential des Metalls in den Passivbereich verschoben wird. Im Gegensatz zum katodischen Schutz wird hier die Korrosionsgeschwindigkeit nur erniedrigt und nicht wie dort auf den Wert Null re-

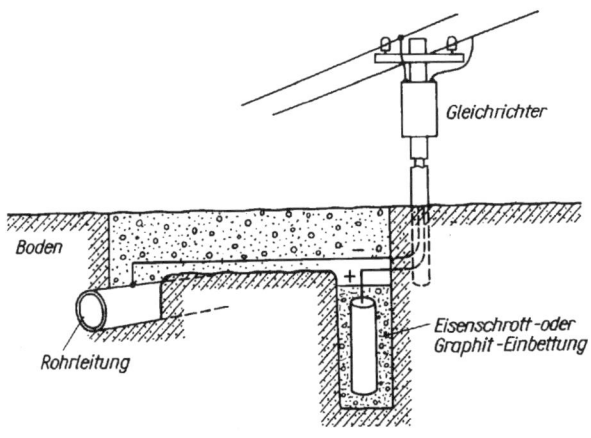

Bild 7.6 *Darstellung eines durch Fremdstrom geschützten Rohres*

duziert. Diese Methode läßt sich nicht auf die unpassivierbaren Metalle wie Cu, Mg anwenden. Die benötigten Stromdichten sind gewöhnlich viel niedriger als beim katodischen Schutz. Gegenüber diesem hat der anodische Schutz eine höhere Streukraft, die sich z. B. durch eine Schutzwirkung an elektrisch abgeschirmten Flächen auswirkt. Die Methode wird besonders zum Korrosionsschutz von Lagerbehältern, die starke Elektrolyte enthalten, angewandt. So können die Korrosionsverluste von $200 \dots 300 \; \mathrm{g \cdot m^{-2}}$ auf Werte unter $1 \; \mathrm{g \cdot m^{-2}}$ erniedrigt werden. Bei Anwesenheit von Chloridionen versagt bei Stählen diese Methode, da diese Ionen die Passivität von Eisen aufheben. Dagegen kann Titan, das in Gegenwart von Chloridionen passiv bleibt, anodisch geschützt werden und widersteht z. B. damit dem Angriff von Salzsäure.

7.3.2.3 Aktiver Korrosionsschutz durch Maßnahmen am angreifenden Medium

Eine naheliegende Maßnahme ist hier zunächst die Beseitigung bzw. Verringerung der korrodierenden Stoffe, wie O_2, H^+ u. a., die im vollen Umfang nur in den Fällen möglich wird, bei denen abgeschlossene Systeme vorliegen. Das gilt z. B. für den Kreislauf des Kesselspeisewassers von Hochdruckdampferzeugern (Entfernen von O_2, CO_2 u. a.).

Eine andere Möglichkeit, die verbreitet Anwendung findet, ist die Verwendung von Stoffen, sogenannten *Inhibitoren*, die dem korrodierenden Medium in geringen Mengen zugesetzt werden, aus diesem heraus wirken und die Korrosionsgeschwindigkeit wesentlich herabsetzen. Solche Stoffe müssen im Korrosionsmittel löslich sein, in geringen Mengen große Wirkung erzielen, eine hohe Lebensdauer haben und keine nachteilige Beeinflussung der Werkstoffeigenschaften bewirken.

Es werden verschiedene Arten von Inhibitoren benutzt. Nach ihrer Wirkungsweise unterscheidet man zwischen *physikalischen* und *chemischen Inhibitoren*. Zu der ersten Gruppe gehören die *Beizinhibitoren*, die sauren Lösungen (Beiz- und Ätzlösungen) zugegeben werden. Sie dienen neben dem Schutz des Grundmetalls zur Einsparung von Säure (*Sparbeize*); sie schränken die Wasserstoffentwicklung stark ein und vermeiden damit eine Veränderung der mechanischen Eigenschaften durch Auftreten von Beizsprödigkeit. Zur zweiten Gruppe gehören die *Passivatoren*. Das sind meist anorganische oxidierende Substanzen, z. B. Chromate, die das Metall unter Herausbildung von zusammenhängenden, dünnen Schutzschichten passivieren und damit die Korrosion vermindern.

Solche Stoffe werden in Kühlwasserkreisläufen zugesetzt, z. B. bei Verbrennungsmotoren oder als Zusatz zur Bohr- oder Schleifflüssigkeit bei der Metallbearbeitung.

Schließlich ist noch die Gruppe der *Destimulatoren* zu erwähnen, die auch zu den chemischen Inhibitoren gehören. Sie wirken den Stimulatoren, d. h. den Anregern bzw. den Beschleunigern der Korrosion, entgegen, indem sie durch chemische Reaktionen korrodierende Stoffe, wie O_2, CO_2 beseitigen. In diesem Fall tritt der aktive Korrosionsschutz, d. h., vom angreifenden Mittel durch Beseitigen der stimulierenden Bestandteile ausgehend, am deutlichsten hervor. Zu diesen Destimulatoren gehören Reduktionsmittel, wie *Hydrazin* und Na_2SO_3, die im Kesselspeisewasser den Sauerstoff binden, und das für Verpackungszwecke geeignete *Leukorrosin*, das auf der Innenseite von Verpackungsstoffen, z. B. Papier, aufgebracht wird und dessen Außenseite eine Dampfsperre hat.

7.4   Korrosionsprüfungen

Korrosionsprüfungen sind Verfahren, bei denen Parameter und Eigenschaften ermittelt werden, die durch konkrete Bedingungen Veränderungen unterliegen oder auf den Korrosionsverlauf einen Einfluß ausüben. Sie dienen zur Ermittlung der Einsatzfähigkeit von Werkstoffen unter den in der Praxis bestehenden Bedingungen.

Dieses Ziel läßt sich nur durch langfristige Korrosionsversuche (Langzeitkorrosionsversuche) erreichen, bei denen die Versuchszeit so bemessen ist, daß man mit erhöhter Sicherheit aus dem Ergebnis Schlußfolgerungen z. B. auf die Lebensdauer ziehen kann.

Zu dieser Versuchsgruppe gehören der Bewitterungsversuch, der Bodenkorrosionsversuch und der Betriebskorrosionsversuch, bei dem z. B. durch Einbau von Proben in Rohrleitungen diese den im praktischen Betrieb auftretenden Angriffsbedingungen ausgesetzt werden.

Da es aber oft notwendig ist, die Prüfzeiten wesentlich zu verkürzen, werden Laboratoriumsversuche durchgeführt, bei denen die Korrosionsgeschwindigkeit durch quantitative Verstärkung der meist künstlich geschaffenen Angriffsbedingungen erhöht wird (Kurzzeitkorrosionsversuche).

Sollen die Schlußfolgerungen auf das Verhalten in der Praxis die gleiche Aussagekraft behalten, darf sich der Mechanismus des Korrosionsablaufes durch die Verstärkung des Angriffs nicht grundlegend ändern.

Zu dieser Versuchsgruppe gehören der Feuchtlagerversuch, der Sprühversuch und der Wechseltauchversuch.

Als besondere Verfahren gelten die Methoden, bei denen die Neigung der Werkstoffe zu interkristalliner Korrosion bzw. Spannungsrißkorrosion festgestellt wird. Dazu zählen die Schlaufenprobe, die zur Prüfung von Messung auf Spannungsrißkorrosion in Anwesenheit von Ammoniak benutzt wird, und der *Strauss*-Test, der eine Prüfung der Anfälligkeit von bestimmten Stählen für interkristalline Korrosion ist. Als Prüfmittel wird dabei eine Kupfersulfat-Schwefelsäure-Lösung mit Zusatz von Kupferspänen benutzt, in der die Probe am Rückflußkühler gekocht wird. Besonders anfällig zeigen sich dabei austenitische Cr-Ni-Stähle nach einer ungeeigneten Wärmebehandlung.

Die Auswertung von Korrosionsversuchen erfolgt bei gleichförmigem Angriff über die Ermittlung von Masseveränderungen bzw. über die Bestimmung der im Verlauf des Vorgangs frei werdenden oder verbrauchten Gasmengen.

Bei ungleichförmigem Angriff wird auch die Veränderung mechanischer oder physikalischer Eigenschaften zur Auswertung benutzt. So können z. B. korrosionsgefährdete Anlagen mit Ultraschall auf Veränderungen geprüft werden.

7

7.5 Literatur- und Quellenverzeichnis

[1] DIN-Taschenbuch 219: Korrosion und Korrosionsschutz. – Berlin: Beuth-Verlag, 1995

[2] *Peters, U.*: Korrosionsschutz durch organische Beschichtung. – München: Carl Hanser Verlag, 1994

[3] *Gelling, P. J.*: Korrosion und Korrosionsschutz von Metallen. – München: Carl Hanser Verlag, 1981

[4] *Kaesche, H.*: Die Korrosion der Metalle. – Berlin; Heidelberg; New York: Springer-Verlag, 1990

[5] *Schatt, W.*: Einführung in die Werkstoffwissenschaften. – Leipzig: Deutscher Verlag für Grundstoffindustrie, 1991

8 Zusammenstellung von Normen

Die nachstehende Auflistung soll dem Leser einen schnellen Überblick über die gegenwärtig für die hier besprochenen Werkstoffgruppen gültigen Normen (DIN; DIN EN; DIN EN ISO und Euronormen) verschaffen. Die hier genannten Normen sind nach Werkstoffgruppen geordnet, wobei jedoch das Vollständigkeitsprinzip nicht gewahrt werden kann, zumal die Angleichung bzw. Harmonisierung internationaler Normen zu einheitlichen europäischen Normen noch in vollem Gange ist.

Die hier aufgeführten Normen beziehen sich, mit Ausnahme der Prüfnormen, im wesentlichen auf die technischen Lieferbedingungen, die Zusammensetzung und Bezeichnungen der betreffenden Werkstoffe. Normen, die speziell Maßangaben, Grenzabmaße, Form und Massetoleranzen u. ä. zum Inhalt haben, werden nicht gesondert ausgewiesen. Diese Normen werden gewöhnlich in den technischen Lieferbedingungen der jeweiligen Werkstoffe bzw. -gruppen angegeben.

Für undatierte Normen gelten stets die neuesten Ausgaben.

Normen für Eisenwerkstoffe (Knetlegierungen)

DIN EN 10 020	(9/89, E8/97)	Begriffsbestimmung für die Einteilung der Stähle
DIN EN 10 021	(12/93)	Allgemeine technische Lieferbedingungen für Stahl und Stahlerzeugnisse
DIN EN 10 025	(3/94, E4/98)	Warmgewalzte Erzeugnisse aus unlegierten Baustählen
DIN EN 10 027-1	(9/92)	Bezeichnungssysteme für die Einteilung der Stähle
DIN EN 10 027-2	(9/92)	Werkstoffnummernsystem
DIN EN 10 028-1	(4/93, E4/96)	Flacherzeugnisse aus Druckbehälterstählen
DIN EN 10 028-2	(4/93, E4/96)	Unlegierte und legierte warmfeste Stähle
DIN EN 10 029	(10/91)	Flacherzeugnisse; Stahlblech ab 3 mm Dicke
DIN EN 10 051		Kontinuierlich warmgewalztes Blech und Band ohne Überzug aus unlegierten und legierten Stählen

DIN EN 10 052	(1/94)	Begriffe der Wärmebehandlung von Eisenwerkstoffen
DIN EN 10 079	(2/93)	Begriffsbestimmung für Stahlerzeugnisse
DIN EN 10 080	(8/95)	Schweißgeeigneter gerippter Betonstahl
DIN EN 10 083	(2/96, 10/96)	Vergütungsstähle; Edelstähle (T.1); Unlegierte Qualitätsstähle (T.2); Borstähle (T.3)
DIN EN 10 084	(2/95, 6/98)	Einsatzstähle
DIN EN 10 085 E	(11/98)	Nitrierstähle
DIN EN ISO 10 087	(1/99)	Automatenstähle
DIN EN 10 088	(8/95)	Nichtrostende Stähle
DIN EN 10 089	(4/99)	Warmgewalzte Stähle für vergütbare Federn
DIN EN 10 095 E	(12/95)	Hitzebeständige Stähle
DIN EN 10 113	(4/93)	Warmgewalzte Erzeugnisse aus schweißgeeigneten Feinkornbaustählen
DIN EN 10 130	(10/91)	Kaltgewalzte Flacherzeugnisse aus weichen Stählen zum Kaltumformen
pr DIN EN 10 132	(5/97)	Kaltband aus Stahl für eine Wärmebehandlung
DIN EN 10 142	(8/95)	Kaltgewalzte verzinkte Bleche
DIN EN 10 149	(11/95)	Kaltgewalzte Flacherzeugnisse aus Stählen mit hoher Streckgrenze zum Kaltumformen
DIN EN 10 155	(8/93)	Wetterfeste Baustähle
DIN EN 10 164 E	(8/93)	Stahlerzeugnisse mit verbesserten Verformungseigenschaften
DIN EN 10 222		Schmiedestücke aus Stahl für Druckbehälter
DIN EN 10 263	(11/97)	Walzdraht, Stäbe und Draht aus Kaltstauch- und Kaltfließpreßstählen
DIN EN 10 277	(10/96)	Blankstahlerzeugnisse
DIN EN ISO 4957	(7/97)	Werkzeugstähle
DIN 17 440	(9/96)	Nichtrostende Stähle

8

DIN 17 459	(9/92)	Nahtlose Rohre aus austenitischem Stahl

Euronormen für Stahlerzeugnisse

Euronorm 17	Walzdraht aus üblichen unlegierten Stählen zum Ziehen
Euronorm 58	Warmgewalzter Flachstahl für allgemeine Verwendung
Euronorm 59	Warmgewalzter Vierkantstahl für allgemeine Verwendung
Euronorm 60	Warmgewalzter Rundstahl für allgemeine Verwendung
Euronorm 61	Warmgewalzter Sechskantstahl
Euronorm 65	Warmgewalzter Rundstahl für Schrauben und Niete
Euronorm 85	Nitrierstähle
Euronorm 86	Stähle für Flamm- und Induktionshärten
Euronorm 89	Legierte Stähle für warmgeformte vergütbare Federn
Euronorm 91	Warmgewalzter Breitflachstahl
Euronorm 95	Hitzebeständige Stähle
Euronorm 106	Kaltgewalztes nichtkornorientiertes Elektroblech und -band
Euronorm 108	Runder Walzdraht aus Stahl für kaltgeformte Schrauben
Euronorm 119	Kaltstauch- und Kaltfließpreßstähle
Euronorm 120	Blech und Band für geschweißte Gasflaschen
Euronorm 126	Kaltgewalztes nicht schlußgeglühtes Elektroband
Euronorm 132	Kaltgewalzte Stahlbänder für Federn
Euronorm 139	Kaltband ohne Überzug in Walzbreiten unter 600 mm aus weichen unlegierten Stählen für Kaltumformung
Euronorm 144	Runder Walzdraht aus nichtrostendem und hitzebeständigem Stahl zur Herstellung von Schweißzusätzen
Euronorm 151-1/2	Federdraht und -band aus nichtrostenden Stählen
Euronorm 162	Kaltprofile

Normen für Eisen-Gußwerkstoffe

DIN EN 598	(11/94)	Rohe Formstücke aus duktilem Gußeisen
DIN EN 1559	(8/97)	Gießereiwesen, technische Lieferbedingungen
DIN EN 1560	(8/97)	Bezeichnungssystem für Gußeisen
DIN EN 1561	(8/97)	Gußeisen mit Lamellengraphit

DIN EN 1562	(8/97)	Temperguß
DIN EN 1563	(8/97)	Gußeisen mit Kugelgraphit
DIN EN 1564	(8/97)	Bainitisches Gußeisen
DIN EN 10 213	(1/96)	Stahlguß für Druckbehälter
DIN EN 12 513 E	(11/96)	Verschleißfestes Gußeisen
DIN 17 182	(5/92)	Stahlguß mit verbesserter Schweißeignung
DIN 17 205	(4/92)	Vergütungsstahlguß
DIN 17 445 E	(4/96)	Korrosionsbeständiger Stahlguß
DIN 17 465 E	(4/96)	Hitzebeständiger Stahlguß

Werkstoff-Prüfnormen

DIN EN 10 002	Metallische Werkstoffe, Zugversuch
DIN EN 10 003	Härteprüfung nach BRINELL
DIN EN 10 045	Kerbschlagbiegeversuch nach CHARPY
DIN EN 10 109	Härteprüfung: ROCKWELL-Verfahren
DIN EN 10 163	Lieferbedingungen für die Oberflächenbeschaffenheit von warmgewalzten Stahlerzeugnissen
DIN EN 10 204	Arten von Prüfbescheinigungen
DIN EN 10 221	Oberflächengüteklassen für warmgewalzten Stabstahl und Walzdraht
DIN EN 12 680	Gießereiwesen: Ultraschallprüfung
DIN 50 049	Arten von Prüfbescheinigungen
DIN 50 133	Härteprüfung nach BRINELL
DIN 50 191	Stirnabschreckversuch nach JOMINY
DIN 50 192	Ermittlung der Entkohlungstiefe
DIN 50 601	Mikroskopische Ermittlung der Ferrit- oder Austenitkorngröße
DIN 50 602	Mikroskopische Prüfung von Edelstählen auf nichtmetallische Einschlüsse mit Bildreihen
DIN 50 914	Prüfung nichtrostender Stähle auf Beständigkeit gegen interkristalline Korrosion; Kupfersulfat-Schwefelsäure-Verfahren, STRAUSS-Test
Euronorm 5	Härteprüfung nach VICKERS
Euronorm 18	Entnahme und Vorbereitung von Probenabschnitten und Proben aus Stahl und Stahlerzeugnissen
Euronorm 23	Stirnabschreckversuch nach JOMINY

8

Euronorm 103	Mikroskopische Ermittlung der Ferrit- oder Austenitkorngröße
Euronorm 104	Ermittlung der Entkohlungstiefe von unlegierten und niedriglegierten Baustählen
Euronorm 114	Prüfung nichtrostender Stähle auf Beständigkeit gegen interkristalline Korrosion; Kupfersulfat-Schwefelsäure-Verfahren, STRAUSS-Test
Euronorm 168	Inhalt von Bescheinigungen über Werkstoffprüfungen für Stahlerzeugnisse
DIN EN ISO 945	Gußeisen: Bestimmung der Mikrostruktur von Graphit

Normen für Nichteisenmetalle

DIN EN 485-1, -3, -4	(1/94)	Al und Al-Legierungen
-2	(3/95)	
DIN EN 486	(2/94)	Al und Al-Legierungen, Preßbarren
DIN EN 487	(2/94)	Al und Al-Legierungen, Walzbarren
DIN EN 515	(12/93)	Al und Al-Legierungen
DIN EN 541	(4/95)	Al und Al-Legierungen, Walzerzeugnisse für Dosen
DIN EN 546-1 . . . 3	(8/96)	Al und Al-Legierungen, Folien
-4	(11/97)	
DIN EN 573	(12/94)	Al und Al-Legierungen, Halbzeug
DIN EN 602	(2/95)	Al und Al-Legierungen, Kneterzeugnisse für Lebensmittel
DIN EN 610	(9/95)	Zink und Zinklegierungen in Masseln
DIN EN 611-1	(9/95)	Zinn und Zinnlegierungen
-2	(8/96)	
DIN EN 683-1	(9/95)	Al und Al-Legierungen, Vormaterial für Wärmeaustauscher
-2, -3	(11/96)	
DIN EN 754-1, -2	(8/97)	Gezogene Stangen und Rohre aus Al und Al-Legierungen
-3 . . . -6	(1/96)	
-7 E	(11/95)	
-8	(10/98)	
DIN EN 988	(8/96)	Zink und Zinklegierungen (Titanzink), Anforderungen an gewalzte Flacherzeugnisse für das Bauwesen
DIN EN 1173	(12/95)	Cu und Cu-Legierungen, Zustandsbezeichnungen

DIN EN 1179	(3/96)	Primär-Zink
DIN EN 1412	(12/95)	Cu und Cu-Legierungen, Europäisches Werkstoffnummernsystem
DIN EN 1652	(3/98)	Cu und Cu-Legierungen, Platten, Bleche
DIN EN 1653	(3/98)	Cu und Cu-Legierungen für Kessel und Druckbehälter
DIN EN 1654	(3/98)	Cu und Cu-Legierungen, Federbänder für Blattfedern und Steckverbinder
DIN EN 1706		Al-Gußlegierungen
DIN EN 1719 E		Hüttenblei (Werkblei)
DIN EN 1774		Zink und Zink-Legierungen, Gußlegierungen in Blockform und flüssiger Form
DIN EN 1780-1	(2/97)	Al und Al-Legierungen, numerisches System
DIN EN 1780-2	(2/97)	Al-und Al-Legierungen, Bezeichnungssystem mit chemischen Symbolen
DIN EN 1780-3	(2/97)	Al und Al-Legierungen, Schreibregeln für die chemische Zusammensetzung
DIN EN 1981	(8/98)	Cu und Cu-Legierungen, Vorlegierungen
DIN EN 2004-1	(9/93)	Al-Knetlegierungen, Bestimmung der elektrischen Leitfähigkeit
DIN EN ISO 2624	(8/95)	Cu und Cu-Legierungen, Bestimmung der mittleren Korngröße
DIN EN ISO 3677	(1995)	Zusätze zum Weich-, Hart- und Fugenlöten
DIN EN 12 019		Zink und Zinklegierungen, Analysenverfahren durch optische Emissionsspektrometrie
pr DIN EN 12 164		Cu und Cu-Legierungen, Stangen für die spanende Bearbeitung
pr DIN EN 12 168		Cu und Cu-Legierungen, Hohlstangen für die spanende Bearbeitung
DIN EN 12 258	(9/98)	Al und Al-Legierungen, Begriffe und Definitionen
DIN EN 12 844	(1/99)	Zink und Zink-Legierungen, Gußstücke, Spezifikationen
DIN EN 29 453	(1993)	Weichlote, chemische Zusammensetzung und Lieferformen

8

E DIN 1707-100	(8/97)	Weichlote, chemische Zusammensetzung
DIN 1729		Magnesium-Werkstoffe
DIN 17 600-1 ... 14	(7/87)	Nichteisenmetalle, Begriffe
DIN 17 640		Hartblei
DIN 17 660	(12/83)	Cu-Zn-Legierungen
DIN 17 662	(12/83)	Cu-Sn-Legierungen
DIN 17 663	(12/83)	Ni-Cu-Zn-Legierungen
DIN 17 664	(12/83)	Cu-Ni-Knetlegierungen
DIN 17 665	(12/83)	Cu-Al-Knetlegierungen
DIN 17 666	(12/83)	Niedriglegierte Cu-Knetlegierungen
DIN 17 740 E	(5/98)	Nickel in Halbzeug
DIN 17 741 E	(5/98)	Niedriglegierte Ni-Knetlegierungen
DIN 17 742 E	(5/98)	Ni-Knetlegierungen mit Cr
DIN 17 743 E	(5/98)	Ni-Knetlegierungen mit Cu
DIN 17 744 E	(5/98)	Ni-Knetlegierungen mit Mo und Cr
DIN 17 745	(1/73)	Knetlegierungen aus Ni und Fe
DIN 17 750		Ni und Ni-Legierungen, Bänder, Bleche
DIN 17 751		Ni und Ni-Legierungen, Rohre
DIN 17 752		Ni und Ni-Legierungen, Stangen
DIN 17 753		Ni und Ni-Legierungen, Drähte
DIN 17 754		Ni und Ni-Legierungen, Schmiedestücke
DIN 17 850		Titan
DIN 17 851		Titan-Legierungen
DIN 40 500		Kupfer für die Elektrotechnik
DIN 40 501		Aluminium für die Elektrotechnik

Normen für Kunststoffe, Formmassen und Vorprodukte

Thermoplaste

DIN EN ISO 1874	Polyamide
DIN EN ISO 4613	Polyethylen, E/VA-Copolymere, Polypropylen
DIN 7741	Polystyrol (Polystyren)
DIN 7742	Celluloseester
DIN 7744	Polycarbonat
DIN 7745	Polymethylmethacrylat
DIN 7746	Vinylchlorid-Homo- und Copolymerisate

DIN 7748	PVC-U
DIN 7749	PVC-P
DIN 16771	Styrol-Polymerisate: SB – Styrol-Butadien
DIN 16772	Styrol-Polymerisate: ABS – Acrylnitril-Butadien-Styrol
DIN 16775	Styrol-Polymerisate: SAN – Styrol-Acrylnitril
DIN 16777	Styrol-Polymerisate: ASA – Acrylnitril-Styrol-Acrylat
DIN 16780	Polymergemische
DIN 16781	Polyoximethylen

Duroplastische Formmassen

DIN 7708-2	Phenoplast-Formmassen
DIN 7708-3, -9, -10	Aminoplast-, Aminoplast-Phenoplast-Formmassen
DIN 7708-4	Kaltpreßmassen
DIN 16911	Polyester-Formmassen
DIN 16913	Verstärkte Reaktionsharz-Formmassen
DIN 16916	Phenolharze
DIN 16946	Gießharz-Formstoffe
DIN 16948	Glasfaserverstärkte Formstoffe
ISO 3672	Ungesättigte Polyesterharze
ISO 3673	Epoxidharze

Kunststoff-Prüfnormen

Mechanische Eigenschaften

DIN EN ISO 48 E	(2/98)	Elastomere, Bestimmung der Härte
DIN EN ISO 179	(3/97)	Bestimmung der Biegeeigenschaften
DIN EN ISO 179-2 E	(2/99)	Instrumentierte Schlagzähigkeitsprüfung
DIN EN ISO 180	(3/97)	IZOD-Schlagzähigkeit
DIN EN ISO 527	(4/96 und 7/97)	Zugversuch
DIN EN ISO 604	(2/97)	Bestimmung der Druckeigenschaften
DIN EN ISO 868	(1/98)	Bestimmung der Eindruckhärte mit dem Durometer (Shore)
DIN EN ISO 899	(3/97)	Bestimmung des Kriechverhaltens
DIN EN ISO 2039	(12/96)	Bestimmung der Kugeldruckhärte

8

DIN EN ISO 6721		Bestimmung des Schubmoduls
DIN EN ISO 14 125	(3/95)	Faserverstärkte Kunststoffe, Bestimmung der Biegeeigenschaften
DIN EN ISO 14 126 E	(3/95)	Faserverstärkte Kunststoffe, Bestimmung der Druckeigenschaften parallel zur Faserrichtung
DIN EN ISO 14 129	(2/98)	Faserverstärkte Kunststoffe, Zugversuch
DIN 53 390	(6/88)	Glasfaserverstärkte Kunststoffe, Biegeversuch
DIN 53 435	(7/83)	Biege- und Schlagbiegeversuch an Dynstat-Probekörpern
DIIV 53 479	(7/76)	Bestimmung der Rohdichte
DIN 53 487	(10/75)	Bestimmung der Durchbiegung in Abhängigkeit von der Temperatur
DIN 53 505	(6/87)	Härteprüfung nach SHORE A und D
DIN 53 598	(7/83)	Statistische Auswertung
DIN EN 2561	(11/95)	Luft- und Raumfahrt-GFK, Zugprüfung parallel zur Faserrichtung
DIN EN 2746	(10/98)	Luft- und Raumfahrt-GFK, 3-Punkt-Biegeversuch
DIN EN 2747	(10/98)	Luft- und Raumfahrt-GFK, Zugversuch

Thermische und rheologische Eigenschaften

DIN EN ISO 60	(1/99)	Bestimmung der scheinbaren Dichte von Formmassen (Schüttdichte)
DIN EN ISO 75	(3/96)	Bestimmung der Wärmeformbeständigkeitstemperatur HDT
DIN EN ISO 306	(1/97)	Bestimmung der Wärmeformbeständigkeitstemperatur nach VICAT – VST
DIN EN ISO 1133 E	(1/99)	Schmelzindexbestimmung MFR und MVR
DIN EN ISO 2578	(10/98)	Bestimmung der Zeit-Temperatur-Grenze bei langanhaltender Wärmeeinwirkung
DIN EN ISO 3146	(3/97)	Bestimmung des Schmelzverhaltens von teilkristallinen Polymeren
DIN EN ISO 9773	(5/98)	Bestimmung des Brandverhaltens
DIN EN ISO 10 093	(1/99)	Brandprüfung, Standardzündquelle

DIN EN ISO 11 357	(11/97)	DSC, allgemeine Grundlagen
DIN ISO 433		Schmelz-Masse, Fließrate
DIN ISO 1133	(2/93)	Schmelzindexbestimmung, Verfahren A
DIN 51 004	(6/94)	Differential-Thermoanalyse DTA
DIN 51 005	(8/93)	Thermoanalyse, Begriffe
DIN 51 007	(6/94)	TA-DTA
DIN 53 462	(1/87)	Bestimmung der Wärmeformbeständigkeit nach MARTENS
DIN 53 726	(9/83)	Bestimmung der Viskositätszahl
DIN 53 752	(12/80)	Thermischer Ausdehnungskoeffizient
DIN 53 765	(3/94)	Thermische Analyse von Polymeren
DIN 54 811	(5/84)	Bestimmung des Fließverhaltens von Kunststoffschmelzen mit einem Kapillar-Rheometer

Holz, Werkstoffe aus Holz

DIN 4076 T1	(10/85)	Bemerkungen und Kurzzeichen auf dem Holzgebiet, Holzarten
DIN 68 252	(1/78)	Begriffe für Schnittholz
DIN 68 256	(1/76)	Gütemerkmale von Schnittholz
DIN EN 309	(8/92)	Definition und Klassifizierung von Spanplatten
DIN 68 708	(4/76)	Sperrholz, Begriffe
DIN 52 360 bis DIN 52 368	(4/65) (3/80) (9/84) (3/96)	Prüfung von Holzspanplatten
DIN 68 750 bis DIN 68 755	(4/95)	Holzfaserplattentypen
DIN EN 313 Teil 1 und 2	(4/95) (5/96)	Klassifizierung von Sperrholz
DIN EN 636 Teil 1 bis 3	(2/97)	Anforderungen an Sperrholz
DIN-Taschenbuch 31	1992	Normen über Holz, 6. Auflage, Beuth-Verlag

8

Mörtel und Betone

| DIN EN 206 | (8/97) | Beton |

DIN 4164	(10/51)	Gas- und Schaumbeton
DIN 4219 Teil 1 und 2	(12/79)	Leichtbeton
DIN 4227 Teil 1 bis 4	(5/84) (12/95) (7/98)	Spannbeton
DIN 18 550 Teil 1 bis 4	(3/91) (8/93) (1/95)	Putze
DIN-Taschenbuch 37	1994	Beton- und Stahlbetonbau, 9. Auflage, Beuth-Verlag
DIN-Taschenbuch 5	1998	Beton- und Stahlbeton-Fertigteile, 9. Auflage, Beuth-Verlag

Mineralische Bindemittel

DIN 1060	(3/95)	Baukalk, Teil 1
DINV ENV 459	(3/95)	Baukalk, Prüfverfahren
DIN 1164	(11/78) (10/94) (11/96)	Zement, Teil 1 und 2, Teil 8; Zusammensetzung, Anforderung
DIN EN 196	(11/93) (5/95) (4/96)	Zement, Teil 1 bis 9, Teil 21; Prüfverfahren
DIN EN 197	(11/93)	Zement, Teil 1 und 2
DIN 1168	(7/75) (1/86)	Baugipse
DIN 4208	(4/97)	Anhydritbinder
DIN 4226 Teil 1 bis 4	(4/83)	Zuschlag für Beton
DIN 4211	(3/95)	Putz- und Mauerbinder
DIN-Taschenbuch 33	1997	Baustoffe, 9. Auflage, Beuth-Verlag

Keramische Werkstoffe

DIN 105 Teil 1 bis 5	(8/89) (5/94)	Mauerziegel
DIN EN 538	(11/94)	Dachziegel
DIN EN 539	(7/98)	
DIN EN 1304	(10/98)	

DIN EN 87	(1/92)	Keramische Fliesen und Platten für Bodenbeläge und Wandbekleidungen
DIN 1081	(1/88)	Feuerfeste Keramik
DIN EN 295 Teil 1 bis 7	(3/95) (5/95) (12/95) (10/96) (1/99) (5/99)	Steinzeug
DIN 4051	(8/76)	Kanalklinker
DIN-Taschenbuch 33	1997	Baustoffe, 9. Auflage, Beuth-Verlag
DIN ENV 623	(4/93)	Hochleistungskeramik (HLK), monolithische Keramik, Bestimmung der Korngröße
DIN EN 1006	(4/93)	HLK, Richtlinien zur Probenentnahme
DIN ENV 12 789	(8/98)	HLK, mechanische Eigenschaften bei erhöhter Temperatur
DIN 51 110	(8/93)	HLK, Bestimmung der Biegeeigenschaften
DIN 51 109	(2/91)	HLK, Ermittlung der Reißzähigkeit
DIN EN 658	(6/93)	HLK, mechanische Eigenschaften; Teil 1, Zugfestigkeit; Teil 2, Druckfestigkeit
DIN EN 821	(11/93)	HLK, Teil 3, Bestimmung der spezifischen Wärme
DIN ENV 1159	(11/93)	HLK, Teil 1 bis 3, Bestimmung der thermischen Ausdehnung, der Temperaturleitfähigkeit, der spezifischen Wärmekapazität
DIN ENV 843	(2/96)	HLK, mechanische Eigenschaften; Teil 2, E-Modul; Teil 4, HV, HK, HRC
DIN ENV 1892	(7/96)	HLK, Bestimmung der Zugeigenschaften unter inerter Atmosphäre
DIN ENV 1893	(7/96)	HLK, Bestimmung der Zugeigenschaften unter Vakuum

8

Technisches Glas

| DIN 52 313 | (3/78) | Prüfung von Glas, Bestimmung der Temperaturwechselbeständigkeit |

DIN 52 314	(11/77)	Prüfung von Glas, Bestimmung des spannungsoptischen Koeffizienten im Zugversuch
DIN ISO 695	(2/94)	Prüfung von Glas, Bestimmung der Laugenbeständigkeit und Einteilung der Gläser in Laugenklassen
DIN 12 116	(5/76)	Prüfung von Glas, Bestimmung der Säurebeständigkeit und Einteilung der Gläser in Säureklassen
DIN 52 292 Teil 1 und 2	(4/84) (9/86)	Prüfung von Glaskeramik, Bestimmung der Biegefestigkeit
DIN ISO 7884 Teil 1 bis 8	(2/98)	Prüfung von Glas, Messung der Viskosität
DIN ISO 9385	(1/91)	Prüfung von Glas und Glaskeramik, Härteprüfung nach KNOOP
DIN ISO 719	(10/85)	Prüfung von Glas, Grießverfahren zur Prüfung der Wasserbeständigkeit und Einteilung der Gläser in hydrolytische Klassen (Prüfung bei 98 °C)
DIN ISO 720	(10/85)	dto. (Prüfung bei 121 °C)

Schmierstoffe

DIN 50 014 bis DIN 51 577-4	1996	Schmierstoffe, Prüfverfahren 1; DIN-Taschenbuch 203, 2. Auflage, Beuth-Verlag
DIN-EN-ISO-Normen DIN-ISO-Normen	1996	Schmierstoffe, Prüfverfahren 2; DIN-Taschenbuch 248, 2. Auflage, Beuth-Verlag
DIN-Taschenbuch 192	1996	Schmierstoffe; Eigenschaften, Anforderungen. 4. Auflage, Beuth-Verlag

Korrosion – Korrosionsschutz

| DIN 267-10 bis
DIN 42 559 | 1996 | Korrosionsschutz von Stahl durch Beschichtungen und Überzüge 1;
DIN-Taschenbuch 143, 5. Auflage, Beuth-Verlag |

DIN 55 928	1995	Korrosionsschutz von Stahl durch Be-
DIN 50 900-1 bis		schichtungen und Überzüge 2;
DIN 80 200		DIN-Taschenbuch 168, 4. Auflage, Beuth-Verlag
		Verlag
DIN 55 928	1997	Korrosionsschutz von Stahl durch Be-
DIN-EN- und		schichtungen und Überzüge 3;
DIN-ISO-Normen		DIN-Taschenbuch 266, Beuth-Verlag
DIN EN ISO 12 944-1	1998	Korrosionsschutz von Stahl durch Be-
bis		schichtungen und Überzüge 4;
DIN EN ISO 12 944-8		DIN-Taschenbuch 286, Beuth-Verlag
DIN EN ISO 11 124		
bis 11 127		
DIN-Taschenbuch 175	1996	Prüfnormen für metallische und anorganische nichtmetallische Überzüge. 3. Auflage, Beuth-Verlag

8

Sachwortverzeichnis

9

9

9

9

9

9

9

9